Psicoterapias cognitivo-comportamentais

A Artmed é a editora oficial da FBTC

P974   Psicoterapias cognitivo-comportamentais : um diálogo com a
       psiquiatria / Bernard Rangé ...[et al.]. – 2. ed. – Porto Alegre :
       Artmed, 2011.
       800 p. : il. ; 25 cm.

       ISBN 978-85-363-2573-6

       1. Terapia cognitivo-comportamental – Psicoterapia. 2. Psiquiatria.
   I. Rangé, Bernard.

                                                                CDU 616.89

Catalogação na publicação: Ana Paula M. Magnus – CRB 10/2052

Bernard Rangé
& COLABORADORES

Psicoterapias cognitivo-comportamentais
um diálogo com a psiquiatria

2ª edição

2011

© Artmed Editora S.A., 2011

Capa
Paola Manica

Preparação do original
Marcos Vinicius Martim da Silva

Editora Sênior – Ciências humanas
Mônica Ballejo Canto

Projeto e editoração
Armazém Digital® Editoração Eletrônica – Roberto Carlos Moreira Vieira

Reservados todos os direitos de publicação, em língua portuguesa, à
ARTMED® EDITORA S.A.
Av. Jerônimo de Ornelas, 670 – Santana
90040-340 – Porto Alegre, RS
Fone: (51) 3027-7000 Fax: (51) 3027-7070

É proibida a duplicação ou reprodução deste volume, no todo ou em parte,
sob quaisquer formas ou por quaisquer meios (eletrônico, mecânico, gravação,
fotocópia, distribuição na Web e outros), sem permissão expressa da Editora.

SÃO PAULO
Av. Embaixador Macedo Soares, 10735 – Pavilhão 5 –
Cond. Espace Center – Vila Anastácio
05095-035 – São Paulo, SP
Fone: (11) 3665-1100 Fax: (11) 3667-1333

SAC 0800 703-3444

IMPRESSO NO BRASIL
PRINTED IN BRAZIL

Autores

Bernard P. Rangé (org). Doutor em Psicologia. Professor do Programa de Pós-graduação em Psicologia do Instituto de Psicologia da Universidade Federal do Rio de Janeiro (UFRJ).

Adriana Cardoso de Oliveira e Silva. Pós-doutorado em Psiquiatria e Saúde Mental. Doutora e Mestre em Psicologia. Professora Adjunta da Universidade Federal Fluminense (UFF), Coordenadora do Laboratório de Tanatologia e Psicometria (UFF). Vice-coordenadora do Laboratório de Pânico e Respiração do Instituto de Psiquiatria (UFRJ). Instituto de Psicologia (UFRJ).

Ana Carolina Robbe Mathias. Mestre em Saúde Mental (IPUB/UFRJ). Psicóloga. Especialista em atendimento a usuários de álcool e drogas (PROJAD/IPUB/UFRJ).

Ana Lúcia Pedrozo. Mestre em Psicologia (UFRJ). Terapeuta Cognitivo-Comportamental, Centro de Psicoterapia Cognitivo-Comportamental (RJ).

Ana Luisa Suguihura. Psicóloga pela Faculdade de Filosofia, Ciências e Letras de Ribeirão Preto da Universidade de São Paulo (USP). Hospital das Clínicas da Faculdade de Medicina de Ribeirão Preto (USP). Mestranda em Psicologia (FFLCRP/USP).

Analice Gigliotti. Mestre em Medicina pela Universidade Federal de São Paulo (UNIFESP). Chefe do Setor de Dependência Química e Outros Transtornos do Impulso da Santa Casa do Rio de Janeiro.

André Pereira. Doutor em Psicologia (UFRJ). Psicólogo do Centro de Neuropsicologia Aplicada (CNA).

Angela Donato Oliva. Doutora na área de Psicologia Escolar e do Desenvolvimento Humano (USP). Professora do Programa de Pós-graduação em Psicologia Social do Instituto de Psicologia da Universidade do Estado do Rio de Janeiro (UERJ). Professora do Instituto de Psicologia (UFRJ).

Angélica Gurjão Borba. Doutora em Psicologia pelo Programa de Pós-graduação em Psicologia do Instituto de Psicologia (UFRJ). Psicóloga Clínica.

Antonio Carvalho. Psicólogo. Consultório Particular.

Antonio Egidio Nardi. Professor Titular da Faculdade de Medicina, Instituto de Psiquiatria (UFRJ).

Aristides Volpato Cordioli. Doutor em Psiquiatria. Professor Associado do Departamento de Psiquiatria e Medicina Legal da Universidade Federal do Rio Grande do Sul (UFRGS).

Beatriz de Oliveira Meneguelo Lobo. Acadêmica da Faculdade de Psicologia da Pontifícia Universidade Católica do Rio Grande do Sul (PUCRS). Bolsista de Iniciação Científica (PIBIC/CNPq). Integrante do Grupo de Pesquisa Cognição, Emoção e Comportamento do Programa de Pós-graduação em Psicologia (PUCRS).

Carmem Beatriz Neufeld. Doutora em Psicologia (PUCRS). Coordenadora do Laboratório de Pesquisa e Intervenção Cognitivo-Comportamental (LaPICC). Orientadora de Mestrado do Programa de Pós-graduação em Psicologia do Departamento de Psicologia da Faculdade de Filosofia, Ciências e Letras de Ribeirão Preto (USP).

Carolina Ribeiro Bezerra de Sousa. Mestre em Psicologia Clínica (USP). Terapeuta Cognitivo-comportamental,

Christian Haag Kristensen. Doutor em Psicologia (UFRGS). Mestre em Psicologia do Desenvolvimento (UFRGS). Psicólogo (PUCRS). Especialista em Neuropsicologia. Professor Adjunto e Coordenador do Programa de Pós-graduação em Psicologia (PUCRS).

Conceição Reis de Sousa. Mestre em Psicossociologia (Universidade Federal do Rio de Janeiro). Psicóloga do Centro de Atenção Psicossocial (CAPS), Guarujá (SP). Psicóloga Clínica. Professora de Terapia Cognitiva no Curso de Psicologia da Universidade Paulista (UNIP).

Cristiane Figueiredo. Psicóloga. Psicoterapeuta Cognitivo-comportamental. Clínica Particular e Instituto Estadual de Dermatologia Sanitária (IEDS/SESDEC/RJ).

Cristiano Nabuco de Abreu. Pós-doutorado pelo Departamento de Psiquiatria do Hospital das Clínicas da Faculdade de Medicina (USP). Psicólogo. Coordenador do Programa de Dependentes de Internet do Ambulatório dos Transtornos do Impulso (AMITI) e Coodenador da Equipe de Psicoterapia do Ambulatório de Bulimia e Transtornos Alimentares (AMBULIM) do Instituto de Psiquiatria da Faculdade de Medicina (USP).

Daniela Tusi Braga. Mestre e Doutoranda em Psiquiatria (UFRGS). Psicóloga clínica.

Débora Regina de Paula Nunes. Ph.D. em Educação Especial pela Florida State University. Psicóloga (UFRJ). Professora dos Programas de Graduação e Pós-graduação em Educação da Universidade Federal do Rio Grande do Norte (UFRN).

Dora Sampaio Góes. Psicóloga. Especialização em Psicologia Clínica e Hospitalar. Psicóloga do AMITI e do AMBULIM do Instituto de Psiquiatria da Faculdade de Medicina (USP).

Edwiges Ferreira de Mattos Silvares. Doutora e Livre Docente (USP). Mestre pela Northeastern University. Professora Titular do Departamento de Psicologia Clínica do Instituto de Psicologia (USP). Professora de Graduação e Pós-graduação, Orientadora de Mestrado e Doutorado e Supervisora Clínica (USP).

Eliane Mary de Oliveira Falcone. Pós-doutorado em Psicologia Experimental e Doutora em Psicologia Clínica (USP). Especialista em Terapia Cognitiva pelo Beck Institute. Professora do Programa de Pós-graduação em Psicologia Social (UERJ). Supervisora de Atendimentos em Clínica-escola.

Eliza Barretto. Mestre em Psiquiatria (USP). Psiquiatra. Fellow em Terapia Cognitiva pelo Massachusetts General Hospital, Boston, EUA.

Elizabeth Carneiro. Doutoranda pela Escola Paulista de Medicina. Treinadora Oficial de Entrevista Motivacional pela Universidade do Novo México (EUA). Psicóloga Supervisora dos Programas de Tabagismo e de Transtornos do Impulso do Serviço de Psiquiatria da Santa Casa da Misericórdia (RJ).

Fabiana Saffi. Mestre em Ciências pela Faculdade de Medicina (USP). Psicóloga Clínica e Forense. Psicóloga do Projeto de Psiquiatria Forense e Psicologia Jurídica e do Serviço de Psicologia e Neuropsicologia do Instituto de Psiquiatria da Faculdade de Medicina (USP).

Felipe Corchs. Doutor em Ciências com Concentração em Psiquiatria pela Faculdade de Medicina (USP). Médico Psiquiatra. Médico Assistente do Instituto de Psiquiatria da Faculdade de Medicina (USP). Coordenador da Área Médica do Núcleo Paradigma de Análise do Comportamento.

Fernanda Corrêa Coutinho. Doutoranda em Saúde Mental no Instituto de Psiquiatria (IPUB/UFRJ). Mestre em Psicologia (UFRJ). Psicóloga Clínica. Pesquisadora do Laboratório de Pânico e Respiração (LABPR/UFRJ).

Fernanda Martins Pereira. Doutoranda em Psicologia (UFRJ). Mestre em Ciências pela Fundação Oswaldo Cruz (Fiocruz). Especialista em Psicologia Hospitalar. Psicóloga Sócio-diretora da Psicoclínica Cognitiva do Rio de Janeiro.

Francisco Lotufo Neto. Professor Associado do Departamento de Psiquiatria da Faculdade de Medicina (USP).

Helene Shinohara. Mestre e Especialista em Psicologia Clínica. Professora e Supervisora Clínica do Departamento de Psicologia da Pontifícia Universidade Católica do Rio de Janeiro (PUC-Rio). Terapeuta Cognitiva. Presidente da Associação de Terapias Cognitivas do Estado do Rio de Janeiro.

Helga Rodrigues. Psicóloga (IPUB/UFRJ).

Helio Elkis. Professor Associado (Livre Docente) do Departamento e Instituto de Psiquiatria da Faculdade de Medicina (USP).

ra Titular da Pontifícia Universidade Católica de Campinas (PUC-Campinas). Editora-chefe da Revista Estudos de Psicologia. Fundadora do Instituto de Psicologia e Controle do Stress e da Associação Brasileira de Stress.

Marina Gusmão Caminha. Psicóloga. Especialista em Psicoterapia Cognitiva-comportamental. Professora e Supervisora do Instituto da Família de Porto Alegre (INFAPA/RS). Coordenadora do Ambulatório de TCC Infantil (INFAPA/RS).

Martha M. C. Castro. Doutora em Medicina e Saúde Pública. Especialista em Clínica de Dor. Fundadora e Coordenadora do Serviço de Psicologia do Ambulatório de Dor (CHUPES/UFBA). Professora de Graduação e Pós-graduação da Escola Bahiana de Medicina e Saúde Pública e da UFBA.

Melanie Pereira. Psiquiatra. Formação em Terapia Cognitiva pelo Beck Institute, Penn/Philadelphia. Membro Fundador da Academy of Cognitive Therapy.

Monica Duchesne. Doutorado em Saúde Mental (UFRJ). Psicóloga. Coordenadora do Grupo de Obesidade e Transtornos Alimentares do Instituto de Psiquiatria (UFRJ) e Instituto Estadual de Endocrinologia e Diabetes.

Montezuma Ferreira. Psiquiatra. Diretor das Unidades de Internação do Instituto de Psiquiatria do Hospital das Clínicas da Faculdade de Medicina (USP).

Nazaré Maria de Albuquerque Hayasida. Doutorado em Psicologia (USP/Ribeirão Preto). Professora Adjunta da Faculdade de Psicologia da Universidade Federal do Amazonas (FAPSI/UFAM).

Neide Micelli Domingos. Doutora. Faculdade de Medicina de São José do Rio Preto (FAMERP). IPECS.

Nelson Iguimar Valerio. Doutor em Psicologia como Ciência e Profissão. Mestre em Psicologia Clínica Comportamental. Psicólogo. Especialista em Psicologia da Saúde e Psicologia Clínica. Professor, Pesquisador e Orientador (FAMERP).

Neri Maurício Piccoloto. Mestre em Psicologia Clínica. Psiquiatra. Coordenador do Curso de Especialização em TCC (WP – Centro de Psicoterapia Cognitivo-Comportamental). Vice-presidente da FBTC, biênio 2009/2011.

Nivea Maria Machado de Melo. Psicóloga Clínica (UFRJ) na Abordagem Cognitivo-Comportamental. Membro da FBTC. Mestranda do Programa de Pós-graduação (UFRJ).

Patrícia Picon. Doutora em Psiquiatria (UFRGS). Mestre em Epidemiologia pela Harvard School of Public Health. Psiquiatra pela Associação Brasileira de Psiquiatria (ABP). Terapeuta Cognitiva pelo Instituto Beck, Filadélfia. Professora Assistente do Departamento de Psiquiatria e Medicina Legal da Faculdade de Medicina (PUCRS).

Patrícia Porto. Mestre em Psicologia Clínica (UFRJ). Especialista em Desenvolvimento Infanto-juvenil pela Santa Casa de Misericórdia (RJ).

Paula Ferreira Braga Porto. Doutoranda em Psicologia Clínica (USP). Mestre em Psicologia Experimental: Análise do Comportamento (PUC).

Paula Ventura. Psicóloga. Professora Adjunta do Instituto de Psicologia da UFRJ. Professora do Programa de Pós-graduação do Instituto de Psiquiatria (UFRJ).

Paulo R. Abreu. Doutorando em Psicologia Experimental pelo Instituto de Psicologia (USP).

Paulo Mattos. Doutor em Psiquiatria. Professor da UFRJ.

Pedro Fonseca Zuccolo. Psicólogo pela Pontifícia Universidade Católica de São Paulo (PUC-SP). Especialista em Terapia Analítico-comportamental pelo Núcleo Paradigma de Análise do Comportamento. Formação em Neuropsicologia Clínica e de Pesquisa pela Faculdade de Medicina (USP).

Raphael Fischer Peçanha. Doutor em Psicologia (UNESA).

Raquel Menezes Gonçalves. Doutoranda em Saúde Mental pelo Instituto de Psiquiatria (UFRJ).

Regina Bastos. Mestre em Tecnologia Educacional. Especialista em Informática Educativa. Diretora Executiva da Fundação FIAINE.

Renato M. Caminha. Professor Pesquisador na Área de Terapias Cognitivas da Infância e Transtorno de Estresse Pós-traumático. Centro de Terapia Cognitiva (CPC/RS). INFAPA/RS.

Ricardo Gorayeb. Professor (Livre Docente) de Psicologia Médica da Faculdade de Medicina de Ribeirão Preto (USP).

AUTORES **vii**

Helmuth Krüger. Doutor em Psicologia. Diretor do Centro de Ciências da Saúde da Universidade Católica de Petrópolis (UCP).

Hermano Tavares. Professor Associado do Departamento de Psiquiatria (USP). Coordenador do Programa Ambulatorial do Jogo Patológico (PRO-AMJO) do Instituto de Psiquiatria (USP).

Irismar Reis de Oliveira. Professor Titular de Psiquiatria do Departamento de Neurociências e Saúde Mental da Universidade Federal da Bahia (UFBA).

Isabela D. Soares Fontenelle. Doutora em Psicologia (UFRJ). Psicóloga.

Ivan Luiz de Vasconcellos Figueira. Professor Associado da Faculdade de Medicina (UFRJ).

Ivo Oscar Donner. Mestre em Psicologia pela Universidade de Brasília (UnB). Clínica Donner de Psicologia e Biofeedback.

J. Landeira-Fernandez. Ph.D. em Neurociências e Comportamento pela Universidade da Califórnia em Los Angeles (UCLA). Mestre em Psicologia Experimental (USP). Psicólogo (PUC-Rio). Diretor do Núcleo de Neuropsicologia Clínica e Experimental (NNCE). Presidente do Instituto Brasileiro de Neuropsicologia e Comportamento (IBNeC). Professor do Curso de Psicologia da Universidade Estácio de Sá (UNESA). Professor de Graduação e do Programa de Pós-graduação em Psicologia Clínica (PUC-Rio).

Kátia Rodrigues de Souza. Psicóloga. Especialização em Neuropsicologia (USP).

Lia Silvia Kunzler. Terapeuta Cognitiva pelo Beck Institute, Theory and Research. Mestranda em Psicologia (UnB). Especialista em Psiquiatria pela Associação Brasileira de Psiquiatria. Psiquiatra da Junta Médica Oficial (UnB).

Lucia E. Novaes Malagris. Doutora em Ciências. Professora de Graduação e do Programa de Pós-graduação em Psicologia do Instituto de Psicologia (UFRJ). Presidente da Associação Brasileira de Stress.

Luiziana Souto Schaefer. Mestre em Psicologia/Cognição Humana (CNPq/PUCRS). Psicóloga (PUCRS). Pesquisadora do Grupo de Pesquisa Cognição, Emoção e Comportamento do Programa de Pós-graduação em Psicologia (PUCRS). Perita Criminal e Psicóloga do Instituto Geral de Perícias do Rio Grande do Sul (IGP-RS).

Marcia Simei Zanovello Duarte. Mestre em Psicologia (USP/Ribeirão Preto). Especialista em Psicologia Hospitalar pelo Instituto Sedes Sapientiae. Professora da Universidade de Franca (UNIFRAN). Coordenadora do Curso de Especialização em Psicologia Hospitalar.

Márcio Bernik. Doutor em Medicina pelo Departamento de Psiquiatria da Faculdade de Medicina (USP). Médico Psiquiatra pela Faculdade de Medicina (USP). Coordenador do Programa de Transtornos de Ansiedade do Instituto de Psiquiatria da Faculdade de Medicina (USP).

Marco Montarroyos Callegaro. Mestre em Neurociências e Comportamento pela Universidade Federal de Santa Catarina (UFSC). Diretor do Instituto Catarinense de Terapia Cognitiva (ICTC) e do Instituto Paranaense de Terapia Cognitiva (IPTC). Presidente Fundador da Associação de Terapias Cognitivas de Santa Catarina (ATC/SC). Presidente da Federação Brasileira de Terapia Cognitiva (FBTC), Gestão 2009/2011.

Marcos Elia. Ph.D. em Science Education pelo Chelsea College, London University. Instituto Tércio Pacitti de Aplicações e Pesquisas Computacionais (iNCE/UFRJ).

Margareth da Silva Oliveira. Doutora em Ciências (UNIFESP). Professora de Graduação e do Programa de Pós-graduação em Psicologia (PUCRS). Membro Fundador da FBTC e Membro Atual da Diretoria da Associação Latino-americana de Psicoterapias Cognitivas (ALAPCO).

Maria Amélia Penido. Professora Doutora da Universidade Veiga de Almeida.

Maria Antonia Serra-Pinheiro. Doutora e Mestre em Psiquiatria (UFRJ). Psiquiatra da Infância e Adolescência.

M. Cristina O. S. Miyazaki. Doutora. Faculdade de Medicina de São José do Rio Preto (FAMERP). Instituto de Psicologia, Educação, Comportamento e Saúde (IPECS).

Mariangela Gentil Savoia. Doutora em Psicologia Clínica (USP). Pesquisadora do Programa Ansiedade (AMBAN) da Faculdade de Medicina (USP). Núcleo de Neurociências e Comportamento (NEC), Instituto de Psicologia (USP).

Marilda Lipp. Ph.D. em Psicologia pela George Washington University. Pós-doutorado pelo National Institute of Health (NIH). Membro da Academia Paulista de Psicologia. Professo-

Ricardo Wainer. Doutor em Psicologia. Mestre em Psicologia Social e da Personalidade. Treinamento Avançado em Terapia do Esquema, N. Jersey, N. York Institute of Schema Therapy. Psicólogo. Professor da Faculdade de Psicologia (PUCRS). Diretor e Professor-supervisor da Especialização em Psicoterapia Cognitivo-comportamental (WP – Centro de Psicoterapia Cognitivo-comportamental).

Rodrigo Fernando Pereira. Mestre e Doutor em Psicologia Clínica (USP).

Ronaldo Laranjeira. Professor Titular de Psiquiatria (UNIFESP).

Rosemeri Chaves Mendes. Psicóloga Infantil. Especialista em Neuropsicologia. Fundação FIAINE, Juiz de Fora (MG).

Silvia Freitas. Doutora em Epidemiologia pelo Instituto de Medicina Social (UERJ). Coordenadora do Grupo de Obesidade e Transtornos Alimentares do Instituto Estadual de Diabetes e Endocrinologia (IEDE/RJ).

Suely Sales Guimarães. Ph.D. em Psicologia. Psicóloga (UnB).

Suzana Dias Freire. Mestre em Psicologia Clínica (PUCRS). Especialista em Psicoterapias Cognitivo-Comportamentais pela Universidade do Vale do Rio dos Sinos (UNISINOS).

Tárcio Soares. Psicólogo (PUCRS).

Vicente E. Caballo. Doutor em Psicologia.

William Berger. Mestre e Doutorando em Psiquiatria pelo Instituto de Psiquiatria (IPUB/UFRJ). Visiting Scholar na University of California San Francisco (UCSF).

"Aos colaboradores que, com sabedoria e competência
ajudam a difundir essa terapia no Brasil"

"A Angela, Roberta, Carlos Fernando, Isabela e Antonio Pedro
pela paciência com a privação da minha presença"

B.R.

Sumário

Apresentação à segunda edição 17

Parte I
INTRODUÇÃO ÀS PSICOTERAPIAS COMPORTAMENTAIS E COGNITIVAS

1 Terapia cognitiva 20
Melanie Pereira e Bernard P. Rangé

2 A prática da terapia cognitiva no Brasil 33
Helene Shinohara e Cristiane Figueiredo

3 Psicoterapia cognitivo-construtivista:
o novo paradigma dos modelos cognitivistas 40
Cristiano Nabuco de Abreu

4 Terapia do esquema 50
Eliane Mary de Oliveira Falcone

Parte II
PROCESSOS NEUROBIOLÓGICOS E EVOLUCIONISTAS

5 Neurobiologia dos transtornos de ansiedade 68
J. Landeira-Fernandez

6 O novo inconsciente e a terapia cognitiva 82
Marco Montarroyos Callegaro

7 Neurociências e terapia cognitivo-comportamental 93
Patrícia Porto, Raquel Menezes Gonçalves e Paula Ventura

8 Psicopatologia e adaptação: origens evolutivas
dos transtornos psicológicos 104
Angela Donato Oliva

Parte III
PROCESSOS DE AVALIAÇÃO

9 Conceitualização cognitiva de casos adultos 120
Ricardo Wainer e Neri Maurício Piccoloto

10 Avaliação e conceitualização na infância 132
Marina Gusmão Caminha, Tárcio Soares e Renato M. Caminha

11 Relação terapêutica como ingrediente ativo de mudança 145
Eliane Mary de Oliveira Falcone

12 Comorbidades 155
Edwiges Ferreira de Mattos Silvares, Rodrigo Fernando Pereira
e Carolina Ribeiro Bezerra de Sousa

Parte IV
TÉCNICAS COGNITIVAS E COMPORTAMENTAIS

13 Técnicas cognitivas e comportamentais 170
Suely Sales Guimarães

14 Pense saudável: reestruturação cognitiva
em nível de crenças condicionais 194
Lia Silvia Kunzler

15 Uso do "processo" para modificar crenças
nucleares disfuncionais 206
Irismar Reis de Oliveira

Parte V
CONCEITUALIZAÇÃO E TRATAMENTO DE TRANSTORNOS PSIQUIÁTRICOS

16 *Biofeedback* 222
Ivo Oscar Donner

17 Transtorno de pânico e agorafobia 238
Bernard P. Rangé, Márcio Bernik,
Angélica Gurjão Borba e Nivea Maria Machado de Melo

18 Terapia cognitivo-comportamental do
transtorno de ansiedade social 269
Patrícia Picon e Maria Amélia Penido

19 Fobias específicas 299
Francisco Lotufo Neto

20 Transtorno de ansiedade generalizada 311
Fernanda Corrêa Coutinho, André Pereira,
Bernard P. Rangé e Antonio Egidio Nardi

21 Terapia cognitivo-comportamental do
transtorno obsessivo-compulsivo 325
Aristides Volpato Cordioli e Daniela Tusi Braga

SUMÁRIO 15

22 Transtorno de estresse pós-traumático 344
Paula Ventura, Ana Lúcia Pedrozo, William Berger,
Ivan Luiz de Vasconcellos Figueira e Renato M. Caminha

23 Terapia cognitivo-comportamental dos transtornos afetivos 369
Fabiana Saffi, Paulo R. Abreu e Francisco Lotufo Neto

24 Transtornos alimentares 393
Monica Duchesne e Silvia Freitas

25 Abordagem cognitivo-comportamental no
tratamento da dependência 409
Margareth da Silva Oliveira, Suzana Dias Freire e Ronaldo Laranjeira

26 Tabagismo 424
Analice Gigliotti, Elizabeth Carneiro e Montezuma Ferreira

27 Dependência de internet 440
Cristiano Nabuco de Abreu e Dora Sampaio Góes

28 Tricotilomania 459
Suely Sales Guimarães

29 Jogo patológico 481
Hermano Tavares e Ana Carolina Robbe Mathias

30 Tratamento do transtorno de déficit de atenção
e hiperatividade (TDAH) 493
André Pereira e Paulo Mattos

31 Disfunções sexuais 508
Antonio Carvalho

32 Esquizofrenia 526
Eliza Barretto e Helio Elkis

33 Transtornos invasivos do desenvolvimento: autismo 538
Débora Regina de Paula Nunes e Maria Antonia Serra-Pinheiro

34 Transtorno de personalidade *borderline* 551
Paula Ventura, Helga Rodrigues e Ivan Luiz de Vasconcellos Figueira

Parte VI
APLICAÇÕES

35 Psicologia da saúde: intervenções em hospitais públicos 568
M. Cristina O. S. Miyazaki, Neide Micelli Domingos,
Vicente E. Caballo e Nelson Iguimar Valerio

36 Terapia cognitivo-comportamental e o Sistema Único de Saúde 581
Conceição Reis de Sousa e Fernanda Martins Pereira

37 Cardiologia comportamental 593
Ricardo Gorayeb, Marcia Simei Zanovello Duarte,
Nazaré Maria de Albuquerque Hayasida e Ana Luisa Suguihura

16 SUMÁRIO

38 Contribuições da terapia cognitivo-comportamental em grupo para pessoas com dor crônica...608
Martha M. C. Castro

39 Estresse: aspectos históricos, teóricos e clínicos............................617
Marilda Lipp e Lucia E. Novaes Malagris

40 O modelo cognitivo aplicado à infância 633
Renato M. Caminha, Marina Gusmão Caminha,
Isabela D. Soares Fontenelle e Tárcio Soares

41 Abuso sexual de crianças e pedofilia 654
Renato M. Caminha, Luiziana Souto Schaefer,
Beatriz de Oliveira Meneguelo Lobo, Christian Haag Kristensen
e Marina Gusmão Caminha

42 Enurese e encoprese 673
Edwiges Ferreira de Mattos Silvares,
Carolina Ribeiro Bezerra de Sousa e Paula Ferreira Braga Porto

43 Intervenção cognitivo-comportamental baseada no modelo de inclusão 688
Regina Bastos, Rosemeri Chaves Mendes e Kátia Rodrigues de Souza

44 Terapia cognitivo-comportamental com casais 713
Raphael Fischer Peçanha e Bernard P. Rangé

45 Terapia cognitivo-comportamental para luto.................................725
Adriana Cardoso de Oliveira e Silva, Bernard P. Rangé
e Antonio Egidio Nardi

46 Intervenções em grupos na abordagem cognitivo-comportamental..737
Carmem Beatriz Neufeld

47 Personalidade e transtornos de ansiedade 751
Mariangela Gentil Savoia, Pedro Fonseca Zuccolo e Felipe Corchs

48 Treinamento via *web* de psicólogos do Brasil no protocolo de terapia cognitivo-comportamental "Vencendo o Pânico"...760
Angélica Gurjão Borba, Bernard P. Rangé e Marcos Elia

Parte VII
PROBLEMAS DA PRÁTICA COGNITIVO-COMPORTAMENTAL

49 Ética e psicoterapia..782
Helmuth Krüger

Índice...792

Apresentação à segunda edição

Desde que foi publicado, há dez anos, o livro *Psicoterapias cognitivo-comportamentais: um diálogo com a psiquiatria* se mostrou uma contribuição significativa e muito apreciada na área, em grande parte por apresentar de forma didática os princípios básicos das terapias cognitivo-comportamentais (TCC), bem como suas aplicações a diversos transtornos psiquiátricos, mesclando intervenções farmacológicas e cognitivo-comportamentais, e também a outras áreas em que suas intervenções têm obtido resultados efetivos.

Dada a velocidade em que se constrói conhecimento atualmente, tornava-se necessária uma segunda edição que buscasse acompanhar essa expansão. Quais seriam as contribuições mais marcantes que mereceriam estar aí representadas?

Uma tendência que não havia sido destacada naquela edição é a da prática baseada em evidências. Os capítulos desta edição são fundamentados nesse princípio, que ganhou muita força na área médica e, posteriormente, no campo mais específico da psicoterapia.

Uma das contribuições mais importantes, indiscutivelmente, foi o avanço do conhecimento nas neurociências. A primeira edição praticamente passou ao largo desse tema, uma vez que os dados sobre o assunto apenas começavam a aparecer nos anos imediatamente anteriores àquela publicação. Está sendo apresentado nesta edição um segmento inteiro dedicado a essa área, incluindo estudos específicos do processamento cerebral sobre transtornos da ansiedade, da psicologia evolucionista e do que é chamado de inconsciente cognitivo.

Além dessas, procurei apresentar contribuições inovadoras nas revisões dos capítulos das diferentes versões dessas psicoterapias, incluindo um que compara a terapia cognitiva que se faz aqui com a que se faz em outros países. E há ainda um capítulo totalmente novo sobre a Terapia do Esquema, visto que esse tipo de intervenção ainda não havia sido significativamente testado e utilizado de modo abrangente e consistente.

Os capítulos sobre processos de avaliação estão renovados com novos colaboradores, que trazem suas contribuições sobre o assunto. Há capítulos que não estavam presentes na edição anterior e que pareciam muito necessários para auxiliar o trabalho prático na TCC, como o de comorbidades e o da relação terapêutica, que foi reescrito para servir como uma base de intervenção complementar às técnicas usuais da TCC.

Os capítulos sobre técnicas foram refeitos e atualizados, como o que descreve como trabalhar crenças condicionais e outro sobre uma técnica que está se tornando um novo tipo de trabalho em terapia cognitiva denominada Processo, usada fundamentalmente para examinar crenças nucleares.

A parte de conceitualização específica e de tratamentos de quadros psiquiátricos teve todas as suas contribuições revisadas, com uma atualização daquilo que está sendo trabalhado de mais moderno no mundo. Há novidades interessantes nos transtornos de ansiedade, especialmente o transtorno de pânico, com novos tipos de intervenções terapêuticas; um conceito inovador para o tratamento do transtorno de ansiedade generalizada; aspectos não abordados anteriormente no tratamento do transtorno obsessivo-compulsivo; exemplos de tratamento em grupo da fobia social, de novos métodos de tratamento das fobias específicas e de intervenções atualizadas no transtorno de estresse pós-traumático. Nos transtornos de humor, é apresentada uma revisão histórica das intervenções que vêm sendo utilizadas para ajudar as pessoas com esses quadros com exemplos indicativos do que e como fazer com cada tipo. Há a descrição de um novíssimo protocolo unificado para os transtornos alimentares. Há contribuições também inovadoras nos capítulos de abuso e dependência de substâncias. Há um capítulo sobre esquizofrenia que não havia na edição anterior. Há novidades nos transtornos de controle de impulso – incluindo uso excessivo da internet – e capítulos de jogo patológico e tricotilomania, ambos totalmente refeitos. Há um capítulo sobre transtornos invasivos que não existia na edição anterior. O capítulo de déficit de atenção foi atualizado, assim como o de disfunções sexuais e o de transtorno de personalidade *borderline*.

Há uma parte sobre serviços de saúde mais abrangente, com contribuições de vários autores renomados descrevendo como se pode trabalhar em serviços de saúde, incluindo especialmente o Sistema Único de Saúde (SUS). Essa parte também aborda questões sobre o enfrentamento da dor crônica, sobre problemas cardiológicos e sobre estresse, capítulo que foi totalmente revisado.

Há capítulos que foram reescritos e revisados por novos autores, como o de TCC com crianças, e uma nova contribuição, como o de abuso sexual de crianças e pedofilia. Ainda sobre questões infantis, há capítulos sobre inclusão social e tratamento de problemas de encoprese e enurese.

Há capítulos novos sobre terapia de casais, enfrentamento do luto, intervenções em grupos e questões relacionadas à personalidade e transtornos de ansiedade. Há ainda um capítulo sobre o treinamento via *web* de psicólogos no Brasil, em que se tenta avaliar a eficácia desse tipo de intervenção, que pode representar uma oportunidade de treinamento ímpar para aqueles que estão distantes dos grandes centros. A nova edição se encerra com um capítulo que discute as questões éticas relativas ao trabalho com a terapia cognitivo-comportamental.

Foi extremamente enriquecedor organizar esta nova edição. A qualidade de cada contribuição é excelente. Os autores, em suas contribuições, se esmeraram em apresentar aquilo que há de mais recente, de mais inovador, de mais qualidade e maior reconhecimento científico em suas áreas. Agradeço a todos pelo empenho em construir uma alternativa de intervenção com cada vez mais reconhecimento no mundo.

Bernard P. Rangé

Parte I
INTRODUÇÃO ÀS PSICOTERAPIAS COMPORTAMENTAIS E COGNITIVAS

1

Terapia cognitiva

Melanie Pereira
Bernard P. Rangé

INTRODUÇÃO

O objetivo deste capítulo é apresentar um breve histórico das terapias cognitivas, centrando-se mais especificamente no Modelo de Reestruturação Cognitiva para Depressão, criado por Aaron Beck, e apresentar conceitos básicos da terapia cognitiva, como níveis de cognição, conceitualização, estrutura de sessão, tratamento e algumas técnicas da terapia, tais como o questionamento socrático, a técnica da seta descendente, entre outras.

VISÃO GERAL HISTÓRICA DAS TEORIAS E DAS TERAPIAS COGNITIVO-COMPORTAMENTAIS

Mudança de paradigma

Na década de 1960, teorias psicanalíticas dominavam de forma absoluta a psicologia clínica e a psiquiatria. Na teoria psicanalítica, a psicopatologia da depressão era atribuída, entre outras hipóteses, à raiva introjetada do objeto perdido, a emoções negativas relacionadas a vivências traumáticas reais.

No entanto, a partir da década de 1970 se desencadeou nos Estados Unidos um movimento de questionamento nos meios científicos quanto à eficácia da abordagem psicanalítica para os transtornos mentais.

Algumas das teorias cognitivo-comportamentais atuais surgiram nesse período.

A Terapia Racional Emotiva, desenvolvida por Albert Ellis (1962), estabeleceu a visão de que construções cognitivas, como pensamentos irracionais e negativos, seriam a base dos transtornos psicológicos. Bandura (1969-1971), com sua teoria da aprendizagem social, estabeleceu o processo cognitivo como um elemento fundamental na aquisição e na regulação do comportamento.

Outras teorias comportamentais importantes com ênfase no processo cognitivo surgiram, como a de Meichenbaum (1973) com o Treino de Inoculação ao Estresse; a de D'Zurilla e Goldfried (1971) com o Treino em Solução de Problemas; a de Mahoney (1974) com a Modificação Cognitiva do Comportamento; representando um meio de o ser humano construir sua capacidade de aprendizado serviram como base para o fortalecimento da terapia cognitiva.

Construção do modelo de reestruturação cognitiva de Beck

Foi no período entre 1959 e 1979 que Aaron Beck, psicanalista de formação, professor e pesquisador da Universidade da Filadélfia, nos Estados Unidos, juntamente com seus colaboradores, desenvolveu e sistematizou o modelo da Terapia Cognitiva.

Como psicanalista e pesquisador, a intenção inicial de Beck foi estudar qual seria o processo psicológico central envolvido nas depressões. Sua hipótese inicial foi de que a "raiva internalizada" seria o processo psicológico central dos transtornos depressivos, e elegeu os sonhos como objeto de estudo para validar essa ideia. Investigou, inicialmente, o conteúdo dos sonhos de pacientes deprimidos e não deprimidos, não encontrando uma diferença significativa em conteúdos hostis ou agressivos entre os dois grupos (1959).

Sua hipótese alternativa foi, então, a de uma necessidade de sofrer ou um masoquismo, e elaborou um segundo estudo, quantificando o conteúdo masoquista dos 20 primeiros sonhos de pacientes deprimidos (n = 18) e não deprimidos (n = 12), encontrando uma diferença significativa na quantidade de temas masoquistas nos sonhos de pacientes deprimidos comparados com os de não deprimidos (1959).

Ele realizou a seguir um estudo maior que confirmou o resultado anterior: uma maior quantidade de conteúdo masoquista nos sonhos do grupo de pacientes deprimidos quando comparado ao grupo dos não deprimidos. Além disso, encontrou também um paralelo entre o conteúdo masoquista dos sonhos de pacientes deprimidos e seu comportamento em estado de alerta; isso o levou ao questionamento de que "a necessidade de sofrer" poderia ser encontrada, além de nos sonhos, em outros fenômenos cognitivos nos indivíduos depressivos quando acordados. A manipulação experimental desses pacientes levou Beck e seus colaboradores a abandonar a hipótese de necessidade de sofrer – o masoquismo – como o principal elemento psicológico na depressão. A conclusão final desses estudos foi de que "certos padrões cognitivos poderiam ser responsáveis pela tendência do paciente a fazer julgamentos com um viés negativo de si mesmo, de seu ambiente e do futuro que, embora menos proeminentes no período fora do episódio depressivo, se ativariam facilmente durante os períodos de depressão" (Beck, 1967).

Beck passou a utilizar esses achados em sua prática, apontando para seus pacientes deprimidos em atendimento suas distorções cognitivas negativas e a relação destas com o estado depressivo deles. Para sua surpresa, provocá-los no aqui e agora a perceber este viés negativo de pensamento resultou em uma significativa melhora no humor e no comportamento desses indivíduos.

A sistematização final dessas observações e intervenções foi publicada por Beck e colaboradores no livro *Terapia Cognitiva da Depressão* (1979).

O MODELO COGNITIVO

> O que perturba o ser humano não são os fatos, mas a interpretação que ele faz destes. (Epitecto, século 1 d.C.)

> Nossa serenidade não depende das situações, mas de nossa reação diante delas. Portanto, ao intervirmos no aqui e agora, torna-se possível provocar mudanças em nosso futuro. (Buda, 563 a.C.)

Estoicismo e filosofias orientais – como taoísmo e budismo – enfatizam que as emoções humanas têm como base o pensamento, a mente em constante atividade, gerando raciocínios, afetos e condutas que permitem ao indivíduo uma maior ou menor percepção da realidade.

A terapia cognitiva criada por Beck está baseada nesses princípios. Mais que os fatos em si, a forma como o indivíduo os interpreta influencia a forma como ele se sente e se comporta em sua vida. Uma mesma situação produz reações distintas em diferentes pessoas, e uma mesma pessoa pode ter reações distintas a uma mesma situação em diferentes momentos de sua vida.

O indivíduo com sofrimento psicológico tem sua capacidade de percepção de si mesmo, do ambiente e de suas perspectivas futuras prejudicada pelas distorções de conteúdo de pensamento específicas de sua patologia, que acabam por determinar "vícios "na forma como os fatos são interpretados.

Nos estados depressivos, são essas distorções cognitivas que influenciam na visão negativa do indivíduo em relação a si mesmo, ao mundo e ao seu futuro. Nos estados ansiosos, levam a uma superestimativa de riscos tanto internos como externos, além de uma subestimativa dos próprios recursos pessoais e de seu ambiente para lidar com esses riscos. A terapia cognitiva de Beck evoluiu a partir da observação clinica e de testes experimentais dessa forma de pensar peculiarmente negativa dos pacientes com transtornos depressivos.

Todas as terapias cognitivo-comportamentais derivam do modelo cognitivo e compartilham alguns pressupostos básicos:

1. a atividade cognitiva influencia o comportamento;
2. a atividade cognitiva pode ser monitorada e alterada;
3. mudanças na cognição determinam mudanças no comportamento (Dobson, 2001).

A terapia cognitiva de Beck é uma psicoterapia focal, baseada no modelo cognitivo que pressupõe que, em transtornos mentais, o pensamento disfuncional é um elemento importante. A modificação de pensamentos disfuncionais leva à melhora sintomática dos transtornos, à modificação de crenças disfuncionais subjacentes e estabelece uma melhora mais abrangente e duradoura.

A terapia cognitiva trabalha basicamente com identificação e reestruturação de três níveis de cognição: pensamentos automáticos, crenças intermediárias e crenças nucleares.

Pensamentos automáticos são o nível de cognição mais superficial na terapia cognitiva: são espontâneos, telegráficos, repetitivos e sem questionamento quanto a sua veracidade ou utilidade e são acompanhados de uma forte emoção negativa ante as mais variadas situações do cotidiano. Podem ser mais facilmente identificados pelo paciente.

Crenças intermediárias são o segundo nível de cognição criado por Beck em seu modelo: são as regras e os pressupostos criados pelo indivíduo para que ele possa conviver com as ideias absolutas, negativas e não adaptativas, que tem a seu respeito. Funcionam como um mecanismo de sobre-vivência que o auxiliam a lidar e a se proteger da ativação extremamente dolorosa das suas crenças nucleares.

Crenças nucleares são o terceiro e mais profundo nível de cognições e têm sua origem nas experiências infantis. Têm uma forma absoluta, negativa, rígida e inflexível sobre o que o indivíduo pensa sobre si; são mais difíceis de ser acessadas e modificadas; resultam da interação da natureza genética do indivíduo e de sua hipersensibilidade pessoal à rejeição, ao abandono, à oposição, às dificuldades inerentes de se estar vivo e de componentes externos do seu ambiente, que podem reforçar ou atenuar fatores positivos e negativos da natureza geneticamente determinada do indivíduo.

CONCEITUALIZAÇÃO COGNITIVA

> Quando você não está certo de para onde está indo, qualquer estrada serve para te fazer chegar.
> (Lewis Carroll,
> *Alice no País das Maravilhas*)

Elemento fundamental na terapia cognitiva, a conceitualização cognitiva é a habilidade clínica mais importante que o terapeuta cognitivo precisa dominar para um planejamento adequado e para a eficácia do tratamento. Um entendimento adequado sobre as razões do comportamento não adaptativo do paciente é absolutamente necessário para que o tratamento não acabe sendo meramente uma aplicação de técnicas cognitivas e comportamentais, sem a estruturação que caracteriza a terapia cognitiva. É a conceitualização que torna possível criar o foco, com a colaboração do paciente e do terapeuta em conjunto. É um elemento fundamental para qualquer tratamento psicoterápico, é o mapa que permite a compreensão de como o paciente se estruturou para sobreviver e como se protegeu de suas crenças negativas e do ambiente adverso.

Segundo Beck, alguns elementos são fundamentais para a elaboração de uma conceitualização:

1. diagnóstico clínico do paciente;
2. identificação de pensamentos automáticos, sentimentos e condutas frente a diferentes situações do cotidiano que mobilizem afeto e que tenham um significado importante para a pessoa;
3. crenças nucleares e intermediárias;
4. estratégias compensatórias de conduta que o indivíduo utiliza para evitar ter acesso a suas crenças negativas;
5. dados relevantes da história do paciente que contribuíram para formação ou fortalecimento destas.

Este processo tem início desde o primeiro contato com o paciente: hipóteses são criadas e são verificadas a partir de situações e pensamentos repetitivos do dia a dia do indivíduo.

Resumindo, no modelo cognitivo de Beck, experiências precoces de perda são interpretadas a partir da sensibilidade geneticamente herdada pelo indivíduo, criando-se então estruturas cognitivas que ele denominou de crenças centrais negativas em relação a si mesmo, seu ambiente e suas perspectivas de futuro, estabelecendo um viés no processamento de informações, um "erro lógico na cognição". Essas distorções cognitivas alteram as emoções, o comportamento e a fisiologia do indivíduo. São estas crenças centrais negativas que levam à necessidade da elaboração de regras e pressuposições que auxiliam o indivíduo a lidar com esses autoesquemas negativos.

PRINCÍPIOS DO TRATAMENTO

A terapia cognitiva proposta por Beck e baseada na conceitualização é uma abordagem estruturada, diretiva e colaborativa, com um forte componente educacional, orientada para o aqui e agora, de prazo limitado, indicada atualmente por sua eficácia cientificamente comprovada para o tratamento de uma série de transtornos mentais, como depressão, ansiedade, transtornos de personalidade, esquizofrenia, entre outros.

Como em qualquer abordagem psicoterápica, uma relação terapêutica sólida e empática e uma avaliação diagnóstica cuidadosa são elementos fundamentais para o sucesso do tratamento.

A cada sessão faz-se inicialmente uma verificação do humor do paciente em relação à sessão anterior e como ele se sentiu durante a semana. Isso costuma ser feito através de instrumentos autoaplicáveis, como a Escala de Beck para Depressão (BDI) (Beck et al., 1961), e Ansiedade (BAI) (Beck et al., 1988) ou utilizando instrumentos clínicos como solicitar ao paciente que ele atribua uma nota de 0 a 10 para a intensidade da tristeza ou da ansiedade que sentiu durante a semana.

Na terapia cognitiva, uma agenda é estabelecida em cada sessão, em comum acordo entre paciente e terapeuta. No início da sessão, costuma ocorrer uma revisão da tarefa proposta na sessão anterior e o estabelecimento de uma hierarquia nos assuntos propostos para serem discutidos na sessão que está por ocorrer.

Discutir os elementos da agenda, estabelecer uma tarefa para a semana relacionada ao trabalhado na sessão, revisar o humor do paciente ao final e solicitar que ele faça um resumo do que considera estar levando de útil para si da sessão e se, na sua opinião, ocorreu ou não uma melhora de seu humor são outros itens de uma sessão típica de terapia cognitiva.

Finalmente, ao término, solicita-se ao paciente um *feedback* de como ele se sentiu durante a sessão, se algum dos assuntos tratados lhe foi desconfortável ou se algo que tinha interesse de conversar não foi trabalhado.

A estrutura original da terapia cognitiva de Beck (1979) para o transtorno depressivo unipolar tem o formato de 15 a 20 sessões semanais, por um período de seis meses, com duração de 45 a 60 minutos. Nos últimos dois meses, as sessões ocorrem de 15 em 15 dias, com mais algumas sessões mensais de "reforço" por dois ou três meses ainda, quando ocorre o término do tratamento.

A terapia cognitiva é constituída de uma série de componentes e técnicas:

- Psicoeducação.
- Identificação, avaliação e modificação de pensamentos automáticos e crenças.
- Identificação das distorções cognitivas.
- Controle de atividades e agendas.
- Utilização de cartões de autoajuda.
- Treinamento de habilidades, especialmente da habilidade de solução de problemas.
- Realização de tarefas cognitivas e comportamentais entre sessões.
- Exposição hierárquica.
- Ensaio cognitivo.
- Dramatização.
- Exame de vantagens e desvantagens.
- Aprendizado de manejo de tempo.
- Revisão de videoteipes das sessões.

O tratamento irá envolver:

- Avaliação, identificação de problemas, delimitação de um foco.
- Conceitualização, elaborada de forma colaborativa com o paciente.
- Intervenções para diminuir a frequência e a intensidade de pensamentos automáticos negativos e ruminações.
- Identificação, questionamento e revisão de pensamentos automáticos negativos.
- Identificação e questionamento de regras e suposições visando buscar e testar alternativas para reduzir a vulnerabilidade do indivíduo.
- Prevenção de recaída.

Um caso clínico para ilustrar a aplicação do modelo será relatado a seguir.

Carla, 32 anos, secretária, solteira, curso superior completo, procurou tratamento por sentir-se deprimida desde que seu namorado rompeu a relação há três meses. Está insone, pessimista e sem ânimo.

Relata em sessão seu encontro com o ex-namorado em uma festa no final de semana.

Terapeuta: O que você pensou quando encontrou seu ex-namorado na festa?

Paciente: Pensei que ninguém nunca vai gostar de mim e que não deveria ter ido à festa, me senti uma boba.

Terapeuta: Você pensou então: "Ninguém nunca mais vai gostar de mim"; "Não deveria ter vindo à festa"; "Sou uma boba"?

Paciente: Sim.

Terapeuta: E como você se sentiu ao pensar isso?

Paciente: Ansiosa e triste... tão triste que resolvi ir embora.

Terapeuta: Seria então... (escrevendo com as palavras da paciente, na sessão) (ver Quadro 1.1):

QUADRO 1.1	REGISTRO DE PENSAMENTO DISFUNCIONAL		
Situação	**Pensamento automático**	**Sentimento**	**Comportamento**
Encontro com ex-namorado na festa	Ninguém nunca mais vai gostar de mim.	Tristeza	Fui embora
	Não deveria ter vindo à festa.	Ansiedade	
	Sou uma boba.		

Na terapia cognitiva, nossa primeira tarefa como terapeuta é demonstrar para o paciente a conexão existente entre pensamento, sentimento e comportamento. É importante tornar o paciente atento a essa relação.

Solicitar que registre inicialmente situações em que se SENTIU emocionalmente mobilizado e no que estava PENSANDO no momento que se sentiu desconfortável é uma das primeiras tarefas que se propõe ao paciente. Na terapia cognitiva, essa tarefa é denominada Registro de Pensamento Disfuncional.

Como pode ser observado, é muito comum a confusão entre pensamento e sentimento. Um exemplo dessa confusão é quando Carla diz: "me senti uma boba". O terapeuta, durante a sessão, demonstra esta dificuldade quando escreve, ao preencher o registro de pensamento disfuncional, as palavras SENTIU e PENSANDO em letras maiúsculas.

Perguntamos a Carla, após o registro, qual o pensamento que mais a incomodou, mais trouxe tristeza e ansiedade entre os três que automaticamente lhe ocorreram ao ver seu ex-namorado na festa.

Carla responde: Foi, sem dúvida, o pensamento de que ninguém nunca mais vai gostar de mim.

Terapeuta: Quanto você acredita realmente nisso, de 0 a 100%?
Paciente: 100%.

Resumindo, o pensamento que automaticamente ocorre à paciente ao ver seu ex-namorado na festa é o de que nunca mais

alguém gostará dela e, como consequencia dessa ideia, sente-se triste e ansiosa e vai embora da festa (ver Quadro 1.2).

Continuando a sessão com Carla:

Terapeuta: E ninguém nunca mais vai gostar de você, significa o que a seu respeito?
Paciente: Que sou um fracasso.
Terapeuta: Então... pessoas que não têm parceiros são fracassadas?
Paciente: Sim, ter alguém é algo muito importante para mim!
Terapeuta: Porque pessoas que tem parceiros...
Paciente: São felizes, dão certo na vida, são bem-sucedidas.
Terapeuta: Então, dentro dessa lógica, parece que existe uma regra, não? Caso você não concorde, me corrija: "Pessoas que têm um relacionamento afetivo são bem-sucedidas e pessoas que não têm um relacionamento afetivo são fracassadas"?
Paciente: Acho que é assim mesmo que eu penso.

Torna-se compreensível a reação de Carla ao término de seu relacionamento de acordo com essa regra que criou como defesa de sua ideia de ser um fracasso.

Neste trecho da entrevista, é possível identificar a crença central de Carla de "ser um fracasso": este é o terceiro e mais profundo nível de cognição do modelo de reestruturação de Beck.

A partir dessa crença, a paciente interpreta toda a sua realidade: não ter alguém e

QUADRO 1.2	REGISTRO DE PENSAMENTO DISFUNCIONAL	
Situação	**Pensamento automático**	**Sentimento**
Namorado rompeu relacionamento	"Ninguém nunca mais vai gostar de mim" Acredito – 100%	Tristeza Desânimo Intensidade – 10

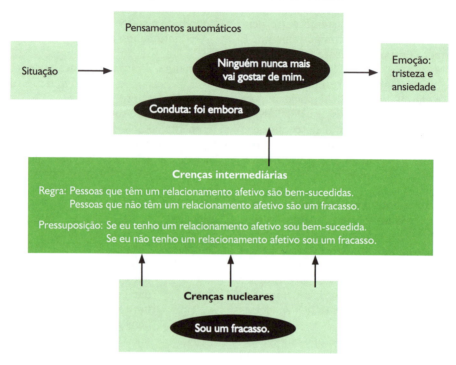

FIGURA 1.1

Esquema de registro de crenças nucleares e intermediárias da paciente Carla.

ter sofrido um rompimento são "provas" de que sua ideia negativa de si mesma é verdadeira. Ter alguém, uma regra que criou para sobreviver à esta crença absoluta negativa, estava sendo preenchida.

Como ocorre a intervenção quando Carla já é capaz de identificar os três níveis de cognição nos quais ela funciona?

O objetivo maior da terapia cognitiva é tornar o paciente seu próprio terapeuta.

Terapeuta: E outra situação foi...
Paciente: Sou professora. Essa semana três alunos dormiram em minha sala de aula. Logo pensei que realmente não consigo fazer as coisas direito, senti um desânimo... Terminei a aula mais cedo e fui chorar no banheiro.

A visão absoluta de Carla de si mesma como um fracasso fez com que ela interpretasse as situações de seu cotidiano dentro dessa ótica, praticamente sem nenhum questionamento. A interpretação da realidade a partir da crença nuclear de ser um fracasso leva Carla a um viés interpretativo da realidade.

Esses pensamentos automáticos e as crenças intermediárias podem ser o resultado da ativação de crenças negativas de Carla a respeito de si mesma, o que é comum em quadros depressivos.

Mas Carla é ou não um fracasso? Outro objetivo da terapia cognitiva é ensinar o paciente a revisar consigo mesmo se seus pensamentos são verdadeiros ou não.

O objetivo de um terapeuta não é ensinar o paciente a "brincar de contente", mas torná-

-lo capaz de poder interpretar a realidade, identificar as distorções cognitivas características de sua patologia (ver Quadro 1.3).

Terapeuta: Então você seria um fracasso porque...

Paciente: Levei um fora de meu namorado, me sinto um fracasso, não consigo fazer as coisas direito, minhas festas não dão certo e meus alunos dormem em minhas aulas.

Terapeuta: Vamos ver então, Carla. Você levou um fora do seu namorado. Você já teve outros namorados?

Paciente: Sim, três que eu me lembre, mais o João quando eu tinha só 15 anos.

Terapeuta: Quanto tempo eles duraram?

Paciente: Ah, eu namoro por bastante tempo, pelo menos dois ou três anos cada um.

Terapeuta: O fato de você ter se envolvido em quatro relacionamentos anteriores que duraram em média dois anos é uma evidência a favor ou contra a ideia de que nunca mais uma pessoa vai gostar de você?

Paciente: Parando para pensar, acho que é contra.

Terapeuta: Podemos descrever este fato como uma evidência de que você é ou não é um fracasso?

Paciente: Acho que como uma evidência de que não sou um fracasso.

Seguimos investigando com a paciente.

Terapeuta: Você sempre levou o fora nestes relacionamentos?

Paciente: Digamos que meio a meio, dos meus cinco namorados, dei dois foras e levei três.

Terapeuta: Isso é uma prova de você ser um fracasso?

Paciente: Ter rompido dois namoros em cinco não fecha muito com essa ideia...

Terapeuta: Então, isso é uma evidência de que você é ou não um fracasso?

Paciente: De que não sou um fracasso (com expressão surpresa).

Terapeuta: Não tem ninguém interessado em você agora?

Paciente: Minhas colegas dizem que o Zeca, um colega de trabalho, vive na minha volta.

Terapeuta: E isso é uma evidência...

Paciente: De que não sou um fracasso. Agora me lembrei que quando

QUADRO 1.3	REGISTRO DE PENSAMENTOS DISFUNCIONAIS DA PACIENTE CARLA			
Situação	**P. A.**	**Sentimento**	**Conduta**	**P. Alt.**
Organizei uma festa este fim de semana	Minhas festas dão sempre errado. Acredita que choveu!	Me deu uma **tristeza**	Fiquei andando de um lado para o outro. Não conseguia sentar para atender todo mundo. Mal conversei. Fiquei cansada.	PA-Emoção
Sou professora e três alunos dormiram na sala de aula.	Não consigo fazer as coisas direito.	Dá um desânimo.	Terminei a aula mais cedo e fui chorar no banheiro.	

estava indo embora da festa, o Zeca veio falar comigo, mas eu nem dei atenção a ele, só queria sair dali.

O questionamento socrático, como exemplificado acima, é uma técnica muito utilizada na terapia cognitiva, através da qual o terapeuta coleta informações que sustentam ou não a ideia do paciente; no caso da paciente Carla, ela ser ou não um fracasso.

O mesmo questionamento seria feito com as duas outras situações que ela trouxe durante a sessão (ver Quadro 1.4).

Investigar evidências que sustentam ou não uma crença nuclear (neste caso, ser um fracasso) é uma das maneiras de ensinar o paciente a revisar suas distorções e criar crenças alternativas mais dentro da realidade.

O objetivo final da terapia cognitiva visa ensinar o paciente a ser capaz de reconstruir sua cognição, avaliar o que sustenta ou não suas crenças nucleares negativas e o quanto elas são verdadeiras ou não – possibilitando a construção de crenças nucleares e intermediárias alternativas – e colocar suas regras em um *continuum*, não mais polarizadas em positivo e negativo.

Origem das crenças nucleares e intermediárias negativas

Carla relata que seu pai era uma pessoa extremamente exigente e sua irmã mais velha, uma pessoa muito bonita e inteligente, uma aluna nota 10.

Carla sempre foi uma aluna média. Não se destacava, mas nunca repetia o ano. Seu pai sempre a comparava com a irmã e vivia dizendo que ela seria "um fracasso", que não daria certo na vida, caso não se esforçasse como a irmã.

Carla teve um quadro de depressão maior aos 18 anos porque não passou no seu primeiro vestibular. Seu pai ficou muito decepcionado e assustado, pois o pai dele (o avô paterno da paciente) era deprimido e se suicidou. "Ele nunca me perdoou por isso e se afastou definitivamente de mim", disse Carla.

Passamos a falar então de conceitualização, um instrumento básico na terapia cognitiva para a compreensão de como o indivíduo se organizou para poder interagir com suas crenças nucleares negativas disfuncionais.

No modelo de reestruturação de Beck, os dados coletados são organizados em um quadro, como pode ser visto na Figura 1.2.

Seguindo com a paciente, seu quadro de conceitualização pode ser preenchido a partir de três situações que relata de seu cotidiano consideradas problemáticas devido à forte carga de afeto e aos pensamentos negativos que provocaram. A elaboração de uma hipótese de conceitualização pode ocorrer na primeira sessão com o paciente.

No caso de Carla, a primeira situação relatada foi o encontro com ex-namorado na festa; seu pensamento automático – "Ninguém nunca mais vai gostar de mim" – fez com que se sentisse ansiosa e triste e decidisse ir embora.

A situação número 2, foi quando organizou um churrasco no fim de semana; seu

---

QUADRO 1.4	QUADRO DE EVIDÊNCIAS PRÓS E CONTRAS SOBRE A CRENÇA NUCLEAR DA PACIENTE DE SER UM FRACASSO
Evidências que sustentam a crença	**Evidências que não sustentam a crença**
1. Meu namorado brigou comigo	1. Tive cinco namorados
2. Não faço as coisas direito	2. Dei dois foras
3. Minhas festas não dão certo	3. O Zeca está interessado em mim
4. Meus alunos dormem na sala de aula	4. Ele me procurou antes de eu ir embora da festa

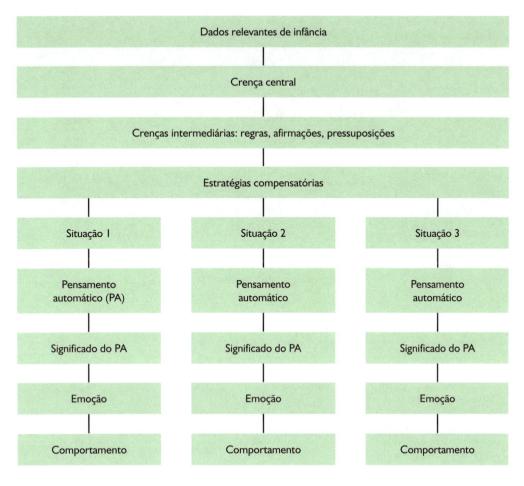

FIGURA 1.2

Diagrama de conceitualização cognitiva (© Judith Beck, 1993).

pensamento automático foi "Minhas festas sempre dão errado"; sentiu-se triste e desanimada, não conseguindo parar de trabalhar e não se permitindo conversar com ninguém.

A situação 3 foi de três alunos dormirem na sua aula; o pensamento automático de Carla foi "Não consigo fazer as coisas que tenho de fazer"; sentiu-se desanimada e triste, terminando sua aula mais cedo.

O passo seguinte é identificar com Carla o que cada pensamento automático significa em cada situação em relação a sua pessoa, ou seja, tentar identificar sua crença nuclear negativa, neste caso: "Sou um fracasso".

A partir dessa sua crença nuclear negativa, "sou um fracasso", que suas crenças intermediárias se estabeleceram como, por exemplo: "Se tenho um relacionamento afetivo, sou bem-sucedida; se não tenho um relacionamento afetivo, sou um fracasso"; ou afirmações como: "Pessoas que fazem as coisas de forma absolutamente correta são bem-sucedidas e pessoas que não fazem as coisas de forma absolutamente correta são um fracasso".

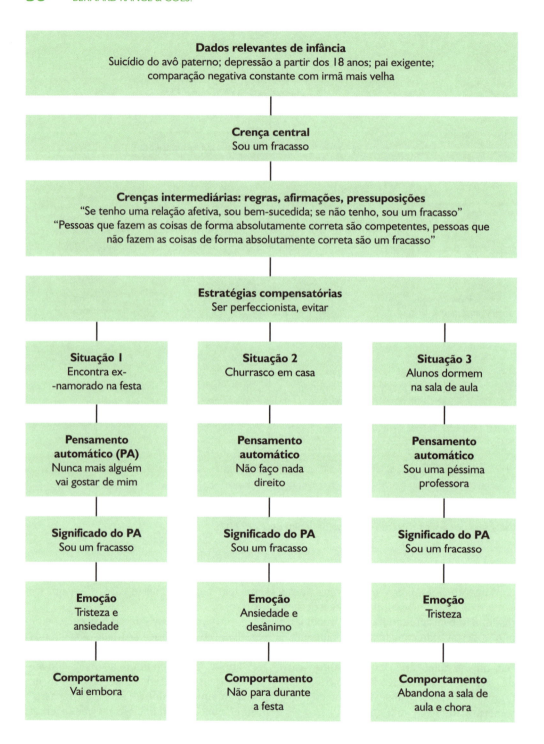

FIGURA 1.3

Diagrama da conceitualização da paciente Carla (© Judith Beck, 1993).

A identificação de comportamentos e estratégias compensatórias fica visível: ser perfeccionista, evitar.

Dados relevantes da história da paciente, que podem ou não reforçar ou atenuar a sua crença negativa, são importantes para uma conceitualização adequada e útil.

No caso de Carla, o suicídio do avô paterno, seu diagnóstico de depressão aos 18 anos, um pai crítico e exigente e uma irmã atraente com uma inteligência aparentemente acima da média são dados de história que podem ser considerados relevantes.

A elaboração da conceitualização é um processo contínuo, vivo e sujeito a modificações, à medida que novos dados são revelados e hipóteses podem ser confirmadas ou rejeitadas durante o processo do tratamento. É um instrumento clínico imprescindível, um guia, seja qual for o diagnóstico psiquiátrico do paciente.

O exercício final da terapia cognitiva é, através de treinamentos, capacitar o paciente para que ele possa aprender a fazer reestruturações cognitivas e conseguir estabelecer estratégias que perpetuem essa habilidade de forma duradoura. Mas como isso é possível?

O registro de pensamento disfuncional é um dos instrumentos da terapia cognitiva que torna possível ao paciente aprender e reconhecer a conexão entre pensamento, afeto e conduta, verificar evidências prós e contras a veracidade ou a utilidade de pensamentos automáticos e crenças nucleares negativas, possibilitando ao final do tratamento que o paciente seja capaz de reestruturar seu pensamento e criar pensamentos e crenças alternativas.

A paciente Carla tem o pensamento absoluto: "Ninguém nunca mais vai gostar de mim" e acredita nele 100%.

Através do questionamento socrático, torna-se possível para Carla obter e avaliar evidências sobre se este seu pensamento automático é verdadeiro ou não. Uma série de fatos pró e contra esta ideia são coletados.

Ao serem lidas todas as evidências pró e contra para Carla durante a sessão, ocorreu-lhe o pensamento alternativo: "Meu namorado não gosta mais de mim, mas já tive outros ex e não deixei de ter relacionamentos depois".

Durante a sessão, ao ser questionada sobre o quanto ela, naquele momento, acreditava no que estava dizendo, Carla disse acreditar 60% no que recém havia elaborado.

É a prática fora da sessão, no dia a dia do paciente, por meio de tarefas combinadas a serem praticadas entre uma sessão e outra, que dá ao paciente o domínio das diferentes técnicas da terapia cognitiva que o levam a uma reestruturação cognitiva e a uma consequente melhora no seu humor e no comportamento cotidiano.

QUADRO 1.5	CONSTRUÇÃO DE PENSAMENTO ALTERNATIVO POR MEIO DO REGISTRO DE PENSAMENTO DISFUNCIONAL

REGISTRO DE PENSAMENTO DISFUNCIONAL – PENSAMENTO ALTERNATIVO

Pensamento automático	Sentimento	Fatos que confirmam esta ideia	Fatos que não confirmem esta ideia
"Ninguém nunca mais vai gostar de mim." Acredito – 100%	Tristeza Intensidade – 10	Levei um fora de meu namorado. Me sinto um fracasso. Não faço as coisas direito.	Já tive 5 outros namorados. Levei o fora de 3 e dei o fora em 2. Tem um colega de trabalho interessado em mim.

CONCLUSÃO

Nessas quatro décadas de existência da terapia cognitiva, vários desdobramentos ocorreram em relação ao modelo original, mais de 20 outras formas de terapias cognitivas surgiram.

A Terapia do Esquema, de Jeffrey Young (2008), a Terapia Comportamental Dialética para o transtorno *borderline* de personalidade, de Marsha Linehan (1993), o modelo de intervenção para pânico, de David Clark (1986), a Terapia Metacognitiva, de Adrian Wells (2004), e a Terapia de Aceitação e Compromisso (ACT), de Steven Hayes (1983), são alguns exemplos dessa diversidade.

Muitas perguntas, no entanto, ainda permanecem:

Quais seriam as bases biológicas sobre o porquê pacientes melhoram? Que tipo de conhecimento mais recente poderia auxiliar em relação ao modelo cognitivo? O que sabemos agora sobre o que torna um indivíduo mais vulnerável à depressão? O que contribui para que ela persista?

Recentes avanços nas neurociências aumentaram a compreensão dos transtornos depressivos e ampliaram o repertório clínico, mas muito ainda precisa ser feito, como, por exemplo, instrumentos que possibilitem medir mudanças na cognição pela terapia cognitiva nos pacientes, uma redução ainda maior nos índices de recaída associados à intervenção, dados mais consistentes quanto à eficácia da TC em comparação a outras abordagens para transtornos alimentares, de personalidade, esquizofrenia, etc.

A terapia cognitiva, no seu formato original e nos seus desdobramentos, é uma construção que, sem dúvida, proporcionou uma nova, clara e eficaz estrutura conceitual psicoterápica para uma série de transtornos mentais, um sólido instrumento terapêutico para que nossos pacientes se tornem capazes de lidar com e controlar sua doença.

REFERÊNCIAS

Barlow, D. (2001). *Clinical handbook of psychological disorders* (3rd ed.). New York: Guilford.

Beck, A., Rush, J., Shaw, B., & Emery, G. (1997). *Terapia cognitiva da depressão*. Porto Alegre: Artmed.

Beck, J. (1997). *Terapia cognitiva: teoria e prática*. Porto Alegre: Artmed.

Beck, J. (2007). *Terapia cognitiva para desafios clínicos, o que fazer quando o básico não funciona*. Porto Alegre: Artmed.

Clark, D., Beck, A., & Alford, B. (1999). *Scientific foundations of cognitive theory and therapy of depression*. New York: John Wiley & Sons.

Giacobbe, G. (2009). *Como virar Buda em cinco semanas*. [S.l.]: Sindicato Nacional dos Editores.

Greenberger, D., & Padesky, C. (1996). *A mente vencendo o humor*. Porto Alegre: Artmed.

Knapp, P. (Org.). (2004). *Terapia cognitivo comportamental na prática psiquiátrica*, Porto Alegre: Artmed

Salkovskis, P. (1996). *Frontiers of cognitive therapy*. New York: Guilford.

2

A prática da terapia cognitiva no Brasil

Helene Shinohara
Cristiane Figueiredo

Com um crescimento rápido nos 40 últimos anos, a Terapia Cognitiva é uma das primeiras formas de psicoterapia que tem demonstrado eficácia em pesquisas científicas rigorosas e também uma das primeiras a dar atenção ao impacto do pensamento sobre o afeto, o comportamento, a biologia e o ambiente, levando-a à condição de "paradigmas dominantes" na psicologia clínica (Dobson e Scherrer, 2004).

A Terapia Cognitiva tem sido aplicada, desde finais da década de 1960, para uma variedade de casos, em diversos contextos, em diferentes populações. Se a proeminência de determinada abordagem for definida pelo grau de atenção dada em publicações, dissertações e referências aos produtos científicos dela, podemos afirmar que a Terapia Cognitiva tem sustentado uma trajetória ascendente nos últimos anos. Através da análise do número de publicações, citações e referências encontradas na literatura psicológica, observa-se um aumento considerável de informações científicas veiculadas sobre a terapia cognitiva (Padesky, 2010; Robins, Gosling e Craik, 1999).

Inicialmente, aqui no Brasil, a expansão de sua teoria e das técnicas para meios acadêmicos e clínicos ocorreu de forma espontânea, principalmente através de literatura especializada, porém traduzida. Terapeutas brasileiros vindos de outras abordagens, comportamental em sua maioria, tiveram acesso aos textos cognitivistas em livros importados e em congressos no exterior. Adaptações provavelmente foram necessárias tanto por motivos culturais quanto por limitações a uma formação clínica adequada.

Em 1990, existia certo número de professores comportamentais em algumas universidades brasileiras, principalmente em São Paulo, e vários terapeutas desta abordagem em outras localidades. Nesta época, alguns primeiros livros sobre Terapia Cognitiva em inglês foram trazidos por profissionais que participaram de eventos internacionais e que ficaram interessados nos novos conhecimentos apresentados. Especialmente no Rio de Janeiro, um grupo de sete pessoas, composto por Bernard P. Rangé, Eliane Falcone, Helene Shinohara, Paula Ventura, Monica Duchesne, Alice Castro e Lucia Novaes, passou a se reunir periodicamente para ler, discutir e incorporar o enfoque cognitivista nas suas práticas terapêuticas. Em outros locais do país, movimento similar começou a ocorrer com as novas oportunidades de encontro, reflexão e debate. Rangé, Falcone e Sardinha (2007) delineam o histórico deste desenvolvimento em grupos de São Paulo, Porto Alegre, Salvador e outras cidades.

Desde então, a fundação da Sociedade Brasileira de Terapias Cognitivas (SBTC), em 1998, atualmente transformada em federação (FBTC) para abrigar diversas associações regionais (ATCs), favoreceu o intercâmbio de informações e o aprimoramento da formação do terapeuta cognitivo brasileiro. Cursos de formação, *workshops* e congressos, além de convidados estrangeiros, propiciaram não só o aumento de interessados na área como uma prática consistente com o modelo de Aaron Beck. A tradução e a publicação dos livros mais significativos e a produção científica brasileira levaram à consolidação da Terapia Cognitiva no Brasil.

O contato direto em *workshops* com Judith Beck, Leslie Sokol e Keith Dobson em Porto Alegre, Christine Padesky e Jeffrey Young em São Paulo, Cory Newman, Robert Friedberg e Thomas Borkovec no Rio de Janeiro, além de outros, estabeleceu novos patamares de conhecimento.

Atualmente, no estado do Rio de Janeiro, têm sido realizados encontros científicos anuais com uma média de 500 participantes, entre profissionais e estudantes. Estas pessoas estão localizadas na capital e nas maiores cidades do interior, trabalhando em faculdades, laboratórios de pesquisa, clínicas de psicologia, hospitais, clubes esportivos, Marinha, Aeronáutica, Judiciário, Polícia Militar, etc. A maioria com graduação e/ou pós-graduação em psicologia e cursos de extensão que incluem prática supervisionada, segundo levantamento realizado nos arquivos da Associação de Terapias Cognitivas do Estado do Rio de Janeiro (ATC-Rio). Dados similares quanto ao número de interessados na área e seus locais de atuação, em nível nacional, serão provavelmente também abrangentes.

Para uma boa formação do terapeuta cognitivo brasileiro, muito tem sido investido na ideia da importância da participação deles em associações regionais e nacionais, da produção científica divulgada em revistas científicas e congressos, da atualização profissional em eventos, grupos de estudo, grupos de supervisão e leituras atualizadoras.

De forma consistente, segue-se um modelo teórico de compreensão do ser humano e de sua psicopatologia, o qual dispõe de um arsenal técnico validado empiricamente. O papel do processo interpessoal no resultado terapêutico tem sido cada vez mais enfatizado pelos estudos recentes sobre eficácia. Baseada nos pilares da teoria, da técnica e da relação terapêutica, observa-se o crescente interesse pela abordagem no Brasil e no mundo. O último Congresso Mundial de Terapias Comportamentais e Cognitivas, realizado em Boston (2010), agregou trabalhos de profissionais de diferentes pontos do planeta, e participação extensa de brasileiros.

Através da análise da produção científica apresentada nos últimos congressos nacionais ou regionais, conforme os respectivos anais, pode-se afirmar que a Terapia Cognitiva praticada no Brasil engloba tanto o trabalho clínico individual quanto em grupo, realizados em consultórios, hospitais e clínicas-escola. Identifica-se não somente o atendimento psicoterápico propriamente dito, mas trabalhos preventivos, grupos de apoio, orientação de pais e professores, e de equipe multidisciplinar. Estes trabalhos acontecem muitas vezes em conjunto com psiquiatras e outros profissionais de saúde ou educação.

Além disso, as temáticas dos eventos incluem também muitas apresentações que exploram aspectos relacionados à docência e à formação de psicoterapeutas cognitivos. De uma forma geral, parece ser consenso que cursos especializados em Terapia Cognitiva, que abranjam teoria, técnica e prática supervisionada, sejam essenciais para a qualificação deste profissional.

Quanto à população atendida com a Terapia Cognitiva, encontram-se clientes de diferentes níveis sociais, econômicos ou de escolaridade, com problemática variada, tanto aquele sem queixa específica que quer se "conhecer melhor", quanto o que tem um ou vários transtornos psiquiátricos em comorbidade. Podem ser clientes particulares ou institucionais, geralmente encaminhados por seus médicos, por outro cliente ou por outra instituição.

O fortalecimento da abordagem, nos últimos anos, parece estar relacionado à crescente credibilidade advinda dos resultados de pesquisa clínica, à divulgação desta produção científica em revistas especializadas e à maior visibilidade na mídia com a transmissão destas informações para os leigos. A procura por profissionais da área só aumenta a responsabilidade por um trabalho qualificado, atualizado e ético.

Com o objetivo de qualificar a Terapia Cognitiva praticada no Brasil, Figueiredo, Shinohara e Brasileiro (2000) elaboraram um levantamento de possíveis semelhanças e diferenças com a prática clínica recomendada pelas principais bibliografias da época, pesquisando 27 profissionais que responderam sobre sua prática terapêutica. Os resultados indicaram que as semelhanças estavam relacionadas aos princípios gerais da Terapia Cognitiva, enquanto as diferenças diziam respeito a adaptações culturais e características da formação acadêmica anterior, em psicanálise ou em behaviorismo, como trabalhar com tempo limitado, aderir a uma estrutura estabelecida, propor tarefas de casa a cada sessão, fazer anotações durante a terapia, pesquisar sobre dados relevantes da infância e acompanhar o cliente em atividades fora do consultório. Estes dados fortaleceram a noção de que esta nova forma de psicoterapia se estabelecia em bases seguras.

Anos mais tarde (2010), este levantamento foi refeito na expectativa de avaliar se haviam ocorrido mudanças na prática clínica da terapia no país. Para isso, foi aplicado o mesmo instrumento de autoinforme com 25 questões em que são pontuadas as frequências de 0 (nunca) a 4 (sempre) com que cada terapeuta se comporta diante do cliente e/ou executa procedimentos considerados padrão na Terapia Cognitiva de Beck. Suas respostas foram comparadas com as de Judith Beck, Ph.D., Diretora do Instituto Beck e Professora Assistente de Psicologia na Universidade da Pennsylvania, que respondeu versão em inglês. Este procedimento gerou resultados que permitiram avaliar em quais situações o terapeuta cognitivista brasileiro mais se aproxima do modelo formal de Beck e em quais a sua prática se diferencia. Os resultados encontrados sugerem possibilidades de compreensão a respeito das modificações socioculturais que o modelo teórico sofre ao ser adaptado a uma população diferente daquela a partir da qual foi criado e desenvolvido.

Participaram deste estudo 245 terapeutas cognitivistas brasileiros de todas as regiões geográficas do país através do preenchimento de uma versão *on-line* do inventário encaminhada aos sócios da FBTC e das regionais ATCs. O tempo de prática clínica variou de seis meses a 38 anos, e o grupo total foi dividido em três faixas de experiência: até dois anos, de dois a dez anos e mais de dez anos. Além do tempo de experiência foi avaliado também se o profissional havia participado de curso de formação ou especialização, em que 88% dos participantes informaram que tinham capacitação formal em terapia cognitiva.

A análise dos dados foi obtida através do cálculo de médias aritméticas, desvios padrão e intervalos de confiança, além do teste X^2 (qui-quadrado) para avaliar diferenças entre os três grupos por tempo de prática clínica. As respostas dadas por J. Beck foram consideradas como valores de referência e o resumo dos resultados encontrados está representado na Tabela 2.1 e na Figura 2.1.

A linha central da Figura 2.1 representa as respostas de J. Beck – valores de referência – e as barras horizontais correspondem à diferença pontual das médias aritméticas das respostas dadas pela amostra brasileira para cada questão, evidenciando em quais itens as diferenças foram mais proeminentes. Por exemplo, quanto maior a barra para a direita ou para a esquerda, maior o grau de discordância entre os terapeutas brasileiros e J. Beck. Para a direita da figura encontram-se as diferenças geradas por uma maior frequência de comportamento da amostra ante a resposta de J. Beck, enquanto diferenças para a esquerda representam uma menor frequência da amostra ante os valores de referência.

A primeira observação que os resultados permitem fazer se refere ao grau de concordância das respostas da amostra brasileira com os valores referenciais de J. Beck. Este dado revela que 76% das afirmativas sobre o comportamento dos cognitivistas brasileiros correspondem ao preconizado pelo modelo Beck. É possível relacionar esta informação com a qualidade da literatura, da formação, dos encontros científicos re-

TABELA 2.1

Respostas dos participantes ao Inventário de diferença pontual entre J. Beck e terapeutas brasileiros

Questão	J. Beck	Cognitivistas brasileiros	Diferença
1	4	3,94	-0,06
2	4	3,21	-0,79
3	3	3,55	0,55
4	4	3,82	-0,18
5	4	3,52	-0,48
6	3	3,51	0,51
7	2	3,28	1,28
8	3	2,09	-0,91
9	4	3,63	-0,37
10	4	3,44	-0,56
11	4	3,58	-0,42
12	4	3,84	-0,16
13	4	3,75	-0,25
14	4	2,54	-1,46
15	4	2,62	-1,38
16	3	2,97	-0,03
17	4	3,17	-0,83
18	3	1,91	-1,09
19	4	3,51	-0,49
20	1	1,63	0,63
21	4	3,58	-0,42
22	1	2,18	1,18
23	2	1,43	-0,57
24	4	3,49	-0,51
25	4	3,44	-0,56

gionais e nacionais, além da frequência da vinda de palestrantes e professores ligados ao Instituto Beck e à Academia Internacional de Terapia Cognitiva ao Brasil, especialmente nos últimos 10 anos.

Como exemplo das atitudes em que esta concordância é mais evidente, podemos citar as seguintes:

■ Procura identificar os pensamentos que influenciam os sentimentos atuais do cliente (Questão 4).
■ Encoraja o cliente a tornar-se ativo durante a sessão (Questão 9).
■ Dá informações sobre o tipo de terapia e como ela funciona (Questão 12).
■ Enfatiza o presente, o aqui e agora (Questão 24).

■ Utiliza a conceitualização cognitiva para compreender o funcionamento do cliente (Questão 25).

Ainda que o grau de concordância seja elevado, observou-se que em algumas questões as diferenças foram significativas e, portanto, merecem ser analisadas.

Nas questões 7 e 22, que se referem respectivamente a dar importância a pesquisar dados da infância do cliente e a utilizar estratégias persuasivas, as médias dos terapeutas brasileiros foram mais elevadas do que a frequência com que J. Beck executa tais ações no processo terapêutico. Sobre a primeira afirmativa pode-se sugerir que alguns fatores, como a ênfase da formação acadêmica nacional em abordagens

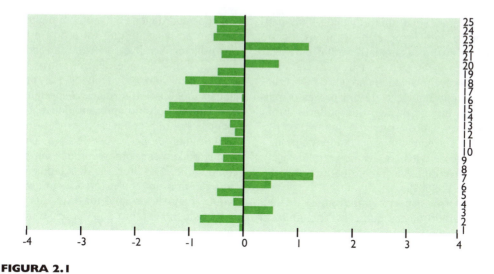

FIGURA 2.1

Diferença entre J. Beck e terapeutas cognitivistas brasileiros questão a questão.

psicodinâmicas e o tempo não limitado de terapia, sejam aspectos relevantes para que o psicoterapeuta brasileiro se detenha mais frequentemente no levantamento de dados da infância do cliente comparado à prática formal da Terapia Cognitiva, originalmente mais voltada à identificação e à reestruturação dos padrões cognitivos atuais do cliente em detrimento de uma história de vida mais pormenorizada e do tempo de tratamento limitado a poucas sessões.

Quanto à maior utilização de estratégias persuasivas (questão 22), a média dos terapeutas brasileiros indica que a maioria utiliza tais recursos "às vezes", enquanto J. Beck "raramente" o faz. Deste modo, seria um erro considerar que esta seja uma prática muito frequente dos brasileiros. Sua maior utilização poderia estar relacionada a algumas hipóteses como o atendimento de pacientes com diagnósticos complexos, como transtornos de personalidade, que exigem algumas intervenções de caráter mais persuasivo. No entanto, este dado pode também denunciar uma necessidade imperativa de ensinar os terapeutas brasileiros a fazerem melhor uso das técnicas de descoberta guiada e questionamento socrático em lugar das estratégias de convencimento ou persuasivas com seus clientes. Isso pode estar relacionado a uma falha de formação teórica e prática.

Avaliando as questões em que as diferenças foram negativas, ou seja, nas quais os cognitivistas brasileiros executam determinadas ações menos frequentemente que o recomendado pelo modelo original, destacam-se as questões 2, 14, 15, 17 e 18, cujos temas são:

- Resume acuradamente o conteúdo trazido pelo cliente.
- Trabalha com tempo limitado (meses em vez de anos).
- Adere a uma estrutura estabelecida em cada sessão.
- Propõe tarefas de casa a cada sessão.
- Recomenda que o cliente faça anotações durante a sessão.

Pode-se perceber que, com exceção do trabalho com tempo limitado, as outras questões referem-se essencialmente à estrutura do encontro terapêutico. Neste aspecto é possível pensar na influência cultural e acadêmica que tende a considerar o processo terapêutico uma atividade mais pautada na livre associação de ideias, dando ênfase ao processamento verbal em lugar das estratégias escritas. Parece haver ainda uma crença relacionada ao uso da estrutura como uma limitação de um processo mais rico de interação, algo que poderia tornar a terapia menos atrativa, o que não corresponde, entretanto, aos resultados de pesquisas apresentados em eventos e publicações científicas tanto nacionais quanto estrangeiras (Beck, 2007).

Outro aspecto importante de ser considerado nestas questões, incluindo aí o tempo limitado de terapia, diz respeito aos seguros de saúde no Brasil, que em sua maioria não cobrem despesas com psicoterapia. Quando o fazem – atualmente existe legislação obrigando a inclusão de alguns serviços de saúde antes não cobertos pelas seguradoras – é por tempo determinado (em torno de 12 sessões) e para situações de crise. Deste modo, ainda interferem pouco no tipo de atendimento que é prestado na área de saúde mental, o que certamente é diferente da realidade norte-americana. O tempo limitado para a realização de um trabalho com efetividade demanda uma ação mais estruturada por parte do profissional, com vistas a aperfeiçoar os resultados terapêuticos no menor espaço de tempo possível.

Finalmente, com relação ao tempo de prática clínica não foram encontradas diferenças significativas na maior parte das questões entre os grupos com maior ou menor experiência, o que permite avaliar que em termos de procedimentos padrão de Terapia Cognitiva, independente do transtorno psiquiátrico envolvido, tanto os profissionais mais experientes quanto os mais novos estão seguindo os princípios básicos da abordagem de Beck.

CONSIDERAÇÕES FINAIS

A Terapia Cognitiva no Brasil ao longo dos últimos 20 anos vem se consolidando como uma das abordagens mais proeminentes na atenção ao paciente que sofre de transtornos psicológicos diversos, como ansiedade, humor, personalidade, entre outros. Sua prática tem sido desenvolvida por profissionais que buscam formação especializada e, segundo o estudo apresentado, segue de modo bastante coerente a orientação do modelo original de Beck. As diferenças encontradas podem ser compreendidas em parte como naturais ao processo de adaptação de uma teoria a um contexto sociocultural diferente daquele no qual foi originada, não reduzindo, no entanto, sua eficácia terapêutica. Além disso, muitos dos fatores apontados que atualmente influenciam a prática da Terapia Cognitiva estão em processo de mudança e possivelmente terão menos interferência para as próximas gerações de cognitivistas brasileiros.

REFERÊNCIAS

Beck, J. S. (2007). *Terapia cognitiva para desafios clínicos: o que fazer quando o básico não funciona*. Porto Alegre: Artmed.

Dobson, K. S., & Scherrer, M. C. (2004). História e futuro das terapias cognitivo-comportamentais. In: Knapp, P. (Org.). *Terapia cognitivo-comportamental na prática psiquiátrica* (p. 42-57). Porto Alegre: Artmed.

Figueiredo, C., Shinohara, H., & Brasileiro, R. (2000). A prática da terapia cognitiva no Brasil: semelhanças e diferenças. In: Kerbauy, R. R. (Org.). *Sobre Comportamento e Cognição. Psicologia Comportamental e Cognitiva*: da reflexão teórica à diversidade da aplicação (v. 5). Santo André: ESETec.

Padesky, C. A. (2010) Aaron T. Beck: A mente, o homem e o mentor. In: Leahy, R. L., & cols. *Terapia cognitiva contemporânea: teoria, pesquisa e prática*. Porto Alegre: Artmed.

Rangé, B., Falcone, E., & Sardinha, A. (2007). História e panorama atual das terapias cognitivas no Brasil. *Revista Brasileira de Terapias Cognitivas, 3*(2), 53-68.

Robins, R. W., Gosling, S. D., & Craik, K. H. (1999). An Empirical Analysis of Trends in Psychology. *American Psychologist, 54*(2), 117-128.

ANEXO I — INVENTÁRIO DE AVALIAÇÃO DA PRÁTICA DE TERAPIA COGNITIVA

Atribua, para as afirmações abaixo, números de zero (0) a quatro (4) conforme indica o seguinte quadro de gradação:

0 – Nunca   1 – Raramente   2 – Às vezes   3 – Na maioria das vezes   4 – Sempre

Durante o processo terapêutico você:

1. Demonstra sistematicamente cordialidade, empatia, atenção e respeito pelo cliente.
2. Resume acuradamente o conteúdo trazido pelo cliente.
3. Faz declarações empáticas.
4. Procura identificar os pensamentos que influenciam os sentimentos atuais do cliente.
5. Especifica os comportamentos problemáticos objetivamente.
6. Dedica algum tempo na identificação dos fatores desencadeadores dos problemas.
7. Acha importante pesquisar sobre dados relevantes da infância do cliente.
8. Solicita periodicamente que o cliente expresse seus sentimentos em relação a você.
9. Encoraja o cliente a tornar-se ativo durante a sessão.
10. Transforma objetivos terapêuticos em metas específicas.
11. Explica para o cliente a natureza e a trajetória do problema dele.
12. Dá informações sobre o tipo de terapia e como ela funciona.
13. Ensina o cliente a identificar problemas e buscar soluções de mudança por si mesmo.
14. Trabalha com tempo limitado (meses em vez de anos).
15. Adere a uma estrutura estabelecida em cada sessão.
16. Utiliza recursos de biblioterapia.
17. Propõe tarefas de casa a cada sessão.
18. Recomenda que o cliente faça anotações durante a sessão.
19. Prepara o cliente para oscilações ou recaídas.
20. Acompanha seu cliente em atividades fora do consultório.
21. Valoriza o caráter afetivo das experiências do cliente.
22. Utiliza estratégias persuasivas com seus clientes.
23. Faz revelações sobre sua vida pessoal.
24. Enfatiza o presente, o aqui e agora.
25. Utiliza a conceitualização cognitiva para compreender o funcionamento do cliente.

3

Psicoterapia cognitivo-construtivista
O novo paradigma dos modelos cognitivistas

Cristiano Nabuco de Abreu

INTRODUÇÃO

A psicoterapia, de um modo geral, vem, ao longo dos anos, sofrendo uma profunda alteração em seus princípios e em suas propostas clínicas. Decorrentes de evidentes transições históricas, inúmeras contribuições surgiram no cenário das ciências humanas fazendo com que o conceito de *mudança psicológica* tenha sido um dos mais debatidos e alterados. Assim, muitas escolas de psicoterapia, ao advogarem suas habilidades aos pacientes, fizeram com que os mesmos, muitas vezes, ficassem surpresos e perdidos, sentindo como se estivessem transitando em um continente regido por diferentes impérios terapêuticos, cada qual apontando para uma direção distinta.

Para uma pessoa em busca de ajuda, este cenário pode, a princípio, parecer confuso e atordoante; contudo, é um exemplo claro do que hoje é denominado de "pós-modernidade" – período no qual os significados adquiriram um caráter quase absoluto de transitoriedade e multiplicidade. Alguns autores chegam a afirmar que hoje não mais vivemos em um *universo*, único e singular, mas em um "*multi*verso", variado e diverso por natureza (Maturana e Varela, 1995).

Em meio a esta grande transformação e como uma resposta a tal transição, surgiu uma nova postura psicológica articulada com o momento de mudanças – o *construtivismo terapêutico*, consequência deste período de profunda transição paradigmática observada no campo das psicoterapias. É a respeito desta temática que o presente capítulo versará.

COGNIÇÃO E REALIDADE

Durante muito tempo se pensou que nosso conhecimento a respeito do mundo e de nós mesmos era resultante da atividade mental em seu contato com estímulos provenientes do meio. Entendia-se que a realidade externa, ao incidir sobre nossa cognição, criava reflexos – semelhante a um raio de luz que incide sobre um anteparo – e que quanto mais perfeitos eles fossem, melhor reproduziriam a fonte emissora. Em se tratando do nosso conhecimento, a premissa também seria válida, quanto maior fosse o grau de correspondência de nosso conhecimento com o mundo externo, mais legítimo seria.

Nesta visão, também chamada de objetivista, entendeu-se que os conceitos que descreviam os estímulos *representavam* a realidade externa, ou seja, desenvolvíamos em nossa vida uma natural inclinação a representar internamente os significados da existência exterior, independentemente das mentes que assim o percebiam (tradução: o conhecimento estava "lá fora", na realidade, e era livre para existir, quer estivéssemos lá ou não para percebê-lo). Em uma concepção de categorias, o trabalho da mente não era o de construir os conceitos, mas o de descobri-los em sua plenitude no mundo exterior. Um exemplo disso é quando nos deparamos com a palavra *pássaro*, rapidamente nos perceberemos atribuindo significados como: voador, com penas, com bico, alimentando-se de insetos, etc. Portanto, o trabalho da cognição nesta referência é o de estruturar a realidade externamente dada, fracioná-la, classificando o conjunto de símbolos, para depois organizá-los em nossa mente. Quanto mais conceitos pudéssemos coletar a respeito de *pássaro*, mais completa seria nossa descrição e mais "verdadeiro" seria o nosso conhecimento. E foi exatamente neste contexto que as terapias cognitivas tradicionais (ou também chamadas de objetivistas) apareceram, advogando o racionalismo como uma poderosa ferramenta para a obtenção do equilíbrio psicológico humano. A *razão*, dentro dessa escola, foi elevada à categoria de destaque, e a precisão e a graça de seu funcionamento deram-nos a chave para o domínio de uma saúde mental. Daí originou-se a máxima de que o "viver bem é o resultado de um pensar bem (ou corretamente)" (Mahoney, 1998).

E este foi o prenúncio de um bom tempo. Sob esta concepção é que as visões cognitivistas de psicoterapia mostraram toda a sua força ao exibirem as mais diversificadas ferramentas de *ajuste cognitivo* como os *registros de pensamentos disfuncionais* (Beck, 1997), as técnicas de *reestruturação cognitiva* (Beck e Freeman, 1993), o processo de *identificação das crenças irracionais* (Ellis, 1988) e toda uma variedade de denominações peculiares que sustentaram (e ainda sustentam) a prática da correção ou de substituição dos padrões disfuncionais por padrões mais funcionais do pensamento.

Nesse sentido, mais do que se presumir, aceitou-se que o conhecimento é uma representação direta do mundo exterior, cabendo ao terapeuta auxiliar o paciente no ajuste ou no aperfeiçoamento de padrões mais *verdadeiros* e concordantes com a realidade socialmente estabelecida. Dessa forma, o terapeuta, nesta postura, muitas vezes "sabe" aquilo que é melhor para seu paciente. Trabalhar com o pensamento tornou-se um elemento determinante e, à sua disfunção, atribuiu-se toda uma variedade de psicopatologias. Às emoções intensas, aquelas intrusas indesejadas de nosso bem-estar, restaram-lhes o controle pela razão.

Todavia, junto com a silenciosa chegada da pós-modernidade, novos conhecimentos provenientes da neurociência foram progressivamente sendo incluídos e refinando ainda mais as concepções psicológicas mais tradicionais, principalmente nos projetos cognitivistas. Assim como a Revolução Cognitiva alterou as bases das psicoterapias comportamentais da época, o mesmo agora ocorreu com o cognitivismo com a chegada dos paradigmas construtivistas (Mahoney, 1998). E, assim, uma segunda revolução se deu.

COGNIÇÃO E AS MÚLTIPLAS REALIDADES

Das várias e importantes modificações introduzidas pelas referências cognitivo-construtivistas, citaríamos aquela que faz menção ao funcionamento da cognição e sua relação com as emoções. Segundo Lakoff (1987), o funcionamento cognitivo não se caracteriza por uma simples manipulação mecânica de símbolos abstratos para, desta forma, atingir um sentido final e único, como advoga a referência tradicional da TCC. Nesta posição, nossa mente em funcionamento não apenas reflete o mundo exterior, mas o transpõe, atribuindo significados que, muitas vezes, não são originários do estímulo em si. Lakoff, dessa forma, argumenta que o processo cognitivo é *corporificado*, isto é, os significados que são criados, frequentemente, partem das estruturas corpóreo-emocionais da experiência, e não dos processos puramente racionais do pensamento. Isso faz com que nossa cognição não seja então apenas representativa. Mais do que reproduzir internamente os significados do mundo externo, *construímos* muito mais sentidos do que aqueles já articulados "lá fora", ou seja, nossa cognição, basicamente pró-ativa, vai além do que a ela é apresentado. Portanto, o mundo interno de significados é uma *construção pessoal* ímpar, idiossincrática, *sentida*, e não exclusivamente pensada.

A psicoterapia cognitivo-construtivista, assim, procura entender e ampliar os padrões de significados, e não, *a priori*, desconfiar que os pensamentos irracionais sejam os vilões equivocados do sofrimento emocional. A experiência individual é resultante de um processo evolutivo, em que a realidade na qual vivemos é (re)interpretada através de nossa estrutura cognitiva e os significados finais são o produto de *atribuições pessoais* de caráter múltiplo e emocional. O mundo que se ergue e habitamos não é um mundo em que os significados são estabelecidos de maneira pública e abstraídos através da razão, mas um mundo único, com um sentido próprio para aquele que o estrutura (Gonçalves, 1998). O organismo não é, então, passivo às interferências do meio, e sim *ativo*, indo além daquilo que lhe é dado. Diferentemente das visões tradicionais da TCC, nas quais os erros de pensamento nos levavam às emoções disfuncionais, nas concepções cognitivo-construtivistas, as emoções são as estruturas determinantes da formação de significado, ou seja, entende-se a existência de uma primazia da emoção sobre a forma de se criar e perceber a realidade.

Torna-se evidente o fato de que reagimos muito mais intensamente à realidade emocional do que à realidade externa. O que foi *construído* como verdadeiro pelo indivíduo converte-se em um elemento soberano e determinante aos nossos sentidos, mesmo que aos olhos do terapeuta possam ser irracionais ou desprovidos de lógica. A partir da construção interna é que os pacientes atribuem os significados às coisas que os circundam (Greenberg, 1998). "*Somos prisioneiros*", como afirma Guidano (1994, p. 72), "*capturados na rede de nossas teorias e expectativas*".

Sob a ótica da psicoterapia cognitivo-construtivista, toda concepção, todo conhecimento ou toda compreensão da realidade serão sempre, e primordialmente, um processo interpretativo feito a partir da pessoa que o vivencia. O "saber" (ou nossa consciência das situações) torna-se uma organização do ser vivente na tentativa de ordenar o fluxo de suas experiências pessoais (Watzlawick, 1994). O indivíduo leva consigo, então, uma representação ou um *mapa do mundo* que lhe permite viver guiado por sua teoria personificada de vida (Mahoney, 1998). Portanto, com o passar do tempo, vai sendo criada uma lente (ou um filtro) que estabelece as bases de nossa vida emocional e através da qual passamos a enxergar o mundo externo (Abreu e Shinohara, 1998). Esta é uma das bases das psicoterapias cognitivo-construtivistas.

Acreditamos que nos modelos mais tradicionais, representados aqui por Albert Ellis e Aaron Beck, a *ênfase* no processo de mudança recai sobre as dimensões mais *conceituais* (e lógicas) da experiência, manifestadas pelos pensamentos, conforme já mencionado. Enquanto que nos modelos mais cognitivo-construtivistas (conforme Michael Mahoney, Leslie Greenberg, Vittorio Guidano, Óscar Gonçalves, dentre outros), endossa-se uma prática mais voltada aos aspectos *emocionais* da experiência (Figura 3.1).

Segundo muitos autores construtivistas, a emoção, em maior ou menor grau, contribui para a formação dos significados em nossa estrutura cognitiva, pois se torna virtualmente impossível considerar as estruturas racionais da experiência sem que se integre, de uma maneira ou de outra, ao funcionamento emocional. Portanto, sabemos muito mais do que aquilo que podemos falar.

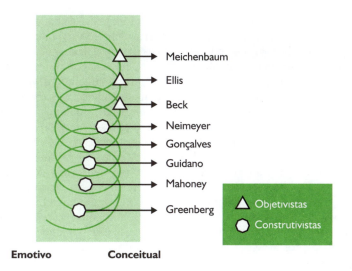

FIGURA 3.1

Ênfases para o Trabalho Terapêutico.
Fonte: Adaptado de Zagmutt, Lecannelier e Silva (1999).

A CIÊNCIA DOS SIGNIFICADOS E O CONSTRUTIVISMO

Há dois tipos globais e complexos de geração de significados que retratam a maneira pela qual nosso organismo se organiza em suas trocas com o mundo. A primeira modalidade é denominada de *processamento conceitual* e a segunda, de *processamento vivencial* (Greenberg, Rice e Elliott, 1996).

Por *processamento conceitual* nos referimos à maneira pela qual o conhecimento proveniente dos estímulos é processado em nossa consciência ao obedecer às regras formais do raciocínio analítico. Ao nos defrontarmos com o mundo, abstraímos os conceitos e nosso pensamento, em sua atividade, buscará classificar estes eventos sob as categorias de certo ou errado, verdadeiro ou falso, etc. Por exemplo, quando testemunhamos alguém agindo de maneira inadequada, muito provavelmente pensaremos: *"Não é certo agir assim!"*. Dessa forma, mais do que rapidamente, emitiremos uma opinião com tendências eminentemente classificatórias (como bom ou mau, certo ou errado). E assim, progressivamente, criaremos padrões gerais de interpretação da experiência através das conhecidas crenças e dos esquemas, tão bem elucidados pelas terapias cognitivas tradicionais. É dessa forma que os novos conceitos vão se delineando e os antigos vão sendo atualizados. Dessa maneira, os parâmetros nos quais nos baseamos ao dar as explicações dos acontecimentos em nossa vida originam-se neste processamento ou nesta atividade racional.

O *processamento conceitual* proporciona, portanto, um tipo de conhecimento a respeito da natureza das situações que é reflexivo, abstrato e intelectual ou, dito em outras palavras, um conhecimento baseado em um *modus operandi* intelectual pautado nas bases puramente lógicas do entendimento. O resultado de todo este processo é o que corriqueiramente chamamos de opinião – uma tentativa de organizar a informação em unidades molares (centrais) de conhecimento. A metáfora cartesiana *penso, logo existo,* elucida adequadamente a maneira de nosso pensamento operar.

O outro nível de processamento de informação é o chamado *processamento vivencial*. Nele, os significados gerados em nossa consciência advêm da atividade de percepção dos conteúdos que estão tácitos ou corpóreos (em vez de explícitos), estando em uma condição pré-conceitual e implícita. Neste nível, não interpretamos as situações sob o ponto de vista lógico, mas sob a ótica emocional, ou seja, o significado produzido por um evento nos faz sentir o impacto das experiências, ou seja, a informação ou este conteúdo será traduzido em aspectos relativos ao conforto ou ao desconforto corporal ou, ainda, à segurança ou ameaça sentida em uma situação. Tal processamento, diverso do processamento conceitual, suscita informações a partir de *como* as coisas nos chegam, e não *o que* nos atinge. É como se fôssemos guiados por um verdadeiro barômetro emocional (corporal) que é direto e vulnerável às flutuações mais oscilantes dos acontecimentos. Um exemplo deste nível de funcionamento é traduzido pela afirmação: *"estou me sentido desconfortável"*, tal afirmativa foge dos princípios lógicos do pensamento para, então, descrever formas mais primitivas de reação. Uma metáfora explicativa que reflete muito bem este tipo de atividade (e oposta àquela cartesiana acima citada), mencionaríamos: *existo, logo penso*.[1]

Desse modo, os seres humanos podem estar mais atentos aos dados sensoriais da experiência imediata, aumentando a percepção das informações emocionais implícitas, ou podem estar mais guiados por suas antecipações (pensamento) daquilo que esperam que ocorra. Por exemplo, em terapia, poderíamos ajudar nossos pacientes a se voltarem mais aos dados mais lógicos da experiência (crenças) ou estarem mais receptivos à experiência em curso (emoção).

Tendo agora em mente os dois níveis de processamento, o *vivencial* (mais imediato e rápido) e o *conceitual* (mais lento e reflexivo), podemos compreender que os *significados-pessoais-finais*, originados nas circunstâncias do cotidiano, surgirão sempre da soma ou da interação das impressões corporais/sensoriais com as opiniões desenvolvidas pelo nosso raciocínio abstrato. Assim, primeiramente *sentimos* algo para, posteriormente, *pensarmos* alguma coisa a seu respeito (Greenberg e Safran, 1987). Nossa consciência, portanto, usando um sentido figurativo, é a arena de encontro destes dois níveis de processamento, isto é, onde o conceito se une à experiência.

O TRABALHO EM PSICOTERAPIA: BASES TEÓRICAS

Uma pessoa que chega ao consultório, afirmando deparar-se frequentemente com situações nas quais se percebe, por exemplo, muito isolada das outras, poderá, neste momento, voltar a sua atenção para um dos dois tipos de processamento de informação. Tomando como base a referência experiencial (*processamento emocional*), ela poderá vir a dizer: *"sinto-me desconfortável... pois ninguém se aproxima muito de mim"*. Por outro lado, se ela preferir considerar tal situação sob o ponto de vista racional (*processamento conceitual*), é muito possível que ela venha a declarar: *"eu sou uma pessoa muito legal"*. Vejam que na primeira descrição são contempladas as sensações corporais (no caso, *o desconforto*), não chegando a se constituir em uma crença, mas apenas a descrição de uma sensação experimentada. Na segunda forma de entendimento já podemos ver indícios da presença de crenças (no caso, sentir-se *legal*, interessante). Talvez esta paciente possa tomar ciência de que uma mesma situação evoca dois tipos distintos de percepção ou de processamen-

---

[1] Para complementar o que estamos dizendo, basta uma simples verificação das queixas mais rotineiramente ouvidas nos consultórios. Em diversas situações, é frequente escutarmos comentários do tipo: *estou me sentindo sufocado(a)*; *aquela situação me causa um aperto no peito*; *sinto que estou carregando o mundo em minhas costas*, etc. Portanto, muitas interpretações que fazemos a respeito dos eventos partem inicialmente das impressões corporais (e também chamadas tácitas ou sensoriais), para posteriormente serem integradas e explicadas pelo nosso raciocínio.

to, talvez não. E, neste caso, várias possibilidades poderão ocorrer.

Se esta pessoa for alguém que atende básica e preferencialmente aos significados conceituais, é muito possível que seja criado um impedimento na criação final de significado. Neste caso, o *sentir-se* desconfortável + o *pensar* ser digna de valor não produzirá um ? significado global final. Quando a paciente estiver novamente frente a esta situação, se defrontará com um verdadeiro dilema. Neste caso, ela poderá não respeitar suas emoções (que são instintivas e corretas por natureza), para (optando pela razão) pensar e decidir que é absolutamente "ilógico" ter este sentimento de não se sentir próxima a ninguém. Neste momento, se cria uma ruptura na síntese dialética (vivencial + conceitual) da criação do significado "sentir-se isolada das outras pessoas" e, desconsiderando as emoções, poderão surgir os chamados medos irracionais. Com relação a eles, poderiam aparecer reações irracionais de medo de conexão (mas que de irracionais não têm nada, pois retratam uma experiência emocional de desconforto) ou até de indícios de uma futura fobia social. Com relação a possíveis crenças, pode aparecer alguma do tipo *"sou muito legal, mas não sei por que sou tão'rejeitada'"*.

Assim, serão, na verdade, os pensamentos acerca dessas necessidades básicas (ou das respostas emocionais) que se constituirão na fonte mais importante de toda disfunção. Se esta fusão de níveis de processamento (e de explicações) não ocorrer, integrando os dois níveis, o processo de simbolizar na consciência os episódios experimentados, se desenvolverão crenças incompatíveis com a situação e, neste momento, a pessoa se tornará desorientada (Greenberg, Rice e Elliott, 1996).

O ideal, neste caso, para que esta dificuldade possa ser superada, seria a geração de uma (nova) avaliação, incluindo uma maior percepção das emoções na narrativa do paciente, criando nova interpretação. Portanto, são os modelos holísticos e não os significados conceituais que devem ser reorganizados.

Muitas pessoas desavisadas podem, frente a este impasse, lançar mão de elementos amenizadores da falta de sintonia e de incompatibilidade entre os níveis. Em nossa opinião, muitas das pessoas que se utilizam do álcool ou das drogas fazem-no como instrumento redutor do *processamento emocional,* pois ao se anestesiarem acabam obtendo alívio parcial destas emoções não explicadas, já que o pensamento deixa de funcionar como elemento coercitivo. Ao se desvincularem as emoções dos padrões racionais (e restritivos) do pensamento, diminui-se a dissonância e a contradição existentes entre os dois níveis para que, então, do ponto de vista psicológico, as pessoas se sintam mais soltas para *sentir.*

Sob nossa ótica, portanto, desadaptativo não é o comportamento de fuga ou a crise psicológica, mas a busca sistemática desta via de expressão como uma tentativa de restituição destas emoções não compreendidas ou ainda não plenamente integradas. Entende-se, portanto, a crise psicológica como indicativa de um processo inacabado. Surgindo daí um velho ditado que afirma serem os psicoterapeutas cognitivo-construtivistas os *desorganizadores previamente orientados* (Guidano, 1994). Temos como objetivo, nesta modalidade de psicoterapia, a desorganização de significados limitantes que fazem com que o processo de mudança permaneça estagnado.

Assim sendo, a psicoterapia deve ser introduzida e considerada como um elemento facilitador e autorizador de uma construção emocional de significados mais integrativa, permitindo uma fusão cada vez mais progressiva dos aspectos emocionais com os cognitivos (Safran e Greenberg, 2000). Entendemos que não são as emoções disfuncionais *per se* que devem ser eliminadas e corrigidas, mas o pensamento que desenvolvemos a respeito de nossas emoções é que deve ser expandido e refinado.

Portanto, quando nossos pacientes demonstram medos ou angústias, uma interessante postura é a de *permitir* que a expressão emocional exista, sem desqualificá-la ou alterá-la sob uma ótica de uma suposta irracionalidade. *"Não sofremos pelas nossas emoções, sofremos pelo não entendimento destas emoções"* (Guidano, 1994, p. 34). Nesse sentido, o que poderemos fazer é auxiliá-los nos processos de (novas) sínteses dialéticas.

Ao agirmos assim, estaremos ajudando nossos pacientes a explicar (e entender) um pouco melhor as suas emoções, ao invés de assumirmos que tais reações são ilógicas ou fruto de um raciocínio em desequilíbrio. Como os significados são múltiplos e pessoais, respeitar o discurso nada mais é do que auxiliar a *validar* suas reações emocionais e promover (progressivamente) o seu entendimento (Greenberg e Safran, 1987). A aceitação do outro, portanto, com todas as suas particularidades e idiossincrasias é o coração de todo o processo de mudança (Safran e Muran, 2000). "Não devemos matar o mensageiro antes de receber a mensagem", ou seja, não devemos promover a alteração das crenças antes de compreender o processo emocional subjacente.

Em geral, as dificuldades clínicas representam as perturbações mais substanciais no sistema de construção de significado, pois o paciente o constrói de maneira estagnada, fragmentária e limitada, tornando-se incapaz de adaptar-se a desafios experienciais de novas emoções, o que inevitavelmente causa um grande número de emoções desadaptativas (Kelly, 1955).

Portanto, frente aos nossos pacientes, quando nos colocamos de uma maneira humilde e de *não saber* (uma vez que seus sofrimentos são derivados das *suas* referências emocionais e pessoais), naturalmente contribuímos para a redução da percepção do terapeuta como sábio e forte. Isso diminui a vigilância interpessoal e, consequentemente, aumenta a força da aliança terapêutica e a coragem para as explorações emocionais de maior vigor (Horvath e Greenberg, 1994).

O TRABALHO EM PSICOTERAPIA: BASES PRÁTICAS

Para que se tornem mais claras as premissas descritas, vale compreender melhor o que se entende por "trabalhar com as emoções" em psicoterapia. Conforme já publicado em outro lugar (Abreu e Cangelli, 2005), estamos longe de propor aqui qualquer forma de catarse, pois a mesma já foi amplamente estudada e descrita como inócua, ou ainda sugerir que trabalhar com as emoções envolveria apenas estar atento e empático às manifestações emocionais de nossos pacientes – neste sentido, vale dizer que nossa concepção vai um pouco mais além. Segundo Greenberg (2002), as emoções podem ser descritas como pertencentes a três categorias distintas, a saber: *emoções primárias, emoções secundárias* e *emoções instrumentais*. Isso nos aponta para o fato de que as emoções como um todo raramente serão as mesmas e, portanto, possuem propósitos distintos; não são entidades singulares que podem ser trabalhadas sempre da mesma maneira. Cada uma, de acordo com sua natureza e característica, carrega uma forma e uma função adaptativa distinta, por isso é que se torna imperativo fazermos uma diferenciação mais refinada.

a) Emoções Primárias Adaptativas: Três são descritas, dividindo-se em *raiva* na violação, *tristeza* frente à perda e *medo* perante a ameaça. Tais emoções possuem um claro valor associado à sobrevivência e ao bem-estar psicológico. São aquelas rápidas ao aparecer e mais velozes ainda ao partir, pois são a base da conhecida inteligência emocional.

b) Emoções Primárias Desadaptativas: São as emoções das quais as pessoas frequentemente se arrependem ou as quais lamentam ter expressado de maneira tão intensa ou tão equivocada – são emoções baseadas nas histórias de aprendizado. As pessoas sentem-se tão presas a elas que, mesmo tendo passado a situação, continuam sentindo-se como se ainda estivessem com a experiência em curso e, por fim, sentem-se como se estivessem se consumindo nestas sensações. Quando finalmente conseguem se livrar delas, prometem a si mesmas que esta será a última vez que terão reagido desta maneira – são as conhecidas "feridas", descritas pelos pacientes como sua "parte ruim", pois refletem toda a gama de sentimentos envolvendo falta de valor pessoal, tristeza, sensações de vazio e desesperança. Revelando muito mais a respeito das pessoas do que a respeito das situações, tais emoções fazem com que os pacientes tentem desesperadamente escapar, mas efetivamente nunca acabem conseguindo, ou seja, se consomem demasiadamente por sentir isso tudo.

c) Emoções Secundárias Desadaptativas: As emoções secundárias são aquelas que, ao atingirem a amígdala cerebral (o centro da "luta ou fuga") e produzirem uma emoção, sofrem a influência e a possível interferência do córtex cerebral (sede da razão), mudando sua natureza primária. Neste sentido, estas emoções tornam-se respostas ou evitações (intelectualizadas) às emoções primárias.

É por esta razão que as pessoas podem desenvolver uma variada gama de possibilidades ao sentir emoções, como, por exemplo, desenvolver medo de sua raiva, vergonha de seus medos ou mesmo raiva de suas tristezas. Quando uma pessoa não se sente à vontade para expressar determinadas emoções, ela não vivencia a emoção em si, mas a *consequência* de não saber lidar com esta emoção. Portanto, as emoções secundárias tornam-se uma categoria de emoções usadas pelo indivíduo para se proteger das primárias que muitas vezes são vergonhosas, ameaçadoras, embaraçosas ou dolorosas de serem manifestas. Por exemplo: uma pessoa pode estar se sentindo secundariamente deprimida, mas sua depressão pode estar encobrindo um sentimento primário de raiva. Tal categoria de emoções normalmente ilustra uma quantidade de reações que foram ensinadas a respeito de outras emoções e retratam a forma mais trivial de uma pessoa lidar com seus sentimentos. Uma mulher que cresceu sendo ensinada que deveria sempre agir de maneira submissa, em uma situação de frustração, muito provavelmente chorará ao invés de mostrar sua raiva. Outro exemplo: um homem pode estar sentindo primariamente medo, mas por isso não ser uma atitude muito máscula socialmente falando, torna-se agressivo secundariamente. Quando uma pessoa está obviamente sentindo uma emoção e a interrompe ou a evita, intelectualizando-a (ou ainda distraindo-se dela) é que as emoções se tornarão secundárias. Quando as emoções primárias (que são necessidades básicas) não são rapidamente percebidas e/ou mesmo atendidas, imediatamente transformam-se em outras emoções, confundindo ainda mais o seu reconhecimento.

Portanto, as emoções secundárias frequentemente aparecem quando ocorrem as tentativas (fracassadas) de controle ou ainda de julgamento das emoções primárias – ou seja, quando se procura evitar ou negar aquilo que se está primariamente sentindo, acaba-se por sentir-se mais mal ainda. É assim que tais emoções se tornam desadaptativas, pois levam o indivíduo a se autodesorganizar. É exatamente desta categoria de emoções que se constitui a queixa dos pacientes e o que os faz buscar terapia.

d) Emoções Instrumentais: Estas emoções refletem muito mais o estilo geral do que a reação emocional (momentânea) propriamente dita. São reações exibidas pelas pessoas na tentativa de evocar reações específicas de seus pares. Por exemplo, uma esposa pode "mostrar" ao marido que está triste na tentativa de obter mais atenção, ou uma

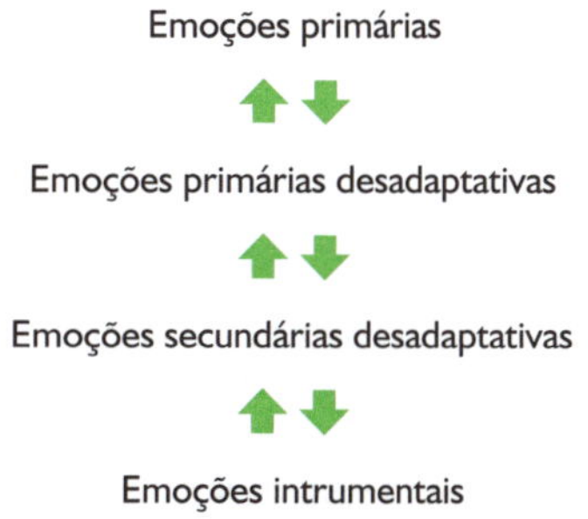

Emoções primárias

Emoções primárias desadaptativas

Emoções secundárias desadaptativas

Emoções intrumentais

FIGURA 3.2

Taxonomia das emoções.

criança expressa desamparo na tentativa de obter algo desejado. Como são emoções de natureza mais interpessoal, esta categoria de emoção não reflete as emoções sentidas, mas aquelas expressas como forma de manipular e obter o que se deseja.

A partir do que foi exposto, entende-se que o trabalho do terapeuta cognitivo-construtivista é o de transformar as emoções desadaptativas e ajudar o paciente a desenvolver respostas mais adaptativas, auxiliando-o a

1. perceber,
2. acessar e
3. transformar suas emoções e
4. criar, assim, um novo significado de seu comportamento.

Um homem agressivo que consegue reconhecer seus sentimentos primários de dor ou solidão terá, seguramente, mais habilidade para se mover em direção ao conforto ao invés de afastar as pessoas com seu comportamento ofensivo. Um cliente sofrendo de pânico conseguirá reconhecer que sua tristeza momentânea em estar sozinho dispara a cadeia de experiências fóbicas e tentará buscar situações ou pessoas acolhedoras, satisfazendo assim sua necessidade de amparo e proteção, diminuindo seus medos de abandono. Portanto, usa-se a emoção como elemento de partida e de chegada, evitando-se controlá-la através de premissas de irracionalidade do pensamento. É evidente que usamos a lógica neste processo, pois as emoções são sempre rápidas e pouco precisas; elas refletem tendências de ação. Neste sentido, usa-se também da lógica do pensamento para polir um sentimento ainda pouco claro e de difícil compreensão para o indivíduo. Assim, "cabeça" e "coração" formam uma parceria que ajudam o paciente a buscar a realização de suas necessidades mais básicas (que ainda não foram atingidas). Somente se muda emoção com outra emoção e jamais com a razão. Por isso que a psicoterapia nesta modalidade segue mais além de uma "conversa" sobre as emoções.

CONCLUSÃO

Vale lembrar que a psicoterapia cognitivo-construtivista realiza o trabalho dos três "P", isto é, nos momentos iniciais do processo clínico objetiva-se enfocar o Problema com todas as suas peculiaridades e variações. Em um segundo momento, se dá o aprofundamento da análise dos Padrões gerais, aqueles que mantêm o aparecimento dos problemas e que são compostos pelas repetições das dificuldades em questão. Finalmente, desenvolve-se uma análise mais aprofundada dos Processos nos quais os padrões e os problemas se manifestam (Abreu e Cangelli, 2005). Portanto, neste último nível do trabalho, busca-se compreender as marés de ordem que são seguidas pelas marés de desordem e que constituem a história de flutuações emocionais na vida daqueles que buscam ajuda (Mahoney, 1998).

REFERÊNCIAS

Abreu, C. N., & Cangelli. R. (2005). Abordagem cognitivo-construtivista de psicoterapia no tratamento da anorexia nervosa e bulimia nervosa. *Revista Brasileira de Terapia Cognitiva, 1*(1), 45-58.

Abreu, C. N., & Shinohara, H. (1998). Cognitivismo e construtivismo: uma fértil interface. In: Ferreira, R. F. & Abreu, C. N. (Ed.) *Psicoterapia e construtivismo: considerações teóricas e práticas.* Porto Alegre: Atmed.

Beck, J. (1997). *Terapia cognitiva*: teoria e prática. Porto Alegre: Artmed.

Beck, A., & Freeman, A. (1993). *Terapia cognitiva dos transtornos de personalidade*. Porto Alegre: Artmed.

Ellis, A. (1988). Desarollando los ABC de la terapia racional emotiva. In: Mahoney, M. & Freeman, A. (Org.). *Cognición y psicoterapia*. Barcelona: Paidós.

Gonçalves, O. (1998). *Psicoterapia cognitiva narrativa: manual de terapia breve*. Campinas: Psy.

Greenberg, L. S. (1998). A criação do significado emocional. In: Ferreira, R. F. & Abreu, C. N. *Psicoterapia e construtivismo: implicações teóricas e práticas*. Porto Alegre: Artes Médicas.

Greenberg, L. S., Rice, L. N., & Elliott, R. (1996). *Facilitando el cambio emocional*. Barcelona: Paidós.

Greenberg, L. S., & Safran, J. S. (1987). *Emotion in psychotherapy*. New York: Guilford.

Greenberg, L. (2002). *Emotions focused therapy: coaching clients to work through their feelings*. Washington: APA.

Guidano, V. F. (1994). *El sí-mismo en* proceso: hacia una terapia cognitiva posracionalista. Barcelona: Paidós.

Horvath, A. O., & Greenberg, L. S. (Ed.) (1994). *The working alliance theory, research and practice*. New York: John Wiley & Sons.

Kelly, G. (1955). *The psychology of personal constructs*. New York: Norton.

Lakoff, G. (1987). *Women, fire, and dangerous things: what categories reveal about the mind*. Chicago: University of Chicago.

Mahoney, M. J. (1998). *Processos humanos de mudança: as bases científicas da psicoterapia*. Porto Alegre: Artmed.

Maturana, H., & Varela, F. (1995). *A árvore do conhecimento: as bases biológicas do entendimento humano*. Campinas: Psy.

Watzlawick, P. (1994). *A realidade inventada*. Campinas: Psy.

Zagmutt, A., Lecannelier, F., & Silva, J. (1999). The problem of delimiting constructivism in psychotherapy. *Constructivism in the Human Sciences*, 4(1), 117-127.

4

Terapia do esquema

Eliane Mary de Oliveira Falcone

A terapia centrada nos esquemas foi desenvolvida por Jeffrey Young (1994a), com o objetivo de ampliar o modelo de terapia cognitiva de Beck (Beck, Rush, Shaw e Emery, 1979), para tratar indivíduos considerados como pacientes difíceis ou com transtorno de personalidade. Posteriormente, esse modelo de tratamento passou também a ser aplicado a outros problemas clínicos, tais como depressão e ansiedade crônicas, problemas conjugais difíceis, transtornos alimentares, abuso de substâncias e agressores criminosos (Young, Klosko e Weishaar, 2003).

Young realizou estágio clínico de base analítica e posteriormente comportamental, sob a supervisão de Joseph Wolpe (1915-1997), com quem adquiriu experiência para tratar de fobias e do transtorno obsessivo-compulsivo. Mais tarde, passou a trabalhar com Aaron Beck no Centro de Terapia Cognitiva, na Filadélfia, onde atendia especificamente pacientes deprimidos e com outros transtornos do Eixo I (Young, 2008). Quando começou a tratar de indivíduos com transtornos crônicos e de personalidade, Young verificou que os procedimentos padrão da terapia cognitiva aplicados a esses clientes eram ineficazes (Gluhoski e Young, 1997; Young, 2008; Young et al., 2003).

Embora reconhecidamente eficaz no tratamento de transtornos do Eixo I, com níveis de sucesso superiores a 60% (Klosko e Young, 2004), a terapia cognitiva ou cognitivo-comportamental (TCC) apresenta demandas tais como: desenvolvimento de habilidades do cliente para reestruturar pensamentos e solucionar problemas; ênfase no aqui-e-agora; estabelecimento de agenda e de metas; adesão às tarefas, etc. (Leahy, 2001; Newman, 2007), que não são correspondidas por muitos indivíduos com transtornos crônicos e de personalidade (Beck e Freeman, 1993).

As dificuldades de adesão desses pacientes às demandas da TCC padrão ocorrem à medida que eles:

a) não querem ou não conseguem seguir o protocolo de tratamento;
b) possuem dificuldade para acessar as próprias cognições e emoções, parecendo estar fora de contato com elas e, em muitos casos, envolvendo-se com a evitação cognitiva e afetiva;
c) possuem cognições distorcidas e comportamentos autoderrotistas resistentes ou que não se modificam com práticas de análise empírica, discurso lógico, teste da realidade, etc.;
d) possuem dificuldade para formar uma aliança terapêutica;
e) manifestam problemas vagos, crônicos e difusos, inacessíveis ao estabelecimento de um alvo de tratamento (Young et al., 2003).

As dificuldades mencionadas acima levaram Young a buscar novos conhecimentos. Influenciado pelo modelo construtivista de personalidade de Guidano e Liotti (1983), ele desenvolveu um sistema teórico e de tratamento sistemático e estruturado, acessível à compreensão dos seus pacientes (Young, 2008), integrando vários modelos de psicoterapia, tais como as abordagens cognitivo-comportamental, construtivista, psicodinâmica, de relações objetais e da Gestalt. Surgiu assim a terapia do esquema (Young et al., 2003).

Em síntese, a terapia do esquema aumenta a abrangência da TCC padrão por:

a) utilizar um modelo desenvolvimental para discutir as origens do transtorno com o paciente, bem como os seus estilos de enfrentamento ao longo da vida;
b) utilizar técnicas emocionais vivenciais, especialmente diálogos;
c) considerar a relação terapêutica como um ingrediente ativo do tratamento (e não apenas como um recurso para facilitar a adesão do paciente) e
d) tratar os aspectos crônicos e de personalidade, em vez dos sintomas agudos (Gluhoski e Young, 1997; Young, 1994; Young et al., 2003).

Alguns resultados positivos sobre a eficácia da terapia do esquema em pacientes com transtorno da personalidade *borderline* (TPB) (Arntz, Klokman e Sieswerda, 2005; Gude e Hoffart, 2008; Nadort et al., 2009; Nordahl e Nysaeter, 2005), indicam um crescente interesse por essa abordagem psicoterápica, especialmente na Holanda, na Inglaterra e na Noruega (Nordahl e Nysaeter, 2005; Young, 2008). Estudos de validação também apontam correlações entre esquemas e modos e os transtornos de personalidade (Nordahl e Nysaeter, 2005). Serão apresentados a seguir o modelo conceitual e o tratamento baseado na terapia do esquema.

O MODELO CONCEITUAL DA TERAPIA DO ESQUEMA

O modelo teórico de Young tem como propósito fornecer uma explicação operacional integrada às intervenções clínicas com indivíduos que apresentam transtornos de personalidade (McGinn e Young, 2005). Parte do princípio de que, desde o nascimento, os seres humanos possuem necessidades emocionais precoces (vínculos seguros, base estável, previsibilidade, amor, carinho, atenção, aceitação, elogio, empatia e limites realistas) para se desenvolver e estabelecer relações saudáveis. Uma combinação de fatores de temperamento e de necessidades emocionais não satisfeitas (padrões parentais erráticos) poderá levar o indivíduo a construir formas de atingir essas necessidades através de esquemas desadaptativos remotos (EDR) ou precoces (Young et al., 2003).

Os EDR são temas amplos relativos a si mesmo e às relações com os outros, constituídos de padrões cognitivos, emocionais, interpessoais e comportamentais autoderrotistas, que começam na infância ou na adolescência, como representações baseadas na realidade do ambiente da criança, e se perpetuam ao longo da vida. Sua natureza disfuncional se torna mais evidente na idade adulta, na interação com as outras pessoas (Gluhoski e Young, 1997; Young et al., 2003). Assim, uma criança que cresce em um ambiente carente de afeto, empatia e atenção, poderá desenvolver um esquema de Privação Emocional, o qual se manifestará, na vida adulta, através de demandas excessivas por afeto e por crenças de não ser amada. Tais demandas irão sobrecarregar as outras pessoas, as quais podem se distanciar, fortalecendo ainda mais o esquema.

Os EDR encontram-se geralmente fora da consciência, embora as pessoas tenham a possibilidade de identificá-los com a psicoterapia. Produzem emoções e/ou somatizações intensas, assim como comportamentos autodestrutivos, experiências interpessoais negativas ou prejuízo aos outros. Além disso, impedem que o indivíduo atinja as suas necessidades básicas de autodeterminação, independência, relação interpessoal, validação, espontaneidade e limites realistas (Gluhoski e Young, 1997). São sentidos como "certos" e, por serem autoperpetuadores, são altamente resistentes à mudança. Embora causando sofrimento significativo, são confortáveis e familiares ao indivíduo, que só sabe funcionar daquela maneira (Young et al., 2003). Para descrevê-los, Young (2003) utiliza a metáfora dos sapatos velhos, os quais, embora sem utilidade, sabemos como é caminhar com eles.

Domínios dos esquemas

Young (2003) apresenta 18 esquemas com suas estratégias cognitivas, comportamentais, experienciais e interpessoais específicas. De acordo com suas características, os esquemas são agrupados em cinco domínios, cada um dos quais interfere com uma necessidade básica na infância. A seguir serão descritos os domínios com seus respectivos esquemas (para uma revisão mais detalhada dos EDR e seus domínios, ver Young, 2003; Young et al., 2003).

Os esquemas do primeiro domínio, chamado de *Desconexão e Rejeição*, caracterizam-se pela expectativa de que as próprias necessidades de segurança, estabilidade, cuidado, empatia, compartilhamento de sentimentos, aceitação e respeito não serão atendidas de forma constante ou previsível. Eles surgem de experiências em que os padrões familiares caracterizam-se por frieza, rejeição, contenção das expressões, solidão, explosões, imprevisibilidade, abuso ou pela falta de vínculos seguros. Tais esquemas incluem: Abandono/Instabilidade, Desconfiança/Abuso, Privação Emocional, Defectividade/Vergonha e Isolamento Social/Alienação.

Os esquemas de Dependência/Incompetência, Vulnerabilidade a Danos e Doenças, Emaranhamento/*Self* Subdesenvolvido e Fracasso compreendem o domínio de *Autonomia e Desempenho Prejudicados*. Indicam expectativas sobre si mesmo e sobre o mundo que interferem com as próprias habilidades percebidas de se separar, sobreviver, funcionar independentemente ou desempenhar alguma atividade com sucesso, além de incapacidade para formar a própria identidade e gerir a própria vida (tendência a ser criança na vida adulta). A família de origem é superprotetora, emaranhada, debilitadora da confiança ou pouco reforçadora.

O domínio de *Limites Prejudicados* engloba os esquemas de Merecimento/Grandiosidade e de Autocontrole/Autodisciplina Insuficientes. Esses esquemas caracterizam-se por uma deficiência nos limites internos, na responsabilidade com os outros e na orientação para metas em longo prazo, levando a dificuldades em cooperar, assumir compromissos, respeitar os direitos dos outros ou estabelecer e atingir metas pessoais realistas. As famílias de indivíduos com esses esquemas costumam ser permissivas, superindulgentes, carentes de direção, disciplina e limites sobre assumir responsabilidades, cooperar e estabelecer metas.

Os esquemas do domínio de *Orientação para o Outro* se caracterizam por um foco excessivo nos desejos, nos sentimentos e nas necessidades dos outros, à custa das próprias necessidades, a fim de obter amor e aprovação, de manter o sentimento de conexão, evitar a retaliação ou aliviar a dor dos outros. A família de origem está baseada na aceitação incondicional, em que as crianças devem suprimir aspectos importantes de si mesmas para obter amor, atenção e aprovação. As necessidades e os desejos emocionais dos pais ou a aceitação de *status* social são mais valorizadas do que as necessidades emocionais da criança. Os esquemas desse domínio incluem: Subjugação, Autossacrifício e Busca de Aprovação/Reconhecimento.

Os esquemas de Negativismo/Pessimismo, Inibição Emocional, Padrões Inflexíveis/Crítica Exagerada e Postura Punitiva estão agrupados no domínio de *Supervigilância e Inibição*. Indivíduos com esquemas nesse domínio costumam suprimir os próprios sentimentos e impulsos espontâneos, à custa de felicidade, autoexpressão, relaxamento, relacionamentos íntimos e boa saúde. São preocupados, vigilantes e propensos ao pessimismo. A família de origem é severa, exigente e punitiva.

Young (Young et al., 2003) classifica os esquemas como condicionais e incondicionais. No segundo caso, não há esperança para o paciente. Ele será incompetente, indigno de amor, etc., e nada poderá mudar essa condição. O esquema incondicional deixa a criança sem possibilidade de escolha. Já o esquema condicional (Subjugação, Autossacrifício, Busca de Aprovação/Reconhecimento, Inibição Emocional e Padrões Inflexíveis/Crítica Exagerada) dá a esperança de mudar o resultado. O indivíduo pode se subjugar, sacrificar-se, buscar aprovação, inibir emoções ou se esforçar para cumprir padrões elevados, a fim de evitar o resultado negativo. Os esquemas condicionais são também chamados de secundários e se desenvolvem na tentativa de obter alívio dos esquemas incondicionais (por exemplo, Padrões Inflexíveis em resposta à Defectividade, Subjugação em resposta ao Abandono, etc.) (Young et al., 2003).

Estilos desadaptativos de enfrentamento

A ativação de um esquema representa uma ameaça. No sentido evolucionário, a ameaça dispara reações de alarme (lutar, fugir ou paralisar-se), as quais correspondem, respectivamente, aos estilos de enfrentamento: *hipercompensação*, *evitação* e *resignação*. A ativação de um esquema é ameaçadora, uma vez que provoca frustração de necessidades emocionais não atingidas, além de forte emoção ou somatização. Nessas circunstâncias, o indivíduo irá utilizar estilos de enfrentamento que, embora funcionais na infância, são desadaptativos na vida adulta e contribuem para perpetuar o esquema (Young et al., 2003).

Os estilos de enfrentamento operam fora da consciência do indivíduo, o qual, mesmo quando as condições oferecem opções mais adequadas, permanece aprisionado ao seu esquema (Young et al., 2003). Em outras palavras, esses estilos correspondem a padrões de comportamento utilizados na tentativa de atingir as próprias necessidades emocionais. Entretanto, acabam fortalecendo os esquemas. Como será discutido mais adiante, o conceito de estilos de enfrentamento foi posteriormente incorporado ao conceito de modos do esquema.

Na *resignação ao esquema*, o indivíduo assume o esquema e não luta contra ele. Mesmo experimentando o sofrimento emocional, age de modo a confirmá-lo. Em termos comportamentais, faz escolhas autossabotadoras, buscando parceiros que irão tratá-lo da mesma forma errática como fizeram os seus cuidadores. Uma pessoa com um esquema de Abandono/Instabilidade, por exemplo, irá selecionar pares inconstantes, que não terão interesse em formar vínculos; já um indivíduo com esquema de Defectividade/Vergonha, buscará amigos e pares críticos e rejeitadores (Young, 2003; Young et al., 2003).

Ao utilizar a *evitação* como estilo de enfrentamento, o indivíduo procura impedir que o esquema seja ativado, bloqueando pensamentos e imagens, usando a distração quando estes surgem, sempre com o objetivo de não sentir o esquema. Alguns desses padrões evitativos incluem: usar drogas, limpar compulsivamente, trabalhar compulsivamente, evitar relações íntimas ou desafios no trabalho, etc. Uma pessoa com esquema de Defectividade/Vergonha evita deixar que os outros se aproximem; outra com esquema de Fracasso evitará desafios profissionais ou adiará tarefas (Young, 2003; Young et al., 2003).

No estilo de enfrentamento caracterizado pela *hipercompensação*, a pessoa pensa, sente, comporta-se e se relaciona de maneira oposta ao esquema, na tentativa de ser diferente daquela criança que foi no passado. Se esta foi subjugada na infância, age de forma desafiadora; se foi abusada, torna-se abusadora, etc. Embora demonstre uma aparente autoconfiança, no íntimo sente-se ameaçada pela ativação do esquema (Young, 2003; Young et al., 2003).

Modos do esquema

O conceito de modos de esquemas é mais recente na abordagem de Young e surgiu a partir das dificuldades encontradas em aplicar o modelo de esquemas para pacientes com TPB (Gluhoski e Young, 1997; Klosko e Young, 2004). Uma vez que esses indivíduos apresentam-se com muitos esquemas e porque eles mudam continuamente de um estado afetivo para outro (em um momento estão furiosos, minutos depois tristes, aterrorizados ou isolados), a explicação baseada apenas nos esquemas (os quais correspondem a traços de personalidade) não é suficiente para entender essas mudanças rápidas de estado (Klosko e Young, 2004; Young et al., 2003). Assim, um *modo de esquema* é definido como "aqueles esquemas ou as respostas de enfrentamento – adaptativas ou desadaptativas – que estão atualmente ativas para um indivíduo" (Klosko e Young, 2004, p. 276).

A forma adaptativa de um *modo de esquema* ocorre normalmente e indica o estado de humor predominante que um indivíduo está em um dado momento. As mudanças de um modo a outro, ao longo do tempo, são comuns em indivíduos psicologicamente saudáveis, os quais podem mudar de um humor desligado a zangado de acordo com mudanças nas circunstâncias. Neste caso, uma pessoa pode vivenciar mais de um modo ao mesmo tempo (por exemplo, ficar simultaneamente feliz e triste diante de um acontecimento). Além disso, quando indivíduos saudáveis sentem raiva, o seu *modo adulto saudável* se mantém ativo para impedir que suas emoções extrapolem aquilo que é culturalmente aceitável (Young et al., 2003).

Entretanto, o modo do esquema em indivíduos com TPB indica que uma parte do *self* está separada das outras partes de forma intensa e dissociada. Ou ele está extremamente assustado ou completamente furioso. Em razão de seu *modo adulto saudável* ser muito frágil, suas emoções tomam conta completamente de sua personalidade (Young et al., 2003). Frustrações repetidas das necessidades básicas e de experiências traumáticas durante a infância podem criar uma representação do *self* da criança, envolvendo um "modo de ser" em ambientes sociais específicos. Nesse caso, o modo do esquema pode ser demasiadamente intenso ou doloroso para a experiência, sendo pos-

teriormente separado do *self* da pessoa, produzindo assim um sistema de *self* fragmentado ou desintegrado (Nisaeter e Nordahl, 2008).

O Quadro 4.1 apresenta nove modos do esquema com suas características; eles se encontram agrupados em quatro categorias: modos inatos da criança, modos de enfrentamento disfuncional, modos de pais disfuncionais e modo adulto (Arntz et al., 2005; Klosko e Young, 2004; Nisaeter e Nordahl, 2008; Young et al., 2003).

Dentro de uma visão mais atualizada do modelo conceitual da terapia do esquema, os EDR e os estilos de enfrentamento estão contidos no modelo dos modos de tal maneira que todos os estilos de enfrentamento passaram a ser considerados como modos de enfrentamento. O estilo de *resignação ao esquema* tornou-se o *modo capitulador complacente*; o estilo de *evitação do esquema* atualmente refere-se ao *modo protetor desligado*; e o estilo de *hipercompensação do esquema* tornou-se o *modo hipercompensador* (Young, 2008).

Os *modos de criança abandonada, criança zangada e impulsiva, pai/mãe punitivo* e *protetor distanciado* são os geralmente identificados nos pacientes com TPB (Klosko e Young, 2004). A presença elevada desses quatro modos do esquema nesses indivíduos, além de um nível baixo do *modo adulto saudável*, foi confirmada em estudos controlados (Arntz et al., 2005; Lobbestael, Arntz e Sieswerda, 2005). Esses quatro modos, juntamente com o do *adulto saudável*, também foram identificados em pacientes com transtorno da personalidade antissocial (TPA) (Lobbestael et al., 2005).

Um quinto modo presente em indivíduos com TPA é o de *bully/ataque*, no qual o antissocial fere as outras pessoas para hipercompensar ou lidar com a desconfiança, o abuso, a privação e a defectividade (Lobbestael et al., 2005). Finalmente, Young e colaboradores (2003) identificaram os modos da *criança abandonada (solitária)*, do *hipercompensador (autoengrandecedor)* e do *protetor desligado* em pacientes com transtorno da personalidade narcisista (TPN).

Embora o trabalho com os modos tenha surgido a partir das demandas de indivíduos com TPB, este se tornou parte integrante da terapia do esquema, configurando um componente avançado dessa abordagem. Ao se sentir bloqueado no processo terapêutico com o cliente, independente do diagnóstico deste, o terapeuta pode pensar em trabalhar

QUADRO 4.1	MODOS DE ESQUEMA
Modos inatos da criança	**1. Criança abandonada (solitária, vulnerável):** Sente dor e medo do abandono, causado pela história abusiva; expressa desespero, medo, tristeza e sentimentos de inferioridade. Sente-se incapaz de cuidar de si mesma. Sentimento de estar desamparado. A pessoa nesse modo se sente deprimida, ameaçada ou não amada e pode fazer grandes esforços para evitar o abandono e ter uma visão idealizada dos cuidadores. **2. Criança zangada e impulsiva** O modo de esquema é ativado quando a pessoa age impulsivamente para atingir as necessidades ou ventila os sentimentos, geralmente de forma inapropriada. Os sinais e os sintomas podem ser de raiva intensa, impulsividade, exigência, desvalorização ou comportamento abusivo, promiscuidade e ameaças suicidas. **3. Criança feliz** Necessidades emocionais básicas atendidas atualmente
Modos de enfrentamento disfuncional (correspondentes aos três estilos de enfrentamento)	**4. Capitulador complacente** Submete-se ao esquema tornando-se passiva e desamparada, devendo ceder aos outros. Permite passivamente ser maltratado ou não toma atitude para ter as próprias necessidades atendidas **5. Protetor desligado** A pessoa se desliga dos próprios sentimentos, bem como das outras pessoas, e se comporta de forma obediente ou evitativa de modo a estabilizar a si mesma. Como resultado, a pessoa é empurrada para um estado disfórico, tal como depressão, sentimentos de vazio e de enfado. Algumas respostas associadas incluem: abuso de álcool ou drogas, automutilação, despersonalização, queixas psicossomáticas, submissão ou comportamento evitativo. **6. Hipercompensador** Reage de forma extrema, hipervigilante, controladora, arrogante, vingativa, agressiva.
Modos de pais disfuncionais (visão internalizada de um dos pais – identificação)	**7. Pai/mãe punitivo** Nesse modo, a criança se pune por expressar necessidades e sentimentos normais, por cometer erros ou por não preencher as próprias expectativas ou as dos outros. Isso pode gerar aversão a si mesma ou intensa autocrítica por ser carente e, subsequentemente, autonegação ou automutilação. **8. Pai/mãe punitivo exigente** Pressiona a criança para cumprir padrões demasiado elevados.
Modo adulto	**9. Adulto saudável** Que tem que aprender a moderar, cuidar ou curar os outros modos. É o que se busca fortalecer na terapia.

TRATAMENTO

O objetivo amplo da terapia do esquema é o de ajudar os pacientes a obter as suas necessidades básicas atendidas, de uma maneira adaptativa, através da mudança dos esquemas desadaptativos, dos estilos de enfrentamento e dos modos. O tratamento ocorre em duas etapas. A primeira etapa é dedicada à avaliação e à educação. A segunda focaliza a mudança, através de intervenções cognitivas, vivenciais e comportamentais (Young et al., 2003).

Fase de avaliação e educação

O processo de avaliação envolve, inicialmente, examinar os padrões disfuncionais que impedem o cliente de atingir as suas necessidades emocionais básicas. Tais padrões podem ser identificados a partir dos problemas que motivaram a procura da terapia, assim como em relacionamentos e no trabalho, levando a insatisfações e ao aparecimento de sintomas (Gluhoski e Young, 1997; Young et al., 2003).

A história de vida também constitui pista para a identificação dos ciclos perpetuadores. Em casos em que o cliente procura tratamento para a depressão, por exemplo, o terapeuta pode investigar episódios anteriores em que esta teve início para identificar possíveis gatilhos de esquemas e seus estilos de enfrentamento (Young et al., 2003).

A avaliação do temperamento do cliente é útil na medida em que este pode compreender que, embora não seja possível escolher o próprio temperamento, reconhecer a sua natureza permite o aprendizado de estratégias para moderar emoções negativas intensas e aumentar a autoestima. Perguntas do tipo "Como sua família descreve você emocionalmente na infância? Como você se relacionava? Como se sente quando está sozinho? Com que frequência você perde o controle?", etc., podem fornecer informações úteis sobre o temperamento (Young et al., 2003).

Formulários e inventários entregues ao cliente já nas primeiras sessões para serem preenchidos em casa constituem recursos complementares às entrevistas. Os formulários de avaliação fornecem dados detalhados, em que a listagem de memórias de infância contém pistas para os padrões de vida, os EDR e os estilos de enfrentamento (Young et al., 2003). O Questionário de Esquemas de Young (QEY-L2; Young e Brown, 1990) é utilizado para avaliar os EDR. Corresponde a um instrumento de autorrelato do tipo Likert, com 205 questões (versão longa, para uso clínico) e 75 questões (versão curta, para utilização em pesquisa). O Inventário Parental de Young (IPY; Young, 1994b) permite identificar as origens infantis dos EDR. Composto de 72 itens, o instrumento descreve comportamentos parentais (pai, mãe ou outros cuidadores), os quais são classificados pelo cliente de acordo com o padrão Likert. A avaliação dos estilos de enfrentamento pode ser feita através do Inventário de Evitação de Young-Rygh (Young e Rygh, 1994) e do Inventário de Compensação de Young (Young, 1995).

As informações obtidas nas sessões clínicas e através dos formulários e inventários permitem que o terapeuta formule algumas hipóteses, compartilhando-as com o cliente, que deve ser educado de forma a aprender a identificar em que momentos os seus EDR são disparados e que estilos de enfrentamento e modos ele costuma utilizar (Young, 2003; Young et al., 2003). Os clientes também são solicitados a ler capítulos relevantes do livro de autoajuda intitulado *Reinventing your life* (Young e Klosko, 1993), no qual são descritos os EDR, assim como os estilos de enfrentamento e as estratégias de mudança. Outra opção útil é consultar o *site* contendo informações sobre a terapia do esquema (www.schematherapy.com).

Os EDR do cliente podem se manifestar na relação terapêutica através de comportamentos característicos, fornecendo mais oportunidades para a sua identificação durante a fase de avaliação. Quando este se comporta de forma excessivamente obediente e pede com frequência reasseguramento ou ajuda do terapeuta, indica que tem um esquema de Dependência/Incompetência; comportamentos solícitos e de constante preocupação com a saúde ou necessidades do terapeuta podem ser sugestivos de um esquema de Autossacrifício; a tendência a tentar prolongar as sessões ou de revelar um assunto perturbador ao final da mesma pode sugerir um esquema de Abandono; a evitação de contato visual ou dificuldades para aceitar elogios são indicadores de um esquema de Defectividade/Vergonha e assim por diante (Young et al., 2003).

A última etapa da fase de avaliação consiste na ativação dos EDR através de técnicas de imagens mentais, as quais produzem reações emocionais, facilitando a identificação dos esquemas mais relevantes. Durante esse procedimento, o terapeuta deverá:

a) identificar e ativar os esquemas do cliente;
b) descobrir as origens dos esquemas;
c) ligar os esquemas aos problemas atuais;
d) ajudar o cliente a experimentar emoções associadas aos esquemas (para uma revisão mais detalhada sobre esse tópico, ver Young et al., 2003).

O Quadro 4.2 fornece as etapas envolvidas na avaliação com imagens mentais.

Os dados obtidos a partir das técnicas de imagem, por serem carregados de emoção, fornecem informações valiosas e confiáveis sobre os esquemas desenvolvidos na infância e como eles se repetem na vida atual do cliente (Young et al., 2003). O exemplo a seguir ilustra uma parte do trabalho vivencial, para demonstrar como os esquemas foram identificados na imagem. Roberto, um cliente que manifesta padrões evitativos e de ansiedade social elevados, relatou uma imagem de quando era um garoto de 7 anos, sentado no sofá da sala, ao lado do pai, vendo TV. Ele tenta se aproximar mexendo nos dedos do pai, que se irrita e afasta a mão bruscamente, em um gesto de censura. Roberto sentiu-se "um imbecil", experimentando vergonha e culpa, achando que cometeu um erro. Quando solicitado a revelar ao seu pai, na imagem, como gostaria que este fosse, declarou:

> Eu gostaria que você fosse mais gentil, bem-humorado, queria que você fosse mais feliz e que não me infernizasse. Queria não ter medo de você, que você gostasse de mim e que não brigasse comigo. Tudo aqui é muito pesado.

O trabalho vivencial com Roberto permitiu a identificação dos seguintes EDR: a) Defectividade/Vergonha (sentimentos de culpa e vergonha e de inadequação ao se considerar um "imbecil"); b) Privação Emocional (rejeição do pai, retirando a mão diante da tentativa de aproximação do filho; declaração de necessidades tais como: "queria que você gostasse de mim, que fosse bem humorado, gentil"); Subjugação (a partir das declarações de necessidades: "queria não ter medo de você, que não brigasse comigo"); Desconfiança/Abuso ("queria que você fosse mais feliz e não me infernizasse").

O conjunto de dados obtidos na fase de avaliação permite que o terapeuta realize uma conceitualização do caso, preenchendo um formulário de conceitualização de caso da terapia do esquema (Young et al., 2003), o qual inclui: conexões dos esquemas com os problemas atuais, os gatilhos ativadores dos esquemas, as hipóteses sobre fatores temperamentais, os modos, os efeitos dos esquemas sobre a relação terapêutica e as estratégias de mudança. Após a conceitualização, inicia-se a fase de mudança.

Estratégias cognitivas

Através das estratégias cognitivas é que o cliente se torna capaz de reconhecer que o seu esquema é falso ou exagerado. Nesta fase, ele começa a se situar fora do esque-

QUADRO 4.2 — ETAPAS DA AVALIAÇÃO COM IMAGENS

1. Prover uma *rationale* convincente sobre as contribuições do trabalho com imagens (sentir os esquemas, entender as suas origens na infância e fazer uma ligação com os problemas atuais).

2. Pedir que o cliente feche os olhos e deixe fluir em sua mente de forma natural, sem forçar, uma imagem de um lugar onde ele se sinta seguro.

3. Pedir que o cliente imagine-se como uma criança, com um de seus pais (ou cuidador), em uma situação perturbadora.

4. Solicitar que a imagem seja descrita em voz alta e no tempo presente, perguntando sobre detalhes da situação, ajudando o cliente a torná-la viva e emocionalmente real.

5. Promover um diálogo entre o cliente e a figura da imagem, de modo a identificar pensamentos e sentimentos experimentados pelos envolvidos no diálogo (O que você diz? O que o seu pai/mãe diz? O que você responde? Como você está se sentindo? Como seu pai/mãe se sente?, etc.).

6. Solicitar que o cliente faça uma declaração para a figura da imagem, revelando como ele gostaria que essa pessoa fosse, como ela deveria se comportar, etc., para que as necessidades emocionais não atendidas sejam identificadas.

7. Pedir que o cliente crie uma imagem de sua vida atual, na qual se sinta da mesma maneira que na infância,

8. Promover um diálogo entre o cliente e a figura na imagem atual, identificando sentimentos e pensamentos.

9. Solicitar que o cliente faça uma declaração para a figura da imagem atual, revelando como ele gostaria que essa pessoa fosse, como ela deveria se comportar, etc., para que as necessidades emocionais não atendidas sejam identificadas.

10. Pedir que o cliente retorne ao lugar seguro imaginado no início.

---

ma e a avaliar a sua validade. Quando estas são bem-sucedidas, o cliente consegue ver de forma mais clara a distorção do seu esquema, embora ainda o sinta como verdadeiro. A internalização do trabalho cognitivo significa que parte de um modo adulto saudável está se contrapondo ativamente ao esquema, através de argumentos racionais e de evidências empíricas (Gluhoski e Young, 1997; Young, 1994; Young et al., 2003).

A postura do terapeuta nesta fase é caracterizada pela confrontação empática, na qual ele valida as razões pelas quais o cliente desenvolveu seus esquemas e estilos de enfrentamento, uma vez que estes representam aquilo que ele pôde realizar para sobreviver às circunstâncias difíceis da in-fância. Ao mesmo tempo, o terapeuta aponta as consequências negativas dos padrões do cliente, os quais, embora adaptativos na infância, já não são mais funcionais atualmente. Além disso, o cliente é estimulado a responder de maneira saudável aos gatilhos que ativam os esquemas (Young et al., 2003). A seguir, serão descritas as técnicas cognitivas envolvidas nessa fase da terapia.

Testar a validade dos esquemas corresponde a uma adaptação do teste de realidade dos pensamentos automáticos na terapia cognitiva, diferenciando-se na medida em que, em vez das circunstâncias atuais, os dados empíricos utilizados correspondem a toda a história de vida do cliente. Assim, são listadas evidências do passado e do presente que comprovam e que refutam o esquema (Young et al., 2003). O Quadro 4.3 apresenta um exemplo de testagem da validade do esquema de Defectividade de Roberto.

Relativizar as evidências que sustentam o esquema refere-se a buscar explicações alternativas para as experiências de vida do cliente, reatribuindo os eventos que fortalecem o esquema. Os problemas do cliente são vistos dentro de uma perspectiva do caráter psicológico de seu pais, bem como de seus padrões parentais erráticos (Young et al., 2003). Por exemplo, o fato de ser rejeitado, abusado e não amado pelo pai levava Roberto a acreditar que era indigno. Ao relativizar as evidências ele passou a entender que não ser amado como merecia devia-se às limitações de seu pai (e não porque ele era defeituoso) e que, diante das circunstâncias de sua vida, era natural sentir medo e vergonha pela forma como seu pai agia.

Além disso, apesar das adversidades, conseguiu enfrentar a vida lutando para se formar, ter uma profissão, casar-se e constituir uma família, tornando-se um pai afetuoso e sensível às necessidades emocionais de seus filhos.

Avaliar as vantagens e desvantagens dos estilos de enfrentamento tem como objetivo ajudar o cliente a reconhecer a natureza autoderrotista desses estilos. Embora adaptativos na infância, eles são desadaptativos na vida adulta. Cada esquema e cada estilo de enfrentamento, já conhecido durante a fase de avaliação, deve ser avaliado em termos de suas vantagens e desvantagens. Uma pessoa com esquema de Abandono, por exemplo, que utiliza um estilo evitativo de enfrentamento (evitando oportunidades para conhecer alguém ou terminando os relacionamentos quando começa a se envolver), poderá descobrir, a partir da aná-

QUADRO 4.3	TESTAGEM DA VALIDADE DO ESQUEMA DE DEFECTIVIDADE
Não sou uma pessoa digna	**Sou uma pessoa digna**
Fico vermelho quando constrangido.	Garanto condições adequadas para produzir o bem dos meus filhos.
Tenho medo de falar com as pessoas.	Tenho sucesso no trabalho e construí uma carreira de valor, bem acima da média.
Temo que as pessoas descubram que eu não tenho valor.	Trato os outros com respeito.
Não sinto que sou agradável.	Meus colaboradores afirmam que é bom e proveitoso trabalhar comigo.
Estou sempre fugindo dos imprevistos.	Meus filhos e minha esposa me amam.
Não faço muita coisa que gostaria de fazer.	Muitas pessoas que encontrei na minha vida me tratam com carinho.
Sou fraco fisicamente.	Fui nomeado diretor no ano passado pelos meus feitos.
	Tenho recebido muitos elogios ao meu trabalho.
	Sempre superei os objetivos fixados no trabalho.
	Apesar das circunstâncias adversas na infância e na adolescência, consegui vencer e não deixar que isso me destruísse.

lise de custos e benefícios, que o seu estilo lhe proporciona uma sensação de controle sobre os seus relacionamentos, o que reduz a sua ansiedade a curto prazo (vantagem). A desvantagem, no entanto, é que a longo prazo ela ficará só, perpetuando assim o seu esquema (Young et al., 2003).

Diálogos entre o lado do esquema e o lado saudável ajudam a fortalecer o modo adulto saudável. A partir da adaptação da técnica da "cadeira vazia" utilizada na Gestalt, o cliente representa os dois lados alternadamente: em uma cadeira ele é o "lado do esquema" e em outra, o "lado saudável". Primeiramente, o terapeuta interpreta o lado saudável do cliente, enquanto este defende o seu lado do esquema. Posteriormente, o cliente passa assumir o seu lado saudável com a ajuda do terapeuta, até que finalmente começa a representar os dois lados. Durante o diálogo, é fundamental que o lado saudável responda a todos os argumentos ditados pelo esquema. O Quadro 4.4 apresenta um exemplo de um diálogo entre os dois lados realizado por Roberto, por achar que não era digno de conversar com pessoas importantes e mais experientes do que ele e que seria rejeitado ou desqualificado. A situação escolhida para o diálogo entre o esquema e o modo saudável foi a de iniciar uma conversa com um cliente muito exigente e crítico, durante o cafezinho no trabalho.

Os *cartões-lembrete de esquemas* são realizados após o cliente se tornar proficiente na prática do diálogo entre os dois lados, descrito anteriormente. Os cartões-lembrete devem ser completados com a ajuda do terapeuta e podem ser usados quando o esquema é ativado, uma vez que eles contêm os argumentos contra o esquema (Young et al., 2003). O terapeuta pode estimular o cliente a completar os tópicos do cartão-lembrete, auxiliando na precisão dos argumentos. O Quadro 4.5 apresenta um cartão-lembrete completado por Roberto, com a ajuda da terapeuta.

O *diário de esquemas* se diferencia do cartão-lembrete à medida que o cliente, auxiliado pelo terapeuta, constrói uma resposta saudável antecipando uma situação ativadora do esquema, a qual deverá ser lida, sempre que necessário, antes e durante a situação. O diário de esquemas deve ser utilizado depois de o cliente haver dominado a prática do cartão-lembrete (Young et al., 2003). Os tópicos a serem completados no diário do esquema são: Gatilho (situação disparadora do esquema); Emoções (especificar emoção e motivação); Pensamento (avaliação imediata da situação-gatilho); Esquemas (especificar os esquemas envolvidos e experiências infantis relacionadas); Visão saudável (argumentos do lado adulto saudável); Preocupações realistas (consequências realistas temidas); Reações exageradas (a partir das consequências realistas); Comportamento saudável (solução de problema).

Estratégias vivenciais

Enquanto as técnicas cognitivas requerem repetição para acumular pequenas mudanças, as técnicas vivenciais capacitam o indivíduo a processar as informações de forma mais eficaz, através de experiências emocionais corretivas. Seus objetivos são: a) ativar as emoções relacionadas aos EDR e b) reparar essas emoções através da satisfação parcial de necessidades emocionais não atendidas na infância (Young et al., 2003).

O trabalho com imagens mentais é o que possibilita a ativação de emoções no consultório, permitindo que o cliente vivencie memórias infantis carregadas de sentimentos e conectem esses sentimentos aos problemas atuais. Esse trabalho acontece durante a fase de avaliação, visando à identificação dos EDR e na fase de intervenção, visando à modificação desses esquemas e o desenvolvimento do *modo adulto saudável* (Young, 2003). A seguir serão apresentadas as técnicas vivenciais para a mudança (para uma revisão mais detalhada desses procedimentos, ver Young et al., 2003).

Os *diálogos nas imagens mentais* são realizados da seguinte forma: o cliente é solicitado a fechar os olhos e deixar surgir, naturalmente, uma imagem de sua infância, acompanhado por um dos pais (ou de uma figura relevante da infância) em uma situação desagradável. Em seguida o terapeuta ajuda o cliente a tornar a imagem o mais real e aprofundada possível. Até então, o trabalho segue as mesmas etapas da fase de avaliação descrito anteriormente (ver Quadro 4.2).

Dando continuidade ao diálogo, o terapeuta intensifica a raiva do cliente, re-

QUADRO 4.4	DIÁLOGO ENTRE O LADO DO ESQUEMA E O LADO SAUDÁVEL
Lado do esquema	É melhor eu ficar aqui porque o risco de fazer algo errado é grande... estou com medo de ir... não quero puxar assunto. Vou ficar constrangido. Não vou ter nada de inteligente para falar, vou ficar com cara de idiota. É melhor evitar ou vou confirmar para ele que sou um idiota.
Lado saudável	É meu esquema que diz que as pessoas não estão apreciando a minha companhia. Mas, na verdade eu sou um cara agradável. Eu sinto que vou ficar com cara de idiota. Entretanto, é o meu esquema que diz isso. Ele diz que as pessoas irão me rejeitar, mas na realidade elas costumam gostar de conversar comigo. Elas manifestam satisfação de estar comigo. Algumas expressam isso claramente. O Denis me elogia com frequência e demonstra satisfação com a minha presença.
Lado do esquema	Eu não tenho nada a dizer. Estou convencido de que não sei dizer nada de valioso para uma pessoa. Estou neste lugar por um mistério. O Denis sabe disso, que eu estou aqui por acaso. Não mereço estar diante dele. É melhor eu desistir e nem me aproximar.
Lado saudável	Meu esquema de Defectividade me faz pensar que minha experiência de 20 anos não é valiosa. É meu esquema que me faz desacreditar na criatividade dos meus feitos, mas, na verdade, a minha carreira foi construída acima dos resultados e confirmada por muitas pessoas. O diretor de uma grande empresa explicitou mais de uma vez que eu fui muito valioso. Eu tenho clientes idôneos que confirmam isso. Logo, eu poderia dizer algo de valioso. Embora reconhecendo a vasta experiência dele, eu posso ajudá-lo.
Lado do esquema	Embora eu tenha uma carreira de sucesso, eu sou um clandestino. Acredito não poder dizer nada ao Denis se não tiver o mesmo nível de experiência dele. Eu sou um autodidata e isso é motivo de vergonha para mim. Eu devia estar bem mais arrumado para ir falar com o Denis. Pode ter outras pessoas no cafezinho e não estou com vontade de conversar e os outros irão ouvir minhas tentativas patéticas e vou ficar ansioso.
Lado saudável	Acredito que o meu esquema me leve a ter vergonha e me impeça de ver que sou uma boa pessoa (emocionado). Na verdade, eu tenho uma formação sólida... e os resultados estão aí... todos reconhecem isso.
Lado do esquema	Venho de uma família burra. Meu pai era burro. Ninguém prezava a inteligência...
Lado saudável	O meu esquema me prende a uma dependência com os meus pais, que eu não tenho mais. Não é pecado me vestir bem. Tenho condições para isso. O meu esquema vem do fato de que os meus pais não fomentaram o meu crescimento com uma identidade separada da deles. Eu tinha vergonha do modo como eles se vestiam e agiam (visivelmente aliviado).

QUADRO 4.5 — CARTÃO-LEMBRETE DE ESQUEMA

Reconhecimento do sentimento atual
Exatamente agora eu me sinto *constrangido* **porque** *quero conversar com essa pessoa, mas estou com vergonha.*

Identificação do(s) Esquema(s)
Entretanto, eu sei que provavelmente é o meu esquema de *Defectividade/Vergonha* **que eu aprendi durante** *a convivência com meu pai, que censurava a minha necessidade de me expressar, me repreendendo constantemente e não me encorajando a me expressar, porque para ele isso era inconveniente.*
Esse esquema me leva a exagerar o grau *de exigência da outra pessoa sobre como eu deveria ser para que ela me aprove ou goste de mim. Além disso, mesmo sabendo que a pessoa gosta de mim, eu acho que não vou conseguir manter isso e, assim, vou decepcioná-la.*

Testagem da realidade
Embora eu acredite que *não vou ser capaz de manter uma interação razoável e espontânea com esta pessoa,* **a realidade é que** *essa pessoa me conhece, me respeita e reconhece o meu valor.* **As evidências em minha vida que apoiam a visão saudável incluem:** *ele gosta de falar comigo porque eu sei escutar as pessoas; ele me trata de forma afetuosa, demonstrando gostar de mim, além do contato profissional, ele comprou meus serviços e ainda somos amigos, as pessoas me procuram.*

Instrução comportamental
Portanto, embora eu me sinta como *uma criança desajeitada, com vergonha e não considerada como adulta pelos outros,* **eu poderia, em vez disso,** *procurar essa pessoa, mesmo me sentindo sem graça, porque esta é a única forma que eu tenho de ter as minhas necessidades atendidas.*

presentando a figura parental no diálogo, para que o cliente expresse esses sentimentos. O objetivo, neste momento, é fazer o cliente sentir que ele possui direitos humanos básicos e que todas as crianças têm o direito de ser tratadas com respeito (Defectividade); com afeto, compreensão e proteção (Privação Emocional); assim como de expressar os próprios sentimentos e as suas necessidades (Subjugação), além de outros direitos. Outro objetivo desse procedimento é o de ajudar o cliente a se distanciar das mensagens internalizadas dos seus pais (por exemplo, "Você merece o abuso", "Você não merece ser amado"), separando a "voz dos pais" da sua "própria voz" (Young et al., 2003).

Finalmente, após ventilar os sentimentos com um dos pais ou cuidadores, o cliente é solicitado a manter a emoção forte de raiva e a formar uma nova imagem referente a uma situação atual, na qual tenha experimentado esses mesmos sentimentos, expressando novamente as suas emoções (Young et al., 2003).

O trabalho de *reparação parental por imagens* é recomendável para os clientes com esquemas do domínio de *Desconexão e Rejeição* (Abandono, Desconfiança/Abuso, Privação Emocional e Defectividade). O objetivo é o de ajudar o indivíduo a voltar ao seu modo criança e aprender a receber do terapeuta, bem como de si mesmo, algo que atenda às suas necessidades não atingidas. Essa técnica corresponde a uma forma simplificada do trabalho com os modos: criança vulnerável; pai/mãe desadaptativos; adulto saudável (Young et al., 2003).

Os passos da reparação parental são os seguintes: o terapeuta pede licença para entrar na imagem e desempenha o papel de um adulto saudável que atende às necessidades da criança, protegendo-a, acalmando-a ou enfrentando o cuidador que está negligenciando, ameaçando, punindo, rejeitando ou desrespeitando a criança. Posteriormente, o cliente, modelado pelo terapeuta, fará a própria reparação parental na imagem, dialogando consigo mesmo, alternando entre a criança e o adulto saudável (Young et al., 2003).

A técnica de *imagem de memórias traumáticas* é utilizada com aqueles clientes que sofreram abuso e abandono e envolvem os seguintes modos: criança vulnerável, pai/mãe que abandonou ou abusou e o adulto saudável. Uma vez que essas imagens são difíceis de suportar, evocam sentimentos extremos, referem-se a danos psicológicos mais graves e são mais frequentemente bloqueadas pelo cliente, o avanço desse trabalho com imagem é mais lento e cuidadoso. Em casos de clientes com TPB que estejam demasiadamente fragilizados, pode ocorrer dissociação ou descompensação durante e depois do trabalho vivencial (Young et al., 2003). Assim, sugere-se que sejam utilizados 15 minutos de imagens mentais traumáticas e, depois de várias semanas, essa sessão seja repetida. Nas sessões intervalares, o cliente e o terapeuta discutem os detalhes da experiência vivencial (Young et al., 2003).

Recomenda-se cautela no trabalho com imagens traumáticas no sentido de evitar quaisquer sugestões sobre o que realmente aconteceu com o cliente na experiência. O terapeuta deve se manter em silêncio, mesmo desconfiando de que o seu cliente está omitindo alguma experiência de abuso sexual na imagem. Nesse caso, recomenda-se aguardar até que o cliente mencione o assunto, para evitar a criação de falsas memórias (Young et al., 2003).

A técnica de *escrever carta aos pais* ou a outros significantes como tarefa de casa propicia mais uma oportunidade para o cliente fortalecer o que já descobriu sobre o papel dos pais em seus esquemas, além de ventilar os próprios sentimentos e afirmar direitos. Na carta, o cliente deve especificar o que o pai/mãe não fez e deveria ter feito, expressando os sentimentos experimentados e especificando as consequências dessas falhas ao longo de sua vida. Deve também afirmar os seus direitos de ser tratado desta ou daquela forma, ressaltando as suas necessidades emocionais. Finalmente, recomenda-se que as cartas não sejam entregues aos familiares, uma vez que o objetivo a ser alcançado não depende da resposta dos pais. Caso o cliente revele desejo de fazê-lo, deve-se discutir com ele os prós e contras dessa decisão (Young et al., 2003).

A técnica da *imagem para romper padrões* tem como objetivo ajudar o cliente a descobrir novas formas de se relacionar como alternativa aos seus estilos de enfrentamento baseados em evitação e hipercompensação. Consiste em solicitar que o cliente se imagine na situação difícil, porém sem manifestar os estilos desadaptativos de enfrentamento (Young et al., 2003). Um cliente com esquema de Defectividade/Vergonha, por exemplo, poderia verbalizar que não domina completamente determinado assunto ou dizer algo como "esse seu comentário me deixou sem graça", ao vivenciar mentalmente uma situação de interação no trabalho. Nesse caso, ele estaria rompendo o padrão evitativo de esconder seus sentimentos ou seu desconhecimento sobre algo.

Estratégias comportamentais: rompendo padrões

A fase de mudança comportamental tem como foco romper os padrões de comportamento que constituem os três estilos desadaptativos de enfrentamento, quando os esquemas são ativados: resignação (comentários autodepreciativos em resposta ao esquema de Defectividade); evitação (esquiva da convivência em resposta ao esquema de Isolamento Social) e hipercompensação (comportamento controlador em resposta ao esquema de Abandono). Assim, o objetivo é substituir esses padrões por estilos mais saudáveis de enfrentamento. Durante essa fase, pressupõe-se que o cliente já domine as etapas cognitivas e experienciais. Os passos descritos a seguir correspondem a uma descrição sucinta do trabalho de mudança comportamental (para uma revisão mais detalhada, ver Young et al., 2003).

Essa fase do tratamento inicia-se com a *identificação dos padrões comportamentais* a serem modificados, relacionando-os aos seus esquemas relevantes. As formas para se identificar esses padrões incluem:

1. revisar a conceitualização de casos, em que os estilos de enfrentamento devem ser ressaltados;
2. através da descrição de comportamentos problemáticos do cliente presentes nos conflitos interpessoais;
3. através de imagens mentais nas quais ocorrem os gatilhos que irão disparar esquemas e estilos desadaptativos de enfrentamento;
4. explorar a relação terapêutica (perguntas diretas sobre os esquemas disparados na sessão ou observando diretamente os padrões dos clientes);
5. através de informações de pessoas próximas do cliente;
6. revisar os inventários de esquemas.

Após a identificação dos estilos de enfrentamento a serem modificados, terapeuta e cliente *priorizam os comportamentos como alvo de mudança dos padrões*. Em seguida, devem ser *explorados os comportamentos saudáveis* alternativos para cada caso. A partir daí, um comportamento é trabalhado de cada vez. Recomenda-se que, antes de realizar grandes mudanças (por exemplo, decidir pela separação conjugal), os clientes tentem mudar os seus padrões interacionais específicos para que estejam certos de que fizeram tudo o que era possível. Finalmente, deve-se iniciar a mudança dos comportamentos mais problemáticos, em vez de começar pelo mais fácil.

A etapa seguinte consiste na *construção de motivação para a mudança comportamental*. Neste momento, o comportamento alvo é relacionado às suas origens na infância. Vantagens e desvantagens da manutenção desse comportamento são identificadas e um *cartão-lembrete* é elaborado com o resumo dos principais pontos a considerar na mudança.

O *ensaio do comportamento saudável* constitui o próximo passo. Para isso, são realizadas imagens mentais nas quais o cliente dialoga nos dois lados (do esquema e do adulto saudável) na situação em que o esquema é disparado, antes de decidir como irá enfrentar, sem utilizar os estilos desadaptativos. A *tarefa de casa* complementa esse passo, em que o cliente irá enfrentar uma situação real disparadora do esquema, especificando previamente o comportamento saudável a ser realizado como alternativa ao padrão desadaptativo.

Relação terapêutica

O papel da relação terapêutica é essencial em todas as fases da terapia do esquema. Além da sintonia empática, tão necessária para a formação de vínculo, a postura do profissional na forma de interagir com o cliente é mais pessoal, em vez de distante. Isso significa que o terapeuta não tenta parecer perfeito, detendo um conhecimento que é misterioso para o cliente. Em vez disso, ele compartilha as suas respostas emocionais quando estas são positivas para o processo terapêutico (afinal, ele também tem esquemas, alguns dos quais podem ser complementares aos do seu cliente) (Young et al., 2003).

Entretanto, a relação terapêutica na abordagem do esquema vai além dos alvos de um bom vínculo, constituindo-se como um ingrediente ativo de mudança. Ao utilizar a confrontação empática e a reparação parental, o terapeuta desempenha um papel corretivo no contato interpessoal com o cliente. Através de uma forma saudável de relacionar-se, não age de maneira complementar aos EDR do seu cliente. Ele respeita e valida o estilo interacional disfuncional do cliente e, ao mesmo tempo, discute com ele as vantagens e desvantagens da manutenção do mesmo; ele age como o pai/mãe saudável que o cliente provavelmente não conseguiu ter em sua infância, cumprindo um papel de satisfazer as necessidades emocionais deste nos momentos mais críticos da sessão terapêutica. Finalmente, ele deve reconhecer os próprios esquemas disparados pelo comportamento do cliente ou por alguma situação específica na sessão (Young et al., 2003).

O terapeuta valoriza a espontaneidade do cliente na relação terapêutica. Ele estimula o mesmo a dizer o que sente e a pedir o que precisa, na tentativa de romper o ciclo de subjugação, de isolamento ou de controle excessivo sobre as próprias frustrações. Ser um cuidador da criança abandonada, ajudando-a a expressar as suas necessidades e também negociando limites, é o que se espera do profissional que atua baseado na terapia do esquema, especialmente no tratamento de indivíduos com TPB (Klosko e Young, 2004).

CONSIDERAÇÕES FINAIS

Objetivou-se, neste capítulo, apresentar uma síntese do modelo teórico e prático da terapia do esquema. Em razão da complexidade desse modelo e dos limites de espaço para desenvolvê-lo, há sempre o risco de tornar a apresentação simplista e superficial. Assim, para os que pretendem aprofundar os seus conhecimentos, recomenda-se a publicação traduzida de Young (Young et al., 2008).

A terapia dos esquemas de Young constitui uma inovação para o pensamento cognitivo-comportamental, uma vez que chama atenção para os limites de qualquer sistema fechado de compreensão do comportamento humano. Em entrevista concedida à *Revista Brasileira de Terapias Cognitivas*, Young (2008, p. 99) afirma:

> Eu espero que o futuro das psicoterapias seja integrador. Acho que o maior perigo é que as pessoas façam o que eu fiz no início, ou seja, toda vez que você achar uma nova terapia, pensar que esta é a resposta para tudo e depois perceber que é somente uma parte da resposta. Eu gostaria que as pessoas começassem a perceber que ser um bom terapeuta é integrar o que você sabe com outras

coisas, e sempre estar aberto para novas ideias. Eu espero que o futuro das psicoterapias seja entender que, assim como na medicina, cada transtorno precisa de um tipo de tratamento, e que sempre surgirá um tratamento melhor, que o que temos é apenas temporário.

REFERÊNCIAS

Beck, A., Rush, A. J., Shaw, B. F., & Emery, G. (1979). *Terapia cognitiva da depressão*. Rio de Janeiro: Zahar.

Arntz, A., Klokman, J., & Sieswerda, S. (2005). An experimental test of the schema mode model of borderline personality disorder. *Journal of Behavior Therapy and Experimental Psychiatry, 36(3)*, 226-239.

Beck, A., & Freeman, A. (1993). *Terapia cognitiva dos transtornos de personalidade*. Porto Alegre: Artmed.

Bowlby, J. (1984). *Separação, angústia e raiva* (v. 2). São Paulo: Martins Fontes.

Gluhoski, V. L., & Young, J. E. (1997). El estado de la cuestión en la terapia centrada en esquemas. In: Caro, I. (Org.). *Manual de psicoterapias cognitivas* (3. ed.) (p. 223-250). Barcelona: Paidós.

Gude, T., & Hoffart, A. (2008). Change interpersonal problems after cognitive agoraphobia and schema-focused therapy versus psychodynamic treatment as usual of inpatients with agoraphobia and Cluster C personality disorder. *Scandinavian Journal of Psychology, 49(2)*, 195-199.

Guidano, V. F., & Liotti, G. (1983). Eating disorders. In: Guidano, V. F., Liotti, G. *Cognitive process and emocional disorders* (p. 276-305). New York: Guilford.

Klosko, J., & Young, J. (2004). Cognitive therapy of borderline personality disorder. In: Leahy, R. L. (Org.). *Contemporary cognitive therapy: theory, research, and practice* (p. 269-298). New York: Guilford.

Leahy, R. L. (2001). *Overcoming resistance in cognitive therapy*. New York: Guilford.

Lobbestael, J., Arntz, A., & Sieswerda, S. (2005). Schema modes and childhood abuse in borderline and antisocial personality disorders. *Journal of Behavior Therapy and Experimental Psychiatry, 36(3)*, 240-253.

McGinn, L. K., & Young, J. E. (2005). Terapia focada no esquema. In: Salkovskis, P. M. (Org.). *Fronteiras da terapia cognitiva* (p. 165-184). São Paulo: Casa do Psicólogo.

Nadort, M., Arntz, A., Smit, J. H., Giesen-Bloo, J., Eikelenboom, M., Spinhoven, P., et al. (2009). Implementation of outpatient schema therapy for borderline personality disorder: study design. *BMC Psychiatry, 9,* 64.

Newman, C. F. (2007). The therapeutic relationship in cognitive therapy with difficult-to-engage clients. In: Gilbert, P. & Leahy, R. (Org.). *The therapeutic relationship in the cognitive behavioral psychotherapies* (p. 165-184). New York: Routledge.

Nysaeter, T. E., & Nordahl, H. M. (2008). Principles and clinical application of schema therapy for patients with borderline personality disorder. *Nordic Psychology, 60,* 249-263.

Nordahl, H. M., & Nysaeter, T. E. (2005). Schema therapy for patients with borderline personality disorder: a sigle case series. *Journal of Behavior Therapy and Experimental Psychiatry, 36*(3), 254-264.

Young, J. E. (1994a). *Cognitive therapy for personality disorders: A schema-focused approach* (ed. rev.). Sarasota, Flórida: Profesional Resource Press.

Young, J. E. (1994b). *Young parenting inventory*. New York: Cognitive Therapy Center of New York.

Young, J. E. (1995). *Young compensation inventory*. New York: Cognitive Therapy Center of New York.

Young, J. E. (2003). *Terapia cognitiva para transtornos da personalidade: uma abordagem focada no esquema* (3. ed.). Porto Alegre: Artmed.

Young, J. (2008). Entrevista com Jeffrey Young. *Revista Brasileira de Terapias Cognitivas, 4*(1), 93-99.

Young, J. E., & Brown, G. (1990). Young schema questionnaire. New York: Cognitive Therapy Center of New York.

Young, J. E., & Klosko, J. S. (1993). *Reinventing your life. The Breakthrough program to end negative behavior... and feel great again*. New York: A Plume Book.

Young, J. E., Klosko, J. S., & Weishaar, M. E. (2003). *Schema therapy: a practitioner's guide*. New York: Guilford.

Young, J. E., Klosko, J. S., & Weishaar, M. E. (2008). *Terapia do esquema: guia de técnicas cognitivo-comportamentais inovadoras*. Porto Alegre: Artmed.

Young, J. E., & Rygh, J. (1994). *Young-ryght avoidance inventory*. New York: Cognitive Therapy Center of New York.

Parte II
PROCESSOS NEUROBIOLÓGICOS E EVOLUCIONISTAS

Neurobiologia dos transtornos de ansiedade

J. Landeira-Fernandez

Doenças mentais são doenças cerebrais.
Wilhelm Griesinger (1817-1868)

INTRODUÇÃO

Durante muito tempo acreditou-se que cérebro e mente teriam características distintas. De acordo com essa perspectiva, denominada dualista, o cérebro seria formado por matéria, enquanto a mente não teria um substrato material. A perspectiva dualista atingiu seu ápice na metade do século XX, com a revolução psicofarmacológica. Embora o uso clínico de substâncias químicas tenha agregado grande valor ao tratamento dos transtornos mentais, criou-se uma polarização entre uma intervenção farmacológica e outra psicológica, fortalecendo assim a perspectiva dualista. De um lado, a psiquiatria biológica restringiu-se à prescrição farmacológica, partindo do princípio de que os efeitos das drogas psicotrópicas no tecido neural ocorreriam independentemente de fatores subjetivos associados à emoção, à cognição e a aspectos sociais de seus pacientes. Por outro lado, a psicologia clínica passou a adotar posturas cada vez mais mentalistas, partindo do princípio de que os efeitos da psicoterapia ocorreriam na ausência de qualquer mecanismo biológico.

Esse quadro começou a mudar de forma consistente apenas no final do século XX, quando evidências clínicas e experimentais – empregando técnicas de neuroimagem funcional – indicaram de forma clara que intervenções psicoterapêuticas atuam no tecido neural, produzindo alterações no padrão de comunicação sináptica semelhantes às produzidas por tratamentos farmacológicos (ver Callegaro e Landeira-Fernandez, 2007, para uma revisão). Essas evidências colocaram o debate filosófico "mente x cérebro" em outra dimensão e apoiaram a perspectiva monista, segundo a qual mente e cérebro são indistinguíveis, representando assim um único sistema. Portanto, a distinção qualitativa entre mente e cérebro parece ser enganosa. O sistema nervoso central não só é o local responsável pela etiologia dos transtornos mentais, mas também o substrato onde intervenções psicológicas e farmacológicas exercem seus efeitos. Por essa razão, o estudo dos mecanismos neurais associados a essas patologias deve ser uma tarefa comum a todos os profissionais que trabalham na área da saúde mental.

O presente capítulo discute alguns dos mecanismos neurais envolvidos nos transtornos de ansiedade. O ponto de partida para o estudo de tais mecanismos é a teoria da seleção natural proposta por Charles Darwin (1809-1882). Em seu livro *As expressões das emoções no homem e nos animais*, publicado em 1872, Darwin estendeu sua teoria da seleção natural para processos emocionais, propondo que certas características presentes nos seres vivos são selecionadas e preservadas ao longo de várias gerações porque apresentam vantagens adaptativas, no sentido de criar mais descendentes com capacidade de atingir a idade adulta e deixar descendentes férteis. Nesse livro, Darwin também demonstrou que as expressões comportamentais de várias emoções, inclusive aquelas relacionadas com reações de defesa, são comuns a seres humanos e outros animais.

Para que essas reações de defesa possam ser acionadas adequadamente, sistemas perceptuais devem localizar a presença de perigo real ou em potencial no meio externo. De fato, vários estímulos podem ser detectados facilmente, graças a suas características naturalmente aversivas. Entretanto, as situações de perigo são, em grande parte, ambíguas, de tal forma que duas classes de erros podem ocorrer: falso positivo (ou seja, a ocorrência de uma resposta na ausência de uma situação de perigo) ou falso negativo (ou seja, a não apresentação de uma resposta de defesa quando existe uma situação de perigo).

Erros do tipo falso positivo representam um gasto desnecessário de recursos, uma vez que reações de defesa ocorrem em situações em que não existe perigo. Por outro lado, erros do tipo falso negativo são potencialmente letais, uma vez que deixar de apresentar uma resposta de defesa quando de fato existe uma situação de perigo pode resultar em morte. Dessa forma, privilegiar a ocorrência de falsos positivos representa uma grande vantagem evolutiva. Entretanto, a exacerbação desse tipo de erro pode levar a processos patológicos relacionados com os transtornos de ansiedade. Esse aspecto de aparente zelo evolutivo (a conservação em excesso da ativação dessas respostas de defesa com alto valor adaptativo) constitui uma das principais razões para o fato de os transtornos de ansiedade estarem entre as patologias mentais de maior incidência, alcançando uma prevalência de cerca de 30% na população geral.

DEFINIÇÕES

De acordo com essa perspectiva evolucionista, transtornos de ansiedade refletem falhas no funcionamento de circuitos neurais responsáveis por detectar, organizar e expressar um conjunto de reações de defesa. O caráter filogenético desses circuitos possibilita que sejam estudados de forma experimental em diversas espécies animais, com resultados aplicáveis ao ser humano. De fato, existem mais modelos animais para se estudar transtornos de ansiedade do que para qualquer outro distúrbio mental.

Além de detectar e expressar reações de defesa, a ativação desses circuitos neurais produz também estados subjetivos que, ao contrário, só podem ser estudados em seres humanos. Tecnicamente, o medo diferencia-se da ansiedade pela presença de um estímulo externo que produz tal emoção. Pode-se então definir medo como uma emoção que faz parte de um sistema adaptativo que responde de forma adequada a estímulos de perigo. A ansiedade, por sua vez, caracteriza-se por seu aspecto patológico, uma vez que esse estado subjetivo decorre de um conjunto de reações ativadas na ausência de qualquer situação de perigo ou de uma ativação desproporcional em relação à situação que a provocou.

Os manuais de diagnóstico de transtornos mentais – tanto o DSM-IV-TR (American Psychiatric Association, 2000) quanto a CID-10 (World Health Organization, 1992) – definem diferentes transtornos de ansiedade por meio de critérios exclusivamente clínicos. Entre eles estão o transtorno de pânico com ou sem agorafobia, a agorafobia sem história de transtorno de pânico, a fobia social, a fobia específica, o transtorno obsessivo-compulsivo, o transtorno de estresse agudo, o transtorno de estresse pós-traumático e o transtorno de ansiedade generalizada. Embora existam aspectos específicos em cada um desses transtornos, todos eles envolvem pelo menos um conjunto de reações, representadas na Figura 5.1.

As reações comportamentais podem ser subdivididas em corporais ou faciais. Em primatas – humanos ou macacos – o medo ou a ansiedade podem ser identificados através das expressões faciais, enquanto em outros animais essas emoções são mais facilmente identificadas por intermédio da postura corporal. Em seres humanos, sinais de inquietação (como andar de um lado para

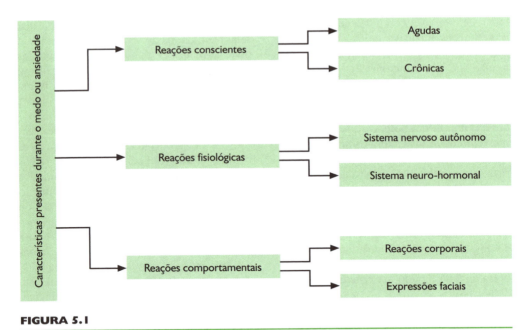

FIGURA 5.1

Conjunto de reações presentes durante o medo ou a ansiedade.

outro, movimentar as mãos, os pés e outras partes do corpo sem intenção aparente) ilustram também algumas das reações comportamentais que acompanham a ansiedade.

Reações fisiológicas, por sua vez, são mediadas pelo sistema nervoso autônomo ou pelo sistema hormonal. Sudorese emocional, palpitações, náuseas e sensação de vazio no estômago são exemplos de reações produzidas pelo sistema nervoso autônomo simpático. Com relação ao sistema hormonal, destaca-se a presença de agentes químicos na corrente sanguínea capazes de ativar glândulas situadas em diversas regiões do corpo. Essas reações fisiológicas preparam o sujeito para enfrentar a fonte de perigo de forma mais eficaz. Como veremos mais adiante, a consciência dessas respostas autonômicas e hormonais é um aspecto extremamente importante para a compreensão dos transtornos de ansiedade.

Finalmente, o componente consciente diz respeito à nossa experiência subjetiva relacionada a uma sensação desagradável de apreensão ou tensão expectante, geralmente acompanhada de hipervigilância. Essas reações podem ser agudas, como, por exemplo, no ataque de pânico ou na fobia, cuja experiência subjetiva, embora intensa, tem curta duração. A experiência subjetiva de medo e ansiedade pode também se manifestar de forma crônica, como, por exemplo, no transtorno de ansiedade generalizada, em que o indivíduo apresenta de forma contínua, ou na maioria dos dias, sensações vagas de apreensão e/ou preocupação excessivas, as quais dificilmente podem ser controladas, causando assim grande sofrimento. O aspecto crônico da experiência subjetiva de ansiedade geralmente apresenta uma alta comorbidade com depressão (Coutinho et al., 2010).

A distinção entre reações conscientes agudas ou crônicas serve também de parâmetro para balizar o conceito de ansiedade--estado e ansiedade-traço. Enquanto o estado de ansiedade reflete uma reação transitória diretamente relacionada a uma situação de adversidade que se apresenta em dado momento, o traço de ansiedade refere-se a um aspecto mais estável relacionado à propensão do indivíduo lidar com maior ou menor ansiedade ao longo de sua vida (Cattell e Scheier, 1961). Nesse sentido, a ansiedade-traço pode, em certas condições, estar associada a um grupo de três transtornos da personalidade, conhecidos como transtorno da personalidade esquiva, obsessivo-compulsiva e dependente.

Vários estudos clínicos e experimentais, empregando seres humanos e modelos animais, com as mais diferentes metodologias e técnicas de pesquisa, vêm desvendando de maneira cada vez mais clara os mecanismos neurais subjacentes ao medo e à ansiedade. Antes de discutir esses mecanismos, é importante apresentar, mesmo que de forma breve, alguns eventos históricos que resultaram na concepção atual a respeito da neurobiologia dos transtornos de ansiedade.

O CONCEITO DE CIRCUITARIA NEURAL SUBJACENTE ÀS EMOÇÕES

Uma das principais controvérsias da neuropsicologia diz respeito à questão "estrutura x função". Teorias localizacionistas partem do princípio de que o cérebro seria um órgão extremamente especializado. De acordo com essa perspectiva, estruturas neurais muito bem definidas (ou seja, áreas determinadas do cérebro) seriam responsáveis por funções mentais específicas. Teorias holistas ou antilocalizacionistas, por outro lado, negam tal possibilidade ao propor que as diversas funções mentais derivam de um funcionamento integrado e totalizado do cérebro. A visão mais atual sobre esse debate cria uma nova perspectiva. Ela parte do princípio de que funções mentais não estão associadas a estruturas específicas, mas sim à forma como diferentes estruturas estabelecem relações entre si, formando circuitos neurais relativamente bem definidos.

James Papez (1937) foi um dos primeiros pesquisadores a propor a ideia de que processos emocionais não estariam associados a determinadas estruturas neurais, mas sim a um conjunto de estruturas reciprocamente relacionadas. Nesse circuito, conhecido hoje como "circuito de Papez", informações sensoriais chegam até os núcleos anteriores do tálamo. O tálamo se projeta para o giro do cíngulo, que mantém conexões com o hipocampo, o qual, por sua vez, se projeta para o corpo mamilar, via fórnix, e o circuito se fecha por meio de projeções para os núcleos anteriores do tálamo através do trato mamilo-talâmico.

Paul MacLean (1949) observou que, além das descritas por Papez, outras estruturas – como, por exemplo, o complexo amigdaloide e a área septal – não apenas estavam envolvidas com a expressão de diferentes emoções, mas também se inter-relacionavam e mantinham projeções recíprocas com o circuito de Papez. MacLean deu a esse novo conjunto de estruturas interconectadas e relacionadas com a origem de diferentes emoções o nome de sistema límbico.

Wallace Nauta (1958) destacou que, no nível do tronco encefálico, um grupo de outras estruturas, como a substância cinzenta periaquedutal, o *locus cœruleus*, a área tegmental ventral, o núcleo tegmental dorsal, os núcleos da rafe, a formação reticular e o núcleo dorsal de Gudden, não só mostrava relações entre si, mas também mantinha conexões com o já referido sistema límbico. Nauta chamou esse outro conjunto de estruturas de área límbica mesencefálica. Além dessas estruturas localizadas no tronco encefálico, certas regiões corticais, em especial o córtex pré-frontal, também têm sido incluídas no sistema límbico, graças à sua capacidade de modular estados emocionais por meio de processos cognitivos. Dessa forma, o conceito de sistema límbico foi ampliado para abranger estruturas mais caudais do sistema nervoso central (associadas a comportamentos de defesa mais primitivos), bem como estruturas mais rostrais (relacionadas com funções cognitivas).

Entretanto, a ideia de um único circuito neural composto por várias estruturas relacionadas com diferentes emoções vem sendo substituída por outra perspectiva, que pressupõe a existência de um conjunto mais restrito de estruturas neurais relacionado com padrões emocionais mais específicos. É exatamente nesse contexto que vêm sendo descobertos os circuitos neurais envolvidos com medo e ansiedade.

CIRCUITOS NEURAIS DO MEDO E DA ANSIEDADE

Graças a seu aspecto evolutivo, o cérebro humano apresenta vários circuitos neurais relacionados com a detecção de estímulos de perigo, bem como com a expressão de reações de defesa frente a esses estímulos. Circuitos neurais filogeneticamente mais antigos produzem reações de defesa mais intensas, em comparação com circuitos que envolvem estruturas filogeneticamente mais recentes. No primeiro caso estão estruturas localizadas no tronco encefálico, como a coluna dorsolateral da matéria cinzenta periaquedutal (MCDP), o *locus cœruleus* (principal produtor de noradrenalina) e os núcleos da rafe (principais produtores de serotonina). Entre essas estruturas, destaca-se a MCPD. Ela está relacionada com respostas primitivas, mas altamente eficazes, contra estímulos de perigo real. Projeções que descem da MCPD atingem a medula espinhal e acionam um conjunto de reações comportamentais, como correr e pular, geralmente precedidas por uma resposta de imobilidade denominada congelamento.

Várias evidências indicam que a origem do ataque de pânico pode estar relacionada à ativação patológica de circuitos neurais envolvendo a MCPD, produzindo uma espécie de "alarme falso", no sentido de que não existe um estímulo externo responsável pela origem da reação de defesa. Em consonância com essa possibilidade, a estimulação elétrica da MCPD produz, em humanos, efeitos muito parecidos com os sintomas presentes em um ataque de pânico, como medo intenso ou terror, sentimento de morte iminente, acompanhado por taquicardia, hiperventilação, asfixia, hipertensão arterial, dores no peito, tontura e náusea (Nashold, Wilson e Slaughter, 1969).

As reações fisiológicas presentes durante um ataque de pânico estão relacionadas com projeções ascendentes que a MCPD envia para regiões do hipotálamo. Várias evidências indicam que, durante um ataque de pânico, são acionadas apenas reações autonômicas mediadas pelo sistema nervoso simpático (Graeff e Zangrossi, 2010).

Da MCPD partem também projeções ascendentes que atingem o complexo amigdaloide, epicentro da circuitaria neural responsável pela modulação de reações presentes no medo e na ansiedade. O complexo amigdaloide está localizado no lobo temporal de ambos os hemisférios cerebrais e pode ser subdividido em pelo menos doze sub-regiões ou núcleos, cada um deles relacionado com processos de natureza emocional específicos. Dois desses núcleos são particularmente importantes. O núcleo lateral representa a via de entrada, sendo responsável pelo processamento de estímulos do meio externo, enquanto o núcleo central representa a via de saída, sendo responsável pela ativação de reações motoras e fisiológicas frente a situações de perigo.

A ocorrência de vários ataques de pânico pode levar ao desenvolvimento do transtorno de pânico, cuja principal característica, além da presença de ataques de pânico, é a apreensão e preocupação persistente quanto à possibilidade de ter novos ataques de pânico. Projeções da MCPD para o núcleo lateral da amígdala participam desse mecanismo de ansiedade antecipatória. Mais ainda, o transtorno de pânico pode ser seguido ou não de agorafobia, medo intenso de estar em locais públicos (do grego, *ágora*, praça ou local público). Nesse caso, o paciente evita sair de casa em razão do medo de ter um novo ataque na ausência de alguém conhecido, afastando-se assim da vida social e profissional. Essa associação da agorafobia com o transtorno de pânico muito provavelmente está relacionada com o fato de que o complexo amigdaloide participa de processos de aprendizagem do tipo associativa com estímulos ambientais presentes antes da ocorrência de um estímulo aversivo. Essa aprendizagem ocorre graças à convergência de estímulos neutros e aversivos que chegam até o núcleo lateral da amígdala.

O fato de o complexo amigdaloide ser uma estrutura importante do circuito neural relacionado com ansiedade antecipatória indica que essa estrutura participa de vários outros transtornos de ansiedade, como o transtorno de ansiedade generalizada, o transtorno do estresse pós-traumático e as mais diferentes formas de fobias. Uma maior sensibilidade do núcleo lateral da amígdala pode tornar a pessoa mais reativa a estímulos ambientais, reagindo de forma defensiva a situações que outras pessoas simplesmente ignoram. Nesse caso, o núcleo central da amígdala, sem apresentar qualquer tipo de comprometimento em seu funcionamento, é continuamente acionado por estímulos sem qualquer propriedade aversiva. Por outro lado, o núcleo lateral da amígdala pode estar funcionando de maneira adequada, mas o núcleo central da amígdala, na ausência de qualquer situação de perigo, apresenta uma atividade exageradamente alta. Portanto, o planejamento de intervenções psicoterapêuticas que visem o tratamento dessas patologias deve ser distinto, uma vez que, no primeiro caso, o paciente apresenta uma hipersensibilidade ao mundo externo, enquanto, no segundo caso, o paciente é altamente reativo, embora tenha consciência de que essas reações não estão associadas a qualquer estímulo de perigo do meio externo.

Projeções neurais do núcleo central da amígdala para a matéria cinzenta periaquedutal ventral dão origem a reações comportamentais relacionadas com a redução da atividade motora. Projeções do núcleo central da amígdala para o núcleo motor facial controlam determinadas expressões faciais. O núcleo central da amígdala envia também projeções descendentes para diferentes regiões hipotalâmicas, produzindo uma série de respostas fisiológicas. Essas reações podem ser divididas em duas grandes vias: uma de natureza rápida, relacionada com o sistema nervoso autônomo; a outra, mais lenta, relacionada com o sistema hormonal. Embora o hipotálamo participe tanto das

reações autonômicas quanto das hormonais, esses controles são operados por regiões distintas dessa estrutura neural. Como veremos em seguida, neurônios que formam o hipotálamo lateral regulam a atividade do sistema nervoso simpático, enquanto o hipotálamo paraventricular é responsável pelas reações hormonais.

A REGULAÇÃO DAS RESPOSTAS FISIOLÓGICAS PELA REGIÃO HIPOTALÂMICA

No início do século XX, John Newport Langley (1905), sugeriu uma divisão do sistema nervoso autônomo em simpático e parassimpático. Alguns anos mais tarde, Walter Cannon (1915) descobriu que situações de perigo são capazes de ativar o sistema nervoso simpático, por meio de uma reação que ficou conhecida como "reação de alarme". Sabe-se hoje que o núcleo central da amígdala projeta-se para o hipotálamo lateral, e este, por sua vez, envia projeções até a coluna lateral da medula espinhal, produzindo uma intensa ativação fisiológica, principalmente dos sistemas respiratório e cardiovascular. Fibras nervosas enviam informações para praticamente todos os órgãos e glândulas localizadas em nosso corpo. A ativação do sistema nervoso simpático produz, por exemplo, aceleração dos batimentos do coração e aumento da pressão arterial. Provoca ainda a dilatação da pupila. No pulmão, determina a dilatação dos brônquios. No fígado, induz um aumento na liberação de glicose.

A regulação dessa atividade autonômica se dá por meio de um sistema de retroalimentação negativa. O núcleo do trato solitário é a primeira estação, no sistema nervoso central, a receber informações relacionadas com a atividade fisiológica do meio interno. A partir daí, o núcleo do trato solitário projeta-se para o hipotálamo dorso-medial (estrutura relacionada com a atividade parassimpática do sistema nervoso autônomo), e este, por sua vez, envia projeções intra-hipotalâmicas inibitórias para o hipotálamo lateral, produzindo assim uma redução dessa atividade.

Além do sistema nervoso autônomo, o sistema hormonal também participa da regulação da atividade fisiológica em resposta a situações de perigo. Trabalhos pioneiros realizados por Hans Selye (1935)[1] mostraram de forma clara que o hipotálamo exerce controle sobre essas reações hormonais. Sabe-se hoje, além disso, que o núcleo central da amígdala também envia projeções para o hipotálamo paraventricular que, por sua vez, envia outras à hipófise, glândula situada na base do cérebro. A hipófise reage liberando na corrente sanguínea o hormônio adrenocorticotrófico (*adrenal corticotrophic hormone* – ACTH), que chega até a porção cortical da glândula suprarrenal. Ali, o ACTH promove a liberação no sangue de cortisol (seres humanos) ou corticosterona (roedores). Esse sistema é chamado, por razões óbvias, de eixo hipotalâmico-hipofisário-adrenal.

Com o término da situação de perigo, os níveis dos hormônios no sangue tendem a voltar aos patamares básicos. Essa regulação também ocorre por meio de um sistema de retroalimentação negativa. Quando o hipocampo detecta a presença de altos níveis de glicocorticoides e outros hormônios esteroides no sangue, envia sinais inibitórios para o hipotálamo paraventricular. Com isso, a hipófise tende a restringir a liberação de ACTH e assim reduzir a atividade desse sistema.

O contato contínuo e incontrolável com estímulos de perigo pode causar um desequilíbrio no funcionamento do hipocampo, levando a uma falha nesse sistema de retroalimentação negativa da atividade hormonal. Nesse caso, embora já não exista mais uma situação de perigo, as reações hormonais em cascata não cessam. É como se o sujeito estivesse constantemente se preparando para situações de perigo. Esse quadro caracteriza o aspecto crônico de vários transtornos de ansiedade, agravando uma série de doenças (as chamadas doenças psicossomáticas), como úlceras gástricas, transtornos alimentares que geram certas formas de diabetes, psoríases, hipertensão arterial e distúrbios cardíacos.

O ASPECTO SUBJETIVO DO MEDO E DA ANSIEDADE

Além de participar da regulação de reações hormonais, o hipocampo também está envolvido com sistemas neurais que participam da formação das memórias que chegam até a consciência (memórias explícitas). O hipocampo, ao processar as reações hormonais, pode ativar sistemas de memória explícita com situações de perigo, por meio de projeções até áreas corticais superiores, como o córtex pré-frontal. Esses processos mnemônicos de longa duração podem produzir preocupações crônicas, persistentes e excessivas, sintomas que caracterizam vários transtornos de ansiedade, como, por exemplo, o transtorno de ansiedade generalizada.

Reações fisiológicas agudas, mediadas pelo sistema nervoso simpático, obedecem também à mesma sequência de eventos neurais. Depois que o núcleo hipotalâmico lateral dispara essas reações, o núcleo do trato solitário as processa. Esse núcleo projeta-se para o córtex insular, que por sua vez envia projeções para o giro cingulado anterior, onde se dão a consciência dessas reações e a experiência subjetiva de perigo. O processamento consciente dessas respostas fisiológicas de grande intensidade e não relacionadas a um estímulo externo de perigo é fundamental para o desenvolvimento do transtorno de pânico.

É interessante observar que, de acordo com essa circuitaria neural, o aspecto subjetivo associado à consciência do medo e da ansiedade é consequência, e não causa, de alterações fisiológicas do nosso corpo. Essa concepção acerca da consciência de uma emoção está em consonância com uma antiga teoria proposta, de forma independen-

---

[1] Ver capítulo 39 deste livro.

te, por William James (1884) e Carl Lange (1985). Atualmente, essa teoria vem sendo revitalizada por António Damásio (1986) sob o nome de "teoria do marcador somático". De acordo com Damásio, a consciência de uma emoção (denominada "sentimento") seria função do processamento dessas reações corporais associadas a processos de memória explícita que são mediados pelo hipocampo e suas projeções corticais.

A participação do hipocampo na evocação explícita de um evento aversivo diferencia-se da função do complexo amigdaloide, que leva a uma evocação desses eventos de forma independente de qualquer processo consciente (memória implícita). Uma dupla dissociação desses dois processos mnemônicos foi demonstrada por um estudo realizado por Damásio e colaboradores (Bechara, Tranel, Damásio, Adolphs, Rockland e Damásio, 1995). Nesse estudo, foram empregadas duas medidas para avaliar a aquisição de um condicionamento clássico de medo. A evocação consciente da associação entre um estímulo condicionado (EC, um estímulo visual) e um estímulo incondicionado (EI, um ruído forte) foi utilizada como uma medida da memória explícita. A mudança da resistência da pele na presença do EC foi utilizada como uma medida da memória implícita.

Os resultados indicaram que os sujeitos-controle adquiriram ambas as respostas. Pacientes que sofriam de amnésia anterógrada (incapacidade de criar novas memórias), devido a lesões bilaterais no hipocampo, apresentaram uma alteração na condutância elétrica da pele em resposta ao EC, mas não recordavam os episódios da aprendizagem associativa, ou seja, não eram capazes de relatar a associação entre o EC e o EI. Em contraste, pacientes que sofriam de uma doença rara, conhecida como Urbach-Wiethe, que envolve uma lesão bilateral no complexo amigdaloide e se caracteriza pela completa ausência de medo, foram capazes de lembrar conscientemente a relação entre EC-EI, mas não apresentaram qualquer modificação na condutância elétrica da pele quando expostas ao EC. Finalmente, os pacientes com lesões tanto no hipocampo quanto na amígdala apresentaram prejuízos em ambas as medidas: de memória explícita e de memória implícita. Esses resultados ilustram de forma elegante que tanto o sistema hipocampal quanto o complexo amigdaloide participam da aprendizagem aversiva. Entretanto, apenas o hipocampo está associado à evocação consciente dos eventos aversivos envolvidos nessa forma de aprendizagem.

Estudos realizados por Joseph LeDoux (ver, por exemplo, LeDoux, 2000) indicaram também a existência de um circuito dependente e outro independente de processos conscientes durante o processamento e a expressão de comportamentos e reações fisiológicas de defesa a uma situação de perigo. Informações sensoriais do mundo externo chegam até o tálamo que, por sua vez, envia projeções para o núcleo lateral da amígdala. Essa é uma via rápida, na qual ocorre uma leitura rápida e tosca, mas conservadora, em relação à possível presença de perigo, desencadeando, por intermédio do núcleo central da amígdala, um conjunto de reações comportamentais e fisiológicas, como já discutido anteriormente. Do tálamo partem também projeções para os córtices sensoriais primários, uma via bem mais lenta, que permite uma análise consciente e mais refinada dos estímulos do meio externo. Em seguida, essas regiões corticais repassam essas informações para o complexo amigdaloide e, se a análise mais detalhada indicar que não existe perigo, as reações comportamentais e fisiológicas orquestradas pelo complexo amigdaloide são interrompidas.

RELAÇÕES ENTRE CIRCUITOS CORTICAIS E SUBCORTICAIS: ETIOLOGIA E TRATAMENTO DOS TRANSTORNOS DE ANSIEDADE

O equilíbrio entre esses dois circuitos – um capaz de acionar respostas de defesa de forma rápida na ausência de uma clara representação do mundo externo e outro mais lento, mas com uma avaliação consciente e mais refinada desses estímulos – representa o aspecto funcional ou adaptativo desses sistemas, adquiridos ao longo de um processo de seleção natural. Falhas nesses sistemas estão associadas a quadros patológicos. Como já discutido anteriormente, prejuízos no funcionamento do complexo amigdaloide, envolvido na via rápida dessa circuitaria neural, podem produzir quadros de ansiedade antecipatória, disparando reações comportamentais e fisiológicas diante de estímulos que não justificam tais reações ou mesmo na ausência de um estímulo de perigo.

Além de falhas no complexo amigdaloide, transtornos de ansiedade podem também estar relacionados a um prejuízo no funcionamento de estruturas corticais que compõem a circuitaria neural responsável pelo processamento consciente de uma possível situação de perigo, bem como à forma como essas estruturas corticais se relacionam com áreas subcorticais que processam estímulos de perigo e respondem de forma mais rápida a estes. Estudos que empregaram técnicas de neuroimagem indicaram, por exemplo, que pacientes com preocupações excessivas e constantes ou obsessões (pensamentos persistentes e repetitivos que provocam ansiedade), diagnosticados respectivamente com transtorno de ansiedade generalizada e transtorno obsessivo-compulsivo, apresentaram uma ativação excessivamente alta no córtex pré-frontal (Berkowit et al., 2007). É possível que a hiperatividade do córtex pré-frontal nesses dois transtornos de ansiedade seja consequência de um comprometimento de regiões hipocampais envolvidas em sistemas de retroalimentação negativa de reações hormonais a estímulos de perigo, assim como na evocação de memórias explícitas de natureza aversiva.

Mais ainda: o córtex pré-frontal, em seres humanos, está associado a uma fantástica capacidade reflexiva e de antecipar eventos futuros. Em consequência, uma atividade exageradamente alta nessa área pode produzir reações de ansiedade associadas a preocupações excessivas e injustificadas de eventuais situações de perigo futuro, principal sintoma do transtorno de ansiedade generalizada.

Por outro lado, pacientes que apresentam intensos sentimentos de medo e pânico, como, por exemplo, no transtorno de pânico, na fobia social ou no transtorno do estresse pós-traumático, apresentam também uma baixa atividade no córtex pré-frontal, causando com isso uma falta de inibição do complexo amigdaloide (Berkowit et al., 2007). De fato, pacientes diagnosticados com transtorno de pânico e submetidos à terapia cognitivo-comportamental (TCC) apresentaram uma alta associação entre a melhora clínica e um aumento bilateral da atividade do córtex pré-frontal medial (Sakai et al., 2006).

A participação de estruturas corticais no tratamento, com técnicas psicoterapêuticas, de alguns transtornos de ansiedade foi também investigada em modelos animais. Em um desses estudos, Morgan e LeDoux (1995) demonstraram que ratos necessitavam do complexo amigdaloide, mas não de regiões corticais, para adquirir uma reação de medo a um estímulo sonoro previamente associado a um choque elétrico. Entretanto, estruturas corticais, especialmente aquelas localizadas na área pré-frontal, foram fundamentais para que essa reação de medo a um som pudesse ser gradativamente extinta por meio da apresentação do estímulo sonoro na ausência do choque elétrico. Esses resultados permitem inferir que técnicas de extinção utilizadas no tratamento de certos transtornos de ansiedade não alteram o funcionamento de estruturas responsáveis pela origem da disfunção. Tais modificações ocorreriam graças ao fortalecimento de outras estruturas responsáveis pela inibição da disfunção. Nesse caso, pode-se imaginar que um determinado transtorno de ansiedade pode ficar latente, mesmo após a remissão de seus sintomas, o que significa que pode reaparecer quando esses sistemas corticais inibitórios perderem força – por exemplo, nos momentos em que o paciente enfrentar novas situações de estresse.

A participação de estruturas corticais no processo psicoterapêutico dos transtornos de ansiedade merece atenção especial graças ao grande desenvolvimento dessas regiões cerebrais em seres humanos. Projeções que descem das áreas corticais para estruturas subcorticais certamente possibilitam que reações emocionais disfuncionais sejam inibidas por processos cognitivos. Dessa forma, reações fisiológicas podem ser moduladas por processos cognitivos por meio de conexões diretas entre a porção ventro-medial do córtex pré-frontal com o hipotálamo, tanto lateral quanto paraventricular. Finalmente, projeções entre a região medial do córtex pré-frontal e a MCPD indicam também que sistemas cognitivos podem exercer controle inibitório sobre reações intensas de defesa não adequadas, como aquelas observadas durante um ataque de pânico.

Deve-se notar que outros estudos com seres humanos, também com a utilização de técnicas de neuroimagem, demonstraram que a psicoterapia pode aliviar sintomas de ansiedade, atuando diretamente em estruturas subcorticais associadas à circuitaria do medo e da ansiedade. Pacientes diagnosticados com fobia social, por exemplo, apresentaram melhora clínica, bem como redução da atividade do complexo amigdaloide, após o tratamento com TCC (Furmark et al., 2002).

Embora existam poucos estudos dessa natureza, é possível que as alterações cerebrais produzidas pela psicoterapia estejam distribuídas em diversas estruturas integrantes desses circuitos neurais. Estudo que contou com a colaboração de pesquisadores brasileiros e americanos (Peres et al., 2007) confirmou tal possibilidade. Nesse estudo, técnicas cognitivo-comportamentais relacionadas com exposição e reestruturação cognitiva levaram à redução de sintomas em pacientes diagnosticados com transtornos do estresse pós-traumático, assim como ao aumento da atividade do córtex pré-frontal, em paralelo com a redução da atividade do complexo amigdaloide. Curiosamente, essas alterações no funcionamento de estruturas cerebrais produzidas pela intervenção psicoterapêutica foram observadas exclusivamente no hemisfério esquerdo.

Outro aspecto importante a respeito dos mecanismos neurais subjacentes à intervenção terapêutica nos transtornos de ansiedade é a demonstração de que a psicoterapia pode produzir alterações no funcionamento cerebral, da mesma forma que tratamentos farmacológicos. Por exemplo, tanto o citalopram (um inibidor seletivo da recaptação da serotonina) quanto a TCC levaram a uma melhora clínica em pacientes diagnosticados com fobia social, e ambos também reduziram a atividade de várias estruturas cerebrais que integram os circuitos neurais do medo e da ansiedade, como a matéria cinzenta periaquedutal, o complexo amigdaloide, o hipocampo e estruturas adjacentes (Furmark et al., 2002). No estudo já clássico realizado por Lewis Baxter e colaboradores (1992), observou-se que a fluoxetina (um inibidor seletivo da recaptação da serotonina), assim como a TCC, aliviaram os sintomas compulsivos (comportamentos repetitivos e intencionais, geralmente realizados em resposta a uma obsessão) em pacientes diagnosticados com transtorno obsessivo-compulsivo, e ambos também produziram uma redução da atividade do núcleo caudado.

Independentemente da discussão acerca das possíveis estruturas neurais sensíveis a tratamentos farmacológicos ou psicológicos, sabe-se que esses efeitos terapêuticos são mediados por sistemas de neurotransmissão. A seguir, são apresentados os mecanismos de ação de alguns desses tratamentos farmacológicos.

SISTEMAS DE NEUROTRANSMISSÃO E INTERVENÇÕES PSICOFARMACOLÓGICAS

Neurotransmissores são agentes químicos presentes no processo de comunicação sináptica. Eles permitem que estruturas cerebrais possam estabelecer conexões entre si, formando circuitos neurais. A comunicação sináptica é um processo extremamente dinâmico, que possibilita ao sistema nervoso central expressar suas funções de forma plástica. Aprendizagem e memória são características intrínsecas do sistema nervoso, de tal forma que procedimentos relacionados com intervenções terapêuticas de qualquer natureza na área da saúde mental envolvem necessariamente processos de comunicação neural.

SISTEMAS GABAÉRGICOS

Drogas ansiolíticas representam a intervenção psicofarmacológica mais empregada para lidar com os sintomas da ansiedade. Os primeiros agentes ansiolíticos utilizados no controle da ansiedade foram os barbitúricos, como fenobarbital (Gardenal®, usado no tratamento da epilepsia), amobarbital (Amytal®), pentobarbital (Nembutal®) e secobarbital (Seconal®, Tuinal®), que no início do século XX começaram a ser empregados no controle da ansiedade. Entre os efeitos colaterais produzidos por essas substâncias estão sonolência e sedação. Em altas doses, elas podem provocar intoxicações graves e levar à morte, em razão da depressão de certos centros nervosos. Devido aos seus efeitos sedativos, os barbitúricos também são chamados de hipnóticos.

Os efeitos colaterais produzidos pelos barbitúricos motivaram a busca de novos e mais eficazes ansiolíticos. No início dos anos 1960, foram introduzidos no mercado os benzodiazepínicos, como clordizepóxido (Psicosedim®; Tensil®; Librium®), diazepam (Valium®; Diempax®; Calmocineto®), bromazepam (Lexotan®; Somalium®; Nervium®), clobazam (Frisium®; Urbanil®), clonazepam (Rivotril®), estazolam (Noctal®), flunitrazepam (Fluserin®), flurazepam (Dalmadorm®), lorazepam (Lorium®; Calmogenol®) ou nitrazepam (Morgadon®; Sonebon®; Sonotrat®), cuja grande eficácia, aliada à baixa toxicidade e à menor capacidade de produzir dependência, fizeram com que esses compostos fossem adotados como as drogas de escolha para o tratamento dos sintomas presentes no transtorno de ansiedade generalizada.

A ação farmacológica dos barbitúricos e benzodiazepínicos envolve um complexo molecular que contém o receptor do ácido gama-aminobutírico (GABA) acoplado a um canal de cloro. O GABA é o principal neurotransmissor inibitório do sistema nervoso central. A liberação do GABA ativa vários tipos de receptores, sendo os mais conhecidos $GABA_A$, $GABA_B$ e $GABA_C$ (Bormann, 2000). Entre esses receptores, o mais importante para o controle da ansiedade é o $GABA_A$, o qual, quando ativado pelo GABA, induz a abertura dos canais de cloro, levando a uma hiperpolarização da membrana pós-sináptica.

Os receptores $GABA_A$ têm também sítios ligantes para outras substâncias, como barbitúricos, benzodiazepínicos e álcool, potencializando assim a resposta do GABA. Esses receptores estão distribuídos de forma extensa por todo o sistema nervoso central, exercendo assim influência em vários circuitos neurais. Estudos utilizando diversas técnicas de neuroimagem indicaram que receptores GABAérgicos em algumas regiões do encéfalo, incluindo o córtex pré-frontal, o complexo amigdaloide e o hipocampo, estão intimamente relacionados com os transtornos de ansiedade (Zezula et al., 1988). A ação ansiolítica dos benzodiazepínicos nessas regiões ocorre quando, ao se acoplarem a seu sítio ligante, permitem que o GABA tenha sua ação amplificada. O aumento da atividade GABAérgica produz uma hiperpolarização na membrana neural, dificultando assim a ativação desses neurônios.

SISTEMAS SEROTONÉRGICOS

Recentemente, drogas relacionadas com a neurotransmissão da serotonina, ou 5-hidroxitriptamina (5-HT), também têm sido utilizadas no tratamento de sintomas da ansiedade. Embora alterações em sistemas serotonérgicos estejam claramente envolvidas em transtornos de ansiedade, o papel exato desse neurotransmissor na etiologia desses transtornos permanece ainda bastante controverso. A intricada forma com que a 5-HT participa de sistemas responsáveis por aspectos saudáveis e patológicos relacionados com reações de defesa deve-se à complexidade de seus receptores. Já foram descritos sete tipos de receptores para a 5-HT, incluindo os receptores 5-HT_1, 5-HT_2, 5-HT_3, 5-HT_4, 5-HT_5, 5-HT_6 e 5-HT_7. O receptor 5-HT_1, por sua vez, apresenta cinco subtipos: 5-HT_{1A}, 5-HT_{1B}, 5-HT_{1D}, 5-HT_{1E} e 5-HT_{1F}. O subtipo originalmente apontado como 5-HT_{1C} passou a fazer parte da família 5-HT_2 de receptores, que inclui 5-HT_{2A}, 5-HT_{2B} e 5-HT_{2C}. Finalmente, o receptor 5-HT_5 também apresenta dois subtipos, 5-HT_{5A} e 5-HT_{5B} (Zifa e Fillion, 1992). Entre esses receptores, o 5-HT_1, o 5-HT_2 e o 5-HT_3 são os que estão mais diretamente envolvidos com processos de ansiedade.

Os receptores 5-HT_{1A} são aqueles que apresentam uma maior distribuição pelo sistema nervoso central e podem apresentar uma atuação pré ou pós-sináptica. Os receptores que atuam a nível pré-sinápticos (também chamados de autorreceptores somatodendriticos, pelo fato de estarem localizados no corpo celular ou nos dendritos do neurônio) situam-se nos núcleos da rafe, enquanto os pós-sinápticos estão principalmente no hipocampo e no complexo amigdaloide (Hoyer, Hannon e Martin, 2002). Diversos estudos com modelos animais parecem indicar que a ativação dos autorreceptores 5HT_{1A} nos núcleos da rafe alivia a ansiedade, enquanto sua ativação nos receptores pós-sinápticos localizados no hipocampo e no complexo amigdaloide aumenta o estado de ansiedade (De Vry, 1995).

A buspirona (Ansienon®; Ansitec®; Brozepax®; Buspanil®; Buspar®) foi o primeiro ansiolítico seletivo de ação serotonérgica a ser empregado na clínica psiquiátrica. Atua como um agonista para receptores 5-HT_{1A} em nível pré-sináptico, nos núcleos da rafe. A ativação desses autorreceptores pré-sinápticos diminui a quantidade de 5-HT em nível pós-sináptico. Dessa forma, o efeito terapêutico da buspirona no tratamento do transtorno da ansiedade generalizada pode estar relacionado com a redução da atividade serotonérgica no hipocampo e no complexo amigdaloide.

Um aspecto paradoxal do emprego de agentes serotonérgicos nos tratamentos de ansiedade está relacionado ao uso dessas substâncias no transtorno de pânico. Sabe-se que agentes ansiolíticos utilizados no tratamento do transtorno de ansiedade generalizada não produzem qualquer efeito terapêutico se administrados quando ocorrem ataques de pânico. Na verdade, benzodiazepínicos com alta potência, como, por exemplo, alprazolam (Xanax®) e clonazepam (Rivotril®), quando utilizados em altas doses, podem ser extremamente úteis para lidar com reações intensas de ansiedade presentes durante o ataque de pânico. Entretanto, altas doses desses agentes podem produzir efeitos indesejáveis, como sonolência, ataxia e prejuízo da memória.

O emprego de agentes serotonérgicos no tratamento do transtorno de pânico teve início com os trabalhos pioneiros de Donald Klein, que, no início da década de 1960, demonstrou uma melhora clínica em pacientes diagnosticados com transtorno de pânico após um longo tratamento (3 a 4 semanas) com imipramina (Tofranil®), um antidepressivo tricíclico inibidor da recaptação de noradrenalina e serotonina (Klein e Fink, 1962). Graças a esses estudos, antidepressivos tricíclicos como, por exemplo, amitriptilina (Tryptanol®; Limbitro®), clomipramina (Anafranil®) ou nortriptilina (Pamelor®) passaram a representar a medicação de escolha para o tratamento do transtorno de pânico. Posteriormente, verificou-se também que os inibidores antidepressivos mais antigos, capazes de inibir a monoaminoxidase, como fenelzina (Nardil®), nialamida (Niamid®), tranilcipromina (Stelapar®) e isocarboxazida (Marplon®), também eram eficazes no tratamento do transtorno de pânico. Atualmente, drogas antidepressivas relacionadas com a inibição seletiva da recaptação da serotonina (ISRS), como, por exemplo, fluoxetina (Prozac®; Eufor®; Deplax®; Daforin®), citalopram (Cipramil®, Parmil®, Procimax®), paroxetina (Aropax®) e sertalina (Zoloft®), têm sido empregadas no tratamento do transtorno de pânico. Os ISRS's têm em comum a capacidade de inibir a proteína responsável pelo transporte da serotonina de volta ao neurônio pré-sináptico, aumentando assim a atividade desse neurotransmissor na fenda sináptica.

Deve-se notar que o emprego dos ISRS's no tratamento do transtorno de pânico paradoxalmente aumenta os sintomas de ansiedade. Esse paradoxo tem sido esclarecido por uma teoria desenvolvida pelo psiquiatra inglês William Deakin e pelo neurocientista brasileiro Frederico Graeff. De acordo com essa teoria (Deakin e Graeff, 1991), o transtorno de ansiedade generalizada está associado à grande ativação de 5-HT no complexo amigdaloide, enquanto a ocorrência de ataques de pânico é relacionada à redução desse neurotransmissor na MCPD. Portanto, agonistas serotonérgicos, como, por exemplo, os ISRS's, têm a capacidade de reduzir a ocorrência de pânico, graças à ação que exercem na MCPD. Entretanto, esses mesmos agentes químicos podem induzir sintomas de ansiedade, graças ao aumento da atividade serotonérgica no complexo amigdaloide.

É interessante notar que a solução desse paradoxo serotonérgico pressupõe que ansiedade e ataques de pânico são sintomas qualitativamente distintos. A ansiedade, presente no transtorno de ansiedade, reflete uma disfunção que se manifesta de forma moderada e persistente, em oposição ao ataque de pânico, que se expressa de forma intensa e aguda e surge de modo completamente inesperado. A dissociação entre ansiedade e pânico pode também ser constatada farmacologicamente, uma vez que os ataques de pânico, mas não as reações de ansiedade, são resistentes ao tratamento com benzodiazepínicos.

Outra diferença importante entre pânico e ansiedade é o modo como o eixo hipotalâmico-hipofisário-adrenal se comporta nessas duas condições. Situações capazes de produzir uma experiência subjetiva de ansiedade antecipatória, como aquelas presentes no transtorno de ansiedade generalizada, ativam o eixo hipotalâmico-hipofisário-adrenal. Por outro lado, ataques de pânico induzidos por agentes panicogênicos, como, por exemplo, a injeção de lactato de sódio e a inalação de CO_2, ou mesmo ataques de pânico naturais, são incapazes de acionar esse eixo (Graeff e Zangrossi, 2010). Esses resultados indicam que diferentes transtornos de ansiedade, definidos exclusivamente através de critérios clínicos, de fato refletem alterações em diferentes mecanismos neurobiológicos, não só em relação à circuitaria neural como também em relação a sistemas de neurotransmissão.

REFERÊNCIAS

American Psychiatric Association (2002/2000). *DSM-IV-TR: Manual diagnóstico e estatístico de transtornos mentais* (4. ed. rev.). Porto Alegre: Artmed.

Baxter, L. R., Schwartz, J. M., Bergman, K. S, Szuba, M. P., Guze, B. H., Mazziotta, J. C., et al. (1992). Caudate glucose metabolic rate changes with both drug and behavior therapy for obsessive-compulsive disorder. *Archives of General Psychiatry, 49*(9), 681-689.

Bechara, A., Tranel, D., Damásio, H., Adolphs, R., Rockland, C., & Damásio, A. R. (1995). Double dissociation of conditioning and declarative knowledge relative to the amygdala and hippocampus in humans. *Science. 269*(5227), 1115-1118.

Berkowitz, R. L., Coplan, J. D., Reddy, D. P., & Gorman, J. M. (2007). The human dimension: how the prefrontal cortex modulates the subcortical fear response. *Reviews in the Neurosciences, 18*(3-4), 191-207.

Bormann, J. (2000). The "ABC" of GABA receptors. *Trends in Pharmacological Science, 21*(1):16-19

Cannon, W. B. (1915). *Bodily changes in pain, hunger, fear and rage*. New York: D. Appleton.

Callegaro, M. M., & Landeira-Fernandez, J. (2007) Pesquisas em neurociência e suas implicações na prática psicoterápica. In: Cordioli, A. V. (Org.).

Psicoterapias abordagens atuais (3. ed.) (p. 851-872). Porto Alegre: Artmed.

Cattell, R. B., & Scheier I. H. (1961). *The meaning and measurement of neuroticism and anxiety*. New York: Ronald Press.

Damásio, A. R. (1996). The somatic marker hypothesis and the possible functions of the prefrontal cortex. *Philosophical transactions of the Royal Society of London. Series B, Biological sciences, 351*(1346), 1413-1420.

Coutinho, F. C., Dias, G. P., Bevilaqua, M. C. N., Gardino, P. F., Rangé, B. P., & Nardi, A. E. (2010). Current concept of anxiety: implications from Darwin to the DSM-V for the diagnosis of generalized anxiety disorder. *Expert Review of Neurotherapeutics, 10*(8), 1307-1320.

Darwin, C. (1872/2000). *A expressão das emoções no homem e nos animais*. São Paulo: Companhia das Letras.

De Vry, J. (1995). 5-HT$_{1A}$ receptor agonists: recent developments and controversial issues. *Psychopharmacology, 121*(1), 1-26.

Deakin, J. W. F., & Graeff, F. G. (1991). 5-HT and mechanisms of defence. *Journal of Psychopharmacology, 5*, 305-315.

Furmark, T., Tillfors, M., Marteinsdottir, I., Fischer, H., Pissiota, A., Langstrom, B., et al. (2002). Common changes in cerebral blood flow in patients with social phobia treated with citalopram or cognitive-behavioral therapy. *Archives of General Psychiatry, 59*:425-433.

Graeff, F. G., & Zangrossi, H. Jr. (2010). The hypothalamic-pituitary-adrenal axis in anxiety and panic. *Psychology & Neuroscience, 3*, 3-8.

Hoyer, D., Hannon, J., & Martin, G. (2002). Molecular, pharmacological and functional diversity of 5-HT receptors, *Pharmacology, biochemistry, and behavior, 71*, 533-554.

James, W. (1884). What is an emotion? *Mind, 19*, 188-205.

Klein, D.F., & Fink, M. (1962). Psychiatric reaction patterns to imipramine. *American Psychiatry, 119*, 432-438.

Lange, C. (1885). The mechanism of the emotions. In: Dunlap, E. (Ed.). *The emotions*. Baltimore, Maryland: Williams & Wilkins.

LeDoux, J. E. (2000). Emotion circuits in the brain. *Annual Reviews in the Neurosciences, 23*:155-184.

MacLean, P.D. (1949). Psychosomatic disease and the visceral brain. Recent developments bearing on the Papez theory of emotion. *Psychosomatic Medicine, 11*, 338-353.

Morgan, M. A., & LeDoux, J. E. (1995). Differential contribution of dorsal and ventral medial prefrontal cortex to the acquisition and extinction of conditioned fear in rats. *Behavior Neuroscience, 109*(4), 681-688.

Nashold, B. S. Jr., Wilson, W. P., & Slaughter, D. G. (1969). Sensations evoked by stimulation in the midbrain of man. *Journal of Neurosurgery, 30*, 14-24.

Nauta, W. (1958). Hippocampal projections and related neural pathways to the mid – brain in the cat. *Brain, 81*, 319-340

Papez, J. W. (1937). A proposed mechanism of emotion. *Archives of Neurology and Psychiatry, 38*, 725-743.

Peres, J. F., Newberg, A. B., Mercante, J. P., Simão, M., Albuquerque, V. E., Peres, M. J. et al. (2007). Cerebral blood flow changes during retrieval of traumatic memories before and after psychotherapy: a SPECT study. *Psychological Medicine, 37*(10), 1481-1491.

Sakai, Y., Kumano, H., Nishikawa, M., Sakano, Y., Kaiya, H., Imabayashi, E., et al. (2006). Changes in cerebral glucose utilization in patients with panic disorder treated with cognitive-behavioral therapy. *Neuroimage, 33*(1), 218-226.

Selye, H. A. (1936). Syndrome produced by diverse nocuous agents. *Nature, 138*, 32.

Zezula, J., Cortés, R., Probst, A., & Palacios, J. M. (1988). Benzodiazepine receptor sites in the human brain: autoradiographic mapping. *Neuroscience, 25*(3), 771-795.

Zifa, E., & Fillion, G. (1992). 5-hydroxytryptamine receptors. *Pharmacological Reviews, 44*, 401-458.

6

O novo inconsciente e a terapia cognitiva

Marco Montarroyos Callegaro

INTRODUÇÃO

Neste capítulo, explora-se a utilidade do conceito de *processamento inconsciente* na estrutura teórica da Terapia Cognitiva, em especial na Terapia focada no Esquema (*Schema Therapy*) de Jeffrey Young (1990; 1999), uma abordagem integrativa que expande a Terapia Cognitivo-Comportamental tradicional (Young, Klosko e Weishaar, 2003). Examinaremos alguns conceitos da Terapia Cognitiva contemporânea e da Terapia Focada em Esquemas, procurando demonstrar sua relação com o processamento inconsciente. O modelo do novo inconsciente (*new unconscious framework*) será apresentado e integrado como fundamento subjacente dos construtos teóricos da Terapia Cognitiva e da Terapia Focada em Esquemas. Procura-se ilustrar alguns aspectos do novo modelo do inconsciente com exemplos clínicos, além de estabelecer relações com conceitos familiares aos terapeutas cognitivos, como *pensamentos automáticos*, *distorções cognitivas*, *esquemas disfuncionais* e mecanismos de *evitação* cognitiva, comportamental e afetiva.

ASPECTOS HISTÓRICOS

Na visão atual das neurociências sobre o funcionamento do sistema cérebro-mente, a maior parte da atividade mental é inconsciente e apenas uma pequena parte está envolvida nos processos mentais conscientes (Damásio, 1999, 2000, 2003; Squire e Kandel, 2003; Schacter, 2003; Squire, 1987). Na tradicional concepção freudiana, esta ideia é representada na metáfora do *iceberg* como modelo da mente, em que a maior parte está submersa e a atividade mental consciente corresponderia ao topo visível. Embora a metáfora do *iceberg* seja válida, o modelo detalhado sobre o funcionamento mental inconsciente que Freud concebeu, o *inconsciente dinâmico*, em sua maior parte não corresponde aos conceitos atuais em Terapia Cognitiva. A evidência sobre os principais componentes do inconsciente dinâmico não pode ser observada, mensurada com precisão ou manipulada experimentalmente, tornando as hipóteses infalsificáveis (Hassan, 2005). A maior parte da atividade mental é composta por computação neural inconsciente, mas este processamento não corresponde ao conceito de inconsciente dinâmico, o que exige uma nova formulação, um "novo inconsciente" (Hassin, Uleman e Bargh, 2005).

Do ponto de vista da história das ideias sobre o inconsciente, verifica-se que a hipótese freudiana, desde sua popularização, foi o único referencial abrangente disponível, uma vez que nenhuma teoria científica alternativa tinha sido formulada para explicar o funcionamento mental inconsciente. No entanto, por volta década de 1980, a revolução cognitiva na psicologia estava atingindo seu ápice, e a metáfora favorita para a mente era o computador. Na literatura de ciências cognitivas e neurociências, cresciam as pesquisas sobre processamento inconsciente nas áreas de "processos automáticos", ou "memória implícita". Foi neste contexto que surgiu pela primeira vez a proposta de uma visão sobre a mente inconsciente baseada nas ciências cognitivas, um modelo que foi chamado de "Inconsciente Cognitivo".

Esta nova teoria sobre os processos inconscientes, diferente da concebida por Freud, foi formulada pelo psicólogo John Kihlstrom, que cunhou a expressão "inconsciente cognitivo" em um artigo publicado na revista *Science* (Kihlstrom, 1987). Fundamentando-se no conceito de mente como mecanismo de *processamento de informação,* Kihlstrom utilizou a teoria computacional, a Psicologia Cognitiva e as Ciências Cognitivas como substrato teórico para entender o funcionamento consciente e inconsciente. Para Kihlstrom, o funcionamento mental envolve processos inconscientes e conteúdos conscientes. Os conteúdos conscientes provêm do processamento de informações, mas não estamos conscientes do processamento em si, somente do resultado.

O inconsciente cognitivo apresentou-se como um modelo alternativo sobre a mente inconsciente. A ideia central de Kihlstrom sobre o funcionamento do processamento inconsciente é a de que o cérebro efetua muitas operações complexas cujo resultado pode se transformar em conteúdo consciente, embora não tenhamos acesso às operações que originam este conteúdo (Kihlstrom, 1984, 1985; Kihlstrom e Cantor, 1984). Segundo Kihlstrom (Glaser e Kihlstrom, 2005), desde sua formulação pioneira, várias pesquisas importantes expandiram ainda mais o modelo inicial. Estudos demonstraram que respostas avaliativas podem ocorrer automaticamente, e que esta avaliação automática é um fenômeno comum. O afeto passou a ser enfocado, expandindo a noção inicial, com ênfase predominantemente cognitiva, para um novo modelo, no qual todos os principais processos mentais podem operar automaticamente. Esta nova conceitualização inclui processos como perseguição inconsciente de metas, por exemplo. Segundo Uleman (2005, p. 6), as principais diferenças entre o inconsciente cognitivo e o novo modelo estão relacionadas à ênfase na pesquisa do processamento inconsciente envolvido no *afeto*, na *motivação*, na *autorregulação*, e mesmo no *controle* e na *metacognição*.

Este novo modelo tem seu marco fundamental a partir do livro *The New Unconscious* (Hassin, Uleman e Bargh, 2005), obra na qual os pesquisadores mais importantes da área examinam o novo conceito do inconsciente do ponto de vista social, cognitivo e neurocientífico, mostrando um quadro onde os processos inconscientes podem perseguir metas e realizar processamento complexo de informação.

O novo modelo do inconsciente ou, como denominaremos doravante, o *novo inconsciente*, é a alternativa teórica mais coerente e compatível com os fundamentos científicos e epistemológicos da Terapia Cognitiva contemporânea. Não é possível acomodar os conceitos psicanalíticos do inconsciente dinâmico com a teoria e a pesquisa de TC, uma vez que a psicanálise ou as terapias de base dinâmica são as práticas que, em nível psicoterápico, correspondem ao emprego destes conceitos, como, por exemplo, a livre associação. O novo inconsciente é o modelo de funcionamento inconsciente que oferece fundamento compatível com as teorias cognitivas.

Na literatura de Terapia Cognitiva, existe tendência de evitar o uso do termo "inconsciente" pela conotação psicanalítica que invariavelmente é associada a este conceito, empregando-se termos como processos automáticos ou implícitos. No entanto, se utilizarmos o modelo do *novo inconsciente* como referencial teórico de suporte, podemos empregar vantajosamente o termo "inconsciente" na teoria e na pesquisa em Terapia Cognitiva. Analisaremos a seguir a relação entre o novo inconsciente e um dos conceitos mais utilizados em terapia cognitiva, a noção de esquema.

ESQUEMAS DISFUNCIONAIS INCONSCIENTES

Segal (1988) definiu um esquema como um conjunto de "elementos organizados de reações e experiências passadas que formam um corpo de conhecimento relativamente coeso e persistente, capaz de guiar a percepção e a avaliação subsequente" (p.147). Conforme Beck (1982/1979), o conceito de esquema em Terapia Cognitiva refere-se a uma *rede estruturada e inter-relacionada de crenças* que podem ser ativadas ou desativadas conforme a presença ou a ausência de experiências estressantes. Um esquema é uma estrutura cognitiva que processa informação e que

> (...) filtra, codifica e avalia os estímulos aos quais o organismo é submetido. Com base na matriz de esquemas, o indivíduo consegue orientar-se em relação ao tempo e ao espaço, bem como categorizar e interpretar experiências de maneira significativa. (Beck, 1967, p. 283)

Em relação ao processamento inconsciente, Beck (1967) argumenta que os esquemas disfuncionais podem explicar o fenômeno da *repetição* de padrões de comportamento que os psicanalistas identificaram clinicamente, e sobre o qual Freud teorizou. As imagens, os sonhos e as associações livres apresentam temas recorrentes ligados aos esquemas, que podem ficar inativos e depois serem "energizados ou desenergizados rapidamente, como resultados de mudanças no tipo de *input* do ambiente" (p. 284). Os esquemas disfuncionais podem infiltrar-se na arquitetura mental do sujeito e passar a conduzir sua forma de *interpretar* os acontecimentos, resultando em uma percepção *distorcida* e *tendenciosa*, refletindo-se "nas típicas concepções errôneas, em atitudes distorcidas, premissas inválidas, metas e expectativas pouco realistas" (p. 284).

Podemos seguramente concluir que esquemas disfuncionais são mecanismos inconscientes, mas de um *novo inconsciente*, não do inconsciente *dinâmico* da psicanálise. A razão principal que leva os teóricos a evitarem o termo é, provavelmente, o cuidado para evitar confusão conceitual ocasionada por um problema semântico – o termo inconsciente praticamente *subentende* o inconsciente dinâmico concebido e popularizado por Freud. O terapeuta cognitivo Arthur Freeman (1998) argumenta que os esquemas são *mecanismos inconscientes* que afetam comportamento, cognição, fisiologia e emoções, e se tornam, com o passar do tempo, a própria definição da pessoa (individualmente e como parte de um grupo). Referindo-se aos esquemas, Freeman acredita que "pode-se dizer que eles são inconscientes, usando-se uma definição do inconsciente como *ideias das quais não temos consciência*" (p. 32). Ou seja, os *esquemas* podem ser adequadamente descritos como mecanismos inconscientes, se adotarmos a noção de um novo inconsciente.

Os esquemas manifestam-se em padrões complexos de pensamentos, que são em geral empregados mesmo na *ausência de dados ambientais*, e podem servir como um mecanismo cognitivo que transforma os dados que chegam, fazendo com que fiquem em conformidade com ideias preconcebidas (Beck, 1963; 1964; Beck e Emery, 1985).

Na terapia cognitiva, são examinados os *pensamentos automáticos* do paciente para conceitualizar o caso, inferindo-se as crenças condicionais e as centrais, que refletem esquemas implícitos mais antigos, os esquemas iniciais desadaptativos. Os pensamentos automáticos são *resultados conscientes* do processamento esquemático inconsciente, que emergem na vida mental explícita como imagens ou pensamentos verbais. Produtos declarativos do processamento inconsciente, os pensamentos automáticos são resultado da tradução em palavras, ou em imagens mentais conscientes, dos resultados da operação de mecanismos de avaliação implícitos, produzidas por esquemas tácitos. Quando distorcidos e enviesados, os pensamentos automáticos são chamados de *disfuncionais*, enquanto aqueles que refletem a realidade e encontram corroboração em evidências não recebem atenção clínica, por serem considerados funcionais. Os pensamentos automáticos disfuncionais podem ser reavaliados pelo pensamento consciente e assim reestruturados, ocasionando *novas interpretações* mais condizentes com a realidade e mais adaptativas.

No caso de pacientes com psicopatologias, falhas características no processamento de informação mantêm distorções nas experiências de vida. Beck adotou o termo *distorções cognitivas* para descrever o conjunto de erros sistemáticos de raciocínio presentes durante o sofrimento psicológico (Beck, 1987; Beck, Rush, Shaw e Emery, 1982/1979). As crenças disfuncionais são perpetuadas através das distorções, modos mal-adaptativos de processar informações como, por exemplo, a hipervigilância em relação a ameaças ambientais dos pacientes ansiosos ou a excessiva e indevida responsabilização pessoal por falhas e erros cometidos pelos sujeitos com depressão.

Apesar do desuso do termo "inconsciente" pela conotação psicanalítica que está frequentemente associada a esta expressão, adotando o modelo do novo inconsciente podemos relacionar os *modelos cognitivos* da TC com o *processamento inconsciente.* Veremos a seguir que os modelos cognitivos podem úteis para compreender os processos mentais inconscientes (Hassin, Uleman e Bargh, 2005) e para o desenvolvimento de técnicas e estratégias terapêuticas eficazes na modificação dos resultantes padrões disfuncionais cognitivos, comportamentais e emocionais.

TERAPIA COGNITIVA E PROCESSOS MENTAIS INCONSCIENTES

A Associação Americana de Psicologia (*American Psychology Association – APA*) realizou em 2000 a sua convenção anual em Washington, onde ocorreu um encontro entre dois clínicos de grande influência no cenário mundial da psicoterapia, Albert Ellis e Aaron Beck. Ambos reconheceram, neste encontro, o valor de algumas ideias de Sigmund Freud para suas teorias, particularmente o papel de destacar a relevância dos *processos mentais inconscientes* na determinação do comportamento (Chamberlin, 2000). Beck afirmou ter recebido forte influência da "ideia do determinismo psicoló-

gico" e Ellis declarou sobre Freud que "uma das principais coisas que ele fez foi chamar a atenção para a importância do pensamento inconsciente" (Chamberlin, 2000).

O conceito de *processamento automático de informação*, proveniente da Ciência Cognitiva e da Psicologia Cognitiva, influenciou o construto de *pensamento automático* em TC. Os pensamentos automáticos são *resultados conscientes* do processamento esquemático inconsciente, que emerge na vida mental explícita como imagens ou pensamentos verbais. Aaron Beck, bem como outros teóricos da Terapia Cognitiva contemporânea, vem dedicando mais atenção aos processos mentais inconscientes, baseando-se na ideia de uma *natureza inconsciente* no processamento cognitivo de informação (Beck e Alford, 2000).

A *memória implícita*, também chamada de *não declarativa* ou *inconsciente* (Squire e Kandel, 2003; Schacter, 1987, 1992, 1996, 2003), tem sido citada por teóricos importantes em TC (por exemplo, Jeremy Safran, 2002) como substrato teórico fundamental para compreender cognições que não são acessíveis à percepção consciente do paciente, mas que podem ser modificadas pela identificação e pela testagem das crenças relacionadas aos problemas clínicos apresentados.

Uma *memória explícita*, conforme Kilhstrom definiu, é aquela que se refere a uma lembrança consciente de algum episódio prévio, em que o sujeito lembra deliberadamente de algum aspecto da experiência quando questionado (Kihlstrom et al., 1992, p. 21). Uma *memória implícita* em contraste é demonstrada por qualquer mudança no pensamento ou na ação que é atribuível a alguma experiência passada, mesmo sem lembrança consciente do evento ocorrido.

Os esquemas disfuncionais envolvem memórias implícitas e, depois de desenvolvidos, servem como modelos para o processamento das experiências ulteriores, desembocando em *confirmações automáticas* e *circulares* dos próprios esquemas.

Como um exemplo da atuação de esquemas disfuncionais inconscientes, podemos citar uma paciente que estruturou uma autoimagem como *incapaz de ser amada*. Esta pessoa vai processar a experiência de uma rejeição amorosa como evidência da veracidade de suas crenças, reconfirmando-as a cada experiência negativa de tal forma que parecem *certas* e *reais* suas crenças sobre si mesmo, em um processo que cria um circuito de retroalimentação ampliando a ideia de ser *indigna de amor*. O comportamento é negativamente influenciado por este conjunto de crenças, fazendo a pessoa agir de modo a confirmar sua *profecia catastrófica* (a previsão sem fundamento de que algo catastrófico acontecerá), o que gera continuamente aquilo que é percebido como evidência confirmatória dos esquemas. Se o sujeito considera-se indigno de amor, agirá de forma tímida, não olhará nos olhos e falará baixo em uma situação social, conduta que aumenta sua chance de rejeição. As rejeições que ocorrem confirmam os esquemas em um círculo vicioso *autoperpetuador*.

Os esquemas estão alojados nos alicerces do *self*, processando inconscientemente os dados da realidade, de forma que estão sempre embutidos em percepções, julgamentos, desejos, necessidades, pensamentos e sentimentos. Os esquemas estão presentes no funcionamento mental de todos, mas quando são *disfuncionais* muitas vezes estão envolvidos com transtornos de personalidade (um conjunto de transtornos que envolvem padrões persistentes e dificuldades crônicas, como personalidade evitativa, paranoide, dependente, histriônica, esquizoide ou *borderline*, por exemplo). Normalmente, não estamos conscientes da operação dos esquemas, nem mesmo de sua existência, somente dos *resultados* produzidos, que acabam compondo o núcleo de nossa personalidade. Nossa *autoimagem* é estruturada pelos esquemas que têm um caráter circular, como enfatizam Guidano e Liotti (1983), pois "a seleção de dados da realidade externa que são coerentes com a autoimagem obviamente confirma – de ma-

neira automática e circular – a identidade pessoal percebida" (p. 88-89).

TERAPIA FOCADA NO ESQUEMA

A Terapia Focada no Esquema (TFE) foi desenvolvida por Jeffrey Young como uma expansão da teoria inicial da TC de curto prazo, e compartilha os elementos que caracterizam a terapia cognitiva, como um papel mais ativo para o terapeuta, o uso de técnicas de mudança sistemáticas, a ênfase nas tarefas de casa, o relacionamento terapêutico colaborativo e o uso de uma abordagem empírica, em que a análise das evidências tem papel importante na mudança de esquemas (Young e Klosko, 1994).

A expansão teórica da terapia focada em esquemas envolve elementos ajustados para tratamento dos transtornos de personalidade, sendo, portanto, mais longa do que a TC, dedicando maior tempo para identificar e superar a *evitação* cognitiva, afetiva e comportamental. O modelo desenvolvido por Young enfatiza a *confrontação*, a *experiência afetiva*, o *relacionamento terapêutico* como um veículo de mudança e a discussão de *experiências iniciais* da vida. O modelo de Young se mostra importante para o desenvolvimento de uma abordagem psicoterápica (alternativa à psicanálise) para abordar em profundidade os processos inconscientes.

Jeffrey Young propõe cinco construtos teóricos para expandir o modelo cognitivo de Beck:

1. os *Esquemas Iniciais Desadaptativos*;
2. a sistematização de *domínios* dos esquemas e os conceitos de;
3. *manutenção*,
4. *evitação* e
5. *compensação* do esquema.

Examinaremos a seguir mais detalhadamente estes construtos, procurando enfatizar a contribuição da compreensão dos mecanismos mentais inconscientes a partir deste modelo.

Esquemas iniciais inconscientes

Segundo Young (2003, p. 16), os *Esquemas Iniciais Desadaptativos* (EIDs) ou *esquemas primitivos* são "crenças e sentimentos incondicionais sobre si mesmo em relação ao ambiente", representando o *nível mais profundo da cognição*, e "operam de modo sutil, fora de nossa consciência" (p. 75). Os EIDs estruturam núcleos profundos do *self* refletidos na autoimagem tácita, como uma visão inquestionável e orgânica de si mesmo.

Os EIDs se referem a "temas extremamente estáveis e duradouros que se desenvolvem cedo durante a infância, são elaborados ao longo da vida e são disfuncionais em um grau significativo" (Young, 2003, p. 15). São esquemas inconscientes rígidos e *incondicionais*, como, por exemplo, quando o paciente sente que, não importa o que possa fazer, não será amado, mas sim traído em sua confiança e abandonado. O sujeito percebe os produtos conscientes de um EID como uma verdade irrefutável sobre si mesmo, que é aceita *a priori* como uma realidade intrínseca e essencial.

A definição revisada e compreensiva de um Esquema Inicial Desadaptativo apresentada por Young e colaboradores (2003, p. 7) caracteriza o EID como um padrão *disfuncional* (em grau significante), *amplo* e *penetrante,* envolvendo a *si mesmo* e a *relação com os outros,* composto de *memórias, emoções, cognições* e *sensações corporais*. Este padrão foi desenvolvido durante a *infância* ou a *adolescência, e depois* elaborado através da *trajetória de vida* da pessoa.

O núcleo da autoimagem é integrado pelos EIDs, e estes esquemas vão realizar uma série de manobras cognitivas, distorcendo o processamento de dados da realidade para manter os esquemas. Isso confere outras características importantes dos EIDs, que são seu caráter autoperpetuador e sua resistência a mudança. Dessa forma, mesmo que o sujeito seja enormemente bem-sucedido na vida, isso não acarretaria alteração do esquema disfuncional. Os produtos conscientes dos EIDs estruturam um *sistema de crenças* e um conjunto de *expectativas* rígidas sobre si mesmo e o mundo.

Os EIDs são ativados por eventos significativos para a pessoa, como, por exemplo, uma tarefa difícil para uma pessoa com *esquema de fracasso*, que pode acionar pensamentos autoderrotistas com elevada carga emocional ("não vou conseguir" ou "vou falhar"). Os EIDs implicam em disfuncionalidade importante, gerando muitas vezes transtornos mentais ou sofrimento psicológico subclínico.

Domínios de esquema

Jeffrey Young (2003) acredita que os esquemas iniciais disfuncionais originam-se pela ação combinada de fatores biológicos e de temperamento com os estilos parentais e as influências sociais às quais a criança é exposta. Como exemplos, podemos citar uma criança biologicamente hiper-reativa à ansiedade que pode ter dificuldade de superar a dependência em direção à autonomia, ou um adolescente de temperamento tímido, que pode estar predisposto a apresentar um esquema de isolamento social.

A teoria do esquema identificou até o momento 18 Esquemas Iniciais Desadaptativos, que são agrupados em cinco amplos *domínios de esquema*. Young (2003, p. 24) argumenta que existem cinco tarefas desenvolvimentais primárias que a criança necessita realizar para se desenvolver de forma sadia – *conexão e aceitação, autonomia e desempenho, auto-orientação, limites realistas* e *autoexpressão, espontaneidade e prazer*. Uma criança pode desenvolver EIDs em um ou mais *domínios de esquema*, quando não consegue progredir de forma sadia em função de experiências parentais e sociais inadequadas e predisposições temperamentais. Um exemplo disto seria quando os problemas no estabelecimento de conexão com as outras pessoas e de um sentimento de aceitação por parte dos outros leva a desenvolver EIDs no domínio *Desconexão e Rejeição*. Outro exemplo ocorre quando as dificuldades na aprendizagem de autocontrole e senso de limites podem induzir EIDs no domínio *Limites Prejudicados*.

Processos de esquemas

Os EIDs contêm "memórias, emoções, sensações corporais e cognições" (Young, Klosko e Weishaar, 2003, p. 32), mas não envolvem as respostas comportamentais; o *comportamento* não é parte do esquema, é parte do *estilo de enfrentamento*. Segundo Young e colaboradores (2003, p. 33), todos os organismos apresentam basicamente três respostas quando percebem uma ameaça: *luta*, *fuga* ou *congelamento* (*freezing*). A ameaça é a frustração de uma necessidade emocional profunda no desenvolvimento afetivo da criança (como *ligação segura com os outros*, *autonomia*, *autoexpressão livre*, *espontaneidade* e *limites realísticos*) ou mesmo o medo das intensas emoções que o esquema desencadeia. Sentindo-se ameaçada, a criança reage com um *estilo de enfrentamento* (*coping style*) que naquele momento é adaptativo, mas torna-se disfuncional à medida que a criança cresce, com as mudanças das condições. O padrão de comportamento que era adaptativo na infância passa a ser desadaptativo para o adulto, e o paciente fica aprisionado na rigidez de seu estilo de enfrentamento.

Portanto, os estilos de enfrentamento desadaptativos, apesar de auxiliarem o sujeito a não experimentarem as emoções intensas e opressivas engendradas pelos esquemas, servem como elementos importantes da *perpetuação* dos mesmos.

Os três estilos de enfrentamento dos EIDs, que são a *supercompensação*, a *subordinação* e a *evitação* do esquema, podem ocorrer no plano afetivo, comportamental ou cognitivo. Os três estilos correspondem às respostas comportamentais de luta, fuga ou congelamento. Lutar contra o esquema equivale a supercompensar, fugir é equivalente a subordinar-se e o congelamento equivale à evitação. Os três estilos de enfrentamento geralmente operam *inconscientemente* e, em cada situação, o paciente provavelmente utiliza um deles, mas pode exibir diferentes estilos de enfrentamento em diferentes situações ou com diferentes esquemas (Young, Klosko e Weishaar 2003, p. 33).

Estes construtos tornam o modelo cognitivo mais flexível e aberto à identificação de elementos sutis no funcionamento mental inconsciente, mas adotando o novo modelo do processamento inconsciente, uma vez que um EID se configura como uma estrutura inconsciente cujos processos e cujas

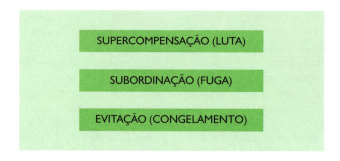

FIGURA 6.1

Estilos inconscientes de enfrentamento dos EIDs.

operações dão origem a produtos conscientes, como pensamentos automáticos.

Distorções cognitivas

Nossa visão de nós mesmos, ou nosso modelo do *self*, está fundamentada no conjunto de crenças profundamente enraizadas que Young chamou de *esquemas primitivos* ou EID. Os esquemas primitivos lutam por sua manutenção através de processos de distorção no processamento de informações, comparando os dados de entrada (a realidade do seu próprio comportamento e a do mundo) com o modelo de *self* (o comportamento esperado e as reações do mundo social e físico). Para reduzir a *dissonância cognitiva* (Festinger, 1964) produzida pela distância entre o modelo internalizado do *self* e a realidade são empregados mecanismos de *distorção cognitiva*. Segundo Jeffrey Young (2003), em nível cognitivo

> (...) a manutenção do esquema acontece salientando-se ou exagerando-se informações que confirmam o esquema, e negando-se e minimizando-se informações que contradizem o esquema. Muitos desses processos de manutenção do esquema já foram descritos por Beck como distorções cognitivas. (p. 25)

As distorções cognitivas identificadas por Beck (1967) na TC são importantes mecanismos *mantenedores* do esquema, sendo as informações distorcidas para mantê-lo intacto, no processo que Young denominou *subordinação ao esquema*. O paciente pode resistir ao exame de seus esquemas e esforçar-se para demonstrá-lo como verdadeiro, mesmo sem ter consciência de que está *magnificando* alguns elementos da sua percepção, *minimizando* alguns outros, *supergeneralizando* e sendo vítima de outras distorções.

Os EIDs são mantidos, em grande parte, por padrões de comportamento *autoderrotistas*. Uma mulher, por exemplo, pode escolher sempre parceiros arrogantes e dominadores, em decorrência de um esquema subjacente de subjugação. Sem ter consciência deste processo, age de forma tal que reforça sua visão de si mesma como submissa e impotente. Os *comportamentos autoderrotistas* e as *distorções cognitivas* são, portanto, os principais *mecanismos de subordinação* que perpetuam e tornam rígidos e inflexíveis os esquemas primitivos.

A *evitação do esquema* é um dos mecanismos mais interessantes descritos por Young. Os EIDs acionam alto nível de afeto quando ativados, despertando reações emocionais aversivas intensas como culpa, ansiedade, tristeza ou raiva. Estas reações emocionais funcionam como consequências aversivas que, por um processo de condicionamento, acabam com menor probabilidade de serem despertadas novamente, graças à *evitação* dos esquemas. A alta intensidade emocional pode ser dolorosa e o sujeito "cria processos tanto volitivos quanto automáticos para evitar acionar o esquema ou sentir o afeto a ele conectado" (Young, 2003, p. 26).

A evitação pode ocorrer na *esfera cognitiva*, *afetiva* ou *comportamental*. *Evitação cognitiva* refere-se às tentativas automáticas ou volitivas de bloquear pensamentos ou imagens que poderiam acionar o esquema. Uma pessoa pode evitar intencionalmente a focalização de acontecimentos dolorosos ou mesmo aspectos negativos de sua personalidade. No entanto, Young enfatiza o processamento inconsciente e o papel da memória na evitação cognitiva.

> Também existem processos inconscientes que ajudam as pessoas a excluir informações demasiado perturbadoras. As pessoas tendem a esquecer acontecimentos particularmente dolorosos. Por exemplo, as crianças que foram sexualmente abusadas muitas vezes não têm nenhuma lembrança da experiência traumática. (Young, 2003, p. 79)

A hipótese de que a memória consciente ou explícita tenha sido enfraquecida é bastante provável no caso de lembranças traumáticas. Um correlato neural de alguns mecanismos de evitação cognitiva é o sistema de memória explícita do lobo temporal medial, composto pelo hipocampo e regiões adjacentes, sistema este bastante danificado por níveis cronicamente elevados do hormônio cortisol. A liberação acentuada de cortisol faz parte da reação de estresse que normalmente acompanha experiências traumáticas (Sapolsky, 1998; 2003), o que pode explicar, em parte, o esquecimento das lembranças dolorosas (LeDoux, 1996).

É possível estabelecer um paralelo importante da noção de evitação com conceitos análogos pertencentes ao domínio da psicanálise. Young considera que "alguns destes processos cognitivos de evitação sobrepõem-se ao conceito psicanalítico de mecanismo de defesa. Exemplos disso seriam repressão, supressão e negação" (2003, p. 26). Na evitação cognitiva, pensamentos ou imagens que possam acionar o esquema são bloqueados. Outras estratégias de evitação cognitiva incluem a *despersonalização* (um processo através do qual o paciente "se remove psicologicamente da situação que desencadeia um EID" (2003, p. 26) e os *comportamentos compulsivos*, que têm a função de distrair o paciente de pensamentos perturbadores que acionam os EIDs.

A evitação *afetiva*, da mesma forma que a cognitiva, pode envolver tentativas conscientes ou inconscientes de bloquear sentimentos ativados pelos esquemas iniciais. A evitação afetiva diferencia-se da cognitiva pelo foco em bloquear *sentimentos* desencadeados pelos esquemas primitivos. O paciente relata uma experiência de vida perturbadora, embora negue experimentar emocionalmente a situação, ou seja, existe evitação dos aspectos afetivos sem o bloqueio da cognição associada.

Duas características evidenciam a evitação afetiva do esquema (Young, 2003, p. 39), a dificuldade de *identificar o conteúdo* de sintomas ou emoções experienciadas (o paciente sente-se irritado ou triste, mas não consegue relatar a que se referem estes sentimentos) e a presença de *sintomas somáticos vagos* como tonturas, vertigem, febre, amortecimento ou despersonalização. Os sintomas difusos estão presentes em vez de emoções primárias como raiva, medo ou tristeza, o que pode indicar evitação do esquema. A evitação afetiva levaria a mais sintomas psicossomáticos e a manutenção mais prolongada de emoções difusas.

Outro tipo de evitação do esquema envolve esquivar-se de situações ou circunstâncias reais que ativam esquemas dolorosos – ou *evitação comportamental*, que pode ser descrita como *esquiva de situações aversivas*. A evitação comportamental manifesta-se pelo isolamento nas relações humanas, por fobias e inibições que limitam a vida profissional e familiar. Um sistema de crenças contaminado com um esquema de fracasso, por exemplo, leva o sujeito a evitar desafios e situações competitivas, levando ao insucesso e à confirmação de suas crenças sobre si mesmo, de forma circular e autoperpetuadora.

Todas as formas de *evitação,* afetiva, cognitiva ou comportamental, servem para escapar da dor desencadeada pela ativação de um esquema primitivo. No entanto, ao evitar experiências de vida o sujeito também é impedido de *refutar a validade* de suas crenças, e o esquema pode nunca ser examinado de forma racional. Podemos perceber que estas consequências introduzem círculos viciosos fundamentais na psicopatologia e que a *evitação*, na teoria do esquema, é um mecanismo-chave, da mesma forma que o conceito de *repressão* para Freud representava um papel crucial na gênese das desordens mentais.

A *supercompensação do esquema*, o último processo de um EID, envolve a adoção de estilos cognitivos ou padrões comportamentais *opostos* aos prescritos pelos esquemas. A partir de um esquema inicial desadaptativo de privação emocional, um paciente pode comportar-se narcisisticamente, em uma forma de compensação exagerada. Segundo Young (2003, p.27), o conceito está relacionado à noção psicanalítica de *formação reativa*. O paciente tenta lutar contra o esquema pensando, sentindo e comportando-se de forma *oposta* ao esquema. Se o sujeito foi controlado, esforça-se para rejeitar todas as formas de influência; se foi subjugado, quando adulto tenta desafiar a todos; se foi abusado, abusa dos outros, sempre contra--atacando o esquema.

CONCLUSÕES

Examinamos neste capítulo alguns conceitos da Terapia Cognitiva contemporânea e da Terapia Focada em Esquemas, procurando demonstrar sua relação com o processamento inconsciente. Contrastando com o inconsciente dinâmico, um modelo do processamento inconsciente que se mostra epistemologicamente incompatível com a teoria cognitiva, o modelo do novo inconsciente foi apresentado e integrado como fundamento subjacente aos construtos teóricos da Terapia Cognitiva e da Terapia Focada em Esquemas. Através dos conceitos familiares aos terapeutas cognitivos como *pensamentos automáticos*, *esquemas disfuncionais*, *processos do esquema* e mecanismos de *evitação* cognitiva, comportamental e afetiva, foi possível estabelecer relações com alguns aspectos do novo modelo do inconsciente, ilustrando com exemplos clínicos uma estrutura teórica que cada vez mais vem se consolidando como um fundamento conceitual importante para a Terapia Cognitiva contemporânea.

REFERÊNCIAS

Beck, A. T., & Alford, B. A. (2000). *O poder integrador da terapia cognitiva*. Porto Alegre: Artmed.

Beck, A. T., & Emery, G. (1985). *Anxiety disorders and phobias: a cognitive perspective*. Nova York: Basic Books.

Beck, A. T. (1963) Thinking and depression: 1. Idiosyncratic content and cognitive distortions. *Archives of General Psychiatry, 9*, 324-333.

Beck, A. T. (1964) Thinking and depression: 2. Theory and therapy. *Archives of General Psychiatry, 10*, 561-571.

Beck, A. T. (1967) *Depression: clinical, experimental and theoretical aspects*. Nova York: Hoeber. (republicado como *Depression: Causes and treatment*.

Filadélfia: University of Pennsylvania Press, em 1972).

Beck, A. T. (1987) Cognitive models of depression. *Journal of Cognitive Psychotherapy 1*, 5-37.

Beck, A. T., Rush, A. J., Shaw, B. P., & Emery, G. (1982/1979). *Terapia cognitiva da depressão*. Rio de Janeiro: Zahar.

Chamberlin, J. (2000). An historic meeting of the minds. *Monitor on Psychology, 31*(9).

Damásio, A. R. (1999). *O erro de Descartes*. São Paulo: Cia. das Letras.

Damásio, A. R. (2000). *O mistério da consciência*. São Paulo: Cia. das Letras.

Damásio, A. R. (2003). *Em busca de Espinosa: prazer e dor na ciência dos sentimentos*. São Paulo: Cia. das Letras.

Festinger, L. (1964). *Conflict, decision and dissonance*. Stanford: Stanford University Press.

Freeman, A. (1998). O desenvolvimento das conceituações cognitivas de tratamento na terapia cognitiva. In: Freeman, A., & Dattilio, F. M. *Compreendendo a terapia cognitiva* (p. 30-40). São Paulo: Psy.

Guidano, V. F., & Liotti, G. (1983). *Cognitives processes and emotional disorders*. New York: Guilford.

Glaser, J., & Kilhstrom, J. F. (2005). Compensatory automaticity: unconscious volition is not an oxymoron. In: Hassin, R. R., Uleman, J. S., & Bargh, J. A. *The new unconscious* (p. 171-195). Oxford: Oxford University Press.

Hassin, R. R. (2005). Nonconscious control and implicit working memory. In: Hassin, R. R.. Uleman, J. S.. Bargh, J. A. *The new unconscious* (p. 196-202). Oxford: Oxford University Press.

Hassin, R. R., Uleman, J. S., & Bargh, J. A. (2005). *The new unconscious*. Oxford: Oxford University Press.

Kihlstrom, J. F., & Cantor, N. (1984). Mental representations of the self. In: Berkowitz, L. (Ed.). *Advances in experimental social psychology* (v. 17, p. 1-47). New York: Academic Press.

Kihlstrom, J. F. (1984). Conscious, subconscious, unconscious: a cognitive view. In: Bowers, K. S., & Meichenbaum, D. (Ed.). *The unconscious: reconsidered*. New York: Wiley.

Kihlstrom, J. F., Barnhardt, T. M., & Tataryn, D. J. (1992). Implicit perception. In: Bornstein, R. F., & Pittman, T. S. (Ed.). *Perception without awareness: cognitive, clinical and social perspectives* (p. 17-54). New York: Guilford Press.

Kihlstrom, J. F. (1987). The cognitive unconscious. *Science, 237*, 1445-1452.

LeDoux, J. E. (1996). *The emotional brain* New York: Simon & Schuster. Young, J. E., Beck, A. T., & Weinberger, A. (1999). *Depressão*. In: Barlow, D. H. *Manual clínico dos transtornos psicológicos* (p. 273-312). Porto Alegre: Artmed.

Safran, J. D. (2002). *Ampliando os limites da terapia cognitiva*. Porto Alegre: Artmed.

Sapolsky, R. M. (1998). *Why zebras don't get ulcers*. New York: W. H. Freeman and Company.

Sapolsky, R. M. (2003). Assumindo o controle do estresse. *Scientific American Brasil, 17*, 78-87.

Schacter, D. L. (1987). Implicit memory: history and current status. *Journal of Experimental Psychology: Learning, Memory, and Cognition, 13*, 501-518.

Schacter, D. L. (1992). Understanding implicit memory: a cognitive neuroscience approach. *American Psychologist, 47*, 559-569.

Schacter, D. L. (1996). *Searching for memory: the brain, the mind, and the past*. New York: Basic Books.

Schacter, D. L. (2003). *Os sete pecados da memória*. Rio de Janeiro: Rocco.

Segal, Z. (1988). Appraisal of the self-schema: construct in cognitive models of depression. *Psychological Bulletin, 103*, 147-162.

Squire, L. R., & Kandel, E. R. (2003) *Memória: da mente às moléculas*. Porto Alegre: Artmed.

Squire, L. R. (1987). *Memory and brain*. New York: Oxford University Press.

Young, J. E. (1990). *Cognitive therapy for personality disorders*. Sarasota, FL: Professional Resources Press.

Young, J. E. (2003/1999). *Terapia cognitiva para transtornos da personalidade: uma abordagem focada no esquema*. Porto Alegre: Artmed.

Young, J. E., & Klosko, J. (1994) *Reinventing your life*. New York: Plume.

Young, J. E., Klosko, J. S., & Weishaar, M. E. (2003), *Schema therapy: a practitioners guide*. New York: Guilford Press.

7

Neurociências e terapia cognitivo-comportamental

Patrícia Porto
Raquel Menezes Gonçalves
Paula Ventura

INTRODUÇÃO

A interseção da psicologia com outras áreas do conhecimento é uma tendência crescente. Até os primeiros trabalhos que serviram de base para a teoria behaviorista serem formulados, os modelos oriundos da psicologia não podiam ser replicados, generalizados para outras situações que não a experimental, e sua verificação era contestável. Portanto, a metodologia utilizada até então pouco contribuía para a produção de conhecimento científico. Com o rigor experimental alcançado pelo behaviorismo, observou-se a inversão deste quadro. A partir de então, a aplicação da metodologia científica às teorias psicológicas começou a ser valorizada (Rangé, 1995). A terapia cognitivo-comportamental (TCC), que tem no behaviorismo suas bases filosóficas, também segue o preceito de que é necessário que uma área do conhecimento tenha suporte empírico e experimental para que se produza conhecimento científico.

Ao longo do tempo, os estudiosos se dedicaram mais a clarificar as bases biológicas que estariam envolvidas com respostas medicamentosas. No entanto, especificar se ocorrem e quais são as mudanças cerebrais envolvidas com o tratamento psicológico bem-sucedido é de grande importância. A literatura evidencia a discrepância entre o número de estudos publicados avaliando mudanças neurobiológicas devido a intervenções com medicação *versus* o número de estudos em psicoterapia, sendo o número de estudos com medicação significativamente maior (Roffman J. et al, 2005). A Figura 7.1 ilustra essa discrepância.

Uma busca realizada na Base ISI/Thompson Reuters indicou mais de 200 artigos por ano publicados a partir de 2008 relacionando medicação e neuroimagem, ao passo que o número de artigos com diferentes psicoterapias e neuroimagem não passou de 50. Possivelmente, essa disparidade está relacionada à visão de ciências que estudam mente e cérebro como instâncias separadas. Dessa forma, a medicação estaria envolvida com intervenções biológicas relacionadas ao cérebro enquanto as psicoterapias estariam vinculadas às intervenções complexas relacionadas à subjetividade, logo, à mente. Podemos considerar que mente e cérebro são integrados e interdependentes. Os processos mentais exercem influência na plasticidade cerebral em vários níveis, como celular e molecular, e em circuitos neurais (Beauregard, 2007; Kumari, 2006). Para ilustrar essa relação, Beauregard (2007) cita que pensamentos que induzem medo aumentam a secreção de adrenalina, enquanto pensamentos relacionados à felicidade aumentam a secreção de endorfina. Os processos neurais estão envolvidos com outros processos fisiológicos – como o imune e endócrino – que, por sua vez, estão associados à comunicação entre os processos mentais e cerebrais.

A neurociência tem desenvolvido vários métodos para analisar a função cognitiva e potencializar a compreensão do funcionamento mental de indivíduos saudáveis e com Transtornos Psiquiátricos. Os avanços recentes nas técnicas de neuroimagem têm ajudado a aumentar o entendimento dos correlatos neuronais dos transtornos mentais. A utilização de técnicas de neuroimagem tem sido uma área de contínuo interesse nas pesquisas psiquiátricas. Algumas técnicas utilizadas incluem Tomografia por Emissão de Pósitron (PET), Ressonância Nuclear Magnética Funcional (RNMF) e Tomografia por Emissão de Fóton Único (SPECT).

A melhor compreensão dos mecanismos biológicos subjacentes à terapia pode promover melhoras nas intervenções terapêuticas, assim como ampliar o conhecimento sobre a formação e a manutenção dos sintomas, auxiliando, no futuro, na escolha do tratamento mais indicado para determinado paciente (Hyman, 2007; Kumari, 2006; Linden, 2006). Descobrir de que maneira a TCC atua do ponto de vista fisiológico pode contribuir também para aumentar a adesão ao tratamento com TCC, já que se sabe que a parcela de sujeitos que não responde ou desiste do tratamento convencional com TCC pode chegar a 50% dos indivíduos selecionados para tratamento (Schottenbauer et al., 2008). Além disso, a identificação de alguns "biomarcadores-chave" em determinados indivíduos pode facilitar a prevenção do desenvolvimento de psicopatologias (Beauchaine et al., 2008).

A TCC oferece uma perspectiva interessante para a integração com o campo da neurociência, uma vez que qualquer intervenção está vinculada a um suporte de pesquisa experimental e empírico. Essa abordagem psicoterápica se propõe a tratar vários transtornos mentais com índices elevados de eficácia (Beck, 2005; Beck, 2007; Foa, 2006). No entanto, o que ocorre no corpo de um paciente que responde ao tratamento? A TCC é capaz de promover alterações biológicas? Qual é a natureza do(s) problema(s) que estamos tratando? Será que a atividade metabólica de regiões previamente associadas aos transtornos mentais poderiam predizer a resposta à TCC? Será que pacientes com modelos particulares de metabolismo cerebral podem responder preferencialmente a um determinado tipo de tratamento?

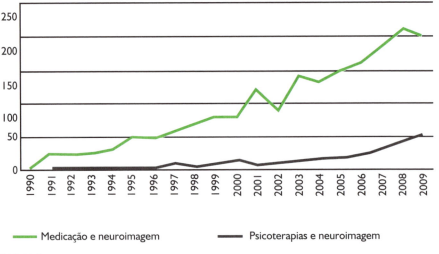

FIGURA 7.1

Número de estudos avaliando mudanças neurobiológicas devido a intervenções com medicação e número de estudos em psicoterapia.

Com o intuito de incitar a reflexão sobre essas questões, este capítulo tem como objetivo apresentar resultados de estudos de neuroimagem e TCC nos transtornos de ansiedade.

Mudanças neurobiológicas relacionadas com TCC e Neuroimagem

Estudos com fobia de aranha

Indivíduos com fobia de aranha experimentam medo persistente e intenso e desenvolvem comportamentos evitativos a todos os contextos relacionados a esse animal.

A TCC tem se mostrado eficaz na redução de sintomas de Fobias Específicas (Öst, 1996; Paquette et al., 2003; Straube, Glauer, Dilger, Mentzel e Miltner, 2006). Quais as mudanças cerebrais subjacentes ao tratamento bem-sucedido com TCC na fobia de aranhas?

O funcionamento neuroanatômico associado com os sintomas de fobia de aranha ainda não está claro. Os estudos publicados até o presente momento avaliam a redução do medo utilizando metodologia de provocação de sintomas, ou seja, o cérebro dos participantes da pesquisa é monitorado enquanto visualizam fotos contendo o estímulo fóbico.

Os resultados dos estudos indicam os seguintes achados: Paquette e colaboradores (2003) apontaram a participação do córtex pré-frontal dorsolateral e do giro para-hipocampal no processamento do medo fóbico, de maneira que, após o tratamento com TCC, não houve ativação significativa dessas áreas. Straube e colaboradores (2006) demonstraram que o processamento de ameaça fóbica está associado ao aumento da ativação da ínsula e do córtex cingulado anterior em sujeitos com fobia específica. Os sujeitos que responderam a TCC apresentaram redução da hiperatividade nessas regiões. Goossens e colaboradores (2007) observaram redução da hiperativação da amígdala, do córtex cingulado anterior e da ínsula após o tratamento; Finalmente, Schienle e colaboradores (2009) observaram aumento da ativação do córtex orbitofrontal medial após o tratamento. Essa discrepância entre os achados requer pesquisas futuras.

O modelo do medo proposto por LeDoux (1998), no qual o processamento do medo se daria após o aumento da ativação de áreas pré-frontais, que inibiriam a hiperativação da amígdala frente ao estímulo fóbico, foi evidenciado no estudo de Schienle e colaboradores (2009). Os estudos de Straube e colaboradores (2006) e Goossens e colaboradores (2007) revelaram redução da ativação do córtex cingulado anterior. A redução da ativação da amígdala, por sua vez, só foi observada no estudo conduzido por Goossens e colaboradores (2007). A participação da ínsula nos estudos de Straube e colaboradores (2006) e Goossens e colaboradores (2007) mostrou-se coerente com achados anteriores que indicam seu envolvimento no processamento de emoções negativas. Embora os diferentes estudos tenham encontrado resultados distintos quanto às áreas cerebrais envolvidas antes do tratamento, em ambos a TCC mostrou-se capaz de reduzir os sintomas e modificar os circuitos neuronais disfuncionais após o tratamento.

Estudo com fobia social

Segundo o DSM-IV, a Fobia Social tem como característica principal o medo acentuado e persistente de situações sociais ou de desempenho nas quais o indivíduo pode se sentir embaraçado.

A TCC é um tratamento eficaz para a Fobia Social (Falcone e Figueira, 2001). No entanto, o que ocorre no cérebro do paciente após o tratamento? As mudanças neurofuncionais associadas com a redução da ansiedade social em pacientes submetidos ao tratamento com TCC e citalopram foram investigadas por Furmark e colaboradores (2002) através de PET. O estudo também teve como objetivo explorar se a mudança cerebral estava associada com os resultados a longo-prazo do tratamento. A TCC em grupo utilizou técnicas de exposição, reestruturação cognitiva e tarefa de casa.

O estudo conclui (Furmark et al., 2002) que os sítios neurais de ativação para o tratamento com citalopram e a TCC na Ansiedade Social convergem para amígdala, hipocampo e áreas corticais adjacentes, representando possivelmente um caminho comum no tratamento bem-sucedido da ansiedade. A atenuação da atividade na região amigdalar e límbica com o tratamento foi associada com resultado favorável a longo-prazo e pode ser um requisito prévio para a melhora clínica. O estudo também revelou que o grau de redução da resposta límbica com o tratamento mostrou-se associado com o resultado clínico a longo-prazo. A diminuição da resposta do fluxo sanguíneo cerebral na amígdala, na área cinzenta periaquedutal e no tálamo esquerdo pode indicar quais pacientes apresentaram melhora maior em um intervalo de um ano. Assim, resultados favoráveis no *follow-up* de um ano estavam associados com maior atenuação da resposta do fluxo sanguíneo subcortical ao falar em público.

Em sua discussão, Furmark e colaboradores (2002) apresentam que a amígdala e o hipocampo são estruturas relacionadas ao condicionamento de estímulos aversivos em indivíduos com Fobia Social. Essas estruturas, junto com as áreas rhinal, para-hipocampal e periamigdaloide, formam um sistema de alarme que pode ser ativado por estímulos ameaçadores. A redução da atividade na região da amígdala, do hipocampo e do córtex adjacente pode ser um importante mecanismo através do qual ambos os tratamentos, farmacológico e psicoterápico, poderiam exercer efeito ansiolítico. A técnica de exposição da TCC pode atuar permitindo habituação sistemática da atividade neural nessas estruturas cerebrais. Um estudo conduzido por Leichsenring e colaboradores (2008) confirmou esses achados, apontando normalização da ativação da amígdala e do hipocampo após o tratamento.

Estudo com transtorno de estresse pós-traumático

O TEPT é um transtorno precipitado por um trauma. Em decorrência do evento traumático, o indivíduo passa a re-experimentar a sensação do evento traumático, a evitar estímulos a ele associados e a apresentar sintomas de hiperestimulação autonômica.

A TCC é indicada para o tratamento de pacientes com TEPT (Bisson, Shepherd, Joy e Newcombe, 2004; Caminha, 2005; Foa, 2006; Schreiner, 2005; Soares e Lima, 2003). Soares e Lima (2003) apresentam em seu estudo as modalidades de tratamento do TEPT amparadas em evidências, e apontam que as técnicas cognitivo-comportamentais mostram uma taxa de melhora em torno de 90% ao fim do tratamento e 85% em seis meses.

Felmingham e colaboradores (2007) monitoraram oito indivíduos com TEPT por MRI antes e após o tratamento com TCC. Durante a visualização de expressões de medo e neutras, os autores observaram que, nos pacientes que responderam ao tratamento, houve aumento na ativação do córtex cingulado anterior e diminuição da atividade da amígdala. Os autores concluíram que tanto o córtex cingulado anterior quanto a amígdala estão envolvidos no processamento do medo, o que corrobora a hipótese do modelo clássico do medo, no qual há uma hiperativação da amígdala e hipoativação de regiões frontais, que se normalizam após o processamento adequado do medo.

Estudos com transtorno obsessivo-compulsivo

As características principais do TOC são obsessões ou compulsões recorrentes que causam sofrimento acentuado, consomem tempo e interferem na rotina do indivíduo. Quais os efeitos neurobiológicos da TCC em pacientes com TOC? Foram identificados cinco estudos de neuroimagem com intuito de responder esta questão.

Baxter e colaboradores (1992) investigaram as mudanças no metabolismo cerebral decorrentes do tratamento com Terapia Comportamental (TC) e fluoxetina no TOC através do FDG-PET. A TC consistia de técnicas de exposição com prevenção de resposta que foram individualizadas para cada paciente, além da realização de tarefas de casa.

Baxter e colaboradores (1992) concluíram que o metabolismo de glicose da cabeça do núcleo caudado direito mudou nos pacientes tratados com sucesso tanto com a TC quanto com fluoxetina. Houve correlação significativa da atividade do córtex orbital com o núcleo caudado e o tálamo antes do tratamento em sujeitos que responderam. Essa correlação desapareceu depois do sucesso do tratamento.

Em estudo posterior, o mesmo grupo de pesquisa (Schwartz et al., 1996) investigou através de PET mudanças neurobiológicas em pacientes com TOC antes e depois da TC. O objetivo deste estudo era replicar os achados anteriores com uma amostra independente e aumentar a amostra de sujeitos cujos resultados poderiam ser combinados com aqueles tratados com TC no primeiro estudo (Baxter et al., 1992). O tratamento com TC foi semelhante ao estudo anterior de Baxter e colaboradores (1992).

Os resultados do mesmo estudo corroboram a ideia de que os pensamentos fixos e repetitivos e os comportamentos ritualizados observados no TOC seriam resultado da atividade patológica do circuito córtico-estriado-talâmico.

Schwartz e colaboradores (1996) concluíram que os resultados deste estudo replicavam os do estudo de Baxter e colaboradores apresentando mudança significativa na atividade metabólica do caudado direito, que foi normalizada depois da TC efetiva. Essa mudança não foi observada nos pacientes que não responderam ao tratamento. Quando a amostra do estudo anterior foi combinada com a desse estudo, foi possível demonstrar correlação pré-tratamento estatisticamente significativa entre o giro orbital direito, a cabeça do núcleo caudado e do

tálamo, que diminui depois do tratamento efetivo. No estudo anterior, resultados semelhantes foram encontrados com uma amostra tratada com TC ou fluoxetina. A constatação de que esses efeitos podem ser demonstrados depois do tratamento efetivo apenas com TC e que a correlação entre essas regiões não é observada em controles normais sugere que a articulação da atividade entre elementos do circuito córtico-estriado-talamico pode estar relacionada com a expressão dos sintomas de TOC.

Nakao e colaboradores (2005) avaliaram as mudanças regionais cerebrais através da RNMF antes e depois do tratamento com TC e com medicação para compreender a fisiopatologia do TOC. Os autores tinham como hipótese que pacientes com TOC poderiam apresentar ativação anormal nas áreas frontais, especialmente no cingulado anterior, o que poderia influenciar nas tarefas cognitivas. Assim, os sintomas do TOC comprometeriam a função de monitorar o próprio comportamento, mas com o tratamento, para os autores, essa função seria recuperada.

O estudo concluiu que a hiperativação dos circuitos envolvidos na expressão sintomática do TOC, sendo eles córtex orbitofrontal, giro cingulado anterior e núcleos da base, pode diminuir com a melhora dos sintomas. No entanto, é importante ressaltar uma limitação do estudo referente à análise da mudança cerebral. Devido ao pequeno número de participantes, não foi possível analisar separadamente os padrões de ativação cerebral decorrentes da intervenção com TC ou com a fluvoxamina.

Em estudo recente utilizando PET, Saxena e colaboradores (2009) observaram após o término do tratamento uma redução da ativação no tálamo e um aumento na ativação do córtex cingulado anterior direito dorsal, o que demonstra que a TCC pode promover efeitos na atividade cerebral de forma mais rápida do que se havia pensado anteriormente, pois o tratamento teve duração de apenas quatro semanas. Além disso, o efeito observado no córtex cingulado anterior indica uma via diferente de atuação da TCC em comparação com o tratamento farmacológico, já que o aumento da ativação nessa área é observado em resposta à TCC em outros transtornos, como na Depressão Maior (Goldapple et al., 2004).

No mesmo ano, Yamanishi e colaboradores (2009) observaram através de SPECT que pacientes resistentes aos inibidores seletivos de recaptação de serotonina (ISRS) que responderam ao tratamento com TCC reduziram a ativação do córtex pré-frontal medial esquerdo (área de Brodmann 10) e giro frontal medial bilateral (área de Brodmann 10). Além disso, maior ativação do córtex orbitofrontal bilateralmente esteve associada à melhora dos sintomas de TOC nos pacientes respondentes.

É importante ressaltar que em todos os estudos os pacientes que responderam a TCC apresentaram mudanças cerebrais, embora um modelo de ativação ainda não esteja definido. Regiões relacionadas à sintomatologia do TOC, como córtex órbito frontal, giro cingulado anterior e caudado direito, apresentaram suas ativações regularizadas com o tratamento.

Estudos com transtorno de pânico

Segundo o DSM-IV, o Transtorno de Pânico se caracteriza pela presença de ataques de pânico recorrentes e inesperados, seguidos por preocupação persistente acerca de ter outro ataque, preocupação sobre suas possíveis implicações ou consequências ou mudança comportamental relevante relacionada aos ataques.

A TCC é eficaz no tratamento do Transtorno do Pânico (Rangé e Bernik, 2001; Ventura, 2005). Entretanto, há mudanças cerebrais quando o paciente responde a TCC? Foram identificados dois estudos de neuroimagem com PET investigando os substratos neurobiológicos da TCC em pacientes com pânico (Prasko et al., 2004; Sakai et al., 2006).

Utilizando FDG-PET, Prasko e colaboradores (2004) avaliaram as mudanças no metabolismo cerebral regional decorrentes do tratamento com TCC ou antidepressivo.

Os sujeitos foram submetidos ao exame de PET antes e depois dos tratamentos. Prasko e colaboradores (2004) concluíram que ambos os tratamentos foram eficazes no manejo dos sintomas de pânico. As mudanças no metabolismo cerebral nas regiões corticais foram semelhantes para ambos os tratamentos. Houve aumento da atividade do metabolismo cerebral no hemisfério esquerdo principalmente nas regiões pré-frontal, temporoparietal e occipital e cingulado posterior. A diminuição foi predominante na região frontal do hemisfério esquerdo, e na região frontal, temporal e parietal do hemisfério direito. Não foram encontradas mudanças na atividade metabólica de áreas subcorticais.

Os resultados do estudo apontam que tanto o tratamento com TCC quanto com antidepressivos podem ativar o processamento temporal cortical. Prasko e colaboradores (2004) em sua discussão apresentam que essa área paralímbica faz parte do sistema de alarme que informa sobre perigo externo, pois está envolvida com o processamento de emoções, avaliando estímulos exteroceptivos e classificando-os como emocionalmente significativos.

Sakai e colaboradores (2006) também utilizaram o FDG-PET para investigar as mudanças na utilização de glicose cerebral regional associada com redução da ansiedade após o tratamento com TCC. Os achados de neuroimagem após a TCC revelaram diminuição do metabolismo no hipocampo direito, no córtex cingulado anterior ventral esquerdo, na úvula e na pirâmide do cerebelo esquerdo e na ponte. O aumento do metabolismo de glicose cerebral regional foi encontrado na região pré-frontal medial bilateralmente. Os achados são compatíveis com a hipótese de que regiões acima da amígdala podem ser moduladas adaptativamente nos pacientes que respondem a TCC.

PREDIÇÃO DE RESPOSTA

É possível que a atividade metabólica de regiões previamente associadas aos transtornos mentais possa predizer a resposta à TCC? Podemos presumir que pacientes com modelos particulares de metabolismo cerebral podem responder preferencialmente a um determinado tipo de tratamento? A predição de resposta de tratamento é de grande importância clínica, pois o conhecimento do metabolismo cerebral pré-tratamento poderá no futuro auxiliar na escolha da intervenção mais indicada para determinado paciente.

Brody e colaboradores (1998) utilizaram o FDG-PET para investigar se a atividade metabólica de regiões previamente associadas aos sintomas do TOC poderiam predizer a resposta à TC. O estudo concluiu que um metabolismo pré-tratamento mais alto no córtex orbitofrontal esquerdo estava associado com melhor resposta ao tratamento com TC. Ao contrário, uma atividade metabólica mais baixa no córtex orbitofrontal esquerdo estava associada com melhor resposta ao tratamento com fluoxetina.

Os resultados de ambos os grupos de TC e medicação sugerem que pacientes com TOC com modelos particulares de metabolismo cerebral podem responder preferencialmente a um determinado tipo de tratamento. Brody e colaboradores (1998) discutem que uma possível explicação para os resultados do grupo de medicação é que o metabolismo do córtex orbitofrontal esquerdo antes do tratamento mostrou tendência para uma correlação positiva com a gravidade dos sintomas iniciais na Y-BOCS. Esse dado pode indicar que a medicação é menos efetiva em sujeitos com o transtorno mais grave.

Brody e colaboradores (1998), em sua discussão, apontam que as funções atribuídas ao córtex orbitofrontal poderiam explicar porque um metabolismo mais alto nesta região prediz resposta melhor à TC. Dentre as funções do córtex orbitofrontal, são destacadas duas que poderiam estar relacionadas aos achados de seu estudo. Primeiro, o córtex orbitofrontal é importante para mediar respostas comportamentais em situações nas quais o valor afetivo do estímulo muda e, em segundo, essa área parece ter importante papel na mediação da extinção. No tratamento bem-sucedido com TC, os pacientes experimentam mudança no valor afetivo que eles atribuíam ao estímulo e, assim, extinguem as compulsões. Consequentemente, para Brody e colaboradores, os sujeitos com metabolismo mais alto pré-tratamento no córtex orbitofrontal teriam maior capacidade para mudar a atribuição do valor afetivo do estímulo e, logo, seriam mais capazes de extinguir as respostas compulsivas. Dessa forma, essas habilidades possibilitariam melhor resposta à TC.

Bryant e colaboradores (2008a) utilizaram ressonância magnética funcional para verificar se o cérebro de indivíduos com TEPT, que respondem ao tratamento com TCC, é ativado de maneira diferente ao cérebro dos que continuam preenchendo critério para o transtorno após o tratamento. Esses indivíduos foram monitorados durante a visualização de expressões de medo e neutras. Apesar de não ter havido grupo controle, os autores observaram que os não respondentes ao tratamento apresentavam maior ativação da amígdala bilateral e do córtex cingulado anterior direito ventral durante a apresentação dos estímulos antes do tratamento. Os autores concluíram que, se o processamento do medo realizado pela amígdala é excessivo, pode ser mais difícil regularizar a ansiedade durante a TCC, dificultando o sucesso terapêutico. Contudo, a ativação aumentada do córtex cingulado anterior direito predizer má resposta ao tratamento não era esperado, já que a ativação desta região está envolvida no processamento adequado do medo. Uma possível explicação para esse achado é que, como os sujeitos foram monitorados durante a visualização de expressões de medo e neutras e essas imagens eram apresentadas de forma rápida e não consciente, pode não ter havido tempo suficiente para regiões mais frontais responderem a esses estímulos.

Não só a ativação, mas também o tamanho de determinadas regiões cerebrais podem estar envolvidas na resposta ao tratamento com TCC. Bryant e colaboradores (2008b) observaram que pacientes com

TEPT respondentes ao tratamento tinham maior volume do córtex cingulado anterior rostral do que os pacientes que não obtiveram melhora dos sintomas. Na medida em que o volume dessa região é maior, esses indivíduos parecem estar mais aptos a regular o medo, processando-o de maneira mais adequada ao longo da TCC.

CONCLUSÕES

A TCC tem se mostrado eficaz no tratamento de vários transtornos mentais, embora os efeitos neurobiológicos de sua atuação ainda sejam pouco conhecidos. A TCC favorece a reestruturação dos pensamentos e a modificação dos sentimentos e comportamentos e promove novos aprendizados. Consequentemente, envolve mudanças sinápticas (Moraes, 2006). Este capítulo teve como objetivo apresentar resultados de estudos de neuroimagam e TCC nos Transtornos de Ansiedade a fim de esclarecer se a TCC pode promover alterações neurobiológicas. Segundo os estudos apresentados, a TCC é capaz de modificar a atividade neural disfuncional relacionada aos transtornos de ansiedade nos pacientes que responderam ao tratamento. Cabe também ressaltar a importância dos estudos de predição de resposta ao tratamento. Até o momento, estudos envolvendo TOC e TEPT demonstram haver relação entre o tamanho e a ativação de áreas cerebrais anteriores ao tratamento e a resposta à TCC, ou seja, características neurais tanto morfológicas quanto funcionais podem indicar previamente ao tratamento se há mais chance de resposta terapêutica.

Outro aspecto particularmente interessante diz respeito aos achados de neuroimagem decorrentes do tratamento com TCC *versus* medicação, revelando um caminho comum de modificação cerebral. Esses achados sugerem, portanto, que a psicoterapia com TCC e a farmacoterapia, em alguns casos, podem ter sítios de atuação semelhantes (Furmark et al., 2002; Baxter et al., 1992; Prasko et al., 2004).

Os estudos publicados até o momento apontaram em seus achados de neuroimagem estruturas que participam tanto dos circuitos cerebrais envolvidos com a extinção quanto com a regulação cognitiva da emoção. Os resultados mostraram que a TCC regularizou especialmente os circuitos neurais disfuncionais envolvidos com a regulação de emoções negativas e a extinção. No entanto, esses achados não foram homogêneos, havendo necessidade de pesquisas futuras.

A literatura aponta que muitos transtornos mentais estão envolvidos com a incapacidade de controlar o medo (LeDoux, 1998; Liggan e Kay, 1999) e dificuldade em regular emoções negativas (Mocaiber, 2005; Ochsner e Gross, 2005). Esses dados sugerem que o condicionamento de medo e a dificuldade em regular emoções tem importante papel na formação e na manutenção especialmente dos transtornos de ansiedade. Mocaiber (2005) ressalta que a pesquisa sobre os circuitos neurais da extinção tem importante implicação clínica. Isso porque os transtornos de ansiedade são em parte caracterizados pela resistência à extinção de reações emocionais aprendidas a estímulos ansiogênicos e por comportamentos de evitação.

É importante ressaltar que o tratamento com TCC abrange técnicas específicas que permitem tanto a extinção do medo condicionado quanto a regulação cognitiva de emoções. Podemos mencionar, para ilustrar, as técnicas de exposição, distração e reestruturação cognitiva.

A reestruturação cognitiva possibilita ao paciente questionar os fundamentos de seus pensamentos, promovendo alteração na emoção do paciente (Beck, 2007). Esta técnica pode ser considerada como estratégia de regulação cognitiva da emoção (Erk, Abler e Walter, 2006; Ochesner e Gross, 2005).

A técnica de distração utilizada no tratamento com TCC favorece que o paciente mude o fluxo de seu pensamento. A distração leva à redução dos sintomas de ansiedade, uma vez que auxilia o paciente a focalizar a atenção em outros estímulos que não estejam causando desconforto físico (Ventura, 2005). Os estudos de regulação da emoção fortalecem a proposta terapêutica da TCC de que a diminuição da alocação dos recursos atencionais nos estímulos emocionais pode reduzir o impacto deste no indivíduo, uma vez que os transtornos de ansiedade podem ser parcialmente explicados pela facilidade em engajar ou desengajar a atenção nos estímulos ou situações negativas (Mocaiber, 2005; Ochsner e Gross, 2005).

A técnica de exposição favorece a extinção do medo condicionado. Durante as exposições, o paciente fortalece seu senso de controle reduzindo expectativas futuras de dano e aumenta seu senso de autoeficácia. A exposição favorece o teste da realidade, e por meio da constatação real de que as consequências catastróficas não vão ocorrer o indivíduo apresenta redução da ansiedade e deixa de emitir as respostas de evitação. No entanto, é importante ressaltar que a extinção não se deve à perda de um aprendizado, mas sim à formação de um novo que se superpõe ao anterior e que inibe a resposta deste (Bayon et al., 2006; Hermans et al., 2006; Izquierdo, 2004; LeDoux, 1998; Quirk et al., 2006). A memória do medo, uma vez estabelecida, é relativamente permanente (LeDoux, 1998). Assim, a terapia através da exposição favorece a ativação de áreas que estariam relacionadas ao controle da reação de medo, promovendo a extinção.

Concluímos, portanto, que a TCC é capaz de promover mudanças neurobiológicas associadas aos benefícios terapêuticos já amplamente demonstrados.

REFERÊNCIAS

American Psychiatric Association. (1994). *Diagnostic and statistical manual of mental disorders* (4th ed). Washington, DC: Author.

Bayon, F., Cain, C., & LeDoux, J. (2006). Brain mechanisms of fear extinction: Historical perspectives on the contribution of prefrontal cortex. *Biology Psychiatry*, 2-6.

Baxter, L. R., Schwartz, J. M., Bergman, K. S., Szuba, M.P., Guze, B. H., Mazziotta, J. C., et al. (1992). Caudate glucose metabolic-rate changes with both drug and behavior-therapy for obsessive-compulsive disorder. *Archives of General Psychiatry*, *49*(9), 681-689.

Beauregard, M. (2007). Mind does really matter: evidence from neuroimaging studies of emotional self-regulation, psychotherapy, and placebo effect. *Elsevier*, 218-236.

Beck, A. (2005). The current state of cognitive therapy. *Archives of General Psychiatry*, *62*, 953-959.

Beck, J. (2007). *Terapia cognitiva para desafios clínicos: o que fazer quando o básico não funciona.* Porto Alegre: Artmed.

Bisson, J., Shepherd, J., Joy, D., & Newcombe, R. (2004). Early cognitive- bevavioural therapy for post- traumatic stress symptoms ater phsycal injury. Randomised controlled trail. *British Journal of Psychiatry, 184*, 63-69.

Brody, A..L., Saxena, S., Schwartz, J. M., Stoessel, P. W., Maidment, K., Phelps, M. E., et al. (1998). FDG-PET predictors of response to behavioral therapy and pharmacotherapy in obsessive compulsive disorder. *Psychiatry Research-Neuroimaging, 84*(1), 1-6.

Bryant, R. A., Felmingham, K., Kemp, A., Das, P., Hughes, G., Peduto, A. & Williams, L. (2008a). Amygdala and ventral anterior cingulate activation predicts treatment response to cognitive behaviour therapy for post-traumatic stress disorder. *Psychological Medicine, 38*, 555-561.

Bryant, R. A., Felmingham, K., Whitford, T. J., Kemp, A., Hughes, G., Peduto, A., et al. (2008b) Rostral anterior cingulate volume predicts treatment response to cognitive-behavioural therapy for posttraumatic stress disorder. *Journal of Psychiatry Neuroscience, 33*(2),142-146.

Caminha, R. (2005). O modelo integrado no tratamento do Transtorno de Estresse Pós-traumático. In: Caminha, R. (Org.). *Transtorno de estresse póstraumático: da neurobiologia à terapia cognitiva* (p. 207-232). São Paulo: Casa do Psicólogo.

Erk, S., Abler, B., & Walter, H. (2006). Cognitive modulation of emotion anticipation. *European Journal of neuroscience, 24*, 1227-1236.

Falcone, E., & Figueira, I. (2001). Transtorno de ansiedade social. In: Rangé, B. (Org.). *Psicoterapias cognitivo-comportamental: um diálogo com a psiquiatria* (p. 183-207). Porto Alegre: Artmed

Felmingham, K., Kemp, A., Williams, L., Das, P., Hughes, G., Peduto, A., et al. (2008b). Changes in anterior cingulate and amygdala after cognitive behavior therapy of posttraumatic stress disorder. *Psychological Science, 18*(2), 127-129.

Foa, E. (2006). Psychosocial therapy for postraumtic stress disorder. *Journal of Clinical Psychiatry, 67*(suppl 2), 40-45.

Furmark, T., Tillfors, M., Marteinsdottir, I., Fischer, H., Pissiota, A., Langstrom, B., et al. (2002). Common changes in cerebral blood flow in patients with social phobia treatet with citalopram or cognitive-behavioral therapy. *Archives of General Psychiatry, 59*(5), 425-433.

Goldapple, K., Segal, Z., Garson, C., Lau, M., Bieling, P., Kennedy, S., et al. (2004). Modulation of cortical-limbic pathways in major depression. *Archives of General Psychiatry, 61*, 34-41.

Goossens, L., Sunaert, S., Peeters, R., Griez, E.J., Schruers, K. R. (2007). Amygdala hyperfunction in phobic fear normalizes after exposure. *Biological Psychiatry, 62*(10), 1119-1125.

Hermans, D., Craske, M., Mineka, S., & Lovibond, P. (2006). Extinction in human fear conditoning. *Biology Psychiatry, 60*, 361-368.

Hyman, S. (2007). Can neuroscience be integrated into the DSM-V? *Nature, 8*, 725-732.

Izquierdo, I. (2004). *A arte de esquecer: cérebro, memória e esquecimento*. Rio de Janeiro: Viera e Lent.

Kumari, V. (2006). Do psychotherapies produce neurobiological effects? *Acta Neuropsychiatrica, 18*, 61-70.

LeDoux, J. (1998). *O cérebro emocional: os misteriosos alicerces da vida emocional*. Rio de Janeiro: Objetiva.

Leichsenring, F., Hoyer, J., Beutel, M., Herpertz, S., Hiller, W., Irle, E., et al. (2009). The social phobia psychotherapy research network the first multicenter randomized controlled trial of psychotherapy for social phobia: rationale, methods and patient characteristics. *Psychotherapy and Psychosomatics, 78*, 35-41.

Liggan, D. Y., & Kay, J. (1999). Some neurobiological aspects of psychotherapy. *Journal Psychothery Practice Research, 103-114.

Linden, D. (2006). How psychotherapy changes the brain- the contribution of function neuroimaging. *Molecular Psychiatry,*1-11.

Mocaiber, I. (2005). Interação entre o processamento emocional e a atenção visual em humanos: efeitos da intoxicação alcoólica e regulação da emoção. Dissertação de mestrado não publicada, Universidade Federal do Rio de Janeiro, Rio de Janeiro.

Moraes, K. (2006). The value of neuroscience strategies to accelerate progress in psychological treatment research. *Canadian Journal Psychiatry, 51*(13), 810-822.

Nakao, T., Nakagawa, A., Yoshiura, T., Nakatani, E., Nabeyama, M., Yoshizato, C., et al. (2005). Brain activiation of patients with obsessive-compulsive disorder during neuropsychological and symptom provocation task before and after symptom improvement: a functional magnetic resonance imaging study. *Biological Psychiatry, 57*, 901-910.

Ochsner, K., & Gross, J. (2005). The cognitive control of emotion. *Trends in Cognitive Sciences, 9*(5), 242-249.

Öst, L.-G. (1996). One-session group treatment of spider phobia. *Behavior Research Therapy, 34*, 707-715.

Paqquette, V., Levesque, J., Mensour, B., Leroux, J-M., Beaudoin, G., Bourgouin, P., et al. (2003). Change the mind and you change the brain: effects of cognitive-behavioral therapy on the neural correlates of spider phobia. *Neuroimage, 18*, 401-409.

Prasko, J., Horacek, J., Zalesky, R., Kopecek, M., Novak, T., Paskova, B., et al. (2004). The change of regional brain metabolism ((18)FDG PET) in panic disorder during the treatment with cognitive behavioral therapy or antidepressants. *Neuroendocrinology Letters, 25*(5), 340-348.

Quirk, G., Garcia, R., & Lima, F. (2006). Prefrontal mechanisms in extinction of conditioned fear. *Biology Psychiatry*, 2-6.

Rangé, B., & Bernik, M. (2001). Transtorno de pânico e agorafobia. In: Rangé, B. (Org.). *Psicoterapias cognitivo-comportamentais: um diálogo com a psiquiatria* (p.145- 182). Porto Alegre: Artmed.

Roffman, J., Marci, C., Glick, D., Dougherty, D., & Rauch, S. (2005). Neuroimaging and functional neuroanatomy of psychotherapy. *Psychological Medicine, 35*, 1-14.

Sakai, Y., Kumano, H., Nishikawa, M., Sakano, Y., Kaiya, H., Imabayashi, E., et al. (2006). Changes in cerebral glucose utilization in patients with panic disorder treated with cognitive-behavioral therapy. *Neuroimage, 33*, 218-226.

Saxena, S., Gorbis, E., O'Neill, J., Baker, K., Mandelkern, M. A., Maidment, K. M., et al. (2009). Rapid effects of brief intensive cognitive-behavioral therapy on brain glucose metabolism in obsessive-compulsive disorder. *Molecular Psychiatry, 14*(2), 197-205.

Schienle, A., Schäfer, A., Stark, R., & Vaitl, D. (2009). Long-term effects of cognitive behavior therapy on brain activation in spider phobia. *Psychiatry Research, 172*(2), 99-102.

Schreiner, S. (2005). Técnicas psicoterápicas para o transtorno de estresse pós- traumático. In: Caminha, R. (Org.). *Transtorno de estresse póstraumático. da neurobiologia à terapia cognitiva* (p. 185-196). São Paulo: Casa do Psicólogo.

Schwartz, J. M., Stoessel, P. W., Baxter, L. R., Martin, K. M., Pheps, M. E. (1996). Systematic changes in cerebral glucose metabolic rate after successful behavior modification treatment of obsessive-compulsive disorder. *Archives of General Psychiatry, 53*(2), 109-113.

Soares, B., Lima, M. (2003). Estresse pós-traumático: uma abordagem baseada em evidências. *Revista Brasileira de Psiquiatria, 25*(Suppl), 62-66.

Straube, T., Glauer, M., Dilger, S., Mentzel, H. J., Miltner, W. H. R. (2006). Effects of cognitive-behavioral therapy on brain activation in specific phobia. *Neuroimage, 29*(1), 125-135.

Ventura, P. (2005). Psicoterapia cognitivo-comportamental. In: Nardi, A. E., Valença, A. M. (Org.). *Transtorno de pânico: diagnóstico e tratamento* (p. 90-98). Rio de Janeiro: Guanabara.

Yamanishi, T., Nakaaki, S., Omori, I. M., Hashimoto, N., Shinagawa, Y., Hongo, J., et al. (2009). Changes after behavior therapy among responsive and nonresponsive patients with obsessive-compulsive disorder. *Psychiatry Research, 172*(3), 242-50.

8

Psicopatologia e adaptação
Origens evolutivas dos transtornos psicológicos

Angela Donato Oliva

INTRODUÇÃO

A perspectiva evolucionista considera o funcionamento mental humano como adaptação às condições ambientais encontradas pelas populações ancestrais e nas quais a espécie teve que sobreviver. Para Cosmides e Tooby (1992), as características da mente humana teriam sido moldadas ao longo do Pleistoceno, período datado entre dois a dez milhões de anos atrás. Para esses autores, foi nesse Ambiente de Adaptação Evolutiva (AAE) que a arquitetura mental se estabeleceu como resultado de um processo de seleção de estruturas ou traços mentais que foram funcionais no passado. Só que algumas delas podem não ser mais assim no presente. Esse tipo de constatação – do funcional no passado que se torna disfuncional no presente – pode contribuir de modo importante para a compreensão de transtornos.

Justifica-se encarar muitos sintomas como relacionados à ativação de mecanismos de defesa que teriam sido selecionados pela evolução em resposta a situações de perigo ou ameaças à sobrevivência. O primeiro objetivo deste capítulo é apresentar alguns desses comportamentos de defesa e seu percurso evolutivo na espécie humana. A ideia é contribuir para entender por que em determinadas circunstâncias se tornam disfuncionais a ponto de configurarem transtornos. Afinal, pode parecer contraditório a evolução ter selecionado psicopatologias, visto ser a aptidão dos indivíduos um pressuposto darwinista básico (Luz e Bussab, 2009). O segundo objetivo aqui visado é apresentar suposições evolucionistas sobre as psicopatologias apontando seu valor heurístico para a proposição de técnicas terapêuticas voltadas para uma abordagem cognitivo-comportamental.

HIPÓTESE EVOLUCIONISTA SOBRE A MENTE: A QUESTÃO DA MODULARIDADE

Um conceito central para se compreender o evolucionismo é o de adaptação, definido como uma característica desenvolvida ou herdada que se espalha entre os membros da espécie porque ajudou direta ou indiretamente na sobrevivência e na reprodução. O processo de adaptação é diferente para cada espécie, pois depende do tempo que leva de uma geração para outra e está intimamente atrelado à variação individual e às modificações ambientais. Diferentes tipos de variações ocorrem nos organismos: algumas ajudam na sobrevivência e na reprodução e podem passar para a próxima geração. Os indivíduos que herdam essas variações têm suas chances de sobrevivência aumentadas. A consequência da adaptação é uma modificação relativamente duradoura nas estruturas orgânicas ou mentais. Considerando a mente humana, os sistemas funcionais foram sendo selecionados ao longo da história evolutiva, deixando registros nos genes e na arquitetura mental. A hipótese explicativa sobre o funcionamento mental, oferecida pela perspectiva evolucionista, assenta-se na ideia de que determinados comportamentos e certas capacidades mentais na espécie humana resultariam de um processo de adaptação ao meio ambiente. As respostas que conseguiram solucionar os problemas de adaptação enfrentados por nossos ancestrais, que permitiram a sobrevivência e o sucesso reprodutivo, foram sendo selecionadas e passaram a fazer parte do funcionamento mental da espécie. Os mecanismos psicológicos evoluídos resultaram de pressões seletivas para as quais foram oferecidas respostas que solucionaram problemas adaptativos. Esses mecanismos refletiriam adaptações resultantes de um processo de seleção natural ao longo do tempo evolutivo (Seidl-de-Moura e Oliva, 2009) e constituiriam os universais da espécie subjacentes a emoções, preferências e predisposições para aprender e para se comportar.

Autores como Barkow, Cosmides e Tooby (1992) concebem a arquitetura mental como modular, isto é, subdividida em unidades que teriam se especializado para o processamento de informação ambiental específica. Para eles, a mente opera com algoritmos e módulos altamente especializados, extremamente rápidos para processar as informações, independentes uns dos outros, automáticos e de funcionamento involuntário.

A perspectiva da modularidade tem ajudado a compreender certos comportamentos. Por exemplo, podemos manifestar pânico por estarmos em uma sala de teatro, e não em uma sala de cinema. Podemos ter medo de elevador e ficarmos tranquilos em um avião. Isso parece dar apoio empírico à ideia de que há mecanismos mentais que mantêm independência e autonomia entre si. Visto que cada módulo processa diferentes aspectos de um problema adaptativo, podem ocorrer circunstâncias nas quais o resultado apresentado por um se mostra contraditório com o outro. Por exemplo, Barkow, Cosmides e Tooby (1992) supõem

que a mente é dotada de um conjunto de algoritmos especializados para raciocinar sobre trocas sociais. Tal conjunto se compõe por, no mínimo, três módulos: o de detecção de trapaceiro, o de monitoramento da história de interações com outra pessoa e o de tomada de decisão baseado nas informações fornecidas pelos outros módulos. Todos funcionariam isoladamente. Mas como deve agir o módulo que toma decisões quando um módulo detecta que seu amigo está trapaceando e o outro módulo considera que a história de cooperação entre vocês foi boa e trouxe benefícios para você? Deve desconsiderar a história de relacionamento amistoso ou deve privilegiar a trapaça atual comprometendo a amizade? Deve reprimir ou distorcer a informação recente? O que é melhor para a sobrevivência, ver o mundo tal qual ele é ou interpretar as ações dos outros se baseando em conhecimentos pretéritos? Se adotarmos uma visão funcionalista e evolucionista, talvez fique fácil entender por que nosso cérebro promove "leituras" não tão fidedignas da realidade ou por que em certos momentos somos ambivalentes e sinalizamos coisas contraditórias. Distorcer algumas informações, em determinadas situações, configura um desajuste, mas em circunstâncias diferentes pode trazer vantagens adaptativas. Distorcer de alguma maneira a realidade é mais comum do que se pensa. Fazemos isso a todo instante, pois não apreendemos o mundo tal qual uma máquina de fotografar. As informações são assimiladas por um sistema de crenças, que constitui um processo mental resultante de adaptações a pressões seletivas. Para Beck (1999), as crenças permitem uma dentre as possíveis leituras da realidade. O sistema de crenças não se constitui para ser estritamente preciso, mas funciona para promover respostas que eliminam conflitos. Distorcer a realidade, em certos contextos, pode ser mais vantajoso do que promover a leitura acurada dela. A seleção natural teria esculpido mecanismos mentais que distorcem a experiência consciente, promovendo inclusive o autoengano. Afinal, viver em grupo nos impede de sermos o tempo todo sinceros, de sempre expressarmos nossas reais emoções e nossos interesses. É sempre bom parecer melhor do que de fato somos. Enganar e enganar-se, em certa medida, ajudam no estabelecimento de laços sociais. A questão da patologia reside no grau em que se dá essa distorção; também é fruto do momento em que o sistema deixa de promover ajustes nessas interpretações. Há que se considerar ainda o sofrimento que isso acarreta para si e para os outros.

EMOÇÕES E O VIVER EM GRUPO: NÃO DÁ PARA FICAR SEM ELES

Nesse (1998) destaca que em uma perspectiva evolucionista as emoções facilitam a adaptação e, por conseguinte, participam do aumento de nosso sucesso reprodutivo. Para esse autor, grande parte dos transtornos surge, em geral, de situações nas quais há conflito social. O convívio social possibilitou nossa sobrevivência e o custo disso foi lidar com conflitos interpessoais, nos quais costumam ocorrer acusações e ameaças; além de envolverem gastos consideráveis de energia emocional. Diante dessas dificuldades, cabe perguntar por que não foram selecionadas estruturas mentais que permitissem apenas a expressão racional. Talvez tivesse sido uma solução. Mas as hipóteses evolucionistas indicam que não poderíamos viver em grupos complexos sem emoções, a despeito dos custos decorrentes delas.

Os grupos hominídeos caçadores-coletores viviam em contextos sociais baseados em grande parte em trocas de recursos, cooperação e proteção mútuas, com altas taxas de nascimento e de mortalidade infantil. Considerando que o esgotamento dos recursos em um território obrigava os indivíduos a se deslocarem em busca de água e de alimentos, os quais se encontravam espalhados, era inevitável o encontro e eventuais confrontos entre grupos. Tooby e Cosmides (2000) propõem um cenário evolutivo no qual a cooperação era forte dentro dos grupos, mas a hostilidade, a defesa e a competição marca-

riam os encontros dos indivíduos de grupos distintos. As disputas dentro de um grupo tiveram que dar lugar a comportamentos de ajuda mútua para que a sobrevivência fosse possível. Em todos esses comportamentos está presente o componente emocional, que é um eficiente sistema de comunicação e de defesa para as espécies que vivem em grupos. As emoções norteiam as condutas, estão presentes na escolha de parceiros; indicam alegria, tristeza, raiva, medo; nos impelem a buscar alimento; são decisivas na expressão de necessidade ou desejo de ter alguém perto. E possibilitam uma forma eficiente de comunicação entre os indivíduos, já que sinalizam rapidamente como estamos e o que precisamos, independentemente da linguagem verbal elaborada. Certamente, as emoções são a pedra angular do convívio social. Como estão presentes em praticamente todas as nossas ações e interações, pode-se imaginar que há um número razoável de transtornos que emergem em virtude de algum componente emocional. As emoções estão em operação desde o nascimento. Somos organismos sociais e as emoções que evoluíram precisam ser entendidas em contextos coletivos. Viver em grupo apresenta inúmeras vantagens. Recebe-se proteção contra predadores e obtém-se recursos que só adviriam de tarefas realizadas coletivamente, como, por exemplo, a caça de grandes animais. Pode-se, entre outras coisas, receber apoio do grupo e promover a divisão de tarefas.

As desvantagens de viver em grupo também são numerosas e vão desde a repartição de recursos escassos até o controle excessivo que indivíduos integrantes de pequenas coletividades exercem entre si. No que tange a alimentação, locomoção e cuidados básicos, nascemos indefesos e completamente dependentes. A presença de um sistema mental de propensão para cuidar dos filhos é fundamental para permitir a sobrevivência da espécie e não se restringe aos que mantêm entre si laços de parentesco. Os adultos, em geral, se enternecem diante de filhotes dispensando-lhes os cuidados necessários para garantir-lhes a sobrevivência, e isso dá suporte empírico a esse sistema de propensão de cuidados com a prole. A base disso reside em componentes emocionais que regulam as trocas sociais.

Ao longo do processo evolutivo, os indivíduos se depararam com situações que desafiavam a capacidade de sobrevivência. Aqueles cuja tendência genética possibilitou adaptações que fizeram frente a tais situações puderam sobreviver e deixar descendentes. As emoções cumpriram um papel fundamental nesse processo, pois permitiram respostas rápidas dos organismos, mesmo ao preço de serem imprecisas na avaliação inicial da situação.

A evolução selecionou o repertório básico de emoções como medo, raiva, tristeza e alegria. São elas que nos levam a fugir de predadores, atacar um agressor ou defender o território. Permitem expressar sentimentos de tristeza como forma de sinalizar que algo não vai bem e que precisamos do outro. Nossas condutas de defesa e de sobrevivência são sempre acompanhadas de uma boa dose de emoção negativa. Não se pode explicar o medo pelos benefícios dos batimentos cardíacos, mas a explicação evolutiva para esse tipo de reação emocional deve ser procurada nas vantagens seletivas das respostas disparadas por ela em uma dada situação. As emoções foram fundamentais em experiências que fizeram aumentar ou diminuir nossos recursos de reprodução, e isso foi trazendo consequências para as gerações futuras.

PSICOPATOLOGIAS E EVOLUCIONISMO

Além de indicarem um problema, os sintomas constituem, eles próprios, uma tentativa de solução orgânica. O calor da febre, por exemplo, tem função de liberar substâncias que permitirão ao corpo se defender ajudando na eliminação de microrganismos invasores indesejáveis, contribuindo para renovar e fortalecer o organismo. A febre foi a adaptação ou o sistema de manutenção da vida selecionado para as circunstâncias do contexto ancestral. O sintoma, nesse caso, não pode ser entendido como uma falha

do sistema de defesa. Atualmente, o uso de antitérmicos em certos casos pode ser mais adaptativo, pois há que se considerar a desvantagem de manter um organismo funcionando com alta temperatura por um longo tempo aumentando o risco de convulsões.

De qualquer forma, isso tudo não significa que os mecanismos evoluídos de adaptação, que controlam o afeto e o humor, funcionem adaptativamente em todos os contextos. Há um domínio delimitado no interior do qual eles são adaptativos. Mesmo os mecanismos de defesa que removem substâncias nocivas do organismo, tais como diarreia, vômito ou febre, tornam-se danosos se forem facilmente desencadeados, bastante frequentes, muito intensos ou de longa duração (Nesse, 1999).

Para Beck (1999), em termos da terapia cognitiva, esquemas e suposições funcionam como mecanismos de defesa. Por vezes, esses esquemas distorcem aspectos da realidade e quando isso persiste por muito tempo, à semelhança do que fazem os sintomas orgânicos duradouros, acabam por tornar crônicos os transtornos e as patologias. Momentaneamente, fazer leituras pouco precisas do ambiente, no sentido de ver as coisas de maneira favorável, pode ser adaptativo, pois não leva a desgastes interpessoais imediatos e permite exercer certo grau de tolerância para com o outro. As relações estabelecidas entre eventos que ocorrem ao longo do tempo, as inferências e deduções que vão além das informações presentes, são possibilitadas por um esquema de crenças inerente ao funcionamento cognitivo. Os indivíduos adaptam-se aos diferentes contextos, considerando suas próprias características, experiências e expectativas. Os esquemas de crenças contribuem para a adaptação da pessoa ao ambiente no qual está inserida.

Os indivíduos apresentam diferentes graus de propensão para fazerem distorções cognitivas. Isso caracterizaria a "vulnerabilidade cognitiva", ou seja, a predisposição do indivíduo para síndromes específicas. Nos transtornos de ansiedade, por exemplo, o foco de atenção se fixa em um ponto da situação, como se a pessoa estivesse com sua sobrevivência ameaçada realmente. O sistema de defesa impede que outros significados sejam dados à situação e o foco de atenção se volta para aquilo que é entendido como perigo. A reação de esquiva, comumente presente nessas ocasiões, reflete um mecanismo adaptativo. O indivíduo se sente vulnerável àquilo que considera ameaçador e é por isso que evita as situações que deflagram ansiedade.

A evolução via seleção é um processo extremamente lento. As mudanças que ocorrem nas estruturas mentais levam muito mais tempo do que aquelas que acontecem nos ambientes físicos. Para que venham a integrar o repertório da espécie, é preciso que os comportamentos tenham solucionado recorrentes problemas de sobrevivência e de reprodução e que isso tenha se repetido ao longo do tempo e se espalhado entre os membros do grupo. Já as mudanças ambientais decorrentes da ação humana, em geral, ocorrem rapidamente e não precisam de muitas repetições para se estabelecer.

O ambiente ancestral, no qual teria ocorrido a seleção dos mecanismos adaptativos mentais, é profundamente diferente do atual, mas nossas mentes conservam os mesmos mecanismos para enfrentar os problemas adaptativos com os quais os pequenos grupos de aparentados, nômades, caçadores e coletores se deparavam (Allman, 1994). Desde o aparecimento dos *Homo sapiens sapiens*, entre 100 a 140 mil anos atrás, a espécie viveu muito mais tempo em um ambiente semelhante ao de adaptação evolutiva (AAE). A consequência disso é que nos assemelhamos a nossos ancestrais em termos de predisposições comportamentais e nas formas de sentir. Temos prontidão para reagir a problemas gerados por um tipo de ambiente que não existe mais. Apresentamos forte reação de medo a cobras, praticamente ausentes no mundo urbano em que vivemos. Nossos mecanismos mentais parecem conservar arquivos de uma sabedoria ancestral (Cronin, 1991).

Nossa mente, portanto, não seria uma *tabula rasa*, pois teria sido equipada pela evolução com mecanismos que nos predispõem a agir de determinadas formas e não de outras. Temos, por exemplo, propensão a formar vínculos e a cuidar de nossos filhos; reagimos emocionalmente às situações que avaliamos como perigosas, lutando ou fugindo; fazemos "leituras" das intenções dos outros; somos empáticos; raciocinamos sobre as trocas sociais; cooperamos e competimos. Esses comportamentos existem na espécie e estão presentes nos indivíduos de diferentes culturas.

EXPLICAÇÃO DO COMPORTAMENTO EM UMA PERSPECTIVA EVOLUCIONISTA

Para compreender o comportamento à luz de uma perspectiva evolucionista, há que se considerar dois níveis de análise propostos por Niko Tinbergen, em 1963 (Buss, 2000). O primeiro visa identificar as causas próximas ou os determinantes imediatos dos comportamentos, que podem ser internos (fisiológicos) ou externos (sociais e ambientais). As perguntas que norteiam essa busca são:

a) Por que uma pessoa se comportou de determinada maneira em uma situação?
b) Como o comportamento se desenvolveu?

O segundo nível de análise objetiva descobrir quais as causas finais (últimas) ou funcionais dos comportamentos. As questões que aqui se colocam são:

c) Qual o valor de sobrevivência do comportamento em questão?
d) Como ele evoluiu ou qual sua história filogenética?

A explicação evolucionista do comportamento deve oferecer respostas tanto para as causas últimas quanto para as causas próximas (Nesse, 1999). Importa saber como os comportamentos foram sendo selecionados por seu valor de sobrevivência e quais seriam os adaptados às atuais circunstâncias.

De maneira intuitiva, quando pensamos nos transtornos estamos propensos a considerar as questões relacionadas às causas próximas referentes a como e por que um comportamento surgiu. Diante de comportamentos não patológicos a tendência é indagar sobre as causas últimas relativas ao valor de sobrevivência de um comportamento e sobre como evoluiu na espécie. Gilbert (1998) ressalta que aquilo que atualmente consideramos transtorno poderia ter representado defesas efetivas contra ameaças à sobrevivência dos antepassados no ambiente ancestral. Vistos por esse ângulo, transtornos são, em aspectos importantes, funcionalmente equivalentes a adaptações. As causas últimas – que consideram as condições biológicas, sociais e do meio ambiente físico que teriam possibilitado a seleção de traços adaptativos – podem se mostrar úteis para pensarmos os transtornos como uma reação exagerada do processo de adaptação.

As causas próximas nos direcionam para os comportamentos de cada indivíduo e avaliamos quão adaptados eles são em determinada situação. As causas últimas explicariam a ocorrência da conduta por intermédio de um sistema que foi funcional em um determinado momento e que deixou de ser na atualidade, em virtude da manutenção do sintoma. Ambos os níveis de análise devem ser compreendidos de maneira complementar. Somente assim é que se pode tentar explicar as psicopatologias em termos evolucionistas.

A LÓGICA EVOLUCIONISTA NÃO EMBUTE JUÍZO DE VALOR

Como destaca Buss (2000), a variação, a hereditariedade e a seleção constituem os ingredientes fundamentais da evolução. Os organismos diferem uns dos outros em termos de tamanho, força, habilidades, resistência, inteligência, etc., e isso é a matéria prima sobre a qual a evolução opera. Muitas variações podem passar de pais para filhos através das gerações. Em geral, os indivíduos cujos traços e cujas habilidades constituem uma vantagem adaptativa na luta pela sobrevi-

vência conseguirão se reproduzir e passar esses traços para seus descendentes. Os traços decorrentes dessa pressão seletiva, típica do processo de seleção natural, não são bons ou ruins de modo absoluto. Uma característica vantajosa em um ambiente pode ser desvantajosa em outro. Os indivíduos que apresentam mais traços vantajosos em um contexto aumentam tanto a probabilidade de deixar mais descendentes quanto as chances de o atributo em questão passar para gerações futuras. É assim que funciona a evolução.

Para entender o que somos, ou como a mente humana funciona, devemos levar em consideração uma complexa interação entre mecanismos evoluídos, a aprendizagem e um ambiente sociocultural definido. O ambiente pode ligar ou desligar um gene (LeDoux, 2002). A maneira pela qual os genes são expressos varia em função da experiência, pois é esta que dá forma final à biologia. A perspectiva evolucionista é interacionista, não determinista. Gilbert (2004a) assinala que os transtornos de personalidade são fortemente influenciados pelos genes; mas, reconhecendo também a importância da experiência, destaca que é comum os portadores dessas psicopatologias apresentarem uma história de abuso e hostilidade.

Para Gilbert (2004a), a associação entre saúde mental e alegria embute uma dimensão moral e acaba levando ao equívoco de se categorizar um esquema como disfuncional desconsiderando-se o processo adaptativo subjacente. Um comportamento é melhor compreendido quando visto sob a óptica de uma perspectiva filogenética. Diante de um indivíduo que sabidamente possui um esquema de desconfiança, podemos fazer inferências sobre o que ele detecta como ameaça, como responde a elas e o que lhe dá segurança. É fundamental ter presente que os esquemas e processos que guiam os pensamentos automáticos não são conscientes e resultam de organizações subjacentes aos mecanismos mentais evoluídos. Constituem a base da personalidade, do comportamento social, dos esquemas e das psicopatologias (Gilbert, 2004a).

Pessoas com baixa autoestima costumam usar estratégias de limitação de danos, que funcionam feito travas de emergência. O receio de que algo venha a dar errado é tão grande que preferem não avançar como poderiam. Isso poderia explicar a dificuldade terapêutica para mudar o esquema pessimista mesmo em situações nas quais a pessoa está tendo sucesso (Gilbert, 2004a).

O comportamento submisso não é útil quando assumido diante de um predador, mas pode ser vantajoso quando, em situações sociais específicas, inibe ataques ou agressões de coespecíficos. Pessoas que foram abusadas tendem a ficar retraídas, inibidas e submissas diante do abusador. É o mecanismo ancestral, presente em muitas espécies e ativado na presença do indivíduo hostil e poderoso, de não ameaçar ou desafiar o mais forte, supondo-se que desse modo se diminui o risco de se sofrer novo ataque. Esse comportamento reforça o esquema de defesa que, por sua vez, não deve ser visto como um sinal de fraqueza – é apenas uma forma milenar de o indivíduo se proteger (Gilbert, 2004a). Toda essa engrenagem mental foi delineada pelo processo evolutivo. Contudo, há comportamentos que se perdurarem por um longo tempo podem causar danos ao organismo.

Considerando o sofrimento que acompanha o indivíduo acometido por um transtorno, cabe perguntar por que as psicopatologias teriam sido selecionadas no processo evolutivo. Por que traços disfuncionais causadores de sofrimento teriam passado para o repertório da espécie? Que funções estariam cumprindo? Se as psicopatologias tiveram sua origem no processo de adaptação, então a seleção de traços característicos dos transtornos teria sido uma espécie de erro?

Como vimos, a evolução não é um processo que seleciona comportamentos que possam ser qualificados de bons ou ruins em si mesmos. À luz de uma perspectiva evolucionista uma adaptação vantajosa para um contexto pode se revelar desvantajosa em outro. A psicopatologia atual lida com comportamentos que foram, no ambiente ancestral, adaptativos (Gilbert, 1998). O ponto

central no processo evolutivo é selecionar estratégias e traços que servem para aumentar nossa aptidão ou adaptação ao meio. Isso não promove necessariamente felicidade ou saúde mental (Buss, 2000). Há consequências decorrentes do processo adaptativo que podem se mostrar indesejáveis em certos contextos, mas não em outros. Um traço evoluído não é necessariamente bom.

Para um traço evoluir, precisa competir com outros e se mostrar vantajoso durante um período de tempo para que venha a integrar o "time" de genes selecionados. É possível que um traço eficiente em uma área não o seja em outra e ainda venha a comprometer certas habilidades (Gilbert, 2004a). A cauda do pavão, por exemplo, foi selecionada para atrair as parceiras, mas se mostra um estorvo para escapar de predadores (Cronin, 1991). O medo de altura, que serve para a proteção, mostra-se desvantajoso quando inibe a busca por alimentos em locais altos.

As condutas adaptativas foram reproduzidas com mais sucesso do que as não adaptativas, pois contribuíram para maximizar a aptidão dos indivíduos no ambiente ancestral. Contudo, podem contemporaneamente ter perdido essa função. Pensando nas psicopatologias e no processo evolutivo, é cabível supor ter sido esse o caso para muitos dos transtornos. A arquitetura mental seria, portanto, decorrente de adaptações resultantes de milhões de anos de evolução. As consequências desse processo complexo repercutem sobre o comportamento, o pensamento e as emoções.

AS PSICOPATOLOGIAS E SUAS BASES EMOCIONAIS

O ganho em inteligência na nossa espécie teve custos evolutivos que fizeram aumentar o tamanho de nosso cérebro. *Pari passu*, o bipedalismo diminuiu o tamanho da pélvis. A solução adaptativa selecionada levou ao surgimento na espécie de um bebê humano totalmente dependente de cuidadores. Ao nascer, o cérebro não poderia estar plenamente formado, pois não passaria pela pélvis estreita. Tornou-se necessário continuar o desenvolvimento cerebral por um longo período após o nascimento. Isso aumentou o risco de abuso ou negligência por parte dos cuidadores quando neles se estabelece uma organização débil ou pobre dos esquemas de apego (Liotti, 2000). Apego é aqui compreendido como o vínculo de natureza emocional que se estabelece entre cuidadores e bebês.

As emoções negativas, tais como ansiedade e depressão, também desempenham papel importante em nossa sobrevivência. Isso porque a capacidade imaginativa que nos permite planejar e criar mundos possíveis é a que dá origem à cultura e à ciência. É também a que nos leva a ruminar coisas negativas, ativando sistemas de estresse na área límbica que produzem cortisol e mantêm esses pensamentos e sentimentos. Nossa imaginação pode originar tanto a arte quanto o sofrimento (Gilbert, 2004a). Apresentar nível baixo de afeto positivo e exploração reduzida, sinais também presentes na depressão, pode ser um mecanismo útil para lidar com perda de vínculo ou fracasso (Beck, 1999; Gilbert, 2004b). De um ponto de vista evolucionista, as emoções negativas têm utilidade. Do contrário, não existiriam.

A perda de um ente querido ou de pertences valiosos traz tristeza. Qual seria a utilidade desse tipo emoção depois da perda do que nos era caro? Uma hipótese explicativa seria a de que entristecer ajudaria a evitar situações nas quais houvesse risco de danos semelhantes, levando a ações preventivas ou à recuperação do bem quando fosse o caso. Recebemos atenção ou ajuda quando ficamos tristes. O humor deprimido pode ter sido selecionado para lidar com situações de perigo e sua utilidade seria inibir a exposição excessiva dos indivíduos a metas difíceis e arriscadas, confrontos interpessoais que representassem desafio de autoridade, condutas que levariam a desperdício de reservas internas e com poucas chances de resultados eficazes, entre outras. Há situações em que é útil nada fazer. A depressão também pode

servir como reparação e tentativa de reconciliação com alguém (Nesse, 1998).

Para Hagen (1999), a depressão pós-parto poderia ter se estabelecido porque possibilitaria recebimento de recursos sem que fosse despendida muita energia para obtê-los. No período pós-parto as mulheres teriam mais dificuldade de obtenção de recursos para si e para a prole. Essa estratégia só funciona porque os membros de nossa espécie têm grande capacidade de se colocar no lugar do outro e de agir de maneira altruísta. Em nossa arquitetura mental, durante o processo evolutivo, foi selecionado um programa que nos permite imaginar que em circunstâncias semelhantes poderíamos precisar de ajuda. Por essa razão ajudamos quem parece necessitar e isso, por vezes, envolve um grau de autossacrifício em prol dos outros. O ecossistema social é interpretado pelos agentes sociais que avaliam os papéis e as funções desempenhadas pelos membros de um grupo, o apoio e o suporte emocional recebido, as relações de amizade, as alianças e as hierarquias. Pistas comportamentais percebidas no tom de voz, em olhares e outros sinais são o ponto de partida dessa análise.

A possibilidade de a depressão ser uma forma de adaptação não deve nos levar a concluir que o tratamento medicamentoso ou terapêutico não deva ser tentado. Compreender o significado adaptativo do desânimo e da depressão nem sempre melhora nossa capacidade de prevenir e aliviar tais sintomas, que são normais, mas desnecessários por tempo prolongado. Cabe ainda lembrar que no quadro de depressão há a desregulação de aspectos cerebrais; e a compreensão da origem e da utilidade do humor deprimido não amenize a gravidade desse problema.

O fator tempo, nesses casos, é uma variável importantíssima. O sistema de estresse humano foi selecionado para lidar com estressores por períodos de curta duração, liberando comportamentos tais como ficar paralisado, lutar ou fugir para defender-se de predadores. O cortisol liberado nessas circunstâncias é útil para essas defesas, mas pode danificar nosso sistema imunológico caso fique elevado por muito tempo (Sapolsky, 2000). Atualmente, alguns indivíduos são expostos por longo tempo a uma sucessão de situações estressoras. As atividades estressantes da vida moderna são inúmeras; apesar de muitas não demandarem elevado consumo calórico, há considerável gasto de tempo em sua execução. Existem tarefas que são realizadas quando estamos exaustos e é comum suprimir o tempo de repouso entre elas para que possamos executar todas. Com isso, o sistema de defesa permanece em estado de alerta permanente e se o organismo for exigido ao máximo continuamente pode atingir a fase de exaustão e entrar em um quadro de estresse grave.

Diferente era a rotina no ambiente ancestral no qual havia afazeres que requeriam muita energia, mas também incluía regularmente momentos de repouso e de interação social. Além disso, as rotinas eram, em grande parte, as mesmas. As mais recorrentes eram proteger-se e dar proteção aos seus contra predadores, locomover-se para locais com água e nos quais as tarefas de caçar, coletar e interagir socialmente fossem relativamente seguras.

Interagir socialmente ajuda a promover coalizões entre os membros do grupo. Um indivíduo pode não ser o mais forte fisicamente, mas se tiver habilidade para estabelecer alianças acaba por receber proteção de membros mais poderosos. Aí é que reside um ponto fundamental da vida em grupo: a inteligência social. Ela permite construir articulações necessárias possibilitando que uma pessoa venha a assumir posição estratégica e com isso obter apoio social e recursos. As condutas bem-sucedidas socialmente envolvem um sistema mental complexo capaz de realizar uma análise, congruente com nossos sistemas de crença, sobre a personalidade dos agentes envolvidos e sobre custos e habilidades sociais requeridos em relação ao que está em questão.

A evolução da linguagem contribuiu enormemente para a comunicação social mais efetiva e para o fortalecimento das redes sociais. Dunbar (1996) estende essa compreensão para primatas não humanos, indicando que a origem dessas redes sociais residiria no comportamento de catar pequenos parasitas do pelo do outro (*grooming*). Os que não se envolvem nessa tarefa acabam recebendo menos favores dos outros. Para os humanos, de acordo com Dunbar, a fofoca seria o equivalente da catação, cumprindo papel de contribuir para estreitar laços sociais.

Da mesma maneira que dor e febre são mecanismos que permitem a adaptação do organismo, a ansiedade, apesar de em muitas circunstâncias ser prejudicial e caracterizar um transtorno, é, em sua origem, um mecanismo de proteção. Quando se mantém em patamares não muito elevados, tem função adaptativa e desempenha papel crucial na defesa do organismo frente a um perigo. Pensando nos caçadores-coletores, ficar em estado de alerta era importante para defender-se de predadores ou grupos rivais. Os abrigos dos grupos nômades não ofereciam segurança suficiente e aqueles indivíduos que se mostravam mais atentos, alertas e vigilantes aos menores sinais de perigo tenderam a deixar mais descendentes.

Contudo, o ambiente no qual vivemos é mais seguro que aquele no qual viveram nossos ancestrais e é por isso que as respostas deflagradas ao que é interpretado como perigo podem se mostrar, em certos momentos, desproporcionais à ameaça que realmente representam. A ansiedade é problema não apenas quando ocorre em demasia, mas também quando se apresenta em níveis exageradamente baixos, ocasionando ações imprudentes que culminam em acidentes e em outras perdas sociais.

Os sintomas de um ataque de pânico, que causam grande sofrimento para os indivíduos, não seriam uma falha de defesa do organismo (Gilbert, 1998). A partir de uma perspectiva etológica, poderia ser visto como uma adaptação que evoluiu para facilitar a fuga de situações perigosas (Nesse, 1999). A agorafobia pode ser entendida como consequência adaptativa aos sucessivos ataques de pânico, caracterizando uma associação com os lugares nos quais o pânico ocorreu.

Pessoas com algum dos transtornos de ansiedade apresentam percepção distorcida em termos da atenção que conferem aos estímulos ameaçadores. Estas distorções desempenham um papel crucial no desencadeamento e na manutenção dos transtornos. LeDoux (2002) indica que o processamento das informações começa pelas emoções. Assim, algo detectado como ameaçador passa primeiro pelo sistema límbico e por áreas subcorticais, que respondem muito rapidamente, mas não tão acuradamente, aos estímulos. Em seguida, áreas corticais, não tão velozes, porém mais precisas, entram em ação e corrigem eventuais erros da avaliação inicial.

É por isso que com frequência superestimamos a periculosidade de estímulos e eventos.

Um fóbico social experimenta ansiedade em situações nas quais ele gostaria de parecer forte e confiante. O temor de perder o controle sobre suas defesas leva à evitação secundária. Tem medo de não conseguir se controlar e medo da avaliação social sobre a falta de domínio de suas próprias defesas. Receia ser visto como ansioso e evita a situação temida ou busca comportamentos de segurança quando a ansiedade é disparada.

Padrões obsessivos e compulsivos de comportamentos podem ter sua base em rotinas estabelecidas nos grupos caçadores-coletores. É possível que a organização de tarefas, em uma época em que não havia contagem de tempo formalizada, funcionasse como marcador social de rotinas. Imitar e repetir certas condutas, como atividades ritualizadas, talvez tenha contribuído para facilitar o encadeamento das tarefas e para ajudar a organizar o tempo.

O convívio social foi possível porque temos a capacidade de entender as intenções dos outros. A capacidade de compreensão das intenções dos outros tem sido estudada pelas neurociências em pesquisas envolvendo neurônios-espelho (Gallese, 2001). As evidências indicam importante ligação do mecanismo espelho com os estudos sobre empatia e teoria da mente. Ser capaz de compreender o que se passa na mente dos outros, como já visto, é fundamental nas situações sociais.

A exacerbação dessa capacidade de leitura das intenções alheias é típica da paranoia e se baseia no temor e no foco das ameaças que viriam dos membros da própria espécie. A função adaptativa seria ajudar a se prevenir de ataques desferidos por grupos rivais. Os indivíduos que não conseguem avaliar as intenções das pessoas com quem precisam interagir estariam em desvantagem (Gilbert, 2001, 2004a). Desconfiar dos outros tem uma função de sobrevivência. Os membros da espécie compreendem que nem sempre as pessoas agem corretamente ou falam a verdade e isso pode se tornar fonte de conflitos. Não confiar inteiramente nos outros teve função importante nas organizações sociais.

Mudanças nos costumes sociais contribuíram para aumentar a vigilância sobre os outros. A descoberta do fogo, por exemplo, não ficou limitada à cocção de alimentos; ela alterou rotinas sociais de alimentação, conduzindo à estocagem de tubérculos e vegetais. Uma consequência indesejada dessa prática foram os furtos de comida (Gilbert, 2004a).

Crow (2008) apresenta uma hipótese sobre a origem da esquizofrenia. Independentemente de estar certa, sua tese nos leva a refletir sobre causas últimas: por que a esquizofrenia se mantém se está associada a uma desvantagem reprodutiva? Para Crow existe a possibilidade de este transtorno estar relacionado com a linguagem humana. A esquizofrenia seria o preço a pagar pela aquisição da linguagem, originada a partir de uma mutação que teria permitido a especialização hemisférica e a assimetria cerebral. Comparando com a população, o desenvolvimento da assimetria seria mais lento em esquizofrênicos (Crow, Done, Sacker, 1996). A hipótese subjacente é que existiria um gene desempenhando um papel crítico na dominância cerebral. Como será visto adiante, a esquizofrenia pode ser entendida como um efeito colateral de uma adaptação. O argumento de Crow ressalta que a incidência desse transtorno é semelhante nos vários grupos humanos e não parece haver evidência de causa ambiental. Ele conclui que as psicoses teriam origem genética, pois estariam relacionadas de alguma forma à natureza humana e à evolução do cérebro.

Como se vê, os mecanismos mentais adaptativos evoluídos são produto do processo seletivo e de maneira direta ou indireta contribuíram para a sobrevivência e a reprodução. É como se os descendentes tivessem herdado a chave certa para abrir a porta do sucesso adaptativo alcançado pelos ancestrais em tarefas como sobreviver, reproduzir, escolher parceiros, etc. De acordo com essa visão evolucionista, as patologias emergiram de mecanismos que teriam sido adaptativos em certos contextos. A função deles seria a defesa, possibilitando comportamentos que removessem o perigo. As principais estratégias consistem em fugir, intimidar, lutar, fingir-se de morto; essas condutas são reguladas pelo hipotálamo, pela hipófise e pelas áreas límbicas, como a amígdala, conferindo proteção ou minimizando perdas em casos de danos (LeDoux, 2002). Se um indivíduo dá sinais de que é perigoso, o predador avalia os riscos de vir a se machucar em caso de luta. As presas jovens, fracas, indefesas, desgarradas, são as preferidas, pois as chances de sucesso são amplas e os danos mínimos. Apresentar comportamento de submissão ou vergonha inibe ataques ou agressões de coespecíficos, mas não é útil quando diante de um predador. As respostas de defesa devem ser adequadas à ameaça percebida.

SISTEMAS FUNCIONAIS E SINTOMAS PSICOPATOLÓGICOS

Um dos mecanismos destacados pelo darwinismo, e que funciona como matéria prima do processo evolutivo, é o das diferenças individuais. Pensando nas patologias, deve-se considerar que praticamente todos os membros de uma espécie são vulneráveis às doenças.

Uma compreensão abrangente dos transtornos psicológicos começa no nível explicativo proximal, no qual são identificados os sintomas, e deve alcançar, no nível último, os sistemas funcionais que permitiram seu aparecimento. De um ponto de vista evolucionista, os dois tipos de análise (de causas próximas e últimas) são complementares e os fenômenos (tanto os normais quanto os patológicos) só ficam bem compreendidos quando essas visões são integradas. Quando se pergunta sobre a função de um sintoma, em uma perspectiva evolucionista, está-se procurando o entendimento das causas últimas. Identificar os sistemas que permitem certos comportamentos e sintomas e explicar seu funcionamento é uma tarefa necessária, mas que ainda não foi completamente mapeada pelos teóricos até o presente.

Gilbert (2004a) indica como esses sistemas funcionais atuam diferentemente em algumas espécies. O investimento parental das tartarugas, por exemplo, faz com que apresentem um comportamento específico de procriação que é guiado por um sistema neural sensível às épocas do ano e às marés. Elas chegam às praias em determinada estação do ano e depositam milhares de ovos, dos quais apenas 2% no máximo irão chegar à vida adulta. Contrastando com isso, os mamíferos têm poucos filhotes e acabam dispensando mais cuidados a eles. Os mecanismos mentais de cuidado entre pais e filhos caracterizam diferentes padrões de apego. Alto investimento parental, afeto e confiança criam condições de ambiente pouco ameaçador e muita segurança, estabelecendo condições necessárias, ainda que não suficientes, para o apego seguro. Baixo investimento parental, ambiente hostil e ameaçador geram as condições de apego inseguro (Gilbert, 2004a). Obviamente, em ambos os casos há que se considerar a interação entre as características de personalidade dos pais e das crianças. O estudo de Mikulincer, Birnbaum, Woddis e Nachmias (2000) indicou que pessoas com apego seguro tendem a ver os outros como relativamente benevolentes e conseguem lidar com o estresse de modo a conseguir um autocontrole. Já as pessoas com apego inseguro não buscam ajuda em momentos de estresse nem consideram os outros como afáveis. O ponto que aqui se quer destacar, de acordo com Gilbert (2004a), a despeito da grande simplificação teórica, é que a interação de características biológicas da espécie, comportamento orientado para metas e contextos ambientais está na origem de orientações básicas de si e dos outros. É de se esperar, por exemplo, que os indivíduos com esquemas de vulnerabilidade ou de abandono expressem estratégias sociais e comportamentais moduladas pelo tipo de apego e pelas experiências. Essas pessoas podem buscar apego estável, suscitar cuidado e apoio, mas devido ao tipo de vínculo inicial podem ser muito sensíveis a rejeições ou a falhas nos esquemas de investimento dos outros. Podem se sentir em posições inferiores e adotar comportamentos defensivos. O apego seguro facilita a formação de alianças sociais nas quais a ajuda mútua é adaptativa. As interações sociais ganham importância e, para isso, são necessárias habilidades de empatia, leitura da mente dos outros, cuidado e preocupação com os demais.

QUANDO OS COMPORTAMENTOS SÃO ADAPTAÇÕES E QUANDO NÃO SÃO

Expressam os comportamentos, incluídos os transtornos, alguma forma de adaptação? Pode ser equivocado pensar que todas as condutas tenham um valor adaptativo oculto. Nesse (1999) estabelece uma distinção entre comportamentos resultantes de falhas e aqueles que são defesas normais. A tosse, por exemplo, é um reflexo de defesa adaptativo para expelir material dos pulmões; tem função de sobrevivência para o organismo e sua inexistência não seria benéfica. Já o sinal de Babinski em adultos indica lesão no trato piramidal e não parece ser resposta adaptativa. Nesse caso, parte do mecanismo orgânico parece ter sido corrompida e a falha envolve respostas compensatórias em diversos sistemas corporais.

Buss, Haselton, Shackelford, Bleske e Wakefield (1998) salientam que o processo evolutivo gera subprodutos derivados da adaptação que não têm valor de sobrevência. A brancura dos ossos, por exemplo, resultante do cálcio, nada tem a ver com sobrevivência. O conceito de exaptação (*exaptation*) (Gould, 1991) é usado para indicar traços inicialmente selecionados pela evolução para uma função particular e que passam a ser cooptados para um novo uso. Exemplo disso seriam as penas das aves cuja função original era promover a regulação térmica; em algumas espécies essa característica foi cooptada para assumir também a função de voar. Gould (1991) utiliza a noção de *spandrels* para caracterizar traços que não surgiram como adaptações, mas que atualmente mostram-se úteis. Eles não seriam originariamente adaptações, mas sim subprodutos ou efeitos colaterais do processo de seleção, que foram adquirindo função adaptativa e no presente melhoram a aptidão dos indivíduos. As atividades de correr, andar de patins, andar de *skate*, pular corda, etc. são consideradas desdobramentos do andar bípede.

Em relação às psicopatologias é possível operar com essas hipóteses. Os sintomas dos transtornos de ansiedade, por exemplo, seriam consequências do comportamento original que apresentava função adaptativa. O mecanismo de verificação no transtorno obsessivo compulsivo, da mesma maneira, seria um subproduto de uma conduta adaptativa. E o mesmo se poderia dizer das demais psicopatologias que, nesse sentido, seriam entendidas como subprodutos de comportamentos adaptativos. O problema nesse caso é que a manutenção dos sintomas não teria função de remover o transtorno.

CONSIDERAÇÕES FINAIS

Intentamos mostrar como sistemas e mecanismos mentais esculpidos pela evolução propiciam determinadas estratégias que, além de funcionarem como defesa e segurança, servem também para estabelecer coalizões sociais. Foi ressaltada a importância de se considerar ainda uma intrincada relação entre aspectos da personalidade, mecanismos mentais evoluídos, genes e experiência que afetam nossos esquemas cognitivos baseados em crenças que, por sua vez, norteiam nossos comportamentos.

Foi feita uma distinção entre nível próximo de explicação, no qual os sintomas são observados, e no nível último, no qual se supõe operariam os sistemas funcionais. Esses mecanismos não estão inteiramente mapeados. Melhor seria encará-los como fruto de suposições apoiadas na perspectiva evolucionista. Vimos que é necessária uma integração dos níveis de análise (de causas próximas e últimas) em virtude de serem complementares e se aplicarem aos fenômenos normais e patológicos.

Finalmente, foi destacado que os sistemas funcionais não são identificáveis diretamente. Teriam sido selecionados há milhares de anos para fazer frente aos problemas de sobrevivência e não parecem apresentar-se como as estratégias mais adaptativas no ambiente atual. O problema para as psicoterapias cognitivo-comportamentais é saber se tais mecanismos podem mudar e sob quais circunstâncias. Podemos identificar as estratégias utilizadas por uma pessoa. O desafio maior é definir a forma de agir terapeuticamente. Quando as próprias estratégias comportamentais constituem os sintomas, cabe discutir se eliminá-las resolveria a maneira pela qual o mecanismo subjacente funciona. Quando modificamos um comportamento, não temos garantias de que isso alteraria definitiva ou temporariamente o funcionamento do sistema mental.

Há muitas técnicas utilizadas pela terapia cognitiva que buscam alternativas para promover alguma forma de modificação das crenças estabelecidas pelos mecanismos mentais. Muitas tentam criar um ambiente interno mais tranquilo, com menos preocupações ou outros fatores que causam estresse, de modo que os mecanismos mentais possam sustentar novos sistemas de crenças, mais funcionais, com significações mais adaptadas aos novos contextos.

REFERÊNCIAS

Allman, W. F. (1994). *The stone age present*. New York: Simon & Schuster.

Barkow, J. H., Cosmides, L., & Tooby, J. (1992). *The adapted mind: evolutionary psychology and the generation of culture*. New York: Oxford University.

Beck, A. T. (1999). Cognitive aspects of personality disorders and their relation to sybdromal disorders: A psycho-evolutionary approach. In: C. R. Cloninger (Ed.). *Personality and psychopathology* (p. 411-430). Washington, DC: American Psychiatric Association.

Buss, D. M. (2000). The evolution of happiness. *American Psychologist, 55*, 15-23.

Buss, D. M., Haselton, M. G., Shackelford, T. K, Bleske, A. L., & Wakefield, J. C. (1998). Adaptations, exaptations and spandrels. *American Psychologist, 53*(5), 533-548.

Cosmides, L., & Tooby, J. (1992). Cognitive adaptations for social exchange. In: Barkow, J. H., Cosmides, L., & J. Tooby, J. (Ed.). *The adapted mind: Evolutionary psychology and the generation of culture* (p. 163-228). New York: Oxford University.

Cronin, H. (1991). *The ant and the peacock: altruism and sexual selection from Darwin to today*. Cambridge: Cambridge University Press.

Crow, T. J. (2008). The 'big bang' theory of the origin of psychosis and the faculty of language. *Schizophrenia Research, 102*(1-3), 31-52.

Crow, T. J., Done, D. J., & Sacker, A. (1996). Cerebral lateralization is delayed in children who later develop schizophrenia. *Schizophrenia Research, 22*(3), 181-185.

Dunbar, R. (1996). *Grooming, gossip and the evolution of language*. London: Faber and Faber.

Gallese, V. (2001). The "shared manifold" hypothesis: from mirror neurons to empathy. *Journal of Consciousness Studies, 8,* 33-50.

Gilbert, P. (1998). Evolutionary psychopathology: why isn't the mind designed better than it is? *British Journal of Medical Psychology, 71*, 353-373.

Gilbert, P. (2001). Evolutionary approaches to psychopathology: the role of natural defences. *Australian and New Zealand Journal of Psychiatry, 35,* 17-27.

Gilbert, P. (2004a). Evolutionary approaches to psychopathology and cognitive therapy. In: Gilbert, P. (Ed.), *Evolutionary theory and cognitive therapy* (p. 3-44). New York: Springer.

Gilbert, P. (2004b). Depression: a biopsychosocial, integrative and evolutionary approach. In: Power, M. (Ed.), *Mood disorders: a handbook for scientists and practioners* (p. 99-142). Chichester, UK: Wiley.

Gould, S. J. (1991). The disparity of the burgess shale arthropod fauna and the limits of cladistic analysis. *Paleobiology, 17,* 411-423.

Hagen, E. (1999). The functions of post-partum depression. *Evolution and Human Behavior, 20,* 323-336.

LeDoux, J. (2002). Synaptic self: How our brains become who we are. New York: Viking Penguin.

Liotti, G. (2000). Disorganised attachment, models of borderline states and evolutionary psychothera-py. In: Gilbert, P., & Bailey, K. (Ed.). *Genes on the couch: explorations in evolutionary psychotherapy* (p. 232-256). London: Brunner-Routledge.

Luz, F., & Bussab, V. S. R. (2009). Psicopatologia evolucionista. In: Otta, E., & Yamamoto, M. E. (Ed.). *Psicologia evolucionista*. Rio de Janeiro: Guanabara Koogan.

Mikulincer, M., Birnbaum, G., Woddis, D., & Nachmias, O. (2000). Stress and accessibility of proximity-related thought: Exploring the norma-tive and intra individual component of attachment theory. *Journal of Personality and Social Psychology, 18,* 509-523.

Nesse, R. M. (1998). Emotional disorders in evo-lutionary perspective. *British Journal of Medical Psychology, 71,* 397-415.

Nesse, R. M. (1999). Proximate and evolutionary studies of anxiety, stress and depression. *Neuros-cience and Behavioral Reviews, 23,* 895-903.

Nesse, R. M. (2000). Is depression an adaptation? *Archives of General Psychiatry, 57,* 14-20.

Sapolsky, R. M. (2000). Glucocorticoids and hip-pocampal atrophy in neuropsychiatric disorders. *Archives of General Psychiatry, 57,* 925-935.

Seidl-de-Moura, M. L., & Oliva, A. D. (2009). Arquitetura da mente, cognição e emoção: uma visão evolucionista. In: Otta, E. & Yamamoto, M. E. (Ed.). *Psicologia evolucionista*. Rio de Janeiro: Guanabara Koogan.

Tooby, J., & Cosmides, L. (2000). *Evolutionary psychology: foundational papers.* Cambridge, MA: MIT Press.

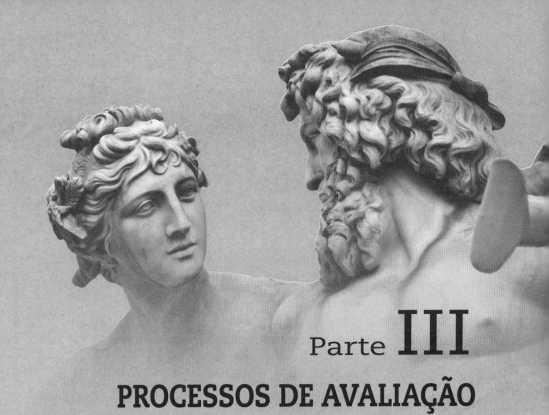

Parte III
PROCESSOS DE AVALIAÇÃO

9

Conceitualização cognitiva de casos adultos

Ricardo Wainer
Neri Maurício Piccoloto

INTRODUÇÃO

Uma das características marcantes das Psicoterapias Cognitivo-Comportamentais (TCCs) é o seu elevado grau de estruturação e planejamento durante todo o processo terapêutico. Desde sua fundação até os dias atuais, grande parte da eficácia obtida com os protocolos de tratamento das TCCs deve-se aos sistemáticos processos de avaliação e de conceitualização cognitiva dos casos.

O processo terapêutico nas TCCs racionalistas (Terapia Cognitiva, Terapia Racional-Emotiva, Terapia Comportamental-Dialética, Terapia Focada em Esquemas, etc.) pressupõe uma série de passos progressivos ao longo do atendimento. Entre eles, pode-se destacar a elaboração de uma avaliação do cliente a fim de determinar hipóteses diagnósticas, bem como para avaliar a hierarquia das dificuldades elencadas pelo paciente. Logo em seguida, o psicoterapeuta constrói a formulação do caso, uma espécie de teoria do caso. Esta busca integrar os aspectos da estrutura da personalidade do paciente, bem como os seus processos cognitivos e suas estratégias comportamentais que são correlacionadas com a sua disfuncionalidade atual.

Desde seus trabalhos embrionários, a Terapia Cognitiva considera a necessidade do terapeuta se ater a algum tipo de modelização do funcionamento mental de seus pacientes. Podem-se pontuar os famosos e práticos Diagrama de Conceitualização Cognitiva e o Registro de Pensamentos Disfuncionais de Aaron Beck (1979) como os precursores de tal prática.

A conceitualização é a etapa entre o processo de recepção do paciente e sua escuta inicial e a aplicação do plano de tratamento. Portanto, etapa fundamental para uma abordagem psicoterápica objetiva e eficiente. Ela é considerada tanto parte integrante do planejamento da terapia quanto uma técnica psicoterápica (Padesky, 1995; Beck, 1997, 2007). Isso porque, além de funcionar como uma espécie de bússola para o terapeuta, também é utilizada como recurso de psicoeducação do paciente sobre o processo psicoterapêutico da TCC e sobre as suas dificuldades pessoais e/ou psicopatologia.

Passados aproximadamente 50 anos desde sua fundação, a conceitualização cognitiva mantém-se como marco fundamental na prática da TCC e cada vez mais autores descobrem novas maneiras de utilizá-la como veículo de mudança cognitiva para seus pacientes (De-Oliveira et al, 2010; Kuyken, Padesky e Dudley, 2010).

Salienta-se ainda que a realização de uma conceitualização de caso robusta requer perícia do terapeuta. Contrariamente ao que a intuição poderia levar a pensar, quanto mais experiente e competente o terapeuta, mais ele valoriza e se debruça sobre a conceitualização de seus pacientes. Pode-se fazer uma analogia da boa conceitualização de caso com o problema de pesquisa bem elaborado: ambos facilitam os métodos de investigação para se chegar às respostas desejadas.

Ainda no tocante ao desenvolvimento da habilidade de formulação de casos, há de se ter clareza que cada conceitualização é uma organização esquemática que busca retratar a arquitetura mental do cliente, explicitando todos os principais esquemas mentais e processos de pensamento e raciocínio que o indivíduo utiliza na busca de seu equilíbrio mental. Portanto, para cada paciente, se faz necessária a elaboração de uma investigação profunda e meticulosa a fim de que as conexões entre os tipos de conhecimentos (declarativo e procedural) e entre diferentes níveis de cognições (crenças nucleares – nível mais profundo); crenças intermediárias (ligação entre o que as premissas absolutas do paciente e o nível da ação) e os pensamentos automáticos (interpretações dos estímulos vividos, com base nas crenças dos esquemas).

Embora haja técnicas cognitivas e comportamentais empiricamente validadas para a maioria das classes de transtornos mentais (Roth e Fonagy, 2005), a possibilidade de propor um entendimento global e que respeite a subjetividade do universo de representações mentais de cada paciente parece ser um método mais promissor e ético do que a aplicação única de protocolos padronizados de forma homogênea (Dobson e Dobson, 2010).

PROTOCOLOS PADRONIZADOS *VERSUS* CONCEITUALIZAÇÃO INDIVIDUAL

É característica das TCCs o trabalho baseado em protocolos empiricamente validados, fazendo com que o trabalho psicoterápico seja guiado por passos eficazes já trilhados por outros profissionais-pesquisadores. Neste ponto, surge uma questão bastante debatida quando se trata da formulação cognitiva de casos: deve-se utilizar e seguir à risca um protocolo já comprovado ou fazer uma conceitualização individualizada do paciente? Embora a questão possa, numa primeira avaliação, parecer excludente, o que se tem hoje na ampla maioria da prática clínica é uma atividade que leva à complementaridade.

Ao se tratar pacientes que apresentam transtornos mentais com modelos de tratamento já internacionalmente comprovados, como, por exemplo, no Transtorno Depressivo Maior, em que a Terapia Cognitiva de Beck é a terapêutica de escolha inicial, tem-se o protocolo desta psicopatologia como o "norte" geral do tratamento. Entretanto, sabe-se que não existem duas pessoas deprimidas que sejam iguais em suas histórias de vida, crenças e sintomatologia. Assim sendo, para que o clínico obtenha os resultados previstos pelo protocolo, a confecção e a utilização da conceitualização cognitiva é que garantirá uma maior adequação em termos de relação terapêutica, de facilitação do entendimento do paciente sobre como este transtorno se relaciona com sua história de vida, além de acelerar o processo de descoberta guiada deste paciente aos seus diferentes níveis de processamento cognitivo.

Pode-se dizer que, entre protocolos padronizados e a utilização da conceitualização individualizada, esta última é a ferramenta que gera a sinergia entre as técnicas já testadas e o respeito das individualidades do paciente.

A ESTRUTURA DA CONCEITUALIZAÇÃO COGNITIVA DE CASOS ADULTOS

Há diversos modelos de formulação de casos em Psicoterapia Cognitivo-Comportamental. Todos eles são válidos e têm peculiaridades interessantes. Percebe-se que, com o desenvolvimento de novas abordagens psicoterápicas e/ou novas teorias cognitivas da gênese e do desenvolvimento da personalidade, surgem novos formatos de conceitualização.

Os psicoterapeutas, com o aprimoramento de suas habilidades e de acordo com os tipos de pacientes (psicopatologias, faixas etárias, etc.) que mais atendem, acabam por utilizar o formato que tenha melhor coerência em suas práticas. São adequações práticas em que o paciente é o maior beneficiário.

Neste capítulo, apresentamos o modelo de formulação cognitiva utilizado no Curso de Especialização em Psicoterapia Cognitivo-Comportamental de nossa instituição de ensino. Este modelo é estruturado, sobretudo na proposta de Beck (2005), mas integra elementos importantes do modelo de Pearson (1989; 2006), Linehan (1993) e algumas contribuições dos trabalhos recentes de Young, Klosko e Weishaar (2008).

A prática de ensino para centenas de alunos de pós-graduação nos permite dizer que este é um modelo eficiente e, principalmente, que permite fácil compreensão por parte do terapeuta e também do paciente quando da conceitualização colaborativa.

Os componentes da formulação cognitiva de caso adulto consistem em:

1. Dados de Identificação do Paciente
   a) Nome do Paciente
   b) Idade
   c) Escolaridade
   d) Profissão e Ocupação
   e) Estado civil e com quem reside
   f) Religião
   g) Genetograma
   h) Outros profissionais que atendem o paciente (motivo)
   i) Tratamentos psicoterápicos anteriores

2. Uso de Medicações
   a) Uso de entorpecentes atuais
   b) Medicações psiquiátricas atuais (com dose)
   c) Medicações não psiquiátricas atuais
   d) Toda as três classes acima, anteriormente utilizadas

3. Motivo da Busca do Atendimento

4. Forma de Encaminhamento

5. Informações Históricas Relevantes
   a) História familiar: pais e sua relação com eles; relacionamento com irmãos; fatos marcantes da infância e da adolescência; possíveis traumas.
   b) História escolar: percepção geral; amizades; desempenho acadêmico; situações traumáticas.
   c) História social: amizades; nível de atividades sociais; interesses pessoais.
   d) História sexual: interesses e preferências; início de atividade sexual (masturbação e relacionamentos); crenças vinculadas; possíveis traumas.

6. Lista de Problemas
   Neste ponto é fundamental listar todas as dificuldades do paciente, de forma objetiva e em termos concretos e comportamentais. Há de se limitar ao máximo as inferências do clínico (Rangé e Silvares, 2001; Dobson e Dobson, 2010).

Os problemas podem assumir a forma de uma categoria e, dentro desta, especificações do problema. Por exemplo, a paciente, que foi o caso que ilustra este capítulo, tinha problemas de impulsividade interpessoal na categoria geral e, especificamente, brigas com professores e com amigas.

É importante que a lista de problemas seja bem trabalhada, pois uma listagem abrangente auxilia na conceitualização cognitiva em termos dos elos lógicos do funcionamento do paciente. Além, disso, favorece a organização hierárquica dos focos do atendimento. Embora alguns problemas possam demorar um bom tempo até serem tratados, eles não serão esquecidos, posto já estarem listados.

Salienta-se, porém, que a lista não deve conter mais do que cinco a sete categorias de problemas e que instrumentos de avaliação podem ser úteis quando o relato do paciente é confuso e/ou impreciso.

Linehan (1993) apresenta uma forma de hierarquizar os problemas trazidos pelos pacientes em três categorias que podem facilitar a ordenação dos focos, principalmente para terapeutas iniciantes. São elas: problemas com comportamentos suicidas e parassuicidas; problemas que interfiram com a terapia (todo comportamento que afete a regularidade à terapia – insônia, faltas aos atendimentos) e comportamentos que interfiram na qualidade de vida.

7. Diagnóstico Ateórico (Multiaxial)

A elaboração de hipóteses diagnósticas conforme os manuais classificatórios (DSM-IV-TR e CID-10) são importantes por dois aspectos principais.

Primeiramente, de posse do diagnóstico, pode-se avaliar a consistência lógica entre as crenças e os comportamentos identificados do paciente. Ambos os níveis devem ter forte correlação. Assim sendo, em um paciente com diagnóstico de Transtorno de Ansiedade Social, espera-se encontrar crenças de vulnerabilidade, fragilidade, assim como condutas evitativas. Caso isso não apareça no Diagrama de Conceituação Cognitiva, é necessário rever o diagnóstico ateórico e/ou os dados da formulação.

O segundo aspecto refere-se ao fato de se utilizar estudos validados experimentalmente para os diferentes tipos de psicopatologia, inclusive conhecendo-se a eficácia e os tipos de intervenções mais recomendados para cada transtorno. Na Figura 9.1, a seguir, faz-se a vinculação entre as psicopatologias ateórica e teórica que deve guiar o trabalho de conceituação.

8. Diagnóstico Teórico

a) Tríade Cognitiva

  i. Visão de Si

  ii. Visão dos Outros/Mundo

  iii. Visão do Futuro

b) Diagrama de Conceituação Cognitiva

Utiliza-se o Diagrama de Conceituação utilizado por Beck (2005), por considerá-lo ideal para a especificação dos diferentes níveis de cognição. A parte inicial do diagrama (Dados Relevantes da Infância e Adolescência → Crenças Nucleares → Crenças Intermediárias [suposições, crenças, regras] → Estratégias Compensatórias) engloba os Esquemas Mentais que estão mais ativados no paciente durante seu funcionamento desadaptativo. Já a segunda parte do diagrama ou parte contextual (Situação desencadeante → Pensamento Automático → Significado do P.A. → Emoção → Conduta) explicita o funcionamento automatizado do paciente e os "gatilhos" típicos que o levam a agir de modo a confirmar (reforçar) o esquema central disfuncional.

Embora, à primeira impressão, o Diagrama pareça ser simples de ser preenchido, não é de todo verdadeiro. Isso porque é necessário que o terapeuta entenda a estruturação de cada tipo de cognição e faça a ligação adequada entre eles. Além disso, conforme o tratamento avança, o diagrama

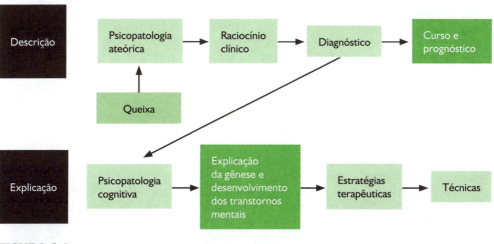

FIGURA 9.1

Esquema da interação entre as psicopatologias ateórica e cognitiva.

deve ser revisado sistematicamente, incorporando as modificações em termos das valências das crenças e das estratégias comportamentais do cliente.

c) Esquemas Iniciais Desadaptativos e Estilos de Enfrentamento (Young)

A utilização dos Questionários de Young para Esquemas Iniciais Desadaptativos (Young e Brown, 2001) e para Estilos de Enfrentamento (Young, 1995) podem ser muito úteis para revelar níveis esquemáticos mais primitivos que afetam a qualidade de vida do paciente, assim como estilos de enfrentamento que podem transparecer na forma de resistências (por exemplo, o modo protetor desligado, em que o paciente age de forma robótica na terapia a fim de fugir de emoções negativas).

d) Pontos fortes e recursos

Do mesmo modo como a Formulação Cognitiva deve conter todos os dados relativos à disfuncionalidade do cliente, também é crucial que aspectos positivos sejam indicados. Cada vez mais autores (Beck, 2007; Dobson e Dobson, 2010; Kuyken, Padesky e Dudley, 2010) postulam que sejam considerados os pontos saudáveis da personalidade e do ambiente do paciente para que, com isso, o terapeuta busque valorizar e solidificar o lado positivo do seu cliente. Também é uma forma de psicoeducar o paciente a não focalizar-se somente em seus aspectos negativos (abstração seletiva).

e) Crenças que podem interferir no atendimento
f) Aspectos ambientais relevantes
g) Aspectos familiares ou do estilo de vida que podem prejudicar a terapia

Há de se compreender que, embora a conceitualização se focalize primordialmente nas cognições do paciente, ela não pode desconsiderar o peso da variável ambiental na homeostase do organismo. Assim sendo, condicionamentos, reflexos, operantes e/ou vicários, devem ser identificados. Isso geralmente é feito através da análise funcional do comportamento do paciente. Embora tal prática seja mais característica do trabalho

com crianças, também pode ser relevante com adultos. Ilustrativamente, considere um paciente alcoolista que, por conhecer seus fortes condicionamentos, julga como situações de grande risco passar na frente do bar onde costuma utilizar a substância ou, mesmo, ficar sozinho em determinado horário do dia. Estas informações são úteis na formulação de caso.

9. Focos do Tratamento

10. Plano de Tratamento

As questões referentes aos focos e ao plano de tratamento aparecem melhor explicadas quando da ilustração da conceitualização com um exemplo real a seguir.

EXEMPLO ILUSTRATIVO

O caso ilustrativo a seguir foi atendido pelo primeiro autor e tendo incluído o segundo autor como psicofarmacologista associado. Os dados da paciente foram modificados para manter o sigilo da sua identidade, embora haja autorização para a divulgação do caso para fins de ensino.

M., 28 anos, solteira, estudante de fisioterapia de último ano, estagiária em um hospital geral, filha caçula de uma prole de quatro irmãs. Vive na casa dos pais com mais duas irmãs e uma prima. O pai é autônomo e a mãe aposentada por invalidez (questões psiquiátricas). Tem boa relação com o pai, o qual considera carinhoso e preocupado com ela. Desde muito pequena tem grandes atritos com a mãe, que considera pessoa muito difícil, fria e agressiva. Com as irmãs e a prima tem relacionamento ambíguo, oscilando entre momentos de grande carinho e outros de total desprezo de sua parte.

Quem procura o atendimento é o pai de M., em virtude de mais uma internação psiquiátrica da filha por tentativa de suicídio. Esta já era a 4ª internação pelo mesmo motivo, sendo a primeira quando tinha 16 anos. Todas as tentativas de suicídio ocorreram após discussões de M. com sua mãe.

As duas primeiras tentativas ocorreram com cortes em pulso e coxas. A penúltima e a última (a mais grave de todas) por uso abusivo de medicações psiquiátricas e anti-inflamatórias.

O psiquiatra que acompanhou M., nesta sua última internação, informou aos pais e para M. que seu diagnóstico era de Transtorno *Borderline*. Ela teria de fazer tratamento a vida toda. Esta informação fez com que o pai de M. buscasse atendimento psicológico imediatamente após a alta hospitalar.

M. já passou por três outros atendimentos psicoterápicos, sempre os abandonando em torno de 2 ou 3 meses após o início. Por último consultava um psiquiatra de posto de saúde que a medicava com estabilizadores de humor.

M. mostrava-se um tanto contrariada na primeira consulta, dizendo que não acreditava que as coisas fossem melhorar, pois sua mãe era o problema e esta não admitia nada. Sua queixa centrava-se, sobretudo, na falta de amor de sua mãe para com ela e de como era criticada por seus pais.

A paciente demonstrava bom cuidado pessoal, vestia-se de modo não muito convencional e que chamava muito a atenção pelo apelo sexual de suas roupas. Entretanto, não demonstrava nenhum tipo de comportamento sedutor. Podiam ser vistas cicatrizes em seus braços que, conforme o relato da paciente, eram de cortes autoinfringidos quando estava muito irritada ou triste. Disse que cortar-se era o único mecanismo que a acalmava.

No início do tratamento, avaliou-se a paciente em termos orgânicos, psicológicos e sociais. Ela foi encaminhada para o segundo autor, psiquiatra, que pediu bateria de exames e estabeleceu terapia psicofarmacológica para controle de impulsos e para depressão. Aplicaram-se alguns instrumentos psicológicos (Escalas Beck de depressão, desesperança e ideação suicida, bem como, de forma gradual, os questionários de Young de Esquemas Iniciais Desadaptativos e de Estilos de Enfrentamento). Houve entrevistas com familiares da paciente (com o consentimento da mesma) para se investigar o grupo de apoio primário da mesma.

Realizaram-se, concomitantemente a estas avaliações, as combinações do contrato de atendimento com a paciente, em que algumas normas básicas em termos de sua autopreservação foram acordadas.

A partir das informações destes encontros, configurou-se a formulação inicial do caso de M., que aparece a seguir.

1. Dados de Identificação do Paciente
   a) *Nome do Paciente*: M.
   b) *Idade*: 28 anos.
   c) *Escolaridade*: curso superior em fisioterapia incompleto.
   d) *Profissão e ocupação*: estudante e estagiária de fisioterapia em Hospital Geral.
   e) *Estado civil e com quem reside*: solteira. Reside com pai, mãe, duas irmãs mais velhas e uma prima de 20 anos.
   f) *Religião*: evangélica. A mãe é muito religiosa e segue a doutrina à risca, exigindo que todos da família façam o mesmo.

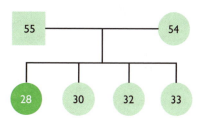

   g) Genetograma
   h) *Outros profissionais que atendem o paciente (motivo)*: psiquiatra para tratamento psicofarmacológico combinado.
   i) *Tratamentos psicoterápicos anteriores*: três tratamentos anteriores, psicólogo por 2 meses aos 16 anos quando da primeira tentativa de suicídio. Psiquiatra por 3 meses aos 20 anos na segunda tentativa de suicídio. Psicóloga por 3 semanas aos 20 anos por solicitação própria.
   Internações psiquiátricas: todas por tentativa de suicídio: aos 16; aos 20, aos 26 e aos 28 anos.

2. Uso de Medicações

   a) Uso de entorpecentes atuais: abuso de álcool em festas nos finais de semana.
   b) Medicações psiquiátricas atuais (com dose): Paroxetina e Olanzapina.
   c) Medicações não psiquiátricas atuais: Omeprazol.
   d) Todas as três classes acima, anteriormente utilizadas: Nega qualquer uso de outras drogas ilícitas a não ser álcool, que toma desde os 14 anos. Fez uso de medicações anti-inflamatórias por problemas articulares. Já fez uso de medicações psiquiátricas: risperidona, Haldol, lítio e ácido valproico.

3. Motivo da Busca do Atendimento: a busca do atendimento foi feita pelo pai da paciente, em virtude de indicação do psiquiatra que a acompanhou na internação por tentativa de suicídio. O pai da paciente queixa-se dos comportamentos impulsivos da filha (tentativas de suicídio, automutilações, agressões verbais e físicas para com a mãe e abuso de álcool) e de como isso está tornando o ambiente familiar desgastado. M. queixa-se da relação fria, agressiva e desgastada com a mãe. Considera que este é o motivo para seus comportamentos agressivos e impulsivos.

4. Forma de Encaminhamento: através de indicação de médico conhecido da família.

5. Informações Históricas Relevantes

   a) História familiar:
      i. A gravidez de M. não era desejada. Ocorreu porque a mãe se nega a usar contraceptivos. Relação de M. com a mãe sempre foi de muito atrito, até porque foi na época do nascimento de M. que a mãe se aposentou por descontroles emocionais (era professora). História de violência física da mãe de M. para com todas as filhas, mas em especial com M. Os relatos, confirmados pelo pai, são desde os 4 anos da filha e se estenderam até, aproximadamente, os 15 anos.
      Relação com o pai é melhor, sem agressões.
      b) História escolar: M. sempre teve ótimo desempenho acadêmico, desde o primário até o ensino médio. Repetiu o último ano do ensino médio em virtude de ter ficado três meses internada por sua primeira tentativa de suicídio. Na faculdade, embora tenha bom desempenho, tem histórico de brigas verbais com alguns professores e com algumas colegas.
      c) História social: Demonstra grande número de amizades, embora quase nenhuma duradoura. M. culpa as amigas pelos afastamentos e queixa-se que quando as amigas têm algum namorado "a abandonam" (SIC). Tem facilidade de conhecer novos amigos, em alguns momentos agindo de modo um pouco precipitado e, até, colocando-se em risco (convida pessoas para ir a sua casa após conhecer na internet). M. relata ter tido três namorados, sendo que o mais duradouro, foi o último, por 6 meses. É ela sempre quem termina os relacionamentos.
      Seus interesses são leitura (lê vários romances e livros de terror) e assistir filmes em casa ou no cinema.
      d) História sexual: M. é heterossexual. Seu primeiro relacionamento sexual foi aos 20 anos, com seu segundo namorado. Relata nunca ter se masturbado, demonstrando crenças restritivas quanto a esta prática, a princípio aprendidas com sua mãe e irmãs. Diz gostar de sexo, mas que é muito exigente para ir para cama com alguém, pois não quer ser "usada e abandonada depois" (SIC).

6. Lista de Problemas

   a) Tentativas de suicídio e comportamentos de automutilação.
   b) Impulsividade interpessoal: brigas verbais na Faculdade; brigas verbais com irmãs e prima quando contrariada.
   c) Abuso de álcool: abuso de álcool nos finais de semana.

d) Agressividade e baixa tolerância à frustração.

e) Problemas de relacionamento com a mãe.

Diagnóstico ateórico (multiaxial)

f) EIXO I: Transtorno Depressivo Maior Recorrente Moderado, episódio atual em remissão; Abuso de álcool.

g) EIXO II: Transtorno de Personalidade *Borderline*.

h) EIXO III: Gastrite.

i) EIXO IV: Problemas com grupo de apoio primário: conflito com a mãe.

j) EIXO V: 49, por ainda apresentar ideações suicídas.

7. Diagnóstico Teórico
   a) Tríade Cognitiva
      i. Visão de Si:
         – Sou vulnerável; Sou solitária; Sou defeituosa; Sou uma alienígena; Não sou amada; Sou incompetente para lidar com a dor.
         + Sou inteligente; Sou esforçada
      ii. Visão dos Outros/Mundo
         – As pessoas abandonam; Os outros são perigosos; As pessoas machucam; Os outros não são confiáveis.
         + Meu pai se preocupa comigo
      iii. Visão do Futuro
         – O futuro depende de como lidarem comigo; O futuro é assustador.
         + Vou ser uma boa profissional; Poderei ajudar pessoas.
   b) Diagrama de Conceitualização Cognitiva (Figura 9.2)

Esquemas iniciais desadaptativos e estilos de enfrentamento (Young)

■ Os resultados advindos dos questionários aplicados, indicaram que a paciente tinha 15 dos 18 Esquemas Iniciais Desadaptativos (EIDs) possíveis. Os Domínios Esquemáticos mais prejudicados eram os referentes a Desconexão e Rejeição; Autonomia e Desempenho Prejudicados e Limites Prejudicados. Dentre todos os EIDs avaliados, os de maior nível de valência e ativação para a paciente eram:

– Abandono
– Privação Emocional
– Desconfiança/Abuso
– Emaranhamento
– Autocontrole e autodisciplina insuficientes
– Padrões Inflexíveis

Pontos fortes e recursos

M. apresenta, uma série de fatores de proteção que o terapeuta pôde utilizar para ajudá-la. Entre eles pode-se citar a figura presente e afetiva do pai, suas crenças quanto à competência profissional, boa capacidade intelectual e de abstração, que permitem que se possa focar em reestruturações cognitivas. Estes recursos são material valioso para reforçar comportamentos positivos da paciente.

Crenças que podem interferir no atendimento

De grande importância na elaboração da conceitualização de casos e, mais ainda, em casos onde transtorno de personalidade está envolvido, é incluir possíveis crenças que o cliente tenha em relação ao processo terapêutico e/ou a eficiência do mesmo.

No caso em questão, os diversos tratamentos psicoterápicos abandonados anteriormente pela paciente constituíam-se em material a ser explorado, para que não houvesse crença subjacente que levasse a uma forte resistência ao tratamento ou mesmo à figura do psicólogo. De fato, no caso em questão, a paciente englobava a figura dos terapeutas como "mercenários" que estavam trabalhando meramente pela remuneração e que, mais cedo ou mais tarde, a abandonariam também. Identificar e

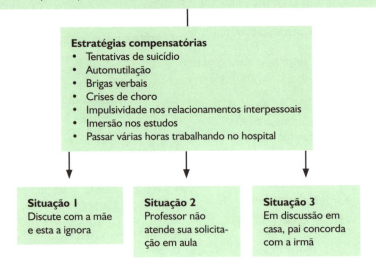

FIGURA 9.2
Diagrama de conceitualização cognitiva.

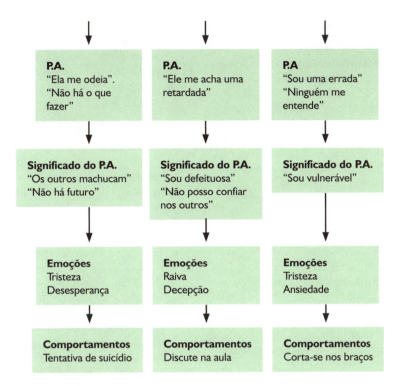

FIGURA 9.2 (continuação)
Diagrama de conceitualização cognitiva.

trabalhar estas crenças foi crucial para que a psicoterapia pudesse avançar e para que a relação terapêutica se solidificasse. Além disso, há de se atentar para crenças típicas de cada transtorno vinculadas ao tratamento em si. Beck (2007) pontua, por exemplo, a crença comum em pacientes *borderlines* de que "se me focar na resolução de problemas, vou me frustrar", o que acaba dificultando por vezes a estratégia de resolução de problemas com estes pacientes.

8. Focos do Tratamento

- Controlar tentativas de suicídio e reduzir ideações suicidas (mensuradas através de gráfico comportamental e de Registro de Pensamentos Disfuncionais-RPD).
- Controlar comportamentos automutiladores (mensurado através de gráfico comportamental e de RPD).
- Reduzir comportamentos impulsivos (medido através de RPD).
- Treinar habilidades sociais de comunicação efetiva de sentimentos e pensamentos e de tolerância à frustração.
- Cessar o uso de álcool (conforme solicitação da própria paciente).
- Reduzir distorções cognitivas comuns (como catastrofização e pensamento dicotômico).
- Reestruturar crenças centrais sobre vulnerabilidade e incompetência para lidar com situações e, principalmente, emoções negativas.

9. Plano de Tratamento

O plano de tratamento inclui diversos itens, desde questões operacionais mais formais, como a modalidade de atendimento até questões mais técnicas e específicas do caso, como estratégias terapêuticas a serem consideradas e cuidados a serem tomados no manejo do paciente.

Modalidade de tratamento
- Terapia comportamental-dialética individual.
- Acompanhamento psicofarmacológico para auxílio na adesão à psicoterapia e para redução de comportamentos que afetam a qualidade de vida da paciente.
- Acompanhamento dos pais para redução do nível de tensão na família.
- Após, no seguimento do tratamento, terapia familiar.

Frequência do tratamento
- O acompanhamento psicoterápico inicialmente com duas sessões semanais até redução significativa de ideações suicidas e da automutilação.
- Após, sessões semanais.

Duração do tratamento
- Sem duração prévia estabelecida, sendo que os objetivos de redução de riscos de suicídio, de automutilação e o controle de impulsividade deveriam ser revistos com a paciente dentro de seis meses.

Estratégias terapêuticas
1. Avaliação Sistemática
   - Utilização da escalas Beck de depressão, desesperança e suicídio (quando julgado necessário).
   - Avaliação mensal de psicofarmacologia.
2. Psicoeducação
   - Informar a paciente sobre o modelo cognitivo de tratamento e de seu importante papel no mesmo.
   - Ensinar à paciente como distinguir entre situação/evento; pensamentos automáticos e emoções.
   - Apresentar a estrutura das sessões para a paciente.
   - Informar e explicar a paciente sobre seu transtorno, fornecendo esperança e indicando os pontos positivos para sua recuperação. Rever informações errôneas ou distorcidas.
   - Exemplificar à paciente como o controle dos pensamentos automáticos

permite um maior controle sobre as emoções e, consequentemente, sobre os comportamentos.
3. Treino de Controle da Raiva
   - Estabelecer sequência de passos a serem seguidos quando a paciente perceber que está ficando com raiva, a fim de não chegar a ter descontrole da mesma.
   - Usar cartões de enfrentamento.
4. Reestruturação Cognitiva
   - Ensinar o paciente a identificar e avaliar a validade de pensamentos automáticos, crenças intermediárias e crenças nucleares.
   - Realizar a Conceitualização Colaborativa com a paciente, levando-a a compreender a origem de suas crenças centrais e a poder elaborar colaborativamente com o terapeuta estratégias para evitar os automatismos emocionais e comportamentais.
   - Auxiliar a paciente a gerar pensamentos alternativos mais adaptativos em situações "gatilho".
5. Intervenções Familiares
   - Ensinar os pais e as irmãs a respeito das dificuldades de M. e como eles podem auxiliar no manejo dela, a fim de reduzir o estresse geral dentro da família.
   - Ensinar habilidades de comunicação aos membros da família a fim de:
     - Aumentar o grau de assertividade.
     - Desenvolver a escuta ativa (permitindo a expressão de emoções negativas – inviabilizando os ambientes invalidantes (Linehan, 1993).
     - Expressar seus sentimentos de modo mais controlado.
   - Instruir a utilização de procedimentos de *time-out* quando de situações de descontrole da raiva de M.

Possíveis dificuldades do caso
1. Dificuldade da paciente em distinguir os seus diferentes tipos de estados emocionais, bem como em associá-los a pensamentos automáticos específicos.

2. Dificuldade em aceitar que há outras possibilidades de explicação para um mesmo evento (Pensamento Dialético).
3. Possível recusa da paciente em acessar lembranças e sentimentos desagradáveis durante a sessão – comportamento evitativo.
4. Necessidade constante de supervisão do terapeuta para checar se não estão sendo ativados esquemas disfuncionais deste quando do atendimento da paciente.

CONCLUSÕES

A Conceitualização Cognitiva em casos adultos mostra-se como essencial para o desenvolvimento de uma psicoterapia cognitivo--comportamental robusta e com sólida fundamentação teórica. É ela que permite a adaptação ideal das premissas dos protocolos de atendimento empiricamente validados à realidade de cada paciente e, porque não dizer, às especificidades socioculturais do momento.

Constituindo-se num mapeamento do universo esquemático do paciente, expressa toda a gama de mecanismos dos quais estes esquemas lançam mão no seu natural processo de perpetuação esquemática. Sendo assim, fornecem ao terapeuta e ao paciente rico material para que ambos elaborem hipóteses de trabalho de como modificar crenças disfuncionais e distorções cognitivas enraizadas há anos, buscando uma vida mais saudável e mais feliz.

Analisando-se todos os componentes necessários para a realização da formulação de caso, percebe-se a importância da sistemática e meticulosa anamnese por parte do terapeuta. Embora muitas vezes possa se pensar que isso não seja relevante, posto as TCCs focarem-se, sobretudo, no presente, isso não é verdadeiro. É somente conhecendo muito bem a história de vida do indivíduo que se obtém as relações de causalidade dos sintomas e/ou sofrimentos humanos. E é neste conhecimento, tanto do terapeuta quanto do paciente, que a possibilidade de mudança terapêutica se amplifica.

REFERÊNCIAS

Beck, A. T., Rusch, A. J., Shaw, B. F., & Emery, G. (1979). *Cognitive therapy of depression*. New York: Guilford Press.

Beck, J. S. (2007). *Terapia cognitiva para desafios clínicos: o que fazer quando o básico não funciona*. Porto Alegre: Artmed.

Beck, J. S. (1997). *Terapia cognitiva: teoria e prática*. Porto Alegre: Artmed.

Dobson, D., & Dobson, K. S. (2010). *A terapia cognitive-comportamental baseada em evidências*. Porto Alegre: Artmed.

De-Oliveira, I. R., Powell, V. B., Seixas, C., de-Almeida, C., Grangeon, M. C., Caldas, M., et al. (2010) Controlled study of the efficacy of the Trial-Based Thought Record (TBTR), a new cognitive therapy strategy to change core beliefs, in social phobia. *Proceedings of Annual Convention of the Association for Behavioral and Cognitive Therapies (ABCT)*.

Kuyken, W., Padesky, C. A., & Dudley, R. (2010). *Conceitualização de casos colaborativa: o trabalho em equipe com pacientes em terapia cognitivo--comportamental*. Porto Alegre: Artmed.

Linehan, M. M. (1993). *Cognitive-behavioral treatment of borderline personality disorder*. New York: Guilford Press.

Padesky, C. A., & Greenberger, D. (1995). *Clinician's guide to mind over mood*. New York: Guilford Press.

Pearson, J. B., & Davidson., J. (2006). A formulação de caso cognitivo-comportamental. In: Dobson, K. S. *Manual de terapias cognitivo-comportamentais*. Porto Alegre: Artmed.

Pearson, J. B. (1989). *Cognitive therapy in practice: a case formulation approach*. New York: Norton.

Rangé, B., & Silvares, E. F. M. (2001). Avaliação e formulação de casos clínicos adultos e infantis. In: Rangé, B. *Psicoterapias cognitivo-comportamental: um diálogo com a psiquiatria*. Porto Alegre: Artmed.

Young, J. E. (1995). *Young compensation inventory*. New York: Cognitive Therapy Center of New York.

Young, J. E., & Brown, G. (2001). *Young schema questionnaire: special edition*. New York: Schema Therapy Institute.

Young, J. E., Klosko, J. S., Weishaar, M. E. (2008). *Terapia do esquema: guia de técnicas cognitivo-comportamentais inovadoras*. Porto Alegre: Artmed.

10

Avaliação e conceitualização na infância

Marina Gusmão Caminha
Tárcio Soares
Renato M. Caminha

INTRODUÇÃO

Estudos epidemiológicos indicam que cerca de uma em cada cinco crianças apresenta algum transtorno psiquiátrico ao longo da infância. Também existem evidências de que acometimentos psiquiátricos na infância têm altos níveis de continuidade (Costello, Mustillo, Erkanli, Keeler e Angold, 2003) e estão relacionados a prejuízos importantes na vida futura dos indivíduos (Rohde et al., 2000). Hoje, não há dúvidas de que a fase inicial da vida tem papel central na constituição física, cognitiva e emocional dos sujeitos (Piccoloto e Wainer, 2007).

Apesar disso, a área da saúde mental na infância ainda recebe pouca atenção de pesquisadores e clínicos (Rohde, Eizirik, Ketzer e Michalowksi 1999; Rohde et al., 2000; Caminha e Caminha, 2007). A situação é especialmente crítica na primeira e na segunda infâncias (do nascimento aos 3 anos e dos 3 aos 6 anos, respectivamente) (Zeanah, Bailey e Berry, 2009; Caminha, Soares e Kreitchmann, no prelo).

Existem vários motivos para que isso ocorra, destacando-se:

1. a rápida alteração de padrões de comportamentos na infância;
2. as diferenças individuais e culturais em termos de desenvolvimento;
3. a dificuldade em definir critérios de morbidade;
4. a baixa capacidade de comunicação verbal das crianças e
5. a necessidade do uso de múltiplos informantes.

Como consequências, a utilização de abordagens metodológicas clássicas (que primam pela validade interna) em pesquisa torna-se extremamente complicada (Rohde et al., 1999) e a avaliação de caso é dotada de diversas especificidades.

Assim como no tratamento de adultos, a avaliação e a conceitualização de caso na infância são fundamentais para nortear o tratamento e o manejo clínico subsequente (Caminha e Caminha, 2007). Nesse sentido, este capítulo visa discutir algumas questões práticas da avaliação infantil, além de apresentar que aspectos julgamos importantes serem avaliados, que estratégias podem ser utilizadas e quais enfoques devem ser priorizados na construção de uma conceitualização cognitiva.

QUESTÕES DE ORDEM PRÁTICA

Idade/desenvolvimento infantil

Conforme destacam Rohde e colaboradores (2000), para avaliar crianças é essencial que se tenha conhecimento de desenvolvimento da faixa etária com a qual se está trabalhando. Isso ocorre porque muitos comportamentos comuns em certas idades podem ser considerados problemáticos se aparecem em outros momentos. Além disso, diferentes estágios de maturação física, cognitiva e emocional requerem diferentes abordagens para a realização da avaliação e modificam a interpretação daquilo que está sendo observado (Caminha e Caminha, 2007).

Ao fazer a avaliação do desenvolvimento da criança, é importante considerar o contexto e as outras dimensões relevantes do caso. Cunha (2003, p. 34) exemplifica bem isso ao afirmar que

> o controle definitivo do esfíncter vesical deve ser alcançado, no máximo, ao redor dos três anos. Então, um episódio de aparente fracasso em fase posterior não teria maior significação, se fosse uma reação a uma situação estressante. Mas sua persistência já pode representar um sinal de alerta.

É importante deixar claro que as distinções de faixas etárias propostas por manuais de desenvolvimento infantil são geralmente teóricas, baseadas em médias, e devem ser flexibilizadas de acordo com o real estágio de desenvolvimento da criança e o julgamento clínico do avaliador.

Informantes

Na avaliação com crianças é crucial recorrer a diversas fontes de informação (pais, cuidadores secundários, professores, irmãos mais velhos, etc.). Dependendo da idade, muitas vezes a criança não tem capacidade verbal e cognitiva de formular uma narrativa organizada e contextualizada sobre os seus problemas (Caminha e Caminha, 2007). De forma complementar, Marques (2009) sustenta que, apesar de as crianças geralmente conseguirem relatar bem sintomas emocionais e de dificuldades de sono, não são boas informantes em casos de hiperatividade, comportamento antissocial e outros.

Também é considerado importante não se ater apenas aos relatos dos pais. Marsh e Graham (2005) pontuam que em muitos casos pode haver sérias discordâncias entre relatos dos pais, da criança e de outros informantes (por exemplo, professores, cuidadores). Isso pode ocorrer por diversos motivos (não linearidade do comportamento da criança, negação, disputas familiares), que devem ser avaliados e revelam aspectos importantes para o entendimento do caso.

Estrutura

O primeiro contato do terapeuta que iniciará a avaliação da criança é com os pais ou responsáveis. Nesse primeiro contato, o terapeuta buscará investigar os principais motivos da busca por tratamento, de onde vem o encaminhamento e as principais metas que a família busca. Também é no início que o terapeuta investigará dados de anamnese e do desenvolvimento da criança, seus principais vínculos e com quem poderá contar no processo terapêutico.

Ainda antes da chegada da criança, é importante que o terapeuta possa orientar os pais sobre a abordagem com a criança sobre a ida ao terapeuta. As crianças deverão saber que terapeutas são pessoas que ajudam as outras quando elas não estão conseguindo resolver seus problemas. Também deverão ouvir dos pais que é a família quem está indo buscar ajuda, pois encontra-se diante de um problema que não está conseguindo resolver, sem nunca apontar a criança como o problema. Tudo isso nem sempre se resume a uma única consulta. Então o terapeuta deverá organizar a(s) sessão(ões) de modo que possa abarcar todas essas questões antes da chegada da criança, preferencialmente.

Nas sessões com a criança, o foco inicial é predominantemente na construção da aliança terapêutica, bem como no levantamento de dados que respondam pelo funcionamento da mesma.

De modo resumido, o terapeuta deverá ter materiais que facilitem a comunicação com a criança e que possam acessá-los no seu funcionamento cognitivo-comportamental. Como será mais adiante comentado, o uso de bonecos, fantoches, desenhos e cartinhas com expressões de emoções devem fazer parte do repertório inicial dos atendimentos, porém sempre com foco no objetivo de avaliar e conceitualizar o caso.

Os pais podem ainda ser chamados antes do término da avaliação, caso o terapeuta ainda encontre dúvidas a serem discutidas. Ao final do processo, deve-se esclarecer o que foi avaliado e discutir o plano terapêutico com os pais.

Também nos parece indicado que uma sessão com a criança junto com os pais possa fazer parte desse processo avaliativo, já que expressa literalmente os modos de funcionamento da família: comunicação, gerenciamento de situações-problema, resolução de problemas, liderança, manejo da frustração e construção de limites, entre outros.

Por incluir outras pessoas além da própria criança, geralmente a avaliação e a conceitualização iniciais se estenderão por 7 ou 8 sessões (para um adulto, geralmente 4 sessões são suficientes). Lembrando que as sessões iniciais servem para orientar o terapeuta no seu plano de tratamento, mas que a avaliação deve ser continuamente construída e revista ao longo do trabalho (Rangé e Silvares, 2001; Knapp, 2004).

O QUE É IMPORTANTE AVALIAR

Existe um polêmico debate na literatura acerca do uso de modelos categóricos ou dimensionais para o entendimento e a avaliação de psicopatologias. Em paralelo, autores também discutem se o enfoque deve ser centrado na criança ou no sistema familiar e se o processo deve seguir uma estrutura ou ser realizado conforme o julgamento clínico do avaliador. Não entrando nos méritos específicos das questões, nos posicionamos da seguinte maneira:

1. É importante que se considere a classificação nosológica e a categorização diagnóstica de sintomas observados, mas a avaliação deve ir além disso (Primi, 2010). Especialmente na infância, muitos estudos apontam que a dinâmica familiar e o estilo parental são fundamentais para o entendimento do caso. Como exemplo, estudos sobre fatores preditores de resultado de tratamento no transtorno de estresse pós-traumático em crianças mostraram que, especialmente no caso de pré-escolares, as variáveis mais importantes foram de sofrimento parental, apoio emocional recebido pelos pais e apoio emocional efetivado pelos pais às crianças traumatizadas (Cohen e Mannarino, 1998).

2. O uso de modelos categóricos apresenta sérias limitações na avaliação com crianças. Muitos transtornos têm manifestações clínicas diferentes em crianças e adultos, que não são contempladas por manuais diagnósticos categóricos (Rohde et al., 2000). Ademais, muitos problemas que começam a se manifestar cedo não se caracterizam como patológicos, mas podem ser sinalizadores de psicopatologias futuras e devem ser considerados na avaliação (Caminha et al., no prelo).

3. O processo de avaliação deve ser diretivo e seguir uma estrutura ou um roteiro básico. Já na década de 1960, Zubin (1967; *apud* Cunha, 2003) demonstrou que entrevistas psiquiátricas não estruturadas tinham pouca fidedignidade e as conclusões variavam significativamente entre psiquiatras. Além disso, Kwitko (1984; *apud* Cunha, 2003) aponta para o fato de que muitas vezes as queixas dos pais são focadas em comportamentos que perturbam a vida cotidiana da família, ignorando uma série de sintomas ou aspectos graves (caso estes não sejam perguntados).

No Anexo 1, apresentamos um roteiro que pode servir de guia para uma avaliação mais estruturada na infância.

ESTRATÉGIAS E INSTRUMENTOS DE AVALIAÇÃO

A entrevista clínica com a criança

As entrevistas com as crianças deverão sempre incluir objetos lúdicos, mas com objetivos claros para o terapeuta. O brincar na Terapia Cognitivo-Comportamental deve ter um propósito claro.

O uso de personagens de desenhos infantis, por exemplo, podem auxiliar na identificação de emoções e comportamentos associados. Assim, mostrar o modo como Shrek fala com o amigo Burro quando está irritado ou o modo como ele fala com a esposa quando está com medo, podem indicar comportamentos específicos diante de tais emoções.

Explorar fantoches ou dedoches pode auxiliar de modo significativo num *role play* que exemplifique as habilidades sociais da criança. Os desenhos podem elucidar cenas importantes da rotina escolar ou mesmo familiar. Um jogo qualquer pode evidenciar o modo como a criança lida com as regras ou mesmo com a frustração de perder.

Desse modo, as entrevistas direcionadas a crianças deverão ter uma linguagem diferenciada, se adaptar ao nível de desenvolvimento delas e privilegiar os recursos lúdicos que sirvam para direcionar aquilo que o terapeuta busca investigar, sempre com foco nos problemas apresentados.

Dependendo da idade da criança, também é importante questionar o que ela pensa sobre o problema relatado pela família e outras situações relevantes.

Testes psicológicos

Segundo resolução número 2 de 2003 do Conselho Federal de Psicologia (CFP, 2003), "os testes psicológicos são (...) de uso privativo do psicólogo" e podem ser definidos como:

procedimentos sistemáticos de observação e registro de amostras de comportamentos e respostas de indivíduos com o objetivo de descrever e/ou mensurar características e processos psicológicos, compreendidos tradicionalmente nas áreas emoção/afeto, cognição/inteligência, motivação, personalidade, psicomotricidade, atenção, memória, percepção, dentre outras, nas suas mais diversas formas de expressão, segundo padrões definidos pela construção dos instrumentos.

O Satepsi (Sistema de Avaliação dos Testes Psicológicos) disponibiliza *on-line* uma relação atualizada periodicamente dos testes psicológicos com parecer favorável para sua utilização com a população brasileira (seguindo vários critérios que vão desde clareza do manual até validação e normatização brasileira).

Na atualização de março de 2010, existiam 98 testes e 116 diferentes sistemas de avaliação (por exemplo, Rorschach é um teste, mas pode ser interpretado por diferentes sistemas) regularizados para a população brasileira, sendo 28 passíveis de aplicação em crianças de 12 anos ou menos. Destes 28, 15 são destinados a investigar o desempenho e a maturidade da criança em aspectos cognitivos, 4 focados em desenvolvimento global ou percepto-motor, 6 avaliam aspectos da personalidade (a maioria com referencial psicanalítico) e 3 são focados em sintomas ou habilidades específicas (sintomas de TDAH). Menos da metade pode ser usado com a população que vai do nascimento aos 6 anos. Ainda existem 4 testes destinados a avaliar habilidades parentais e relações familiares.

Considerando que na lista de 2004 do Satepsi existiam apenas 55 sistemas de avaliação com parecer favorável (menos da metade de 2010) (Primi, 2010), notamos um grande avanço na normatização e na validação de instrumentos brasileiros. Apesar disso, a possibilidade de uso de testes psicológicos com crianças ainda é limitada com menores de 6 anos ou quando não se busca avaliar o desempenho cognitivo.

Outros instrumentos e escalas

Além dos testes psicológicos registrados no Satepsi, existem diversos outros instrumentos que podem ser utilizados para a avaliação com crianças. A cada ano são normatizados e validados novos instrumentos que avaliam aspectos gerais e específicos de saúde mental em crianças. Tendo em vista que seria impraticável nos aprofundarmos nos instrumentos específicos (e tal discussão ficaria rapidamente desatualizada), abaixo apresentaremos um breve resumo dos principais instrumentos de nosso conhecimento que podem ser utilizados para avaliação abrangente e que passaram por um processo de validação no Brasil.

CBCL – Um dos sistemas mais utilizados no mundo para identificar problemas de saúde mental são as escalas "Achenbach System of Empirically Based Assessment" (ASEBA), da qual faz parte, entre outras, o "Child Behavior Checklist" (CBCL). O CBCL é um instrumento que contém mais de 100 itens e avalia aspectos adaptativos e maladaptativos na infância e na adolescência, provendo escores sobre problemas de comportamento internalizantes e externalizantes, bem como um perfil do avaliado em relação a oito síndromes (por exemplo, dificuldades de linguagem/motoras e problemas de autocontrole) e seis categorias baseadas no DSM-IV (por exemplo, problemas de conduta de déficit de atenção e hiperatividade), sendo um bom instrumento para diferenciar populações clínicas e não clínicas. Geralmente pode ser completado em 15-20 minutos e é feito para ser preenchido pelos pais ou outros cuidadores. Também compõe o sistema ASEBA o "Youth Self Report" (YSR), que é preenchido pelo próprio adolescente (de 11 a 18 anos) e o "Teacher Report Form" (TRF), que é preenchido por professores ou algum outro membro da escola que conheça a criança neste ambiente por pelo menos 2 meses. Tanto o YSR quanto o TRF contêm praticamente as mesmas perguntas que o CBCL, o que permite que os escores sejam comparados após a avaliação (Achenbach e Rescorla, 2001).

No Brasil, a versão da década de 1990 do CBCL para crianças e adolescentes de 4 a 18 anos (CBCL/4-18) foi validado por Bordin, Madri e Caeiro (1995). Hoje, uma equipe de pesquisadores de vários estados liderados por Edwiges Silvares, da USP, trabalha na tradução, na validação e na normatização brasileira das versões atuais do sistema ASEBA (publicados em 2001 na língua inglesa). Nesta versão, existem duas versões do CBCL, uma para crianças de 1 ano e meio até 5 anos (CBCL/1,5 – 5) e uma para crianças e adolescentes dos 6 aos 18 anos (CBCL/6-18). Por ser um instrumento muito estudado em todo o mundo, de fácil utilização, abrangente e que permite comparação de dados entre informantes, tem grande valor na realização de pesquisas, no rastreamento de problemas em saúde mental e no uso clínico cotidiano.

K-SADS – O "Schedule for Affective Disorders and Schizophrenia for School-Age Children" (K-SADS) é outro instrumento utilizado para diagnóstico psiquiátrico na infância e na adolescência (dos 6 aos 18 anos) que teve uma versão brasileira desenvolvida e validada. Avalia a ocorrência de diversos transtornos psiquiátricos identificados no DSM-IV, tais como transtornos do humor, de ansiedade, alimentares, psicóticos, de déficit de atenção e hiperatividade, entre outros. A sua aplicação dura de 50 a 90 minutos, tanto a criança quanto os pais são informantes e os critérios diagnósticos são baseados no DSM-III-R e no DSM-IV (Polanczyk et al., 2003).

DAWBA – O "Development and Well Being Assessment" (DAWBA) é constituído por uma série de questionários aplicáveis aos pais, aos professores e à própria criança (quando maior do que 11 anos). Os questionários contêm questões abertas e fechadas e podem ser administrados por leigos, que anotam as respostas das questões e depois as entregam para um clínico experiente, que avalia as respostas e emite um diagnóstico baseado no DSM-IV. Foi originalmente proposto para ser uma avaliação da presença de transtornos psiquiátricos em crianças e adolescentes de 5 a 16 anos e a aplicação de cada questionário leva em torno de 50 minutos com os adultos e 30 minutos com os jovens. A validação brasileira foi publicada em 2004 e ampliada para contemplar transtornos alimentares em 2005 (Fleitlich-Bilyk e Goodman, 2004; Moya et al., 2005).

SDQ – O "Strenghts and Difficulties Questionnaire" (SDQ) é um questionário que pode ser aplicado com pais e professores e rastreia problemas comuns de saúde mental na infância e na adolescência (3 à 16 anos). Contém 25 itens divididos em 5 categorias (hiperatividade, sintomas emocionais, problemas de conduta, relacionamentos interpessoais e comportamentos pró-sociais). Tem como principais vantagens o fato de a aplicação ser rápida e fácil, ser utilizado em vários países, demonstrar boas características psicométricas e ter sido validado e normatizado para a população brasileira (Cury e Golfeto, 2003; Stivanin, Scheuer e Assumpção Jr, 2008).

Avaliação neuropsicológica

Segundo Lezak, Howieson e Loring (2004), a neuropsicologia é a ciência aplicada que objetiva estudar as relações entre o funcionamento do cérebro, a cognição e o comportamento. A avaliação neuropsicológica é um método de examinar a atividade cerebral através de seus produtos comportamentais. Apesar de ter diversas interfaces com a avaliação psicológica clássica, se diferencia desta por seu construto conceitual de referência partir do funcionamento cerebral.

De acordo com Borges, Trentini, Bandeira e Dell'Aglio (2008), a avaliação neuropsicológica em crianças se destaca "na investigação de dano cerebral após traumatismo craniano e acidente vascular, na avaliação pré e pós-intervenção cirúrgica e em

problemas de aprendizagem". Também tem sido usada, de forma mais restrita, na avaliação do funcionamento de crianças com quadros psicopatológicos (em especial no transtorno de déficit de atenção e hiperatividade e nos quadros de autismo).

Ainda que existam baterias neuropsicológicas de triagem do funcionamento geral dos testados (o que pode ser especialmente útil em pesquisas ou contextos mais amplos de saúde pública), na prática clínica são as circunstâncias da vida de cada indivíduo que irão nortear estratégias, prioridades e até mesmo interpretações da avaliação (Cunha, 2003). Como diferentes aspectos neuropsicológicos requerem estratégias distintas e específicas de avaliação (que também devem ser adequadas à idade e outras características do sujeito), não temos como apresentar uma discussão aprofundada do tema. Para os interessados, recomendamos, além do estudo em artigos específicos, os livros-texto de Strauss, Sherman e Spreen (2006) e Lezak e colaboradores (2004).

Para aqueles que não pretendem trabalhar com esse tipo de avaliação, é importante ter em vista quando um exame neuropsicológico pode ser útil ou necessário. Nesse sentido, Lezak e colaboradores (2004) afirmam que uma avaliação neuropsicológica pode ter os seguintes objetivos:

1. **Diagnóstico.** Pode ser útil, para discriminar entre sintomas psiquiátricos e neurológicos, fazer uma triagem de possíveis danos neurológicos, distinguir entre diferentes condições neurológicas, avaliar o impacto de lesões neurológicas, prover dados comportamentais para o local e a extensão de uma lesão e sobre o prognóstico de determinadas condições.

2. **Assistência ao paciente, planejamento e tratamento.** Pode responder questões a respeito da capacidade que o paciente tem de se cuidar em várias instâncias ou ser utilizado para acompanhar a alteração em funções cerebrais e cognitivas resultantes de uma patologia ou de um tratamento.

3. Pesquisa e questões forenses. Pode ser utilizado para estudar a organização e funcionamento da atividade cerebral bem como seus correlatos comportamentais. Também serve como poderoso instrumento para a avaliação de sujeitos em pesquisas e em procedimentos legais.

A CONCEITUALIZAÇÃO COGNITIVA NA INFÂNCIA

Logo após a demarcação dos problemas do paciente, ou seja, a compreensão psicopatalógica do caso, o clínico terá a capacidade de fazer inferências dentro dos modelos cognitivos, ou seja, trabalhar com o diagnóstico teórico, buscando entender os sintomas apresentados conforme os modelos cognitivos.

Beck, Rush, Shaw e Emery (1997) identificaram a conceitualização do problema como o primeiro passo no estabelecimento de um plano de tratamento no referencial cognitivo-comportamental. Quando o processo de conceitualização se foca na infância, requer atenção redobrada do terapeuta por envolver múltiplos fatores associados, como família, escola, outros profissionais da saúde, outras pessoas-referência da criança, sendo parte de um princípio de psicoterapia cognitiva básico, fundamental para a construção de um plano terapêutico eficaz. É um processo que envolve múltiplos olhares e busca conjugar numa única conceitualização os modos de funcionar de uma criança.

Para Rangé (2001), formular um caso é elaborar um modelo, uma representação esquemática do problema do paciente e suas consequências diretas e indiretas. É uma teoria sobre o paciente que busca

1. relacionar todas as queixas de forma lógica, orgânica e significativa;
2. explicar os motivos do desenvolvimento e da manutenção de tais dificuldades;
3. fornecer predições sobre seus comportamentos e

4. possibilitar a construção de um plano de trabalho (Rangé e Silvares, 2001).

É a partir da conceitualização que o terapeuta será capaz de identificar as principais capacidades cognitivas apresentadas pelo paciente e maximizá-las no tratamento clínico (Caminha e Caminha, 2007).

É fundamental que, durante a etapa de avaliação e conceitualização do caso, o terapeuta busque clarear os principais comportamentos-problema da criança e que, a partir disso, possa iniciar um processo de identificação de situações desencadeadoras, bem como de emoções e pensamentos associados. Diante desse levantamento, o terapeuta consegue formular junto ao paciente e a sua família as principais metas do tratamento, bem como a hierarquia daquilo que será trabalhado em forma de etapas.

Conforme postula Stallard (2010), a contribuição dos pais para aparecimento e manutenção dos problemas infantis é reconhecida, incluída na conceitualização e também abordada na intervenção. Muitas vezes estes acabam por reforçar um comportamento desadaptativo do filho ou ter dificuldades em ajudar seus filhos a enfrentar situações importantes. Dessa forma, um pai ansioso pode ser incapaz de ajudar o filho no enfrentamento dos medos, assim como um pai deprimido pode ter dificuldade em elogiar comportamentos adequados do filho.

É importante ressaltar que muitas vezes quando uma criança manifesta um comportamento-problema, na verdade ela não está criando um problema, e sim tentando resolver, porém, não da forma mais adequada/adaptativa (Silvares e Gongorra, 1998). Por isso, é fundamental investigar (e incluir na conceitualização) os dados do funcionamento familiar e os motivos do encaminhamento e da busca por atendimento.

No modelo da terapia cognitivo--comportamental infantil o ponto de partida são as emoções, as quais as crianças têm maior facilidade de identificar e monitorar.

Para Reinecke, Dattilio e Freeman (1996), crianças em fase escolar são incapazes de responder a técnicas utilizadas com adultos como, por exemplo, os registros de pensamentos disfuncionais, devido à dificuldade em identificar seus pensamentos e acessar seus estados emocionais específicos.

Diante disso, a identificação das emoções seria um modo de acessar esse conteúdo. O uso do baralho das emoções (Caminha e Caminha, 2009) acaba sendo um instrumento que facilita esse acesso. As crianças são convidadas a escolher as cartinhas que expressem suas principais emoções e, a partir daí, o terapeuta explora sua narrativa identificando as situações desencadeadoras e posteriormente os balões de pensamento e seu repertório comportamental. Para exemplificar esse processo, abaixo apresentamos uma vinheta de caso clínico:

T: Olha só, temos aqui algumas cartinhas que expressam emoções. Você conhece essas emoções? (Mostrando apenas as emoções primárias.)

P: Sim, hoje mesmo me senti assim quando estava saindo da escola (aponta para a emoção "triste").

T: Mesmo? O que houve que te deixou assim?

P: Minha amiga disse que tinha convidado a Joana para brincar com ela na casa dela e que não ia me convidar.

T: Isso o deixou triste?

P: Sim.

T: Se a gente pudesse medir o tamanho da tua tristeza aqui nessa cartinha do termômetro, que tamanho ela teria?

P: Hum... forte.

T: Certo, você ficou triste na intensidade "forte". Vamos desenhar essa situação e sua carinha nesse momento?

P: Sim (faz o desenho, onde aparecem as duas meninas conversando, ela com o rostinho triste).

T: Se fizéssemos aqui um balão de pensamento, como aqueles das histórias em quadrinho, o que será que teria dentro dele?

P: (silêncio)

T: O que passou pela sua cabeça na hora em que sua amiga disse que você não seria convidada, mas a Joana seria?

P: Que ela não gostava de mim.

T: Então vamos escrever isso no balão do pensamento. (Menina escreve.) O que mais?

P: Que eu devo ser chata para ela não ter me convidado (escreve).

T: O que mais?

P: Acho que foi só isso.

T: Ok. Agora só falta entender o que aconteceu depois disso tudo, ou seja, o que você fez quando se sentiu triste e com essas ideias passando pela sua cabeça?

P: Eu fui para o carro da mãe.

T: E quando estavas no carro da mãe, o que mais aconteceu?

P: Eu chorei um pouquinho, mas aí ela conversou comigo e eu me acalmei.

A partir desse trecho, o terapeuta já encontra material para construir um registro do processamento da criança na situação. No Anexo 2 apresentamos um modelo de RPD para a prática da TCC infantil preenchido com o caso relatado. Também incluímos no Anexo 2 um item de registro dos pais, que apesar de não ser contemplado na vinheta clínica disposta, pode ser bastante útil no trabalho com crianças muito pequenas ou em situações que envolvem problemas de conduta e de limites.

Utilizando esses registros, o terapeuta consegue construir com a criança e sua família um diagrama de conceitualização cognitiva. Para a construção deste diagrama, o terapeuta também pode utilizar figuras de animais para identificar a tríade cognitiva da criança, já que nessa proposta a tríade acaba sendo integrada ao diagrama, com um foco específico na visão do *self*, da família e do mundo.

No Anexo 3 apresentamos uma proposta de diagrama de conceitualização cognitiva em casos infantis. Este modelo foi construído a partir de extensa prática e supervisão de casos na infância. Reconhecemos que este modelo pode acabar deixando de fora aspectos importantes, de forma que deve servir mais como instrumento clínico para auxiliar os terapeutas no entendimento teórico de seus casos do que como uma proposta teórica do processamento de informações na infância.

REFERÊNCIAS

Achenbach, T. M., & Rescorla, L. A. (2001). *Manual for the ASEBA school-age forms and profiles: an integrated system of multi-informant assessment.* Burlington, VT: University of Vermont, Research Center for Children, Youth, & Families.

Beck, A. T., Rush, A. J., Shaw, B. F., & Emery, G. (1997). *Terapia cognitiva da depressão.* Porto Alegre: Artmed.

Bordin, I. A. S., Mari, J. J., & Caeiro, M. F. (1995). Validação da versão brasileira do "Chilld Behavior Checklist" (CBCL) – Inventário de Comportamentos da Infância e da Adolescência: dados preliminares. *Revista Brasileira de Psiquiatria, 17*(2), 55-66.

Borges, J. L., Trentini, C. M., Bandeira, D. R., & Dell'Aglio, D. D. (2008). Avaliação neuropsicológica dos transtornos psicológicos na infância: um estudo de revisão. *Psico-USF, 13*(1), 125-133.

Caminha, R. M., & Caminha, M. G. (2007). *A prática cognitiva na infância* (1. ed.). São Paulo: Roca.

Caminha, R. M., & Caminha, M. G. (2009). *Baralho de emoções: acessando a criança no trabalho clínico* (2. ed.) Porto Alegre: Synopsys.

Caminha, R. M., Soares, T., & Kreitchmann, R. S. (no prelo). Intervenções precoces: promovendo resiliência e saúde mental. In: Caminha, M. G., & Caminha, R. M. (Ed.). *Intervenções e treinamento de pais na clínica infantil* . Porto Alegre: Sinopsys.

Conselho Federal de Psicologia. (2003). *Resolução nº 2/2003.* Acesso em nov. 16, 2010, from http://www.pol.org.br/.

Cohen, J. A., & Mannarino, A. P. (1998). Factors that mediate treatment outcome of sexually abused preschool children: six- and 12-month follow-up. *Journal of the American Academy of Child & Adolescent Psychiatry, 37,* 44-51.

Costello, E. J., Mustillo, S., Erkanli, A., Keeler, G., & Angold, A. (2003). Prevalence and development of psychiatric disorders in childhood and adolescence. *Archives of General Psychiatry, 60*(8), 837-844.

Cunha, J. A. (2003). *Psicodiagnóstico V* (5. ed., rev. amp). Porto Alegre: Artmed.

Cury, C. R., & Golfeto, J. H. (2003). Strengths and difficulties questionnaire (SDQ): a study of school children in Ribeirão Preto. *Revisa Brasileira de Psiquiatria, 25*(3), 139-145.

Fleitlich-Bilyk, B., & Goodman, R. (2004). Prevalence of child and adolescent psychiatric disorders in southeast Brazil. *Journal of the American Academy of Child and Adolescent Psychiatry, 43*(6), 727-734.

Knapp, P. (2004). *Terapia cognitivo-comportamental na prática psiquiátrica* (1. ed.). Porto Alegre: Artmed.

Lezak, M. D., Howieson, D. B., & Loring, D. W. (2004). *Neuropsychological assessment* (4. ed.). Nova Iorque: Oxford Press.

Marques, C. (2009). A saúde mental infantil e juvenil nos cuidados de saúde primários: avaliação e referenciação. *Revista Portuguesa de Clínica Geral, 25,* 569-575.

Marsh, E. J., & Graham, S. A. (2005). Classificação e tratamento da psicopatologia infantil. In: Caballo, V. E., & Simon, M. A. (Org.). *Manual de psicopatologia clínica infatil e do adolescente* (p. 29-58). São Paulo: Santos.

Moya, T., Fleitlich-Bilyk, B., Goodman, R., Nogueira, F. C., Focchi, P. S., Nicoletti, M., et al. (2005). The eating disorders section of the development and well-being assessment (DAWBA): development and validation. *Revista Brasileira de Psiquiatria, 27*(1), 25-31.

Piccoloto, N. M., & Wainer, R. (2007). Aspectos biológicos da estruturação da personalidade e terapia cognitivo-comportamental. In: Caminha, R. M., & Caminha, M. G. (Org.). *A prática cognitiva na infância* (p. 16-35). São Paulo: Rocca.

Polanczyk, G. V., Eizirik, M., Aranovich, V., Denardin, D., Silva, T. L., Conceição, T. V., et al. (2003). Interrater agreement for the schedule for affective disorders and schizophrenia epidemiological version for school-age children (K-SADS-E). *Revista Brasileira de Psiquiatria, 25*(2), 87-90.

Primi, R. (2010). Avaliação psicológica no Brasil: fundamentos, situação atual e direções para o futuro. *Psicologia: Teoria e Pesquisa, 26*(especial), 25-35.

Rangé, B. (2001). *Psicoterapias cognitivo-comportamentais: um diálogo com a psiquiatria* (1. ed.). Porto Alegre: Artmed.

Rangé, B., & Silvares, E. F. M. (2001). Avaliação e formulação de casos clínicos adultos e infantis. In: Range, B. (Ed.). *Psicoterapias cognitivo-comporta-*

mentais: um diálogo com a psiquiatria (p. 79-100). Porto Alegre: Artmed.

Reinecke, M. A., Datillo, F. M., & Freeman, A. (1996). *Cognitive therapy with children and adolescents: a casebook for clinical practice.* Nova Iorque: Guilford.

Rohde, L. A., Eizirik, M., Ketzer, C. R., & Michalowski, M. (1999). Pesquisa em psiquiatria da infância e da adolescência. *Infanto: Revista de Neuropsiquiatria da Infância e da Adolescência, 7*(1), 25-31.

Rohde, L. A., Zavaschi, M. L., Lima, D., Assumpção Jr, F. B., Barbosa, G., Golfeto, J. H., et al. (2000). Quem deve tratar crianças e adolescentes? O espaço da psiquiatria da infância e da adolescência em questão. *Revista Brasileira de Psiquiatria, 22*(1), 2-3.

Silvares, E. F. M., & Gongorra, M. N. A. (1998). *Psicologia clínica comportamental: a inserção da entrevista com adultos e crianças.* (1. ed.). São Paulo: Edicon.

Stallard, P. (2010). *Ansiedade: terapia cognitivo-comportamental para crianças e jovens* (1. ed.). Porto Alegre: Artmed.

Stivanin, L., Scheuer, C. I., & Assumpção Jr, F. B. (2008). SDQ (Strengths and Difficulties Questionnaire): identificação de características comportamentais de crianças leitoras. *Psicologia: Teoria e Pesquisa, 24*(4), 407-413.

Strauss, E., Sherman, E. M. S., & Spreen, O. (2006). *A compendium of neuropyschological tests: Administration, normas and commentary* (3. ed.). Nova Iorque: Oxford Press.

Zeanah, P. D., Bailey, L. O., & Berry, S. (2009). Infant mental health and the "real world" – opportunities for interface and impact. *Child and Adolescent Psychiatric Clinics of North America, 18*(3), 773-787.

ANEXO I	ROTEIRO/MODELO/GUIA PARA AVALIAÇÃO NA INFÂNCIA

Motivo de busca
- Circunstâncias que precederam a consulta.
- Motivos da busca por atendimento.
- Problemas observados (descrição; frequência; gravidade; quando começou; qual o curso; o que já foi feito para resolver; fatores desencadeantes, mantenedores e agravantes; principais modelos em relação aos problemas observados; discordâncias entre informantes).

Situação e contexto atual
- Condição socioeconômica da família e cuidadores e rede de apoio social.
- Situação laboral e ocupacional da família e da criança.
- Aspectos médicos relevantes da família e da criança.
- Dinâmica, cultura e ambiente familiar (genograma*; principais relações; engajamento e disposição da família para o tratamento; questões religiosas e de cultura familiar).

Outros fatores ambientais ou acontecimentos significativos desta família (por exemplo, religiosidade; processos de luto).

Histórico
- Histórico psiquiátrico da criança e da família.

(continua)

---

* Genograma é uma representação gráfica, na qual são utilizados símbolos (círculos, quadrados, diferentes tipos de linhas) que permitem visualizar a constituição familiar a partir de seus principais membros. Identifica familiares de três gerações e também aponta dados importantes desses familiares, como divórcio, morte, adoção, aborto ou mesmo outras informações significativas como alcoolismo, uso de drogas, obesidade.

ANEXO I	ROTEIRO/MODELO/GUIA PARA AVALIAÇÃO NA INFÂNCIA (continuação)

- Principais eventos vitais (separações, perdas, abuso, traumas, etc.).
- Relação entre cuidadores primários e a criança nos três primeiros anos de vida (vínculo da criança para os cuidadores e vice-versa; tipo de apego estabelecido pela criança; reação dos cuidadores quando tiveram que se separar da criança para trabalhar ou deixá-la na escola).
- Mudanças após o nascimento da criança (no dia a dia e na dinâmica familiar).
- História pré-natal e perinatal (dados físicos e psicológicos, evitando respostas do tipo "normal").
- Histórico conjugal dos pais.

Aspectos gerais da criança e de sua relação com os principais cuidadores

- Relação entre a criança e seus pais e/ou principais cuidadores (vínculo; sensação de segurança; liberdade e incentivo para expressar sentimentos e pensamentos).
- Desenvolvimento da criança e estágio atual (cognitivo; psicomotor; social; desmame; controle esfincteriano e treinamento em higiene).
- Desenvolvimento emocional da criança e estágio atual (principais emoções ativadas; humor; ansiedade; agressividade; expressão de sentimentos; autocontrole; manejo de raiva e frustração; etc.).
- Manejo do toque (quantidade e qualidade dos toques entre cuidadores e criança).
- Socialização da criança (estabelecer se a criança tem contato com crianças de idade próxima à sua e como se porta com eles).
- Escolaridade (como foi a inserção na escola para a família e para a criança; relação com os colegas; desempenho escolar).
- Estado mental da criança (funções como linguagem; afeto; atenção; consciência; sensopercepção; memória; inteligência; conduta; orientação).
- Interesses e brincadeiras da criança.
- Regras e limites (clareza dos limites para a criança; rigidez dos limites; obediência da criança; quais punições aplicadas, como são aplicadas e como a criança lida com elas; concordância de limites entre os cuidadores).
- Atividades físicas exercidas pela criança (frequência e intensidade).
- Sono e dormir da criança (caso ajam dificuldades, investigar o manejo dessas situações).
- Alimentação (da criança e dos pais).
- Respiração (padrão de respiração em termos de ritmo e vias aéreas utilizadas).
- Principais pontos fortes observados pelo clínico e pela família.

Aspectos gerais dos pais e/ou principais cuidadores

- Estressores situacionais de cada um ou do casal (por exemplo, questões financeiras).
- Problemas individuais, conjugais e do casal (como é o manejo e a expressão dos problemas; com quem compartilham; envolvimento e/ou culpabilização da criança).

Considerações globais do avaliador

- Impressão geral
- Hipóteses diagnósticas segundo manuais estruturados (por exemplo, DSM-IV-TR).
- Necessidade de investigação aprofundada em algum aspecto (por exemplo, médico, neuropsicológico)
- Indicação terapêutica e prognóstico.

PSICOTERAPIAS COGNITIVO-COMPORTAMENTAIS: UM DIÁLOGO COM A PSIQUIATRIA

ANEXO 2 — REGISTRO DE PENSAMENTOS PARA A INFÂNCIA

Quando?	Onde estava?	O que ocorreu?
Hoje de manhã.	Na escola	Minha amiga não quis me convidar.

O que senti?	O que passou pela minha cabeça?	O que fiz?
(Termômetro: forte) Triste	Ela não gosta de mim, deve me achar chata.	Chorei, fui conversar com a mãe.

Emoção dos cuidadores	Pensamento dos cuidadores	Manejo da situação	Consequências (em relação ao problema, à criança e à relação)

ANEXO 3	DIAGRAMA DE CONCEITUALIZAÇÃO INFANTIL

Dificuldades atuais

Fatores relevantes da infância

Visão de si (utilizar fig. de animais)	Visão da família (utilizar fig. de animais)	Visão dos outros (utilizar fig. de animais)

Principais emoções	→	Situações em que costumam a ocorrer
Principais pensamentos	→	Crenças
Principais comportamentos	→	Estratégias compensatórias
Principais formas de manejo das situações problema (por adultos presentes)	→	Consequências

Mãe	**Pai**
Principais esquemas e crenças	Principais esquemas e crenças
Emoções relacionadas ao filho	Emoções relacionadas ao filho
Pensamentos relacionados ao filho	Pensamentos relacionados ao filho
Comportamentos direcionados ao filho	Comportamentos direcionados ao filho

11

Relação terapêutica como ingrediente ativo de mudança

Eliane Mary de Oliveira Falcone

A influência da relação terapêutica no sucesso do tratamento psicoterápico já constitui um consenso na literatura. A qualidade da aliança terapêutica, avaliada nas primeiras sessões de terapia, é preditiva de resultados, independente da abordagem teórica do profissional (Safran, 2002). Por outro lado, a ausência de empatia e o estilo defensivo do terapeuta na relação com o paciente prejudicam a aliança e impedem o progresso do tratamento, além de comprometer a autoestima do paciente (Burns e Auerbach, 1996; Safran, 2002).

A relação terapêutica tem apresentado correlações mais elevadas com a mudança do que as técnicas específicas (Hardy, Cahill e Barkham, 2007) e se encontra presente nos chamados fatores comuns ou não específicos do tratamento, os quais são identificados em diferentes abordagens psicoterápicas. Assim, os fatores comuns são apontados como mais influentes na melhora do paciente, além de não se diferenciarem significativamente entre as várias linhas de tratamento (Stiles, Shapiro e Elliott, 1986, citado por Hardy et al., 2007).

Por outro lado, uma revisão de estudos feita por Newman (2007) sobre os efeitos da terapia cognitiva em indivíduos deprimidos aponta que a redução dos sintomas depressivos leva à melhora na aliança terapêutica e vice-versa. Além disso, outros estudos revisados propõem que ganhos rápidos (melhoras ocorridas entre sessões) são fortemente seguidos de melhoras na aliança terapêutica (Newman, 2007). DeRubeis, Brotman e Gibbons (2005, citados por Hardy et al., 2007), argumentam que as psicoterapias, particularmente a terapia cognitivo-comportamental (TCC), funcionam através de técnicas específicas, as quais, quando bem-sucedidas, promovem uma boa relação terapêutica, contrariando o que afirmam os defensores dos fatores comuns ou não específicos.

Uma vez que as técnicas acontecem dentro de uma relação terapêutica, torna-se difícil e superficial separar as várias categorias envolvidas nos fatores técnicos e de relacionamento que estão presentes na psicoterapia (Hardy et al., 2007). Nesse sentido, é plausível considerar que as técnicas específicas e a relação terapêutica são variáveis mutuamente influentes no processo psicoterápico. Por um lado, as técnicas específicas bem empregadas geram alívio de sintomas no paciente, o qual irá experimentar sentimentos de gratidão e segurança dirigidos ao clínico, favorecendo o vínculo. Por outro lado, um padrão de interação empático, caloroso e acolhedor por parte do terapeuta poderá facilitar a autorrevelação e a adesão do paciente às técnicas, favorecendo a mudança.

Em síntese, durante o processo psicoterápico, o terapeuta deve possuir, além de conhecimento técnico e analítico, habilidades interpessoais, tais como respeito, consideração, empatia, capacidade para identificar sinais sutis de ruptura terapêutica e, principalmente, disposição para reconhecer e explorar as próprias emoções envolvidas na relação com o paciente (Bennett-Levy e Thwaites, 2007; Falcone, 2004; 2006). A prática da psicoterapia se constitui como um processo de influência social em que a pessoa do profissional influencia a pessoa do cliente e vice-versa (Mahoney, 1998). O reconhecimento desse processo mútuo de influência por parte do profissional é o que o tornará mais autoconsciente, empático, assertivo e flexível (Leahy, 2001; Mahoney, 1998), permitindo que a relação terapêutica funcione como um ingrediente ativo de crescimento pessoal e de mudança para a díade. Assim, como afirma Leahy (2001), "na relação terapêutica, paciente e terapeuta, são ambos *pacientes*" (p.5).

Serão abordados neste capítulo alguns aspectos da relação terapêutica que podem facilitar ou dificultar o processo psicoterápico na TCC. Dentre esses aspectos, incluem-se as demandas da terapia, os esquemas de resistência do cliente e as habilidades interpessoais do terapeuta para lidar com os problemas na aliança terapêutica e com os próprios sentimentos provocados pelo comportamento do paciente.

AS DEMANDAS DA TCC

O reconhecimento da importância da relação terapêutica no tratamento sempre esteve presente entre os terapeutas de abordagem cognitivo-comportamental. Assim é que o treinamento do profissional deve incluir o desenvolvimento de habilidades interpessoais que propiciem a colaboração e facilite a descoberta guiada, a formulação cognitiva e o convite à exploração de pensamentos alternativos (Bennett-Levy e Thwaites, 2007; Newman, 2007).

Newman (2007) refere-se às habilidades de relacionamento do terapeuta como a capacidade de comunicação que permite dar *feedback* positivo ou negativo ao cliente, de forma construtiva. Terapeutas que possuem essas habilidades, segundo Newman, conseguem se manter calmos, além de expressar cuidado e consideração quando o cliente manifesta emoções elevadas (raiva, ameaça de suicídio, etc.). Mais importante do que uma postura calorosa e genuína durante a rotina do tratamento é a habilidade de estar conectado ao cliente de forma construtiva, mesmo quando este manifesta comportamento aversivo. A capacidade desses terapeutas inclui: dar o máximo de si em conceitualizar as razões da ruptura da aliança para repará-la; mostrar benevolência e equilíbrio, mesmo sob pressão; manter um elevado padrão de comportamento interpessoal; monitorar os próprios pensamentos automáticos disfuncionais, gerando respostas focadas em sentimentos positivos e soluções construtivas e seguindo adiante com esperança e otimismo (Newman, 2007).

Entretanto, as habilidades interpessoais do terapeuta, embora necessárias, não são suficientes para que este produza uma sessão padrão de terapia cognitiva (Newman, 2007). A prática da TCC requer demandas tais como: conceitualização do caso; ênfase no aqui-e-agora; sessões estruturadas e contínuas; foco na mudança através do desenvolvimento de habilidades do cliente para solucionar problemas e reestruturar pensamentos; definição de metas e adesão a tarefas de autoajuda (Leahy, 2001; Newman, 2007). Assim, a competência do terapeuta depende das suas habilidades para se manter focado nas tarefas de conceitualizar o caso, de selecionar intervenções apropriadas e, ao mesmo tempo, de captar as expressões de medo, raiva ou apatia do cliente em relação a se engajar nesses procedimentos (Newman, 2007).

Quando os clientes não expressam sinais de transtornos de personalidade ou outros problemas crônicos e são responsivos às manifestações empáticas do terapeuta, estes se tornarão mais inclinados a se engajar no processo terapêutico. Tais condições requerem baixos níveis de estresse na relação terapêutica e a díade pode focalizar mais facilmente os componentes de aquisição e manutenção das habilidades do tratamento (Newman, 2007).

Entretanto, uma proporção considerável de clientes com transtorno de ansiedade não responde aos procedimentos padrão da TCC. Esses pacientes costumam idealizar os seus terapeutas, demonstrar hostilidade, sobrecarregar o clínico com crises recorrentes, exigir tratamento especial, além de preencher critérios para um ou mais transtornos de personalidade (Pretzer e Beck, 2004). Desse modo, boa parte das condições envolvendo a prática padrão da TCC é estressante para a relação terapêutica e demanda níveis elevados de habilidades interpessoais do profissional (Falcone, 2006; Falcone e Azevedo, 2006), na medida em que, por um lado, a TCC se caracteriza como uma abordagem diretiva de tratamento focado na mudança e os clientes com transtorno de personalidade são altamente resistentes à mudança (Leahy, 2001; Young, Klosko e Weishaar, 2003).

A resistência em psicoterapia é definida como "qualquer comportamento do cliente que indica oposição, aberta ou encoberta, ao terapeuta, ao processo de aconselhamento ou à agenda terapêutica" (Bischoff e Tracey, 1995, p. 487). Embora manifestada com maior frequência por clientes difíceis, a resistência é considerada como um fenômeno comum no processo psicoterápico. Os clientes, embora desejosos de obter alívio de seus sintomas de ansiedade e depressão, sentem dificuldades para desistir de seus padrões duradouros de funcionamento e não estão seguros quanto às consequências de mudar esses padrões. Assim, a resistência trabalha contra a mudança construtiva, mas, por outro lado, provê o terapeuta de informações valiosas sobre os clientes e seus conflitos (Newman, 2002; 2007). Além disso, a resistência também pode ser atribuída a um estilo excessivamente diretivo (Bischoff e Tracey, 1995) ou defensivo (Falcone e Azevedo, 2006) do terapeuta.

As demandas da TCC mencionadas anteriormente podem contribuir para gerar a resistência. A identificação de pensamentos automáticos distorcidos, por exemplo, pode ativar no cliente avaliações de ser inadequado, vulnerável ou inepto, fazendo com que este desqualifique a técnica de reestruturação cognitiva para manter a autoestima. O cliente carente de validação, que necessita obter do terapeuta o reconhecimento do quanto a vida tem sido dura para ele,

resistirá ativamente a qualquer tentativa de buscar solução para os seus problemas, entrando em um processo de escalação das suas queixas e recusando as alternativas sugeridas para mudar a situação (para uma revisão mais detalhada desse assunto, ver Falcone, 2006; Falcone e Azevedo, 2006; Leahy, 2001; 2007).

Entretanto, a ativação da resistência no processo psicoterápico pode ser um indicador positivo em terapia, contrariando o consenso existente na literatura que relaciona a resistência a resultados terapêuticos negativos. Bischoff e Tracey (1995) encontraram melhores efeitos no tratamento em díades nas quais o clínico era mais diretivo e o cliente mais resistente. Além disso, baixos níveis de resistência do cliente se correlacionaram com comportamentos não diretivos do terapeuta e com efeitos terapêuticos negativos. Os autores propõem a existência de um limiar em que a resistência pode ser positiva para o tratamento.

Em outro estudo, Strauss e colaboradores (2006, citado por Newman, 2007) encontraram que um grau moderado de tensão pode ser positivo para se obter efeitos favoráveis na TCC com clientes que manifestam transtornos de personalidade de esquiva e obsessivo-compulsivo. Assim, é sugerido que um nível adequado de estresse na relação terapêutica, envolvendo uma tensão moderada na aliança, seguida de um reparo imediato, pode ser positiva para os resultados nessa população. Um nível muito baixo de tensão pode significar que o tratamento, embora sustentador, carece de intervenções construtivas e relacionadas ao desenvolvimento de habilidades do cliente que aumentam as chances de mudança. O conflito excessivo, por sua vez, pode refletir um rompimento da colaboração e da boa vontade, aumentando a probabilidade de término prematuro da terapia (Strauss et al., 2006, citado por Newman, 2007).

Resumindo, as demandas da TCC são essenciais para a promoção de habilidades de autoajuda nos clientes, favorecendo a mudança. Ao mesmo tempo, essas demandas podem gerar resistência e problemas na aliança, as quais, em níveis moderados, podem ser produtivas, exceto quando o terapeuta assume uma postura excessivamente diretiva ou quando o cliente apresenta transtorno de personalidade. Desse modo, as habilidades interpessoais do terapeuta serão primordiais durante o tratamento. Em alguns casos, ele necessitará adiar temporariamente o foco na mudança, explorando os dados históricos do cliente, assim como o seu conteúdo esquemático, para ajudá-lo a melhor compreender as origens de sua resistência, bem como as consequências desta. Esse tópico será explorado mais adiante nesse capítulo.

OS ESQUEMAS DE RESISTÊNCIA DO CLIENTE

Como já mencionado anteriormente, uma considerável quantidade de clientes que procura terapia manifesta transtorno de personalidade. Uma das características mais marcantes desse transtorno é a ocorrência de muitos problemas em um contexto interpessoal, razão pela qual este também é referido como transtorno de comportamento social (Freeman, 2004; Pretzer e Beck, 2004). Alguns componentes cognitivos presentes nesses indivíduos e identificados em estudo de Trower, O'Mahony e Dryden (1982) incluíram: autoconceito negativo; baixa autoconsciência; pensamentos irracionais; isolamento e inabilidade social; padrão depressivo; motivação e autoestima baixas; presença de vários transtornos de ansiedade; tendência a interpretar mal intenções e *feedbacks* dos outros; desempenho social deficiente; predisposição para criar problemas com os terapeutas; pouco resultado no tratamento com psicofármacos e sucesso moderado com treinamento em habilidades sociais.

Os padrões disfuncionais característicos em indivíduos com transtorno de personalidade são explicados pelos seus esquemas, definidos como "estruturas cognitivas que servem como base para classificar, categorizar e interpretar as experiências" (Pretzer e Beck, 2004, p. 271). Os esquemas presentes no transtorno de personalidade são desadaptativos, ou seja, eles guiam a percepção da pessoa de tal forma que esta irá selecionar, processar e distorcer aquelas informações para confirmá-los, a fim de manter a congruência com o esquema (Beck e Freeman, 1993; Caballo, 2008; Beck, 2005).

Os esquemas desadaptativos conduzem a interpretações tendenciosas (concepções errôneas, atitudes distorcidas, premissas inválidas e metas e expectativas pouco realistas), as quais geram dificuldades nas relações interpessoais, sem que o indivíduo se dê conta de sua responsabilidade nessas dificuldades. Esse padrão de funcionamento interpessoal disfuncional provoca reações negativas e rejeição nos outros, o que contribui para confirmar as interpretações tendenciosas e os esquemas (Beck e Freeman, 1993).

Indivíduos com transtorno de personalidade desejam o vínculo, mas pensam, sentem e agem de modo a impedi-lo, levando os outros a reagirem de forma complementar aos seus padrões, perpetuando ciclos cognitivos interpessoais mal-adaptativos (Safran, 2002). Assim, um indivíduo com esquemas de desamparo e de carência de proteção e vínculo, comumente presentes no transtorno da personalidade dependente, pode criar expectativas de ser abandonado e estratégias de se subjugar e de ser pegajoso nas suas relações. Tais padrões alienam as outras pessoas e confirmam as expectativas de abandono. Uma pessoa com transtorno da personalidade paranoide, com esquemas de desconfiança e medo do abuso dos outros, pode criar expectativas de que os seres humanos são perversos e irão prejudicá-la, levando-a a se tornar hipervigilante e a agir de forma desconfiada e hostil em suas interações. Tais reações geram hostilidade e rejeição nos outros, e irão confirmar as suas crenças persecutórias.

Os esquemas desadaptativos são formados precocemente, a partir de uma interação entre temperamento e experiências com os cuidadores, como uma tentativa de adaptação às necessidades emocionais não satisfeitas (Young et al., 2003). Os padrões parentais que não atendem a essas necessidades (negligência, abuso físico ou verbal, abandono, ausência de afeto/empatia, críticas, punições, superproteção e ausência de limites) levam a criança a construir esquemas que se perpetuarão durante o desenvolvimento e constituirão, na vida adulta, a base do entendimento dos padrões disfuncionais encontrados nos transtornos de personalidade (Young et al., 2003).

Na relação terapêutica, os esquemas desadaptativos irão se manifestar de diferentes formas (comportamento hostil, dependente, exigente, sedutor, manipulador, explorador, etc.), caracterizando a resistência (Leahy, 2001). Por exemplo, o cliente dependente (esquema de desamparo) busca com frequência reasseguramento do terapeuta, telefona entre as sessões, acredita que as tarefas não funcionarão, procura prolongar as sessões e fica angustiado quando o terapeuta entra de férias. O cliente narcisista (esquema de superioridade) se sente humilhado ao falar de seus problemas na terapia, "esquece" de pagar ou chega atrasado às sessões, desqualifica a terapia e o terapeuta e acredita que o tratamento não funcionará, uma vez que os seus problemas são os outros (Leahy, 2007).

Os padrões de pensamento e comportamento disfuncionais dos indivíduos com transtorno de personalidade, expressos na relação com os seus terapeutas, costumam ativar nestes últimos sentimentos negativos e, em alguns casos, estresse considerável. Em contrapartida os terapeutas, mesmo experientes, algumas vezes agem de forma complementar ao esquema desadaptativo do cliente, respondendo aos seus comportamentos hostis com contra-hostilidade, contribuindo para reforçar os seus esquemas e suas estratégias disfuncionais (Leahy, 2001; Falcone, 2004; 2006; Falcone e Azevedo, 2006; Safran, 2002).

Conforme mencionado anteriormente, o terapeuta que utiliza o procedimento padrão da TCC com clientes que manifestam transtorno de personalidade costuma encontrar forte resistência, a qual pode se expressar até mesmo na fase de avaliação, quando o terapeuta está investigando as queixas. Nesse sentido, a resistência deve ser encarada como uma oportunidade para conhecer mais os esquemas e a história do cliente (Falcone e Azevedo, 2006; Leahy, 2001; Safran, 2002; Young et al., 2003).

As habilidades interpessoais do terapeuta na prática da TCC padrão mencionadas na seção anterior, embora valiosas, parecem insuficientes quando o profissional está lidando com a resistência esquemática do cliente. Assim, embora o foco da terapia inclua essas habilidades para desenvolver a colaboração, facilitar a descoberta guiada, além de explorar pensamentos e ideias alternativas, alguns autores têm enfatizado a necessidade de ampliação dos limites da terapia cognitivo-comportamental na abordagem desse tema. As principais limitações da TCC padrão apontadas incluem: supervalorização do poder das técnicas específicas e negligência quanto ao trabalho com a transferência e a contratransferência; atenção insuficiente ao papel das variáveis interpessoais e ambientais nas formulações cognitivas dos transtornos emocionais; carência de uma estrutura teórica sistemática para guiar o uso do relacionamento terapêutico (Gilbert e Leahy, 2007; Leahy, 2001; Safran, 2002; Young et al., 2003).

Em estudo que avaliou sentimentos, pensamentos e comportamentos de terapeutas cognitivo-comportamentais brasileiros frente à resistência esquemática de clientes difíceis (Falcone e Azevedo, 2006), verificou-se que a quase totalidade (cerca de 90%) dos 58 participantes não considerou aspectos importantes relativos à relação terapêutica (transferência e contratransferência) envolvidos em suas experiências. Em vez disso, eles utilizavam as técnicas tradicionais da TCC (reestruturação cognitiva, solução de problemas, manejo da resistência dos clientes) (70%), ou reagiam de forma pessoal (criticando, culpando ou responsabilizando o cliente) (20%). Tais resultados são congruentes com as considerações anteriores e chamam atenção para a necessidade de uma abordagem cognitivo-comportamental, teórica e prática, envolvendo a relação terapêutica como um ingrediente ativo de mudança.

A importância de se considerar processos transferenciais na relação terapêutica tem sido ressaltada em estudos de Miranda e Andersen (2007), os quais conceituam a transferência de forma diferenciada do conceito *freudiano* quanto ao envolvimento de fantasias infantis e conflitos psicossexuais. Os autores desenvolveram um modelo sociocognitivo, baseado nas representações mentais e nos estilos de apego (Bowlby, 2001), para a compreensão da transferência nas relações sociais cotidianas, o qual tem sido útil para a relação terapêutica.

Segundo o modelo de Miranda e Andersen, as pessoas constroem uma visão de si a partir das relações com os outros significantes (membros familiares, pares românticos, amigos ou outras pessoas importantes na experiência do indivíduo). Essas representações do *self* ficam retidas na memória e são disparadas por chaves contextuais aplicadas em novos indivíduos. Em outras palavras, as pessoas revivem relações passadas em suas interações sociais do dia a dia. Através de uma metodologia experimental sofisticada realizada em ambiente de laboratório, os autores têm confirmado a existência da experiência transferencial nas relações sociais e, na relação terapêutica, sugere-se que esta acontece inevitavelmente, tanto com o cliente quanto com o terapeuta (neste último caso, a contratransferência) (Miranda e Andersen, 2007).

Liotti (1989) propõe que os terapeutas de orientação cognitivo-comportamental costumam abordar a resistência esquemática dos clientes identificando crenças irracionais, bloqueios cognitivos ou ansiedades subjacentes às falhas dos mesmos em aderir a um deteminado procedimento terapêutico. Entretanto, como afirma o autor, tais procedimentos são limitados, baseados no "aqui-e-agora" e negligenciam investigação sobre quando, como e por que essas crenças, bloqueios e ansiedades foram adquiridas no curso da vida do paciente. Em vez disso, o significado da resistência do cliente pode servir a um propósito adaptativo, considerando-se a perspectiva deste.

A partir de uma revisão da literatura (Leahy, 2001; Liotti, 1989; Safran, 2002; Young et al., 2003), seguem abaixo os passos sugeridos para lidar com a resistência esquemática do cliente:

1. avaliação das experiências passadas que provocaram a construção de esquemas precoces, antes de encorajar o cliente a enfrentar os problemas através de representações alternativas;
2. reconhecer a resistência como uma manifestação coerente, diante do esquema relacionado a ela, bem como da realidade experimentada pelo cliente em sua vida (validação);
3. discutir com o cliente como esse esquema ativado se manifesta nas relações interpessoais do cliente (confrontação empática), fazendo uma ponte com o que acontece na relação terapêutica (transferência);
4. revelar (se for o caso) os próprios sentimentos experimentados frente ao comportamento do cliente, ajudando-o a explorar o impacto desse comportamento nas pessoas de seu contexto interacional (neste caso, o terapeuta deve reconhecer o próprio papel na relação como parte da transferência);
5. agir de forma não complementar ao esquema do cliente, evitando o ciclo cognitivo-interpessoal e ajudando o mesmo a refutar as crenças negativas sobre os outros, percebendo a sua participação nos conflitos interpessoais.

Tais procedimentos contribuem para "normalizar" as dificuldades do cliente, aumentando a autoconsciência deste e propiciando uma oportunidade segura para lidar com as questões interpessoais de forma madura e saudável, além de contribuir para o enfraquecimento do esquema.

Concluindo, as habilidades para lidar com a resistência esquemática do cliente demandam maior esforço do terapeuta, tanto para identificar os esquemas subjacentes e sentimentos relacionados ao comportamento do cliente, quanto para identificar e monitorar os próprios esquemas e sentimentos envolvidos na relação terapêutica.

AS HABILIDADES INTERPESSOAIS DO TERAPEUTA

Bennett-Levy e Thwaites (2007) propõem duas categorias de habilidades interpessoais do terapeuta. A primeira, denominada de habilidades perceptuais, refere-se à capacidade do profissional para:

a) estar em sintonia com o processo do cliente;
b) tomar decisões complexas e sofisticadas sobre onde focar a atenção e o que fazer em seguida; e
c) perceber os sinais sutis de ruptura terapêutica.

Já a segunda categoria, referida como habilidades relacionais, diz respeito à forma como o terapeuta se expressa na interação com o cliente e inclui:

a) expressão de aceitação, calor e compaixão;
b) expressão de entendimento empático; e
c) realização de confrontação empática.

Entretanto, expressar essas habilidades em qualquer contexto psicoterápico e com qualquer tipo de cliente parece ser muito difícil, se não impossível. Uma vez que os terapeutas, tanto quanto os clientes, possuem uma história pessoal que explica a construção de crenças, esquemas e estilos de vinculação, espera-se que cada terapeuta possua dificuldades peculiares para lidar com determinado cliente ou situação na relação terapêutica e que estas se manifestem no *setting* terapêutico (Abreu, 2005; Leahy, 2001; 2007; Miranda e Andersen, 2007; Young et al., 2003). Assim, os comportamentos e as emoções do cliente podem

ativar esquemas e emoções negativas do terapeuta, identificando um processo chamado de contratransferência (Abreu, 2005; Falcone e Azevedo, 2006; Freeman, 2001; Leahy, 2001; 2007).

O termo contratransferência foi negligenciado pelos terapeutas cognitivo-comportamentais, possivelmente em razão de uma rejeição à utilização de conceitos psicanalíticos (Freeman, 2001) e a um otimismo excessivo em relação ao poder das técnicas da TCC (Leahy, 2001). Na literatura atual ela tem sido considerada mais amplamente na clínica (Leahy, 2001; 2007; Young et al., 2003) e na pesquisa (Miranda e Andersen, 2007), e é compreendida como uma resposta emocional do terapeuta frente ao comportamento do paciente, que está enraizada nos esquemas do terapeuta (Freeman, 2001; Leahy, 2001; 2007).

Alguns problemas típicos de contratransferência encontrados na literatura incluem (Leahy, 2001; Pope e Tabachnick, s.d.): medo de indispor o paciente; culpa ou medo da raiva do paciente; sentimentos de inferioridade dirigidos a pacientes narcisistas; desconforto quando o paciente é sexualmente atraente; dificuldades em impor limites; raiva de pacientes não cooperativos ou que telefonam entre as sessões; medo que o paciente cometa suicídio e medo de ser processado pelo paciente.

Leahy (2001; 2007) propõe que, para identificar as próprias dificuldades na relação terapêutica, os terapeutas devem se interrogar sobre que assuntos os deixam mais preocupados, quais os pacientes mais difíceis de lidar ou que sentimentos experimentam ao ter que falar sobre coisas perturbadoras para o cliente. O modo como o terapeuta lida com as próprias emoções pode ajudar ou impedir que o cliente expresse e aprofunde questões emocionais na terapia. Assim, o terapeuta que considera a expressão de emoções dolorosas como perturbadoras ou autoindulgentes poderá mudar de assunto na sessão quando o seu cliente desejar compartilhar os seus sentimentos. Como consequência, o cliente poderá se retrair, achando que a expressão de sua emoção foi inadequada. Nesse caso, a condução do terapeuta poderá criar impacto significativo nos esquemas emocionais do cliente, o qual irá considerar que as suas emoções não interessam ao terapeuta, que as emoções são perda de tempo ou que ele está se vitimando (Leahy, 2007).

O reconhecimento dos próprios sentimentos é o que permitirá ao terapeuta lidar com os seus pensamentos automáticos na sessão. Os recursos da TCC podem ser utilizados no processo de autorreflexão, para ajudar o profissional a identificar os seus próprios esquemas (Leahy, 2001; 2007; Newman, 2007). Embora produzindo estresse, a prática da psicoterapia pode proporcionar um crescimento significativo para o terapeuta quando este reconhece a contratransferência. Em revisão de estudos, Mahoney (1998) encontrou efeitos positivos para o terapeuta, decorrentes da prática clínica, tais como: autoconsciência, autoestima, assertividade, capacidade reflexiva e flexibilidade emocional aumentadas; maior consideração pela relação terapêutica; declínio da importância da orientação teórica e desenvolvimento das habilidades na prática terapêutica.

Em outra revisão, Bennett-Levy e Thwaites (2007) encontraram alguns dados empíricos relevantes, tais como: o desenvolvimento pessoal está intrinsecamente relacionado às habilidades interpessoais do terapeuta; quanto maior a autoconsciência do terapeuta, maior será a sua acuidade em identificar as emoções do cliente; o tempo de experiência influencia no desenvolvimento da autorreflexão e da autoconsciência do terapeuta, bem como na sua maturidade e saúde mental; a supervisão clínica deve focar as habilidades interpessoais e autorreflexivas para o aprimoramento do terapeuta.

Leahy (2001; 2007) apresenta 15 esquemas do terapeuta relacionados às suas suposições no processo psicoterápico. Por exemplo, um terapeuta que exige de si mesmo metas tais como curar todos os seus pacientes, nunca perder tempo, fazer sempre o melhor ou exigir o mesmo do seu cliente provavelmente possui um esquema de padrões exigente. Já o terapeuta com esquema de desamparo pode ter suposições que indicam indecisão sobre como trabalhar, pressentir erros com frequência, desejar ser mais competente ou desistir do cliente. Young e colaboradores (2003) apresentam 18 esquemas desadaptativos remotos identificados nos clientes com problemas crônicos e de personalidade, os quais se manifestam também no terapeuta. Assim, este último deve estar atento aos seus próprios esquemas ativados na sessão, a fim de não agir de forma complementar aos esquemas do cliente.

Reconhecer os próprios sentimentos também permite ao terapeuta avaliar o impacto do comportamento do cliente sobre os outros e vice-versa. Esses dados são importantes para ajudar o cliente a identificar os seus ciclos cognitivos interpessoais que contribuem para a manutenção dos seus esquemas (Newman, 2001; Falcone e Azevedo, 2006). Safran (2002) propõe que o terapeuta deve assumir o papel de observador participante no processo terapêutico, realizando uma exploração abrangente dos padrões de comportamentos interpessoais específicos e cognições do cliente que impedem os seus relacionamentos. O autor sugere os seguintes passos:

1. identificar os próprios sentimentos e as respostas induzidas pelo cliente;
2. identificar explicitamente os comportamentos verbais e não verbais do cliente que induzem essas reações, através de confrontação empática;
3. explorar os pensamentos automáticos que precedem os comportamentos manifestados pelo cliente;
4. produzir tarefas que aumentem a consciência do cliente sobre esses comportamentos e essas cognições.

Ignorar a contratransferência pode ser seriamente prejudicial ao cliente. Pope e Tabachnick (s.d.) encontraram que sentimentos de raiva, medo e de atração sexual pelo cliente têm sido negligenciados pela literatura. Além disso, o desconhecimento de sentimentos de raiva e de ressentimento dirigidos ao cliente são frequentes, levando algumas vezes o profissional a expressar a sua raiva transferencial rotulando erroneamente o cliente como *borderline*. Terapeutas com esquema de grandiosidade sentem-se ofendidos quando os seus clientes não melhoram, expressando sua insatisfação através de distanciamento e frieza, gerando neles sentimentos de desvalorização, inadequação e rejeição (Leahy, 2001).

Concluindo, a relação terapêutica promove oportunidades para o crescimento pessoal, através da autoconsciência e da autorreflexão, tanto para o cliente quanto para o terapeuta. Essa meta se torna possível quando o profissional é capaz de reconhecer (e trabalhar com) a contratransferência no processo psicoterápico.

CONSIDERAÇÕES FINAIS

A importância da relação terapêutica para os efeitos do tratamento sempre foi reconhecida na abordagem cognitivo-comportamental. Contudo, a valorização dos fenômenos inerentes à interação terapeuta-cliente, tais como a transferência e a contratransferência, surgiu a partir dos desafios enfrentados com a adoção dos procedimentos tradicionais da TCC em indivíduos com transtorno de personalidade. O estresse interpessoal decorrente das demandas dessa abordagem, somado aos elevados níveis de resistência à mudança, característicos em clientes difíceis, constituem-se como oportunidade de crescimento pessoal e de mudança para a díade. Assim, além dos conhecimentos técnicos e analíticos, o terapeuta deve desenvolver habilidades interpessoais fundamentais para o manejo da resistência do cliente, assim como o reconhecimento da sua contratransferência. Essas são condições essenciais para tornar a relação terapêutica um ingrediente ativo de mudança para a díade.

REFERÊNCIAS

Abreu, C. N. (2005). *Teoria do apego. Fundamentos, pesquisas e implicações clínicas*. São Paulo: Casa do Psicólogo.

Bennett-Levy, J., & Thwaites, R. (2007). Self and self-reflection in the therapeutic relationship: A conceptual map and practical strategies for the training, supervision and self-supervision of interpersonal skills. In: Gilbert, P., & Leahy, R. (Org.). *The therapeutic relationship in the cognitive behavioral psychotherapies* (p. 255-281). New York: Routledge.

Beck, A., & Freeman, A. (1993). *Terapia cognitiva dos transtornos de personalidade*. Porto Alegre: Artes médicas.

Beck, J. S. (2005). Terapia cognitiva dos transtornos de personalidade. In: Salkovskis, P. M. (Org.). *Fronteiras da terapia cognitiva* (p. 151-164). São Paulo: Casa do Psicólogo.

Bischoff, M. M., & Tracey, T. J. G. (1995). Client resistance as predicted by therapist behavior. A study of sequential dependence. *Journal of Counseling Psychology, 42*, 487-495.

Bowlby, J. (2001). *Formação e rompimento dos laços afetivos*. São Paulo: Martins Fontes.

Burns, D., & Auerbach, A. (1996). Therapeutic empathy in cognitive-behavioral therapy: Does it really make a difference? In: Salkovskis, P. M. & Rachman, S. (Org.). *Frontiers of cognitive therapy* (p.135-163). New York: Guilford.

Caballo, V. E. (2008). Conceitos atuais sobre os transtornos da personalidade. In: Caballo, V. E. (Org.). *Manual de transtornos de personalidade: descrição, avaliação e tratamento*. São Paulo: Santos.

Falcone, E. (2004). A relação terapêutica. In: Knapp, P. (Org.). *Terapia cognitivo-comportamental na prática psiquiátrica* (p.483-495). Porto Alegre: Artmed.

Falcone, E. M. O. (2006). A dor e a delícia de ser um terapeuta: considerações sobre o impacto da psicoterapia na pessoa do profissional de ajuda. In: Guilhardi, H. J., & de Aguirre, N. C. (Org.). *Sobre comportamento e cognição: expondo a variabilidade* (v. 17, p. 135-145). Santo André: Esetec.

Falcone, E. M. O., & Azevedo, V. S. (2006). Um estudo sobre a reação de terapeutas cognitivo-comportamentais frente à resistência de pacientes difíceis. In: Silvares, E. F. M. (Org.). *Atendimento psicológico em clínicas-escola* (p. 159-184). Campinas: Alínea.

Freeman, A. (2001). Entendiendo la contratransferência: um elemento que falta em la terapia cognitiva y del comportamiento. *Revista Argentina de Clinica Psicológica, 10*, 15-31.

Freeman, A. (2004). Cognitive-behavioral treatment of personality disorders in childhood and adolescence. In: Leahy, R. L. (Org.). *Contemporary cognitive therapy: theory, research, and practice* (p. 319-337). New York: Guilford.

Gilbert, P., & Leahy, R. L. (2007). Introduction and overview: Basic issues in the therapeutic relationship. In: Gilbert, P., & Leahy, R. (Org.). *The therapeutic relationship in the cognitive behavioral psychotherapies* (p. 3-23). New York: Routledge.

Hardy, G., Cahill, J., & Barkham, M. (2007). Active ingredients of the therapeutic relationship that promote client change: a research perspective. In: Gilbert, P. & Leahy, R. (Org.). *The therapeutic relationship in the cognitive behavioral psychotherapies* (p. 24-42). New York: Routledge.

Leahy, R. L. (2001). *Overcoming resistance in cognitive therapy*. New York: Guilford.

Leahy, R. L. (2007). Schematic mismatch in the therapeutic relationship: A social-cognitive model. In Gilbert, P., & Leahy, R. (Org.). *The therapeutic relationship in the cognitive behavioral psychotherapies* (p. 229- 254). New York: Routledge.

Liotti, G. (1989). Resistance to change in cognitive psychotherapy: Theoretical remarks from a constructivistic point of view. In: Dryden, W., & Trower, P. (Ed.). *Cognitive psychotherapy: stasis and change*. London: Cassell.

Mahoney, M. J. (1998). *Processos humanos de mudança: as bases científicas da psicoterapia*. Porto Alegre: Artmed.

Miranda, R., & Andersen, S. M. (2007). The therapeutic relationship: Implications from social cognition and transference. In: Gilbert, P., & Leahy, R. (Org.). *The therapeutic relationship in the cognitive behavioral psychotherapies* (p. 63-89). New York: Routledge.

Newman, C. F. (2002). A cognitive perspective on resistance in psychotherapy. *JCLP/In Session: Psychotherapy in Practice, 58*, 165-174.

Newman, C. F. (2007). The therapeutic relationship in cognitive therapy with difficult-to-engage clients. In: Gilbert, P., & Leahy, R. (Org.). *The therapeutic relationship in the cognitive behavioral psychotherapies* (p. 165-184). New York: Routledge.

Pope, K. S., & Tabachnick, B. G. ([19--]). Therapists'anger, hate, fear and sexual feelings: national survey of therapist responses, client characteristics, critical events, formal complaints and training. Acesso em nov. 15, 2010, from http://kspope.com/therapistas/fear1.php.

Pretzer, J., & Beck, J. S. (2004). Cognitive therapy of personality disorders: Twenty years of progress. In: Leahy, R. L. (Org.). *Contemporary cognitive therapy: theory, research, and practice* (p. 299-318). New York: Guilford.

Safran, J. D. (2002). *Ampliando os limites da terapia cognitiva: o relacionamento terapêutico, a emoção e o processo de mudança*. Porto Alegre: Artmed.

Trower, P., O'Mahony, J. F., & Dryden, W. (1982). Cognitive aspects of social failure: some implications for social-skills training. *British Journal of Guidance & Counseling, 10,* 176-184.

Young, J. E., Klosko, J. S., & Weishaar, M. E. (2003). *Schema therapy: a practitioner's guide*. New York: Guilford.

12

Comorbidades

Edwiges Ferreira de Mattos Silvares
Rodrigo Fernando Pereira
Carolina Ribeiro Bezerra de Sousa

A questão das comorbidades na área de saúde mental vem ganhando espaço na literatura durante as últimas três décadas. Apesar disso, ainda há pouco consenso sobre a natureza das comorbidades: discute-se se elas são de fato fenômenos claramente identificáveis ou apenas falhas nos sistemas de classificação diagnóstica. O objetivo do capítulo é apresentar um panorama breve e conciso do tema, discutindo a conceitualização de comorbidade e os modelos explicativos mais comuns do fenômeno, bem como listar os questionamentos mais relevantes sobre o tema. Pretende-se, ainda, dar alguns exemplos de comorbidades relatadas comumente na literatura para ilustrar alguns dos modelos apresentados, focalizando especialmente comorbidade de Enurese Noturna (EN) com Transtorno de Deficit de Atenção e Hiperatividade (TDAH), comorbidade com a qual os autores têm maior contato.

CONCEITO E MODELOS DE COMORBIDADE

O conceito de comorbidade, dentro da saúde como um todo, foi introduzido por Feinstein em 1970 e definido como qualquer doença distinta que coexista com aquela tida como índice em um determinado indivíduo. O conceito foi transposto para a saúde mental nos anos de 1990, de modo que as investigações sobre o tema são relativamente recentes, ainda que crescentes.

É preciso ressaltar que o termo comorbidade não especifica se uma determinada condição tende a ocorrer na dependência da outra, como, por exemplo, um transtorno mental e a depressão, ou se duas condições não relacionadas surgem independentemente num indivíduo em um mesmo período. Krueger e Markon (2006) sugerem que uma solução para os enganos em relação ao termo *comorbidade* seria substitui-lo pelos termos *covariação* (quando há relação entre os dois quadros) e *co-ocorrência* (quando não há relação clara). Como esta ainda é uma questão aberta na literatura, nesse capítulo optou-se por manter o termo original.

Angold, Costello e Erkanli (1999) apontam ainda para o fato de que, em saúde mental, se lida com transtornos e não com doenças. Uma vez que os transtornos são síndromes, as comorbidades podem indicar, na verdade, que há uma falha no sistema de classificação. Uma associação entre dois transtornos pode significar que os critérios diagnósticos não são precisos e as condições podem se referir a apenas um mesmo transtorno específico.

Esse último ponto é aceito por Rutter que, em 1997, apontou a importância de se considerar o conceito de comorbidade, pois:

a) sua omissão pode levar a conclusões erradas sobre pesquisas a respeito de uma doença nas quais não são consideradas outras possíveis doenças associadas;

b) pode levar a um julgamento clínico incorreto, no qual uma determinada condição é sempre a mesma, independentemente da sua associação ou não com uma outra condição e
c) pode ajudar a clarificar a patogênese das diversas condições comórbidas.

Na esfera das doenças mentais, as taxas de comorbidade podem ser significativas. Teesson, Degenhardt, Proudfoot, Hall e Lynksey (2005) apontam que, considerando os transtornos mentais mais comuns na idade adulta, como uso de substâncias, ansiedade e transtornos do humor, verifica-se que 28% das mulheres e 24% dos homens apresentam alguma outra condição simultaneamente. Dois transtornos infantis cuja comorbidade é bastante frequente é o da EN e TDAH, sendo a taxa de co-ocorrência, segundo Biederman (1995), de 30% e, de acordo com Ghanizadeh e colaboradores (2008), de 11 a 20%.

Existem algumas explicações relativamente consensuais na literatura sobre os tipos de comorbidade e por que ela ocorre, o que não é o caso da comorbidade da EN com TDAH. Um sumário sobre esses modelos explicativos a partir dos conceitos mais difundidos é apresentado a seguir.

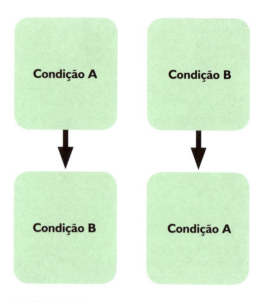

FIGURA 12.1
Relações causais diretas.

Modelos causais (adaptado de Teesson, Degenhardt, Proudfoot, Hall e Lynskey, 2005)

Os modelos causais referem-se a três possibilidades: uma condição é causa direta da outra condição, uma levando a uma causa indireta que acarreta em outra ou com fatores de risco comuns, como será apresentado a seguir.

Condição A causa condição B

Por exemplo, problemas mentais podem levar ao abuso de substâncias. Através dessa hipótese, pode-se cogitar que certos problemas podem levar a um estado de tensão que é aliviado (ou reforçado negativamente) pelo uso de álcool.

Condição B causa condição A

Usando a mesma linha de exemplo do item anterior, poderia se hipotetizar que o abuso de substâncias pode levar a um transtorno, como a depressão, ou a hipótese de que o uso de maconha poderia levar à esquizofrenia.

Relação causal indireta

Ocorre nos casos em que um determinado problema leva a uma condição que acarreta no segundo problema. Por exemplo, o uso de substâncias pode afetar o desempenho escolar que, por sua vez, pode levar à depressão.

FIGURA 12.2
Relação causal indireta.

Fatores comuns

Se duas condições têm os mesmos fatores de risco, na presença desses fatores, ambas podem se desenvolver. Esses fatores de risco podem ser biológicos, relativos à personalidade, socioambientais ou uma combinação deles.

Biológicos

Exemplos de fatores biológicos para condições comórbidas em saúde mental são a função dos neurotransmissores, cujo mal-funcionamento pode levar a diversos quadros e fatores genéticos, nos quais a tendência para desenvolver mais de uma condição sofre influência genética. Por exemplo, fatores genéticos podem estar implicados na comorbidade entre depressão maior e tabagismo.

Individuais

Alguns autores (Eysenck e Eysenck, 1991) sustentam que traços de temperamento, como traços neuróticos, podem predispor o indivíduo para diversas condições, como ansiedade e transtornos do humor.

Sociais e ambientais

Alguns fatores desse tipo estão relacionados com diversas condições. Sendo assim, quando esses fatores estão presentes, é possível que mais de uma das condições relacionadas se desenvolva. Exemplos de fatores sociais e ambientais são histórico psiquiátrico na família, dinâmica familiar disfuncional e baixo nível socioeconômico, subjacente a muitos problemas de comportamento infantis.

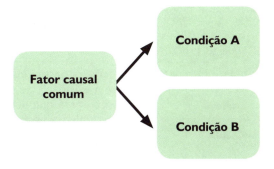

FIGURA 12.3
Fatores causais comuns.

Modelo de independência

Krueger e Markon (2006) descrevem um modelo no qual a comorbidade é uma condição à parte, distinta das condições individuais que a compõem. Ou seja, nesse modelo, a comorbidade não é uma simples combinação das condições 1 e 2, mas sim uma terceira condição, conforme mostra a Figura 12.4, em que a condição 1 é causada pelo fator A, a condição 2 é causada pelo fator B e o transtorno comórbido, que apresenta os sintomas das condições 1 e 2, é influenciado por um terceiro fator independente, C.

Associações espúrias (ou comorbidade artificial)

Rutter (1997) afirma que algumas aparentes comorbidades podem ter explicações alternativas, ressaltando que a comorbidade é apenas um fenômeno estatístico sem valor por si só e não deve induzir a nenhuma explicação teórica. Dessa forma, não se deve diferenciar a comorbidade "falsa", ou artificial, da comorbidade "verdadeira", já que em ambos os casos não se fala de um processo, e sim de um fato empírico. Seguem as hipóteses relacionadas a esse tipo de comorbidade.

Duas manifestações do mesmo transtorno

Nessa possibilidade, os dois transtornos seriam manifestações da mesma condição subjacente. Na medicina, um exemplo é a diabete, que pode levar a catarata, angiopatia das veias ou neuropatia nos rins. Na psiquiatria, um exemplo é o transtorno bipolar, que pode se manifestar apenas pela depressão, apenas pela mania ou hipomania ou por uma combinação entre ambas.

Dois estágios do mesmo transtorno

Essa possibilidade indica que dois transtornos sejam, na verdade, estágios diferentes na progressão de uma mesma condição subjacente. Na medicina, um exemplo é a sífilis, em que num primeiro momento manifesta-se através de ardência nos genitais, seguida de assaduras e aumento dos linfonodos, passando por uma fase latente até afetar o sistema nervoso. Na saúde mental, embora haja menor documentação de fenômenos semelhantes, há um exemplo clássico no transtorno de personalidade antissocial, que é tido como uma continuação, na idade adulta, do transtorno de conduta que ocorre na infância.

Uma condição predispõe a ocorrência de outra

A terceira possibilidade refere-se ao fato de que a existência de uma condição aumenta o risco para que outra ocorra. A medicina está repleta desses exemplos. Um deles é a relação entre obesidade e artrite óssea, devida à sobrecarga causada pelo peso excessivo. Na saúde mental, o exemplo mais bem estabelecido é o risco aumentado de desenvolvimento do mal de Alzheimer por portadores da Síndrome de Down.

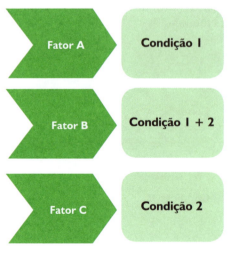

FIGURA 12.4
Modelo de independência.

QUESTIONAMENTOS

Como comentado anteriormente, ainda há controvérsias na literatura sobre a questão da comorbidade, que vão desde a definição correta do termo até os aspectos metodológicos envolvidos na sua investigação. Obviamente, essa falta de concordância inevitavelmente terá consequências no trabalho clínico, em que é preciso lidar com o indivíduo e não com uma população.

Questões metodológicas

Wittchen (1996) aponta cinco áreas críticas que devem ser consideradas ao se lidar com a comorbidade em pesquisas sobre o assunto.

Nível conceitual

O autor afirma que o uso do termo comorbidade ainda é utilizado de forma pouco criteriosa por parte dos pesquisadores. Além disso, muitos cientistas deixam pouco claro os algoritmos diagnósticos utilizados como critérios de inclusão e exclusão nos estudos. Para ele, é preciso sempre especificar nos relatos de pesquisas se e como foram utilizadas as hierarquias diagnósticas, a exemplo das utilizadas no DSM-IV ou no CID-10.

Unidades de conteúdo

Os resultados dos estudos sobre comorbidade variam de acordo com o número de classes diagnósticas consideradas em um estudo. Por exemplo, diferentes conclusões serão obtidas se, ao pesquisar a relação entre a ansiedade e outros quadros, utilizar-se o critério para transtorno de ansiedade ou os diferentes subtipos de ansiedade. Mais uma vez, uma descrição precisa dos critérios diagnósticos se faz necessária, a fim de que o resultado obtido possa ser considerado significativo.

Janela temporal

Alguns estudos focam a coexistência dos transtornos em um determinado momento, enquanto outros utilizam uma abordagem que considera a vida inteira. Nesse aspecto, há diversos dificultadores metodológicos. Por exemplo, uma abordagem que considera mais tempo pode depender da memória do paciente. A ordem em que cada quadro se manifesta também pode ser importante na tentativa de estabelecer relações causais.

Método de avaliação

O número de diagnósticos pode variar de acordo com o método de avaliação. O uso de um instrumento identifica mais transtornos do que avaliações de rotina, por exemplo. Além disso, os clínicos tendem a identificar apenas uma condição, ao contrário dos instrumentos genéricos. Isso coloca a questão de quem está certo ou errado nessa dicotomia, uma pergunta para a qual ainda não há resposta.

Delineamento e análise

As diferenças no delineamento e na análise estatística envolvidos nas pesquisas de comorbidade levam, logicamente, a discrepâncias nos resultados. Por exemplo, o uso de métodos pontuais, de seguimento ou longitudinal encontram dados diferentes, além das características dos dados demográficos dos pacientes. Para resolver esse problema, é sugerido a combinação de análises com uso de estatística sofisticada a fim de nivelar os estudos e obter conclusões mais confiáveis e generalizáveis.

Angold, Costello e Erkanli (1999) defendem que a pesquisa deve focar uma questão: por que os sintomas se agrupam da forma específica em que o fazem e por que há sobreposição entre síndromes, sejam elas definidas por critérios diagnósticos ou por fatores? Questões interessantes para a pesquisa seriam: "se depressão e ansiedade não são manifestações clínicas de um mesmo transtorno, então por que acontecem juntas tão frequentemente?" e, por outro lado, "por que alguns depressivos não são ansiosos?". Uma das possíveis explicações é que os critérios diagnósticos não conseguiram criar limites eficientes entre os transtornos. Isso ocorre porque os diagnósticos são estabelecidos por profissionais a partir de suas experiências, o que dá um caráter subjetivo à classificação. Uma alternativa que poderia ajudar na compreensão das comorbidades é fazer levantamento de comportamentos que ocorrem indiscriminadamente na população nas quais os sintomas sejam observados, verificando-se de forma empírica o modo como eles se combinam e/ou interagem, o que é proposto por Achenbach (1990). O autor afirma que os modelos diagnóstico e empírico podem ser abordagens complementares na questão da avaliação da comorbidade. Enquanto um estabelece critérios a partir da opinião de especialistas e os aplica na prática clínica e na pesquisa, o outro verifica como diversos sintomas ocorrem em conjunto na população, estabelecendo critérios de síndromes de forma empírica.

Questões clínicas

Para o clínico, os aspectos mais relevantes das comorbidades são o seu impacto no prognóstico e no tratamento. Sendo assim, é importante realizar uma avaliação diagnóstica cuidadosa, a fim de verificar se existem quadros comórbidos, com atenção para as possíveis comorbidades falsas apontadas no item "Questões metodológicas".

Em relação ao impacto no tratamento, a literatura mostra alguns exemplos relativos a transtornos mentais. Por exemplo, Brown, Antony e Barlow (1995) avaliaram o tratamento para o transtorno do pânico com pacientes com qualquer tipo de comorbidade, dificuldades de humor, ansiedade e fobia social. Verificou-se que, de forma geral, a presença de comorbidades não afeta o resultado do tratamento, que foi bem-sucedido em 57,5% dos casos com comorbidades e em 64,1% dos casos sem comorbidade. Essa relação só foi alterada nos casos em que havia comorbidade com depressão, que apresentaram um resultado pior no pós-tratamento, embora a situação tenha sido alterada no seguimento de três meses, no qual o número de casos sem pânico se equiparou ao dos não depressivos.

Brown e Barlow (1992), por sua vez, demonstraram que pacientes com transtorno de pânico combinado à depressão maior tendem a responder pior a antidepressivos e têm pior resposta ao tratamento num período de dois anos do que pacientes que apresentam transtorno do pânico sem comorbidade. Da mesma forma, quando a depressão está associada ao Transtorno Obsessivo-Compulsivo (TOC), as chances de melhora são menores e com maior probabilidade de recaída. O mesmo ocorre quando a fobia social está associada a transtornos de personalidade.

Lynsey (1998), ao avaliar as implicações no tratamento para dependentes de álcool que apresentavam comorbidade com transtornos de humor, sugere que o tratamento para casos em que a comorbidade existe deve ser diferenciado, incluindo medicação. Ainda, aponta que nos casos em que os dois quadros recebem atenção clínica, a chance de recaída em relação ao uso de álcool é menor.

Quanto às comorbidades entre a população infantil, um exemplo é fornecido por Abikoff e Klein (1992). Segundo os autores, crianças que apresentam comorbidade entre Transtorno de Déficit de Atenção e Hiperatividade (TDAH) e Transtorno Opositor Desafiante (TOD) em geral têm pais que apresentam altos índices de psicopatologia, habilidades parentais fracas e discórdia conjugal. Portanto, quando há a combinação desses quadros, o mínimo que o clínico deve fazer é considerar esses fatores na avaliação. De forma ideal, não apenas a avaliação, mas também o tratamento, deve incluir os pais.

O que se pode observar, levando em conta esses estudos, é que a avaliação é fundamental e que as comorbidades são, de forma geral, um risco para o sucesso dos tratamentos, quando feitos de forma específica. Parece uma ideia válida a formulação de estratégias de tratamento diferenciadas, que abordem os diversos sintomas únicos e sobrepostos dos transtornos, a fim de obter resultados melhores quando se lida com combinações de quadros.

ENURESE E TDAH

A questão da associação entre outros transtornos psiquiátricos e enurese não tem sido suficientemente explorada na literatura. Embora Nevéus e colaboradores (2010) tenham ressaltado a recorrência em casos neuropsiquiátricos, também sinalizaram que, dessas, as que são reportadas de maneira mais sistemática na literatura, são a associação com a encoprese e com o Transtorno de Déficit de Atenção e Hiperatividade.

Seguindo-se a crítica de Brown (2001), pode-se entender com certa clareza que a enurese, quando associada à encoprese (ambos transtornos de eliminação), pode ser uma dimensão subjacente desta, uma vez que o acúmulo de fezes no intestino pode alterar o funcionamento da bexiga, ocasionando os escapes.

Com relação ao TDAH, contudo, um campo mais controverso se manifesta, pois reúne dimensões psicossociais e também diferentes sistemas biológicos envolvidos. Além disso, co-ocorrência entre outros transtornos psiquiátricos é comum, o que altera profundamente a apresentação de cada caso em particular e também o prognóstico da terapêutica de enurese.

Comorbidade entre enurese e TDAH: compreensão

Inúmeros trabalhos científicos debruçam-se a estudar o tema dessa comorbidade, ressaltando, notadamente, a alta correlação existente entre eles. Se em torno de 10% das crianças

de 7 anos são diagnosticadas com enurese na população geral (Butler et al., 2005), a prevalência dentro de uma população diagnosticada com TDAH, por sua vez, é consideravelmente maior: cerca de 30% das crianças alcançam também os critérios diagnósticos para enurese (Biederman et al., 1995).

O contrário, ou seja, presença de TDAH em uma população de indivíduos portadores de enurese, tem resultados bastante diversos: em torno de 10 (Ghanizadeh, Mohammadi e Moini, 2008; Shreeram et al., 2009) a 30% (Biederman et al., 1995). Baeyens, Roeyers, Hoebeke, Verte, van Hoeck e Walle (2004) distinguiram esta prevalência de acordo com os tipos de TDAH, encontrando 15% do tipo combinado e 22,5% com predomínio de déficit de atenção.

Baeyens e colaboradores (2006) questionam, entretanto, a superestimação da prevalência de TDAH em população portadora de enurese pela inadequação do processo diagnóstico que prioriza apenas um informante (geralmente os pais), em detrimento da conjugação com a informação fornecida pelo professor, essencial para o diagnóstico preciso do transtorno. Por meio de entrevista com pais e questionário de avaliação de comportamento destinado aos professores para diagnóstico de TDAH, os autores distinguiram os níveis dos serviços de saúde em seu estudo, e tal prevalência mudou consideravelmente: 28,3% entre pacientes que procuram atenção terciária, comparado a apenas 10,3% daqueles que procuram atenção secundária (Bayens et al., 2006).

A despeito da comorbidade entre enurese e TDAH ser frequentemente constatada, a razão para o fato ainda não é suficientemente compreendida. Embora nos últimos anos haja um esforço comum na direção dessa compreensão, questões de causalidade são apenas especulativas e obedecem a uma lógica comum à questão de co-ocorrência de dois quadros, assim como a apresentação de Wittchen (1996) ao explanar sobre os modelos explicativos possíveis:

1. a relação entre enurese e TDAH pode ser explicada por fatores de risco subjacentes

comuns, de acordo com modelo abordado na seção anterior (fator causal comum leva a condição A e B);

2. enurese pode preceder e induzir ao TDAH, relação causal direta (condição A causa condição B);

3. TDAH pode induzir à enurese (relação causal direta, condição B causa condição A);

4. nenhuma relação causal está presente, de modo que a relação entre os dois conceitos baseia-se apenas na oportunidade (co-ocorrência).

A primeira possibilidade é a mais reforçada na literatura, uma vez que enurese e TDAH apresentam alguns fatores de risco comuns, como sexo masculino, desvantagem social (Shreeram et al., 2009; Van Hoecke, Baeyens, Walle, Hoebeke, e Roeyers, 2003) e atraso do desenvolvimento maturacional (Butler, 2004, Sureshkumar et al., 2009), sendo este fator frequentemente apontado como tentativa de explicação para a alta correlação entre os transtornos.

A segunda associação possível, que especula a possibilidade de a enurese preceder e induzir o TDAH, parte do princípio de uma suposta relação causal entre fenômenos, em que a não resolução ou o não tratamento da enurese poderia aumentar o risco para o outro transtorno.

Tratando especificamente do TDAH, destaca-se o estudo longitudinal de Fergusson e Horwood (1994), que analisou a influência da experiência de enurese após os 10 anos na vida futura de adolescentes de 11, 13 e 15 anos, em termos gerais de problemas de comportamento. O autor promoveu uma análise de regressão com ajuste das variáveis sexo, maturidade social, QI infantil, suporte familiar social, estresse familiar e conflito parental – associadas tanto com a idade de controle esfincteriano quanto com problemas de comportamento na adolescência. Pode, então, destacar que crianças que "molhavam" a cama após os 10 anos obtinham escores ligeiramente mais altos nas taxas de problemas de conduta e déficit de atenção aos 13 anos, e de ansiedade e depressão aos 15 anos.

A hipótese de que a enurese pode preceder e induzir ao TDAH também foi investigada por Baeyens e colaboradores (2007). Baseando-se na hipótese de que o impacto social e emocional faz o portador de enurese exibir vários comportamentos de enfrentamento, como isolamento, depressão, hiperatividade ou desafio/oposição, que podem desaparecer após o problema ser resolvido, investigaram se o aumento de sintomas de TDAH observado em população com enurese reflete um transtorno psiquiátrico ou meramente comportamentos de enfrentamento para lidar com as consequências negativas do transtorno. Avaliaram 33 crianças com enurese e TDAH para verificar se mantinham comportamentos que permitiam tal diagnóstico após dois e quatro anos, desde o início do tratamento da enurese. Dois anos depois, 73% dos casos ainda preenchiam critérios diagnósticos para TDAH, e quatro anos depois, 64% dos casos. Para explicar essa diminuição, os autores apontam como hipótese que, com o passar do tempo, a imaturidade neurológica em crianças com TDAH e enurese poderia ser superada, de modo que o diagnóstico de TDAH pudesse, em alguns casos, não ser mantido quatro anos depois do primeiro diagnóstico. Uma segunda hipótese baseia-se na mudança fenomenológica de sintomas de TDAH que ocorre na passagem da infância para a adolescência, o que acaba por escamotear o diagnóstico estruturado a partir dos sintomas apresentados na infância. Os autores concluem, assim, que a presença de TDAH em crianças portadoras de enurese reflete, de fato, a presença de uma comorbidade psiquiátrica – esta entendida como a presença de mais do que um transtorno em uma pessoa em um período de tempo definido.

Estudos que investigam o efeito positivo do tratamento da enurese sobre os problemas de comportamento reforçam a hipótese inicial de Baeyens e colaboradores (2007), uma vez que a escala Problemas de Atenção é um dos fatores com escore diminuído após a remissão da queixa (Hirasing et al., 2002; Longstaffe et al., 2000), embora tal escala não represente indicativo direto e confiável da presença do transtorno.

Baeyens e colaboradores (2007) oferecem elementos que reforçam a terceira associação possível para explicar a co-ocorrência entre TDAH e enurese, segundo a qual o TDAH pode preceder a enurese. Segundo os autores, uma disfunção no sistema cerebral de crianças com TDAH, do tipo desatento, exerce um efeito negativo sobre a excitabilidade cerebral e sinalização de enchimento vesical, de modo que prejudica a aquisição do controle esfincteriano e explica o fato desta população ser mais resistente ao tratamento. Nesse estudo, a probabilidade de crianças com enurese sem TDAH tornarem-se secas foi 3,2 vezes maior do que a de crianças com enurese em comorbidade com o transtorno.

A hipótese de que nenhuma relação causal entre enurese e TDAH esteja presente é reforçada por estudos genéticos que apontam a independência no modo de transmissão dos transtornos, sendo improvável uma base genética comum. Um desses estudos é o de Bailey e colaboradores (1999) que encontraram semelhante prevalência de história familiar de enurese tanto entre crianças diagnosticadas com enurese (40%) quanto naquelas em que o transtorno associava-se ao quadro de TDAH (38%) e taxa significativamente menor entre crianças somente com TDAH (11%).

Investigando uma possível relação entre o diagnóstico de TDAH e diferentes fenótipos orgânicos de enurese, Baeyens e colaboradores (2004) não encontraram diferença significativa entre enurese monossintomática (ausência de sintomas do trato urinário inferior) e enurese combinada. Contudo, tal resultado contradiz o de Baeyens e colaboradores (2007), que encontraram predominância de enurese não monossintomática entre crianças com TDAH comparado a controles.

Ou seja, a despeito da alta incidência de TDAH em crianças com enurese, ele ainda não pode ser associado a um único fenótipo de enurese, o que reforça a conclusão de transmissão genética independente e corrobora os estudos genéticos de enurese que apontam heterogeneidade e, consequentemente, diferenças clínicas.

Dirigindo-se para os aspectos fisiológicos, os mesmos autores não encontraram diferença entre os grupos de enurese com e sem TDAH quanto ao volume máximo da bexiga, síndrome de urgência e características de esvaziamento, mas sim com relação à proporção de poliúria noturna: crianças hiperativas com enurese tiveram média significativamente superior à de crianças com apenas enurese.

Embora a relação entre enurese e TDAH ainda não esteja suficientemente esclarecida, com achados que apontam para diversos caminhos possíveis, é consenso que a sobreposição de transtornos amplifica as dificuldades enfrentadas pela criança, que acaba por apresentar mais problemas de comportamento. Como já mencionado, portadores de enurese apresentam mais taxas de problemas de comportamento quando comparados a controles e, por outro lado, menores taxas de problemas de comportamento quando comparados a amostras clínicas (Friman et al., 1998; Santos e Silvares, 2007). Poucos estudos, entretanto, comparam-nos frente a um grupo populacional psiquiátrico. Um estudo de grande interesse para o projeto em questão é o de Bayens e colaboradores (2004) que revelou serem as crianças com enurese e TDAH portadoras de mais problemas de comportamento internalizantes e externalizantes do que aquelas em que a co-ocorrência não acontece, alcançando apenas os critérios diagnósticos para enurese. Dirigindo-se especificamente para os transtornos psiquiátricos, estudo recente de Ghanizadeh (2010) demonstrou relação apenas com Transtorno Opositivo Desafiador (TOD). Crianças com TDAH e enurese foram significativamente mais diagnosticadas com TOD do que controles – crianças com TDAH, apenas.

Neste ponto, uma questão que se interpõe é: "quais as implicações destes dados para o tratamento da enurese?", o que vai ser explanado a seguir.

Implicações para o tratamento com alarme de urina

A implicação da presença de problemas de comportamento associados à enurese no resultado do tratamento é bastante controversa. Baseando-se nos estudos de Arantes (2007) e Hirasing e colaboradores (2001), pode-se considerar igual possibilidade de sucesso no tratamento comparado às crianças com enurese sem comorbidades. Contudo, é preciso considerar que ambas as investigações reportam-se aos índices de problemas de comportamento baseados no Inventário de Comportamentos de Crianças e Adolescentes entre 6 e 18 anos (Achenbach, 1991), questionário que, apesar de se assentar em uma avaliação empiricamente baseada, não possibilita por si só um diagnóstico psiquiátrico. Dessa forma, faz-se necessário, para avaliar a implicação de comorbidades que sobrelevam as taxas de problemas de comportamento, investigar o resultado do tratamento de enurese em populações com transtornos de comportamento claramente definidos.

Crimmins e colaboradores (2003) reportaram que a presença de TDAH tem um efeito negativo sobre o tratamento comportamental de incontinência urinária, que consistia em urinar em intervalos de duas horas ao longo do dia (*timed voiding*). Apenas 68% dos casos tornaram-se continentes, contrastando com a taxa de 91% do grupo controle (crianças com incontinência urinária sem TDAH). Um fator de impacto no tratamento foi a não adesão ao procedimento, que diferiu significativamente entre os dois grupos (48% *versus* 14%). Aos casos em que a intervenção foi malsucedida, recomendou-se a administração de anticolinérgicos, intervenção cujo resultado não diferiu entre os grupos.

Para tratamento específico da enurese em crianças com TDAH, Chertin e colaboradores (2007) contrastaram a combinação de DDAVP combinado à oxibutinina com imipramina e observaram a superioridade da primeira intervenção na diminuição do número de "molhadas".

Crimmins e colaboradores (2003), por sua vez, contrastaram dois tipos de tratamento: farmacológico e comportamental. Baseando-se na premissa de que a enurese em crianças com TDAH associa-se à poliúria noturna e instabilidade detrussora, avaliaram a eficácia do tratamento com desmopressina, imipramina e alarme, à escolha da família. Pacientes com TDAH responderam similarmente ao grupo controle usando as duas medicações. Contudo, comparando ao controle, significativamente menos crianças com TDAH e enurese tratadas com alarme estavam continentes após seis meses de início da intervenção (43% *versus* 69%, p < 0,01). Os autores alegam que estes resultados se devem ao não cumprimento do uso do alarme de urina, uma vez que não adesão a ele foi significativamente maior no grupo de portadores de enurese com TDAH (38% *versus* 22%, p < 0,05). As razões para a não adesão, contudo, foram as mesmas entre os dois grupos: incapacidade de a criança acordar com o alarme do aparelho e recusa da criança em fazer os procedimentos quando o alarme disparava. Outra diferença entre os grupos foi a taxa de recidiva. Comparadas ao grupo controle, crianças com enurese e TDAH mostraram menor probabilidade de apresentar uma resposta duradoura com o uso do alarme após seis meses de tratamento (19% *versus* 66%, p < 0,01).

Percebe-se, pela análise destes dois estudos, que a introdução de fármacos na terapia para controle esfincteriano parece beneficiar igualmente crianças com incontinência urinária e/ou enurese noturna, independente da presença de outros transtornos. Contudo, quando a intervenção consiste em tratamento comportamental, crianças que apresentam comorbidade com TDAH têm o resultado prejudicado.

Esta análise vai ao encontro dos estudos de Butler (1994), Devlin e O'Cathain (1990), Houts (2003) e Moffatt e Cheang (1995), nos quais problemas de comportamento, notadamente os classificados como externalizantes, prejudicam o engajamento e, consequentemente, o sucesso no tratamento da enurese com alarme de urina.

CONSIDERAÇÕES FINAIS

O tema comorbidade ainda é um assunto que carece de clareza quando se aplica à saúde mental e aos transtornos psiquiátricos. A terminologia ainda não é clara e os modelos explicativos não são consensuais, sendo necessário recorrer a diversos pontos de vista a fim de se montar um panorama sobre o que é tido como comorbidade na literatura atual. É preciso determinar se a ocorrência de dois transtornos concomitantes é uma co-ocorrência ou uma covariação, e para isso não são necessários apenas modelos estatísticos, mas também critérios diagnósticos delineados de forma que a comorbidade seja melhor compreendida tanto no contexto clínico quanto na pesquisa.

De forma básica, estabelece-se que as comorbidades podem ser relacionadas quando uma condição leva a outra, direta ou indiretamente, ou quando estão ligadas por um fator causal comum. Podem apenas ocorrer juntas, de forma independente ou podem ser comorbidades "falsas", como duas condições que são manifestações de um mesmo quadro.

No caso da comorbidade entre enurese e TDAH, o que se observou é que não se sabe qual modelo está por trás da associação entre os dois quadros. Do mesmo modo, a implicação da comorbidade no tratamento da enurese não está ainda suficientemente esclarecida, já que uma possível dificuldade na obtenção do sucesso por parte dessas crianças ainda não é consensual. Essa informação não corrobora opiniões como a de Houts (2003), para quem, quando a criança com enurese apresenta uma condição comórbida, como os problemas de comportamento, essa condição deve ser tratada antes.

Um aspecto a se levar em consideração, tanto para esse tipo de comorbidade como para outras, é a questão da adesão ao tratamento. Pacientes com diversas condições requerem tratamentos mais complexos, tendem a ter mais dificuldades para entender a etiologia das condições que os afligem e por vezes os profissionais de saúde por quem são tratados não compreendem as implicações da comorbidade, o que pode levar a um maior índice de abandono dos tratamentos. Portanto, é necessário, por parte do terapeuta, não só se manter atualizado em relação a esse tema que conta a cada dia com informações novas como realizar avaliações abrangentes e adaptar os tratamentos às especificidades de cada paciente.

REFERÊNCIAS

Abikoff, H., & Klein, R. G. (1992). Attention-Deficit Hyperactivity and Conduct Disorder: Comorbidity and implications for treatment. *Journal of Consulting and Clinical Psychology, 60,* 881-892.

Achenbach, T. M. (1990). "Comorbidity" in child and adolescent psychiatric symptoms: A factoranalytic study. *Psychological Monographs, 80,* 1-37.

Achenbach, T. M. (1991). *Integrative guide for the 1991 CBCL/4–18, YSR, and TRF Profiles.* Burlington: University of Vermont.

Angold, A., Costello, E. J., & Erkanli A. (1999). Comorbidity. *Journal of Child Psychology and Psychiatry, 40,* 57-87.

Arantes, M. C. (2007). *Tratamento comportamental com uso do alarme de urina para enurese noturna primária: uma comparação entre crianças com e sem outros problemas de comportamento.* Dissertação de mestrado não-pulicada, Instituto de Psicologia, Universidade de São Paulo, São Paulo.

Baeyens, D., Roeyers, H., D'Haese, L., Pieters, F., Hoebeke, P., & Walle, J. V. (2006). The prevalence of ADHD in children with enuresis: comparasion between a tertiary and nontertiary care sample. *Acta Paedia*trica, 95(3), 347-352.

Baeyens, D., Roeyers, H., Hoebke, P., Verté, S., Van Hoecke, E., & Walle, J. V. (2004). Attentiondeficit/ hyperactivity disorder in children with nocturnal enureses. *Journal of Urology, 171,* 2576-2579.

Baeyens, D., Roeyers, H., Naert, S., Hoebke, P., & Walle, J. V. (2007). The impact of maturation of brainstem inhibition on enuresis: a startle eye blink modification study with 2-year followup. *The Journal of Urology, 178,* 2621-2625.

Bailey, J. N., Ornitz, E. M., Gehricke, J. G., Gabikian, P., Russell, & Smalley, S. L. (1999). Transmission of primary nocturnal enuresis and attention deficit hyperactivity disorder. *Acta Pediatrica, 88,* 1364-8.

Biederman, J., Santangelo, S. L., Faraone, S. V., Kiley, K., Guite, J., Mick, E., et al. (1995). Clinical correlates of enuresis in ADHD and non ADHD children. *Journal of Child Psychology and Psychiatry, 36(5)*, 865-77.

Brown, T. A. (2001). Taxometric methods and the classification and comorbidity of mental disorders: methodological and conceptual considerations. *American Psychological Association, 8*, 534-541.

Brown, T. A., & Barlow, D. H. (1992). Comorbidity among anxiety disorders: Implications for treatment and DSM-IV. *Journal of Consulting and Clinical Psychology, 60*, 835-844.

Brown, T. A., Antony, M. A., & Barlow, D. H. (1995). Diagnostic comorbidity in Panic Disorder: Effect on treatment outcome and course of comorbid disorders following treatment. *Journal of Consulting and Clinical Psychology, 63*, 408-418.

Butler, R. J. (2004). Childhood nocturnal enuresis: developing a conceptual framework. *Clinical Psychology Review, 24*, 909-931.

Butler, R. J., Golding, J., Northstone, K., & ALSPAC Study Team (2005). Nocturnal enuresis at 7.5 years old: prevalence and analysis of clinical signs. *British Journal of Urology International, 96*(3), 404-410.

Chertin, B., Koulikov, D., Abu-Arafeh, W., Mor, Y. Shenfeld, Z.O., & Farkas, A. (2007). Treatment of nocturnal enuresis in children with attention déficit hyperactivity disorder. *Journal of Urology, 178*(4), 1744-1747.

Crimmins, C. R., Rathbun, S. R., & Husmann, D. A. (2003). Management of urinary incontinence and nocturnal enuresis in attention-deficit hyperactivity disorder. *The Journal of Urology, 170*, 1347.

Devlin, J., & O'Cathain, C. (1990). Predicting treatment outcome in nocturnal enuresis. *Archives of Disease in Childhood, 65*(10), 1158-61.

Feinstein, A. R. (1970). The pre-therapeutic classification of co-morbidity in chronic disease. *Chronic Disease, 23*, 455-468.

Fergusson, D. M, & Horwood, L. J. (1994). Nocturnal enuresis and behavioral problems in adolescence: a 15 years longitudinal study. *Paediatrics,* 94, 662-667.

Friman, P. C., Handewerk, M. L., Swearer, S. M., McGinnis, J. C., Warzak, W. J. (1998). Do children with primary nocturnal enuresis have clinically significant behavior problems? *Archives of Pediatrics & Adolescent Medicine, 152*(6), 537-539.

Ghanizadeh, A., Mohammadi, M. R., & Moini, R. (2008). Co-morbidity of psychiatric disorders and parental psychiatric disorder of attention déficit hyperactivity disorder children. *Journal of Attention Disorders, 12*, 149-155.

Ghanizadeh, A.(2010). Comorbidity of enuresis in children with attention-deficit/hiperactivity disorder. *Journal of Attention Disorders, 13*(5), 464-467.

Hirasing, R. A., Van Leerdam, F. J. M., Bolk-Bennink, L. F., & Koot, H. M. (2002). Effect of dry bed Training on behavioural problems in enuretic children. *Acta Paediatrica,* 91, 960-964.

Houts, A. C. (2003). Behavioral treatment for enuresis. In: Kazdin, A. E., & Weisz, J. R. (Ed.). *Evidence-based psychotherapies for children and adolescents* (p. 388-406). New York: Guilford.

Krueger, R. F., & Markon, K. E. (2006). Reinterpreting comorbidity: a model-based approach to understanding and classifying psychopathology. *Annual Review on Clinical Psychology, 2*, 111-133.

Longstaffe, S., Moffatt, M., & Whalen, J. (2000). Behavioral and self-concept changes after six months of enuresis treatment: a randomized, controlled trial. *Pediatrics, 105*(4 Pt.2), 935-940.

Lynskey, M. T. (1998). The comorbidity of alcohol dependence and affective disorders: Treatment implications. *Drug and Alcohol Dependence, 52*, 201-209.

Moffat, M. E. K., & Cheang, M. (1995). Predicting treatment outcome with conditioning alarms. *Scandinavian Journal of Urology and Nephrology,* 173 (Suppl), 119-122.

Nevéus, T. et al. (2010). Evaluation and treatment for monosymptomatic enuresis: a standardization document from the International Children's Continence Society. *The Journal of Urology, 183*(2), 441-447.

Rutter, M. (1997). Comorbidity: concepts, claims and choices. *Criminal Behaviour and Mental Health, 7*, 265-285.

Santos, E. O. L., & Silvares, E. F. M. (2007). Crianças enuréticas e crianças encaminhadas para clínicas-escola: um estudo comparativo da percepção de seus pais *Psicologia: Reflexão e Crítica,* 19,277-282.

Shreeram, S., He, J. P., Kalaydjian, A., Brothers, S., & Merikangas. (2009). Prevalence of enuresis and it is association with attention-deficit/hyperactivity disorder among US children: results from a nationally representative study. *Journal of American Academy of Child and Adolescent Psychiatric, 48*, 35-41.

Teeson, M., Degenhardt, L., Proudfoot, H., Hall, W., & Lynskey, M. (2005). How common is comorbidity and why does it occur? *Australian Psychologist, 40,* 81-87.

Van Hoecke, E., Baeyens, D., vande Walle, J., Hoebeke, P., & Roeyers, H. (2003). Socioeconomic status as a commom factor underlying enuresis and psychopathology. *Journal of Developmental and Behavioral Pediatrics, 24,* 109-114.

Wittchen, H. (1996). Critical issues in the evaluation of comorbidity of psychiatric disorders. *British Journal of Psychiatry, 168,* 9-16.

Parte IV
TÉCNICAS COGNITIVAS E COMPORTAMENTAIS

13

Técnicas cognitivas e comportamentais

Suely Sales Guimarães

A prática da terapia clínica comportamental evoluiu por três importantes movimentos, reconhecidos como três gerações. Esses movimentos aconteceram em resposta aos resultados obtidos em estudos empíricos controlados na prática clínica. As três gerações de psicoterapia comportamental focaram, cada uma a seu tempo, o comportamento, a cognição, a emoção e a conscientização como eixos em torno dos quais os procedimentos interventivos foram desenvolvidos.

A primeira geração evoluiu na década de 1960, quando predominavam as terapias baseadas na teoria da aprendizagem e nas contingências de reforço. A segunda geração evoluiu na década de 1970, com o crescimento da psicoterapia cognitiva e a integração das suas práticas com as da terapia comportamental. Na década de 1980, o foco recaiu sobre o processo emocional presente na aprendizagem e na adaptação, culminando com a consolidação do modelo cognitivo-comportamental já no final do século. Esse modelo integrou as técnicas comportamentais e cognitivas, apontando a relevância e a interdependência de comportamentos, cognições e emoções no processo terapêutico (Arndorfer, Allen e Aljazireh, 1999; Clark, 1999; Craighead, Craghead, Kazdin e Mahoney, 1994; Harvey e Bryant, 1998; Penava, Otto, Maki e Pollack, 1998; Well e Papageorgiou, 1999). A terceira geração evoluiu dos estudos de pesquisadores das abordagens comportamentais e cognitivas durante as décadas de 1980 e 1990, até sua consolidação na década de 2000, com o significativo aumento das publicações e da divulgação dos trabalhos em eventos internacionais. As novas técnicas são fundamentadas em um referencial teórico que enfoca o contextualismo e enfatiza o papel da conscientização plena, da aceitação, da linguagem e da defusão cognitiva (Hayes, Luoma, Bond, Masuda e Lillis, 2006). Essas três gerações de psicoterapias serão discutidas em termos de pressupostos teóricos, técnicas e utilização clínica.

AS TRÊS GERAÇÕES DE TERAPIAS COMPORTAMENTAIS

A teoria comportamentalista ganhou espaço na década de 1930 e, a partir de trabalhos clássicos como os de Pavlov, Thorndike, Hull e Skinner, contribuiu para que a psicologia fosse compreendida sob o enfoque científico e definida como a ciência do comportamento, ao invés de ciência da mente ou da consciência (Craighead, Craighead, Kazdin e Mahoney, 1994). Terapia Comportamental e Modificação de Comportamento são os termos mais utilizados em intervenções clínicas realizadas sob o enfoque do modelo comportamental. Tradicionalmente, essa prática tem sido identificada com a metodologia científica, a avaliação objetiva e as aplicações desenvolvidas a partir dos princípios básicos da teoria da aprendizagem e da análise experimental do comportamento. Desde 1950 a terapia comportamental foi reconhecida como uma abordagem sistemática de intervenção em saúde mental, desenvolvida em oposição à psicanálise e influenciada pelo empirismo crescente à época. Nos anos seguintes, a metodologia e os procedimentos utilizados na terapia comportamental receberam múltiplas contribuições advindas de estudos controlados conduzidos por diferentes grupos; isso resultou na sua ampliação e diversificação (Thorpe e Olson, 1997).

A intervenção foca o comportamento a ser modificado e o ambiente no qual ele ocorre, ao invés de analisar variáveis inferidas ou associadas à personalidade. Uma proposta de intervenção é construída a partir de avaliação acurada do comportamento-alvo e das unidades funcionais do ambiente onde esse comportamento é mais provável de ocorrer. A avaliação do comportamento inclui especificação de suas topografia, dimensões e funções, história de reforçamento, frequência de ocorrência, definição e quantificação das mudanças desejadas. A avaliação do ambiente inclui a especificação dos estímulos antecedentes e consequentes ao comportamento, suas características e distribuição no tempo e no espaço (Guimarães, 1993). A descrição e a quantificação dessas variáveis mostram a extensão do problema ou da queixa e a validade social da intervenção. A análise objetiva dessas medidas permite a escolha da técnica de intervenção mais apropriada às necessidades e características do paciente e de sua realidade. A intervenção visa o controle das contingências para obter a modificação do comportamento para minimização ou remoção dos problemas.

A Terapia Cognitiva emergiu na década de 1960, com os trabalhos de Aaron Beck, Richard Lazarus, Magda Arnold e Albert Ellis. Ao estudar pacientes deprimidos, Beck observou que, em geral, eles apresentavam um padrão de processamento cognitivo negativo e, desses achados, desenvolveu o modelo cognitivo da depressão e a proposta de testar a validade dos pensamentos ou das cognições negativas (Beck, 1976). Na mesma época, Arnold e Lazarus ressaltavam o papel primário da cognição na mudança emocional e comportamental, e Ellis desenvolvia a Terapia Racional Emotiva, que propõe a modificação de crenças irracionais (Freeman e Dattilio, 1998).

De acordo com o pressuposto teórico cognitivo, as pessoas desenvolvem e mantêm crenças básicas a partir das quais formam a visão de si próprias, do mundo e do futuro. Sob esse enfoque, terapeuta e paciente trabalham juntos para identificar distorções cognitivas, que são pensamentos, pressupostos e crenças disfuncionais presentes nos transtornos psicológicos. A terapia foca a modificação desses pensamentos e do sistema de crenças, o que resulta na melhora do humor e do comportamento da pessoa (Beck, 1976; Beck, 1997).

A prática da terapia cognitiva, também sustentada por evidências empíricas, tem sido utilizada no tratamento de diferentes transtornos, como ansiedade generalizada, pânico, fobias, transtornos alimentares e problemas familiares. Os procedimentos utilizam técnicas comportamentais e seguem passos que podem ser assim resumidos (Beck, 1976):

1. Identificação de pensamentos ou das cognições disfuncionais responsáveis por sentimentos negativos e comportamentos maladaptativos.
2. Automonitoração de pensamentos negativos.
3. Identificação da relação entre pensamentos e crenças e os sentimentos a eles subjacentes.
4. Identificação e aprendizado de padrões de pensamentos funcionais e adaptativos em alternativa aos disfuncionais.
5. Teste de realidade dos pressupostos básicos mantidos pela pessoa sobre si mesma, o mundo e o futuro.

A modificação de cognições negativas requer treinamento do paciente no uso de métodos específicos de avaliação e questionamento de suas crenças e estilos atributivos, que incluem (Craighead et al., 1994):

1. Distanciamento – reavaliação das crenças e dos critérios de julgamento, tornando-os explícitos e testando sua validade.

2. Descentralização – busca de evidências de que a pessoa não é o foco de todas as atenções.
3. Reatribuição – mudança no estilo atributivo, fazendo uma relação causal mais objetiva das interpretações sobre eventos desencadeadores.
4. Descatastrofização – ampliação dos limites da informação e do tempo utilizados nas avaliações para considerar que a maioria dos eventos, em princípio catastróficos, pode ser tolerada e é temporária.

As terapias da terceira geração incluem, dentre outras, a Terapia de Aceitação e Compromisso (Acceptance and Commitment Therapy – ACT) (Hayes, Strosahl e Wilson, 1999) a Terapia Dialética Comportamental (Dialectical Behavior Therapy – DBT) (Linehan, 1993) e a Terapia Cognitiva Baseada na Conscientização (Mindfulness-Based Cognitive Therapy – MBCT) (Segal, Williams e Teasdale, 2001). Dentre elas, a ACT parece ter alcançado substancial impacto entre terapeutas e pesquisadores, a julgar pelo número de trabalhos publicados, pela diversidade de situações clínicas nas quais os estudos são conduzidos e pelos resultados positivos relatados sobre uso e eficácia clínica de suas técnicas (Bond e Bunce, 2003; Brown, Lejuez, Kahle e Strong, 2002; McCracken e Eccleston, 2003; Twohig et al., 2010). Essa proposta surgiu dos estudos de Hayes e colaboradores (Zettle e Hayes, 1986) e se fundamenta na também nova Teoria do Quadro Relacional (Relational Frame Theory – RFT) (Hayes, Barnes-Holmes e Roche, 2001). A abordagem é empírica, sensível ao contexto e às funções do fenômeno psicológico – não apenas à sua forma – e enfatiza estratégias de mudanças experienciais e contextuais (Hayes, 2004).

Sob o enfoque da ACT, a psicopatologia e a infelicidade decorrem, principalmente, do modo como a linguagem e a cognição interagem com as circunstâncias da vida, tornando a pessoa inapta para persistir ou para fazer mudanças que sustentam valores antigos. Essa inflexibilidade psicológica acontece quando a pessoa usa as ferramentas da linguagem em situações em que elas são inúteis ou quando são adequadas, mas o uso é feito de modo ineficaz (Hayes, Strosahal, Buting, Towhig e Wilson, 2004). A principal diferença da ACT é que, diferentemente das abordagens tradicionais, ela não tem o objetivo de modificar diretamente comportamento, cognições ou pensamentos problemáticos. O objetivo é trazer a linguagem e o pensamento para um controle contextual apropriado, modificando a função desses eventos e a relação do paciente com eles, por meio de estratégias como conscientização plena, aceitação e defusão cognitiva (Hayes, Luoma, Bond, Masuda e Lillis, 2006).

De acordo com o pressuposto teórico, para não vivenciar o sofrimento, as pessoas fazem uso da esquiva experiencial, conceituada como a tentativa de controlar ou alterar forma, frequência ou sensitividade situacional de experiências internas. Essa esquiva é um entrelaçamento de linguagem e cognição que emerge naturalmente das habilidades humanas de avaliar, predizer e evitar eventos (Hayes et al., 2006). Tentativas diretas de evitar ou alterar experiências negativas podem ter efeitos paradoxais. Por exemplo, se alguém deseja não experimentar algum pensamento, a tentativa de não pensar "naquilo" envolve a regra verbal "não pensar naquilo". Para isso, naturalmente, é preciso pensar "naquilo". Se alguém não deve pensar em fogão, a imagem de fogão é evocada. Isso acontece porque o evento verbal é relacionado ao evento real. Tentar controlar a ansiedade, da mesma forma, envolve pensar sobre a ansiedade, o que tende a evocar ansiedade. Parte disso se deve a razões verbais, subjacentes a esses esforços de controle: as pessoas evitam a ansiedade por causa da avaliação que fazem de suas consequências indesejáveis, como "não vou suportar", "vou perder o controle" (Hayes et al., 2006).

Comportamentos governados por algumas regras verbais são rígidos e inflexíveis e tentar mudar essas regras, ou pensamentos, é improdutivo, porque o evento verbalmente interpretado é o resultado do evento em si mais a interpretação feita. Sob o ponto de vista da ACT/RFT, o problema não é o pensamento ou a regra em si, mas o modo como as pessoas se relacionam com eles. O problema é assumir o pensamento como se realidade fosse. Isso é a fusão entre o pensamento e a realidade, em que as construções verbais e cognitivas substituem o contato direto com eventos e as pessoas interagem com pensamentos em vez de interagir com o mundo real. O ato de pensar e o mundo sobre o qual se pensa não são a mesma coisa (Hayes, Barnes-Holmes e Roche, 2001).

A ACT busca a flexibilidade psicológica, conceituada como habilidade para contatar o momento presente de forma plena e consciente, e mudar ou persistir em um determinado pensamento conforme sua funcionalidade para atender objetivos finais valorizados pela pessoa. Na busca dessa flexibilidade, a linguagem é ativamente utilizada, de forma não linear e centrada na função dos comportamentos clinicamente problemáticos (a que serve essa emoção, esse impulso, esse comportamento?), não apenas na forma desses comportamentos (esse pensamento é lógico? Com que frequência ocorre?) (Luoma, Hayes e Walser, 2007). Nesse processo são utilizados paradoxo, metáforas, histórias, exercícios, tarefas comportamentais e processos experienciais. Instruções diretas e analises lógicas também são utilizadas, mas de modo conservador. As mudanças comportamentais desejadas acontecem de forma rápida porque, em geral, é modificada a função das redes relacionais da linguagem e não a sua forma. Assim, não é necessário remover respostas condicionadas de longa data, porque o paciente aprende a conviver com elas (Hayes et al., 1999).

A terapia é entendida como uma comunidade verba/social na qual as contingências que sustentam a fusão cognitiva e a esquiva experiencial são removidas em favor de outras contingências que sustentam comportamentos relevantes para a ACT. E a relação terapêutica tem importância central, competindo ao terapeuta praticar, modelar e reforçar aquilo que ensina ao paciente (Hayes et al., 2006). A prática clínica utiliza os processos de aceitação e conscientização, que favorecem a obtenção da flexibilidade psicológica. Os recursos para alcançar esses objetivos vêm das terapias comportamental tradicional, cognitivo-comportamental, experiencial, gestalt e de outras tradições fora do paradigma da saúde mental, como conscientização e Zen budismo (Hayes et al., 2006).

As possibilidades de aplicação da ACT abrangem múltiplas situações em psicologia clínica e da saúde. Cada protocolo de intervenção passível de ser desenvolvido consiste em uma ampla variedade de técnicas nos domínios dos seis processos centrais da ACT que são: aceitação, defusão, estabelecimento do *self* como contexto transcendente, contato com o momento presente e consciente, valores escolhidos e crescente construção de ações comprometidas ligadas a esses valores. Esses processos são sobrepostos e inter-relacionados como uma unidade, se autossustentam e visam a flexibilidade psicológica (Hayes et al., 2004). A seguir, uma definição sumária desses processos:

1. Aceitação – Acolhimento de pensamentos, sentimentos e sensações corporais à medida que ocorrem, com tomada de consciência acerca da experiência presente, de forma plena e sem julgamento. O paciente é exposto de modo experiencial aos efeitos paradoxais da tentativa de controlar pensamentos e sentimentos, com ênfase na diferença entre os resultados inúteis que ele alcança nessa situação e o resultado positivo alcançado quando usa esse mesmo repertório em outras áreas da vida. A aceitação é treinada no contexto de eventos privados difíceis, quando o paciente aprende que é possível vivenciar sentimentos ou sensações corporais intensos sem que danos reais aconteçam. O paciente aprende também, por meio de pequenos passos, metáforas e exercícios, a diferenciar a aceitação ativa e consciente da tolerância e da resignação.

2. Defusão cognitiva (separação) – A defusão quebra a fusão entre pensamento e mundo real como se formassem uma coisa única.

São reveladas as propriedades escondidas da linguagem e o modo arbitrário pelo qual as pessoas tentam dar sentido a eventos internos e construir uma coerência entre eles, fundindo pensamentos e realidade. Por meio da defusão, os contextos que sustentam as funções decorrentes da aprendizagem relacional, e nos quais pensamentos ocorrem, são modificados de modo a reduzir o impacto e a importância de eventos privados aversivos (ver Hayes, Barnes-Holmes e Roche, 2001). Os exercícios interventivos quebram o significado literal da linguagem, quando o paciente aprende a observar o significado experiencial ao aceitar o pensamento, observar o paradoxo inerente e usar técnicas de conscientização plena. O pensamento passa a ser reconhecido como pensamento, as memórias como memórias e as sensações físicas como sensações físicas. O paciente reconhece também que nenhum evento privado é deletério ao bem-estar humano quando experienciado como aquilo que realmente é. A nocividade percebida deriva de vê-los como experiências más que parecem ser e que precisam ser controladas e eliminadas.

3. *Self* como contexto – Eventos privados como pensamentos, sentimentos, memórias e sensações acontecem no contexto do *self*. De acordo com a RFT, o conceito de "eu" emerge de um conjunto de relações contextuais, no qual o significado de uma palavra é contextualmente vinculado e depende de outro, como eu e você, lá e cá, dentro e fora (Hayes, 1984; Hayes et al., 2001). Assim, o sentido de "self" é um contexto ou uma perspectiva para o conhecimento verbal – não o conteúdo desse conhecimento em si – e seus limites não são conscientemente percebidos. Se o paciente aprende a reconhecer o *self* como o contexto no qual essas relações acontecem, ele pode estar consciente do fluxo de suas experiências sem se apegar a essas experiências ou a uma delas em particular. Nesse contexto, o conteúdo da conscientização não é ameaçador e isso favorece a defusão e a aceitação. A intervenção usa procedimentos que incluem conscientização/meditação, exercícios experienciais e metáforas.

4. Estar presente – É o contato efetivo, pleno e não defensivo com o momento presente. O paciente é treinado a (a) observar e notar o que ocorre no ambiente externo e na experiência privada e (b) nomear e descrever esses eventos, sem julgamento ou avaliação excessiva. Ele aprende a entender o *self* como um processo contínuo de conscientização de eventos e experiências (por exemplo, agora eu estou sentindo isso; agora eu estou pensando aquilo). São removidas a fusão e a esquiva emocional, que interferem com o "estar presente", e o paciente entra em contato com eventos reais, no aqui e agora, ao invés de contatar o mundo estruturado pelos produtos do pensamento. Nesse processo, acontecem aceitação, defusão, *self* como contexto e contato com o momento presente.

5. Valores – O paciente aprende a diferenciar as escolhas e os julgamentos racionais e a escolher valores selecionados por ele próprio. Ele define o que deseja para si nos diferentes aspectos da vida, como família, carreira, amizades, saúde e espiritualidade; e age diretamente na construção de uma vida mais ativa e plena de propósitos. Os valores escolhidos funcionam como guia na construção dos padrões de vida; e as barreiras para alcançar esses valores, em geral psicológicas, podem ser administradas por aceitação, defusão e o estar presente.

6. Ação comprometida – A partir de objetivos definidos em áreas específicas e compatíveis com os valores pessoais, o paciente assume o compromisso e a responsabilidade de criar novos padrões de ações para alcançar seus objetivos. As barreiras psicológicas são antecipadas e administradas. Os processos de defusão, aceitação, valores e ação comprometida auxiliam o paciente a aceitar a responsabilidade pelas mudanças necessárias. As áreas (ou as respostas) entendidas como mutáveis são o foco para mudança (por exemplo, comportamento explícito) e as áreas (ou

respostas) nas quais a mudança não é útil ou possível, são o foco para aceitação/conscientização (por exemplo, obsessão pura). As intervenções comportamentais em geral incluem psicoeducação, solução de problemas, tarefas comportamentais, construção de habilidades, exposição e outras intervenções desenvolvidas na primeira e na segunda geração de terapias comportamentais.

A flexibilidade psicológica, alcançada por meio desses seis processos, pode ser assim resumida:

a) dada a distinção entre você como ser humano consciente e o conteúdo psicológico que está sendo combatido (*self* como contexto);
b) você deseja experienciar aquele conteúdo em sua totalidade, sem defesa ou julgamento (aceitação);
c) como ele é e não como é dito que ele seja (defusão) e
d) fazer aquilo que te leva em direção (ação comprometida) a
e) seus valores escolhidos
f) agora e nessa situação (contato com o momento presente).

AS PRIMEIRAS APLICAÇÕES CLÍNICAS

Wolpe, nos anos de 1940, foi precursor do uso de técnicas interventivas em terapia comportamental que incluíam Relaxamento Muscular, Dessensibilização Sistemática, Treinamento da Assertividade e Parada do Pensamento (Lazarus, 1997). Essas técnicas, estudadas e aprimoradas em laboratórios e em diferentes contextos desde seu início, são utilizados, em combinação ou isoladamente, no tratamento de diferentes transtornos psicológicos e psiquiátricos, em especial os transtornos da ansiedade.

Ansiedade é uma resposta reconhecida pelos sintomas e de conceitualização complexa. Basicamente, é uma resposta de proteção iniciada quando o organismo detecta uma real ou potencial ameaça e aciona o Sistema Nervoso Autônomo Simpático (SNAS), que estimula a liberação de adrenalina e noradrenalina. Essas catecolaminas promovem alterações fisiológicas que viabilizam as respostas de luta e fuga do organismo, como o aumento da taxa cardíaca, a constrição de vasos da pele, a redução da atividade gastrointestinal, o aumento da taxa respiratória, a estimulação das glândulas sudoríparas e a dilatação das pupilas. Ao circular pelo organismo, as catecolaminas funcionam como informantes ao SNAS de que o perigo persiste e, assim, sua produção não apenas persiste como aumenta até que o ciclo seja interrompido. A interrupção ocorre quando as catecolaminas são destruídas por outras substâncias químicas presentes no organismo ou por interferência das atividades do Sistema Nervoso Autônomo Parassimpático (SNAP) que, quando ativado, atua em oposição ao SNAS, promovendo o equilíbrio do organismo. Depois de terminado o estímulo gerador da ansiedade, uma sensação de inquietude e desconforto generalizado ainda pode ser percebida, até que as catecolaminas liberadas sejam metabolizadas e eliminadas. Esse processo acontece naturalmente, depois de certo tempo de atividade simpática, quando o organismo aciona a atividade parassimpática, impedindo que a ansiedade aumente de modo descontrolado. As técnicas de relaxamento e redução de ansiedade induzem a atuação do SNAP e levam o organismo a um estado de conforto e bem-estar (Taylor, 1995).

Técnicas de relaxamento

O relaxamento é um processo psicofisiológico que envolve respostas somáticas e autônomas, informes verbais de tranquilidade e bem-estar e estado de aquiescência motora. É um processo de aprendizagem que inclui o controle da respiração em situações estressantes e o reconhecimento e posterior relaxamento da tensão muscular.

O treino de respiração é utilizado como etapa preliminar ao treino em relaxamento ou como prática única. O paciente aprende padrões de baixas taxas de respiração; inspiração e expiração profundas e amplas e respiração diafragmática. Esse padrão estimula o controle parassimpático sobre o funcionamento cardiovascular, alterando o ritmo cardíaco associado à fase inspiratória e expiratória de cada ciclo respiratório (Vera e Vila, 1996). Essa técnica é especialmente útil no tratamento dos transtornos da ansiedade devido à frequente alteração respiratória observada nos portadores desses transtornos. No ataque de pânico, por exemplo, ocorrem mudanças respiratórias que provocam medo devido a suas próprias características ou aumentam o medo já desencadeado por algum outro estímulo fóbico (Pfaltz, Michael, Grossman, Blechert e Wilhelm, 2009; Craske, Rowe, Lewin e Noriega-Dimitri, 1997). O treino respiratório distrai e dá ao paciente um senso de controle sobre o próprio organismo.

A técnica de relaxamento mais utilizada na clínica comportamental, como técnica única ou associada, é o relaxamento muscular progressivo desenvolvido por Jacobson em 1924, adaptado e integrado aos procedimentos e técnicas psicológicas por Wolpe (Wolpe, 1980). O relaxamento progressivo consiste em tensionar e relaxar diferentes grupos musculares, de modo a alcançar um estado de conforto e bem-estar. O terapeuta guia o paciente durante os exercícios para ele aprenda os movimentos, o ritmo e a sequência. Depois ele é orientado a fazer o exercício em casa, utilizando um roteiro escrito ou gravado em áudio, e manter a prática do relaxamento como rotina do processo terapêutico.

A apresentação da técnica de relaxamento ao paciente deve ser feita no contexto da psicoeducação, quando o terapeuta explica

a) a fisiologia do relaxamento e sua relação com a queixa clínica do paciente e com os objetivos da terapia;
b) o procedimento em si e a
c) relevância do treino em casa para domínio maior da técnica e consequente obtenção de maior benefício (Vera e Vila, 1996). É

importante que o paciente compreenda a relação de suas queixas com o estresse e a ansiedade, o processo fisiológico da ansiedade e a relação entre os estados de relaxamento e o SNAP, descritos neste capítulo.

O relaxamento é utilizado na técnica de dessensibilização sistemática como inibidor da ansiedade (Wolpe, 1980) e também em outros contextos clínicos, como no tratamento de casos psicóticos (Bauml, Frobose, Kraemer, Rentrop e Pitschel-Walz, 2006).

Aplicações em psicologia da saúde incluem o manejo comportamental da dor, preparação do paciente para procedimentos médicos invasivos, tratamento da hipertensão arterial, manejo do estresse e treino de diabéticos para automonitoração e aplicação de insulina (Brannon e Feist, 2009).

Considerando que altos níveis de estresse psicológico entre portadores de HIV é associado com altos níveis de anticorpos circulantes do vírus da herpes (HSV-2), Cruess e colaboradores (2000) utilizaram técnicas de relaxamento durante 10 semanas para manejo da ansiedade e estresse entre homens infectados por HIV e com altos níveis de HSV-2. Foi alcançada significativa redução dos níveis de ansiedade e de HSV, comparados com pacientes de uma lista de espera.

Embora a maioria dos pacientes aprenda rápido o uso da técnica, relate alto grau de relaxamento e diferentes estudos controlados atestem sua eficácia (ver Brannon e Feist, 2009), algumas pessoas mostram-se resistentes ou não gostam de fazer o exercício. Nesses casos, é preferível usar outra técnica, pois a compreensão da relevância, a boa resposta e a aceitação são partes essenciais do processo. Além disso, é papel do terapeuta acolher o paciente em suas peculiaridades, incluindo as dificuldades em aceitar algumas técnicas.

Há diferentes versões de técnicas de relaxamento progressivo adaptadas do trabalho de Jacobson e ainda outras como o relaxamento autógeno de Shultz e técnicas de meditação e de auto-hipnose (Davis, Eshelman e McKay, 1996; Horn, 1986;

Sandor, 1982). A seguir, será descrito um procedimento adaptado do Relaxamento Muscular Progressivo de Jacobson (Jacobson, 1993), possível de ser realizado durante uma sessão de uma hora.

Relaxamento muscular progressivo de Jacobson

O ambiente sugerido para a prática do relaxamento deve ser tranquilo, apenas com

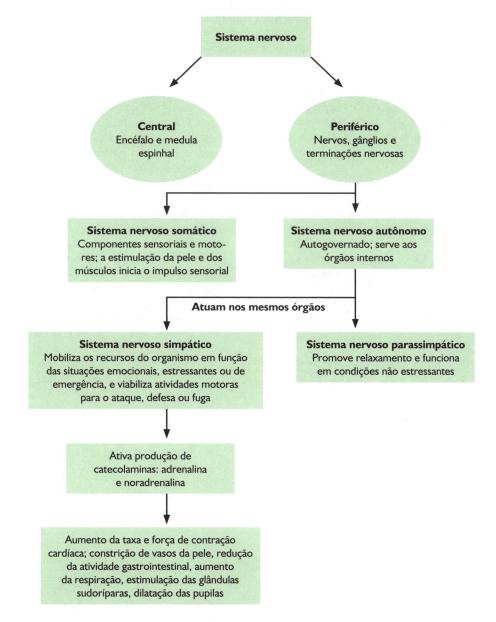

FIGURA 13.1
Sistema nervoso e a complexa fisiologia do estresse.

ruídos típicos de um consultório ou de um quarto de dormir, temperatura em torno dos 24 graus, com iluminação suave e indireta. O paciente deve ser posicionado em uma poltrona ou divã confortável, com apoio para pés e para a cabeça, e deve estar usando roupas e sapatos confortáveis. O terapeuta deve sugerir ao paciente que fique a vontade para retirar ou afrouxar gravata, blazer, cinto, sapatos, óculos ou qualquer peça incômoda. A voz do terapeuta deve apresentar tom e intensidade mais baixos e pausados que o usual, adequados ao procedimento de contração e descontração muscular. Quando o objetivo é obter um estado de relaxamento profundo, ou estado hipnótico, a voz do terapeuta faz-se gradualmente mais lenta e baixa.

O terapeuta apresenta a técnica, usando as explicações fisiológicas, justifica o uso e o benefício esperado para o paciente e esclarece possíveis dúvidas. Começa o processo explicando a importância da respiração diafragmática e mostra a diferença entre a respiração peitoral curta e superficial, típica de pessoas tensas, ansiosas e cansadas e a respiração lenta e profunda, chamada diafragmática. Colocando a mão sobre o próprio estômago, o terapeuta demonstra ao paciente os movimentos realizados na respiração diafragmática e na respiração peitoral, de modo que o paciente possa ver, nos dois casos, o movimento do abdome e do peito durante a respiração. Após a explanação, começam as instruções do exercício propriamente dito: "Feche os olhos e vamos começar pela respiração. Preste atenção no ar entrando e saindo de seu corpo. Respire lenta e profundamente, concentrando em seu diafragma. Imagine que há um balão em seu abdome e um canudinho no nariz que irá conduzir o ar para encher suavemente o balão enquanto você inspira, e esvaziá-lo ainda mais suavemente enquanto você expira. Preste atenção apenas em seu corpo e em sua respiração, cada vez mais lenta e profunda".

"Agora, vamos iniciar o relaxamento dos grupos musculares. Associe a respiração aos movimentos: ao contrair, inspire;

ao relaxar, expire; e ao expirar elimine todo resíduo de ar antes de inspirar novamente. Esteja atento agora à diferença entre o estado de tensão e de relaxamento de seus músculos. A cada relaxamento, imagine seus músculos lânguidos, lisos e mornos. Faca isso acompanhando sempre o comando da minha voz. [Cada movimento será repetido duas vezes ou mais, se for observada evidência de tensão no grupo muscular trabalhado.] Vamos começar:

1. Estenda os dois braços com os cotovelos voltados para baixo e as mãos fechadas voltadas para fora; contraia fortemente os músculos dos braços e mãos. A seguir, libere a tensão lentamente, prestando atenção nos músculos, e volte os braços e mãos à posição inicial de repouso. Atente para a sensação de relaxamento, libere toda tensão de seus músculos. Sinta os braços e mãos soltos, sinta o contato deles com a superfície da poltrona; sinta o peso dos seus braços e mãos. [As duas últimas frases serão incluídas ao final de cada passo, substituindo "braços" e "mãos" pela parte do corpo trabalhada, até o passo 6.]
2. Flexione os dois braços com os cotovelos para baixo, os pulsos cerrados voltados para cima e puxe em direção ao peito, como se estivesse puxando uma barra pesada. Sinta a contração dos músculos e a seguir retorne lentamente à posição original.
3. Estenda as duas pernas o máximo possível, com os pés estendidos apontando para frente e dedos voltados para cima. Relaxe lentamente.
4. Flexione os joelhos e traga as pernas em direção ao estômago. Dobre tanto quanto puder e volte lentamente à posição original.
5. Pressione as panturrilhas para baixo, sinta a pressão até os músculos das nádegas, e volte lentamente.
6. Contraia as nádegas. Relaxe lentamente
7. Levante os ombros em direção às orelhas, tão alto quanto possível. Relaxe. [Repita

o exercício realizando movimento dos ombros para trás, e para frente.]

8. Gire o pescoço para a direita, o máximo que puder. [Repita o exercício realizando movimento do pescoço para a esquerda, para trás contraindo a nuca e para frente, com o queixo em direção ao peito.]

9. Empurre as sobrancelhas em direção à raiz dos cabelos o máximo possível. Relaxe lentamente e imagine sua testa lisa, o rosto plácido.

10. Contraria as pálpebras ao máximo e contraia o nariz, como fazendo uma careta. Relaxe lentamente e imagine suas pálpebras lisas, o nariz liso, o rosto plácido.

11. Contraia a mandíbula. Relaxe. Empurre a raiz superior interna dos dentes com a ponta da língua. Relaxe. Faça o mesmo com os dentes inferiores. Pressione os lábios um contra o outro. Relaxe, sinta o rosto todo liso e sereno.

12. Sinta o contato de seu corpo contra a superfície onde está sentado; sinta o peso do corpo. Sinta que está em total estado de repouso. Solte totalmente o corpo nesta posição... Sinta o peso do seu corpo morno, sereno, repousado e confortável.

13. Imagine uma cena confortável e aconchegante [com frequência, o terapeuta opta por um guia de imagens, a partir do qual ele descreve a cena para que o paciente visualize].

14. Volte sua atenção ao corpo, sinta o contato do corpo com a área da poltrona. Movimente suas mãos... movimente os pés... movimente o pescoço... e abra os olhos."

Um trabalho de Penava e colaboradores (1998) ilustra o uso do relaxamento no tratamento de portadores de síndrome do pânico em 12 sessões de intervenção. Foram associados o treinamento em respiração diafragmática e relaxamento com exposição interoceptiva, reestruturação cognitiva e exposição ao vivo. Os resultados mostraram significativa redução dos sintomas desde as quatro primeiras sessões, quando haviam sido introduzidas as quatro primeiras técnicas. No controle da dor, Syrjala, Donaldson, Davis, Kippes e Carr (1995) compararam a eficácia de quatro tipos de intervenção para manejo da dor em pacientes de câncer submetidos a transplante de medula óssea:

a) tratamento tradicional;
b) suporte terapêutico;
c) relaxamento e guia de imagens;
d) relaxamento, guia de imagens e treinamento em habilidades de enfrentamento.

Os resultados mostraram que os dois grupos que receberam treino em relaxamento relataram menos dor do que os outros dois. Esses dois estudos apontaram a redução da ansiedade e do medo como variáveis relevantes no sucesso das intervenções.

Dessensibilização sistemática

A dessensibilização sistemática foi desenvolvida experimentalmente para tratar respostas de ansiedade (Wolpe, 1980) e evoluiu com grande aceitação nas décadas de 1970 e 1980. O processo subjacente à dessensibilização é a inibição recíproca da ansiedade, que acontece quando se estabelece no organismo uma resposta incompatível com ela, que é o relaxamento. A remoção ou o enfraquecimento da ansiedade pelo processo de inibição recíproca é a supressão condicionada, que acontece quando dois estímulos competitivos entre si estão presentes na mesma situação. Quando uma resposta antagônica à ansiedade é estabelecida na presença do estímulo que evoca a ansiedade, fazendo com que essa resposta seja acompanhada da supressão parcial ou total da ansiedade, o elo entre o estímulo desencadeador e a ansiedade é enfraquecido (Raich, 1996; Thorpe e Olson, 1997; Wolpe, 1980).

Ao iniciar a dessensibilização sistemática, o paciente é levado a um bom grau de relaxamento, quando então será exposto, por visualização ou ao vivo, aos estímulos ou às situações temidas. Wolpe (1980) aponta três passos para treinamento básico do paciente antes de iniciar a dessensibilização sistemática:

a) treino em técnicas de relaxamento;
b) treino no uso da escala de ansiedade Escala de Unidades Subjetivas de Desconforto – USDs;
c) construção da hierarquia de medos, do estímulo que elicia maior medo e ansiedade para o estímulo que elicia menos medo e ansiedade, segundo a USDs.

A técnica de relaxamento utilizada deve ser aquela que se mostrar eficaz para o paciente. A técnica mais utilizada e sugerida por Wolpe (1982) é o relaxamento muscular progressivo de Jacobson (1993) em uma de suas adaptações. O nível de ansiedade é estimado com o uso da USDs, uma escala verbal graduada de 0-100, que permite quantificar os níveis de ansiedade percebidos pelo paciente diante de diferentes situações ou estímulos endógenos (tonteira, náusea) ou exógenos (uma barata na sala). O treinamento do paciente no uso dessa escala consiste em solicitar a ele que identifique a mais ansiogênica dentre as situações temidas, à qual será atribuído grau 100. As demais situações serão igualmente avaliadas até a menos ansiogênica. A tabela abaixo oferece um referencial de valores para graduar a ansiedade na USDs:

00 = nenhuma ansiedade
25 = ansiedade discreta
50 = ansiedade moderada
(baixa concentração percebida)
75 = ansiedade alta
(pensamentos de fuga)
100 = pior ansiedade experimentada
ou imaginada

Após a graduação de todas as situações temidas, terapeuta e paciente constroem juntos a hierarquia da ansiedade, conforme o nível de desconforto desencadeado por cada situação, segundo a ordem e a lógica estabelecidas pelo paciente. Ainda em comum acordo, terapeuta e paciente decidem se iniciam o programa pela situação mais ou menos temida. Essa escolha requer análise das características e expectativas do paciente, da queixa e do contexto no qual ele está inserido. Em geral, inicia-se por situações menos ou medianamente temidas e, ao ser bem-sucedido nelas, o paciente tem *feedback* positivo para enfrentar situações mais difíceis. O paciente guia a construção da hierarquia, pois a lógica e a sequência descritas por ele nem sempre são aquelas esperadas ou imaginadas pelo terapeuta.

A dessensibilização propriamente dita começa com o exercício de relaxamento, para levar o paciente a um nível muito baixo ou nulo de ansiedade (zero a 2, em uma escala de 0-10, por exemplo). Nesse ponto, o terapeuta introduz a primeira cena ansiogênica, descrita em detalhes. O paciente é orientado a sinalizar com um dedo quando experimentar qualquer ansiedade durante a visualização da cena. Diante do sinal, o terapeuta interrompe a imagem, pede ao paciente para estimar o grau de ansiedade percebido e retorna aos comandos de relaxamento. O terapeuta observa a respiração e as respostas corporais do paciente e, ao reconhecer que está novamente relaxado, pergunta o quanto de ansiedade está experimentando. Se ainda houver ansiedade, continua com o relaxamento; se a ansiedade for zero ou muito baixa, o terapeuta reintroduz a cena no ponto onde interrompeu e segue nesse procedimento até que o paciente possa visualizar a cena completa, sem ansiedade. Assim, a cena não será visualizada enquanto o paciente estiver em estado de medo ou ansiedade. Ao final do processo, deverá ter ocorrido o contracondicionamento, ou seja, o organismo estará dessensibilizado para o estímulo inicialmente aversivo, que não terá mais controle sobre a resposta de ansiedade. Se houver dificuldade para o relaxamento, se a hierarquia estiver inadequadamente construída ou se as imagens forem pouco claras ou mal descritas, a dessensibilização pode não acontecer.

Estudos e relatos clínicos sobre o uso da dessensibilização sistemática foram substancialmente reduzidos na literatura comportamental a partir dos anos de 1980, embora as publicações até então mostrassem os benefícios do uso da técnica. Interessados em investigar a queda de publicação sobre o tema, McGlynn, Smitherman e Gothard (2004) revisaram a literatura e conduziram um estudo junto a comportamentalistas clínicos. Os resultados mostraram que possivelmente (a) problemas metodológicos encontrados nos trabalhos submetidos para publicação em revistas especializadas somados ao (b) surgimento de técnicas novas com objetivos equivalentes, em especial as técnicas cognitivo-comportamentais, tenham minado o uso e divulgação da técnica naqueles anos. Entretanto, a dessensibilização sistemática continua em uso, embora muitas vezes seja preterida em favor da exposição clássica, descrita adiante. Nossa prática mostra que alguns pacientes ou algumas queixas evoluem melhor com o uso dessa técnica do que com qualquer das outras opções, em especial quando o nível de ansiedade é muito alto ou a rejeição ao estímulo temido é extrema.

Treino de assertividade

O treinamento do comportamento assertivo tem o objetivo de ensinar formas socialmente adequadas para expressão verbal e motora de emoções. A prática assertiva inclui a expressão de afetos e opiniões de modo direto e a conquista de um tratamento justo, igualitário e livre de demandas abusivas. O princípio teórico pressupõe que o medo inibe respostas sociais espontâneas e naturais, e faz com que a pessoa deixe de expressar suas emoções, evite contatos visuais diretos e tema apresentar suas opiniões ao outro. A expressão das emoções, especialmente da raiva, reduz a ansiedade pelo processo da inibição recíproca, de modo que a emissão de respostas mais assertivas nas relações sociais implicam gradual extinção de respostas de ansiedade (Thorpe e Olson, 1997).

No treinamento assertivo, o paciente é orientado a emitir respostas adequadas em situações específicas, ou é treinado por meio de ensaio comportamental que inclui:

1. Psicoeducação sobre o conceito de comportamento assertivo e treino no reconhecimento de respostas assertivas, agressivas e passivas.
2. Identificação de situações nas quais o paciente inibe respostas positivas de autoexpressão, mostrando submissão inadequada ou agressividade.
3. Treino de respostas adequadas em procedimento de ensaio comportamental (*role-playing*), reproduzindo situações da vida real que geram desconforto. O paciente assume o papel de um agente social diante do qual ele costuma emitir respostas não assertivas, enquanto o terapeuta assume o papel do paciente e emite exemplos de respostas adequadas e assertivas. Após o exemplo oferecido pelo terapeuta, os papéis são invertidos para que o paciente tenha a oportunidade de ensaiar ouvindo a própria voz emitindo expressão direta e apropriada das suas emoções. Dentre os pontos relevantes destacados pelo terapeuta, Dow (1996) aponta como os mais importantes:

   a) Emitir demandas adequadas à situação, ao nível de intimidade e ao tipo da relação com o interlocutor;
   b) Usar tom de voz apropriado, claro e calmo, para evitar respostas defensivas do interlocutor, eliciadas por um tom agressivo ou impróprio. O tom apropriado favorece a resposta de aceitação do outro e a disposição para o diálogo;
   c) Expressar os próprios sentimentos na situação, ao invés de apontar comportamentos inadequados dos outros. Por exemplo, dizer "eu me sinto constrangido ao ouvir esse tipo de comentário sobre minha pessoa", ao invés de dizer "você está sendo inadequado ao me dizer isso";
   d) Descrever claramente o que deseja da outra pessoa, ao invés de apenas sugerir sua vontade. Dizer, por exemplo, "eu gostaria que, quando precisasse

de auxílio em seu trabalho, você me perguntasse se posso ajudá-lo antes de passar suas tarefas para mim", ao invés de dizer "estou com serviço demais esses dias, ando tão cansado...";

e) Evitar suposições sobre possíveis motivos que outros teriam para tratá-lo de uma ou de outra maneira; a suposição assume que motivo do outro é conhecido e isso leva a enganos, impede o diálogo e o esclarecimento.

4. *Feedback* de respostas verbais e expressivas. As possíveis consequências do comportamento assertivo do paciente são antecipadas, de modo que ele se assegure de que saberá fazer a melhor opção no manejo e o melhor uso dos resultados de seu comportamento. O uso de filmagem é especialmente útil neste treino porque permite ao paciente observar a expressão de seu rosto, o tom e a altura da voz, a direção do olhar e suas reações diante da postura do interlocutor. Na ausência do vídeo, a gravação em áudio é uma alternativa que permite ao paciente ouvir a entonação da voz, tendo um *feedback* da firmeza, da fluência, das pausas e da respiração utilizadas.

5. Experimentação programada no ambiente natural em que as situações indesejáveis ocorrem.

6. Apresentação de *feedback* ao paciente, para determinação da eficácia do procedimento, com análise dos antecedentes, características da resposta emitida e seus consequentes.

O treinamento assertivo, associado ao relaxamento, costuma ser utilizado em composição com outras técnicas no tratamento da fobia e da ansiedade social.

Parada do pensamento

A presença de pensamentos irreais ou improdutivos muitas vezes demanda comportamentos compulsivos ou de esquiva e dificulta a realização de tarefas desejáveis. O paciente em geral queixa-se de "não conseguir parar de pensar". Esses pensamentos podem ser *flashbacks*, como observado no transtorno do estresse pós-traumático; preocupações excessivas e desgastantes sobre eventos ameaçadores, como a segurança de filhos que estejam em viagem; ou outros pensamentos intrusivos, típicos do transtorno obsessivo-compulsivo.

A técnica, iniciada nos anos de 1920 por Bain, foi atualizada e aprimorada por Wolpe para o treino do autocontrole (Raich, 1996). O procedimento consiste em formular o pensamento indesejável em detalhes e pedir ao paciente que se engaje atentamente nesse pensamento e que sinalize que ele está em curso. O terapeuta então ordena repentinamente em tom de voz alto e firme: "Pare!", enquanto bate palmas ou bate as mãos em uma mesa. O objetivo é surpreender o paciente com o tom alto da voz ou o barulho da mesa e competir com o curso do pensamento. O terapeuta então pergunta ao paciente se ele continua com o mesmo pensamento. Provavelmente ele dirá que não, porque o comando o surpreendeu e o distraiu. O terapeuta pede que ele retome o mesmo pensamento e que informe com que facilidade conseguiu fazê-lo. Em geral o paciente verbaliza que é difícil voltar a pensar da mesma forma após o episódio. O procedimento é repetido diversas vezes e, após o treino, o terapeuta solicita ao paciente que ele próprio tente o comando, inicialmente em voz alta como fez o terapeuta e, depois, subvocalmente. Na sequência, o comando de "Pare" deve ser emitido tão logo o pensamento surja, de modo a impedir sua evolução (Calhoun e Resick, 1993; Wolpe, 1980). Uma variação dessa técnica consiste em estabelecer uma sequência de três passos a ser seguido pelo paciente:

a) emitir o comando "Pare";
b) fazer a respiração diafragmática, lenta e profunda para relaxamento;
c) criar uma imagem prazerosa (Raich, 1996).

Essa sequência associa o reforçamento positivo obtido pelo relaxamento e pela visualização, com o reforçamento negativo obtido pela remoção do pensamento.

Aplicações cognitivo-comportamentais

O aprimoramento dos estudos empíricos favoreceu o desenvolvimento de novas técnicas e adaptações de outras já conhecidas, que formam o acervo da terapia cognitivo-comportamental. Essas técnicas incluem o Treino de Autoinstrução e o Treino de Inoculação de Stress iniciados a partir dos estudos de Donald Meichenbaum na década de 1970; Treino na Solução de Problemas e Treino em Habilidades Sociais; Exposição; Exposição e Prevenção de Respostas; e Exposição Interoceptiva iniciadas por Meyer na década de 1960 (Thorpe e Olson, 1997).

Autoinstrução

O Treino de Autoinstrução é uma versão experimental da Terapia Racional-Emotiva de Ellis, na qual o paciente é treinado a desenvolver pensamentos adequados à situação vivenciada e realísticos quanto às possíveis consequências do comportamento emitido (Thorpe e Olson, 1997). Por exemplo, um paciente com ansiedade social que teme perguntar o preço de um produto em um estabelecimento comercial, temeroso de incomodar o vendedor, seria treinado na seguinte autoinstrução: "Se eu perguntar o preço, independente de comprar, estarei exercendo meu papel de consumidor e o vendedor, seu papel de comerciante. O mais provável é que ele me responda com naturalidade, pois é isso o que ele faz o dia todo, todos os dias. Se ele estiver mal-humorado e demonstrar desagrado, posso simplesmente sair da loja. O que mais poderia acontecer? Que consequência poderia eu de fato temer? Que evidência há de que algo muito ruim pode ocorrer nessa situação?".

Hagopian e Ollendick (1993) apresentam cinco passos básicos para o tratamento de fobia simples em crianças, usando a autoinstrução combinada com outras técnicas:

1. Modelação cognitiva – Diante do estímulo temido, ou visualizando o estímulo temido, o terapeuta fala a si próprio e em voz alta sobre como enfrentar o estímulo;
2. Reprodução do modelo – A criança, que assistiu a cena, reproduz o mesmo comportamento verbal sob a orientação do terapeuta;
3. Treino em autoinstrução – A criança desempenha o mesmo comportamento enquanto orienta a si própria em voz alta;
4. Esvanecimento – A criança repete o passo anterior apenas sussurrando para si própria a orientação que deve seguir;
5. Autoinstrução – A criança desempenha o comportamento usando apenas autoinstrução silenciosa.

A autoinstrução é utilizada em combinação com vários procedimentos delineados para alterar percepções, pensamentos, imagens e crenças, através da manipulação e da reestruturação de cognições não adaptativas. Partindo do pressuposto teórico de que cognições não adaptativas levam a comportamentos também não adaptativos, modificações nas cognições devem levar, por consequência, a modificações comportamentais.

Dentre as principais aplicações da técnica estão o tratamento da ansiedade para falar, da impulsividade e da hiperatividade infantil, a modificação de comportamentos inadequados de portadores de esquizofrenia e de fobias. Hagopian e Ollendick (1993) trataram um menino de 9 anos com fobia de cachorro desenvolvida após o ataque de um cão enquanto ele andava de bicicleta seis meses antes, quando sofreu várias mordidas e arranhões. Depois disso, ele se recusou a se aproximar do local do ataque, andar de bicicleta e ter contato com cachorros. Os autores combinaram as técnicas de dessensibilização sistemática com exposição ao vivo, treino em relaxamento e treino em autoinstrução. Seguindo a hierarquia de medo (SUDs), a criança inicialmente era acompanhada dos pais para caminhar a uma quadra de distância do local do ataque. Depois, realizando relaxamento e autoinstrução, a criança foi introduzida nos outros passos da hierarquia, ainda acompanhada dos pais que apresentavam reforço positivo pelo sucesso progressivo. Ao final de 10 sessões, a criança já pedalava e caminhava sozinha pelo local onde sofrera o ataque e acariciava um cachorro na presença dos pais. Embora ainda referisse medo de cães, ele não mostrava sintomas fóbicos e mantinha os ganhos seis meses após o tratamento, quando foi realizado o *follow-up*.

Inoculação do estresse

O estresse é uma relação entre a pessoa e o ambiente, que ela avalia como exigente ou excedente a seus recursos pessoais de enfrentamento e ameaçador de seu bem-estar (Lazarus e Folkman, 1984). Variáveis cognitivas influenciam a interpretação dada ao evento, que é mais relevante do que o evento propriamente dito. A percepção da ameaça contida na situação, a vulnerabilidade da pessoa e sua habilidade de enfrentamento definem a ocorrência e o nível do estresse. A técnica de inoculação de estresse consiste no treinamento do paciente para vivenciar antecipadamente uma situação estressante, de modo que ele desenvolva recursos pessoais de enfrentamento a ser utilizado durante uma situação real temida. O treinamento é programado conforme a queixa, as características e as necessidades de cada paciente, e realizado em três etapas (Thorpe e Olson, 1997):

1. Preparação – Psicoeducação sobre conceito e etiologia da ansiedade e do medo. Treino em identificação e compreensão das respostas físicas, comportamentais e cognitivas da ansiedade, bem como da interação entre essas respostas. Discussão do papel dos padrões de pensamento na produção e na manutenção de emoções desprazerosas e comportamentos disfuncionais.

2. Treino em habilidades básicas – Primeiro, o paciente antecipa a situação e descreve o evento estressante. Aprende e ensaia respostas adequadas de autoinstrução para enfrentamento dessas situações e sobre a maneira mais adequada de conduzir a sequência de fatos previsíveis. Depois, antecipa o aumento de estresse até o nível considerado máximo; e segue com autoinstrução sobre a forma adequada de manejar essa situação até conseguir administrá-la. O treinamento de habilidades para manejo do estresse e da ansiedade é realizado em três áreas:

    a) física, com treino de controle da respiração e de relaxamento;
    b) comportamental, com modelação e *role-playing*;
    c) cognitiva, com treino de parada do pensamento e autoinstrução.

3. Confronto do paciente com situações reais, reconhecidas como estressantes, nas quais ele aplicará suas novas habilidades. Iniciando com situações de dificuldade média, o paciente confronta cada situação e analisa suas respostas de enfrentamento.

A inoculação do estresse tem sido utilizada no tratamento de queixas como pânico, fobias específicas, transtorno do estresse pós-traumático, ansiedade generalizada, alcoolismo, controle da dor, conflitos familiares e relações de trabalho (Thorpe e Olson, 1997).

Treino em habilidades sociais

Habilidade social é a capacidade de emitir respostas eficazes e adequadas a situações sociais específicas. A definição ampla é complexa porque envolve um conjunto de respostas situacionais, variável conforme o contexto sempre em transformação e conforme o meio cultural no qual a situação acontece. O comportamento social adequado em uma situação pode ser inadequado em outra ou na mesma situação em momentos diferentes; e dois comportamentos diferentes podem ser igualmente adequados a uma mesma situação. Assim, o comportamento socialmente habilidoso é conceituado em termos de sua efetividade em uma situação e em um momento específicos e não em termos de sua topografia (Caballo, 1996).

O treinamento em habilidades sociais surgiu sob influência dos trabalhos de Wolpe e Lazarus sobre Treinamento Assertivo e inclui diferentes técnicas como Instrução, Modelação, Ensaio Comportamental, Reforço Social Positivo, *Prompts* e *Feedback*. As respostas mais encontradas na literatura como metas do treinamento em habilidades sociais para diferentes tipos de pacientes, inclusive portadores de esquizofrenia, são resumidas por Caballo (1996) e pela revisão apresentada por Thorpe e Olson (1997):

1. Iniciar e manter conversações
2. Falar em público
3. Expressar amor, agrado e afeto
4. Defender os próprios direitos
5. Pedir e receber favores
6. Recusar pedidos
7. Aceitar e fazer elogios
8. Desculpar-se e aceitar críticas
9. Sorrir e fazer contato visual
10. Fazer entrevistas de emprego
11. Solicitar mudança de comportamento do outro
12. Expressar opiniões pessoais e desagrados

Os modelos explicativos para as dificuldades sociais, de modo geral, se resumem nas varáveis descritas a seguir. Para a dificuldade diagnosticada em avaliação específica, é utilizado um conjunto de técnicas adequadas à limitação reconhecida, com o objetivo de minimizar as variáveis pessoais limitadoras e ensinar habilidades mais funcionais:

1. Ausência ou inadequação da habilidade social – O paciente não sabe o quê ou como fazer ou falar socialmente. Ou, ele sabe o que fazer ou falar, mas não é capaz de emitir a resposta. Pode haver interferência de outras variáveis que inibem ou pioram as limitações já existentes, como atenção seletiva a eventos negativos da situação e falta de interesse nas pessoas. São uteis os exercícios de autoinstrução, ensaio comportamental, *feedback*, modelação e treino em situações reais.

2. Ansiedade condicionada – O paciente tem habilidades sociais, ao menos para algumas situações, que são inibidas pela ansiedade. Respostas fisiológicas simultâneas, como taquicardia, sudorese e tremores, inibem ainda mais a interação social pelo medo da exposição e pelo constrangimento causado. São úteis a dessensibilização sistemática e o ensaio comportamental.

3. Avaliação cognitiva inadequada – Pensamentos disfuncionais impedem o comportamento adequado. O paciente sabe o quê, porque e como falar, mas tem pensamentos de inadequação que impedem a resposta. Há pensamentos como "ele pode ficar ofendido; pode achar estou falando besteira". É útil a reestruturação cognitiva, com identificação e remoção de pensamentos disfuncionais.

4. Discriminação imprópria – O paciente tem o repertório adequado, mas não sabe selecionar a resposta. É recomendado o treino em respostas adequadas através de ensaio comportamental, com *feedback* para cada tipo de resposta emitida.

O Treino em Habilidades Sociais é utilizado para diferentes grupos, incluindo portadores de transtorno da personalidade evitativa, com ênfase na identificação de situações que causam ansiedade e no treino da tolerância ao desconforto; e tratamento de portadores de esquizofrenia, com ênfase no treino de solução de problemas e de habilidades sociais para lidar com o contexto de alta e complexa demanda social existente na comunidade (Thorpe e Olson, 1997). O trabalho em grupo tem sido bem-sucedido e tem as vantagens extras de permitir a aprendizagem vicariante, mostrar outras pessoas com as mesmas dificuldades fazendo uma comunicação em público e trabalhar com vários parceiros durante o ensaio comportamental.

Solução de problemas

A técnica de solução de problemas treina o paciente em respostas possíveis para o manejo eficaz de uma situação problemática, de forma semelhante à técnica de autoinstrução e à inoculação de estresse. O paciente aprende a reconhecer respostas eficazes e a escolher aquela que parece mais adequada para cada tipo de situação, tomar decisões em situações difíceis e lidar com a ansiedade, ao invés de ser protegido contra ela. A técnica inclui sete passos (D'Zurlla e Nezu, 2010):

a) psicoeducação;
b) identificação, definição e detalhamento do problema-alvo;
c) definição de objetivos alcançáveis;
d) busca de soluções;
e) avaliação e escolha das soluções exequíveis;
f) implementação da solução escolhida;
g) avaliação do resultado.

O treinamento é feito por modelagem de habilidades para resolver situações da vida real trazidas pelo paciente e situações típicas simuladas durante as sessões. As aplicações da técnica são múltiplas e incluem terapia conjugal (Waltz e Jacobson, 1994), tratamento para problemas de saúde (Akechi et al., 2008), tratamento da depressão e dificuldades de relações interpessoais (Siu e Shek, 2010), desamparo e ideação suicida (Bannan, 2010).

Akechi e colaboradores (2008) usaram a solução de problemas para tratar quatro sobreviventes de câncer de mama, encaminhadas para tratamento de estresse psicológico depois da cirurgia. O câncer de mama em geral causa grande estresse psicológico, com importante incidência de depressão e ansiedade. Três das pacientes receberam seis sessões de terapia, e a outra recebeu três. A primeira sessão durou cerca de 90 minutos e as demais duraram cerca de 40 a 45 minutos. Ao final, houve uma sessão extra na qual as pacientes foram auxiliadas a escolher e a se engajar com maior frequência em atividades prazerosas, que poderiam favorecer o alívio do estresse psicológico. Todas as pacientes tiveram os escores de depressão e de ansiedade reduzidos. Os autores argumentam que, embora a terapia cognitivo-comportamental seja a mais referida na literatura para pacientes oncológicos, seus pacientes em geral não apresentam distorções cognitivas maiores que justifiquem essa abordagem, e que a técnica de solução de problemas vem alcançando resultados satisfatórios.

Exposição

A técnica de exposição a estímulos temidos foi desenvolvida por Meyer nos anos de 1960 e superou as técnicas de dessensibilização e de relaxamento para o tratamento da ansiedade fóbica e de rituais compulsivos (Salkovskis, 1999). A técnica consiste em expor diretamente o paciente a estímulos ou situações desencadeadores de ansiedade. A exposição é feita repetidamente, de forma abrupta ou gradual, ao vivo ou imaginativa, conforme mais indicado pela avaliação feita (Thorpe e Olson, 1997). O tempo de exposição deve ser longo o bastante para permitir o aumento crescente da ansiedade até o máximo percebido, e depois sua redução, na sequência natural (Foa e Kozac, 1986; Marshall, 1985), viabilizando os processos de habituação e de extinção. Se o paciente for afastado da situação ou se o estímulo for removido durante o período de aumento ou de pico da ansiedade, ocorre o reforçamento do comportamento de fuga devido à consequente terminação do evento aversivo e obtenção do alívio da tensão.

A exposição abrupta pode ocorrer por implosão ou inundação, através de imagens ou ao vivo. O paciente é exposto diretamente ao estímulo em intensidade máxima, ao vivo ou por imaginação, para provocar a ansiedade mais intensa e sem interrupção, até que ela diminua. Após um tempo de exposição no qual a ansiedade aumenta devido a presença do estímulo, ela começa a decrescer devido aos processos de extinção e de habituação.

Na exposição gradual os estímulos aversivos são apresentados ao paciente de forma gradual, por imaginação ou ao vivo, seguindo a avaliação da USDs. A exposição feita por imagens pode ser transferida posteriormente para as mesmas situações ao vivo. O tempo de exposição também deve ser suficiente para que a ansiedade baixe antes que o paciente seja removido da situação ou que o estímulo ansiogênico seja terminado. Essa técnica é bastante eficaz para tratamento de fobias cujos estímulos temidos são externos.

Anderson e colaboradores (2006) compararam as técnicas de exposição a realidade virtual (VRE) e exposição padrão para tratar 115 pessoas com medo de voar, antes de acontecer o ataque de 11 de setembro nos Estados Unidos. Os pacientes foram randonomicamente designados aos dois grupos terapêuticos e receberam oito sessões de 45 minutos cada, realizadas em seis semanas. Nas primeiras quatro sessões foi realizado treino de controle da ansiedade com reestruturação cognitiva e treino em respiração. Nas sessões seguintes foram feitas a exposição real no aeroporto ou VRE no consultório. Na exposição ao vivo, os pacientes foram expostos aos estímulos antecedentes ao embarque, como *check-in*, entrar e sentar em uma aeronave no solo. Na VRE os pacientes usaram um dispositivo com fone de ouvido e áudio que simulava o espaço dos passageiros no interior de uma aeronave e o terapeuta comunicava-se com eles o tempo todo por um alto-falante. Na sequência, foi programado um voo comercial regular, em grupos de 5 ou 6 pacientes mais o terapeuta e outros passageiros. Os ganhos foram semelhantes nos dois grupos e se mantiveram mesmo dois anos após o tratamento e após o ataque aéreo de 11 de setembro. Esse dado de *follow-up* é importante porque é reconhecido que pacientes tratados por medo de voar, mesmo bem-sucedidos, voltam a apresentar medo e esquiva de voar depois que algum acidente aéreo é divulgado. Nesse estudo, os pacientes continuaram a voar em uma frequência semelhante à que voavam depois do tratamento e antes do episódio do 11 de setembro, por pelo menos seis meses após o ataque, quando aconteceu o *follow-up*. Esses dados mostram que a ansiedade decresceu mesmo após o fim do procedimento, como esperado no uso dessa técnica.

Exposição e prevenção de resposta

Exposição e prevenção de resposta inclui a técnica de exposição mais o bloqueio da resposta utilizada para remover a ansiedade (Salkovskis, 1999). A técnica é especialmente usada no tratamento do transtorno obsessivo-compulsivo, quando o paciente é exposto ao estímulo ansiogênico e é instruído a não emitir a resposta compulsiva. A ansiedade é provocada intencionalmente por meio da confrontação direta do paciente com o estímulo desencadeador da obsessão e a resposta compulsiva ou ritualística é refreada.

Os resultados obtidos com a exposição controlada pelo terapeuta, em geral, é similar aos resultados obtidos quando o próprio paciente faz o controle (Emmelkamp e Kraanen, 1977). Ao ser inicialmente exposto ao estímulo ansiogênico, o paciente tem evidências de que a ansiedade gerada diminui naturalmente sem que nenhuma consequência aversiva diferente da ansiedade aconteça. O efeito reforçador dessa evidência costuma ser suficiente para assegurar novas respostas de exposição e prevenção da compulsão. A transição do controle deve ser gradual, com o terapeuta assumindo essa tarefa, para modelar a resposta do paciente até que o processo evolua o suficiente para que ele reconheça sua competência no enfrentamento e no manejo da ansiedade quando a resposta é prevenida (Guimarães, 2001).

A prevenção da resposta pode ser total desde o inicio, ou gradual, conforme as características do paciente e da obsessão. Um paciente com obsessão de verificação, por exemplo, que volta da calçada para conferir a porta de casa mais de 10 vezes cada vez que sai, pode ser orientado a sair de casa várias vezes ao dia e conferir a porta apenas duas vezes cada vez que sair, durante uma semana. Sendo bem-sucedido, o número de verificações permitido passa para uma e depois zero nas sessões seguintes. É possível que, mesmo durante essa primeira semana, o próprio paciente tome a iniciativa de fazer prevenção total da resposta. Se orientado a não conferir nenhuma vez desde o início, é maior a probabilidade de que ele ceda à urgência da compulsão, sob o argumento de que a tarefa é "muito difícil" ou "impossível" de ser realizada. Em nossa experiência, a exposição gradual tem resultado em boa adesão do paciente e sucesso na intervenção (Guimarães, 2002a).

As mesmas técnicas individuais têm obtido resultados positivos quando aplicadas a grupos de até oito participantes, em 16 sessões, com duas horas de duração cada uma, incluindo

a) psicoeducação sobre o TOC,
b) treino em técnicas de relaxamento e ocupação com outras atividades cognitivas,
c) hierarquização de estímulos temidos e evitados
d) estabelecimento da exposição gradual através de pequenos passos em aproximações sucessivas do tempo de exposição e da prevenção da resposta e
e) treino no registro de um protocolo de progresso que inclua o contexto e o tempo de exposição, ansiedade no início e depois da exposição e consequências da exposição (Guimarães, 2002b).

Exposição interoceptiva

Especialmente útil no tratamento do transtorno do pânico, a exposição interoceptiva é sustentada pelo mesmo princípio da exposição já descrito, com o objetivo de romper ou enfraquecer a associação entre indicadores fisiológicos e respostas de pânico. A diferença está em que o estímulo temido, nesse caso, é o conjunto de sensações orgânicas e as respostas fisiológicas específicas, e não eventos externos ou cognições como nos outros casos descritos.

Os estímulos ansiogênicos são provocados por meio de recursos externos, como exercício cardiovascular, inalação de dióxido de carbono, rodar sobre o próprio corpo e hiperventilar (Craske e Barlow, 1993). Quando a resposta fisiológica acontece, o paciente refere tonteira, tensão muscular, "cabeça vazia", taquicardia e sufocação, que são geralmente as respostas temidas e presentes no ataque de pânico ou nos picos de ansiedade. O paciente então é treinado em técnicas de respiração diafragmática e relaxamento para obter a cessação dessa cadeia de respostas e recobrar o equilíbrio homeostático do organismo. Em nossa prática, tratamos uma paciente de 34 anos, com 17 anos de história de pânico com agorafobia, oito anos de psicanálise, um ano de uso de medicação antidepressiva (Paroxetina) e ansiolítica (Benzodiazepínico), sem remissão de sintomas. O programa seguiu os passos:

1. Psicoeducação sobre ansiedade, hiperventilação e ataque de pânico.
2. Treino em relaxamento, dessensibilização sistemática e exposição por imagens a situações temidas, como viajar de avião e comer em restaurantes cheios.
3. Exposição interoceptiva. Provocação das respostas de suor, aumento da taxa cardíaca, respiração ofegante e tonteira, seguida de respiração natural, sentada em uma poltrona, observando o que acontecia no organismo.
4. Exposição interoceptiva e manejo dos sintomas. O passo anterior era alternado com sessões nas quais a paciente provocava os sintomas e, ao sentar-se na poltrona, usava respiração diafragmática e uma técnica de relaxamento.

Após o treino em relaxamento a paciente foi orientada, com o acordo do médico psiquiatra, a suspender o uso do ansiolítico em todas as situações. Foram realizadas 44 sessões semanais, ao final das quais a medicação antidepressiva havia sido retirada e a paciente estava funcional em todas as áreas de suas atividades. Seis meses depois ela referiu dois ou três episódios de ansie-

CONCLUSÃO

As técnicas utilizadas na Terapia Cognitivo-Comportamental têm especial projeção na intervenção clínica, tratando transtornos psicológicos e psiquiátricos. Neste capítulo, foram revisadas algumas das técnicas mais conhecidas ou de maior impacto na literatura especializada. Não foi a intenção realizar aqui uma ampla revisão, mas sim oferecer ao leitor subsídios para entender os princípios relevantes dessas técnicas e introduzir indicadores que mostrem o alcance desses recursos. Assim, o leitor poderá selecionar, dentre as múltiplas possibilidades, aquelas que melhor atendam às necessidades e peculiaridades de seus pacientes e das queixas referidas.

As técnicas comportamentais clássicas visam a modificação do comportamento observável por meio da manipulação de contingências, com base nos princípios da teoria da aprendizagem. As técnicas cognitivo-comportamentais surgiram respondendo a um entendimento generalizado de que eventos privados não eram apropriadamente trabalhados na abordagem comportamentalista e têm especial relevância no desenvolvimento e na manutenção dos problemas psicológicos. O alvo da intervenção nessa abordagem é a modificação de pensamentos e cognições irracionais em vez de modificação de comportamentos, como proposto pela primeira geração de terapias comportamentais. A atenção aos pensamentos e aos processos cognitivos e os testes de realidade foram adicionados às técnicas originais.

Estudos e discussões ao longo das três últimas décadas trazem agora nova inquietação, sob o argumento de que muitos dos resultados alcançados pelas técnicas cognitivo-comportamentais parecem ocorrer antes que os processamentos cognitivos da intervenção aconteçam (Hayes, 2006). Por

isso, eles seriam inócuos e desnecessários. Nesse contexto, mas ainda entendendo que eventos privados são cruciais no processo do sofrimento mental e da psicopatologia, surgiu a terceira abordagem interventiva, de técnicas focadas na função dessas respostas. Também com base empírica, a terapia de aceitação e compromisso é proposta embasada no contextualismo fundamental, que busca a aceitação dos pensamentos e das sensações desprazerosas, considerando que são comportamentos verbais privados que devem ser dissociados da realidade e experienciados como aquilo que de fato são.

As técnicas assim evoluem, recebendo críticas, contribuições e modificações ao longo dos anos. Com frequência, encontramos opiniões divergentes entre os estudiosos e mesmo mudanças de opinião que evoluem seus próprios conceitos em prol de novas evidências resultantes de estudos, pesquisas, revisões e dados empíricos. É assim em uma ciência não exata, mas substancialmente comprometida com valores e metodologias científicas, como é a psicologia.

Clinicamente, a melhor e mais adequada técnica é aquela que atende aos objetivos terapêuticos. É aquela que o terapeuta sabe utilizar e que alcança resultados capazes de minimizar ou remover o sofrimento do seu paciente. Por isso, essa escolha deve ser guiada pela criteriosa avaliação da queixa, das características pessoais, familiares e sociais do paciente, e dos recursos pessoais e da segurança do próprio terapeuta para utilizar a técnica. Um dos problemas já apontados na literatura sobre manuais e textos sobre técnicas terapêuticas é o modelo de "receita" típico dessa literatura. Primeiro, porque pode sugerir o uso indiscriminado de determinada técnica se o paciente apresenta o sintoma exemplificado; segundo, porque pode sugerir a utilização de técnicas impróprias que ainda não foram avaliadas empiricamente e, terceiro, porque pode ser aplicado um conjunto de técnicas desnecessárias, que oneram o processo em termos de tempo e desgaste do paciente e do terapeuta, sem que o próprio profissional entenda o motivo do procedimento.

Os exemplos e as combinações de técnicas referidas nesse capítulo demonstram as possibilidades de uso, mas requerem do terapeuta habilidade para replicar, modificar, introduzir ou retirar procedimentos conforme as respostas do paciente e suas condições contextuais para seguir o programa proposto. Nem sempre a evolução acontece como o esperado e há algumas possibilidades importantes a serem consideradas quando uma técnica é escolhida. Primeiro, a adaptação do paciente a essa técnica pode não acontecer como previsto pelo terapeuta, que deve estar apto a refazer a programação. Não raro, encontramos portadores de uma mesma queixa que respondem de formas diferentes à tentativa de usar uma mesma técnica. Isso é natural, considerando que a resposta do paciente depende de todas aquelas variáveis já referidas e o resultado muitas vezes é organismo-dependente. Segundo, o terapeuta pode ter dificuldades no uso ou na adaptação de uma técnica selecionada, sendo necessário encontrar outra opção que atenda as necessidades do paciente e que o profissional use com segurança. Terceiro, o terapeuta pode constatar a ineficácia de uma técnica, mesmo que pareça adequada ao caso. É quando se diz que o "paciente não é responsivo". Talvez a técnica escolhida, muito eficaz em outro contexto, é que está inviabilizada por alguma variável concorrente não identificada ou pelo procedimento utilizado. Ou podemos não ter ainda recursos técnicos para aquela situação, que tenham sido empiricamente estudados. O fato é que, independente da dificuldade técnica, o paciente traz queixas e sofrimento; compete a nós buscar as intervenções compatíveis. Se não for possível a escolha ou o ajuste dos recursos disponíveis, talvez o profissional deva considerar a conveniência técnica e ética de encaminhar o paciente a um colega.

Pesquisadores clínicos conceituados argumentam que é importante entender os princípios das mudanças ou o que faz com que uma técnica interventiva funcione (Hayes, 2004; Rosen e Davison, 2003; Tryon, 2005) para dado organismo. É importante que sejam avaliadas a relevância de cada elemento incluído na proposta, e não apenas a técnica como um pacote fechado. Como bem exemplificado por Rosen e Davison, se obtivermos sucesso ao tratar um paciente com fobia, usando a técnica de exposição ao vivo e um chapéu lilás na cabeça do paciente, o chapéu lilás inserido como parte do procedimento será considerado um elemento curativo da técnica, quando de fato o sucesso teria sido igualmente alcançado sem o chapéu. Com as novas propostas, esperamos também a evolução dos estudos longitudinais, controlados e empíricos que nos tragam mais respostas e o contínuo crescimento da área.

REFERÊNCIAS

Abramowitz, J. S. (1996). Variants of exposure and response prevention in the treatment of obsessive-compulsive disorder: a meta-analysis. *Behavior Therapy, 27*, 583-600.

Akechi, T., Hirai, K., Motooka, H., Shiozaki, M., Chen, J., Momino, K., et al. (2008). Problem-solving therapy for psychological distress in japanese cancer patients: preliminary clinical experience from psychiatric consultations. *Japanese Journal of Clinical Oncology, 38*, 867-870.

Anderson, P., Jacobs, C. H., Lindner, G. K., Edwards, S., Zimand, E., Hodges, L., et al. (2006). Cognitive behavior therapy for fear of flying: sustainability of treatment gains after September 11. *Behavior Therapy, 37*, 91-97.

Arndorfer, R. E., Allen, K. D., & Aljazireh, L. (1999). Behavioral health needs in pediatric medicine and the acceptability of behavioral solutions: Implications for behavioral psychologists. *Behaviour Therapy, 30*, 137-148.

Bannan, N. (2010). Group-based problem-solving therapy in self-poisoning females: A pilot study. *Counselling & Psychotherapy Research, 10*(3), 201-213.

Barrera, M., & Schulte, F. (2009). A group social skills intervention program for survivors of childhood brain tumors. *Journal of Pediatric Psychology, 34*(10), 1108–1118.

Bauml, J., Frobose, T., Kraemer, S., Rentrop, M., & Pitschel-Walz, G. (2006). Psychoeducation: a basic psychotherapeutic intervention for patients with schizophrenia and their families. *Schizophrenia Bulletin*, 32(suppl 1), S1-S9.

Beck, A. T. (1976). *Cognitive therapy and emotional disorders*. New York: International Universities Press.

Beck, J. S. (1997). *Terapia cognitiva: teoria e prática*. Porto Alegre: Artmed.

Bond, F. W., & Bunce, D. (2003). The role of acceptance and job control in mental health, job satisfaction, and work performance. *Journal of Applied Psychology*, 88(6), 1057-1067.

Brannon, L., & Feist, J. (2009). *Health pscychology: an introduction to psychology and health* (7. ed.) (cap. 7). Belmont, CA: Wadsworth.

Brown, R. A., Lejuez, C. W., Kahler, C. W., & Strong, D. R. (2002). Distress tolerance and duration of past smoking cessation attempts. *Journal of Abnormal Psychology*, 111(1), 180-185.

Caballo, V. (1996). O treinamento em habilidades sociais. In: Caballo, V. E. *Manual de técnicas de terapia e modificação de comportamento*. São Paulo: Santos.

Calhoun, K. S., & Resick, P. A. (1993). Post-traumatic stress disorder. In: Barlow, D. H. (Ed.). *Clinical handbook of psychological disorders: a step-by-step treatment manual*. New York: Guilford.

Ciarrochi, J. V., & Bailey, A. (2008). *A CBT-Practitioner's Guide to ACT: How to Bridge the Gap Between Cognitive Behavioral Therapy and Acceptance & Commitment Therapy*. New Oakland, CA: Harbinger.

Clark, D. M. (1999). Anxiety disorders: why they persist and how to treat them. *Behaviour Research and Therapy*, 37, S5-S27.

Cooper, H. C., Booth, K., & Gill, G. (2003). Patients' perspectives on diabetes health care education. *Health Education Research: Theory & Practice*, 18(2), 191-206

Craighead, L. W., Craighead, W. E., Kazdin, A., E. & Mahoney, M. J. (1994). Preface. In: Craighead, L. W., Craighead, W. E., Kazdin, A. E., & Mahoney, M. J. (Ed.). *Cognitive and behavioral interventions: an empirical approach to mental health problems*. Massachusetts: Allyn and Bacon.

Craske, M. G., & Barlow, D. H. (1993). Panic disorder and agoraphobia. In: Barlow, D. H. (Ed.). *Clinical handbood of psychological disorders: a step-by-step treatment manual*. New York: Guilford.

Craske, M. G., Rowe, M., Lewin, M., & Noriega-Dimitri, R. (1997). Interoceptive exposure versus breathing retraining within cognitive-behavioural therapy for panic disorder with agoraphobia. *British Journal of Clinical Psychology*, 36(1), 85-99.

Cruess, S., Antoni, M., Cruess, D., Fletcher, M. A., Ironson, G., Kumar, M., et al. (2000). Reductions in herpes simplex virus type 2 antibody titers after cognitive behavioral stress management and relationships with neuroendocrine function, relaxation skills, and social support in hiv-positive men. *Psychosomatic Medicine,* 62, 828-837

D'Zurilla, T. J., & Goldfried, M. R. (1971). Problem solving and behavior modification. *Journal of Abnormal Psychology*, 78, 107-126.

Davis, M., Eshelman, E. R., & McKay, M. (1996). *Manual de Relaxamento e Redução do Estresse*. São Paulo: Summus.

Dow, M. G. (1996). Social inadequacy and social skill. In: Craighead, L. W., Craighead, W. E, Kazdin, A. E., & Mahoney, M. J. (Ed.). *Cognitive and behavioral interventions: an empirical approach to mental health problems*. Massachusetts: Allyn and Bacon.

Emmelkamp, P. M. G., & Kraanen, J. (1977). Therapist-controlled exposure in vivo versus self-controlled exposure in vivo: a comparison with obsessive-compulsive patients. *Behaviour Research and Therapy*, 15, 491-495.

D'Zurilla, T. J., & Nezu, A. M. (2010). *Terapia de solução de problemas: uma abordagem positiva à intervenção clínica*. São Paulo: Roca.

Foa, E. B., & Kozak, M. S. (1986). Emotional processing of fear: exposure to corrective information. *Pychological Bulletin*, 99, 20-35.

Foa, E. B., Steketee, G., Grayson, J. B., Turner, R. M., & Latimer, P. R. (1984). Deliberate exposure and blocking of obsessive-compulsive rituals: Immediate and long-term effects. *Behavior Therapy*, 15, 450-472.

Freeman, A. & Dattilio, F. M. (1998). Introdução à terapia cognitiva. In: Dattilio. F. M. & Freeman, A. (Ed.). *Compreendendo a terapia cognitiva*. Campinas, SP: Psy.

Guimarães, S. S. (1993). Obtaining information on child's developmental level: a comparison of direct professional observation and parent interviews. Tese de doutorado não-publicada. The University of Kansas.

Guimarães, S. S. (2001). Exposição e prevenção de respostas no tratamento do transtorno obsessivo compulsivo. In: Marinho, M. L., & Caballo, V. (Org.). *Psicologia clínica e da saúde* (p. 177-196). Londrina, PR: Ed. da Universidade Estadual de Londrina

Guimarães, S. S. (2002a). Uso gradual da exposição e prevenção de respostas para portadores de transtorno obsessivo compulsivo resistentes à medicação. In: Guilhardi, H., Madi, M., Piazzon, P., & Scoz, M. (Org.). *Sobre comportamento e cognição* (v. 10, p. 349-355). Santo André, SP: Esetec.

Guimarães, S. S. (2002b). Implantação de um programa de pesquisa e tratamento do transtorno obsessivo-compulsivo em grupo. In: Guilhardi, H., Madi, M., Piazzon, P., & Scoz, M. (Org.). *Sobre comportamento e cognição* (v. 9, p. 373-380). Santo André, SP: Esetec,

Hagopian, L. P., & Ollendick, T. H. (1993). Simple phobia in children. In: Ammerman, R. T., & Hersen, M. (Ed.). *Handook of behavior therapy with children and adults.*

Harvey, A., G., & Bryant, R. A. (1998). The role of valence in attempted thought suppression. *Behavior Research and Therapy, 36,* 757-763.

Hayes, S. C., Strosahl, K., & Wilson, K. G. (1999). *Acceptance and commitment therapy: an experiential approach to behavior change.* New York: Guilford Press.

Hayes, S. C. (2004). Acceptance and commitment therapy, relational frame theory, and the third wave of behavior therapy. *Behavior Therapy, 35,* 639-665.

Hayes, S. C., Barnes-Holmes, D., & Roche, B. (Ed.) (2001). *Relational frame theory: A post-Skinnerian account of human language and cognition.* New York: Plenum.

Hayes, S. C., Luoma, J. B., Bond, F. W., Masuda, A., & Lillis, J. (2006). Acceptance and commitment therapy: model, processes and outcomes. *Behaviour Research and Therapy, 44,* 1-25.

Hayes, S. C., Strosahl, K., & Wilson, K. G. (1999). *Acceptance and commitment therapy: An experiential approach to behavior change.* New York: Guilford Press.

Hayes, S. C., Strosahl, K. D., Buting, K., Twohig, M., & Wilson, K. G. (2004). What is Acceptance and Commitment Therapy?. In: Hayes, S. C., &. Strosahl, K. D. (Ed.). *A practical guide to acceptance and commitment therapy.* New York: Springer Science.

Hoberman, H. M., & Clarke, G. N. (1993). Major depression in adults. In: Ammerman, R. T., & Hersen, M. (Ed.). *Handook of behavior therapy with children and adults.*

Hope, D. A., & Heimberg, R. G. (1993). Social phobia and social anxiety. In: Barlow, D. H. (Ed.). *Clinical handbood of psychological disorders: a step-by-step treatment manual.* New York: Guilford.

Horn, S. (1986). *Técnicas modernas de relaxamento.* São Paulo: Cultrix.

Jacobson, E. (1993). *Relax: como vencer as tensões.* São Paulo: Cultrix.

Juarascio, A. S., Forman, E. M., & Herbert, J. D. (2010). Acceptance and Commitment Therapy versus cognitive therapy for the treatment of co-morbid eating pathology. *Behavior Modification, 34*(2), 175-190.

Kazdin, A. E. (1993). Treatment of conduct disorder: progress and directions in psychotherapy research. *Development and Psychopathology, 5,* 277-310.

Lazarus, A. A. (1997). Disenchantment and hope: Will we ever occupy center stage? A personal odyssey. *Behavior Therapy, 28,* 363-370.

Lazarus, R. S., & Folkman, S. (1984). *Stress, appraisal and coping.* New York: Springer.

Linehan, M. M. (1993). *Skills training manual for treating borderline personality disorder.* New York: Guilford.

Luoma, J. B., Hayes, S. C., & Walser, R. D. (2007). *Learning ACT: an acceptance & commitment therapy: skills-training manual for therapists.* Oakland, CA: New Harbinger.

Marshall, W. L. (1985). The effects of variable exposure in flooding therapy. *Behavior Therapy, 16,* 117-135.

McCracken, L. M., & Eccleston, C. (2003). Coping or acceptance: what to do about chronic pain? *Pain, 105,* 197-204.

McGlynn, F. D., Smitherman, T. A., & Gothard, K. D. (2004). Comment on the Status of Systematic Desensitization. *Behavior Modification, 28*(2), 194-205.

O'Sullivan, G., & Marks, I. (1991). Follow-up studies of behavioral treatment of phobic and obsessive compulsive neuroses, *Psychiatric Annals, 21,* 368-373.

Penava, S. J., Otto, M. W., Maki, K. M., & Pollack, M. H. (1998). Rate of improvement during cotnitive-behavioral group treatment for panic disorder. *Behaviour Research and Treatment, 36,* 665-673.

Pfaltz, M. C., Michael, T., Grossman, P., Blechert, J., & Wilhelm, F. H. (2009). Respiratory pathophysiology of panic disorder: an ambulatory monitoring study. *Psychosomatic Medicine, 71,* 869-876.

Raich, R. M. (1996). O condicionamento encoberto. In: Caballo, V. E. (Ed.). *Manual de técnicas de terapia e modificação de comportamento.* São Paulo: Santos.

Rosen, G. M., & Davison, G. C. (2003). Psychology should list empirically supported principles of change (ESPs) and not credential trademarked therapies or other treatment packages. *Behavior Modification, 27,* 300-312.

Salkovskis, R. M. (1999). Understanding and treating obsessive-compulsive disorder. *Behaviour Research and Therapy, 37*, S29-S52.

Sandor, P. (1982). *Técnicas de relaxamento*. São Paulo: Vetor.

Segal, Z. V., Williams, J. M. G., & Teasdale, J. T. (2001). *Mindfulness-based cognitive therapy for depression: a new approach to preventing relapse*. New York: Guilford.

Siu, A. M. H., & Shek, D. T. L. (2010). Social problem solving as a predictor of well-being in adolescents and young adults. *Social Indicator Research, 95*, 393-406.

Syrjala, K. L., Donaldson, G. W., Davis, M. W., Kippes, M. E., & Carr, J. E. (1995). Relaxation and imagery and cognitive-behavioral training reduce pain during cancer treatment: a controlled trial. *Pain, 63*, 189-198.

Taylor, S. E. (1995). *Health psychology* (3rd ed.). New York: McGraw-Hill.

Thorpe, G. L., & Olson, S. L. (1997). *Behavior therapy: concepts, procedures, and applications*. Massachusetts: Allyn and Bacon.

Tryon, W. W. (2005). Possible mechanisms for why desensitization and exposure therapy work. *Clinical Psychology Review, 25*, 67-95.

Turner, R. M. (1996). A dessensibilização sistemática. In: Caballo, V. E. (Ed.). *Manual de técnicas de terapia e modificação de comportamento*. São Paulo: Santos.

Twohig, M. P., Hayes, S. C., Plumb, J C., Pruitt, L. D., Collins, A. B., Hazlett-Stevens, H., et al. (2010). A randomized clinical trial of acceptance and commitment therapy versus progressive relaxation training for obsessive-compulsive disorder. *Journal of Consulting and Clinical Psychology, 78*(5), 705-716.

Vera, M. N., & Vila, J. (1996). Técnicas de relaxamento. In: Caballo, V. E. (Ed.). *Manual de técnicas de terapia e modificação do comportamento*. São Paulo: Santos.

Waltz, J., & Jacobson, N. S. (1994). Behavioral couples therapy. In: Craighead. L. W., Craighead, W. E., Kazdin, A. E., & Mahoney, M. J. (Ed.). *Cognitive and behavioral interventions: an empirical approach to mental health problems*. Massachusetts: Allyn and Bacon.

Wells, A., & Papageorgiou, C. (1999). The observer perspective: Biased imagery in social phobia, agoraphobia, and blood/injury phobia. *Behaviour Research and Therapy, 37*, 653-658.

Wolpe, J. (1980). *Prática da terapia comportamental* (3. ed.). São Paulo: Brasiliense.

Zettle, R. D., & Hayes, S. C. (1986). Dysfunctional control by client verbal behavior: The context of reason giving. *The Analysis of Verbal Behavior, 4*, 30-38.

14

Pense saudável
Reestruturação cognitiva em nível de crenças condicionais

Lia Silvia Kunzler

Crenças condicionais (CC), também chamadas de crenças intermediárias ou pressupostos subjacentes, representam as regras, os deveres e podem ser estruturadas em forma de suposição, ou seja, um pensamento "Se..., então...". Com frequência, um paciente procura ajuda por manter um comportamento que considera não saudável ou por não conseguir tomar uma decisão e manter um comportamento que considera saudável, independente de ter um diagnóstico psiquiátrico ou não. Tais comportamentos, aparentes ou não, podem ser os mais variados, tais como descuidar da saúde, procrastinar tarefas, ruminar sobre eventos passados ou futuros, embarcar e não desembarcar de uma emoção e reagir sem pensar, ter dificuldade no relacionamento com pessoas próximas, não estudar, perder prazos, entre outros. As dificuldades podem ser enfrentadas com o auxílio da reestruturação cognitiva em nível de crença condicional.

Porém, o que ocorre se o paciente não acredita que a reestruturação cognitiva em nível de crença intermediária constrói e mantém comportamentos saudáveis? Se ele pensar que o seu problema deve ter uma explicação mais profunda e complexa, então ele dificilmente praticará as técnicas entre as sessões de terapia. Logo, se o terapeuta propuser que seu paciente pratique as técnicas para então avaliar os resultados, as chances de melhora aumentam consideravelmente. Conhecer as crenças condicionais distorcidas e construir crenças condicionais saudáveis é o foco principal deste capítulo. Ele está dividido em três partes. A primeira parte aborda os conceitos teóricos relativos à crença condicional; a segunda apresenta uma proposta de intervenção para reestruturação cognitiva, denominada Tomada de Decisão e Qualidade de Vida; e a última traz breves considerações sobre a contribuição desta técnica para tomada de decisão, promoção de saúde e qualidade de vida. Um estudo de caso de uma paciente, hipoteticamente em situações de raiva relacionadas ao marido, à irmã e à sogra, ilustra o capítulo e a sistematização da técnica. É natural que as cognições e os comportamentos saudáveis pareçam simples e óbvios; porém, se assim o fossem, o paciente não enfrentaria dificuldades para mantê-los.

CONCEITUALIZAÇÃO COGNITIVA

A conceitualização cognitiva é uma técnica importante para o planejamento da terapia, para a seleção da intervenção adequada com o intuito de reestruturar as cognições nos três níveis, com efeito na emoção e no comportamento. Se o terapeuta falhar em identificar as crenças condicionais e nucleares, provavelmente a terapia não será direcionada de forma eficaz (Beck, 1997).

Conforme mostram Padesky e Mooney (comunicação pessoal, 20 de fevereiro de 2006), as intervenções mais eficazes para o trabalho em cada nível são esquematizadas no Quadro 14.1.

QUADRO 14.1	OS TRÊS NÍVEIS DE COGNIÇÃO E AS RESPECTIVAS INTERVENÇÕES

Nível de cognição	Intervenção
PA – Pensamento automático: em uma situação específica	Registro de pensamento disfuncional (RPD)
CC – Crença condicional em diversas situações: dever, obrigação, regra e suposição "Se – então"	EXPERIMENTO COMPORTAMENTAL
CN – Crença nuclear: pensamentos absolutos e rígidos, como o "DNA": Eu sou.........., As pessoas são......... O mundo é......, O futuro é...........	Continuum Registro de crença

Quando um pensamento automático é identificado, terapeuta e paciente devem explorar quais são os pressupostos subjacentes a este significado. Nenhuma crença deve ser desconsiderada, por mais simples, ilógica ou óbvia que possa parecer. Na terapia cognitiva, o terapeuta deve perguntar o que o paciente pensa, e não deve dizer o que ele acredita que o paciente possa ter pensado em uma determinada situação ou em casos de problemas recorrentes (Beck, Rush, Shaw e Emery, 1997).

Como exemplo, após um ano de acompanhamento, uma paciente referia piora progressiva em seu quadro de insônia. Provavelmente, a piora deveu-se ao fato de a terapeuta ter construído a sua intervenção com base na seguinte suposição distorcida: "Se os familiares estão enfrentando dificuldades e o relacionamento com eles é ruim, então este deve ser o foco da terapia por ser a provável causa da insônia." Ao ser avaliada por outro terapeuta, a suposição não saudável identificada foi "Se eu não dormir 7 horas esta noite, então amanhã eu estarei péssima e não conseguirei dormir mais nas outras noites." A reestruturação desta suposição favoreceu a melhora geral do quadro.

A REPRESENTAÇÃO DOS TRÊS NÍVEIS DE COGNIÇÃO

Beck (1997, p. 176) apresenta os níveis de cognição da seguinte forma: "ao contrário dos pensamentos automáticos, a crença nuclear que os o pacientes "sabem" ser verdade sobre si mesmos não é totalmente percebida até que o terapeuta "descasque as camadas". Greenberger e Padesky (1999) propõem uma analogia dos níveis de cognição e suas distorções com as flores e ervas daninhas em um jardim, que se enraízam através da CC e da CN. Kunzler (2008a) apresenta a técnica Tomada de Decisão e Qualidade de Vida (Figura 14.1), que ilustra os três níveis de cognição: PA, CC e CN, do nível mais superficial ao mais profundo, do mais fácil ao mais difícil acesso, com consequente acionamento de menor ou maior carga emotiva.

Esta proposta de representação ilustrativa, buscando a formulação da conceitualização cognitiva, deve-se à importância de facilitar a compreensão dos três níveis de cognição e as possibilidades de reestruturação dos mesmos (Kunzler, 2008a). As figuras passam a ser utilizadas para que o paciente possa "avaliar as cognições e os comportamentos que ele tem observado e refletir se são cognições e comportamentos saudáveis ou se são meramente mantidos por emoções em desequilíbrio, representando os sintomas" (Kunzler, 2008b, p.29). A visualização da figura facilita a reflexão a respeito da doença e da saúde e, consequentemente, promove maior domínio sobre a tomada de decisão para a melhora da qualidade de vida.

TOMADA DE DECISÃO E QUALIDADE DE VIDA
Quais são os pensamentos, os comportamentos e as emoções mais saudáveis?

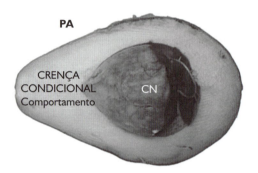
Desvantagens

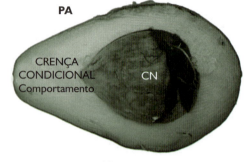
Vantagens

PA = Pensamento Automático (casca)
CC = Crença Condicional/Intermediária
CN = Crença Nuclear

REESTRUTURAÇÃO COGNITIVA EM NÍVEL DE CRENÇA CONDICIONAL

Eu não queria ter feito novamente, mas... eu voltei atrás e fiz!
A mudança de um comportamento não desejado

Como eu não quero tomar uma decisão e voltar atrás, então...

FIGURA 14.1
Os três níveis de cognições no contexto doença-saúde.
Fonte: Kunzler (2008a).

A IDENTIFICAÇÃO DA CRENÇA CONDICIONAL

Quando o paciente faz previsões sobre as consequências de seu comportamento ou se comporta de acordo com regras, a crença condicional é o nível de cognição ativado. Em geral, algumas delas são úteis, tal como "Se eu continuar tentando, então eu serei capaz de progredir". Porém, outras crenças condicionais geram dificuldades, tal como "Se algo não é perfeito, então não tem nenhum valor". Quando, no seu dia a dia, ele mantém um comportamento que está causando comprometimento, está sendo direcionado pela crença condicional (Kuyken, Padesky e Dudley, 2009). Quanto mais o paciente identificar as crenças condicionais que mantêm determinados comportamentos, melhores condições ele terá para tentar comportamentos alternativos através dos experimentos comportamentais (Bennett-Levy et al., 2004; Kuyken et al., 2009). Um pressuposto subjacente de perfeccionismo ou de necessidade de aprovação pode estar relacionado com a vulnerabilidade à recaída em casos de depressão (Leahy, 2006). Por outro lado, no Transtorno de Humor Bipolar, as crenças podem contribuir para a reagudização de um episódio hipomaníaco ou maníaco, pois alguns pacientes bipolares subestimam os medicamentos, questionando: "Por que eu devo tomar o medicamento quando estou bem?" (Bennett-Levy et al., 2004, p. 229). Para Beck (2009), não manter ou manter uma dieta é um comportamento que reflete suposições, tais como: "Se eu tive um dia estressante, então eu mereço comer uma pizza de brigadeiro com borda recheada com chocolate" ou, respectivamente, "Se fome não é o problema, comer não é a solução".

Como proposta de tratamento para Bulimia Nervosa (BN), um modelo novo com uma maior ênfase na cognição e nos processos cognitivos, na reestruturação cognitiva e no experimento comportamental foi proposto. O foco primário é na mudança cognitiva, e não na mudança comportamental. Um manual de tratamento detalhado foi desenvolvido especialmente para este estudo, no qual a reestruturação verbal em nível de crença condicional foi seguida por planejamento e condução do experimento comportamental. Todas as participantes evoluíram bem e não mais mantiveram os sintomas de BN, segundo o DSM-IV (Cooper, Todd, Turner e Wells, 2007).

Em diversas patologias psiquiátricas, a identificação das crenças condicionais que mantêm os sintomas e a sua consequente reestruturação auxiliam na amenização do comprometimento ocasionado pelos mesmos. A maioria dos pacientes com sintomas do "eixo I" se comporta de acordo com as suas suposições positivas. Porém, em momentos de aflição, a sua suposição negativa vem à tona. As estratégias comportamentais desenvolvidas para enfrentar a aflitiva crença nuclear devem ser identificadas, levando-se em consideração que "as estratégias compensatórias são comportamentos *normais* nos quais todos, às vezes, engajam-se" (Beck, 1997, p. 151).

Tanto para a identificação de crenças condicionais disfuncionais quanto para a reestruturação das mesmas, o terapeuta solicita que o paciente complete algumas frases (Kuyken et al., 2007, p. 88), tais como:

- "Se (algum conceito relevante), então..." [Se o respeito é um fator importante nas relações de trabalho, então o meu chefe não pode falar mal do meu relatório para outro colega. Ele deve falar diretamente comigo.]
- "Se (algum conceito relevante) não é verdade, então..." [Se eu não sou uma pessoa importante e especial, então ninguém vai achar que eu sou interessante. Eu viverei sozinha para sempre.]
- "Se eu (um comportamento relevante, uma emoção, um pensamento ou uma sensação física), então..." [Se eu sinto muita raiva quando o meu marido não quer ouvir tudo o que eu tenho para dizer, então eu não tenho como controlar a minha raiva e acabo falando sem parar, sem querer. Ele deve entender isso!]
- "Se eu não (um comportamento relevante, uma emoção, um pensamento ou

uma sensação física), então..." [Se eu não beber bastante antes de chegar na festa à noite, então eu não vou saber o que fazer para entrosar com as pessoas.]

- "Se alguém (um comportamento relevante, uma emoção, um pensamento ou uma sensação física), então..." [Se o meu filho for reprovado na escola, então isso significa que eu sou um fracasso como mãe.]
- "Se alguém não (um comportamento relevante, uma emoção, um pensamento ou uma sensação física), então..." [Se o meu marido não falou nada quando a mãe dele me tratou daquele jeito, então ela nunca me respeitará.]

E se o paciente não determina objetivos, não executa as tarefas propostas, chega atrasado e/ou não comparece às sessões de terapia? Estes comportamentos devem ser compreendidos com o auxílio da identificação das suposições envolvidas. Beck (2007) apresenta então as suposições que mais frequentemente mantêm estes comportamentos: "Se eu me sentir mal, então eu vou ficar arrasada (mas, se eu evitar me sentir mal, então eu ficarei bem, p. 259); Se eu tiver um problema, então eu não conseguirei resolvê-lo (mas, se eu ignorá-lo ou evitá-lo, então eu ficarei bem, p. 268) e/ou Se eu me sentir melhor, então a minha vida ficará pior (mas, se eu ficar como estou, eu, pelo menos, sei como é, p. 269)".

A REESTRUTURAÇÃO DE CRENÇAS CONDICIONAIS

Conforme apresentado no Quadro 14.1 e tendo em vista que a intervenção eficaz para o trabalho em nível de crença condicional é o experimento comportamental (EC), propõe-se, como etapas prévias, a reestruturação cognitiva das suposições "Se..., então...", e a preparação cognitiva para o EC.

"Se o meu coração disparou e um infarto é inevitável, então eu preciso procurar um serviço de emergência agora" pode ser entendida como uma suposição saudável. Porém, e se isso passar pela cabeça de um paciente com sintomas agudos de ansiedade? Seus exames clínicos não apresentam alterações, já foi atendido em diversos serviços de emergência, e já ouviu o médico assistente dizer todas as vezes "A prescrição é de um calmante, porque o senhor não tem nada, é só emocional". A reflexão sobre a cognição distorcida pela emoção, sobre o comportamento de busca incessante por emergências médicas e sobre a possibilidade de mudar este comportamento com o auxílio de pensamentos saudáveis é facilitada pelas perguntas:

- Quais são os comportamentos, os pensamentos e as emoções saudáveis e possíveis frente a essa situação?
- O mais saudável, neste momento, é escolher o abacate cinza ou o colorido?
- O que eu diria para um amigo fazer nesta situação?

RELATO DE CASO

Para exemplificar o conteúdo do capítulo, é apresentado o caso de uma paciente com queixa de piora nos relacionamentos pessoais devido à manifestação da sua raiva em relação à sogra, ao marido e à irmã. Caso fizesse parte de uma intervenção psicoterápica, cada uma das etapas descritas a seguir seria trabalhada em uma sessão de terapia, com o preenchimento por escrito do exercício sistematizado (Figura 14.1 – etapas 1 e 2 e etapas 3 e 4).

A raiva é um sentimento natural e muito útil para a sobrevivência do ser humano. Porém, pode se tornar "desadaptativa dependendo do grau e do que a pessoa faz em decorrência de experimentá-la" (Lipp e Malagris, 2010, p. 14). Sentir raiva é saudável, porém, não desembarcar da raiva representaria o abacate acinzentado, e aprender a lidar com ela representaria o abacate colorido. Para mudar é preciso identificar e tolerar a emoção.

AS QUATRO ETAPAS

É natural que a paciente responda que ela não sabe o que acontece quando faz novamente o que havia prometido para si mesma não mais fazer e que nada passou pela sua cabeça, pois quando percebeu já tinha feito novamente. Uma parte muito importante da intervenção é correlacionar o comportamento com os pressupostos subjacentes. Para isso, a pergunta clássica da Terapia Cognitiva (TC) pode ser formulada especificamente em relação a um comportamento: "No momento em que você (comportamento), o que é que estava passando pela sua cabeça?"

T   No momento em que você perdeu o controle e gritou novamente com a sua sogra e todos reagiram contra você, o que passou pela sua cabeça? Como é que você completaria esta frase: Se a minha sogra me criticou novamente, então eu... não posso ficar calada (por exemplo).
P: Se a minha sogra me criticou novamente e eu ficar calada, então ninguém perceberá o quanto ela está sendo má comigo.

A aplicação da técnica é proposta no momento da identificação da situação geradora de desequilíbrio pela emoção. No caso, a raiva em relação à sogra, para que seja construído um desfecho diferente.

T: Para lidar com a sua sogra de uma maneira diferente, qual seria então uma suposição saudável, para ser lembrada na hora em que ela fizer algo que acione a sua raiva? Se eu não controlo o comportamento da minha sogra, então eu...
P: Se eu não controlo o comportamento da minha sogra, então eu não permitirei que ela controle a minha vida. O melhor é mudar o padrão e parar de ruminar sobre as coisas que ela faz e que não deveria. Se eu aprender a conversar sobre o que me aborrece, então nosso relacionamento poderá melhorar. Eu farei a minha parte.

A sistematização da técnica Tomada de Decisão e Qualidade de Vida (Figura 14.1) tem como objetivo a construção e a manutenção de comportamentos saudáveis e a consequente preparação cognitiva para os experimentos comportamentais, testando então as novas suposições. Identificar as etapas 1 e 2 (abacate acinzentado) e aceitar a realidade facilitam o processo de mudança. Construir as etapas 3 e 4 (abacate colorido) possibilita a consolidação de um padrão saudável. Pensar saudável pressupõe iniciar o raciocínio com o abacate acinzentado e concluí-lo com o abacate naturalmente colorido. Como "transitar" entre eles é uma opção saudável, o importante é lembrar que a finalização do raciocínio deve ser com o abacate colorido.

Em todos os exercícios sistematizados, o terapeuta faz as perguntas, o paciente completa o raciocínio e preenche o exercício por escrito. A emoção deve sempre ser identificada, pois ela é geralmente a maior causa de manutenção dos padrões de comportamento não saudáveis – gritar porque está com raiva, comer em excesso quando está triste e assim por diante. As quatro etapas a seguir são preenchidas com as reflexões referentes a situações geradoras de raiva, em relação ao marido e à irmã da paciente.

ETAPA I – ABACATE ACINZENTADO – POLPA DA FRUTA

Fatores que mantêm o comportamento não saudável atual

■   Se o comportamento não saudável foi identificado, assim como as suposições e as emoções que o mantêm, então aceitá-los é o primeiro passo para a mudança. A motivação é reforçada pela lista de desvantagens que o padrão acarreta.

T: Qual é o comportamento não saudável que tem comprometido a sua vida neste momento?

P: Reclamar, insistir em discutir a relação e não parar de falar quando o meu marido está nervoso.

T: Quais são as suposições que mantêm este comportamento? Se eu continuar com este comportamento, então...

P: Se eu não falar, então ele fará novamente o que eu não gostei.

  – Se eu falar mais uma vez, então ele acabará entendendo.
  – Se eu não falar, então eu "explodirei de raiva".

T: Qual é a emoção que, quando em desequilíbrio, faz com que você volte atrás e faça novamente o que tinha prometido não mais fazer – discutir em um momento de raiva? A emoção que você teme não conseguir controlar pode ser angústia, medo, raiva, tristeza, ressentimento, culpa, entre outras.

P: Ansiedade, raiva e sensação de injustiça.

T: Ao se comportar assim, quais são as desvantagens para a sua vida?

P: Meu marido está cada vez mais afastado e cansado e eu me sinto cada vez mais rejeitada e frustrada! A temida separação conjugal pode realmente acontecer. Insistir em falar não está resolvendo – as coisas só estão piorando!!!

ETAPA 2 – ABACATE ACINZENTADO – POLPA DA FRUTA

Fatores que originaram o comportamento não saudável

■ Se o comportamento não saudável for identificado, assim como as suposições e as emoções que se originaram no passado, então é mais fácil compreender que eles não precisam mais ser mantidos pelo paciente.

A etapa 2 nem sempre é obrigatória, porém alguns pacientes preferem compreender onde as dificuldades começaram. A ideia não é procurar um culpado pelo pa-

drão disfuncional. As suposições e a emoção em desequilíbrio que mantiveram o comportamento não saudável, assim como a lista das desvantagens que o padrão acarretou para a vida do paciente, favorecem que o mesmo se motive para a mudança.

A memória autobiográfica (MA) representa o registro do que ocorreu na vida do paciente a respeito de acontecimentos neutros ou emocionalmente marcantes, positiva ou negativamente (Pergher, 2010). Ao buscar alguma imagem da infância ou da adolescência ou até da vida adulta, a paciente recordou várias brigas que teve com sua irmã. Ela reviveu uma das diversas discussões na qual sentiu muita raiva e não conseguiu falar absolutamente nada.

T: Qual é o comportamento não saudável e que se originou no passado?

P: Ficar calada quando a minha irmã dizia que eu não sabia me expressar e que ninguém gostava de conversar comigo.

T: Quais foram as suposições que mantiveram este comportamento?

  – Se eu falar alguma coisa, então a minha irmã ficará mais irritada comigo.
  – Se ela ficar mais irritada, então as ofensas serão cada vez piores.
  – Se ela me ofender, então eu não saberei o que dizer.

T: Qual era a emoção ligada ao comportamento de ficar calada?

P: Ansiedade, raiva e rejeição.

T: Quais foram as desvantagens para a sua vida?

P: Eu nunca soube expressar as minhas ideias, passei a acreditar que eu era inferior em tudo, que eu não conseguiria nunca argumentar em uma discussão, e fui para o outro extremo, de falar insistentemente.

Identificar onde tudo começou é importante, mas permanecer no passado dificulta a execução das etapas 3 e 4, que são as peças-chave para a mudança do comportamento.

ETAPA 3 – ABACATE COLORIDO – POLPA DA FRUTA

Como uma pessoa saudável pensa? Fatores relacionados à construção e à manutenção de um comportamento saudável

- Se as suposições distorcidas forem reestruturadas e as emoções que podem levar ao retorno do padrão não saudável forem identificadas, então o comportamento idealizado poderá ser construído e mantido. Listar as vantagens que o comportamento saudável poderá acarretar para a vida do paciente é de grande auxílio para que ele mantenha o foco em seus objetivos.

Como nas etapas 1 e 2, para completar a etapa 3, o terapeuta faz as perguntas, o paciente completa o raciocínio e preenche o exercício (Figura 12.1).

T: Qual é o comportamento saudável e o que você gostaria de experimentar?
P: Não cobrar as mesmas coisas incessantemente e nem ficar sempre calada. Aprender a lidar com as situações que geram raiva.
T: Quais são as suposições que podem manter o comportamento saudável?
P: Se eu repetir cada vez mais as mesmas coisas, então vou passar a mensagem de chata e o meu marido brigará e ficará irritado e se afastará mais de mim.
   – Se eu aprender a ser mais assertiva, então pode ser que ele me ouça.
T: Qual é a emoção que, em desequilíbrio, pode fazer com que você volte atrás e faça o que não gostaria, que é falar incessantemente?
P: Ansiedade, raiva e sensação de ter engolido um boi.
T: Quais serão as vantagens do novo comportamento para a sua vida?
P: Ver que meu casamento pode dar certo. Sentirei satisfação por ter conseguido me controlar e ter ficado em paz com o meu marido e por ter me expressado melhor.

ETAPA 4 – ABACATE COLORIDO – POLPA DA FRUTA

Experimento comportamental (EC) – a corrida de obstáculos

- Se os EC forem cuidadosamente selecionados, então é mais provável que a construção do comportamento saudável seja alcançada.

Após definir o comportamento saudável a ser construído com o auxílio da reestruturação das suposições, experimentos comportamentais são idealizados para que as habilidades cognitivas e comportamentais aprendidas sejam treinadas, e para que a nova hipótese seja testada. O grau de dificuldade é simbolizado com +, ++, +++ ou ++++.

Obstáculos: do mais fácil ao mais difícil (+, ++, +++, ++++)

Parar de cobrar que ele vá para a casa da minha mãe/+

Falar em tom de brincadeira – usar o bom humor/++

Parar de cobrar carinho/+++

Reconhecer o que o meu marido tem feito por nós/++++

PREPARAÇÃO COGNITIVA PARA O EXPERIMENTO COMPORTAMENTAL

- Se o paciente praticar a preparação cognitiva para o experimento comportamental, então é mais provável que ele consiga ultrapassar as barreiras.

Experimentos comportamentais auxiliam a consolidação do comportamento saudável. A expectativa da emoção associada a cada experimento comportamental deve ser identificada. O primeiro experimento a ser testado é aquele que aciona o menor desconforto na emoção, cuidado que faz com que aumentem as chances de êxito. Progressivamente, outros experimentos são planejados, preparados cognitivamente e testados (Bennett-Levy et al., 2004).

O objetivo é pensar como as pessoas saudáveis pensam e se comportam. O que é bastante natural e automático para elas necessita de esforço e dedicação por parte do paciente, no início da fase de mudança. O EC é a ferramenta principal na consolidação da maneira saudável de ser, e está diretamente relacionado com os objetivos específicos determinados na terapia.

Cada obstáculo da corrida representa um EC a ser testado. As etapas, as dificuldades e a emoção associada devem ser monitoradas. A preparação cognitiva para o EC inicia na sessão de terapia e os resultados são avaliados na sessão seguinte.

NA SESSÃO: PREPARAÇÃO COGNITIVA PARA O EC

T: Qual é o EC a ser testado – um obstáculo de cada vez?
P: Parar de cobrar que ele vá para a casa da minha mãe/+
T: Qual será o pior resultado (extremo do ruim)?
P: Meu marido fazer algo que eu não goste e eu pensar que "isso foi demais" e não conseguir controlar a raiva.
T: Qual será o melhor resultado (extremo do bom)?
P: Conseguir me calar, respirar e esperar, com total equilíbrio e tranquilidade.
T: O que é mais provável que aconteça (meio termo)?

P: A raiva passará. Reavaliarei e verei que a ofensa não foi tão grave assim.
T: Quais são os fatores que podem prejudicar a execução do EC?
P: Eu deixar a raiva e os pensamentos de que ele foi grosseiro ou desatencioso tomarem conta de mim e então eu perder o controle.
T: O que você pode fazer para obter o melhor resultado possível?
P: Lembrar da construção das suposições saudáveis e dos meus objetivos pessoais traçados. Utilizar os cartões de enfrentamento. Nunca finalizar o raciocínio no cinza. Iniciar o raciocínio com o cinza e finalizar com o saudável, dentro do possível.
T: Qual é a emoção que você identifica agora?
P: Insegurança e dúvida se conseguirei.

TAREFA DE CASA E A AVALIAÇÃO SOBRE O EC

T: O que realmente aconteceu?
P: Meu marido foi ao comércio tomar um café e eu havia pedido, durante a discussão por telefone, que ele me esperasse. Eu já estava com raiva, mas lembrei que, se eu falasse e reclamasse, tudo pioraria e então me calei.
T: Quais foram as consequências?
P: Não houve briga ou discussão. Depois levamos as crianças ao parque, ambos em silêncio. Depois ele melhorou e propôs que fôssemos para a casa da minha mãe – um milagre.
T: O que você aprendeu com este experimento comportamental?
P: Que o silêncio agiu em meu favor e eu realmente não explodi de raiva.
T: O que você pode fazer de maneira diferente da próxima vez?
P: Aprender a expor minhas ideias de forma objetiva e racional.
T: Qual é a emoção que você identifica agora?
P: Satisfação por ter conseguido fazer a minha parte, que é calar em alguns momentos.

LANÇAMENTO DE CRÉDITOS PESSOAIS

- Se os comportamentos saudáveis forem valorizados diariamente, então provavelmente o paciente se sentirá progressivamente melhor.

A reestruturação cognitiva, a preparação cognitiva para o EC e a consolidação dos comportamentos saudáveis não são alcançadas somente com as cinco sessões apresentadas nas etapas, sendo necessária a dedicação e a prática por vários meses já que o mesmo ocorreu com os pensamentos distorcidos – eles levaram meses ou até anos em sua construção. Diariamente, o paciente lança os seus comportamentos saudáveis.

Ao final de cada dia da semana, uma tabela é utilizada para lançar dois comportamentos saudáveis.

T: Qual é o comportamento saudável a ser monitorado?
P: Parar de cobrar que ele vá para a casa da minha mãe/+
T: O que aconteceu no último sábado?
P: Visitei a minha mãe enquanto ele ficou em casa estudando e eu expressei o meu descontentamento de forma breve e com assertividade.

Na sessão que aborda o lançamento de créditos, o paciente recebe um pequeno cofre de barro, com formato de porco, com o objetivo de chamar a atenção para o fato de que cada valorização de uma atitude é um crédito em sua conta pessoal. Com isso, o paciente torna-se progressivamente menos vulnerável a possíveis efeitos danosos de fatores externos.

CARTÕES DE ENFRENTAMENTO

Os cartões de enfrentamento contêm resumos e podem ser lançados em cartões, cadernos pequenos, blocos ou agendas (Knapp, Luz Jr. e Baldisserotto, 2001). Logo, a suposição saudável pode ser "Se eu preparar e utilizar um cartão de enfrentamento, então ele pode ter o mesmo efeito de um comprimido de calmante."

Exemplo: Este cartão de enfrentamento pode ser utilizado em qualquer situação na qual o paciente enfrenta dificuldades em algum relacionamento. Imagine que a paciente do estudo de caso ficou com muita raiva, porque o seu marido disse que não queria ir para a casa da sogra naquele domingo. No momento em que a emoção estiver em desequilíbrio, é esperado que responder a estas perguntas aparentemente simples demais não seja tão fácil assim. Para preparar o CE, o terapeuta faz as perguntas e o paciente escreve as respostas.

T: Descreva a situação: somente os fatos, da maneira mais objetiva.
P: Os meus pais nos convidaram para almoçar hoje na casa deles, porque a minha mãe preparou aquela lazanha deliciosa.
T: Expresse os seus sentimentos: sem sentir culpa e sem culpar o outro, usando frases com "eu" e não com "você".
P: Eu fico chateada quando você não aceita ir, porque a minha família também é muito importante para mim.
T. Sugira quais as mudanças que gostaria de ver no relacionamento, e em relação ao seu comportamento e ao do outro.
P: Eu posso tentar explicar melhor o convite e pedir que ele ouça, pois serei breve; mas também posso lembrar de todas as outras vezes que ele foi para a casa de meus pais, inclusive "ontem".
T: Quais são as coisas boas que podem vir desta mudança?
P: Fazer a minha parte, pedir o que eu quero, explicar com calma e parar de pensar no que os outros deveriam ter feito. Consequentemente o relacionamento ficará mais leve.

A CONTRIBUIÇÃO DA TÉCNICA PARA A TOMADA DE DECISÃO, PROMOÇÃO DE SAÚDE E QUALIDADE DE VIDA

A influência da emoção na tomada de decisão (TD) é pouco estudada, porém a TD é direcionada pelos sinais emocionais ou pelos estados somáticos no momento em que o indivíduo prevê um evento futuro (Bechara, 2004). Segundo Palmini (2004), diante do dilema de tomar uma decisão, o indivíduo mantém um foco na recompensa do presente e outro em consequências futuras. Em geral, esses valores são excludentes e comportam-se como uma "gangorra do prazer *versus* o dever" (p. 78), relacionados à emoção ou à razão, respectivamente.

Para Fortes e Zoboli (2004), Promoção de Saúde visa oferecer oportunidades para que as pessoas conquistem a autonomia necessária para a tomada de decisão sobre aspectos que afetam suas vidas, além de capacitar as pessoas para o controle sobre sua saúde e sua qualidade de vida."Caso não possa escolher o que acontece, busca-se então, dentro do que é possível, o que fazer diante da situação instalada, mantendo-se a autonomia necessária para a tomada de decisão. Segundo Calman (conforme citado por Fleck, 2008), a qualidade de vida está relacionada à determinação de metas e objetivos, e a melhora está relacionada à capacidade de atingí-los.

Um programa de saúde, que visa modificar um comportamento gerador de doença, deve inicialmente identificar os fatores relacionados a este comportamento para posteriormente construir e consolidar os comportamentos saudáveis (Jenkins, 2007). Os instrumentos que compõem a técnica "Tomada de Decisão e Qualidade de Vida" foram elaborados com o intuito de tornar a decisão autônoma, em relação à construção de comportamentos saudáveis para a melhora da qualidade de vida. Cabe ressaltar que a aplicação da técnica apresentada no presente capítulo não se restringe somente às intervenções psicoterápicas utilizadas no tratamento de um paciente em acompanhamento. As reflexões também devem ser feitas pelos próprios terapeutas em relação a suas emoções, cognições e comportamentos, não saudáveis e saudáveis, na avaliação diária de seu desempenho como terapeuta.

REFERÊNCIAS

Bechara, A. (2004). The role of emotion in decision-making: Evidence from neurological patients with orbital damage. *Brain and Cognition, 55(1)*, 30-40.

Beck, A. T., Rush, A. J., Shaw, B. F., & Emery, G. (1997). *Terapia cognitiva da depressão*. Porto Alegre: Artmed.

Beck, J. S. (1997). *Terapia cognitiva: teoria e prática*. Porto Alegre: Artmed.

Beck, J. S. (2007). *Terapia cognitiva para desafios clínicos: o que fazer quando o básico não funciona*. Porto Alegre: Artmed.

Beck, J. S. (2009). *Pense magro: a dieta definitiva de Beck: treine o seu cérebro a pensar como uma pessoa magra*. Porto Alegre: Artmed.

Bennett-Levy, J., Butler, G., Fennell, M., Hackmann, A., Mueller, M., & Westbrook, D. (2004). *Oxford Guide to behavioral experiments in cognitive therapy*. New York: Oxford University Press.

Cooper, M., Todd, G., Turner, H., & Wells, A. (2007). Cognitive therapy for bulimia nervosa: an A-B replication series. *Clinical Psychology and Psychotherapy, 14*, 402-411.

Fleck, M. P. A. (Org.). (2008). *A avaliação de qualidade de vida: guia para profissionais da saúde*. Porto Alegre: Artmed.

Fortes, P. A. C., & Zoboli, E. L. C. P. (2004). Bioética e promoção de saúde. In: Lefèvre, F., & Lefèvre, A. M. C. (Org.). *Promoção de saúde: a negação da negação* (p. 147-160). Rio de Janeiro: Vieira & Lent.

Greenberger, D., & Padesky, C. A. (1999). *A mente vencendo o humor*. Porto Alegre: Artmed.

Jenkins, C. D. (2007). *Construindo uma saúde melhor: um guia para a mudança do comportamento*. Porto Alegre: Artmed.

Knapp, P., Luz Jr. E., & Baldisserotto, G. V. (2001) Terapia cognitiva no tratamento da dependência química. In: Range, B. (Org.). *Psicoterapias cognitivo-comportamentais: um diálogo com a psiquiatria* (p. 332-350). Porto Alegre: Artmed.

Kunzler, L. S. (2008a). A contribuição da terapia cognitiva para o tratamento do transtorno obsessivocompulsivo. *Brasília Médica, 45*(1), 30-40.

Kunzler, L. S. (2008b). *Como dominar o seu pensamento: tome uma decisão e não volte atrás*. Brasília, DF: Atalaia.

Kuyken, W., Padesky, C. A., & Dudley, R. (2009). *Collaborative case conceptualization: Working effec-*

tively with clients in cognitive: behavioral therapy. New York: Guilford.

Leahy, R. L. (2006). *Técnicas de terapia cognitiva: manual do terapeuta.* Porto Alegre: Artmed.

Lipp, M. E. N., & Malagris, L. E. N. (2010). *O treino cognitivo de controle da raiva: o passo a passo do tratamento.* Rio de Janeiro: Cognitiva.

Palmini, A. (2004). O cérebro e a tomada de decisões. In: Knapp, P. (Org.). *Terapia cognitivo-comportamental na prática psiquiátrica* (p. 71-88). Porto Alegre: Artmed.

Pergher, G. K. (2010). Falsas memórias autobiográficas. In: Stein, L. M. (Org.). Falsas memórias: fundamentos científicos e suas aplicações clínicas e jurídicas. Porto Alegre: Artmed.

15

Uso do "processo" para modificar crenças nucleares disfuncionais

Irismar Reis de Oliveira

INTRODUÇÃO

A ativação de certas crenças disfuncionais subjacentes pode desempenhar papel primário na manifestação de vários sintomas cognitivos, afetivos e comportamentais. Além de ajudar o paciente a identificar e modificar os pensamentos e as expressões emocionais disfuncionais, o trabalho de reestruturação das crenças é fundamental para que os resultados terapêuticos sejam consistentes e duráveis. Uma dificuldade para a reestruturação dos níveis mais superficiais de cognição é que, com frequência, os pensamentos alternativos mais racionais gerados para combater os pensamentos automáticos são desqualificados pelos pensamentos (também automáticos) do tipo "sim, mas...", provenientes das crenças nucleares ativadas (de Oliveira, 2007).

Há várias técnicas desenvolvidas para mudar as crenças nucleares disfuncionais. Para uma revisão daquelas mais comumente utilizadas, ver de Oliveira e Pereira (2004). Neste capítulo, abordarei o Registro de Pensamentos com Base no Processo (RPBP – de Oliveira, 2008) ou, resumidamente, "Processo".

HISTÓRICO

A técnica Processo foi desenvolvida como evolução de outra técnica, o Registro de Pensamentos com Base na Reversão de Sentenças (RPBRS), criado para lidar com pensamentos automáticos do tipo "sim, mas..." (de Oliveira, 2007). Este registro se baseava principalmente no princípio de que, ao se inverter a ordem de determinadas construções verbais contendo a conjunção "mas", usada pelo paciente para desqualificar suas próprias realizações, o sentido da frase se tornava mais favorável e tendia a mudar seu humor desagradável. Entretanto, algumas limitações, sobretudo relativas à implementação da técnica fora do consultório como tarefa, dificultavam seu uso.

O Processo veio então preencher esta lacuna, tendo recebido tal denominação por duas razões: por um lado, trata-se da simulação de um processo jurídico e, por outro, foi inspirada na obra de mesmo nome, "O Processo", do escritor checo Franz Kafka (1998, original publicado em 1925). Neste livro, o personagem Joseph K., por razões não reveladas, é detido por agentes da lei e, ao final, é condenado e executado sem que jamais lhe seja permitido saber de qual crime era acusado.

Partindo da ideia de que Kafka talvez estivesse propondo a autoacusação como princípio universal (de Oliveira, 2011), da qual o homem raramente se dá conta e, sobretudo, não se permite a defesa adequada, concluí que tal autoacusação poderia ser compreendida como manifestação da crença nuclear, quando ativada. Portanto, a base racional para o desenvolvimento do Processo seria sua utilidade em tornar os pacientes conscientes das crenças nucleares a respeito de si mesmos (autoacusações). Assim, diferentemente do que ocorre com Joseph K. no romance de Kafka, a ideia é estimular os pacientes a desenvolverem crenças nucleares mais positivas e funcionais durante a terapia.

DESCRIÇÃO DA TÉCNICA

Inicialmente, pede-se ao paciente que apresente a situação incômoda ou o problema em uma ou duas frases (Tabela 13.1). Habitualmente, corresponde ao tema escolhido pelo paciente para compor a agenda durante a sessão. O terapeuta pergunta o que passa pela mente do paciente quando ele nota algum sentimento ou alguma emoção forte. Esta etapa da técnica pretende buscar os pensamentos automáticos ligados ao estado emocional atual que serão registrados na coluna 1. Para descobrir qual é a crença central ativada (ou a ser ativada), responsável por esses pensamentos automáticos e o estado emocional atual, o terapeuta usa a técnica da seta descendente. Por exemplo, o terapeuta pergunta o que os pensamentos automáticos que acabam de ser expressos significam sobre a paciente, supondo que sejam verdadeiros. A resposta, expressa habitualmente como "Sou...", corresponde à crença nuclear ativada. No exemplo da Tabela 15.1, a paciente expressou a crença "Sou estranha". O terapeuta explica então que o procedimento (Processo) inicia-se de forma análoga a uma investigação ou um inquérito com o objetivo de descobrir a acusação (neste caso, a autoacusação) que corresponde à crença nuclear que o paciente alimenta sobre si mesmo. O terapeuta pergunta então quanto o paciente acredita nela e que emoção isso o faz sentir. As porcentagens indicando o crédito que o paciente dá à crença e a intensidade da emoção correspondente

são registradas na parte inferior da coluna 1, no espaço onde se lê "Inicial".[1]

As colunas 2 e 3 do Processo foram projetadas para ajudar o paciente a juntar informações que sustentam (coluna 2) e, também, aquelas que não sustentam (coluna 3) a crença nuclear. A coluna 2 corresponde à atuação do promotor, em que o paciente é estimulado a identificar todas as evidências que sustentam a crença nuclear, tomada como autoacusação. O que se verifica habitualmente é que o paciente tende a produzir mais pensamentos automáticos, em geral distorções cognitivas, em vez de evidências. Sugiro então que o terapeuta não corrija o paciente, uma vez que, adiante, durante a avaliação pelo jurado (coluna 7), o paciente será orientado a levar este aspecto em conta, percebendo que o promotor tende a produzir predominantemente distorções. As informações colhidas e registradas na coluna 2 têm a intenção de evidenciar os argumentos internos que o paciente usa para sustentar a crença nuclear negativa.

Na coluna 3 (advogado de defesa), o paciente é ativamente estimulado a identificar todas as evidências que não sustentam a crença nuclear. Se o terapeuta perceber que o paciente está trazendo opiniões, mais do que evidências, pode sugerir sutilmente que ele dê exemplos com base nos fatos. Embora os pacientes geralmente melhorem após a conclusão da coluna 3 (redução das porcentagens correspondentes a quanto eles acreditam na crença e à intensidade da emoção), alguns não melhoram ou melhoram muito pouco por causa da falta de credibilidade das alternativas trazidas para desafiar os pensamentos automáticos. Alguns pacientes dizem acreditar em tais alternativas apenas intelectualmente.

---

[1] O espaço onde se lê "Final" será preenchido ao término da sessão, após a conclusão da tarefa denominada "Preparo para o recurso". Avalia-se aqui quanto o paciente acredita na crença negativa (por exemplo, "Sou estranha", após desativação desta e ativação da crença positiva (por exemplo,"Sou normal").

TABELA 15.1
Registro de Pensamentos com Base no Processo – Por favor, descreva brevemente a situação: João não me procurou depois da festa.

1. Investigação/Estabelecimento da acusação (crença nuclear).	2. Alegação do promotor.	3. Alegação da defesa.	4. Réplica do promotor ou resposta à alegação da defesa.	5. Resposta do advogado de defesa à alegação do promotor.	6. Significado da resposta apresentada ao promotor pelo advogado de defesa.	7. Veredito do Jurado.
O que estava passando por sua mente antes de você começar a se sentir assim? Pergunte a si mesmo o que esses pensamentos significam sobre você, supondo que sejam verdade. A resposta "Se estes pensamentos forem verdade, isso significa que sou ..." é a **autoacusação (crença nuclear)** que acaba de ser descoberta.	Por favor, cite todas as evidências que você tem que **sustentam** a acusação/crença nuclear que você circulou na coluna 1.	Por favor, cite todas as evidências que você tem que **não sustentam** a acusação/crença nuclear que você circulou a coluna 1.	Por favor, cite os pensamentos que questionam, descontam ou desqualificam cada evidência positiva da coluna 3, expressas em geral como pensamentos do tipo "sim, mas...")	Por favor, copie cada pensamento da coluna 4 primeiro, e então cada evidência correspondente da coluna 3, conectando-os através da conjunção MAS.	Por favor, escreva o significado que você atribui a cada frase da coluna 5.	Por favor, faça um relatório sucinto, considerando as questões: Quem foi mais consistente? Quem foi mais convincente? Quem se baseou mais nos fatos? Quem cometeu menos distorções (cognitivas)? Quem se preocupou mais com a dignidade do acusado?
João não me procurou mais. Não sou interessante. Ninguém vai se interessar por mim. Sou estranha.	João não me procurou mais. Eu não sou paquerada. Ana disse que eu me vestia de modo estranho. Eu fico nervosa diante das pessoas.	1. Passei no concurso. 2. Na festa, fui paquerada. 3. Há pessoas no trabalho que me acham eficiente 4. Algumas pessoas preferem ser	1. Um monte de gente passa. 2. João não me procurou mais. 3. Há outras que não me dão tanta atenção. 4. Talvez isso aconteça porque	1. Um monte de gente passa, MAS passei no concurso. 2. João não me procurou mais, MAS na festa fui paquerada. 3. Há outras que não me dão tanta	Isso significa que: 1. Eu sou boa. 2. Às vezes sou interessante. 3. Sou boa funcionária. 4. Sou eficiente.	Relatório: Meu promotor é muito dado a afirmações do tipo "tudo ou nada": ou eu sou paquerada ou não sou. Catastrofizo muito. Portanto, o promotor comete mais distorções. E o advogado de defesa come-

(continua)

TABELA 15.1 (continuação)

Registro de Pensamentos com Base no Processo – Por favor, descreva brevemente a situação: João não me procurou depois da festa.

Técnica da seta descendente: Se os pensamentos acima forem verdade, o que eles dizem a seu respeito?	Eu suo muito nas mãos. Eu nunca tive namorado.	atendidas por mim 5. Na festa eu agi normalmente 6. Faço as mesmas coisas que as outras pessoas	eu não saiba dizer não. 5. Sou ansiosa. 6. Deixo de fazer coisas importantes.	atenção, MAS há pessoas no trabalho que me acham eficiente 4. Talvez isso aconteça porque eu não saiba dizer não, MAS algumas pessoas preferem ser atendidas por mim. 5. Sou ansiosa, MAS na festa eu agi normalmente. 6. Deixo de fazer coisas importantes, MAS faço as mesmas coisas que as outras pessoas.	te menos distorções que o promotor. 5. Posso agir tranquilamente. 6. Posso viver normalmente. **Veredicto:** Inocente.
Acusação: Sou estranha. Emoção: ansiedade					
Inicial: Crença: 100% Emoção: 100%	Final: 10% 0%	Crença: 100% Emoção: 100%	Crença: 60% Emoção: 50%	Crença: 90% Emoção: 90%	Crença: 20% Emoção: 20%
					Crença: 15% Emoção: 10%

Tarefa. Preparo para o recurso: Supondo que o advogado de defesa tenha razão, o que isto significa sobre você (técnica da seta ascendente)?

Crença nuclear positiva: Sou normal.

(Por favor, passe para o registro diário de evidências e assinale diariamente quanto você acredita na nova crença, após escrever entre uma e três evidências que a confirmam).

(Irismar Reis de Oliveira – Departamento de Neurociências e Saúde Mental – Universidade Federal da Bahia – irismar.oliveira@uol.com.br; http://www.ntcba.com.br)

A coluna 4 (réplica do promotor à alegação da defesa) é devotada aos pensamentos do tipo "sim, mas..." que o paciente usa para desqualificar ou minimizar as evidências ou os pensamentos racionais trazidos pela defesa na coluna 3, tornando-os menos dignos de crédito. Como o exemplo da Tabela 15.1 ilustra, ao usar a conjunção "mas", o terapeuta ativamente estimula a expressão dos pensamentos que sustentam outros pensamentos automáticos negativos, e que perpetuam emoções e comportamentos disfuncionais. O humor do paciente tende a retornar ao nível que ele apresentou na coluna 2, quando da manifestação do promotor. O terapeuta pode então usar essas oscilações para mostrar ao paciente como seu humor depende de como ele percebe a situação, positiva ou negativamente.

As colunas 5 e 6 são os aspectos centrais desta técnica. Na coluna 5 (tréplica da defesa em resposta ao promotor), o paciente é conduzido a inverter as proposições das colunas 3 e 4, mais uma vez conectando-as com a conjunção "mas". O paciente copia cada frase da coluna 4 e conecta-a com a evidência correspondente da coluna 3, usando essa conjunção. A ideia é fazer com que o paciente consiga reduzir a força dos pensamentos automáticos negativos. O resultado é a mudança de perspectiva da situação para mais positiva e realista. Nesse momento, o paciente é estimulado a ler cada uma das sentenças invertidas na coluna 5 e registrar na coluna 6 o novo significado, agora positivo, trazido por esta estratégia.

A coluna 7 traz a parte analítica do Processo, apresentada sob a forma de deliberação do corpo de jurados. O paciente responde a uma série de questões envolvendo a atuação do promotor e da defesa. As principais questões são:

1. Quem foi mais consistente?
2. Quem foi mais convincente?
3. Quem se baseou mais nos fatos?
4. Quem cometeu menos distorções (cognitivas)?
5. Houve intencionalidade por parte do acusado?

Aqui os pacientes, na grande maioria dos casos, se inocentam da acusação representada pela crença nuclear negativa.

O crédito que o paciente atribui à crença nuclear negativa e a intensidade da emoção correspondente são avaliados ao término da atuação de cada personagem, registrando-os na parte inferior de todas as colunas (com exceção da coluna 5). Tais porcentagens demonstram a oscilação do afeto do paciente ao focar sua atenção em percepções negativas (promotor) ou positivas (defesa).

Finalmente, esse registro de pensamentos é utilizado para ativar (ou mesmo desenvolver) nova crença nuclear positiva através da técnica da seta ascendente (de Oliveira, 2007), em contraposição à seta descendente (Burns, 1980) utilizada na coluna 1. Para isso, o terapeuta pergunta: "Supondo que o advogado de defesa tenha razão, o que isso diz a seu respeito?". No exemplo da Tabela 15.1, a paciente traz a nova crença nuclear "Sou normal".

A Tabela 15.2 é o registro que o paciente será solicitado a preencher como tarefa, sendo estimulado a juntar, durante a semana, diariamente, os elementos que sustentam a crença nuclear positiva. Isso se inicia na mesma sessão, como preparação para o recurso solicitado pelo promotor quando o paciente se inocenta da acusação ou, mais raramente, solicitado pela defesa, quando o paciente não se considera inocente ao final do Processo. O paciente indica também, diariamente (entre parênteses), o quanto acredita na nova crença.

A Tabela 15.3 foi adaptada para dar conta de duas ou mais crenças funcionais, quando vários processos e recursos foram realizados. Observe que o tempo despendido pelo paciente para a realização da tarefa será o mesmo, não importa quantas crenças nucleares funcionais ele esteja alimentando em seu diário. Um fato, uma evidência ou um elemento que apoie uma crença nova pode apoiar outras e, dessa forma, os pacientes não deixam de vigiar a atividade das crenças nucleares antes reestruturadas e que, frequentemente, voltam a ativar-se se estiverem fora do campo de atenção. Portanto, esse for-

TABELA 15.2

Preparação para o Recurso. Nova crença nuclear positiva derivada do Processo: *Sou normal.*

Por favor, escreva diariamente entre um e três fatos ou experiências de sua rotina que apoiem a nova crença nuclear. Assinale diariamente o quanto (%) você acredita na nova crença após juntar os elementos que a confirmam.

Data: (%)	Data: (100%)	Data: (%)	Data: (%)
1.	1. *Eu fui trabalhar.*	1.	1.
2.	2. *Atendi várias pessoas.*	2.	2.
3.	3.	3.	3.
4.	4.	4.	4.
Data: (%)	Data: (%)	Data: (%)	Data: (%)
1.	1.	1.	1.
2.	2.	2.	2.
3.	3.	3.	3.
4.	4.	4.	4.
Data: (%)	Data: (%)	Data: (%)	Data: (%)
1.	1.	1.	1.
2.	2.	2.	2.
3.	3.	3.	3.
4.	4.	4.	4.
Data: (%)	Data: (%)	Data: (%)	Data: (%)
1.	1.	1.	1.
2.	2.	2.	2.
3.	3.	3.	3.
4.	4.	4.	4.

(Irismar Reis de Oliveira, Departamento de Neurociências e Saúde Mental, Universidade Federal da Bahia; irismar.oliveira@uol.com.br; http://www.ntcba.com.br)

TABELA 15.3

Registro de fatos e experiências que apoiam minhas novas crenças nucleares positivas ativadas após vários processos e recursos.
Por favor, escreva diariamente pelo menos um fato ou experiência de sua rotina que apoie uma ou mais novas crenças nucleares listadas abaixo.

Sou normal	Sou uma pessoa de atitude	Sou querida	Sou solidária
Data: 8/11/10 (60%)	(50%)	(65%)	(90%)
1. *Fui ao cinema.*	1. ---------------	1. ---------------	1. ---------------
2. ---------------	2. ---------------	2. *João me convidou para sair.*	2. ---------------
3. *Levei minha mãe ao médico.*	3. *Levei minha mãe ao médico.*	3. ---------------	3. *Levei minha mãe ao médico.*
Data: 9/11/10 (90%)	(60%)	(80%)	Data: (%)
1. *Trabalhei pela manhã no cartório.*	1. ---------------	1. ---------------	1.
2. ---------------	2. *Resisti ao vendedor insistente que quis me empurrar uma assinatura de revista.*	2. ---------------	2.
3. ---------------	3. ---------------	3. *Um cliente disse que gosta de ser atendido por mim.*	3. *Um cliente disse que gosta de ser atendido por mim.*
Data: (%)	Data: (%)	Data: (%)	Data: (%)
1.	1.	1.	1.
2.	2.	2.	2.
3.	3.	3.	3.
Data: (%)	Data: (%)	Data: (%)	Data: (%)
1.	1.	1.	1.
2.	2.	2.	2.
3.	3.	3.	3.

(Irismar Reis de Oliveira, Departamento de Neurociências e Saúde Mental, Universidade Federal da Bahia; irismar.oliveira@uol.com.br; http://www.ntcba.com.br)

mulário permite o fortalecimento de várias crenças novas ao mesmo tempo.

O aspecto fundamental neste estágio é que o paciente tome seu tempo fora da sessão, prestando atenção aos fatos e acontecimentos que sustentem a(s) crença(s) positiva(s); isso implica na escolha do advogado de defesa como aliado, independentemente de o paciente ter sido absolvido ou não ao final de cada Processo.

PESQUISAS REALIZADAS

No primeiro artigo descrevendo o Processo (de Oliveira, 2008), propus uma versão modificada do Registro de Pensamentos Disfuncionais de sete colunas, especialmente para lidar com as crenças nucleares por meio da combinação de uma estratégia envolvendo a reversão de sentenças e a analogia com um processo jurídico. Os pacientes (n= 30) participaram da simulação de um júri e exibiram mudanças na adesão às crenças nucleares e na intensidade das emoções correspondentes após cada passo durante uma sessão (investigação, alegação do promotor, alegação da defesa, réplica do promotor, tréplica da defesa e veredicto do júri). Os resultados deste trabalho mostraram reduções médias significativas entre os valores percentuais após a investigação (tomada como valor basal), após a alegação da defesa (p< 0,001) e após o veredicto do júri, tanto das crenças (p< 0,001) quanto da intensidade das emoções (p< 0,001). Diferenças significativas foram também observadas entre a primeira e a segunda alegações da defesa (p= 0,009) e entre a segunda alegação da defesa e o veredicto do júri no que dizia respeito às crenças nucleares (p= 0,005) e às emoções (p = 0,02). Minha conclusão foi que o Processo podia, pelo menos temporariamente, ajudar os pacientes, de forma construtiva, a reduzir a adesão às crenças nucleares negativas e emoções correspondentes.

Recentemente, concluímos um ensaio clínico (de Oliveira et al., 2010) no qual o Processo foi estudado em 36 pacientes com fobia social, distribuídos randonomicamente para o grupo experimental tratado com o Processo (n= 17) e para o grupo controle (n= 19), este último tratado com o modelo convencional da terapia cognitiva que incluiu o Registro de Pensamento Disfuncional (RPD) com 7 colunas (Padesky e Greenberger, 1995), associado ao Diário de Afirmações Positivas (DAP) (Beck, 1995). Ambos receberam psicoeducação voltada para o modelo cognitivo e as distorções cognitivas, além de terem suas histórias organizadas de acordo com o diagrama de conceitualização de Judith Beck (1995). O objetivo de ambos os tratamentos era reestruturar as crenças nucleares a fim de reduzir os sintomas da fobia social. A exposição não foi estimulada ativamente em nenhum dos grupos. Ao realizar a análise de variância para medidas repetidas, observaram-se significativas reduções (P< 0,001) em ambas as abordagens nos escores da Escala de Ansiedade Social de Liebowitz (LSAS) (Liebowitz, 1987), da Escala de Medo de Avaliação Negativa (FNE) (Watson e Friend, 1969), da Escala de Esquiva e Desconforto Social (SADS) (Watson e Friend, 1969) e do Inventário de Ansiedade de Beck (BAI) (Beck et al., 1988). Contudo, a ANCOVA de uma via (*one-way* ANCOVA), tomando os dados basais como covariáveis, mostrou que o Processo foi significativamente mais eficaz do que o grupo controle na redução do medo de avaliação negativa (P= 0,01), da esquiva e desconforto social (P= 0,03) e na melhora da qualidade de vida de acordo com a SF-36 (Ware et al., 1992; Ciconelli et al., 1999) (P< 0,05) em relação aos domínios dor corporal, funcionamento social e limitações devidas a problemas emocionais. Os resultados descritos acima justificam novos estudos para avaliar a eficácia do Processo não só na fobia social, como também em outros diagnósticos psiquiátricos.

DEMONSTRAÇÃO DE USO DO PROCESSO[2]

Terapeuta: Bom, Chris, talvez eu tenha uma proposta nova para você hoje. Vamos focar agora em nossa agenda, iniciando com o diagrama de conceitualização, está bem? Se tomarmos uma das situações que você trouxe para a agenda, qual delas você escolheria para trabalharmos agora: a situação de João, que não a procurou mais, ou a de sua colega de trabalho que criticou sua roupa?

Paciente: A situação de João. Ele não me procurou mais.

T: Que tal você escrever isso aí, ou seja, "João não me procurou mais"? Então, o fato de João não tê-la procurado, o que a faz pensar?

P: Que não sou interessante.

T: "Não sou interessante."

P: Sou estranha. Ninguém vai se interessar por mim.

T: Ao ter pensado assim, "Ninguém vai se interessar por mim", como você se sentiu?

P: Triste e ansiosa.

T: Ao se sentir assim, qual foi sua tendência em termos de comportamento?

P: Eu comecei a me isolar mais.

T: Chris, levando em conta que João tenha desaparecido e que esses pensamentos vieram a você, o que eles dizem a seu respeito?

P: Que ninguém vai se interessar por mim, que eu sou estranha mesmo.

T: Por que não escrevemos aqui exatamente isso? Tenho a impressão de que você acabou de ativar uma crença, "Sou estranha", não é verdade?

P: É, sim.

T: Isso viria como uma espécie de acusação que você faz a si mesma?

P: Sim.

T: É exatamente sobre isso que proponho que trabalhemos hoje. Eu gostaria de propor uma técnica para você checar se essa concepção que está tendo de si mesma é verdadeira ou não. Nós não sabemos de antemão. O objetivo é checarmos a conclusão que você chegou a respeito de si mesma: "Sou estranha". Quanto você acredita nisto, Chris?

P: Cem por cento.

T: Cem por cento. Isso parece ser uma autoacusação. Podemos usar uma analogia transformando isso em um julgamento? E você própria vai poder decidir se é estranha ou não. Claro, você está acreditando cem por cento nisso. É como se tivéssemos dois personagens internos, um que nos acusa e outro que nos defende. Agora, parece que o primeiro está predominando, não?

P: É.

T: Qual é esse personagem?

P: O promotor?

T: Que tal mobilizarmos o promotor para sabermos quais são os argumentos que você, como promotora, utiliza para dizer que é estranha? Quais são os argumentos que você tem para isso?

P: João não me procurou mais.

T: Ok.

P: Eu não sou paquerada.

T: Ok. Não sou paquerada.

P: Ana disse que eu me vestia de modo estranho.

T: Estranho, certo.

P: Eu fico nervosa diante das pessoas.

T: Sim.

P: Eu suo muito nas mãos.

T: Ok. Sua nas mãos. Parece que você tem aqui uma série de evidências que parecem mostrar isto, "Sou estranha", não é assim?

P: É.

T: Isso aqui seria suficiente ou você quer acrescentar mais elementos?

P: Eu nunca tive namorado.

---

[2] Sessão simulada de uma paciente com fobia social com a psicóloga Christiane Peixoto, especialista em terapia cognitiva pelo Núcleo de Terapia Cognitiva da Bahia. O preenchimento dos registros correspondentes, Processo e Preparação para o Recurso, estão, respectivamente, nas Tabelas 15.1 e 15.2. Sugiro que a leitura desta demonstração seja realizada em conjunto com as tabelas.

T: Ok. "Nunca tive namorado". Ao juntar todos esses elementos aqui colocados muito claramente por seu promotor interno, quanto você acredita nisto, "Sou estranha"?

P: Cem por cento.

T: E o que isso faz você sentir?

P: Isso me traz cem por cento de ansiedade.

T: E você fica então cem por cento ansiosa. Chris, de vez em quando, eu não sei se você se dá a chance, quando surge esta autoacusação – que chamamos em terapia cognitiva de crença –, de mobilizar sua defesa interna. Se continuarmos fazendo o julgamento, e chamarmos seu advogado de defesa interno, o que ele diria a respeito disto, "Sou estranha"? Para começar, eu gostaria de estabelecer uma regra e, para isso, gostaria que você me respondesse: o advogado de defesa tem obrigação de acreditar na inocência do acusado?

P: Não necessariamente.

T: Ou seja, o que o advogado de defesa tem de fazer é um bom trabalho. Deve ser profissionalmente competente, não é isso? Estou perguntando isto porque eu gostaria que você me desse os argumentos da defesa, mesmo que não acredite muito neles.

P: Está bem.

T: Imagino que seu advogado de defesa diria: "Esta acusação 'sou estranha' não é tão verdade assim." Ela não é verdade porque...

P:...passei no concurso.

T: Humhum...

P: Fui paquerada na festa.

T: Ok.

P: Há pessoas no trabalho que me acham eficiente.

T: Humhum...

P: Algumas pessoas preferem ser atendidas por mim.

T: Ok.

P: Agi normalmente na festa.

T: Ok. Algum argumento mais?

P: Eu faço as mesmas coisas que as outras pessoas.

T: Certo. Você acha que isso é suficiente em termos de argumentação da defesa?

P: Acho.

T: Na medida em que seu advogado de defesa interno diz essas coisas: "Passei no concurso"; "Na festa, fui paquerada"; "Há pessoas no trabalho que me acham eficiente"; "Algumas pessoas preferem ser atendidas por mim"; "Na festa, eu agi normalmente"; "Faço as mesmas coisas que as outras pessoas"... Quanto você acredita nesta acusação, "Sou estranha", na ótica do advogado de defesa?

P: Sessenta por cento.

T: Sessenta por cento. O que acontece com sua ansiedade?

P: Cai para cinquenta.

T: Que bom!... O que você percebe com isso, Chris? Você percebe que, a depender de como enxerga as coisas, na ótica do promotor ou na ótica da defesa, você acredita mais ou acredita menos na acusação?

P: É verdade.

T: O que você acha que vai acontecer quando sair daqui? O promotor se cala ou continua manifestando-se?

P: Eu acho que ele continua.

T: É por isso que, neste tipo de analogia, nós damos a chance ao promotor de falar novamente, ou seja, que haja a réplica. E se chamássemos o promotor novamente aqui? Parece-me que, a rigor, ele já utilizou todos os argumentos que possui. O que ele tenderá a fazer?

T: Ele tenderá a desqualificar o que o advogado de defesa falou.

T: É isso que normalmente você faz?

P: É.

T: Certo. Isso normalmente se dá através da conjunção "mas", não é? Você utiliza muito esta conjunção?

P: Utilizo, sim.

T: Vamos então fazer o seguinte: leio o que disse a defesa e você completa, está bem? "Passei no concurso, mas"...

P: Um monte de gente passa.

T: Ok. "Na festa, eu fui paquerada, mas"...

P: Mas João não me procurou mais.

T: "Há pessoas no trabalho que me acham eficiente, mas"...

P: Mas há outras que não me dão tanta atenção.

T: "Algumas pessoas preferem ser atendidas por mim, mas"...

P: Mas talvez isso aconteça porque eu não saiba dizer não.

T: "Na festa, eu agi normalmente, mas"...

P: Na festa eu agi normalmente, mas... sou ansiosa.

T: "Faço as mesmas coisas que as outras pessoas, mas"...

P: Deixo de fazer coisas importantes.

T: Chris, na medida em que você novamente coloca o promotor em ação, que você o mobiliza e ele diz estas coisas: "Um monte de gente passa em concurso", "João não me procurou mais" e assim sucessivamente, neste momento, quanto você acredita nisto: "Sou estranha"?

P: Noventa por cento.

T: Portanto sobe, não é?

P: É.

T: O que acontece com sua ansiedade?

P: Também sobe para noventa.

T: E ao prestar atenção no promotor, como é que você se sente?

P: Mais ansiosa.

T: Exatamente. E que tal agora, Chris, nós darmos novamente uma chance à defesa? Parece que a defesa também não tem mais argumentos, mas o que sugiro é que ela use exatamente a mesma estratégia do promotor. Que tal você copiar aqui o que foi dito pelo promotor?

P: Está certo. Um monte de gente passa...

T: Agora eu gostaria que você colocasse aí, após isso, a conjunção "mas"...

P: Mas...

T: Você pode copiar agora o que disse a defesa?

P: Passei no concurso.

T: Você pode ler a frase inteira para mim?

P: Um monte de gente passa, mas passei no concurso.

T: O que isso significa, Chris, pra você? Isso significa que...

P: Eu sou capaz.

T: Você pode escrever isso aqui, na outra coluna? [O terapeuta pede que ela escreva "Eu sou capaz" na coluna 6.] Vou lhe pedir agora, Chris, para fazer o mesmo para todas as frases.

P: Está bem.

T: Então, por exemplo, neste segundo caso...

P: João não me procurou mais, mas fui paquerada na festa.

T: Então. O que significa isso para você?

P: Que às vezes sou interessante.

T: Por favor, você pode escrever aqui, também na coluna 6?

P: Às vezes sou interessante.

T: Você pode fazer o mesmo com os outros itens?

P: Há outras pessoas que não me dão atenção, mas há pessoas no trabalho que me acham eficiente.

T: O que isso significa?

P: Que sou boa funcionária.

T: Você pode escrever isso aí?

P: Talvez isso aconteça porque eu não saiba dizer não, mas algumas pessoas preferem ser atendidas por mim.

T: O que isso significa, Chris?

P: Que eu sou boazinha demais.

T: Chris, você pode me dizer qual desses dois personagens se expressou agora?

P: O promotor.

T: E esta é hora do promotor falar?

P: Não, não é.

T: Você pode então refazer isso na perspectiva da defesa?

P: Talvez isso aconteça porque eu não diga não, mas algumas pessoas preferem ser atendidas por mim. Isso significa que eu sou eficiente.

T: Então, na ótica da defesa, é isso que você escreve aí, não é?

P: Sou eficiente.

T: Você pode continuar?

P: Sou ansiosa, mas, na festa, eu agi normalmente.

T: E o que isso significa?

P: Que posso agir tranquilamente...

T: Ok. Por que você não escreve isso aí? Essa é a última?

P: Deixo de fazer coisas importantes, mas faço as mesmas coisas que as outras pessoas.

T: Isso significa que...?

P: Que eu posso viver normalmente.

T: Então, Chris, na medida em que você escuta sua defesa e, ao escutá-la, você chega a conclusões deste tipo: "Sou capaz"; "Às vezes sou interessante"; "Sou boa funcionária"; "Sou eficiente"; "Posso agir tranquilamente" e "Posso viver normalmente"... na medida em que você chega a essas conclusões juntamente com seu advogado de defesa, quanto você acredita nisto, "Sou estranha"?

P: Vinte por cento.

T: Ou seja, cai. Você acredita apenas vinte por cento, não é? E a ansiedade?

P: Também vinte por cento.

T: Chris, nós tivemos a acusação, em seguida o advogado de defesa, depois a réplica do promotor, e então a tréplica da defesa, certo? Qual é o próximo passo?

P: A gente vai avaliar se eu sou inocente ou culpada?

T: E quem faz isso?

P: Os jurados?

T: Certo! Você acha que pode se mobilizar agora, colocando-se à distância, e atuar como um membro do júri? E como é que atua um membro do júri?

P: Avaliando o que disse a promotoria e a defesa e, depois, dando o veredicto.

T: Certo. E para que ele possa fazer isso, é importante que seja isento, não é? Que ele escute o promotor e a defesa. Provavelmente, ele vai fazer algumas perguntas que ele próprio deverá responder. Essas perguntas são: Quem dos dois foi o mais consistente? Quem dos dois foi o mais convincente? Quem se baseou mais nos fatos? Quem cometeu menos distorções? E aqui, em se tratando de terapia cognitiva, estamos nos referindo a distorções cognitivas. Se você avaliar a atuação do promotor e da defesa, como jurado, como você responderia a cada uma delas? Que pequeno relatório você faria para levar ao juiz?

P: Acho que o jurado diria que sou inocente porque, na realidade, meu promotor é muito dado a afirmações do tipo "tudo ou nada". Ou eu sou paquerada ou não sou. Catastrofizo muito.

T: Portanto parece que o promotor comete mais distorções, não é? E o advogado de defesa?

P: Ele cometeu menos distorções que o promotor.

T: Ótimo! Então você chega à conclusão, como membro do júri, que a acusação "Sou estranha" não procede. Portanto, você se considera...

P: Uma pessoa normal.

T: Ou seja, uma vez sendo verdade que o júri a absolveu, que o advogado de defesa, portanto, teve razão, você chega a que conclusão?

P: Que eu sou normal.

T: E quanto você acredita agora na crença "Sou estranha"?

P: Apenas quinze por cento.

T: Como é que fica sua ansiedade?

P: Cai para dez por cento.

T: E isso é muito bom, Chris, porque, no próximo passo, o que vamos fazer é exatamente escrever aqui, nesta outra folha, "Sou normal". [Escreve "Sou normal" na linha correspondente da Tabela 15.2.] Por que eu estou fazendo isso? Você acha que o promotor está satisfeito ou que ele vai continuar reclamando?

P: Eu acho que vai continuar reclamando em muitas situações.

T: Posso entender com isso que ele está pedindo um recurso? Chris, com quem que você tem trabalhado mais ao longo desses anos, com seu promotor ou com sua defesa?

P: Com meu promotor.

T: Você gostaria de mudar? Com quem você gostaria de trabalhar a partir de agora?

P: Com meu advogado de defesa.

T: Por que você está escolhendo seu advogado de defesa?

P: Porque talvez ele seja mais realista, talvez ele me ajude mais.

T: E o que um bom advogado de defesa faz diante da perspectiva de um pedido de recurso pelo promotor?

P: Ele vai justamente avaliar o que eu tenho que pode fortalecer a ideia de que sou uma pessoa normal, que não sou estranha.

T: O que ele vai fazer é ir em busca de mais evidências?

P: Sim, em busca de provas.

T: E então, Chris, você gostaria de se preparar para o recurso, ajudando seu advogado de defesa?

P: Gostaria, sim.

T: Que tal começarmos logo? Então, vou pedir para você, diariamente, ficar junto com a sua defesa e buscar as evidências, como está fazendo aqui comigo. Que elementos você poderia buscar já no dia de hoje?

P: Eu fui trabalhar.

T: Você pode anotar isso aqui? Esta é uma das provas que indicam que você é normal, não é assim?

P: Fui trabalhar. Atendi várias pessoas.

T: Ótimo! Quer deixar o restante para mais tarde?

P: Quero.

T: Nós temos então duas provas. Com base nessas provas, quanto você acredita nisto, "Sou normal"?

P: Cem por cento.

T: Fico feliz com isso, porque posso perguntar agora quanto você acredita na primeira crença, "Sou estranha".

P: Dez por cento. [O terapeuta retorna à parte inferior da coluna 1, na Tabela 13.1, e escreve 10% no espaço indicando "Final".]

T: E sua ansiedade?

P: Não estou ansiosa. Zero por cento.

T: Ótimo! Como é que você concilia todas essas informações até agora? Como é que você pode resumir o que aconteceu até aqui?

P: Eu percebi que tendo a ver as coisas de forma exagerada, a perceber as coisas de forma absolutista e que catastrofizo mais.

T: E seria válido pensarmos que você tem uma espécie de personagem interno que a leva a agir e pensar dessa forma?

P: Sim, meu promotor.

T: E diante desta percepção, o que você decide?

P: Decido estar mais ao lado de meu advogado de defesa, para olhar as situações de uma forma mais realista e tentar visualizar todas as possibilidades, não só o que estou sentindo.

T: E você pode fazer isso em seu dia a dia?

P: Posso.

T: Para que você se sinta normal, precisa fazer coisas extraordinárias ou depende de estar observando, no dia a dia, as pequenas coisas da rotina?

P: Dr. Irismar, se eu observar as coisas do meu dia a dia, acho que isso já é muito rico, eu perceber no dia a dia que não preciso fazer coisas diferentes.

T: Então, para nos prepararmos para o recurso, que tal darmos na próxima sessão a possibilidade do promotor voltar a falar? Uma das coisas que eu gostaria que você se lembrasse sempre de fazer é colocar, no espaço entre os parênteses, à medida que for juntando os pequenos exemplos, quanto você acredita na nova crença. E esta crença é...

P: Sou normal.

T: Então, Chris, o que você resume e passa para mim como *feedback* do que aconteceu hoje aqui?

P: A sessão de hoje foi muito importante porque eu cheguei muito desanimada e frustrada, porque minha colega falou da minha roupa e João não me procurou. Eu nem parei para pensar em outras possibilidades. Então eu comecei a utilizar novamente o comportamento de segurança, de me esquivar, e acabei confirmando a crença de que eu era estranha. E, ao aplicarmos o Processo, o senhor me fez pensar como promotor e como advogado de defesa. Pude então vislumbrar outras possibilidades e perceber que não preciso utilizar tantas distorções.

OBSTÁCULOS A SEREM EVITADOS NO USO DO PROCESSO

Abaixo, encontram-se alguns obstáculos que os terapeutas devem evitar a fim de permitir que o Processo funcione de maneira ótima:

1. As frases correspondentes às falas do promotor e da defesa devem ser relativamente curtas, de modo que não haja problema quando for realizada a inversão das sentenças (os pacientes terão dificuldade de ler e entender as frases longas quando da reversão de sentenças).

2. Certifique-se de que os argumentos do advogado de defesa não se limitem exclusivamente a responder ao discurso do promotor (razão pela qual a primeira coluna do promotor não está numerada). Estimule o paciente a explorar diferentes aspectos, áreas e momentos de sua vida, além daqueles aos quais se prendem os argumentos da promotoria.

3. Se o terapeuta não conseguir concluir o Processo na mesma sessão, sugere-se não interrompê-lo durante a fala do promotor e sim após manifestação da defesa. O objetivo disso é fazer com que o paciente saia da sessão melhor do que entrou.

4. Se o paciente, após o veredicto, considerar-se culpado, isso não é um problema para a execução da técnica. Neste caso, o advogado de defesa deve pedir um recurso, de modo que o Processo será repetido na sessão seguinte. Contudo, é essencial que a tarefa dada ao paciente seja juntar evidências que confirmem a crença nuclear positiva.

5. Se o paciente decidir (situação rara) que prefere continuar trabalhando com o promotor em vez de com defesa na realização da tarefa (podendo indicar que o paciente talvez não tenha compreendido totalmente a finalidade da técnica), sugiro interromper o Processo e pedir que o paciente avalie as vantagens e desvantagens de tal escolha.

6. Quando o promotor interrompe a defesa com pensamentos do tipo "sim, mas...", você deve delicadamente dizer-lhe que o promotor tem que aguardar sua vez. Por outro lado, se o paciente tender a usar argumentos da defesa quando estiver desempenhando o papel do promotor, diga-lhe igualmente que a defesa deve aguardar sua vez. Neste caso, no entanto, aproveite para validar os esforços do paciente para pensar positivamente, mas, de qualquer modo, assinale que o paciente deve retornar ao papel do promotor.

7. A crença nuclear negativa pode estar tão fortemente ativada que, após a reversão das sentenças, o paciente não consegue ver ou admitir o lado positivo ou funcional durante a segunda fala da defesa, ao procurar o significado da sentença invertida. Uma estratégia que costuma funcionar é pedir ao paciente que tome a perspectiva de um amigo ou pessoa em quem confia, perguntando-lhe como ele imagina que a pessoa leria a sentença invertida.

8. Às vezes, o paciente não tem argumento como promotor contra a evidência, quando o terapeuta lê a frase e diz "mas...". Neste caso, passe uma linha no espaço vazio e, quando da inversão das frases, simplesmente copie a frase da coluna 3 na coluna 5 e pergunte ao paciente o que ela significa para registrar o significado na coluna 6.

9. O significado das sentenças invertidas da coluna 5, registrado na coluna 6, não deve ter uma interpretação ampla. Por favor, estimule o paciente a dizer apenas o significado da frase em si. É aceitável o paciente trazer significados como "Sou inteligente", "Sou normal", "Sou um bom pai", etc., o que indica ativação da crença nuclear positiva.

Por mobilizar muito desconforto e significativa carga emocional no paciente quando a crença nuclear é ativada, aconselha-se que o Processo descrito neste capítulo seja realizado por terapeutas devidamente treinados e supervisionados.

CONCLUSÕES

Lidar com crenças nucleares é mobilizar o que há de mais significativo para o paciente e, consequentemente, movimentar alta carga emocional. Isso deve ser feito com muito respeito. Sugere-se, portanto, ao terapeuta novato que utilize o Processo com muito cuidado e, se possível, inicialmente, com adequada supervisão. Em recente apresentação desta técnica na convenção anual da Associação de Terapias Comportamentais e Cognitivas (ABCT-*Association for Behavioral and Cognitive Therapies*), em San Francisco (de Oliveira et al., 2010), ficou claro nas declarações dos terapeutas presentes o quanto este tema é ainda um dos aspectos não resolvidos da terapia cognitiva.

Nos próximos anos, em parceria com outros grupos nacionais, estarei envolvido em vários ensaios clínicos para testar o Processo em diferentes transtornos psiquiátricos como fobia social, pânico, transtorno obsessivo-compulsivo e transtorno de estresse pós-traumático.

REFERÊNCIAS

Beck, A. T., Epstein, N., Brown, G., Steer, R. A. (1988). An inventory for measuring clinical anxiety: psychometric properties. *Journal of Consulting and Clinical Psychology, 56*, 893-897.

Beck, J. S. (1995). *Cognitive therapy: basics and beyond*. New York: Guilford Press.

Burns, D. D. (1980). Feeling good: the new mood therapy. New York: Signet.

Ciconelli, R. M., Ferraz, M. B., Santos, W., Meinão, I., & Quaresma, M. R. (1999). Tradução para a língua portuguesa e validação do questionário genérico de avaliação de qualidade de vida SF-36 (Brasil SF-36). *Revista Brasileria de Reumatologia*; *39*:143-150.

De-Oliveira, I. R. (2007). Sentence-reversion-based thought record (SRBTR): a new strategy to deal with "yes, but..." dysfunctional thoughts in cognitive therapy. *European Review of Applied Psychology, 57*:17-22.

De-Oliveira, I. R. (2008). Trial-Based Thought Record (TBTR): preliminary data on a strategy to deal with core beliefs by combining sentence reversion and the use of an analogy to a trial. *Revista Brasileira de Psiquiatria, 30*,12-18.

De-Oliveira, I. R., & Prereira, M. O. (2004). Questionando crenças irracionais. In: Abreu, C. N., & Guilhardi, H. J. (Ed). *Terapia comportalmental e cognitivo-comportamental: práticas clínicas*. São Paulo, Roca.

De-Oliveira, I. R., Powell, V. B., Seixas, C., de-Almeida, C., Grangeon MC., Caldas, M., et al. (2010) Controlled study of the efficacy of the Trial-Based Thought Record (TBTR), a new cognitive therapy strategy to change core beliefs, in social phobia. *Annual Convention of the Association for Behavioral and Cognitive Therapies (ABCT)*.

De-Oliveira, I. R., Sudak, D., & Friedberg, R. D. (2010). Novel approaches to changing beliefs in CBT. *Annual Convention of the Association for Behavioral and Cognitive Therapies (ABCT)*.

Kafka, F. (1998). *The trial*. New York: Schocken.

Liebowitz, M. R. (1987) Social phobia. *Modern Problems in Pharmacopsychiatry, 22*, 141-173.

Padesky, C. A., & Greenberger, D. (1995). *Clinician's guide to mind over mood*. New York: Guilford.

Watson, D., & Friend, R. (1969). Measurement of social-evaluative anxiety. *Journal of Consulting and Clinical Psychology, 33*, 448-457.

Ware, J. J., & Sherbourne, C. D. (1992). The MOS 36-item short-form health survey (SF-36). I. Conceptual framework and item selection. *Medical Care, 30*(6), 473-483.

Parte V
CONCEITUALIZAÇÃO E TRATAMENTO DE TRANSTORNOS PSIQUIÁTRICOS

16

Biofeedback

Ivo Oscar Donner

DEFINIÇÃO DO TERMO

O termo *Biofeedback* foi criado no final dos anos 1960, mais precisamente em 1969, por um pequeno grupo de profissionais, em Santa Mônica, Califórnia, Estados Unidos, que tinha por objetivo estudar e discutir os mecanismos biológicos que controlam a autorregulação de respostas fisiológicas (Simón, 1996).

O termo *biofeedback* tem sido utilizado internacionalmente para descrever os procedimentos e processos de um conjunto de técnicas que, baseando-se em sinais psicofisiológicos emitidos pelo organismo humano, são apresentados a esse mesmo organismo de uma forma compreensível, tornando possível o seu controle de modo voluntário (AAPB, 1995).

INTRODUÇÃO

Biofeedback designa um conjunto de técnicas e procedimentos da psicofisiologia em que um sinal biológico, que se modifica em função de comportamentos, é captado por sensores especiais ligados ao corpo do indivíduo. Esse sinal, uma vez captado, é enviado a um ou mais amplificadores que têm a função de torná-lo perceptível por equipamentos eletrônicos, que irão convertê-lo em informações que possam ser usadas por esse mesmo indivíduo para aquisição de controle voluntário sobre o comportamento que o gerou. Tornar o sinal perceptível significa convertê-lo em um som e/ou imagem, cuja variação obedecerá às variações existentes na fonte que lhe deu origem, isto é, o próprio organismo (AAPB,1995).

Para exemplificar, tomemos as medidas de condutância de pele. Nossa pele apresenta características de condutividade da corrente elétrica, essas características se alteram em função de eventos físicos e psíquicos, basta lembrar que, em determinadas situações geradoras de tensão, a maioria das pessoas produzirá maior sudorese nas mãos. O suor, sendo um composto salino, tem a propriedade de facilitar a condução da corrente elétrica. A imaginação de uma situação de tensão também produzirá um aumento da sudorese; portanto, eletrodos sensíveis a essas variações irão produzir informações úteis sobre o estado de relaxamento ou tensão em que se encontra um determinado indivíduo em um dado momento.

Além da condutância da pele, outros parâmetros tais como a tensão muscular, o fluxo sanguíneo periférico, as ondas cerebrais e os batimentos cardíacos também sofrem variações de acordo com o nosso estado psicológico e fisiológico.

Ao ser conectado ao equipamento de *Biofeedback*, o indivíduo receberá uma informação sobre o estado momentâneo de alguma parte do corpo ou de seu estado geral de relaxamento ou tensão, podendo então, por meio de técnicas específicas dirigidas por um psicólogo, modificar aquele estado. À medida que o estado específico se modifica, um retorno ou *feedback* é apresentado ao indivíduo pelo equipamento, informando, assim, a qualidade e a quantidade da modificação ocorrida.

O treinamento em *Biofeedback* começa quando um instrumento sensível destinado a medir um processo fisiológico específico (a atividade elétrica de um determinado músculo, por exemplo) é conectado ao paciente. O instrumento de *Biofeedback* recebe informações do músculo por meio de sensores colocados sobre a pele. Ele amplifica a resposta fisiológica e a converte em informações significativas, usualmente um som ou sinal visual que é retroalimentado para a pessoa. Esta usa a informação como um guia enquanto pratica uma variedade de técnicas para reduzir ou aumentar a tensão muscular, dependendo do objetivo do treinamento. Um instrumento de *Biofeedback* é como um espelho especial que apresenta informações úteis sobre processos internos do organismo dos quais a pessoa pode não estar consciente ou ter dificuldades para controlar.

Tipicamente, processos de respiração diafragmática, relaxamento e visualização são usados juntamente com o retorno da informação, apesar de procedimentos específicos de treinamento variarem de acordo com o objetivo do treinamento.

Aprender a mudar funções psicofisiológicas é uma meta e, como em todas as metas, a prática e o conhecimento exato do objetivo a ser atingido são essenciais para alcançar o sucesso.

A autorregulação dos processos psicofisiológicos é possível porque somos um todo intrinsecamente ligado e inseparável. Para entender o quanto é poderosa a conexão psicofisiológica, lembre do que acontece no seu corpo quando você se depara com um cão que rosna para você.

A primeira resposta da preparação corporal é a liberação de adrenalina juntamente com outras reações que preparam o seu corpo para luta ou fuga. Então, você descobre que o cão está preso a uma corrente e não lhe pode alcançar. A reação não cessa imediatamente, é necessário um tempo de recuperação (ver Figura 16.1) que será normalmente bem maior do que o tempo necessário à preparação orgânica. Ou lembre-se do que você sente quando está apressado para um encontro importante e fica preso em um engarrafamento. Você percebe o estressor e fica irritado ou com raiva.

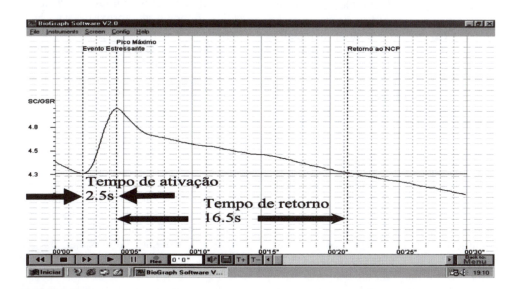

FIGURA 16.1

O tempo necessário à ativação, 2.5s, é bem menor que o tempo necessário para o retorno ao nível pré-estímulo, 16.5s. Esse fato se deve à necessidade de uma rápida reação quando o organismo está em perigo.

Processos cerebrais governam a resposta fisiológica para situações estressantes. Quando o estresse se mantém, sintomas fisiológicos se desenvolvem. Por meio do relaxamento e do gerenciamento do estresse, contudo, alguns processos cerebrais podem ser ativados, reduzindo a reação de estresse e nos habilitando para a recuperação. Todos nós possuímos uma tendência ao equilíbrio chamada homeostase (Criswell,1995), essa tendência é rompida por situações estressantes; contudo, se aprendermos a utilizar voluntariamente os mecanismos homeostáticos naturais, poderemos nos recuperar do estresse antes que este cause danos maiores ao nosso bem-estar.

Instrumentos de *Biofeedback* são importantes enquanto se aprende autorregulação porque, como o reflexo de um espelho, a retroalimentação do instrumento nos auxiliará na aquisição de controle dos processos psicofisiológicos que aperfeiçoam o funcionamento orgânico. A instrumentação de *Biofeedback* não será mais necessária quando as habilidades de autorregulação forem dominadas, como o espelho em um estúdio de dança que não mais é necessário quando o dançarino domina as técnicas de seu desempenho.

Os elementos-chave no treinamento em *Biofeedback* que faz a autorregulação possível são:

- Retorno de informações;
- Aumento da percepção corporal;
- Prática.

O treinamento da habilidade de relaxamento profundo com o *Biofeedback* também é essencial. O relaxamento promove a saúde e ajuda no tratamento e prevenção de muitos transtornos. Na recuperação da função muscular (depois de contusões), nos acidentes vasculares cerebrais e no traumatismo crânio-encefálico (Donner, 1997), a ferramenta primordial é o *Biofeedback*. A presença do psicólogo também é importante, pois este funciona como treinador e ensina técnicas para a melhoria e recuperação de movimentos. O processo aparentemente simples de *feedback* facilita a aprendizagem e a aquisição de técnicas de autorregulação que se tornam hábitos de uma vida saudável.

MODALIDADES DE *BIOFEEDBACK*

Biofeedback de tensão muscular

A Eletromiografia de Superfície (EMGs) mede a atividade elétrica dos músculos por meio de sensores colocados sobre a pele, no local cuja atividade muscular se pretende medir. O *Biofeedback* de EMGs é usado para treinamento de relaxamento geral, é também a modalidade primária para tratamento da cefaleia de tensão, bruxismo, problemas da articulação temporomandibular, dor crônica, espasmo muscular, paralisia facial ou outras disfunções musculares devido a ferimentos, contusões ou transtornos congênitos. A reabilitação física por meio da reeducação neuromuscular é uma importante aplicação do *Biofeedback* Eletromiográfico (Peek, 1995).

A seguir apresentamos um relato de caso de tratamento do bruxismo com *biofeedback*.

Paciente do gênero masculino com 12 anos foi trazido pela mãe por sugestão do odontólogo por apresentar grave problema de ranger dos dentes durante o sono, o problema estava causando desgaste prematuro e afrouxamento dos dentes.

Primeiramente, realizou-se a ADMA, Avaliação Dinâmica da Musculatura das ATMs, para determinação da gravidade do problema e do comportamento da musculatura. A ADMA é um protocolo composto de nove fases de análise que não serão descritas aqui por questão de espaço.

Ficou evidente, na avaliação, que, além da pressão excessiva, havia um desequilíbrio entre as articulações.

O treinamento foi feito com o treinando sentado de frente para a tela do computador onde se apresentava a imagem da Figura 16.2

FIGURA 16.2

Imagem no monitor de um computador referente a um exercício de relaxamento dos maxilares.

Após três sessões de treinamento que eram realizadas sempre obedecendo ao protocolo de: uma medida inicial de um minuto que servia de linha de base para comparação. Após esse minuto, o treinando relaxava a musculatura da face fazendo com que as duas colunas assumissem a cor azul, o que indicava estarem dentro do parâmetro esperado, quando também tocava uma música. O treinando ficava observando a tela e mantendo a música tocando por dez minutos. Na sequência, o treinando fazia uma leitura

Nota:
Observa-se que inicialmente existia um excesso de tensão em ambas as ATMs. Na terceira sessão, a tensão na ATM direita já havia cedido para o nível normal, e a ATM esquerda apresentava tensão ligeiramente superior ao nível padrão de 1μV

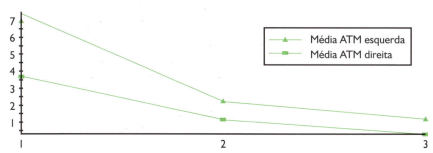

Descrição	Mínimo	Máximo	Média	D.P.	Variabilidade
Média ATM Esquerda	1,22	7,37	3,61	3,30	0,91
Média ATM Direita	0,30	3,68	1,71	1,75	1,02

FIGURA 16.3

Registro de variação das ATMs direita e esquerda.

silenciosa de algum material que ele mesmo trazia por mais dez minutos; durante esse tempo, ele devia manter a música tocando o maior tempo possível e, finalmente, jogava um vídeo game de bolso por mais dez minutos. Ao final de cada sessão era feita outra medida de um minuto na mesma situação inicial e os valores obtidos eram comparados. Ao final de três sessões, o treinando obteve o resultado mostrado abaixo e, após oito sessões, foi liberado do treino, pois a mãe relatou que já não havia mais o ranger de dentes. Após seis meses, em sua visita habitual ao dentista, aquele profissional pode observar a redução do desgaste dentário e a ausência de mobilidade dos dentes.

Biofeedback termal (fluxo sanguíneo)

Instrumentos de *Biofeedback* termal medem o fluxo sanguíneo ao nível da pele. Quando os pequenos vasos da pele se dilatam, o fluxo sanguíneo e a temperatura aumentam e, quando esses vasos se contraem, o fluxo sanguíneo e a temperatura diminuem. Os vasos nos dedos são particularmente sensíveis a estresse (vasoconstrição) e relaxamento (vasodilatação). Dessa maneira, o *Biofeedback* de Temperatura dos dedos é uma ferramenta útil em treinamento de relaxamento. *Biofeedback* de Fluxo Sanguíneo é também usado no tratamento dos transtornos vasculares específicos, incluindo enxaqueca, síndrome de Raynaud (Schwartz e Kelly, 1995), hipertensão essencial e complicações vasculares de outras doenças como o diabetes.

Biofeedback de reação eletrodérmica

Os instrumentos de *Biofeedback* de Reação Eletrodérmica (RED) mensuram a condutividade da pele nos dedos e nas palmas das mãos. A RED é altamente sensível às emoções em algumas pessoas. *Biofeedback* de RED tem sido usado no tratamento de diversos tipos de fobias, do transtorno de pânico, para relaxamento e treinamento em dessensibilização e no tratamento da sudorese excessiva *(hyperhydrosis)* e condições dermatológicas relacionadas.

Nossa pele apresenta propriedade condutora quando é percorrida por corrente elétrica. Para se constatar esse fato, basta lembrar que quase todos nós já experimentamos a sensação de um choque elétrico. Essa propriedade de condução elétrica da pele é o que chamamos de Resposta Galvânica da Pele (RGP) ou Reação Eletro Dérmica (RED). No *Biofeedback* de RGP, aproveitamos essa característica da pele com relação a correntes e tensões muito pequenas, isso significa dizer que o cliente não terá nenhuma sensação de choque durante o trabalho com *Biofeedback* de RGP. A resposta galvânica da pele é diretamente proporcional à umidade da pele em um momento dado. Esse fato faz com que exista uma alta correlação entre a RGP e o número de glândulas sudoríparas que estão ativadas naquele momento. O fato de quando estamos ansiosos tensos ou estressados, aumentar a umidade nas extremidades completa o ciclo necessário para entendermos porque a correlação entre o nível de condutância da pele e o estado de relaxamento ou tensão do organismo é altamente positiva.

A bem conhecida Lei de Ohm nos dá a unidade de medida objetiva com a qual iremos trabalhar no *Biofeedback* de RGP. A fórmula V=RxI, onde: V=tensão elétrica (medida em Volts [V]), R=resistência à passagem da corrente elétrica (medida em Ohms [Ω]) e I=corrente elétrica (medida em Ampéres [A]) nos diz que, variando a resistência à passagem de uma corrente, variamos também a tensão (V) e a corrente (I) presentes no circuito. Se convertermos essa variação em um sinal sonoro ou visual, podemos utilizá-lo como meio auxiliar no processo de autorregulação. No caso da resposta galvânica da pele, podemos trabalhar com duas escalas, a de medida da resistência e a de medida da condutância. Esta última nada mais é do que o inverso da resistência. Como nos interessa particularmente a detecção do estado ansioso, devemos lembrar que, quanto mais ansiosa a pessoa estiver, maior será sua tendência para suar nas extremidades (mãos e pés), e que o suor, por ser um composto salino, aumenta a condutância de nossa pele. Por essa razão, a escala de condutância da pele é diretamente proporcional à ativação do braço simpático do Sistema Nervoso Autônomo, já a resistência é inversamente proporcional ao estado ansioso.

Na Tabela 16.1 podemos observar a diminuição da média de RGP entre sessões nas quais o fator ansiogênico era aumentado. Como a correlação ansiedade/condutividade é direta, a queda do valor médio indica queda também na resposta ansiosa.

A superfície da mão, tanto em sua palma quanto em seu torso, possui até duas mil glândulas sudoríparas por centímetro quadrado (Schwartz, 1995).

À medida que mais e mais glândulas são "ligadas", um número maior de circuitos condutores entra no esquema e, desde que alguma corrente passe através dos circuitos, maior será a corrente total fluindo. A pele age como um resistor variável regulando o fluxo de corrente através do circuito de acordo com o enunciado da Lei de Ohm onde V (voltagem) = R (resistência) multiplicada por I (intensidade de corrente). Ora, se V é mantido constante, então I será inversamente proporcional a R.

PARÂMETROS DA RGP

Parâmetros primários

1. *NCP ou Nível Tônico*, este valor representa a linha de base ou nível de repouso. É medido em *micro-ohms*. Este valor, apesar de ser variável de pessoa para pessoa, é um indicador do nível relativo de ativação do simpático. Uma condutância entre 5 e 10 micro-ohms (μs ou us) será considerada alta, enquanto um nível abaixo de $1\mu s$ será o contrário (Scwartz, 1995). Convém lembrar que essas estimativas dependem de muitas variáveis e devem ser tomadas

como base somente quando a medida for feita na face palmar das pontas dos dedos com eletrodos de 3/8 de polegada.

2. *RCP ou Mudanças Fásicas* são episódios notórios de aumento de condutância, causados por um estímulo (físico ou psicológico), introduzido enquanto o paciente encontra-se no nível basal de condutância de pele. Pode ocorrer com um atraso de 1 ou 2 segundos. A condutância atinge um valor de pico, bastante acima do nível basal, e depois começa gradativamente a decrescer até voltar ao nível tônico ou linha de base. Sua magnitude (altura) é expressa pelo valor em μs atingido acima da linha de base. O tamanho da mudança fásica é visto como um indicador do grau de ativação causado pelo estímulo. O estímulo pode ser físico (por exemplo, bater palmas) ou psicológico (pensar em um objeto fóbico).

3. *Tempo de Meia Recuperação da RCP* é o lapso de tempo para que a pessoa retorne do pico da mudança fásica para a metade do seu valor. Esse tempo é um índice que indica a habilidade da pessoa para recuperar a calma, após uma excitação transitória. A hipótese existente é que pessoas com alta ativação crônica (fase de resistência do estresse) têm dificuldades em retornar à linha de base após estímulos menores.

A Figura 16.4 mostra uma mudança fásica e o tempo de meia recuperação.

Parâmetros secundários

1. *Latência de RCP* é definida como o tempo decorrido entre a aplicação do estímulo e o início da resposta.

2. *Tempo de subida* é definido como o tempo decorrido entre o início de uma RCP até seu pico.[1]

---

[1] Esses dois parâmetros não têm sido muito pesquisados no *Biofeedback*, contudo, parecem ser relevantes e guardar alguma conexão com o tipo de personalidade do indivíduo, necessitando, portanto, de maiores pesquisas.

TABELA 16.1
Registro de resposta galvânica da pele (RGP)

Data da sessão: 18/09/1998 (Sentado s/ jogar).
Duração: 00'00" a 02'09" (total de 02'09")

– Estatística definida pelo usuário:

Canal:	Unids.	Mín.	Máx.	Limiar	Ac. Lim.	Média	Desv. Pad.	Coef. Varância
1:SC/GSR	μm	6,48	8,78	0,00	100,0%	7,30	0,49	0,07

Data da sessão: 10/02/1998 (Jogando)
Duração: 00'00" to 02'36" (total of 02'36")

– Estatística definida pelo usuário:

Canal:	Unids.	Mín.	Máx.	Limiar	Ac. Lim.	Média	Desv. Pad.	Coef. Varância
1:SC/GSR	μm	4,18	5,28	0,00	100,0%	4,58	0,21	0,05

Data da sessão: 30/10/1998 (Jogando Nv21)
Duração: 00'00" to 16'29" (total of 16'29")

– Estatística definida pelo usuário:

Canal:	Unids.	Mín.	Máx.	Limiar	Ac. Lim.	Média	Desv. Pad.	Coef. Varância
1:SC/GSR	μm	2,23	6,68	0,00	100,0%	3,81	1,02	0,27

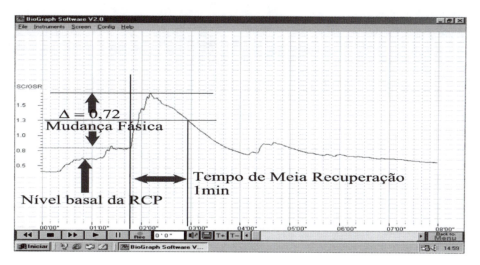

FIGURA 16.4
Mudança fásica e tempo de meia recuperação.

Valores normativos para os parâmetros

Não existem valores normativos fixos para a RCP ou para o NCP. As diferenças individuais são fortemente variáveis, não só devido aos indivíduos como também aos instrumentos utilizados. A melhor recomendação nesse aspecto é que cada profissional forme seu próprio banco de dados e se guie a partir deste.

Os três parâmetros primários discutidos anteriormente descrevem dados reais de condutância da pele e permitem extrair dados a partir deles.

Aumento do NCP

Quando o NCP não retorna ao nível de repouso medido na linha de base, a hipótese é de que a pessoa não conseguiu eliminar todos os fatores causadores de tensão, permanecendo com uma tensão residual.

Diminuição do NCP

Algumas pessoas, ao contrário do exemplo anterior, apresentam um nível de ativação inferior ao apresentado na linha de base no retorno do estímulo. Esse tipo de indivíduo parece ter uma facilidade maior em eliminar fatores tensionais após a tomada de consciência de seus componentes.

Não respondentes

Um traçado não responsivo é representado por uma linha estranhamente plana, que não sofre modificações significativas com o estímulo, mesmo quando uma forte razão para sua modificação é apresentada. Uma hipótese para esse tipo de indivíduo é de que estão muito "desligados", supercontrolados ou "desistentes", mais do que relaxados (Toomin e Toomin, *in* Schwartz 1995).

Escalada

É o traçado que ocorre quando, por meio de estímulos externos ou internos, o indivíduo vai aumentando gradativamente o NCP sem retornar em momento algum à linha de base. Esse traçado é apresentado notadamente por indivíduos que têm facilidade de desenvolver alto estresse em situações de tensão.

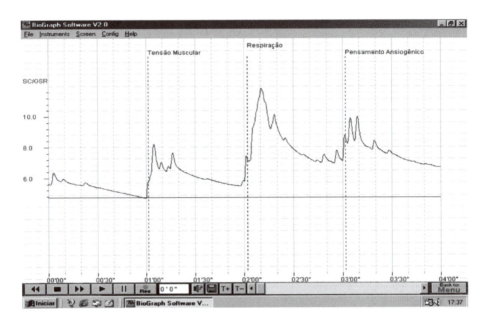

FIGURA 16.5

Gráfico em escalada obtido durante uma sessão de avaliação da resposta ansiosa.

NÍVEIS ÓTIMOS DE CONDUTÂNCIA DE PELE

A condutância de pele está intimamente ligada ao nível de ativação. Linhas planas de condutância de pele não representam necessariamente estados ótimos, tendo em vista que indivíduos saudáveis reagem com prontidão a estímulos novos, surpreendentes ou ameaçadores. Em situações de relaxamento, um baixo valor de NCP é desejável, enquanto em situações de competição, por exemplo, um baixo valor de NCP seria prejudicial, pois indicaria que a pessoa não está "pronta para a batalha".

Atualmente, já se encontra disponível um sistema para treinamento de equipes que pode ser utilizado para garantir que todos os membros, seja de uma equipe esportiva, seja de uma equipe gerencial ou executiva, atinjam níveis semelhantes de ativação ou relaxamento diante de situações hipotéticas de desempenho.

Por meio de um jogo chamado *follow me*, um dos indivíduos é escolhido pelo seu nível de ativação ou relaxamento e os demais deverão criar estratégias para atingir níveis semelhantes.

Utilização clínica do *biofeedback* de RGP

Por se tratar de um parâmetro de fácil entendimento, a RGP tem sido usada frequentemente para iniciar o paciente na prática do *Biofeedback*. Considerada pela OMS como a principal técnica no ensino do relaxamento, a aquisição de autorregulação desse parâmetro costuma reduzir o tempo necessário para a aprendizagem. A seguir apresentamos um roteiro para a realização dessas sessões. Esse roteiro representa apenas uma possibilidade de procedimento, sugere-se que cada praticante desenvolva seus próprios métodos à medida que se familiarize com o processo.

Explique ao paciente o princípio do *Biofeedback* colocando ênfase no processo autorregulatório. Esse passo é fundamental para que ele entenda que a modificação do estado de ansiedade ocorrerá por mudanças de atitude dele próprio, e que o terapeuta agirá como um treinador. Explique detalhadamente o princípio do *Biofeedback* de RGP e depois peça sua autorização para conectá-lo ao equipamento. Uma vez obtida a autorização, conecte o aparelho à face palmar dos dedos indicador e médio da mão não dominante. Se o aparelho fornecer apenas *feedback* auditivo, regule-o para uma intensidade média de ruído. Com equipamentos de *feedback* visual, ajuste para o meio da escala e desative o sinal sonoro. Inicie a anamnese de sua maneira habitual e anote os pontos em que houve aumento ou diminuição do ruído (nos equipamentos de *feedback* visual, normalmente será possível colocar um marcador nessas variações). O aumento do ruído ou a subida do gráfico indicarão que o assunto que está sendo tratado provoca ativação do simpático, ou seja, é gerador de ansiedade. De modo geral, essa primeira sessão será encerrada ao final da anamnese. Após a saída do paciente, faça uma análise detalhada do gráfico ou das suas anotações quanto à elevação do nível de ruído.

A sessão seguinte é que dará início ao trabalho com o *Biofeedback* propriamente dito. Conecte o paciente ao equipamento como na primeira sessão. Nesse ponto, você irá mostrar-lhe como os fatores físicos e psíquicos interferem no estado de ansiedade. Com o paciente confortavelmente sentado, preferencialmente em uma cadeira reclinável, realize uma medida de 1 minuto para obtenção do nível basal. Lembre-se de que nesse ponto é importante não conversar com o paciente para não despertar ativação, apenas peça a ele que se mantenha o mais relaxado que lhe for possível. Ao final desse primeiro minuto, solicite-lhe que feche a mão livre com a maior força possível e observe o comportamento do gráfico ou do ruído. Assim que houver um aumento, diga-lhe que relaxe novamente a mão e explique que um dos fatores primários na manutenção da ansiedade é o aumento da tensão muscular. Observe o retorno do gráfico ao nível basal e então peça ao seu paciente para que respire como se estivesse cansado,

isto é, com uma respiração rápida e curta e observe novamente o comportamento do gráfico ou do som, ao notar qualquer alteração, peça-lhe que volte a respirar normalmente. A última fase será pedir ao paciente que apenas pense que está apertando a mão com muita força, sem realizar a ação, o gráfico ou o som provavelmente reagirá como se o movimento estivesse sendo realizado. Essa última parte poderá, eventualmente, ser substituída por pensar em alguém de quem o paciente não goste ou pensar em um objeto fóbico. Utilize o gráfico ou as variações do som para mostrar ao seu paciente a alta correlação entre os pensamentos, a respiração e a tensão muscular com o nível de ansiedade. Essa sessão normalmente estará encerrada nesse ponto, diga ao paciente que, a partir da sessão seguinte, você começará a ensinar-lhe técnicas de relaxamento e redução da ansiedade.

Inicie esta sessão perguntando ao paciente se a tomada de consciência dos fatores geradores de ansiedade, ocorrida na sessão anterior, produziram alguma mudança de comportamento ou pensamento. Em caso de resposta afirmativa, anote as mudanças relatadas com detalhes. Coloque-o conectado ao equipamento nas mesmas condições das sessões anteriores e realize uma medida de 1 minuto de linha de base. Conduza uma sessão de relaxamento induzido – pode ser do tipo que você estiver habituado a fazer – e observe se há uma redução do NCP em relação ao início da sessão. O relaxamento induzido deve durar no máximo meia hora, após o que o paciente deve ser incentivado a descobrir métodos pessoais que o levem a manter ou aumentar o nível de relaxamento sem o auxílio do terapeuta. Permita-lhe que fique o mais livre possível para que descubra seus próprios meios de relaxamento, enfoque apenas que ele deve trabalhar com os três parâmetros básicos: tensão muscular, respiração e pensamento. Encerre essa fase quando ele dominar o movimento do objeto na tela ou o som voluntariamente. Essa fase poderá durar várias sessões.

Na fase seguinte, inicie a sessão com um relato do paciente sobre o período decorrido desde a sessão anterior. Conecte-o ao equipamento, e faça 1 min de linha de base, ajuste o limiar para o nível mínimo atingido na sessão anterior e peça-lhe que tente atingir novamente esse mesmo nível. Sugiro que seja colocado um som enquanto permanecer acima do limite, de forma que, mesmo com os olhos fechados, possa saber o momento em que atingir o objetivo estabelecido. Essa fase deverá ser totalmente dedicada à autorregulação por parte do paciente e, apenas se ele pedir, deve ser usado novamente o relaxamento induzido. Quando o paciente atingir o objetivo, peça-lhe que descreva o procedimento utilizado detalhadamente. Caso note que não terá sucesso em atingir o limite da sessão anterior, suba-o até um valor um pouco inferior ao que ele está apresentando no momento e espere até que consiga atingi-lo. Vá baixando o limite à medida que este for atingido. Peça-lhe que se dedique ao treino dos procedimentos de relaxamento no intervalo até a próxima sessão. A partir da próxima fase, serão treinados os parâmetros de aprofundamento, permanência e rapidez de relaxamento.

Inicie a nova fase da mesma forma das anteriores, conforme foi exposto. Aqui você iniciará o treinamento do paciente em três aspectos básicos do relaxamento que são:

1. *Aprofundamento:* O paciente deverá atingir o nível de relaxamento no qual a medida da condutância de pele é de aproximadamente $1\mu s$ (um micro-ohm). O limite deve ser reduzido gradativamente, isto é, comece com o menor nível atingido nas sessões anteriores e vá baixando o limite aos poucos, por volta de $1\mu s$ de cada vez. Isso equivale dizer que podemos utilizar os recursos da técnica de aproximações sucessivas para atingir níveis profundos de relaxamento. Suponhamos uma sessão na qual está se ensinando um paciente a relaxar cada vez mais profundamente. Suponhamos ainda que o menor nível de condutância de pele atingido por ele nas sessões anteriores foi de $5\mu s$. Este será o nível de partida dessa sessão, quando o paciente atingir este nível, iremos esperar 1 min para que o nível se estabilize e, en-

tão, baixaremos o limite para $4\mu s$. Quando o paciente conseguir atingir esse nível, baixaremos o limite para $3\mu s$, e assim sucessivamente até atingir $1\mu s$. Observe que o tempo de espera de 1 min é muito importante, pois já faz parte do treino de permanência no relaxamento.

2. *Permanência:* O paciente deverá ser capaz de manter um nível de condutância de pele ao redor de $1\mu s$ por pelo menos 15 min. Esse parâmetro é especialmente importante para pacientes ansiosos, ou se a ansiedade estiver associada à obesidade (pacientes do tipo "assaltante de geladeira"), ou a outros transtornos alimentares. Deverá ser treinado até que se atinja o tempo de 30 min. Nesse parâmetro, ele deverá ser capaz de manter o nível de condutância com pouco ou nenhum estímulo externo. Isso significa que poderá se utilizar música suave durante a permanência no relaxamento, mas não deverão ser utilizados métodos que visem a continuação do aprofundamento. Se for possível, o paciente deverá permanecer relaxado mesmo estando sozinho em uma sala razoavelmente silenciosa. É importante notar aqui que o silêncio não deve ser total para que o paciente aprenda a manter o relaxamento em situações cotidianas que assim o exijam.

3. *Rapidez de relaxamento:* Especialmente importante para executivos ou pessoas que têm várias atividades estressantes durante o dia e que precisam aprender a relaxar entre uma atividade e outra. O paciente deverá ser capaz de retornar ao nível basal de condutância de pele o mais rapidamente possível. Coloque o paciente em relaxamento de nível médio, observe que nesse parâmetro não utilizaremos o relaxamento profundo, pois se pressupõe que o paciente estará em situação estressante como uma reunião de negócios ou equivalente. Quando ele atingir um nível de relaxamento de aproximadamente $3\mu s$, aplique um estímulo estressante do tipo bater palmas ou pedir que o cliente conte em voz alta de 2000 a zero diminuindo de 7 em 7. Quando o valor do NCP atingir o pico, comece a marcar o tempo de retorno

até que volte a 3μs. Repita este procedimento até que o paciente consiga retornar ao valor basal em 1 min ou menos.

Os mesmos procedimentos aqui descritos são utilizados para o treinamento de otimização da *performance* em executivos e atletas de alto nível, em que serão inseridas instruções precisas sobre processos de visualização.

Algumas dificuldades podem ser encontradas no decorrer deste processo. Tipicamente, pacientes deprimidos e com baixa resposta galvânica da pele, exigirão que o terapeuta utilize outros tipos de *Biofeedback* para detectar as mudanças ocorridas no nível de ativação do simpático. Outro tipo comum de dificuldade é o de pacientes que não retornam ao NCP após a cessação do estímulo, estes encontram-se normalmente em alto nível de estresse e já não conseguem eliminar tensões residuais devidas ao estresse cotidiano. Para esses o tratamento será um pouco mais longo e deverá, se possível, incluir as técnicas de *Neurofeedback*.

A seguir apresentamos um relato de caso de treinamento para fobia de avião.

Paciente do sexo feminino procurou o serviço de *biofeedback* para superar uma fobia de avião que a estava impedindo de fazer uma viagem internacional com a família.

Após a anamnese e a explicação detalhada do treinamento com *biofeedback* iniciou-se com a treinanda sentada confortavelmente em uma cadeira reclinável. A treinanda conseguia um bom nível de relaxamento em condições normais, porém, ao ouvir a palavra avião sua condutância da pele sofria aumento significativo conforme pode ser visto no gráfico abaixo obtido na primeira sessão:

Na figura a seguir podemos ver um aumento na resposta galvânica da pele ocorrida após a treinanda ouvir a palavra avião. É possível observar também mudanças na temperatura da pele e na respiração.

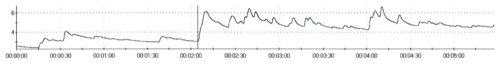
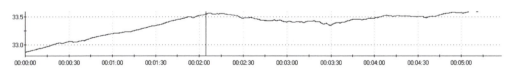
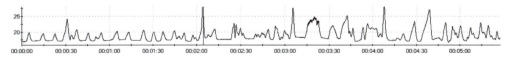

FIGURA 16.6

Aumento na resposta galvânica da pele ocorrida após a treinada ouvir a palavra avião.

Todas as sessões seguiram o protocolo de um exercício de relaxamento de 10 minutos seguido de um relaxamento com exposição progressiva ao objeto fóbico. Iniciou-se com a verbalização do conceito chegando-se, ao final do tratamento a um voo real entre Brasília e São Paulo.

O progresso no relaxamento pode ser visto na Figura 16.7.

A Figura 16.7 apresenta o aprendizado do relaxamento diante de imagens e debates a respeito do objeto fóbico, neste caso o avião. O nível da 9ª sessão foi atingido na primeira exposição real ao objeto fóbico e o da última sessão medido minutos antes do embarque para uma viajem entre Brasília e São Paulo.

Biofeedback de onda cerebral

O Eletroencefalógrafo (EEG) monitora atividade das ondas cerebrais a partir de sensores colocados no couro cabeludo. Técnicas de *biofeedback* de EEG (também conhecido como *neurofeedback*) são utilizadas no tratamento de algumas formas de epilepsia, transtorno de déficit de atenção com ou sem hiperatividade (DDA/DDAH), alcoolismo, dependência química e outros transtornos devido à drogadição, traumatismo craniano (Donner, 1997), transtornos do sono e insônia, depressão e transtorno do pânico.

A autorregulação das ondas cerebrais já foi demonstrada em vários trabalhos, entre eles a própria pesquisa de mestrado deste autor. A seguir, apresentamos um excerto de um mapeamento cerebral realizado antes e após um treinamento com *neurofeedback* (Figura 16.8).

Biofeedback da variabilidade da frequência cardíaca

Treinamento de coerência cardíaca é um sistema de treinamento para redução e autogerenciamento do estresse que toma como base o intervalo entre os batimentos cardíacos.

Antigamente, pensava-se que, quando em repouso, o coração se comportava como um metrônomo, batendo regularmente em intervalos iguais de tempo, porém, pesquisas na área da cardiologia, demonstraram que em um coração saudável, quando o sistema nervoso autônomo apresenta equilíbrio en-

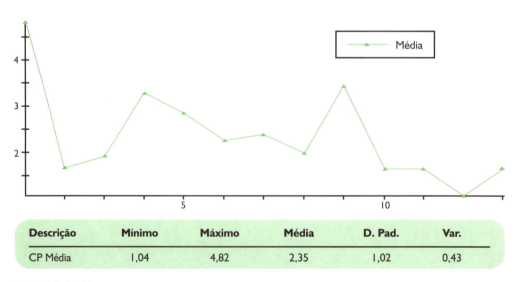

FIGURA 16.7

Relaxamento progressivo após imagens relacionadas a aviões.

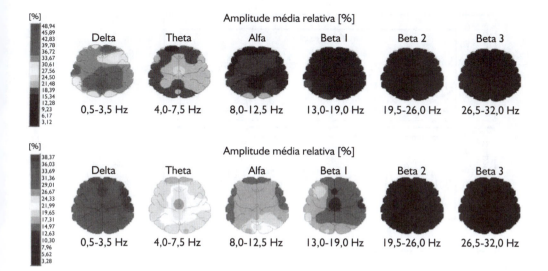

FIGURA 16.8

Mapeamento cerebral realizado antes e após um treinamento com *neurofeedback*.

tre os braços simpático e parassimpático, o intervalo entre os batimentos apresenta uma sutil variabilidade chamada de *Variabilidade do batimento cardíaco*. Partindo desta variabilidade, é traçada a curva dos desvios padrão de sucessivos intervalos. Esta curva reflete nosso estado emocional e físico. Quando os estados físico e emocional se encontram harmônicos, temos uma curva senoidal suave e a ela chamamos de *Coerência cardíaca*. As Figuras 16.9 e 16.10 demonstram as variações na curva dependendo do estado emocional.

Dependendo do nosso estado emocional, mesmo durante um processo de relaxamento, poderemos obter um grau de coerência cardíaca alto, médio ou baixo. Por meio do *biofeedback* de variabilidade da frequência cardíaca, o treinando vai aumentando seu tempo e porcentagem de coerência alta, representada pela cor verde nos gráficos abaixo, observe que, em 11 sessões de treinamento, o treinando aumentou a percentagem de coerência alta de 25% na primeira sessão do dia 27/10/2010 para 92% em 24/11/2010.

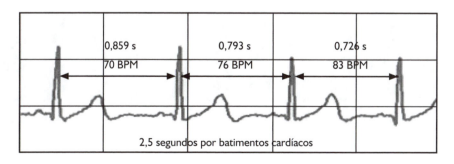

FIGURA 16.9

Variação de tempo entre os batimentos cardíacos em um coração saudável.

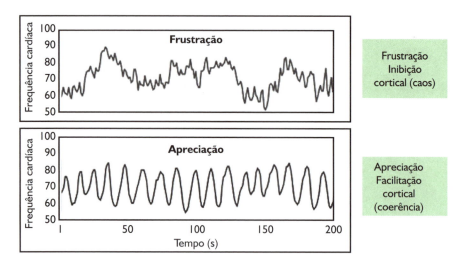

FIGURA 16.10
Curva da variabilidade da frequência cardíaca refletindo os estados de **frustração** acima onde ocorre também uma **inibição cortical** e de **apreciação**, abaixo onde ocorre uma **facilitação cortical**.

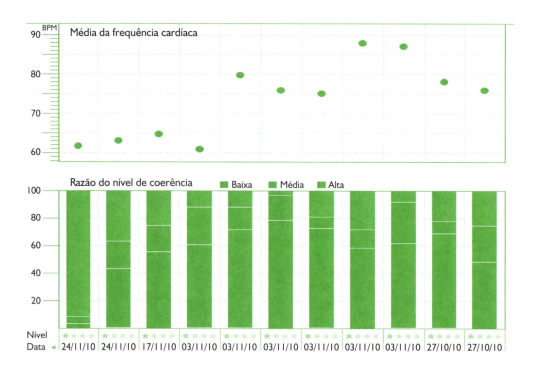

Equipamentos de *biofeedback* variam em termos de capacidade de medida existindo aqueles que trabalham de forma independente ou autônoma, *stand alone* e aqueles que trabalham associados a computadores *computer based biofeedback*.

Existem equipamentos que trabalham com apenas um tipo de sinal fisiológico, é o caso do aparelho da Heart Math®, que possui duas versões, o emwave® PC usado em computadores desk top e o PSR (Personal Stress Relief) equipamento portátil e *stand alone* que permite o controle e o autogerenciamento do estresse em qualquer lugar. O Mind Reflection da VERIM® que trabalha apenas com a condutância da pele mas que possui um dos *softwares* mais interessantes em termos de jogos para controle do estresse, treinamento do foco de atenção e otimização da performance é outro exemplo de equipamento que trabalha com apenas um parâmetro.

Equipamentos capazes de medir vários sinais fisiológicos de forma individual ou simultânea são mais dispendiosos, contudo, são os mais interessantes para profissionais e clínicas que utilizam o *biofeedback* em sua prática diária. O elevado apuro técnico dos equipamentos da Tought Technology®, por exemplo são a garantia de um sinal limpo e de um *feedback* preciso do parâmetro que está sendo treinado.

É importante que o profissional que utiliza o *biofeedback* possua conhecimento algum conhecimento de eletrônica ou conte com uma assessoria especializada para escolher um equipamento que seja adequado às suas necessidades e que tenha elevado padrão técnico.

A decisão de utilizar o *biofeedback* na clínica psicológica deve ser tomada sempre que o profissional desejar tornar o tratamento mais objetivo e acelerar os métodos tradicionais de psicoterapia. Por meio de gráficos e relatórios o treinando irá tomando consciência do processo de modificação pelo qual está passando, caminhando assim firme e decididamente para o autocontrole e o autoconhecimento.

REFERÊNCIAS

Association for Applied Psychophysiology and Biofeedback. (1995). *Biofeedback, what is it? How does it works? A Client information paper*. New York, Author.

Criswell, E. (Ed.). (1995). *Biofeedback and somatics*. California: Freeperson.

Donner, I. O. (1997). Neurofeedback na reabilitação cognitiva pós-traumatismo cranioencefálico. In Zamignani, D. R. (Org.), *Sobre comportamento e cognição*. São Paulo: ARBytes.

Maycock, G. A. (1994). Self perception of stress: comparison of a self control rating scale, subjective ratings and EDR measures during a stressor and after stress management training. *Biofeedback and Self-Regulation, 19*(3).

Neto, A. R. (1997). Biofeedback como técnica associada. In Zamignani, D. R. (Org.), *Sobre comportamento e cognição*. São Paulo: ARBytes.

Peek, C. (1995). A primer of biofeedback instrumentation. In Schwartz, M. S., Andrask, I. (Ed.), *Biofeedback: a practitioner's guide*. New York: Guilford.

Schwartz, M. S., Andrask, I. (Ed.). (1995). *Biofeedback,* a practitioner's guide. New York: Guilford.

Shwartz, M., & Kelly, M. F. (1995). *Biofeedback, a practitioner's guide*, New York: Guilford.

Simón, M. A. (1989). *Biofeedback y rehabilitación*. Valencia: Promolibro.

McCraty, R., & Tomasino, D. (2006). Emotional stress, positive emotions, and psychophysiological coherence stress. In: Arnetz, B. B., & Ekman, R. Weinheim, Health and disease (p. 342-365). Germany: Wiley-VCH.

McCraty, R., Atkinson, M., Tomasino, D., & Trevor Bradley, R. (2000). *The coherent heart*, boulder creek. California: Institute of Heart Math.

17

Transtorno de pânico e agorafobia

Bernard P. Rangé
Márcio Bernik
Angélica Gurjão Borba
Nivea Maria Machado de Melo

O transtorno de pânico e a agorafobia são algumas das síndromes clínicas mais frequentes e incapacitantes na área dos transtornos de ansiedade. A experiência de quem tem um ataque de pânico é simplesmente aterrorizadora. O episódio é marcado por um aumento acelerado da sintomatologia física da ansiedade (taquicardia, sensações de falta de ar, tremores, sudorese, tonteiras, vertigens, náuseas, formigamentos, etc.), que é percebido pelo indivíduo como extremamente ameaçador, sugerindo morte iminente por ataque cardíaco ou asfixia, perda de controle, loucura, desmaio, etc. Enfim, após experimentá-lo, a pessoa começa a ter uma expectativa de que outra crise similar possa ocorrer novamente e que, da próxima vez, poderá não haver escapatória. Cresce o medo e a ansiedade antecipatória em relação a novas crises e isso acaba por gerá-las ou mantê-las, cada vez mais frequentemente. A peregrinação por médicos e hospitais não cessa e exames clínicos são feitos repetidamente num curto espaço de tempo. É comum que indivíduos com TP ou TAG passem por até dez médicos de diferentes especialidades e demorem até 10 anos antes que o diagnóstico correto seja feito. Sua preocupação e de sua família tende a elevar-se até que finalmente sejam esclarecidos a respeito, ou por um psiquiatra ou por um terapeuta cognitivo-comportamental, de que seu tormento é bem conhecido e tratável.

Relacionado a este quadro clínico, mas não necessariamente vinculado a ele, pode apresentar-se uma agorafobia. Esta envolve comportamentos frequentes de evitação e fuga de lugares ou situações que estejam associados ao medo de "passar mal". Gradativamente, o paciente vai limitando drasticamente sua mobilidade e sua autonomia. Sua vida pessoal, familiar, afetiva, social, profissional e financeira chega a ser gravemente afetada. Sente-se incapaz de sair sozinho e, às vezes, até acompanhado. Passa a ter dificuldades e temores de ficar em casa sozinho. Usar transportes públicos ou transitar por vias com retornos distantes torna-se impossível; fazer compras, ir a bancos, assistir espetáculos de teatro ou música ou até mesmo ir ao cinema é evitado; trabalhar ou ir à faculdade torna-se um penoso desafio; viajar de avião a trabalho ou nas férias, usar elevadores para chegar até a festa de família no 20º andar são atividades que deixam de ser feitas. O medo de sentir medo alimenta dia a dia uma insegurança crescente que faz com que a vida seja evitada em cada oportunidade de ir e vir. Dependendo de sua intensidade, esta patologia pode tornar-se ainda mais perturbadora do que uma grave doença física. Como se não bastasse, estes quadros podem conduzir a outros problemas, como abuso e/ou dependência de substâncias, quando o indivíduo começa a fazer uso de álcool, drogas ou altas doses de medicamentos para sentir-se apto a realizar algumas das suas atividades.

HISTÓRICO

O termo *agorafobia* foi proposto em 1871 por Westphal (1822-1890), num artigo em que relatava três casos de pacientes que temiam cruzar grandes praças urbanas e ruas vazias. Westphal entendeu que o termo era satisfatório para descrever tais problemas, uma vez que continha a palavra *ágora*, que em grego significa tanto uma assembleia de pessoas como a praça do mercado (lugar amplo, sempre cheio e movimentado). Entretanto, assim como outras descrições da época, seu conceito não contemplava o papel da ansiedade antecipatória e da esquiva fóbica na origem e na manutenção do problema.

Sua descrição das crises de ansiedade assemelha-se àquilo que hoje em dia escutamos de nossos pacientes: palpitações cardíacas, tremor nas pernas e até despersonalização. Em uma descrição ampliada, Westphal (citado em Hecker e Thorpe, 1992) caracterizou a resposta agorafóbica enquanto "um medo como ao morrer, com tremor em toda a parte, opressão no peito, palpitações, sensações de calor e frio, desorientação, possivelmente náusea, um sentimento de absoluto desamparo".

Em 1957, Victor Meyer, polonês radicado na Inglaterra, fazia pesquisas no Middlesex Hospital de Londres sobre a agorafobia e a entendia como um quadro clínico que poderia ser concebido a partir do processo de evitação. Neste sentido, propôs um programa de exposições graduais aos estímulos eliciadores da ansiedade (ao vivo) como forma de tratamento e obteve resultados animadores.

Posteriormente, uma série de estudos permitiu a seguinte conclusão: a exposição real e confrontadora seria o ingrediente ativo dos tratamentos psicológicos e as técnicas de exposição seriam as mais eficientes para o tratamento da agorafobia. Sendo assim, a *exposição ao vivo* passou a ser a expressão universalmente aceita para descrever uma forma de tratamento efetivo para este transtorno.

Em 1959, o psiquiatra norte-americano Donald Klein estudava os efeitos da imipramina (um novo composto, derivado da clorpromazina, ao qual se atribuíam propriedades antipsicóticas) na sintomatologia de um amplo grupo de pacientes com diagnóstico (vago) de esquizofrenia. Seus resultados não apresentaram qualquer efeito sobre alucinações e delírios, mas mostraram uma melhora considerável no humor deprimido destes pacientes esquizofrênicos. Os efeitos sobre a ansiedade tônica foram os de esta se tornar mais forte ainda. No entanto, a enfermagem discordava dos médicos. Antes da administração da imipramina, um grupo de pacientes costumava correr para a sala de enfermagem, várias vezes ao dia, aterrorizados, afirmando que estavam na iminência de morrer. As enfermeiras os confortavam por cerca de 20 minutos e o terror passava. Depois do uso da imipramina por algumas semanas, este comportamento modificou-se e os pacientes sentiam-se livres para se movimentar à vontade pelo hospital sem serem acompanhados.

Klein concluiu então que a droga parecia ser efetiva para estes "ataques de pânico espontâneos", mas não para a ansiedade tônica. Esta constatação o levou a conceber que poderia ser feita uma diferenciação qualitativa entre um ataque de pânico agudo e uma ansiedade tônica, pois os efeitos da imipramina não faziam sentido se o pânico fosse apenas uma forma extremada de ansiedade generalizada. Por que uma droga seria mais efetiva contra a forma severa do que contra a forma mais branda? Este paradoxo somente se resolveria se pânico e ansiedade tônica deixassem de ser pensados como pontos em um contínuo, como dentro do conceito de neurose de angústia, e passassem a ser pensados como sendo processos biológicos diferentes, apesar de suas similaridades superficiais. Para ele, isso não era improvável, já que exemplos destes abundam na medicina não psiquiátrica, como é o caso da penicilina que ataca de forma eficaz a pneumonia mas é irrelevante no tratamento do resfriado comum. Assim como a pneumonia não cai num contínuo com o resfriado comum, o pânico não cairia num contínuo com ansiedade tônica (tipo generalizado).

A sua experiência com imipramina não apenas o levou a fazer uma distinção entre pânico e ansiedade generalizada (cunhando o termo *síndrome do pânico*), como também o conduziu a conceber que a agorafobia era uma consequência do pânico. Os medos que os pacientes apresentavam de lugares públicos não ocorriam sem mais nem menos; na verdade, eles tinham medo de experimentar pânico naqueles lugares e não poder fugir ou ter apoio de alguém, já que conseguiam frequentá-los se fossem acompanhados de alguém em quem confiassem. Quando acreditavam que a imipramina controlava seus ataques de pânico, os pacientes sentiam-se mais seguros para enfrentar aquelas situações.

Donald Klein e colaboradores na Universidade de Columbia propuseram um modelo, na década de 1990, para explicar a progressão dos sintomas, dos ataques de pânico isolados para a ansiedade antecipatória e a agorafobia em pacientes com ataques de pânico. De acordo com este modelo, o caráter aleatoriamente repetitivo das crises de pânico levaria, ao longo do tempo (dias a anos), ao surgimento de ansiedade antecipatória (não ictal – diferente de um ataque de pânico) na expectativa da próxima crise. A ansiedade antecipatória é por si só desagradável (aversiva – inerente ao construto de ansiedade) e o paciente passa a temer e posteriormente evitar situações nas quais ter uma crise de pânico possa ser perigoso ou inconveniente. Neste momento, surgem as consequências de longo prazo do transtorno de pânico, da qual a agorafobia é a mais importante.

A evolução dos sintomas do trasnstorno de pânico para agorafobia é esquematizado na Figura 17.1.

As pesquisas de Klein contribuíram decisivamente para que fosse estabelecido o transtorno de pânico com ou sem agorafobia como uma entidade nosológica distinta no DSM-III-R, de 1987, e no DSM-IV (1994), com os contornos atuais. Essa definição apenas descritiva dos critérios diagnósticos do transtorno de pânico (e de todas as outras síndromes psiquiátricas) colaborou muito para que se desenvolvessem pesquisas sobre sua etiologia e sua epidemiologia.

DIAGNÓSTICO E SINTOMATOLOGIA

O diagnóstico dos transtornos mentais ainda é, quase inteiramente, baseado nos relatos

FIGURA 17.1
Progressão dos sintomas no transtorno de pânico.

do paciente, de seus familiares ou responsáveis e em observações do médico durante a consulta.

Em relação aos transtornos de ansiedade, os estados emocionais que denominamos medo e ansiedade são vivências universais, sendo difícil ainda estabelecer um limite exato entre o normal e o patológico. Na prática clínica, entendemos a ansiedade como patológica quando este estado emocional passa a ser disfuncional, ou seja, traz prejuízos sociofuncionais e/ou sofrimento importante para o indivíduo.

Uma vez estabelecido o diagnóstico de ansiedade patológica, deve-se determinar se esta ocorre primariamente (como nos transtornos de ansiedade), se é secundária a outros transtornos psiquiátricos ou, ainda, secundária a patologias não psiquiátricas, como, por exemplo, em uma intoxicação exógena ou uma alteração hormonal/metabólica.

Em vista destes fatores, os psiquiatras enfrentam problemas de confiabilidade nos diagnósticos e, para facilitar a avaliação, tornar o exame clínico mais preciso e facilitar a comunicação entre os profissionais, são utilizadas as classificações que determinam critérios diagnósticos.

A classificação mais comumente usada é a da Associação Psiquiátrica Americana, atualmente a do DSM-IV-TR (Diagnostic and Statistical Manual of Mental Disorders, 4th edition text revised[1]).

Os ataques de pânico são definidos como episódios súbitos e intensos de um conjunto amplo de sintomas físicos e mentais associados à ansiedade e ao medo. Os sintomas físicos incluem: palpitações, sudorese, tremores, sensação de falta de ar ou sufocamento, parestesias, tontura, náuseas, dor ou aperto no peito. Os sintomas mentais comuns são sensação de morte iminente, medo de sofrer um ataque cardíaco, de perder o controle ou de enlouquecer. Após o início, os sintomas atingem um pico em até 10 minutos e tem duração autolimitada, geralmente menos de uma hora, muitas vezes apenas minutos.

Ataques de pânico podem ocorrer em qualquer transtorno de ansiedade ou mesmo em outros transtornos mentais. O diagnóstico de TP exige a ocorrência de ataques de pânico recorrentes e inesperados e que pelo menos um destes ataques seja seguido por uma das seguintes consequências:

1. preocupação persistente sobre a possibilidade de ter novos ataques;
2. preocupação sobre as implicações ou consequências dos ataques;
3. mudança comportamental significativa.

Após a caracterização da ocorrência de ataques de pânico, deve-se definir se os ataques são apenas situacionais ou se ataques de pânico espontâneos ocorrem ou ocorreram ao longo do quadro. A presença de ataques espontâneos é essencial para o diagnóstico de transtorno de pânico. Ataques situacionais são mais característicos das fobias específicas e têm desencadeantes circunscritos como situações sociais (na fobia social) ou a presença de objetos específicos, como insetos ou animais (na fobia específica). No decorrer do transtorno, porém, os pacientes com pânico podem desenvolver ataques de pânico situacionais (ver a seguir).

Se não tratado a tempo, pode ocorrer o desenvolvimento de agorafobia – o medo de desenvolver sintomas ansiosos em lugares em que a fuga pode ser difícil ou embaraçosa ou em que não haja ajuda disponível. Lugares e situações comumente evitados são transportes públicos, cinemas, teatros, shows, restaurantes, salas de espera e atividades como o exercício físico.

No CID-10, publicado pela Organização Mundial de Saúde (1990), que é o sistema de classificação psiquiátrico adotado no Brasil, o Transtorno de Pânico é descrito como:

"Repetidos ataques de intensa ansiedade que não se restringem a situação ou circunstância determinada, sendo, portanto, imprevisíveis. Uma das fobias impossibilita o diagnóstico. Os sintomas variam de pessoa a pessoa, mas são comuns: palpitações, dor no peito, sensação de desfalecimento, vertigem e sentimentos de irrealidade (despersonalização ou desrealização); medo de estar morrendo, enlouquecendo ou perdendo o controle. As crises duram alguns minutos, mas podem ser mais prolongadas. A frequência e o curso são variáveis e predominam em mulheres. O local, a atividade ou a situação em que se deu a crise passa a ser evitado.

Diretrizes diagnósticas: o diagnóstico exige diversos ataques de grande intensidade: i) dentro de aproximadamente um mês; ii) em circunstâncias nas quais não havia perigo objetivo; iii) os ataques não se restringem a situações determinadas e são imprevisíveis; iv) não deve haver sintomas ansiosos nos intervalos entre as crises (podendo existir ansiedade antecipatória)" (OMS, 1990).

Infelizmente, o CID-10 (a classificação internacional atualmente em vigor) sofreu forte influência de grupos de psiquiatras europeus que enfatizaram excessivamente o papel da agorafobia na gênese das crises de pânico (sem evidências epidemiológicas) e colocaram o transtorno de pânico quase como um diagnóstico de exceção, residual, no capítulo F41 (outros transtornos de ansiedade). No CID-10, o transtorno de pânico com agorafobia (a situação mais comum) é diagnosticado como F40.01 (agorafobia com crises de pânico).

A justificativa dos psiquiatras europeus é que em muitos pacientes com pânico dito primário poderiam haver "pródromos" de um quadro agorafóbico que poderia anteceder o primeiro ataque de pânico. Dessa forma, é claro que a distinção agorafobia *versus* transtorno de pânico não será resolvida tão cedo.

CARACTERÍSTICAS CLÍNICAS DO TRANSTORNO DO PÂNICO

Embora em muitos casos os sintomas prodrômicos e as crises subliminares de pânico precedam em meses ou anos a primeira crise completa, a história típica do paciente com transtorno de pânico é a de um funcionamento normal até a ocorrência do primeiro ataque. Se este tem suficiente intensidade, o caminho do paciente, via de regra, é a emergência de um hospital geral ou de uma clínica cardiológica: chega a 80% a porcentagem de pacientes que procuram uma ajuda médica não psiquiátrica até um ano depois do primeiro ataque (Klerman, 1990).

À medida que outros ataques ocorrem, começa a surgir a ansiedade antecipatória na expectativa de novos ataques, o que leva, em geral, ao desenvolvimento de respostas de evitação que virão caracterizar o quadro de agorafobia. As situações clássicas de evitação agorafóbica incluem o uso de meios de transporte (ônibus, aviões, metrôs), dirigir em trajetos com pouca possibilidade de saída ou retorno (túneis, pontes, autoestradas), comprar (em grandes lojas ou supermercados), frequentar lugares fechados e aglomerados (cinemas, teatros, espetáculos musicais), etc.

Cuidados são necessários quanto ao diagnóstico diferencial, uma vez que a ocorrência de pânico ou de sinais semelhantes pode se dar em vários tipos de transtornos psiquiátricos ou mesmo na vida psíquica normal.

Um ataque de pânico pode ser disparado durante o uso de alguma substância, como maconha, cocaína ou alucinógenos, em que os efeitos somáticos ou cognitivos podem ser experimentados subjetivamente de forma catastrófica. Síndromes de abstinência de substâncias sedativas, como o álcool, os benzodiazepínicos, as anfetaminas e outros hipnóticos, também podem induzir ataques de pânico.

PREVALÊNCIA

Segundo o National Comorbidity Survey Replication (NCSR), o mais recente estudo epidemiológico feito nos Estados Unidos, a prevalência do transtorno de pânico com ou sem agorafobia ao longo da vida da população norte-americana é estimada em torno de 4,7%, (Kessler, Berglund, Demler, Jin, Merikangas e Walters, 2005). Além disso, Kessler, Chiu, Demler e Walters (2005) apontam uma prevalência de 2,7% num período de 12 meses, sendo 44,8% severos, 29,5% moderados e 25,7% brandos. Em 2006, Kessler, Chiu, Jin, Ruscio, Shear e Walters informaram dados mais específicos sobre estas prevalências, discriminando ataques de pânico isolados sem agorafobia (22,7%), transtorno de pânico sem agorafobia (3,7%) e transtorno de pânico com agorafobia (1,1%). No caso da agorafobia sem pânico, verificou-se uma prevalência ao longo da vida de 1,4% (Kessler et al., 2005) e em 12 meses de 0,8% (Kessler et al., 2005).

Na Europa, uma revisão de 13 estudos de dados epidemiológicos abrangendo 14 países, realizada por Goodwin, Faravelli, Rosi, Cosci, Truglia, Graaf e Wittchen (2005), acerca do transtorno de pânico e da agorafobia, aponta para as seguintes prevalências médias num período de 12 meses: transtorno de pânico (1,8%) e de 1,3% para agorafobia. Estes pesquisadores consideram que as estimativas para a agorafobia foram as mais difíceis de ser avaliadas com precisão, pois alguns estudos reportam taxas de prevalência para agorafobia em geral e outros apenas indicam estimativas para agorafobia sem história de transtorno de pânico.

No Brasil, Andrade e colaboradores (2002) descreveram, em seu estudo de áreas de captação, uma prevalência ao longo da vida de apenas 1,6% para o transtorno de pânico. Entretanto este estudo usa os algoritmos diagnósticos da CID-10, da Organização Mundial de Saúde, que não privilegiam o diagnóstico do transtorno de pânico.

Klerman e colaboradores (1993) destacam que a prevalência dos transtornos psicológicos é surpreendentemente similar em inúmeros países estudados.

As características demográficas dos pacientes sugerem a idade de início dos sintomas entre o final da adolescência e o iní-

cio da vida adulta, entre 17 e 25 anos, com uma idade média dos sujeitos acometidos em torno de 24 anos (National Institute of Mental Health [NIMH], 2010). Em termos de gênero, Goodwin e colaboradores (2005) destacam que as mulheres apresentam taxas mais altas de transtorno de pânico do que os homens, na proporção de 2:1, variando as porcentagens de prevalência dos estudos de 1,0 à 5,6% para mulheres e 0,6 à 1,5% para homens; e, no caso da agorafobia, a proporção é de 3:1 (1,5% para mulheres e 0,6% para homens). Já o estudo norte-americano de Kessler e colaboradores (2006) aponta a proporção média de duas mulheres para cada homem no caso do transtorno de pânico em geral.

A distribuição por sexo do transtorno do pânico com agorafobia é de aproximadamente 4,1 mulheres para cada homem, enquanto no transtorno do pânico sem agorafobia a razão é de 1,3:1 (Myers et al., 1984; Clum e Knowles, 1991).

Variáveis como ocupação, nível socioeconômico, raça e etnia não exercem influência significativa na taxa de prevalência, porém, moradores de áreas rurais e não brancos tendem a apresentar maior prevalência de quadros fóbicos (Myers et al., 1984).

O transtorno de pânico é a segunda patologia com maior influência genética em sua determinação dentre os transtornos mentais, ficando atrás somente do transtorno afetivo bipolar. Acredita-se que até 70% da variância (chance de ocorrência da patologia) se deva a fatores hereditários. Todos fatores ambientais, incluindo drogas, estressores ambientais, ambiente de desenvolvimento e aprendizado precoce, contribuiriam com apenas 30% da variância (Shrestha et al., 2002)

CURSO

Embora seja comum sintomas e crises de ansiedade precederem em meses ou anos o primeiro ataque de pânico, a história típica do paciente com transtorno de pânico é a de um funcionamento normal até a ocorrência do primeiro episódio. Se este tem suficiente intensidade para assustá-lo, o caminho do paciente, via de regra, é a emergência de um hospital geral ou de uma clínica cardiológica. Chega a 80% a porcentagem de pacientes que procuram uma ajuda médica não-psiquiátrica até um ano depois do primeiro ataque (Klerman, 1990). Entretanto, a busca pelo tratamento se dá geralmente por volta dos 34 anos (Noyes, Crowe, Harris, Hamra, McChesney e Chaudhry, 1986).

Muitos estudos indicam que acontecimentos de vida significativos precedem o início do transtorno de pânico (Faravelli, Webb, Ambonetti, Fonnesu e Sessarego, 1985; Last, Barlow e O'Brien, 1984; Roy-Byrne, Geraci e Uhde, 1986). Mas ainda não está claro como tais eventos exercem sua influência, se por mecanismos psicológicos (cristalizar um tipo de pensamento catastrófico como modo não adaptativo de enfrentamento) ou por precipitação das predisposições genéticas através de mecanismos neurobiológicos de resposta ao estresse (aumento nos níveis basais de corticoesteroides) ou por ambos os meios. Os estudos de Faravelli e colaboradores (1985) apontaram para um número maior de acontecimentos ameaçadores ou de perda nos 12 meses antecedentes ao primeiro ataque de pânico do que em sujeitos saudáveis, concluindo que estes pareciam desempenhar um papel significativo. Roy-Byrne e colaboradores (1986), além de confirmarem os dados de Faravelli, também observaram que tais acontecimentos produziram mais desajuste naqueles pacientes que os viam como indesejáveis e incontroláveis, causando extrema redução em sua autoestima.

Goodwin e colaboradores (2005) destacam que mesmo as formas subclínicas do transtorno de pânico (ou seja, ataques de pânico) são associadas a grande aflição, comorbidades psiquiátricas e prejuízo funcional. Em geral, parece haver um subdiagnóstico e um subtratamento consideráveis do transtorno de pânico nos serviços de atenção primária em saúde.

DIAGNÓSTICO DIFERENCIAL

Ataques de pânico e sinais semelhantes podem ocorrer em vários tipos de transtornos, psiquiátricos ou não, portanto, revela-se imprescindível fazer um diagnóstico diferencial cuidadoso. Em outras palavras, não se pode dizer que um paciente tem transtorno de pânico apenas porque apresentou um ataque de pânico, nem é possível dizer que seus sintomas físicos são de fundo estritamente emocional sem antes haver certeza de que foram investigados clinicamente. É preciso compreender a sintomatologia apresentada dentro de seu contexto e, inclusive, respaldá-la através de exames médicos que comprovem ou não uma patologia orgânica.

No caso dos transtornos ansiosos, uma pessoa pode apresentar frequentes ataques de pânico e não desencadear a agorafobia, assim como, pode apresentar agorafobia sem nunca ter sofrido um ataque de pânico. Também podem ocorrer ataques de pânico nos quadros de ansiedade social, fobias específicas e transtorno de ansiedade generalizada sem que esteja presente o transtorno de pânico, desde que as crises sejam localizadas e situacionalmente disparadas. No transtorno de personalidade evitativa também ocorrem as esquivas, todavia, estas encontram-se associadas ao medo de críticas e rejeição social, e não ao medo de ter ataques de pânico.

COMORBIDADES

Além da comorbidade com a agorafobia, o transtorno de pânico é fortemente associado com outros transtornos de ansiedade e uma ampla taxa de transtornos de humor, de abuso e dependência de substâncias e de transtornos somatoformes (Goodwin et al., 2005; Kessler, Chiu, Jin, Ruscio, Shear e Walters, 2006).

O conhecimento disponível aponta para uma alta probabilidade de comorbidades. Kessler e colaboradores (2006) encontraram no último NCSR as seguintes taxas de comorbidade para o transtorno de pânico sem agorafobia (TP) com outros quadros psiquiátricos: 27% para transtornos de abuso de substâncias; 47,2% para transtornos de controle do impulso; 50% com transtornos do humor e 66% com transtornos de ansiedade. Para o transtorno de pânico com agorafobia (TPA), as taxas de comorbidade encontradas foram: 37,3% para transtornos de abuso de substâncias; 59,5% para transtornos de controle do impulso; 73,3% com transtornos do humor e 93,6% com transtornos de ansiedade. A comorbidade mais frequente é aquela com outros transtornos de ansiedade, usualmente fobias específicas (34,3% para TP e 75,2% TPA), mas também ansiedade social (31,1% para o TP e 66,5% para o TPA). Estas últimas usualmente precedem o desenvolvimento de pânico (Kendler, Neale, Kessler, Heath e Eaves, 1992a), e ansiedade generalizada pode precedê-lo ou sucedê-lo (Aronson e Logue, 1987; Brier et al., 1986; Fava et al., 1988; Lelliot et al., 1989; Marks, 1987; Uhde et al., 1985).

Como já citado por Kessler e colaboradores (2006), transtornos afetivos também são diagnósticos frequentes em pacientes com pânico (50% de comorbidade para TP e 73,3% para TPA), muitas vezes como uma consequência de longo prazo em quadros não tratados (Breier, Charney e Heninger, 1984, 1985 e 1986; Grunhaus, Harel, Krugler, Pande e Haskett, 1988; Robins e Regier, 1991; Wittchen et al., 1992). Existe uma forte correlação entre a gravidade do transtorno de pânico/agorafobia e a prevalência de depressão, ou seja, a incidência de depressão maior cresce drasticamente à medida que o nível de evitação agorafóbica aumenta: entre 7% (fraca) e 36% (forte) (Barlow et al., 1986) e entre 46% (fraca) e 68% (forte) (Starcevic, 1992).

Há evidências de grande comorbidade com abuso de substâncias, especialmente álcool, com 27% para abuso de substâncias para pacientes com TP, sendo que 25% para abuso ou dependência apenas de álcool e 37,3% de comorbidade com abuso de substâncias para TPA, sendo também 37,3% para abuso ou dependência de álcool (Kessler et al., 2006). Em geral, apesar das inúmeras dificuldades de avaliar os resultados, as estimativas para comorbidade com transtornos de personalidade (transtornos do Eixo II – DSM-IV) oscilam entre 30 e 80%, sendo que o Agrupamento C (ansiosos, medrosos) é o mais prevalente (Beck e Zebb, 1994).

FATORES DE RISCO

A história familiar parece exercer um fator de risco para o desenvolvimento do transtorno de pânico. As taxas de prevalência entre parentes de primeiro grau variam de 7 a 35% (Crowe, Noyes, Pauls e Slymen, 1983; Harris, Noyes, Crowe e Chaudhry, 1983; Hopper, Judd, Derrick, Burrows e Rao, 1987; Moran e Andrews, 1985; Noyes et al., 1986; Torgensen, 1983; Weissman, Markowitz, Oullette, Greenwald e Kahn, 1990). Torgensen (1983) demonstrou uma taxa de concordância mais alta para gêmeos monozigóticos (31%) do que para dizigóticos ou irmãos (0%). Kendler e colaboradores (1992b) encontraram diferenças menores: 24% para monozigóticos *versus* 11% para dizigóticos.

HIPÓTESES ETIOLÓGICAS

Biológicas

Fatores biológicos de base genética são os determinantes principais para o surgimento dos sintomas do transtorno de pânico, visto que até 35% dos parentes de primeiro grau dos pacientes com TP sofrem do mesmo problema.

Atualmente, as principais hipóteses sobre a fisiopatologia do TP são de base neuroquímica, ou seja, sobre o funcionamento de neurotransmissores e neuromoduladores no SNC. Essas hipóteses foram formuladas a partir dos conhecimentos disponíveis sobre o mecanismo de ação dos medicamentos eficazes no tratamento do TP. Entretanto, um aspecto do TP entre os transtornos psiquiátricos é que seu sintoma nuclear (o ataque de pânico) pode ser reproduzido em laboratório.

Baseados nestas duas linhas de pesquisa citadas, foram descritos diversos modelos que abordam diferentes aspectos da doença, provavelmente não excludentes entre si.

a) Modelos metabólicos e do alarme de sufocação

A administração de lactato de sódio e a inalação de uma mistura gasosa enriquecida com 5% de CO_2 precipitam ataques de pânico em pacientes com história de ataques de pânico, porém, doses equivalentes têm praticamente nenhum efeito em pessoas normais. Baseado nestes achados, Klein (1993) propôs a existência de um "sistema de alarme de sufocação" que existiria em todos os mamíferos e estaria hiperativo em pacientes com transtorno de pânico.

b) Modelos neuroquímicos

Os sistemas de neurotransmissores envolvidos na fisiopatologia dos ataques de pânico são o noradrenérgico, o serotonérgico e o gabaérgico.

Modelo noradrenérgico

Sintomas de ansiedade de um modo geral e ataques de pânico em particular são modulados pela atividade noradrenérgica central. Drogas que reduzem síntese, armazenamento, estocagem ou liberação de noradrenalina pelo *locus cœruleus* (LC) (por exemplo, clonidina, opioides, BDZ, antidepressivos tricíclicos) apresentam ação sedativa, ansiolítica ou antipânico. O conjunto dessas observações resultou na hipótese de que os ataques de pânico seriam desencadeados pelo aumento do disparo do LC. A principal crítica é que o LC é, na verdade, apenas um mediador de alerta, e não de ansiedade, pois sua estimulação elétrica não produz reação de pânico em humanos.

Modelo serotonérgico

A serotonina é o principal neurotransmissor de importantes estruturas cerebrais ligadas às respostas de defesa. Antidepressivos que aumentam a biodisponibilidade de 5HT no SNC, como clomipramina, fluvoxamina e fluoxetina, atuam favoravelmente no TP. Drogas sem ação nesse neurotransmissor (como a maprotilina e a bupropiona) são ineficazes.

Existem evidências de que a matéria cinzenta periaqueductal (MCPD), o hipotálamo medial e a amígdala formem um sistema que é ativado por estímulos inatos de medo, levando o animal a executar comportamentos do tipo luta ou fuga. Deakin e Graeff (1991) sugerem que a via serotonérgica, originando-se no núcleo dorsal da rafe e projetando-se para a MCPD, atuaria inibindo a resposta de ansiedade incondicionada, que estaria ligada ao pânico. Os benzodiazepínicos teriam ação antipânico por ação gabaérgica neste centro, enquanto os antidepressivos facilitariam sua inibição por vias serotonérgicas a partir do núcleo mediano da Rafe. Segundo este modelo, a ansiedade antecipatória seria equivalente à ansiedade condicionada em animais e seria mediada pela via serotonérgica que se projeta do núcleo dorsal da Rafe para a amígdala, onde a serotonina teria um papel ansiogênico, enquanto os ataques de pânico seriam equivalentes à ansiedade incondicionada e seriam mediados pela via serotonérgica que se projeta do núcleo dorsal da Rafe para a MCPD, onde a serotonina teria uma ação ansiolítica.

Modelo gabaérgico

A possibilidade de que o complexo macromolecular receptor benzodiazepínico/receptor GABA-A/ionóforo de cloro desempenhe um papel importante nos mecanismos da ansiedade foi reforçada pela descoberta das beta-carbolinas que, ligando-se aos mesmos receptores, têm efeitos opostos aos dos BDZ (agonistas inversos).

Experimentos mostraram efeitos ansiogênicos do flumazenil (um antagonista de benzodiazepínicos que não têm efeito intrínseco em sujeitos normais) em pacientes com TP (Nutt et al., 1993). Esses resultados foram interpretados como uma alteração no funcionamento do receptor de BDZ, que em pacientes com transtorno de pânico funcionaria preferencialmente em uma conformação facilitadora da ligação dos agonistas inversos (Nutt et al., 1990; Bernik et al., 1991 e 1998). Essa alteração no receptor produziria um estado crônico de hipoatividade da inibição gabaérgica nesses pacientes. Nessas condições, o flumazenil, ao invés de atuar como antagonista, agiria como agonista inverso, explicando os resultados observados.

Psicológicas

A maior parte dos estudos psicológicos sobre o transtorno de pânico pode ser enquadrada na vertente cognitivo-comportamental. No entanto, com exceção dos estudos sobre ansiedade de separação (Bowlby, 1977), poucos estudos empíricos surgiram nesta perspectiva. Sendo assim, devido à escassez de estudos controlados e também pelo interesse específico deste livro, maior atenção será dada aos trabalhos desenvolvidos nas tradições cognitivas e comportamentais.

A hipótese de que os agorafóbicos temem entrar em pânico *em* situações que dificultem a sua mobilidade mais do que sentem pânico *das* próprias situações possibilitou o desenvolvimento da concepção de que o que ocorre com eles seria um *medo-do-medo*. Esta concepção veio gerar três vertentes de pesquisa tendo o medo-do-medo como conceitualização central para a compreensão do transtorno de pânico e da agorafobia:

1. condicionamento pavloviano interoceptivo (Goldstein e Chambless, 1978);
2. interpretações catastróficas (Clark, 1986) e
3. sensibilidade à ansiedade (Reiss e McNally, 1985).

Na primeira vertente, Alan Goldstein e Dianne Chambless propuseram uma nova visão da agorafobia, descrevendo-a como uma síndrome que incluía o medo-do-medo como o elemento fóbico central que resultaria de um condicionamento pavloviano interoceptivo (Razran, 1961). Segundo Goldstein e Chambless (1978):

> Tendo sofrido um ou mais ataques de pânico, estas pessoas se tornam hiperalertas às suas sensações e interpretam sentimentos de fraca para moderada ansiedade como sinais iminentes de ataques de pânico e reagem com tal ansiedade que o episódio temido é quase invariavelmente induzido. Isto é análogo ao fenômeno descrito por Razran (1961) como condicionamento interoceptivo, no qual os estímulos condicionados são sensações corporais internas. No caso do medo da ansiedade, a ativação fisiológica do próprio cliente se torna um estímulo condicionado para a poderosa resposta condicionada de pânico (p. 55).

Um dos modelos alternativos mais difundidos foi construído no espectro de uma teoria cognitiva e enfatiza o papel das variáveis cognitivas (Clark, 1986; Beck e Emery, 1985). O influente artigo de Clark propõe que "ataques de pânico derivam de interpretações catastróficas erradas de certas condições corporais" (Clark, 1986). Supõe-se que haja um processamento inadequado de informações, de tal forma que, de um estímulo externo (uma mudança brusca da luminosidade, um ruído, um telefonema) ou de um estímulo interno (reconhecimento repentino de sensações de taquicardia, vertigem ou náusea, etc.) decorreria uma interpretação de perigo ou ameaça iminente que dispararia, por sua vez, a ativação simpática. As sensações corporais subsequentes "confirmariam o perigo" e gerariam interpretações mais catastróficas ainda; estas gerariam mais ansiedade em uma espiral crescente e rápida (ver Figura 17.2 de Modelo cognitivo do transtorno de pânico (Clark, 1986).

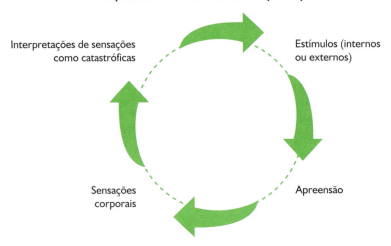

FIGURA 17.2

Modelo cognitivo do transtorno de pânico.
Imagem cedida com autorização da Editora Cognitiva.

Em suma, esta hipótese foi muito influente e gerou tratamentos efetivos, pois uma parte dos ataques é gerada desta maneira, entretanto, não está claro se todos o são e torna-se necessário desenvolver medidas de "interpretações catastróficas" separadas de experiências de pânico para que possamos avaliar com mais precisão a relação entre ambas.

Um dos modelos mais completos é o de David Barlow (1988), que concebe o ataque de pânico inicial como um "alarme falso", uma resposta autonômica a um aumento momentâneo no nível de estresse da vida. Isso aconteceria em pessoas que são vulneráveis, seja biologicamente (vulnerabilidade genética ou reatividade fisiológica aumentada), seja psicologicamente (extrema sensibilidade a sintomas de ansiedade ou crenças catastróficas relativas às possíveis consequências da ansiedade). A natureza traumática do ataque inicial seria central na determinação do desenvolvimento subsequente do transtorno de pânico. Dependendo de fatores sociais e culturais, o indivíduo desenvolveria uma associação do medo com estímulos ambientais, estabelecendo a base para o surgimento da agorafobia. Adicionalmente, em seguida ao ataque inicial, o indivíduo se tornaria apreensivo com relação a ataques futuros. Isso fortaleceria o processo de condicionamento interoceptivo pelo aumento na reatividade autonômica e, assim, a presença de sensações somáticas. De acordo com Barlow (1988) o medo primário no transtorno de pânico é o medo das sensações físicas, particularmente aquelas associadas à ativação autonômica, como demonstrado na Figura 17.3.

Tentando lidar com aspectos considerados deficientes na proposta de Clark e com base no fato de que as pessoas respondem diferentemente a sintomas de ansiedade, Reiss e McNally (1985) propuseram que crenças preexistentes sobre a periculosidade destes sinais poderiam predispor pessoas a reagir com medo e, portanto, a entrar em pânico. Esta é a hipótese de sensibilidade à ansiedade que se refere a medos dos sintomas de ansiedade baseados em crenças de que estes sintomas têm consequências ameaçadoras. Assim, pessoas com alta sensibilidade à ansiedade podem reagir à taquicardia como sinal de um ataque car-

FIGURA 17.3
Modelo de condicionamento interoceptivo (Barlow, 1988).
Imagem cedida com autorização da Editora Cognitiva.

díaco iminente, enquanto outras pessoas, com baixa sensibilidade à ansiedade, podem apenas se queixar de que ela é desagradável. Este construto disposicional difere do próprio conceito de traço de ansiedade, pois uma pessoa pode ter alto traço de ansiedade e não ter sensibilidade aos seus sinais. Assemelha-se à "tendência duradoura" proposta por Clark (1988) de interpretar catastroficamente sensações do corpo, diferindo dessa hipótese na medida em que uma pessoa pode não interpretar mal os seus sinais de ansiedade (ataque cardíaco iminente), mas pode entrar em pânico por acreditar que a ansiedade pode levar a um ataque cardíaco.

Mais recentemente, têm surgido estudos que indicam que pacientes com transtorno de pânico possuem um risco cardiovascular aumentado comparado com a população geral devido a desbalanços autonômicos na enervação do coração (referências). Isso pode ser um fator que traz limitações a intervenções cognitivo-comportamentais até que possa demonstrar que estas podem au- xiliar na modificação deste quadro (Shiori et al., 2004; Katendahl, 2004; Fleet et al., 2005).

AVALIAÇÃO: MÉTODOS E INSTRUMENTOS

A avaliação diagnóstica de indivíduos com suspeita de transtorno de pânico ou agorafobia deve ser realizada por um psiquiatra ou um psicólogo no intuito de verificar a presença de sinais e sintomas que justifiquem ou não estas hipóteses iniciais. Conforme dito anteriormente, o profissional de saúde deverá estar atento à contextualização do quadro clínico, estabelecendo um diagnóstico diferencial destes transtornos com outras psicopatologias ou doenças físicas, assim como observando se não estão ocorrendo comorbidades. No que diz respeito às sensações corporais relatadas pelo paciente, estas também deverão ser investigadas por um médico clínico ou cardiologista que fará exames para identificar possíveis causas físicas que as justifiquem, tais como: exame de sangue (com investigação da tireoide), eletrocardiograma, ecocardiograma, eletroencefalograma, etc.

Buscando melhor conhecer o seu paciente e ter informações suficientes para formular uma boa conceitualização do caso e elaborar um plano de tratamento adequado, o psicoterapeuta precisará fazer uma entrevista inicial abrangente que contemple diferentes aspectos da vida do indivíduo. Sugere-se investigar a queixa principal, sua situação atual de vida, sua história de desenvolvimento (familiar, escolar/ocupacional, social), suas experiências traumáticas, sua história médica/psiquiátrica/psicoterapêutica, seu *status* psicológico (apresentação geral do cliente), o *rapport* (relação estabelecida com o terapeuta), as preocupações e as metas relacionadas à terapia e quaisquer dúvidas que ele deseje esclarecer.

Quando se trabalha com pesquisas visando complementar a hipótese diagnóstica e obter um resultado mais criterioso é possível utilizar entrevistas clínicas estruturadas para avaliação dos transtornos do Eixo I (p.ex., ADIS-IV: Di Nardo, Barlow e Brown, 1995; SCID-I-DSM-IV: First et al., 1998; Mini-International Neuropsychiatric Interview – Brazilian Version 5.0.0, Amorim, 2000), bem como para avaliação dos transtornos do Eixo II (p.ex., Entrevista Clínica Estruturada para Transtornos de Personalidade, DSM-IV – SCID-II-DSM-IV, Melo e Rangé, 2010) ou o próprio DSM-IV-TR (2002), na ausência dos dois primeiros.

O terapeuta também poderá fazer uso de perguntas mais específicas relacionadas ao transtorno de pânico e à agorafobia, examinando condições e conflitos presentes no ataque inicial, características dos ataques (o que sente, o que pensa, o que faz), frequência de ocorrência, primeira ocorrência, situações em que costumam ocorrer, estratégias de enfrentamento (auxílio médico, fugas, evitações, busca de apoio, etc.). Ainda com esta finalidade, poderão ser utilizadas escalas para avaliação da intensidade dos sintomas destes transtornos e do funcionamento do paciente antes e depois do tratamento aplicado.

Este procedimento é geralmente utilizado em pesquisas e, no que diz respeito aos estudos de efetividade do protocolo "Vencendo o Pânico", realizados na Divisão de Psicologia Aplicada do Instituto de Psicologia da UFRJ, estão sendo utilizados os seguintes instrumentos:

1. Inventário Beck de Ansiedade (Beck, Epstein, Brown e Steer, 1988);
2. Inventário Beck de Depressão (Beck, Ward, Mendelson, Mock e Erbaugh, 1961);
3. Escala para Pânico e Agorafobia (Bandelow, 1992; tradução de Lotufo, 1995; Ito e Ramos, 1998);
4. Questionário de Crenças Sobre o Pânico (Scott, Williams e Beck);
5. Escala de Sensações Corporais (Chambless, Caputo, Bright e Gallagher, 1985);
6. Escala de Cognições Agorafóbicas (Chambless, Caputo, Bright e Gallagher, 1984);
7. Inventário de Mobilidade (Chambless, Caputo, Jasin, Gracey e Williams, 1985);
8. SWB-PANAS (Watson, Clark e Tellegan, 1988);
9. Escala de Assertividade Rathus (Pasquali e Gouveia, 1990);
10. SF-36 – Questionário de Qualidade de Vida (versão brasileira – Cicconelli, Ferraz, Santos, Meinão e Quaresma, 1999).

O objetivo é avaliar o *status* do paciente em relação a níveis de ansiedade, depressão, evitações, assertividade, funcionamento global, satisfação e bem-estar subjetivo felicidade, verificando se houve melhora após o tratamento e se este é efetivo para os transtornos em pauta.

TRATAMENTOS

Tratamento médico

Nosso objetivo nesse capítulo é apresentar uma visão panorâmica das alternativas farmacológicas no tratamento do transtorno de pânico juntamente com alguns comentários sobre as particularidades clínicas mais relevantes de cada grupo de medicamentos. Tentaremos, sempre que possível, usar uma abordagem mais útil para o clínico que tem a responsabilidade de escolher a medicação mais adequada "para aquele paciente em particular", diferentemente de uma abordagem "de pesquisador" que olha "para todos os casos em geral", listando evidências.

O objetivo do tratamento do transtorno de pânico não é apenas suprimir os ataques de pânico, mas também reduzir a esquiva fóbica, a ansiedade antecipatória e a hipervigilância em relação a sintomas corporais de ansiedade.

O tratamento farmacológico do transtorno de pânico inclui medicamentos do grupo dos antidepressivos, dos benzodiazepínicos e também dos anticonvulsivantes e dos antipsicóticos, dentre outros que, às vezes, podem fazer-se necessários.

O tratamento do TP deve ser mantido por períodos longos de no mínimo um ano, dados os elevados índices de recaída após retirada da medicação. Diversos fatores têm sido implicados no abandono do tratamento, porém, ao que tudo indica, os principais deles são os efeitos colaterais. Além da descontinuação precoce da medicação, a presença de sintomas residuais é outro forte preditor de recaída após a suspensão da farmacoterapia.

Os benzodiazepínicos (BDZs) são considerados drogas de primeira escolha no tratamento do TP, tendo se mostrado bastante eficazes para o tratamento do transtorno de pânico. As únicas ressalvas que podem ser feitas aos estudos usando BDZs referem-se ao desenho experimental utilizado na maioria dos estudos, geralmente limitado a seis ou oito semanas. Estudos de curta duração contrastam com a história natural do transtorno de pânico que apresentam curso crônico.

O alprazolam e o clonazepan são os BDZs mais utilizados nesta indicação.

O alprazolam tem sido estudado mais extensamente do que os outros BDZs no tratamento do transtorno de pânico. Em estudos controlados, o alprazolam foi superior ao placebo na remissão dos ataques de pânico, e com eficácia comparável à imipramina, porém com maior abandono em grupos tratados com a imipramina. Atualmente, com a disponibilização do alprazolam de liberação controlada, este deve ser utilizado preferencialmente, pois pacientes com TP são muito sensíveis à flutuação de níveis séricos.

O clonazepam, um benzodiazepínico com perfil farmacodinâmico similar, porém com meia vida de eliminação mais longa, também tem sido estudado com eficácia similar.

Atualmente, embora os benzodiazepínicos tenham demonstrado eficácia no tratamento de vários transtornos ansiosos, o alto índice de recorrência após sua interrupção, o risco de dependência e a falta de eficácia nos sintomas depressivos limitam seu uso em monoterapia. No Brasil, indicamos apenas o uso combinado com antidepressivos; apenas no início do tratamento e para aqueles pacientes que não responderam ao tratamento com outros fármacos. É importante enfatizar que esses problemas não contraindicam o uso de benzodiazepínicos a longo prazo em pacientes que precisem de seu uso, como quadros graves e persistentes (Nutt, 2005).

Hoje, os ISRS (fluoxetina, fluvoxamina, paroxetina, sertralina, citalopram e escitalopram) são considerados as medicações de primeira escolha também no tratamento do TP pelo melhor perfil de efeitos colaterais e por serem mais seguros do que os antidepressivos tricíclicos e os inibidores da recaptação da serotonina e noradrenalina, e também por terem efeito antidepressivo, o que não ocorre com os benzodiazepínicos.

A sertraliana e a paroxetina são os dois únicos inibidores seletivos de reacaptura da serotonina aprovados pelo FDA para o tratamento do transtorno do pânico. Apesar disso, todos os ISRSs já demostraram eficácia em estudos clínicos no transtorno do pânico. Estudos comparativos entre os ISRSs sugerem eficácia semelhante.

Um estudo realizado por Bandelow e colaboradores (2002) mostrou eficácia da sertralina e da paroxetina não só diminuindo frequência e intensidade dos ataques de pânico, mas também diminuindo o comportamento de esquiva agorafóbico, a incapacitação e as preocupações com a saúde relacionados a esta condição.

É interessante notar que, de um modo geral, os sintomas psicológicos do transtorno de pânico (inquietude, temor, desconforto emocional) respondem melhor ao tratamento com antidepressivos do que com benzodiazepínicos, que são mais ativos nos sintomas físicos (Meoni et al. 2004).

Os ISRSs não apresentam risco de dependência, característica que eles compartilham com todas as classe de antidepressivos (Nutt 2003). Entretanto, estes medicamentos não são isentos de efeitos colaterais, como a piora inicial dos sintomas ansiosos, insônia, náuseas, cefaleia, tremor, acatisia e disfunções sexuais (Fortney e cols., 2010). Podem ocorrer ainda, sintomas de descontinuação, quando o medicamento é interrompido abruptamente, pela diminuição súbita da biodisponibilidade de serotonina no SNC. Existe ainda o risco de ocorrência da síndrome serotoninérgica (confusão mental, ativação autonômica, náuseas, diarreia, ataxia e mioclonias), que geralmente ocorre com o uso concomitante de mais de uma substância pró-serotonérgica, por exemplo, sibutramina mais um ISRS (Lane e D Baldwin 1997).

Como os ISRSs apresentam eficácia mais ou menos similar e geralmente são bem tolerados, a escolha do medicamento deve se basear no perfil de efeitos colaterais potencial, especialmente interações farmacológicas farmacocinéticas por competição por sítios oxidativos em citocromo hepático.

Em muitas diretrizes de tratamento, são indicados também como tratamento de primeira linha para o tratamento do TP os inibidores seletivos da recaptação de serotonina e noradrenalina (ISRSN). O outro grupo de antidepressivos considerado como primeira ou segunda escolha no tratamento do transtorno de pânico (dependendo das diretrizes) são os IRSNs; têm como seus

representantes atuais a venlafaxina e a duloxetina. A venlafaxina tem demonstrado ser tão eficaz quanto os ISRSs, com tolerabilidade semelhante (Silverstone, 2004). A venlafaxina (e sua versão não racêmica, a desvenlafaxina), segundo *guidelines* mais recentes como o IPAP (www.ipap.org) e o NICE (www.guidance.nice.org.uk), deve ser restrita a casos de mais difícil controle, cuidados por especialistas (psiquiatras), devido aos efeitos adversos cardiovasculares. A duloxetina, por sua vez, também pode ser considerada um tratamento eficaz porém com mais restrições do que a venlafaxina no que se refere a tolerabilidade e segurança.

Em relação aos antidepressivos tricíclicos, desde o primeiro relato de Klein e Fink (1962; Klein, 1964) de que a imipramina era eficaz no tratamento de pacientes com ansiedade ictal (transtorno de pânico), os antidepressivos tricíclicos vêm sendo usados no tratamento do TP.

Do ponto de vista da eficácia, em especial a clomipramina ainda é considerada o padrão ouro de referência para comparação com novos medicamentos (Francisco-Neto e colaboradores, 2001). Existem, entretanto, muitas limitações ao uso dos antidepressivos tricíclicos no tratamento do TP. A principal é que estes medicamentos estão associados a um risco muito grande de morte por envenenamento devido à cardiotoxicidade. Doses de 7 a 10 vezes a dose máxima podem levar à morte, ou seja, o suprimento de uma semana pode ser fatal se ingerido de uma vez. Outros efeitos adversos dos tricíclicos são o ganho de peso, as disfunções sexuais, a constipação intestinal e a xerostomia. Especificamente devem ser evitados em pacientes com problemas cardíacos e, pelas interações farmacocinéticas, é de uso complicado em pacientes que usem muitos outros medicamentos. Por essas razões, os tricíclicos são geralmente usados apenas naqueles casos com baixa tolerância a outros medicamentos ou ausência de resposta aos outros antidepressivos (Nutt, 2005).

Os inibidores da monoaminoxidase (IMAO) (fenelzina, tranilcipromina) mostraram-se eficazes no tratamento do transtorno do pânico. Entretanto, a necessidade de controle dietético e o cuidado com as interações medicamentosas, devido aos seus efeitos sobre a pressão arterial, têm determinado que, na prática, o seu uso fique restrito a pacientes considerados refratários aos outros tratamentos (Nutt, 2005).

Duas particularidades quanto ao uso de antidepressivos merecem destaque: o tempo necessário para se alcançar o efeito terapêutico máximo e uma possível piora inicial dos sintomas nos primeiros dias de uso. Os pacientes devem ser orientados sobre a possibilidade de terem de esperar duas semanas para a resposta inicial ao tratamento e até 12 semanas, para se alcançar a eficácia plena de determinada dose (Montgomery e colaboradores, 2002). Outra particularidade do tratamento do transtorno do pânico é o fato de estes pacientes serem mais susceptíveis aos efeitos de hiperexcitação inicial causado pelos ISRS ou outros antidepressivos, de forma que a introdução e a escalada das doses deve ser mais cautelosa, iniciando com metade ou até um quarto das doses iniciais que seriam usadas para depressão. Mesmo assim, os sintomas podem agravar-se nos primeiros dias de tratamento, para só depois começarem a diminuir de intensidade e frequência.

Pelos motivos apresentados, existem também estratégias que recomendam o uso combinado de antidepressivos e benzodiazepínicos durante a fase aguda do tratamento (três ou quatro semanas), enquanto se aguarda pelo início da ação dos antidepressivos (ISRS\IRNS).

Psicológicos

Os tratamentos cognitivo-comportamentais para o transtorno de pânico e a agorafobia evoluíram muito nas últimas três décadas. Inicialmente restritos à agorafobia, começaram a surgir para o transtorno de pânico a partir de 1987, quando sua caracterização diagnóstica foi definida no DSM-III-R e também a partir do modelo de Clark (1986).

No que se refere à agorafobia, a grande maioria dos estudos continuou a mostrar que qualquer tratamento psicológico que não incluísse exposição aos estímulos temidos não tinha eficácia contra os seus sintomas, era o caso da hipnose (Marks, Gelder e Edwards, 1968), da psicoterapia psicodinâmica (Gelder, Marks e Wolff, 1967) e do treino assertivo (Emmelkamp, van der Hout e De Vries, 1983). Neste sentido, quando pacientes eram instruídos a evitar as situações fóbicas (instruções antiexposição), tinham os seus sintomas inalterados ou apresentavam uma piora (Greist, Marks, Berlin, Gournay e Norshirvani, 1980). Portanto, a exposição às situações ansiogênicas foi se tornando a estratégia mais indicada para o tratamento da agorafobia e deveria incluir as seguintes características (Roso, Ito e Lotufo Neto, 1994):

1. ser prolongada;
2. durar mais de 90 minutos;
3. durar até cessar ou diminuir significativamente a ansiedade;
4. ser sistemática e o mais frequente possível;
5. ser avaliada através de um diário que controle a duração dos exercícios;
6. ser gradual e direta na direção do maior medo;
7. ser feita pelo paciente de modo engajado na situação, com a atenção voltada para os exercícios a fim de que ocorra a habituação;
8. ser feita sob supervisão de um médico, psicólogo, enfermeiro ou familiar treinado (obtendo-se o mesmo resultado com qualquer um deles).

Segundo os autores, nos casos muito graves, a ansiedade demora cerca de 50 minutos para começar a diminuir de intensidade, por isso a necessidade de o paciente permanecer até o final da exposição programada. Além disso, destacaram que esta exposição seria ineficaz na vigência do uso de benzodiazepínicos ou álcool.

Gradativamente, a partir do estabelecimento da classificação diagnóstica do transtorno de pânico no DSM-III-R, da contribuição de Goldstein e Chambless (1978) e do sucesso de tratamentos medicamentosos que estimularam pesquisas sobre tratamentos psicoterápicos, foram surgindo padrões de tratamentos cognitivo, comportamentais e cognitivo-comportamentais que foram obtendo progressivo reconhecimento científico.

Em 1988, baseado na técnica de relaxamento progressivo de Jacobson (1938), Öst desenvolveu o *relaxamento aplicado,* com a diferença de que este era feito ao vivo, nas situações em que o pânico começava a desenvolver-se. Este autor comparou experimentalmente seu método com o antigo método de relaxamento progressivo e relatou que 100% dos pacientes estavam livres do pânico depois do tratamento (Öst, 1988).

Barlow (1988, 1989), por sua vez, desenvolveu um *tratamento de controle do pânico* que envolve a exposição sistemática a sensações corporais temidas num esforço para produzir uma habituação às sensações corporais perturbadoras. Ou seja, o paciente realiza exercícios que produzem as costumeiras sensações de falta ar, tonteira, taquicardia, etc., de modo que a extinção do condicionamento interoceptivo ocorresse pela ausência de associação com as crises de pânico. Sua proposta também fazia uso de informações sobre os transtornos de ansiedade e sobre a fisiologia desta emoção, além de treino em relaxamento e, eventualmente, exposição ao vivo. Ao testar a eficácia deste método (Barlow et al., 1989), concluiu que 75% dos pacientes estavam livres do pânico ao final do tratamento e que, após dois anos, 81% dos pacientes submetidos à exposição interoceptiva mais restruturação cognitiva apresentavam os mesmos resultados positivos (Craske, Brown e Barlow, 1991). Estes dados foram confirmados por vários outros estudos (Michelson et al., 1990; Telch et al., 1993; Coté, Gauthier, Laberge, Cormier e Plamondon, 1994) e parecem indicar que a exposição interoceptiva acompanhada de esforços para alterar as crenças sobre a ativação fisiológica são altamente eficientes para o tratamento de ataques de pânico.

Com relação à terapia cognitiva para o transtorno de pânico, esta começou a desenvolver-se com mais propriedade a partir do modelo proposto por Clark (1986) e da obra de Beck e colaboradores sobre os transtornos de ansiedade (Beck e Emery, 1985). Fundamentalmente, esta abordagem baseia-se na aquisição de um repertório de habilidades de manejo das crises de pânico que incluem:

1. reestruturação cognitiva através do reconhecimento dos pensamentos distorcidos e pela contestação da veracidade das suas interpretações;
2. treino em relaxamento ou em respiração diafragmática para manejar os efeitos autonômicos da ansiedade e
3. exposição gradual às situações agorafóbicas que induzem ou eliciam ataques de pânico.

São observadas consideráveis evidências da efetividade destes procedimentos no tratamento dos quadros em pauta (Butler, Chapman, Formancn e Beck, 2006); McHugh, Smits e Otto, 2009; Otto, McHugh, Simon, Farach, Worthington e Pollack, 2010; Tsao, Mystkowski, Zucker e Craske, 2005; Tsao, Mystkowski, Zucker e Craske, 2002; Sokol, Beck, Greenberg, Wright e Berchick, 1989; Beck, Sokol, Clark, Berchich e Wright, 1992; Clark, 1991; Margraf, Barlow, Clark e Telch, 1993; Shear e Maser, 1994).

Em 1991, a partir de uma conferência internacional sobre o tratamento do transtorno de pânico, promovida pelo Instituto Nacional de Saúde Mental dos Estados Unidos (National Institute of Mental Health – NIMH), houve uma importante reunião com 25 dos maiores especialistas das mais diversas áreas de pesquisa e tratamento do transtorno de pânico e da agorafobia. Estes chegaram ao consenso de que a terapia cognitivo-comportamental seria o tratamento mais efetivo com dados de eficácia variando entre 74 e 95% no que diz respeito à ausência de ataques de pânico após 3 meses de tratamento.

Dentre as intervenções cognitivo-comportamentais reconhecidamente efetivas, Margraf e colaboradores (1993) destacaram o treino de habilidades de manejo de sintomas corporais, dentre elas o relaxamento aplicado de Öst (1988), o treino respiratório (Bonn, Redhead e Timmons, 1984) para prevenir a espiral do pânico, a ênfase na exposição interoceptiva aos sinais corporais temidos (Barlow, 1988) e a eliminação da tendência persistente de interpretar de forma distorcida e catastrófica as sensações corporais (Clark, 1986; Beck et al., 1985).

Em 1991, Rangé desenvolveu a estratégia A.C.A.L.M.E.-S.E. para utilizá-la como ferramenta terapêutica a fim de promover a aceitação da ansiedade (Rangé, 1995) e, em 2001, sinalizou a importância de se fazer um trabalho de reestruturação existencial a fim de que o paciente possa alterar o seu nível basal de ansiedade. A exposição situacional gradual e prolongada também é uma estratégia considerada efetiva e recomendável para redução ou extinção das evitações agorafóbicas (Roso, Ito e Lotufo, 1994).

Com base nos resultados da conferência internacional promovida pela NIMH em 1991, os quais foram publicados por Wolfe e Maser em 1994 e somados à experiência clínica de um dos autores (Rangé, 2008), foi por ele proposto, em 1996, o "Protocolo Multicomposto de Tratamento para o Transtorno de Pânico e a Agorafobia". Seu objetivo era difundir a existência de tratamentos eficazes para estes quadros e diminuir o sofrimento daqueles que os apresentavam, pois sabia que apesar da experiência aterrorizadora ocasionada por estas experiências, estes quadros eram tratáveis através de procedimentos amplamente reconhecidos e recomendados. Quando criado, o protocolo continha seis sessões de terapia cognitivo-comportamental quase estruturadas, que englobavam as principais estratégias utilizadas para o tratamento dos transtornos em pauta, tanto as mundialmente indicadas quanto outras de sua prática clínica (p.ex., a estratégia A.C.A.L.M.E.-S.E., elaborada em 1991 – ver anexo XX). Sendo assim, começou a utilizá-lo na Divisão de Psicologia Aplicada do Instituto de Psicologia da UFRJ, inicialmente com pacientes atendidos por estagiários, a fim de que, em um momento futuro, fosse possível expandi-lo para outros locais do Brasil, tornando-o acessível a todos. Este programa de tratamento era composto por dois manuais, um para terapeutas e outro para clientes, e incluía estratégias de psicoeducação, manejo da ansiedade e reestruturação existencial.

Em 1998, a partir de ensaios anteriores com o protocolo, foi definida a sua estrutura e iniciou-se a testagem em caráter de pesquisa, primeiramente selecionando pacientes com transtorno de pânico e/ou agorafobia, sem comorbidades com risco de suicídio, abuso ou dependência de substâncias, esquizofrenia e transtornos de personalidade, e administrando escalas para avaliação da intensidade dos sintomas do transtorno de pânico e da agorafobia e do funcionamento do paciente antes e depois do tratamento com o protocolo estruturado, até então realizado no formato de sessões individuais.

Em 2001, começou a ser utilizado com grupos de pacientes que atendiam ao perfil da pesquisa passando a ter oito sessões de 120 minutos para a terapia em grupo. O protocolo e o padrão da pesquisa foram aprimorados ininterruptamente ao longo de dez anos, tendo sido utilizadas diferentes entrevistas estruturadas para avaliação diagnóstica de transtornos de ansiedade do Eixo I (inicialmente o ADIS-IV, depois a CIS-R e atualmente a MINI-5.0) e do Eixo II (inicialmente a SCID-II baseada no DSM-III-R e atualmente a SCID-II baseada no DSM-IV). Ocorreram mudanças quanto às escalas administradas para avaliação dos sintomas de pânico e agorafobia, sendo atualmente utilizadas as escalas citadas anteriormente no tópico Avaliação: Métodos e Instrumentos.

Os resultados têm apontado para uma significativa redução dos sintomas de ansiedade, para uma redução de crenças relacionadas ao transtorno de pânico e a agorafobia, para um aumento da mobilidade, do bem-estar subjetivo, da qualidade de vida e do nível de bem-estar na vida dos pacientes tratados segundo este protocolo (Rangé, 2008; Rangé e Borba, 2008).

Em 2007, através da pesquisa de doutorado "Treinamento Via *Web* de Psicólogos do Brasil no Protocolo de Tratamento Cognitivo-Comportamental 'Vencendo o Pânico': Retrospectivas, perspectivas e expectativas" (Borba, 2011), realizou-se um estudo retrospectivo e prospectivo da efetividade do protocolo Vencendo o Pânico durante o período de 1996 a 2010 (antes e depois de ser transformado em livro) na DPA-IP-UFRJ, e outro estudo envolvendo um treinamento via *web* de terapeutas cognitivo-comportamentais no uso do protocolo Vencendo o Pânico em seus próprios pacientes. Estes estudos apresentaram resultados significativos acerca da efetividade do protocolo Vencendo o Pânico para o tratamento do transtorno de pânico e da agorafobia. Uma parte destes dados está contida no final deste capítulo e, no que diz respeito ao treinamento via *web* de psicólogos, maiores informações poderão ser consultadas no Capítulo 47 (Treinamento Via Web de Psicólogos do Brasil no Protocolo de Terapia Cognitivo-Comportamental "Vencendo o Pânico").

Consolidando-se o protocolo Vencendo o Pânico como um instrumento terapêutico cientificamente validado (Rangé e Borba, 2008), revela-se a seguir o seu roteiro geral de tratamento. Ressalta-se que a melhora dos pacientes e o baixo índice de recaídas após oito sessões de terapia, com até duas horas de duração cada, ocorreu dentro de um ambiente controlado de pesquisa e que, não necessariamente, estes mesmos resultados serão alcançados neste mesmo período de tempo num ambiente de clínica particular ou hospitalar. Em outras palavras, o modelo aqui proposto poderá sim servir de base para orientar o psicoterapeuta quanto ao tratamento eficaz do transtorno de pânico e da agorafobia, entretanto, certamente precisará ser adaptado de acordo com a demanda do paciente a ser tratado, que poderá, inclusive, apresentar um quadro de agorafobia grave ou outros diagnósticos agravantes, tais como os transtornos de personalidade.

Portanto, convém dizer que o mais importante será compreender e respeitar a lógica deste protocolo, utilizando-o com bom senso dentro do plano de tratamento elaborado para cada paciente e realizando os ajustes que se mostrarem necessários à maior eficiência do processo terapêutico (independente do número de sessões estipulado).

A versão atual do protocolo Vencendo o Pânico também contempla três grandes etapas:

1. psicoeducação,
2. manejo do medo e da ansiedade e
3. reestruturação existencial

Estas etapas de tratamento são sequenciais e revelam-se intrinsecamente entrelaçadas, provocando no paciente uma abertura e uma disposição para encarar o próximo passo. Ou seja, cada estratégia prepara o cliente para a seguinte e, ao mesmo tempo, reforça o aprendizado da anterior; assim como cada etapa engloba um conjunto de técnicas cognitivo-comportamentais interligadas que habilita a etapa sucessora que retroalimenta a precursora, fortalecendo os aprendizados.

Na primeira etapa, o paciente é exposto a uma psicoeducação que inclui informações sobre a terapia cognitivo-comportamental e o modelo cognitivo aplicado aos quadros clínicos a serem tratados (transtorno de pânico e agorafobia), a fisiologia e a psicologia do medo e da ansiedade e da formação dos ciclos de pânico, de fuga e de evitação. Através de leitura e discussão de textos didáticos juntamente com o terapeuta, o paciente vai percebendo que apresenta estes transtornos de ansiedade, e que muitas outras pessoas também sofrem com eles, independente de gênero, profissão, raça ou condição socioeconômica, e que o conhecimento científico já os reconhece e oferece-lhes formas efetivas de tratamento. Ele também compreende que o que ele sente é apenas ansiedade e que esta não é perigosa, pois ela existe para aumentar a probabilidade da sua sobrevivência. Através do modelo cognitivo ele compreende que são suas interpretações dos acontecimentos que influenciam seus sentimentos e comportamentos, e que seus pensamentos catastróficos sobre suas sensações corporais podem rapidamente provocar a espiral do pânico. Nesta etapa de informação, o paciente também se dá conta de que suas fugas e evitações devidas ao receio de "passar mal" só aumentam o seu medo, a probabilidade de ter novos ataques e a sua sensação de incapacidade. Portanto, concorda que será necessário parar de fugir e evitar para poder encarar suas sensações e manejá-las através dos recursos de enfrentamento que lhe serão ensinados.

Na segunda etapa, o paciente começa a adquirir habilidades para manejar suas emoções, fundamentalmente, o medo e a ansiedade. Ele já compreendeu que o que sente é apenas desconfortável e que, aos poucos, começa a aceitar suas sensações, convivendo com elas e as administrando no presente pelo uso da estratégia A.C.A.L.M.E.-S.E.. Também irá perceber que sua respiração pode conduzi-lo a estados de agitação ou calmaria e que, apesar de ser coordenada pelo sistema nervoso autônomo, poderá ser modulada através de exercícios respiratórios. Já entendeu que seus pensamentos influenciam diretamente seus sentimentos e comportamentos: portanto, através da estratégia S.P.A.E.C., na qual são listadas as sensações, os pensamentos automáticos, as emoções e os comportamentos, o paciente poderá aprender a reestruturar seus pensamentos e evitar a escalada que conduzia aos ataques. Ele já aprendeu que suas sensações corporais não são perigosas e que irá desenvolver uma habituação às sensações se dedicar-se às exposições interoceptivas. A partir do entendimento de que seus comportamentos de esquiva só reforçam o pânico, construirá junto com o terapeuta uma hierarquia de situações ansiogênicas às quais precisará encarar para se libertar do medo de sentir medo e retomar sua mobilidade (exposição situacional gradual e prolongada), podendo fazer isso com o auxílio do terapeuta e também de familiares treinados. Até o final desta segunda etapa, o paciente já compreendeu que uma coisa é sentir

ansiedade, algo natural que o acompanhará até o final da vida; outra coisa é ter ataques de pânico, algo geralmente criado e mantido por influência de seus pensamentos distorcidos e catastróficos acerca de suas sensações corporais.

Por fim, vem o terceiro momento, em que o paciente será estimulado a rever sua vida e alterá-la de modo a reduzir fatores que parecem manter aspectos inadequados do seu funcionamento. Ele aprenderá a questionar as três crenças irracionais de Albert Ellis que estão geralmente presentes em pessoas que tem altos padrões de exigência (Crença 1: preciso ser amado; Crença 2: preciso ser perfeito; Crença 3: as coisas tem que ser do jeito que eu gostaria), permitindo-se avaliar os acontecimentos de seu organismo e do meio externo com maior flexibilidade e racionalidade. Além disso, perceberá a importância de se guiar por seus próprios desejos, mas com responsabilidade (hedonismo responsável). Somando-se a este trabalho, será estimulado a perceber a importância de se afirmar, não de modo autoritário, mas sim de um modo respeitoso consigo e com o outro através de um treinamento assertivo para fortalecer a habilidade de pedir o que deseja ao outro, de dizer não, elogiar e solicitar mudança de comportamentos de outros. Este trabalho com a assertividade foi aqui inserido devido ao fato de que pacientes agorafóbicos em geral apresentam um nível mais baixo de comportamentos assertivos se comparados a adultos normais e estudantes universitários (Chambless, Hunter e Jackson, 1982; Thorpe, Freedman e Lazar, 1985); além disso, também apresentam variáveis de personalidade, tais como ser dependentes, passivos (Thorpe e Burns, 1983) e hipocondríacos (Buglass et al., 1977; Hibbert, 1984).

O paciente será solicitado a avaliar como está investindo o seu tempo no dia a dia e o que poderá fazer para se sentir mais satisfeito com sua própria vida no momento presente pelo *curtograma* e a curto, médio e longo prazos através de uma *lista de desejos*. Deverão ser fornecidas orientações sobre como prevenir recaídas, já que o propósito desta terapia é de capacitar o indivíduo para que ele, com os seus próprios recursos, caminhe e ganhe autoconfiança diante dos desafios da vida. Para mais informações, leitor deve dirigir-se ao manual Vencendo o Pânico (Rangé e Borba, 1988).

Ao término do tratamento regular, será importante verificar com o cliente a necessidade da continuidade da terapia para abordar evitações agorafóbicas mais persistentes ou outros quadros clínicos identificados. Dependendo do caso, também será indicado fazer sessões espaçadas para suporte adicional à manutenção dos ganhos perante o transtorno trabalhado. Caso esteja sendo realizado o uso do protocolo em caráter de pesquisa, será necessário combinar sessões de avaliação da manutenção dos resultados.

CONSIDERAÇÕES FINAIS

Inúmeras pesquisas têm apontado a terapia farmacológica e a cognitivo-comportamental como formas de tratamento recomendáveis para o transtorno de pânico e a agorafobia, pois estes dois métodos de tratamento vêm apresentando persistentemente evidências de boa resposta terapêutica a curto e a longo prazos, tanto para os sintomas nucleares do pânico quanto para os residuais – ansiedade antecipatória persistente, evitação fóbica e agorafobia (Gould, Otto e Pollack, 1995; Mitte, 2005; Furukawa, Watanabe e Churchill, 2006; Manfro, Heldt, Cordioli e Otto, 2008). A TCC tem se mostrado eficaz inclusive na prevenção de recaídas e no prolongamento do intervalo entre elas (Otto e Deveney, 2005; Otto e Whittal, 1995; apud Manfro et al., 2008).

Com relação ao protocolo Vencendo o Pânico, este contém uma organização própria que inclui as principais estratégias cognitivo-comportamentais indicadas para o tratamento do transtorno de pânico e da agorafobia e demonstrou, através de seus resultados, a sua efetividade nos 14 anos de pesquisas em que foi testado.

No que diz respeito ao estudo retrospectivo acerca dos pacientes tratados com o protocolo no período de 1998 a 2009, as análises dos resultados baseadas nos 67 casos com pré e pós-testes completos revelaram redução significativa (p <0,05) dos sintomas e das crenças relacionadas ao transtorno de pânico e à agorafobia e aumento de mobilidade sozinho e acompanhado no pós-teste. No *follow-up* de 6 meses também foram identificadas reduções significativas dos sintomas e crenças relacionadas aos transtornos em pauta.

Já as análises do estudo prospectivo, acerca dos pacientes tratados no período de 2009 a 2010 com uso do protocolo no formato de livros, apontaram que os 11 casos com testes completos apresentaram "p < 0,05" nas escalas Inventário de Ansiedade, Escala de Pânico e Agorafobia, Questionário de Crenças de Pânico e Escala de Sensações Corporais (citadas em "Avaliação"), indicando redução significativa dos sintomas e das crenças relacionadas ao transtorno de pânico.

Considerando-se as Escalas de Cognições Agorafóbicas, Mobilidade-Sozinho e Mobilidade-Acompanhado, percebe-se que dentre os 11 sujeitos, oito revelaram redução significativa (p < 0,05) dos temores quanto à mobilidade sozinho e acompanhado no pós-teste, dois destoaram do grupo apresentando piora significativa nos escores do pós-teste e um não respondeu. A escala SWB-PANAS revelou aumento significativo (p < 0,05) de felicidade e afeto positivo com redução do afeto negativo, não havendo alteração na categoria satisfação.

Já a SF-36-Qualidade de Vida, apresentou aumento significativo (p<0,05) nos domínios vitalidade e saúde mental, mas não nos demais. Conclui-se que o grupo de pacientes que participou da pesquisa obteve melhoras significativas com o uso do protocolo Vencendo o Pânico, apontando para a sua efetividade no que diz respeito a redução dos ataques de pânico e aumento da mobilidade.

Entretanto, deve-se observar que o tratamento por vezes não consegue alcançar todos os itens da hierarquia de exposição situacional de um paciente neste período de 8 sessões, sendo necessário mais tempo de tratamento focado neste aumento de mobilidade e mais pesquisas que apresentem um resultado mais rápido neste campo.

Mais recentemente, outros tipos de intervenção vêm sendo testadas e validadas por pesquisadores da terapia cognitivo-comportamental, e têm sido propostas para o tratamento destes quadros, dentre elas: a exposição à realidade virtual (Carvalho, Freire e Nardi, 2008); a prática meditativa de *mindfulness* (Kabat-Zinn, 2003); o yoga (Vorkapic, 2010) e o Protocolo Unificado (Boisseau, Farchione, Fairholme, Ellard e Barlow, 2010).

Em Carvalho, Freire e Nardi (2008), encontramos que a estratégia de exposição situacional gradual e prolongada tem sido realizada com uso de ambientes de realidade virtual para o tratamento do transtorno de pânico (no que se refere a exposições). A realidade virtual possibilita que o paciente interaja com os estímulos temidos em um cenário criado pelo computador que muito se assemelha ao mundo real. Dessa forma, ao reproduzir situações ansiogênicas muito próximas da realidade, revela-se um meio efetivo para a indução de respostas emocionais. Esta experimentação possível do ambiente virtual facilita o envolvimento emocional e sensório-motor do paciente e acaba lhe proporcionando os sentimentos de presença, imersão e vivência que fazem com que este tipo de procedimento seja mais eficaz do que a exposição imaginária. Esta tecnologia revela-se uma alternativa para a exposição imaginária e também pode ser um passo anterior à exposição ao vivo, funcionando como um preparo para o paciente poder confrontar-se diretamente com a situação temida. As exposições virtuais podem ser realizadas em consultório, garantindo um maior controle da situação e uma segurança inicial para o início das exposições ao vivo e, inclusive, pode ser preferível quando é impossível realizar a exposição ao vivo no local. O uso da realidade virtual vem apresentando bons resultados, contudo, sua indicação deverá ser reavaliada quando pacientes relatarem não gostar dos estímulos visuais ou apresentarem reações adversas (p.ex., enjôo) ou estiverem sendo inibidos na sua imersão, já que com a presença do terapeuta o paciente se sente mais seguro nos momentos de maior ansiedade (Carvalho et al., 2008).

Nas últimas décadas, têm havido uma publicação geometricamente progressiva de inúmeros estudos sobre os efeitos da meditação no tratamento de transtornos de ansiedade. Estudos dos últimos quarenta anos mostraram que a meditação é capaz não só de diminuir significativamente os sintomas de pacientes com transtornos de ansiedade e humor, mas também de ajudar na manutenção destas reduções (Ferreira-Vorkapic, 2010). Dentre os diversos tipos de meditação, a chamada *mindfulness* é mais utilizada em pesquisas devido à sua abordagem bem definida, sistemática e centralizada no paciente (Mindfulness Based Stress Reduction [MBSR], Kabat-Zinn, 2003). Além disso, a técnica é concisa, uma vez aprendida pode ser realizada pelo próprio paciente e pode ser usada efetivamente em paralelo a qualquer terapia tradicional. Esta prática se revela uma maneira de estar presente e perceber tudo o que aparece no campo de experiência de um modo não crítico, faz com que o indivíduo também aprenda a lidar com estresse, ansiedade e dor da melhor maneira possível. Kabat-Zinn (2003) observou reduções significativas na ansiedade, depressão e fobias em pacientes com transtorno de ansiedade generalizada e pânico após 8 semanas ininterruptas de prática de meditação *mindfulness*.

Outra prática que também tem sido apontada em estudos recentes é o yoga, capaz de reduzir significativamente os sintomas de ansiedade, estresse (Esch, Fricchione e Stefano, 2003; Kirkwood, Rampes, Tuffrey, Richardson e Pilkington, 2005) e humor (Shapiro, Cook, Davydov, Ottaviani, Leuchter e Abrams, 2007). O yoga revela-se um sistema completo de práticas espirituais, morais e físicas realizadas através de técnicas de postura, respiração, relaxamento e meditação que têm por objetivo conduzir o indivíduo a uma maior consciência de si mesmo e autorrealização. Smith, Hancock, Blake-Mortimer e Eckert (2007), através de uma revisão sistemática, observaram que estas práticas, feitas de modo integrado, ocasionam efeitos benéficos para aqueles que sofrem de hipertensão, insônia e ansiedade, aumentando sensações de relaxamento, emoções positivas e tranquilidade mental. Além disso, as terapias baseadas no yoga não apresentam efeitos colaterais, não fazem uso de medicações, podem ser utilizadas pelo próprio praticante (após tê-las aprendido) e contam com uma aceitação internacional (Ramaratnam, Baker e Goldstein, 2005). Segundo Khalsa (2004), a frequência de publicações sobre as aplicações clínicas do yoga tem aumentado, inclusive apontando para a sua capacidade de modular a interação entre o sistema nervoso simpático e o parassimpático (Riley, 2004). Vorkapic e Rangé (2010) investigaram estudos controlados acerca do uso do yoga compreendido em sua totalidade para o tratamento dos transtornos de ansiedade e verificaram que, de modo geral, os parâmetros psicológicos e fisiológicos utilizados nas pesquisas a apontaram como uma intervenção terapêutica recomendável, tanto como terapia complementar quanto como alternativa de tratamento, caso o paciente opte por ela ou por não utilizar medicamentos e nem fazer psicoterapia. Concluíram que mais estudos são necessários para estabelecer o yoga como um protocolo de tratamento para transtornos da ansiedade.

No ano de 2004, David H. Barlow e colaboradores na Universidade de Boston apresentaram o Protocolo Unificado (PU), um tratamento cognitivo-comportamental transdiagnóstico, com foco nas emoções, para ser utilizado em uma ampla gama de transtornos de ansiedade e na depressão secundária, além de outros transtornos com fortes componentes emocionais, tais como os transtornos somatoformes e dissociativos. O PU utiliza princípios tradicionais da TCC, mas dá especial ênfase à maneira como os indivíduos com transtornos emocionais experimentam e respondem às suas emoções, sendo este um fator unificado e subjacente aos transtornos ansiosos e na depressão (Ellard, Fairholme, Boisseau, Farchione e Barlow, 2010; Boisseau et al., 2010; Fairholme, Boisseau, Ellard, Farchione e Barlow, 2010). Atualmente, este protocolo é composto de 7 módulos:

1. psicoeducação e fundamentação do tratamento;
2. incremento motivacional;
3. consciência emocional;
4. avaliação e reavaliação cognitiva;
5. contrariar os *Comportamentos Movidos por Emoções* (CMEs) e a evitação emocional;
6. realizar exposições interoceptivas e situacionais;
7. conclusões e prevenção de recaídas.

Os principais módulos de tratamento para o processamento das emoções e regulação da experiência emocional vão do terceiro ao sexto, sendo que os dois primeiros e o último são consistentes com protocolos cognitivo-comportamentais padrão (Boisseau et al., 2010; Fairholme et al., 2010). Os módulos do PU são administrados em ordem fixa pré-determinada para assegurar que todos os componentes do tratamento sejam contemplados e para minimizar quaisquer efeitos que mudanças nesta ordem tragam para a eficácia do protocolo. Cada módulo tem um número flexível de sessões, permitindo que o PU completo possa ser administrado em torno de 12 a 18 sessões de 50 a 60 minutos cada, baseando-se nas necessidades inerentes do paciente, podendo haver ainda sessões de reforço, se necessárias, talhando assim o tratamento para o padrão específico de déficits de regulação emocional deste (Boisseau et al., 2010). Esta abordagem transdiagnóstica, ao focar nos fatores subjacentes comuns e permitir um planejamento de tratamento mais focado e simplificado, reflete um avanço científico levando a concepções mais dimensionais da psicopatologia, um afastamento dos diagnósticos específicos do DSM-IV, e torna sem relevância prática o problema das comorbidades, dos transtornos não especificados e dos sintomas subclínicos dentre os transtornos de ansiedade e do humor (Ellard et al., 2010). Estudos controlados com o PU demonstram que os pacientes tendem a aprender como confrontar, experienciar e responder a emoções desconfortáveis de maneira mais adaptativa, refletindo em um decréscimo importante de severidade diagnóstica nos transtornos principais e nos comórbidos, além de melhoras no seu funcionamento psicossocial, incluindo melhorias significativas após 6 meses de *follow-up* (Boisseau et al., 2010; Ellard et al., 2010).

O Instituto Nacional da Saúde e da Pesquisa Médica da França (INSERM) realizou uma revisão de mais de 1000 artigos e documentos em que avaliaram a eficácia de três abordagens psicoterápicas: a psicodinâmica (psicanalítica), a cognitivo-comportamental e a terapia sistêmica. A TCC se mostrou mais eficaz do que as outras em diversos quadros psiquiátricos, incluindo os transtornos de ansiedade, dentre eles, os transtornos de pânico e a agorafobia (INSERM, 2004).

REFERÊNCIAS

Almeida Filho, N., Mari, J.J., Coutinho, E., França, J.F., Fernandes, J.G., Andreoli, S. B., et al. (1992). Estudo multicêntrico de morbidade psiquiátrica em áreas urbanas brasileiras. *Revista Brasileira de Psiquiatria, 14,* 93-104.

American Psychiatric Association. (1994). *Diagnostic and statistical manual of mental disorders* (4th ed.). Washington, DC: Author.

Andreassi, J. L. (2000). *Psychophysiology: human behavior & physiological response.* Hillsdale, NJ: Lawrence Erlbaum Associates.

Aronson, T. A., & Longue, C. M. (1987). On the longitudinal course of panic disorder: Developmental history and predictors of phobic complications. *Comprehensive Psychiatry, 28,* 344-355.

Ballenger, J. C. (1986). Biological aspects of panic disorder. *American Journal of Psychiatry, 143,* 516-518.

Fortney, J. C., Pyne, J. M., Edlund, M. J., Stecker, T., Mittal, D., Robinson, D. E., et al. (2010). Reasons for antidepressant nonadherence among veterans treated in primary care clinics. *Journal of Clinical Psychiatry.* [Epub ahead of print]

Ballenger, J. C. (1990). Efficacy of benzodiazepines in panic disorder and agoraphobia. *Journal of Psychiatric Research, 24,*15-25.

Bandelow, B. (1995). Assessing the efficacy of treatments for panic disorder and agoraphobia. II. The panic and agoraphobia scale. *International Clinical Psychopharmacology, 10*(2), 73-81.

Barlow, D. H., & Craske, M. G. (1989). *Mastery of your anxiety and panic.* Albany, New York: Greywind.

Barlow, D. H. (1988). *Anxiety and its disorders: the nature and treatment of anxiety and panic.* New York: Guilford.

Barlow, D. H., Di Nardo, P. A., Vermilyea, J. A., & Blanchard, E. B. (1986). Co-morbidity and depression among anxiety disorders: Issues in classification and diagnosis. *Journal of Nervous and Mental Disease, 174,* 63-72.

Beck, A. T., Emery, G., & Greenberg, R. L. (1985). *Anxiety disorders and phobias: a cognitive perspective.* New York: Basic Books.

Beck, A. T., Epstein, N., Brown, G., & Steer, R. A. (1988). An inventory for measuring anxiety: psychometric properties. *Journal of Consulting and Clinical Psychological, 56,* 893-897.

Beck, A. T., Sokol, L., Clark, D. A., Berchich, R., & Wright, F. (1992). A crossover study of focused cognitive therapy for panic disorder. *American Journal of Psychiatry, 149,* 778-783.

Beck, A. T., Ward, C. H., Mendelson, M., Mock, J., & Erbaugh, J. (1961). An inventory for measuring depression. *Archives of general Psychiatry, 4,* 561-571.

Beck, J. G., & Zebb, B. J. (1994). Behavioral assessment and treatment of panic disorder: current status and future directions. *Behavior Therapy, 25*(4), 581-612.

Beitman, B. D., Kushner, M., Lamberti, J. W., & Mukerji, V. (1990). Panic Disorder Without fear with patients with angiographically normal coronary arteries. *Journal of Nervous and Mental Disease, 178,* 307-312.

Benson, H., & Stuart, E. M. (1993). *The wellness book. The comprehensive guide to maintaining health and treating stress-related illness.* New York: Simon & Schuster.

Bernik, M. A., Gorenstein, C., & Gentil, V. (1991). Flumazenil-precipitated withdrawal symptoms in chronic users of therapeutic doses of diazepam. *Journal of Psychopharmacology, 5,* 215-219.

Bibb, J., & Chambless, D. L. (1986). Alcohol use among diagnosed agoraphobics. *Behaviour Research & Therapy, 24,* 49-58.

Biederman, J., Rosenbaum, J. F., Hirshfeld, D. R., Faraone, S. V., Bolduc, E. A., Gersten, M., et al. (1990). Psychiatric correlates of behavioral inhibition in young children of parents with and without psychiatric disorders. *Archives of General Psychiatric, 47,* 21-26.

Blanchard, D. C., & Blanchard, R. J. (1988). Ethoexperimental approaches to the biology of emotion. *Annual Review of Psychology, 39,* 43-68.

Boisseau, C. L., Farchione, T. J., Fairholme, C. P., Ellard, K. K., & Barlow, D. H. (2010). The development of the unified protocol for the transdiagnostic treatment of emotional disorders: a case study. *Cognitive and Behavioral Practice, 17*(1), 102-113.

Bonn, J. A., Redhead, C. P. A., & Timmons, B. H. (1984). Enhanced adaptative behavioral response in agoraphobic patients pretreated with breathing retraining. *Lancet, 2,* 665-669.

Bowlby, J. (1977). The making and breaking of affectional bonds. *British Journal of Psychiatry, 130,* 211-210.

Breier, A., Charney, D. S., & Heninger, G. R. (1985). The diagnostic validity of anxiety disorders and their relationship to depressive illness. *The American Journal of Psychiatry,142*(7), 787-797.

Breier, A., Charney, D. S., & Heninger, G. R. (1984). Major depression in patients with agoraphobia and panic disorder. *Archives of General Psychiatry, 41,* 1129-1135.

Breier, A., Charney, D. S., & Heninger, G. R. (1986). Agoraphobia with panic attacks: Development, diagnostic stability and course of illness. *Archives of General Psychiatry, 49,* 1029-1036.

Buglass, D., Clarke, J., Henderson, A. S., Kreitman, N., & Presley, A.S. (1977). A study of agoraphobic housewives. *Psycological Medicine, 7,* 73-86.

Butler, A., Chapman, J., Formanc, E., & Beck, A.T. (2006). The empirical statusof cognitive-behavioral therapy: a review of meta-analyses. *Clinical Psychology Review, 26,* 17-31.

Carvalho, M. R., Dias, G. P., Cosci, F., Neto, V. L. M., Bevilaquia, M. C. N., Gardino, P.F., et al. (2010). Current findings of fMRI in panic disorder: contributions for the fear neurocircuitry and CBT effects. *Expert Review of Neurotherapeutics, 10*(2), 291-303.

Carvalho, M. R., Freire, R. C., & Nardi, A. E. (2008). Realidade virtual no tratamento do transtorno de pânico. *Jornal Brasileiro de Psiquiatria, 57,* 64-69.

Chambless, D. L., Caputo, C. G., Jasin, S. E., Gracely, E. J., & Williams, C. (1985). The Mobility Inventory for Agoraphobia. *Behaviour Research and Therapy, 23,* 35-44.

Chambless, D. L., Caputo, C. G., Bright, P., & Gallagher R. (1984). Measurement of fear in agoraphobics: the body sensations questionnaire and the agoraphobic cognitions questionnaire. *Journal of Consulting and Clinical Psychology, 52,*1090-1097.

Chambless, D. L., Hunter, K., & Jackson, A. (1982). Social anxiety and assertiveness: a comparison of the correlations in phobic and college student samples. *Behavior Research & Therapy, 20,* 403-404.

Ciconelli, R. M., Ferraz, M. B, Santos, W. S., Meinão, I. M., & Quaresma, M. R. (1999). Tradução para a língua portuguesa e validação do questionário genérico de avaliação de qualidade de vida SF-36 (Brasil SF-36). *Revista Brasileira de Reumatologia, 39*(3),143-150.

Clark, D. M. (1988). A cognitive model of panic attacks. In: Rachman, S., & Maser, J. D. (Ed.). *Panic: psychological perspectives* (p. 71-89). Hillsdale, NJ: Lawrence Erlbaum.

Clark, D. M., & Beck, A. T. (1988). Cognitive approaches. In: Last, C. G., & Hersen, M. (Org.). *Handbook of anxiety disorders* (p. 362-385). New York: Pergamon.

Clark, D. M. (1986) A cognitive approach to panic. *Behaviour Research and Therapy, 24,* 461-470.

Clark, D. M. (1991). Cognitive therapy for panic disorder. *Paper presented at the NIH Consensus Development Conference on the Treatment of Panic disorder, Bethesda, MD.*

Clum, G. A., & Knowles, S. L. (1991). Why do some people with panic disorders become avoidant? A review. *Clinical Psychology Review, 11,* 295-313.

Coté, G., Gauthier, J. G., Laberge, B., Cormier, H. J., & Plamondon, J. (1994). Reduced therapist contact in the cognitive behavioral treatment of panic disorder. *Behavior Therapy, 25,* 123-145.

Craske, M. G., Brown, T. A., & Barlow, D. H. (1991). Behavioral treatment of panic disorder: A two-year folow-up. *Behavior Therapy, 22,* 289-304.

Critchley, H. D., Melmed, R. N., Featherstone, E., Mathias, C. J., & Dolan, R. J. (2001). Brain activity during biofeedback relaxation. *Brain. 124,* 1003-1012.

Crowe, R. R., Noyes, R., Jr, Pauls, D. L., & Slymen, D. (1983). A family study of panic disorder. *Archives of General Psychiatry, 40,* 1065-1069.

de Ruiter, C., Rijken, H., Garssen, B., & Kraaimaat, F. Breathing retraining, exposure, and a combination of both in the treatment of panic disorder with agoraphobia. (1989). *Behaviour Research and Therapy, 27*, 647-655.

Deakin, J. F. W., & Graeff, F. G. (1991). 5HT and mechanisms of defence. *Journal of Psychopharmacology, 5*, 305-315.

Di Nardo, P. A., Brown, T. A., & Barlow, D. H. (1995). *Anxiety disorders interview schedule of DSM-IV (ADIS-IV)*. Albany, NY: Greywind. Tradução e adaptação para o português realizada por Rangé, B. P. Manuscrito não publicado.

Ellard, K. K., Fairholme, C. P., Boisseau, C. L., Farchione, T. J., & Barlow, D. H. (2010). Unified protocol for the transdiagnostic treatment of emotional disorders: protocol development and initial outcome data. *Cognitive and Behavioral Practice, 17*(1), 88-101.

Emmelkamp, P. M. G., van der Hout, A., & de Vries, K. (1983). Assertive training for agoraphobics. *Behaviour Research and Therapy, 21*, 63-68.

Esch, T., Fricchione, G. L., Stefano, G. B. (2003). The therapeutic use of the relaxation response in stress-related diseases. *Medical Science Monitor, 9*(2), 23-24.

Evans, S., Ferrando, S., Findler, M., Stowell, C., Smart, C., & Haglin, D. (2008). Mindfulness-based cognitive therapy for generalized anxiety disorder. *Journal of Anxiety Disorders 22*, 716-721.

Fairholme, C. P., Boisseau, C. L., Ellard, K. K., Farchione, T. J., & Barlow, D. H. (2010). Emotions, emotion regulation, and psychological treatment: a unified perspective. In: Kring, A. M., & Sloan, D. M. (Ed.). *Emotion regulation and psychopathology* (p. 283-309). New York: Guilford.

Faravelli, C., Webb, T., Ambonetti, A., Fonnesu, F., & Sessarego, A. (1985). Prevalence of traumatic early life events in 31 agoraphobic patients with panic attacks. *American Journal of Psychiatry, 142*, 1493-1494.

Fava, G. A., Grandi, S., & Canestrari, R. (1988). Prodomal symptoms in panic disorder with agoraphobia. *American Journal of Psychiatry, 145*, 1564-1567

Ferreira-Vorkapic, C., & Rangé, B. (2010). Mente alerta, mente tranquila: constituye el yoga una intervención terapêutica consistente para los trastornos de ansiedad? *Revista Argentina de Clínica Psicológica, 3*, 211-220.

First, M. B., Spitzer, R. L., Gibbon, M., & Williams, J. B. W. (1998). Entrevista clínica estruturada para o DSM-IV: transtornos do eixo I SCID: I versão clínica.

First, M. B., Gibbon M., Spitzer R. L., Williams, J. B. W., & Benjamin L. S. (2008). SCID-II Entrevista

estruturada para transtornos de personalidade DSM-IV. Material não publicado. (Trabalho original publicado em 1997).

Fleet R, Lespérance F, Arsenault A, Grégoire J, Lavoie K, Laurin C, et al. (2005). Myocardial perfusion study of panic attacks in patients with coronary artery disease. The American Journal of Cardiology, *96*(8), 1064-8.

Freud, S. (1969). *Estudos sobre histeria*. Rio de Janeiro: Imago. (Obras completas, v. 1). Trabalho original publicado em 1895.

Furukawa, T. A., Watanabe, N., & Chruchill, R. (2006). Psychotherapy plus antidepressant for panic disorder with or without agoraphobia. *Brazilian Journal of Psychiatry,188,* 305-312.

Garfield, E. (1992). A citationist perspective on psychology. Part 1: most-cited papers, 1986-1990. *APS Observer, 5*(6), 8-9.

Gelder, M. G., & Marks, I. M. (1966). Severe agoraphobia: A controlled prospective trial of behaviour therapy. *British Journal of Psychiatry, 112*, 309-319.

Gelder, M. G., Marks, I. M., & Wolff, H. H. (1967). Desensitization and psychotherapy in the treatment of phobic states: a controlled inquiry. *British Journal of Psychiatry, 113*, 53-73.

Gentil, V. (1986). Fisiopatologia da síndrome do pânico. Revista *da Associação* Médica *Brasileira, 32,* 101-107.

Gentil, V., Lotufo Neto, F., & Bernik, M. A. (Org.). (1994). *Pânico, fobias e obsessões: a experiência do Projeto AMBAN*. São Paulo: Edusp.

Gentil, V., Tavares, S., Gorenstein, C., Bello, C., Mathias, L., Gronich, G., & Singer, J. (1990). Acute reversal of flunitrazepam effects by Ro 15-1788 and Ro 15-3505: inverse agonism, tolerance and rebound. *Psychopharmacology, 101*(1), 54-59.

Goldstein, A. J., & Chambless, D. L. (1978). A reanalysis of agoraphobia. *Behavior Therapy, 9*, 47-59.

Goodwin, R. D., Faravelli, C., Rosi, S., Cosci, F., Truglia, E., de Graaf, R., et al. (2005).The epidemiology of panic disorder and agoraphobia in Europe. *European Neuropsychopharmacology, 15*(4), 435-43.

Gould, R. A., Otto, M. W., & Pollack, M. H. (1995). A meta-analysis of treatment outcome for panic disorder. *Clinical Psychology Review, 15*, 819-844.

Graeff, F. G. (1994). Neuro anatomy and neurotransmitter regulation of defensive behaviors and related emotions in mammals. *Brazilian Journal of Medical and Biological Research, 27,* 811-829.

Graeff, F. G. (1988). Animal models of aversion. In: Archer, T., Bevan, B., Cools, A. (Org.). *Animal models of psychiatry* (v. 9, p. 115-141). Basel: Rarger.

Gray, J. (1982). *The neuropsychology of anxiety: an enquire into the functions of septohippocampal system*. New York: Oxford University Press.

Gray, J. A. (1987). *The psychology of fear and stress* (2nd ed.). Cambridge: Cambridge University Press.

Greist, J. H., Marks, I. M., Berlin, F., Gournay, K., & Norshirvani, H. (1980). Avoidance versus confrontation of fear. *Behavior Therapy, 11*, 1-4.

Grunhaus, L., Harel, Y., Krugler, T., Pande, A. C., & Haskett, R. F. (1988). Major depressive disorder and panic disorder. Effects of comorbidity on treatment outcome with antidepressant medications. *Clinical Neuropharmacology, 11*(5), 454-461.

Hamilton, M. (1959). The assesment of anxiety states by rating. *British Journal of Medical Psychology, 32*, 50-55.

Hamilton, M. (1960). A rating scale for depression. *Journal o Neurological and Neurosurgical Psychiatry, 23*, 56-61.

Harris, E. L., Noyes, R., Jr., Crowe, R. R., & Chaudhry, D. R. (1983). Family study of agoraphobia. Report of a pilot study. *Archives of General Psychiatry, 40*(10), 1061-1064.

Hawton, K., Salkovskis, P. M., Kirk, J., & Clark, D. M. (Org.). *Terapia cognitivo-comportamental para problemas psiquiátricos: um guia prático*. São Paulo: Martins Fontes. (Trabalho original publicado em 1989).

Hecker, J. E., & Thorpe, G. L. (1992). *Agoraphobia and panic: a guide to psychological treatment*. Needham Heights, Mass: Allyn & Bacon.

Hibbert, G. A. (1984). Ideational components of anxiety: their origin and content, *British Journal of Psychiatry, 144*,618-624.

Himle, J. A., & Hill, E. M. (1991). Alcohol abuse and the anxiety disorders: Evidence from the Epidemiologic Catchment Area survey. *Journal of Anxiety Disorders, 5*, 237-245.

Hopper, J. L., Judd, F. K., Derrick, P. L., Burrows, G. D., & Rao, D. C. (1987). A family study of panic disorder. *Genetic epidemiology, 4,* 33-41.

Insel, T. R. (1992). Toward a neuroanatomy of obsessive-compulsive disorder. Archives of General Psychiatry, *49,* 739-744.

Ito, L. M., & Ramos, R. T. (1998). Escalas de avaliacao clinica: transtorno de pânico. *Revista de Psiquiatria Clínica, 25*(6), 294-302.

Jacobson, E. (1938). *Progressive Relaxation*. Chicago: University of Chicago Press.

Kabat-Zinn, J. (2003). Mindfulness-based interventions in context: Past, present, and future. *Clinical Psychology-Science and Practice, 10*(2), 144-156.

Kahn, R. S., Asnis, G. M., Wetzler, S., & van Praag, H. M. (1988a). Neuroendocrine evidence for serotonin receptor hypersensitivity in panic disorder. *Psychophrmacology, 96*, 360-364.

Kahn, R. S., Wetzler, S., van Praag, H. M., Asnis, G. M., & Strauman, T. (1988b). Behavioral indications for serotonin receptor hypersensitivity in panic disorder. *Psychiatry Research, 25*, 101-104.

Katerndahl, D. (2004). Panic plaques: panic disorder and coronary artery disease in patients with chest pain. The Journal of the American Board of Family Practice, *17*(2), 114-126.

Katon, W., & Roy-Byrne, P. P. (1989). Panic disorder in the medically ill. *The Journal of Clinical Psychiatry, 50*, 299-302.

Kendler, K. S., Neale, M. C., Kessler, R. C., Heath, A. C., & Eaves. L. J. (1992b). Generalized anxiety disorder in women: A population-based twin study. *Archives of General Psychhiatry, 49,* 267-272.

Kendler, K. S., Neale. M. C., Kessler, R. C., Heath, A. C., & Eaves, L. J. (1992a).The genetic epidemiology of phobias in women: The interrelationship of agoraphobia, social, social phobia, situational phobia, and simple phobia. *Archives of General Psychiatry, 49*, 273-281.

Kessler, R. C., Berglund, P., Demler, O., Jin, R., Merikangas, K. R., & Walters, E. E. (2005). Lifetime prevalence and age-of-onset distributions of DSM-IV disorders in the national comorbidity survey replication. *Journal of the American Medical Association, 289(23)*, 3095-3105.

Kessler, R. C., Chiu, W. T., Jin, R., Ruscio, A. M., Shear, K., & Walters, E. E. (2006). The epidemiology of panic attacks, panic disorder, and agoraphobia in the National Comorbidity Survey Replication. *Archives of General Psychhiatry, 63*(4), 415-424.

Khalsa, S. B. (2004). Yoga as a therapeutic intervention: a bibliometric analysis of published research studies. *Indian Journal of Physiology and Pharmacology, 48*(3), 269-285.

Khalsa, S. B. (2004). Yoga as a therapeutic intervention: a bibliometric analysis of published research studies. *Indian Journal of Physiology and Pharmacology, 48*(3), 269-85.

Kirkwood, G., Rampes, H., Tuffrey, V., Richardson, J., & Pilkington, K. (2005). Yoga for anxiety: a systematic review of the research evidence. *British Journal of Sports Medicine, 39*(12), 884-891.

Klein, D. F., & Fink, M. (1962). Psychiatric reaction patterns to imipramine. *The American Journal of Psychiatry, 119,* 432-438.

Klein, D. F., & Klein, H. M. (1989a). The definition and psychopharmacology of spontaneous panic and phobia. In: Tyler, P. J. (Ed.). *Psychopharmacologyof anxiety* (p. 135-162). New York: Oxford University Press.

Klein, D. F., & Klein, H. M. (1989b). The nosology, genetics, and theory of spontaneous panic and phobia. In: Tyler, P. J. (Ed.). *Psychopharmacology of anxiety* (p. 163-195). New York: Oxford University Press.

Klein, D. F. (1964). Delineation of two drug-responsive anxiety syndromes. *Psychopharcologia, 5,* 397-408.

Klein, D. F. (1981). Anxiety reconceptualized. In: Klein, D. F., & Rabkin, J. G. (Ed.). *Anxiety: new research and changing concepts* (p. 235-263). New York: Raven Press.

Klein, D. F. (1993). False suffocation alarms, spontaneous panics and related conditions. *Archives of General Psychiatry, 50,* 306-317.

Klein, D. F., Rabkin, J., & Gorman, J. M. (1986). Etiological and pathophysiological interferences from pharmacological treatment of anxiety. In: Maser, J. D., & Tuma, A. A. (Ed.). *Anxiety and the anxiety disorders* (p. 501-532). Hillsdale: Erbaum Publishing.

Klerman, G. L. (1990). Depression and panic anxiety: the effect of depressive comorbidity on response to drug treatment of patients with panic disorder and agoraphobia. *Journal of Psychiatric Research, 24(2),* 27-41.

Klerman, G. L., Hirschfeld, R. M. A., Weissman, M. M., Pelicier, Y., Ballenger, J.C., Costa e Silva, J. A., et al. (1993). *Panic anxiety and its treatments: a report of the World Psychiatric Association Presidential Educational Task Force.* Washington, DC: American Psychiatric Press.

Lane, R., & Baldwin, D. (1997). Selective serotonin reuptake inhibitor-induced serotonin syndrome: review. *Journal of Clinical Psychopharmacology, 17(3),* 208-221.

Last, C. G., Barlow, D. H., & O`Brien, G. T. (1984). Precipitants of agoraphobia: role of stressful life events. *Psychological reports, 54,* 567-570.

Le Doux, J. E. (1987). The neurobiology of emotion. In: Le Doux, J. E., & Hirst, W. (Ed.). *Mind and Brain, dialogues in cognitive neuroscience* (p.301-354). Cambridge: Cambridge University Press.

Lelliott, P., Marks, I., MacNamee, G., & Tobeña, A. (1989). Onset of panic disorder with agoraphobia: Toward and integrated model. *Archives of General Psychiatry, 46,* 1000-1004.

Lemgruber V. (2003). Psicoterapia e neurociência: novos horizontes. *Arquivos Brasileiros de Psiquiatria, Neurologia e Medicina Legal. 97,* 23-32.

Lotufo-Neto, F., Bernik, M., Ramos, R. T., Andrade, L., Gorenstein, C., Cordas, T., et al. (2001). A dose-finding and discontinuation study of clomipramine in panic disorder. *Journal of Psychopharmacology, 15*(1), 13-17.

Manfro, G. G., Heldt, E., Cordioli, A. V., & Otto, M. W. (2008). Terapia cognitivo-comportamental no transtorno de pânico. *Revista Brasileira de Psiquiatria, 30*(2), S81-S87.

Margraf, J., Barlow, D. H., Clark, D. M., & Telch, M. J. (1993). Psychological treatments of panic: work in progress on outcome, active ingredients and follow-up. *Behaviour Research and Therapy, 31,* 1-8.

Marks, I. M. (1971) Phobic disorders after four year treatment: A prospective follow-up. *British Journal of Psychiatry, 118,* 683-688.

Marks, I. M. (1987). Behavioral aspects of panic disorder. *American Journal of Psychiatry, 144,* 1160-1165.

Marks, I. M., Boulougouris, J., & Marset, P. (1971). Flooding versus desensitization in the treatment of phobbic patients: A crossover study. *British journal of Psychiatry, 119,* 353-375.

Marks, I. M., Gelder, M. G., & Edwards, G. (1968). Hypnosis and desensitization for phobias: a controlled prospective trial. *British Journal of Psychiatry, 114,* 1263-1274.

Mathews, A. M., Gelder, M. G., & Johnston, D. W. (1981). *Agoraphobia: nature and treatment.* New York: Guilford.

Mavissakalian, M., & Michelson, L. (1986a). Agoraphobia: relative and combined effectiveness of therapist-assisted *in vivo* exposure and imipramine. *Journal of Clinical Psychiatry, 47,* 117-122.

Mavissakalian, M., & Michelson, L. (1986b). Two-year follow-up of exposure and imipramine treatment of agoraphobia. *American Journal of Psychiatry, 143,* 1106-1112.

McHugh, R. K., Smits, J. A. J., & Otto, M. W. (2009). Empirically Supported Treatments for Panic Disorder. *Psychiatric Clinics of North America, 32*(3), 593-610.

Melo, N., & Rangé, B. P. (2010). SCID-II-DSM-IV: entrevista clínica estruturada para transtornos de personalidade. Tradução e Utilização na DPA/IP/UFRJ. *Anais da 8ª Mostra de Terapia Cognitivo-Comportamental* (p. 69). Instituto de Psicologia,

UERJ, Rio de Janeiro. Acesso em dez. 26, 2010 from http://www.atc-rio.org.br/docs/ANAIS 8 - MOSTRA_TCC.docx.

Meoni, P., Hackett, D., & Lader, M. (2004). Pooled analysis of venlafaxine XR efficacy on somatic and psychic symptoms of anxiety in patients with generalized anxiety disorder. *Depress Anxiety, 19*(2), 127-32.

Meyer, V. (1957). The treatment of two phobic patients on the basis of learning principles. *Journal of Abnormal Psychology, 5*(2), 261-266.

Michelson, L., Marchione, K., Greenwald, M., Glanz, L., Testa, S., & Marchione, N. (1990). Panic disorder: cognitive-behavioral treatment. *Behaviour Research and therapy, 28*, 141-151.

Miller, J., Fletcher, K., & Kabat-Zinn, J. (1995). Three-Year Follow-up and Clinical Implications of a Mindfulness Meditation-Based Stress Reduction Intervention in the Treatment of Anxiety Disorders. *General Hospital Psychiatry, 17*, 192-200.

Mitte, K. (2005). A meta–analysis of the efficacy of psycho- and pharmacotherapy in panic disorder with and without agoraphobia. *Journal of Affective Disorders, 88*(1), 27-45.

Moran, C., & Andrews, G. (1985). The familial occurrence of agoraphobia. *British Journal of Psychiatry, 146*, 262-267.

Montgomery, S. A., Bech, P., Blier, P., Möller, H. J., Nierenberg, A. A., Pinder, R. M., et al. (2002). Selecting methodologies for the evaluation of differences in time to response between antidepressants. *Journal of the Clinical Psychiatry, 63*(8), 694-649.

Myers J. K., Weissman, M. M., Tischler, G. L., Holzer, C. E., Leaf, P. J., Orvaschel, H., et al. (1984). Six-month prevalence of psychiatric disorders in three communities: 1980 to 1982. *Archives of General Psychiatry, 41*, 959-967.

National Institute of Mental Health. (2010). the numbers count: mental disorders in america. Acesso em nov. 29, 2010, from http://www.nimh.nih.gov/health/publications/the-numbers-count-mental-disorders-in-america/index.shtml#Panic.

National Institutes of Health. (1991, September 25-27). *Treatment of panic disorder.* Bethesda, MD: NIH Consensus Development Conference Consensus Statement.

Neves Neto, A. R. (2001). *Psicoterapia cognitivo-comportamental: possibilidades em clínica e saúde.* Santo André: Esetec.

Neves Neto, A. R. (2010). Biofeedback em terapia cognitivo-comportamental. *Arquivos Médicos dos Hospitais e da Faculdade de Ciências Médicas da Santa Casa de São Paulo, 55*, XX-XX.

Noyes, R., Jr., Crowe, R. R., Harris, E. L., Hamra, B. J., McChesney, C. M., & Chaudhry, D. R. (1986). Relationship between panic disorder and agoraphobia: A family study. *Archives of General Psychiatry, 43*, 227-232.

Nutt, D. J., Glue, P., Lawson, C., & Wilson, S. (1990). Flumazenil provocation of panic attacks: evidence for altered benzodiazepine receptor sensitivity in panic disorder. Archives of General Psychiatry, *47*, 917-925.

Nutt, D. J., Glue, P., Lawson, C., Wilson, S., & Ball, D. (1993). Do benzodiazepine receptors have a causal role in panic disorder? In: Montgomery, S. A. (Ed.). *Psychopharmacology of panic* (cap. 7, p. 74-90). Oxford: Oxford University Press. (British Association of Psychopharmacology Monograph, n. 120).

Nutt, D. J. (2003). Death and dependence: current controversies over the selective serotonin reuptake inhibitors. *Journal of Psychopharmacology, 17*(4), 355-364

Nash, J. R., Nutt, D. J. (2005). Pharmacotherapy of anxiety. Handbook of experimental pharmacology, (169):469-501.

Organização Mundial de Saúde. (1993). *Classificação de transtornos mentais e do comportamento da CID-10.* Porto Alegre: Artmed.

Öst, L.-G. (1988). Applied relaxation vs progressive relaxation in the treatment of panic disorder. *Behaviour Research and Therapy, 26*, 13-22.

Otto M. W., & Deveney C. (2005). Cognitive-behavioral therapy and the treatment of panic disorder: efficacy and strategies. *Journal of Clinical Psychiatry, 66*(4), 28-32.

Otto, M. W., McHugh, R. K., Simon, N. M., Farach, F. J., Worthington, J. J., & Pollack, M. H. (2010). Efficacy of CBT for benzodiazepine discontinuation in patients with panic disorder: further evaluation. *Behaviour Research and Therapy, 48*(8), 720-727.

Pasquali, L., Gouvêia, V. V. (1990). Escala de assertividade Rathus - RAS. *Psicologia: Teoria e Pesquisa, 6*(3), 233-249.

Rachman, S. (1988). Panics and their consequences: a review and propect. In: Rachman, S., & Maser, J. D. (Ed.). *Panic: Psychological perspectives* (p. 259-303). Hillsdale, NJ: Erlbaum.

Ramaratnam, S., Baker, G. A., & Goldstein, L. H. (2005). Psychological treatments for epilepsy (review). *Cochrane Database of Systematic Reviews*, 4 (CD002029).

Rangé, B. P., & Borba, A. G. (2008). *Vencendo o pânico: terapia integrativa para quem sofre e para quem trata o transtorno de pânico e a agorafobia.* Rio de Janeiro: Cognitiva.

Rangé, B. P. (1988). Agorafobia. In: Lettner, W. H., & Range, B. P. *Manual de psicoterapia comportamental* (p. 87-93). São Paulo: Manole.

Rangé, B. P. (Org.). (1995b). *Psicoterapia comportamental e cognitiva de transtornos psiquiátricos.* Campinas, SP: Psy.

Rangé, B. (2008). Tratamento cognitivo-comportamental para o transtorno de pânico e agorafobia: uma história de 35 anos. *Estudos de Psicologia, 25*(4), 477-486.

Razran, G. (1961). The observable unconscious and the inferable conscious in current Soviet psychology: Interoceptive conditioning, semantic conditioning, and the orienting reflex. *Psychological Review, 68*, 81-147.

Regier, D. A., Boyd, J. H., Burke, J. D., Rae, M. S., Myers, J. K., Kramer, M., et al. (1988). One-month prevalence of mental disorders in the US - based on five epidemiologic catchement area sites. *Archives of General Psychiatry, 45*, 977-986.

Regier, D. A., Narrow, W. E., & Rae, D. S. (1990) The epidemiology of anxiety disorders: The Epidemiologic Catchment Area (ECA) experience. *Journal of Psychiatry Research, 24(2),* 3-14.

Reiss, S., & McNally, R. J. (1985). Expectancy model of fear. In: Reiss, S., & Bootzin, R. R. (Ed.). *Theoretical issues in behavior therapy* (p. 107-121). San Diego, CA: Academic Press.

Reiss, S. (1988). Interoceptive theory of the fear of anxiety. *Behavior Therapy, 19*, 84-85

Riley, D. (2004). Hatha Yoga and the treatment of illness. *Alternative Therapies in Health and Medicine, 10*, 20-21.

Robins, L. N., & Regier, D. A. (Ed.). (1991). *Psychiatry disorders in America.* New York: Free Press.

Roso, M., Ito, L. M., & Lotufo Neto, F. (1994). Terapias psicológicas para os transtornos ansiosos. In: Gentil, V., Lotufo Neto, F., & Bernik, M. A. (Org.). *Pânico, fobias e obsessões: a experiência do Projeto AMBAN* (p. 153-165). São Paulo: Edusp.

Roy-Byrne, P. P., Cowley, D. S., Greenblatt, D. J., Shader, R. I., & Hommer, D. (1990). Reduced benzodiazepine sensitivity in panic disorder. *Archives of General Psychiatry, 47*, 534-538.

Roy-Byrne, P. P., Geraci, M., & Uhde, T. W. (1986). Life events and the onset of panic disorder. *American Journal of Psychiatry, 143*, 1424-1427.

Schwartz, M. S., & Andrasik, F. (2003). *Biofeedback: a practitioner's guide* (3rd ed.). New York: Guilford.

Scott, J., Williams, J. M. G., & Beck, A. T. (1994) Questionário de crenças sobre o pânico. In: Beck, A. T., Scott, J., Williams, J. M. G. *Terapia cognitiva na prática clínica: um manual prático.* Porto Alegre: Artmed.

Seligman, M. E. P. (1988). Competing theories of panic. In: Rachman, S., & Maser, J. D. (Ed.). *Panic: psychological perspectives* (p. 321-329). Hillsdale, NJ: Lawrence Erlbaum.

Shapiro, D., Cook, I. A., Davydov, D. M., Ottaviani, C., Leuchter, A. F., & Abrams, M. (2007). Yoga as a complementary treatment of depression: effects of traits and moods on treatment outcome. *Evidence-Based Complementary and Alternative Medicine, 4*(4), 493-502.

Shear, M. K., & Maser, J. D. (1994). Standardized assesment for panic disorder research: A conference report. *Archives of General Psychiatry, 51*, 346-354.

Shear, M. K. (1986). Pathophysiology of panic: a review of pharmacologic provocative tests and naturalistic monitoring data. *Journal of Clinical Psychiatry, 47*(6), 10-26.

Shear, M. K., Cooper, A. M., Klerman, G. K., Busch, F. N., & Shapiro, T. (1993). A psychodynamic model of panic disorder. *American Journal of Psychiatry, 150*, 859-866.

Sheehan, D. V., Ballenger, J., & Jacobsen, G. (1980). Treatment of endogenous anxiety with phobic, hysterical, and hypochondriacal symptoms. *Archives of General Psychiatry, 37*, 51-59.

Shioiri, T., Kojima, M., Hosoki T., Kitamura, H., Tanaka, A., Bando, T., & Someya. T. (2004). Momentary changes in the cardiovascular autonomic system during mental loading in patients with panic disorder: a new physiological index "qmax". *Journal of Affective Disorders, 82*(3): 395-401.

Smith, C., Hancock, H., Blake-Mortimer, J., & Eckert, K. (2007). A randomized comparative trial of yoga and relaxation to reduce stress and anxiety. *Complementary Therapies in Medicine, 15*, 77-83.

Silverstone, P. H. (2004). Qualitative review of SNRIs in anxiety. *Journal of Clinical Psychiatry, 65*(Suppl 17), 19-28.

Sokol, L., Beck, A. T., Greenberg, R. L., Wright, F. D., & Berchick, R. J. (1989). Cognitive therapy for panic disorder: A nonpharmacological alternative. *Journal of Nervous and Mental Disease, 177*, 711-716.

Stampfl, T. G., & Levis, D. J. (1967). Essentials of implosive therapy: A learning-theory-based psychodynamic behavioral therapy. *Journal of Abnormal Psychology, 72*, 496-503.

Starcevic, V. (1992). Comorbidity models of panic disorder/agoraphobia and personality disturbance. *Journal of Personality Disorders, 6*, 213-225.

Telch, M. J., Lucas, J. A., Schmidt, N. B., Hanna, H. H., Jaimez, T. L., & Lucas, R. A. (1993). Group cognitive-behavioral treatment of panic disorder. *Behaviour Research and Therapy, 31*, 279-287.

Thorpe, G. L., Freedman, E. G., & Lazar, J. D. (1985). Assertiveness Training and Exposure *In Vivo* for Agoraphobics. *Behavioural Psychotherapy, 13*, 132-141.

Thorpe, G. L., & Burns, L. E. (1983). *The agoraphobic syndrome: behavioural appoaches to evaluation and treatment.* Chichester, UK: Wiley.

Thyer, B. A., & Himle, J. (1985). Temporal relationship between panic attack onset and phobic avoidance in agoraphobia. *Behaviour Research and Therapy, 23*, 607-608.

Thyer, B.A., Nesse, R.M., Cameron, O.G., & Curtis, G.C. (1986). Panic disorder: A test of the separation anxiety hypothesis. *Behaviour Research and Therapy, 24*, 209-211.

Torgensen, S. (1983). Genetic factors in anxiety disorders. *Archives of General Psychiatry, 40*, 1085-1089.

Tsao, J. C. I., Mystkowski, J. L., Zucker, B. G., & Craske, M. G. (2005). Impact of cognitive-behavioral therapy for panic disorder on comorbidity: a controlled investigation. *Behaviour Research and Therapy, 43*(7), 959-970.

Tsao, J. C. I., Mystkowski, J. L., Zucker, B. G., & Craske, M. G. (2002). Effects of cognitive-behavioral therapy for panic disorder on comorbid conditions: Replication and extension. *Behavior Therapy, 33*(4), 493-509

Turner, S. M., Beidel, D. C., Jacob, R. G. (1988). Assessment of panic. In: Rachman, S. & Maser, J. D. (Ed.), *Panic: psychological perspectives* (p. 167-187). Hillsdale, NJ: Erlbaum.

Uhde, T. W., Boulenger, J.-P., Roy- Byrne, P. P., Geraci, M. F., Vittone, B. J., & Post, R. M. (1985). Longitudinal course of panic disorder: clinical and biological considerations. *Progress in Neuro- Psychopharmacology and Biological Psychiatry, 9*, 39-51.

Watson, D., Clark, L. A., & Tellegen, A. (1988). Development and validation of brief measures of positive and negative affect: the PANAS scales. *Journal of Personality and Social Psychology, 54*(6),1063-70.

Weiss, M., Nordlie, J., & Siegel, E. P. (2005). Mindfulness-based stress reduction as an adjunct to outpatient psychotherapy. *Psychotherapy and Psychosomatics, 74*(2), 108-112.

Weissman, M. M. (1985). The epidemiology of anxiety disorders: Rates, risks, and familial patterns. In: Tuma, A. H., & Maser, J. D. (Ed.). *Anxiety disorders* (p. 99-114). Hillsdale, NJ: Lawrence Erlbaum.

Weissman, M. M. (1991). Panic disorder: impact on quality of life. *Journal of Clinical Psychiatry, 52*(Suppl), 6-8.

Weissman, M. M., Markowitz, J. S., Oullette, R., Greenwald, S., & Kahn, J. P. (1990). Panic disorder and cardiovascular/cerebrovascular problems: Results from a community survey. *American Journal of Psychiatry, 147*, 1504-1508.

Wenzel, A., Sharp, I. R., Brown, G. K., Greenberg, R. L., & Beck, A. T. (2006). Dysfunctional beliefs in panic disorder: the panic belief inventory. *Behaviour Research and Therapy, 44*, 819-833.

Westphal, C. F. O. (1871). Die Agoraphobie: eine neuropathische erscheinung [Agoraphobia: a neuropathic phenomenon]. *Archiv für Psychiatrie und Nervenkrankheiten, 3*, 384-412.

Wickramasekera, I., Davies, T. E., & Davies, S. M. (1996). Applied Psychophysiology: a bridge between the biomedical model and the biopsychosocial model in family medicine. *Professional Psychology: Research and Practice. 27*(3), 221-233.

Wise, S. P., & Rapoport, J. L. (1989). Obsessive-compulsive disorder: a basal ganglia disease? In: J.L. Rappoport (Ed.). *Obsessive-compulsive disorder in children and adolescents* (p. 327-346). Washington, DC: American Psychiatric Press.

Wittchen, H. U., Ahmoi, E. C., & Von Z. D. (1992). Lifetime and six-month prevalence of mental disorders in the Munich Follow Up Study. *European archives of psychiatry and clinical neuroscience, 241*(4), 247-258.

Wolfe, B. E. & Maser, J. D. (Ed.). (1994). *Treatment of panic disorder: A consensus development conference.* Washington, DC: American Psychiatric Press.

Wolpe, J., & Rowan, V. C. (1988). Panic disorder: a product of classical conditioning *Behaviour Research and Therapy, 26*, 441-450.

Wolpe, J. (1958). *Psychoterapy by reciprocal inhibition.* Standford, CA: Stanford University Press.

18

Terapia cognitivo-comportamental do transtorno de ansiedade social

Patrícia Picon
Maria Amélia Penido

INTRODUÇÃO

Ansiedade social é aquela que surge quando o indivíduo está em companhia de outras pessoas e aumenta com o nível de formalidade da situação social e o grau em que o indivíduo sente-se exposto ao escrutínio; é acompanhada por desejo de evitar ou fugir da situação (Caballo, 2000). A experiência de ansiedade social é um aspecto universal da condição humana e o reconhecimento e a discussão de medos sociais remonta aos tempos de Hipócrates (Beidel e Turner, 1998).

O transtorno de ansiedade social (TAS), também conhecido como fobia social, é um transtorno de ansiedade altamente prevalente (Kessler et al., 1994), que, na ausência de tratamento, apresenta curso crônico e incapacitante, com altas taxas de comorbidade (Lecrubier, 1998; Chartier, Walker e Stein, 2003), redução marcada na qualidade de vida dos pacientes (Stein e Kean, 2000), sendo a remissão espontânea incomum (Ruscio et al., 2008).

O TAS acomete indivíduos muito jovens, apresenta alta morbidade e deve ser identificado e tratado precocemente. A boa resposta aos tratamentos disponíveis, com potencial de mudanças nas diferentes áreas da vida de seus portadores, justifica a investigação e a implementação de abordagens de eficácia terapêutica reconhecida (Quilty et al., 2003; Hedges et al., 2006; Rodebaugh et al., 2004).

DIAGNÓSTICO E QUADRO CLÍNICO

Com a publicação do DSM-III (1980), o transtorno de ansiedade social passou a constar como um diagnóstico individualizado, dentro do paradigma categorial em psiquiatria (American Psychiatric Association, 1980). Em 1987, os quadros de fobia social foram categorizados em dois subtipos (American Psychiatric Association, 1987):

1. fobia social circunscrita ou restrita, limitada a uma ou duas situações sociais específicas – como nos casos de falar, comer ou assinar cheques em público;
2. fobia social generalizada, em que aparecem temor, ansiedade e evitação à maioria das situações sociais, como, por exemplo, iniciar e manter conversações, manter-se próximo de alguém, falar com pessoas de autoridade e participar de festas, com diferentes graus de déficit de habilidades sociais.

Os quadros de TAS restrito são também descritos como ansiedade de desempenho social, enquanto na fobia social generalizada a sintomatologia se relaciona na maior parte das vezes com as situações de interação verbal (Rapee e Heimberg, 1997). Estudo de Ruscio e colaboradores (2008) revela que o número de diferentes situações sociais temidas, em uma lista de 14, bem como as evitações a elas secundárias, são fator de risco para maior gravidade, maiores prejuízos e aumento do risco de comorbidades.

Os portadores de TAS, em especial o subtipo generalizado, costumam passar despercebidos pelos clínicos e psiquiatras, representando mais de 50% dos casos. Os portadores não buscam auxílio especializado e, quando o fazem, a busca é motivada por outros transtornos mentais associados. Os pacientes acreditam que a fobia social é apenas "seu jeito de ser" e que não podem ser ajudados. O diagnóstico, portanto, ainda depende de um alto grau de suspeição e de uma história clinica cuidadosa (Lydiard, 2001).

A definição atual do TAS ou fobia social é a de um medo marcante e persistente de uma ou mais situações sociais ou de desempenho, em que a pessoa se sente exposta a desconhecidos, a um possível escrutínio ou à avaliação dos outros. O indivíduo teme agir de forma a demonstrar sua ansiedade e que este comportamento possa ser humilhante ou embaraçoso para si. Os demais critérios diagnósticos para identificação de casos de fobia social podem ser consultados no DSM-IV – Texto Revisado da Associação Americana de Psiquiatria (2000).

No TAS, o indivíduo apresenta medo, ansiedade e evitação secundários a crenças negativas de avaliação em situações sociais imaginadas ou reais. O medo persistente de situações de desempenho social, interação verbal ou situações de potencial avaliação por outras pessoas é característica que identifica e diferencia a fobia social dos demais transtornos mentais e de ansiedade (Rapee e Heimberg, 1997). Além disso, há marcada sensibilidade a críticas e rejeição, excesso de preocupação com a opinião dos outros e com a aparência pessoal, dificuldade em ser assertivo (Caballo, 2000) e baixa autoestima (Leary et al., 1999). O paciente apresenta isolamento social com habilidades sociais comprometidas, evita as situações sociais temidas ou as enfrenta com grande sofrimento (Marzillier e Winter, 1983).

No subtipo restrito, o quadro se inicia geralmente acima dos 10 anos de forma súbita; pode ter um fator desencadeante (Beidel e Turner, 1998) – como uma palestra para uma plateia muito crítica e agressiva – e responde melhor a betabloqueadores e a tratamento isolado de exposição (Falcone, 1995).

No subtipo generalizado, a prevalência tratada é maior entre homens, tem início precoce e insidioso, maiores taxas de comorbidade, prejuízos significativos nas vidas profissional, social e afetiva, além de boa resposta a psicofármacos e à reestruturação cognitiva associada à exposição e ao treinamento em habilidades sociais (Falcone e Figueira, 2001; Picon e Knijnik 2004).

O fóbico social, nas situações de interação verbal ou de desempenho temidas, apresenta preocupações acerca de embaraço e teme que os outros o considerem ansioso, esquisito, diferente, estúpido ou anormal. Ele apresenta autoimagem de objeto social inadequado que lhe provoca reações fisiológicas de ansiedade, como, por exemplo, taquicardia, sudorese, náuseas, tartamudez, boca seca, tremores, espasmos musculares, rubor facial, etc. Os sintomas comportamentais incluem evitações importantes das situações sociais e de desempenho, habilidades sociais inibidas ou, até mesmo, não desenvolvidas, bem como comportamentos de segurança – evitações sutis que impedem uma exposição efetiva às situações sociais mais temidas. Embora o indivíduo reconheça a irracionalidade de seus medos, não consegue enfrentá-los e, quando o faz, é com grande sofrimento (Rapee e Heimberg, 1997; Clark e Wells, 1995; Butler e Wells, 1995).

Na criança, o quadro se apresenta com excesso de timidez ante figuras desconhecidas, recusa para participar das brincadeiras em grupos e desejo de se manter ligada a adultos conhecidos. A criança não pode optar pela evitação e apresenta choro, ataques de raiva, adesão à pessoa da família, chegando até mesmo ao mutismo, com quadros que podem se iniciar com ansiedade de separação evoluindo para fobia escolar, com prejuízo do rendimento escolar e esquiva de atividades sociais adequadas à idade. Deve haver evidências de que a criança é capaz de se relacionar com pessoas da família e que a ansiedade social surja com membros de seu grupo etário, e não apenas com adultos estranhos (Beidel e Turner, 1998).

AVALIAÇÃO

O diagnóstico do TAS é essencialmente clínico. O rastreamento rápido de casos inclui três perguntas a serem formuladas pelo clínico aos pacientes reservados e tímidos:

1. Você se sente desconfortável ou envergonhado e evita falar com pessoas?
2. Você evita ser o centro das atenções?
3. Você fica constrangido e seu maior medo de interagir com as pessoas é parecer estúpido? (Ballenger, 2001; Schneier, 2006).

A avaliação inclui anamnese clínica, anamnese objetiva, uso de agendas ou diários de automonitoramento. Mesmo fora de ambientes de pesquisa, podemos incluir instrumentos e escalas adaptadas e validadas para nossa população como o M.I.N.I. – *International Neuropsychiatric Interview* (Sheehan et al., 1998) em sua versão em português (M.I.N.I. – versão 5.0.0: Amorim, 2000) para o diagnóstico clínico e as escalas de autorrelato para rastreamento e mensuração de gravidade dos sintomas de ansiedade social pré e pós-tratamento, como o Inventário de ansiedade e fobia social (SPAI: Turner, Dancu e Beidel, 1996) validado no Brasil (SPAI Português: Picon e Gauer, 1999) e o Inventário de Fobia Social (SPIN: Connor, Davidson, Churchill, Sherwood, Foa e Weisler, 2000), também validado no Brasil (SPIN Português: Osório, Crippa e Loureiro, 2009)

Uma pesquisa cuidadosa dos diagnósticos em eixos I e II (DSM-IV, APA, 1994) é fundamental para o planejamento terapêutico. A avaliação sistemática dos seguintes aspectos é relevante para a implementação de psicoterapia e/ou farmacoterapia: história pessoal do paciente; inventário dos desencadeantes dos sintomas de ansiedade social; eventos eliciadores do quadro de fobia social; respostas do paciente em seus níveis cognitivo, somático, comportamental e emocional; os temores do paciente nas situações sociais; evitações e comportamentos de segurança; avaliação das habilidades sociais; aparência pessoal e rede de apoio social; uso de medicamentos, álcool ou drogas e história familiar de transtornos mentais. Após esta avaliação com conceitualização cognitiva do caso, o plano terapêutico é estabelecido e pode ou não envolver o uso de medicações (Marzillier e Winter, 1983; Picon e Knijnik, 2004).

EPIDEMIOLOGIA

Em amostras de estudantes universitários norte-americanos, até 40% dos indivíduos pode se declarar tímido (Beidel e Turner, 1998), mas somente 1,7% dos adultos norte-americanos preenchiam critérios para fobia social, em um ano, no *Epidemiological Catchment Area Survey* (ECA: Regier et al., 1988). No *National Comorbidity Study*, a prevalência em um ano foi de 7,9% e de 13,3% para toda a vida (NCS: Kessler et al., 1994). Na revisão dos dados do NCS, levando-se em conta critérios de severidade clínica, a prevalência em um ano caiu para 3,7% (Narrow et al., 2002). Posteriormente, no *National Comorbidity Study Replication*, com critérios definidos de severidade, a prevalência em um ano foi de 6,8%, sendo: 29,9% casos severos, 38,8% moderados e 31,3% de casos leves. Neste estudo, a prevalência para toda a vida foi de 12,1% e, em um ano, de 7,1% (NCSR: Kessler et al., 2005). Em estudos europeus, as estimativas de prevalência para toda a vida variam de 1,7 até 16% (Dingemans et al., 2001). As discrepâncias desses dados têm sido explicadas pelo uso de diferentes classificações diagnósticas (DSM-III, DSM-III-R, DSM-IV e CID 10), diferentes instrumentos para identificação dos casos e diferentes limiares de prejuízos na vida dos pacientes (Narrow et al., 2002).

No Brasil, estudos epidemiológicos de base populacional são incomuns e as estimativas de prevalência de TAS são ainda pouco consistentes. Em amostra por conglomerados representativa de 23 mil estudantes brasileiros de graduação, em 1014 indivíduos avaliados, a prevalência (ponto) estimada de prováveis casos de TAS foi de 10,2% (Picon e Gauer, 2010, comunicação pessoal). O estudo utilizou a escala de rastreamento para casos de fobia social desenvolvida por Turner e colaboradores (1989), o Inventario de Ansiedade e Fobia social (SPAI), em sua versão para o português do Brasil (SPAI Português: Picon e Gauer, 1999), validado para amostras brasileiras (Picon, Gauer, Manfro, Beidel e Turner, 2004; Picon, Gauer, Fachel e Manfro, 2005; Picon et al., 2005; Picon, Gauer, Fachel, Beidel, Seganfredo e Manfro, 2006).

A Organização Mundial da Saúde, em seu projeto transnacional de estimativas de prevalência de transtornos mentais (WHO-ICPE, 2000), divulgou dados das taxas do TAS em amostra brasileira em um mês (1,7%), um ano (2,2%) e para toda a vida (3,5%) inferiores aos de alguns estudos internacionais. O estudo foi realizado em amostra probabilística da área de captação para atendimento em unidade de atendimento primário da Universidade de São Paulo, para diagnósticos do CID 10, com identificação de casos através do *Compositive International Diagnostic Interview* (CIDI) (Andrade et al., 2002).

Em uma amostra aleatória de adultos, representativa do município de Bambuí, Minas Gerais, foram comparadas as estimativas de prevalência em um mês, um ano e para toda a vida do TAS, identificado através do CIDI, com critérios diagnósticos da CID-10 e do DSM-II-R. Os resultados apontaram diferenças entre as duas classificações diagnósticas, com prevalências mais elevadas para o DSM-III-R. A prevalência para toda a vida utilizando a CID-10 foi de 6,7%, e para o DSM-III-R foi de 11,7% (Rocha, Vorcaro, Uchoa e Lima-Costa, 2005), compatíveis dados internacionais.

Os estudos brasileiros reforçam a hipótese de que as taxas de prevalência do TAS são bastante distintas quando são utilizados critérios diagnósticos mais restritivos, como os da CID-10, e sugerem que TAS é muito prevalente no Brasil e merece atenção clínica.

O consenso atual é de que nos países ocidentais a prevalência para toda a vida do TAS fica entre 7 e 13%, estando entre os mais prevalentes quadros psiquiátricos, ultrapassado apenas por depressão e alcoolismo (Furmark, 2002). O TAS, na população geral, é mais comum em mulheres do que em homens (1,4:1) e está associado a baixo poder aquisitivo, menor nível educacional, dificuldades de desempenho escolar e problemas de conduta no ambiente acadêmico.

O TAS apresenta altas taxas de comorbidade e o subtipo generalizado pode chegar a 64% dos casos (Lecrubier e Weiller, 1997; Ruscio et al, 2008). O quadro tem início precoce – a maioria dos casos incidem antes dos 20 anos – com pico aos 15 anos (Kessler et al., 1999).

CURSO, PROGNÓSTICO E COMORBIDADE

O TAS tem curso crônico, com períodos de exacerbação e duração média de 20 anos. Os pacientes levam geralmente 10 anos para buscar atendimento, e somente 25% remitem espontaneamente. Eles estão mais propensos a ausências no trabalho, altas taxas de desemprego, e suas relações interpessoais também são prejudicadas na família e nas demais situações sociais (Kessler et al., 1994; Lang e Stein, 2001). Os portadores apresentam fraco desempenho acadêmico e ocupacional (Stein e Kean, 2000; Quilty et al., 2003) e, em casos mais graves, podem abandonar a escola ou o emprego e acabam se isolando socialmente. Cerca de 20% dos indivíduos com TAS necessitam do auxílio financeiro de programas sociais, segundo estudos norte-americanos (Judd, 1994). Menos de 25% dos pacientes são tratados e a maioria recebe tratamento inadequado (Dingemans et al., 2001). A busca por tratamento é inversamente proporcional à severidade do quadro. Os prejuízos sociais são proporcionais ao número de situações temidas, apresentando uma curva do tipo dose-resposta (Ruscio et al., 2008).

Os indicadores de bom prognóstico incluem: nível educacional alto, idade de apresentação após os 11 anos e ausência de comorbidades. Os sintomas tendem a perder intensidade com o passar dos anos (Katzelnick e Greist, 2001).

A comorbidade com outros transtornos mentais é de até 80% no subtipo generalizado (Schneier et al., 1992; Rapaport, Paniccia e Judd, 1995). Há indicativos de que a idade de início do TAS precede a idade de início dos demais diagnósticos comórbidos, e que o TAS constitui fator de risco para outros transtornos mentais (Chartier, Walker e Stein, 2003).

Chartier e colaboradores (2003), em amostra canadense, avaliaram a associação, através da razão de chances (RC), do TAS do subtipo generalizado com demais diagnósticos psiquiátricos. O TAS constitui-se como fator de risco para o diagnóstico comórbido de fobia simples (RC 6,44), depressão maior (RC 6,48), abuso e dependência de drogas (RC 4,09) e abuso e dependência ao álcool (RC 3,48), todos com estreitos intervalos de confiança de 95%. Os diagnósticos comórbidos mais frequentes, com respectivas razões de chances, no estudo populacional NCSR, são: agorafobia (RC 11,9), fobia simples (RC 5,4), distimia (RC 6,2), depressão maior (RC 4,6), abuso ou dependência de drogas (RC 3,0), abuso e dependência ao álcool (RC 2,8) (Ruscio et al., 2007). Em estudo multicêntrico europeu, os dados reforçam que a presença de transtornos de ansiedade aumenta o risco de desenvolvimento de transtornos depressivos. Nos casos de TAS de início antes dos 15 anos, a comorbidade com depressão pode chegar a 70%, com maior risco de suicídio (Lydiard, 2001). Mesmo na ausência de comorbidades, o TAS está associado a incapacidades sociais significativas medidas pela Escala de Incapacidades de Sheehan (Sheehan, 1996), independentemente do número de situações sociais temidas, em que também há uma curva de dose resposta entre este número e o prejuízo funcional (Ruscio et al., 2008).

Entre os pacientes com TAS restrito, o prognóstico tem sido muito bom. No TAS generalizado, estima-se que 70% dos casos apresentam quadros de sintomatologia moderada ou grave (Lecrubier e Weiller, 1997). A maioria dos portadores responde aos tratamentos atualmente disponíveis, mas uma fração considerável não apresenta remissão completa (Pollack, 2001; Ballenger, 2001).

ETIOLOGIA

A etiologia do transtorno de ansiedade social é multifatorial, com evidências de que fatores genéticos e ambientais estejam envolvidos, mas seu modelo etiológico ainda não está esclarecido (Furmark, 2009). O surgimento do quadro é resultado de um somatório diferenciado de fatores, desde os neurobiológicos até os fatores psicológicos e as experiências de vida.

Fatores predisponentes

Estudos de Kagan e colaboradores (1998), citado por Beidel e Tuner (1998), revelaram que 10 a 15% das crianças têm história de irritação quando bebês e se tornam inibidos comportamentalmente, permanecendo mais cautelosos, quietos e introvertidos na fase escolar. Os autores sugerem que uma sensibilidade aumentada ao escrutínio e a críticas se transmite de geração para geração. A inibição comportamental atua como fator predisponente para o TAS (Beidel e Tuner, 1998). Os familiares de crianças inibidas têm taxas aumentadas de fobia social (Greist, 1995). Stemberger e colaboradores (1995), em um estudo controlado com fóbicos sociais e sujeitos normais, determinaram como fatores de risco para TAS generalizado: baixos escores de extroversão, neuroticismo e timidez na infância. Na fobia social restrita, experiências traumáticas podem ser condicionadoras (Beidel e Tuner, 1998).

O neuroticismo, que representa uma diátese para depressão e ansiedade, compartilha herança genética e traços de personalidade estáveis que conferem vulnerabilidade. O neuroticismo aumentado pode contribuir para a alta comorbidade entre ansiedade e depressão como concluem Brown e colaboradores (1998), em estudo que demonstra correlação positiva (0,41) entre a dimensão de afetos negativos (neuroticismo) e TAS; e negativa (-0,39) entre a dimensão de emoções positivas e TAS. Bienvenu e colaboradores (2007) referem que níveis baixos de extroversão e altos de neuroticismo são indicadores de risco genético para TAS.

Em artigos de revisão da literatura encontram-se os seguintes dados: pais com TAS e familiares com transtornos de ansiedade configuram fatores predisponentes para o desenvolvimento de fobia social. Em estudos retrospectivos, pais de pacientes com transtorno evitativo de personalidade são mais recriminadores e intolerantes. Estudos retrospectivos e prospectivos apontam no ambiente familiar os seguintes fatores predisponentes:

1. pais superprotetores;
2. pais abusivos e disfuncionais;
3. pais ansiosos e controladores;
4. pais pouco calorosos, muito críticos e pouco encorajadores;
5. pais ansiosos que demonstram ser mais críticos com filhos inibidos (Greist, 1995; Stemberger et al., 1995; Falcone, 1995; Juster e Heimberg,1995).

Autoestima e ansiedade social

A autoestima está intrínseca a uma variedade de reações comportamentais, cognitivas e afetivas. Em uma revisão não sistemática sobre a relação entre os transtornos de ansiedade e a autoestima (AE), Picon, Schmidt, Cosner, Hilgert e Rodrigues (2009) concluíram que a AE e a ansiedade social provavelmente covariam. A AE, a qual pode ser desdobrada em autocompetência e autoapreciação está ligada aos processos afetivos – como as pessoas se sentem sobre si mesmas (Tafarodi e Milne, 2002). A AE, segundo Greenberg, Solomon, Pyszczynski, Burling, Lyon, Simon e Pinel (1992), tem uma função de tamponamento de ansiedade.

Nos fóbicos sociais, a AE seria um indicador da qualidade das relações sociais; eventos que diminuam AE são os que o sujeito acredita que prejudiquem suas relações interpessoais. Para Leary e colaboradores (1999), a AE é importante não somente pelo autovalor, mas pela importância de avaliação e evolução positivas nas relações interpessoais: em ser aceito ou excluído do grupo. Pertencer ao grupo, do ponto de vista evolutivo da humanidade, facilitaria a sobrevivência física e a psíquica, bem como a reprodução. A teoria sociométrica da AE, descrita por Leary e colaboradores (1999), avalia a motivação ou a função do sistema de autoestima (SAE). Sob o prisma da teoria sociométrica, o SAE é um "sociômetro" envolvido na manutenção das relações interpessoais em que o *status* de inclusão social está sempre sob avaliação, para proteger o indivíduo contra exclusão ou rejeição social.

Assim, para Picon e colaboradores (2009), o fóbico social com baixa AE sente-se tolo, envergonhado e inadequado, e ameaças reais ou potenciais à sua AE provocam ansiedade social. As emoções negativas surgem quando pistas sociais denotam desaprovação, rejeição ou exclusão. O "sociômetro" funciona como um aparelho mental designado para detectar possíveis mudanças deletérias no *status* de inclusão social dos indivíduos. Para Leary e colaboradores (1999), as pessoas não possuem um sistema para manter a AE *per se,* mas para evitar a exclusão social. A AE seria um motor para a busca de comportamentos de manutenção das conexões sociais dos indivíduos, que para Picon e colaboradores (2009), em alguma medida, dependerá também de questões ambientais, como pistas sociais reais e percebidas de forma não distorcida de exclusão *versus* inclusão nos grupos sociais. No fóbico social, quando há baixa AE e ansiedade (social) elas são coefeitos de uma percepção de exclusão. Se a exclusão social for repetitiva (por exemplo, pais críticos na infância) se desenvolve um traço de baixa AE. Entretanto, não se pode excluir com segurança a possibilidade de que a autoestima influencie a percepção do *status* de inclusão do indivíduo nos grupos sociais. Os autores acreditam que a AE covaria com os afetos (ansiedade social), então quanto maior AE melhor a regulação de afetos negativos. Dentro da perspectiva da teoria sociométrica, a exclusão leva a ansiedade social e baixa AE. Esta teoria parece bem apropriada para a compreensão do que observamos nos fóbicos sociais. Quando o "sociômetro" não funciona de forma apropriada, o indivíduo apresenta dificuldades para manter seu *status* de inclusão, com prejuízo de melhor adaptação e aceitação nos grupos.

Fatores neurobiológicos

Para Furmark (2009), diversos métodos neurobiológicos têm sido utilizados para a compreensão etiológica; entre eles, os estudos de imagem cerebrais no TAS. Em metanálise de estudos de ressonância magnética funcional no transtorno de ansiedade, Etkin e Wager (2007) demonstram hiperatividade da amígdala e da ínsula entre estes pacientes. Estudos de neuroimagem apontam para uma variedade de disfunções nas regiões da amígdala, temporal medial, ínsula e estriatum em pacientes com TAS. Estudos de ativação cerebral, avaliados por estudos dinâmicos de neuroimagem, mostram hiperresponsividade da amígdala a estímulos sociais e emocionais como os de reação a faces ou tarefas provocadoras de ansiedade social, como falar em público. A amígdala parece estar implicada na aquisição de medos condicionados, é relevante para atenção e vigilância em situações aversivas ou ambíguas, detectando estímulos ambientais ameaçadores. Estes achados são compatíveis com o que se observa nos quadros de TAS (Furmark, 2009). Para Smoller, Block e Young (2009), a reatividade aumentada da amígdala tem sido mais frequentemente relacionada com o polimorfismo do alelo curto (s) do gene transportador de serotonina (5-HTTLPR), associada a traços ansiosos de personalidade e aumento da condicionabilidade. O 5HTTLPR seria um modulador da responsividade da amígdala em portadores de TAS e voluntários normais, podendo ou não ser relevante no TAS. Estudos de Tillfors e colaboradores (2002) mostraram que a responsividade da amígdala pode ser atenuada por intervenção farmacológica (serotoninérgicos como o citalopram) ou terapia cognitivo comportamental. Irle e colaboradores (2010), em estudo de ressonância magnética, demonstraram associação entre volume diminuído de amígdala e hipocampo em portadores homens de TAS comparados a voluntários normais.

Estudos com gêmeos sugerem que o padrão de agregação familiar nos quadros de TAS se deve principalmente a fatores genéticos (Bienvenu, Hettema, Neale, Prescott e Kendler, 2007). O padrão de segregação familiar se revela na maior prevalência de TAS entre familiares de primeiro grau de fóbicos sociais do que em famílias de grupo controle. O risco é de 16% para o TAS generalizado e de 6% para TAS restrito (Juster e Heimberg, 1995). Um estudo de coorte prospectivo de uma prole de mães ansiosas (n=933) revelou que o risco de filhos de mães portadoras de TAS desenvolverem qualquer transtorno de ansiedade foi de 2,2 (IC 95%; 1,4-3,5), reforçando a ideia de segregação familiar, sem especificidade de diagnóstico de TAS na prole. Entretanto, o risco para a prole de fóbicas sociais foi maior e semelhante apenas ao das mães portadoras de transtorno de ansiedade generalizada de 1,8 (IC 95%; 1,2-2,7) (Schreier, Wittchen, Höfler e Lieb, 2008).

Kendler, Neale, Kessler, Heath e Eaves (1992), em estudo clássico, encontraram uma taxa de concordância elevada entre gêmeas monozigóticas (24,4%) comparadas a gêmeas dizigóticas (15%) e concluíram que a fobia social resulta de efeitos genéticos e ambientais combinados. A taxa de herdabilidade tem sido estimada em 30% (Coupland, 2001), o que deixa ainda muito espaço para os fatores ambientais.

As evidências apontam para o envolvimento de vários sistemas neurotransmissores, tais como: serotoninérgico, noradrenérgico, dopaminérgico, fator liberador de corticotropina e gabaérgico. A principal evidência de implicação destas vias neuronais são as respostas farmacológicas obtidas com os fármacos utilizados no transtorno de ansiedade social. Os resultados clínicos privilegiam o sistema serotoninérgico, mas é provável que diferentes medos sociais envolvam diferentes sistemas neurobiológicos. A via dopaminérgica tem sido implicada na fobia social e o aumento de atividade de seu sistema se correlaciona a aumento de procura por novidades, comportamento exploratório e agressividade em animais. O sistema dopaminérgico modula o comportamento de abordagem e sua disfunção pode estar relacionada com transtornos de ansiedade social (Sant'Anna et al., 2002; Pollack, 2001). O TAS generalizado pode estar relacionado com a desregulação dos sistemas dopaminérgico e serotoninérgico centrais, e o TAS restrito, ao sistema noradrenérgico (Coupland, 2001). A habilidade do álcool em reduzir a ansiedade social credita-se em parte à sua ação através do aumento de transmissão do ácido gama-aminobutírico (GABA). O sistema GABA, inibidor dos sistemas neurotransmissores em geral, tem efeitos ansiolíticos difusos e os benzodiazepínicos que facilitam a transmissão do GABA têm efetividade demonstrada nos casos de fobia social (Pollack, 2001).

A compreensão dos fatores etiológicos neurobiológicos é ainda incipiente, os achados de muitos estudos não se reproduzem e mais investigações são necessárias com amostras maiores, o que demanda a congregação de diferentes centros de pesquisa para que amostras maiores possam ser investigadas, como nos estudos genéticos.

Condicionamento e aprendizagem

No início da década de 1970, Martin Seligman mostrou algumas diferenças significativas entre a ansiedade humana e o condicionamento do medo em animais. Em suas pesquisas, concluiu que as fobias humanas parecem mais resistentes à extinção e mais irracionais do que os medos condicionados em animais. Ele propõe que essas diferenças ocorrem em função da natureza dos estímulos: enquanto em laboratório os estímulos condicionados são arbitrários (luz, som), as fobias humanas costumam envolver objetos ou situações carregadas de significado (insetos, cobras). Argumenta que talvez estejamos preparados pela evolução para aprender certas coisas com mais facilidade do que outras, e que estes exemplos biologicamente estimulados de aprendizado são especialmente potentes e duradouros. Segundo ele, as fobias refletem nossa preparação evolutiva para aprender sobre o perigo e reter a informação adquirida com toda a sua intensidade (Ledoux, 1998).

Alguns autores (Barlow, 1999; Öst e Hugdahl, 1981, citados por Falcone e Figueira, 2001) propõem que a ansiedade social possa se desenvolver como consequência de uma ou mais experiências de condicionamento traumático. Os sintomas de fobia social podem constituir uma resposta condicionada, em que a situação fóbica se torna um estímulo condicionado associado a uma experiência aversiva. Após essa associação, a frequente esquiva da situação fóbica se torna reforçada pela eliminação ou redução da ansiedade condicionada. Assim, a evitação mantém a ansiedade, uma vez que o indivíduo não aprende que a situação temida não é perigosa ou não é tão perigosa assim.

Outra forma de condicionamento, o condicionamento vicário, também constitui uma forma de aquisição de medos sociais. Isso acontece a partir da observação de alguém manifestando medo em situações sociais (Bandura,1965). Seres humanos aprendem muita coisa observando os outros em situações sociais, e sugeriu-se que a ansiedade, especialmente a ansiedade patológica, pode ser aprendida pela observação social.

Beidel e Turner (1998) reportam que o condicionamento direto, a aprendizagem por observação e a transferência de informações seriam fatores psicológicos relevantes nos quadros de fobia social.

O MODELO COGNITIVO--COMPORTAMENTAL NO TAS

Clark e Wells (1995) propõem um modelo cognitivo para fobia social. De acordo com esse modelo, o aspecto central da fobia social é a preocupação em causar uma impressão favorável nos outros e uma insegurança grande em relação à própria capacidade em alcançar esse objetivo. Ao entrar em uma situação social, os fóbicos sociais acreditam que se comportarão de modo inadequado e, como consequência, serão rejeitados. Pessoas com esse problema veem as situações sociais como perigosas e ativam o modo de vulnerabilidade – esse modo desencadeia mudanças cognitivas, fisiológicas, afetivas e comportamentais que têm o objetivo de proteger o indivíduo. Essas reações autonômicas têm o propósito de permitir que o indivíduo se defenda e sobreviva, mas muitas vezes o que acontece é que esses sintomas de ansiedade são percebidos como novas fontes de ameaça, e são interpretados como algo que prejudica a autoapresentação e o autoconceito. Os autores desse modelo apontam quatro processos que impedem os fóbicos sociais de desconfirmar suas crenças negativas sobre os perigos sociais:

1. a atenção autofocada e a construção de uma impressão de si mesmos como objeto social (autoprocessamento);
2. a influência dos comportamentos de segurança na manutenção das crenças negativas e de ansiedade;
3. o efeito do comportamento dos fóbicos sociais sobre o comportamento das outras pessoas;
4. os processamentos antecipatórios e pós--eventos.

A atenção autofocada e a construção de uma impressão de si mesmo como objeto social ocorrem nas situações sociais em que o indivíduo fóbico social teme estar correndo risco de ser avaliado negativamente. Nesse momento, sua atenção se dirige para uma auto-observação detalhada, que aumenta a ansiedade e interfere no processamento da situação. Com esse comportamento os fóbicos sociais geram uma impressão negativa de si mesmos, e acreditam que essa impressão reflete a visão dos outros sobre eles mesmos. Uma pessoa com fobia social pode ter a sensação de estar tremendo muito e pensar que os outros estão percebendo, mas na verdade o que é percebido objetivamente é um tremor sutil ou nenhum tremor.

Os comportamentos de segurança ou as tentativas sutis de evitar as situações temidas a impedem experiências que possam desconfirmar crenças distorcidas, além de favorecer o aumento dos comportamentos temidos. Por exemplo, o comportamento de segurar um copo com força para evitar tremer faz com que a mão fique mais propensa a tremer.

O comportamento dos fóbicos sociais tem efeito sobre o comportamento de outras pessoas: a preocupação com a monitoração da própria ansiedade e do desempenho, aliada aos comportamentos de segurança, pode dar uma impressão pouco amigável. Essas deficiências de interação comprometem a relação, fazendo com que as outras pessoas se distanciem, produzindo um padrão negativo de interação que contribui para a manutenção da fobia social.

O processamento antecipatório é um processo no qual os fóbicos sociais, ao pensarem sobre a situação social que irão enfrentar, sentem-se muito ansiosos, lembram--se de falhas passadas e de sua autoimagem negativa, avaliando antecipadamente seu desempenho como negativo. Por isso, tendem a evitar ao máximo as situações em que possam vir a falhar e, quando se encontram nessas situações temidas, ativam o modo de processamento autofocado, gerando expectativas de falha e desvalorização. Após uma situação de interação social, esses indivíduos conduzem um "pós-morte" do evento, em que a situação é revista em detalhes. Nesse pós-evento, ocorre o processamento da autopercepção negativa e dos sentimentos de ansiedade que passam a ficar fortemente codificados na memória. Dessa forma, a situação é avaliada como muito mais negativa do que realmente foi, e um sentimento de vergonha tende a aparecer, permanecendo após a redução da ansiedade (Wells, 1997).

O modelo cognitivo explica a origem da fobia social segundo o modo como as crenças desenvolveram-se e interagiram no início do transtorno. As crenças centrais ou os esquemas característicos da fobia social tornam o indivíduo vulnerável a vários fatores cognitivos e comportamentais que mantêm o transtorno (Clark e Wells, 1995).

TRATAMENTO DO TAS

O tratamento da fobia social é tarefa complexa e a procura por tratamento costuma ocorrer em fases mais avançadas, em que limitações importantes e outros transtornos mentais já estão presentes. A dificuldade para desenvolver uma boa aliança terapêutica é comum, considerando a natureza intrínseca da relação terapêutica e as dificuldades características de interação verbal que estes pacientes têm.

Os objetivos do tratamento, psicoterápico ou farmacológico, incluem a diminuição de:

1. ansiedade antecipatória e dos sintomas fisiológicos de ansiedade;
2. cognições de autoavaliação negativa e da suposta avaliação negativa pelos outros;
3. evitações sociais;
4. limitações e prejuízos do paciente;
5. o tratamento das comorbidades.

Para atingir esses objetivos, faz-se necessário uma abordagem por vezes integrada, aliando o tratamento farmacológico à terapia cognitivo-comportamental (TCC) nos casos mais graves, ambas com eficácia demonstrada (Rodebaugh et. al., 2004; Stein et al., 2004). Com tratamento adequado, os pacientes apresentam taxas de resposta entre 50 e 80%. Comparada à farmacoterapia, a TCC tem sido menos eficaz no pós-alta imediato, mas mais eficaz no longo prazo para evitar recidivas (Heimberg, 2002). Em recente revisão da literatura, Schneier (2006) conclui que resultados de pesquisa não apontam superioridade de nenhuma das intervenções isoladas, ambas podem ser consideradas intervenções de primeira linha, e sugere que o tratamento combinado pode ser útil, mesmo que muito pouco estudado. Serão aqui revisadas as estratégias terapêuticas mais amplamente testadas.

Tratamento farmacológico

A maioria dos estudos com psicofármacos envolvem o TAS generalizado, porém com 8 a 12 semanas de duração e medidas variadas de desfecho clínico, limitando suas recomendações para o uso no longo prazo. Como doença crônica, o TAS exige farmacoterapia por longos períodos e atenção especial à adesão ao tratamento. A suspensão precoce de tratamento efetivo está associada com altas taxas de recaída (Davidson, 2006). A eficácia dos psicofármacos no TAS tem sido confirmada e apresenta taxas de resposta que variam de 50 a 70%.

Fedoroff e Taylor (2001) avaliaram a efetividade dos tratamentos psicológico e farmacológico do TAS, o que incluiu 108 ensaios clínicos (EC). Várias modalidades de tratamento foram comparadas com controle em lista de espera e placebo: benzodiazepínicos (BDZs), inibidores seletivos de recaptação de serotonina (ISRSs), inibidores da monoaminoxidase (IMAOs), reestruturação cognitiva, treinamento de habilidades sociais, entre outras. A farmacoterapia foi mais efetiva, especialmente ISRSs.

Blanco e colaboradores (2003) realizaram metanálise para avaliar a eficácia de vários tratamentos no TAS. Os fármacos com os maiores tamanhos de efeito foram: fenelzina, clonazepam, gabapentina, brofaromina e ISRS, sem diferença estatística entre os grupos.

Stein, Ipser e Balkom (2004), em metanálise do grupo Cochrane que incluiu 36 EC randomizados (ECRs) controlados por placebo, demonstraram a superioridade dos psicofármacos. Os autores relataram que os ISRSs (14 ECRs), os IMAOs (3 ECRs) e os inibidores reversíveis da monoaminoxidase (RIMAs, 8 ECRs) foram eficazes. Contudo, os ISRSs foram mais eficazes que os RIMAs, e os autores concluíram que os psicofármacos são efetivos, mas com evidências mais fortes para o grupo dos ISRSs. A possibilidade de viés de publicação não pode ser excluída e sugere estudos adicionais, especialmente em crianças, adolescentes e em pacientes com comorbidades e ansiedade de performance.

Hedges e colaboradores (2006), em metánalise bem conduzida, avaliaram a eficácia dos ISRSs na fobia social. O estudo envolveu 15 ECRs com 3361 participantes e concluiu que os ISRSs (fluvoxamina, sertralina, paroxetina, fluoxetina e citalopram) foram mais efetivos do que placebo com melhora nas escalas Liebowitz de Ansiedade Social e de Incapacidades de Sheehan. A fluoxetina apresentou desempenho surpreendentemente pobre. Os autores não descartaram a possibilidade de viés de publicação, eles apontam para a escassez de estudos com fluoxetina, citalopram e escitalopram, e que ECRs de longa duração com ISRSs são necessários.

Em revisão sistemática, Hansen e colaboradores (2008) reuniram 15 ECRs e avaliaram eficácia e tolerabilidade dos antidepressivos de segunda geração em fobia social. Somente três estudos cabeça-a-cabeça foram identificados. Escitalopram, sertralina, paroxetina, fluvoxamina e venlafaxina (ISRSN) apresentaram similaridade em eficácia, superioridade em sua comparação com o placebo e perfil de efeitos adversos diferentes.

Segool e Carlson (2008) avaliaram em metánalise a eficácia da TCC e do tratamento farmacológico em crianças com fobia social. Os resultados indicam que os sintomas centrais respondem tanto à TCC quanto aos ISRSs, com melhora moderada da competência social.

Em 2009, Ipser e colaboradores avaliaram em metánalise a eficácia do tratamento farmacológico em crianças e adolescentes com transtornos de ansiedade, a maioria portadora de transtorno obsessivo compulsivo. Foram incluídos 22 ECRs de curta duração com 2519 participantes. A maioria dos estudos avaliou a eficácia dos ISRSs (N = 15). A resposta ao tratamento foi de 58,1% para o tratamento farmacológico e de 31,5% para o placebo em 14 ECR. Os autores concluíram que os fármacos podem ser eficazes na redução dos sintomas e devem ser considerados como parte do tratamento neste grupo etário. Eles não observaram evidência de superioridade de efetividade de qualquer grupo farmacológico. Como estudos quantitativos somente estão disponíveis para ISRSs e venlafaxina, o uso rotineiro de BZD não pode ser recomendado neste grupo etário, com especial preocupação a respeito dos efeitos adversos.

Entre os fármacos testados para o TAS, os resultados das metanálises apontam, como estratégias de terapia farmacológica de primeira linha, os ISRSs (paroxetina, sertralina, fluvoxamina, escitalopram) e possivelmente a venlafaxina. Apesar de haver poucos estudos comparativos entre os diferentes grupos farmacológicos, a maior tolerabilidade e o menor potencial de abuso justificam a preferência pelos ISRSs em relação aos IMAO e aos benzodiazepínicos. Os ECRs demonstraram eficácia da fluvoxamina (Van Vliet, den Boer e Westenberg, 1994) e da sertralina (Katzelnick, Kobak, Greist, Jefferson, Mantle e Serlin, 1995), com taxas de resposta ao redor de 50% (Stein, Ipser e Balkom, 2004). A fluoxetina foi testada por Kobak e colaboradores (2002) em EC controlado e não apresentou diferença em relação ao placebo. Os principais efeitos indesejáveis deste grupo de fármacos são o ganho de peso e as disfunções sexuais.

A venlafaxina, inibidor duplo de recaptação de serotonina e noradrenalina (ISRSN), embora eficaz, não tem demonstrado sua superioridade em relação aos ISRSs (Liebowitz et al., 2005), mas tem sido considerada droga de primeira linha por alguns autores (Davidson, 2006).

Em crianças e adolescentes com diagnóstico de TAS, uma revisão de Mancini e colaboradores (2005) conclui que alguns EC controlados por placebo tem demonstrado a eficácia dos ISRSs e da venlafaxina em indivíduos entre os 6 e os 17 anos. O risco aparentemente aumentado de ideias suicidas nesta faixa etária em deprimidos (Hammad et al., 2006) aponta para uma cuidadosa monitoração dos pacientes.

Como tratamento de segunda linha, temos disponíveis BZDs, RIMAs Gabapentina, entre outros fármacos de menor impacto clínico atualmente. No grupo dos BZDs, existem estudos controlados que demonstram a eficácia do clonazepan e do bromazepam, porém mais dados são necessários antes que conclusões definitivas possam ser formuladas (Nardi e Perna 2006; Versiani, Nardi, Figueira, Mendlowicz e Marques, 1997). Além de sedação, potencial de abuso e dependência, apresentam paraefeitos sexuais, como anorgasmia. Os BZDs podem interferir na aplicação de técnicas de exposição e não são úteis nos casos de comorbidade com depressão, dependência química e alcoolismo, embora sejam drogas relativamente bem toleradas e seguras. Os BZDs são utilizados em pacientes que não toleram ISRSs ou venlafaxina e podem ser usados como estratégia de potencialização ou quando efeitos mais rápidos são necessários. A moclobemida, inibidor reversível da monoaminoxidase (RIMA), tem eficácia questionável no tratamento do TAS (Versiani, Nardi, Mundi, Alves, Liebowitz e Amrein, 1992; IMCTG, 1997; Noyes et al.,1997). A brofaromina foi efetiva em estudo duplo-cego e placebo-controlado (Van Vliet, den Bôer e Westenberg, 1992). Apesar dos resultados promissores, esse fármaco não está disponível no Brasil. Em ECR placebo controlado revisado por Van Amerigen e colaboradores (2009), foi demonstrada a eficácia da gabapentina, em doses altas. A gabapentina também pode ser usada em pacientes que não toleram ou não melhoram com ISRSs ou venlafaxina.

Os inibidores da monoaminoxidase (IMAO) são considerados fármacos de terceira linha no TAS, apesar de constituírem o grupo farmacológico mais estudado para o tratamento da fobia social generalizada desde 1985. O perfil de efeitos adversos limitam seu uso aos casos refratários. O primeiro fármaco testado no TAS foi a fenelzina (Gelernter, Uhde, Cimbolic, Arnkoff, Vittone, Tancer e Bartko, 1991; Jefferson, 1995; Tancer, Mailman, Stein, Mason, Carson e Golden, 1994), com taxas de resposta de 63 a 75%, comparado com 20% do grupo placebo. Os IMAOs (fenelzina e tranilcipramina) são boas estratégias para casos não responsivos. A fenelzina não existe no Brasil, mas seu congênere, a tranilcipromina, está disponível (Versiani, Nardi, Mundi, Alves, Liebowitz e Amrein, 1992)

Nos casos de TAS restrito ou ansiedade de desempenho, os beta-bloqueadores são os fármacos mais testados, conforme revisão de Liebowitz, Gorman, Fyer e Klein (1985); mas têm eficácia discutível, pois diminuem os sintomas autonômicos periféricos e não reduzem a experiência emocional de ansiedade social. O propranolol deve ser evitado em pacientes com asma. Seu uso é recomendado para o TAS restrito, e o paciente deve tomar a medicação uma hora antes da situação temida. Os BZDs também podem ser usados e tomados 30 minutos antes do evento. A dependência psicológica aos BZDs pode ocorrer e desencoraja seu uso de forma frequente. O uso de toxina botulínica tem sido testada em casos de hiper-hidrose, segundo relato de Davidson (2006).

Em resumo, a literatura suporta a existência de similaridade de efetividade (eficácia/tolerabilidade/adesão) dos diferentes tratamentos testados no TAS aqui relatados, incluindo ISRSs, venlafaxina e BZDs. A escolha do psicofármaco deve basear-se em perfil de efeitos adversos, resposta clínica e presença de comorbidades. A farmacoterapia embora eficaz pode não ser útil para muito pacientes. Não há relatos de que doses maiores levem a melhores resultados e os fármacos devam ser utilizados em dose plenas conforme tolerabilidade. O uso de psicoterapia como estratégia de potencialização tem de ser testado. Schneier (2006) recomenda uso de medicação por pelo menos 12 semanas para verificar a resposta ao fármaco, depois deste tempo, recomenda-se manutenção com dose eficaz. Não existem protocolos formais para uso de fármacos no TAS e os autores não falam de tempo de duração por não haver estudos controlados.

Em nossa experiência clínica, o uso de fármacos por pelo menos um ano tem se mostrado benéfico para o paciente. A retirada pode provocar recaídas, assim, recomendamos ser a mais lenta possível, com observação cuidadosa de recrudescimento da sintomatologia. Se os sintomas retornarem, o fármaco terá de ser reintroduzido ou estratégias como associação com TCC devem ser fortemente recomendadas, além do tratamento agressivo de comorbidades. Casos não responsivos a um ISRS podem ser manejados pelo uso de outro ISRS. O uso de venlafaxina também pode ser testada, assim como a combinação de fármacos quando apropriado, ou necessário em função de gravidade, resistência ou presença de comorbidades.

Terapia cognitivo-comportamental

Estudos controlados de eficácia da terapia comportamental e da terapia cognitiva no TAS revelam pouca diferença entre as duas abordagens (Juster e Heimberg, 1995; Shear e Beidel, 1998). A revisão não sistemática de diversos estudos revela:

1. superioridade consistente da TCC comparada com placebo ou intervenções não específicas;
2. manutenção das melhoras obtidas com o tratamento por um período de até 5 anos;
3. baixas taxas de recaídas (5 a 7%).

Em extensa revisão sistemática da literatura sobre o tratamento do TAS, Rodebaugh e colaboradores (2004) reafirmam que o tratamento psicológico mais investigado é a TCC.

Em duas metanálises, Feske e Chambless (1995), incluindo 21 ensaios clínicos, e Federoff e Taylor (2001), incluindo 108 ensaios clínicos, concluem que:

1. exposição, reestruturação cognitiva, exposição associada à reestruturação cognitiva e treinamento de habilidades sociais produzem semelhantes reduções na sintomatologia dos pacientes, com tamanho de efeito (TE) variando de 0,86 a 1,31;
2. no seguimento após a alta (variando de 2 a 6 meses), o tamanho de efeito da exposição associada à reestruturação cognitiva foi maior do que no grupo placebo;
3. as taxas de abandono (10% a 20%) nas diferentes técnicas cognitivas e comportamentais foram baixas;
4. o efeito da farmacoterapia (ISRSs e BZDs) foi superior à TCC no seguimento após alta imediata; e
5. não houve diferenças entre tratamento em grupo ou individual.

Heimberg (2002), em revisão de quatro metanálises, conclui que:

1. existem evidências de efetividade da TCC na fase de término dos tratamentos (resposta aguda ao tratamento);
2. exposição isolada ou exposição combinada com reestruturação cognitiva teriam efeitos semelhantes;
3. todos os tipos de abordagem cognitivo-comportamentais produzem TE superiores aos de lista de espera;
4. os resultados de alta foram iguais em TCC individual ou em grupo;
5. estudos de seguimento demonstraram ganhos terapêuticos mantidos, e os ganhos terapêuticos no seguimento foram superiores aos resultados do pós-alta imediato.

Rodebaugh e colaboradores (2004), avaliando cinco metanálises, obtiveram dados de tamanhos de efeito para as diferentes abordagens cognitivo-comportamentais, de magnitude moderada (0,5) a grande (0,8) segundo os critérios de Cohen, que variaram de 0,38 a 1,06 nas diversas pesquisas incluídas. Os estudos apresentavam como grupos controle listas de espera, placebo e outros tratamentos. A taxa de abandono de tratamento nos estudos ficou entre 10 e 20%, independentemente das técnicas cognitivo-comportamentais testadas. Assim, as evidências apresentadas nessas metanálises são de que todas as formas de TCC são eficazes, mas que pouca diferença se pode detectar entre elas.

Hofman e colaboradores (2008) realizaram metanálise que pela primeira vez avaliou a eficácia da TCC isolada nos transtornos de ansiedade controlada por placebo – medicamentoso e psicológico – e por gravidade de sintomas depressivos reunindo 27 ECRs, com 4 estudos para o TAS. As análises mostraram TE de 0,62 (moderado) para TAS, com razão de chances de 4,21 para tratamento ativo (TCC).

O Instituto Nacional da Saúde e da Pesquisa Médica da França realizou revisão de mais de 1000 artigos e documentos em que avaliaram a eficácia de três abordagens psicoterápicas: a psicodinâmica (psicanalítica), a cognitivo-comportamental e a terapia sistêmica familiar e de casais. A TCC se mostrou mais eficaz do que as outras em diversos quadros psiquiátricos, incluindo a fobia social (INSERM, 2004).

Nos casos de TAS restrito, a indicação de exposição sistemática isolada tem se mostrado eficaz e tem menos chance de recaídas. Um número padrão de 10 a 12 sessões é recomendado. No TAS generalizado, casos mais graves e prevalentes em amostras clínicas, com altas taxas de comorbidade e muito incapacitantes, a combinação de técnicas cognitivas e comportamentais apresenta melhores resultados (Lecrubier, 1998; Ballenger, 1998; Beidel e Turner, 1998; Radomsky e Otto, 2001). A recomendação para o TAS generalizado é de 16 a 20 sessões com frequência semanal, em grupo ou individual. Entretanto, em nossa experiência clínica, a resposta ao tratamento padrão costuma ser limitado, e tratamentos mais longos são necessários (Picon, 2003). Muitos casos se apresentam com transtorno de personalidade evitativa, um possível *overlap* ou artefato de critérios diagnósticos entre os dois transtornos, que sinaliza os casos mais graves do *continuum* de ansiedade social (Heimberg, 2002).

Tratamento combinado e recaídas

Rosenbaum (1995) já salientava que a combinação de TCC aos psicofármacos para pacientes não responsivos ou parcialmente responsivos a uma ou outra intervenção era útil, e afirmava que os melhores resultados são obtidos quando os pacientes têm acesso às duas formas de tratamento.

A interrupção de tratamento farmacológico na fobia social generalizada está associada com altas taxas de recaída (até 80%). Fedoroff e Taylor (2001) lembram que a inclusão de TCC para a interrupção da farmacoterapia pode ser uma solução para manutenção dos ganhos terapêuticos obtidos e prevenção de recaidas.

No TAS generalizado, a farmacoterapia a ser utilizada deve ser tolerada por longos períodos de tempo em pacientes muitas vezes gravemente afetados com os quais a terapia farmacológica combinada com TCC ou outra forma de abordagem psicoterápica pode ser a mais eficaz, aumentado a adesão e os efeitos terapêuticos (Radomsky e Otto, 2001). Entretanto, até agora não há relatos consistentes na literatura de ensaios clínicos controlados testando a combinação de TCC com farmacoterapia *versus* farmacoterapia ou TCC isoladas.

Outra estratégia combinada é a associação entre fármacos, como, por exemplo, os ISRSs e BZDs para os casos mais resistentes aos fármacos isolados ou em que se necessita de resultados mais rápidos. O uso de toxina botulínica tem sido testado nos casos com hiper-hidrose e poderia ser associado às demais intervenções, segundo relato de Davidson (2006).

TERAPIA COGNITIVO- -COMPORTAMENTAL EM GRUPO PARA TAS

A terapia cognitivo-comportamental em grupo foi considerada tão efetiva quanto a terapia individual. TCC em grupo tem por base o modelo cognitivo proposto para terapia individual, é homogênea, de tempo limitado e relativamente breve. Enfatiza a estrutura, o foco e a aquisição de habilidades cognitivas e comportamentais (Bieling, McCabe e Antony, 2008; Yalom, 2006; White e Freeman, 2003). Muitas vezes, utiliza protocolos para grupos fechados de tratamento em populações específicas. Tipicamente o protocolo aborda um conjunto básico de habilidades clínicas, sessão a sessão, que tem como objetivo orientar terapeutas e pacientes (White e Freeman, 2003).

A terapia de grupo tradicional entende que o processo grupal em si é a intervenção, enquanto a TCC foca na aplicação da terapia cognitivo-comportamental a grupos. Bieling e colaboradores (2008) propõem uma distinção mais específica; as "técnicas" se referem a qualquer método utilizado para modificação dentro do modelo cognitivo-comportamental e o "processo" se refere às interações interpessoais entre os membros do grupo e entre os membros do grupo e o terapeuta. Recentemente, os trabalhos em grupo de terapia cognitivo comportamental têm creditado mais importância aos fatores grupais (Bieling et al., 2008).

Podemos destacar os seguintes fatores do processo grupal favorecidos pelo método da TCC:

1. instalação de esperança e compartilhamento de informação didática favorecidos pela psicoeducação realizada na TCC;
2. a universalidade, o fato de os grupos em TCC na maioria das vezes serem homogêneos facilita esse sentimento;
3. o altruísmo e a modelação, a natureza das estratégias em TCC que objetivam identificação e modificação de pensamentos através de reestruturação cognitiva favorece o altruísmo nos membros do grupo, que são convidados a ajudar nessas tarefas de reestruturação;
4. a coesão grupal, que pode ser descrita como um fator que soma o senso de confiança nos outros membros do grupo, ao apoio dado por eles.

Na maioria dos transtornos, o paciente acredita possuir "segredos" ou material cog-

nitivo emocional que nunca compartilhou anteriormente, quanto mais alto o nível de coesão mais provável do paciente poder expressar importantes questões afetivas (Bieling et al., 2008). No caso da fobia social, muitos pacientes acreditam que o transtorno é uma característica de personalidade imutável, por isso, conhecer outros com o mesmo problema favorece a universalidade e a coesão, além de questionar essa crença, mudando para uma postura mais ativa no processo de psicoterapia.

Vários modelos de tratamento cognitivo comportamental em grupo são encontrados na literatura (Caballo et al., 2001; Echeburúa, 1997; Heimberg et al., 1995; Turner et al., 1997; Penido, 2009). De acordo com Caballo e colaboradores (2001), o tratamento cognitivo comportamental tradicional para a fobia social é dividido em quatro tipos de procedimentos: estratégias de relaxamento, treinamento em habilidades sociais, exposição ao vivo e reestruturação cognitiva.

TREINAMENTO EM HABILIDADES SOCIAIS

A relação entre déficits em habilidades sociais e transtornos psiquiátricos tem sido bastante estudada, e atualmente existe certo consenso em relação à ideia de que os transtornos psiquiátricos têm um importante componente de problemas de comunicação e relações interpessoais, chegando a ser, em alguns casos, o núcleo do transtorno, como, por exemplo, nos casos de fobia social, transtorno de personalidade evitativo, problemas de casais, entre outros (APA, 2000; Caballo et al., 2001).

O comportamento socialmente hábil é um conjunto de comportamentos emitidos por um indivíduo em um contexto interpessoal que expressa sentimentos, atitudes, desejos, opiniões ou direitos desse indivíduo de modo adequado à situação, respeitando esses comportamentos nos demais, e que geralmente resolve os problemas imediatos da situação, enquanto minimiza a probabilidade de futuros problemas (Caballo, 2003).

Os desempenhos verbais e não verbais em situações de interação e os aspectos cognitivos, de percepção e de processamento de informação, são fundamentais para as habilidades sociais. Um comportamento socialmente habilidoso deve incluir a especificação de três elementos: um elemento comportamental relacionado ao tipo de habilidade; um elemento cognitivo das variáveis do indivíduo e um elemento situacional referente ao contexto em que se está inserido (Falcone, 2001).

As habilidades assertiva, empática e de solução de problemas se complementam na obtenção de satisfação pessoal e na manutenção de qualidade de interação. Além disso, a autoconsciência (consistindo na identificação dos próprios sentimentos, das expectativas e dos desejos) corresponde ao componente cognitivo da assertividade; a consciência do outro (que identifica sentimentos, expectativas e desejos da outra pessoa) corresponde ao componente cognitivo da empatia; a autoconsciência e a consciência do outro constituem os componentes cognitivos da capacidade de solucionar problemas interpessoais (Falcone, 2001).

Del Prette e Del Prette (1999) também destacam a importância dos componentes cognitivos das habilidades sociais. Eles consideram que o conhecimento prévio de um indivíduo formado ao longo de sua trajetória sobre a cultura, o ambiente, os papéis sociais e sobre si próprio, além das crenças e das expectativas que incluem valores, planos, metas, estilos de atribuição e as estratégias e habilidades de processamento que já tenha adquirido são os principais componentes cognitivos que influenciam o repertorio de habilidades sociais de cada um.

O Treinamento em habilidades sociais (THS) pode ser realizado em formato individual e grupal, de forma geral, ambos usam as mesmas técnicas, modificando alguns procedimentos (Turner et al., 1997; Del Prette e Del Prette, 1999). O THS é geralmente desenvolvido em duas fases: a fase de planejamento, em que se realiza a avaliação das habilidades sociais, e a fase de aplicação do treinamento. Na fase de planejamento, procura-se através de entrevistas, instrumentos de avaliação, autorrelato, observação e desempenho de papéis avaliar o grupo, buscando identificar as dificuldades para desenvolver o programa de treinamento mais adequado. O programa de THS vai depender das características dos participantes e muitas técnicas podem ser usadas.

A etapa da aplicação do programa consiste em analisar por que o indivíduo não se comporta de forma socialmente adequada e selecionar a melhor intervenção para desenvolver um repertório de habilidades sociais mais diversificado e apropriado. Aborda a reestruturação cognitiva dos modos de pensar incorretos do indivíduo socialmente inadequado. O objetivo de tais técnicas cognitivas consiste em ajudar os pacientes a reconhecer como os pensamentos influenciam os sentimentos e os comportamentos. Uma parte específica do THS é constituída pelo ensaio comportamental das respostas socialmente adequadas em situações determinadas. Os principais procedimentos empregados ao longo do THS são: o ensaio de comportamento, a modelação, as instruções, a retroalimentação/o reforçamento e as tarefas de casa (Caballo, 2003).

TREINAMENTO EM HABILIDADES SOCIAIS E TAS

Existem diversos programas estruturados para o tratamento da fobia social (Caballo et al., 2001; Heimberg et al., 1995; Echeburúa, 1997; Turner et al., 1997; Penido, 2009) que, de forma geral, incluem quatro componentes:

1. Psicoeducativo: informar os participantes sobre a natureza da ansiedade e dos temores sociais e o modelo cognitivo da ansiedade social.
2. THS: ensina e/ou refina as habilidades sociais do indivíduo e proporciona a prática das interações sociais, além de focar nos

componentes cognitivos das habilidades sociais.

3. Exposição: consiste em expor, ao vivo ou na imaginação, o sujeito à situações ansiogênicas.

4. Tarefas de casa ou atividades entre as sessões: programar atividades entre sessões para a generalização dos comportamentos aprendidos ao cotidiano de cada um.

O THS vem sendo empregado há muito tempo para remediar os problemas de inadequação social, e atualmente é considerado uma opção adequada para tratar a fobia social (Caballo, 2003).

TCC EM GRUPO: EXEMPLOS PRÁTICOS

Neste momento, o objetivo deste capítulo é o de apresentar técnicas específicas que podem ser usadas no trabalho de TCC para fobia social ilustrando a intervenção em grupo para fóbicos sociais com um modelo desenvolvido e testado por Penido (2009).

Penido (2009) teve como objetivo desenvolver um programa de tratamento psicológico estruturado para fobia social – aliando a terapia cognitivo-comportamental em grupo às técnicas de teatro do oprimido e também às técnicas de *videofeedback* – e avaliar a eficácia desse tratamento em comparação a um grupo controle em lista de espera. Foram avaliados 35 sujeitos que participaram do tratamento e 21 sujeitos em lista de espera. As avaliações ocorreram antes do início da terapia, ao final da terapia e após um mês do término da terapia. Foram realizadas 18 sessões com duração de duas horas cada. As sessões ocorreram duas vezes por semana. Os resultados encontrados indicaram que o modelo proposto se mostrou mais eficaz que a passagem do tempo, e o uso do *videofeedback* para o desenvolvimento da habilidade de falar em público foi uma intervenção efetiva.

Esse protocolo focou no treinamento das principais habilidades sociais e técnicas cognitivas destacadas pela literatura. O protocolo de tratamento incluiu quatro focos:

1. psicoeducação, que consiste em informar aos pacientes sobre a fobia social e o modelo cognitivo-comportamental desse transtorno – esse é um estágio inicial que procura favorecer o trabalho em grupo pelo compartilhar de informações tanto técnicas (fornecido pelo terapeuta) quanto pessoais (fornecido pelo pacientes);

2. THS, adaptando técnicas de teatro para desenvolver de forma criativa essas habilidades, verbais e não verbais;

3. reestruturação cognitiva, usando o grupo como prática para identificar e reestruturar os pensamentos automáticos e as crenças que podem atuar dificultando o desempenho social;

4. exposição ao vivo e relaxamento, ou seja, expor os pacientes às situações ansiogênicas gradualmente no próprio grupo e em atividades programadas entre sessões e ensinar técnicas de respiração diafragmática e relaxamento muscular progressivo para manejo dos sintomas fisiológicos de ansiedade, favorecendo os exercícios de exposição.

Nesse protocolo, o THS incluiu: aprender a escutar o outro, ler o ambiente social, iniciar conversas com conhecidos e desconhecidos, manter, mudar de assunto e encerrar conversação, fazer e receber elogios, dar e receber *feedback*, interação com o sexo oposto, desenvolver habilidades assertivas, empáticas e de solução de problemas e desenvolver a habilidade de falar em público usando a técnica de *videofeedback*. O *videofeedback* consiste em filmar um desempenho social e depois mostrá-lo ao paciente, confrontando a imagem mental que o indivíduo faz de seu desempenho e o desempenho real no vídeo, favorecendo a reestruturação cognitiva.

Foram adaptadas técnicas e jogos teatrais do Teatro do Oprimido (Boal, 2005) para desenvolver o repertório de habilidades sociais. O Teatro do Oprimido foi criado por Augusto Boal, na década de 1960, com o objetivo de desenvolver em todos a capacidade de se expressar através do teatro, de transformar o espectador em agente da ação dramática. O Teatro do Oprimido é um conjunto de técnicas, exercícios e jogos teatrais, organizado em diferentes modalidades, que tem como principal objetivo colocar o teatro a serviço da transformação social (Nunes, 2001). É uma metodologia transformadora que propõe o diálogo como meio de refletir e buscar alternativas para conflitos interpessoais e sociais.

A principal modalidade desenvolvida por Boal e a mais praticada no mundo todo é o teatro fórum. O fórum é um debate através da cena (Nunes, 2001). A característica principal do teatro fórum é a relação com a plateia, chamada por Boal (2005) de "*spect-atores*", uma vez que o espectador também é ator. A plateia é convidada a participar da peça, entrando em cena para atuar, não apenas usando a palavra, mas teatralmente revelar pensamentos, desejos e propostas de solução para o conflito apresentado.

No teatro fórum, monta-se uma cena baseada em conflitos reais experienciados pelo grupo e que se deseje modificar, cada pessoa é convidada a contar situações de conflito em que se sentiu oprimida. O grupo então escolhe uma história contada ou uma combinação das histórias contadas que melhor represente as suas opressões. Com base nessa escolha, se monta a cena de teatro fórum, em que o conflito não se resolve; a cena apresenta o problema sem a solução, apenas o conflito entre opressor e oprimido. A cena é passada para a plateia, em seguida, o coringa (facilitador que coordena o grupo de TO) pergunta se alguém imagina outra forma de agir para o oprimido, uma alternativa para a ação do oprimido na cena, e convida a pessoa para entrar em cena no lugar do oprimido e atuar sua alternativa, em seguida o grupo é convidado a debater a solução apresentada. Esse mecanismo se repete até que várias soluções apresentadas pela plateia sejam encenadas.

Uma das principais intervenções da TCC é a reestruturação cognitiva, que consiste em questionar nossos pensamentos buscando alternativas mais realistas de avaliação das situações vividas. O foco da terapia é no aqui-e-agora, isto é, no presente. O passado e o futuro são vistos como sendo constantemente filtrados através do momento presente. No teatro, podemos trazer eventos passados para o presente, tendo o foco também no aqui-e-agora. No teatro fórum, exploram-se alternativas para uma situação problema, questionado e propondo diferentes formas de solução para um mesmo problema, questionando constantemente e refletindo sobre as alternativas apresentadas. Dessa forma, um problema é dramatizado (possibilitando algum grau de exposição) e todos podem participar buscando uma solução (solução de problemas e reestruturação cognitiva). Esse método possibilita um trabalho mais dinâmico, uma vez que teatro é ação.

Além do teatro fórum, os jogos propostos por Boal (2005) para a preparação física e intelectual têm muito em comum com os objetivos da TCC no tratamento da fobia social. Esses jogos e exercícios têm na experimentação um dos principais instrumentos do teatro, buscando desenvolver um ambiente livre de preconceitos e julgamentos que permita a ampliação do mundo pessoal para experimentação de novas formas de comportamento, sentimento e pensamento.

> Os jogos teatrais preparam para uma atuação que une a experimentação e a técnica, libertando o indivíduo para um comportamento fluente no palco, livrando-o da preocupação dos julgamentos e das aprovações, e reconhecendo a plateia como membro participante da experiência, sem deixar se influenciar por ela. (Spolin, 1998, citado por Garcia, 2005, p. 42)

Adaptar as técnicas dessa metodologia ao tratamento cognitivo-comportamental em grupo para fobia social permite trabalhar de forma criativa os principais processos descritos no modelo cognitivo, além de acrescentar a possibilidade de se trabalhar o repertório não verbal dos pacientes, complementando o tratamento.

A seguir, exemplos de algumas técnicas utilizadas no grupo em cada um dos focos do tratamento.

1. Exemplo de Psicoeducação para iniciar a terapia com foco nos fatores grupais

Vivência: Quem sou eu? O que eu quero? Adaptado com base no descrito por Boal, 2005.

Objetivos: Todos se conhecerem, desenvolver sentimento de universalidade do grupo; avaliar objetivos e expectativas para a terapia e favorecer sentimento de esperança.

Descrição das técnicas: Cada pessoa recebe três tiras de papel de mais ou menos 5 cm. O grupo é instruído a escrever três definições sobre si anonimamente.

Primeira definição:

1. Quem sou eu? Cada pessoa deve escrever no máximo um parágrafo para cada definição.
2. O que eu quero? (solicitar que escolham coisas possíveis e específicas, em vez de "ser feliz", escrever o que exatamente isso significa. Coisas que não dependam de sorte, como ganhar na loto, ficar rico, etc.).
3. O que me impede de alcançar o que eu quero?

O terapeuta recolhe os papéis, misturando em três sacos, um para cada pergun-

QUADRO 18.1	EXEMPLOS DE RESPOSTAS ENCONTRADAS NOS GRUPOS PARA ESSA VIVÊNCIA (PENIDO, 2009)		
	Quem sou eu?	**O que eu quero?**	**O que me impede?**
Paciente 1	"Sou alguém que está sempre à procura de conhecimento. Estou sempre à procura de algo que possibilite novas descobertas, que me enriqueça como pessoa humana. Saúde psíquica, harmonia e interação com os meus semelhantes é a minha meta."	"Eu quero me relacionar melhor com as pessoas, principalmente com as do gênero oposto. Perder o medo de falar com qualquer pessoa e de dizer o que realmente penso."	"O medo de fazer papel de bobo. O medo de receber um não. O medo de me expor ao ridículo. Enfim, apenas eu mesmo me impeço de conseguir o que quero."
Paciente 2	"Alguém extremamente crítico consigo mesmo, que observa tudo, mas não consegue colocar em prática por medo de se expor, que faz o possível para não perder a juventude, mas ao mesmo tempo se sente limitado por não conseguir falar o que pensa e fazer o que tem vontade."	"Sei que o processo de desconstrução e reconstrução do 'eu' pode ser árduo. Quero apenas a chave para abrir as portas, o chão para andar nas ruas, olhos para olhar o que existe. Quero olhos para olhar sem medo os olhos da outra pessoa."	"Eu mesmo me impeço, sinto-me travado, preso, um estranho na multidão."
Paciente 3	"Sou uma pessoa em fase de transição. Desde longos anos mirando as ruas de janelas semicerradas. As ruas eram monstros. Eu via meus segredos refletidos nos olhos acusadores dos transeuntes."	"Fazer parte do cotidiano."	"O outro. O olhar do outro. Sentir que posso estar sendo avaliado o tempo todo. Fazer o melhor. À primeira dificuldade que aparece, desabo."

ta, em seguida cada pessoa pega um papel de cada saco para ler. Cada um lê os papéis que tirou na ordem: Quem sou eu? O que eu quero? E o que me impede?

Depois que todos tiverem falado o terapeuta agradece e toma a palavra.

Terapeuta: Percebo que muitos esperam melhorar com a terapia, isso também é o que eu espero; porém, precisamos entender que para alcançar esse objetivo nosso grupo precisa funcionar como um barco em que todos remam juntos. A terapia não é uma solução milagrosa, em que o simples fato de vir aqui vai funcionar. A terapia é um esforço conjunto de todos que estão aqui. O comprometimento de cada um consigo e com o grupo produz um bom resultado. Ninguém tem culpa de ter fobia social, a fobia social é um transtorno psiquiátrico, porém cada um tem responsabilidade em querer se tratar verdadeiramente. A terapia que vamos fazer envolve a participação ativa de todos nas tarefas propostas. Muitas dessas tarefas serão para realização entre as sessões, no dia a dia de cada um, isso é uma parte fundamental do tratamento. Os terapeutas darão todo o suporte, incentivo e preparo para que isso aconteça e a opção de fazer é responsabilidade individual para com o processo.

A realização dessa vivência na primeira sessão favorece o sentimento de universalidade na medida em que cada um expõe sua resposta às questões propostas. O grupo tem a oportunidade de observar as semelhanças das respostas e das dificuldades, o fato de ser anônimo ajuda na exposição inicial, sendo uma tarefa menos aversiva para um início de tratamento.

2. Exemplo para trabalhar a reestruturação cognitiva e o modelo cognitivo da fobia social

O exemplo a seguir descreve uma técnica para identificação de crença central e como o modelo cognitivo da fobia social funciona, criando um ciclo que mantém o transtorno. Esse exemplo faz parte de uma apostila entregue aos pacientes do grupo de fobia social realizado por Penido (2009).

Objetivo: identificação da crença central de cada paciente através da técnica da seta descendente adaptado de Silva (2004).

Com essas perguntas, o terapeuta ajudou João a identificar uma crença central de inferioridade. João acredita que é "inferior" aos outros e acaba olhando o mundo a partir dessa constatação. O filtro dos pensamentos de João tem relação com essa crença que influencia o modo como João olha cada situação, muitas vezes tendo pensamentos automáticos distorcidos.

João relata que hoje sua principal dificuldade social é falar em público. Quando sabe que vai ter de se apresentar já começa a ficar preocupado com seu desempenho, imaginando que vai ser um desastre, que todos vão perceber que ele fica ansioso. Imagina uma catástrofe: suas mãos tremendo muito, gaguejando, tendo brancos, todos rindo dele. Um terror! João tenta ao máximo evitar ter de se apresentar.

Os pensamentos de João antes do evento é o que chamamos de processamento pré-evento; nesse processamento de João podemos identificar:

- **Possível situação social**: apresentar trabalho na faculdade
- **Processamento antecipatório.**
- **Pensamentos automáticos:** todo mundo vai estar me avaliando, me olhando; vão perceber que estou ansioso; vou tremer, gaguejar; vão rir de mim; se já estou assim agora, imagina na hora.
- **Sentimentos:** ansiedade, medo.
- **Comportamentos:** tentar evitar a situação.
- **Reações físicas:** respiração acelerada, coração acelerado, suor.

Mesmo antes da situação acontecer, João já está ativando sua crença central e os sintomas físicos da ansiedade social surgem deixando-o com cada vez mais medo. Caso João tenha de enfrentar a situação, ele já chegará ansioso e preocupado com seu desempenho devido ao processamento pré-evento. Na situação em si também podemos identificar o ciclo de pensamentos de João:

QUADRO 18.2	EXEMPLO DE DIÁLOGO ENTRE TERAPEUTA E PACIENTE PARA IDENTIFICAÇÃO DE CRENÇA CENTRAL

Perguntas do terapeuta	Respostas de João
O que significa para você essa situação (de falar em público)?	Que não consigo, sou um desastre.
Por quê?	Porque fico nervoso, não ajo como todo mundo.
O que significa não interagir como todo mundo?	Que sou diferente, fico ansioso.
Diferente como? O que isso diz a seu respeito?	Que não consigo me controlar, fico ansioso.
Uma pessoa que não se controla é uma pessoa o quê?	Uma pessoa diferente das outras.
Diferente como?	Inferior.
Então demonstrar ansiedade significa ser inferior?	É, sim, significa ser inferior.

Situação social: apresentação.
Pensamentos automáticos: estou nervoso, estão todos percebendo, não consigo me controlar, não tem jeito.
Sentimentos: ansiedade, insegurança.
Comportamentos: tentar acabar o mais rápido possível para sair da situação.
Reações físicas: tremor, suor, coração acelerado, rosto vermelho, gagueira.

João passou pela situação com muito desconforto, apresentou sua parte e foi embora o mais rápido possível, sem falar com ninguém. No caminho para casa, João fez o que chamamos de processamento pós-evento, ou seja, ele fez uma avaliação de como foi seu desempenho baseado em como se sentiu. Abaixo o exemplo de João:

Processamento pós-evento.
Pensamentos automáticos: Foi horrível, um desastre, todos perceberam minha incapacidade, devem estar rindo de mim. Tremi, gaguejei, fiquei vermelho. Sou um idiota, inferior!
Sentimentos: tristeza, raiva, angustia.
Comportamentos: faltar uma semana de aula.
Reações físicas: dor no peito, dor de cabeça.

Com base nesse processamento pós-evento, João se percebeu como um objeto so-

cial ainda mais inferiorizado e desenvolveu ou reforçou memórias negativas que irão influenciar uma próxima situação social, instalando-se um ciclo que mantém seu quadro clínico.

3. Exemplo de intervenção para desenvolver o repertório de habilidades sociais

Vivência: Dramatização no modelo Fórum adaptado com base no que foi descrito por Boal, 2005.
Objetivos gerais: desenvolver habilidades sociais, reestruturar pensamentos, revelar dificuldades, solucionar problemas através de várias alternativas, maximizar o desenvolvimento dos componentes não verbais e paralinguísticos das habilidades sociais, expor os pacientes a situações de ansiedade manejando-as, falar sobre si mesmo, desenvolver a criatividade, favorecer o altruísmo, o sentimento de universalidade e a coesão grupal.

Descrição da técnica: No fórum, uma modalidade de teatro descrita por Boal (2005), os participantes selecionam uma situação de conflito ou de dificuldade que tenham vivido. Realizam a cena como ocorreu, terminando a encenação, sem resolver a dificuldade. A plateia (restante do grupo e terapeutas) é convidada a entrar em cena, sempre no lugar de quem passa pelo problema ou pela situação difícil, encenando uma alternativa de comportamento. O grupo analisa a alternativa nova, identificando os elementos e as diferenças entre as alternativas apresentadas. A sala fica arrumada como em um teatro (plateia e palco). Cada cena é apresentada uma vez, em seguida, o terapeuta pergunta à plateia: alguém gostaria de entrar no lugar da pessoa que está passando pelo problema nesta cena e fazer diferente? Se sim, o terapeuta observa; se não, o terapeuta avalia se deve intervir como modelo para respostas mais elaboradas. Sempre que alguém da plateia entrar e dramatizar sua sugestão, o terapeuta pergunta ao grupo o que de diferente a sugestão nova trouxe em termos de habilidades sociais. O terapeuta deve sempre ressaltar a linguagem não verbal, ou seja, que gestos diferentes a opção nova introduziu. Ou se houve diferença no tom de voz. O terapeuta ainda pode explorar sentimentos e pensamentos da opção nova perguntando: nessa nova opção o que a pessoa que interpretou provavelmente estava sentindo? E pensando? Por isso o comportamento foi diferente?

Essa técnica adaptada do teatro pode ser usada como um ensaio comportamental das situações difíceis para cada paciente; no protocolo, essa vivência foi utilizada para o treino de várias habilidades sociais, como assertividade, empatia e solução de proble-

FIGURA 18.1

Exemplo de folha a ser preenchida pelo paciente entre sessões para identificação do seu ciclo cognitivo do TAS.

mas, basta que a cena escolhida foque na habilidade que se deseja trabalhar.

Vivência: Berlinda de elogios.
Objetivos gerais: exercitar a habilidade de receber e fazer elogios, reestruturar pensamentos e incentivar esse comportamento nas pessoas do grupo.
Descrição da técnica: É solicitado que todos formem uma roda, o terapeuta vai ao centro e pede que um por vez faça um elogio, ficando de frente para a pessoa que vai elogiar. Após receber o elogio o terapeuta responde, alternando ao máximo as possibilidades desse comportamento social, servindo de modelo. Em seguida, outro vai para o centro, ficar na berlinda, para ser elogiado, e assim por diante, até que todos tenham participado. O terapeuta instrui para que não ocorram elogios repetidos e nem falsos, o conteúdo deve ser verdadeiro e descritivo. Essa vivência deve ser realizada após o grupo se conhecer e já ter interagido algumas vezes. No caso de alguém apresentar dificuldade para responder os elogios na berlinda, o coterapeuta entra e fica junto na berlinda, ajudando com dicas. Se alguém estiver com dificuldade de elogiar, o terapeuta chega perto e também fornece alguma dica. Essa vivência foi muito rica, alguns pacientes relataram estar com ansiedade antecipatória, imaginando que em sua vez ninguém conseguiria achar elogios para fazer; com a vivência foi possível testar essa hipótese e verificar que poderiam sim receber elogios verdadeiros e variados.

4. Exemplo de intervenção para a realização das exposições graduais entre sessões:

Este texto foi retirado do material entregue aos pacientes do grupo para iniciar o trabalho de exposição:

Terapeuta: Já estamos do meio para o final da terapia, temos trabalhado muitas habilidades sociais e tentado modificar pensamentos disfuncionais e as crenças que cada um identificou no início da terapia. É fundamental que continuem a exercitar cada habilidade que trabalhamos, questionando os pensamentos automáticos. Porém, existem atividades que evitamos, de forma sutil ou não, que apenas nós podemos identificar. Vamos compartilhar com o grupo o que ainda evitamos devido ao TAS, preenchendo a lista abaixo. Vamos pensar nas situações que ainda evitamos e dar uma nota de 0 a 10, em que 0 significa nenhuma ansiedade e 10 representa ansiedade máxima.

Terapeuta: Agora coloque as situações em ordem de dificuldade, da situação que provoca menos ansiedade para a que provoca mais ansiedade, anotando ao lado os pensamentos ansiosos ligados a cada situação, e na coluna seguinte a reestruturação de cada pensamento. A cada semana, entre as sessões, colocar em prática essa hierarquia, se expondo às situações descritas e analisando as dificuldades encontradas, a fim de exercitar as técnicas aprendidas no grupo, além de usar os encontros como apoio para a prática.

QUADRO 18.3	EXEMPLO DE HIERARQUIA DE SITUAÇÕES QUE EVITA DEVIDO AO TAS	
Situação		**Nível de ansiedade**
Fazer perguntas em sala de aula		3
Abordar um desconhecido na rua para pedir informação		5
Dizer não a uma pessoa querida		7

| QUADRO 18.4 | EXEMPLO DE SITUAÇÕES, PENSAMENTOS AUTOMÁTICOS E PENSAMENTO ALTERNATIVO REESTRUTURADO PARA HIERARQUIA DE EXPOSIÇÃO AO VIVO |

Situação e nota do grau de ansiedade (0-10)	Pensamentos	Pensamento reestruturado
Perguntar a algum professor em sala de aula - nota: 3	Vou parecer idiota, todos me notarão e verão como sou idiota.	Fazer perguntas não é sinal de idiotice e sim de interesse. Tenho direito de perguntar.
Abordar um desconhecido na rua para pedir informação - nota: 5	Vai perceber que fico ansioso, que gaguejo e não sou normal.	Ficar ansioso é uma resposta do meu organismo e não sinal de anormalidade. Não posso controlar as avaliações das pessoas a meu respeito.

Os exemplos descritos são propostas de intervenção no trabalho em grupo para fobia social e englobam as técnicas descritas como eficazes pela literatura: psicoeducação, treinamento em habilidades sociais, exposição ao vivo e reestruturação cognitiva.

COMENTÁRIOS FINAIS

Dentro do referencial dimensional de diagnósticos em psiquiatria, o transtorno de ansiedade social situa-se em um *continuum* que passa pela timidez, caracterizada por comportamento reservado associado a situações sociais, até o transtorno de personalidade esquiva ou evitativa, por vezes de difícil discriminação com o subtipo generalizado do TAS, dada sua generalidade de sintomas de ansiedade, medo e evitação em diversas situações sociais. A compreensão de uma visão de dimensionalidade do transtorno de ansiedade social, em que possivelmente o número de situações sociais temidas tenha papel relevante, pode ter implicações importantes para o reconhecimento de diferentes subgrupos, para a investigação etiológica, de comorbidades e tratamento dos seus portadores.

O modelo etiológico é multifatorial. O somatório de carga genética, alterações neurobiológicas, predisposição, traços de personalidade, desenvolvimento psicológico precoce, experiências de vida, condicionamentos e disfunções cognitivas, entre outros elementos combinados, determinarão o surgimento da doença. O conhecimento da etiologia é fundamental para intervenções terapêuticas preventivas e terapêuticas.

Os estudos realizados nas últimas três décadas demonstram os avanços nas abordagens psicoterápica e farmacológica. Entretanto, as taxas de resposta ainda são insuficientes para boa parte dos portadores de TAS generalizado, com impacto muito negativo sobre a qualidade de vida que, aliados a recaídas frequentes, justificam a busca de estratégias terapêuticas cada vez mais específicas.

A eficácia da TCC, com diferentes técnicas testadas, entre elas o THS, e de pelo menos dois grupos de psicofármacos considerados como de primeira linha, os ISRSs e ISRSN, tem sido demonstrada. Estudos naturalísticos são ainda necessários para a mensuração da real efetividade destas intervenções.

A experiência clínica e a literatura, mais timidamente, apontam para a combinação de

TCC e psicofármacos. Acreditamos que o tratamento combinado é a melhor alternativa para TAS generalizado, especialmente para os casos de maior gravidade.

O TAS se inicia na infância, está associado com marcado sofrimento, comorbidades e custos econômicos elevados. Assim, o rastreamento de casos na população para intervenções terapêuticas eficazes menos tardias são estratégias bem vindas, uma vez que, apesar de altamente prevalentes, os casos de TAS ainda são pouco detectados.

REFERÊNCIAS

Alberti, R. E., & Emmons, M. I. (1978). *Comportamento Assertivo: um guia de auto-expressão*. Belo Horizonte: Interlivros.

Almeida-Filho, N., Mari, J. J., Coutinho, E., França, J. F., Fernandes, J., Andreoli, S. B, et al. (1997). Brazilian multicentric study of psychiatric morbidity: methodological features and prevalence estimates. *The British Journal of Psychiatry, 171*(6), 524-9.

American Psychiatric Association. (1980a). *Diagnostic and statistical manual of mental disorders*. Washington, DC: American Psychiatric Press.

American Psychiatric Association. (1980b). *Task force on nomenclature and statistics: diagnostic and statistical manual of mental disorders* (3rd ed.). Washington (DC): Author.

American Psychiatric Association. (1987). *Task force on nomenclature and statistics. diagnostic and statistical manual of mental disorders* (3rd ed. rev.). Washington (DC): Author.

American Psychiatric Association. (1994a). *Diagnostic and statistical manual of mental disorders*. Washington, DC: American Psychiatric Press.

American Psychiatric Association. (1994b). *Task force on nomenclature and statistics. diagnostic and statistical manual of mental disorders*. (4th ed.). Washington (DC): Author.

American Psychiatric Association. (2000). *Diagnostic and statistical manual of mental disorders*: DSM-IV-TR. (4th ed). Washington (DC): Author.

American Psychiatric Association. (2002). *Manual diagnóstico e estatístico de transtornos mentais: texto revisado-TR* (4. ed.). Porto Alegre: Artmed.

Amorim, P. (2000). Mini-international neuropsychiatric interview (MINI): validação de entrevista breve para diagnóstico de transtornos mentais. [Mini- international neuropsychiatric interview (MINI): validation of a short structured diagnostic psychiatric interview]. *Revista Brasileira de Psiquiatria, 22*, 105-115.

Andrade, L., Walters, E. E., Gentil, V., Laurenti, R. (2002). Prevalence of ICD-10 mental disorders in a catchment area in the city of São Paulo, Brazil. *Social Psychiatry and Psychiatric Epidemiology*, 37, 316-325.

Ballenger, J. C. (2001).Treatment of anxiety disorders to remission. *The Journal of Clinical Psychiatry, 62*(suppl 12), 5-9.

Ballenger, J. C., Davidson, R. T., Lecrubier, Y., Nutt, D. J., Bobes, J., Beidel, D. C., et al. (1998). Consensus statement on social anxiety disorder from the international consensus group on depression and anxiety. *Journal of Clinical Psychiatry, 59*(suppl 17), 54-60.

Bandura, A. (1965). *Principals of behavior modification*. New York: Holt, Rinehart and Wiston.

Bandura, A. (1969). *Principals of Behavior Modification*. New York: Holt, Rinehart and Wiston.

Bandura, A., & Walters, R. H. (1963). *Social Learning and personality development*. New York: Holt, Rinehart and Wiston.

Barlow, D. A. (1999). *Manual clínico dos transtornos psicológicos*. Porto Alegre: Artmed.

Beidel, D. C., & Turner, S. M. (1998). *Shy children, phobic adults: nature and treatment of social phobia*. Washington (DC): American Psychological Association.

Bieling, P. J., McCabe, R. E., & Antony, M. M, (2008). *Terapia cognitivo-comportamental em grupos*. Porto Alegre: Artmed.

Bienvenu, O. J., Hettema, J. M., Neale, M. C., Prescott, C. A., & Kendler, K. S. (2007). Low extraversion and high neuroticism as indices of genetic and environmental risk for social phobia, agoraphobia, and animal phobia. *American Journal of Psychiatry, 164*(11), 1714-1721.

Blanco, C., Schneier, F. R., Schmidt, A., Blanco-Jerez, C. R., Marshall, R. D., Sánchez-Lacay, A., et al. (2003). Pharmacological treatment of social anxiety disorder: a meta-analysis. *Depression and Anxiety, 18*(1), 29-40.

Boal, A. (2005). *Teatro do oprimido e outras poéticas*. Rio de Janeiro: Civilização Brasileira

Botega, N. J., Wab, P., & Zomignani, M. (1994). Morbidade psiquiátrica no hospital geral: utilização da edição revisada da Clinical Interview Schedule. *Revista ABP-APAL, 16*(2), 57-62.

Brown, T., Chorpita, B. F., & Barlow, D. H. (1998) Structural relationships among dimensions of the DSM-IV anxiety and mood diosrders and Dimensions of negative affect, positive affect, and autonomic arousal. *Journal of Abnormal Psychology, 107*(2), 179-192.

Butler, G., & Wells, A. (1995). Cognitive-behavioral treatments: clinical applications. In: Heimberg, R. G., Liebowitz, M. R., Hope, D. A., & Schneider, F. R. Social phobia-diagnosis, assesment and treatment (p. 310-333). New York: The Guilford Press.

Caballo, V. E. (2000). *Manual de evaluación y entrenamiento de las habilidades sociales* (4. ed.). Madrid: Siglo Veintiuno de España Editores.

Caballo, V. E. (2003). *Manual de avaliação e treinamento das habilidades sociais*. São Paulo: Santos.

Caballo, V. E. (Org.). (1997). *Manual para el tratamiento cognitivo-conductual de los transtornos psicológicos*. Madrid: Siglo Veintiuno de España.

Caballo, V. E., Andrés, V., & Bas, F. (2001). Fobia Social. In: Caballo, V. E. (Org.). *Manual para o tratamento cognitivo-comportamental dos transtornos Psicológicos*. São Paulo: Santos.

Chambless, D. L., & Hollon, S. D. (1998). Defining empiricaly supported therapies. *Journal of Consulting and Clinical Psychology, 66*(1), 7-18.

Chartier, M. J., Walker, J. R., & Stein, M. B. (2003). Considering comorbidity in social phobia. *Sociological Psychiatry and Psychiatric Epidemiology*, (12), 728-734.

Cía, A. H. (1994). *Ansiedad, estrés, pánico, fobias: transtornos por ansiedad: evaluación diagnóstica, neurobiologia, farmacoterapia, terapia cognitiva conductual*. Buenos Aires: Sigma.

Clark, D. M., & Wells, A. (1995). A cognitive model of social phobia. In: Heimberg, R. G., Liebowitz, M. R., Hope, D. A., & Schneider, F. R. *Social phobiadiagnosis, assesment and treatment* (p. 69-93). New York: Guilford.

Clark, D. M., Ehlers, A., McManus, F., Hackmann, A., Fennell, M., & Campbell, H. (2003). Cognitive therapy versus fluoxetine in generalized social phobia: A randomized placebo-controlled trial. *Journal of Consulting and Clinical Psychology, 71*, 1058-1067.

Connor, K. M., Davidson, J. R. T., Churchill, L. E., Sherwood, A., Foa, E., & Weisler, R. H. (2000). Psychometric properties of the Social Phobia Inventory (SPIN): new self-rating scale. British Journal Psychological, *176*, 379-386.

Coupland, N. J. (2001). Social phobia: etiology, neurobiology and treatment. *The Journal of Clinical Psychiatry, 62*(suppl 1), 25-35.

Davidson, J. R. T. (2006). Pharmachoterapy of social anxiety disorder: what does the evidence tell us?. *Journal of Clinical Psychatry*, (suppl 12), 20-26.

Del Prette, A., & Del Prette, Z. A. P. (1999). *Psicologia das habilidades sociais* (ed. rev.). Petrópolis: Vozes.

Del Prette, A., & Del Prette, Z. A. P. (2002). *Psicologia das relações interpessoais: vivências para um trabalho em grupo* (ed. rev.). Petrópolis: Vozes.

Del Prette, Z. A. P., & Del Prette, A. (2001). *Inventário de habilidades sociais: manual de aplicação, apuração e interpretação*. São Paulo: Casa do Psicólogo.

Dingemans, A. E., van Vliet, I. M., Couvée, J., & Westemberg, H. G. (2001). Characteristics of patients with social phobia and their treatment in specialized clinics for anxiety disorders in the Netherlands. *The Journal of Affective Disorders*, *65*(2), 123-129.

Echeburúa, E. (1997). *Vencendo a timidez*. São Paulo: Mandarim.

Etkin, A., & Wager, T. D. (2007). Functional neuroimaging of anxiety: a meta-analysis of emotional processing in PTSD, social anxiety disorder, and specific phobia. *American Journal of Psychiatry*, *164*(10), 1476-1477.

Falcone, E. (1995). *Fobia social*. In: Range, B. *Psicoterapia comportamental e cognitiva de transtornos psiquiátricos* (p. 133-149). Campinas: Psy.

Falcone, E. (1999). A avaliação de um programa de treinamento da empatia com universitários. *Revista Brasileira de Terapia Comportamental e cognitiva, ABPMC, 1*,23-32.

Falcone, E. (2000). Habilidades sociais e ajustamento: o desenvolvimento da empatia. In: Kerbauy, R. R. (Org.). *Sobre comportamento e cognição: conceitos, pesquisa e aplicação, a ênfase no ensinar, na emoção e no questionamento clínico* (v. 5). São Paulo: SET.

Falcone, E. (2001). Uma proposta de um sistema de classificação das habilidades sociais. In. Guilhardi, H. J., Madi, M. B. B. P., Queiroz, P. P., & Scoz, M. C. (Org.). *Sobre comportamento e cognição: expondo a variabilidade*. Santo André: ESEtec.

Falcone, E., & Figueira, I. (2001). *Transtorno de ansiedade social*. In: Rangé, B. *Psicoterapias cognitivo-comportamentais: um diálogo com a psiquiatria* (p. 183-207). Porto Alegre: Artmed.

Fedoroff, I. C., & Taylor, S. (2001). Psychological and pharmacological treatments of social phobia: a meta-analysis. *Journal of Clinical Psychopharmacology, 21*(3), 311-24.

Feske, U., & Chambless, D. L. (1995). Cognitive behavioral versus exposure only treatment for social phobia: a meta-analysis. *Behavior Therapy*, *26*(4), 695-720.

Fonagy, P., & Roth, A. (1996). *What works for whom? A critical research.* New York: Guilford.

Furmark, T. (2002). Social phobia: overview of community surveys. *Acta Psychiatric of Scandinavia, 105* (2),84-93.

Furmark, T. (2009). Neurobiological aspects of social anxiety disorder. *Israel Journal of Psychiatry and Related Sciences, 46*(1), 5-12.

Furmark, T., Tillfors, M., Marteinsdottir, I., Fischer, H.,; Pissiota, A., Langstom, B., et al. (2002). Common changes in cerebral blood flow in patients with social phobia treated with citalopram or cognitive behavioral.

Gabbard, G. O. (1992). Psychodynamics of panic disorder and social phobia. *Bulletin of the Menninger Clinic*, 56 (2), A3-13.

Garcia, F. F. (2005). Avaliação da eficácia de um treinamento de habilidades sociais aplicado a pessoas idosas através de uma prática teatral. Dissertação de Mestrado não-publicada, Faculdade de Psicologia, UERJ, Rio de Janeiro.

Gelernter, C. S., Uhde, T. W., Cimbolic, P., Arnkoff, D. B., Vittone, B. J., Tancer, M. E., et al. (1991). Cognitive-behavioral and pharmacological treatments of social phobia: a controlled trial. *Archives of General Psychiatry, 48*(10), 938-945.

Goisman, R. M., Warshaw, M. G., & Keller, M. B. (1999). Psychosocial treatment prescriptions for generalized anxiety disorder, panic disorder and social phobia, 1991-1996. *The American Journal of Psychiatry, 156*(11), 1819-1821.

Greenberg, J., Pyszczynski, T., Burling, J., Simon, L., Solomon, S., Rosenblatt, A., et al. (1992). Why do people need self-esteem? Converging evidence that self-esteem serves and anxiety-buffering function. *Journal of Personality and Social Ppsychology*, *63*(6), 913-922.

Greist, J. H. (1995). The diagnosis of social phobia. *Journal of Clinical Psychiatry, 56*(suppl 15), 5-12.

Guthrie, E. R. (1935). *The psychology of learning.* New York: Harper and How.

Hammad, T. A., Laughren, T., & Racoosin, J. (2006). Suicidality in pediatric patients treated with antidepressant drugs. *Archieves of General Psychiatry, 63*, 332-339.

Hansen, R. A., Gaynes, B. N., Gartlehner, G., Moore, C. G., Tiwari, R., & Lohr, K. N. (2008). Efficacy and tolerability of second-generation antidepressants in social anxiety disorder. *International Clinical of Psychopharmacology, 23*(3), 170-179.

Heckelman, I. R., & Schneier, F. R. (1995). Diagnostic iIssues. In: Heimberg, R. G., Liebowitz, M. R., Hope, D. A., Schneier, F. R. (Org.). *Social phobia: diagnosis, assessement and treatment* . New York. Guillford

Hedges, D. W., Brown, B. L., Shwalb, D. A., Godfrey, K., & Larcher, M. (2007). The efficacy of selective serotonin reuptake in adult social anxiety disorder: a meta-analysis of double-blind, placebo-controlled trials. *Journal of Psychopharmacology*, 21, 102-111.

Heilveil, I. (1984). *Videoterapia, o uso do vídeo na psicoterapia.* São Paulo: Summus.

Heimberg, R. G. (2002). Cognitive-behavioral therapy for social anxiety disorder: current status and future directions. *Biological Psychiatry, 51*(1), 101-108.

Heimberg, R. G., Dodge, C. S., Hope, D. A., Kennedy, C. R., Zollo, L., & Becker, R. E. (1990). Cognitive behavior group therapy for social phobia. *Cognitive Therapy and Research, 14*, 1-23.

Heimberg, R. G., Liebowitz, M. R., Hope, D. A., & Schneier, F. R. (1995). *Social phobia: diagnosis, assessement and treatment.* New York: Guillford

Hirschfeld, R. M. (1995). The impact of health care reform on social phobia. *Journal of Clinical Psychiatry, 56*(suppl 5), 13-7.

Hofmann, S. G. (2004). Cognitive mediation of treatment change in social phobia. *Journal of Consulting and Clinical Psychology, 72*, 393-399.

Hofmann, S. G., & Barlow, H. D. (2002). Social phobia (social anxiety disorders). In: Barlow, D. H. (Org). *Anxiety and its dDisorders.* New York: Guilford.

Hope D. A., & Heimberg, R. G. (1999). Fobia social e ansiedade social. In: Barlow, D. H. (Org.) *Manual Clínico dos transtornos psicológicos* (2. ed.) (p. 119-160). Porto Alegre: Artmed.

Hope, D. A., & Schneier, F. R. (1995). *Social phobia: diagnosis, assessement and treatment*. New York. Guillford

Hull, C. L. (1943) *Principals of behavior*. New York: Appleton-Century-Crofts.

IMCTG. (1997). The International Multicenter Clinical Trial Group on Moclobemide in Social Phobia: a double-blind, placebo-controlled clinical study. *European Archives of Psychiatry and Clinical Neuroscience, 247*(2), 71-80.

Ipser, J. C., Stein, D. J., Hawkridge, S., & Hoppe, L. (2009). Pharmacotherapy for anxiety disorders in children and adolescents. Cochrane Database of Systematic Reviews, (10):CD005170.

Irle, E., Ruhleder, M., Lange, C., Seudler-Brandler, U., Salzer, S., Dechent, P., et al. (2010). Reduced amygdalar and hippocampal size in adults with generalized social phobia, *Journal of Psychiatry Neurosciences*, *35*(2), 126-131.

Jefferson, J. W. (1995). Social phobia: a pharmacologic treatment overview. *The Journal of Clinical Psychiatry*, *56*(suppl 5), 18-24.

Judd, L. L. (1994). Social Phobia: a clinical overview. *The Journal of Clinical Psychiatry*, *55*(suppl), 5-9.

Juster, H. R., & Heimberg, R. G. (1995). Social phobia: longitudinal course and long-term outcome of cognitive-behavioral treatment. *Psychiatric Clinics of North America*, *18*(4), 821-841.

Katzelnick, D. J., & Greist, J. H. (2001). Social anxiety disorder: an unrecognized problem in primary care. *The Journal of Clinical Psychiatry*, *62*(suppl 1), 11- 16.

Katzelnick, D. J., Kobak, K. A., Greist, J. H., Jefferson, J. W., Mantle, J. M., & Serlin, R. C. (1995). Sertraline for social phobia: a double blind, placebo-controlled crossover study. *The American Journal of Psychiatry, 152*(9), 1368-1371.

Kendler, K. S., Neale, M. C., Kessler, R. C, Heath, A. C., Eaves, L. J. (1992). The genetic of phobias in women: the interrelationship of agoraphobia, social phobia, situational phobia, and simple phobia. *Archives of General Psychiatry, 49*(4), 273-281.

Kessler, R. C., Chiu, W. T., Demler, O., & Walters, E. E. (2005). Prevalence, severity and comorbidity of 12- month DSM-IV disorders in the National Comorbidity Survey Replication. *Psychological Medicine, 29*(3), 555-67.

Kessler, R. C., McGonale, K. A., Zhao, S., Nelson, C. B., Hughes, M., Eshleman, S., et al. (1994). Lifetime and 12-month prevalence of DSM-III-R psychiatric disorders in the United States. Results from the National Comorbidity Survey. *Archives of General Psychiatry, 51*(1), 8-19.

Kessler, R. C., Stang, P., Wittchen, H. U., Stein, M., & Walters, E. E. (1999). Lifetime co-morbidities between social phobia and mood disorders in the US National Comorbidity Survey. *Archives of General Psychiatry, 62*(6), 617-709..

Knijnik, D. Z., Kapczinski, F. P., Chachamovich, E., Margis, R., & Eizirik, C. L. (2004). Psychodynamic Group Treatment for Generalized Social Phobia. *Revista Brasileira de Psiquiatria, 26*(2), 77-81.

Kobak, K. A., Greist, J. H., Jefferson, J. W., & Katzelnick, D. J. (2002). Fluoxetine in social phobia:

a double-blind, placebo-controlled study. *Journal of Clinical Psychopharmacology, 22*, 257-262.

Lang, A. J., & Stein, M. B. (2001). Social phobia: prevalence and diagnostic threshold. *The Journal of Clinical Psychiatry*, *62*(suppl 1), 5-10.

Lange, A. J., & Jakubowski, P. (1976). *Responsible assertive behavior*. Illinois: Research Press.

Leary, M. R., Tambor, E. S., Terdal, S. K., & Downs, D. L. (1999) *Self-esteem as an interpersonal monitor: the sociometer hypotesis*. In: Baumeister, R. F. (Ed.). The Self Social Psychology (p. 87-104). New York, Psychological Press.

Picon, P., & Gauer, G. C. (1999). SPAI – Inventário de Ansiedade e Fobia Social. New York: Multi-Health Systems. Tradução.

Picon, P., & Kinijnik, D. Z. (2004). *Fobia Social*. In: Knapp, P. *Terapia cognitivo-comportamental na prática psiquiátrica* (p. 226-247). São Paulo: Artmed.

Picon, P., Gauer, G. J. C., Fachel, J. M. G., & Manfro, G. G. (2005). Desenvolvimento da versão em português do social phobia and anxiety inventory (SPAI). *Revista de Psiquiatria, 27*(1), 40-50.

Picon, P., Gauer, G. J. C., Fachel, J. M. G., Beidel, D. C., Seganfredo, A. C., & Manfro, G. G. (2006). The Portuguese-language version of Social Phobia and Anxiety Inventory: analysis of items and internal consistency in a Brazilian sample of 1014 undergraduate students. *Jornal Brasileiro de Psiquiatria* [Brazilian Journal of Psychiatry], *55*(2), 114-119.

Picon, P., Gauer, G. J. C., Hirakata, V. N., Haggstram, L. M., Beidel, D. C., Turner, S. M., et al. (2005). Reliability of the social phobia and anxiety inventory *SPAI portuguese version in a heterogeneous sample of Brazilian university students. *Revista Brasileira de Psiquiatria, 27*(2), 124-130.

Picon, P., Gauer, G. J. C., Manfro, G. G., Beidel, D. C., & Turner, S. M. (2004). *Social Phobia and Anxiety Inventory (SPAI) validation in a Brazilian sample*. Poster session presented at the 157th annual meeting of the American Psychiatric Association, New York.

Picon, P., Kapzinski, F., Fichbein, B., Ballester, D. P., Gauer, G. J. C., Juruena, M. F., et al. (1999). Terapia cognitivo-comportamental e farmacológica da fobia social: uma revisão. *Revista de Psiquiatria do Rio Grande do Sul, 21*(1), 52-65.

Picon, P., Schmidt, A., Cosner, A. F., Hilgert, C., & Rodrigues, R. S. (2009). A regulação da autoestima nos quadros de ansiedade. *Trabalho apresentado no 22º Ciclo de Avanços em Psiquiatria Clínica da Associação de Psiquiatria do Rio Grande do Sul*, Porto Alegre, Brasil, 8 e 9 maio.

Pollack, M. H. (2001). Comorbidity, neurobiology, and pharmacotherapy of social anxiety disorder. *Journal of Clinical Psychiatry, 62*(suppl 12), 24-29.

Quilty, L. C., Van Amerigem, M., Mancini, C., Oakman, J., & Farvolden, P. (2003). Quality of life and the anxiety disorders. *Journal of Anxiety Disorders, 17*(4), 405-426.

Radomsky, A. S., & Otto, M. W. (2001). Cognitive-behavioral therapy for social anxiety disorder. *Psychiatric Clinics of North America, 24*(4), 805-815.

Rangé, B. (1994). Terapia cognitivo-comportamental da fobia social. *Journal Brasileiro da Psiquiatria, 43*(6), 327-331.

Rangé, B. (2001). *Psicoterapias cognitivo-comportamentais um diálogo com a psiquiatria*. Porto Alegre: Artmed.

Rapaport, M. H., Paniccia, G., & Judd, L. L. (1995). Advances in the epidemiology and therapy of social phobia: directions for the nineties. *Psychopharmacology Bulletin, 3*, 125-129.

Rapee, R. M., & Hayman, K. (1996). The effects of video feedback on the self-evaluation of performance in socially anxious subjects. *Behaviour Research and Therapy, 34*, 315-322.

Rapee, R. M., & Heimberg, R. G. (1997). A cognitive-behavioral model of anxiety in social phobia. *Behaviour Research and Therapy, 35*(8), 741-756.

Regier, D. A., Boyd, J. H., Burke, J. D. Jr., Rae, D. S., Myers, J. K., Kramer, M., et al. (1988). One-month prevalence of mental disorders in the United States: based on five Epidemiologic Catchment Area sites. *Archives of General Psychiatry, 45*(11), 977-986.

Riggio, R. E., Throckmorton, B., & DePaola, S. (1990). Social Skills and Self-Esteem. *Person Individ Diff, 11*(8), 799-804.

Riggio, R. E., Watring, K. P., & Throckmorton, B. (1993). Social Skills, Social Support, and Psychosocial Adjustment. *Person Individ Diff, 15*(3), 175-280.

Rocha, F. L., Vorcaro, C. M. R., Uchoa, E., & Lima-Costa, M. F. (2005). Comparing the prevalence rates of social phobia in a community according to ICD-10 and DSM-III-R. *Revista Brasileira de Psiquiatria, 27*(3), 222-4.

Rodebaugh, T. L. (2004). I might look OK, but I'm still doubtful, anxious, and avoidant: The mixed effects of enhanced video feedback on social anxiety symptoms. *Behavior Research Therapy, 42*, 1435-1451.

Rodebaugh, T. L., Holaway, R. M., & Heimberg, R. G. (2004). The treatment of social anxiety disorder. *Clinical Psychology Review, 24*, 883-908.

Rosenbaum, J. F. (1995). Treatment of Social phobia and comorbidity disorders. *The Journal of Clinical Psychiatry, 56*, 380-3.

Ruscio, A. M., Brown, T. A., Chiu, W. T., Sareen, J., Stein, M. B., & Kessler, R. C. (2007). Social fears and social phobia in the USA: results from the National Comorbidity Survey replication. *Psychological Medicine, 38*, 15-28.

Salter, A. (1949). *Conditioned reflex therapy*. New York: Capricorn Books.

Sanderson, W. C., DiNardo, P. A., Rapree, R. M., Barlow, D. H. (1990). Syndrome comorbidity in patients diagnosed with a DSM-III-R anxiety disorder. *Journal of abnormal psychology, 99*, 308-312.

SantAnna, M. K., Lavinsky, M., Aguiar, R. W., & Kapczinski, F. (2002). O papel do sistema dopaminérgico na fobia social. *Revista Brasileira de Psiquiatria, 24*(1), 50-62.

Schneier, F. R. (2001). Treatment of social phobia with antidepressants. *The Journal of Clinical Psychiatry, 62*(suppl 1), 43-48.

Schneier, F. R. (2006). Social anxiety disorder. *New England Journal of Medicine, 35*(10), 1029-1036.

Schneier, F. R., Johnson, J., Hornig, C. D., Liebowitz, M. R., & Weissman, M. M. (1992). Social phobia: comorbidity and morbidity in a epidemiologic sample. *Archives of General Psychiatry, 49*(4), 282-288.

Schreier, A., Wittchen, H. U., Höfler, M., & Lieb, R. (2008). Anxiety disorders in mothers and their children: prospective longitudinal community study. *The British Journal of Psychiatry, 192*, 308-309.

Segool, N. K., & Carlson, J.S. (2008). Efficacy of cognitive-behavioral and pharmacological treatments for children with social anxiety. *Depression and Anxiety, 25*(7), 620-631.

Shear, K. M., & Beidel, D. C. (1998). Psychotherapy in overall management strategy for social anxiety disorder. *The Journal of Clinical Psychiatry, 59*(suppl 17), 39-45.

Sheehan, D.V., Harnett-Sheehan, K., Raj, B.A. (1996). The measurement of disability. *Int Clin Psychopharmacol, 11*(suppl 3):89-95.

Sheehan, D., Lecrubier, Y., Sheehan, K. M., Amorim, P., Janavs, J., Weiller, E., et al. (1998). The MINI international neuropsychiatric interview (MINI): the development and validation of a structured diagnostic interview for DSM-IV and CID-10. *Journal of Clinical Psychiatry, 59*(suppl 20), 22-23.

Silva, E. A. (2004). Flecha descendente. In: Abreu, C. N., & Guilhardi, H. J. (Org.). *Terapia comporta-*

mental e cognitivo-comportamental práticas clinicas (p. 320-329). São Paulo: Rocca.

Smoller, J. W., Block, S. R., Young, M. M. (2009). Genetics of anxiety disorders: yhe complex road from DSM to DNA. *Depression and Anxiety, 26*(11), 965-975.

Stein, D. J., Ipser, J. C., & Balkom, A. J. (2004). Pharmacotherapy for social phobia. Cochrane database Systematic Review, 18(4). Acesso em nov. 16, 2010, from http://www. http/cochrane. bireme.br/cochrane/show.phd?db=review$mfn= 1823&id=&lang=pt& [artigo].

Stein, M. B., & Kean, Y. M. (2000). Disability and quality of life in social phobia: epidemiologic findings. *The American Journal of Psychiatry, 157*(10), 1606-1613

Stein, M. B., Liebowitz, M. R., Lydiard, R. B., Pitts, C. D., Bushnell, W., & Gergel, I. (1998). Paroxetine treatment of generalized social phobia (social phobia disorder): a randomized controlled trial. *The Journal of the American Medical Association, 280*(8), 708-713.

Stemberger, R. T., Turner, S. M., Beidel, D. C., & Calhoun, K. S. (1995). Socialphobia: an analysis of possible developmental factors. *Journal of Abnormal Psychology, 104*(3), 526-531.

Tafarodi, R. W., & Milne, A. B. (2002). Decomposing global self-esteem. *Journal of Personality, 70*(4), 443-484.

Tancer, M. E., Mailman, R. B., Stein, M. B., Mason, G. A., Carson, S. W., & Golden, R. N. (1994). Neuroendocrine responsivity to monoaminergic system probes in generalized social phobia. *Anxiety, 1*(5), 216-223.

Turner, S. M., Beidel, D. C. Dancu, C. V., & Stanley, M. A. (1986). Psychopatology of social phobia and comparison to avoidant personality disorder. *Journal of Abnormal Psychology, 95*, 389-394.

Turner, S. M., Beidel, D. C., Cooley-Quille, M. R. (1997). *Social effectiveness therapy: a program for overcoming social anxiety and social phobia.* Toronto: Multi-Health Systems.

Turner, S. M., Beidel, D. C., Dancu, C. V., Stanley, M. A. (1989). An empirically derived inventory to measure social fears and anxiety: the Social Phobia and Anxiety Inventory. Journal of Affective Disorders, 1, 35-40.

Turner, S. M., Dancu, C. V., & Beidel, D. C. (1996). SPAI: Social Phobia and Anxiety Inventory. North Tonawanda, NY: Multi-Health Systems.

Van Ameringen, M., Mancini, C., & Streiner, D. L. (1993). Fluoxetine efficacy in social phobia. *The Journal of Clinical Psychiatry, 54*(1), 27-32.

Van Ameringen, M., Mancini, C., Patterson, B., & Simpson, W. (2009). Pharmacotherapy for anxiety disorder: an update. *Israel Journal of Psychiatry and related Sciences, 46*(1), 53-61.

Van Vliet, I. M., den Boer, J. A., & Westenberg, H. G. (1994). Psychopharmacological treatment of social phobia: a double blind placebo controlled study with fluvoxamine. *Psychopharmacology, 115*(1-2), 128-134.

Van Vliet, I. M., den Boer, J. A., & Westenberg, H. G. M. (1992). Psychopharmacologic treatment of social phobia: clinical and biochemical effects of brofaromine,a selective MAO-A inhibitor. *European Neuropsychopharmacology, 2*(1), 21-29.

Versiani, M., Nardi, A. E., Figueira, I., Mendlowicz, M., & Marques, C. (1997). Double-blind placebo controlled trial with bromazepan in social phobia. *Jornal Brasileiro de Psiquiatria, 46*(3), 167-171.

Versiani, M., Nardi, A. E., Mundi, F. D., Alves, A. B., Liebowitz, M. R., & Amrein, R. (1992). Pharmacoterapy of social phobia: a controlled study with moclobemide and phenelzine. *The British Journal of Psychiatry, 161*, 353-360.

Wells, A. (1997). *Cognitive therapy of anxiety disorders.* New York: Niley.

Westenberg, H. G. M. (1998). The nature of social anxiety disorder. *The Journal of Clinical Psychiatry, 59*(suppl 17), 20-26.

White, J. R., & Freeman, A. S. (2003). *Terapia Cognitivo comportamental em grupo para populações e problemas específicos.* São Paulo: Roca.

WHO – International Consortium in Psychiatric Epidemiology. (2000). *Cross-national comparisons of the prevalences and correlates of mental disorders.* Bulletin WHO, *78*(4), 413-426.

Wolpe, J. (1976). *Práticas da terapia comportamental.* São Paulo: Brasiliense.

Yalom, I. D. (2006) *Psicoterapia de Grupo: teoria e prática.* Porto Alegre: Artmed.

19

Fobias específicas

Francisco Lotufo Neto

Medo é uma emoção desconfortável sentida pelos seres humanos em resposta a um perigo real (Marks, 1987). Ele é importante para a sobrevivência da espécie, pois mobiliza a pessoa e amplia sua capacidade de agir diante das situações. Ele aumenta o grau de vigilância e prepara a fuga, o congelamento ou a luta, que visam diminuir o grau de desconforto e afastar o perigo. Enfim, é uma emoção útil.

O medo comumente é acompanhado por ansiedade – emoção que antecipa o perigo e prepara para reduzir ou impedir a sua ocorrência. O medo pode ser inato ou aprendido. Sinais universais de perigo são: ruídos, escuridão, lugares elevados, determinados animais, insetos, mudanças bruscas no ambiente e contato com estranhos. Ele depende também da intensidade dos estímulos (visual, auditivo e olfativo), da sua distância, se são novos ou repentinos e se, no passado filogenético, apresentaram perigo evolutivo especial (sombra do predador, altura, escuridão).

Entretanto, o medo pode ser patológico e prejudicial. Fobias são medos persistentes de um estímulo (objeto, atividade ou situação específicas) considerado não perigoso, resultando em necessidade incontrolável de evitar esse estímulo. Se isto não é possível, o confronto é precedido por ansiedade antecipatória e realizado com grande sofrimento e comprometimento do desempenho.

A síndrome possui três componentes: a ansiedade antecipatória que surge diante da possibilidade de encontrar o estímulo fóbico; o medo com os sintomas físicos quando se está na situação; os comportamentos de esquiva ou fuga que visam cessar o mal-estar. A pessoa não teme o objeto em si, mas o que pode resultar do contato com ele. Assim, uma pessoa com medo de dirigir pode temer um acidente; o medo de cachorro é de ser mordido; de um lugar fechado é de sufocar ou ficar preso nele. O medo e a esquiva atrapalham o desempenho na vida pessoal e profissional e trazem sofrimento. A fobia é sempre acompanhada por sintomas físicos. Estes podem ser do sistema nervoso autônomo, musculares, cinestésicos e cardiorrepiratórios.

Sintomas físicos das fobias

- *Autonômicos*: taquicardia, sudorese quente ou fria, taquipneia, vasoconstricção (extremidades frias, palidez), midríase, piloereção, aumento do peristaltismo (diarreia)
- *Musculares*: dores, contraturas, tremores, trepidação
- *Cinestésicos*: parestesias, calafrios, adormecimentos
- *Cardiorrespiratórios*: sensação de sufocar, falta de ar
- *Outros*: urgência de ir urinar, vazio no estômago, dor e aperto no peito

Uma pessoa com fobia apresenta também sintomas psíquicos característicos: tensão, nervosismo, apreensão, insegurança, irritação, dificuldade de concentração, sensação de estranheza, despersonalização, desrealização, preocupação, dificuldades de concentração e memória, sensação de morte iminente, de perder o controle e ficar louco. Ela catastrofiza e antecipa negativamente o futuro.

O comportamento também revela o medo, pois a pessoa evita ou foge das situações, recusa-se a participar delas ou ter contato com o estímulo, permanece hipervigilante, inquieta, sobressalta-se com facilidade e tem dificuldade para dormir.

Características das fobias

- Desproporcional
- Imotivada
- Produz esquiva
- Prejuízo do desempenho
- Sofrimento
- Frequente, intensa e persistente
- Crítica preservada
- A pessoa tenta controlar
- Acompanhada por manifestações físicas

As classificações atuais dividem as fobias em três categorias: Agorafobia, Fobia Social e Fobias Específicas (Classificação Internacional de Doenças) ou Simples (Diagnostic and Statistic Manual of mental Disorders).

FOBIAS ESPECÍFICAS

Toda fobia em que a reação de medo patológico está circunscrita a objetos ou situações concretas é específica. Caracterizam-se por comportamentos de esquiva em relação a estímulos e situações determinados, como certos animais, altura, trovão, escuridão, avião, espaços fechados, alimentos, tratamento dentário, visão de sangue ou ferimentos, água, etc. A classificação norte-americana menciona os seguintes subtipos: ambiente natural (altura, tempestades, água), sangue, injeção e ferimentos, situacional (avião, elevadores, dirigir, lugares fechados), animais e outras.

Fobias específicas de A a Z

Acrofobia	Altura
Aerofobia	Ar
Ailurofobia	Gatos
Antofobia	Flores
Astrofobia	Relâmpago
Brontofobia	Trovão
Cinofobia	Cães
Claustrofobia	Lugar fechado
Ereutrofobia	Enrubescer
Hematofobia	Sangue
Herpetofobia	Répteis
Misofobia	Sujeira
Murofobia	Ratos
Nictofobia	Noite, escuridão
Nosofobia	Doenças
Numerofobia	Números
Ofidiofobia	Cobras
Pirofobia	Fogo
Siderodromofobia	Trens
Xenofobia	Estrangeiros
Zoofobia	Animais
Umbilicufobia	Umbigo

Os nomes gregos são curiosos e usados pelos leigos, para valorizar clínicas especializadas, mostrar erudição e para nomear bandas e músicas de *rock and roll*. Na prática, usa-se apenas Fobia Específica e o nome em português.

As fobias a seguir são as mais importantes para o clínico:

a) Fobias de animais: envolvem geralmente aves, insetos (besouros, abelhas, aranhas), cobras, gatos ou cachorros. Às vezes a fobia é generalizada para pelos ou penas. Predomina em mulheres (50% das mulheres e 10% dos homens têm medo de aranhas), seu início pode ser traumático em 23% dos casos ou vicariante em 15% (Marks, 1987). Os motivos para procurar tratamento são a frequência do animal na vizinhança e o receio de passar o problema para os filhos.

b) Fobias de sangue e ferimentos: algum desconforto à visão de sangue, ferimentos ou grandes deformidades físicas é normal.

PSICOTERAPIAS COGNITIVO-COMPORTAMENTAIS: UM DIÁLOGO COM A PSIQUIATRIA

Quando chega a níveis fóbicos, o paciente apresenta prejuízos pessoais e sofrimento importantes. Há recusa a procedimentos médicos e odontológicos e incapacidade de fazer exames subsidiários. Essa fobia apresenta características próprias: tendência a perder a consciência diante do estímulo fóbico, caráter familiar; e a não predominância em mulheres. Em relação à perda de consciência, esses pacientes apresentam uma resposta bifásica de frequência cardíaca e pressão arterial (PA), caracterizada por uma fase inicial de aumento da frequência cardíaca e da pressão arterial, seguida por queda significativa de pulso e pressão, acompanhada de sudorese, palidez, náuseas e síncope. Mais raramente, pode haver até períodos de assistolia (o coração deixa de bater por alguns segundos) e convulsões.

c) Fobias de doenças: a hipocondria, caracterizada por uma percepção ameaçadora de doença física, é um quadro relativamente comum e heterogêneo. Quando o temor de doenças refere-se a múltiplos sistemas orgânicos, falamos em hipocondria; se é mais específico, em fobia de doença. Muitos pacientes com essa fobia apresentam comportamentos de esquiva em relação a reportagens, conversas, hospitais ou qualquer outra situação que o confronte com a doença temida. As doenças mais classicamente temidas são as estigmatizadas pela sociedade, como sífilis, câncer ou AIDS.

d) Fobia de crimes: Essa fobia é particularmente frequente em residentes em centros urbanos.

e) Fobia de espaços: Também conhecida por pseudoagorafobia pois os pacientes evitam lugares abertos. Entretanto, seu receio não é passar mal e não poder sair da situação ou receber socorro. O medo é de cair se não houver apoio por perto. Conseguem se movimentar se há um apoio visual ou táctil. Conseguem andar ao longo de uma parede, mas não atravessar uma sala. Andam ao longo do muro na rua e não conseguem atravessá-la. Se for necessário, aguardam apoio, engati-

nham ou se arrastam. Este diagnóstico é importante, pois indica avaliação clínica e neurológica. Comumente encontram-se alterações do labirinto e outras disfunções cerebrais. É uma doença da interface psiquiatria-otoneurologia.

f) Fobia de guiar automóvel: Dirigir um automóvel é parte fundamental da vida na sociedade moderna e facilita a independência e a mobilidade. Entretanto, acidentes são muito frequentes e constituem a terceira causa de incapacitação. Vinte por cento dos sobreviventes desenvolvem reação aguda ao estresse; destes, 10% terão um Transtorno do Humor, 20% apresentarão ansiedade ao viajar e 11% desenvolverão Transtorno por Estresse Pós-traumático. Outros problemas comuns são queixas físicas crônicas e fobia de dirigir o automóvel.

Há dois grandes grupos de pessoas com fobia de dirigir, os que tiveram um acidente automobilístico e os que não passsaram por essa experiência. O segundo grupo é mais variado, com as pessoas apresentando transtorno de pânico com e sem agorafobia, agorafobia sem ataques de pânico, claustrofobia, fobia de alturas, ansiedade social ou obsessões.

A Fobia de guiar automóvel pode ser situacional (determinadas ruas, autoestradas, horários ou marcas de automóvel, se está só ou não), com esquiva total do dirigir, com restrição do dirigir (local de acidente, pontes), com relutância do dirigir, ansiedade ao dirigir em circunstâncias normais ou esquiva de certos aspectos do dirigir (não fazer baliza ou entrar na garagem).

Setenta por cento das pessoas referem início após acidente ou ocorrência associada ao dirigir ou após um ataque de pânico, 9% tem início vicariante ou por informação (Taylor, 2002). Os sintomas dos com e sem acidente são semelhantes: 80% relatam ataques de pânico, 35% têm ataques de pânico só dirigindo, 14% recebem o diagnóstico de Transtorno de Pânico (Taylor, 2002).

Essas pessoas apresentam diversas distorções cognitivas: temem a sensação de aumento da ansiedade em situações específicas, antecipam perigos (acidentes, ferimentos, perda o controle sobre o carro, estradas perigosas). Acham que a ansiedade será intensa e desagradável. Antecipam e temem situações desagradáveis ao dirigir, estradas perigosas e mal sinalizadas, situações perigosas ao dirigir, falta de controle sobre a direção dos outros.

Esquivam-se também dos sintomas físicos da ansiedade. Pensam que o coração vai parar de bater, que irão sufocar, que o mal-estar irá prejudicar o desempenho, que as sensações físicas são insuportáveis e que irão morrer ou desmaiar. Antecipam também consequências ruins por mau desempenho: irão deixar o carro morrer, não conseguirão colocá-lo em movimento numa ladeira, serão xingados, poderão provocar acidentes ou atrapalhar o trânsito, ficarão presos em ferragens, não terão dinheiro para pagar as vítimas e os prejuízos. Temem ser chamados de barbeiros, receber comentários sexistas ou ter a genitora ofendida. É preciso estar alerta para outros comportamentos de esquiva: pessoas compram a licença para dirigir, começam e param quando há algum incidente (o carro morrer, por exemplo), colocam avisos no automóvel (autoescola, bebê a bordo, escolta armada), etc.

No tratamento, é importante cuidar de cônjuges pouco reforçadores ou punitivos que agem com ansiedade, impaciência ou irritação. Dirigir é um comportamento complexo que requer tempo e prática para ser adquirido. Estimula-se a modelação – aprender um novo comportamento gradualmente –, treina-se assertividade com o cônjuge e com o instrutor, ensina-se relaxamento, usa-se da dessensibilização sistemática: exposição com a imaginação, ao vivo e com realidade virtual.

Por ser uma síndrome complexa, é necessário realizar uma boa análise funcional e um diagnóstico preciso. Lembrar que, para acompanhar sozinho o paciente na exposição é necessário ser instrutor credenciado. O terapeuta pode ir junto ou orientar o instrutor.

g) **Fobia de andar de avião:** parte importante da vida moderna, 10% da população se recusa a voar e 25% sente grande ansiedade quando voa, necessitando de calmantes ou álcool para fazê-lo. Muitas pessoas evitam voar procurando outro meio de transporte. Parte do mal-estar pode ser produzido por condicionamento a estímulos que ocorrem durante o vôo, como perda de apoio, ruídos, dor, aceleração. Outras experiências desagradáveis podem ser produzidas por turbulência, tempestades e falhas mecânicas. Além disso, ataques de pânico, assentos apertados, a visão do solo a 8km de altura podem contribuir. O medo de voar pode ser vicariante, adquirido através da observação de familiares e amigos com medo de voar, informação da mídia e cobertura de acidentes e observação de passageiros passando mal. Algumas pessoas com esta fobia apresentaram experiências traumáticas com ameaça à vida, acidentes, quase-acidentes ou ferimentos.

A Fobia de andar de avião é uma síndrome com muitas variantes. Temos a fobia de altura, o transtorno de pânico, a agorafobia, a ansiedade generalizada, a claustrofobia, o desconforto com velocidade, o estresse pós-traumático, o medo da queda do avião. Dois são os grandes grupos que fazem parte desta síndrome: a agorafobia com o receio de passar mal, ter um ataque de pânico e não poder sair da situação, e a fobia específica com medo da queda do avião por acidente, problema mecânico e condições meteorológicas ruins. As pessoas com esta fobia apresentam diversas distorções cognitivas e antecipam erro do piloto, ansiedade desagradável intensa e constante, falta de controle sobre o avião, crítica das outras pessoas, humilhação, aparência de ter uma doença mental, perda do controle emocional, desconforto corporal, enlouquecimento e perda do controle, desmaio e vômito, infarto, perda da bagagem, atrasos, filas e perder-se no destino ou no aeroporto.

O tratamento usa de todos os recursos da Terapia Cognitivo-Comportamental (TCC): dessensibilização sistemática, exposição com imaginação ou filmes e gravações, exposição a realidade virtual, relaxamento, autoinstrução, inoculação do estresse, combinação de exposição com restruturação cognitiva. Medicação com benzodiazepínicos, tricíclicos, inibidores de recaptura de serotonina podem ajudar.

h) Dismorfofobia ou Transtorno Dismórfico Corporal: queixa persistente de um defeito físico inespecífico, não percebido pelos outros. Pode incluir: defeito físico real, odor corporal, tamanho do pênis ou dos seios, obesidade, magreza. Procuram cirurgiões plásticos e dermatologistas e evitam o contato social pois acham sua aparência repugnante.

i) Fobia de alimentos: síndrome que pode ter características diversas. Algumas pessoas possuem grande sensibilidade no palato ou na gengiva, sentindo náusea quando estas regiões são tocadas. Comumente engolem tensos, juntam os lábios, cerram os dentes, apertam os alimentos com a língua e evitam alimentos sólidos. Às vezes, restringem a dieta somente a líquidos. Outra apresentação é a aversão alimentar, em que por motivos religiosos e culturais a pessoa evita certos alimentos. Se exposto a eles pode passar mal. Muitas pessoas desenvolvem aversão alimentar por falta de exposição adequada ao alimento na infância. Condicionamento é outra forma de desenvolver fobia de alimentos. Em clínicas oncológicas, alimentos pareados com o tratamento quimioterápico tornam-se estímulos condicionados eliciando mal-estar. Finalmente, há as fobias alimentares propriamente ditas, em que a pessoa passa mal e se esquiva tanto da manipulação quanto do ingerir certos alimentos (por exemplo: frutas, picles, etc.).

j) Fobia de água ou de nadar: Impede a pessoa de aprender a nadar e de entrar na água, tanto de uma piscina ou um tanque quanto de um lago, um rio ou o mar. Em casos graves, a pessoa recusa até tomar banho. O medo pode ser adquirido por uma experiência desagradável direta traumática ou não. A criança pode observar pais que não se sentem bem nadando ou assistindo filmes e documentários (Titanic, Tubarão, etc.).

l) Fobia de chuva, vento, tempestades, trovoadas: pode acontecer a fobia para todas, apenas uma ou para uma combinação destas situações. A pessoa fica extremamente ansiosa diante da possibilidade de chuva, desenvolve ansiedade antecipatória observando constantemente o céu, as nuvens e as reportagens meteorológicas, procurando saber o que irá acontecer. Na dúvida, não sai de casa. Quando há uma tempestade esconde-se no quarto, em armários, embaixo da mesa ou sob um cobertor. Nesta circunstância, são frequentes as manifestações físicas e os ataques de pânico. Casos graves dormem vestidos e calçados para não serem apanhados desprevenidos.

m) Claustrofobia: A pessoa passa mal e evita lugares fechados (elevadores, salas sem janela, cinema, teatro). A definição do que é um espaço fechado é individual, variando de pessoa a pessoa. Importante diferenciá-la da agorafobia. Nesta, a pessoa teme o ataque de pânico, na claustrofobia o medo é da situação.

n) Fobia de alturas: Altura pode ser qualquer distância do chão. Subir numa banqueta para pegar um livro em estante, subir numa escada para trocar lâmpadas, olhar pela janela de um edifício, subir ou descer em elevador panorâmico, andar de avião ou em um balão. A pessoa evita situações em que ela acha que o solo não está facilmente acessível.

ORIGEM DAS FOBIAS

Ao longo do desenvolvimento da criança, alguns medos são normais, surgem com grande intensidade em determinada idade e logo a seguir desaparecem. Medo de animais é normal dos 2 aos 4 anos, e o quadro fóbico tem início após os 8 ou 10 anos. Crianças pequenas têm medo de estranhos, principalmente se aproximam-se rapidamente ou tentam tocá-las.

Para a maioria dos portadores de fobia específica não se consegue conhecer sua origem. Chama atenção que os objetos fóbicos não sejam os que a sociedade contemporânea considera perigosos (tomadas elétricas, fogão, carros se aproximando), mas são estímulos que foram importantes na história filogenética humana (serpentes, aranhas, lugares escuros, etc.).

Para algumas pessoas as fobias têm origem em uma experiência traumática, para outras foram aprendidas de membros da família. A fobia de sangue e ferimentos, por exemplo, tem um componente genético.

As fobias são influenciadas por nossas cognições e crenças. Se interpretamos uma situação como ameaçadora, tendemos a ter reações emocionais de acordo com essa interpretação e não de acordo com o perigo "real" da situação

EPIDEMIOLOGIA

Fobias são os transtornos ansiosos mais comuns, com prevalências de até 16% em indivíduos com mais de 65 anos. Em São Paulo, ao longo da vida das pessoas, estarão presentes em cerca de 8,4% delas (Andrade et al., 1999).

AVALIAÇÃO DE MEDOS E FOBIAS

Inventários de medo

O nível mais simples de avaliação são os inventários de medo, nos quais uma lista enorme de situações e objetos é apresentada para que se assinale os itens quanto a presença e intensidade do medo. Lang e Lazovick (1963) já alistavam 50 medos comuns. Wolpe e Lang (1964) desenvolveram o, hoje mais conhecido e citado, Fear Survey Schedule, com versões de 75 a 120 situações ou objetos fóbicos. Os itens podem ser divididos em subcategorias: animais, ferimento e doenças, morte ou estímulos associados, ruídos, e uma categoria miscelânea.

Avaliação geral de fobias

A escala de fobias mais utilizada foi a desenvolvida por Marks e Mathews (1979). É composta por 15 itens descrevendo situações fóbicas frequentes: injeções ou pequenas cirurgias, comer ou beber na frente das pessoas, hospitais, viajar sozinho de carro ou ônibus, andar sozinho em ruas movimentadas, ser observado ou foco de atenção, entrar em lojas ou locais com muitas pessoas, falar com superiores ou autoridades, ver sangue, ser criticado, afastar-se de casa sozinho, pensar em doenças ou ferimentos, falar ou atuar em público, grandes espaços abertos, ir ao dentista. Cada uma das situações é autoavaliada segundo o grau de temor que provoca numa escala de 0 a 8 (nada a extremo). A seguir, a pessoa assinala o quanto ela se sente incomodada por cada problema listado: se está triste ou deprimida, irritada ou com raiva, tensa sem motivo, desrealização e sensação de pânico. A escala permite um escore global e escores para agorafobia, fobia social e de sangue e ferimentos.

Avaliação de medos e fobias específicas

Walk (1956; apud Taylor e Agras, 1981) criou o primeiro "termômetro" para avaliar medo. Idealizou uma escala para pessoas sendo treinadas para saltar de paraquedas. A altura na escala relacionava-se com intensidade do medo antes do salto. O medo, por sua vez, predizia o desempenho.

Outra maneira de avaliar é fazer uma hierarquia de situações específicas associadas com uma fobia particular e observar o progresso do paciente na hierarquia com ou após o tratamento. Esta é construída listando situações de pouco medo ou ansiedade e gradativamente anotando as situações de máximo medo ou pânico. Cada passo da hierarquia recebe um valor, ou cada passo pode ser avaliado numa escala específica. Avalia-se antes e depois do tratamento, observando se há diferença. Muito utilizadas são as "Unidades Subjetivas de Desconforto", idealizadas por Wolpe para o tratamento por Dessensibilização Sistemática em que o paciente é treinado a classificar a intensidade de seu mal-estar numa escala de 0 a 100 (respectivamente, sem qualquer desconforto e o pior que já sentiu).

Na automonitoração através de diários, a pessoa anota diariamente o grau de mal-estar, esquiva ou outra medida relevante quando acontecem situações de medo. O diário pode ser também qualitativo, ajudando a identificar situações ou atividades desencadeantes do medo. Anota-se data e horário, situação, o que estava fazendo, com quem, pensamentos na hora, intensidade do medo e outros comentários que possam ser importantes.

O diagnóstico operacional das fobias: os principais instrumentos diagnósticos

Os principais instrumentos diagnósticos utilizados atualmente possuem questões específicas para o diagnóstico de fobias específicas.

O Schedules for Clinical Assessment in Neuropsychiatry (SCAN, Wing 1990) possui uma lista de 18 situações fóbicas e espaço disponível para outras que não façam parte deste rol. Deve-se assinalar quanto a sua presença ou ausência e se são acompanhadas de tensão e ansiedade. Caracteriza o desconforto ou incapacitação e o tempo de sua presença. Avalia o grau de esquiva e a interferência nas atividades, no trabalho e no relacionamento social.

O SCID (Entrevista Clínica Estruturada para o DSM-IV – Transtornos do Eixo I, First et al., 1994) permite o diagnóstico de Fobias Específicas. As perguntas são dirigidas a caracterizar a presença dos critérios do DSM-IV: questões sobre medo e ansiedade nas situações típicas, grau de esquiva da situação ou o sofrimento que ocorre se esta não pode ser evitada, crítica formulada sobre o problema, se outro diagnóstico explicaria melhor o problema. Apesar de não planejado para tal, o instrumento permite seu uso para avaliação, pois, no final, as fobias podem ser classificadas segundo a gravidade (leve, moderada, grave) e se estão em remissão parcial ou completa. Esta escala, juntamente com o eixo V do DSM – "Avaliação do Desempenho Global" para o comprometimento social, profissional e das atividades –, pode dar uma ideia precisa de como o paciente está evoluindo.

O CIDI (Composite International Diagnostic Interview; Robbins et al., 1988) permite o diagnóstico de fobias. Foi avaliado quanto a sua confiabilidade e validade por Wittchen e colaboradores (1996). Eles observaram algumas discrepâncias com o SCID, pois o CIDI deixa de diagnosticar alguns casos. Notaram, entretanto, que isso podia ser corrigido modificando-se algumas regras de codificação.

O ADIS IV (Anxiety Disorders Interview Schedule) (Brown et al., 2005) permite o diagnóstico de todos os transtornos ansiosos, inclusive das fobias específicas (animais, altura, tempestades, água, sangue, injeção, ferimentos, procedimentos médicos ou odontológicos, viagens aéreas, elevadores, espaços fechados, dirigir automóveis, sufocar, vomitar, contrair doenças). Permite avaliar a intensidade da fobia e o quanto ela é incapacitante e desconfortável.

Avaliação multidimensional das fobias

A avaliação das fobias deve ser multidimensional, pela complexidade e pela variedade dos sintomas e, principalmente, porque a melhora não ocorre simultaneamente nas esferas cognitiva, fisiológica e do comportamento.

É importante que a avaliação inclua medidas feitas pelo sujeito e pelo observador, para evitar o viés causado pelas exigências do experimentador, pela esperança de melhora e pelos interesses em relatar sucesso de um tratamento. O uso de avaliador cego também é recomendado.

Avaliação cognitiva

A dimensão cognitiva pode ser avaliada por escalas de mal-estar e desconforto de tipo Likert. Outras características podem ser avaliadas como pensamentos automáticos, atitudes disfuncionais, autoeficácia, autoafirmação, etc. Questionários para avaliar ansiedade como o de Traço-Estado de Spielberg (1970), o Inventário de Ansiedade de Hamilton (1959) e o Inventário de Ansiedade de Beck (1988) podem ser importantes. Questionários sobre pensamentos automáticos negativos e atitudes disfuncionais podem também ser usados.

Avaliação fisiológica

Medidas fisiológicas, como reação galvânica da pele e frequência cardíaca, podem ser úteis. Outras foram usadas, mas não se mostraram mais práticas ou precisas do que as já citadas. São elas: eletromiografia, fluxo sanguíneo no antebraço, temperatura e pressão arterial. Dosagens de catecolaminas poderiam refletir a atividade do sistema nervoso autônomo, variando em situações de medo, mas também não são sistematicamente usadas em estudos clínicos. Chambless e colaboradores (1984) desenvolveram o "Body Sensations Questionnaire ", que avalia sintomas físicos frequentemente encontrados nos quadros neuróticos.

Testes de aproximação comportamental

A avaliação direta do comportamento pode ser feita *in vitro* ou ao vivo. Na avaliação *in vitro*, cria-se uma situação artificial, e o sujeito deve se aproximar do objeto fóbico. Mede-se a distância que ele conseguiu ou a

intensidade do mal-estar. O trabalho pioneiro foi de Lang e Lazovik (1963), no qual os sujeitos precisavam se aproximar e segurar uma cobra numa caixa de vidro. A mudança da distância antes e após o tratamento foi o parâmetro utilizado.

Os recursos audiovisuais podem ser usados para recriar situações fóbicas. Por exemplo, gravação de tempestades com luzes de neon imitando relâmpagos, simulação de voo de avião, etc. Hoje, abre-se a perspectiva de tratamento e avaliação das fobias através de Realidade Virtual criada por computador. Estes recursos só são adequados para algumas pessoas que, de tão sensíveis, ficam extremamente ansiosas ao imaginar a situação, ou que vivenciam como real o mimetizar das fobias.

Avaliação da incapacitação

Sheehan e colaboradores (1996) estudaram o problema da incapacitação nas doenças mentais. Sua ocorrência não está em sincronia com os sintomas psiquiátricos durante a evolução do tratamento. Daí a necessidade de ser avaliada separadamente. Foi desenvolvida uma escala para avaliar a incapacitação no trabalho, na vida familiar e na social, contendo categorias discretas, expressas de modo analógico.

TRATAMENTO

Orientações gerais

Educação sobre as síndromes ansiosas e a reação de luta e fuga visam o entendimento de que os sintomas, apesar de serem desconfortáveis, não trazem as consequências catastróficas que a pessoa imagina. A educação do paciente e da sua família é importante para estabelecer um bom vínculo terapêutico; isso tranquiliza o paciente e facilita o encaminhamento ao especialista, quando necessário.

As técnicas de manejo de estresse e relaxamento são utilizadas no tratamento da fobia para que o paciente aprenda a ter um maior controle das suas respostas fisiológicas, psíquicas e comportamentais.

No manejo do estresse, o paciente é orientado a identificar os sinais que indicam um aumento de sua ansiedade e a utilizar a distração e/ou um exercício respiratório de maneira a não permitir que essa ansiedade aumente.

A distração consiste em tirar sua atenção das reações fisiológicas e sensações corporais e dirigi-la a outros aspectos da situação em que se encontra: observação de outras pessoas, da paisagem, de estímulos externos como sons e cheiros.

O exercício respiratório visa diminuir a hiperventilação e alcançar uma respiração mais profunda. Orienta-se o paciente a inspirar contando até três, levando o ar para a região abdominal e depois expirar lentamente, contando até quatro ou cinco, de maneira a criar uma sensação de autocontrole do ritmo respiratório. O treino dessa respiração ao longo do dia, independentemente do estado ansioso em que o paciente se encontre, facilita sua utilização nos momentos críticos, quando se expõe a estímulos fóbicos espontaneamente ou como parte da programação da terapia de exposição.

A técnica A.C.A.L.M.E.-S.E., desenvolvida por Rangé em 1991 (Rangé, 2001), é utilizada na terapia das fobias específicas para melhorar o autocontrole, lidar com pensamentos automáticos negativos e ajudar a pessoa a realizar a exposição ou a dessensibilização sistemática.

Técnicas de meditação e de relaxamento são muito úteis. As mais utilizadas são as propostas por Benson e a de Jacobson modificada por Wolpe. A proposta de Benson (1975) consiste em manter na mente constantemente um estímulo que faça sentido para a pessoa – uma oração, uma frase que a tranquiliza, a chama de uma vela, uma paisagem – e gentilmente afastar as interferências e voltar ao estímulo tranquilizante. Wolpe modificou e simplificou o Relaxamento Muscular Progressivo de Jacobson, permitindo à pessoa aprender a discriminar quando seus músculos estão tensos e relaxados.

Com a prática, ela aprende a relaxar rapidamente. Devem ser ensinadas a técnica de relaxamento ou meditação e, principalmente, a prática de respiração diafragmática. No caso de formigamentos, tonturas e sensação de irrealidade por respiração muito ofegante, ensinar a respirar devagar o próprio ar num saco de supermercado.

Medicamentos

Poucos estudos testaram a eficácia de medicamentos no tratamento das fobias específicas. Benzodiazepínicos podem diminuir a esquiva, mas as avaliações subjetivas de medo e esquiva permanecem inalteradas. A longo prazo, não há redução do medo e da esquiva. Podem ser úteis em situações agudas nas quais é necessário que a pessoa se defronte com a situação temida, como, por exemplo, a pessoa que necessita de um tratamento dentário, realizar um exame de sangue ou qualquer outro procedimento médico, como um exame de Ressonância Magnética; uma viagem aérea para a qual não tenha sido possível um preparo prévio, etc.

Alguns autores acham que a medicação com benzodiazepinícos pode facilitar a exposição, enquanto outros pensam que ela diminui sua eficácia por interferir com o aprendizado ou por diminuir a habituação (Corregiari e Bernik, 2010).

Dessensibilização Sistemática

O primeiro tratamento para fobias específicas foi a Dessensibilização Sistemática, proposta por Wolpe (1976). Através de uma análise funcional do comportamento fóbico, constrói-se uma hierarquia de situações fóbicas. Ensina-se o paciente a relaxar. O paciente é colocado em relaxamento e a situação a ser enfrentada é descrita pelo terapeuta, de modo detalhado, e respeitando o tempo que o paciente precisa para imaginar a cena da maneira mais realista possível, até que sua ansiedade paulatinamente diminua.

Este procedimento também é útil para que o paciente se prepare através da imaginação para enfrentar as situações reais (Quadro 19.1).

Exposição

É o método de escolha para o tratamento das fobias específicas. A exposição às situações temidas é o procedimento mais eficaz na redução da ansiedade e na mudança do comportamento fóbico. Pode ser feita através do confronto das situações ao vivo ou na imaginação.

A exposição deve ser iniciada com o levantamento de todas as situações consideradas pelo paciente como causadoras de ansiedade. Uma vez listadas, estas situações e outros parâmetros relevantes são classificados de acordo com o grau de ansiedade que geram. Assim, terapeuta e paciente constroem uma hierarquia, que começa com as situações que causam menos ansiedade, até as mais difíceis de serem enfrentadas. O paciente é orientado, então, a enfrentar as situações que estão no início desta lista e exercitar-se repetidamente, até que sua ansiedade diminua. Somente então ele passa a enfrentar a seguinte, e assim gradativamente, até expor-se a todas as situações listadas.

Características da exposição

- Estabelecer um objetivo de tratamento
- Permanecer na situação por tempo prolongado (até o medo diminuir)
- Repetir sistematicamente

É importante que o paciente experimente a redução da ansiedade, uma vez que a situação temida é confrontada, e perceba que a cada dia este enfrentamento produz maior redução – fenômeno denominado habituação. Assim, a exposição a cada uma das situações deve ser sistemática, ou seja, muito frequente, e por tempo prolongado (por mais de quarenta e cinco minutos), para que se produza a habituação. A exposição ao vivo consiste em procurar deliberadamente situações que gerem ansiedade e enfrentá-las, obedecendo ao procedimento descrito anteriormente. Variantes da exposição são a inundação, em que o estímulo de maior medo é trabalhado diretamente e a inoculação de estresse onde um trabalho cognitivo é associado. A exposição pode ser feita sozi-

QUADRO 19.1	EXEMPLO DE UMA HIERARQUIA PARA EXPOSIÇÃO NUM CASO DE CLAUSTROFOBIA	
Unidades subjetivas de desconforto	**Hierarquia de situações**
10	Jantar em restaurante que fica no 40º andar
9	Visitar a tia que mora no 16º andar
8	Elevador totalmente fechado sem interfone
7	Elevador velho de grades sem ascensorista, porteiro do prédio idoso
6	Elevador novo, panorâmico, com interfone, subir seis andares
5	Elevador novo, com interfone e ascensorista, subir quatro andares
4	Elevador novo, com interfone e ascensorista, subir três andares
3	Elevador novo, com interfone e ascensorista, subir um andar
2	Entrar no elevador e permanecer no térreo com a porta fechada
1	Entrar no elevador e permanecer no térreo com a porta aberta

nho ou assistida por um terapeuta, familiar, amigo ou acompanhante terapêutico. Pode ser orientada através de manuais, telefone ou internet.

Os três elementos da exposição precisam sempre estar presentes, mas o terapeuta precisa ser criativo para tornar o tratamento accessível ao paciente. Uso de técnicas dramáticas, metáforas, recursos artísticos e musicais, linguagem fácil e adequada à cultura e à idade tornam o tratamento possível. Saber identificar os limites do paciente, adequar a velocidade e a intensidade do tratamento e, principalmente, estabelecer um vínculo de confiança e cooperação rico em empatia é fundamental para o sucesso.

Exemplo de criatividade é o trabalho de Öst (1997), que comparou o tratamento em uma sessão com o realizado em cinco sessões seguindo os passos descritos abaixo e mostrando que uma só sessão era suficiente e eficaz:

> ### Exposição em cinco sessões
>
> - Três sessões são realizadas no consultório e no aeroporto
> - Aprender a identificar Pensamentos Automáticos Negativos
> - Investigar conhecimento sobre viagens aéreas e obter mais informações
> - No aeroporto, observar aviões, decolagens e aterrissagens
> - Realizar voo em simulador de companhia aérea
> - Aprender a lidar com Exposição Interoceptiva e praticá-la
> - Relaxamento
> - Quarta sessão – semelhante à descrita em uma sessão
> - Quinta sessão – reavaliação e estímulo a continuar o tratamento por conta própria.

> ### Exposição em uma sessão
>
> - Início na casa do cliente saindo para o aeroporto
> - Obter os Pensamentos Automáticos Negativos sobre voo em geral e aspectos específicos.
> - Chegada ao balcão de *check-in*
> - Identificar e analisar Pensamentos Automáticos Negativos
> - Observar o que acontece na realidade e comparar com os pensamentos
> - Dar nota com Unidades Subjetivas de Desconforto para o mal-estar e para o quanto acredita nos pensamentos.
> - Testar a validade dos pensamentos disfuncionais
> - Realizar viagem aérea de uma hora
> - Realizar novo *check-in* e viagem de retorno
> - Duração-três horas
> - Durante o transporte terrestre de volta para casa avaliar os pensamentos catastróficos e a crença neles e planejar continuidade do tratamento sozinho estimulando exposição.

Pacientes com Fobia Específica não têm só esta dificuldade. Precisam aprender a aumentar seus reforçadores, lidar com pensamentos e regras disfuncionais, modificar traços prejudiciais de personalidade. Todos os recursos das terapias comportamentais cognitivas são indicados.

REFERÊNCIAS E SUGESTÕES DE LEITURA

Andrade, L. H. S. G., de Lólio, C. A., Gentil. V., & Laurenti, R. (1999). Epidemiologia dos transtornos mentais em uma área definida de captação da cidade de São Paulo, Brasil. *Revista de Psiquiatria Clínica, 26*(5), 257-261.

Beck, A. T., Brown, G., Epstein, N., Steer, R. A. (1988). An inventory for measuring clinical anxiety. *Journal of consulting and clinical psychology, 56*, 893-897.

Bellina, C. (2006). *Dirigir sem medo*. São Paulo: Casa do Psicólogo.

Benson, H., & Klipper, M. Z. (1975). The relaxation response. New York, Harpertorch.

Brown, T. A., Di Nardo, P. A., & Barlow, D. H. (1994). Anxiety Disorders Interview Schedule (ADIS IV). Albany: Graywind Publications.

Chambless, D. L., Caputo, G. C., Bright, P. (1984). Measurement of fear in agoraphobics: The body sensations questionnaire and the agoraphobic cognitions questionnaire. *Journal of Consulting and Clinical Psychology 52*, 1090-1097.

Corregiari, R., & Bernik, M. (2010). Ansiolíticos no tratamento das fobias. In: Bernik, M. *Aspectos clínicos e farmacológicos dos tranquilizantes benzodiazepínicos*. São Paulo: Edmédica.

Egan, S. (1981). Reduction of anxiety in aquaphobics. *Canadian Journal of Applied Sport Sciences, 6*(2):68-71.

First, M. B., Spitzer, R. L., Gibbon, M., & Williams, J. B. (1996). Entrevista estruturada para o DSM IV: transtornos do eixo I.

Gentil, V., Lotufo-Neto, F., & Bernik, M. (Ed.). (1997). Pânico, fobias e obsessões. São Paulo: EDUSP.

Guelfi, J. D., & Bobon, D. (1989). Echelles d'evaluation en Psychiatrie. In: Encyclopédie médico-chirurgicale, Psychiatrie, 37200: A10.10.

Hamilton, M. (1959). The assessment of anxiety states by rating. *The British Journal of Medical Psychology, 32*, 50-5.

Hetem, L. A. B., & Graeff, F. G. (1997). *Ansiedade e transtornos de ansiedade*. Rio de Janeiro: Nacional.

Ito, L. M. (1998). *Terapia cognitivo-comportamental para transtornos psiquiátricos*. Porto Alegre: Artmed.

Lang, P. J., & Lazovik, A. D. (1963). Experimental desensitization of a phobia. *Journal of Abnormal and Social Psychology, 66*, 519-525.

Marks, I. M. (1970). The classification of phobic disorders. *British Journal of Psychiatry 116*, 377-386.

Marks, I. M. (1987). Fears, phobias and rituals. Oxford: Oxford University Press.

Marks, I. M., & Mathews, A. M. (1979). Brief standard self-rating for phobic patients. *Behaviour Research and Therapy, 17*, 263-267.

Öst, L. G. (1990). The agoraphobia scale: an evaluation of its reliability and validity. *Behaviour Research and Therapy, 28*(4), 323-329.

Öst, L. G; Brandberg M & Alm T. et al. (1997). One versus five sessions of exposure in the treatment of flying phobia. Behav Res Ther 35(11): 987-996.

Öst, L. G. (2007). The claustrophobia scale: a psychometric evaluation. *Behaviour Research and Therapy, 45*(5), 1053-1064.

Page, A. C., Bennett, K. S., Carter, O., Smith, J., & Woodmore, K. (1997). The blood-injection Symptom Scale (BISS): Assessing a structure of phobic symptoms elicited by blood and injections. *Behaviour Research and Therapy, 35*(5), 457-467.

Range, B. (2001). *Psicoterapias cognitivo-comportamentais: um diálogo com a Psiquiatria*. Porto Alegre: Artmed

Robins, L. N. (1988). The composite international diagnostic interview schedule: an epidemiologic instrument suitable for use in conjunction with different diagnostic systems and cultures. *Archives of General Psychiatry, 45*, 1069- 1077.

Sheehan, D. V., Harnett-Sheehan, K., & Raj, B. A. (1996). The measurement of disability. *International Clinical Psychopharmacology, 11* (Suppl 3), 89-95.

Sosa, C. D., & Capafóns, J. I. (2005). Tratando fobias específicas. Madrid: Pirámide.

Spielberguer, C. D., Gorsuch, R. L., Lushene, R. E. (1970). Manual for the state-trait anxiety inventory. Palo Alto: Consulting Psychologist.

Taylor, C. B., & Agras, S. (1981). Assessment of phobia. In: Barlow, D. H. Behavioral assessment of adult disorders. London: Guilford.

Taylor, J. E., Deane, F. P., & Podd, J. V. (2002). Driving-related fear: a review. *Clinical Psychology Review 22*, 631-645.

Taylor J., Deane, F. P., & Podd, J. V. (2000). Determining the focus of driving fears. *Journal of Anxiety Disorders, 14*(5), 453-470.

Wilhelm, F. H., & Roth, W. Clinical characheristics of flight phobia. *Journal of Anxiety Disorders, 11*(3), 241-261.

Wing, J. K., Babor, T., Brugha, T. Burke J, Cooper JE, Giel R, et al. (1990). SCAN – Schedules for Clinical Assessment in Neuropsychiatry. *Archives of General Psychiatry, 47*, 589-593.

Wittchen, H. U., Zhao, S., Abelson, J. L., & Kessler, R. C. (1996) Reliability and procedural validity of UM-CIDI DSM III-R phobic disorders. *Psychological Medicine, 26*(6), 1169-1177.

Wolpe, J. (1976). Prática da terapia comportamental. São Paulo: Brasiliense.

Wolpe, J., & Lang, P. J. (1964). A fear survey schedule for use in behavior therapy. *Behavior Research Therapy, 2*, 27.

20

Transtorno de ansiedade generalizada

Fernanda Corrêa Coutinho
André Pereira
Bernard P. Rangé
Antonio Egidio Nardi

INTRODUÇÃO

Os transtornos de ansiedade são bastante frequentes e incapacitantes. Um estudo recente aponta que o risco de uma pessoa atender os critérios para um transtorno de ansiedade ao longo da vida varia entre 4,8% e 31% (Kessler et al., 2007). Entretanto, apesar de muitas vezes desagradável, a ansiedade pode exercer uma função adaptativa importante, já que está associada à preparação do indivíduo para lidar com uma situação ameaçadora ou desafiadora.

Em muitos casos, a ansiedade contribui para que uma pessoa consiga desempenhar bem uma determinada tarefa, por exemplo, quando procura avaliar bem as condições do trânsito e dirigir com cautela em um dia chuvoso. Em outros momentos, pode se tornar tão intensa e desconfortável que compromete a qualidade de vida do indivíduo. Dessa forma, os sintomas de ansiedade são dimensionais e devem ser considerados patológicos quando criam sofrimento e comprometimento funcional significativos.

Uma maneira útil para avaliar os sintomas de ansiedade de uma pessoa é investigar o foco de suas preocupações e o prejuízo funcional que acarreta. Por exemplo, uma pessoa que se queixa de não conseguir viajar de avião, num primeiro momento, poderia ser facilmente diagnosticada com uma fobia específica de voar. Entretanto, esse sintoma pode ser consequência de diferentes interpretações. Pessoas com transtorno de pânico e agorafobia podem relatar dificuldade em viajar de avião devido ao medo de terem um ataque de pânico durante o voo – já que é uma situação em que é difícil receber ajuda caso necessitem – ou de não poderem sair do avião. Não apresentam medo de sofrer um acidente aéreo, que seria mais comum em pessoas com transtorno de ansiedade generalizada (TAG). Portanto, conhecer o foco das preocupações de uma pessoa que apresente sintomas importantes de ansiedade é fundamental para um diagnóstico correto e, consequentemente, para o tratamento adequado.

O TAG é um dos transtornos de ansiedade mais frequentes (Hoyer, Beesdo, Gloster et al., 2009), sendo caracterizado por preocupações excessivas e difíceis de controlar relacionadas às diversas situações do dia a dia. Comparado com outros transtornos de ansiedade, pode ser mais difícil para uma pessoa identificar em seu meio os indivíduos que apresentam esses sintomas. Uma hipótese é que as principais características (preocupação excessiva, ansiedade e dificuldade de lidar com as incertezas) são comuns à maioria dos indivíduos e é a intensidade, o prejuízo causado e a duração/intensidade dos sintomas, que influenciará no diagnóstico, podendo passar despercebido inclusive por profissionais da área de saúde.

Preocupar-se é um fenômeno comum e universal, que ajuda em muitos momentos a uma pessoa planejar melhor suas atividades. Entretanto, para pessoas com TAG, as preocupações são intensas e difíceis de interromper, o que afeta diretamente sua qualidade de vida. Como esses sintomas também são comuns em outros transtornos de ansiedade, alguns pesquisadores consideram o TAG como o transtorno de ansiedade básico (Brown, O'Leary e Barlow, 1999).

Não obstante nos últimos 12 anos ter havido um aumento importante no número de pesquisas sobre os transtornos de ansiedade, aumentando-se o número de pesquisas com TAG, o transtorno ainda é um dos menos estudados (Dugas, Anderson, Deschenes e Donegan, 2010).

DEFINIÇÃO –
CRITÉRIOS DIAGNÓSTICOS

Inicialmente, no Manual de Diagnóstico e Estatístico de Transtornos Mentais (DSM-I, 1952 e DSM-II, 1968), os sintomas referentes ao transtorno de pânico e o transtorno de ansiedade generalizada compunham o que até então se denominava neurose de angústia. Nos anos seguintes, pesquisas demonstraram que um antidepressivo tricíclico era efetivo para o tratamento dos ataques de pânico, mas não para os sintomas mais crônicos de ansiedade, o que sugeriria que esses dois tipos de ansiedade seriam distintos. No mesmo período, crescia um movimento pela mudança da classificação diagnóstica dos transtornos mentais. A proposta era que este passasse a ser realizado de maneira descritiva, fenomenológica, com base em certos dados clínicos, tais como sintomatologia, evolução, gravidade, e independentemente de uma provável hipótese etiológica (Mennin, Heimberg e Turk, 2004).

Em consequência dessas mudanças, a Associação Psiquiátrica Americana (APA), em 1980, publicou o DSM-III. Nessa edição, o transtorno de ansiedade generalizada aparece como entidade nosológica independente pela primeira vez (Brown, O'Leary e Barlow, 1999). Inúmeras modificações nos critérios diagnósticos do TAG foram imple-

mentadas até sua última versão (DSM-IV-TR, 2000), quando o transtorno foi caracterizado por duas características principais associadas à preocupação: *excessiva* e *difícil de controlar* referente a inúmeras situações do dia a dia, tais como: saúde própria ou a de um familiar, segurança, finanças, problemas de relacionamento, etc. Os critérios diagnósticos do DSM-IV-TR para TAG estão descritos no Quadro 20.1.

A Classificação Internacional de Doenças (CID-10) da Organização Mundial de Saúde (OMS) define o TAG como um quadro ansioso generalizado e persistente, que pode estar relacionado a diversos eventos e diferentes atividades do cotidiano, como segurança, saúde, finanças e vida profissional. Os sintomas são variáveis e compreendem nervosismo persistente, tremores, tensão muscular, transpiração, sensação de vazio na cabeça, palpitações, tonturas e desconforto gastrintestinal.

Epidemiologia

Devido às mudanças nos critérios diagnósticos do TAG, desde seu surgimento em 1980, torna-se difícil informar a prevalência do TAG com exatidão. Estima-se que a prevalência em um ano seja entre 3 e 5%, enquanto a prevalência ao longo da vida varie entre 4 e 7%. Entretanto, esses dados foram coletados em pesquisas que utilizavam os critérios diagnósticos do DSM-III e DSM-III-R. Alguns pesquisadores acreditam que a prevalência na população possa estar entre 5 e 8% (Kessler, Walters e Wittchen, 2004).

O transtorno ocorre mais em mulheres do que em homens, numa proporção de 2:1, e estudos clínicos apontam que os sintomas tendem a iniciar na adolescência e no início da vida adulta (Dugas e Robichaud, 2007). Apesar de o TAG não estar associado à vivência de eventos estressores predisponentes, Cole, Peek, Martin, Truglio e Seroczynski (1998) acreditam que o aumento de responsabilidades e desafios na adolescência podem contribuir para o início do transtorno.

PSICOTERAPIAS COGNITIVO-COMPORTAMENTAIS: UM DIÁLOGO COM A PSIQUIATRIA

QUADRO 20.1 — CRITÉRIOS DIAGNÓSTICOS PARA TRANSTORNO DE ANSIEDADE GENERALIZADA

a) Ansiedade e preocupação excessivas (expectativa apreensiva), ocorrendo na maioria dos dias pelo período mínimo de 6 meses, com diversos eventos ou atividades (tais como desempenho escolar ou profissional).

b) O indivíduo considera difícil controlar a preocupação.

c) A ansiedade e a preocupação estão associadas com três (ou mais) dos seguintes seis sintomas (com pelo menos alguns deles presentes na maioria dos dias nos últimos 6 meses). Nota: Apenas um item é exigido para crianças.

1. inquietação ou sensação de estar com os nervos à flor da pele
2. cansaço
3. dificuldade em concentrar-se ou sensações de "branco" na mente
4. irritabilidade
5. tensão muscular
6. transtorno do sono (dificuldades em conciliar ou manter o sono, ou sono insatisfatório e inquieto)

d) O foco da ansiedade ou da preocupação não está confinado a aspectos de um transtorno do eixo I.

e) A ansiedade, a preocupação ou os sintomas físicos causam sofrimento clinicamente significativo ou prejuízo no funcionamento social ou ocupacional ou em outras áreas importantes da vida do indivíduo.

f) O transtorno não se deve aos efeitos fisiológicos diretos de uma substância ou de uma condição médica geral nem ocorre exclusivamente durante um Transtorno do Humor, Transtorno Psicótico ou Transtorno Global do Desenvolvimento.

(APA, 2000).

Muitos estudos têm demonstrado uma alta taxa de comorbidade do TAG com outros transtornos de ansiedade e do humor, sendo rara a apresentação do quadro em sua forma simples (Mennin, Heimberg e Turk, 2004). Em um estudo realizado por Borkovec e colaboradores (1995), 78,2% dos pacientes tinham pelo menos mais um diagnóstico e 30,9% tinham mais de um, sendo o episódio depressivo um dos mais frequentes. Carter, Wittchen, Pfister e Kessler (2001) apontam que a probabilidade de uma pessoa com TAG desenvolver alguma comorbidade durante um ano é de 93,1%, sendo os transtornos de humor os mais frequentes, numa taxa de 70,6%.

Fatos como estes podem sugerir que o TAG não cause prejuízo à qualidade de vida em sua forma simples. Entretanto, pesquisas recentes têm demonstrado que pessoas com TAG tendem a relatar menor satisfação com a vida em família, com as atividades diárias e com o bem-estar em geral, quando comparadas a controles não ansiosos (Stein e Heimberg, 2004).

Estudos confrontando depressão e TAG puros indicaram mais grave e variada incapacitação associada à primeira (Olfson et al., 1997; Schonfeld et al., 1997). Entretanto, apesar de ter encontrado dados que apontam um impacto mais marcante da depressão pura quando comparado a pessoas não deprimidas do que o TAG puro, quando comparado a pessoas não ansiosas, Kessler e colaboradores (1999) não encontraram diferenças significativas quanto à incapacitação quando compararam pessoas com TAG e pessoas deprimidas em suas formas puras. Demonstraram ainda que, quando associados, estes transtornos tendem a ser ainda mais incapacitantes do que quando isolados.

Diagnóstico

O TAG é um transtorno crônico e flutuante e, em geral, quando uma pessoa procura tratamento, os sintomas já a acompanham há muito tempo (Shinohara e Nardi, 2001). Na adolescência ou no início da vida adulta, os sintomas podem ser vistos como adaptativos (ego-sintônicos), pois a preocupação e a ansiedade seriam indicativos de responsabilidade e dedicação (Ladouceur, Blais, Freeston e Dugas, 1998). Com o passar dos anos e o agravamento desses sintomas, ou com o desenvolvimento de outros transtornos comórbidos, os indivíduos procuram tratamento. Muitas vezes, os primeiros médicos a tratarem estes pacientes são gastroenterologistas, clínicos gerais, cardiologistas, em decorrência dos sintomas físicos do quadro. Os sintomas do TAG raramente remitem espontaneamente com o passar do tempo.

A característica central desses pacientes é apresentarem uma orientação muito forte para acontecimentos futuros. As preocupações de pessoas com TAG giram em torno dos mesmos temas de preocupações de pessoas sem o transtorno, quais sejam, finanças, trabalho, saúde, segurança, entre outros. Entretanto, elas tendem a relatar maior preocupação com pequenos problemas do cotidiano e com eventos com probabilidade muito pequena de ocorrerem, como um avião cair ou ser sequestrado. A diferença é mais quantitativa (intensidade e frequência das preocupações) do que qualitativa.

Em geral, o impacto do transtorno afeta inúmeras áreas da vida da pessoa. O indivíduo pode apresentar dificuldade em se concentrar em tarefas do trabalho porque está preocupado com suas finanças ou não aproveitar momentos de lazer devido a preocupações com a semana seguinte de afazeres. Dessa forma, prejudica seu desempenho profissional e suas relações interpessoais.

Os sintomas do TAG podem ser difíceis de se observar sem que haja uma avaliação mais profunda das preocupações do indivíduo. Os pacientes podem, também, focar suas queixas especialmente nos sintomas físicos do transtorno, como tensão muscular, cansaço ou insônia, em vez de na preocupação excessiva. Entretanto, quando questionados, podem relatar com facilidade a cadeia de preocupações que costumeiramente os afligem.

TEORIAS BIOLÓGICAS

Diferenças individuais genéticas, neurofisiológicas e de temperamento vão gerar uma vulnerabilidade cognitiva que predispõem o indivíduo a aumentar ou reduzir a inclinação de reposta ansiosa a uma ameaça ou adversidade da vida (Clark e Beck, 2010). Barlow (2002) sustentou existir uma vulnerabilidade biológica para todos os transtornos de ansiedade, nos quais a hereditariedade chega a influenciar de 30 a 40% entre os transtornos de ansiedade.

Essa vulnerabilidade genética é provavelmente expressa através de elevações nos traços gerais da personalidade ou do temperamento, traço de ansiedade ou afetividade negativa. Excitação crônica, estruturas neuroanatômicas associadas (por exemplo, amígdala, *lócus cœruleus*, córtex pré-frontal direito) e anormalidades nos transmissores de serotonina, ácido gama-aminobutírico (GABA) e hormônio liberador de corticotrofina (CRH) são outras vulnerabilidades biológicas para a ansiedade que têm significado etiológico, em parte por interagir de modo sinérgico com a vulnerabilidade cognitiva (Clark e Beck, 2010).

No TAG, Lightfood, Seay e Goddard (2010) sustentam que fatores biológicos e psicossociais contribuem no desenvolvimento e na manutenção do transtorno. A APA (2000) afirmou no DSM-IV-TR que estudos recentes com gêmeos confirmaram a contribuição da carga genética no desenvolvimento desse transtorno (APA, 2000). Um dos valores metodológicos considerados nos estudos com gêmeos é poder ser usado para estimar não apenas a contribuição genética para um comportamento, mas também os aspectos do ambiente (Eley e Lau, 2005).

As evidências de estudos com gêmeos (Andrews, Stewart, Morris-Yates et al., 1990; Torgersen, 1983) tendem a sugerir que o herdado é uma predisposição geral à ansiedade e à depressão, ao invés de uma característica genética específica. Isto é, seja qual for o papel que a biologia possa ter na contribuição do desenvolvimento do TAG, o processo interno do próprio paciente, as suas experiências e os meios de lidar com o estado de ansiedade certamente têm um papel mais importante em manter, e até mesmo precipitar, o transtorno (Hudson e Rapee, 2004).

Enfim, embora alguns fatores possam ser graves e traumáticos o bastante para levar diretamente ao início de um transtorno de ansiedade, o tamanho do impacto de um evento externo na vida do indivíduo provavelmente inclui os resultados das interações entre a suscetibilidade genética, o temperamento do indivíduo e o fator estressante propriamente dito (Hudson e Rapee, 2004).

MODELO COGNITIVO-COMPORTAMENTAL

Por que as pessoas se preocupam muito? A resposta para esta pergunta vem sendo estudada mais intensamente por diversos pesquisadores desde a publicação, em 1994, do DSM-IV, em que a preocupação excessiva e difícil de controlar se destacou como o sintoma-chave do TAG. Ao longo dos últimos anos, um grupo de pesquisadores do Canadá conseguiu formular um modelo psicológico bastante fundamentado que esclarece os mecanismos envolvidos com a preocupação crônica. Nesse modelo, a intolerância à incerteza é destacada como um fator central para o TAG. Dugas e colaboradores (1998)

afirmam que crenças negativas sobre a incerteza levam uma pessoa a interpretar situações ambíguas de uma maneira distorcida, com uma conotação ameaçadora.

Intolerância à Incerteza: Nos últimos anos, pesquisas apontaram que a intolerância à incerteza é o maior preditor dos níveis de preocupações em amostras clínicas e não clínicas (Dugas et al., 1998). A intolerância à incerteza pode ser definida como uma predisposição de um indivíduo a interpretar situações ambíguas ou incertas como negativas, estressantes ou perigosas. Indivíduos com altos níveis de intolerância à incerteza acreditam que ela impede uma pessoa de viver confortavelmente e ter uma vida plena, consideram terrível estarem incertos sobre os seus futuros e que situações como essas devem ser evitadas. Assim, quando vivenciam tais situações, pessoas com TAG se sentem impelidas a avaliar cada possível consequência através de pensamentos do tipo "e se...", o que gera altos níveis de preocupações.

Preocupação: A preocupação é predominantemente ego-sintônica e pode ser diferenciada de outros tipos de pensamentos negativos, como obsessões e ruminação depressiva. As obsessões são definidas como ideias, pensamentos, impulsos ou imagens persistentes, que são vivenciados como intrusivos e inadequados e causam acentuada ansiedade ou sofrimento, sendo, por isso, denominadas ego-distônicas (APA, 2000). A ruminação depressiva diferencia-se da preocupação, pois a primeira tem uma maior orientação para o passado, enquanto a última tem um conteúdo mais verbal, maior compulsão para ação, maior esforço para solução de problemas e uma orientação maior para o futuro (Wells, 2004).

Wells (2004) diferencia dois tipos de preocupações: preocupações do Tipo I e preocupações do Tipo II. A primeira refere-se a eventos externos e internos não cognitivos (sintomas físicos). Exemplos desse tipo de preocupação seriam: saúde de um familiar, segurança própria, perder o emprego, etc. A preocupação do Tipo II consiste numa avaliação negativa sobre o próprio ato de preocupar-se, isto é, preocupação sobre a preocupação. Um exemplo desse tipo de preocupação seria uma pessoa que acredita que precisa parar de se preocupar para não adoecer ou perder o controle. Em geral, as preocupações do Tipo I são desenvolvidas primeiro, já que são utilizadas como uma forma de enfrentamento às incertezas. As preocupações do Tipo II, muitas vezes, são decorrentes de observações dos malefícios da ansiedade; por exemplo, quando uma pessoa observa que seus pais (modelos ansiosos), desenvolveram doenças físicas ou problemas psicológicos associados às preocupações. Desse modo, o próprio ato de se preocupar passa a ser considerado perigoso.

Crenças sobre a Preocupação: Uma vez iniciado este processo, as crenças sobre a preocupação ajudam a mantê-lo. Alguns exemplos de tais crenças são: "preocupando-me ajudo a evitar surpresas desagradáveis"; "a preocupação ajuda a encontrar soluções para os problemas"; "preocupando-me evito que coisas ruins aconteçam"; "a preocupação é um sinal de que uma pessoa é responsável e cuidadosa", entre outras. Tais crenças são reforçadas negativamente pela não ocorrência, na maioria das vezes, do evento temido (Dugas e Robichaud, 2007). Desse modo, cria-se um estado de ansiedade, que está relacionado a outros dois elementos importantes: a orientação disfuncional para problemas e a evitação cognitiva.

Orientação Disfuncional para problemas: O processo de solução de problemas pode ser dividido em dois componentes principais:

1. a *orientação para o problema* (conjunto de crenças e avaliações envolvidas na solução do mesmo: envolve a percepção de si como um agente para solução do problema e a percepção do problema propriamente dito, assim como as expectativas quanto a sua solução) e

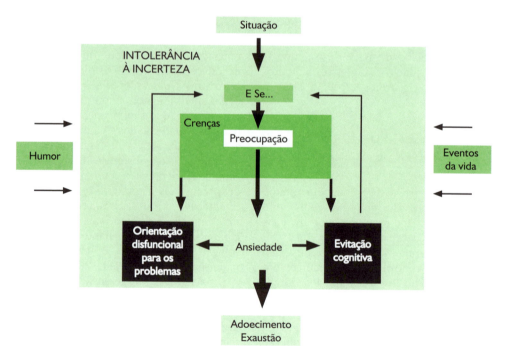

FIGURA 19.1

Modelo Conceitual do TAG (Dugas, Gagnon, Ladouceur e Freeston, 1998, p. 216).

2. as *habilidades* envolvidas na solução de problemas (definir o problema e as metas desejadas; gerar alternativas; escolher uma solução; implementar a solução e testar sua efetividade). Estudos apontam que pessoas com TAG têm boa habilidade de solucionar problemas, porém uma orientação disfuncional para o mesmo (Dugas e Robichaud, 2007).

Evitação cognitiva: A evitação cognitiva refere-se a estratégias utilizadas por uma pessoa para se afastar de estímulos cognitivos e emocionais aversivos. Ela pode ser implícita (estratégias automáticas) ou explícita (estratégias voluntárias). A primeira está relacionada a estudos que apontam uma inibição emocional causada pela preocupação, já que esta é preponderantemente léxica. A hipótese dos pesquisadores era que a preocupação, sendo mais primariamente verbal do que pictórica, estaria servindo à função de diminuir a ativação emocional que as últimas provocam. Isto é, preocupando-se, o indivíduo inibe um estado de excitação fisiológica, reforçando esse processo (Borkovec e Hu, 1990; Borkovec e Inz, 1990). Talvez as próprias características das preocupações (difusas) e as alterações frequentes do tema relacionado às mesmas possam funcionar como fugas deste aumento de excitação. Como não há uma exposição prolongada à preocupação, não ocorre uma habituação a estes estímulos e os sintomas permanecem. A segunda refere-se a estratégias como supressão de pensamentos, uso de distração para interromper a preocupação, evitação de situações que geram preocupações, entre outras.

Outras observações têm sido feitas sobre o papel da evitação no TAG. Existe a ideia de que pessoas com esse transtorno podem estar menos em contato com suas experiências afetivas em geral, podem evitar ativamente emoções ou o foco constante nos pensamentos faz com que fiquem menos capazes de perceber flutuações afetivas durante o dia. Alguns temas que esses indivíduos podem estar evitando através da preocupação são: medos mais profundos; traumas passados; problemas de relacionamentos interpessoais na infância e na vida atual (Borkovec, Alcaine e Behar, 2004).

AVALIAÇÃO PSICOLÓGICA

O TAG é desafiador no que se refere a seu diagnóstico e seu tratamento. É possível que este seja o transtorno que mais sofreu alterações diagnósticas nas últimas décadas (Brow, O'Leary e Barlow, 1999) e, talvez por isso, ainda seja comum encontrar pesquisadores e clínicos discordando de seus principais sintomas e do tempo de duração dos mesmos para se obter o diagnóstico. Além disso, a preocupação é um fenômeno humano universal e sua patologia é definida por dois critérios bastante subjetivos, o "excesso" e o fato de ser considerada de difícil controle. Isto é, a identificação do TAG pode ser um grande desafio, mesmo para o clínico experiente (Dugas e Robichaud, 2007).

A entrevista clínica deve focar na avaliação das preocupações do paciente numa tentativa de estabelecer o diagnóstico preciso de TAG, tendo em vista que os sintomas somáticos do transtorno também são, em sua grande maioria, sintomas de outros transtornos de ansiedade e, por isso, pouco eficazes para uma avaliação diagnóstica precisa. No primeiro momento, deve-se questionar a respeito das preocupações diárias com trabalho, família, saúde, relacionamentos e questões rotineiras.

Os pacientes com TAG geralmente relatam suas preocupações com foco em eventos negativos que possam ocorrer no futuro. Quando se referem ao passado, usualmente questionam como teria sido se tivessem feito diferente. Suas frases costumam começar com *"E se..."*, gerando muita ansiedade. As preocupações são bastante difusas e envolvem qualquer acontecimento da vida diária. Os portadores do TAG costumam descrever-se como constantemente preocupados e ansiosos.

O clínico deve estar bem atento à frequência, ao excesso e à falta de controle das preocupações dos pacientes e se as mesmas estão relacionadas com atividades ou fatos rotineiros. Além disso, a preocupação tem que ser crônica, causar sofrimento clínico, prejuízo em áreas da vida do indivíduo e estar presente há algum tempo, e não simplesmente ser resultado dos fatores estressantes externos.

Os indivíduos precisam preencher nos últimos seis meses, na maioria dos dias, ao menos três dos seguintes sintomas somáticos: agitação ou se sentir tenso ou no limite, cansar-se facilmente, ter dificuldade em se concentrar ou ter brancos na mente, irritabilidade, tensão muscular e transtornos no sono (APA, 2000). A tensão muscular, principalmente na região do trapézio e região cervical, e a dificuldade de concentração se dão pelo excesso de preocupação (Dugas e Robichaud, 2007), que não permite que a pessoa se concentre em executar suas tarefas com êxito.

O terapeuta deve ter em mente que pacientes com TAG geralmente têm o sono interrompido por estarem constantemente preocupados pensando em questões de diferentes ângulos. As informações a respeito de como os pacientes vivenciam os sintomas somáticos deixa o clínico mais confortável para determinar se os sintomas são parte do diagnóstico do TAG ou de outro transtorno psicológico (Dugas e Robichaud, 2007).

Questionários e inventários podem ser utilizados para confirmar o diagnóstico, além de serem úteis na avaliação do caso e dos progressos terapêuticos. Os mais comumente encontrados nos estudos sobre o transtorno são o Inventário Beck de Ansiedade (Beck e Steer, 1990), o Inventário Beck de Depressão (Beck et al., 1961), o Questionário de Preocupação e Ansiedade (Dugas et al., 2001), o Questionário de Preocupação do Estado da Pensilvânia (Meyer et al., 1990), a Escala de Intolerância à Incerteza (Freeston et al., 1994), além dos questionários de autoavaliação.

Por fim, uma avaliação cuidadosa e completa do TAG é necessária e deve ser feita com cautela, tendo em vista que a confiabilidade do diagnóstico desse transtorno é a mais baixa comparada a outros transtornos de ansiedade (Dugas e Robichaud, 2007). Um fato importante é que os indivíduos com TAG puro não acreditam estar sofrendo de um transtorno psiquiátrico e, com isso, acabam só procurando ajuda médica quando um transtorno comórbido se inicia. Um transtorno comórbido secundário ao TAG aumenta o reconhecimento do problema nesses indivíduos e faz crescer a busca pelos dos serviços de saúde especializados (Hunt, Slade e Andrews, 2004), podendo camuflar o TAG como transtorno primário.

TRATAMENTO COGNITIVO-COMPORTAMENTAL

Nas últimas décadas, a investigação sobre o TAG levou ao desenvolvimento de modelos cognitivos e cognitivo-comportamentais do transtorno e suas variações (Westra, 2009). A maioria dos estudos envolvendo o tratamento psicoterápico para TAG compararam a terapia cognitivo-comportamental (TCC) com um grupo controle (Fava, Ruini e Rafanelli, 2005; Linden et al., 2005). A TCC foi eficaz para medidas de ansiedade em todos os estudos encontrados (Mitte, 2005; Barlow, Allen e Basden, 2007), além de mostrar-se eficiente na redução dos sintomas clínicos e na satisfatória recuperação neuroendócrina dos pacientes com o transtorno (Taef et al., 2005).

No entanto, os resultados para o TAG foram relativamente fracos quando comparados a outros transtornos de ansiedade (Newman et al., 2008). Especialmente os benefícios de técnicas de exposição altamente eficazes em outros transtornos têm sido questionados no TAG (Ballenger, Davidson e Lecrubier, 2001).

Na tentativa de melhorar as taxas de resposta para o tratamento do TAG, os pesquisadores têm desenvolvido terapias baseadas no modelo cognitivo-comportamental (Westra, Arkowitz e Dozois, 2009). O foco do tratamento clínico é a preocupação crônica, grave e associada à ansiedade. Segundo Clark e Beck (2010), deve-se ter como foco principal os esquemas mal-adaptativos relacionados a ameaça geral (que incluem crenças sobre probabilidade e consequências de ameaças para a segurança física e psicológica), vulnerabilidade pessoal (que incluem crenças sobre desamparo, inadequação e falta de recursos pessoais para lidar com situações ansiogênicas), intolerância à incerteza (que incluem crenças sobre frequência, consequência, evitação e não aceitação de eventos negativos incertos ou ambíguos) e metacognição da preocupação (que incluem crenças sobre os efeitos positivos e negativos da preocupação e seu controle).

Seguindo os modelos mais tradicionais de atendimento na abordagem cognitiva, o tratamento para o TAG começa com psicoeducação do modelo cognitivo e do transtorno. O cliente aprende que a terapia baseia-se no aqui e agora, é estruturada, diretiva, breve, de tempo limitado e foca na relação entre pensamentos disfuncionais, sentimentos e comportamentos. O terapeuta informa ao cliente sobre as estruturas das sessões, os princípios que guiam as intervenções cognitivo-comportamentais, a importância de o cliente colaborar ativamente com o processo e executar as tarefas sugeridas entre as sessões.

As principais características do TAG, incluindo sintomas e diagnóstico, são debatidas ainda no início do tratamento. Nesse momento o cliente aprende que o TAG é um transtorno de ansiedade caracterizado por preocupação excessiva e incontrolável sobre uma variedade de acontecimentos diários e envolve sintomas somáticos que são informados ao paciente. Os clientes aprendem a monitorar suas preocupações no dia a dia através de registros de automonitoramento e, em seguida, a classificá-las em preocupações reais com solução, preocupações reais sem solução e preocupações sobre situações hipotéticas.

Ao longo do tratamento, algumas técnicas são utilizadas com maior frequência. As técnicas de solução de problemas são aplicadas para problemas reais e com solução. O passo a passo inclui definir o problema e formular os objetivos da resolução de problemas, gerar soluções alternativas, avaliar os prós e contras de cada solução encontrada, escolher uma solução, implementá-la e avaliar sua efetividade.

A resolução de problemas não é apropriada para situações que ainda não ocorreram e talvez nunca se concretizem. Para as preocupações que envolvem problemas hipotéticos, a técnica de exposição imaginária é consensualmente utilizada, pois ajuda os pacientes a confrontarem internamente as situações temidas, através de imagens ansiogênicas dirigidas a situações e sentimentos evitados. Exemplos de preocupações hipotéticas comuns nos pacientes com TAG são preocupar-se que a pessoa amada se envolva num desastre de avião, ficar seriamente doente mesmo que não haja indícios médicos, perder o emprego e não poder honrar com as suas despesas mensais.

Outra técnica muito utilizada na TCC, e que é aplicada nos pacientes com TAG, é a análise custo-benefício, em que os pacientes analisam custos e benefícios de manterem um determinando pensamento ou comportamento (Knapp, 2004). As crenças mais comuns nos pacientes com TAG são levantadas – como, por exemplo, preocupação ajudar a encontrar soluções para problemas, preocupação ter uma função motivacional que garante que as coisas sejam feitas e preocupação ser um traço positivo de personalidade – e, em seguida, discutidas e reavaliadas.

O treino de relaxamento muscular é uma opção de tratamento que pode ser empregada quando a ansiedade somática é tão intensa que o individuo com TAG torna-se incapaz de colaborar com intervenções cognitivas para a preocupação patológica (Clark e Beck, 2010). O relaxamento desenvolvido por Jacobson parte da premissa de que o relaxamento dos músculos leva ao relaxamento da mente. A ideia é de que os músculos devem ser tensionados e em seguida devem receber um comando para relaxar (Coutinho et al., no prelo). De fato, entre as estratégias de redução da ansiedade, o relaxamento aplicado (RA) foi o tratamento que recebeu maior apoio empírico no tratamento do TAG (Dugas et al., 2010).

Uma pesquisa realizada por Dugas e colaboradores (2010) comparou a TCC e o RA no pré-tratamento e pós-tratamento e apontou que a TCC foi superior em termos de melhora clínica global. O fato de a TCC não ter apresentado mudança maior e estatisticamente significativa nos níveis de preocupação (na avaliação pelo Questionário de Preocupação do Estado da Pensilvânia) surpreendeu, já que o RA não aborda diretamente a preocupação. A hipótese levantada pelos pesquisadores é a de que o TAG, como outros transtornos de ansiedade, envolve um processo de interação de sistemas cognitivos, fisiológicos, afetivos e comportamentais (Beck e Clark, 1997; Borkovec et al., 2002); isto é, mudanças em um sistema levam a mudanças nos outros sistemas. Por conseguinte, embora o RA possa ter levado, inicialmente, a mudanças nos sintomas somáticos, como tensão muscular, essas mudanças iniciais podem ter acarretado, posteriormente, a mudança na preocupação.

A TCC vem se mostrando uma abordagem bastante efetiva no tratamento do TAG (Mitte, 2005). O enfoque em determinadas técnicas mostra uma maior efetividade no tratamento do que em outros (Beck e Alford, 2000). Globalmente, no que se refere às pesquisas empíricas, os resultados mostram que TCC e RA foram equivalentes no pós-tratamento, e que ambas as condições levaram à manutenção dos ganhos do tratamento, com alguma evidência de ganhos adicionais da TCC (Dugas et al., 2010).

Ainda não há um consenso sobre a melhor forma de abordar e tratar esse transtorno. Alguns modelos de TCC são destacados na literatura, entre eles o de prevenção da preocupação (Borkovec, 1994), o de intolerância à incerteza (Ladouceur et al., 2000) e o metacognitivo de crenças errôneas sobre a preocupação (Wells e King, 2006). As premissas básicas desses modelos incluem um enfoque explícito sobre as crenças positivas e negativas sobre a preocupação. Os resultados dos tratamentos nessas abordagens cognitivo-comportamentais se mostram bastante promissores (Behar et al., 2009).

TRATAMENTO FARMACOLÓGICO

Estudos para tratamento medicamentoso no TAG ainda são insuficientes, sendo muito comum encontrá-los ainda em curso (Coutinho et al., 2010). A Federação Mundial de Sociedades de Psiquiatria Biológica (WFSBP) publicou, em 2008, a primeira revisão para o tratamento farmacológico do TAG. Nesta atualização, a força-tarefa mencionou os Inibidores Seletivos de Recaptação da Serotonina (ISRS), como escitalopram, paroxetina, sertralina e fluvoxamina, em estudos duplo-cego controlado por placebo e demonstrou que os ISRS têm uma forte evidência de eficácia. Entre os Inibidores Seletivos da Recaptação da Serotonina e Noradrenalina (SNRIs) que foram estudados, a venlafaxina e a duloxetina se mostraram mais eficazes que o placebo também em estudo duplo-cego (Bandelow et al., 2008). Os benzodiazepínicos também são eficazes, mas no tratamento em longo prazo para TAG há uma preferência por escitalopram, paroxetina, venlafaxina, duloxetina e pregabalina por se mostrarem mais eficazes na prevenção de recaídas (Bandelow et al., 2008).

Está é uma informação importante, pois o TAG tem curso crônico e necessita de cuidados especiais na prevenção de recaída. É consenso entre especialistas clínicos a recomendação de farmacoterapia por pelo menos 12 meses (Allgulander, 2010; Bandelow et al., 2008), embora seja comum na clínica médica, quando o paciente está sentindo-se melhor, parar a medicação antes de completar o primeiro ano. Este risco deve ser balanceado e a escolha entre risco de recaída e efeitos colaterais igualmente ponderada (Coutinho et al., 2010). Um estudo importante a esse respeito com escitalopram (Allgulander, 2006) salientou que há maior risco de recaída sem a medicação e que o uso compensa os efeitos colaterais.

A evidência atual sugere que a farmacoterapia pode ser eficaz na redução dos sintomas de ansiedade, mas não parece ter um impacto significativo sobre a preocupação (Anderson e Palm, 2006), que é a característica definidora do TAG. Com isso, a combinação de farmacoterapia e psicoterapia parece ser a mais efetiva (Anderson e Ramos, 2006; Borkovec e Ruscio, 2001; Fisher, 2006).

Nesse sentido, a terapia cognitivo-comportamental tem sido frequentemente realizada com pacientes com TAG. Nessa combinação, a terapia prioriza as preocupações e a medicação age mais efetivamente nos sintomas somáticos. Embora estudos combinando terapia e farmacoterapia ainda sejam raros, ao que parece, medicamentos combinados com a prática terapêutica ajudam o paciente a motivar-se para participar de técnicas de exposição (Allgulander, 2010).

PERSPECTIVAS FUTURAS

Talvez o TAG seja um dos transtornos que mais sofreu modificações nos seus critérios diagnósticos nos últimos anos, e mesmo depois de tantas alterações e debates, alguns estudiosos não concordam inteiramente com os critérios utilizados hoje. Eles defendem a ideia de se enfocar o número e a gravidade dos sintomas associados, e não os aspectos cognitivos, como a preocupação excessiva (Rickels e Rynn, 2001). Acreditam que muitos pacientes não chegam a atender todos os critérios do DSM-IV-TR e, assim, ficam sem diagnóstico, impedindo um melhor estudo do quadro, carecendo de um entendimento conceitual e de condutas pertinentes por parte dos profissionais.

Algumas modificações estão sendo estudadas para o DSM-V, que deve ser publicado em 2013. O TAG, nos últimos 30 anos, foi caracterizado de uma maneira que melhorou bastante sua fidedignidade, porém a validade do transtorno ainda é considerada baixa. Muitas vezes, pacientes apresentam sintomas condizentes com o transtorno, porém não atendem os critérios diagnósticos do mesmo. Sendo assim, tais modificações visam a corrigir este problema.

O transtorno deve passar a ser denominado transtorno de preocupação generalizada, visando destacar a característica principal do quadro. Além disso, o tempo mínimo que os sintomas devem estar presentes deve diminuir de 6 para 3 meses. Isso visa facilitar a identificação de casos clinicamente significativos, além de aumentar a fidedignidade do diagnóstico. Entre os sintomas associados, devem ser mantidos apenas os que se referem a tensão muscular e inquietação, sendo que pelo menos um deles deve estar presente. Um novo critério sobre evitações deve ser implementado, indo ao encontro de observações clínicas. Pelo menos um comportamento de esquiva deve estar presente, como evitação de situações em que haja possibilidade de consequências negativas, gasto de tempo e esforço para se preparar para situações com possibilidade de consequências negativas, procrastinação comportamental ou para tomada de decisões causada por preocupações, e busca frequente de reasseguramento devido a preocupações (Andrews et al., 2010).

CONCLUSÕES

O capítulo fez um levantamento das mais recentes diretrizes diagnósticas e de tratamento do TAG e concluiu que o TAG é um transtorno que merece atenção clínica e um diagnóstico preciso. O tratamento para o TAG contribui na redução da possibilidade de outros diagnósticos coexistirem futuramente, além de gerar bem-estar físico e psíquico aos pacientes. Os tratamentos cognitivo-comportamentais para o TAG evoluíram daqueles baseados em uma compreensão mais ampla da ansiedade para aqueles com base em uma conceitualização específica da preocupação patológica e vêm mostrando benefícios aos pacientes. O enfoque das abordagens cognitivas para o TAG privilegia a reestruturação das crenças positivas e negativas sobre a preocupação. As técnicas cognitivas de exposição imaginária, a análise custo-benefício e as técnicas comportamentais de automonitoramento, resolução de problemas e relaxamento muscular parecem ser eficazes no tratamento, principalmente quando trabalhadas de forma combinada. O tratamento farmacológico contribui com os pacientes que apresentam prejuízos somáticos significativos. Estudos com antidepressivos ISRS e benzodiazepínicos têm demonstrado um tratamento eficiente para o TAG. Contudo, a TCC, apesar de eficaz, tem menor medida de efeito para o TAG quando comparada a outros transtornos, o que sugere a necessidade de maior atenção e de desenvolvimento de novas abordagens ao seu tratamento.

REFERÊNCIAS

Allgulander, C. (2010). Novel approaches to treatment of generalized anxiety disorder. *Current Opiion. Psychiatry, 23*, 37-42.

American Psychiatric Association. (2000). *Diagnostic and statistical manual of mental disorders* (4th ed., rev.) Washington, DC: Author.

Anderson, I. M., & Palm, M. E. (2006). Pharmacological treatments for worry: focus on generalized anxiety disorder. In: Davey, G. C. L., Wells, A. (Ed.). *Worry and its psychological disorders: theory, assessment and treatment*. West Sussex, England: John Wiley & Sons.

Andrews, G., Hobbs, M. J., Borkovec, T. D., Beesdo, K., Craske, M. G., Heimberg, R. G., et al. (2010). Generalized worry disorder: a review of DSM-IV generalized anxiety disorder and options for DSM-V. *Depression and Anxiety, 0*, 1-14.

Ballenger, J. C., Davidson, J. R. T., Lecrubier, Y., Nutt, D. J., Borkovec, T. D., Rickels, K., et al. (2001). Consensus statement on generalized anxiety disorder from the International Consensus Group on Depression and Anxiety. *Journal of Clinical Psychiatry, 62*, 53-58.

Bandelow, B., Zohar, J., Hollander, E., Kasper, S., Möller, H. J., WFSBP Task Force on Treatment Guidelines for Anxiety, Obsessive–Compulsive and Post-Traumatic Stress Disorders, et al. (2008). World Federation of Societies of Biological Psychiatry (WFSBP) guidelines for the pharmacological treatment of anxiety, obsessive-compulsive and post-traumatic stress disorders. first revision. *The World Journal of Biological Psychiatry, 9*(4), 248-312.

Barlow, D. H., Allen, L. B., & Basden, S. L. (2007). Psychological treatments for panic disorders, phobias, and generalized anxiety disorder. In: Nathan, P. E., Gorman, J. M. (Ed.). *A guide to treatments that work* (3rd ed.) (p. 351-394). New York: Oxford University Press.

Beck, A. T., & Alford, B. A. (2000). *O poder integrador da terapia cognitiva*. Porto Alegre: Artmed.

Beck, A. T., & Steer, R. A. (1990). *Manual for the beck anxiety inventory*. New York: Psychological Corporation.

Beck, A. T., Ward, C. H., Mendelson, M., Mock, J. E., & Erbaugh, J. K. (1961). An inventory for measuring depression. *Archives of General Psychiatry, 4*, 561-571.

Behar, E., DiMarco, I. D., Hekler, E. B., Mohlman, J., & Staples, A. M. (2009). Current theoretical models of generalized anxiety disorder (GAD): Conceptual review and treatment implications. *Journal of Anxiety Disorders, 23*, 1011-1023.

Borkovec, T. D. (1994). The nature, functions, and origins of worry. In: Davey, G., & Tallis, F. (Ed.). *Worrying: perspectives on theory assessment and treatment* (p. 5-33). Sussex, England: Wiley & Sons.

Borkovec, T. D., & Hu, S. (1990). The effect of worry on cardiovascular response to phobic imagery. *Behaviour Research and Therapy, 28,* 69-73.

Borkovec, T. D., & Inz, J. (1990). The nature of worry in generalized anxiety disorder: A predominance of thought activity. *Behaviour Research and Therapy, 28,* 153-158.

Borkovec, T. D., & Ruscio, A. M. (2001). Psychotherapy for generalized anxiety disorder. *Journal of Clinical Psychiatry, 62,* 37-42.

Borkovec, T. D., Abel, J. L., & Newman, H. (1995). Effects of psychotherapy on comorbid conditions in generalized anxiety disorder. *Journal of Consulting and Clinical Psychology, 63*, 479-483.

Borkovec, T. D., Alcaine, O. M., & Behar, E. (2004). Avoidance theory of worry and generalized anxiety disorder. In: Heimberg, R. G., Turk, C. L., & Mennin, D. S. Generalized anxiety disorder: advances in research and practice (p. 77-108). New York: Guilford.

Brow, T., O'Leary, T. A., & Barlow, D. H. (1999). Transtorno de ansiedade Generalizada. In: Barlow, D. H. (Org.). *Manual clínico dos transtornos psicológicos* (2. ed.). Porto Alegre: Artmed.

Carter, R. M., Wittchen, H. U., Pfister, H., & Kessler, R. C. (2001). One-year prevalence of subthreshold and threshold DSM-IV generalized anxiety disorder in a nationally representative sample. *Depress Anxiety, 13,* 78-88.

Clark, D. A., & Beck, A. T. (2010). *Cognitive therapy of anxiety disorder: science and practice*. New York: Guilford.

Cole, D. A., Peeke, L. G., Martin, J. M., Truglio, R., & Seroczynski, A. D. (1998). A longitudinal look at the relation between depression and anxiety in children and adolescents. *Journal of Consulting and Clinical Psychology; 66*, 451-460.

Coutinho, F. C., Dias, P. G., Bevilaqua, M. C. N., Gardino, P. F., Rangé, B. P., & Nardi, A. E. (2010). Current concept of anxiety: implications from Darwin to the DSM-V for the diagnosis of generalized anxiety disorder. *Expert Review of Neurotherapeutics. 10,* 1307-1320.

Coutinho, F. C., Macedo, T. F., Rangé, B. P., & Nardi, A. E. (submetido). Avaliação das terapias cognitivo-comportamentais, terapias cognitivas e técnicas comportamentais para o tratamento do transtorno de ansiedade generalizada: uma revisão sistemática.

Dugas, M. J., & Robichaud, M. (2007). *Cognitive-behavioral treatment for generalized anxiety disorder: from science to practice.* New York: Routledge.

Dugas, M. J., Anderson, K. G., Deschenes, S. S., & Donegan, E. (no prelo). Generalized anxiety disorder publications: where do we stand a decade later? *Journal of Anxiety Disorders*.

Dugas, M. J., Brillon, P., Savard, P., Turcotte, J., Gaudet, A., Ladouceur, R., et al. (2010). A randomized clinical trial of cognitive-behavioral therapy and applied relaxation for adults with generalized anxiety disorder. *Behavior Therapy, 41,* 46-58.

Dugas, M. J., Gagnon, F., Ladouceur, R., & Freeston, M. H. (1998). Generalized anxiety disorder: a preliminary test of a conceptual model. *Behaviour Research and Therapy, 36,* 215-226.

Fava, G., Ruini, C., & Rafanelli, C. (2005). Well-being therapy for generalized anxiety disorder. *Psychotherapy and Psychosomatics, 74,* 26-30.

Fisher, P. L. (2006). The efficacy of psychological treatments for generalized anxiety disorder. In: Davey, G. C. L., & Wells, A. (Ed.). *Worry and its psychological disorders: theory, assessment and treatment.* West Sussex, England: Wiley & Sons.

Freeston, M. H., Rhéaume, J., Letarte, H., Dugas, M. J., & Ladoucer R. (1994). Why do people worry? Personality and individuals differences. 17, 791-802.

Hoyer, J., Beesdo, K., Gloster, A. T., Runge J., Höfler, M., & Becker E. S. (2009). Worry exposure versus applied relaxation in the treatment of generalized anxiety disorder. *Psychotherapy and Psychosomatics, 78,* 106-115.

Hunt, C., Slade, T., & Andrews, G. (2004). Generalized anxiety disorder and major depressive disorder comorbidity in the national survey of mental health and well-being. *Depression and Anxiety, 20,* 23-31.

Kessler, R, C., Walters, E., E., & Wittchen, H-U. (2004). Epidemiology. In: Heimberg, R. G., Turk, C. L., & Mennin, D. S. (2004). *Generalized anxiety disorder: advances in research and practice* (p. 29-50). New York: Guilford.

Kessler, R. C., Angermeyer, A., Anthony, J., Graaf, R. D., Demyttenaere, K., Gasquet, I., et al. (2007). Lifetime prevalence and age-of-onset distributions of mental disorders in the World Health Organization's World Mental Health Survey Initiative. *World Psychiatry, 6,* 168-176.

Kessler, R. C., DuPont, R. L., Berglund, P., & Wittchen, H. U (1999). Impairment in pure and comorbid Generalized Anxiety Disorder and major depression at 12 months in two national surveys. *American Journal of Psychiatry, 156*(12), 1915-1923.

Knapp, P. (2004). Principais técnicas. In: Knapp, P. *Terapia cognitivo-comportamental na prática psiquiátrica.* Porto Alegre: Artmed.

Ladouceur, R., Blais, F., Freeston, M. H., & Dugas, M. J. (1998). Problem solving and problem orientation in generalized anxiety disorder. *Journal of Anxiety Disorders, 12,* 139-152.

Ladouceur, R., Dugas, M. J., Freeston, M. H., Léger, E., Gagnon, F., & Thibodeau, N. (2000). Efficacy of a cognitive-behavioral treatment for generalized anxiety disorder: evaluation in a controlled clinical trial. *Journal of Consulting and Clinical Psychology, 68,* 957-964.

Linden, M., Zubrägel, D., Bär, T., Franke, U., & Schlattmann, P. (2005). Efficacy of cognitive behavior therapy in generalized anxiety disorders. *Psychotherapy and Psychosomatics, 74,* 36-42.

Mennin, D. S., Heimberg, R. G., & Turk, C. L. (2004). Clinical presentation and diagnostic features In: Heimberg, R. G., Turk, C. L., & Mennin, D. S. *Generalized anxiety disorder: advances in research and practice* (p. 3-28). New York: Guilford.

Meyer, T. J., Miller, M. L., Metzer, R. L., & Borkokec, T. D. (1990). Development and validation of the penn state worry questionnaire. *Behavior Research and Therapy, 8,* 487-495.

Mitte K. (2005). Meta-analysis of cognitive-behavioral treatment for generalized anxiety disorder: a comparison with pharmacotherapy. *Psychological Bulletin, 131,* 785-795.

Newman, M. G., Castonguay, L. G., Borkovec, T. D., Fisher, A. J., & Nordberg, S. S. (2008). An open trial of integrative therapy for generalized anxiety disorder. *Psychotherapy Theory, Research, Practice, Training, 45,* 135-147.

Olfson, M., Fireman, B., Weissman, M. M., Leon, A. C., Sheehan, D. V, Kathol, R. G., et al. (1997). Mental disorders and disability among patients in a primary care group practice. *American Journal of Psychiatry, 154*(12), 1734-1740.

Rickels, K., & Rynn, M. A. What is generalized anxiety disorder? *Journal of Clinical Psychiatry, 62*(11), 4-12.

Schonfeld, W. H., Verboncoeur, C. J., Fifer, S. K., Lipschutz, R. C., Lubeck, D. P., & Buesching, D. P. (1997). The functioning and well-being of patients with unrecognized anxiety disorders and major depressive disorder. *Journal of Affective Disorders, 43,* 105-119.

Shinohara, H., & Nardi, A.E. (2001). Transtorno de ansiedade generalizada. In: Range, B. (Org.). *Psicoterapias cognitivo-comportamentais: um diálogo com a psiquiatria* . Porto Alegre: Artmed.

Stein, M. B., & Heimberg, R. G. (2004). Well-being and life satisfaction in generalized anxiety disorder: comparison to major depressive disorder in a community sample. *Journal of Affective Disorders, 79,* 161-166.

Tafet, G. E., Feder, D. J., Abulafia, D. P., & Roffman, S. S. (2005). Regulation of hypothalamic-pituitary-adrenal activity in response to cognitive therapy in patients with generalized anxiety disorder. *Cognitive, Affective, & Behavioral Neuroscience, 5,* 37-40.

Wells, A. (2004). A cognitive model of GAD: metacognitions and pathological worry. In: Heimberg, R. G., & Turk, C. L., & Mennin, D. S. (Ed.). *Generalized anxiety disorder: advances in research and practice* (p. 164-186). New York: Guilford.

Wells, A., & King, P. (2006). Metacognitive therapy for generalized anxiety disorder: an open trial. *Journal of Behavior Therapy and Experimental Psychiatry, 37,* 206-212.

Westra, H. A., Arkowitz, H., & Dozois, D. J. A. (2009). Adding a motivational interviewing pretreatment to cognitive behavioral therapy for generalized anxiety disorder: A preliminary randomized controlled trial. *Journal of Anxiety Disorder, 23,* 1106-1117.

Wittchen, H. U., & Hoyer J. (2001). Generalized anxiety disorder: nature and course. *Journal of Clinical Psychiatry, 62,* 15-21.

21

Terapia cognitivo-
-comportamental do
transtorno obsessivo-
-compulsivo

Aristides Volpato Cordioli
Daniela Tusi Braga

O QUE É TRANSTORNO OBSESSIVO-COMPULSIVO?

O transtorno obsessivo-compulsivo (TOC) caracteriza-se pela presença de obsessões e/ou compulsões que consomem tempo ou interferem de forma significativa nas rotinas diárias do indivíduo, no seu trabalho, na vida familiar ou social, e causam acentuado sofrimento (American Psychiatric Association, 2000). O TOC acomete cerca de 2-3% da população em geral (Kessler, Berglund, Demler, Jin e Walters, 2005), sendo semelhante a prevalência para homens e mulheres. No entanto, em crianças a doença é mais comum em meninos (Geller, 2006). Seu curso geralmente é crônico, com os sintomas variando em intensidade e, se não tratado, com muita frequência podem manter-se por toda a vida. Por vários motivos, é considerado um transtorno mental grave, iniciando, geralmente, na adolescência e muitas vezes ainda na infância, sendo raro seu início depois dos 40 anos. Em aproximadamente 10% dos casos seus sintomas são incapacitantes.

Até o presente momento, as causas do TOC não são bem conhecidas. Como os sintomas são heterogêneos, não está claro se constituem um único transtorno ou um grupo de transtornos com características em comum. Na prática, as apresentações clínicas, o início da doença, o curso, os aspectos neurofisiológicos, neuropsicológicos e cognitivos, bem como a resposta aos tratamentos, variam muito de indivíduo para indivíduo. Existem fortes evidências de que fatores biológicos, a incidência familiar (genética), tornam certos indivíduos mais suscetíveis a desenvolver o transtorno. O aparecimento dos sintomas na vigência de doenças cerebrais, a hiperatividade verificada em certas regiões do cérebro em portadores do TOC, as alterações da neurofisiologia cerebral relacionadas com a serotonina e a redução dos sintomas com neurocirurgia constituem evidências do envolvimento cerebral no transtorno. Além das causas biológicas, existem também as explicações psicológicas e comportamentais que vamos discutir na sequência do presente capítulo.

Indivíduos com TOC apresentam uma sintomatologia heterogênea, uma ampla gama de comorbidades e diferentes percentuais de resposta aos tratamentos (Flament et al., 1988; Fontenelle, Mendlowicz e Versiani, 2006; Ruscio, Stein, Chiu e Kessler, 2010). Estudos epidemiológicos mostram que a maioria dos portadores tem pelo menos um outro transtorno psiquiátrico associado, sendo os mais frequentes transtornos de ansiedade, como a fobia social ou as fobias específicas e o transtorno depressivo maior (Torres et al., 2006). Entre 20-30% das pessoas com TOC têm um histórico atual ou passado de tiques (Kessler, Berglund, Demler, Jin e Walters, 2005).

Estudos têm identificado diferentes dimensões de sintomas do TOC, são elas: contaminação e lavagem; simetria, verificações e ordem; pensamentos indesejáveis (repugnantes), geralmente, sobre sexo, agressão e religião (blasfêmias e escrupulosidade) e o colecionismo (Leckman et al., 1997; Bloch et al., 2008; Matsunaga et al., 2008; Stewart, 2008). Por outro lado, algumas pesquisas têm entendido o colecionismo como sendo um transtorno único, distinto do TOC (Pertusa et al., 2008; Mataix-Cols et al., 2010). Estas dimensões de sintomas têm sido associadas a características clínicas, como comorbidades (Mataix-Cols, Rauch e Jenike, 2000; Peterson, Pine, Cohen e Brook, 2001; Hasler et al., 2005; Stewart, Jenike e Keuthen, 2005; Wheaton, Timpano, Lasalle-Ricci e Murphy, 2008), idade de início do TOC (Mathis et al., 2009), reposta aos inibidores seletivos de recaptação de serotonina (Mataix-Cols et al., 1999; Saxena, 2007).

Atualmente, nos debates que antecedem a nova edição do Manual Diagnóstico e Estatístico dos Transtornos Mentais (DSM-V), sobre incorporar ou não especificadores dimensionais nos critérios diagnósticos do TOC, levando-se em conta os prós e contras de tal decisão, as principais desvantagens são a variedade de instrumentos que avaliam as dimensões de sintomas obsessivos-compulsivos e a escassez de um instrumento que seja considerado o "padrão ouro" para tal avaliação; ainda não existe um consenso universal quanto a quais seriam estas dimensões; além disso, tal decisão pode reduzir o poder e obscurecer os resultados dos estudos de história natural, neuroimagem e os ensaios clínicos (Leckman, 2010). Por outro lado, está cada vez mais evidente que a abordagem dimensional tem um valor clínico significativo e é essencial para escolha e planejamento do tratamento (Landeros-Weisenberger, Pittenger, Krystal, Goodman, Leckman e Coric, 2010; Rufer, Fricke, Moritz, Kloss e Hand, 2006; Mancuso, Faro, Joshi e Geller, 2010).

Neste capítulo, serão abordadas as principais crenças disfuncionais associadas aos sintomas obsessivo-compulsivos (OCs), assim como a avaliação exagerada do risco e da responsabilidade, o perfeccionismo e a necessidade de ter certeza, valorizar o poder do pensamento e a necessidade de controlá-lo (OCCWG, 1997; Moulding et al., 2010). Com base nas crenças disfuncionais e levando em conta as diferentes apresentações do TOC (dimensões), será descrita a terapia cognitivo-comportamental (TCC) para esse transtorno, bem como as condições para a sua eficácia.

MODELO COGNITIVO-COMPORTAMENTAL DO TOC E CRENÇAS DISFUNCIONAIS

Modelo comportamental

O modelo comportamental do TOC baseia-se nas teorias de aprendizagem. Em 1939, Mowrer, com base na teoria comportamental, propôs um modelo para explicar as origens do medo e os comportamentos de esquiva nos transtornos de ansiedade, que ficou conhecido como o modelo dos dois fatores ou dos dois estágios. Ele afirmou que o medo seria adquirido por condicionamento clássico e mantido por condicionamento operante (reforço negativo). Dollard e Miller (in: Neziroglu, Henricksen e Yaryura-Tobias, 2006) adaptaram o modelo de Mowrer para explicar o surgimento e a manutenção dos sintomas OCs, referindo que resultariam de aprendizagens ocorridas em dois estágios: 1) através do condicionamento clássico um estímulo neutro (pensamento, trincos de porta, números, cores) que é repetidamente pareado com um estímulo incondicionado (medo, nojo, ansiedade) adquire as mesmas propriedades do estímulo incondicionado (passa a provocar tais reações ou respostas); 2) novas respostas são aprendidas (evitações, realização de rituais) e reduzem a ansiedade por um mecanismo chamado de condicionamento operante (reforço negativo); por esse motivo, são mantidas.

O modelo comportamental não tem encontrado suporte para a hipótese de um condicionamento clássico na origem dos sintomas OCs. Essa é a sua maior fraqueza.

Entretanto, o mecanismo sugerido para a manutenção dos sintomas – o alívio que os pacientes sentem ao executar os rituais (reforço negativo) – parece bastante plausível, tendo implicações importantes nas estratégias de tratamento.

Modelo cognitivo-comportamental

Atualmente, o modelo cognitivo-comportamental tem sido considerado o modelo psicológico do TOC com maior suporte empírico (Abramowitz, Taylor e McKay, 2009). Este modelo propõe que as obsessões e compulsões surgem de certos tipos de crenças disfuncionais e a intensidade da crença está associada ao risco de uma pessoa desenvolver sintomas OCs (Rachman, 1997 e 1998; Salkovskis, 1985). A base para este modelo é a proposição de que intrusões cognitivas indesejáveis (isto é, pensamentos desagradáveis, imagens e impulsos que invadem a consciência) são experimentadas pela maioria das pessoas na população geral e têm conteúdo semelhante às obsessões clínicas (Rachman e Silva, 1978). A maioria das pessoas que experienciam uma intrusão consideram-na um acontecimento desagradável, sem sentido e sem implicação de dano associada, ou seja, um evento "banal". Estudos científicos indicam que estas intrusões "banais" transformam-se em obsessões quando são avaliadas como pessoalmente importantes, extremamente inaceitáveis ou imorais e/ou quando representam uma ameaça para a qual o indivíduo sente-se pessoalmente responsável (Abramowitz, Khandker, Nelson, Deacon e Rygwall, 2006; Abramowitz, Nelson, Rygwall e Khandker, 2007). Por exemplo, a imagem intrusiva de esfaquear um ente querido é experimentada pela maioria das pessoas como um evento desagradável, mas sem sentido, sem dano, sem valor, como sendo "lixo" mental que transita pela consciência (Abramowitz, Taylor e McKay, 2009). Supõe-se que, para a pessoa que tem TOC, tal intrusão transforma-se em obsessão, pois ela vivencia a imagem de esfaquear um filho e pensa: "se pensei isso posso perder o controle e matá-lo". Esta interpretação evoca angústia e motiva o indivíduo afetado suprimir ou afastar as intrusões indesejáveis. Assim, as compulsões tornam-se persistentes e excessivas, pois são reforçadas negativamente pela redução imediata da ansiedade e pelo afastamento temporário do pensamento indesejável. Além disso, as compulsões impedem o indivíduo afetado de aprender que suas avaliações não são reais.

Essa proposta, embora represente um modelo interessante para compreender e tratar obsessões de conteúdo agressivo, sexual e blasfemo, não auxilia na compreensão de outros sintomas do TOC, como contaminação, simetria, colecionismo.

As compulsões estão associadas com a frequência das intrusões, pois funcionam como lembrança das mesmas, desencadeando assim suas repetições. As tentativas de distrair-se das intrusões indesejáveis geralmente provocam um efeito paradoxal, pois os "distratores" funcionam como pistas de recuperação das intrusões. As compulsões podem fortalecer a crença disfuncional de responsabilidade exagerada, ou seja, a ausência da consequência temida após a compulsão reforça a crença de que a pessoa necessita fazer o ritual para remover a ameaça e que foi o ritual que impediu o desfecho temido (Figura 21.1).

Crenças disfuncionais

Em 1997, um grupo de pesquisadores dos eventos cognitivos relacionados ao TOC propôs seis domínios de crenças que podem levar a interpretação errada dos pensamentos intrusivos (OCCWG, 1997):

1. responsabilidade exagerada,
2. importância exagerada dos pensamentos,
3. importância de controlar os pensamentos,
4. exacerbação do risco,
5. intolerância à incerteza e
6. perfeccionismo.

Porém, alguns estudos sugerem a sobreposição das crenças. Wu e Carter (2008),

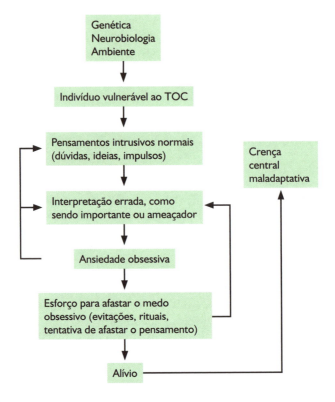

FIGURA 21.1

Modelo cognitivo-comportamental do transtorno obsessivo-compulsivo.

através do *Obsessive Compulsive Questionnaire* (OBQ), realizaram um estudo investigando o quanto as crenças disfuncionais seriam específicas aos sintomas do TOC em estudantes norte-americanos. Eles sugeriram agrupar as crenças em apenas três domínios: importância/controle dos pensamentos, responsabilidade e perfeccionismo. Através da análise fatorial do mesmo questionário, Moulding e colaboradores (2010) sugeriram quatro fatores de crenças associadas aos sintomas OCs: superestimar o risco, responsabilidade exagerada, perfeccionismo e intolerância à incerteza e importância de controlar os pensamentos.

A partir da descrição das crenças disfuncionais, técnicas cognitivas foram propostas para sua correção e vêm sendo incorporadas no tratamento dos sintomas OCs (Van Oppen e Arntz, 1994; Freeston, Rhéaume e Ladouceur, 1996; Salkovskis, 1985 e 1999; Salkovskis, Forrester e Richards, 1998) associadas à terapia de EPR.

Alguns estudos têm associado as dimensões dos sintomas OCs aos domínios de crenças de TOC. Por exemplo, a crença de responsabilidade exagerada foi associada aos sintomas de verificação em uma amostra clínica de TOC (Lopatka e Rachman, 1995) e em uma amostra de TOC com sintomas diversos (Shafran, 1997). A crença de exagerar a importância dos pensamentos e a necessidade de controlá-los foi relacionada aos sintomas OCs de conteúdo agressivo, sexual ou blasfemo (Lee, Kim e Kwon, 2005; Doron, Kyrios e Nedeljkovic, 2008). O perfeccionismo também tem sido associado a sintomas específicos do TOC, incluindo verificação e rituais de limpeza (Tallis, Rosen e Shafran, 1996). A avaliação exagerada do risco foi associada aos sintomas de contaminação/limpeza (Jones e Menzies,1998).

TRATANDO O TRANSTORNO OBSESSIVO-COMPULSIVO

Iniciando a terapia cognitivo-comportamental

Até pouco tempo atrás, o TOC era considerado um transtorno de difícil tratamento. Este panorama mudou radicalmente nas últimas quatro décadas com a introdução de métodos efetivos de tratamento: a terapia cognitivo-comportamental (TCC), a terapia de exposição e prevenção de resposta (EPR) e os medicamentos antiobsessivos.

O início da TCC do TOC consiste em conhecer o paciente que está na nossa frente. O objetivo das primeiras sessões é o de estabelecer ou não diagnóstico de TOC, bem como de comorbidades e da motivação para o tratamento. É essencial obter a história natural dos sintomas (idade de início, primeiros sintomas OCs, se foram ou não desencadeados por algum fator externo, curso). Posteriormente, investiga-se a história detalhada e específica da doença, identificando os sintomas OCs e seu funcionamento cognitivo: tipos de obsessões e compulsões, rituais mentais, comportamentos associados (esquiva, lentificação, postergação, busca de reasseguramentos), pensamentos automáticos e crenças disfuncionais.

Ainda na fase de avaliação, deve-se investigar características que estão diretamente relacionadas com a resposta ao tratamento (transtorno esquizotípico, transtornos de personalidade borderline, narcisista, dependente; psicoses, tiques ou tourette). Atualmente, cada vez mais tem se dado importância ao *insight* das pessoas com TOC em relação aos seus sintomas. Clinicamente, é fundamental ser avaliado o grau de *insight* do paciente antes de iniciar a TCC, pois estudos clínicos mostram que falta de crítica ou *insight* pobre tem sido indicativo de

pior resposta à terapia (Hollander et al., 2002; Raffin, Guimarães Fachel, Pasquoto de Souza e Cordioli, 2009). Além do *insight*, estão associados aos resultados positivos: boa qualidade de vida antes do tratamento, sintomas leves ou moderados, predomínio de compulsões, adesão precoce aos exercícios de EPR.

Outro fator importante a ser analisado é o quanto o paciente está motivado para a mudança que o tratamento lhe exigirá. Estudos sugerem que identificar o estágio de mudança do paciente e, se necessário, utilizar a entrevista motivacional nas primeiras sessões tem aumentado o percentual de resposta à TCC e diminuído o índice de abandono do tratamento (Rubak, Sandbaek, Lauritzen e Christensen, 2005; Meyer, Souza, Hekdt, Knapp, Cordioli, Shavitt e Leukefeld, 2010). São naturais as dúvidas e as ambivalências, mas é fundamental resolvê-las antes de se iniciar a terapia, para evitar desistências e abandonos. A entrevista motivacional (EM) é um método centrado no cliente e tem como objetivo reforçar a motivação para a mudança, ajudando os pacientes a identificar e solucionar suas ambivalências quanto ao tratamento (Miller e Rose, 2009; Miller e Rollnick, 2001). Na EM, o terapeuta manifesta empatia evocando e pensando sobre a percepção do paciente quanto à sua situação e às vantagens e desvantagens em mudar. O terapeuta aumenta a motivação provocando e reforçando o desejo, as habilidades, as razões e, finalmente, o compromisso com a mudança e com o tratamento por parte do paciente, o objetivo é fazer o paciente falar e pensar sobre a mudança. Muitas vezes, no TOC, a falta de motivação e a dificuldade em acreditar na possibilidade de mudar padrões de comportamento estão associadas aos tratamentos anteriores malsucedidos e às crenças demasiadamente intensas e cristalizadas sobre as obsessões.

Psicoeducação

As informações básicas (psicoeducar o paciente) sobre o TOC e os fundamentos da terapia cognitivo-comportamental são essenciais para o tratamento. Conhecer o TOC, quais são seus sintomas e como livrar-se dele, é de vital importância, pois na TCC o paciente tem uma participação ativa no tratamento, tanto na elaboração da lista de sintomas (fase inicial) quanto na manutenção dos ganhos obtidos com a terapia (fase final). Questões importantes de serem esclarecidas com o paciente na fase inicial estão listadas a seguir:

- O que é o TOC? O que são obsessões, compulsões, compulsões mentais e comportamentos associados?;
- As causas, o curso, os prejuízos associados, tratamentos e prognóstico;
- Familiarização com o modelo cognitivo-comportamental: crenças disfuncionais que perpetuam o TOC e como corrigi-las;
- Como a terapia cognitivo-comportamental pode provocar a redução dos sintomas? O fenômeno da habituação da ansiedade mediante a exposição e a prevenção de resposta (EPR) e a correção de crenças distorcidas (técnicas cognitivas).

Os familiares podem ser importantes aliados na TCC ou, eventualmente, dificultá-la, se não compreenderem o que é o TOC e a base racional do tratamento. É conveniente que as mesmas explicações sejam dadas também a eles, em conjunto com o paciente, para que compreendam o que é o transtorno, esclareçam suas dúvidas e sejam orientados em relação às atitudes mais adequadas, como, por exemplo, não reforçar rituais, não oferecer reasseguramentos, mesmo em momentos de grande ansiedade, ou evitar críticas caso ocorram lapsos ou recaídas. Ao final da entrevista, é importante que o paciente expresse de forma explícita sua decisão de realizar tratamento.

Elaboração da lista de sintomas

Uma que vez o paciente tenha aceitado iniciar a TCC e compreendido o que é o TOC e quais são os seus sintomas, o passo seguinte do tratamento é a elaboração da *lista de sintomas*. A lista de sintomas é o ponto de partida para o tratamento do TOC e é fundamental para o sucesso da terapia. Ela é elaborada pelo paciente com o auxílio do terapeuta a partir de um *check-list* (Cordioli, 2008). Cada um dos sintomas é graduado de 0 a 4 com o objetivo de facilitar e auxiliar na terapia de EPR.

É importante, para o correto preenchimento do *check list* (CL), o paciente compreender bem os conceitos de obsessões e compulsões e a relação delas com a perpetuação do TOC.

Obsessões: são pensamentos, impulsos ou imagens intrusivas, recorrentes e persistentes, acompanhados de acentuado desconforto, medo ou aflição (ansiedade). Não são meras preocupações com problemas da vida real; a pessoa tenta ignorar, suprimir ou afastá-las com outros pensamentos ou ações; reconhece que as obsessões são produto de sua própria mente. A pessoa que tem TOC tenta afastar o pensamento indesejado transformando-o em obsessão. Ao explicar ao paciente este conceito, mostra-se que o funcionamento adaptativo seria deixar o pensamento, só que para isso, é necessário expôr-se a ele. Portanto, ao preencher o questionário, o paciente terá que pensar quanto de ansiedade ou aflição sente quando o pensamento surge, mas não é executado ritual para afastá-lo.

Compulsões: são comportamentos repetitivos ou atos mentais que a pessoa se sente compelida a executar em resposta às obsessões ou de acordo com regras rígidas. Visam prevenir ou reduzir a ansiedade. No entanto, são excessivas e não estão conectadas de forma real com o que pretendem prevenir. Quando explicamos o conceito de compulsão para o preenchimento do CL temos que esclarecer que o objetivo da terapia será eliminar os rituais, portanto, ao mensurar a ansiedade, terá que se imaginar com vontade de ceder à compulsão, mas sem poder executá-la.

Esclarece-se, neste momento, que o tratamento consistirá em o paciente aprender o inverso do que usualmente faz. Os pensamentos indesejáveis, que são evitados, passarão a ser "permitidos" e evocados intencionalmente. Os comportamentos compulsivos que são manifestos a todo momento passarão a ser "proibidos".

a) Instruções e início do preenchimento da lista. Inicialmente, o terapeuta, junto com o paciente, lê as instruções para o preenchimento da lista, e durante a sessão solicita que o paciente inicie o preenchimento do *check-list* mostrando as diferenças ao pontuar sintomas obsessivos e sintomas compulsivos. Depois de esclarecidas as dúvidas, é solicitado ao paciente que termine o preenchimento em casa e se houver dificuldade ao executar a tarefa, que estas sejam trazidas na próxima sessão. É importante solicitar que o paciente acrescente na lista sintomas que eventualmente não constam no questionário. Os pacientes têm tendência a identificar os sintomas que mais interferem ou causam sofrimento e, geralmente, atribuem pouca importância para os sintomas mais leves, mas estes são fulcrais no início do tratamento e precisam ser identificados e inseridos na lista.

b) Elaboração de listas de sintomas separadas por gravidades leves, moderadas e graves. Após ter preenchido todo o *check list*, o paciente deverá criar três listas separadas dos sintomas: sintomas com grau de ansiedade 1 e 2 (leve); sintomas com grau de ansiedade 3 (moderada) e sintomas com grau de ansiedade 4 (grave ou muito grave). Esta lista tem como objetivo a laboração detalhada e personalizada dos sintomas do paciente. Apesar de mais trabalhosa no início da terapia, facilita muito o planejamento do tratamento e é o que direciona e dá indícios claros sobre a evolução do paciente. O paciente deve, dentro do possível, solicitar ajuda dos familiares para o preenchimento das listas e, à medida que forem sendo descobertos outros sintomas, estes devem imediatamente ser inseridos nas listas.

O Quadro 21.1 a seguir mostra um exemplo de lista de sintomas relacionados a contaminação e limpeza. Note que as mesmas situações podem apresentar pequenas variações e mudam o grau de ansiedade. Por exemplo, em usar banheiro público e tocar na maçaneta e na torneira, o grau de ansiedade é 3; por outro lado, ao usar banheiro público e tocar na descarga ou na tábua do vaso, o grau de ansiedade aumenta para 4.

Outro dado importante de ser obtido é a gravidade dos sintomas OCs. Geralmente, utilizamos as escalas *Obssesive Compulsive Inventory* (OCI-R) ou a *Yale Brown Obsessive Compulsive Scale* (Y-BOCS), estas podem ser encontradas no site www.ufrgs.br/toc. Os pacientes devem preencher as escalas OCI-R ou a Y-BOCS no início do tratamento com o objetivo de automonitorar a gravidade dos sintomas ao longo da terapia e da vida.

Diário dos sintomas OCs

Utiliza-se também, no início do tratamento, o preenchimento de um diário de sintomas. O objetivo é o paciente identificar, ao longo do dia, os horários, as situações e os locais nos quais sua mente é invadida por obsessões e há necessidade de executar rituais ou de evitar o contato com objetos ou pessoas. Esses são os horários críticos ou as situações-gatilho que desencadeiam obsessões, e consequentemente os rituais e as evitações. Esta técnica é importante porque circunscreve e delimita os problemas para certos horários e locais, identifica os momentos de maior perigo; isso facilita o planejamento antecipado de estratégias para enfrentá-los. Uma segunda finalidade é desenvolver o hábito de se automonitorar. Os rituais do TOC muitas vezes se tornam hábitos executados de forma automatizada, e sem vigiar os sintomas torna-se difícil modificá-los mesmo em se tratando de atos voluntários (Cordioli, 2008).

QUADRO 21.1 — LISTA DE SINTOMAS EXTRAÍDOS DO *CHECK LIST*

Grau de ansiedade 1 e 2	Grau de ansiedade 3	Grau de ansiedade 4
■ Visitar amigos ou parentes em um hospital.	■ Misturar roupas limpas com usadas.	■ Usar papel higiênico de banheiro público.
■ Cumprimentar com a mão pessoas, mesmo sendo conhecidas.	■ Tocar em dinheiro (moeda) e não lavar a mão imediatamente.	■ Tocar em dinheiro (nota) e não lavar a mão imediatamente.
■ Lavar a mão (com detergente ou sabonete líquido) após tocar em chaves sempre que chega em casa.	■ Pessoas entrarem na minha casa com os sapatos que chegaram da rua.	■ Sair de casa sem papel na bolsa.
■ Senta no sofá com a roupa que chegou da rua.	■ Tocar em qualquer parte de banheiro público. Forrar a mão com papel toalha antes de tocar na maçaneta ou na torneira.	■ Evitar tocar em qualquer parte de banheiro público. Forrar a mão com papel toalha antes de tocar na descarga ou na tábua do vaso.
■ Ao entrar em casa, trocar de roupas imediatamente.	■ Sentar com a roupa que cheguei da rua na cama (colcha).	■ Sentar com a roupa que cheguei da rua na cama (lençol).
■ Usar produtos de limpeza diluídos em água.	■ Preocupação ao manusear venenos para mosquito (pastilha).	■ Posso envenenar meus familiares se utilizar produtos como água sanitária ou soda cáustica.

PRINCIPAIS TÉCNICAS COMPORTAMENTAIS

Exposição e prevenção de resposta (EPR)

As primeiras tentativas de uso da EPR no TOC foram influenciadas pelas teorias da aprendizagem social de Bandura e pelos experimentos de dessensibilização sistemática de Wolpe no tratamento de fobias, inicialmente em animais (gatos) e posteriormente em humanos. Com base nesses experimentos, Victor Meyer (1966) sugeriu aos seus pacientes o enfrentamento de situações evitadas (exposição) e a abstenção da realização dos rituais (prevenção de resposta), com essas técnicas tratou com sucesso dois pacientes portadores de sintomas obsessivo-compulsivos. O investigador atribuiu as mudanças à modificação de expectativas decorrentes do teste de realidade e da comprovação de que as expectativas catastróficas não se concretizavam. Estudos mais sistemáticos foram feitos somente no início da década de 1970.

Atualmente, a terapia de exposição e prevenção de resposta (EPR) é considerada o tratamento de escolha para o TOC (Koran, Hanna, Hollander, Nestadt e Simpson, 2007). Aparentemente, a EPR tem mostrado resultados superiores quando comparada à farmacoterapia, principalmente, quanto à prevenção de recaídas.

Exposição é o contato direto com situações, lugares ou objetos que o paciente evita em função de suas obsessões. A exposição também pode ser feita para obsessões puras. Para tanto, deve-se evocá-las intencionalmente e mantê-las na mente sem tentar afastá-las.

Prevenção de resposta é abster-se de realizar rituais ou atos, manifestos ou encobertos (rituais mentais), ou quaisquer outras manobras destinadas a aliviar ou neutralizar medos associados às obsessões.

A terapia de EPR inicia com os exercícios considerados mais fáceis (lista de sintomas grau de ansiedade 1 e 2). Na escolha das tarefas, vale sobretudo a avaliação do paciente: o quanto ele acredita ser capaz de realizar as tarefas propostas. É importante deixar estas regras claras porque a tendência é querer livrar-se dos sintomas mais graves esquecendo, muitas vezes, inclusive de mencionar os mais leves. Os sintomas mais leves são muito importantes tanto no início da terapia quanto no final: no início, porque se o paciente os identifica e os elimina, adquire confiança para se livrar dos moderados e dos graves, sucessivamente; no final do tratamento, sobrevivem alguns sintomas residuais e os pacientes desenvolvem crenças facilitadoras para perpetuação do TOC, tais como: "este sintoma não me atrapalha"; "não perco tempo com ele"; "já melhorei tanto que se ficarem só estes, estou muito satisfeito". Por outro lado, infere-se que a existência de sintomas residuais ao final do tratamento está associada às recaídas (Braga, Manfro, Niederauer e Cordioli, 2010). Concluindo, deve-se deixar bem claro para os pacientes que o objetivo do tratamento será a remissão completa dos sintomas, incluindo aqueles que não interferem muito nas rotinas diárias. Deve-se alertar pacientes e familiares para não se precipitarem querendo logo ir para os mais graves e os que trazem mais prejuízos, pois podem sentir muita ansiedade por ainda não estarem prontos para essa exposição e se desmotivarem com o tratamento, fracassando.

Dicas

- Planejar as primeiras tarefas concentrando-se nos rituais e nas evitações.
- Começar pelos exercícios mais fáceis (lista de sintomas com grau de ansiedade 1 e 2) e selecionar aqueles sintomas para os quais o paciente acreditar ter 80% de chance de realizar o exercício de EPR.
- Escolher junto com o paciente o mínimo de quatro tarefas de EPR por semana.
- Incentivar o paciente a realizar os exercícios até a aflição diminuir significativamente ou pelo maior tempo possível.
- Alertar o paciente sobre as manobras disfarçadas de neutralização (rituais mentais ou encobertos).
- Orientar a repetição dos exercícios pelo maior número de vezes possível.
- Revisar com o paciente as situações-gatilho para suas obsessões e compulsões e auxiliá-lo a desenvolver estratégias de enfrentamento, programando os exercícios com antecedência.

Ao prescrever as tarefas de EPR, devemos propor exercícios objetivos, específicos e claros:

- não lavar as mãos ao chegar em casa da rua;
- verificar a porta apenas uma vez antes de deitar;
- demorar no máximo 10 minutos no banho;
- sentar diariamente durante 30 minutos na cama com a roupa da rua.

Recomenda-se, ainda, que as tarefas sejam repetidas o maior número de vezes possível. Quando a tarefa consiste em entrar em contato com objetos contaminados ou "sujos", recomenda-se que o contato seja mantido até a ansiedade diminuir (habituação na sessão), lembrando que a ansiedade desencadeada será menor cada vez que o exercício for repetido (habituação entre as sessões). A cada sessão, as tarefas de casa são revisadas. Aquelas que forem consideradas plenamente dominadas são substituídas por outras inicialmente classificadas como tendo um grau maior de dificuldade, e assim sucessivamente, até que toda a lista de sintomas tenha sido percorrida.

Modelação

É a realização, pelo terapeuta, de exercícios de demonstração de EPR diante do paciente. Sabe-se que a simples observação de outras pessoas executando tarefas consideradas de risco é uma forma de reduzir ou desaprender medos. Sabe-se também que a aflição é menor quando a exposição é realizada na presença de outra pessoa ou do terapeuta. Como exemplo, o terapeuta pode ter no consultório uma caixa de objetos "sujos" ou "contaminados", como brinquedos usados, materiais de limpeza usados, seringas, esponjas, recipientes ou embalagens de produtos tóxicos, com os quais pode fazer as demonstrações. Pode, ainda, tocar na sola dos sapatos e "espalhar" a contaminação pelas roupas e pelo corpo, tocar em trincos de porta sem lavar as mãos posteriormente e solicitar ao paciente que repita essas ações. Os exercícios servem para ilustrar de forma didática o fenômeno da habituação, pois, em geral, a ansiedade é intensa no início, mas diminui, geralmente, no decorrer da sessão. Por esse motivo, sugerimos utilizar a técnica no início da sessão. Em certos casos, pode-se solicitar que o paciente aguarde na sala de espera até duas horas após a sessão, para ter uma garantia de que o impulso de executar rituais (lavar as mãos, verificar) foi superado.

A modelação pode ser usada ainda para adaptar um comportamento compulsivo que está muito distante do "normal". Por exemplo, assistir o paciente lavando as mãos, escovando os dentes e sinalizando os excessos.

Técnicas cognitivas

As técnicas cognitivas propostas para o TOC são, em geral, adaptações daquelas descritas inicialmente por Beck, para o tratamento da depressão, e por Clark, para o tratamento da ansiedade. Por serem mais complexas para o paciente, parece conveniente que sejam introduzidas na terapia quando ele já identifica sintomas, rituais e manobras de neutralização, distingue obsessões de pensamentos normais, etc.

O objetivo principal da inserção das técnicas cognitivas no tratamento do TOC é o de corrigir as crenças disfuncionais associadas à perpetuação dos sintomas OCs. A modificação de crenças distorcidas reduz o medo e a ansiedade associada às obsessões. Infere-se ainda que favoreça a adesão aos exercícios de EPR.

Corrigindo crenças distorcidas

É interessante e didático associar certas crenças específicas ao domínio geral ao qual pertencem: supervalorizar o risco, por exemplo, pode estar associado ao comportamento evitativo de sentar em banco de ônibus por medo de contrair doenças. O questionamento pode ser feito utilizando-se diferentes técnicas que foram adaptadas para o TOC (busca de evidências e explicações alternativas, torta da responsabilidade, questionamento do duplo padrão, duas teorias, questionamentos específicos para cada domínio de crenças, testes comportamentais, etc.) (Cordioli, 2008). Estas são apenas algumas sugestões, pois já está bem estabelecida a natureza eclética das técnicas cognitivas (Beck e Alford, 2000). Na prática clínica, pode-se utilizar qualquer técnica, ou estratégia clínica que tenha como objetivo facilitar a investigação empírica de interpretações maladaptativas de nossos pacientes. A terapia cognitiva do TOC, assim como a TCC de modo geral, é ampla e possibilita ao terapeuta ser livre e criativo no tratamento. Por outro lado, deve-se ter em mente que as estratégias terapêuticas adotadas não são a aplicação de técnicas isoladas, mas sim ferramentas a serviço de uma estratégia clínica global consistente com os pressupostos da teoria cognitiva (Beck e Alford, 2000).

Deve-se ter cuidado ao utilizar as técnicas cognitivas no tratamento do TOC, principalmente com pacientes perfeccionistas que apresentam necessidade de ter certeza, pois estes já usam questionamentos de forma excessiva (compulsiva). Muitas vezes, o objetivo não será buscar a lógica ou fazer os exercícios de EPR terem sentido racional para o paciente, pois eles já sabem que seus rituais são desnecessários. As técnicas cognitivas, nestes casos, terão que ser desenvolvidas com o objetivo de ajudar os pacientes na adesão às tarefas de EPR; por exemplo, o paciente diz "eu sei que se eu chegar em casa e não lavar as mãos nada vai acontecer, sei também que estas feridas na minha mão são mais nocivas e perigosas, mas eu não consigo deixar de fazer o ritual". Percebe-se que este paciente não tem a crença de avaliar exageradamente o risco, ele apenas *tem de* executar o ritual. Nestes casos, pode-se aumentar os exercícios de EPR durante a sessão, ir até a casa do paciente e ajudá-lo nas tarefas ou pode-se prescrever tarefas como os *scripts* utilizados para obsessões puras, em que o paciente escreve uma história sobre o que deve ser feito e lê todos os dias com o objetivo de imaginar o padrão de comportamento desejado.

Obsessões e compulsões relacionadas a sujeira e contaminação: avaliação exagerada do risco e da responsabilidade

Preocupar-se demais com sujeira, germes ou contaminação, ter nojos demasiados, ter compulsões por limpeza, fazer lavagens excessivas e evitar o contato com determinados objetos, substâncias ou locais estão entre os sintomas mais comuns do TOC. As crenças subjacentes a estes sintomas, muitas vezes, podem ser: avaliação exagerada do risco (tendência de supervalorizar a gravidade das consequências e a probabilidade de que eventos negativos – contaminação, doenças, morte – aconteçam) e avaliação exagerada da responsabilidade (acreditar ter poder decisivo para provocar ou para impedir desastres ou desfechos negativos). Além disso, a pessoa acredita que qualquer influência que possa exercer sobre um acontecimento equivale a ter responsabilidade total sobre o mesmo.

Uma das técnicas mais utilizadas para vencer as compulsões por limpeza é a exposição e a abstenção dos rituais de lavagem. Por exemplo, tocar no lixo da cozinha, na sola do sapato, em dinheiro e não lavar as mãos, até a aflição diminuir ou desaparecer. Por outro lado, as técnicas cognitivas para correção de crenças ajuda o paciente nos exercícios de EPR. Abaixo, veja um exemplo de técnica cognitiva que pode ser usada para corrigir a avaliação exagerada do risco.

Exercício prático (avaliação exagerada do risco)

Recalculando a probabilidade

1. Pergunte ao paciente qual a probabilidade necessária para contrair uma doença infecciosa tocando na maçaneta de um banheiro público.
2. Calcule os riscos ou as probabilidades de cada um dos eventos.
3. Compare o resultado com o grau de risco inicial informado pelo paciente antes de realizar o exercício.

Veja o exemplo abaixo:

- Quais as chances de você contrair uma doença grave usando banheiro público? Digamos que o paciente tenha referido 50%.
- Relacione todos os passos necessários para contrair doenças graves (infecção generalizada), calcule as chances efetivas para contrair a infecção em cada um dos passos e as chances cumulativas (somadas).

Recalculando as chances de contrair doença

Passos	Chances	Chances somadas
Alguém gravemente doente saiu de casa	1/10	1/10
Usou o banheiro imediatamente antes de mim	1/10	1/100
Deixou quantidade suficiente e fresquinha de pus	1/10	1/1.000
Toquei na maçaneta sem perceber a meleca	1/100	1/100.000
Minha pele estava com corte possibilitando a entrada do pus	1/100	1/10.000.000

Com base no quadro acima, poderíamos mostrar para o paciente que uma pessoa teria que frequentar o banheiro público 10 milhões de vezes para ter a chance de se contaminar (chance calculada inicialmente: 50%, ou uma em duas *versus* uma em dez milhões – cálculo mais realista).

DÚVIDAS, VERIFICAÇÕES, SIMETRIA E CONTAGENS: NECESSIDADE DE TER CERTEZA E O PERFECCIONISMO

Dúvidas e a necessidade de ter certeza

Muitos portadores do TOC apresentam dificuldade em conviver com dúvidas, sentem muita ansiedade e desconforto e precisam esclarecer suas ideias até terem certeza. Para esclarecer as dúvidas, muitas vezes, sentem a necessidade de ouvir confirmações e tranquilizações por parte de seus familiares e/ou amigos, inclusive do terapeuta. Fazem contagens e verificações ou ficam pensando horas em um assunto para ter certeza sobre o que ouviram ou disseram. Esses sintomas são do TOC, e geralmente levam a questionamentos intermináveis que mantêm o ciclo do transtorno.

Abaixo, um relato de um paciente com dúvidas obsessivas e compulsões de checagem sobre a possibilidade de ser ou não castigado por Deus. Observe que, geralmente, este sintoma poderia ser associado aos pensamentos obsessivos indesejáveis, mas neste caso, por trás, está a necessidade de ter certeza e o prazer em falar sobre o assunto e de ler compulsivamente os escritos religiosos como forma de reasseguramento.

Mesmo sendo batizado e crismado como bom cristão, eu não acredito que Jesus de Nazaré foi enviado por Deus e que nascera da Virgem Maria pela força do Espírito Santo. Eu também não acredito que Jesus fez milagres, como um paranormal do bem. Acredito que ele foi um ser humano com uma sensibilidade fora do comum e que ensinou, através de seus gestos e suas ações, que devemos amar o ser humano acima de qualquer coisa. Por Jesus pregar igualdade, solidariedade e respeito mútuo entre os homens em um período de repressão monárquica romana, acabou morrendo pela cruz, tornando-se um Mártir. Porém, o seu legado de amor, respeito e de generosidade ao outro foi tão grande, revolucionário e tão casto que influenciou uma parte da história humana, e mesmo no século XXI o seu legado é capaz de causar-nos profundas reflexões. Jesus foi um gênio nas relações humanas. Como não acredito que ele fora enviado por Deus, logo, eu não acredito na Igreja Católica Apostólica Romana. Apenas tenho o legado de Jesus como filosofia de vida. Como não tenho fé, Deus está me castigando agora e estou fadado ao erro, ao pânico, ao terror, à mágoa e à desilusão. Os meus fracassos agora são frequentes, porque não estou protegido pela fé. Meus sonhos não vão se realizar: não vou passar em medicina, casar com uma mulher linda, ter grandes amigos e adquirir respeito das pessoas que me cercam no dia a dia. Estou desprotegido dos males desta vida, como a violência, a inveja, a cobiça e a falta de caráter das pessoas. Se Deus simboliza o amor, a solidariedade, a generosidade e a piedade, como ele será o discriminador? Como será capaz de realizar tais maldades contra seu próprios filhos? – Concílio de Niceia.!

O relato acima foi realizado por um paciente que tinha o hábito de questionar e de ler a bíblia compulsivamente com o intuito de ter certeza de que não seria castigado. Nestes casos, deve-se ter cuidado nas sessões, pois a tendência desses pacientes é de buscar reasseguramento, inclusive, com o terapeuta.

Perfeccionismo

O perfeccionismo é a tendência a acreditar que existe a solução perfeita para cada problema; que fazer alguma coisa sem cometer erros não só é possível, como desejável; que mesmo erros pequenos têm sérias consequências. As metas exigidas não são apenas elevadas, muitas vezes, são inatingíveis. Alguns sintomas envolvem compulsões por alinhamento, ordem, simetria e sequência.

Alguns pacientes têm uma sensação de desconforto se suas coisas não estiverem impecáveis, simétricas e organizadas. Outros sentem que sua roupa deve ter uma ordem muito precisa ou eles têm que tomar café da manhã em uma sequência específica. Podem ler e reler parágrafos e textos, até sentirem que está bem entendido e não restam dúvidas, bem como escrever e apagar até sentirem que está bem feito. Muitas vezes, pode haver a repetição de uma sequência de ações, como sentar e levantar, alinhar e realinhar a roupa, acender e apagar a luz um determinado número de vezes, rituais repetidos e feitos da mesma forma.

O perfeccionismo pode ser voltado para os outros. As mesmas exigências e cobranças que orientam o comportamento da própria pessoa são estabelecidas em relação aos demais (membros da família, amigos, cônjuges, médicos).

Pacientes perfeccionistas, muitas vezes, não apresentam crítica quanto aos seus sintomas. Nesses casos, é muito complicado utilizar os exercícios clássicos de EPR antes de motivarmos o paciente. Sendo assim, sugere-se a utilização da técnica cognitiva da *Balança Decisional* proposta por Marlatt e Gordon (1993). Esta estratégia possibilita ao paciente perceber as consequências negativas em continuar sendo perfeccionista e as consequências positivas da mudança. Porém, sugerimos que a técnica seja usada no TOC com os sintomas específicos relacionados à crença do perfeccionismo e não de um modo amplo, conforme está ilustrado no Quadro 21.2.

PENSAMENTOS OBSESSIVOS INDESEJÁVEIS E EXAGERAR A IMPORTÂNCIA (PODER) DO PENSAMENTO E A NECESSIDADE DE CONTROLÁ-LOS

Como se sabe, pensar é um fenômeno normal e não temos controle sobre o que pensamos. Rachman e de Silva, em 1978, verificaram que muitos dos pensamentos indesejáveis observados no TOC e transformados em obsessões estão presentes na população em geral, embora não se transformem em obsessões. O estudo mostrou que aproximadamente 90% das pessoas (estudantes universitários) têm, em algum momento, pensamentos de conteúdo violento, obsceno ou sexual muito semelhantes aos que afligem os portadores de TOC.

Rachman e Silva (1978) e, recentemente, Abramowitz e colaboradores (2009) salientaram que a maior parte das pessoas tem estes pensamentos banais e os consideram desagradáveis, mas sem sentido, sem dano, sem importância ou consequência. Tais pensamentos são percebidos como "lixos" que passam pela nossa consciência. Supõe-se que estes pensamentos banais,

QUADRO 21.2	PRÓS E CONTRAS EM DESALINHAR OS OBJETOS DA SALA	
	Desalinhar	**Alinhar**
Prós	■ Chance de eliminar um sintoma do TOC ■ Vou deixar a meus familiares em paz, não provocarei brigas por não deixarem as coisas em ordem ■ Com o passar do tempo sofrerei menos se conseguir me livrar do TOC	■ Arrumo as coisas como gosto e sinto uma sensação de alívio ■ Fico tranquila para fazer as atividades do dia a dia ■ O ambiente bem organizado fica mais bonito
Contras	■ Aumenta a minha ansiedade ■ Não vou conseguir fazer nada com os objetos desarrumados ■ Posso receber uma visita e ela vai pensar que sou relapsa com a casa ■ Os outros vão pensar que sou desorganizada	■ Brigas com meus familiares ■ Perco muito tempo ■ Mantenho o sintoma do TOC ■ Fico sempre atenta a qualquer objeto que esteja fora do lugar ou fora da posição ■ Implico com qualquer um que bagunce ■ Provoco as brigas ■ Não convido pessoas para ir à minha casa para evitar bagunça ■ Não consigo ter empregada, pois ninguém arruma as coisas como eu

em indivíduos sensíveis, transformam-se em sintomas obsessivos quando a pessoa considera-os importantes, altamente inaceitáveis ou imorais e ameaçadores, e com isso se sente pessoalmente responsável por eles. Tal interpretação a faz pensar que o pensamento tem poder de provocar ou prevenir coisas ruins; assim, se sente angustiada, com medo, e tenta afastar este pensamento banal e indesejado, mas cada vez que faz isso o pensamento fica mais intenso e mais frequente.

Pensamentos de conteúdos indesejáveis ou repugnantes (agressivo, sexual, blasfemo) eram considerados até há pouco difíceis de tratar. Uma compreensão melhor das crenças que os perpetuam (supervalorizar o poder do pensamento, fusão do pensamento e da ação, pensar equivale a praticar e a necessidade de controlá-los) modificou a forma de abordar tais obsessões.

É importante o paciente compreender:

■ que pensamentos de conteúdos indesejáveis ou repugnantes invadem o fluxo do pensar de quem é portador do TOC, mas também de quem não é;
■ ter estes pensamentos não indica que a pessoa aumentaria o risco de praticá-los;
■ vigiar tais pensamentos e tentar afastá-los apenas aumenta a frequência e a intensidade dos mesmos;
■ entre pensar e agir existe uma série de etapas, tais como: sentir vontade desejar, planejar para depois agir;
■ geralmente, os portadores do TOC sentem medo e culpa só por terem pensado, e são incapazes de ter um gesto agressivo tal qual aparece no conteúdo do pensamento.

Exemplo de questionamento dos pensamentos indesejáveis ou repugnantes:

1. É algo que você deseja praticar?

2. É algo que você planeja praticar?
3. Caso você viesse a praticar, sentiria prazer e alívio ou culpa e medo?
4. Você aprova o conteúdo dos pensamentos ou vai contra seus valores?
5. Alguma vez você já praticou o que lhe passa pela cabeça?

No combate às obsessões, a prioridade número um é o paciente compreender que pensamentos desagradáveis ou indesejáveis todos têm e vão continuar tendo. O objetivo do tratamento não será deixar de ter tais pensamentos, mas sim fazer com que eles deixem de ter importância e valor. Após uma boa psicoeducação e até mesmo a utilização do questionamento socrático, também é eficaz a EPR através da escrita de histórias com o conteúdo das obsessões e a leitura diária destas histórias escritas pelos pacientes. É importante que a história tenha conteúdo desagradável e o desfecho temido, temos que alertar o paciente para não fazer rituais encobertos durante o exercício de EPR.

Colecionismo

Os comportamentos humanos de guardar ou colecionar podem ser considerados totalmente normais e adaptáveis, mas também excessivos ou patológicos. *Hoarding* (acumulação, armazenamento) ou *compulsive hoarding* (armazenamento compulsivo) são os termos mais usados na literatura para se referir ao colecionismo. Uma definição amplamente aceita do colecionismo compulsivo refere-se ao comportamento de coleta excessiva e incapacidade para descartar objetos de valor, aparentemente, baixo, levando a desorganização e sofrimento (Frost e Hartl, 1996). Em casos de colecionismo grave, a desordem impede o uso funcional do espaço, dificultando a realização das atividades básicas, tais como: cozinhar, limpar, movimentar-se pela casa e, até mesmo, dormir, pois os objetos armazenados acabam ocupando espaços enormes, além de acumular poeira, fungos e ácaros. Muitas vezes, os objetos ficam bagunçados, no quarto, nas demais partes da casa ou no computador. Com o tempo, a própria pessoa perde o controle dos objetos armazenados, não sabe mais o que tem e nem onde estão.

O colecionismo tem sido, frequentemente, considerado um dos grupos de sintomas do TOC e está, muitas vezes, associado ao transtorno de personalidade obsessivo-compulsivo. Por outro lado, discute-se sobre as evidências que justificariam o colecionismo como sendo um transtorno único e separado do TOC (Abramowitz, Wheaton e Storch, 2008; Pertusa, Fullana, Singh, Alonso, Menchón e Mataix-Cols, 2008). A taxa de prevalência do colecionismo clinicamente significativo é de 5% na população geral, o dobro do percentual do TOC, e pode variar de leve a gravíssimo. Além disso, alguns estudos sugerem que o colecionismo é um dos sintomas do TOC mais difíceis de tratar, respondendo pouco tanto a clomipramina quanto a TCC (Frost e Steketee, 2000; Rufer, Fricke, Moritz, Kloss e Hand, 2006). Por outro lado, um ensaio clínico utilizando paroxetina verificou que os pacientes colecionistas responderam tanto quanto as outras que apresentaram outros sintomas, inferindo que os inibidores seletivos da recaptação da serotonina são efetivos também no tratamento do colecionismo compulsivo (Saxena, Brody, Maidment e Baxter, 2007).

Fenomenologicamente, o colecionismo assemelha-se ao TOC, pois a dificuldade de descartar objetos é movida pelo medo de perder coisas importantes, que podem precisar no futuro ou por um apego emocional com os objetos guardados e até mesmo o medo de errar ao escolher o que deve ser posto fora. Por outro lado, em muitos casos, o sentimento de desconforto do colecionista acontece só quando é pressionado para fazer o descarte ou é impedido de adquirir um objeto, diferente do TOC, que muitas vezes é surpreendido por obsessões ou, até mesmo, rituais indesejáveis. Além disso, o sentimento do colecionista quando se depara com a necessidade de colocar coisas fora é de luto e, algumas vezes, de raiva em vez de ansiedade.

Abaixo, sugerimos uma estratégia que poderá auxiliar o paciente com sintomas de colecionismo.

Etapas do tratamento do colecionismo:

1. Pedir para o paciente estabelecer uma meta realista que de fato queira atingir. Em vez de pensar que terá de se livrar de todas as coisas de uma única vez, deve começar estabelecendo objetivos com os quais concorda.
2. Fazer avaliação do problema de armazenagem.

    - Que coisas você guarda?
    - Quais são as razões para guardar cada objeto?
    - Você tem algum critério para organizar os seus objetos?
    - Quanto o seu problema afeta a sua relação com a sua família?

3. Prevenção de rituais de verificação e contagens. Abster-se de verificar se os objetos estão no lugar ou de fazer contagens ou listas para certificar-se de que nada foi extraviado e que sabe onde está cada coisa.
4. Estabelecer limites para novas aquisições. Estabelecer o compromisso que não irá adquirir mais nenhum item enquanto não atingir os seus objetivos. Por exemplo, caso um amigo resolva descartar uma roupa antiga, não pegue para você se realmente não necessitar. Além disso, não compre algo só porque poderá, um dia, vir a necessitar.
5. Estabelecer plano de organização do quarto (ou casa). Revisar o quarto (ou as peças de casa) para verificar o quanto está sendo usado, que porcentagem do espaço está desorganizada ou ocupada com coisas que não são utilizadas.
6. Decidir por onde começar: listar o que deve ser descartado. Por onde começar? Talvez essa seja a decisão mais difícil. Identificar objetos e papéis inúteis, sucatas ou quinquilharias sem qualquer

possibilidade de uso. Desconfie de tudo o que guarda há muito tempo e nunca utiliza.

Exercício prático para colecionistas:

1. Faça uma lista dos objetos que você armazena e que no seu entender deve descartar.
2. Atribua uma nota de 0 a 4 para o grau de dificuldade que acredita que irá sentir ao descartar cada um dos objetos listados e escreva a nota ao lado de cada objeto.
3. Quais as peças de sua casa estão atravancadas de objetos sem utilidade?
4. Tire fotografias das peças ou do amontoamento de objetos e mostre para o terapeuta.
5. Por onde você acha possível começar o descarte? Qual a peça e quais objetos a serem liberados em primeiro lugar?

CONCLUSÃO

A terapia cognitivo-comportamental (TCC) é o tratamento mais eficaz a curto e a longo prazos para os sintomas do TOC. Além disso, o modelo cognitivo-comportamental permitiu uma melhor compreensão dos fenômenos obsessivo-compulsivos, da importância de aprendizagens errôneas e de crenças disfuncionais na gênese e na manutenção do transtorno. Permitiu, ainda, a proposição de uma variedade de técnicas e estratégias que possibilitam a redução dos sintomas para a maioria dos pacientes e até, em alguns casos, sua eliminação completa. Por outro lado, ainda se desconhece o quanto é específica a mudança cognitiva na terapia. Será que, ao modificar as crenças distorcidas, os sintomas associados a elas diminuem? Geralmente, os estudos investigam o quanto o paciente melhorou através de escalas que mensuram a gravidade global dos sintomas do TOC. Porém, carecemos de estudos que investiguem a melhora de forma mais específica, pensando tanto nas dimensões específicas dos sintomas quanto nas crenças disfuncionais associadas a elas. Apesar de a ciência ter progredido muito no entendimento e no tratamento do TOC, acreditamos que a terapia cognitivo-comportamental do transtorno obsessivo-compulsivo pode e vai evoluir ainda mais. Para tanto, estudos integrando conhecimentos das neurociências cognitivas (memória, atenção, processamento da informação, estudo de crenças, neuropsicologia), da psiquiatria biológica (estudos de neuroimagem) e estudos clínicos específicos das dimensões dos sintomas, serão de suma importância para novas descobertas, referentes tanto à maior especificidade diagnóstica quanto a intervenções clínicas mais precisas.

REFERÊNCIAS

Abramowitz, J. S., Khandker, M., Nelson, C., Deacon, B., & Rygwall, R. (2006). The role of cognitive factors in the pathogenesis of obsessions and compulsions: a prospective study. *Behavior Research and Therapy, 44*, 1361-1374.

Abramowitz, J. S., Nelson, C., Rygwall, R., & Khandker, M. (2007). The cognitive mediation of obsessive-compulsive symptoms: a longitudinal study. *Journal of Anxiety Disorder, 21*, 91-104.

Abramowitz, J. S., Taylor, S., & McKay, D. (2009). Obsessive-compulsive disorder. *Lancet, 374*, 491-499.

Abramowitz, J. S., Wheaton, M., G., & Stotch, E. A. (2008). The status of hoarding as a symptom of obsessive-compulsive disorder. *Behavior Research and Therapy, 46*, 1026-1033.

American Psychiatric Association. (2000). DSM-IV-TR. *diagnostic and statistical manual of mental disorders* (4th ed.) Washington, DC: Text Revision APA.

Beck, A. T., & Alford, B. A. (2000). *O poder integrador da terapia cognitiva*. Porto Alegre: ArtMed.

Bloch, M. H., Landeros-Weisenberger, A., Rosario, M. C, Pittenger, C., & Leckman, J. F. (2008). Metaanalysis of the symptom structure of obsessive-compulsive disorder. *American Journal of Psychiatry, 165*, 1532-1542.

Braga, D. T., Manfro, G. G, Niederauer, K., & Cordioli, A. V. (2010). Full remission and relapse of obsessive-compulsive symptoms after cognitive-behavioral group therapy: a two-year follow-up. *Revista Brasileira de Psiquiatria, 32*, 164-168.

Cordioli, A. V. (2008). *Vencendo o transtorno obsessivo-compulsivo: manual da terapia cognitivo-comportamental para pacientes e terapeutas* (2. ed.). Porto Alegre: Artmed.

Doron, G., Moulding, R., Kyrios, M., & Nedeljkovic, M. (2008). Sensitivity of self-beliefs in obsessive compulsive disorder. *Depression and Anxiety, 25*, 874-884.

Flament, M. F., Whitaker, A., Rapoport, J. L., et al. (1988). Obsessive compulsive disorder in adolescence: an epidemiological study. *Journal of the American Academy of Child & Adolescence Psychiatry, 27*, 764-771.

Fontenelle, L. F., Mendlowicz, M. V., & Versiani, M. (2006). The descriptive epidemiology of obsessive-compulsive disorder. *Progress in Neuro-Psychopharmacology & Biological Psychiatry, 30*, 327-337.

Freeston, M. H., Rhéaume, J., & Ladouceur, R. (1996). Correcting faulty appraisal of obsessional thoughts. *Behavior Research and Therapy, 34*, 433-446.

Frost, R. O., & Hartl, T. L. (1996). A cognitive-behavioral model of compulsive hording. *Behavior Research and Therapy, 34*, 341-350.

Frost, R. O., & Steketee, G. (2000). Issues in the treatment of compulsive hoarding. *Cognitive and Behavioral Practice, 6*, 397-407.

Geller, D. (2006). Obsessive-compulsive and spectrum disorders in children and adolescents. *Psychiatric Clinics of North America, 29*, 353–370.

Hasler, G., LaSalle-Ricci, V. H., Ronquillo, J. G., Crawley SA, Cochran LW, Kazuba D, et al. (2005). Obsessive compulsive disorder symptom dimensions show specific relationships to psychiatric comorbidity. *Psychiatry Research, 135*, 121–132.

Hollander, E., Bienstock, C. A., Koran, L. M., Pallanti, S., Marazziti, D., Rasmussen, S. A., et al. (2002). Refractory obsessive-compulsive disorder: state of the art treatment. *Journal of Clinical Psychiatry, 63*, 20-29.

Jones, M. K., & Menzies, R. G. (1998). Role of perceived danger in the mediation of obsessive-compulsive washing. *Depression and Anxiety, 8*, 121-125.

Kessler, R., Berglund, P., Demler, O., Jin, R., & Walters, E. (2005). Lifetime prevalence and age-of-onset distributions of DSM-IV disorders in the National Comorbidity Survey Replication. *Archives General of Psychiatry, 62*, 593-602.

Koran, L. M., Hanna, G. L., Hollander, E., Nestadt, G., & Simpson, H. B. (2007). Practice guideline for the treatment of patients with obsessive-compulsive disorder. *American Journal of Psychiatry, 164*, 5-53.

Landeros-Weisenberger, A., Pittenger, C., Krystal, J. H., Goodman, W. K., Leckman, J. F., & Coric, V. (2010). Dimensional predictors of response to SRI pharmacotherapy in obsessive-compulsive disorder. *Journal of Affective Disorders, 121*, 175-179.

Leckman, J. F., Denys, D. H., Simpson, B., Mataix-Cols, D., Hollander, E., Saxena, S., et al. (2010). Obsessive-compulsive disorder: a review of the diagnostic criteria and possible subtypes and dimensional specifiers for DSM-V. *Depression and Anxiety, 0*, 1-21.

Lee, H. J., Kim, Z. S., & Know, S. M. (2005). Thought disorder in patients with obsessive-compulsive disorder. *Journal of clinical psychology, 61*, 401-413.

Lopatka, C., & Rachman, S. (1995). Perceived responsibility and compulsive checking: an experimental analysis. *Behavior Research and Therapy, 33*, 673-684.

Mancuso, E., Faro, A., Joshi, G., & Geller, D. A. (2010). Treatment of pediatric obsessive-compulsive disorder: a review. *Journal of Child and Adolescent Psychopharmacology, 20*, 299-308.

Marlatt, A., & Gordon, J. (1993). *Prevenção da recaída*. Porto Alegre: Artmed.

Mataix-Cols, D., Baer, L., Rauch, S. L., & Jenike, M. A. (2000). Relation of factor-analyzed symptom dimensions of obsessive-compulsivecdisorder to personality disorders. *Acta Psychiatrica Scandinavica, 02*, 199-202.

Mataix-Cols, D., Frost, R. O., Pertusa, A., Clark, L. A., Saxena, S., Leckman, J. F., et al. (2010). Hoarding disorder: a new diagnosis for DSM-V? *Depression and Anxiety, 27*, 556-572.

Mathis, M. A., Diniz, J. B., Shavitt, R. G., Torres, A. R., Ferrão, Y. A., Fossaluza, V., et al. (2009). Early onset obsessive-compulsive disorder with and without tics. *CNS Spectrum, 14*, 362-370.

Matsunaga, H., Hayashida, K., Kiriike, N., Maebayashi, K., & Stein, D. J. (2010). The clinical utility of symptom dimensions in obsessive-compulsive disorder. *Psychiatry Research, 180*, 25-29

Matsunaga, H., Maebayashi, K., Hayashida, K., Okino, K., Matsui, T., Iketani, T., et al. (2008). Symptom structure in Japanese patients with obsessive-compulsive disorder. *American Journal of Psychiatry, 165*, 251-253.

Meyer, E., Souza, F., Hekdt, E., Knapp, P., Cordioli, A., Shavitt, R. G., et al. (2010). A randomized clinical trial to examine enhancing cognitive-behavioral group therapy for obsessive-compulsive disorder with motivational interviewing and thought mapping. *Behavioural and Cognitive Psychotherapy, 38*, 319-336.

Meyer, V. (1966). Modification of expectations in cases with obsessional rituals. *Behavior Research and Therapy, 4*, 273-280.

Miller, W. R., & Rose, G. S. (2009). Toward a theory of motivational interviewing. *The American Psychologist, 64*, 527-537.

Miller, W. R., & Rollnick, G. S. (2001). *Entrevista motivacional, preparando as pessoas para a mudança*. Porto Alegre: Artmed.

Mowrer, O. H. (1939). A stimulus-response analysis of anxiety and its role as a reinforcing agent. *Psychological Review, 46*, 553-565.

Moulding, R., Anglim, J., Nedeljkovic, M., Doron, G., Kyrios, M., & Ayalon, A. (2010). The obsessive beliefs questionnaire (OBQ): examination in nonclinical samples and development of short version. Assessment, Jul, 15.

Neziroglu, F., Henricksen, J., Yaryura-Tobias, J. A. (2006). Psychotherapy of obsessive-compulsive disorder and spectrum: established facts and advances, 1995-2005. *Psychiatric Clinics of North America, 29*, 585-604.

Obsessive Compulsive Cognitions Working Group. (1997). Cognitive assessment of obsessive-compulsive disorder. *Behavior Research and Therapy, 9*, 237-247.

Pertusa, A., Fullana, M. A., Singh, S., Alonso, P., Menchón, J. M., Mataix-Cols, D. (2008). Compulsive hoarding: OCD symptom, distinct clinical syndrome, or both? *American Journal of Psychiatry, 165*, 1289-1298.

Peterson, B. S., Pine, D. S., Cohen, P., & Brook, J. S. (2001). Prospective, longitudinal study of tic, obsessive-compulsive, and attentiondeficit/hyperactivity disorders in an epidemiological sample. *Journal of the American Academy of Child & Adolescence Psychiatry, 40*, 685-695.

Rachman, S. A. (1997). A cognitive theory of obsessions. *Behavior Research and Therapy, 35*, 793-802.

Rachman, S. A. (1998). A cognitive theory of obsessions: elaborations. *Behavior Research and Therapy, 36*, 385-401.

Rachman, S., & de Silva, P. (1978). Abnormal and normal obsessions. *Behavior Research and Therapy, 16*, 233-248.

Raffin, A. L., Guimarães Fachel, J., M., Pasquoto de Souza, F., & Cordioli, A. V. (2009). Predictors of response to group cognitive-behavioral therapy in the treatment of obsessive-compulsive disorder. *European Psychiatry, 24*, 297-306.

Rubak, S., Sandbaek, A., Lauritzen, T., & Christensen, B. (2005). Motivational interviewing: a systematic review and meta-analysis. *British Journal of General Practice, 55*, 305-312.

Rufer, M., Fricke, S., Moritz, S., Kloss, M., & Hand, I. (2006). Symptom dimensions in obsessive-compulsive disorder: prediction of cognitive-behavior therapy outcome. *Acta Psychiatrica Scandinavica, 11*, 440-446.

Ruscio, A. M., Stein, D. J., Chiu, W. T., & Kessler, R. C. (2010). The epidemiology of obsessive-compulsive disorder in the National Comorbidity Survey Replication. *Molecular Psychiatry, 15*, 53-63.

Salkovskis, P. (1985). Obsessional-compulsive problems: a cognitive-behavioral analysis. *Behavior Research and Therapy, 23*, 571–583.

Salkovskis, P. M. (1999). Understanding and treating obsessive-compulsive disorder. *Behavior Research and Therapy, 37*, 29-52.

Salkovskis, P. M., Forrester, E., & Richards, C. (1998). Cognitive-behavioural approach to understanding obsessional thinking. *The British Journal of Psychiatry, 173*, 53-63.

Saxena, S., Brody, A. L., Maidment, K. M., & Baxter, L. R. Jr. (2007). Paroxetine treatment of compulsive hoarding. *Journal of Psychiatric Reasearch, 41*, 481-487.

Shafran, R. (1997). The manipulation of responsibility in obsessive-compulsive disorder. *British Journal of Psychology, 36*, 397-407.

Stewart, S. E., Jenike, M. A., & Keuthen, N. J. (2005). Severe obsessive-compulsive disorder with and without comorbid hair pulling: Comparisons and clinical implications. *Journal of Clinical Psychiatry, 66*, 864-869.

Stewart, S. E., Rosario, M. C., Baer, L., Carter, A. S., Brown, T. A., Scharf, J. M., et al. (2008). Four-factor structure of obsessive-compulsive disorder symptoms in children, adolescents, and adults. *Journal of the American Academy of Child Adolescent Psychiatry, 47*, 763-772.

Tallis, F., Rosen, K., & Shafran, R. (1996). Investigation into the relationship between personality traits and OCD: a reaplication employing a clinical population. *Behavior Research and Therapy, 34*, 649-653.

Torres, A., Prince, M., Bebbington, P., Bhugra, D., Brugha, T. S., Farrell, M., et al. (2006). Obsessive-compulsive disorder: prevalence, comorbidity, impact, and help-seeking in the British National Psychiatric Comorbidity Survey of 2000. *American Journal of Psychiatry, 16*, 1978-1985.

Van Oppen, P., & Arntz, A. (1994). Cognitive therapy for obsessive-compulsive disorder. *Behavior Research and Therapy, 33*, 79-87.

Wheaton, M., Timpano, K. R., Lasalle-Ricci, V. H., & Murphy, D. (2008). Characterizing the hoarding phenotype in individuals with OCD: associations with comorbidity, severity and gender. *Journal of Anxiety Disorders, 22*, 243-252.

Wu, K. D., & Carter, S. A. (2008). Further investigation of the Obsessive Beliefs Questionnaire: Factor structure and specificity of relations with OCD symptoms. *Journal of Anxiety Disorders, 22*, 824-836.

Transtorno de estresse pós-traumático

Paula Ventura
Ana Lúcia Pedrozo
William Berger
Ivan Luiz de Vasconcellos Figueira
Renato M. Caminha

HISTÓRICO

Eventos traumáticos sempre estiveram presentes na história da humanidade, mas a abordagem técnica relacionando a ocorrência de traumas a transtornos emocionais e psiquiátricos é recente. Algumas teorias no passado criaram termos como "trauma emocional", "choque nervoso", "neurose traumática" e "neurose de guerra". Mas, somente em 1980, o termo "transtorno de estresse pós-traumático" foi conceitualizado e sistematizado em um manual de classificação nosológica, o Manual Diagnóstico e Estatístico de Transtornos Mentais (DSM-III) da Associação Psiquiátrica Americana (APA). Em 1994, o DSM-IV diferenciou o TEPT do TEA (Transtorno de Estresse Agudo) que se distingue do primeiro porque deve ocorrer dentro de 4 semanas após o trauma e se resolver dentro do mesmo período. Se os sintomas persistirem após 1 mês, o diagnóstico de TEPT é dado.

CRITÉRIOS DIAGNÓSTICOS

Inicialmente, o DSM-III definia "evento traumático" como um acontecimento catastrófico raro e externo, diferente das situações cotidianas como doenças crônicas, perdas comerciais, luto ou conflitos matrimoniais.

O DSM-IV incluiu o evento estressor como podendo fazer parte das situações cotidianas e acrescentou componentes de respostas subjetivas ao estressor, enfatizando a intensidade da ameaça gerada pelo trauma.

O TEPT é um transtorno de ansiedade que para ser diagnosticado, de acordo com o critério A, tem que:

1. estar necessariamente ligado à ocorrência de um evento traumático, no qual a pessoa tenha vivenciado ou testemunhado um ou mais eventos envolvendo morte ou ameaça à integridade física própria ou de outros;
2. a resposta ao evento deve ter envolvido intenso medo, impotência ou horror. Quando o transtorno se desenvolve, três grupos de sintomas ocorrem formando o que chamamos de tríade psicopatológica. O primeiro grupo, ou Critérios B, é caracterizado pela revivescência do trauma através de lembranças intrusivas (imagens, pensamentos ou percepções), pesadelos traumáticos, *flashback*, e é específico do TEPT, não sendo observado em outro transtorno. Ocorre re-experimentação frequente do trauma, fenômeno repetitivo e doloroso que perpetua o sofrimento psíquico, emocional e físico.

O segundo grupo, ou Critérios C, caracteriza-se pela esquiva e entorpecimento emocional. A esquiva é uma tentativa de evitar lembranças, coisas, lugares e pessoas que lembrem o trauma e toda angústia e ansiedade decorrentes. O entorpecimento emocional parece ser uma estratégia psicológica para anestesiar o sofrimento e o pânico gerados pela revivescência. Esse entorpecimento também causa anestesia das emoções positivas e a pessoa deixa de sentir prazer nas atividades que antes lhe eram prazerosas como viajar, falar com amigos, ouvir música e brincar com os filhos (Figueira e Mendlowicz, 2003).

A terceira dimensão, ou Critérios D, hiperestimulação autonômica, se configura pelos sintomas de hipervigilância, insônia, irritabilidade, sobressalto. São reações psicofisiológicas relacionadas a estímulos que estejam associados ao trauma. Isso faz com que a pessoa tenha uma sensação permanente de ameaça. Tal estado faz com que estímulos mínimos causem taquicardia, aceleração da respiração e contração da musculatura.

A presença de sintomas dissociativos é comum: há redução da consciência, desrealização, despersonalização ou amnésia dissociativa, sensação de estar anestesiado, distanciamento afetivo ou ausência de resposta emocional (DSM-IV, 1994). Pode ocorrer durante o evento traumático (dissociação peritraumática) e/ou após o término desse, tornando-se uma característica marcante do TEPT (Foa, Riggs, e Gershuny, 1995). Traumatizados que dissociam são mais sujeitos a apresentar altos níveis de sintomas.

É comum a interferência nos relacionamentos interpessoais, acarretando conflito conjugal, divórcio ou perda do emprego. O TEPT é diagnosticado se os sintomas permanecem a partir da quarta semana após a ocorrência do evento traumático. Se durarem até 3 meses é especificado como agudo; 3 meses ou mais, crônico e com início tardio, quando os sintomas ocorrem após 6 meses.

QUADRO 22.1	CRITÉRIOS DIAGNÓSTICOS PARA O TEPT– DSM-IV	
Critério B **Revivescência** **do trauma**	**Critério C** **Esquiva/entorpecimento** **emocional**	**Critério D** **Hiperestimulação** **autonômica**
■ Lembranças intrusivas (imagens, pensamentos ou percepções). ■ Pesadelos traumáticos. ■ *Flashbacks*. ■ Sofrimento psíquico evocado por estímulos relacionados ao trauma. ■ Reatividade fisiológica evocada por estímulos relacionados ao trauma.	■ Esforços para evitar pensamentos e sentimentos associados com o trauma. ■ Esforços para evitar atividades, locais ou pessoas associadas com o trauma. ■ Redução do interesse nas atividades. ■ Sensação de distanciamento em relação a outras pessoas. ■ Restrição da expressão afetiva/ entorpecimento emocional. ■ Sentimento abreviado de futuro.	■ Insônia ■ Irritabilidade ■ Dificuldade em se concentrar e hipervigilância ■ Resposta de sobressalto exagerada

PREVALÊNCIA

A prevalência do TEPT, revelada por estudos comunitários, varia de 1 a 14%. Esta variabilidade está relacionada aos métodos de determinação e à amostra da população (DSM-IV, 1994). Em populações de risco como veteranos de guerra, vítimas de catástrofes e violência criminal, esse índice varia 3 a 58%.

No Brasil, Berger, Marques, Fontenelle, Kinrys e Mendlowicz (2007) mostraram prevalência de 5,6% para TEPT total e 15% para TEPT parcial em 234 bombeiros. No estudo de Maia e colaboradores (2007) observaram a prevalência de 8,9% em 115 policiais do estado de Goiás; 16% dos participantes preenchiam critério diagnóstico para TEPT parcial.

CURSO

O TEPT pode ocorrer em qualquer idade. Os sintomas geralmente iniciam 3 meses após o trauma, embora possa haver um lapso de meses ou anos antes do seu aparecimento. A duração dos sintomas varia: ocorre recuperação completa dentro de 3 meses em 50% dos casos, com muitos outros persistindo por mais de 12 meses após o trauma (DSM-IV, 1994).

COMORBIDADE

A ocorrência de outros transtornos psiquiátricos com o diagnóstico do TEPT é comum. Estudos mostram que ao menos um transtorno pode ser encontrado em 80% dos casos. Dentre estes: depressão maior (48%), distimia (22%), transtorno de ansiedade generalizada (16%), fobia simples (30%), fobia social (28%), abuso de substâncias (73%) e transtorno de personalidade antissocial (31%) (Kesller, Sonnega, Bromet, Hughes e Nelson 1995).

FATORES DE RISCO E PROTEÇÃO

Gravidade, duração e proximidade da exposição da pessoa ao evento traumático são os fatores mais importantes relacionados à probabilidade de desenvolvimento do TEPT, segundo o DSM-IV. Estudos apontam como fatores de risco para o desenvolvimento do TEPT: transtornos psiquiátricos pré-existentes, história familiar de transtornos psiquiátricos, trauma na infância, trauma anterior, ameaça de vida percebida, resposta emocional peritraumática, dissociação peritraumática, gravidade do trauma, falta de apoio social, estresse adicional, gênero, idade, etnia e educação (Breslau, 2002; Ozer, Best, Lipsey e Weiss, 2003). Mas, pessoas que não apresentam condições predisponentes podem desenvolver o TEPT, principalmente se o estressor for extremo (DSM-IV). Também, a percepção que a pessoa tem do seu controle sobre a situação traumática (Whealin, Ruzek e Southwick, 2008), é um fator que pode contribuir com o aumento da probabilidade do TEPT se desenvolver.

O apoio social e a resiliência tem sido estudados como fatores que estão relacionados à eventos estressantes e o desenvolvimento e manutenção do TEPT. Apoio social são os recursos oferecidos por outras pessoas em situações de necessidade tais como: emocional, material, conselhos, opiniões, etc. A falta de apoio social real ou percebida pelo indivíduo, pode atuar como fator que contribui para o desenvolvimento ou manutenção do transtorno.

A resiliência é caracterizada pelo conjunto de processos sociais e intrapsíquicos que possibilitam o desenvolvimento saudável do indivíduo, mesmo que este vivencie experiências desfavoráveis. Engloba características que promovem a capacidade com que as pessoas lidam e se adaptam aos eventos traumáticos, e ajudam na recuperação desses, tais como: capacidade de solucionar problemas, responsabilidade, autoestima, independência, bem-estar, iniciativa, bom humor, *insight*, criatividade, dentre outros (Nemeroff et al., 2006).

HIPÓTESES ETIOLÓGICAS

Apesar de eventos traumáticos ocorrerem com frequência, apenas uma minoria das vítimas desenvolve o TEPT. Entender os mecanismos que levam a pessoa a desenvolver esse transtorno ajuda a identificar quem corre risco após o trauma e, também, a desenvolver tratamentos eficazes. As teorias descritas abaixo tentam explicar o que acontece com essas pessoas.

Neurobiologia do TEPT

Pensamentos intrusivos, pesadelos e *flashbacks* são sintomas perturbadores e recorrentes do TEPT que caracterizam uma falha na memorização da situação traumática, e parecem fazer parte dos mecanismos que mantêm o transtorno por muito tempo. Os estudos sobre as áreas cerebrais que se relacionam com o TEPT se concentram em áreas importantes no processamento da memória do medo, tais como: amígdala, córtex pré-frontal e hipocampo. A amígdala corresponde ao centro do condicionamento do medo, pois coordena estímulos provindos do tálamo e do córtex e as respostas cerebrais e corporais ao estresse, como reações de luta e fuga, e tem participação essencial na formação de memórias de medo (Sotres-Bayon, Cain e LeDoux, 2006). A ativação da amígdala em resposta a um estímulo estressor provoca aumento das reações de ativação (*arousal*) e vigilância (Rodrigues, LeDoux e Sapolsky, 2009). O aumento de receptores glicocorticoides nessa região tem sido relacionado com aumento da memória de eventos emocionais que ocorrem durante o estresse (Lupien, McEwen, Gunnar e Heim, 2009). Acredita-se que, no TEPT, a amígdala seja ativada no momento do condicionamento e da evocação dessa memória durante a provocação de sintomas, e a extinção do medo estaria relacionada a uma inibição dessa região. Mas os resultados não são consistentes para comprovar essa hipótese (Bryant et al., 2008b).

A função do córtex pré-frontal é avaliar de forma mais precisa e sofisticada se uma situação é realmente perigosa e, caso não seja, inibir a ação da amígdala quando esta respondeu a situação como sendo perigosa. Desta forma, esta estrutura tem papel crucial na extinção do medo condicionado (Rodrigues, LeDoux e Sapolsky, 2009). No TEPT, a alta excitabilidade frente a um estímulo que lembre o evento traumático levaria a uma baixa ativação do córtex pré-frontal. O tratamento eficaz pode aumentar a ativação do córtex pré-frontal, inibindo a ativação da amígdala e gerando, com isso, diminuição das reações de excitabilidade (Bryant, 2006).

Enquanto a amígdala está relacionada ao condicionamento de pistas sensoriais, o hipocampo está envolvido com a memória do aprendizado acerca do contexto no qual o condicionamento ocorreu. Essa memória permite a comparação de uma situação ameaçadora atual com experiências passadas e, com isso, a escolha da melhor opção para garantir a preservação. O hipocampo e o córtex pré-frontal estão relacionados à extinção do medo condicionado por inibir a ação da amígdala (Brewin, 2001). A memória do medo criada a partir da ação da amígdala, pode ser inibida pela formação de nova memória decorrente da avaliação mais precisa de não periculosidade ao estímulo. Esta inibição não ocorreria em contextos não familiares onde não existem pistas de segurança ou em contextos associados ao medo.

Estudos mostram uma atrofia do hipocampo em indivíduos com TEPT, devido a liberação descontinuada de glicocorticoides nessa região, promovida pelo estresse crônico. Isso explicaria as alterações de memórias que estes indivíduos apresentam a dificuldade de identificar contextos seguros.

Outra hipótese aceita é a da vulnerabilidade, segundo a qual, indivíduos com TEPT já teriam o volume do hipocampo diminuído, o que os predisporiam ao desenvolvimento de psicopatologias frente a eventos traumáticos (Lupien et al., 2009).

Sistemas de memória explícita e implícita

Segundo a teoria da representação dual de Brewin e Holmes (2003), haveria dois sistemas diferentes de memória do evento traumático que funcionam paralelamente e um pode prevalecer em relação ao outro em momentos diferentes. O sistema VAM (memória acessível verbalmente) refere-se às memórias do trauma orais ou de narrativa escrita, são integradas com outras memórias autobiográficas e podem ser recuperadas quando requeridas. Esse sistema compreende "emoções primárias", que ocorrem durante o trauma, e "emoções secundárias", geradas pelas posteriores avaliações deste evento. O sistema SAM (memória acessível situacionalmente) contém informações obtidas por um nível baixo do processamento perceptivo da cena traumática, como sinais e sons brevemente apreendidos e que não são gravados no sistema VAM. As informações corporais em resposta ao trauma, como mudanças no batimento cardíaco e na temperatura, rubor, dor, também são armazenadas neste sistema. Como as pessoas não podem regular a exposição a sinais que lembrem o trauma, como sons e cheiros, isso dificulta o controle da memória SAM. Isso também explica o fato de *flashbacks* serem disparados involuntariamente por lembranças ou estímulos que lembrem o trauma. Portanto, de acordo com essa teoria, o TEPT é um transtorno que incorpora dois processos patológicos separados: um envolve a resolução das crenças negativas e emoções originadas por estas e outro envolve controle dos *flashbacks*. A recuperação se daria através da redução das emoções e cognições negativas, e prevenção da reativação automática ligada aos sinais que lembram o trauma. O que, segundo Brewin, pode ocorrer através da criação de um novo sistema SAM que bloqueia o original. Esse processo ocorre pelo emparelhamento das imagens originais do trauma com a redução da excitabilidade e redução das emoções negativas, através da habituação e da reestruturação cognitiva das interpretações negativas do evento.

Aspectos cognitivos, comportamentais e emocionais

Segundo Beck, pessoas com TEPT, não conseguem discriminar sinais de segurança de sinais de insegurança e seus pensamentos são dominados pela percepção de perigo. E o medo pode ser mantido pela sensação de incapacidade para lidar com eventos estressantes (Beck, Emery e Greenberg, 1985).

A relação das interpretações no desenvolvimento desse transtorno tem sido o foco das teorias cognitivas do TEPT, principalmente as interpretações acerca do mundo ser perigoso e da própria competência para lidar com essas ameaças. As avaliações feitas pela pessoa após o evento traumático têm um papel importante no desenvolvimento e na manutenção do TEPT, e são preditoras da gravidade deste transtorno (Foa e Rothbaum, 1998). Acredita-se que as avaliações negativas sobre si mesmo têm papel preponderante na determinação dos sintomas do TEPT. Há correlação entre presença das avaliações negativas e presença de ansiedade. Para diminuir a ansiedade o paciente adota estratégias de evitação, levando ao efeito paradoxal de aumentar sintomas de reexperiência e hiperativação, confirmando e fortalecendo as avaliações negativas sobre si mesmo. Portanto, as avaliações individuais após o trauma são dinâmicas e, com o tempo, tem seu potencial negativo aumentado.

O estudo de Dunmore, Clark e Ehlers (2001), com pacientes que desenvolveram TEPT após violência física ou sexual, também investigou os processos cognitivos envolvidos no desenvolvimento e na manutenção deste transtorno. As variáveis cognitivas preditoras de gravidade investigadas foram: estilo de processamento cognitivo durante o trauma (derrota mental, confusão mental, dissociação); avaliações sobre as consequências do trauma (avaliações sobre sintomas, percepções negativas sobre os outros, mudança permanente); crenças negativas sobre si mesmo e sobre o mundo; e estratégias de controle inadequadas (evitação / verificar segurança).

Teoria do processamento emocional

Foa e Kozac (1986) desenvolveram a Teoria do Processamento Emocional, que integra as teorias da aprendizagem, cognitiva e da personalidade. Experiências emocionais geralmente podem ser revividas após o evento emocional original ter ocorrido, e essa re--vivência envolve uma re-experiência destas emoções, dos detalhes do evento e dos pensamentos associados a ele. Com o tempo, intensidade e frequência da re-experiência emocional diminuem (Foa e Rothbaum, 1998). O fracasso desse processamento tem como consequência retorno intrusivo ou persistente de sinais da atividade emocional, tais como: obsessões, pesadelos e medos. Acredita-se, portanto, que esse transtorno esteja associado a processamento emocional falho da experiência traumática. De acordo com esta teoria, o sucesso do tratamento do TEPT está relacionado à facilitação do processamento emocional.

Com a hipótese de que eventos traumáticos são representados de forma diferente na memória das vítimas que desenvolvem o transtorno e das que se recuperam, Foa e Kozak (1986) adotaram a *teoria bio--informacional das emoções* de Lang (1979). O medo é representado por uma rede na memória que inclui três tipos de informações acerca:

1. do estímulo temido;
2. das respostas verbais, fisiológicas e comportamentais;
3. dos significados destes estímulos.

Ou seja, existe uma estrutura cognitiva para o medo que contém informações sobre quais estímulos ou respostas são perigosos, e que serve como programa para escapar do perigo. Quando estamos diante de um perigo real esse programa é acionado e sentimos medo enquanto o estímulo ameaçador estiver presente. No medo patológico, essa estrutura possui: conteúdos irreais; associações entre estímulos não perigosos e respostas de luta e evitação; interpretações distorcidas e o medo é destrutivamente intenso.

AVALIAÇÃO

Por ser o TEPT um transtorno de classificação nosológica recente, muitos profissionais da área de saúde não estão familiarizados com este e o paciente pode ser tratado, sem sucesso, com o diagnóstico errado. Devido a isso, é importante o desenvolvimento de um programa de detecção e tratamento do TEPT para treinamento dos clínicos (Figueira e Mendlowicz, 2003). Alguns pontos são fundamentais para a avaliação do TEPT: a verificação da ocorrência de um trauma, uma entrevista estruturada e a utilização de inventários. Sentir vergonha e evitar falar sobre o assunto são características que acompanham as pessoas que desenvolveram o TEPT, por isso o clínico deve abordar a questão de forma direta, mas com tato e respeito, ganhando a confiança do paciente. Figueira e Mendlowicz sugerem um conjunto de perguntas utilizando-se uma abordagem empática, com pacientes suspeitos: "Você alguma vez já sofreu acidente de carro ou atropelamento?", "Já sofreu alguma agressão física?", "Já foi assaltado alguma vez?", "Alguma vez foi vítima de violência sexual?", "Você poderia me falar sobre isso?".

Caso se confirme a suspeita, o próximo passo seria utilizar o Inventário para TEPT, *PTSD Checklist-Civilian Version – (PCL-C)* (Weathers, Litz, Huska e Keane, 1993), que é uma medida de autorrelato que tem como base para o diagnóstico do TEPT os critérios do DSM. A SCID-I (*Structured Clinical Interview* – Spitizer, Williams, Gibbon e First, 1992) é uma entrevista semiestruturada muito utilizada, que fornece os diagnósticos do eixo I pelo DSM-IV e inclui uma seção sobre o TEPT. Deve ser administrada por um profissional experiente, pois a pontuação se deve ao julgamento clínico do entrevistador em relação à presença ou não de determinado critério, e não à resposta dada pelo paciente (Del-Ben et al., 2001). A existência de outros traumas também deve ser verificada, pois esse fato é comum na vida de quem sofre esse transtorno e, portanto, pode haver influência destes nos sintomas do TEPT.

TRATAMENTOS

Biológicos

O tratamento do TEPT tem como objetivos reduzir a gravidade dos sintomas, prevenir e tratar as comorbidades presentes em cerca de 80% dos casos (Kessler, Sonnega, Bromet, Hughes e Nelson, 1995), aprimorar as funções adaptativas dos pacientes, limitar a generalização da percepção de perigo desencadeada pelo trauma, restabelecer o sentimento de confiança e segurança do paciente, e prevenir recaídas. Para a obtenção desses objetivos, o tratamento do TEPT pode ser feito através da farmacoterapia, da psicoterapia focada no trauma ou da associação de ambas (neste caso, o uso de fármacos pode tornar a exposição realizada durante as sessões de TCC mais tolerável aos pacientes, e consequentemente aumentar a adesão à psicoterapia). Nos casos leves a moderados a TCC tem sido considerada como tratamento de primeira escolha. Já nos casos graves, tanto a TCC quanto a farmacoterapia são eficazes e não há um consenso de qual deve ser a intervenção de primeira escolha para o tratamento do TEPT (Bisson e Andrew, 2006).

A farmacoterapia é uma parte importante do tratamento de pacientes com TEPT. Ela é capaz de reduzir de maneira eficaz os três grupos de sintomas que caracterizam o transtorno (revivescência, evitação/entorpecimento emocional e hiperestimulação), melhorar a qualidade de vida dos pacientes e tratar as comorbidades. Os medicamentos podem ser empregados para reduzir diretamente os sintomas do TEPT, ou para potencializar os efeitos da TCC.

Medicamentos que visam a reduzir diretamente os sintomas de TEPT

Este é objetivo mais comum das prescrições de medicamentos no TEPT. O tratamento farmacológico do TEPT deve ser iniciado o quanto antes, geralmente após o período de quatro semanas de sintomas presentes exigidos para o seu diagnóstico (na maioria dos casos os sintomas remitem espontaneamente antes deste período). Uma vez iniciada, a farmacoterapia deve ser mantida por pelo menos um ano após a remissão completa dos sintomas, porém, em diversos casos, é necessário mantê-la por longo prazo, para evitar o retorno de alguns sintomas. O tratamento farmacológico do TEPT deve ser realizado preferencialmente com monoterapia, sendo as drogas de primeira escolha os antidepressivos da classe dos inibidores seletivos da recaptação da serotonina (ISRS). Até o momento apenas a sertralina e a paroxetina receberam aprovação do *U.S. Food and Drug Administration* (FDA) para o tratamento do TEPT, mas isto não significa que os outros ISRSs sejam menos eficazes. O Quadro 22.1 lista os ISRSs disponíveis no Brasil, seus nomes comerciais, seu *status* em relação ao FDA, a dose a ser utilizada e seus principais efeitos adversos e características especiais. Mesmo com o emprego destas medicações, menos de 60% dos pacientes respondem ao tratamento, e apenas 20 a 30% alcançam a remissão completa dos sintomas (Berger et al., 2009).

Em relação aos inibidores seletivos da recaptação da serotonina e da noradrenalina (ISRSN), a venlafaxina apresentou melhores resultados em uma comparação direta com a sertralina no tratamento do TEPT (taxas de remissão iguais a 30 e 24% para venlafaxina e sertralina, respectivamente) (Davidson, Lipschitz e Musgnung, 2004). Outros estudos mostram que até 78% dos pacientes com TEPT tratados com venlafaxina por seis meses apresentam resposta clínica ao tratamento, e até 40,4% alcançam a remissão (Davidson et al., 2006). Embora estes resultados sejam melhores do que aqueles obtidos com os ISRSs, eles ainda precisam confirmados por outras pesquisas antes da venlafaxina ser considerada uma droga de primeira escolha para o tratamento do TEPT. Outras classes de antidepressivos como os tricíclicos e os inibidores da monoaminoxidase (IMAOs), embora sejam bastante eficazes no tratamento da depressão, possuem menos evidência de eficácia que os ISRSs no tratamento do TEPT. Além disso, apresentam maior incidência de efeitos adversos e riscos para os pacientes, não sendo considerados assim drogas de primeira escolha para o tratamento do transtorno.

Como visto anteriormente, mesmo com o emprego das drogas de primeira escolha (ISRSs) por dose e tempo adequados, muitos pacientes não respondem satisfatoriamente ao tratamento. Além disso, existem casos onde o uso de antidepressivos deve ser evitado (comorbidade com transtorno bipolar do humor, intolerância aos efeitos colaterais, etc.). Nestes casos, o emprego de drogas que não sejam antidepressivos faz-se necessário (Berger, Marques--Portella, Fontenelle, Kinrys e Mendlowicz, 2007; Berger et al., 2009). Nestas situações, a risperidona, um antipsicótico de segunda geração, é a droga com maiores evidências positivas para o tratamento do TEPT, principalmente quando associada a um ISRS (Berger et al., 2007; Berger et al., 2009). O prazosin, um antagonista do receptor alfa--1 adrenérgico desenvolvido primariamente para o tratamento da hipertensão arterial sistêmica, parece ser uma associação particularmente eficaz nos casos de insônia e pesadelos frequentes (Berger et al., 2007; Berger et al., 2009).

É importante salientar que o uso isolado de benzopiazepínicos como diazepam, clonazepam ou lorazepam logo após um evento traumático (um acidente automobilístico ou a morte súbita de um familiar) é feito frequentemente como auto-medicação ou mesmo prescrito por médicos, contudo, há evidências muito preliminares sugerindo que esta prática pode contribuir para o desenvolvimento e/ou cronificação dos sintomas de TEPT (Berger et al., 2009). Além disso, é possível que a administração concomitante de benzodiazepínicos afete negativamente a eficácia da TCC (Ganasen, Ipser e Stein, 2010; Norberg, Krystal e Tolin, 2008).

Medicamentos que visam potencializar a eficácia da TCC

A D-cicloserina é um antibiótico que já foi utilizado no tratamento da tuberculose pulmonar e atua como um agonista parcial do receptor do N-metil-D-aspartato (NMDA). A atividade glutamatérgica exercida através dos receptores NMDA parece ser essencial no processo de aprendizagem e memória (Cukor, Spitalnick, Difede, Rizzo e Rothbaum, 2009). Devido a isso, o processo de extinção do medo aparentemente depende da ativação dos receptores NMDA presentes na amígdala basolateral (Norberg et al., 2008). Desta forma, a administração de 50 a 500mg de D-cicloserina antes das sessões de TCC pode potencializar a eficácia da exposição prolongada em diversos transtornos mentais como a acrofobia, fobia social e transtorno obsessivo-compulsivo. Atualmente, diversos estudos têm sido conduzidos para avaliar o possível efeito da administração de D-cicloserina antes da exposição prolongada em pacientes com TEPT (Cukor et al., 2009).

QUADRO 22.1 INFORMAÇÕES SOBRES OS INIBIDORES SELETIVOS DA RECAPTAÇÃO DA SEROTONINA, MEDICAÇÕES DE PRIMEIRA ESCOLHA PARA O TRATAMENTO DO TRANSTORNO DO ESTRESSE PÓS-TRAUMÁTICO

Droga	Alguns nomes comerciais no Brasil	Aprovado pelo FDA pelo tratamento do TEPT?	Dose (mg/dia)	Possíveis efeitos adversos comuns a todos os ISRS	Características especiais
Citalopram	Città®, Maxpram®, Denyl®, Alcytam®, Cipramil®, Procimax®	Não	20-40	Cefaleia, ansiedade no início do tratamento, letargia, tremores, acatisia, náuseas, diarreia, xerostomia, disfunção sexual, inibição da agregação plaquetária, ganho ponderal	Pouca interação medicamentosa.
Escitalopram	Lexapro®, Exodus®	Não	10-40		É um metabólito do citalopram, menor interação medicamentosa.
Fluoxetina	Daforin®, Depress®, Eufor®, Fluxene®, Prozac®, Prozen®, Psiquial®, Verotina®,	Não	10-80		Diminuição do apetite, insônia, maior meia-vida.
Fluvoxamina	Luvox®	Não	100-300		Menor incidência de disfunção sexual em relação aos outros ISRS.
Paroxetina	Paxil®, Cebrilin®, Aropax®, Pondera®	Sim	10-60		Ganho ponderal importante, sonolência.
Sertralina	Assert®, Serenata®, Tolrest®, Zoloft®	Sim	25-200		Sonolência, maior incidência de diarréia.

FDA, *U.S. Food and Drug Administration*. ISRS, inibidores seletivos da recaptação da serotonina.

Psicológico: terapia cognitivo-comportamental

Adultos

Formulação de casos

Antes de se iniciar o tratamento é importante a formulação do caso com dados sobre o evento traumático: Quando ocorreu? Onde? Qual hora? Quem estava junto no momento? Como foi? Como se sentiu? O que pensou? O que sentiu fisicamente? Como isso influenciou sua vida? Também: como o transtorno se desenvolveu; os sintomas presentes; as crenças desenvolvidas após o trauma a respeito do mundo, das pessoas e de si mesmo, como essas influenciam o modo como se sente, seu comportamento, e a relação dessas crenças com os sintomas do TEPT.

Tratamento: Terapia Cognitivo--Comportamental para o tratamento do TEPT

Segundo Edna B. Foa (1998), o tratamento psicossocial para TEPT mais testado e avaliado engloba as intervenções cognitivo--comportamentais. De acordo com a teoria do processamento emocional, para a terapia obter resultados positivos deve considerar a correção dos elementos patológicos da estrutura do medo (Foa e Kozak, 1986), envolvendo o processo que está relacionado à recuperação natural do trauma. Há duas condições para que haja redução da ansiedade: 1) estrutura do medo deve ser ativada pela introdução de informações importantes. Se essa estrutura não for ativada não estará disponível para mudança; 2) para que haja correção, as novas informações devem ser incompatíveis com elementos patológicos existentes. Isso mostra porque a TCC é eficaz em reduzir os sintomas do TEPT. Os procedimentos que esta em geral utiliza para o tratamento do TEPT estão descritos a seguir:

PSICOEDUCAÇÃO

Nesta fase, o terapeuta procura prover o paciente com informações sobre o que é o transtorno, seus sintomas, tratamento e legitimar as reações ao trauma, validando sua experiência. Esses pacientes normalmente se sentem sozinhos e incompetentes, e a psicoeducação os ajuda a entender que o que sentem é normal e é compartilhado por outros sobreviventes. Também é comum que não correlacionem alguns de seus problemas com o trauma (Foa e Rothbaum, 1998).

REESTRUTURAÇÃO COGNITIVA

Os passos dessa etapa são: a) identificar pensamentos automáticos e crenças disfuncionais existentes antes do trauma e que influenciam na interpretação deste, as crenças que a pessoa tem sobre suas reações durante o trauma, crenças sobre os sintomas iniciais do TEPT e que o fazem persistir, crenças sobre as reações dos outros; b) ajudar a corrigir essas crenças distorcidas para reduzir a ansiedade e outras emoções disfuncionais. Pensamentos automáticos comuns são: "Aquele homem vai me assaltar" – associados à ansiedade; "Eu poderia ter feito algo para evitar o que aconteceu" – associado à culpa; "Por que isso aconteceu comigo?" – associado à raiva; "Eu nunca mais serei a mesma pessoa" – associado à tristeza/desesperança. Esse processo ajuda o paciente a se tornar consciente dos pensamentos e emoções excessivos para modificá-los (Foa e Rothbaum, 1998).

TÉCNICAS DE EXPOSIÇÃO

O objetivo é ativar as memórias do trauma para modificar os aspectos patológicos que as envolvem expondo o paciente às lembranças e aos estímulos que provocam a memória do trauma deste. A exposição imaginária e a exposição ao vivo são as mais utilizadas para o TEPT e os benefícios são: habituação, com a redução da ansiedade; correção da crença de que a ansiedade permanece a menos que a evitação ocorra; retirada do reforçamento negativo associado à redução do medo; incorporação da informação corretiva da memória do trauma; estabelecimento do trauma como um evento isolado e não como um indicativo de que o mundo é ameaçador; e aumento do autocontrole através dos exercícios de exposição Harvey, Bryant e Tarrier (2003).

A exposição reduz os sintomas do TEPT porque permite ao paciente perceber que:

1. estar em situações seguras que lembrem o trauma não é perigoso;
2. relembrar o trauma não significa vivê-lo novamente;
3. a ansiedade não permanece indefinidamente na presença dos estímulos ou lembranças evitados, mas diminui se não evitá-los ou sair da situação;
4. experienciar os sintomas do TEPT não leva à perda de controle (Foa e Rothbaum, 1998).

EXPOSIÇÃO IMAGINÁRIA

A exposição imaginária requer que o paciente relembre o trauma e o reviva em sua imaginação por períodos prolongados. Ele deve fazer isso relatando o trauma com a ação no presente, como se o estivesse vivendo agora. Isso deve ser feito de forma gradual, ou seja, nas primeiras sessões o paciente relata apenas o que for surgindo na sua mente, sem muito direcionamento por parte do terapeuta. Nas sessões subsequentes o terapeuta, aos poucos, pede mais detalhes, como a aparência de quem está junto com ele, objetos, cores das roupas, sons, cheiros, conversas, etc. Esse relato é gravado a cada sessão para que o paciente o escute em casa diariamente entre as sessões. Apesar de ser muito difícil no início, com o tempo se torna menos doloroso. O objetivo deste tratamento é que o trauma possa ser emocionalmente processa-

do para que a intensidade e a frequência da reexperiência diminuam com o tempo.

EXPOSIÇÃO AO VIVO

Estímulos reais e seguros que lembram o trauma, como situações, lugares, pessoas e objetos, são confrontados repetidamente até não evocar mais emoções desconfortáveis. Inicialmente é construída uma lista de situações evitadas, chamada de hierarquia de exposição. O enfrentamento começa pela situação que gera menos ansiedade ou desconforto, até o paciente ser capaz de enfrentar o estímulo que considera mais difícil, ou com uma carga maior de ansiedade. Cada situação também é enfrentada de forma gradual, por exemplo, ir ao *shopping*: primeiro áreas e lojas mais vazias, depois mais cheias e, então, lojas de departamento e praças de alimentação, que são mais ansiogênicas.

MANEJO DA ANSIEDADE

As técnicas mais usadas são relaxamento muscular progressivo e respiração controlada. O emprego dessas técnicas tem como objetivo prover o paciente de habilidades que o ajudem a obter o senso de controle sobre o seu medo, diminuir o nível de hiperestimulação e ajudá-lo a se engajar nas técnicas de exposição.

O relaxamento muscular progressivo é uma técnica que promove um relaxamento profundo, eficaz para pessoas cuja ansiedade é fortemente associada com a tensão muscular. O paciente aprende a discriminar entre tensão e relaxamento em cada grupo muscular, da cabeça aos pés, e a associar a sensação de relaxamento a uma palavra chave, como calma ou relaxe. A sessão de relaxamento é gravada para que o paciente possa praticá-lo em casa.

A respiração controlada é um método de relaxamento criado a partir da observação de que as pessoas respiram superficialmente quando estão ansiosas, levando a um desequilíbrio entre oxigênio e gás carbônico no organismo (Greenberger e Padesky, 1999). Este desequilíbrio se correlaciona com os sintomas físicos da ansiedade como tonteira, boca seca, taquicardia, sudorese, etc. Esta respiração ajuda a restabelecer o equilíbrio reduzindo esses sintomas e controlando a ansiedade.

COTERAPIA

O propósito da coterapia é ajudar o paciente a praticar o treino de relaxamento e respiração, e as tarefas de exposição imaginária e ao vivo que são difíceis de serem realizadas sem a ajuda de uma pessoa treinada. Isso facilita a adesão ao programa de tratamento e maximiza o impacto da terapia. Pode ser realizada por estudantes de psicologia treinados e supervisionados.

TERAPIA DE EXPOSIÇÃO COM REALIDADE VIRTUAL (TERV)

Atualmente a TERV é utilizada com sucesso em alguns transtornos de ansiedade. O objetivo dessa terapia seria contornar as dificuldades encontradas nas terapias de exposição. A exposição imaginária depende da capacidade de imaginação e da memória do paciente. Evitar as lembranças ou ser incapaz de visualizar o trauma é um sintoma desse transtorno, dificultando o engajamento do paciente. Por sua vez, a exposição *in vivo* é praticada em ambientes e situações que o paciente teme e, portanto, evita. O controle do grau de exposição a esses ambientes é difícil, já que são naturais, o que gera uma sensação maior de insegurança e incontrolabilidade (Spira, Pyne e Wiederhold, 2006).

A TERV combina *hardware* e *software* para criar um ambiente virtual capaz de permitir ao paciente o confronto de seus medos. Permite precisão e controle da exposição aos estímulos relacionados ao trauma num ambiente seguro, manejo da resposta de ansiedade e proporciona uma exposição gradual pelo terapeuta e pelo próprio paciente através de um *joystick*. Também permite o monitoramento de aspectos psicofisiológicos e as reações experimentadas pelo paciente no momento do trauma (Wood et al, 2007). O *software* inclui cenários que simulam locais e situações que os pacientes evitam (ruas, lojas, ônibus, metrô, agência bancária, etc.) e situações relacionadas aos eventos traumáticos (assaltos, sequestros, acidentes automobilísticos, etc.).

A sensação de imersão produzida pelo ambiente virtual, facilita o engajamento emocional dos pacientes contornando os sintomas de evitação e suscita a estrutura do medo facilitando o processamento emocional e das memórias relacionadas ao trauma. Bush (2007) aponta como vantagens da RV o controle total pelo terapeuta, privacidade e confidencialidade, baixo custo do tratamento para o paciente, baixo risco de constrangimento, resultados emergentes altos, fácil resposta de ansiedade e simpático aos pacientes. Como desvantagens aponta: alto custo da montagem do ambiente virtual e pouco familiar ao terapeuta.

Programa de tratamento com TCC

Deve incluir as técnicas descritas acima sendo que a RV pode substituir a exposição imaginária e a exposição ao vivo. O número de sessões deve ser flexibilizado de acordo com cada paciente. Os estudos mostram uma variabilidade de 9 a 16 sessões, com 90 minutos cada. Para exemplificar podemos ilustrar com o protocolo utilizado no Instituto de Psiquiatria da UFRJ. A primeira sessão se concentra na explicação sobre todo o tratamento com TCC, enfatizando que o foco é o TEPT e na coleta de informações relevantes sobre o evento traumático, seguindo o roteiro de entrevista. A segunda sessão deve conter uma orientação para a família do paciente com explicações sobre o que é o TEPT (30 minutos). Depois, somente com o paciente, educá-lo sobre os sintomas do TEPT e discutir as reações/sintomas do paciente. Na terceira sessão é explicada a reestruturação cognitiva; são definidos os pensamentos automáticos negativos e crenças disfuncionais; descritas as distorções cognitivas comuns e é lido o manual com o cliente, que ensina a identificar pensamentos automáticos – primeira parte do RPD (registro de pensamento diário). Na quarta sessão, apresentar a segunda parte do RPD, ensinando o cliente a se opor aos pensamentos e crenças distorcidas e prover respostas racionais. Na quinta sessão, explicar ao cliente a exposição ao vivo, apresentar a Escala de Desconforto e Ansiedade (SUDs), construir a escala de hierarquia de exposição ao vivo e instruir o cliente sobre a exposição ao vivo e selecionar os itens da escala para o início da coterapia. Na sexta sessão, explicar ao cliente a exposição imaginária, conduzir a exposição imaginária gravando o relato do trauma e respiração ou relaxamento, para que o paciente saia da sessão com a ansiedade reduzida. Nas sessões subsequentes, deve-se conduzir a exposição imaginária e a reestruturação cognitiva, até o final do tratamento. O número de sessões seguintes deve se dar de acordo com o progresso do paciente. Na última sessão, deve-se rever o progresso em detalhes e dar sugestões para uma prática contínua para a prevenção de recaída. Todas as sessões devem seguir a agenda da TCC com propostas e revisão das tarefas de casa. Ao final das sessões é aconselhável que se pratique o treino de respiração (o paciente escolhe a respiração se sua preferência) para que o paciente saia com a ansiedade reduzida. As sessões de coterapia são realizadas entre as sessões de terapia e seguindo as tarefas propostas nessa.

Exemplo de Caso

Sexo masculino, 38 anos, casado, 4 filhos, motorista de ônibus. Recebe auxílio INSS.

Diagnóstico nosológico: Transtorno de Estresse Pós-traumático e Transtorno Depressivo Maior Recorrente, episódio moderado no início do tratamento com TCC. Sofreu traumas anteriores. Evento traumático: uma mulher se suicidou jogando-se da passarela em cima do ônibus no qual dirigia, ficando sob a roda traseira com os órgãos expostos e as pernas estraçalhadas.

Medicação: tranilcipromina 120 mg, clonazepam 3 mg, haloperidol 15 mg e cloridrato de trazodona 200 mg, por dia.

Sintomas no início do tratamento: ansiedade súbita, aperto no peito, taquicardia, excitabilidade aumentada, hipervigilância e insônia intermitente. Também revivescências, pesadelos, *flashbacks*, lembranças e pensamentos recorrentes relacionados ao trauma; cansaço, desânimo, perda de prazer em sair, ir a festas e casa de parentes. Apresentava comportamentos evitativos, tais como: sair de casa, ir a shoppings, falar sobre o trauma e andar de ônibus (descia do ônibus várias vezes por causa de forte ansiedade). No ônibus, ficava com a cabeça abaixada e com os olhos fechados durante toda a viagem. Após o evento traumático, apresentou sintomas de dissociação: perdia a noção de tempo e espaço, e saía de casa desorientado, sem saber para onde estava indo. O paciente parou de trabalhar e começou a restringir suas saídas. A esposa saiu de casa, pois "não aguentava o que estava acontecendo". Relatava sensação de fracasso e impotência. Tentou suicídio uma vez. Em alguns momentos teve ideações suicidas. Sentia vergonha da sua aparência e se preocupava com o que as pessoas conhecidas estavam pensando sobre a sua mudança, tanto física quanto emocional e comportamental. Recebe apoio dos familiares e amigos.

O tratamento psicoterápico foi realizado durante 4 meses, com 1 sessão semanal de terapia e 3 sessões semanais de coterapia.
Reestruturação cognitiva: as cognições identificadas relacionadas à vulnerabilidade foram: "Estou sendo punido por algo", "Na minha cabeça eu matei uma pessoa e ponto", "Tenho medo de ver um acidente", "Se algo ruim acontecer de novo, tenho medo de enlouquecer", "Acho que sempre vai acontecer algo no ônibus". Ao final do

tratamento, estava mais tranquilo durante as viagens de ônibus, olhava à volta naturalmente e dizia para si mesmo: "Nada está acontecendo". Não sente mais culpa pelo que aconteceu: "Agora acho que fui vítima, sinto raiva dela". Quanto ao sentimento de fraqueza diz: "Quem é fraco não faz esse tratamento". Durante o tratamento com TCC sofreu novo assalto em um ônibus, com ameaça de morte pelos assaltantes. Houve piora dos sintomas, mas percebeu que não iria enlouquecer, como temia.

Exposição ao vivo: foi construída a escala hierárquica com as situações que evitava. Essas situações foram trabalhadas gradualmente com a ajuda do coterapeuta. Por fim, observou-se diminuição da ansiedade e de comportamentos evitativos.

Exposição imaginária: os relatos sobre a situação traumática foram gravados, de forma gradual, e ouvidos pelo paciente diariamente. Essa parte do tratamento causou muita ansiedade e irritação no paciente, que teve vontade de desistir e dizia não entender como a exposição imaginária poderia ajudá-lo, apesar de mostrar entendimento durante as explicações racionais do terapeuta. No início do tratamento o grau de ansiedade era 100% e no final 0%.

Resultados do tratamento: ausência dos sintomas dissociativos, de revivescências, pesadelos, *flashbacks* e lembranças intrusivas. Tem saído mais, vai a lugares que evitava, sentindo-se mais tranquilo. Voltou a levar o filho à escola, está jogando futebol, fazendo caminhada e academia. Está mais vaidoso, cuidando mais da aparência. Conversa sobre o trauma com as pessoas. Voltou ao trabalho na mesma empresa, dois meses após o término do tratamento. No início do tratamento, imaginar tal possibilidade lhe fazia sentir intensa ansiedade. Resultados escalas?

Observações: houve piora nos sintomas (ansiedade, pensamentos intrusos, pesadelos) no início da terapia de exposição. Nesta fase, desejou abandonar o tratamento. Quando começou a melhorar passou a acreditar mais na terapia. Ao final do tra-

tamento, presenciou perseguição de carro com tiros e morte enquanto estava no ponto de ônibus. Sentiu-se assustado no momento, assim como todos os presentes, mas não se sentiu abalado após o ocorrido.

Dificuldades e facilitadores do tratamento: primeiro, existe uma dificuldade do paciente de procurar tratamento e chegar aos locais de atendimento devido à evitação. É comum apresentarem piora em alguns sintomas (como ansiedade, pesadelos, pensamentos intrusivos) no início da terapia de exposição. Essa é percebida como altamente aversiva pelos os pacientes que, também, encontram dificuldades em cumprir as tarefas de casa (Foa e Rothbaum, 1998). Consequentemente, desejam interromper o tratamento, o que pode ser contornado com explicações racionais do terapeuta sobre esse tipo de terapia e seus resultados, e incentivos para que o paciente continue com o tratamento. A participação do coterapeuta também tem importância fundamental neste aspecto. Quanto antes o terapeuta identificar as possíveis causas de desistência, mais cedo ele poderá ajustar e planejar estratégias para preveni-la.

Outra dificuldade que pode surgir é o *overengagement*, que ocorre quando o paciente encontra dificuldade em manter o senso de segurança e a percepção de estar no presente, durante a exposição imaginária, revivendo em sua mente o evento traumático. Isso faz com que a ansiedade permaneça alta e a habituação não ocorra. A estrutura do medo se torna tão ativada que o paciente não consegue focar e incorporar novas informações a essa estrutura (Foa e Kozac, 1986). Nesse estado, o grau de ansiedade é alto, não se reduz significativamente e o paciente está visivelmente estressado. Em alguns casos, pode haver dissociação. Se isso ocorrer, a exposição deve ser ainda mais gradual, feita com os olhos abertos, em outra sessão. Deve-se ressaltar que a relação terapêutica é fundamental para a adesão dos pacientes ao tratamento.

Crianças

O TEPT Infantil

Quando os critérios diagnósticos propostos na compreensão do TEPT foram aplicados a crianças, alguns dos estudos preliminares sobre o tema não identificaram reações individuais ao trauma tão severas quanto aquelas inicialmente descritas em adultos (Meiser-Stedman, 2002).

Garmezy e Rutter (1985) concluíram, em estudo pioneiro sobre o tema, que as reações apresentadas na infância não eram tão graves a ponto de serem incluídas em uma categoria diagnóstica de TEPT. Nos estudos revisados por esses autores, não foram identificados sintomas específicos de TEPT entre crianças, como pensamentos intrusivos ou mesmo entorpecimento.

Seguindo a lógica destes autores o diagnóstico de TEPT não seria, portanto, justificável na infância. Na via oposta desta afirmativa, estudos nas duas últimas décadas revelaram um conjunto expressivo de evidências empíricas demonstrando como os eventos estressores traumáticos não infância são deveras comuns e, além disso, possuem a capacidade de afetar profundamente o desenvolvimento do indivíduo (Kaminer, Seedat e Stein, 2005).

Foi justamente em razão destes achados que os critérios diagnósticos de TEPT infantil, bem como os modelos de tratamento puderam se refinar (Perrin, Smith e Yule, 2000).

Os efeitos do TEPT no desenvolvimento infantil

Perry (1997) foi um dos precursores dos estudos de neuroimagem. Num estudo prévio com sujeitos vítimas de intensa violência doméstica, que ele chamou de "Encubados no Terror" foram encontradas alterações corticais em sete dos doze sujeitos avaliados.

Posteriormente replicaram inúmeros outros estudos apontando para importantes alterações de respostas hormonais e da própria arquitetura neural promovidos pelo TEPT.

Os achados recentes apontam, resumidamente, para importantes alterações em funções como memória, diminuição de acesso e evocação de memórias hipocampo-dependentes, maior ativação de memórias amígdala-dependentes, diminuição da capacidade narrativa, da estruturação do pensamento lógico, da capacidade de compreensão de categorização da experiência traumática, diminuição de controle de impulsos, diminuição de atividade metacognitiva, além de aumento de atividade motora através de hipervigilância, hiperexitação autonômica e consequente déficit de atenção e reduzida capacidade de julgamento, tomada de decisão e resolução de problemas (Caminha e Caminha, 2011).

Todas as funções afetadas com respectivos achados em neuroimagem acabam por apontar a diminuição ou aumento de perfusão sanguínea das respectivas áreas correspondentes (Mylle, 2004). O evento traumático faz com que o organismo busque, pela quebra da estrutura de rotina, estratégias compensatórias capazes de restabelecer uma nova homeostase, ou seja, um novo ponto de equilíbrio.

No caso do trauma infantil, não cessando a exposição ao evento traumático, ou ainda, não cessando a sintomatologia pós-traumática, há uma grande possibilidade de que esta estratégia desenvolvida provisoriamente se torne permanente. Assim sendo, estruturas cerebrais mais primitivas envolvidas no gerenciamento da preservação básica da vida se tornam mais estimuladas em prol das áreas mais nobres, corticais, responsável pelas funções executivas superiores (Ehlers, Clark, Hackmann, McManus e Fennell, 2005).

O grande problema do trauma infantil não tratado, principalmente se derivado de situações de maus-tratos, principal fator de trauma infantil, é que aumenta drasticamente a probabilidade do desenvolvimento do Transtorno *Borderline* de Personalidade na vida adulta.

Os prejuízos decorrentes da exposição a eventos estressores traumáticos podem ser duradouros e resultar em problemas emocionais, comportamentais e interpessoais que se manifestam na adolescência ou mesmo na vida adulta (Huizinga, Visser, Van Der Graaf, Hoekstra, Klip e Pras, 2005).

O diagnóstico do TEPT infantil

Conforme Kristensen, Caminha e Silveira (2007) alguns cuidados são recomendados para o diagnóstico do TEPT infantil não contemplados em manuais diagnósticos adultos.

Dessa forma, alguns autores sugerem critérios que podem ser utilizados para auxiliar a identificação do TEPT infantil, destacando-se que a criança não precisa necessariamente apresentar prejuízo no funcionamento social ou ocupacional como refere o DSM-IV-TR.

Estratégias terapêuticas

O foco no tratamento do TEPT deve ser na reestruturação cognitiva da memória trau-

---

QUADRO 22.3 — CRITÉRIOS SUGERIDOS PARA O DIAGNÓSTICO DO TEPT INFANTIL

Agrupamento sintomático de revivescência:
- Jogos ou brincadeiras pós-traumáticas;
- Re-encenação na forma de jogo ou brincadeira;
- Recordações recorrentes do evento estressor traumático além daquelas que se manifestam no jogo;
- Pesadelos que podem ter ligação com o evento estressor traumático ou tenham uma frequência aumentada, mesmo que com conteúdo desconhecido;
- Episódios com características objetivas de *flashback* ou dissociação.

Agrupamento sintomático de esquiva:
- Redução da atividade de jogo ou brincadeiras;
- Redução nas atividades de socialização;
- Faixa de afeto restrita;
- Perda de habilidades do desenvolvimento previamente adquiridas, especialmente regressão da linguagem e treinamento ao toalete.

Agrupamento sintomático de excitabilidade aumentada:
- Terror noturno;
- Dificuldades em adormecer não relacionadas a preocupações quanto pesadelos ou medo do escuro;
- Acordar durante a noite de forma não relacionada a pesadelos ou terror noturno;
- Concentração diminuída ou redução da atenção (comparativamente ao período anterior ao trauma);
- Resposta de sobressalto exagerada.

Agrupamento sintomático em que apenas um dos critérios necessita estar presente:
- Agressão recente;
- Ansiedade de separação recente;
- Medo de praticar o treinamento ao toalete sozinho;
- Medo do escuro;
- Quaisquer medos novos de coisas ou situações não relacionadas diretamente ao trauma.

Lorenzzoni e Caminha (2011).

mática, reformulação e recodificação, alteração do conteúdo semântico multissensorial, capacidade associativa e generalista da memória (Caminha, Habigzang e Bellé, 2003).

Nesta lógica, Caminha (2002) desenvolveu um modelo para o tratamento do TEPT que pode ser utilizado tanto individualmente como em grupo, com adultos ou crianças, e consiste em um conjunto denominado de "Técnicas Integradas" conforme o Quadro 22.4.

Tratamento do TEPT na Infância

O modelo a ser apresentado neste capitulo é composto de técnicas experimentadas ao longo de vários anos, objetivando maximizar o tratamento proposto aos pacientes com TEPT. Propostas por Caminha, Kristensen e Dornelles (2007), as técnicas escolhidas para compor o modelo foram experimentalmente testadas e escolhidas segundo suas capacidades de reduzir o tempo de tratamento e operacionalizar a reestruturação cognitiva afetada pelo trauma (Caminha, 2005).

Este modelo integrado é diferenciado pela estratégia desenvolvida com o uso do *software* "caixa de memória" (CM), elaborado por Caminha, Galarraga e Schaffer (2003), tendo em vista a alta demanda de pacientes infantis vítimas de violências e atendidas em grupos de pesquisa.

Segundo Caminha, Galarraga e Schaffer (2003), o modelo de intervenção terapêutica no tratamento do TEPT recai diretamente na memória e sua funcionalidade alterada pelo transtorno, através das exposições controladas promovidas pelo uso da "CM", que integra o modelo descrito acima (Modelo Integrado no Tratamento do TEPT).

Nesse contexto, o *software* consiste numa caixa virtual (ver Figura 22.1), com seis gavetas, das quais uma é reservada para a memória traumática que contem os elementos pareados com o evento traumático na memória (gaveta vermelha) e as demais terão como conteúdo as memórias positivas (ambas rememoradas pelo paciente, sob a forma multissensorial) e através de material de registros de pensamentos e afetivograma. Uma função de emergência (botão emergência, parte superior direita da caixa) é o principal instrumento terapêutico associado ao programa, ou seja, o paciente aprende a acioná-lo, através de uma instân-

---

QUADRO 22.4	MODELO INTEGRADO NO TRATAMENTO DO TEPT

Sessões iniciais:
- Técnicas de Entrevista Motivacional na Aliança Terapêutica;
- Automonitoramento (RPDs; afetivogramas).

Sessões intermediárias:
- Treino de Dessenssibilização de Memórias Traumáticas;
- Treinos de Auto Instrução (TAI);
- Treinamento de Habilidades Sociais (THS);
- Técnicas de Relaxamento Muscular Progressivo e Respiração.

Sessões finais:
- Aliança terapêutica com Amparo Social;
- Técnicas de Prevenção à Recaída;
- Generalização e Superaprendizagem.

Caminha (2002).

FIGURA 22.1

Caixa de memória.

cia metacognitiva, fazendo com que a gaveta vermelha (memória traumática) se feche e ele possa abrir as outras gavetas espontaneamente (memórias positivas).

As gavetas são compostas por elementos derivados da técnica "Mapa de Memória", criada por Caminha (2005) e também integrada ao *software* "CM".

O Mapa de Memória é uma técnica desenvolvida essencialmente para abordar o sistema semântico da configuração da memória traumática identificando os estímulos multissensoriais (cheiros, sabores, cores, sensações de temperatura, sons) pareados à situação traumática e que são fortes reativadores pós-traumáticos, capazes de produzir os denominados disparos pós-traumáticos ou, ainda, reatividade pós-traumática.

Para construirmos o "Mapa de Memória" é necessário que sejam identificados os estímulos pareados decorrentes da situação traumática. O "Mapa de Memória" é então montado através das observações anotadas no registro de emoções e, de uma técnica chamada de Rememoração Multissensorial Dirigida que consiste em promover uma exposição do paciente ao evento traumático capaz de estabelecer conexões entre os diversos estímulos associados capazes de ativarem reações pós-traumáticas (Caminha e Caminha, 2009).

Obviamente o "Mapa de Memória" acaba por identificar os estímulos mais recorrentes e com maior valência na capacidade de gerar reatividade pós-traumática. Após, organizado o mapa ele passa a ter objetivos psicoeducativos, já que o paciente aprende a identificar através dele como está funcionando sua memória, sendo inclusive possível e recomendável seu uso na forma de um cartão de enfrentamento. O paciente acaba por normatizar suas reatividades pós-traumáticas.

A técnica acaba por permitir o uso da autoinstrução, processo metacognitivo, que permite com que o cérebro corrija processos cognitivos do mesmo modo que um sistema computacional identifica e corrige erros em linhas de programa.

Usando a "CM" na sessão terapêutica bem como fora dela o paciente aprende através de estratégias do botão de emergência a intervir no esquema hipervalente disfuncional do trauma (memórias amígdala-dependentes). O tempo de narrativa sobre o trauma produzida pelo paciente depende do acompanhamento do terapeuta e está relacionado à capacidade do paciente em ativar a emoção negativa referente ao trauma.

Ao abrir as outras gavetas, em contraposição à vermelha, o paciente produz narrativas com valências positivas e multisensoriais mudando, deste modo, o esquema hipervalente negativo (amígdala-dependente) por outro mais funcional (hipocampo-dependente). Em ambas as situações, ao final das narrativas o paciente pode quantificar seu estado emocional, possibilitando a mensuração dos sintomas do TEPT.

À medida que as narrativas dos pacientes vão aumentando temporalmente, ou seja, eles vão sendo mais expostos às lembranças traumáticas, a ativação das emoções vai diminuindo conforme demonstra a Figura 22.2, gerando assim, uma alteração na estrutura semântica das memórias traumáticas (Caminha, 2005).

O uso do *software* "CM", permite, desse modo, as exposições de memória traumática controladas no *setting* terapêutico.

O modelo aqui brevemente esboçado decorre de uma larga experiência dos au-

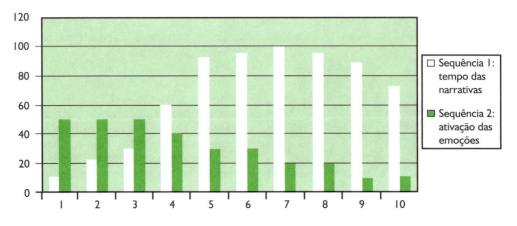

FIGURA 22.2

Gráfico Relação número de sessões x Intensidade das emoções.

tores com crianças que desenvolvem TEPT. Esta experiência passou por ambulatórios, hospitais, escolas e clínica escola de universidade.

CONCLUSÕES

No Brasil, apesar de não convivermos com a violência gerada pelas guerras e pelo terrorismo, é notório o que chamamos de violência urbana, gerada pela desigualdade social, enchentes e desabamentos, pelo tráfico de drogas e acidentes de trânsito. O transtorno de estresse pós-traumático (TEPT) está diretamente relacionado a essa violência, bem como com catástrofes e abuso sexual. Por ser, muitas vezes, incapacitante, gera grande sofrimento aos pacientes por ele acometidos e às pessoas de sua convivência. Os sintomas são graves e intensos e levam ao comprometimento das funções ocupacionais e sociais dessas pessoas. Não raro, param de trabalhar, sair, se relacionar, ocasionando, em alguns casos, separações conjugais. Tornam-se dependentes de familiares ou amigos para atividades rotineiras, gerando sobrecarga para essas pessoas, além dos gastos com auxílios governamentais para a manutenção financeira do paciente. É, portanto, extremamente necessário o desenvolvimento de estratégias psicológicas e farmacológicas para o tratamento do transtorno. Esta necessidade cresce em virtude do elevado número de pacientes que não remitem completamente com os tratamentos atuais. Vimos no presente capítulo uma proliferação de novos tratamentos cuja eficácia vem sendo progressivamente testada. Tecnologias de ponta têm sido utilizadas na implementação da TCC como observamos no uso da realidade virtual e de *softwares* como a "caixa da memória". Houve também uma mudança de paradigma na utilização de fármacos em conjunto com as psicoterapias. Medicamentos como a D-cicloserina são utilizados para potencializar a eficácia da exposição ao vivo, sendo administrados ao paciente somente nas sessões de TCC. A esperança trazida pelas novas abordagens interdisciplinares e inovadoras deverão contudo sofrer o crivo rigoroso dos ensaios randomizados antes de serem disseminadas e adotadas. Mas sem dúvida vivemos um momento de ebulição na área do tratamento do TEPT, causada pela forte implementação de estratégias de pesquisa translacionais que trazem novidades da área da ciência básica para potencial aplicação na clínica e vice--versa.

REFERÊNCIAS

American Psychiatric Association. (1980). *DSM-III, Diagnostic and statistical manual of mental disorders* (3. ed.). Washington, DC: Autor.

American Psychiatric Association. (1994). *DSM-IV, Diagnostic and statistical manual of mental disorders* (4. ed.). Washington, DC: Autor.

Beck, A.T., Emery, G., & Greenberg, R. L. (1985). *Anxiety disorders and phobias: a cognitive perspective*. New York: Basic Books.

Berger, W., Marques, C., Fontenelle, L., Kinrys, G., & Mendlowicz, M. (2007). Antipsicóticos, anticonvulsivantes, antiadrenérgicos e outras drogas: o que fazer quando o transtorno do estresse pós-traumático não responde aos inibidores seletivos da recaptação da serotonina? *Revista Brasileira de Psiquiatria, 29*, 61-65.

Berger, W., Marques-Portella, C., Fontenelle, L. F., Kinrys, G., & Mendlowicz, M. V. (2007). Antipsychotics, anticonvulsants, antiadrenergics and other drugs: what to do when posttraumatic stress disorder does not respond to selective serotonin reuptake inhibitors? *Revista Brasileira de Psiquiatria, 29*, S61-S65.

Berger, W., Mendlowicz, M. V., Marques-Portella, C., Kinrys, G., Fontenelle, L. F., Marmar, C. R., et al. (2009). Pharmacologic alternatives to antidepressants in posttraumatic stress disorder: A systematic review. *Progress in Neuro-Psychopharmacology & Biological Psychiatry, 33*, 169-180.

Bisson, J., & Andrew, M. (2006). Psychological treatment of post-traumatic stress disorder (PTSD). *The Cochrane Database of Systematic Reviews*. New York: John Wiley & Sons.

Breslau, N. (2002). Epidemiologic studies of trauma, posttraumatic stress disorder, and other psychiatric disorders. *Canadian Journal of Psychiatry, 47*, 923-929.

Breslau, N., Davis, G. C., Andreski, P., & Peterson, E. (1991). Traumatic events and posttraumatic-stress-disorder in an urban-population of young-adults. *Archives of General Psychiatry, 48*, 216-222.

Brewin, C. R. (2001). A cognitive neuroscience account of posttraumatic stress disorder and its treatment. *Behaviour Research and Therapy, 39*, 373-393.

Brewin, C. R., & Holmes, E. A. (2003). Psychological theories of posttraumatic stress disorder. *Clinical Psychology Review, 23*, 339-376.

Bryant, R. A. (2006). Cognitive behavior therapy: implications from advances in neuroscience. In:

Kato, N., Kawata, M., & Pitman, R.K. (Org.). *PTSD brain mechanisms and clinical implications* . Tokyo: Springer-Verlag.

Bryant, R. A., Felmingham, K., Whitford, T. J., Kemp, A., Hughes, G., Peduto, A., et al. (2008b). Rostral anterior cingulate volume predicts treatment response to cognitive-behavioural therapy for posttraumatic stress disorder. *Journal of Psychiatry Neuroscience, 33*(2), 142-146.

Bush, J. (2007). Viability of virtual reality exposure therapy as a treatment alternative. *Computers in Human Behavior, 24*, 1032-1040.

Caminha, M. G., Caminha, R. M. (2011). *Intervenções e treinamento de pais na clínica infantil*. Porto Alegre: Sinopsys.

Caminha, R. M., Caminha, M. G (2009). *Baralho das emoções: acessando a criança no trabalho clínico*. Porto Alegre: Sinopsys.

Caminha, R. M. (2005). Um modelo para TEPT: neurônios, computadores e psicoterapia. In: Caminha, R. M. *Transtornos do estresse pós-traumáticos: da neurobiologia à terapia cognitiva*. São Paulo: Casa do Psicólogo.

Caminha, R. M., Kristensen, C. H., & Dornelles. (2007) Terapia cognitiva do transtorno de estresse pós-traumático. In: *Cordioli. Psicoterapias: abordagens atuais* (4. ed.) . Porto Alegre: Artmed.

Caminha, R. M., Lima, J., Galarraga, V., & Schaffer, J. (2003). O desenvolvimento e o uso do software "CM" na reestruturação da memória pós-traumática. In: Brandão, M. Z. da S. *Sobre comportamento e cognição: clinica, pesquisa e aplicação* (v. 12). São Paulo: Esetec.

Caminha, R. M. (2002). Grupoterapia Cognitivo-Comportamental em Abuso Sexual Infantil. In: *Sobre Cognição e Comportamento* . São Paulo: Arbytes.

Caminha, R. M., Habigzang, L. F., & Bellé, A. (2003) Epidemiologia de abuso sexual infantil na Clínica Escola PIPAS/UNISINOS. In: Benvennuti, V. (Org.). *Cadernos de extensão da Unisinos/RS* . São Leopoldo: Ed. da Unisinos.

Cukor, J., Spitalnick, J., Difede, J., Rizzo, A., & Rothbaum, B. O. (2009). Emerging treatments for PTSD. *Clinical Psychology Review, 29*, 715-726.

Davidson, J., Baldwin, D., Stein, D. J., Kuper, E., Benattia, I., Ahmed, S., et al. (2006). Treatment of posttraumatic stress disorder with venlafaxine extended release: a 6-month randomized controlled trial. *Archives of General Psychiatry, 63*, 1158-1165.

Davidson, J., Lipschitz, A., & Musgnung, J. (2004). Treatment of PTSD with venlafaxine XR, sertraline, or placebo: A double-blind comparison. *International Journal of Neuropsychopharmacology, 7,* S364-S365.

Del-Ben, C. M., Vilela, J. A. A., Crippa, J. A., Hallak, J. E. C., Labate, C. M., & Zuardi, A. W. (2001). Test-retest reliability of the Structured Clinical Interview for DSM-IV: clinical version (SCID-CV) translated into portuguese. *Revista Brasileira de Psiquiatria, 23*(3), 156-159.

Dunmore, E., Clark, D. M. & Ehlers, A. (2001). A prospective investigation of the role of cognitive factors in persistent posttraumatic stress disorder (PTSD) after physical and sexual assault. *Behaviour Research and Therapy, 39*, 1063-1084.

Ehlers, A., Clark, D. M., Hackmann, A., McMannus, F., & Fennell, M. (2005). Cognitive therapy for post-traumatic stress disorder: Development and evaluation. *Behaviour Research and Therapy, 43*, 413-431.

Figueira, I., & Mendlowicz, M. (2003). Diagnóstico do transtorno de estresse pós-traumático. *Revista Brasileira de Psiquiatria, 25*(1), 12-16.

Foa, E., & Kozac, M. (1986). Emotional processing: exposure to corrective information. *Psychological Bulletin, 99*, 20-35.

Foa, E. B., Riggs, D. S., & Gershuny, B. S. (1995). Arousal, numbing, and intrusion: Symptom structure of PTSD following assault. *American Journal of Psychiatry, 152*, 116–120.

Foa, E. & Rothbaum, B. (1998). *Treating de trauma of rape: cognitive-behavioral therapy for PTSD*. New York: Guilford.

Ganasen, K. A., Ipser, J. C., & Stein, D. J. (2010). Augmentation of cognitive behavioral therapy with pharmacotherapy. *Psychiatric Clinics of North America, 33,* 687.

Garmezy, N., & Rutter, M. (1985). Acute reactions to stress. In: Rutter, M., & Hersov, L. *Child and adolescent psychiatry: modern approaches* (2. ed.) (p. 152-176). Oxford: Blackwell.

Greenberger, D., & Padesky, C. A. (1999). *A mente vencendo o humor*. Porto Alegre: Artmed. (Trabalho original publicado em 1995).

Harvey, A., Bryant, R., & Tarrier, N. (2003). Cognitive behaviour therapy for posttraumatic stress disorder. *Clinical Psychology Review, 23*, 501-522.

Huizinga, G. A.; Visser, A.; Van Der Graaf, W. T. A.; Hoekstra, H. J.; Klip, E. C.; Pras, E., et al. (2005). Stress response symptoms in adolescent and young adult children of parents diagnosed with cancer. *European Journal of Cancer, 41*, 288-295.

Kaminer, D.; Seedat, S. & Stein, D. J. (2005). Post-traumatic stress disorder in children. *World Psychiatry, 4*, 121-125.

Kessler, R., Sonnega, A., Bromet, E., Hughes, M. & Nelson, C. (1995). Posttraumatic stress disorder in the National Comorbidity Survey. *Archives of General Psychiatry*, 52, 1048-1060.

Kristensen, C. H., Caminha, R. M., & Silveira, J. M. (2007) Transtorno de estresse pós-traumático na infância. In: Caminha, R. M., & Caminha, M. G. (2007). *A prática cognitiva na infância*. São Paulo: Roca.

Lang, P. J. (1979). A bio-informational theory of emotional imagery. *Psychophysiology*, 16, 495-512.

Lorenzonni, P. L., & Caminha, R. M. (2011). Treinamento e trabalho com pais no transtorno de estresse pós-traumático infantil. In: Caminha, M. G., Caminha, R. M. (2011). *Intervenções e treinamento de pais na clínica infantil*. Porto Alegre: Sinopsys.

Lupien, S. J., McEwen, B. S., Gunnar, M. R., & Heim, C. (2009). Effects of stress throughout the lifespan on the brain, behaviour and cognition. *Nature Reviews Neuroscience, 10*, 434-445.

Maia, D. B., Marmar, C. R., Metzler, T., Nóbrega, A. Berger, W., Mendlowicz, M. V., et al. (2007). Post-traumatic stress symptoms in a elite unit of Brazilian police officers: Prevalence and impact on psychosocial functioning and on physical and mental health. *Journal of Affective Disorders, 97,* 241-245.

Meiser-Stedman, R. (2002) Towards a cognitive-behavioral model of PTSD in children and adolescents. *Clinical Child and Family Psychology Review,5*, 217-232.

Mylle, J., & Maes, M. (2004). Partial posttraumatic stress disorder revisited. *Journal of Affective Disorders, 78,* 37-48.

Nemeroff, C. B., Bremmer, J. D., Foa, E. B., Mayberg, H. S., North, C. S., & Stein, M. B. (2006). Posttraumatic stress disorder: A state-of-the-science review. *Journal of Psychiatric Research, 40*, 1-21.

Norberg, M. M., Krystal, J. H., & Tolin, D. F. (2008). a meta-analysis of d-cycloserine and the facilitation of fear extinction and exposure therapy. *Biological Psychiatry, 63,* 1118-1126.

Ozer, E. J., Best, S. R., Lipsey, T. L., & Weiss, D. S. (2003). Predictors of posttraumatic stress disorder and symptoms in adults: a meta-analysis. *Psychological Bulletin*, 129, 52-73.

Perrin, S., Smith, P., & Yule, W. (2000). Practitioner review: the assessment and treatment of post-traumatic stress disorder in children and adolescens. *Journal of Child Psychology and Psychiatry, 41*, 277-289.

Perry, B. (1997). Incubated in terror: neurode-velopmental factors in the "cicle of violence". In: Osofsky, J. D. (Ed.). *Children in a violent society* . NY: Guilford Publications.

Rodrigues, S. M., LeDoux, J. E., & Sapolsky, R. M. (2009). The Influence of stress hormones on fear cir-cuitry. *Annual Review of Neuroscience, 32*, 289-313.

Sotres-Bayon, F., Cain, C. K., & Ledoux, J. E. (2006). Brain mechanisms of fear extinction: histo-rical perspectives on the contribution of prefrontal cortex. *Biological Psychiatry, 60*(4), 329-336.

Spira, J. L., Pyne, J. M., & Wiederhold, B. (2006). Experiential methods in the treatment of combat PTSD. In: Figley, C. R., & Nash, W. P. (Ed.). *For those who bore the battle: combat stress injury theory, research, and management* (10. ed.). New York: Routledge.

Spitzer, R. L., Williams, J. R., Gibbon, M., & First, MB. (1992). The structured clinical interview for DSM-III-R – history, rationale, and description. *Archieves of General Psychiatry, 49*, 624-9.

Weathers, F. W., Litz, B. T., Huska, J. A., & Keane, T. M. (1993). *PTSD Checklist: civilian version.* Boston: Behavioral Science Division.

Whealin, J. M., Ruzek, J. I., & Southwick, S. (2008). Cognitive-behavioral theory and prepara-tion for professionals at risk for trauma exposure. *Trauma, Violence & Abuse, 9*(2), 100-113.

Wood, D. P., Murphy, J., Center, K., Mclay, R., Reeves, D., Pyne, J., et al (2007). Combat-related post-traumatic stress disorder: a case report using virtual reality exposure therapy with physiological monitoring. *Cyberpsychology & Behavior, 10*, 2.

ANEXO I	TRATAMENTOS DO TRANSTORNO DE ESTRESSE PÓS-TRAUMÁTICO William Berger e Ivan Figueira *Instituto de Psiquiatria da Universidade Federal do Rio de Janeiro (IPUB/UFRJ)*

Biológico

O tratamento do TEPT tem como objetivos reduzir a gravidade dos sintomas, prevenir e tratar as comorbidades presentes em cerca de 80% dos casos (Breslau, Davis, Andreski e Peterson, 1991; Kessler, Sonnega, Bromet, Hughes e Nelson, 1995), aprimorar as funções adaptativas dos pacientes, limitar a generalização da percepção de perigo desencadeada pelo trauma, restabelecer o sentimento de confiança e segurança do paciente, e prevenir recaídas (Ursano et al., 2004). Para a obtenção desses objetivos, o tratamento do TEPT pode ser feito através da farmacoterapia, da psicoterapia focada no trauma ou da associação de ambas (neste caso, o uso de fármacos pode tornar a exposição realizada durante as sessões de TCC mais toleráveis aos pacientes (Hetrick, Purcell, Garner e Parslow, 2010), e consequentemente aumentar a adesão à psicoterapia). Como essas duas formas de tratamento possuem eficácia semelhante, não há um consenso de qual deve ser a intervenção de primeira escolha para o tratamento do TEPT (Bisson e Andrew, 2007).

A farmacoterapia é uma parte importante do tratamento de pacientes com TEPT. Ela é capaz de reduzir de maneira eficaz os três grupos de sintomas que caracterizam o transtorno (revivescência, evitação/entorpecimento emocional e hiperestimulação), melhorar a qualidade de vida dos pacientes e tratar as comorbidades (Stein, Ipser e Seedat, 2006). Os medicamentos podem ser empregados para reduzir diretamente os sintomas do TEPT, ou para potencializar os efeitos da TCC.

Medicamentos que visam reduzir diretamente os sintomas de TEPT
Este é objetivo mais comum das prescrições de medicamentos no TEPT. O tratamento farmacológico do TEPT deve ser iniciado o quanto antes, geralmente após o período de quatro semanas de sintomas presentes exigidos para o seu diagnóstico (na maioria dos casos os sintomas remitem espontaneamente antes deste período) (Foa, Stein e McFarlane, 2006). Uma vez iniciada, a farmacoterapia deve ser mantida por pelo menos um ano após a remissão completa dos sintomas (Sadock e Sadock, 2007), porém, em diversos casos, é necessário mantê-la indefinidamente, para evitar o retorno de alguns sintomas. O tratamento farmacológico do TEPT deve ser realizado preferencialmente com monoterapia, sendo as drogas de primeira escolha os antidepressivos da classe dos inibidores seletivos da recaptação da serotonina (ISRS). Até o momento apenas a sertralina e a paroxetina receberam aprovação do *U.S. Food and Drug Administration* (FDA) para o tratamento do TEPT, mas isto não significa que os outros ISRSs sejam menos eficazes. A Tabela 1 lista os ISRSs disponíveis no Brasil, seus nomes comerciais, seu *status* em relação ao FDA, a dose a ser utilizada e seus principais efeitos adversos e características especiais. Mesmo com o emprego destas medicações, menos de 60% dos pacientes respondem ao tratamento, e apenas 20 a 30% alcançam a remissão completa dos sintomas (Berger et al., 2009).

Em relação aos inibidores seletivos da recaptação da serotonina e da noradrenalina (ISRSN), a venlafaxina apresentou melhores resultados em uma comparação direta com a sertaralina no tratamento do TEPT (taxas de remissão iguais a 30 e 24% para venlafaxina e sertralina, respectivamente) (Davidson, Lipschitz e Musgnung, 2004). Outros estudos mostram que até 78% dos pacientes com TEPT tratados com venlafaxina por 6 meses apresentam resposta clínica ao tratamento, e até 40,4% alcançam a remissão (Davidson et al., 2006). Embora estes resultados sejam melhores do que aqueles obtidos com os ISRSs, eles ainda precisam confirmados por outras pesquisas antes da venlafaxina ser considerada uma droga de primeira escolha para o tratamento do TEPT. A falta de estudos com a duloxetina (outro ISRSN) no tratamento do TEPT nos impede de fazermos qualquer conclusão a respeito de sua eficácia. Outras classes de antidepressivos como os tricíclicos e os inibi-

(continua)

ANEXO I	TRATAMENTOS DO TRANSTORNO DE ESTRESSE PÓS-TRAUMÁTICO
	(continuação)
	William Berger e Ivan Figueira
	Instituto de Psiquiatria da Universidade Federal do Rio de Janeiro (IPUB/UFRJ)

dores da monoaminoxidase (IMAOs), embora sejam bastante eficazes no tratamento da depressão, são menos eficazes que os ISRSs no tratamento do TEPT, apresentando maior incidência de efeitos adversos e riscos para os pacientes, não sendo considerados assim drogas de primeira escolha para o tratamento do transtorno.

Como visto anteriormente, mesmo com o emprego das drogas de primeira escolha (ISRSs) por dose e tempo adequados, muitos pacientes não respondem satisfatoriamente ao tratamento. Além disso, existem casos em que o uso de antidepressivos deve ser evitado (p.ex. comorbidade com transtorno bipolar do humor, intolerância aos efeitos colaterais, etc.). Nestes casos, o emprego de drogas que não sejam antidepressivos faz-se necessário (Berger, Marques-Portella, Fontenelle, Kinrys e Mendlowicz, 2007; Berger et al., 2009). Nestas situações, a risperidona, um antipsicótico de segunda geração, é a droga com maiores evidências positivas para o tratamento do TEPT, principalmente quando associada a um ISRSs (casos de resposta parcial a medicação de primeira escolha, em que é necessária a associação de uma segunda droga) (Berger et al., 2007; Berger et al., 2009). O prazosin, um antagonista do receptor alfa-1 adrenérgico desenvolvido primariamente para o tratamento da hipertensão arterial sistêmica, parece ser uma associação particularmente eficaz nos casos de insônia e pesadelos frequentes (Berger et al., 2007; Berger et al., 2009).

É importante salientar que o uso de benzopiazepínicos como diazepam, clonazepam ou lorazepam isoladamente logo após um evento traumático (p.ex. um acidente automobilístico, ou a morte súbita de um familiar), embora feito frequentemente como automedicação ou mesmo prescrito por médicos, pode contribuir para o desenvolvimento e/ou cronificação dos sintomas de TEPT (Berger et al., 2009). Além disso, é possível que a administração concomitante de benzodiazepínicos afete negativamente a eficácia da TCC (Ganasen, Ipser e Stein, 2010; Norberg, Krystal e Tolin, 2008).

Medicamentos que visam potencializar a eficácia da TCC
A D-cicloserina é um antibiótico que já foi utilizado no tratamento da tuberculose pulmonar e atua como um agonista parcial do receptor do N-metil-D-aspartato (NMDA). A atividade glutamatérgica exercida através dos receptores NMDA parece ser essencial no processo de aprendizagem e memória (Cukor, Spitalnick, Difede, Rizzo e Rothbaum, 2009). Devido a isso, o processo de extinção do medo aparentemente depende da ativação dos receptores NMDA presentes na amídala basolateral (Norberg et al., 2008). Desta forma, a administração de 50 a 500mg de D-cicloserina antes das sessões de TCC potencializa a eficácia da exposição prolongada em diversos transtornos mentais como a acrofobia (Ressler et al., 2004), fobia social (Hofmann et al., 2006) e transtorno obsessivo-compulsivo (Wilhelm et al., 2008). Atualmente, diversos estudos têm sido conduzidos para avaliar o possível efeito da administração de D-cicloserina antes da exposição prolongada em pacientes com TEPT (Cukor et al., 2009).

Conclusões
A farmacoterapia é uma parte importante do tratamento do transtorno do estresse pós-traumático, sendo eficaz no combate aos sintomas e na melhoria da qualidade de vida dos pacientes acometidos pelo transtorno. Tanto a farmacoterapia quanto a psicoterapia focada no trauma podem ser consideradas intervenções de primeira escolha para o tratamento do TEPT. As drogas de primeira linha para o seu tratamento são os antidepressivos inibidores da recaptação da serotonina, mas mesmo essas drogas possuem uma eficácia limitada. Devido a isso, a substituição ou associação com

(continua)

ANEXO I	TRATAMENTOS DO TRANSTORNO DE ESTRESSE PÓS-TRAUMÁTICO
	(continuação)
	William Berger e Ivan Figueira
	Instituto de Psiquiatria da Universidade Federal do Rio de Janeiro (IPUB/UFRJ)

outras drogas como a venlafaxina, risperidona ou prazosin, faz-se frequentemente necessária na prática clínica. O emprego de benzodiazepínicos em indivíduos traumatizados recentemente pode piorar seu prognóstico e afetar negativamente a terapia cognitivo-comportamental. Drogas como a D-cicloserina, que potencializariam a eficácia da exposição prolongada, estão sendo estudadas e apresentam resultados promissores.

23

Terapia cognitivo-comportamental dos transtornos afetivos

Fabiana Saffi
Paulo R. Abreu
Francisco Lotufo Neto

Os transtornos afetivos são muito prevalentes e trazem grande sofrimento e prejuízos ao desempenho social e ocupacional em quem é por eles acometido. Pessoas próximas, familiares, amigos e colegas de trabalho também podem sofrer e serem sobrecarregados por isso.

TRANSTORNOS AFETIVOS

Depressão

A depressão importante (também conhecida por maior) está dentre os três transtornos mentais de maior incidência no mundo (Del Porto, 2001). Cerca de 3 a 5% da população geral será afetada pela depressão em algum momento de sua vida segundo a *American Psychiatric Association* (APA, 2003), fato que motivou o emprego informal da denominação "gripe da saúde mental" entre os profissionais de saúde. De acordo com estimativas da Organização Mundial de Saúde (2001), até 2020, se persistirem as tendências atuais da transição demográfica e epidemiológica, a carga da depressão subirá a 5,7% da carga total de doenças, tornando-se a segunda maior causa do "total de anos de vida com incapacidade" (AVAI) perdidos. Em todo o mundo, somente doenças isquêmicas do coração terão maior AVAI perdidos, em ambos os sexos.

É uma doença que mata, pois cerca de 15% das pessoas acometidas cometem suicídio. Por ser uma doença tratável, com recuperação relativamente rápida (quatro a oito semanas para a grande maioria dos pacientes) é importantíssimo o diagnóstico e o tratamento corretos.

Por sofrer, muitas pessoas com depressão procuram ajuda dos profissionais de saúde, mas só referem se perguntas específicas forem realizadas. Suas queixas em geral são *vagas*. A característica principal da depressão em nosso meio são as *queixas somáticas*: dores das mais diversas, tontura, mal-estar indefinido, formigamentos, peso e vazio na cabeça ou corpo, tremores, aperto no peito, arrepios, angústia e nervosismo. Angústia, choro fácil e irritabilidade são sinais que podem sugerir a presença desta doença. Outras queixas são: cansaço, falta de energia, dificuldade de concentração, isolamento social, preocupação desagradável maior que o necessário e difícil de afastar da mente.

Deve-se sempre lembrar de investigar se o humor está depressivo: se o paciente está muito triste, desanimado, deprimido, sem vontade, sensível, emotivo, chorando com facilidade. Deve-se perguntar também sobre a capacidade de sentir prazer e a motivação, o ânimo para fazer as coisas e se é necessário esforço para as atividades do dia a dia. O deprimido tem sua capacidade de sentir prazer muito diminuída, não ficando contente com as coisas que antes o alegravam.

Outros sintomas importantes são: alteração no apetite (para mais ou para menos), perda ou ganho de peso, alteração do sono (para mais ou para menos), diminuição da vontade sexual, agitação ou retardo psicomotor, sentimentos de desvalorização, inferioridade, incompetência, culpa, dificuldade para pensar, concentrar-se, lembrar, dificuldade para tomar decisões, pensamentos frequentes sobre morrer e sensações de que a vida não tem sentido, de que não vale a pena viver assim.

Caracterização da gravidade da depressão

Quatro sintomas caracterizam a depressão grave: ideação suicida, delírios, alucinações e incapacidade social e ocupacional.

Ideação suicida

Todo paciente com depressão deve ser questionado sobre se tem pensado em morrer, e mais especificamente se tem pensado em acabar com a vida. Se a resposta é positiva, deve-se investigar se são pensamentos eventuais ou se o paciente tem considerado seriamente tal possibilidade. Caso possua ideias de suicídio, quais são seus planos: tem juntado remédios? Comprou uma arma ou passeia por viadutos? É importante caracterizar a intenção e a letalidade dos planos. Todo paciente com intenção suicida deve ser encaminhado para tratamento psiquiátrico especializado. Deve-se tomar medidas de proteção conforme a letalidade, orientando a família a não deixá-lo sozinho. O profissional deve dividir a responsabilidade, pois não se trata sozinho ambulatorialmente um paciente com risco de suicídio.

São sinais de risco para suicídio:

a) *Presença de Depressão*
b) *Falar sobre suicídio.* A grande maioria das pessoas que se suicidaram procuraram alguém antes para conversar a respeito. Muitas vezes pode ser uma conversa indireta, ou apenas gestos. Alguns estudos mostram que 80% das pessoas que se suicidaram foram ao médico nas semanas que antecederam o ato. Por isso, é necessário estar alerta e saber como agir: avaliar se a ideação suicida está presente, o grau de risco que ela oferece e tomar medidas de proteção (encaminhamento a psiquiatra ou ao pronto-socorro; organizar companhia, vigilância rigorosa ou internação).

c) *Comportamento de despedida.* A dona de casa que começa a visitar as amigas; o adolescente que dá seus discos ou suas coleções de presente; o homem que prepara seu testamento. Comportamentos de despedida em pessoas com depressão devem sempre chamar a atenção e ser melhor investigados. Importante lembrar que, muitas vezes, apenas conversar a respeito diminui a letalidade dos pensamentos e desperta novamente alguma esperança.

d) *Mudança brusca de comportamento.* Uma pessoa com depressão que estava muito abatida e lentificada e que de repente aparece bem, sorrindo, como se estivesse aliviada de tudo merece cuidado, pois a decisão pode ter sido tomada.

e) *Tentativa anterior.* Ter tentado suicídio no passado ou *ter alguém na família* que cometeu suicídio aumenta a probabilidade disso acontecer.

Homens de meia-idade, solitários, que bebem bastante, com doença clínica ou problemas financeiros, deprimidos ou apresentando ideação suicida requerem atenção e cuidados especiais.

Delírios e alucinações

Algumas vezes, os pensamentos negativos do deprimido adquirem tal proporção, que ele perde o contato com a realidade. Não adianta argumentar logicamente, pois essas ideias permanecem irredutíveis. O delírio mais frequente é o de culpa. A pessoa remói faltas pequenas que cometeu ao longo de sua vida, sente-se um pecador sem perdão, abandonado e acusado por Deus. Acredita que os outros não a perdoam e o responsabilizam por desgraças que estão acontecendo. O delírio pode ser de ruína, quando a pessoa acha estar na miséria, que levou a família à bancarrota, que passam fome por sua causa. Delírios de perseguição podem também acontecer. Delírios de que algo vai mal na saúde são frequentes. A crença de que tem uma doença incurável, que seus órgãos não funcionam, de que está morta.

Na depressão com sintomas psicóticos, as alucinações são frequentes. Vozes acusatórias, visão de cadáveres e caixões são experiências muito descritas.

É importante atentar para o fato de que a presença de delírios e alucinações aumenta o risco de suicídio.

Incapacitação social e ocupacional

A depressão grave produz grande *incapacitação*. A pessoa não consegue mais cumprir suas obrigações, ou faz parte delas com extrema dificuldade. Isola-se, falta ao trabalho, não consegue mais raciocinar, tomar decisões ou trabalhar. Na depressão moderada, o indivíduo ainda consegue exercer suas funções, embora com esforço.

Subtipos ou formas clínicas da depressão:

Episódio depressivo importante ("depressão maior")

Ao menos cinco dos seguintes sintomas devem estar presentes por duas semanas (um dos dois primeiros obrigatoriamente): humor depressivo, diminuição acentuada do interesse ou do prazer, alteração de peso ou do apetite, insônia ou hipersônia, agitação psicomotora ou retardo, cansaço ou falta de energia, sentir-se sem valor, culpa excessiva, dificuldade para pensar ou concentrar-se, pensamentos sobre morte ou ideação suicida.

Depressão melancólica ou endógena

Para algumas pessoas a depressão também apresenta anedonia (ausência ou diminuição muito intensa da capacidade de sentir alegria ou prazer), flutuação do humor (piora no período da manhã e melhora no decorrer do dia), despertar precoce (a pessoa acorda uma ou duas horas antes do horário habitual com mal-estar e não consegue mais adormecer), diminuição da libido e do apetite.

Depressão atípica

Nessa forma da depressão, a capacidade de sentir prazer está parcialmente preservada. A pessoa reage positivamente diante de situações agradáveis, mas por pouco tempo. Apresenta muita sonolência, dormindo mais que o habitual, e o apetite aumenta, culminando em ganho de peso. Essas pessoa relatam ter grande sensibilidade a críticas e rejeição. Este subtipo de depressão responde particularmente bem aos IMAOs (medicamentos Inibidores da Mono Amina Oxidase).

Depressão recorrente

Muitas pessoas com depressão a terão apenas uma vez ao longo da sua vida, mas 50% apresentarão diversos episódios.

Se a pessoa apresenta mais de um episódio de depressão ao longo de sua vida, há o diagnóstico de depressão recorrente. Quanto maior o número de episódios, maior a chance de voltar a apresentá-los no futuro.

Depressão crônica

Para algumas pessoas, a depressão é de longa duração. Isso pode ser consequência de tratamentos incompletos ou planejados inadequadamente (medicação por tempo curto demais, dosagem insuficiente para atingir o nível terapêutico, ausência de psicoterapia), ou da gravidade e de problemas interpessoais.

Distimia

É uma forma leve de depressão com apenas alguns sintomas presentes. Entretanto, é crônica e acompanha a pessoa por diversos anos. Pelo menos dois dos seguintes sintomas devem estar presentes, além do humor depressivo: alteração do apetite ou do sono, pouca energia ou cansaço, baixa autoestima, dificuldade de concentração, sentimentos de desesperança. É muito comum a irritação: etimologicamente distimia quer dizer mau-humor.

Transtorno bipolar

O episódio depressivo pode ser parte de uma doença antigamente conhecida por Psicose Maníaco Depressiva ou PMD.

No Transtorno Bipolar além de períodos de depressão, a pessoa apresenta fases de euforia intensa, conhecidas por mania. Nelas, a velocidade do pensamento fica aumentada, a pessoa fica logorreica, excitada, contando piadas, agindo de modo inconveniente, com libido aumentada, com menor necessidade de sono, sensação de bem-estar e energia. O juízo pode estar comprometido, a pessoa gasta mais dinheiro do que pode, dá coisas de presente, sente-se rica, poderosa, com uma missão especial. Além de eufórica, pode ficar extremamente irritada, com baixa tolerância a qualquer frustração. Formas graves podem vir acompanhadas de fuga de ideias, delírios de grandeza e alucinações.

Diante de uma pessoa com depressão deve-se sempre perguntar se já houve períodos de intensa euforia, ou se já ocorreram períodos de irritação em que discutia ou brigava com desconhecidos.

O Transtorno Bipolar possui subtipos: o paciente pode apresentar apenas hipomania, uma fase de mania mais leve, em que por vezes a crítica é preservada. Pode ser um ciclador rápido, apresentando pelo menos quatro fases ao longo do ano, o que torna seu quadro de mais difícil controle. Pode haver quadros mistos de mania e depressão e quadros crônicos de uma dessas fases.

O Transtorno Bipolar é tratado com estabilizadores de humor (carbonato de lítio, valproato de sódio, carbamazepina, gabapentina, topiramato e lamotrigina), antidepressivos e neurolépticos. O tratamento deve ser feito por um especialista, pois as fases podem ser recorrentes, e cerca de 40% dos pacientes têm uma forma da doença com difícil controle. É para este grupo que a terapia cognitivo-comportamental é indispensável, pois pode auxiliar na educação do paciente e de sua família, melhorar a adesão ao tratamento e prevenir recaídas. Para os pacientes com melhor prognóstico, ela também pode ser benéfica ao auxiliar a recuperação e a adaptação à doença. A terapia ajuda a lidar com estigma, desmoralização, problemas da família e dificuldades e conflitos psicológicos.

TERAPIA COGNITIVO--COMPORTAMENTAL PARA DEPRESSÃO

A Terapia Cognitivo-Comportamental (TCC) pode ser descrita a partir de diferentes pontos de partida. Muitos de seus pressupostos derivam da Análise do Comportamento; outros, das teorias e terapias cognitivas. Ela passou por três momentos diferentes. No primeiro (Análise do Comportamento), prevaleceram técnicas para reduzir ou eliminar sintomas. Na segunda, foi desenvolvida a Terapia Racional Emotiva e a Terapia Cognitiva e suas variantes. No terceiro momento, o conceito de *mindfulness* foi introduzido e passaram a ser aplicados os princípios do Behaviorismo Radical e do Contextualismo (Jacobson et al., 2001). Assim, diversas formas de terapia foram idealizadas e avaliadas, como a Terapia Comportamental Dialética, a Terapia de Aceitação e Compromisso e a Terapia Analítico-Funcional.

PRIMEIRO MOMENTO

A análise do comportamento

A ciência do comportamento, embasada na filosofia do Behaviorismo Radical de B.F. Skinner (1976), apresenta uma proposta de psicologia preocupada em avaliar e especificar contextualmente os comportamentos-problema ao longo de suas relações com o ambiente, dentro de um histórico de mútua influência (Jacobson, 1997a; Hayes et al., 1999). Dentro de uma proposta pragmática de controle e predição de comportamento (Skinner, 1976), a análise do comportamento preocupou-se também em promover um entendimento sólido para os fenômenos clínicos, visando à criação de intervenções eficazes.

Entender as variações comportamentais observadas nos clientes depressivos implica necessariamente a investigação das variáveis que estariam instalando e mantendo os sentimentos de disforia ao longo do histórico do indivíduo, o que seria alcançado com a especificação das contingências "depressoras" e, em última análise, com o mapeamento dos eventos antecedentes e consequentes aos comportamentos depressivos de interesse (Abreu e Santos, 2008). Em conjunto, os comportamentos-problema, os eventos antecedentes e os consequentes formariam a unidade de análise denominada de tríplice contingência (Skinner, 1965). O enfoque analítico-comportamental parte desta ferramenta de análise para entender os contextos em que os repertórios depressivos aparecem e, a partir disso, arquiteta possibilidades de intervenções clínicas, a exemplo das intervenções em *setting* de consultório ou aplicadas, a exemplo dos contextos hospitalares em psicologia da saúde e/ou medicina comportamental.

O modelo para a depressão de Charles Ferster e suas implicações históricas

O modelo de Ferster (1973) afirma que as características marcantes das pessoas deprimidas seriam as perdas de certos tipos de atividade associadas ao aumento de comportamentos como queixas, choro excessivo, irritabilidade e autocrítica. As variáveis que estariam influenciando dado repertório comportamental seria a baixa frequência de reforçamento positivo associada ao aumento da frequência do reforçamento negativo (Ferster, 1973). É notável que os estímulos que reforçam positivamente uma classe comportamental eliciam respostas corporais condizentes com os relatos verbais de sensações corporais tidas como "agradáveis" ou "prazerosas". O fato é que o reforçamento positivo pode trazer como efeito, além do aumento da frequência dos comportamentos seguidos pela apresentação de tal estimulação no passado, o eliciar reflexo de sensações corporais ditas "agradáveis" e que por isso teriam o efeito "antidepressivo" argumentado pelo autor.

Ferster centrou seu modelo, principalmente, nos comportamentos de fuga e esquiva causados por condições aversivas que impedem a emissão dos comportamentos controlados por reforço positivo. As esquivas podem ser evidenciadas, por exemplo, em situações em que os indivíduos dormem excessivamente. O dormir excessivo pode estar permitindo ao individuo evitar o contato com eventos relacionados à resolução dos problemas, aos pensamentos ou assuntos aversivos ou, ainda, à realização de algum trabalho tedioso ou extremamente desafiador (Jacobson et al., 2001).

Dentre as outras hipóteses levantadas para os determinantes da baixa frequência de reforços positivos, desponta-se a mudança repentina de ambiente e o custo de resposta exigido em contingências sob esquema de reforço em razões fixas altas, o que caracterizaria as pausas no responder entre a apresentação do reforço e o recomeço das respostas, efeito este conhecido na literatura como abulia. Mudanças repentinas de ambiente podem ser constatadas em situações em que os indivíduos mudam de cidade e de residência, onde não possuem uma rede social formada que pudesse operar como fonte de reforçamento positivo. Já um alto custo de resposta exigido para que se obtenha o reforçamento pode ser observado em situações profissionais em que o indivíduo precisa necessariamente trabalhar muito para atingir sua meta (seja a remuneração simples, sejam as consequências relativas ao término da tarefa). Após a finalização da tarefa, normalmente ocorre uma demora no responder à próxima tarefa. Se o seu trabalho for constituído de grandes esforços inevitáveis, então é provável que se verifique no indivíduo a abulia mencionada.

Embora a análise funcional da depressão elaborada por Ferster tenha influenciado os conceitos de muitos pesquisadores e terapeutas, não houve o acompanhamento de pesquisas ou propostas de intervenções que validassem seus pressupostos teóricos (Kanter et al., 2004).

As lacunas empíricas seriam preenchidas pelas pesquisas conduzidas por outro grande cientista do comportamento: Peter Lewinsohn. Esse autor adotou em grande parte o modelo de Ferster acrescentando achados significativos com suas pesquisas ulteriores (Blaney, 1980; Lewinsohn et al., 1976).

O modelo para a depressão de Peter Lewinsohn e suas implicações históricas.

O modelo de Lewinsohn, similarmente ao de Ferster, preconizava que os sentimentos de disforia da pessoa com depressão seriam resultado da redução na taxa de respostas contingentes ao reforçamento positivo (Lewinsohn et al., 1976). Segundo o autor, existiriam três modos pelos quais as baixas taxas de respostas contingentes ao reforçamento positivo poderiam ocorrer (Lewinsohn et al., 1976): primeiramente, poderia estar ocorrendo uma perda na efetividade reforçadora dos eventos que ou-

trora serviam como reforçadores positivos. Segundo, poderia ter ocorrido uma mudança no ambiente do indivíduo de modo que os antigos reforçadores não estariam mais disponíveis (aqui novamente nota-se uma similaridade de raciocínio com Ferster). Por último, os reforçadores continuariam disponíveis no ambiente, porém, o indivíduo não teria em seu repertório habilidades suficientes para conseguir acessar os reforçadores ou até mesmo não as teria.

Lewinsohn avançou mais ao propor um tratamento estruturado para a depressão. O tratamento teria como objetivo restaurar a taxa de respostas contingentes ao reforçamento positivo a um nível adequado. Para isso, teria que alterar a frequência, a qualidade e a quantidade das atividades e interações sociais do indivíduo. As principais técnicas de avaliação e intervenção criadas para este fim foram o uso de escalas para caracterização e medição dos sintomas, a observação *in loco* do padrão comportamental interpessoal na residência do indivíduo, o treinamento de habilidades sociais e o uso da agenda diária com propostas de atividades prazerosas. Talvez sua principal contribuição tenha sido de fato a criação da "Agenda dos Eventos Prazerosos" (MacPhillamy e Lewinsohn, 1982). Nela, o indivíduo deveria escolher 160 opções de eventos prazerosos dentre uma lista de 320 atividades previamente listadas. A opção pela lista foi motivada pelo fato de os depressivos normalmente apresentarem listas muito breves de atividades prazerosas quando incentivados a fazê-lo. Então, depois de efetuadas, as escolhas deveriam ser graduadas em uma escala de três pontos. Os indivíduos deveriam também relatar diariamente as atividades que foram contempladas em um *check-list* no qual designariam adjetivos para o estado de humor correspondente ao período do registro (Lubin, 1965). Após a finalização de trinta dias de atividades registradas, seriam então escolhidas para exploração posterior as dez atividades com efeito significativamente correlacionado com as mudanças no humor. Essas atividades seriam alvo para a promoção do reforçamento positivo e seus efeitos "antidepressivos".

Ao longo de sua trajetória, o autor deu ênfase também ao desenvolvimento de pesquisas sobre habilidades sociais em depressivos pensando na possibilidade da falta de repertório para a obtenção de reforçamento social (Libet e Lewinsohn, 1973). Os estudos correntes culminariam na criação de um programa de terapia de grupo para o desenvolvimento das habilidades (Lewinsohn et al., 1970). Com o uso da técnica de *role-playing*, os desempenhos eram diferencialmente reforçados através da modelagem e modelados através da demonstração de modelos de conduta mais efetivos.

Logo a terapia de Lewinsohn virou sinônimo de tratamento comportamental para depressão como consequência do grande número de pesquisas realizadas com os componentes da intervenção proposta (Shaw, 1977). Contudo, alguns estudos começaram a sinalizar que somente aumentar as atividades prazerosas não seria suficiente no tratamento da depressão. Duas pesquisas foram conduzidas mostrando nenhuma mudança significativa nos comportamentos depressivos do grupo composto por sujeitos instruídos a utilizar a Agenda dos Eventos Prazerosos em comparação ao grupo instruído a se engajar em comportamentos característicos de situações controle (Dobson e Joffe, 1986; Hammen e Glass, 1975).

SEGUNDO MOMENTO

Terapia cognitiva

Foi organizada por Aaron T. Beck, nos Estados Unidos, na década de 1960, que realizou as primeiras pesquisas sobre sua eficácia. Na década de 1970 iniciou-se a chamada revolução cognitiva na psicologia, e a clínica teve seu campo gradativamente dominado pelo iniciante e promissor modelo cognitivo-comportamental para tratamento da depressão (Beck, 1963 e 1970; Beck et al., 1961; Beck et al., 1979). Posteriormente,

ela passou a ser usada com eficácia em outros transtornos mentais e problemas humanos (Beck, 1984). É conhecida também como terapia cognitivo-comportamental devido à utilização das técnicas comportamentais derivadas do primeiro momento.

Modelo cognitivo ou terapia cognitiva

A Terapia Cognitiva (TC) provém de várias formas de atuação clínica e atividades científicas (Carvalho, 2001), mas a forma mais conhecida foi desenvolvida por Aaron T. Beck, na década de 1960, nos Estados Unidos. No início era "uma psicoterapia breve, estruturada, orientada ao presente, para depressão, direcionada a resolver problemas atuais e a modificar os pensamentos e os comportamentos disfuncionais" (Beck, 1997). Com o passar do tempo, Beck e colaboradores realizaram mudanças na forma de atuação e adaptaram a abordagem para outros transtornos psiquiátricos. Atualmente essa abordagem é utilizada para trabalhar vários aspectos das relações humanas e das patologias.

Segundo Beck (1997), a terapia cognitivo-comportamental é baseada em dez princípios. São eles:

Princípios da Terapia Cognitivo-Comportamental

Princípio Nº 1
A terapia cognitiva se baseia em uma formulação em contínuo desenvolvimento do paciente e de seus problemas em termos cognitivos

Princípio Nº 2
A terapia cognitiva requer uma aliança terapêutica sólida

Princípio Nº 3
A terapia cognitiva enfatiza colaboração e participação ativa

Princípio Nº 4
A terapia cognitiva é orientada para objetivos e focada em problemas

> **Princípio Nº 5**
> A terapia cognitiva inicialmente enfatiza o presente
>
> **Princípio Nº 6**
> A terapia cognitiva é educativa, visa ensinar o paciente a ser seu próprio terapeuta e enfatiza prevenção de recaída
>
> **Princípio Nº 7**
> A terapia cognitiva visa ter um tempo limitado
>
> **Princípio Nº 8**
> As sessões de terapia cognitiva são estruturadas
>
> **Princípio Nº 9**
> A terapia cognitiva ensina os pacientes a identificar, avaliar e responder a seus pensamentos e suas crenças disfuncionais
>
> **Princípio Nº 10**
> A terapia cognitiva utiliza uma variedade de técnicas para mudar pensamentos, humor e comportamento

Os *pensamentos automáticos* (PAs) são ideias breves e involuntárias que surgem de modo inesperado. São mensagens específicas, discretas que parecem taquigrafadas, compostas por palavras curtas e essenciais. Muitas vezes a pessoa não consegue perceber esses pensamentos, tendo apenas conhecimento da emoção que se segue. Podemos reconhecê-los prestando atenção nas mudanças de afeto (Beck, 1997). Esses pensamentos podem ser negativos ou disfuncionais, quando o conteúdo estiver descompassado com a realidade. O conteúdo desses pensamentos normalmente é distorcido, catastrófico, negativo e autorreferente. Portanto, são inúteis, pois não ajudam a pessoa a superar suas dificuldades e seus problemas. Quando surgem esses pensamentos disfuncionais, o indivíduo pode tentar corrigi-los. Se o indivíduo for bem-sucedido, ocorre mudança de humor. Colocando isso em termos cognitivos: "quando pensamentos disfuncionais são sujeitos à reflexão racional, nossas emoções em geral mudam" (Beck, 1993).

As *crenças* são pensamentos "tão fundamentais e profundos que as pessoas frequentemente não os articulam, sequer para si mesmas, (...) são consideradas (...) como verdades absolutas" (Beck, 1993, p. 30). A diferença entre os pensamentos automáticos e as *crenças centrais* consiste que estas ocorrem em um nível mais profundo, são rígidas e supergeneralizadas. Já os pensamentos automáticos são específicos a determinadas situações e fazem parte do nível mais superficial da cognição. Entre esses dois níveis (pensamentos automáticos e crenças centrais) estão as *crenças intermediárias*, que são atitudes, regras e suposições que interferem no modo como a pessoa enxerga determinada situação e, portanto, influenciam seus sentimentos e comportamentos (Beck, 1993, p. 31). As crenças são formadas através da interação com o mundo e com outras pessoas, ou seja, através da educação que se recebe, dos modelos aprendidos (Beck, 1997).

No modelo cognitivo, o *self* é decorrente de características inatas, da formação de crenças, atitudes ou regras aprendidas na infância (influência dos pais e da sociedade). O conjunto dessas características é chamado de *esquema cognitivo* e constitui a maneira de a pessoa ser e proceder, determina sua relação com o ambiente e com as outras pessoas e como vê a si mesma.

"Um esquema é uma estrutura cognitiva que filtra, codifica e avalia os estímulos aos quais o organismo é submetido. Com base na matriz de esquemas, o indivíduo consegue orientar-se em relação a tempo e espaço e categorizar e interpretar experiências de maneira significativa" (Young, 2003, p. 15). Esses esquemas são formados na infância, nas primeiras experiências com o meio, com o ambiente e com os pais. São de suma importância na vida do indivíduo, pois é a partir dos esquemas existentes que a pessoa vai agir e vai interpretar as situações.

A partir das vivências saudáveis da criança, que ela percebe como positivas e que contribuem para o seu desenvolvimento saudável, surgem os esquemas adaptativos. Já os mal-adaptativos têm origem em experiências que as crianças percebem como dolorosas e que podem gerar dificuldades para enfrentar situações e problemas na vida adulta (Scribel et al., 2007.)

Sendo assim, o modelo cognitivo considera que os pensamentos e as crenças têm um papel fundamental na manutenção do comportamento como um todo e, consequentemente, dos transtornos mentais. As crenças básicas ou os esquemas compõem nosso sistema de valores e são necessários ao funcionamento normal, pois auxiliam na previsão de atitudes e no sentido que damos às nossas experiências. Entretanto, alguns pressupostos tornam-se contraproducentes, operando como regras rígidas, extremistas e resistentes à mudança. Exemplos desse tipo de pressupostos: "se eu decepcionar aqueles a quem amo, serei eternamente infeliz" ou "devo sempre concordar com os outros para que não me rejeitem". Um pressuposto disfuncional em si não é suficiente para alterar o comportamento ou o humor de uma pessoa, mas pode se tornar um problema se, e quando, um evento crítico confirmar sua validade. Dessa forma, para alguém que acredita que seu valor pessoal depende inteiramente de seu sucesso, ou que ser amado é essencial para a felicidade, uma experiência que resulte em fracasso ou rejeição pode facilitar o aparecimento de emoções negativas, como o humor depressivo, por exemplo.

Os pressupostos mal-adaptativos se manifestam através dos pensamentos disfuncionais que invadem a mente da pessoa, sem um esforço deliberado. Tais pensamentos, por seu caráter invasivo e imediato são os já descritos "pensamentos automáticos" (PAs). Os PAs influenciam as interpretações de experiências atuais, previsões sobre eventos futuros ou lembranças de fatos passados; afetam nosso comportamento, podendo levar, por exemplo, a diminuição do interesse pelas atividades em geral, ansiedade, culpa, indecisão, dificuldade para se concentrar, perda de apetite e sono, caracterizando uma depressão. Conforme o comportamento disfuncional (a depressão, no exemplo acima) se desenvolve, os PAs ficam mais intensos e mais frequentes, dominando os pensamentos racionais e formando, desse modo, um círculo vicioso: quanto mais comportamentos disfuncionais ocorrem, maior a ocorrência de pensamentos negativos e maior a crença sobre a veracidade desses pensamentos e, quanto mais pensamentos negativos e maior a crença sobre sua veracidade, mais comportamentos disfuncionais se instalam.

Uma imagem interessante para entender a hierarquia dos conceitos do modelo cognitivo é a imagem de uma árvore com uma grande copa. Quando a olhamos de longe vemos apenas as folhagens. Isso representa a emoção, o comportamento e as respostas fisiológicas. É o que é aparente. Chegando mais perto, conseguimos visualizar o tronco com todas as suas ranhuras e marcas. O tronco representa os pensamentos automáticos, que está no nível mais básico da cognição; portanto, só temos acesso a eles quando nos aproximamos. Logo abaixo do troco estão as raízes. Elas são as crenças. Estão presentes, mas não aparentes. As mais superficiais são as intermediárias e as mais profundas, as centrais. Para vermos as raízes da árvore precisamos cavoucar a terra. Do mesmo modo, para acessar as crenças é necessário ir além da superficialidade, daquilo que se mostra em um primeiro momento. Sem as raízes, a árvore não vive, assim como não existe uma pessoa que não tenha crenças.

A Terapia cognitivo-comportamental (TCC)

As contribuições importantes da TCC vieram da atuação clínica, do estudo e do tratamento de pacientes com diferentes transtornos psiquiátricos. Resultados positivos, verificados através de estudos científicos, conduzidos por pesquisadores da área, delinearam procedimentos que se mostravam mais eficazes no tratamento de alguns transtornos. Esses procedimentos consistem na utilização de um conjunto de técnicas, algumas advindas da Análise do Comportamento e outras, da Terapia Cognitiva.

Muitos transtornos mentais tiveram seus procedimentos de tratamento pela TCC sistematizados sob a forma de "Manuais de Tratamento", o que facilita pesquisa e treinamento de terapeutas (Beck, 1997; Barlow, 1999; Ito, 1998; Cordioli, 2007; entre outros).

Algumas estratégias são comuns a todos os procedimentos utilizados na TCC dos Transtornos Psiquiátricos. São elas: educação sobre o transtorno e a terapia, definição de problemas e objetivos, técnicas cognitivas e comportamentais, utilização de tarefas de casa entre as consultas, utilização de escalas e diários para monitorar comportamentos, pensamentos, sentimentos, atividades e sintomas e orientação da família a respeito do tratamento. Além disso, a TCC foca objetivos e tem duração determinada. A terapia, geralmente com frequência semanal, deve ser encerrada quando a maioria dos sintomas predominantes tiver sua intensidade reduzida significativamente e causar grau mínimo de interferência na rotina de vida do paciente. Nessa fase, faz-se a revisão das técnicas aprendidas e orienta-se para a prática contínua das mesmas, garantindo-se assim a manutenção da melhora clínica. É importante o alerta para recaídas, esclarecendo-se de forma realista os possíveis desencadeantes para cada paciente e destacando o novo aprendizado para lidar com e confrontar uma eventual nova situação difícil. As consultas podem ser espaçadas ao longo de um período, até a alta propriamente dita.

O processo terapêutico

Centenas de técnicas diferentes podem ser usadas pelos terapeutas de acordo com as necessidades das pessoas – trabalhar habilidades de relacionamento, comunicação, estilo de vida, redução do estresse, resolução de problemas, autoestima – o que permite mais controle sobre situações difíceis e qualidade de vida.

O intuito do terapeuta cognitivo é principalmente ajudar o cliente a identificar as distorções cognitivas e os pensamentos automáticos disfuncionais a fim de corrigi--los; ele é ajudado a pensar e a agir de modo mais realista e adaptado sobre seus problemas psicológicos.

A empatia é um dos pontos essenciais da abordagem terapêutica na Terapia Cognitivo-Comportamental. O terapeuta deve olhar o mundo do paciente com os olhos dele, isto é, ter um interesse genuíno por sua vida e seu sofrimento.

Os passos do processo terapêutico nesse modelo são os seguintes:

1. Realizar uma avaliação do caso para formular os problemas do paciente em termos cognitivos e identificar qual tratamento/técnica é mais apropriado para estabelecer metas.
2. Identificar quais fatores da psicoterapia favorecem resultados positivos. A cada sessão, realizar uma avaliação do andamento da terapia.
3. Explicar ao paciente o modelo cognitivo, o que são pensamentos automáticos e como identificá-los. Quando o terapeuta identificar, junto com o paciente, pensamentos disfuncionais, ajudá-lo a modificá-los, o que acarreta alívio dos sintomas.
4. Conceituar as dificuldades em termos cognitivos considerando: dados de infância, problemas atuais, crenças centrais, crenças e regras condicionais, estratégias compensatórias, situações vulneráveis, pensamentos automáticos, emoções e comportamentos.
5. Identificar junto com o paciente se os pensamentos automáticos são funcionais (condizentes com a situação) ou disfuncionais (com conteúdo distorcido).
6. Ensinar um método de análise dos pensamentos disfuncionais para transformá-los em realistas e úteis.
7. Após aliviar os sintomas, o foco principal do tratamento passa ser as crenças (intermediárias e centrais), principalmente aquelas que são disfuncionais. É importante ressaltar que "a modificação profunda de crenças mais fundamentais torna os pacientes menos propensos a apresentar recaída no futuro" (Beck, 1993, p. 32).

Durante o processo terapêutico, várias técnicas são ensinadas ao paciente para que ele possa, por exemplo, identificar pensamentos, emoções e situações, resolver problemas, identificar pensamentos automáticos (funcionais e disfuncionais), etc. No processo terapêutico, algumas técnicas são ensinadas aos pacientes com o intuito de que ele consiga identificar pensamentos automáticos e resolver problemas. O intuito da TC é que, com o tempo, o paciente não necessite mais da ajuda do terapeuta e possa enfrentar suas dificuldades sozinho.

A TCC é sempre de natureza focal, ou seja, estabelece um objetivo em direção ao qual todo o trabalho é concentrado. No caso da depressão, o objetivo principal é o alívio imediato dos sintomas depressivos e a resolução de problemas decorrentes ou associados à depressão. Pode ser feita individualmente ou em grupo e ter duração breve ou prolongada, dependendo do desdobramento em relação ao objetivo principal. Por exemplo, se é dada ênfase à identificação e à modificação dos pensamentos negativos automáticos, a terapia pode ser breve e durar em torno de vinte sessões. Se o objetivo se estende para a modificação das "crenças nucleares", adquiridas precocemente e que modulam o modo da pessoa perceber, sentir e lidar com o mundo, é necessária uma abordagem de maior duração. Nesse caso, é preciso conhecer com profundidade a biografia da pessoa para identificar como suas crenças se formaram e se solidificaram ao longo do tempo.

Em cada sessão, são discutidas as dificuldades do paciente de maneira objetiva e ele é instruído a identificar quais crenças e pensamentos disfuncionais são associados a tais dificuldades. Terapeuta e paciente trabalham juntos, planejam estratégias para lidar com as crenças e os pensamentos identificados. Estas são hipóteses a serem testadas e não verdades absolutas.

Paralelamente a isso, a fim de direcionar o andamento da sessão e da terapia, o terapeuta deve formular hipóteses sobre quais experiências contribuíram para o surgimento do problema, quais as crenças que a pessoa possui sobre si mesmo e sobre os outros, expectativas e regras que dirigem suas reações e que fatores de estresse contribuíram para seus problemas psicológicos ou interferiram na sua capacidade de solucionar esses problemas. Para isso, o modelo cognitivo para depressão (Figura 22.1) pode servir de guia e auxiliar na decisão de que técnicas empregar e como melhorar o relacionamento terapêutico. Essa forma de abordagem facilita o desenvolvimento da empatia e de uma melhor compreensão de como o paciente se sente.

No início do tratamento, o paciente deve ser informado de que a terapia tem um caráter pedagógico e o ensinará a detectar e reduzir muitos sintomas depressivos. Essa informação pode ser oferecida ao paciente em um folheto impresso, contendo explicações sobre a doença e os princípios da terapia, de forma a garantir uma maior compreensão do que foi abordado durante a consulta. A fim de facilitar o trabalho com os pensamentos automáticos, recomenda-se utilizar um diário, elaborado pelo paciente, que inclua data, ambiente físico no qual ocorreram pensamentos negativos e os comportamentos disfuncionais associados. Este diário serve como um guia para o planejamento do tratamento.

É importante que as tarefas escolhidas no início da terapia correspondam a um alvo que necessite de intervenção imediata e devem respeitar o grau de capacidade do paciente para executá-las, a fim de não gerar frustrações desnecessárias. Assim, para clientes com quadro depressivo mais grave, lentificação ou dificuldades de compreensão cognitiva relacionados à depressão, é útil iniciar o tratamento facilitando atividades. A inatividade é uma frequente fonte de culpa, acentuando a depressão. A prática de exercícios físicos diários, tais como natação, caminhada ou bicicleta ergométrica, é altamente recomendada. Tal atividade tem sido associada à redução de depressão em adultos normais e naqueles com depressão maior (Gullette e Blumenthal, 1996; apud: Ito et al., 1998).

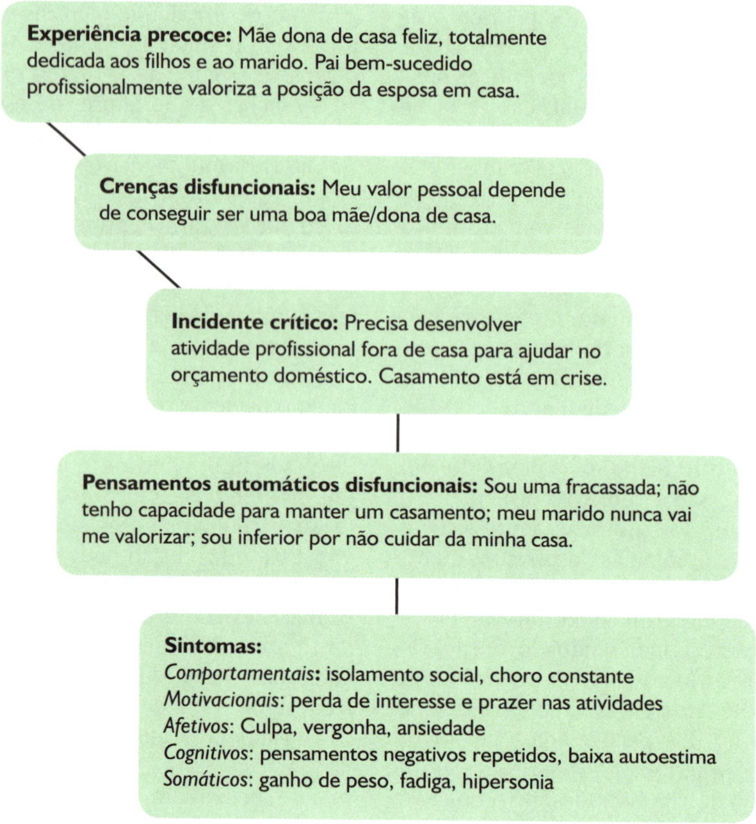

Experiência precoce: Mãe dona de casa feliz, totalmente dedicada aos filhos e ao marido. Pai bem-sucedido profissionalmente valoriza a posição da esposa em casa.

Crenças disfuncionais: Meu valor pessoal depende de conseguir ser uma boa mãe/dona de casa.

Incidente crítico: Precisa desenvolver atividade profissional fora de casa para ajudar no orçamento doméstico. Casamento está em crise.

Pensamentos automáticos disfuncionais: Sou uma fracassada; não tenho capacidade para manter um casamento; meu marido nunca vai me valorizar; sou inferior por não cuidar da minha casa.

Sintomas:
Comportamentais: isolamento social, choro constante
Motivacionais: perda de interesse e prazer nas atividades
Afetivos: Culpa, vergonha, ansiedade
Cognitivos: pensamentos negativos repetidos, baixa autoestima
Somáticos: ganho de peso, fadiga, hipersonia

FIGURA 23.1

Modelo cognitivo para depressão.

É possível ensinar o paciente a associar às atividades desenvolvidas o respectivo grau de prazer experimentado, numa escala baseada em experiências passadas que sirvam de referência para os graus máximo e mínimo de prazer. Essa informação, que deve ser anotada no diário, é útil para ilustrar que é possível sentir-se melhor quando se realiza algo. O paciente também deve ser estimulado a criar uma rotina que inclua passeios e outros divertimentos, com a finalidade de aumentar a probabilidade de reforços positivos. Com isso, ele pode aprender a influenciar seu humor e notar que é possível lidar com a desesperança.

Uma vez alcançada a diminuição da sintomatologia depressiva mais grave, pode-se utilizar técnicas específicas para conseguir uma melhora global e funcional. Por exemplo, associar o treino de habilidades sociais (que será discutido mais adiante) para aumentar sua capacidade de relacionamento ou o treino de solução de problemas, para aumentar sua autoconfiança.

A terapia cognitivo-comportamental em grupo

O trabalho terapêutico em instituições normalmente é realizado em grupo, pois existe uma demanda muito grande de atendimentos e poucos profissionais para realizá-los. O atendimento grupal também proporciona a possibilidade de se trabalhar déficits gerados no relacionamento interpessoal.

Esse tipo de abordagem não é apenas agrupar pessoas que tenham características comuns (Cade, 2001), pois isso não se configura grupo, mas sim um agrupamento. O grupo é um agrupamento de pessoas que tem um *objetivo comum*. Para tanto, é necessário que o profissional que utilize essa abordagem tenha conhecimentos específicos, base teórica sobre o processo grupal e um referencial a ser seguido (Cade, 2001).

As vantagens em se trabalhar com grupo são: "maior possibilidade de observação das interações estabelecidas e dos comportamentos interpessoais; o grupo pode ser um espaço adequado para aprender a se relacionar; melhor relação custo-eficácia; permissão de que os elementos identifiquem problemas semelhantes aos seus pares (sic); prevenção sobre situações por ouvi-las de outros; permissão de maior possibilidade de dar e receber *feedback* sobre a forma de relacionar-se; e possibilidade de surgirem no cenário mais soluções para os problemas apresentados (Caballo, 1999).

Terapia racional emotiva

Terapia desenvolvida por Albert Ellis, influenciado pelo ensino do filósofo grego Epiteto. É uma forma de terapia usada de forma independente e foi importante para que Beck desenvolvesse o trabalho com as crenças intermediárias e as distorções cognitivas.

Um de seus pressupostos é que o sofrimento humano não é só consequência das adversidades, mas de como é construída a visão da realidade através da linguagem, das crenças e dos significados. O cliente aprende o modelo A-B-C de transtorno e mudança psicológica (A – adversidade ou acontecimento ativador; B – crenças sobre a adversidade; C – comportamento físico ou emocional disfuncional). Outro pressuposto é que padrões de pensamento irracionais e disfuncionais contribuem para sentimentos, desejos e comportamentos prejudiciais que

trazem e mantêm infelicidade e fracasso pessoal. Quando a pessoa torna seus pensamentos e suas crenças mais flexíveis, apresenta melhora.

Exemplos de crenças irracionais:

> **As seguintes crenças contribuem para ansiedade, depressão e desespero:**
>
> "Eu preciso sempre, em todas as circunstâncias, ter um ótimo desempenho e obter a aprovação de todas as outras pessoas. Se fracassar neste propósito, isso será horrível e eu serei alguém ruim, incompetente, sem valor, que fracassará e que merece sofrer."

> **As seguintes crenças contribuem para sentimentos de raiva, fúria, ódio e vingança:**
>
> "As outras pessoas devem, em todas as circunstâncias, sempre me tratar de modo agradável e justo. Se isso não acontecer é porque elas são ruins, e por isso sempre me tratarão mal. Elas não merecem quaisquer benefícios na vida e devem ser castigadas por agir tão mal comigo."

Na terapia, o cliente deve aprender a reconhecer seus problemas, aceitar responsabilidade emocional e buscar modificar suas crenças. Deve aprender a desafiar e questionar cognições, emoções e comportamentos autodestrutivos

Terapia construtivista

Na concepção construtivista, a psicopatologia também resulta de pensamentos e crenças, mas aqui não se considera que eles estejam distorcidos e gerem emoções negativas. Ao contrário, são os esquemas emocionais, construídos desde a infância, que levam a interpretações cognitivas (crenças e pensamentos) muitas vezes incompatíveis com a emoção vivenciada numa determinada situação, e é essa incongruência que gera o sofrimento psicológico.

Uma vez que a concepção construtivista enfatiza a participação dos esquemas emocionais no desenvolvimento do indivíduo e toda a forma de emoção é vista como basicamente adaptativa, pouquíssimas vezes a emoção poderá se apresentar de maneira equivocada. "Equivocados" estarão os pensamentos ou o entendimento que desenvolvemos a respeito de nossa vivência emocional. As disfunções e os transtornos emocionais surgem quando não nos sentimos autorizados a reconhecer, sentir ou, até mesmo, validar determinadas emoções (Greenberg, 2000).

Assim, não serão as emoções *em si* a fonte do sofrimento, mas os pensamentos que temos a respeito dessas mesmas emoções que se constituem na fonte de grande parte das disfunções psicológicas (Greenberg et al., 1996). Portanto, tornamo-nos desorientados quando a síntese dialética entre essas duas fontes de informação ("coração" + "cabeça") apresenta-se de forma contraditória, incompatível ou inconsistente, já que as construções de significado não levam em consideração a experiência corporal-imediata que está sendo vivida (Abreu e Roso, 2003).

Análise comportamental cognitiva

Aborda os problemas estruturais da personalidade e do desenvolvimento que o adulto com depressão crônica comumente apresenta. A característica estrutural essencial desta pessoa é o funcionamento cognitivo pré-operacional conforme descrito por Piaget. Isso conduz a falhas no enfrentar problemas, sentimentos intensos de desesperança e impotência e um estado de depressão refratária. A pessoa permanece fora de contato com sua realidade e apresenta comportamentos rígidos e desorganizados. Incapaz de mudar, vive um estilo de vida destrutivo, inflexível e estereotipado. No começo da terapia, a pessoa será tratada como se fosse uma criança aprendendo a pensar e a funcionar como se estivesse no estágio operacional, e a perceber a consequência de seus comportamentos. Exercícios didáticos são apresentados para desafiar a pessoa a ultrapassar seu desempenho cognitivo atual e a se comportar de modo mais apropriado. Essa forma de terapia foi criada por McCullough e avaliada com ensaios clínicos que demonstraram sua utilidade (McCullough, 2000 e 2003).

Terapia cognitiva analítica

Desenvolvida por Anthony Ryle para tratar pacientes com transtornos de personalidade, integra práticas cognitivas e psicodinâmicas. O trabalho é de cooperação com o cliente para compreender padrões de comportamento mal-adaptados, ajudando a identificá-los, entender sua origem e aprender estratégias alternativas para lidar melhor com isso. Durante a fase inicial, informações relevantes sobre os problemas atuais e sua relação com problemas passados são coletados. O terapeuta escreve então, com muita empatia, uma carta de reformulação que resume a visão que ele tem do cliente. Se o cliente está de acordo, trabalha-se a partir desta observação na identificação de padrões de comportamento prejudiciais. O objetivo é ajudar o paciente a reconhecer quando e como os problemas acontecem. A seguir, trabalha-se saídas para os problemas.

O TERCEIRO MOMENTO

O retorno às raízes analítico-comportamentais e ao behaviorismo radical

No final da década de 1990, as atenções da comunidade científica se voltaram novamente para as raízes analítico-comportamentais.

O aprimoramento da Ativação Comportamental (BA) como tratamento na depressão

Após o sucesso das pesquisas, Jacobson e colaboradores (2001) lançaram um manual contendo uma nova proposta de tratamento para depressão, chamada também de Ativação Comportamental (BA). O manual criticava o protocolo de tratamento de Lewinsohn pontuando que somente aumentar o número das atividades prazerosas não seria suficiente, pois seria preciso antes analisar o contexto em que os comportamentos relativos às dadas atividades ocorriam. Segundo os autores, "a afirmativa de que qualquer atividade pode ser capaz de colocar o cliente em contato com o reforçamento positivo não deveria ser sacramentada até o momento em que se observasse mudanças no humor ou no comportamento do cliente" (Jacobson et al., 2001, p. 37). Concluíram pontuando que "por algum motivo os problemas na vida das pessoas resultariam nelas não mais se engajarem em comportamentos reforçados positivamente, e, consequentemente, não exercerem controle sobre seu ambiente" (Jacobson et al., 2001, p. 26)

A filosofia central da Ativação Comportamental seria promover atividades que levariam à resolução dos problemas e, com isso, à promoção do aumento das possibilidades do contato com contingências de reforçamento positivo.

Nesse ponto, a nova Ativação Comportamental diferia muito da Ativação Comportamental componente da terapia cognitivo-comportamental de Beck e colaboradores (1979). Caberia então ao terapeuta tentar mapear quais as contingências estariam mantendo os comportamentos depressivos do cliente a fim de alterá-las. A terapia de Jacobson e colaboradores (2001) resgatou o caráter funcional da análise contingencial esquecida nas análises cognitivistas correntes.

Terapia de aceitação e compromisso

Outra modalidade com base nos conceitos cognitivos e comportamentais é a Terapia de Aceitação e Compromisso (ACT) desenvolvida por Steven Hayes e colaboradores (1999). É uma intervenção psicológica com base empírica, usa aceitação do sofrimento e estratégias de meditação, juntamente com compromisso e mudanças comportamentais para desenvolver flexibilidade psicológica. Essa modalidade de terapia é baseada em orientação filosófica, denominada Contextualismo Funcional, e na Teoria de Quadros Relacionais (teoria sobre linguagem e cognições baseada na Análise do Comportamento). Ensina a pessoa a não tentar controlar seus pensamentos e sentimentos, mas apenas observá-los e aceitá-los. Procura ajudar a pessoa a ter seus valores claros e agir para conseguir atingi-los, dando sentido e vitalidade a sua vida. Encara os processos psicológicos da mente humana como prejudiciais, levando a esquiva, fusão cognitiva e rigidez psicológica, mantendo o sofrimento e impedindo uma solução. ACT tem sido usada com sucesso no tratamento de transtornos de personalidade, mas há apenas estudos com poucos casos e resultados preliminares de ensaios clínicos (Hayes et al., 1999).

Terapia analítica funcional

Proposta por Kohlemberg e Tsai, possibilitou a aplicação dos princípios da Teoria da Aprendizagem (Comportamento Operante e Behaviorismo Radical) à psicoterapia. Nessa abordagem, a mudança clinica é obtida a partir da interação entre cliente e terapeuta. Para isso, são descritas três categorias de Comportamentos Clinicamente Relevantes (CCR). A primeira (CCR 1) diz respeito aos comportamentos-problema representativos das dificuldades do cliente que ocorrem durante a sessão. A segunda (CCR 2) refere-se aos comportamentos que o cliente usa na sessão para lidar com esses problemas. E, finalmente, a terceira (CCR 3) inclui as afirmações ou regras que o cliente formula sobre suas mudanças positivas. Os CCR 2, quando acontecem na sessão de terapia, devem ser valorizados e receber reforço natural imediato de forma a aumentar a sua frequência e facilitar sua generalização a situações de vida real. Essas respostas contingentes enfraquecem os CCR 1. O tratamento não é mecanicista e ajuda a estabelecer relacionamentos psicoterapêuticos muito intensos e transformadores. Os seus princípios podem ser usados em qualquer forma de terapia, havendo evidências de que melhoram o resultado.

TERAPIA COMPORTAMENTAL COGNITIVA PARA O TRANSTORNO BIPOLAR (TB)

Objetivos do tratamento do paciente com transtorno bipolar

- Educar pacientes e seus familiares e amigos sobre o Transtorno Bipolar, seu tratamento e as dificuldades associadas à doença.
- Ajudar o paciente a ter um papel mais ativo no seu tratamento.
- Ensinar métodos de monitoração de ocorrência, gravidade e curso dos sintomas maníaco-depressivos.
- Facilitar a cooperação com o tratamento.
- Oferecer técnicas não farmacológicas para lidar com pensamentos, emoções e comportamentos problemáticos.
- Ajudar a controlar sintomas leves sem necessidade de modificar a medicação.
- Ajudar a enfrentar fatores de estresse que podem interferir no tratamento ou precipitar episódios de mania ou depressão.
- Estimular a aceitação da doença.
- Diminuir trauma e estigma associados.
- Aumentar o efeito protetor da família.
- Ensinar habilidades para lidar com problemas, sintomas e dificuldades.

Na terapia tradicional, os pacientes em geral não estão na fase aguda da doença. Durante a mania é muito difícil fazer terapia. A TCC tem uma forma mais didática, somente algumas técnicas são ensinadas, a agenda de cada sessão pode ser ou não determinada por um protocolo. De modo algum se exclui formas tradicionais de psicoterapia.

A TCC para o portador de TB possui sempre algumas fases. Por ser um transtorno crônico, o elemento educacional é importante, para que a cooperação fique mais fácil. Estimula-se o paciente a perguntar sobre o transtorno, as causas e o tratamento. Como em toda terapia cognitiva, o modelo cognitivo é apresentado e se ensina a pessoa a identificar e analisar as mudanças cognitivas que ocorrem na depressão e na mania, seus Pensamentos Automáticos e as distorções do pensamento. Os problemas psicossociais e interpessoais são discutidos e se ensinam técnicas para que sejam melhor manejados, como, por exemplo, Solução de Problemas e Treino de Habilidades Sociais.

Como em qualquer terapia, a aliança terapêutica é fundamental. O trabalho envolverá um relacionamento de longo prazo, que será baseado em confiança, informação e envolvimento ativo. Respeitar as ideias do paciente e prestar muita atenção ao processo interpessoal e ao contexto social é imprescindível.

Podem existir dificuldades na aliança terapêutica com esse tipo de paciente: flutuação grave dos sintomas, ausência de resposta às intervenções, e futuro incerto (o passado foi difícil e sabem o que poderá vir adiante) que gera insegurança. É importante que o terapeuta desenvolva tolerância às crises (emocionais, paranoides, de não cooperação, de dificuldades financeiras, etc.). Os pacientes sentem muita ansiedade quando percebem diminuição do apoio e podem expressar isso através de exigências irritadas e aumento dos sintomas.

Para criar a aliança terapêutica e a participação ativa do cliente no tratamento, é importante compartilhar a filosofia ou racional que está na base do tratamento instituído, solicitar opinião sobre o tratamento, discutir preocupações sobre o mesmo, negociar planos terapêuticos e instituir o tratamento preferido pelo paciente.

Uma série de perguntas devem ser estimuladas e respondidas:

- Qual é o meu diagnóstico? O que isso significa?
- Por que o remédio? Por quanto tempo? Como cada um desses remédios irá me ajudar? Como posso saber se está funcionando? O que fazer se sentir efeitos colaterais? O que fazer se esquecer de tomar? O horário de tomar é importante?
- O que você acha deste plano? Estamos abordando o problema principal? Você acha que este plano vai dar certo?
- O que aconteceu comigo? Qual é a causa? Quando sairei do hospital? Vou voltar ao normal? Vai acontecer de novo?

Um elemento importante da aliança terapêutica é a atenção à família. Deve-se com ela discutir sintomas, formas de tratamento e o que esperar do futuro. Lembrar que a família precisa também lidar com dor e sofrimento e é necessário criar o clima propício para isso. Olhar sempre as crianças pequenas, que num momento de crise podem ser esquecidas, podendo ficar muito assustadas ou até serem negligenciadas.

É preciso sempre discutir com o paciente quem ele quer envolvido no tratamento. Isso facilitará muito no futuro conduzir uma eventual internação, ou administrar com quem deverá ficar cartão de crédito, talão de cheques e outras coisas importantes.

A descoberta de ser portador de um transtorno crônico vem carregada de diversos significados para a pessoa. Deve-se sempre conversar sobre isso, no início e ao longo do tratamento. Há o medo de incapacidade crônica, o papel dos acontecimentos da vida e o estresse no desencadear de novos episódios, o uso da medicação pelo resto da vida, a questão da hereditariedade (casar e ter filhos), da gravidez e da amamentação.

Há uma série de atividades que reduzem a eficácia dos estabilizadores do humor, como uso e abuso de álcool e drogas, ciclo vigília-sono erráticos e mudança de fuso horário (*jet lag*). A importância do ritmo na vida para prevenir recaídas precisará ser bem explicada.

A adesão ao tratamento farmacológico deve ser trabalhada em terapia, pois a regra é a não cooperação. Esta pode ocorrer por preconceitos, conceitos errôneos, problemas na aliança terapêutica, efeitos colaterais, erros na dosagem, esquecimento de tomada, tomar mais que o prescrito, tomar medicação de familiares e amigos, erros no horário, uso de álcool e drogas, tomar outras medicações que interferem com os estabilizadores do humor (diuréticos, anti-inflamatórios) e falta de recursos para o tratamento. Psicopatologia grave e transtorno de personalidade predizem falta de adesão. Esta deve ser frequentemente avaliada, através de perguntas, contagem de pílulas e dosagem sérica.

> ## Obstáculos mais comuns para a adesão
>
> **Variáveis intrapessoais**
> "Não preciso mais de tratamento pós--remissão"; diminuição de energia, criatividade, entusiasmo e produtividade; negar existência de doença crônica; estigma associado; recaída de depressão; diversas crenças, atitudes e medos.
>
> **Variáveis do tratamento**
> Efeitos colaterais ou horários de tomada da medicação em desacordo com a agenda pessoal
>
> **Variáveis interpessoais**
> Estressores psicossociais, pois preocupação sobre eles leva a esquecimento, consomem tempo e exacerbam sintomas
>
> **Variáveis do sistema social**
> Conselho médico ou de outro profissional de saúde discordante; ser desencorajado por amigos e familiares; informações da mídia, internet e bula; relacionamento ruim com médico ou terapeuta; ambiente clínico inadequado, sala de espera, etc.

> **Variáveis cognitivas**
>
> Diversas crenças e regras, como: "Não gosto de depender de um remédio"; "Devo ser capaz de controlar sozinho meus sentimentos"; "Remédio é só para quem está doente e estou me sentindo melhor"; "Tomar remédios muito tempo faz com que percam o efeito"; "Como saber se ainda preciso se nunca os parei"; "Vou ficar dependente"; "Se a depressão é biológica não há nada que eu possa fazer"; atribuir outras origens aos sintomas, distorções cognitivas da pessoa com depressão ou mania; foco nos aspectos negativos do tratamento; generalização de experiências prévias; personalizar as experiências ruins dos outros

Outro elemento importante da psicoterapia é a identificação precoce do início de uma fase, para que uma intervenção efetiva a coloque sob controle, prevenindo problemas e internação. Isso é feito ensinando-se o paciente e a família a identificar e acompanhar os sintomas da síndrome. Algumas técnicas que auxiliam são: mapeamento da vida, identificação dos sintomas, gráfico do humor e o afetivograma.

O *mapeamento da vida* é uma técnica muito usada em psicoterapia, na qual a pessoa traça uma linha em uma folha de papel, identificando com altos e baixos e cores o curso de sua vida e da doença. Pode assinalar número, sequência, intensidade e duração das fases de mania e depressão, bem como impacto do tratamento e de acontecimentos importantes. Essa técnica oferece visão mais ampla do curso da doença, dos fatores de estresse e da influência do tratamento.

A *identificação dos sintomas* visa ajudar a pessoa e a família a identificar sintomas específicos das fases de depressão e mania; diferenciar estados de humor normais dos patológicos; tomar consciência de situação clínica; lidar com conflitos familiares em que o problema é atribuído à doença do paciente; saber o que muda em sua vida durante a depressão ou a mania, o que muda no modo como vê a si mesmo, aos outros e o futuro. Pergunta-se sobre o que os outros notam ou percebem; o que as pessoas comentam. Faz-se revisão dos sintomas de depressão e mania, identificando os que ocorrem no início das fases. Pede-se ajuda à família: descrição da pessoa quando está bem e quando está começando a ficar doente. Pergunta-se sobre curso, duração e gravidade dos sintomas. Exemplos de perguntas:

- Na sua experiência, que situações estão associadas ao início da mania?
- Nestes períodos o que você faz, pensa e sente?
- Que coisas você fez durante a mania e se arrependeu depois?
- Como a mania engana você, fazendo-o achar que tudo está em ordem e que precauções não são necessárias?
- Que coisas você pode pensar ou lembrar para não cair e perder o controle quando a mania começa?
- Que ensinamentos você aprendeu de suas fases de mania?
- Baseado nestas informações, que estratégias podem ser adotadas para não passar pela experiência de novo?

Outra técnica utilizada é o *gráfico do humor*, que permite acompanhar mudanças diárias do humor, do pensamento e do comportamento, identificar flutuações de humor ou de atividade e identificar sintomas subsindrômicos, para solicitar ajuda e orientação quando apropriado. Deve-se adaptar o gráfico às peculiaridades do quadro clínico da pessoa.

Os indicadores de *humor normal* são: capacidade de sentar e ler um livro ou um jornal por um bom período de tempo sem se sentir entediado; capacidade de ouvir em uma conversa social; não querer atingir os limites ou fazer algo arriscado; conseguir completar tarefas, com poucas distrações; sentir um pouco de ansiedade e preocupação sobre as exigências do dia a dia (responsabilidades, obrigações financeiras, etc.); experimentar e ter prazer nos momentos de quietude e serenidade; ser capaz de dormir bem à noite; ser capaz de aceitar críticas bem intencionadas sem se irritar.

Os *sinais iniciais típicos de hipomania ou mania* são diminuição da necessidade de sono; diminuição acentuada da ansiedade; níveis elevados de otimismo, com pouco planejamento; grande vontade de se relacionar com pessoas, mas com pouca capacidade de ouvir; concentração diminuída; aumento da libido com diminuição da crítica e da vergonha; aumento dos objetivos, mas com pouca sistematização das tarefas.

O *afetivograma* é elaborado pelo psiquiatra e nele constam todas as medicações que o paciente já usou durante seu tratamento, os sintomas que apresentava na época e como reagiu à medicação.

Alguns problemas são frequentes na fase de mania, e a pessoa pode se beneficiar de algumas técnicas para melhor lidar com eles. Por exemplo, para o aumento de interesses, ideias e atividades, pode-se observar o gráfico do humor para detectar o início da fase antes que ela saia do controle; orientar a pessoa a escolher uma atividade com chance de sucesso (o objetivo pode ser também limitar as atividades); estabelecer uma agenda de atividades incluindo sono e alimentação; determinar prioridades, avaliando-se o gasto de energia.

Outro problema de importância crucial é o prejuízo do sono. Sabe-se que uma noite mal dormida pode facilitar o início de uma fase de mania. Deve-se criar um programa de *higiene do sono*: estimular hábitos adequados; evitar estímulos excessivos (exercício, cafeína, etc.); ensinar relaxamento; administrar as preocupações (por exemplo: lista e horário para percorrê-las).

A irritabilidade pode se transformar em agressividade. Deve-se ensinar a ser reconhecida como sintoma de mania ou depressão, ajudar a pessoa a desenvolver respostas alternativas em vez de reagir. Por exemplo: ensinar a não responder e a sair do local por algum tempo; expressar empatia pelos sentimentos do outro e pedir desculpas. É importante assinalar a presença de irritação antes que esta aumente.

Outra questão em relação ao paciente bipolar é a hipersensibilidade à rejeição e à crítica. Deve-se ensinar a família a perceber quando o paciente está irritado e reagir levando em conta a perspectiva do paciente. Diante de extravagância nos gastos é preciso examinar a sua natureza e se o paciente consegue controlá-los, e verificar se outros sintomas de mania estão presentes.

Durante a mania, pode ocorrer uma série de mudanças cognitivas. Por exemplo: otimismo exagerado e ideias de grandeza, ideias paranoides, pressão sobre o discurso, pensamento acelerado e desorganizado, alterações quantitativas da percepção, ressentimento pelas desconfianças do terapeuta e dos familiares sobre seu bem-estar. Outras distorções cognitivas são frequentes e levam a comportamentos inadequados: aumento do interesse sexual e ideia de que isso é correspondido pelas outras pessoas; acreditar que os outros estão muito lentos; ir prematuramente ao topo da cadeia de comando; humor sarcástico e inadequado; supervalorizar a apreciação de suas ideias pelos outros; a não aceitação de suas ideias é vista como sinal de burrice ou desinteresse; por se sentir bem, achar que não precisa de remédio: achar que sempre está certo e não levar em consideração a opinião dos outros; fazer exigências despropositadas; viver o presente, pois o amanhã será ainda melhor. Essas distorções cognitivas na mania levam a pessoa a subestimar riscos, exagerar possibilidades de ganhos ou acertos, achar que está com mais sorte, superestimar capacidades, minimizar problemas da vida e valorizar gratificação imediata.

Outro elemento importante é ensinar o paciente a manejar melhor os acontecimentos estresssantes de sua vida. Muitos desses problemas são bem descritos pela Terapia Interpessoal, principalmente luto pela perda de alguém; conflitos com pessoas próximas; mudanças de papel existencial; déficits de habilidades sociais; perda da noção do si mesmo saudável; problemas de relacionamento entre adolescentes; filhos de pais separados, com as novas famílias constituídas pelos pais. Esses problemas podem contribuir para o agravamento e a manutenção da depressão, e não raro estão presentes no desencadear das fases de mania ou são piorados por esta. A terapia ensina o paciente a definir e avaliar prioridades, pensar em como solucionou o problema no passado, sugerir intervenções não experimentadas. Deve-se respeitar a inteligência e os recursos do paciente e analisar obstáculos à mudança. As técnicas de solução de problema podem ser ensinadas e são bastante úteis. O treino de habilidades sociais é um importante instrumento, pois promove autoafirmação e comportamentos básicos para os pacientes com quadros mais graves e com grande comprometimento da vida social.

As fases de depressão também apresentam problemas característicos. Para a culpa associada à inércia e letargia é importante analisar explicações pessoais distorcidas para a inércia, vê-la como sintoma em vez de falha de caráter e direcionar a energia disponível para o possível ou o prioritário. Ajudar a entender o "Círculo vicioso da letargia" que segue a espiral abaixo (Figura 23.2).

Algumas técnicas auxiliam: diário de atividades; foco nas tarefas essenciais (contas, limpeza de casa, telefonemas importantes, etc.); dividir as tarefas em pequenos passos e iniciar com as que têm maior chance de sucesso; estabelecer metas razoáveis; fazer lista de atividades prazerosas; incluir e iniciar atividades prazerosas.

Certos pacientes com depressão estabelecem alvos irrealistas. Eles podem se beneficiar de uma avaliação do padrão estabelecido para si mesmo, uma avaliação do tempo necessário para cumprir uma tarefa, planejar tarefas realistas, analisar esquemas cognitivos de perfeccionismo e incompetência.

Muitos pacientes perderam a capacidade de sentir prazer e não têm atividades de lazer. A atividade aumenta a probabili-

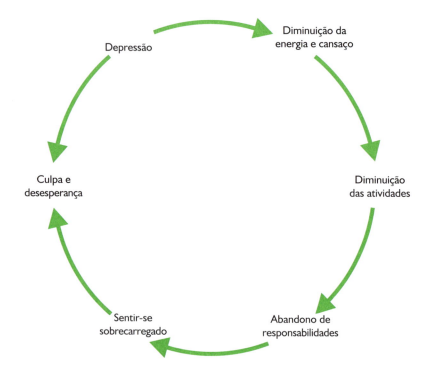

FIGURA 23.2

Círculo vicioso da letargia.

dade de reforço positivo e para isso deve--se prescrever divertimento, fazer lista de atividades agradáveis, aprender a lidar com pensamentos negativos que impedem a percepção de aspectos positivos e aprender a administrar experiências de rejeição, ansiedade ou fracasso.

Muitos têm dificuldade para se concentrar ou tomar decisões. Em geral, algumas das seguintes situações estão presentes: a pessoa possui muitas opções e não consegue organizá-las mentalmente; há uma incapacidade de gerar ideias (branco); remoer sobre as vantagens e consequências de cada opção sem conseguir concluir. Para os casos mais graves ajuda pedir para alguém fazer a escolha, ou fazê-la previamente. Pode ser útil relaxar e reduzir distrações no ambiente, fazer apenas parte da tarefa, aprender a fazer análise das vantagens e desvantagens e a analisar as antecipações catastróficas das escolhas.

Os pacientes com depressão apresentam pensamentos automáticos, regras e crenças distorcidas, que geram desesperança e ideação suicida. Alguns exemplos:

- Meus problemas são enormes, o jeito de resolvê-los é acabar com a minha vida.
- Sou um peso para todos, é melhor que eu me vá.
- Me odeio, mereço morrer.
- Só a morte pode aliviar minha dor.
- Tenho tanta raiva de todos, que vou me matar para ensiná-los uma lição.

A ideação suicida é sempre uma prioridade no tratamento. Deve-se perguntar por ela, avaliar a sua letalidade e ajudar o paciente a reconstruir seus pensamentos, auxiliando-o a avaliar suas possibilidades de modo específico, e não radicalmente negativo.

A pessoa com Transtorno Bipolar pode ter diversos problemas de comunicação. Um deles é provocado por hipersensibilidade. Assim, sentimentos são facilmente feridos, os pacientes antecipam crítica e rejeição e têm reação desproporcional (tristeza, culpa, vergonha, raiva) quando pressentem rejei-

ção. Deve-se ensinar estratégias para lidar com a raiva e para avaliar a validade de seus pensamentos e pressupostos. É importante ensinar familiares a não reagir, mas entender o problema da perspectiva do paciente.

> ### Exemplos de regras para se comunicar melhor
>
> - Estar calmo (não discutir quando irritado ou estressado)
> - Organizar (pensar sobre qual é o problema e a melhor solução, planejar a conversa)
> - Ser específico e claro (evitar queixas e solicitações vagas)
> - Ouvir respeitosamente
> - Ser flexível (ceder quando apropriado)
> - Ser criativo (tentar novas ideias)
> - Ser simples (resolver um problema de cada vez)
> - Ser humano (evitar sarcasmo, humilhação, ameaças, violência física).

Procedimentos simples como ensinar a ouvir, repetir o que entendeu, pedir confirmação, falar claramente e de modo específico podem ser valiosos.

Diversas situações e diversos problemas na vida diária – estigma (vergonha e esquiva de situações sociais, revelar ou não o diagnóstico); culpa e autoacusação (quem causou esta doença? O que eu fiz para isso acontecer? Esta doença é minha culpa?); ideias de autorreferência (comentam sobre mim, olham diferente); evitar desafios (promoção, por exemplo); antecipar rejeição (crença de que não merece uma vida frutífera e boa por causa do transtorno) – necessitam ser trabalhados. Cada situação terá seus prós e contras.

REFERÊNCIAS E SUGESTÕES DE LEITURA

Abreu, C. N., & Roso, M. (Org.). (2003). Cognitivismo e construtivismo. In: *Psicoterapias cognitiva*

e construtivista: novas fronteiras na prática clínica
. Porto Alegre: Artmed.

American Psychiatric Association. (2003). Diagnostical and statiscal manual of mental disorders (DSM –IV–TR) (4th ed.). Washington: Author.

Basco, M. R. (2009). Vencendo o transtorno bipolar com a terapia cognitiva-comportamental: manual do paciente. Porto Alegre: Artmed.

Basco M. R., Rush, A. J. (1996). Cognitive-behavioral therapy for bipolar disorder. New York: Guilford.

Basco, M. R., & Rush, A. J. (2009). Terapia cognitivo comportamental para o transtorno bipolar: guia do terapeuta. Porto Alegre: Artmed.

Beck, A. T., Rush, A. J., Sahw, B. F., & Emery, G. (1982). Terapia cognitiva da depressão. Rio de Janeiro: Zahar.

Beck, J. S. (1997). Terapia cognitiva: teoria e prática. Porto Alegre: Artmed.

Beck, A. T. (1963). Thinking and depression: idiosyncratic content and cognitive distortions. *Archives of General Psychiatry, 9*: 324-333.

Beck, A. T. (1970). Cognitive therapy: nature and relation to behavior therapy. *Behaviour Therapy, 1*, 184-200.

Beck, A. T. (1984). Cognition and therapy. *Archives of General Psychiatry,.41*, 1112-1114.

Beck, A. T., Wright, F. W., Newman, C. F., & Liese, B. (1993). *Cognitive therapy of substance abuse.* New York: Guilford.

Beck, A. T., Rush, A. J., Shaw, B. F., & Emory, G. (1979). Cognitive therapy of depression. New York: Guilford, 1979.

Beck, A. T., Wared, C. H., Mendelson, M., Mock, J., & Erbagh, J. (1961). An inventory for measuring depression. *Archives of General Psychiatry, 4*: 561-571.

Barlow, D. H. (1999). Manual clínico dos transtornos psicológicos. Porto Alegre: Artmed.

Blaney, P. H. (1981). The effectiveness of cognitive and behavioral therapies. In: Rehm, L. P. (Ed.). Behavior Therapy for depression: present status and future directions (p. 1-32). New York: Academic Press.

Caballo, V. E. (1999). Manual técnico de terapia e modificação do comportamento. São Paulo: Santos.

Cadê, N. V. (2001). Terapia de grupo para pacientes com hipertensão arterial. *Revista de Psiquiatria Clínica, 28*(6), 300-304.

Carvalho, M. R. (2001). Terapia cognitivo-comportamental através da Arteterapia. *Revista de Psiquiatria Clínica, 28*(6), 318-321.

Cordioli, A. V. (2007). Psicoterapias: abordagens atuais. Porto Alegre: Artmed.

Del-Porto, J. A. (2001). Epidemiologia e aspectos transculturais do transtorno obsessivo-compulsivo. *Revista Brasileira de Psiquiatria, 23*(Suppl II): 3-5, 2001

Dimidjian, S. A., Hollon, S. D., Dobson, K.S ., Schmaling, K. B., Kohlenberg, R. J., Rizvi, S., et al. (2004). Methods and acute-phase outcomes. Behavioral activation, cognitive therapy, and antidepressant medication in the treatment of major depression. *Symposium conducted at the annual meeting of the American Psychiatry Association*, 2004 May 1-6, New York, NY.

Dobson, K. S.; Hollon, S. D.; Dimidjian, S. A.; Schmaling, K. B.; Kohlenberg, R. J.; Rizvi, S., et al. (2004). Prevention relapse. Behavioral activation, cognitive therapy, and antidepressant medication in the treatment of major depression. *Symposium conducted at the annual meeting of the American Psychiatry Association*, 2004 May 1-6, New York, NY, 2004.

Dobson, K. S., & Joffe, R. The role of activity level and cognition in depressed mood in a university sample. *Journal of Clinical Psychology, 42*(2), 264-271.

Dougher, M. J., Hackbert J. A. (2003). Uma explicação analítico-comportamental da depressão e o relato de um caso utilizando procedimentos baseados na aceitação. *Revista Brasileria de Terapia Comportamental e Cognitiva, 5*(2), 167-184.

Elkin, I. (1994); The NINH treatment of depression collaborative research program: where we began and where we are. In: Garfield, S., Bergin, A. (Ed.). *Handbook of psychotherapy and behavior change* (p. 114-139). New York: Wiley.

Ferster, C. B. (1967). Transition from animal laboratory to clinic. *The Psychological Record,17*, 145-150.

Ferster, C. B. (1973). A functional analysis of depression. *Am Psychol, 28*: 857-870.

Ferster, C. B., Culbertson, S., & Boren, M. C. P. (1979). *Princípios do comportamento (*2nd ed.). São Paulo: HUCITEC.

Ferster, C. B., & Skinner, B. F. (1997). *Schedules of reinforcement.* Acton, MA: Copley Publishing Group.

Goertner, E. T., Gollan, J. K., Dobson, K. S., Jacobson, N.,S. Cognitive-behavioral treatment for depression: relapse prevention. *Journal of Consulting and Clinical Psychology. 66*(2), 377-384.

Greenberg, L. (2000). Emociones: una guía interna. Bilbao: Desclée de Brouwer.

Greenberg, L. S., Rice, L. N., & Elliott, R. (1996). Facilitando el cambio emocional: el proceso terapéutico punto por punto. Barcelona: Paidós, Barcelona.

Greenberger, D., & Padesky, C. A. (1999). A mente vencendo o humor. A step by step cognitive therapy treatment manual. Porto Alegre: Artmed.

Hammen, C. L.; Glass, D. R. (1975). Depression, activity, and evaluation of reinforcement. *J Abnorm Psychol. 54*(6), 718-721.

Hayes, S. C., Hayes L. J., Reese, H. W. (1998). Finding the philosophical core: a review of Stephen C. Pepper's world hypotheses. *Journal of the Experimental Analalysis of Behavior, 50*(1): 97-111.

Hayes, S. C., Strosahl, K. D., Wilson, K. G. (1999). Acceptance and commitment therapy: an experiential approach to behavior change. New York: Guilford.

Ito, L. (Org.). (1998). *Terapia cognitivo-comportamental para transtornos psiquiátrico*. Porto Alegre: Artmed.

Jacobson, N. S. (1997a). Can contextualism help? *Behaviour Therapy, 28*(3), 435-443.

Jacobson, N. S. (1997b). Advancing behavior therapy means advancing behaviorism. Commentary on "In the name of the advancement of behavior therapy: is it all in a name?" *Behaviour Therapy, 28*, 629-632.

Jacobson, N. S., Dobson, K., Truax, P. A., Addis, M. E., Koerner, K., Gollan, J. K., et al. (1996). A component analysis of cognitive-behavioral treatment for depression. *Journal of Consulting and Clinical Psychology, 64*(2): 295-304.

Jacobson, N. S., Gortner, E. Can depression be de-medicalized in the 21st century: scientific revolutions, counter-revolutions and magnetic field of normal science. *Behaviour Research Therapy, 38*, 103-117.

Jacobson, N. S., Hollon, S. D. (1996). Cognitive-behavior therapy versus pharmacotherapy: now that the jury's returned its verdict, it's time to present the rest of evidence. *Journal of Consulting and Clinical Psychology, 64*: 74-80, 1996.

Jacobson, N. S., Martell, C. R., & Addis, M. E. (2001). Depression in context: strategies for guided action. New York: W. W. Norton.

Kanter, J. W., Callaghan, G. M., Landes, S. J., Bush, A. M.,& Brown, K. R. (2004). Behavior analytic

conceptualization and the treatment of depression: traditional models and recent advances. *Behavior Analalysis Today, 5*(3), 255-274.

Kapczinsky, F., Quevedo, J. (Org.). (2009). Transtorno bipolar: teoria e clínica. Porto Alegre: Artmed.

Kohlenberg, R. J., Tsai, M. (2004). Psicoterapia analítica funcional: criando relações terapêuticas intensas e curativas. Santo André: ESEtec.

Lacerda A. L. T., Quarantini, L. C., Miranda-Scippa, A. M. A., Del Porto, J. A. (Org.). (2009). Depressão: do neurônio ao funcionamento social. Porto Alegre: Artmed.

Lazarus, A. A. Learning theory and the treatment of depression. *Behaviour Research Therapy, 6*: 83-89, 1968.

Lewinsohn, P. M., Biglan, A., & Zeiss, A. S. (1976). Behavioral treatment of depression. In: Davidson, P. O. (Ed.). *The behavioral management of anxiety, depression and pain* (p. 91-146). New York: Brunner/Mazel.

Lewinsohn, P. M., & Libet, J. (1972). Pleasant events, activity schedules and depression. Journal of Abnormal Psychology, 79: 291-295.

Lewinsohn, P. M., Weinstein, M. S., & Alper, T. (1970). A behavioral approach to the group treatment of depressed persons: a methodological contribution. *Journal of Clinical Psychology, 26*(4): 525-532.

Lewinsohn, P. M., Weinstein, M. S., & Shaw, D. A. (1969). Depression: a clinical research approach. In: Rubin, R. D., & Franks, C. M. (Ed.). Advances in behavior therapy (p. 23-240). New York: Academic.

Libet, J. M., & Lewinsohn, P. M. (1973). Concept of social skill with special reference to the behavior of depressed persons. *Journal of Consulting and Clinical Psychology, 40*(2), 304-312.

Lotufo Neto, F., & Bernik, M. A. (1995). Terapias comportamental e cognitiva. In: Rodrigues, M. L. (Org.). Psiquiatria básica. Porto Alegre: Artmed.

Lubin, B. Adjective checklists for the measurement of depression. *Archives of General Psychiatry, 12*, 57-62.

MacPhillamy, D. J., & Lewinsohn, P. M. (1982). The pleasant events schedules: studies in reliability, validity, and scale intercorrelation. Journal of Consulting and Clinical Psychology, 50, 363-380.

McCullough, J. P. Jr. (2000). Treatment for Chronic Depression: Cognitive Behavioral Analysis System of Psychotherapy (CBASP). New York: Guilford.

McCullough, J. P. Jr. (2003). Patient's manual for CBASP. New York, Guilford.

Moreno, R. A., & Moreno, D. R. (2005). Da psicose maníaco-depressiva ao espectro bipolar. São Paulo: Segmento Farma.

Newman, C. F., Leahy, R. L., Beck, A. T., Reilly-Harrington, N. A., & Gyulai, L. (2006). Transtorno bipolar: tratamento pela terapia cognitiva. São Paulo: Roca.

Organização Mundial da Saúde. (2006). Relatório sobre a saúde no mundo. Acesso em jan. 19, 2006, from http://www.psiqweb.med.br/acad/oms3.html.

Roediger, H. L. (2005). O que aconteceu com o behaviorismo. *Braz J Behav Anal. 1*(1), 1-6.

Ryle, A., & Kerr, I. (2002). Introducing cognitive analytic therapy: principles and practice. Chichester: John Wiley & Sons.

Seligman, M. E. P., (1967). Maier, S. F. Failure to escape traumatic shock. *J Exp Psychol, 74*: 1-9.

Seligman, M. E. P., Maier, S. F., & Geer, J. M. (1968). Alleviation on learned heplessness in the dog. *Journal of Abnormal Psychology, 73*: 256-262.

Scribel, M. C., Sana, M. R., & Di Benedetto, A. M. (2007). Os esquemas na estruturação do vínculo conjugal. Revista Brasileira de Terapia Cognitiva, 3(2), 17-33.

Shaw, B. F. (1977). Comparison of cognitive therapy and behavior therapy in the treatment of depression. *Journal of Consulting and Clinical Psychology, 45*(4), 543-551.

Skinner, B. F. (1965). *Science and human behavior*. New York: Free Press.

Skinner, B. F. (1976). *About behaviorism*. New York: Vintage Books.

Tung, T. C. (2007). *Enigma bipolar: consequências, diagnóstico e tratamento do transtorno bipolar*. São Paulo: MG Ed.

Wenzel, A., Brown, G. K., & Beck, A. T. (2010). Terapia cognitivo-comportamental para pacientes suicidas. Porto Alegre: Artmed.

Wolpe, J. (1961). *Psychotherapy by reciprocal inhibition*. Stanford: Stanford University Press.

Young, J. (2003). Terapia cognitiva para transtornos da personalidade, Porto Alegre: Artmed.

24

Transtornos alimentares

Monica Duchesne
Silvia Freitas

INTRODUÇÃO

Os transtornos alimentares (TAs) se caracterizam por grave perturbação do comportamento alimentar, levando a prejuízos clínicos, psicológicos e sociais. São quadros psicopatológicos de difícil tratamento em função da sua complexa etiologia, que inclui fatores socioculturais, genéticos, neuroquímicos, familiares e associados ao desenvolvimento psicológico do indivíduo (NICE, 2004). O aspecto multidimensional dos TAs traduz a necessidade de integrar várias estratégias de tratamento: orientação nutricional, psicofármacos, terapia individual e terapia familiar. O presente capítulo, além de outros aspectos, descreve as principais técnicas utilizadas pela terapia cognitivo-comportamental (TCC) de tratamento ambulatorial dos TAs e os psicofármacos atualmente empregados.

HISTÓRICO E CRITÉRIOS DIAGNÓSTICOS

Os transtornos alimentares não são patologias da modernidade. Quatrocentos anos antes do diagnóstico clínico da anorexia nervosa (AN), já havia descrição de comportamentos anoréxicos em contextos religiosos. Na idade média, tendo como exemplo Santa Catarina di Siena (1347-1380), o controle do apetite era associado à purificação e a crenças religiosas, sendo o jejum visto como uma maneira de se alcançar a santidade. A busca da "beleza espiritual" como justificativa para o emagrecimento cedeu lugar à busca pela beleza física e pela magreza nas sociedades ocidentais atuais (Freitas, 2007).

A primeira descrição de uma doença envolvendo a recusa alimentar por causa psíquica foi feita por Morton, em 1694. A descrição clínica da anorexia nervosa, como a conhecemos nos dias atuais, foi simultaneamente formulada por William Gull (1874), na Inglaterra, e por Charles Lasègue (1873), na França. Ambos reconheceram a presença de grave emagrecimento e de amenorreia. Até 1979, quando Gerald Russel descreveu a bulimia, todos os quadros clínicos que cursavam com medo de engordar e baixo peso eram diagnosticados como AN. Naquele ano, Russel apresentou uma descrição minuciosa da psicopatologia associada à bulimia, bem como das características clínicas de um grupo de 30 pacientes que apresentavam descontrole alimentar, vômitos ou outras manobras purgativas e medo de ganhar peso (Freitas, 2007).

Paralelamente, desde 1959, Stunkard vinha se dedicando ao estudo do comportamento alimentar em pacientes obesos e identificou o *binge eating* ou episódio de compulsão alimentar (CAP). Em 1977, ele publicou as características da CAP, baseando-se em três critérios:

1. ingestão descontrolada e episódica de grande quantidade de alimentos de tempo curto
2. término do episódio somente depois de atingir desconforto físico e

3. sentimentos subsequentes de culpa e autodepreciação (Freitas, 2007).

Atualmente, o DSM-IV-TR reconhece dois transtornos alimentares específicos – a AN e a bulimia nervosa (BN) – e uma categoria geral, menos específica, na qual são incluídos os quadros que não preenchem todos os critérios diagnósticos para um TA. Essas síndromes parciais são classificadas como TA sem outra especificação (TASOE). O DSM-IV-TR inclui também outro tipo de TA, o Transtorno da Compulsão Alimentar Periódica (TCAP). Essa categoria encontra-se alocada no apêndice B do DSM-IV-TR, seção dedicada às categorias diagnósticas que requerem estudos adicionais (DSM-IV-TR,1994).

A AN se caracteriza pela recusa do indivíduo em manter seu peso corporal em um nível igual ou acima do mínimo adequado para sua idade e sua altura, devido a um temor exacerbado de se tornar gordo; isso o leva a fazer restrição alimentar voluntária e a uma busca implacável pela magreza. O diagnóstico de AN é empregado quando o emagrecimento leva à manutenção do peso corporal abaixo de 85% do esperado ou quando ocorre fracasso em ter o ganho de peso esperado durante o período de crescimento. Esse quadro apresenta-se acompanhado por transtorno da imagem corporal, que faz com que o indivíduo perceba seu corpo como estando gordo, o que favorece a negação da gravidade do baixo peso. Nas mulheres pós-menarca, outro critério diagnóstico para a AN típica é a amenorreia (ausência de, no mínimo, três ciclos menstruais consecutivos) (DSM-IV-TR, 1994).

A bulimia nervosa (BN) manifesta-se por episódios recorrentes de CAP, caracterizados pela ingestão de grandes quantidades de alimento em um período delimitado de tempo (por exemplo, até duas horas). Durante esses episódios, a paciente relata sensação de perda de controle sobre o comportamento alimentar, com dificuldade tanto para parar de comer quanto para controlar o tipo de alimento que está sendo consumido. A CAP é seguida pelo emprego de métodos compensatórios inadequados e recorrentes, com o objetivo de evitar o ganho de peso (por exemplo: dietas restritivas ou jejum; vômito autoinduzido; exercício excessivo e uso indevido de laxantes, diuréticos, enemas ou outras medicações). Para caracterizar a BN típica, a CAP e os comportamentos compensatórios devem ocorrer, em média, ao menos duas vezes por semana nos últimos três meses (DSM-IV-TR,1994).

Embora algumas pacientes com AN utilizem apenas restrição alimentar e exercícios para emagrecer (subtipo restritivo), outras apresentam episódios de CAP e empregam regularmente a autoindução de vômito ou o uso indevido de laxantes, diuréticos ou enemas para evitar o ganho de peso (subtipo compulsão/purgativo). Por outro lado, algumas pacientes com BN utilizam apenas jejuns ou exercícios excessivos como métodos compensatórios para a CAP (subtipo não purgativo), em contraposição ao subtipo purgativo que utiliza a autoindução de vômito e/ou laxantes, diuréticos e enemas (DSM-IV-TR,1994).

A característica principal do TCAP é a CAP, que, nos casos típicos, ocorre em média dois dias por semana nos seis meses anteriores ao diagnóstico. Embora haja acentuada angústia relativa à CAP, no TCAP não há o uso regular de comportamentos compensatórios inadequados para o controle do peso, o que o diferencia da BN. A CAP está associada a três ou mais dos seguintes critérios: comer muito mais rapidamente do que o normal; comer até sentir desconforto físico; comer grandes quantidades de alimento, mesmo sem fome; comer sozinho, em razão do embaraço pela quantidade de alimentos consumidos e sentir repulsa por si mesmo, depressão ou demasiada culpa após comer excessivamente (DSM-IV-TR,1994).

PREVALÊNCIA

A taxa média de prevalência da AN entre as mulheres jovens ocidentais é cerca de 0,3%, e a incidência está em torno de 8 casos por 100.000 pessoas/ano. Hoeck e van Hoecken

(2003), utilizando dados de países da Europa, concluíram que a incidência aumentou até o final dos anos de 1970, particularmente nas mulheres entre 15 e 24 anos, estabilizando-se em seguida. Fatores como maior consciência da doença e melhor identificação pelos profissionais de saúde parecem ter contribuído para aquele aumento.

A prevalência ao longo da vida para a BN, entre as mulheres jovens, está em torno de 1 a 2%, e a incidência está em torno de 12 por 100.000 pessoas/ano. Devido à inclusão do diagnóstico nos sistemas de classificação, a incidência aumentou substancialmente nos anos de 1980. Desde então as taxas vêm decrescendo (Hoeck e van Hoecken, 2003). Quanto ao TCAP, sua prevalência em amostras clínicas de obesos em tratamento varia de 7,5 a 30%, podendo chegar a até 50% em candidatos à cirurgia bariátrica (Wadden et al., 2001).

Em recente estudo populacional conduzido no Rio de Janeiro, Freitas e colaboradores (2007) avaliaram 1298 mulheres com 30 anos ou mais, encontrando prevalência de CAP de 20,6%, com 11,5% apresentando CAP pelo menos duas vezes na semana e 9,1% apresentando CAP menos de duas vezes na semana. Ainda no Brasil, Nunes e colaboradores (2003) avaliaram uma amostra populacional de 513 mulheres entre 12 e 29 anos, residentes em Porto Alegre. Os autores encontraram prevalência de 11% de comportamentos alimentares anormais e 23,8% de comportamento alimentar de risco. Entre os métodos compensatórios para o controle do peso, o uso de laxantes foi o mais prevalente (8,5%), seguido por dietas (7,8%), uso de anorexígenos (5,1%), jejuns (3,1%), uso de diuréticos (2,8%) e indução de vômito (1,4%).

A AN e a BN são mais comuns entre as mulheres (90 a 95%). Essa discrepância de gênero é uma das mais extremas entre qualquer patologia clínica ou psiquiátrica. Por outro lado, o TCAP é um diagnóstico comum entre os homens, na frequência de 3 mulheres para cada 2 homens. A AN e a BN surgem geralmente no início da adolescência ou da vida adulta, enquanto o TCAP pode se iniciar na faixa entre 30 e 50 anos. A maior ocorrência se dá nos países ocidentais industrializados, especialmente nos grupos caucasianos. Nas culturas não ocidentais, à medida que aumenta o comportamento de fazer dietas, também aumenta a prevalência dos TA. Alguns grupos profissionais como bailarinas, jóqueis, atletas e modelos apresentam risco aumentado para o desenvolvimento de um TA. A AN é mais comum em grupos com maior *status* socioeconômico, enquanto a BN e o TCAP são mais uniformemente distribuídos entre os vários grupos socioeconômicos (Attia e Walsh, 2007).

CURSO

A AN apresenta a maior taxa de mortalidade dentre todos os transtornos psiquiátricos, sendo de 6 a 12 vezes mais alta do que a taxa esperada para a população de mesma idade e mesmo sexo. As causas de morte incluem suicídio, inanição, desidratação e desequilíbrio hidroeletrolítico. Com relação à BN, as taxas de mortalidade (em torno de 0,3 a 0,7%) e de recuperação (74,5% em seguimento de 7 anos) são mais favoráveis. As causas de morte incluem suicídio, doenças cardíacas, acidentes de trânsito e complicações decorrentes de práticas compensatórias (Keel e Brown, 2010).

O curso e o desfecho da AN podem ser bem variáveis, com as pacientes apresentando recuperação apenas parcial, recuperação completa por pouco tempo ou remissão (50%). Para algumas pacientes (20%), o curso pode ser crônico, incapacitante e ameaçador à vida. São altas as taxas de comorbidades psiquiátricas, principalmente com depressão (50 a 70%); transtornos de ansiedade, especialmente fobia social e transtorno obsessivo-compulsivo (50 a 65%) e transtorno do uso de substancias (10 a 20%). São considerados pobres indicadores prognósticos: longa duração da doença, grave perda de peso, presença de CAP, vômito e de comorbidade psiquiátrica (Keel e Brown, 2010).

Na BN, o curso também pode ser muito variável, com recuperação completa, parcial ou desenvolvimento de quadro crônico, com 30% das pacientes ainda apresentando CAP e vômitos depois de 10 anos de seguimento. As taxas de comorbidades são altas, especialmente com transtorno de humor, transtorno de ansiedade e transtornos do uso de substâncias. A gravidade das comorbidades psiquiátricas e a falta de motivação para o tratamento são preditores de pior desfecho (Begh et al., 2005).

Outro aspecto importante é a possibilidade de migração entre os diagnósticos. Eddy e colaboradores (2008) conduziram um estudo no qual seguiram 216 mulheres com AN ou BN por 7 anos. Mais da metade das pacientes com AN migraram entre os dois subtipos de AN (restritivo e purgativo) e um terço migrou para o diagnóstico de BN, eventualmente retornando à AN. Dentre as pacientes com o diagnóstico inicial de BN, a taxa de migração foi menor (14,06%) e todas para AN tipo compulsão/purgativo. A trajetória, no caso da BN, foi mais no sentido da recuperação parcial ou total (65,63%) durante o seguimento.

AVALIAÇÃO DOS TRANSTORNOS ALIMENTARES POR INSTRUMENTOS

Os instrumentos autoaplicáveis podem ser utilizados para auxiliar no diagnóstico, no rastreamento e na avaliação sequencial ou de desfecho do tratamento. Os mais utilizados e já traduzidos para o português são:

1. *Eating Attitudes Test*, instrumento utilizado para o rastreamento de indivíduos susceptíveis ao desenvolvimento de AN ou BN.
2. *Eating Disorder Examination* (versão questionário), que avalia a psicopatologia e os comportamentos específicos dos TA em quatro subescalas – restrição alimentar, preocupação alimentar, preocupação com a forma corporal e preocupação com o peso corporal.

3. *Binge Eating Scale* (Escala de Compulsão Alimentar Periódica), desenvolvida para avaliar a gravidade da CAP em indivíduos obesos.
4. *Bulimic Investigatory Test, Edinburgh*, desenhado para avaliar aspectos cognitivos e comportamentais relacionados à bulimia.
5. *Three-factor Eating Questionnaire*, que abrange três domínios do comportamento alimentar – restrição cognitiva, desinibição e fome percebida (Freitas, 2006).

Vale ressaltar que o diagnóstico dos TAs só se faz por meio de entrevistas. Questionários autoaplicáveis não são instrumentos diagnósticos. A entrevista considerada o padrão-ouro para o diagnóstico dos TAs é a *Eating Disorder Examination* – EDE já traduzida e em processo de validação no Brasil. Pode também ser utilizado o módulo de TA da Entrevista Clínica Estruturada para os Transtornos do DSM-IV (SCID-I/P) e, para crianças e adolescentes, a Sessão de Transtornos Alimentares do DAWBA (Freitas, 2006).

TRATAMENTO

Os objetivos do tratamento incluem a estabilização do estado clínico e nutricional, o restabelecimento dos padrões saudáveis de peso e alimentação, a identificação e a resolução dos fatores psicossociais mantenedores, a melhora das condições psiquiátricas associadas, a correção dos pensamentos disfuncionais e a prevenção de recaídas (NICE, 2004).

A avaliação do paciente deverá ser extensa, abrangendo aspectos clínicos, nutricionais, psiquiátricos e cognitivos que, em conjunto, determinarão a modalidade de tratamento (internação hospitalar integral, parcial ou tratamento ambulatorial). As indicações de internação incluem: peso <75% do peso mínimo esperado para a idade e a altura; perda rápida e contínua do peso; alterações metabólicas e hidroeletrolíticas graves; funções cardíaca, renal e hepática alteradas (hipotensão ortostática, bradicardia (<40bpm), taquicardia (>110 bpm); sintomas de desnutrição e desidratação graves; hematêmese e CAP e/ou vômito descontrolado. Outros aspectos deverão ser observados: a presença de sintomas psiquiátricos que merecem hospitalização, como risco de suicídio, comportamentos autoagressivos, abuso ou dependência grave de álcool ou drogas, alto grau de resistência a participar dos seus próprios cuidados e/ou rede de apoio familiar e social insuficientes (Attia e Walsh, 2007).

Farmacológico

Os agentes farmacológicos (antidepressivos, ansiolíticos, antipsicóticos) testados para o tratamento da AN têm demonstrado pouca eficácia e são indicados apenas para o tratamento das condições comórbidas; mesmo assim, deve-se sempre ter em mente que, enquanto a paciente permanecer em estado de inanição, pouco ou nenhum benefício será obtido com a medicação. Os sintomas depressivos observados em pacientes com AN decorrem, na maioria das vezes, da reduzida ingestão calórica e, frequentemente, remitem com a restauração do peso. A dificuldade de resposta aos ansiolíticos e aos antidepressivos inibidores seletivos de recaptação de serotonina (ISRS), em pacientes gravemente desnutridas, pode decorrer de uma dieta pobre em triptofano, levando a um relativo estado hiposerotoninérgico cerebral que prejudicaria o mecanismo de ação da droga. Quando após a restauração do peso a paciente ainda apresenta significativos sintomas depressivos, ansiosos e obsessivo-compulsivos, está indicado o uso de ISRS como tratamento adjunto ao programa nutricional e psicoterápico (Kaplan, 2007). Os antipsicóticos atípicos (olanzapina, risperidona, quetiapina) podem ser úteis para os sintomas obsessivos frequentemente associados à ansiedade, à falta de *insight* e aos pensamentos quase delirantes relacionados à imagem corporal, proporcionando redução do medo de engordar. Especial

atenção deve ser dada ao aspecto metabólico das pacientes desnutridas, uma vez que a desnutrição, por si só, pode ser fator de risco para a hiperglicemia induzida pelo uso de antipsicóticos, principalmente a olanzapina (Bissada et al., 2008).

A fluoxetina (na dose máxima de 60mg/dia) é o único agente farmacológico aprovado pela agência norte-americana (Food and Drug Administration – FDA) para o tratamento da BN, mas outros antidepressivos mostraram-se benéficos. Os antidepressivos, além de melhorar o humor e a ansiedade, reduzem os sintomas comportamentais da BN (CAP e vômitos). Medicações anticonvulsivantes também mostraram algum benefício, especialmente o topiramato, que é eficaz na redução da CAP e dos comportamentos purgativos, melhorando também os escores de questionários de qualidade de vida relacionados à saúde. Entretanto, deve-se estar atento à potencial perda de peso consequente ao uso dessa medicação em pacientes com peso normal ou abaixo do peso (Nickel et al., 2005). A bupropiona está contraindicada por facilitar o aparecimento de crises convulsivas (Horne et al., 1998).

Os estudos que examinam a farmacoterapia para o TCAP se baseiam nas pesquisas em BN e em obesidade, focando nos medicamentos que se mostraram benéficos para essas patologias, via regulação do humor, da ansiedade, da impulsividade e do controle do apetite. Vários ensaios clínicos foram conduzidos com antidepressivos (fluoxetina, sertralina, citalopram, fluvoxamina), todos levando à redução ou à remissão (em menor percentual) dos episódios de CAP, com pouco efeito sobre o peso corporal. Stefano e colaboradores (2008), em um estudo de metanálise sobre a eficácia dos antidepressivos, concluíram que os dados não são suficientes para formalmente recomendar antidepressivos como única terapia para a remissão da CAP e a redução do peso de obesos a curto prazo.

Os agentes antiobesidade, sibutramina e orlistate, levam à perda de peso e também se mostraram eficazes no controle da CAP. Entretanto, a sibutramina foi retirada do mercado em países como Canadá, Estados Unidos e Austrália, com base em um ensaio clínico que mostrou aumento de 16% no risco de desfechos cardiovasculares não fatais. Deve-se notar que esse estudo incluiu pacientes que não deveriam utilizar a sibutramina, de acordo com as recomendações da bula. A redução de peso obtida com o uso da sibutramina melhora a glicemia, as dislipidemias e outras complicações que, em longo prazo, deterioram a saúde do indivíduo e aumentam a mortalidade. No Brasil, a sibutramina ainda está sendo comercializada, prescrita na receita B2. Com relação aos anticonvulsivantes, o topiramato e a zonizamida demonstraram eficácia na perda de peso e na supressão da CAP (McElroy et al., 2008) contudo, os efeitos colaterais, como problemas cognitivos, parestesias e sonolência, impedem a manutenção do tratamento por muito tempo. Para minimizar esses efeitos, a dose inicial deverá ser baixa (25mg de topiramato) e os aumentos graduais (25mg a cada semana).

Psicológico

O modo como os TAs são classificados favorece a percepção de que eles são condições diferentes, cada uma requerendo estratégias próprias de tratamento. Entretanto, eles são transtornos estreitamente relacionados, que compartilham fatores de desenvolvimento e manutenção semelhantes. Adicionalmente, é comum a migração de um diagnóstico para outro e a ocorrência de síndromes parciais, como foi anteriormente descrito neste capítulo. Esses fatores associados levaram alguns autores a adotar um formato de tratamento "transdiagnóstico", que pressupõe que a seleção das técnicas a serem implementadas no tratamento deve ser orientada pela conceitualização de cada paciente, em vez de ser determinada pelo diagnóstico categorial (Fairburn, 2008; Murphy et al., 2010). A conceitualização consiste em uma análise que explicita os fatores que levaram ao desenvolvimento e à manutenção do TA e correlaciona os sintomas associados à alimentação com as demais dificuldades presentes. Em resumo, o tratamento é delineado de acordo com os sintomas psicopatológicos apresentados pela paciente, ao invés de estar associado a um diagnóstico específico.

De acordo com o modelo transdiagnóstico, o tratamento dos TAs pode ser dividido em 4 estágios. O estágio 1 é intensivo, com consultas marcadas duas vezes por semana, e objetiva implementar estratégias comportamentais que facilitem a adesão a um pradrão regular de alimentação e a eliminação dos métodos compensatórios. No estágio 2, é realizada a revisão do progresso obtido com as estratégias utilizadas no estágio 1. Para as pacientes com peso normal (IMC ≥ 18,5), o tratamento pode passar a ser semanal. No estágio 3, o objetivo do tratamento é aprofundar a abordagem dos mecanismos que estão mantendo o TA e a abordargem dos aspectos cognitivos. No estágio 4, o objetivo é desenvolver estratégias que diminuam o risco de recaída. De modo geral, a TCC inclui técnicas para abordar fatores cognitivos, emocionais, comportamentais e interpessoais (Fairburn, 2008).

Estágio 1

Os objetivos do estágio 1 incluem:

1. envolver a paciente no processo de mudança;
2. criar a conceitualização;
3. fornecer educação sobre o TA, o modelo e a estrutura da TCC;
4. estabelecer a avaliação semanal do peso e
5. implementar um padrão regular de alimentação.

Estratégias para adesão ao tratamento

Particularmente no caso da AN, envolver as pacientes no tratamento pode ser um desafio, uma vez que há aspectos do TA que elas não desejam modificar (por exemplo: baixo peso e sensação de "alívio" da ansiedade obtido por meio dos métodos compensatórios). O medo acentuado de engordar, agravado pelo transtorno de imagem corporal, que diminui o *insight* sobre a doença, é um dos fatores que pode aumentar a resistência. Para aumentar a adesão, o primeiro passo é educar a paciente sobre os efeitos psicológicos, sociais e clínicos de manter o TA. Ela deve ser ajudada a focalizar nas vantagens de mudar seu padrão atual de comportamento e nas desvantagens de mantê-lo, com ênfase na identificação de dados que indiquem a piora de sua qualidade de vida após o desenvolvimento do TA. Por exemplo, podem ser citados os níveis aumentados de tristeza, culpa e cansaço, além do grande gasto de tempo com pensamentos sobre alimentos e aparência (Vitousek et al., 1998).

O desenvolvimento de um TA tem grande impacto no sistema familiar, levando os familiares a focalizarem sua atenção na paciente. Adicionalmente, pode haver a diminuição das exigências de desempenho em diversas áreas, em função das limitações associadas ao TA. Esses potenciais ganhos secundários devem ser abordados, uma vez que podem funcionar como reforçadores, diminuindo a motivação para a mudança (Garner et al., 1997).

Um dos aspectos envolvidos nos TAs é a ideia de restringir a alimentação para ganhar um sentimento de controle pessoal em pacientes que acreditam que certos aspectos de sua vida estão fora de seu controle. Se a paciente acreditar que o terapeuta está tentando controlá-la ou que suas necessidades não estão sendo levadas em consideração, vai resistir à mudança. Esse aspecto torna muito importante o estilo terapêutico de "empirismo colaborativo", no qual todas as estratégias de tratamento são apresentadas como parte de um processo colaborativo no qual terapeuta e paciente atuam como um time para detectar as estratégias que podem ser utilizadas para superar os problemas da paciente (Fairburn, 2008; Beck, 1997).

Desenvolvimento da conceitualização e educação sobre o transtorno alimentar

No início do tratamento, além de trabalhar na construção de uma boa relação terapêutica, terapeuta e paciente devem desenvolver a conceitualização do problema e o terapeuta deve fornecer informações sobre os aspectos envolvidos na manutenção do TA.

De modo geral, pacientes com TA apresentam uma tendência para raciocinar de modo "tudo ou nada". Se ocorre um pequeno lapso na dieta rígida autoimposta, há o abandono total da tentativa de manter o controle sobre a alimentação. Por exemplo, a paciente pode pensar: "Já que saí da dieta, vou comer tudo que eu puder porque amanhã começarei um regime bem rígido". Em geral, em vez de identificar que o problema está na rigidez das regras dietéticas utilizadas, a paciente interpreta o lapso como sendo resultante de uma deficiência pessoal para controle da alimentação e aumenta o esforço para se ater à dieta rígida. Esta, por sua vez, favorece a ocorrência da CAP, que aumenta a preocupação com o ganho de peso, levando à intensificação da restrição alimentar, formando-se um ciclo vicioso (Wilson et al., 2002).

Para diminuir a frequência da CAP, deve ser discutida a inter-relação desta com os métodos purgativos. A indução de vômito, além de prejudicar a sensação de saciedade que poderia ajudar no controle da ingestão inadequada de alimentos, aumenta a probabilidade de ocorrência da CAP através do pensamento: "Já que vou vomitar, posso comer tudo que eu quiser sem engordar". Para incentivar a redução da indução de vômito, pode ser útil explicar que o vômito não elimina todo o alimento ingerido durante a CAP e, portanto, não impede completamente o ganho de peso (Fairburn, 2008).

Com relação aos laxantes e diuréticos, deve ser explicado que eles são métodos ineficazes de emagrecimento, uma vez que não impedem a absorção das calorias ingeridas durante a CAP, causando apenas perda temporária de líquidos. Adicionalmente, é útil enumerar as complicações clínicas decorrentes do uso abusivo de laxantes e diuréticos, incentivando a diminuição gradativa de seu uso. Deve ser esclarecido também que o aumento de peso que pode ocorrer durante o processo de retirada de laxantes e diuréticos deve-se à retenção hídrica e não ao aumento da gordura corporal (Garner et al., 1997).

Outro método compensatório a ser examinado é o excesso de atividade física. Após a discussão do impacto do exercício físico excessivo na manutenção da CAP (por exemplo: "Posso me permitir ter a CAP porque posso compensar com bastante exercício") e dos efeitos adversos associados ao excesso de exercício (por exemplo, problemas clínicos), a diminuição da quantidade de atividade física é gradualmente incentivada. O ideal é envolver a paciente em tarefas que concorram com a prática de exercícios, priorizando aquelas que permitem o desenvolvimento de relações interpessoais (Garner et al., 1997).

Automonitoração da alimentação

A técnica de automonitoração (ou diário alimentar) é amplamente utilizada para auxiliar no desenvolvimento de novos hábitos alimentares. Ela consiste na observação sistemática e no registro da alimentação e das circunstâncias associadas. Devem ser registrados todos os alimentos e líquidos ingeridos ao longo do dia, descrevendo todos os fatores potencialmente associados à alimentação inadequada, incluindo eventos desencadeadores e pensamentos e sentimentos associados (numa coluna chamada "contexto e comentários"). O registro da alimentação ajuda a paciente e o terapeuta a examinarem os hábitos alimentares inadequados e as circunstâncias em que os problemas surgem. Adicionalmente, o próprio fato de prestar atenção ao que está sendo ingerido, no momento exato em que a alimentação está ocorrendo, pode ajudar no controle da alimentação (Duchesne, 2006).

Desenvolvimento de um padrão regular de alimentação

Para reverter o ciclo automantenedor do TA, um dos primeiros aspectos a serem estabelecidos é um padrão regular de alimentação, que se contraponha à dieta restritiva. A ingestão alimentar deve passar a incluir três refeições e dois ou três lanches planejados, mesmo que inicialmente a paciente não consiga ingerir a quantidade de alimentos ideal para cada refeição. As refeições devem ocorrer em horários regulares preestabelecidos e de acordo com a prescrição alimentar elaborada em conjunto com a nutricionista (Fairburn, 2008).

Os TAs se associam a vários tipos de pensamentos e crenças disfuncionais, que dificultam a adesão às orientações nutricionais. Por exemplo, algumas pacientes acreditam ser necessário manter um controle muito rígido da alimentação ("Se eu ceder à fome e aumentar minha ingestão alimentar, isso pode me levar a perder o controle da alimentação e, consequentemente, à obesidade"). A dieta rígida favorece a sensação continuada de fome, a ocorrência de ideias intrusivas associadas a alimentos e, ocasionalmente, a CAP. Estes sintomas podem levar a paciente a concluir que "é uma pessoa esfomeada" e que apresenta uma propensão para alimentar-se exageradamente, sendo, portanto, necessário manter grande controle da alimentação. Deve ser explicado à paciente que esses sintomas são resultantes da restrição alimentar, não um traço pessoal (Garner et al., 1997).

Em muitos casos, há um comprometimento da noção do que consiste um padrão normal de alimentação, estando presente a ideia de que mesmo uma porção pequena de determinados alimentos (em geral carboidratos complexos e doces) pode resultar em um enorme ganho de peso imediato, tornando a perspectiva de ingerir tal alimento apavorante. A modificação dos vários tipos de pensamentos disfuncionais associados à alimentação é determinante para a obtenção da adesão às orientações nutricionais (Garner et al., 1997).

PSICOTERAPIAS COGNITIVO-COMPORTAMENTAIS: UM DIÁLOGO COM A PSIQUIATRIA

Em pacientes com baixo peso, particularmente no caso de adolescentes, algumas vezes os familiares são solicitados a supervisionar as refeições e até a servir a porção de alimentos prescrita. Com a reposição do peso corporal e a melhora do quadro clínico, o terapeuta incentiva maior autonomia da paciente, que passa gradativamente a gerenciar sua alimentação, escolhendo seus cardápios, a partir do estágio 3 (Treasure et al., 2007).

Monitoração semanal do peso

A modificação do padrão alimentar e a diminuição da frequência de atividade física aumentam na paciente o medo de engordar de modo descontrolado. A monitoração do peso é utilizada para ajudá-la a avaliar a quantidade de alimento que pode ser ingerida sem ganho descontrolado de peso. Entretanto, algumas pacientes apresentam grande dificuldade para lidar com pequenos aumentos de peso. Nestes casos, o controle dos efeitos da modificação do padrão alimentar pode ser realizado, inicialmente, através do trabalho com a imagem corporal descrito adiante no neste capítulo (Cash e Pruzinsky, 2004; Fairburn, 2008).

Técnicas para controle de estímulos

As técnicas para controle de estímulos são um recurso utilizado para facilitar a adesão de pacientes com CAP ao padrão de alimentação saudável. Elas envolvem o desenvolvimento de um estilo de vida que minimize a exposição da paciente a situações que facilitam a alimentação excessiva (Marcus,1997). Por exemplo, ela não deve manter em casa grande quantidade dos alimentos que devem ser ingeridos em baixa frequência, uma vez que a visão do alimento pode induzir seu consumo. Outra medida útil é dispor os alimentos em um prato, evitando consumí-los diretamente de sacos ou potes. A diminuição da disponibilidade de alimentos evita a "tentação" de comer mais do que foi planejado (Duchesne, 2006).

Estágio 2

O estágio 2 é um breve estágio transacional para avaliação dos progressos obtidos com as estratégias de tratamento já implementadas, identificação de potenciais barreiras para futuras mudanças e revisão da conceitualização. É a partir dessas análises que são selecionadas as técnicas adicionias que serão utilizadas no estágio 3. Pode ser necessário tratar mecanismos "externos" à psicopatologia central do TA, utilizando versões ampliadas de TCC, que focalizam o perfeccionismo, a baixa autoestima e as dificuldades interpessoais.

Estágio 3

No estágio 3, as técnicas implementadas nos estágios anteriores devem ser continuadamente paraticadas, uma vez que o tratamento é cumulativo, com novas estratégias sendo acrescidas às anteriores. A normalização do padrão alimentar passa a incluir o incentivo ao desenvolvimento de um padrão flexível de alimentação, com o aumento da ingestão dos alimentos usualmente evitados (por serem mais calóricos) e, no caso da AN, há o aumento da quantidade total de alimentos que devem ser consumidos. A modificação do sistema de crenças associadas ao TA é mais enfatizada nesse estágio (Fairburn, 2008).

Modificação do sistema disfuncional de crenças associadas a peso e formato corporal

Os TAs compartilham uma psicopatologia central de natureza cognitiva. Enquanto a maioria das pessoas se autoavalia com base no desempenho autopercebido em uma variedade de domínios da vida, indivíduos com TA se julgam excessivamente, ou mesmo exclusivamente, em termos de seu formato e da sua capacidade para se manterem magros. Portanto, as crenças centrais do TA envolvem a hipervalorizaçao da forma e do peso corporal, estando esses aspectos intrinsecamente associados à autoestima e sendo utilizados como indicadores de sucesso, competência, superioridade e valor pessoal. Em alguns casos, há também a hipervalorização da capacidade para controlar o comportamento alimentar *per se*, que passa a ser utilizado como um indicador de autocontrole de modo geral. Os métodos compensatórios e demais comportamentos associados ao TA são secundários a essas ideias hipervaloradas (Fairburn, 2008; Garner et al., 1997).

Para ajudar a paciente a modificar seu sistema de crenças, a TCC utiliza as diversas estratégias cognitivas descritas na parte V deste livro. Por exemplo, a paciente pode ser incentivada a criar um gráfico no "formato de *pizza*", com o tamanho de cada fatia representando o grau de importância atribuído a cada aspecto da sua vida e o grau de investimento que, na prática, ela faz em cada um dos diferentes fatores identificados. Ao final da tarefa, aspectos associado a peso, formato corporal, alimentação e capacidade para controlá-los representarão as maiores fatias do gráfico (Fairburn, 2008).

Em seguida, a paciente deve ser ajudada a analisar os efeitos de seu padrão de investimento atual na sua qualidade de vida. Na prática, quais foram os ganhos efetivamente obtidos após o desenvolvimento do TA? A paciente atingiu alguma meta de vida? Por outro lado, há desvantagens em manter a atual preocupação com a perda de peso e os padrões associados de comportamento? O modo como a paciente divide o investimento nos diferentes aspectos de vida trouxe algum tipo de consequência negativa? Além de avaliar os resultados obtidos até o momento, a paciente deve avaliar quais seriam as consequências de longo prazo de manter os atuais padrões de comportamento. Por exemplo, dentro de 10 anos, como será seu padrão de vida se ela persistir com os hábitos atuais? (Garner et al., 1997).

Essas linhas de análise objetivam identificar as principais consequências adversas da supervalorização do peso e de seu controle. Uma avaliação aprofundada conduz a paciente a concluir que, com exceção de uma sensação de vitória por ter obtido perda de peso (no caso das pacientes com AN), os demais aspectos da sua vida estão bastante comprometidos: isolamento social, sofrimento associado à utilização dos métodos compensatórios, pensamentos obsessivos sobre alimentação, sensação de estar gorda e insatisfação com a imagem corporal (apesar da redução do peso), etc. Uma importante limitação de associar a autoestima ao peso é que essa associação sempre resulta em frustração e sentimento de fracasso. O peso e a forma corporal estão sob forte domínio biológico e, portanto, só conseguimos mantê-los parcialmente sob controle, ainda assim sendo necessário esforço considerável. Similarmente, o formato físico está apenas parcialmente sob a influência do peso (por exemplo, não é possível reduzir quadris com ossos largos). Uma vez que a paciente tenha avaliado as implicações negativas de manter os padrões de pensamento e comportamento associados ao TA, é importante ajudá-la a reduzir o tamanho da fatia da *pizza* relacionada à forma e ao peso corporal, aumentando a importância de outros domínios para a autoavaliação e o grau de investimento em outros aspectos da sua vida (Fairburn, 2008).

É importante considerar que a supervalorização do peso e do formato corporal resulta em marginalização de outras áreas da vida que poderiam ser relevantes para a autoavaliação positiva. Pacientes com longa história de doença podem ter adotado um estilo de vida focado no TA, não tendo desenvolvido outros interesses. Essas pacientes devem ser ajudadas a identificar atividades em que possam se tornar envolvidas e, como tarefa para casa, tentar o desenvolvimento de uma delas. As dificuldades potencialmente associadas devem ser identificadas e as soluções delineadas. Adicionalmente, nas sessões subsequentes, as pacientes devem ser ajudadas a avaliar os resultados obtidos com o investimento nas novas formas de proceder. O tamanho das diferentes fatias de *pizza* deve ser continuamente monitorado, de acordo com as atitudes do dia a dia, e as pacientes devem ser conduzidas para uma divisão mais funcional das fatias. A meta é que ela utilize uma avaliação multifacetada do valor pessoal, desenvolvendo outros objetivos além do controle do peso e apoiando sua autoestima em outros atributos além da aparência (Fairburn, 2008).

Abordagem da imagem corporal

Para tratar a distorção da imagem corporal, o primeiro passo é demonstrar para a paciente que ela se percebe de forma distorcida. Para esse fim, podem ser utilizados desenhos do formato corporal da paciente. Em um quadro grande fixado na parede, a paciente desenha o modo como percebe o próprio corpo enquanto se olha em um espelho. Em seguida, no mesmo quadro, o terapeuta desenha o contorno da silhueta da paciente, para que esta possa verificar o tamanho real do seu corpo, além da discrepância entre o modo como se precebe e o tamanho efetivo. Outro recurso utilizado é a comparação de fotografias anteriores ao início da doença com fotos atuais (Cash e Pruzinsky, 2004).

As pacientes com TA podem apresentar diferentes padrões de comportamento em relação à exposição de seu corpo. Algumas evitam olhá-lo e outras o examinam compulsivamente. A verificação compulsiva aumenta a insatisfação com o formato corporal através da atenção seletiva para as partes do corpo insatisfatórias sob a ótica da paciente, o que reforça o pensamento de que ela é gorda e imperfeita, mantendo a insatisfação e a preocupação excessiva com a aparência. Assim, ela deve ser dencorajada. Entretanto, algumas sessões de exposição corporal, guiadas pelo terapeuta, podem ajudar a paciente a se sentir mais confortável com o próprio corpo. Com o auxílio de um espelho, o terapeuta ajuda a paciente a identificar aspectos positivos da sua aparência, com o objetivo de aumentar a autoaceitação. Além das sessões de exposição guiada no espelho, deve ser desenvolvida uma hierarquia de exposição corporal em situações do dia a dia, por exemplo, usar biquíni e roupas justas ou curtas (Delinsky e Wilson, 2006).

Outro aspecto importante do trabalho com a imagem corporal é ensinar a paciente a lidar melhor com eventuais "imperfeições" e, para tal, seu ideal de imagem corporal deve ser modificado. Pacientes com TA costumam ser muito críticas e perfeccionistas, e este padrão de exigência aparece também na aparência que esperam ter. É importante ajudá-las a examinar os diferentes biotipos e formatos corporais existentes e confrontá-las com os veiculados pela mídia. Em seguida, como tarefa para casa, elas podem "pesquisar" indivíduos com corpos "imperfeitos" considerados atraentes e bem-sucedidos. Por último, devem ser ajudadas a analisar outras características pessoais, além do peso, que podem ser responsáveis pela atração e pelo bom desempenho social e pessoal (Cash e Pruzinsky, 2004).

Estratégias para reduzir e regular estados intensos de humor

A CAP e/ou os métodos compensatórios podem se tornar estratégias generalizadas de redução de humor negativo, atuando como distração temporária de problemas correntes e tornando-se mecanismos de manutenção externos à psicopatologia central do TA. Nesse caso, duas linhas complementares de intervenção podem ser utilizadas: o Treinamento em Resolução de Problemas (TRP) e o desenvolvimento de estratégias para regulação do humor. O objetivo do TRP é desenvolver a capacidade da paciente para lidar com problemas de modo geral, diminuindo as fontes de estresse que atuam como gatilho para a ocorrência da CAP. A paciente deve aprender a identificar os problemas assim que eles surgem e ser treinada para considerar diversas possíveis soluções, avaliar a melhor solução, implementar a solução escolhida e avaliar os resultados obtidos (Fairburn, 2008; Safer et al., 2009).

Algumas pacientes com TA são extremamente sensíveis a estados de humor negativos e/ou têm dificuldade para modular estados intensos de humor. Nesses casos, uma estratégia útil para aumentar o autocontrole é ensinar a paciente a "desacelerar", observar e analisar a sequência de eventos associados à CAP. Ela deve ser incentivada a analisar em tempo real

1. o evento que desencadeou a CAP;
2. seus pensamentos, suas crenças, seus sentimentos e seus comportamentos na situação e
3. sua avaliação sobre sua própria capacidade para tolerar o que está sentindo (p. ex.: "Não sou capaz de tolerar esse desconforto").

Um dos objetivos dessa estratégia é levar a paciente a entender que a CAP envolve uma sequência de passos que se desenrolam rapidamente, mas que pode ser controlada se a paciente aprender a atuar nos vários pontos do processo, utilizando formas adaptadas de regulação do humor, sem recorrer à alimentação inadequada e aos métodos compensatórios (Safer et al., 2009).

A análise dos processos envolvidos na CAP ajuda a paciente a contra-atacar o sentimento de desmoralização decorrente de episódios de CAP continuados. Ao invés disso, a CAP passa a ser um comportamento a ser estudado objetivamente. Essa estratégia também é importante para treinar a paciente para tolerar estados de humor desagradáveis, em vez de obter alívio inadequado por meio do uso dos métodos compensatórios. Para esse fim, é importante explicar que os estados de humor fazem parte da experiência humana normal e que é necessário aceitar eventuais sentimentos de raiva ou tristeza, mas que se a paciente aprender a tolerá-los, os humores negativos raramente persistirão por longo tempo (a não ser que haja outro transtorno psiquiátrico associado – por exemplo, um transtorno de humor).

A paciente pode também ser treinada para acompanhar as oscilações de humor (aumentos e diminuições); isso pode ajudá-la a modificar o pensamento de que os estados de humor irão piorar ou persistir interminavelmente se ela não utilizar os métodos compensatórios. Por último, pode ser útil criar uma escala de grau de controle, para que a paciente observe a melhora do seu autocontrole como resultado das habilidades aprendidas (Safer et al., 2009).

Aumento da autoestima e redução do perfeccionismo

Pacientes com TA tendem a estabelecer padrões muito elevados de desempenho e a interpretar qualquer falha em atingir seus padrões como sendo decorrente de deficiências pessoais, em vez de concluírem que o problema se encontra no fato de que os padrões adotados são irreais. Um agravante do quadro é a atenção seletiva para fracassos, ignorando ou minimizando sucessos. O alto nível de exigência, somado à tendência a desqualificar sucessos, fortalece a insatisfação com o desempenho pessoal em quase todas as áreas da vida, além de estabelecer padrão incondicional e pervasivo de autoavaliação negativa de si mesmo e consequente diminuição da autoestima. Estes fatores contribuem para o agravamento do TA, uma vez que reforçam a necessidade de empenhar-se mais arduamente para atingir "sucesso" de modo geral, sendo enfatizado, em particular, o aspecto considerado mais relevante: o controle da alimentação e da aparência. Por meio desses fatores, o emagrecimento se torna um objetivo primário de vida (Bardone-Cone et al., 2007).

Para haver melhora da autoestima, a paciente deve ser ajudada a desenvolver expectativas realistas de desempenho e focalizar sua atenção em seus sucessos e em suas qualidades. Ela deve ser ajudada a analisar a viabilidade prática de manter padrões muito altos de desempenho, os custos envolvidos e os resultados obtidos com a adoção de seu padrão de valores. Um importante aspecto a ser ressaltado é que tentar ser perfeita em todas as áreas envolve trabalho excessivo em diversos fatores, em vez de alocar o esforço apenas nos aspectos com maior resultado, o que tornaria o desempenho global mais eficaz.

Desenvolvimento de habilidades interpessoais

Os TAs podem estar associados a diversos déficits interpessoais. Na AN e na BN, são comuns déficits de assertividade, conflitos nas relações interpessoais e dificuldades de adaptação social (Steiger et al., 1999). O sistema de crenças das pacientes contribui para desenvolvimento e manutenção dessas dificuldades, uma vez que são comuns crenças associadas à baixa competência para se comportar de forma socialmente hábil e à alta probabilidade de rejeição em situações interpessoais. Em função dessas crenças, as situações interpessoais são evitadas e pode haver aumento da valorização dos deveres (p. ex., estudo e trabalho), que podem ser utilizados como justificava para a redução do investimento em relacionamentos interpessoais. Em conjunto, essas vicissitudes dificultam o desenvolvimento de relações afetivas satisfatórias (Duchesne, 2010)

Obesas com TCAP costumam ter maior facilidade nas relações interpessoais, mas também apresentam menor assertividade, maior dificuldade para expressão de sentimentos positivos, menor capacidade para autoexposição a interações com estranhos, menor habilidade para entender a perspectiva de outras pessoas e maiores níveis de mal-estar pessoal em situações interpessoais, quando comparadas a obesas sem TCAP e indivíduos com peso normal. Adicionalmente, déficits de empatia estão correlacionados a maiores níveis de ansiedade, depressão e gravidade da CAP (Duchesne, 2010).

Os déficits de habilidades interpessoais devem ser focalizados ao longo do tratamento, com o treinamento inicial das habilidades sendo realizado na sessão e, posteriormente, aplicado em diversos contextos interpessoais. O desenvolvimento das habilidades sociais favorece a modificação da qualidade das relações interpessoais, o aumento da autoestima e o desenvolvimento de crenças de autoeficácia, ou seja, de que a paciente pode atuar de forma eficaz nos diversos contextos interpessoais. Isso amplia o leque de experiências e interesses, facilitando que vários fatores comecem a ocupar maior papel no sistema de autoavaliação, o que reduz a importância atribuída à alimentação e ao formato corporal (Fairburn, 2008).

Adaptações para pacientes obesas com compulsão alimentar

Obesas com TCAP podem apresentar alimentação excessiva ("comportamento de beliscar"), que a paciente não se preocupa em controlar, coexistindo com a CAP, o que favorece o desenvolvimento e a manutenção da obesidade (Guss et al., 1994). Uma vez que a CAP tenha sido abordada, por meio das técnicas anteriormente descritas, um dos importantes diferenciais no tratamento dessas pacientes é a inclusão de estratégias para redução do peso corporal. Elas envolvem o incentivo para a adoção de restrição alimentar moderada e flexível, sendo particularmente importante a orientação para ater-se aos alimentos prescritos para as refeições, evitando comer fora delas (Duchesne, 2006).

Ao contrário das pacientes com AN e BN, as obesas com TCAP tendem a exercitar-se pouco, e o aumento da atividade física é uma importante meta do tratamento. Para aumentar a adesão ao exercício, algumas estratégias podem ser utilizadas: esclarecer que a atividade física se associa à redução da frequência da CAP; estabelecer modalidades de exercício que a paciente considere agradáveis; examinar as circunstâncias que poderiam dificultar a execução do exercício e planejar antecipadamente possíveis soluções; elaborar um plano de exercício que seja flexível, podendo incluir uma combinação de exercícios diferentes e o aumento gradual da intensidade. A associação de amigos ou familiares que acompanhem a paciente na fase inicial de implementação da atividade física pode facilitar a adesão (Marcus, 1997).

Aspectos-chave do tratamento envolvem a alteração de expectativas não realistas de perda de peso e o estabelecimento de um equilíbrio entre autoaceitação e mudança, uma vez que pode ser necessário conviver com algum grau de sobrepeso, em função dos determinantes biológicos potencialmente envolvidos na obesidade. Obesas com TCAP são particularmente suscetíveis aos estereótipos sociais negativos associados à obesidade, que caracterizam os indivíduos obesos como descontrolados e indisciplinados. A ocorrência da CAP pode confirmar crenças consoantes com esses estereótipos, que devem ser analisadas e reestruturadas no estágio 3. Adicionalmente, o treinamento em habilidades sociais deve incluir estratégias para lidar com críticas associadas à aparência (Duchesne, 2006; Marcus, 1997).

Estágio 4

No estágio 4, as sessões são marcadas em intervalos de duas semanas e são abordadas as estratégias para a prevenção de recaídas. As pacientes são orientadas a identificar as situações de alto risco que poderiam dificultar o controle da alimentação no futuro e, com o auxílio do terapeuta, são elaboradas estratégias para lidar com essas situações. Deve ser organizado um plano de manutenção por escrito. Este deve conter a lista das estratégias que foram úteis ao longo do tratamento, das situações que oferecem maior risco para recaídas e as possíveis soluções para lidar com elas. O plano de manutenção ajuda a manter um foco no que foi aprendida ao longo da TCC e deve ser revisado periodicamente. Adicionalmente, a diferença entre lapso e recaída deve ser discutida (Duchesne, 2006).

CONSIDERAÇÕES FINAIS

O *National Institute for Clinical Excellence* (NICE, 2004) conduziu uma análise dos modelos utilizados no tratamento dos TAs e concluiu que a TCC deve ser a primeira escolha de tratamento para BN, em decorrência da quantidade de estudos controlados que evidenciam os bons resultados obtidos com esse modelo de terapia. Adicionalmente, uma metanálise sobre a eficácia do tratamento psicológico e farmacológico para o TCAP concluiu que a TCC deve ser recomendada como tratamento de primeira linha para a redução da CAP (Vocks et al., 2010). A eficácia da TCC na AN foi menos estudada do que na BN, tendo sido relatada melhora do padrão alimentar e redução dos pensamentos disfuncionais associados ao peso e à alimentação, além de melhora do funcionamento social (Duchesne, 2006; NICE, 2004).

A TCC tem sido extensamente utilizada no tratamento dos TAs, podendo ser implementada no formato indiviual ou em grupo. O tratamento é realizado em equipe multidisciplinar, sendo necessária a associação de psicólogos a outros profissionais, tais como nutricionistas e médicos (clínico geral ou endocrinologista e psiquiatra). Após a adequada conceitualização do caso, o grau ideal de envolvimento da família no tratamento deve ser avaliado, uma vez que modificações no sistema familiar podem criar uma estrutura de colaboração e facilitar a melhora do TA (Duchesne, 2006; NICE, 2004).

REFERÊNCIAS

American Psychiatric Association. (1994). *Diagnostic and statistical manual of mental disorders* (DSM-IV) (4th ed.) Washington, DC: Author.

Attia, E., Walsh, B. T. (2007). Anorexia nervosa. *American Journal of Psychiatry, 164*(12), 1805-1810.

Beck, J. S. (1997). *Terapia cognitiva: teoria e prática*. Porto Alegre: Artes Médicas.

Bardone-Cone, A. M., Wonderlich, S. A., Frost, R. O., Bulik, C.M., Mitchell, J. E., Uppala. S., et al. (2007). Perfectionism and eating disorders: current status and future directions. *Clinical Psychology Review, 27*(3), 384-405.

Begh, E. H., Rokkedal, K., & Valbak, K. (2005). A 4-year follow-up on bulimia nervosa. *European Eating Disorders Review, 13*, 48-53.

Bissada, H., Tasca, G. A., Barber, A. M., Bradwejn J. (2008). Olanzapine in the treatment of low body weight and obsessive thinking in women with anorexia nervosa: a randomized, double-blind, placebo-controlled trial. *American Journal Psychiatry, 165*, 1281-1288.

Cash, T. F., & Pruzinsky, T. (2004). *Body image: a handbook of theory, research, and clinical practice.* New York: Guilford.

Delinsky, S. S., & Wilson, G. T. (2006). Mirror exposure for the treatment of body image disturbance. *The International Journal of Eating Disorders, 39*(2), 108-116.

Duchesne. M. (2010). *Avaliação de funções executivas e habilidades sociais em indivíduos obesos com transtorno da compulsão alimentar periódica.* Tese de doutorado não-publicada. Instituto de Psiquiatria da Universidade Federal do Rio de Janeiro.

Duchesne. M. (2006). *Terapia cognitivo-comportamental em grupo para pacientes obesos com transtorno da compulsão alimentar periódica.* Dissertação de mestrado Não-publicada. Instituto de Psiquiatria da Universidade Federal do Rio de Janeiro.

Eddy, K. T., Dorer, D. J., Franko, D. L., Tahilani, K., & Thompson-Brenner, H, Herzog, D. B. (2008). Diagnostic crossover in anorexia nervosa and bulimia nervosa: implications for DSM-V. *American Journal of Psychiatry, 165*(2), 245-250.

Freitas, S. R. (2007). *Compulsão alimentar: aspectos relacionados à mensuração, prevalência e tratamento.* Tese de doutorado não-publicada. Universidade do Estado do Rio de Janeiro, Instituto de Medicina Social.

Guss, J. L., Kissileff, H. R., Walsh, B. T., & Devlin, M. J. (1994). Binge eating behavior in patients with eating disorders. *Obesity Research, 2*, 355-363.

Fairburn, C. G. (2008). *Cognitive behavior therapy and eating disorders.* New York: Guilford.

Freitas, S. R. (2006). Instrumentos para a avaliação dos transtornos alimentares. In: Nunes, M. A., Appolinario, J. C., Galvão, A. L., & Coutinho, W. (Ed.). Transtornos alimentares e obesidade (2. ed.). Porto Alegre: Artmed.

Garner, D. M., & Garfinkel, P. E. (1997). *Handbook of treatment for eating disorders* (2nd ed.) New York: Guilford Press.

Hoek, H. W., & van Hoeken, D. (2003). Review of the prevalence and incidence of eating disorders. *The International Journal of Eating Disorders, 34*, 383-396.

Horne, R. L., Ferguson, J. M., Pope, H. G. Jr., Hudson J. I., Lineberry C. G., Ascher J., et al. (1988). Treatment of bulimia with bupropion: a multicenter controlled trial. *Journal Clinical of Psychiatry, 49*(7), 262-266.

Kaplan, A. S., & Noble, S. (2007). Management of anorexia nervosa in an ambulatory setting. In: Yager, J., Powers, P. S., (Ed.). *Clinical manual of eating disorders* (p. 127-147). Washington, DC: American Psychiatric Publishing.

Keel, P. K., & Brown, T. A. (2010). Update on course and outcome in eating disorders. *The International Journal of Eating Disorders, 43*, 195-204.

Marcus, D. M. (1997). Adapting treatment for patients with binge eating disorder. In: Garner, D. M., Garfinkel, P. E. (Ed.). *Handbook of treatment for eating disorders* (2. ed.) (p. 484-493). New York: Guilford.

McElroy, S. L., Shapira, N. A., Angold, L. M., Keck, P. E., Rosenthal, N. R., & Wu S. C. et al. (2004). Topiramate in the long-term treatment of Binge e Eating Disorder associated with obesity. *Journal of Clinical Psychiatry, 65*, 1463-1469.

Murphy, R., Straebler, S., Cooper, Z., & Fairburn, C. G. (2010). Cognitive behavioral therapy for eating disorders. *The Psychiatric clinics of North AmericaAm, 33*(3), 611-627.

National Institute for Clinical Excellence. (2004). *Eating disorders: core interventions in the treatment and management of anorexia nervosa, bulimia nervosa and related eating disorders.* Clin. Guideline No. 9. London. 2004. Acesso nov. 12, 2010, from www.nice.org.uk.

Nickel, C., Tritt, K., &Muehlbacher, M. (2005). Topiramate treatment in bulimia nervosa patients: a randomized, double-blind, placebo-controlled trial. *The International Journal of Eating Disorders,* 38(4), 295-300.

Nunes, M. A., Barros, F. C., Olinto, A. M. T., Camey, S., & Mari, J. D. J. (2003). Prevalence of abnormal eating behaviors and inappropriate methods of weight control in young women from Brazil: a population-based study. *Eating Weight Disord, 8*, 100-106.

Stefano, S. C., Bacaltchuk, J., Blay, S. L., & Appolinário, J. C. (2008). Antidepressants in short-term treatment of binge eating disorder: systematic review and meta-analysis. *Eat Behav, 9*(2), 129-136.

Treasure, J., Schmidt, U., & Macdonald, P. (2007). *The clinician's guide to collaborative caring in eating disorders: the new Maudsley method. New York:* Routledge.

Safer, D. L., Telch, C. F., Chen, E. Y., & Linehan, M. M. (2009). *Dialectical behavior therapy for binge eating and bulimia.* New York: Guilford.

Steiger, H., Gauvin, L., Jabalpurwala, S., Séguin J. R., & Stotland, S. (1999). Hypersensitivity to social interactions in bulimic syndromes: relationship to binge eating. *Journal of consulting and clinical psychology, 67*(5), 765-775.

Vitousek, K., Watson, S., & Wilson., GT. (1998). Enhancing motivation for change in treatment-resistant eating disorders. *Clinical Psychology Review, 18*(4), 391-420.

Vocks, S., Tuschen-Caffier, B., Pietrowsky, R., Rustenbach, S. J., Kersting, A., & Herpertz, S. (2010). Meta-analysis of the effectiveness of psychological and pharmacological treatments for binge eating disorder. *The International Journal of Eating Disorders 43*(3), 205-217.

Wadden, T. A., Sarwer, D. B., Womble, L. G., Foster, G., McGuckin, B. G., & Schimmel, A. (2001). Psychosocial aspects of obesity and obesity surgery. *Surgical Clinical of North America, 81*(5), 1001-1024.

Wilson, G. T., Fairburn, C. C., Agras, W. S., Walsh, B. T., & Kraemer, H. (2002). Cognitive-behavioral therapy for bulimia nervosa: time course and mechanisms of change. Journal of Consulting and Clinical Psychology, *70*(2), 267-274.

25

Abordagem cognitivo-comportamental no tratamento da dependência

Margareth da Silva Oliveira
Suzana Dias Freire
Ronaldo Laranjeira

INTRODUÇÃO

O uso de substâncias psicoativas é uma constante na história da humanidade. Com diferentes finalidades, as pessoas encontram maneiras de alterar o estado de consciência por meio de substâncias que agem no sistema nervoso central. O que varia dentre as diferentes épocas é sua aceitabilidade e visibilidade (Edwards e Dare, 1997). Algumas drogas caem em desuso, mas muitas outras se popularizam rapidamente e os prejuízos atingem várias esferas da sociedade.

A recuperação de pessoas com problemas relacionados a álcool e drogas desafia a comunidade científica e todo o seu arsenal teórico. Este capítulo procura fazer a integração dos modelos e técnicas cognitivo-comportamentais mais utilizados atualmente, por seus resultados terem sido observados tanto em experimentos científicos como na prática clínica profissional. Também visa orientar a formação de alunos e profissionais no manejo clínico de pacientes com problemas por uso de substâncias. Sem pretender apresentar uma revisão da literatura científica, são feitas referências aos principais modelos clássicos e atuais de tratamento. A intenção não é esgotar o tema das adições. O desafio é delinear uma abordagem flexível, integrada e pragmática a ser aplicada em modalidades distintas – individual, grupal e familiar – e em diferentes locais: ambientes hospitalares, ambulatoriais e domiciliares.

CRITÉRIOS DIAGNÓSTICOS

O planejamento da abordagem deve passar pela observação dos critérios e categorias diagnósticas para transtornos por uso de substâncias definidos pelos manuais diagnósticos (DSM-IV, APA, 2002; CID-10, OMS, 1998). Além disso, não se pode desconsiderar a complexidade de cada caso e a diversidade de condições que envolvem o consumo de drogas. Entre o uso não-problemático e a dependência, existe um *continuum* que compreende problemas de gravidade variada.

Da experimentação às complicações próprias da dependência, Washton e Zweben (2009) caracterizaram estágios intermediários do envolvimento com substâncias:

- A **experimentação** marca o início do contato com as drogas. Geralmente é por curiosidade e em situações de convívio social que ocorrem os primeiros consumos de uma substância. Ainda que não seja isento de riscos, o uso experimental não evidencia danos.
- Um **uso social** ou **ocasional** é caracterizado pela frequência irregular do consumo de quantidades modestas, sem danos associados. Cabe salientar que o

efeito de qualquer substância psicoativa, ainda que em pequena quantidade, pode impactar no organismo de cada indivíduo de forma distinta.

■ Quando é possível delinear um padrão de uso mais frequente, diz-se que há um **uso regular**. Por vezes, as consequências negativas são imperceptíveis e a regularidade pode ou não evoluir para a falta de controle.

■ Diferentes padrões de uso podem ser classificados como **uso circunstancial** ou **situacional**, desde que o consumo esteja associado a um objetivo específico, como o uso de estimulantes para cumprir prazos de trabalho, ou uso de álcool para diminuir a timidez frente a uma determinada situação social.

■ Um padrão episódico de consumo intenso de substância pode ser denominado **uso compulsivo** ou *binge*. Intercalados com períodos de abstinência, esses períodos de uso de grandes quantidades de droga em uma única ocasião tendem a gerar consequências agudas ao organismo.

■ O **abuso** de substâncias é considerado na presença de problemas significativos relacionados à droga, como dificuldades no trabalho, família, estudos, saúde etc. Como categorias diagnósticas, o uso abusivo e a **dependência** têm critérios descritos nos manuais (DSM-IV, APA, 2002; CID-10, OMS, 1998).

A caracterização de um quadro de **dependência** de substâncias segue os elementos da síndrome de dependência do álcool, originalmente formulada por Edwards e Gross em 1976.

QUADRO 25.1 SÍNDROME DE DEPENDÊNCIA DO ÁLCOOL

Estreitamento do repertório
Estímulos que antes determinavam respostas diferentes do uso do álcool passam a ser associados ao uso. Assim, o repertório frente a diversas situações se restringe aos comportamentos que envolvem o consumo de bebida.

Saliência do beber
Com o avanço da dependência, a ingestão do álcool é priorizada em detrimento de outras atividades.

Maior tolerância ao álcool
O dependente necessita de quantidades cada vez maiores para obter o mesmo efeito antes sentido com doses menores.

Sintomas de abstinência
Os principais sintomas decorrentes da falta do álcool são: tremor, náusea, sudorese e perturbação do humor. Com gravidade crescente, podem gerar severas complicações clínicas.

Alívio ou evitação dos sintomas de abstinência pelo aumento da ingestão
O uso do álcool adquire a função de diminuir ou evitar o desconforto gerado pelos sintomas de abstinência.

Percepção subjetiva da compulsão para beber
A sensação de "perda do controle" é descrita pelo dependente ao perceber a compulsão frente ao álcool.

Reinstalação após a abstinência
O dependente que interrompe o uso do álcool por um período e volta a beber, retorna ao padrão de uso anterior à abstinência.

Edwards e Gross, 1976.

Na dependência, o indivíduo está sujeito ao desejo pelo uso da droga mesmo depois de um período prolongado de abstinência. Esse desejo intenso (**fissura**) é acompanhado por pensamentos invasivos acerca do uso, sintomas de ansiedade, irritabilidade e desconforto. As dificuldades em lidar com a vontade de usar, associadas a padrões cognitivos disfuncionais, levam à **recaída**. Caracterizada por um retorno ao padrão de uso anterior ao período de abstinência, a recaída é entendida como parte do processo de recuperação. Um uso de menor intensidade, durante a tentativa de abstinência, pode ser considerado um **lapso** e deve alertar para o risco aumentado de recaída (Marlatt & Donovan, 2009).

COMORBIDADES

São frequentes os diagnósticos de transtornos psiquiátricos concomitantes ao uso problemático de substâncias. Estudos recentes vão além da conhecida ocorrência de quadros depressivos em alcoolistas e quadros de ansiedade em dependentes de cocaína (Mitchell, Brown e Rush, 2007; King, Bernardy e Hauner, 2003; Chander e McCaul, 2003; Nidecker, DiClemente, Bennett e Bellack, 2008).

Alguns aspectos devem ser considerados na investigação da coocorrência de quadros psiquiátricos e o uso de drogas. Os efeitos agudos de intoxicação, os sintomas de abstinência e as consequências nas funções cognitivas e executivas tendem a simular sintomas próprios de outros quadros psiquiátricos e de condições clínicas diversas. O curso dos sintomas deve ser avaliado principalmente na ausência do uso de drogas. Com frequência, se faz necessário um período prolongado de abstinência para esclarecimento dos diagnósticos que se sobrepõem às distintas complicações observadas nas síndromes de abstinência e nos sintomas de intoxicação (Verdejo-García, Bechara, Recknor e Pérez-García, 2006).

Um estudo estimou que até 37% dos abusadores ou dependentes de álcool apresentavam alguma das seguintes comorbidades: transtornos de humor, de ansiedade, psicóticos ou de personalidade. Dentre os pacientes com transtornos mentais, 20 a 50% foram diagnosticados com transtornos relacionados ao uso de álcool (Rosenthal e Westreich, 1999). Sejam primárias ou secundárias ao uso de substâncias, as comorbidades devem ser consideradas em todas as fases do tratamento, com especial enfoque às abordagens integradas e à articulação da rede de apoio social (Zaleski, Laranjeira, Marques et al., 2006; Tate, Wu, McQuaid, Cummins, Krenek e Brown, 2008; Ziedonis e Brady, 1997).

PREVALÊNCIA

No Brasil, até 2005, a proporção de pessoas dependentes do álcool ultrapassava os 12% (Carlini, Galduróz, Noto, Carlini, Oliveira, Nappo et al., 2007). Quanto a outras drogas – exceto álcool e tabaco – esse mesmo estudo apontou para um uso na vida de 22,8%. Esse índice pode estar subestimado devido aos vieses próprios de levantamentos domiciliares sobre o consumo de drogas ilícitas.

Estudos com amostras clínicas apontam para o aumento da busca por tratamento para dependência de cocaína e crack (Noto, Moura, Nappo, Galduroz e Carlini, 2002; Dunn, Laranjeira, Silveira, Formigoni e Ferri, 1997). No Rio Grande do Sul, relato da Comissão de Constituição e Justiça da AL-RS (2009) refere que, em apenas três anos, o percentual das internações pelo consumo do crack aumentou de 10% para 72%, chegando ao número de 30 mil dependentes no Estado. Este índice alarmante indica grave problema de saúde pública que impõe mudanças na disponibilidade de serviços à sociedade.

As características peculiares da dependência do crack têm sido foco de estudos recentes que mostram um uso de grandes quantidades de droga e envolvimento em delitos (Filho, Turchi, Laranjeira e Castelo, 2003; Cunha, Nicastri, Gomes, Moino e Peluso, 2004; Guimarães, Santos, Freitas e

Araújo, 2008; Ribeiro, Dunn, Sesso, Dias e Laranjeira, 2006). A cocaína em pedra (crack), quando fumada, assume efeitos de intoxicação mais intensos e fugazes. A inalação do vapor proporciona a rápida absorção de grande quantidade da droga em um curto período de tempo. Por isso, a fissura sentida logo após o uso é mais forte do que as outras formas de administração da cocaína, quando cheirada ou injetada (Duailibi, Ribeiro e Laranjeira, 2008; Sanchez e Nappo, 2002).

AVALIAÇÃO

Um panorama do envolvimento do paciente com cada substância pode ser obtido com entrevistas clínicas que contemplem questões sobre o padrão de uso das principais drogas (tabaco, álcool, maconha, cocaína, alucinógenos, inalantes, entre outras). Esse levantamento deve investigar se há associação de mais de uma substância, quantidades diárias, quantidades nos finais de semana, idade do primeiro uso, prejuízos identificados pelo paciente e pelos familiares, etc. Este mapeamento serve de ponto de partida para avaliar a magnitude do comprometimento das funções cognitivas e executivas. Os resultados dessa avaliação servem para auxiliar no planejamento terapêutico e podem ser apresentados ao paciente em forma de *feedback* informativo.

Como parte da avaliação, um conjunto de instrumentos pode ser utilizado, desde que se atente ao treinamento adequado para aplicação e interpretação dos resultados: *screening* cognitivo com subtestes do WAIS (*Wechsler Adult Intelligence Scale* – Wechsler, 1981); Figuras Complexas de Rey (1999); escalas de rastreamento para sintomas depressivos e ansiosos como o BAI (*Beck Anxiety Inventory* – Cunha, 1999); e BDI (*Beck Depression Inventory* – Cunha, 1999), entre outros.

Um dos objetivos da TCC (terapia cognitivo-comportamental) é proporcionar uma aprendizagem para a manutenção das mudanças no estilo de vida (Liese e Franz, 2004). Frequentemente esses pacientes apresentam prejuízos na atenção, memória e habilidades de resolução de problemas, o que contribui para o fracasso do tratamento. Estudos vêm demonstrando os déficits cognitivos associados ao uso de álcool (Oliveira, Laranjeira e Jaeger, 2002; Rigoni, Oliveira, Susin et al., 2009), maconha (Crippa, Lacerda, Amaro, Filho, Zuardi e Bressan, 2005), cocaína e crack (Cunha, Nicastri, Gomes, Moino e Peluso, 2004). Em outro estudo, usuários de cocaína que apresentaram mais prejuízos neuropsicológicos tinham menor probabilidade de completar a TCC (Aharonich, Nunes e Hasin, 2003). As funções cognitivas e executivas devem ser avaliadas em cada caso. Investigar as condições de cada paciente possibilita que as fases do tratamento sejam planejadas de forma a buscar um melhor aproveitamento das propostas terapêuticas.

TRATAMENTO

A abordagem aqui apresentada busca integrar, de forma didática, uma estrutura versátil que contemple diferentes modalidades de atendimento. A escolha dos recursos técnicos e do momento adequado para sua utilização deve considerar o contexto de cada caso e a capacidade do paciente de se adaptar às propostas do terapeuta. O que faz com que um conjunto de técnicas seja mais ou menos eficaz é a adequação ao momento de cada paciente. Para tanto, cabe estruturar, ainda que brevemente, um tratamento que integre modelos clássicos e as variações atuais baseadas na terapia cognitiva, comportamental e cognitivo-comportamental.

Motivação para mudança

Os efeitos psicotrópicos das substâncias no organismo são, em geral, fortes reforçadores do uso (Garavan e Hester, 2007). A motivação do paciente para deixar de usar drogas é oscilante e dinâmica, podendo ser influenciada por fatores internos e externos.

Abordar a disposição do paciente ao longo de todo o processo psicoterápico é elemento central para adesão ao tratamento e formação da aliança terapêutica. O Modelo Transteórico de Mudança de comportamento de Prochaska e DiClemente (1983) postula a motivação pela transição não linear por estágios: pré-contemplação, contemplação, preparação, ação e manutenção. Como exemplo, um paciente que não pensa em interromper o uso (pré-contemplação) passa por períodos em que se sente indeciso, ambivalente quanto a deixar de usar a substância (contemplação). Em estágios seguintes, o mesmo paciente se determina a mudar (preparação) e se engaja em um plano de ação para deixar de usar drogas (ação). O sucesso por um período sustentado de mudança de hábitos (manutenção) pode ser interrompido pelo retorno ao uso (recaída) e a motivação para reiniciar o processo passa novamente pelos estágios anteriores de mudança. As pessoas necessitam transitar muitas vezes pelas fases da motivação, e é esta experiência cíclica que forma a base para a recuperação por um período prolongado de tempo (DiClemente, Schlundt e Gemmell, 2004; DiClemente, 2003; Oliveira, Calheiros e Andretta, 2006; Carbonari e DiClemente, 2000).

A motivação deve ser avaliada de acordo com o objetivo a que se refere. Outro exemplo: um paciente motivado para abstinência de crack pode estar ambivalente quanto a deixar de usar maconha. A prontidão para mudança se diferencia também quanto à modalidade de tratamento e quanto às mudanças de hábitos propostas para um estilo de vida mais saudável. Abordagens motivacionais têm mostrado resultados satisfatórios quando aplicadas em grupo e com adolescentes (Jaeger, Oliveira e Freire, 2008; Jaeger e Oliveira, 2003; Laranjeira, Almeida e Jungerman, 2000; Oliveira, Ludwig, Freire e Zanettelo, 2011; Andretta e Oliveira, 2008).

A postura do terapeuta e as medidas para preparar o paciente para as mudanças de comportamento foram propostas em orientações detalhadas na Entrevista Motivacional (Miller e Rollnick, 2001).

Modelo cognitivo das adições

Os elementos do modelo cognitivo foram divididos de forma didática para representar o funcionamento das adições (Beck, Wright, Newman e Liese, 1993). O detalhamento desse modelo deve ser facilitado pelo terapeuta com os exemplos trazidos pelo paciente. É essencial que o paciente identifique a sua experiência no aprendizado do modelo, pois o entendimento de cada elemento do diagrama (Figura 25.1) será utilizado nas intervenções e técnicas subsequentes.

Situação-estímulo (ou situação de risco) inclui fatores internos (emoções negativas) ou externos (conflitos interpessoais) que representam risco por estarem associados ao uso de substâncias. Estas situações **ativam crenças** sobre uso de drogas e os **pensamentos automáticos** relacionados a essas crenças. As manifestações emocionais

---

QUADRO 25.2	PRINCÍPIOS DA ENTREVISTA MOTIVACIONAL

- adotar uma postura empática;
- evitar argumentação confrontativa;
- acompanhar a resistência;
- desenvolver a discrepância;
- promover a autoeficácia.

Miller e Rollnick, 2001.

FIGURA 25.1

Modelo cognitivo das adições (Beck et al., 1993).

e fisiológicas de vontade de usar (**fissura**) ativam **crenças permissivas**, crenças facilitadoras ao uso de drogas. Ideias acerca do acesso à substância são articuladas em um **plano de ação** para obter e usar a droga. A continuidade do uso expõe a novas situações de risco, que passam a ser associadas a outras circunstâncias capazes de ativar as crenças e os pensamentos automáticos, reativando e reforçando o ciclo.

Psicoeducação

O objetivo da intervenção psicoeducativa é familiarizar o paciente quanto ao Modelo Cognitivo e quanto ao funcionamento do transtorno aditivo. Fornece conhecimentos teóricos e práticos para que o paciente entenda as características do seu problema e as propostas psicoterápicas (Knapp e Beck, 2008). Dados sobre prevalência de uso de drogas, consequências clínicas, prejuízos nas funções cognitivas e executivas devem ser apresentados de forma objetiva, oferecendo um panorama das complicações agudas e crônicas decorrentes do uso de drogas. A compreensão desses elementos oportuniza ao paciente a possibilidade de fazer escolhas com informações mais precisas e realistas.

A psicoeducação contribui na formação da aliança terapêutica, promovendo a colaboração do paciente e favorecendo a adesão ao tratamento. Intervenções psicoeducativas também ensinam sobre o formato das sessões estruturadas, bem como a verificação do humor e a instrumentalização para as técnicas psicoterápicas. A ideia é ensinar o paciente a ser seu próprio terapeuta ao aprender as ferramentas de avaliação e controle do seu comportamento.

Vantagens e desvantagens

Frente a uma tomada de decisão, é solicitado ao paciente que liste, de forma sucinta e objetiva, itens a favor e contra cada opção. Os itens devem ser avaliados de forma objetiva.

Por ser um recurso flexível e de fácil aplicação, o exame de vantagens e desvantagens pode ser adotado para esclarecer ambivalências e visualizar alternativas em diferentes momentos do processo terapêutico. Geralmente o paciente é convidado a registrar os prós e contras de diferentes situações: continuar o uso de drogas; manter determinada crença; recusar o convite para um evento que represente risco de recaída; entre outras escolhas enfrentadas no decorrer do tratamento.

A ambivalência quanto ao uso de drogas é evidenciada na aplicação da Balança Decisional (Miller e Rollnick, 2001). Este recurso permite visualizar de forma estruturada as vantagens e desvantagens de usar e de não usar drogas e permite uma percepção realista do problema, auxiliando na investigação das crenças relacionadas ao seu uso. Com frequência, os pacientes tendem a minimizar as desvantagens e aumentar as vantagens.

O Quadro 25.3 apresenta um formulário que permite a comparação destes fatores pelo preenchimento dos espaços com itens objetivos e relevantes a serem identificados pelo paciente.

PSICOTERAPIAS COGNITIVO-COMPORTAMENTAIS: UM DIÁLOGO COM A PSIQUIATRIA **415**

QUADRO 25.3	BALANÇA DECISIONAL
Vantagens de usar drogas	**Desvantagens de usar drogas**
Vantagens de não usar drogas	**Desvantagens de não usar drogas**

Miller e Rollnick, 2001.

A exploração dos recursos da Balança Decisional permite atualizações em diferentes momentos do processo terapêutico. As informações desse instrumento servem de material para técnicas de Registro de Pensamentos Disfuncionais (RPD), reestruturação cognitiva e elaboração do cartão de enfrentamento.

Identificação, avaliação e modificação de PA e crenças

A técnica conhecida como "seta-descendente" questiona o significado dos pensamentos automáticos que sustentam as crenças disfuncionais. Com a colaboração ativa do paciente, o terapeuta começa a mapear os principais Pensamentos Automáticos (PA) relacionados ao uso e à abstinência de drogas. O paciente é incentivado a adotar essa postura de investigação, ou seja, estar atento às imagens e pensamentos que surgem logo que sente vontade de usar droga ou logo após uma alteração intensa de humor (Beck, Wright, Newman e Liese, 1993).

A partir do levantamento de alguns pensamentos automáticos relacionados a drogas, o terapeuta começa, a partir de um dos pensamentos, a questionar sua veracidade e avaliar suas consequências. Com registros durante a sessão, o paciente aprende a observar e organizar suas reações nos formulários de RPD conforme o exemplo do Quadro 25.4.

QUADRO 25.4	FORMULÁRIO DE REGISTRO DE PENSAMENTO DISFUNCIONAL (RPD)			
Situação	**Pensamentos**	**Reações**	**Resposta racional**	**Comportamento**
Há dois meses sem beber e sem usar cocaína. Recebe o convite para o aniversário de uma amiga.	Já estou há tanto tempo bem que dessa vez vou conseguir beber pouco como as outras pessoas e não usar cocaína.	– Euforia (70%) – Ansiedade (80%)	Conheço-me bem e sei que não consigo beber moderadamente. Sei também que, mesmo bebendo pouco, acabo usando cocaína.	Recusa o convite e convida um amigo para assistir a um filme em casa.

Beck et al., 1993.

À medida que os pensamentos são desafiados, respostas alternativas coerentes com a realidade do paciente são testadas. O enfraquecimento dos PA em detrimento de respostas mais adaptativas faz com que as crenças se tornem flexíveis, ou seja, menos absolutas. Esse processo é conhecido como reestruturação cognitiva. A validade das crenças deve ser confirmada com o paciente e o quanto ele acredita nessas crenças pode ser graduado em escala de 0 a 100. Os pensamentos selecionados para a reestruturação devem ser aqueles que alicerçam as crenças permissivas e crenças de controle para manter a abstinência.

Crenças de controle (prática e ativação)

O objetivo da reestruturação cognitiva pode ser resumido em:

a) fortalecimento e promoção das crenças de controle; e
b) modificação e enfraquecimento das crenças permissivas.

Para tanto, é necessário um trabalho sistemático abordando cada um dos PA destacados pelo paciente por serem importantes, ou seja, cognições com reações emocionais intensas ou cognições ativadas pela fissura. Os pensamentos são desafiados quanto a sua veracidade, utilidade e consequências. A mudança de comportamento duradoura e a adoção de um estilo de vida livre de drogas dependem do desequilíbrio entre crenças de controle e crenças permissivas, representado na Figura 25.2 (Beck, Wright, Newman e Liese, 1993).

Questionamento socrático

Essa técnica de entrevista guia o paciente para que encontre respostas racionais e conclusões realistas sobre a melhor forma de agir em determinada situação, de forma a diminuir os riscos de usar drogas. As perguntas básicas a serem feitas a partir desse método são:

- Quais as evidências a favor desse pensamento? Quais as evidências contra?
- Existem outras hipóteses para explicar esse pensamento? As reações ou emoções podem estar associadas à fissura?
- Segundo a sua própria experiência, esse pensamento se confirma? Ele lhe parece verdadeiro? No passado, você usou drogas em circunstâncias semelhantes?
- Quais as consequências de acreditar nesse pensamento? Como você avalia o risco de recair nessa situação?

Essas perguntas devem ser adaptadas ao contexto da situação trazida pelo paciente. Na medida em que os argumentos realis-

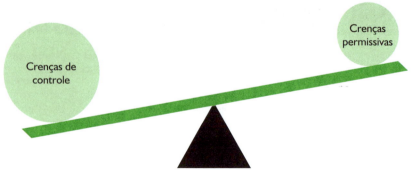

FIGURA 25.2
Desequilíbrio pretendido entre crenças de controle e crenças permissivas (Beck et al., 1993).

tas são encontrados, o terapeuta reavalia o quanto o paciente ainda acredita no pensamento disfuncional. Dessa forma, o terapeuta promove um debate com informações racionais e dados da experiência do paciente. Ao flexibilizar os pensamentos automáticos e buscar explicações mais funcionais, suas crenças começam a perder força.

Manejo da fissura

As manifestações da fissura são percebidas pelo paciente de diferentes formas. A experiência dos componentes cognitivos, físicos e emocionais pode ser vivida intensamente. Os pensamentos associados à fissura determinam a capacidade de enfrentamento adequado, ou seja, sem uso de droga. É comum o paciente ter a crença de não ser capaz de resistir à vontade. Outra crença frequente diz respeito à duração da fissura: os pacientes pensam que o desconforto e as outras manifestações próprias da fissura não irão cessar, a menos que alguma substância psicoativa seja usada, ainda que não seja a sua droga de preferência. Por exemplo, um paciente dependente de cocaína pode fazer uso de maconha ou álcool para aliviar o desconforto do desejo por cocaína. Identificar essas crenças e modificá-las viabiliza o aprendizado das técnicas de manejo da fissura. É preciso conscientizá-lo de que as manifestações de vontade de usar drogas têm um período de duração limitado e podem ser contornadas com sucesso. Durante o encontro terapêutico deve ser iniciado o aprendizado de técnicas de manejo de ansiedade (relaxamento muscular progressivo, exercícios de respiração, distração, entre outras), bem como a prática das técnicas prescritas para serem treinadas. A percepção da capacidade de manejar a fissura de forma satisfatória aumenta com experiências bem-sucedidas (Niaura, 2000), a serem planejadas a partir de situações de menor dificuldade.

Exercícios para diminuir a ansiedade viabilizam a sensação de controle da situação, pois o decréscimo da intensidade da fissura devolve ao paciente a condição necessária para observar as cognições, as reações e o ambiente. Dessa forma, é possível atuar de forma intencional para ativar as crenças de controle e as estratégias adequadas a cada situação de risco.

Exposição gradual

Um vínculo colaborativo favorece que o paciente identifique suas dificuldades e contribua na elaboração de tarefas proporcionais aos seus recursos que, ao mesmo tempo, representem um desafio atingível. No início, o planejamento de atividades simples auxilia para que o paciente:

a) se familiarize com a estrutura de execução por pequenas etapas;
b) se sinta capaz de realizar uma tarefa, ainda que pequena; e
c) aumente sua autoeficácia na execução dos planejamentos terapêuticos.

A organização das tarefas em grau de dificuldade crescente é adotada para as prescrições que envolvem exposição e treinamento de habilidades de enfrentamento. É essencial que o terapeuta se certifique de que o paciente:

- está familiarizado com o modelo cognitivo e com o funcionamento da adição;
- entendeu a proposta da atividade de exposição e concorda com os ganhos terapêuticos;
- contribuiu colaborativamente na formulação da hierarquia de dificuldade das tarefas de exposição;
- está seguro quanto aos aprendizados anteriores de manejo da fissura e quanto às alternativas de respostas funcionais que dispõe antes de iniciar qualquer tarefa de exposição.

Exercício físico e lazer

Ao longo do tempo de envolvimento com o uso de drogas, são abandonados inúmeros hábitos saudáveis, dentre eles, práticas esportivas e atividades físicas. Retomar esses hábitos, ou mesmo iniciar um exercício físico durante o processo de recuperação, auxilia para manutenção da abstinência por vários aspectos:

a) viabiliza o contato com pessoas vinculadas à prática de hábitos saudáveis e não relacionadas a drogas;
b) contribui no manejo de emoções negativas (ansiedade, irritabilidade, tédio);
c) favorece a construção de uma autoimagem mais positiva, saudável e sob controle;
d) consolida um elemento ao estilo de vida sem drogas;
e) pode ser uma alternativa de enfrentamento dos horários de risco para o uso de drogas.

Um esforço intencional é necessário na busca de gratificação em atividades que não envolvam o uso de drogas. O desenvolvimento de interesse por atividades alternativas ao uso é fundamental na manutenção da abstinência. Hábitos saudáveis devem ser cultivados, pois a satisfação genuína pode levar algum tempo para ser encontrada nos pequenos prazeres da vida, como um cinema, um jantar romântico, a leitura de um livro, um jogo de futebol, o aprendizado de um idioma ou de um instrumento musical, etc. Por muito tempo, o único prazer da vida do dependente envolvia o uso de drogas, portanto o terapeuta deve estar ciente da dificuldade inicial em despertar interesse para novos hábitos e novas amizades.

Treinamento de habilidades de enfrentamento

O uso de substâncias pode assumir diversos papéis na vida de uma pessoa que se torna dependente. Em grande parte das vezes, a droga é utilizada para ajudar no enfrentamento de dificuldades de toda ordem. Com o passar do tempo, o hábito é super-aprendido e as formas de lidar com as adversidades são esquecidas em detrimento do uso. No início, é necessário focar no levantamento e na recuperação dos recursos pessoais, na avaliação de estratégias que já fizeram parte do repertório do paciente e na elaboração de novas possibilidades de enfrentamento (Freire, 2011). Exemplos da experiência recente do paciente devem ser detalhados e as condutas funcionais destacadas para o reconhecimento da habilidade que tem apresentado resultado para afastar o paciente do uso (Monti, Kadden, Rohsenow, Cooney e Abrams, 2005).

Agendamento e monitoramento de atividades

Muito tempo da vida de um dependente é dedicado à obtenção, uso e recuperação dos efeitos da droga. Em abstinência, esse espaço de tempo deve ser estrategicamente preenchido e monitorado para minimizar possíveis reações negativas como: ansiedade, solidão, tédio, frustração etc. Cada caso oferece pistas quanto às atividades que podem ser agendadas para otimizar o tempo com uma programação acessível e criativa. Tarefas de baixo custo podem incluir: cuidar do jardim, ler livros, levar os filhos ao parque, cozinhar, lavar o carro, caminhadas e exercícios físicos, entre outras. Dependendo da situação financeira de cada paciente, mais possibilidades podem ser sugeridas, como retomar os estudos, iniciar um curso técnico-profissionalizante ou de idiomas, viajar com a família, iniciar uma atividade esportiva, etc.

Selecionadas as atividades adequadas ao momento de vida do paciente e suas condições financeiras, o terapeuta deve determinar os critérios para monitorar a adesão às atividades escolhidas. Como tarefas de casa, podem ser solicitados registros semanais sobre: assiduidade, dificuldades, PA e satisfação na execução da tarefa. Os obstáculos devem ser minimizados e novas atividades devem ser combinadas para proporcionar alternativas frente à impossibilidade de implementação de uma das atividades escolhidas.

Prevenção da recaída

O modelo da Prevenção da Recaída combina treinamento de habilidades comportamentais com intervenções cognitivas visando a prevenir ou limitar a ocorrência de episódios de uso (Marlatt e Donovan, 2009). O reconhecimento dos estágios motivacionais (Prochaska e DiClemente, 1983) e o trabalho de resolução da ambivalência são considerados essenciais. A descrição do processo de recaída prevê a transição entre os estágios de motivação e uma sucessão de cognições e comportamentos, que tem início a partir de uma decisão aparentemente sem relação com o uso da droga. A depender do contexto, algumas atitudes podem estar encobrindo a vontade de usar e subestimá-las representa risco aumentado de recaída. Por isso, o paciente é encorajado a fazer um mapeamento das circunstâncias que percebe como "gatilho" para a fissura, ou seja, situações de alto risco. As circunstâncias que representam risco para recaída podem ser divididas em: situações que podem – e devem – ser evitadas e situações que não podem ser evitadas. As primeiras incluem a convivência com amigos que usam drogas; a presença em locais relacionados ao consumo; hábitos relacionados ao uso, como mentiras, atrasos, faltas etc. Algumas das ocorrências inevitáveis que provocam fissura são os feriados de ano novo, carnaval, festas de aniversário, filmes que ostentam rituais de uso, etc. A previsão desses eventos antecipa as dificuldades e mobiliza as alternativas de recursos para um enfrentamento sem consumo.

Um uso inicial (lapso) pode evoluir para um uso continuado (recaída) quando os Efeitos da Violação da Abstinência (EVA) não são manejados adequadamente. A sensação de culpa e fracasso frente ao uso aumenta a valência das crenças permissivas, o que facilita a continuidade do uso (Rangé e Marlatt, 2008; Marlatt e Donovan, 2009). O manejo adequado de lapsos e recaídas envolve o incentivo à retomada do tratamento, a redefinição de objetivos e, principalmente, o aprendizado sobre as circunstâncias e dificuldades enfrentadas na ocasião do uso. Detalhar o episódio de recaída com vistas a investigar possíveis gatilhos e déficits no enfrentamento consiste em aspectos substanciais do tratamento, e não uma volta à "estaca zero" ou fracasso dos esforços terapêuticos.

Rede de apoio social

A busca de vínculos que não representem risco para recaída deve ser planejada e incentivada como medida protetiva para a manutenção da abstinência. A convivência com pessoas com as quais o paciente não se sinta em débito pelos problemas relacionados ao uso pode ser importante fonte de satisfação. A gratificação gerada por vínculos saudáveis contribui na implementação de novos hábitos distantes das drogas. A articulação de uma rede de relacionamentos saudáveis minimiza o impacto emocional de eventuais conflitos interpessoais, que podem levar à recaída, caso o paciente se sinta desamparado ou com poucas opções de pessoas que lhe prestem apoio.

Um ponto fundamental na recuperação das adições é o envolvimento dos familiares, principalmente os mais próximos. É indispensável que sejam informados de todas as etapas do tratamento, devendo ser devidamente acompanhados no enfrentamento das dificuldades decorrentes da convivência com um adicto. Cabe aos profissionais dimensionar sua atuação de modo a inserir toda a rede familiar direta ou indiretamente envolvida. O apoio e a orientação quanto às questões do tratamento requer profissionais disponíveis e cientes da importância da inclusão da família na conquista e manutenção dos novos hábitos.

Todo serviço especializado deve contemplar especial abordagem que assegure a aproximação dos familiares enfatizando a necessidade de aprenderem formas diferentes de lidar com o paciente. Agregar um ambiente doméstico positivo que incentive a mudança de comportamento e compartilhe as conquistas do tratamento é essencial para a reabilitação de todos os integrantes do grupo familiar.

CONSIDERAÇÕES FINAIS

A Terapia Cognitivo-Comportamental aplicada às adições pode ser associada a outras modalidades de tratamento, como terapia dos 12 passos, grupos de autoajuda, terapia psicodinâmica e farmacoterapia. Um trabalho orquestrado em equipe multidisciplinar favorece a adesão, o envolvimento colaborativo de familiares e a recuperação duradoura de pessoas com problemas relacionados a substâncias. A comunicação efetiva entre os diferentes profissionais da equipe promove a integração das abordagens e a coerência quanto às propostas terapêuticas. Além disso, a quem se dispõe a adotar a TCC no atendimento de dependentes químicos, é imprescindível que se dedique a formação, treinamento e supervisão específicos para uma base teórica que sustente a prática psicoterápica (Beck e Alford, 2000).

Os avanços da pesquisa científica devem pautar a atividade clínica diária em todas as áreas, especialmente nas adições. A rapidez com que o uso de novas substâncias altera os padrões de comportamento evidencia a premência de atualizações constantes e investimento na produção de conhecimento científico.

REFERÊNCIAS

Aharonovich, E., Amrhein, P., Bisaga, A., Nunes, E., & Hasin, D. S. (2008). Cognition, commitment language, and behavioral change among cocaine dependent patients. Psychol *Addictive Behaviors,* 22(4):557-62.

Aharonovich, E., Nunes, E., & Hasin, D. (2003). Cognitive impairment, retention and abstinence among cocaine abusers in cognitive-behavioral treatment. *Drug and Alcohol Dependence,* 71(2), 207-211.

Andretta, I., & Oliveira, M. (2008). Um estudo sobre os efeitos da entrevista motivacional em adolescentes infratores. *Estudos de Psicologia,* 25(1), 45-53.

Bandura, A., Azzi, R. G., Polydoro, S. (Org.). (2008). *Teoria social cognitiva: conceitos básicos.* Porto Alegre: Artmed.

Beck, A. T., & Alford, B. A. (2000). *O poder integrador da Terapia Cognitiva.* Porto Alegre: Artmed.

Beck, A. T., Wright, F. D., Newman, C. F., & Liese, B. S. (1993). *Cognitive Therapy of Substance Abuse.* New York: Guilford.

Borini, P., Guimarães, R. C., & Borini S. B. (2003). Usuários de drogas ilícitas internados em hospital psiquiátrico: padrões de uso e aspectos demográficos e epidemiológicos. *Jornal Brasileiro de Psiquiatria,* 52(3), 171-179.

Carbonari, J. P., & DiClemente, C.C. (2000). Using transtheoretical model profiles to differentiate levels of alcohol abstinence success. *Journal of Consulting and Clinical Psychology,* 68(5), 810-817.

Carlini, E. A., Galduróz, J. C., Noto, A. R., Carlini, C. M., Oliveira, L. G., Nappo, S. A., et al. (2007). *II levantamento domiciliar sobre o uso de drogas psicotrópicas no Brasil: estudo envolvendo as 108 maiores cidades do país* (2005). São Paulo: CEBRID/SENAD.

Chalub, M., & Telles, L. B. (2006). Álcool, drogas e crime. *Revista Brasileira de Psiquiatria,* 28(Suppl 2), S69-S73.

Chander, G., & McCaul, M. E. (2003). Co-occurring psychiatric disorders in women with addictions. *Obstetrics and Gynecology Clinics of North America,* 30(3), 469-481.

Crippa, J., Lacerda, A., Amaro, E., Filho, G., Zuardi, A., & Bressan, A. (2005). Efeitos cerebrais da maconha: resultados dos estudos de neuroimagem. *Revista Brasileira de Psiquiatria,* 27(1), 70-78.

Cunha, J. A. Estudos dos pontos de corte do BDI e BAI na versão em português. *8º Congresso Nacional de Avaliação Psicológica. Poster 78, Porto Alegre, 1999.*

Cunha, P. J., Nicastri, S., Gomes, L, Moino, R., & Peluso, M. (2004). Alterações neuropsicológicas em dependentes de cocaína/crack internados: dados preliminares. *Revista Brasileira de Psiquiatria,* 26(2), 103-106.

DiClemente, C. (2003). *Addiction and change: how addiction develop and addictive people recover*. New York: Guilford.

DiClemente, C. C. (1986). Self-efficacy and the addictive behaviors. *Journal of Social & Clinical Psychology, 4*(3), 302-315.

DiClemente, C. C. (2001). Entrevista motivacional e os estágios da mudança. In Miller, W. R., & Rollnick, S. *Entrevista motivacional*: preparando pessoas para a mudança (p. 171-180). Porto Alegre: Artmed.

DiClemente, C. C., Carbonari, J. P., Montgomery, R. P. G. & Hughes, S. O. (1994). The Alcohol Abstinence Self-Efficacy Scale. Journal of Studies on Alcohol, 55, 141-148.

DiClemente, C. C., Schlundt, D., & Gemmell, L. (2004). Readiness and stages of change in addiction treatment. *American Journal on Addictions, 13*(2), 103-119.

Duailibi, L., Ribeiro, M., & Laranjeira, R. (2008) Profile of cocaine and crack users in Brazil. *Caderno de Saúde Pública, 24*(Suppl 4), S545-S557.

Dunn, J., Laranjeira, R., Silveira, D. X., Formigoni, M. L. O. S., & Ferri, C. P. (1997). Crack cocaine: an increase in use among patients attending clinics in São Paulo: 1990-1993. *Substance Use & Misuse, 31*(4), 519-527.

Edwards, G., & Dare, C. (1997). *Psicoterapia e tratamento das adições*. Porto Alegre: Artmed.

Edwards, G., & Gross, M. M. (1976). Alcohol dependence: provisional description of a clinical syndrome. *British Medical Journal, 1*,1058-1061.

Edwards, G., Marshall, E. J., & Cook, C. C. H. (1999). *O tratamento do alcoolismo: um guia para profissionais da saúde* (3. ed.). Porto Alegre: Artmed.

Ferri, C. P., Laranjeira, R. R., Silveira, D. X., Dunn, J., & Formigoni, M. L. (1997). Aumento da procura de tratamento por usuários de crack em dois ambulatórios na cidade de São Paulo, nos anos de 1990 a 1993. *Revista da Associação Médica Brasileira, 43*(1), 25-28.

Figlie, N. B., Bordin, S., & Laranjeira, R. R. (2010). *Aconselhamento em dependência química* (2. ed.). São Paulo: Roca.

Figlie, N., Fontes, A., Moraes, E., & Paya, R. (2004). Filhos de dependentes químicos com fatores de risco bio-psicossociais: necessitam de um olhar especial? *Revista de Psiquiatria Clínica, 31*(2), 53-62.

Filho, O. F. F., Turchi, M. D., Laranjeira, R. R., & Castelo, A. (2003). Perfil sociodemográfico e de padrões de uso entre dependentes de cocaína hospitalizados. *Revista de Saúde Pública, 37*(6), 751-759.

Freire, S. D. (2011). Implicações práticas no tratamento psicoterápico da dependência química. In Andretta, I., & Oliveira, M. S. *Manual prático de terapia cognitivo-comportamental*. São Paulo: Casa do Psicólogo. No prelo.

Garavan, H., & Hester, R. (2007). The role of cognitive control in cocaine dependence. *Neuropsychology Review, 17*, 337-345.

Guimarães, C. F., Santos, D. V. V., Freitas, R. C., & Araújo, R. B. (2008). Perfil do usuário de crack e fatores relacionados à criminalidade em unidade de internação para desintoxicação no Hospital Psiquiátrico São Pedro de Porto Alegre (RS). *Revista de Psiquiatria do Rio Grande de Sul, 30*(2), 101-108.

Higgins, S. T., Budney, A. J., Bickel, W. K., Foerg, F. E., Donham, R., & Badger, G. J. (1994). Incentive behavioral treatment of cocaine dependence. *Archives of General Psychiatry*, 51, 568-576.

Rio Grande do Sul. Governo do Estado. Assembleia Legislativa. *Cartilha SOS crack*. Porto Alegre: Author. Acesso em Nov. 12, 2010 from http://www.al.rs.gov.br/douwnlond/ccj/cartilha_sos%20crackpdf

Jaeger, A., & Oliveira, M. S. (2003). Entrevista motivacional em grupos: uma proposta terapêutica breve para o tratamento da dependência química. *Boletins de Psicologia*. 53(118), 25-34.

Jaeger, A., Oliveira, M. S., & Freire, S. D. (2008). Entrevista motivacional em grupo com alcoolistas. *Temas em Psicologia*. 16(1).

Jungerman, F. S., & Laranjeira, R. R. (2008). Characteristics of cannabis users seeking treatment in São Paulo. *Revista de Panamericana de Salud Publica, 23*(6), 384-393.

Kadden, R. M., Litt, M. D., Kabela-Cormier, E., & Petry, N. M. (2007). Abstinence rates following behavioral treatments for marijuana dependence. *Addictive Behaviors, 32*(6), 1220-1236.

King, A. C., Bernardy, N. C., & Hauner, K. (2003). Stressful events, personality, and mood disturbance: gender differences in alcoholics and problem drinkers. *Addictive Behaviors, 28*(1), 171-187.

Knapp, P., & Beck, A. T. (2008). Fundamentos, modelos conceituais, aplicações e pesquisa da terapia cognitiva. *Revista Brasileira de Psiquiatria, 30*(Suppl II), S54-64.

Laranjeira, R. R. (Org.). (2003). *Usuários de substâncias psicoativas: abordagem, diagnóstico e tratamento* (2. ed.). São Paulo: Conselho Regional de Medicina.

Laranjeira, R., Almeida, R. A. M., & Jungerman, F. S. (2000). Grupos de motivação: estudo descritivo de um atendimento para dependentes de drogas. *Jornal Brasileiro de Psiquiatria, 3*, 61-68.

Lee, N. K., & Rawson, R. A. (2008). A systematic review of cognitive and behavioural therapies for methamphetamine dependence. *Drug and Alcohol Review, 27*, 309-317.

Liese, B. S., & Franz, R. (2004). Tratamento dos transtornos por uso de substâncias com terapia cognitiva: lições aprendidas e implicações para o futuro. In Salkovskis, P. M. (Org.). *Fronteiras da terapia cognitiva*. São Paulo: Casa do Psicólogo.

Litt, M. D., Kadden, R. M., Kabela-Cormier, E., Petry, N. M. (2008). Coping skills training and contingency management treatments for marijuana dependence: Exploring mechanisms of behavior change. *Addiction, 103*(4), 638-648.

Lowman, C., Allen, J., & Miller, W. R. (1996). Perspectives on precipitants os relapse. *Addiction, 91*, suppl.

Lussier, J. P., Heil, S. H., Mongeon, J. A., Badger, G. J., & Higgins, S. T. (2006). A meta-analysis of voucher-based reinforcement therapy for substance use disorders. *Addiction, 101*, 192-203.

Marlatt, G. A., & Donovan, D. M. (2009). *Prevenção da recaída: estratégias de manutenção no tratamento de comportamentos adictivos* (2. ed.). Porto Alegre: Artmed.

Marlatt, G. A. (1996). Taxonomy of high-risk situations for alcohol relapse: evolution and development of a cognitive-behavioral model. *Addiction, 91* (suppl), S37-S49.

Miller, W.R., & Rollnick, S. (2001). *Entrevista motivacional: preparando as pessoas para a mudança de comportamentos adictivos*. Porto Alegre: Artmed.

Mitchell, J. D., Brown, S., & Rush, A. J. (2007). Comorbid disorders in patients with bipolar disorder and concomitant substance dependence. *Journal of Affective Disorders, 102*(1-3), 281-287.

Monti, P. M., Kadden, R. M., Rohsenow, D. J., Cooney, N. L., & Abrams, D. B. (2005). *Tratando a dependência do álcool: um guia de treinamento das habilidades de enfrentamento*. São Paulo: Roca.

Niaura, R. (2000). Cognitive social learning and related perspectives on drug craving. *Addiction, 95*(Supl 2), S155-S163.

Nidecker, M., DiClemente, C. C., Bennett, M. E., & Bellack, A. S. (2008). Application of the transtheoretical model of change: Psychometric properties of leading measures in patients with co-occurring drug abuse and severe mental illness. *Addictive Behaviors, 33*(8), 1021-1030.

Noto, A. R., Moura, Y. G., Nappo, S., Galduroz, J. C., & Carlini, E. A. (2002). Internações por transtornos mentais e de comportamento decorrentes de substâncias psicoativas: um estudo epidemiológico nacional do período de 1988 a 1999. *Jornal Brasileiro de Psiquiatria, 51*(2), 113-121.

Oliveira, M. S., Calheiros, P. R. V., & Andretta, I. (2006). Motivação para Mudança nos Comportamentos Aditivos In Werlang, B. & Oliveira, M. S. *Temas em Psicologia Clínica*. São Paulo: Casa do Psicólogo.

Oliveira, M. S., Laranjeira, R. R., & Jaeger, A. (2002). Estudo dos prejuízos cognitivos na dependência do álcool. *Psicologia, Saúde & Doenças, 3*(2), 205-212.

Oliveira, M. S., Ludwig, M., Freire, S. D., & Zanettelo, L. (2011). O modelo transteórico de mudança no enfoque grupal. In Andretta, I., & Oliveira, M. S. *Manual prático de terapia cognitivo-comportamental*. São Paulo: Casa do Psicólogo. No prelo.

Olmstead, T. A., Sindelar, J. L., Easton, C. J., & Carroll, K. M. (2007). The cost-effectiveness of four treatments for marijuana dependence. *Addiction, 102*, 1443-1453.

Organização Mundial da Saúde. (1998). *Classificação de Transtornos Mentais e de Comportamento da CID-10: critérios diagnósticos para pesquisa*. Porto Alegre: Artmed.

Prochaska, J. O., & DiClemente, C. C. (1983). Transtheoretical therapy: Toward a more integrative model of change. *Psychotherapy: Theory, Research and Practice, 20*, 161-173.

Rangé, B., & Marlatt, G. A. (2008). Terapia cognitivo-comportamental de transtornos de abuso de álcool e drogas. *Revista Brasileira de Psiquiatria, 30* (Supl II), S88-95.

Rey, A. (1999). *Teste de cópia e de reprodução de memória de figuras geométricas complexas: manual*. São Paulo: Casa do Psicólogo.

Ribeiro, M., Dunn, J., Sesso, R., Dias, A. C., & Laranjeira, R. R. (2006). Causa mortis em usuários de crack. *Revista Brasileira de Psiquiatria, 28*(3), 196-202.

Rigoni, M., Oliveira, M. S., Susin, N., Sayago, C., & Feldens, A. C. (2009). Prontidão para mudança e alterações das funções cognitivas em alcoolistas. *Psicologia em Estudo*, Maringá, *14*(4), 739-747.

Rosenthal, R. N., & Westreich, L. (1999). Treatment of persons with dual diagnosis of substance use disorder and other psychological problems. In McCrady, B. S., & Epstein, E. E. (Ed.). *Addicitons*: a comprehensive guidebook (p. 439-476). New York: Oxford University Press.

Sanchez, Z. M., & Nappo, S. A. (2002). Sequência de drogas consumidas por usuários de crack e fatores interferentes. *Revista de Saúde Pública, 36*(4), 420-430.

Stanger, C., Budney, A. J., Kamon, J. L., & Thostensen, J. (2009). A randomized trial of contingency management for adolescent marijuana abuse and dependence. *Drug and Alcohol Dependence, 105*, 240-247

Tate, S., Wu, J., McQuaid, J., Cummins, K., Krenek, C., & Brown, S. (2008). Comorbidity of substance dependence and depression: role of life stress and self-efficacy in sustaining abstinence. *Psychology of Addictive Behaviors, 22*(1), 47-57.

Verdejo-García, A., Bechara, A., Recknor, E. C., & Pérez-García, M. (2006). Executive dysfunction in substance dependent individuals during drug use and abstinence: an examination of the behavioral, cognitive and emotional correlates of addiction. *Journal of the International Neuropsychological Society, 12*, 405-415.

Washton, A. M., & Zweben, J. E. (2009). *Prática psicoterápica eficaz dos problemas com álcool e drogas*. Porto Alegre: Artmed.

Zaleski, M., Laranjeira, R. R., Marques, A. C., Ratto, L., Romano, M. Alves, H., et al. (2006). Diretrizes da Associação Brasileira de Estudos do Álcool e outras Drogas (ABEAD) para o diagnóstico e tratamento de comorbidades psiquiátricas e dependência de álcool e outras substâncias. *Revista Brasileira Psiquiatria, 28*(2), 142-148.

Ziedonis, D., & Brady, K. (1997). Dual diagnosis in primary care: detecting and treating both the addiction and the mental illness. *Medical Clinics of North America, 81*(4), 1017-1036.

Tabagismo

Analice Gigliotti
Elizabeth Carneiro
Montezuma Ferreira

INTRODUÇÃO

O tabagismo é a principal causa evitável de mortes prematuras em todo o mundo. Segundo estimativa da Organização Mundial da Saúde, mais de cinco milhões de pessoas morrem a cada ano devido a doenças causadas diretamente pelos derivados do tabaco. Mantida a tendência atual, oito milhões de mortes serão causadas pelo tabaco a cada ano. Se nada for feito a este respeito, o tabagismo matará um bilhão de pessoas ao longo do século XXI! Oitenta por cento dessas mortes ocorrerão em países em desenvolvimento. Muitas destas mortes são potencialmente evitáveis se os tabagistas deixarem de fumar (WHO, 2009).

EPIDEMIOLOGIA

O consumo do tabaco tende a aumentar no mundo como um todo, apesar de diminuição observada nos últimos anos em alguns países industrializados, como os Estados Unidos e o Reino Unido. Nestes países, a prevalência de tabagismo entre adultos caiu de mais de 50% para cerca de 20 a 25%. Esta queda foi observada entre as décadas de 1960 e 1990, e a prevalência tem se mantido relativamente estável desde então.

No Brasil, a queda da prevalência é mais recente, tendo sido observada na última década. Segundo informações coletadas em 2008, 17,2% dos brasileiros maiores de 15 anos fumam. A prevalência é maior entre os homens (21,6%) do que entre as mulheres (13,1%) (IBGE, 2009).

A maioria das pessoas sabe que o cigarro faz mal à saúde, mas ignora a extensão destes malefícios. O Quadro 26.1 lista as principais doenças causadas pelo tabaco.

Cerca de 30% de todos os casos de câncer são causados pelo tabaco. Dentre os cânceres de pulmão, pelo menos 85% são causados pelo fumo. Também os cânceres da cavidade oral, da faringe, da laringe e do esôfago são estreitamente vinculados aos tabagismo. Mesmo cânceres mais distantes da via de entrada da fumaça do cigarro – como cânceres da bexiga, dos rins e do pâncreas – são mais comuns entre os fumantes do que entre os não fumantes (Peto, Lopez, Boreham et al., 1994).

Além dos cânceres, outras doenças graves estão intimamente associadas ao cigarro. Cerca de 70 a 90% dos casos de bronquite e enfisema são causados pelo cigarro. Dentre as doenças cardiovasculares, de 20 a 30% dos enfartes podem ser atribuídos ao tabaco, além de uma quantidade apreciável de casos de arteriopatias periféricas e de aneurismas da aorta.

Um estudo iniciado em 1951 por Sir Richard Doll e colaboradores vem seguindo 40 mil médicos britânicos, 34 mil do sexo masculino. Em 1994, este estudo estimou que metade dos fumantes estudados morrem mais cedo por causa do cigarro. Ainda mais, entre os 25% de fumantes mais atin-

QUADRO 26.1	DOENÇAS CAUSADAS PELO TABACO (USDHHS, 2004)

- Câncer
  - pulmão
  - cavidade oral
  - faringe
  - laringe
  - esôfago
  - estômago
  - rins
  - bexiga
  - útero
  - colo uterino
  - leucemia mieloide aguda

- Doença pulmomar obstrutiva crônica (bronquite, enfisema)
- Doença das artérias coronárias, infartos
- Acidente vascular cerebral
- Aneurisma de aorta
- Doença arterial periférica
- Infertilidade
- Osteoporose
- Óbito fetal, abortamento
- Trabalho de parto prematuro
- Baixo peso ao nascer
- Morte súbita do recém-nascido (morte do berço)

gidos pelo cigarro e que morreram entre os 35 e os 69 anos de idade, a perda média de anos de vida foi de 22 anos! Mesmo aqueles que morreram com 70 anos ou mais, perderam oito anos de vida em média quando comparados aos não fumantes (Peto, Lopez, Boreham et al., 1994). Em 2004, dados de 50 anos de seguimento confirmaram que o risco de um fumante morrer mais cedo é o dobro do de um não fumante. A perda é, em média, de 10 anos de vida (Doll, Peto, Boreham et al., 2004).

Diversas doenças menos fatais também são associadas ao tabaco: úlceras do estômago e do duodeno, osteoporose, infecções respiratórias – inclusive pneumonias – diversos problemas dentários, etc.

O tabagismo afeta o desenvolvimento da gravidez de uma gestante fumante. Desta forma, a perda do concepto é mais frequente entre gestantes em todas as fases das gravidez. Filhos de mães fumantes nascem com cerca de 200 gramas a menos do que filhos de não fumantes e estão particularmente sujeitos a apresentar morte súbita e outras doenças peri e neonatais.

A exposição ambiental à fumaça de cigarros também é comprovadamente nociva. Desta forma, não fumantes frequentemente expostos à fumaça de cigarros em ambientes fechados têm uma probabilidade 20 a 30% maior de desenvolver doença cardiovascular do que pessoas não cronicamente expostas a este tipo de poluição. O risco de desenvolver câncer de pulmão também é comprovadamente maior entre fumantes passivos, cerca de 30% maior do que entre pessoas não expostas à fumaça de cigarros. Crianças filhas de fumantes também estão sujeitas a desenvolver infecções respiratórias ou bronquite e a desencadear crises de asma com maior frequência do que crianças que não convivem com fumantes em casa.

FISIOPATOLOGIA

O tabaco normalmente utilizado no mundo ocidental é produzido a partir das folhas da *Nicotiana tabacum*. Estas folhas são utilizadas para a produção de cigarros, cachimbos, charutos, diferentes tipos de fumo para mascar, rapé, etc. Embora haja diferenças específicas na incidência das principais doenças causadas por cada um destes produtos, o consumo de todos eles é potencialmente nocivo à saúde. Qualquer produto de tabaco pode causar dependência (USDHHS, 1988).

Atualmente, a maior parte do tabaco é consumido sob a forma de cigarros industrializados. Cada cigarro contém mais de 4 mil substâncias; os efeitos de muitas delas ainda não foram adequadamente estudados. Uma classificação tradicional dos constituintes da fumaça do cigarro os divide em nicotina e alcaloides semelhantes, monóxido de carbono, dióxido de carbono, vapor d'água, matéria orgânica e um grande número de substâncias conhecidas coletivamente como alcatrão. Embora a nicotina exerça efeitos nocivos ao organismo, a maior parte dos danos físicos causados pelo cigarro provém do monóxido de carbono e de constituintes do alcatrão. No entanto, é a nicotina que causa a dependência do tabaco.

A nicotina é uma base fraca. Fumada de um cigarro, cuja fumaça é levemente ácida, é rapidamente absorvida pelos pulmões e distribui-se pelo organismo, atingindo o cérebro em 10-20 segundos. A nicotina liga-se também a músculos estriados e a diversos sítios no sistema nervoso autônomo. A nicotina é extensamente metabolizada pelo fígado, mas 10% da droga é excretada inalterada pelos rins. Sua meia-vida de excreção é de aproximadamente duas horas. O principal metabólito da nicotina é a cotinina, que, por ter meia-vida mais longa, pode ser utilizada para estimar a exposição de um indivíduo à nicotina.

No cérebro, a nicotina se liga a receptores colinérgicos específicos, chamados de nicotínicos. Os receptores nicotínicos são formados de cinco subunidades proteicas. Um tipo de subunidade, chamado de alfa-4, é importante para a sensibilidade à nicotina. Receptores alfa-4 beta-2 parecem ser essenciais para o desenvolvimento da dependência de nicotina (Benowitz, 2010).

Como outras drogas capazes de causar dependência, a nicotina age no sistema cerebral de recompensa. Este sistema compreende a área tegmental ventral do mesencéfalo, o *nucleus accumbens* e o córtex pré-frontal, entre outras estruturas. Este sistema é normalmente ativado por comportamentos importantes para a sobrevivência, como alimentação e sexo. Drogas que causam dependência geralmente ativam este sistema, subvertendo seu funcionamento.

A nicotina estimula os receptores nicotínicos alfa-4 beta-2 de neurônios que se projetam da área tegmental ventral para o *nucleus accumbens*. No *nucleus accumbens*, estes neurônios liberam dopamina, o que está diretamente associado à sensação de alerta, bem-estar e aumento da resistência ao *stress* relatada por fumantes. A nicotina também estimula a liberação de glutamato e de ácido gama-aminobutírico, que, por sua vez, modulam a liberação de dopamina. Em particular, o uso crônico de nicotina está associado a um aumento de liberação de glutamato, o que aumenta a sensibilidade de diferentes neurônios à nicotina. Por outro lado, o uso crônico de nicotina também está associado à dessensibilização de receptores nicotínicos e à diminuição de secreção de dopamina no *nucleus accumbens*. Em resposta a esta dessensibilização dos receptores nicotínicos, ocorre um aumento do número de receptores nicotínicos. Em suma, o uso crônico de nicotina desencadeia uma complexa resposta de neuroadaptação (Benowitz, 2010).

Como resultado desta neuroadaptação, ocorre tolerância e o desenvolvimento de uma síndrome de abstinência. Esta síndrome de abstinência tem grande importância clínica. Ela é caracterizada por dificuldade de manter o alerta e a concentração, sonolência diurna e transtornos do sono à noite, irritabilidade, ansiedade e sintomas depressivos, aumento do apetite e do peso. A maior parte dos fumantes apresenta sintomas de abstinência, mas, tipicamente, os sintomas tornam-se mais nítidos com a suspensão dos cigarros, atingindo o auge em dois ou três dias. A partir do final da primeira semana, começam a diminuir, geralmente passando dentro de duas a quatro semanas. Sintomas residuais podem persistir por até seis meses em alguns casos. É o que eventualmente se observa com o aumento do apetite: o aumento de peso é relativamente pequeno, mas cerca de um quinto dos fumantes ganham mais de cinco quilos quando para de fumar (USDHHS, 1988; Hughes, Gust, Skoog et al., 1991).

Para evitar o desconforto da abstinência, muitos ajustam o consumo de cigarros para manter o nível sérico de nicotina dentro de determinados limites. Tipicamente, os níveis sanguíneos de nicotina variam de cerca de 5 ng/ml pela manhã até 30-40 ng/ml à noite. Isso é claramente observado ao longo de um dia inteiro. Pela manhã, a concentração de nicotina é bastante baixa. Muitos fumantes consomem o primeiro cigarro pouco depois de acordar. A partir daí, novos cigarros são consumidos ao longo do dia de acordo com um padrão estabelecido, elevando a concentração de nicotina e mantendo-a suficientemente estável para evitar o desconforto de sintomas de abstinência. A maioria dos fumantes consome 15 ou mais cigarros para este fim. Como a meia-vida da nicotina é relativamente curta, ela é rapidamente excretada ao longo de uma noite e o ciclo recomeça no dia seguinte (USDHHS, 1988).

Do ponto de vista comportamental, fumar é um comportamento incrivelmente reforçado. Um fumante traga cerca de dez vezes cada vez que fuma um cigarro. Cada tragada despeja uma dose de nicotina no cérebro do fumante, reforçando o comportamento de consumo. Ao longo de 30 anos, isso terá acontecido mais de um milhão de vezes a um fumante que consuma 20 cigarros por dia. Pouquíssimos comportamentos são repetidos tantas vezes assim.

Uma outra consequência do tabagismo é o aprendizado de associações entre o consumo de um cigarro e diversos estímulos externos e internos. Ao cabo de alguns anos, a enorme frequência com que os cigarros são usados acaba por propiciar que este uso seja associado a inúmeras situações do dia a dia. Assim, virtualmente todos os fumantes reportam fumarem depois das principais refeições, quando estão tensos, quando têm de trabalhar sob pressão, etc. Por motivos ainda não bem compreendidos, estas situações podem desencadear a vontade de fumar quando o uso de cigarros é interrompido.

Em suma, fumantes aprendem rapidamente a usar a nicotina para modular o nível de alerta e o humor. Com o tempo, muitos passam a usar a nicotina também para aliviar sintomas de abstinência. Além disso, muitos dos estímulos associados ao consumo de cigarros tornam-se discriminativos para este comportamento. Ou seja, as circunstâncias associadas ao consumo de cigarros tornam-se importantes estímulos para a recaída.

TRATAMENTO

Princípios gerais do tratamento

Os últimos vinte anos produziram uma enorme quantidade de estudos sobre o tratamento do tabagismo. A partir de estudos de metanálises baseados em quase nove mil artigos sobre o tratamento de tabagismo, pode-se afirmar que os principais componentes do tratamento do tabagismo segundo alguns autores (Fiore, Bailey, Cohen et al., 1996; Fiore, Bailey, Cohen et al., 2000; Fiore, Jaen, Baker et al., 2008) são:

- treinamento de habilidades e prevenção de recaídas
- suporte social como parte do tratamento
- medicamentos

Outros princípios importantes do tratamento são os seguintes:

- O tabagismo é uma doença crônica e as recaídas são frequentes. Apenas 4 a 5% dos fumantes conseguem manter a abstinência depois de uma tentativa de parar sem acompanhamento (Hughes, Keelly e Naud, 2004). No entanto, parar de fumar é um processo de aprendizado: metade dos fumantes requer quatro ou mais tentativas até atingir a abstinência duradoura. Neste contexto, o tratamento pode ajudar significativamente. Intervenções mais intensas chegam a atingir taxas de abstinência mantidas acima de 20-30% (Fiore, Baker, Bailey et al, 2000; Fiore, Jaen, Baker et al., 2008).
- A maior parte dos fumantes passa por um médico e/ou dentista durante um ano. No entanto, apenas uma minoria recebe

orientação sobre parar de fumar. A fim de aumentar o alcance do tratamento, é fundamental que os profissionais de saúde identifiquem todos os pacientes fumantes. O diagnóstico de tabagismo deve ser indicado com destaque no prontuário de cada paciente.

- Todo paciente fumante deve ser orientado e estimulado a tentar parar de fumar, sugerindo o uso de intervenções eficientes. Intervenções motivacionais podem ser usadas para pacientes não motivados.
- Mesmo intervenções tão curtas quanto três minutos são eficientes. No entanto, há uma relação direta entre a intensidade da intervenção e a taxa de sucesso: intervenções mais intensivas alcançam melhores resultados.
- Sempre que possível, deve-se associar o uso de intervenções não farmacológicas e farmacológicas. O uso de medicamentos duplica ou até triplica a probabilidade de sucesso.
- A avaliação do fumante que se apresenta para o tratamento pode começar pela história de tabagismo. Esta história deverá rever o início do consumo, seu desenvolvimento até o nível atual, qual o maior e o menor nível de consumo estável, tentativas prévias de interromper o uso, seu resultado, fatores de sucesso e de recaída.
- O padrão de consumo deve ser analisado em detalhes. Qual o consumo atual, qual o mínimo consumido, qual o máximo. As circunstâncias que modulam o consumo devem ser esclarecidas: a presença de outros fumantes em casa ou no trabalho, restrições ao uso de cigarro em casa ou no trabalho. Alguns fumantes apresentam variações consideráveis do consumo ao longo da semana, especialmente nos fins de semana.
- Circunstâncias de vida podem influir no consumo de cigarros e na probabilidade de êxito de uma tentativa de parar. Assim períodos de estresse psicológico devem ser levados em consideração no planejamento do tratamento.

- Sintomas de abstinência são particularmente importantes. Fumantes que consomem mais do que vinte cigarros por dia e que fumem o primeiro cigarro logo depois de levantar são particularmente suscetíveis a apresentar uma síndrome de abstinência mais intensa. Para este fim, pode-se utilizar o Teste de Dependência de Nicotina de Fagerström (Heatherton, Kozlowski, Frecker et al., 1991) (ver Quadro 25.2):
- O uso de outras substâncias psicoativas deve ser sempre investigado. Em primeiro lugar, porque mesmo o uso não patológico de álcool pode influir consideravelmente no consumo de cigarros. Não é raro o paciente que relata fumar um maço de cigarros por dia, mas que dobra esta quantidade quando consome álcool.
- Também o consumo de café pode ser importante. Muitos pacientes referem uma associação estreita entre o consumo de café e o de cigarros. Além disso, em nosso país, não é raro encontrarmos pessoas que reportam consumo diário de 500 ml de café ou mais. Nestes casos, sintomas de intoxicação ou abstinência de cafeína podem se somar aos de uso e retirada dos cigarros.
- Outras condições psiquiátricas também são particularmente relevantes. Depressão e abuso ou dependência de outras drogas além do tabaco são particularmente mais comuns entre fumantes.
- Cerca de um terço dos fumantes apresentam sintomas de ansiedade e depressão. Quando abandonam os cigarros, uma parcela significativa dos fumantes com antecedentes de depressão podem apresentar uma síndrome depressiva. Embora esta questão ainda requeira mais estudo, a retirada de cigarros parece poder desencadear o agravamento e até mesmo a recorrência de um quadro depressivo. Desta forma, vem se tornando habitual que se realize o tratamento e a estabilização do episódio depressivo antes de se proceder à retirada de cigarros. Nestes casos, pode ser

QUADRO 26.2	TESTE DE DEPENDÊNCIA DE NICOTINA DE FAGERSTRÖM

1. Quanto tempo depois de levantar da cama você fuma o seu primeiro cigarro?
( ) menos de 5 minutos (nenhum ponto)
( ) 6 a 30 minutos (1 ponto)
( ) 31 a 60 minutos (2 pontos)
( ) mais de 60 minutos (3 pontos)

2. Você considera difícil evitar fumar em locais onde isto é proibido (por exemplo, na igreja, na biblioteca, no cinema?)
( ) sim (1 ponto)
( ) não (nenhum ponto)

3. A qual cigarro é mais difícil resistir?
( ) o primeiro do dia (1 ponto)
( ) qualquer outro (nenhum ponto)

4. Quantos cigarros você fuma por dia?
( ) 10 ou menos (nenhum ponto)
( ) 11 a 20 (1 ponto)
( ) 21 a 30 (2 pontos)
( ) 31 ou mais (3 pontos)

5. Você fuma mais frequentemente durante as primeiras horas depois de acordar do que durante o resto do dia?
( ) sim (1 ponto)
( ) não (nenhum ponto)

6. Você fuma se estiver doente a ponto de ficar de cama a maior parte do dia?
( ) sim (1 ponto)
( ) não (nenhum ponto)

A gravidade da dependência ao tabaco pode ser classificada da seguinte forma:
De 0 a 2 pontos: muito baixa
De 3 a 4 pontos: baixa
5 pontos: moderada
De 6 a 7 pontos: alta
De 8 a 10 pontos: muito alta

---

sensato dar preferência ao emprego de antidepressivos que sejam úteis também no tratamento do tabagismo.

■ O abuso ou a dependência de outras drogas que não cigarro – especialmente o álcool – são relativamente comuns e podem não ser relatados espontaneamente pelo paciente procurando tratamento para o tabagismo. Por isso, devem ser rotineiramente investigados entre os fumantes, especialmente entre aqueles com maior dificuldade de parar de fumar.

■ Preocupações com o peso, patológicas ou não, devem ser abordadas logo de início. Quando não patológicas, o fumante deve ser recomendado a não se preocupar demasiadamente com o peso. O foco do tratamento deve ser o abandono do tabagismo.

AFINAL, DO QUE O FUMANTE É DEPENDENTE?

Esta resposta depende do ponto de vista do qual falamos. O tabagista é um dependente químico porque a nicotina por si só é capaz de gerar dependência.

Mas podemos dizer que estímulos não nicotínicos são poderosos reforçadores da relação de dependência que se estabelece com o cigarro. Ou seja, acredita-se que em momentos em que os receptores de nicotina estão dessensibilizados, o fumante lança mão do cigarro prioritariamente por causa dos estímulos condicionados. A seguir discorreremos sobre as várias abordagens psicoterápicas validadas para o tratamento do fumante.

TERAPIA COGNITIVO-COMPORTAMENTAL

O tratamento do tabagismo para pacientes motivados usualmente se divide em duas etapas:

1. uma preparação para a suspensão do tabaco e
2. manutenção da abstinência.

Fase I – Preparação para alcançar a abstinência

Esta etapa em grupo deve levar em torno de cinco sessões e no tratamento individual ela pode variar de acordo com o progresso singular do indivíduo.

Não existe uma fórmula única de sessões e respectivos conteúdos. Cada programa de tratamento faz mudanças na formatação das consultas. O importante é que o leitor tenha o conhecimento de importantes temas a serem trabalhados com o fumante nesta fase e possa organizar tais informações de acordo com a sua realidade.

Tipos de parada

É explicado ao paciente que existem basicamente dois tipos de parada: a abrupta e a gradual.

1. A parada abrupta consiste em o paciente marcar uma data para parar até um mês depois do início das sessões. No dia anterior à data, ele fuma o número de cigarros que consome habitualmente e suspende totalmente o consumo no dia agendado.
2. A parada gradual

   a) Parada gradual de redução: fazemos uma planilha junto com o paciente partindo do número de cigarros que ele fuma no primeiro dia, e chegamos a zero no sétimo dia. A planilha é feita caso a caso; varia de acordo com o número de cigarros consumidos pelo fumante.
   Ex: uma pessoa que fuma um maço.
   Dia 1: 20 cigarros; Dia 2: 17 cigarros; Dia 3: 14 cigarros; Dia 4: 10 cigarros; Dia 5: 7 cigarros; Dia 6: 3 cigarros; Dia 7: nenhum cigarro
   Lembrar que o sexto dia não deve ter apenas um cigarro pois isso costuma ser bastante ansiogênico para os tabagistas.
   Vale ressaltar que o esquema realizado acima é apenas um exemplo de como pode ser feita a parada gradual de redução, e que deve-se avaliar a singularidade da forma de fumar de cada paciente, bem como a quantidade consumida para a distribuição ao longo do dia do número de cigarros permitidos naquela etapa. Ou seja, não há uma regra rígida em como fazer.
   Deve-se lembrar que a maioria dos fumantes tem dificuldade de fumar menos do que 10-12 cigarros por dia, porque isso desencadeia sintomas de abstinência. Estes sintomas podem ser minimizados pela introdução de reposição de nicotina antes da retirada completa dos cigarros.

b) Parada gradual de adiamento: esta costuma ser a opção menos utilizada. Entretanto, é importante o paciente ter acesso às várias possibilidades para que possa ver em qual das opções se sente mais confortável. Neste formato, o fumante adia dentro de sete dias a hora em que começa a fumar no dia, até suspender por completo no sétimo dia. O terapeuta constrói com o cliente uma tabela para adiamento de acordo com a rotina individual do mesmo.
Ex: se ele começa a fumar todo dia às 7h.
Dia 1- 7h; dia 2 – 10h; dia 3- 13h; dia 4-16h; dia 5 – 19h; dia 6 – 22h; dia 7 – não fuma mais.

Automonitoramento

Um grande objetivo neste momento em que ele se prepara para parar de fumar é ensiná-lo a perceber sua relação com o cigarro. Quais as funções que o cigarro possui na sua vida, que espaços ele preenche. Isso pode ser feito de maneira informal, incentivando o paciente a se monitorar no dia a dia percebendo em que momentos fuma mais, em que momentos poderia dispensar o cigarro, entendendo o seu padrão de uso ou de forma mais sistematizada, fazendo um diário que chamamos de automonitoramento, em que a cada cigarro fumado ele escreve: primeiro cigarro, hora, onde estava, com quem estava, como estava se sentindo.

Marcar uma data para parar

Quando o paciente ingressa no tratamento; ele é informado de que não temos a expectativa de que ele pare imediatamente, pois ele terá até um mês para parar de fumar. Marcar uma data tem um papel psicológico vital, pois a pessoa vai tentar mudar suas crenças facilitadoras para o "seu dia D". Recomendamos

que o paciente tente ver dentro do próximo mês se existe alguma data significativa que tenha uma representação especial. Se não, verificamos se seria melhor durante a semana ou final de semana. O ideal é que o paciente possa se permitir um funcionamento deficitário durante os primeiros tempos sem fumar, sem tanta pressão ou cobranças internas e externas. O corpo estará passando por um processo de adaptação com a falta da droga e provavelmente produzirá sintomas da síndrome de abstinência. Além disso haverá a necessidade de focar e gastar energias com mudanças de hábito necessárias e aprender a lidar com a vida sem o recurso de fumar.

A ambivalência

Ensinamos ao paciente que todo mundo tem um lado querendo parar e outro que não quer parar, e que se sentir ambivalente sobre a suspensão do tabaco é algo natural e esperado. Isso ocorre em todas as mudanças importantes que fazemos na vida.

Benefícios de parar de fumar

Quando se trabalha com tabagistas não se deve focar nos malefícios do fumo, esse terrorismo frequentemente ocasiona um aumento do comportamento de fumar. É recomendável construir uma palestra que focalize os benefícios de parar e esclarecer sobre os malefícios somente a partir de demandas surgidas.

Aprendendo a lidar com os sentimentos: usando a assertividade e a Terapia Racional-Emotiva-Comportamental (TREC)

1. Assertividade
Um dependente de substâncias geralmente tem grande dificuldade de expressar seus sentimentos de forma adequada e usa

o cigarro para suportar os efeitos internos desta dificuldade.

Com grande frequência, funciona num padrão "tudo-ou-nada": ou se cala diante dos incômodos ou, quando já não aguenta, agride o outro, "vomita tudo" numa intensidade desmedida.

O comportamento assertivo é uma habilidade que consiste em aprender a diferenciar entre o que é agir de forma passiva, o que é agir de forma agressiva e o que é agir de forma assertiva.

A pessoa que age de modo passivo se submete ao outro, se anula, não se posiciona, se cala diante dos incômodos e quase nunca reivindica seus próprios direitos. A pessoa que age de forma agressiva julga ou acusa, explode, invade o espaço do outro, não respeita o outro, fala coisas sem mensurá-las, é desproporcional. Comportar-se de forma assertiva é não permitir que alguém aja de forma agressiva com ela, afirmando-se e "não engolindo sapos constantes", mas ao mesmo tempo não agredindo o outro. É se colocar de uma forma adequada, preocupando-se não só com *o que* vai falar, mas *como* vai falar; é respeitar o outro mas solicitar ser também respeitado; é falar de forma clara e adequada sobre os comportamentos dos outros que perturbam.

2. Terapia Racional Emotiva Comportamental (TREC) (Ellis, 1962)

A TREC parte do pressuposto de que nossas emoções são derivadas das interpretações que são feitas sobre os acontecimentos: se uma pessoa aprender a questioná-los ela poderá gerar emoções menos desconfortáveis e ter, como consequência, uma mudança em seus comportamentos. O paciente deve se conscientizar de que nenhuma situação por si só é capaz de provocar um sentimento ou comportamento, e que será possível interferir no resultado quando ele for capaz de questionar as suas interpretações sobre os fatos.

Por exemplo:

Situação: Briga com o marido.

Pensamento: Preciso de um cigarro.

Sentimento: Desconforto, medo, raiva.

Comportamento: Fumar.

Se um questionamento do pensamento for feito: fumar não vai resolver meu problema, vou acabar criando mais um problema pra mim, preciso buscar verdadeiras soluções e não paliativos para meu sofrimento.

Nova resposta emocional: desconforto menor.

Nova resposta comportamental: chamar o marido para uma conversa em que eu exponha de forma adequada o que penso e sinto.

Aprendendo a lidar com hábitos mais comuns

- Falar ao telefone: procurar alguma coisa para ter nas mãos, como uma caneta ou um bolinha macia para poder apertar.
- Evacuar: o cigarro aumenta a peristalse e, por isso, realmente ajuda a evacuação; buscar conversar com seu médico sobre uma possível medicação.
- Após as refeições: levantar logo da mesa, escovar os dentes, não tomar café por um tempo.
- Ter que esperar: levar sempre consigo uma leitura, ou aproveitar para resolver pendências; evitar ficar ocioso.
- Bebida alcoólica: o ideal é evitar qualquer bebida alcoólica nos primeiros tempos. Caso não seja possível, pensar em beber um tipo de bebida menos associada ao hábito de fumar (trocar destilado por fermentado ou vice-versa).

Aprendendo a lidar com a fissura

Na hora da fissura...

- Distrair: tentar se distrair com técnicas cognitivas que o auxiliem a refutar pensamentos a favor do uso, como lembrar de tudo o que passou pra chegar até ali, frutos positivos que já esteja colhendo ou utilizar técnicas comportamentais, como mudar de atividade, beber algo, botar algo de baixa caloria na boca, como bala ou chiclete *diet*, cravo, canela em pau, cenoura, aipo, gengibre.

- **Evitar:** situações que o próprio paciente reconhece como de risco.
- **Escapar:** quando não for possível evitar uma situação de risco, é possível dar uma "escapada", como sair no meio de uma reunião tensa para beber água ou ir ao banheiro; ou, se sentir muita fissura numa situação social que não imaginava que pudesse acontecer, é possível ir embora dela.
- **Adiar:** quando tiver uma fissura, tentar pensar "não vou fumar agora, vou esperar um tempo, daqui a pouco decido".
- **Buscar:** novas ou antigas fontes de satisfação e prazer já deixadas de lado.

PREVENÇÃO DA RECAÍDA

A prevenção da recaída é a segunda fase do tratamento de TCC. A recaída no processo de suspensão do cigarro não é uma exceção, e sim uma regra. Acredita-se que 75% dos fumantes (Hunt et al., 1973) recaiam depois de seis meses de abstinência, e é por isso que a aplicação de técnicas de prevenção de recaída é crucial para a alteração de tão desanimadora estatística.

A Prevenção da Recaída (PR) é uma abordagem desenvolvida por Marllat e Gordon (1993), que trouxe uma visão diferente do processo de recaída. Durante muitos anos a recaída era encarada como sinônimo de fracasso e, desta forma, o resultado que obtínhamos era frustração, desesperança, desejo de abandonar o processo ou de desistir de tudo.

A estratégia de PR inseriu um novo olhar sobre este processo: passou a encarar a recaída como uma oportunidade que a pessoa ganha para refletir a respeito do ocorrido, para observar minuciosamente todos os passos que favoreceram a recaída e para transformá-la numa oportunidade de aprendizagem sobre exatamente o que não

funcionou, quais foram os comportamentos que precipitaram aquele movimento em direção ao uso do cigarro. Para que ? O objetivo é evitar que sejam repetidos os comportamentos que favoreceram a recaída.

Visto por este prisma, o fumante pode adquirir uma postura mais madura diante da falha e desenvolver a capacidade de dizer: "Ok, eu errei, isso não é o desejável... mas, já que aconteceu, vou tentar tirar o melhor proveito possível, vou aprender para não repetir". Assim, ele passa de uma visão derrotista para uma visão mais construtiva.

Fundamentalmente, a PR tem duas metas:

1. evitar a ocorrência de lapsos;
2. evitar que um lapso se transforme numa recaída.

Entende-se por lapso um ato isolado de consumo, uma espécie de escorregada. Por exemplo, um homem que está há dois meses sem fumar e que um dia após um enterro de um amigo fumou um cigarro e, após o ocorrido, retomou a abstinência. Por outro lado, entende-se por recaída uma retomada a um padrão rotineiro de consumo, não necessariamente ao padrão anterior de consumo. Por exemplo, uma mulher que estava abstinente há três meses e que foi tomar um chope com as amigas após o trabalho e, nesse contexto, fumou três cigarros. Passou a sair uma vez por semana com as amigas voltando a fumar três cigarros no bar. Isso é considerado uma recaída porque sabe-se que, para um tabagista, o aumento do consumo pode até demorar um pouco, mas acabará acontecendo.

A maior parte das pessoas que recaem diz que vai fumar "só unzinho", que ninguém vai ficar sabendo, que desta vez será diferente pois vai aprender a se controlar e fumar pouco. E a realidade é que, em sua grande maioria, em pouco tempo, voltam a fumar o que fumavam antes. O grande problema é que uma boa porcentagem dos lapsos torna-se recaída. Então, é lógico que é melhor tentar impedir a ocorrência dos mesmos

Alguns profissionais questionam de maneira equivocada esta abordagem, afirmando que ela se constitui numa forma de autorização para o cliente recair. Chega a ser ingênuo pensar que nossos pacientes precisam de alguma forma de consentimento para fumar. Os fumantes recaem independentemente do que seus terapeutas pensem ou desejem a esse respeito.

É necessário ter atenção ao fato de que tabagistas, depois de algum tempo adquirido de abstinência, não passem a ter uma postura de que "a parada está ganha" e de que ele não precisa mais ter os cuidados que inicialmente necessitou ter. Na área de dependência de substâncias, este "relaxamento" não pode ocorrer, pois há pessoas que recaem mesmo depois de anos abstinentes. O que se sabe é que os momentos de fissura ficam cada vez menos intensos e cada vez mais espaçados, mas isso não quer dizer que a vida não venha a apresentar situações que ponham em risco este projeto. Situações de estresse costumam ser os precipitadores mais comuns de recaída.

ENTREVISTA MOTIVACIONAL

A Entrevista Motivacional (EM) (Miller e Rollnick, 1991) surgiu para dar conta dos pacientes difíceis, aqueles que ninguém quer, os considerados "verdadeiros abacaxis". A TCC é de grande eficácia para pacientes que desejam parar. Entretanto, grande parcela das pessoas "que precisa mudar" não quer parar ou, no mínimo, se sente ambivalente a respeito. Para estas pessoas, a indicação psicoterápica é a EM. Ela se aplica não apenas ao tratamento do tabagismo, como ao de álcool, drogas, outros transtornos do impulso e mudanças de comportamento em geral que encontrem-se paralisados.

As técnicas da TCC são dirigidas para a ação. Em momentos de fissura pode ficar difícil para um terapeuta manejá-la se o paciente intimamente não está certo sobre a necessidade de parar. É como se a voz interna do paciente dissesse ao profissional: "Ei, espera aí, vai com calma, eu não tenho ainda a certeza que você tem".

Dessa forma, quando o profissional desavisado utiliza técnicas da TCC que objetivam a suspensão do tabaco, o resultado geralmente é um abandono precoce do tratamento e/ou uma rápida recaída.

Assim, não está sendo proposto o estabelecimento de uma hierarquia de importância entre a EM e a TCC, mas sim ressaltar a necessidade de capacitação dos profissionais em ambas as abordagens, pois são complementares. A primeira destina-se a motivar pessoas que não desejam parar ou encontram-se em extrema ambivalência; a segunda destina-se à construção ou ao fortalecimento de habilidades para a obtenção e a manutenção da abstinência. O cliente ambivalente ou absolutamente resistente deve primeiro passar no tratamento pela utilização da EM; num segundo momento, dedicar-se à TCC.

Muitas pessoas confundem a Entrevista Motivacional com o modelo de estágios de mudança de Prochaska e Di Clemente (1985), que segmenta o processo de mudança em

1. pré-contemplação;
2. contemplação;
3. preparação para ação;
4. ação e
5. manutenção.

Na realidade, este foi o ponto de partida de Miller e Rollnick: o que é necessário saber e o que é preciso aprender para efetivamente ajudar nossos pacientes? O que fazer para as pessoas mudarem a sua motivação, saírem de uma posição para a outra? De que adianta saber que alguém está ambivalente se o terapeuta não sabe como auxiliar a pessoa a sair deste estágio? (Miller e Rollnick, 1991).

PRONTIDÃO, IMPORTÂNCIA E CONFIANÇA

Hoje em dia a EM utiliza-se mais do tripé "prontidão, importância e confiança" para representar a evolução da motivação do que o modelo dos estágios de mudança (Prochaska e Di Clemente, 1985). Motivação pode ser entendida como uma prontidão para a mudança. Prontidão é a soma do quanto uma pessoa percebe uma mudança como importante e o quanto ela confia na sua capacidade de dar conta de tal desafio.

Há situações em que a pessoa percebe a relevância de parar de fumar, pois já está com enfisema, por exemplo; mas em função de múltiplas tentativas sem sucesso, pouco acredita que conseguirá. De maneira oposta, há situações em que o paciente sabe que daria conta de parar porque já passou períodos grandes sem fumar, mas não vê sentido em abrir mão de um prazer, já que a vida já anda lhe tomando muitas outras coisas, ou porque está deprimido e se morresse seria um prêmio, ou porque não crê que o tabagismo lhe trará consequências nocivas (conhece um fumante pesado que morreu aos 100 anos sem problema algum, por exemplo).

No tratamento, devemos fazer uma avaliação profunda de prontidão, importância e confiança para compreendermos onde é "que está o problema". A partir daí se inicia um trabalho com base na EM que possui técnicas específicas para o aumento da importância e/ou da confiança.

VALORES: O CORAÇÃO DO TRABALHO COM ENTREVISTA MOTIVACIONAL

Todo ser humano, a partir da relação com seus pais, família, escola e sociedade, constrói desde a infância um conjunto de valores que passa a reger a direção de sua vida. No tratamento, a meta é que ele possa aos poucos perceber como seu comportamento (no caso deste capítulo, o comportamento de fumar) o faz se distanciar de seus próprios valores pessoais. Dessa forma, ele aumenta sua dissonância interna e acaba emergindo naturalmente o ímpeto de mudar.

A percepção destas incoerências, entre o que eu desejo ser e o que eu estou sendo, a forma como venho levando minha vida, me comportando, são fundamentais para o movimento em direção à mudança.

Ferir seus próprios valores é algo doloroso. O profissional experiente em EM se utiliza deste processo para auxiliar o paciente a ampliar esta experiência de desconforto, pois é a partir disso que a mudança paralisada pode ocorrer.

> Ex: Débora é fumante de dois maços/dia, fuma um cigarro atrás do outro. Durante o tratamento percebeu que a família é um valor central para ela e que o contato com os netos é a coisa que vem lhe dando mais prazer. Entretanto, sua neta mais velha é asmática e sua filha vem restringindo o contato de Débora com a neta pois fala que mesmo que ela fume na janela ou em outro cômodo a "fumaça do cigarro se espalha pela casa". Débora então percebeu que o comportamento de fumar fere seu maior valor e finalmente se propôs a parar de fumar.

A EM é uma abordagem extensa, que mereceria um capítulo inteiro. O objetivo deste segmento é explorá-la de uma forma geral, sublinhando a necessidade do leitor de avançar em seus estudos sobre esta abordagem.

AVALIAÇÃO

Vale ressaltar que, para fazermos um encaminhamento adequado de cada caso, faz-se mister a realização de uma avaliação bastante cautelosa.

O passo a passo da avaliação do tabagista:

- A história do tabagismo na vida daquele indivíduo
- O início de tudo; o momento em que passou de um fumar ocasional para o consumo regular; o padrão atual de consumo e suas singularidades ao longo da semana; em que situações não fuma; quais os precipitadores de aumento de consumo
- Dependência física dos fumantes [Utilizar a escala de dependência de Fagerström para saber o grau da de-

pendência química com vistas a discutir opções farmacoterápicas.]

- Outras tentativas: quais os tratamentos que já fez; qual uso de quais medicações para parar; se nunca tentou, entender as razões para que se possa trabalhar esta dificuldade.
- Grau de suporte social: com quem pode contar no processo de parar de fumar; as pessoas apoiam ou perseguem o fumante; verificar se há fumantes no trabalho ou em casa.
- Avaliar a motivação do tabagista: verificar o grau de importância, o grau de confiança para avaliação da prontidão para mudança. Este assunto já foi mais desenvolvido no segmento de EM deste capítulo.
- Avaliação de comorbidades psiquiátricas: algumas patologias psiquiátricas podem se tornar mais graves na hora em que o fumante suspende o tabaco e outras podem ser as responsáveis por tentativas sem sucesso.
- É crucial no tratamento do tabagismo o tratamento prévio de doenças psiquiátricas instáveis. As doenças psiquiátricas mais comumente encontradas são depressão e ansiedade. Indagar possíveis comorbidades clínicas para o devido encaminhamento ao especialista.
- O bom encaminhamento: o profissional que faz a primeira avaliação vai determinar se este paciente irá para tratamento individual ou em grupo; se irá para o grupo de TCC ou de EM; se precisa de tratamento psiquiátrico além da farmacoterapia específica para parar de fumar.
- Em instituições públicas ou filantrópicas o tratamento em grupo acaba sendo a primeira opção como forma de otimização do trabalho. O tratamento individual é indicado em casos de esquizofrênicos (a não ser que a instituição consiga fazer grupos apenas para eles); pessoas com déficits cognitivos; casos de fobia social; pessoas extremamente demandantes e/ou inadequadas que acabam por interferir negativamente no funcionamento grupal; tabagistas com vivências muito íntimas que interferem na suspensão do tabaco, como, por exemplo, casos de abuso sexual, e que não se sentem confortáveis para se expor em grupo.

TRATAMENTO FARMACOLÓGICO

Reposição de nicotina (goma, *patch*, pastilha, vaporizador, *spray*, *patch* + goma)

A reposição de nicotina duplica ou até triplica as chances de êxito de abandono do cigarro (Fiore Bailey, Cohen et al., 2000). Seu uso é recomendável para a grande maioria dos pacientes e as contraindicações são poucas. Mesmo profissionais não médicos devem estar familiarizados com o seu uso.

Existem diferentes formas para reposição de nicotina: goma de mascar, adesivos transdérmicos, pastilhas, vaporizador e *spray* nasal. No Brasil, apenas os três primeiros são comercializados.

A reposição de nicotina diminui sintomas de abstinência e permite que o desenvolvimento de comportamentos mais bem adaptados ocorra sob menos pressão.

Goma de mascar de nicotina

A goma de nicotina pode ser eficaz mesmo quando usada isoladamente, sem aconselhamento – mas o tratamento combinado é mais eficaz, por isso, é recomendado sempre que possível. Há duas apresentações disponíveis: 2 e 4mg por unidade.

Sua utilização apropriada é fundamental para a eficácia terapêutica. Apesar de serem gomas de mascar, não devem ser mastigadas como um chiclete comum. A goma deve ser mascada lentamente até que se sinta seu sabor: isso indica a liberação da nicotina. Ao se sentir um leve amortecimento ou formigamento, a goma deve ser depositada entre a bochecha e a mandíbula até que a sensação desapareça. Este ciclo de "morder e estacionar" deve ser repetido até que a goma perca o seu gosto, o que leva de 20 a 30 minutos. Então, a goma pode ser descartada. As gomas são mais eficientes quando utilizadas em regime fixo de administração, a cada uma ou duas horas enquanto acordado, ao invés de *ad libitum*. Não se deve comer ou beber 15 minutos antes ou durante o uso da goma para não prejudicar a absorção da nicotina. A dose usualmente varia de 8 a 16 por dia. A recomendação usual é que fumantes de até 24 cigarros por dia usem a goma de 2mg; aqueles que fumam 25 cigarros ou mais, devem usar a goma de 4mg. Deve-se evitar o uso de goma em pacientes que tenham dentaduras ou outras próteses dentárias móveis. São raros os relatos de dependência de goma de nicotina.

Sistemas transdérmicos de nicotina

Há dois tipos de sistemas cujo uso difere: o Nicorette, para 16 horas por dia, e o Niquitin, para 24 horas por dia. Os adesivos Nicorette liberam 15, 10 e 5mg de nicotina; os adesivos Niquitin liberam 21, 14 e 7mg durante o período de uso. Os adesivos são colados pela manhã sobre pele sem pelos e sem ferimentos. Conforme mencionado, o tempo de uso depende da marca do adesivo: o Nicorette é retirado durante a noite, o Niquitin deve ser usado até o dia seguinte. Fumantes de mais de 10 cigarros por dia podem usar a dose mais alta por 4 semanas, depois a dose média por 2-4 semanas e, finalmente, a dose menor por 2-4 semanas. Fumantes de menos de 10 cigarros por dia podem usar a dose intermediária por 4 semanas e, depois, a dose menor por mais 4 semanas.

O principal efeito colateral é irritação no sítio de aplicação. Por este motivo, o local deve ser mudado diariamente. Os sítios preferidos são a saliência do músculo deltoide, a região anterior do tórax e a região interescapular. Também para que não haja irritações de pele, deve-se evitar a exposição direta do adesivo aos raios solares.

Pastilhas de nicotina

Como a goma, a pastilha também é usada a cada uma ou duas horas. Podem ser encontradas disponíveis nas apresentações de 2 e 4mg.Também não se deve comer ou beber 15 minutos antes ou durante o uso da goma para não prejudicar a absorção da nicotina. A dose varia de 9 a 16 por dia, não devendo passar de 20. Fumantes que acendem o primeiro cigarro mais de 30 minutos depois de levantar devem usar a pastilha de 2mg; fumantes que fumam logo ao acordar devem usar a de 4mg.

Spray nasal

O *spray* nasal tem a vantagem de proporcionar absorção mais rápida e concentrações plasmáticas mais elevadas de nicotina do que as outras formas de reposição de nicotina. Desse modo, é mais eficiente na reduções dos episódios de compulsão para fumar. Pelos mesmos motivos, no entanto, pode causar dependência mais facilmente. Sugere-se que seja usado com aconselhamento comportamental.

Uma dose equivale a um jato em cada narina. Inicia-se com 1 ou 2 doses por hora, não devendo exceder 5 doses por hora ou 40 doses por dia (Schneider, Olmstead, Mody et al., 1995; Hurt, Dale, Croghan et al., 1998). Seus efeitos colaterais mais comuns são irritação nasal e da garganta, lacrimejação e aumento da secreção nasal. O período de uso é de três a seis meses, com redução gradual das doses no fim.

Bupropiona

Originalmente, um antidepressivo atípico. Foi o primeiro medicamento sem nicotina aprovado para o tratamento do tabagismo. Seu mecanismo de ação é desconhecido. Parece agir aumentando a concentração de dopamina no *nucleus accumbens* e afetando os neurônios noradrenérgicos no *locus cœruleus*.

É comercializado em comprimidos de 150mg. A dose terapêutica é de 150 ou 300mg/dia, havendo tendência a maior efetividade com a dose maior.

Tipicamente, inicia-se com um comprimido de 150mg pela manhã por três dias. Passado este período, pode-se acrescentar outro comprimido oito ou mais horas após o primeiro. Um intervalo menor do que oito horas entre os comprimidos aumenta a vulnerabilidade a crises convulsivas. Ao contrário das terapias de reposição de nicotina, a bupropiona deve ser introduzida de uma a duas semanas antes da data estabelecida para deixar de fumar, para que sejam alcançados níveis plasmáticos constantes. A dose de 300 mg deve ser mantida por pelo menos três meses, quando então é suspensa, não necessitando da diminuição gradual das doses.[1] A bupropiona parece ser especialmente eficaz na redução do ganho de peso associado à abstinência ao tabaco, diminuindo este ganho de uma média de 3 para 1,5kg. Seus efeitos colaterais mais comuns são insônia, boca seca e tontura. Seu uso é contraindicado em associação com antidepressivos IMAO e condições que diminuam o limiar convulsivo, tais como: história pessoal de convulsão, epilepsia, trauma crânio-encefálico, acidente vascular cerebral, transtornos alimentares de drogas. Usada apropriadamente, a bupropiona é um medicamento seguro e bem tolerado. O tempo de uso da bupropiona varia de dois a seis meses.

Vareniclina

A vareniclina é um agonista parcial de receptores alfa-4 beta-2 desenvolvido especialmente para o tratamento do tabagismo. É, individualmente, o medicamento mais eficiente para o tratamento do tabagismo (Fiore, Bailey, Cohen et al., 2000). Vem em comprimidos de 0,5 e 1mg acondicionados em cartelas marcadas dia a dia.

Seu uso deve ser iniciado uma semana antes da data de parar de fumar. As doses recomendadas são 0,5 mg/dia nos dias 1-3; 0,5 mg duas vezes por dia nos dias 4-7 e 1 mg duas vezes por dia a partir do dia 8. Os principais efeitos colaterais são náusea, insônia e sonhos vívidos. Há relatos de alterações de humor e ideação e impulsos suicidas associados ao seu uso. Por este motivo, deve ser usada com cautela e acompanhamento frequente em pacientes com histórico de depressão. O tempo de uso da vareniclina é de 12 a 24 semanas.

Combinações

Algumas combinações de medicamentos têm sido cada vez mais utilizadas no tratamento do tabagismo, particularmente bupropiona com reposição de nicotina e a associação de mais de uma forma de reposição de nicotina. Em especial, a associação de adesivos à goma de nicotina tem se mostrado particularmente eficiente, podendo até triplicar a probabilidade de êxito no tratamento.

De um modo geral, as várias formas de tratamento farmacológico têm se mostrado eficientes em diferentes grupos de tabagistas. Um grupo particular é o das gestantes, em que se evita o uso de medicamentos. Se necessário, pode-se usar a goma de nicotina, com acompanhamento médico mais rigoroso.

REFERÊNCIAS

Bandura, A. (1977). Social learning theory. Englewoods Cliffs, NJ: Presentice-Hall.

Beck, J. (1997). Terapia cognitiva: teoria e prática. Porto Alegre: Artmed.

Benowitz, N. L. (2010). Nicotine addiction. *The New England Journal of Medicine, 362*(24), 2295-2303.

Carneiro, E. (2007). Modelo transteórico de mudança: o início de tudo. In: Gigliotti, A; Guimarães, A. (Org.). Dependência, compulsão e impulsividade . São Paulo: Rubio.

Doll. R., Peto, R., Boreham, J., Sutherland, I. (2004). Mortality in relation to smoking: 50 years' observations on male british doctors. *BMJ, 328*, 1519-1527.

Ellis, A. (1962). Rational emotive therapy. New York: Lyle Stewart.

Fiore, M. C., Bailey, W. C., Cohen, S. J. (1996). *Smoking cessation: information for specialists: clinical practice guideline*. Washington DC: *US Department of Health and Human Services, Public Health Service, Agency for Health Care Policy and Research and Centers for Disease Control and Prevention*.

Fiore, M. C., Jaen, C. R., Baker, T. B., Bailey W. C., Benowitz, N., Curry, S. J., et al. (2008). *Treating tobacco use and dependence: 2008 update*. clinical practice guideline. Rockville, MD: U.S. Department of Health and Human Services. Public Health Service.

Gigliotti, A.; Presman, S. (Org.). (2006). Atualização no tratamento do tabagismo. Rio de Janeiro: ABP Saúde.

Gigliotti, A., Carneiro, E., & Aleluia, G. (2008). *Drogas*. São Paulo: Best Seller.

Heatherton, T. F., Kozlowski, L. T., Frecker, R. C., Fagerström, K. O. (1991). The Fagerström test for nicotine dependence: a revision of the Fagerström tolerance questionnaire. *British Journal of Addiction, 86,* 1119-1127.

Hughes, J. R., Gust, S. W., Skoog, K., Keenan, R. M., & Fenwick J. W. Symptoms of tobacco withdrawal: a replication and extension. *Archives of General Psychiatry, 48,* 52-59.

Hughes, J. R., Keely, J., Naud, S. (2004). Shape of the relapse curve and long-term abstinence among untreated smokers. *Addiction, 99,* 29-38.

Instituto Brasileiro de Geografia e Estatística. (2009). Pesquisa nacional por amostra de domicílios: tabagismo 2008. Rio de Janeiro: Author.

Marlatt G. A., Gordon, J. R. (1993). Prevenção da recaída: estratégia e manutenção do tratamento de comportamentos adictivos. Porto Alegre: Artmed.

Miller, W. R., Rollnick, S. (1991). Motivational Interviewing: Preparing people to change addictive behavior. New York: Guilford.

Peto, R., Lopez, A. D., Boreham, J., Thun M, Heath C Jr. (1994). Mortality from smoking en developed countries (1950-2000). Indirect estimates from national vital statistics. Nova York: Oxford Medical.

Rodrigues, D. (2007). A dependência de substâncias e o tratamento cognitivo-comportamental. In: Gigliotti, A., & Guimarães, A. (Org.). Dependência, Compulsão e Impulsividade (p. 201-207). São Paulo: Rubio.

Prochaska, J. D., & DiClemente, C. C. (1983) Stages and process of self-change of smoking: toward an integrative model. *Journal of Consulting and Clinical Psychology*, 390-395.

Stead, L. F., Lancaster, T. (2005). Group behavior therapy programmes for smoking cessation: chocrane methodology review. Chichester, Reino Unido: John Wiley&Sons. (The Chocrane Library, issue 4).

United States Department of Health and Human Services, Public Health Service, Centers for Disease Control, Center for Health Promotion and Education, Office on Smoking and Health. (1998). The health consequences of smoking: nicotine addiction: a report of the surgeon general. Rockville: US Goverment Printing Office.

U.S. Department of Health and Human Services. (2004). The health consequences of smoking: a report of the surgeon general. Atlanta: U.S. Department of Health and Human Services, Centers for Disease Control and Prevention, National Center for Chronic Disease Prevention and Health Promotion, Office on Smoking and Health.

World Health Organization. (2009). WHO report on the global tobacco epidemic, 2009: Implementing smoke-free environments. Genebra: Author.

27

Dependência de internet

Cristiano Nabuco de Abreu
Dora Sampaio Góes

INTRODUÇÃO

A Dependência de Internet vem ganhando espaço nas publicações leigas e científicas em todo o mundo. Isso ocorre em razão da popularização exponencial da rede mundial a que todos nós fomos expostos nos últimos anos e também pelo fato de estarmos vivenciando, principalmente, os efeitos do convívio com a nova "Geração Digital" (*Digital Generation*, igualmente conhecida por "Gen-D"), composta por jovens que nasceram entre 1990 e 2000 e que foram criados sob a constante exposição às redes virtuais. Esses jovens, segundo algumas pesquisas, possuiriam características muito distintas daquelas sob as quais vivemos e, por essa razão, exibem comportamentos muito peculiares. Além disso, o uso progressivo da internet fez com que a linha divisória entre uso recreacional e patológico ficasse cada vez mais tênue a ponto de testemunharmos a perplexidade constante dos profissionais de saúde mental em não saberem como conduzir tais dinâmicas, fato manifestado em seus consultórios ou mesmo em suas vidas pessoais.

Os adolescentes de hoje voltam mais cedo das "baladas" apenas para poderem postar e dividir nas redes sociais da internet (Facebook, Orkut, etc.) fatos, emoções ou mesmo partilhar experiências que acabaram de ter momentos atrás com seus colegas. Uma pesquisa canadense, por exemplo, indica que um adolescente daquele país possui, em média, 2500 amigos virtuais, embora apenas 10% destes um dia chegarão a ser conhecidos pessoalmente. Estes jovens ainda preferem cuidar de animais de estimação virtuais (*FarmVille*) em vez de animais reais como gatos ou cachorros. Vale dizer que o próprio conceito de intimidade ganhou novas dimensões. Por exemplo, um jovem é incapaz de partilhar maiores detalhes de sua intimidade com colegas de sua escola, mas não se inibe nem um pouco em postar nas redes sociais detalhes de sua última experiência sexual para que alguns milhões de pessoas possam ter acesso irrestrito.

Se efetivamente tínhamos alguma dúvida de que algo mudou, hoje temos a plena convicção. Resta-nos agora debruçamo-nos sobre este novo fenômeno e sermos ágeis o suficiente para poder acompanhar a velocidade das mudanças e dos novos conceitos e, ao mesmo tempo, poder ajudar aqueles que se perdem nos mundos virtuais. Esperamos que este capítulo possa, de alguma maneira, auxiliar os clínicos neste processo.

CRITÉRIOS DIAGNÓSTICOS

Muitos são os termos utilizados para definir o uso abusivo de computadores na literatura científica: *Internet Addiction, Pathological Internet Use, Internet Addiction Disorder, Internet Dependency, Compulsive Internet Use, Computer Mediated Communications Addicts, Computer Junkies*, dentre outros. Essas variadas classificações surgiram originalmente das diferentes áreas de atuação dos profissionais que buscaram compreender suas peculiaridades. Como foram opiniões advindas de vários segmentos – imprensa leiga, pesquisadores, mídia, juristas e clínicos –, diferentes aspectos foram selecionados nesta caracterização.

As primeiras tentativas de identificação ocorreram na década de 1990 (Wallis, 1997). Thomas Hodgkin, por exemplo, é descrito por ter identificado inicialmente o problema, mas foi Ivan K. Goldberg, psiquiatra norte-americano, o primeiro a ganhar maior notoriedade em um campo onde ainda não existia qualquer olhar clínico ao nomear uma doença ainda não reconhecida. O pesquisador criou em 1986 um boletim intitulado *PsyCom.Net*. Caracterizava-se por ser um *cyber club*, onde terapeutas buscavam informações e trocavam experiências a respeito das questões envolvendo o uso abusivo. Para demonstrar a complexidade do tema, o psiquiatra cunhou o termo *Internet Addiction Disorder* ou "transtorno de dependência da internet" (IAD), cujos sintomas incluíam "abandono ou redução de importantes atividades profissionais ou sociais em virtude do uso da internet", "apresentar fantasias ou sonhos sobre internet", "apresentar movimentos voluntários ou involuntários de digitação dos dedos", dentre outros aspectos.

Muitos profissionais reconheceram a problemática, o que levou Ivan Goldberg a criar um grupo de ajuda a usuários que, em pouco tempo, recebeu centenas de pedidos de socorro. Neste ínterim, tais preocupações ganharam terreno e vários outros grupos começaram a oferecer algum tratamento. A Universidade de Maryland (Estados Unidos), por exemplo, no College Park, criou um grupo de aconselhamento chamado *Caught in the Net* para os alunos que navegavam excessivamente: enquanto no McLean Hospital, um reconhecido centro de saúde mental em Belmont, Massachusetts (Estados Unidos), foi aberta uma clínica para viciados em computador (Wallis, 1997).

À medida que o tempo foi passando e o número de usuários foi se expandindo, as consequências do uso excessivo foram despontando lentamente como um novo problema de saúde mental. Os sintomas relatados pelos pacientes em relação à obsessão por internet provocaram nos clínicos e, por conseguinte, nos pesquisadores interesse em investigar esse novo quadro. Assim sendo, nos anos de 1990, a literatura psicológica e psiquiátrica começou a descrever indivíduos com uso problemático das novas tecnologias. O termo *dependência por computador* foi introduzido em 1991, por um britânico, que percebia que certos indivíduos obtinham constante excitação intelectual ao interagir com suas máquinas. Tais indivíduos dependentes, segundo Shaffer, Hall e Bilt (2000), relatavam ainda uma limitada satisfação no contato com as pessoas, descrevendo o computador sob uma ótica bem mais positiva do que aquelas experienciadas nos relacionamentos interpessoais.

Em 1995, Mark Griffiths propôs o termo *dependência tecnológica* como o resultado da interação não química entre homem e máquina e que geralmente envolve características como a indução e o reforço comportamental. Ainda segundo o autor, essa dependência mostra-se como um subsistema das dependências comportamentais, apresentando como partes de sua estrutura a saliência, a modificação do humor, a tolerância e a consequente recaída (Shapira et al., 2003).

Em 1996, a psicóloga norte-americana Kimberly Young apresentou uma das primeiras pesquisas sobre vício em internet na conferência anual da *American Psychological Association*, realizada em Toronto, intitulada "Dependência de internet: o surgimento de um novo transtorno" (Young, 1996). Young conduziu uma investigação utilizando como parâmetro um conjunto de critérios derivados daqueles utilizados pelo DSM-IV para a Dependência de Substâncias na criação do primeiro esboço conceitual. Nessa primeira avaliação, 496 estudantes foram considerados. Destes, 396 relataram uso excessivo, mencionando prejuízos significativos em suas rotinas de vida. Embora a amostra tenha sido pequena em comparação aos 47 milhões de usuários de internet na época da avaliação, o estudo foi considerado a primeira tentativa empírica de delineamento do problema (Young, 1998).

Desde então, estudos têm demonstrado a dependência de internet em ascensão na Itália, no Paquistão, no Irã, na Alemanha, na República Checa, etc. Relatórios indicam também que o vício em internet tem se tornado um problema de saúde pública na China, na Coreia e em Taiwan, ao mesmo tempo em que diversos centros de tratamento surgiram em todo o mundo; todavia, é ainda difícil estimar a amplitude do problema. Um estudo norte-americano realizado por uma equipe da Universidade de Stanford School of Medicine estimou que um em cada oito norte-americanos sofre de pelo menos um sinal de uso abusivo da internet. Tal é a seriedade, que já está sendo considerada a inclusão da Dependência de Internet para a quinta edição do DSM.

Como critérios diagnósticos para a *dependência de internet*, segundo Young (1998), o paciente deverá apresentar, pelo menos, cinco dos oito itens descritos abaixo (Quadro 27.1).

Como dissemos anteriormente, Young inicialmente baseou-se nos critérios diagnósticos do uso de substâncias para cunhar a nova proposta diagnóstica, entretanto, em uma segunda avaliação realizada anos depois, a autora refinou sua proposta, empregando assim oito dos dez critérios diagnósticos existentes no DSM-IV para o jogo patológico. Nessa nova proposição, um novo item foi incluído ("Permanecer *on-line*

mais tempo do que o pretendido"), finalizando, assim, o novo conjunto de critérios usados para definir a Dependência da internet (Abreu, Karam, Góes e Spritzer, 2008). Ainda que Young tenha sido uma das pioneiras a conduzir estudos empíricos, certos itens ainda são discutíveis. Por exemplo, alguns autores questionam se os itens baseados em autorrelato (por exemplo, sentir-se deprimido e irritado) poderiam ser fidedignos, uma vez que podem facilmente ser manipulados pelos pacientes, vindo a comprometer a precisão diagnóstica.

Ao tentar refinar os argumentos de Young, Beard e Wolf sugerem que, para se fazer o diagnóstico com maior rigor, em vez de se considerar cinco dos oito critérios de forma aleatória, dever-se-ia observar a existência dos cinco primeiros itens associados, pelo menos, a um dos três últimos, pois estes se relacionam aos impedimentos ou mesmo limitações sociais e ocupacionais causadas pelo uso excessivo (Abreu, Karam, Góes e Spritzer, 2008).

Já relatado em outro artigo (Abreu, Karam, Góes e Spritzer, 2008), um segundo conjunto de critérios diagnósticos foi proposto por Shapira e colaboradores (2003) e, a partir do qual, certos itens presentes na proposta anterior não desfrutariam de uma boa precisão diagnóstica e, assim, são eliminados em sua proposição (ver Quadro 27.2). Segundo esses autores, a denomina-

QUADRO 27.1	CRITÉRIOS DIAGNÓSTICOS DA *DEPENDÊNCIA DE INTERNET* (CINCO OU MAIS DOS SEGUINTES ITENS)

1. Preocupação excessiva com a internet
2. Necessidade de aumentar o tempo conectado (*on-line*) para ter a mesma satisfação
3. Exibir esforços repetidos para diminuir o tempo de uso da internet
4. Apresentar irritabilidade e/ou depressão
5. Quando o uso da internet é restringido, apresentar labilidade emocional (internet vivida como uma forma de regulação emocional)
6. Permanecer mais tempo conectado (*on-line*) do que o programado
7. Ter o trabalho e as relações familiares e sociais em risco pelo uso excessivo
8. Mentir aos outros a respeito da quantidade de horas conectadas

QUADRO 27.2 — CRITÉRIOS DIAGNÓSTICOS DO *USO PROBLEMÁTICO DA INTERNET* (SEGUNDO SHAPIRA ET AL.)

1. Preocupação mal-adaptativa com o uso da internet, conforme indicado por, ao menos, um dos critérios abaixo:
   - Preocupações com o uso da internet descritos como incontroláveis ou irresistíveis
   - Uso da internet marcado por períodos maiores do que os planejados
2. O uso da internet ou a preocupação com o uso causando prejuízos ou danos significativos nos aspectos sociais, ocupacionais ou outras áreas importantes do funcionamento
3. O uso excessivo da internet não ocorre exclusivamente nos períodos de hipomania ou mania e não é mais bem explicado por outro transtorno do eixo I.

ção de *Uso Problemático de Internet*, explicaria melhor a dependência no que diz respeito ao uso abusivo e seus vários aplicativos, como *chats* (salas virtuais de bate-papo), compras, realidade virtual (*Second Life*), jogos multiusuários (MMORPG), dentre outros, em vez da dependência de internet em si. Entende-se desta maneira que tais definições estariam amparadas muito mais pela classificação dos transtornos do controle dos impulsos sem outra especificação (por partilhar elementos comuns a tais casos), e não mais uma adaptação aos critérios do Jogo Patológico.

De uma forma ou de outra, todos os critérios acima descritos são tentativas de classificação e de melhor compreensão do problema. A literatura científica ainda exibe maior preferência às propostas de Kimberly Young, as quais, segundo nossa opinião também, ainda são as mais amplas para capturar a multiplicidade que compreende o fenômeno como um todo.

PREVALÊNCIA

Quando observamos as pesquisas realizadas em vários países, percebe-se claramente que esse problema é um fenômeno global. As tentativas de se estimar o número de pessoas que apresentam o uso abusivo ou até a dependência propriamente dita ainda são muito variadas. Em primeiro lugar, as diferentes terminologias criam parâmetros distintos de entendimento. Assim sendo, as estatísticas de prevalência variam amplamente de cultura para cultura e de estudo para estudo. Partes destes achados tão díspares também ocorrem em função dos vários instrumentos utilizados para o rastreio dessa dependência, o que contribui para uma falta de consistência entre os estudos. Outro ponto que merece destaque é a respeito das diferentes metodologias; ou seja, alguns estudos se baseiam na coleta de dados *on-line* (autopreenchimento), outros se restringem a uma população escolar ou acadêmica, enquanto outros ainda encontram-se na mescla destas populações com distintas idades, diversidade de gênero, etc. Assim sendo, os resultados que serão apresentados na sequência ainda retratam uma limitação de uma interpretação comum (Young, Yue e Ying, 2011).

Apesar de a dependência de internet ser encontrada em qualquer faixa etária, nível educacional e estrato socioeconômico, inicialmente acreditava-se que esse problema era privilégio de estudantes universitários que, buscando executar suas atribuições acadêmicas, acabavam por permanecer mais tempo do que o esperado. Entretanto, tais pressuposições mostraram ser pura especulação. Sabe-se hoje que à medida que as tecnologias invadem progressivamente as rotinas de vida, o contato com o computador deixa, cada vez mais, de ser um acontecimento ocasional de uma população específica e, assim, o número de atividades mediadas pela internet aumenta de maneira significativa. Vale ressaltar que o tempo de uso aferido na população brasileira, repetidamente, atinge o primeiro lugar no mundo, a partir das conexões domésticas (Abreu, Karam, Góes e Spritzer, 2008).

Assim sendo, para que se possa ter uma noção das diferentes prevalências realizadas a partir dos estudos conduzidos até o momento, reproduzimos nossa tabela original já publicada em outro artigo (Abreu, Karam, Góes e Spritzer, 2008), no qual somente descrevíamos os achados das fontes científicas, mas, para o presente capítulo, optamos por sua ampliação (Tabela 27.1). Foram incluídos todos aqueles relatos também disponibilizados na literatura leiga.

Para concluir, percebe-se através dos dados apresentados na Tabela 27.1 que as estimativas de prevalência oscilam de 0,9 a 37,9% da população estudada. De qualquer forma, alguns autores têm procurado contornar essa oscilação ao estimar que aproximadamente 10% da população de usuários de internet já teriam desenvolvido dependência. Alguns pesquisadores, entretanto, se posicionam de maneira cuidadosa em relação às investigações realizadas a partir de autorrelato, pelo fato da manipulação das respostas, conforme já mencionamos e por criar assim uma falsa ideia de sua dependência. Além disso, argumenta-se que os dados colhidos desta forma descreveriam muito mais a incidência do uso abusivo da internet frente a uma população já supostamente dependente da rede, não estimando assim, uma tendência mais geral da população. De todas as formas, não fomos tão rigorosos na montagem desta tabela para que o leitor pudesse, exatamente, ter uma noção do universo que compõe as tentativas de rastreio da dependência.

COMORBIDADES

Quanto aos aspectos psiquiátricos, muitos estudos apontam para a relação da dependência de internet com algumas comorbidades psiquiátricas, tais como depressão e transtorno bipolar do humor (Shapira et al., 2003;

Liu e Potenza, 2007; Aboujaoude, Koran, Gamel, Large e Serpe, 2006), transtornos ansiosos (Young, 1998; Shapira, Goldsmith, Keck, Khosla e McElroy, 2000) e TDAH (Yen, Co, Yen, Wu, Yang, 2007; Ha et al., 2006).

Young e Rodgers (1998), por exemplo, desenvolveram uma pesquisa *online* com 259 participantes adultos com o intuito de averiguar a correlação entre dependência de internet e depressão. Os resultados apontaram positivamente para o aumento da depressão em relação ao crescimento do tempo despendido na internet. No entanto, os autores não elucidam se a depressão precedia o uso de internet ou se foi apenas uma consequência.

Já no estudo de Shapira e colaboradores (2000), os resultados apontam que 100% dos indivíduos com uso problemático de internet apresentaram diagnóstico para transtorno do controle do impulso sem outra especificação (DSM-IV). A totalidade do grupo referiu pelo menos uma vez na vida algum transtorno do eixo I do DSM-IV, e 70% foram diagnosticados com transtorno bipolar do humor, sendo 60% do tipo I. Os autores concluem, portanto, que o uso problemático de internet pode associar-se a transtornos psiquiátricos do eixo I.

Ha e colaboradores (2006) avaliaram a comorbidade clínica em crianças e adolescentes com diagnósticos de dependência da internet. As diferenças de comorbidade foram relatadas de acordo com a fase do desenvolvimento. A grande maioria das crianças (> 50%) foi diagnosticada com TDAH e 25% dos adolescentes com depressão, seguido de transtorno obsessivo-compulsivo.

Mais recentemente, Yen e colaboradores (2007) estudaram a associação entre dependência de internet e depressão, sintomas de TDAH, fobia social e hostilidade em 1.890 alunos adolescentes (1.064 do sexo masculino e 826 do sexo feminino). Os resultados apontam que 17,9% da amostra foi classificado como dependente de internet, e a maioria foi do sexo masculino. Os adolescentes diagnosticados como dependentes de internet estavam associados com elevados sintomas de TDAH, depressão, fobia social e hostilidade.

TABELA 27.1
Prevalências de Dependência de internet

Autor (Ano)	Amostra	Métodos	Resultados
Cao e Su (2007)	Foi avaliado um total de 2.620 estudantes chineses do ensino médio (12-18 anos) provenientes de quatro instituições diferentes	Foram aplicados o Questionário de Dependência da internet de Beard (YDQ), o Questionário Eysenck de Personalidade, a Escala de Manejo do Tempo e o Questionário de Competência e Dificuldades (SDQ)	2,4% cumpriram critérios para a dependência. Dos entrevistados, 88% relatou usar regularmente a internet
Yen e colaboradores (2007)	2.114 estudantes de 15 a 23 anos (1204 homens e 910 mulheres) do ensino médio de Taiwan	Chen Internet Addiction Scale (CIAS); Social Phobia Inventory (SPIN); Chinese Hostility Inventory-Short Form	338 participantes (17,9%) foram classificados como integrantes do grupo de dependência da internet
Aboujaoude, Koran, Gamel, Large e Serpe (2006)	Avaliação telefônica (números aleatórios) com 2.513 adultos (a taxa de resposta foi de 56,3% e as entrevistas duraram em média 11,3 minutos)	Utilizados critérios dos transtornos do controle dos impulsos, transtorno obsessivo-compulsivo e abuso de substâncias. A entrevista seguiu os padrões da RR4 da American Association of Public Opinion Researchers	De 3,7% a 13% dos entrevistados apresentaram marcadores consistentes para identificar o uso problemático da internet. Na população estudada, a prevalência variou de 0,3 a 0,7%
Kim e colaboradores (2006)	Foi pesquisada uma amostra de 1.573 estudantes coreanos do ensino médio (15 a 16 anos)	Foi utilizada uma versão modificada do IAT (Young); indivíduos que davam nota > 70 eram identificados como "dependentes de internet".	1,6% foram classificados como tendo vício em internet, 37,9% foram classificados como tendo possível dependência de internet.
Ha e colaboradores (2006)	Foi pesquisada uma amostra de 1.291 estudantes coreanos, sendo 455 crianças e 836 adolescentes	Foi utilizada a versão do Internet Addiction Scale (Young); K-SADS-PL-K para as crianças e o SCID IV para os adolescentes; ADHD Rating Scale para ambos os grupos	Do total, 63 crianças (13,8%) e 170 adolescentes (20,3%) apresentaram escore para a dependência da internet.

(continua)

TABELA 27.1 (continuação)
Prevalências de Dependência de internet

Autor (Ano)	Amostra	Métodos	Resultados
Ko e colaboradores (2006)	Foram recrutados 3.662 estudantes do ensino médio de Taiwan (2.328 meninos e 1.334 meninas)	Para a dependência da internet, utilizou--se a Chen Internet Addiction Scale (CHIN); Tridimensional Personality Questionnaire e Questionnaire for Experience	Do total, 706 adolescentes (19,27%) foram classificados como tendo dependência da internet. Destes, 564 eram meninos e 142 eram meninas
Huang (2006)	Analisados 959 calouros da Higher Educ. Research da Universidade Nacional Tsing Hua de Taiwan	Na falta de um critério diagnóstico estabelecido para a dependência da internet, foi considerado como principal critério ≥ 10 horas/semana despendidas na rede	Como resultado, 7,2% foram dependentes de *chats* e 5,1% foram considerados dependentes de jogos virtuais
I-Cube (2006)	65.000 sujeitos avaliados através de pesquisa domiciliar em 26 cidades da Índia (Internet And India Association of India and IMRB International)	Questionário da E-Commerce Industry (versão média B2C e C2C), onde foram avaliadas as principais atividades *online* como "viagens", "comercio", "produtos adquiridos" (classificados), etc.	38% mostraram sinais de uso pesado de internet (8,2 horas/semana)
Kaltiala-Heino e colaboradores (2004)	Como parte de uma pesquisa nacional com adolescentes finlandeses, questionários de autoadministração foram enviados por correio a amostras nacionalmente representativas de pessoas de 12, 14, 16 e 18 anos obtidas do cadastro da população; foram incluídos 7.229 respondentes	Satisfação de quatro dos sete critérios propostos por Young para vício em internet, que foram desenvolvidos de acordo com os critérios do DSM-IV para jogo patológico	Entre todos os respondentes, 1,7% dos meninos e 1,4% das meninas foram classificados como tendo vício em internet. Entre os usuários diários (26%), 4,6% dos meninos e 4,7% das meninas preencheram os critérios

(continua)

TABELA 27.1 (continuação)
Prevalências de Dependência de internet

Autor (Ano)	Amostra	Métodos	Resultados
Johansson e Gotestam (2004)	Foi pesquisada uma amostra da comunidade de 3.237 jovens noruegueses (12 a 18 anos); os indivíduos foram selecionados por amostragem aleatória do cadastro da população	O vício em internet foi definido como a satisfação de cinco dos oito critérios propostos por Young	1,98% da amostra foi identificada como tendo vício em internet; 2,42% dos meninos e 1,51% das meninas foram caracterizados como tendo dependência em internet
Yoo e colaboradores (2004)	Foram pesquisados 535 alunos do primário recrutados em uma cidade de médio porte na Coreia (média de idade: 11,0±1,0 anos)	Foi utilizado o IAT de Young; foi utilizado um escore de ≥ 80 para definir vício em internet; foi utilizado um escore entre 50 e 79 para definir provável vício em internet	0,9% (cinco crianças) satisfizeram os critérios para vício em internet; 14,0% satisfizeram os critérios para provável dependência em internet
Whang, Lee and Chang (2003)	13.588 usuários, sendo 7.878 homens e 5.710 mulheres, usuários de um grande portal na Coreia	Foi utilizado o IAT de Young	3,5% foram diagnosticados como dependentes de internet, enquanto 18,4% foram classificados como possíveis dependentes
Cooper (2002)	Avaliação de dependência de internet entre jovens de 12 a 18 anos	Foi utilizado o IAT de Young	4,7% das meninas e 4,6% dos meninos satisfizeram o critério de dependência de internet
Bai, Lin e Chen (2001)	251 visitantes de uma clínica de saúde mental virtual onde 100 profissionais *online* ofereciam respostas (livre de honorários) às perguntas	Foi utilizado o Questionário de Dependência de internet de Young	38 visitantes (15%) satisfizeram o critério para dependência em internet, não diferindo em idade, gênero, nível educacional, ocupação, etc.
Greenfield (1999)	Uma das maiores avaliações norte-americanas que foi realizada com 17.000 mil usuários do *site* ABCNews.com, que preencheram questões ligadas ao uso de internet	Informações baseadas em autorrelato	6% da população cumpriram os critérios para dependência de internet

Fonte: Adaptado de Abreu, Karam, Góes e Spritzer (2008).

Em nossa outra publicação (Abreu, Karam, Góes e Spritzer, 2008) mencionamos o estudo descrito por Nalwa e Anand (2003), onde se investigou a extensão da dependência de internet em 100 jovens estudantes, de 16 a 18 anos, na Índia. Os autores identificaram dois grupos: dependentes e não dependentes. No primeiro grupo, os sujeitos perdiam o sono devido ao uso prolongado durante a noite, sentiam que suas vidas não teriam graça sem a internet e passavam muito mais horas conectados do que os não dependentes. Nesse estudo, foram encontradas diferenças significativas entre os dois grupos; os resultados mostram que os dependentes de internet parecem sentir mais solidão do que os não dependentes.

Para concluir, outro estudo de Shapira e colaboradores (2000) com 20 sujeitos adultos, identificou prejuízos psicossociais em 95% da amostra. A grande maioria dos indivíduos (60%) exibia angústia pessoal significativa, seguida por prejuízos vocacionais – como fracasso na faculdade, diminuição da produtividade no trabalho e perda de emprego (40%) –, por danos financeiros (40%) e, finalmente, problemas legais (10%).

HIPÓTESES ETIOLÓGICAS

Segundo Young, Yue e Ling (2011), vícios ou dependências são definidos como uma compulsão habitual em se realizar certo tipo de atividade ou de se utilizar alguma substância que desenvolve consequências inevitáveis e devastadoras nas saúdes física, familiar, social e laboral de uma pessoa. Dessa forma, em vez de os problemas serem enfrentados de uma maneira direta e pontual, os dependentes reagem de uma maneira mal-adaptativa perpetuando assim seu ciclo disfuncional de enfrentamento. Na dependência física, por exemplo, o indivíduo desenvolve alguma dependência a certas substâncias como álcool ou drogas experimentando sintomas em sua interrupção, o que leva a buscas compulsivas de mais substâncias para aliviar as reações da descontinuidade do uso. Já a dependência psicológica se torna mais evidente quando o indivíduo vivencia as consequências diretas desta retirada (fissura, depressão, irritabilidade, dentre outros).

De maneira geral, observa-se na literatura que pesquisadores têm associado a dependência a certas mudanças nos neurotransmissores do cérebro, enquanto alguns outros teóricos têm defendido que todas as dependências, independentemente do tipo (sexo, comida, álcool e internet), podem ser acionadas por mudanças similares nos (mesmos) circuitos cerebrais dos pacientes (Young, Yue e Ling, 2011). De todas as maneiras, os estudos ainda são embrionários e merecem atenção futura das investigações clínicas. Na sequência, apresentaremos algumas proposições.

Usando as premissas da Psicoterapia Interpessoal, Liu e Kuo (2007) avaliaram cinco instituições de ensino de Taiwan com uma amostra de 555 sujeitos, buscando identificar fatores preditores para a dependência de internet. O objetivo principal foi obter o alívio dos sintomas e a melhora nas relações interpessoais. Assim sendo, utilizaram escalas de ajustamento de pais-filhos adaptado por Huang para Taiwan (1986), de relacionamentos interpessoais desenvolvida por Huang, de ansiedade social e Dependência de internet de Young (1998). Os resultados mostraram que:

1. As relações interpessoais são significativamente relacionadas ou mesmo consideradas como um reflexo direto do padrão de interação observado na interação pais-filhos.
2. Esta relação interpessoal apresenta uma influencia significativa sobre a ansiedade social.
3. A tríade "relação pais-filhos", "relacionamentos interpessoais" e "ansiedade social" desenvolvem impactos expressivos sobre a manifestação dos quadros de dependência de internet e de sua gravidade.

Os autores concluem afirmando que esses achados são consistentes com as visões de vários estudiosos da dependência de internet em que esta patologia teria em sua origem estilos ou reações mais empobrecidas de enfrentamento e, assim, seria desenvolvida como forma de se contornar deficitariamente as dificuldades psicológicas encontradas no mundo real. Notou-se nesta investigação que os referidos internautas também apresentaram maiores taxas de ansiedade social e de anestesia emocional (*emotional numbing*), indicativos de relações pregressas insatisfatórias.

No que diz respeito ao uso da TCC, Davis (2001) descreve uma proposta de entendimento da etiologia ao oferecer uma descrição mais pormenorizada dos esquemas cognitivos envolvidos no processo de manifestação do comportamento de dependência (como fatores ambientais, vulnerabilidade pessoal, estilos de dependência específico e generalizado).

Dentro desta proposta, o uso patológico da internet segue duas possibilidades básicas:

a) Uso Patológico Específico, significando o uso exagerado e o abuso das funções específicas da internet, como o acesso irrestrito a *sites* eróticos, jogos, compras, etc.

b) Uso Patológico Generalizado, relativo ao tempo gasto "surfando" na internet sem foco definido em salas de bate-papo e outros ambientes.

Segundo esse modelo teórico, tal dependência se instala quando os pacientes sentem-se sem apoio social e familiar e desenvolvem cognições mal-adaptativas a respeito de si mesmos e do mundo (Davis, 2001).

Dentro de uma perspectiva neuropsicológica, um grupo de pesquisadores chineses (Tao, Ying, Yue e Hao, 2007) descreveu na Figura 27.1 as bases de um Modelo Neuropsicológico da Dependência de internet.

Segundo os autores, o "impulso primitivo" é entendido como a busca de prazer pelo indivíduo em sua tentativa de se esquivar da ou evitar a dor vivenciada a partir de situações de desequilíbrio e que representam, assim, um dos principais motivos ou impulsos para que o internauta busque a internet. Na sequência da cadeia, a "experiência de euforia" é entendida como uma das consequências experienciadas por este uso, pois ao estimular o sistema nervoso central do usuário, a navegação na internet o faz sentir-se mais feliz e satisfeito. Este senti-

FIGURA 27.1

Modelo da cadeia neuropsicológica da dependência de internet.

mento, por sua vez, irá impulsionar o indivíduo a continua e repetidamente permanecer conectado, prolongando o sentimento de bem-estar. Uma vez que esta dependência é instalada pela repetição deste comportamento (esquiva e a posterior experimentação de alívio e prazer), a experiência eufórica será, progressivamente, transformada em hábito, anestesiando o indivíduo ainda mais das situações geradoras de desconforto emocional. Surge, por sua vez, a "tolerância", pois para se atingir o mesmo nível de felicidade dos momentos anteriores, o tempo gasto e o envolvimento com a internet deverão ser ampliados, reforçando e aumentando a experiência de euforia e satisfação. As síndromes psicológicas e físicas se manifestam quando o internauta diminui ou interrompe a navegação e experiência, estados de disforia, insônia, instabilidade emocional, irritabilidade, etc. Esse processo leva ao desenvolvimento de um novo processo disfuncional de enfrentamento (esquiva e fuga para a internet) fazendo com que as respostas do usuário sejam, cada vez mais, mal-adaptativas frente às demandas do meio ambiente, pois ele se refugiará cada vez mais na vida virtual. O usuário, quando impedido de se conectar, poderá se tornar agressivo, refratário e se restringir ainda mais às experiências do mundo virtual, perpetuando seu ciclo disfuncional. Nesse momento, uma avalanche de efeitos podem incluir reações ainda mais intensas de anestesia emocional, esquiva social, fazendo com que esses elementos se tornem os novos impulsos geradores de "mais" internet, ou seja, uma verdadeira cadeia disfuncional passa a ser perpetuada.

AVALIAÇÃO: MÉTODO E INSTRUMENTOS

A avaliação pode ser realizada através de diferentes instrumentos específicos para esta população ou de maneira integrada a outros instrumentos validados para transtornos psiquiátricos a fim de diagnosticar eventuais comorbidades. Além disso, pode-se também fazer uso de entrevista clínica em conjunto com a aplicação de instrumentos padronizados (Beard, 2005)

São descritos na literatura alguns instrumentos para avaliar e mensurar os comportamentos ligados à dependência de internet, a saber: *Chinese Internet Addiction Inventory* (CIAI) (Huang et al., 2007); *The Generalized Problematic Internet Use Scale* (Caplan, 2002); *Questionnaire for Internet Addiction* (YDQ) (Beard, 2005); *Internet Consequences Scale* (ICONS) (Clark e Frith, 2005). Embora vários desses instrumentos sejam utilizados para avaliação, o Internet Addiction Test (IAT) (Widyanto e McMurran, 2004) ainda é o mais utilizado e com versões validadas para diversos idiomas, inclusive para a língua portuguesa (Conti et al., no prelo). Consta de 20 itens de autopreenchimento na forma de escala likert de pontos, variando de 1 (raramente) a 5 (sempre). Quanto maior sua pontuação, maior será o grau de gravidade da dependência. Na avaliação das propriedades psicométricas, no estudo original, foram identificados seis domínios: saliência, uso excessivo, abandono ao trabalho, antecipação, falta de controle e abandono da vida social. Para acesso à versão integral do IAT para a língua portuguesa, sugerimos consultar nossa outra publicação (Conti et al., no prelo).

TRATAMENTOS PSICOLÓGICOS

No que diz respeito às formas de intervenção em psicoterapia, os resultados ainda são embrionários, não sendo possível destacar alguma forma de intervenção psicológica como a mais recomendada para o tratamento de dependência de internet. Menciona-se que as terapias de apoio e de aconselhamento seriam de grande valia, seguidas das intervenções familiares, como forma de reparar o dano causado pela ruptura em forma de ausência das relações familiares e laborais.

Como a terapia cognitivo-comportamental contabiliza bons resultados no tratamento de outros transtornos do controle dos impulsos – tais como Jogo Patológico, Compras Compulsivas (Dell'Osso, Allen, Altamura, Buoli e Hollander, 2008; Dell'Osso, Altamura, Allen, Marazziti, Hollander, 2006; Young, 2007; Mueller e de Zwaan, 2008; Shaw e Black, 2008; Caplan, 2002; Hollander e Stein, 2005), Bulimia Nervosa e Compulsão Alimentar Periódica, que são semelhantes nas características de impulsividade e compulsão –, esta abordagem torna-se naturalmente uma opção preferencial, embora *trials* envolvendo grupos controle no tratamento dessa dependência ainda sejam escassos (Hay, Bacaltchuk, Stefano e Kashyap, 2009; Munsch et al., 2007).

Young (1999), uma das pioneiras no estudo da dependência de internet, contabiliza experiências positivas no *Center for On-line Addiction* e oferece algumas estratégias de intervenção também baseadas nas premissas da terapia cognitivo-comportamental e que apresentam como um de seus focos, a moderação e o uso controlado da internet. Segundo a autora, a terapia deve utilizar técnicas de gerenciamento do tempo que ajudam o paciente a reconhecer, organizar e gerenciar seu tempo na internet, bem como técnicas que o ajudem a estabelecer metas racionais de utilização. Além disso, as intervenções visam desenvolver junto aos pacientes atividades *offline* que sejam gratificantes e outras técnicas de enfrentamento com o objetivo maior de capacitar o paciente para lidar com suas dificuldades, desenvolvendo um sistema de suporte e de uso mais adequado.

Com base em técnicas da Terapia Cognitivo-Comportamental (TCC) e associados à Entrevista Motivacional, Rodrigues, Carmona e Marin (2004) descrevem um estudo de caso. A princípio, a paciente relatada buscou ajuda para seu problema de dependência; porém, através de uma análise funcional foram identificados os fatores precipitantes como, por exemplo, problemas familiares com marido e filhos ou a resposta desadaptativa que era dada a eles. A intervenção teve como objetivo:

a) descobrir o problema e preparar a paciente para mudança;
b) auxiliá-la no processo de tomada de decisão e de enfrentamento do problema em questão;
c) aplicação de um tratamento psicológico através de técnicas de controle de estímulos, como interromper os hábitos de conexão, fixar novas metas, abstenção de utilização de um aplicativo ou *site* específico; e, finalmente,
d) desenvolvimento de uma melhor capacidade de enfrentamento dos problemas interpessoais.

A intervenção teve como resultado o aumento generalizado dos recursos para enfrentamento das dificuldades familiares, bem como maior autonomia e consequente ampliação das atividades.

Ainda a partir das intervenções em TCC, Young (2007) relata o seguimento de 114 pacientes tratados durante doze sessões, avaliando-os na 3ª, na 8ª e na 10ª sessões (e no *follow-up* de seis meses) através do *Internet Addiction Test* (IAT) e também através do *Client Outcome Questionnaire* com o objetivo de avaliar:

a) motivação para diminuir o uso abusivo;
b) capacidade de controlar o uso *online*;
c) envolvimento em atividades *offline*;
d) melhora dos relacionamentos interpessoais e, finalmente,
e) melhora da vida sexual *offline* (se aplicável).

Os resultados mostram que a gestão do tempo *online* foi a maior dificuldade (96%) relatada pelos pacientes, seguida por problemas de relacionamentos (85%) devido à quantidade de tempo que foi gasto no computador e problemas sexuais (75%) devido à diminuição do interesse em parceiros reais pela preferência do sexo *on-line*. A conclusão da autora indica que a TCC é eficaz no tratamento de pacientes em relação à diminuição dos sintomas relacionados à dependência de internet e que, após seis meses, os pacientes se mantiveram capazes de enfrentar os obstáculos para a contínua recuperação, apesar da ausência de um grupo controle (Young, 2007).

Zhu e colaboradores (2009) realizaram outro estudo controlado usando TCC. Com 47 pacientes diagnosticados com dependência de internet, foram propostas duas modalidades de intervenção, a saber:

1. TCC ao longo de 10 sessões e
2. TCC ao longo de 10 sessões associada a 20 sessões de eletroacupuntura.

Foram aplicadas escalas de ansiedade, depressão, dependência de internet e estado geral de saúde, antes e depois do tratamento. Os resultados mostraram uma melhora significativa em todos os índices para o tratamento combinado.

Com o propósito de auxiliar o paciente a desenvolver estratégias de enfrentamento eficazes no tratamento da dependência de internet, pode-se utilizar o formato individual de psicoterapia, o formato grupal (na condição de grupos de apoio ou grupos psicoterapêuticos), programas de autoajuda ou ainda grupos de orientação para familiares (Young, 1998; Young, 1999; Davis, 2001; Dell'Osso et al., 2006).

De acordo com as perspectivas apresentadas acima, podemos considerar as contribuições ainda pequenas em número, porém expressivas em suas propostas e intervenções. Portanto, são necessários ainda mais estudos de seguimento para determinar qual a abordagem psicoterapêutica pode ser considerada em curto prazo como a mais eficaz e que possa ter boa consistência para sustentar sua efetividade em longo prazo. Como os distintos modelos em psicoterapia possuem diferentes mecanismos envolvidos no processo de mudança, é possível que uma comparação mais direta da eficácia terapêutica ainda leve tempo para ser testada. Vale ressaltar, entretanto, que, embora distintos modelos sejam descritos, a moderação e o uso controlado da internet, na maioria delas, constitui como o foco central dos seus serviços.

Já descrito em outra publicação nossa (Abreu e Góes, 2011), a dependência de internet é tratada em nosso ambulatório a partir do Programa Estruturado em Psicoterapia Cognitiva e vem sendo aplicado há mais de 4 anos na população. A partir dos eixos teóricos e práticos, nossa intervenção ocorre em formato de grupo e conta com a duração de 18 semanas no atendimento de adolescentes e de adultos. Concomitante à psicoterapia, os pacientes são acompanhados pelos psiquiatras sempre que for necessário ao tratamento das comorbidades associadas. Além disso, no caso do tratamento de adolescentes, um grupo de intervenção familiar também ocorre de maneira simultânea (Barossi, vanEnk, Góes e Abreu, 2009).

O objetivo de nosso programa em psicoterapia visa primeiramente restituir o controle do uso adequado da internet, ou seja, implementar uma rotina adaptativa de um uso controlado e saudável (Abreu, Karam, Góes e Spritzer, 2008). Além do mais, à medida que a internet se faz cada vez mais presente no cotidiano dos indivíduos, seja através de comunidades sociais, em função das necessidades acadêmicas ou mesmo através das formas mais simples de comunicação diária, a vida virtual torna-se praticamente uma nova instância de vivências e de convivências, portanto, ter a pretensão de bani-la como um todo logo de início – a exemplo de como se procede no tratamento do álcool ou das drogas – nada mais é do que uma atitude de pouco conhecimento das reais dimensões da internet.

Fase inicial

Na fase inicial de nosso tratamento, é usual se deparar com pacientes que não apresentam qualquer intenção de promover o "desmame virtual". Assim sendo, neste momento (1ª a 5ª sessão), pouco se aborda qualquer aspecto que faça menção aos impactos negativos advindos do uso excessivo ou qualquer sugestão de diminuição da navegação. Ao contrário, nesta etapa discute-se as *facilidades e os benefícios* decorrentes do contato com a vida virtual (ver Quadro 27.3 – semana nº 2). Desnecessário mencionar que são apresentados com fre-

PSICOTERAPIAS COGNITIVO-COMPORTAMENTAIS: UM DIÁLOGO COM A PSIQUIATRIA

quência relatos ligados à diminuição da solidão ou alternativas de inclusão social, bem como renovada capacidade de enfrentamento (ainda que virtual) dos problemas ou mesmo regulação do humor ("*a internet é meu prozac virtual*") – fatores amplamente já descritos pela literatura (Shaffer, Hall e Bilt, 2000; Ko et al., 2006; Chak e Leung, 2004). Fica claro que ao se promover este tipo de discussão se evidencia que a vida virtual é uma grande alternativa de vida e, por conta desta importância, abordar seus malefícios seria, no mínimo, ingenuidade.

Ainda neste bloco inicial, em que a aliança terapêutica está sendo constituída, são abordadas as *consequências* sociais e psicológicas do uso da internet na vida desses pacientes, ou seja, neste momento se dá voz às queixas mais frequentemente relatadas junto aos pacientes de familiares, amigos e colegas de trabalho (3ª semana). Nas sessões seguintes, explora-se as *implicações pessoais* do uso excessivo ("*vou para a internet, pois lá me sinto aceito*", "*lá encontro uma vida mais digna*", "*na net tenho uma parceira que me deseja de verda-*

de", "*na net me realizo como jamais conseguiria na vida real*", etc.). Assim sendo, os pacientes começam a perceber que a opção pela vida virtual nada mais é do que uma forma alternativa (embora desadaptativa) de enfrentar as situações de pressão, medo ou exposição social. Dessa forma é que o círculo vicioso que compõe a dependência passa a ser identificado. Nesta fase, é comum serem questionadas as funções da internet, ou seja, se a internet é, na verdade, uma *opção* ou uma *necessidade* premente (4ª e 5ª semanas).

Fase intermediária

Tendo sido a aliança terapêutica desenvolvida e a relação entre os membros e os profissionais assegurada, segue-se agora em direção às intervenções psicoterapêuticas propriamente ditas (sessões 6ª a 15ª). Embora as relações que antecedem o uso abusivo da internet e suas consequências estejam agora mais claras aos pacientes, nenhuma delas ainda foi objeto de qualquer

QUADRO 27.3	MODELO ESTRUTURADO EM PSICOTERAPIA COGNITIVA PARA TRATAMENTO DA DEPENDÊNCIA DE INTERNET
Semana	**Temas**
–	Aplicação de inventários
1ª	Apresentação do programa
2ª	Análise dos "aspectos positivos" da rede
3ª	Tudo tem sua consequência ou seu preço
4ª e 5ª	Gosto ou "preciso" navegar na rede?
6ª e 7ª	Como é a experiência de "necessitar"
8ª	Análise dos sites mais visitados e as sensações subjetivas vivenciadas
9ª	Entendimento do mecanismo do gatilho
10ª	Técnica da Linha da Vida
11ª	Aprofundamento dos aspectos deficitários
12ª	Trabalho com os temas emergentes
13ª	Trabalho com os temas emergentes
14ª	Trabalho com os temas emergentes
15ª e 16ª	Alternativas de ação (*coping*)
17ª	Preparação para o encerramento
18ª	Encerramento e nova aplicação de inventários

Fonte: Abreu e Góes, 2011.

intervenção terapêutica e, assim, se segue em direção a intervenções mais específicas que visem alterar pontualmente as respostas disfuncionais. É solicitado nesta fase que os pacientes façam um diário semanal contendo as experiências da semana e, principalmente, aquelas que dizem respeito às *necessidades emocionais* que não são respondidas ou atendidas e que acabam sendo encontradas apenas no mundo virtual. Registra-se então as situações disparadoras de busca da internet, as horas gastas, os pensamentos associados, as cognições disfuncionais, os sentimentos vivenciados, e todo tipo de informação que auxilie a mapear os gatilhos situacionais e a cadeia de comportamentos decorrentes.

Ao se analisar essa engrenagem de reações, percebe-se que as dificuldades são, na verdade, uma expressão repetitiva de esquiva e fuga, resultando em estratégias de enfrentamento empobrecidas (para descrição completa do programa e de todas as técnicas e estratégias utilizadas, sugerimos a leitura de Abreu e Góes, 2011).

Uma técnica muito utilizada neste momento é a *"técnica da linha da vida"* (Gonçalves, 1998), em que é solicitado ao paciente que faça um registro contínuo de todas as suas experiências e respectivas idades (do nascimento até a data presente) que lhe são significativas (10ª semana). Ao se desenhar uma linha horizontal, registra-se acima os períodos mais importantes aos pacientes e abaixo da linha as respectivas idades. Registram-se também os fatos e as impressões que lhes foram (e são) mais significativos (positiva ou negativamente falando). Este gráfico em forma de paisagem permite a identificação das feridas emocionais e leva os pacientes a uma melhor visualização dos "problemas" (primeiro "P") enfrentados ao longo de sua vida.

Dessa maneira, procuramos mostrar a cada paciente que uma verdadeira esteira de atitudes (e, principalmente, de relacionamentos) foi edificada, definindo as perspectivas possíveis de troca com o mundo de maneira sempre repetitiva. Assim, torna-se uma tarefa mais fácil compreender a razão pela qual a internet se torna um grande refúgio e um melhor local de controle e manejo emocional.

As *perspectivas de mudança* para cada um (11ª a 14ª semanas) são então delineadas. Com isso, almeja-se:

a) Em um primeiro momento, o terapeuta precisaria propiciar uma base segura a partir da qual o paciente pode explorar a si mesmo, as relações estabelecidas no passado ou aquelas que poderia vir a estabelecer no futuro.

b) Encare o exame das situações, e dos papéis e das crenças desenvolvidas pelo paciente, assim como as suas reações a estas situações.

c) Indica-se ao paciente as maneiras pelas quais ele, inadvertidamente, interpreta as reações do mundo a sua volta, tomando por base os modelos disfuncionais advindos de sua vida pregressa (seu *modus operandi* emocional e cognitivo).

d) Situar o papel da internet neste processo disfuncional de enfrentamento.

Ao se ter este "mapa de mundo" propicia-se a alteração dos padrões comportamentais e emocionais, diminuindo o apelo e a função da internet na vida dos pacientes.

Uma vez que os terapeutas trabalham no estabelecimento de um ambiente seguro para cada paciente do grupo, estarão asseguradas as condições básicas para o andamento de uma boa psicoterapia. A segurança oferecida pelos profissionais e pelos colegas do grupo é considerada, em um nível prático, como importante ferramenta de intervenção para transmissão e compreensão dos significados, uma vez que facilitam o processamento dessas novas informações. Na verdade, como em qualquer outro processo em psicoterapia, nesse momento muito pouco se discute a respeito dos aspectos inicialmente responsáveis pelo uso da internet, mas agora tomam lugar as *perspectivas pessoais de enfrentamento* de cada um (15ª semana).

Fase Final: A fase final é marcada pelo acompanhamento das mudanças que foram obtidas por cada um ou no reforço daquelas que ainda pedem por maior atenção (sessões 16 a 18). É evidente que nem todos os pacientes vão manifestar o mesmo tipo ou a mesma quantidade de mudança, entretanto, o papel social desempenhado pelo grupo torna-se um fator preponderante (16ª semana). Ainda neste momento se examina com maior atenção os estilos de enfrentamento e os estilos relacionais mais amplos. Uma atenção adicional é dada à família (no caso dos adolescentes) e aos pares românticos (no caso dos adultos), analisando-se as mudanças obtidas e registradas antes de se iniciar o tratamento e que agora se fazem presentes possivelmente de forma distinta. Este "efeito contraste" dá a todos a possibilidade de construir uma resposta à pergunta: *Qual a vida que desejo ter*? (17ª semana). Ao final do programa treinam-se as habilidades de enfrentamento desenvolvidas nas semanas anteriores e a contínua prevenção de recaídas, além da preparação do encerramento dos trabalhos.

Ao final do Programa Estruturado espera-se:

1. um melhor controle no uso da internet,
2. o desenvolvimento de novas habilidades pessoais de manejo e de enfrentamento das situações de estresse e de impasse emocional,
3. a exibição de um novo repertório de reações emocionais e, finalmente,
4. a restituição e/ou o reparo do grupo social.

No caso dos atendimentos com a população adolescente, paralela à aplicação do Programa Estruturado (Quadro 27.4), convoca-se os pais ou os responsáveis para um acompanhamento simultâneo, pois se entende que, nesses casos, as intervenções familiares são coadjuvantes para um bom prognóstico. Assim sendo, a sequência de temas usada no "Programa de Orientação a Pais de Adolescentes Dependentes de Internet" (Barossi, van Enk, Góes e Nabuco de Abreu, 2009) é descrita no Quadro 27.4.

CONCLUSÃO

Como pudemos observar ao longo deste capítulo, a Dependência de internet emerge como um dos mais novos transtornos psiquiátricos do século XXI. Embora ainda tratada sob a ótica de um diagnóstico experimental, imaginamos que seja apenas uma questão de tempo sua inclusão nos futuros manuais de psiquiatria, pois novos estudos em diferentes culturas vêm oferecendo cada vez mais subsídios clínicos e sociais para que este reconhecimento oficial possa ocorrer. As pesquisas já realizadas aumentam nosso entendimento a respeito do comportamento exibido por jovens adultos junto à internet e suas possíveis consequências a ponto de, em alguns casos, a Dependência de internet já ser identificada como um problema de saúde pública em países como Coreia do Sul, Taiwan, China, Estados Unidos, etc. Talvez um dos pontos centrais de toda a pesquisa seja procurar estabelecer de maneira mais clara a linha divisória entre o que se entende por uso recreacional da Dependência de internet propriamente dita.

Esperamos que futuras pesquisas nos ajudem a aumentar a massa crítica de conhecimentos e, assim, refinar cada vez mais as formas de tratar e, acima de tudo, de ajudar milhões de pessoas que estão aprisionadas no mundo virtual e que, sem uma ajuda terapêutica eficaz, dificilmente poderão encontrar o caminho de volta. Talvez a afirmativa possa parecer exagerada, mas ao se deparar com adolescentes que ficam mais de 38 horas conectados de forma ininterrupta (ver nossa publicação em Stravogiannis e Abreu, 2009), inevitavelmente reconheceremos que estamos lidando com um problema de grandes dimensões.

Para maiores informações a respeito, sugerimos a leitura da obra de Young e Abreu (2011) intitulada *Dependência de Internet: Manual e Guia de Avaliação e Tratamento*

QUADRO 27.4	MODELO ESTRUTURADO EM PSICOTERAPIA COGNITIVA PARA TRATAMENTO DA DEPENDÊNCIA DE INTERNET EM ADOLESCENTES E SUAS FAMÍLIAS

Objetivos dos encontros (com os adolescentes)	Objetivos dos encontros (com os pais ou responsáveis)
1º Expressão de sentimentos e pensamentos	Anotar na folha de registro as experiências vivenciadas no convívio com o filho
2º Reduzir a frequência de críticas e aumentar a empatia entre o grupo	Descrever os comportamentos adequados e inadequados do filho; sinalizar os adequados e tentar não reforçar os inadequados
3º Conhecer os possíveis motivos e interesses associados ao uso da internet	Observar em diferentes dias o uso da internet junto ao filho. Anotar na folha de registro as experiências
4º Avaliar crenças e expectativas negativas que impedem o manejo de novos comportamentos	Anotar as sensações pessoais em um diário quando comportamentos negativos aparecem
5º Distinguir comportamentos inadequados do adolescente por déficit ou excesso de cuidados paternos	Identificar e descrever possíveis influências do uso abusivo da internet
6º Diferenciar entre direitos e privilégios na educação dada	Levantamento de direitos e privilégios conferidos ao filho
7º Analisar funcionalmente os comportamentos do adolescente e dos pais ou responsáveis	Comparar seus métodos de educar àqueles adotados por seus pais (padrões transgeracionais)
8º Identificar procedimentos de resolução de problemas	Aplicar exercício de resolução de problemas
9º Aprender novas habilidades sociais e práticas educativas	Experimentar formas alternativas para educar
10º Desenvolver repertório de apoio familiar para manutenção das mudanças realizadas	Manter consistência nos métodos educativos na prática com o filho
11º Adquirir suporte familiar a fatores de vulnerabilidade	Reconhecer os fatores de risco de recaída e usar as saídas aprendidas no PROPADI
12º Avaliar as intervenções das mudanças comportamentais, emocionais e consequências	Relato da experiência vivenciada nos encontros
Follow-up	Identificar os efeitos na redução do uso e/ou de recaídas

Fonte: Barossi, van Enk, Góes e Abreu, 2009.

(Porto Alegre: Artmed) que é a primeira obra mundial a tratar amplamente a respeito do tema. Material adicional (IAT *online*, por exemplo) poderá ser obtido também no site www.dependenciadeinternet.com.br.

REFERÊNCIAS

Aboujaoude, E., Koran, L. M., Gamel, N., Large, M.D., & Serpe, R. T. (2006). Potential markers for problematic Internet use: a telephone survey of 2.513 adultos. CNS Spectrum. *The Journal of Neuropsychiatric Medicine, 11*(10), p. 750-755.

Abreu, C. N., & Góes, D. (2011). Psychoterapy for Internet Addiction. In: Young, K., & Abreu, C. N. Internet addiction: *a handbook and guide to evaluation and treatment* (p.155-171). New Jersey: Wiley.

Abreu, C. N., Karam, R. G., Góes, D. S., & Spritzer, D. T. (2008). Dependência de internet e jogos eletrônicos: uma revisão. *Revista Brasileira de Psiquiatria, 30*(2), 156-67.

Bai, Y. M., Lin, C. C., & Chen, J. Y. (2001). The characteristic differences between clients of virtual and real psychiatric clinics. *American Journal of Psychiatry, 158,* 1160-1161.

Barossi, O., van Enk, S., Góes, D. S., Abreu, C. N. (2009). Internet Addicted Adolescents' Parents Guidance Program (PROPADI). *Revista Brasileira de Psiquiatria, 31*(4), 387-95.

Beard, K. W., & Wolf, E. M. (2001) Modification in the proposed diagnostic criteria for internet addiction. *Ciberpsychol Behav, 4,* 377-383.

Beard, W. Q. (2005) Internet addiction: a review of current assessment techniques and potential assessment questions. *Cyber Psychology & Behavior, 8*(1), 7-14.

Block, J. (2008) Issues for DSM-V: internet addiction. *American Journal of Psychiatry, 165,* 306-307.

Caplan, S. E. (2002). Problematic Internet use and psychosocial well-being: development of a theory-based cognitive-behavioral measurement instrument. *Computers in Human Behavior, 18*(5):553-575.

Chak, K., & Leung, L. (2004). Shyness and locus of control as predictors of internet addiction and internet use. Cyberpsychology Behavior, 7(5), 559-570.

Clark, D. J., & Frith, K. H. (2005) The development and initial testing of the Internet Consequences Scales (ICONS). Computers Informatics Nursing, 23(5), 285-291.

Cooper, A. (2002). *Sex & the internet: a guidebook for clinicians.* London: Brunner-Routledge.

Davis, R. A. (2001). A cognitive-behavioral model of pathological Internet use. *Computers in Human Behavior, 17*(2), 187-195.

Dell'Osso, B., Allen, A., Altamura, A. C., Buoli, M., & Hollander, E. (2008). Impulsive-compulsive buying disorder: clinical overview. *Aust N Z J Psychiatry, 42*(4), 259-266.

Dell'Osso, B., Altamura, A. C., Allen, A., Marazziti, D., & Hollander, E. (2006). Epidemiologic and clinical updates on impulse control disorders: a critical review. *European Archives Psychiatry and Clinical Neuroscience, 256*(8), 464-475.

Gonçalves, O. F. (1998). *Psicoterapia cognitiva narrativa: manual de terapia breve.* Campinas: Psy.

Greenfield, D. N. (1999). *Psychological características of compulsive internet use: A preliminay analysis. Cyber Psychology and Behavior, 2,* 403-412.

Ha, J. H., Yoo, H. J., Cho, I. H., Chin, B., Shin, D., & Kim, J. H. (2006). Psychiatric comorbidity assessed in Korean children and adolescents who screen positive for Internet addiction. *Journal of Clinical Psychiatry. 67*(5), 821-826.

Hall, A. S., & Parsons, J. (2001). Internet addiction: college student case study using best practices in cognitive behavior therapy. *Journal of Mental Health Counseling, 23*(4), 312-327.

Hay, P. J., Bacaltchuk, J., Stefano, S., & Kashyap, P. (2009). Psychological treatments for bulimia nervosa and binging. *Cochrane Database of Systematic Reviews*, (4): CD000562.

Hollander, E., & Stein, D. J. (2005). *Clinical manual of impulse-control disorders.* Arlington: American Psychiatric Pub.

Huang, Z., Wang, M., Qian, M., Zhong, J., & Tao, R. (2007). Chinese Internet addiction inventory: developing a measure of problematic Internet use for Chinese college students. *CyberPsychology Behaviour, 10*(6), 805-811.

Internet and Mobile Association of India and IMRB International. (2006). *Consumer E-Commerce Market in India 2006-2007. Acesso em nov. 8, from* http://www.iamai.in/Upload/Research/final_ecommerce_report07.pdf.

Ko, C. H., Yen, J. Y., Chen, C. C., Chen, S. H., Wu, K., & Yen, C. F. (2006). Tridimensional personality of adolescents with internet addiction and substance use experience. *Canadian Journal of Psychiatry, 51*(14), 887-894.

Liu, T, Potenza, M. N. (2007). Problematic internet use: clinical implications. *CNS Spectrum, 12*(6), 453-466.

Liu, C. Y., & Kuo, F. Y. (2007). A Study of Internet Addiction through the Lens of the Interpersonal

Theory. *Cyberpsychology & Behavior, 10*(6), 779-804.

Mueller, A., & de Zwaan, M. (2008). Treatment of compulsive buying. Fortschritte der Neurologie-Psychiatrie, *76*(8), 478-83.

Munsch, S., Biedert, E., Meyer, A., Michael, T., Schlup, B., Tuch, A., et al. (2007). A randomized comparison of cognitive behavioral therapy and behavioral weight loss treatment for overweight individuals with binge eating disorder. *The International Journal of Eating Disorders, 40*(2), 102-113.

Nalwa, K., & Anand, A. P. (2003). Internet addiction in students: a cause of concern. *CyberPsychology & Behavior, 6*(6), 653-656.

Orzack, M. H., & Orzack, D. S. (1999). Treatment of computer addicts with complex co-morbid psychiatric disorders. *CyberPsychology & Behavior, 2*(5), 465-473.

Rodríguez, L. J. S., Carmona, F. J., & Marin, D. (2004). Tratamiento psicológico de la adicción a Internet: a propósito de un caso clínico. *Revista de Psiquiatría de la Facultad de Medicina de Barcelona, 31*(2), 76-85.

Shaffer, H. J., Hall, M. N., Bilt, J. V. (2000). Computer Addiction: A critical consideration. *American Journal of Orthopsychiatry, 70*(2), 162-168.

Shapira, N. A., Goldsmith, T. D., Keck, P. E. Jr., Khosla, U. M., & McElroy, S. L. (2000). Psychiatric features of individuals with problematic internet use. *Journal of Affective Disorders, 57*(1-3), 267-267.

Shapira, N. A., Lessig MC, Goldsmith TD, Szabo ST, Lazoritz M, Gold MS, et al. (2003*)*. Problematic internet use: proposed classification and diagnostic criteria. *Depression and Anxiety, 17*(4): 207-216.

Shapira, N. A., Lessig, M. C., Goldsmith, T. D., Szabo, S. T., Lazoritz, M., Gold, M. S., et al. (2003). *Problematic internet use: proposed classification and diagnostic criteria. Depression and Anxiety, 17*(4), 207-216.

Shaw, M., & Black, D. W. (2008). *Internet addiction: definition, assessment, epidemiology and clinical management. CNS Drugs, 22*(5), 353-365.

Yen, J. Y., Ko, C. H., Yen, C. F., Wu, H. Y., & Yang, M. J. (2007). *The comorbid psychiatric symptoms of Internet addiction: attention deficit and hyperactivi-ty disorder (ADHD), depression, social phobia, and hostility. Journal of Adolesc Health, 41*(1), 93-98.

Young, K., Yue, X. D., & Ying, L. (2011). *Prevalence* Estimates and Etiologic Models of Internet Addiction. In: Young, K., & Abreu, C. N. Internet addiction: a handbook and guide to evaluation and treatment (p. 3-17). New York: John Wiley.

Young, K. S., & Rodgers, R. C. (1998). *The relationship between depression and Internet addiction. CyberPsychology Behavior, 1*(1), 25-28.

Young, K. S. (1998). Internet addiction: the emergence of a new clinical disorder. *Cyberpsychol Behav. 1*(3), 237-244.

Young, K. S. (1999). *Internet Addiction:Symptoms, Evaluation, And Treatment.* Acesso em jul. 08, 2006 from http://www.netaddiction.com/articles/symptoms.pdf.

Young, K. (2007). Cognitive behavior therapy with Internet addicts: treatment outcomes and implications. *Cyberpsychology Behavior, 10*(5), 671-679.

Young, K. S. (1996). *Paper presented at the 104th annual meeting of the American Psychological Association.* Toronto, Canada, August 15.

Young, K. Y., Yue, X. D., & Ying, L. (2011). Prevalence estimates and etiologic models of internet addiction. In: Young, K., & Abreu, C. N. (Org.). *Internet addiction: a hadbook and guide to evaluation and treatment* (p. 3-17). New Jersey: John Wiley & Sons.

Widyanto, L., & McMurran, M. (2004). The psychometric properties of the internet addiction test. *CyberPsychology & Behavior, 7*(4), 443-450.

Wieland, D. M. (2005). Computer addiction: implications for nursing psychotherapy practice. *Perspectives in Psychiatric Care, 41*(4), 153-161.

Whang, L., Lee, K., & Chang, G. (2003). Internet over-users psychological profiles: A behavior sampling analysis on Internet addiction. *CyberPsycology & Behavior, 6*(2), 143-150.

Wallis, D. (1997). *The New Yorker: the talk of the town, "just click no".* January 13, p. 28.

Zhu, T. M., Jin, R. J., & Zhong, X. M. (2009). Clinical effect of electroacupuncture combined with psychologic interference on patient with Internet addiction disorder. *Zhongguo Zhong Xi Yi Jie He Za Zhi, 29*(3), 212-214.

28

Tricotilomania

Suely Sales Guimarães

INTRODUÇÃO

A tricotilomania (TTM) é um transtorno crônico caracterizado pela resposta recorrente de puxar e arrancar os cabelos, podendo ocasionar alopecia parcial ou total e importantes lesões na área afetada. As consequências da resposta podem incluir, além da perda do cabelo, lesão folicular, mudança estrutural nos cabelos que crescem após remoção, irritação e inflamação da área afetada. Consequências psicoemocionais incluem baixa autoestima, irritabilidade, depressão e isolamento social. Temendo a exposição, pacientes usam penteados extravagantes para esconder as falhas, evitam o convívio social e relações profissionais, íntimas ou afetivas, práticas de esportes, cabeleireiros e situações em que haja vento. A consequência imediata é a perda na qualidade de vida (Odlaug, Won Kim e Grant, 2010; Twohig e Woods, 2004).

Muitos pacientes não sabem que sua condição decorre de um transtorno que pode ser tratado. Embora os estudiosos da área também tenham ainda muitas questões a responder sobre a TTM, técnicas apropriadas para diagnóstico e tratamento desse transtorno já estão disponíveis. Intervenções psicológicas e médicas oferecem melhoras significativas na autoestima e na autoconfiança de pacientes responsivos, na medida em que se obtém redução nas taxas de arranque e o consequente aumento na qualidade de vida.

Entretanto, permanecem pouco conhecidas a incidência, a prevalência e a etiologia da tricotilomania e o mecanismo pelo qual as intervenções psicológicas e farmacológicas são bem ou mal sucedidas (Koran, 1999; Woods e Twohig, 2008). Neste capítulo, são discutidas as principais características da TTM, os critérios diagnósticos, os tratamentos mais utilizados e são oferecidos dois exemplos de intervenção comportamental.

HISTÓRICO E CRITÉRIOS DIAGNÓSTICOS

O termo tricotilomania (do grego, *thrix* = cabelo; *tillein* = arrancar; *mania* = excesso) foi usado inicialmente em 1889 pelo dermatologista francês Francois Henri Hallopeau, ao descrever o caso de um paciente seu que arrancava os cabelos da própria cabeça. Esse termo foi oficializado na literatura científica quando de sua inclusão na 3ª edição revisada do *Diagnostic and Statistical Manual of Mental Disorders* – DSM-III-R (APA, 1987) como um transtorno do controle do impulso sem outra classificação. A classificação atual, DSM-IV-TR (APA, 2000), inclui alterações feitas na 4ª edição, de 1994, e apresenta cinco critérios diagnósticos para a TTM (Quadro 28.1).

A Classificação Estatística Internacional de Doenças e Problemas Relacionados à Saúde, 10ª edição, atualizada até 2008 (CID-10, [Ministerio da Saúde, 1998]), versão brasileira do International Code of Diseases, (CID-10, OMS), inclui a TTM na categoria de transtorno dos hábitos e dos impulsos, na seção de transtornos de personalidade e do comportamento de adultos, definida como

QUADRO 28.1 — CRITÉRIOS DIAGNÓSTICOS DO DSM-IV-TR (APA, 2000) PARA A TRICOTILOMANIA

a) Comportamento recorrente de arrancar os cabelos, resultando em perda capilar perceptível.

b) Sensação de tensão crescente, imediatamente antes de arrancar os cabelos ou quando o indivíduo tenta resistir ao comportamento.

c) Prazer, satisfação ou alívio ao arrancar os cabelos.

d) O distúrbio não é melhor explicado por outro transtorno mental nem se deve a uma condição médica geral (por exemplo, uma condição dermatológica).

e) O distúrbio causa sofrimento clinicamente significativo ou prejuízo no funcionamento social ou ocupacional ou em outras áreas importantes da vida do indivíduo.

"um transtorno caracterizado por notável perda de cabelo devido a uma falha recorrente de resistir a impulsos de arrancá-lo. O arrancar de cabelos é usualmente precedido por tensão crescente e seguido por uma sensação de alivio ou satisfação. Esse diagnóstico não deve ser feito se existir uma inflamação preexistente da pele ou se o arrancar de cabelos ocorrer em resposta a um delírio ou a uma alucinação. Exclui: transtorno de movimento estereotipado com arrancar de cabelos".

Até o presente, a classificação da TTM no quadro dos transtornos psiquiátricos não alcança consenso entre os estudiosos que a reconhecem tanto como um transtorno do hábito ou do impulso quanto como um espectro do Transtorno Obsessivo Compulsivo. Os critérios adotados pelo DSM-IV-TR são os mais referidos na literatura, mas são ainda alvo de discussão e contam com diferentes propostas para a nova versão do manual.

O critério A é o mais relevante e reconhecido, e o critério E costuma ser referido por todos os pacientes, que se queixam de sofrimento e prejuízos vários devido ao impacto da TTM. Os critérios B e C são alvo de discussão e pesquisa, porque os estudos mostram pacientes que apresentam os critérios A, D e E, mas negam aumento de tensão antes e/ou satisfação após arrancar os cabelos (Stein et al., 2010; Walther, Ricketts, Conelea e Woods, 2010). Estudos realizados com pessoas que relatam o critério B, mas não o C ou vice-versa, e pessoas que relatam todos os critérios, não apontam diferenças relevantes na gravidade clínica entre esses pacientes.

A realização do diagnóstico diferencial pode ser relevante para identificar possíveis tipos de alopecia explicados por outras condições psiquiátricas, como respostas a alucinações ou a pensamentos obsessivos; ou explicadas por outras condições clínicas como alopecia sifilítica, tóxica ou traumática. Se necessário, pode ainda ser feita a biópsia da área afetada, que em geral revela folículos alterados e outras condições fisiológicas típicas (Koran, 1999).

Prevalência

Os dados sobre prevalência não são claros ou sistemáticos, mas estimam que 1 a 2% da população adulta refere história atual ou passada de TTM, com maior incidência entre mulheres (Koran, 1999). Woods e Twohig (2008) encontraram que 10 a 15% de adultos jovens arrancam cabelos, mas apenas 2 a 3% deles apresentam perda e estresse significativos em decorrência dos sintomas. Tolin e colaboradores (2008) estimam em 1 a 3,5% a incidência entre adolescentes e adultos jovens, que referem forte estresse em decorrência dos sintomas. A obtenção de dados estatísticos é dificultada pela tendência de pessoas acometidas para negar ou esconder os sintomas, dificultando o recrutamento de amostra para estudos epidemiológicos. Walther e colaboradores (2010) encontraram uma prevalência estimada de 0,6 a 3%, conforme o número de critérios diagnósticos do DSM-IV-TR utilizado no estudo.

Há acordo de que mulheres são mais afetadas do que homens, com a ressalva de que isso pode ser devido ao fato de que elas procuram mais tratamento do que os homens e por isso aparecem mais nos dados estatísticos. O mesmo ocorre com crianças e adolescentes, cuja incidência parece ser equivalente entre meninos e meninas, mas quem procura assistência profissional são os pais, em geral a mãe.

Curso

O início dos sintomas é mais comum durante a infância e a adolescência, com picos entre os 5 e os 8 anos e em torno dos 13 anos (Walther et al., 2010). Os sintomas podem remitir e reincidir ao longo do tempo, de modo que o paciente pode ficar assintomático por meses ou anos e depois ficar meses ou anos sem alívio. Em crianças, a TTM é relativamente comum e pode ser passageira, como um hábito temporário. É importante observar frequência e tempo de permanência do comportamento e o grau de perda capilar. O acompanhamento profissional com avaliação das condições contextuais de desenvolvimento da criança, do comportamento social e emocional, das condições de saúde, das respostas de medo e fobias é a forma mais adequada de assegurar o diagnóstico correto para programar a intervenção necessária.

Comorbidades

Comorbidades psiquiátricas são relatadas em pelo menos 82% dos portadores de TTM.

O índice encontrado chega a 35-55% para transtornos do humor, com destaque para depressão maior; 50 a 57% para transtornos de ansiedade, com destaque para transtorno obsessivo-compulsivo e pânico; 22 a 35% para uso de substâncias e 20% para transtornos alimentares (Koran, 1999; Woods e Twohig, 2008). Outros transtornos associados incluem a dermatotilomania (*skin-picking*) – ainda não classificada oficialmente – roer unhas, retirar espinhas, espremer irregularidades da pele, morder os lábios e mastigar as bochechas (Grant e Odlaug, 2009; Stein et al., 2010).

Fenomenologia

A evidência de perda capilar ocorre pela observação de grandes áreas falhas ou rareadas, que podem ser múltiplas e variar ao longo do tempo. A maior incidência ocorre na cabeça, principalmente na coroa e nas laterais do couro cabeludo; depois, nos cílios e nas sobrancelhas, que chegam a ser completamente removidos. Também são afetados púbis, nariz, bigode, barba, pernas, peito, axilas e região perianal, isolada ou simultaneamente (Woods et al., 2006). Áreas muito manipuladas costumam apresentar lesões com ferimentos, inflamações e crostas.

Alguns indivíduos evitam a formação de grandes lesões ao distribuir cuidadosamente os episódios de arranque em diferentes áreas do corpo ou diferentes locais de uma mesma área. Assim, as áreas podem ficar rareadas, mas sem grandes falhas e feridas que tornam pública a condição presente. Algumas pessoas arrancam cabelos de terceiros, pelos de animais ou de bonecos e de materiais como suéteres ou tapetes. Isso camufla as evidências e dificulta o diagnóstico da TTM.

O fio arrancado geralmente é manipulado de diferentes formas e nem sempre é descartado. Woods e Twohig (2008) encontraram que 48 a 77% dos pacientes passam o fio arrancado ao redor da boca e sobre os lábios e 5 a 18% deles engolem os fios. O tempo médio referido de engajamento na resposta de arrancar é de 30% do tempo ou mais. A resposta típica de arranque ocorre em cadeia, que envolve alguns ou todos os passos apresentados no Quadro 28.2 (Christenson, Mackenzie e Mitchell, 1991).

De modo geral, os pacientes relatam dificuldade maior para interromper a cadeia depois de iniciada, sendo mais fácil desistir de arrancar o fio antes de tocar os cabelos. O desencadeador ou o gatilho para o início de um episódio de arrancamento não é claro, ou pelo menos não é o mesmo para todos os portadores. Estudos mostram maior probabilidade de engajamento na resposta quando o paciente está sozinho, sofrendo variações em estados emocionais, como ansiedade ou aborrecimento, prazer ou alívio (Rapp, Miltenberger, Galensky, Ellingson e Long, 1999), e quando está em situações de atividade passiva ou monótona, como assistindo televisão, lendo, usando um computador ou deitado para dormir (Christenson et al., 1991). Na presença de terceiros, a resposta costuma ser inibida ou minimizada, mas retorna quando o paciente está sozinho.

Há pacientes que referem estímulos precedentes da resposta e outros que referem não perceber quando se engajam na manipulação e começam a arrancar. Essa diferença deu origem à criação de duas subclasses da TTM, denominadas "focada" e "automática" (Lochner, Seedat e Stein, 2010; Woods et al., 2006).

Na TTM automática, a resposta parece ser iniciada em situações de monotonia ou sedentarismo, ou sem a identificação de qualquer antecedente, privado ou não, com que se relacione. O paciente refere só perceber o processo de arranque quando a visão de cabelos espalhados chama sua atenção ou ele "se lembra" do que faz. Na TTM focada, o arranque é consciente e voluntário, normalmente precedido por eventos privados desprazerosos. Esses eventos são estados cognitivos, emocionais ou sensoriais negativos, como sensações de urgência, comichões, ansiedade ou pensamentos que favorecem a resposta.

A ingestão dos cabelos, denominada tricofagia, agrava a condição devido à possível formação de tricobezoar gástrico, que é um volume de cabelos acumulados no estômago e no intestino. Como consequências do tricobezoar podem ocorrer obstrução e perfuração gástrica ou intestinal, anemia, dor abdominal, náusea e vômito, flatulência, mau-hálito, anorexia e perda ou não ganho de peso. O diagnóstico do tricobezoar é feito por imagens, como ultrassonografia e raio X contrastado, e a remoção pode requerer um procedimento cirúrgico (Spadella, Saad-Hossne e Saad, 1998).

QUADRO 28.2	CADEIA TÍPICA DA RESPOSTA DE TRICOTILOMANIA

a) Direcionamento da mão até a área eleita na busca de um fio com características específicas que pode ser um fio fino, liso, encaracolado, áspero, branco, grosso, duro.

b) Manipulação do fio antes de arrancar, como um teste para verificar a qualidade buscada e seleção desse fio dentre os demais.

c) Arrancamento do fio.

d) Manipulação do fio, incluindo olhar o fio e/ou a raiz, passar em volta da boca, introduzir a ponta do fio ou da raiz entre os lábios ou dentes, morder e espremer a raiz, enrolar o fio nos dedos, raspar as unhas ao longo do comprimento para frizar, manipular de diferentes formas, sentir a textura do fio.

e) Descarte ou ingestão do fio.

Hipóteses etiológicas

Biológicas

A etiologia da TTM tem sido estudada sob a ótica de modelos animais, biológicos (hormonais, neuroanatômicos e neuroquímicos, genéticos, neurocognitivos) e psicológicos. Os resultados oferecem contribuições relevantes, mas são ainda insuficientes para a construção de um modelo claro e completo que explique o surgimento e a manutenção desse transtorno. Walther e colaboradores revisaram recentemente os estudos na área e alguns dos achados são apresentados a seguir. Detalhes e referências completas desses estudos podem ser encontradas no trabalho dos autores (Walther et al., 2010).

Estudos com animais mostram a ocorrência de comportamentos de remover pelos, peles ou penas em diferentes espécies. Em ratos, esse comportamento é semelhante à TTM humana, é mais comum entre fêmeas e é observado com maior frequência entre animais com alta reatividade ao estresse e aqueles submetidos a estressores sociais como isolamento ou multidão. Em testes neuropsicológicos esses animais apresentam (a) um déficit seletivo na mudança do set (set shifting), que é função controlada pelo circuito córtico-estriato-pré-frontal, e (b) variação na intensidade da resposta diretamente proporcional à gravidade dessa deficiência. Estudos genéticos em ratos que removiam o próprio pelo encontraram semelhanças entre pares monozigóticos até 38% maior do que entre pares dizigóticos.

A investigação anatômica e neuroquímica sugere que possa haver uma desregulação nos circuitos paralelos segregados córtico-estriato-talamocorticais de pessoas com TTM e outros transtornos do movimento. Esses circuitos são responsáveis pela seleção e pelo sequenciamento comportamental e incluem uma via direta que inicia os movimentos e uma via indireta que os inibe. A desinibição da via indireta pode ser relevante na etiologia dos comportamentos repetitivos e a TTM, em especial, pode estar associada a alterações na função do circuito córtico-estriato pré-frontal.

Imagens realizadas em pessoas com TTM encontraram déficits neuroestruturais, como aumento na densidade da substância cinzenta, em áreas associadas a aprendizado de hábito, cognição e regulação do afeto, e redução nos volumes do cerebelo e dos gânglios basais. Estudos de neurotransmissores ainda não mostraram associação entre TTM e deficiência neuroquímica, mas a relação desse transtorno com a desregulação dos sistemas dopaminérgico, serotoninérgico e noradrenérgico tem sido considerada porque os pacientes respondem, em algum grau, à farmacoterapia com inibidores da recaptação da serotonina.

Variações no curso da TTM, como pico de surgimento, aumento ou mudança da área afetada, mudanças no padrão de arranque do tipo focado durante a adolescência e a menopausa humana e maior incidência entre ratas procriadoras sugerem um possível impacto de variações hormonais.

Estudos neurocognitivos sugerem que as vias córtico-estriatais envolvidas na TTM têm papel importante na aquisição e na recuperação de sequências motoras. Possíveis falhas nessas vias poderiam resultar na inibição de movimentos repetitivos motivados por urgência ou tensão e dificultar o engajamento em outras tarefas incompatíveis com aquelas repetitivas.

Psicológicas

Os hábitos comportamentais repetitivos têm sido estudados e definidos prioritariamente a partir da topografia da resposta, e não da sua funcionalidade. Assim, pouco se sabe sobre a função desses comportamentos, presentes na tricotilomania, na dermatotilomania, nos tiques, na gagueira, na onicofagia, em chupar dedos e morder lábios (Miltenberger, Fuqua e Woods, 1998).

A ocorrência de um comportamento na ausência de um contexto social sugere que esse comportamento seja mantido por reforçamento sensório-perceptual (Rapp et al., 1999). Isso significa que comportamentos de alta taxa de ocorrência na ausência de pessoas, como arrancar cabelos, podem ser intrinsecamente reforçados. Três tipos de reforçadores são possíveis mantenedores da resposta de arrancar os cabelos: reforçamento positivo, negativo e/ou positivo social.

O reforçamento positivo acontece para pessoas que relatam satisfação em manipular os fios, tocar a boca e os lábios com ele, morder a raiz e enrolar o fio nos dedos, entre outros. Essa estimulação tátil imediatamente após o arranque tem sido reconhecida como o possível reforçador positivo que mantém a resposta (Nezatijafa e Sharifi, 2006; Rapp et al., 1999). Outros pacientes relatam, além da manipulação, prazer em sentir ardor ou dor ao arrancar o fio. O reforçamento negativo acontece quando o paciente reconhece a presença de eventos antecedentes internos aversivos, que são reduzidos ou eliminados quando o cabelo é arrancado e/ou manipulado (Woods e Twohig, 2008). E o reforçamento social ocorre quando as consequências do arrancar resultam em atenção ou cuidados de terceiros, além de outros possíveis ganhos secundários. Nesse caso, a resposta é controlada por reforçador obtido pelo produto do comportamento, e não pelo comportamento em si (Miltenberger et al., 1998).

Para entender a natureza do reforçamento automático, positivo ou negativo, identificar e isolar a estimulação sensorial que mantém a resposta Rapp e colaboradores (1999) conduziram a análise funcional da resposta de arrancar e manipular os cabelos de uma paciente portadora de retardo mental. Ela foi observada quando estava sozinha; sob demanda para realizar uma tarefa; recebendo atenção contingente ao arrancar os cabelos e recebendo atenção a cada 10 segundos, independentemente do que estivesse fazendo. Os resultados mostraram frequência de arranque e manipulação significativamente superior quando a paciente estava sozinha do que nas outras condições. Colocada nas condições de

a) assistir um vídeo e

b) ter fios de cabelos espalhados na roupa sem ou
c) com luvas de látex, a paciente arrancou mais fios na condição de assistir o vídeo e não arrancou quando usava luvas.

Os autores concluíram que a resposta de arrancar e manipular são mantidas por reforçadores sensório-perceptuais e que o arranque parece ter a função de prover fios para a manipulação.

O padrão de resposta típico da paciente incluía arranque, manipulação do fio por um tempo de 30 a 60 segundos, descarte e busca por outro fio. Os controladores desse padrão podem ser as modificações ocorridas no fio ou no comportamento durante a manipulação; ou modificação no estado muscular da paciente, como cansaço do braço.

Os diferentes achados de estudos conduzidos até o momento levam ao principal pressuposto de que a TTM tem etiologia múltipla, constituída por uma complexa interação entre variáveis biológicas, psicológicas e sociais (Nezatijafa e Sharifi, 2006).

Avaliação: métodos e instrumentos

A análise funcional da resposta na TTM pode identificar as variáveis que a mantêm, favorecendo o uso mais adequado dos recursos disponíveis para o tratamento e também o desenvolvimento efetivo de novas técnicas, ou adaptações, para um tratamento efetivo. A avaliação adequada, necessária ao diagnóstico, ao planejamento terapêutico e à condução da intervenção, requer também dados acerca

a) da gravidade dos sintomas,
b) do impacto emocional e funcional da resposta motora e
c) das especificidades da urgência ou da necessidade de arrancar os fios.

A avaliação da gravidade é feita pela descrição da frequência e da duração de cada episódio, do número de fios arrancados em cada um deles ou em uma determinada unidade de tempo e do número de áreas do corpo afetadas. O impacto emocional é avaliado a partir das características clínicas da lesão física resultante e do grau de alopecia encontrado; e o impacto funcional é avaliado pela análise do nível de interferência dessas variáveis com o funcionamento diário do paciente e o nível de estresse associado. A urgência de arrancar é avaliada em termos do nível de resistência à necessidade ou ao impulso de arrancar, ante a intensidade e a frequência da urgência percebida.

Os métodos de avaliação utilizados incluem

a) observação direta da resposta ou por filmagem (em especial para crianças);
b) análise da consequência direta da resposta, como mensuração do comprimento dos fios nas áreas afetadas e descrição da densidade e da área de alopecia;
c) medidas de automonitoramento, como contagem do número de fios arrancados, estimativa do nível de urgência para arrancar e registro de ocorrência de contato das mãos com os cabelos;
d) medidas objetivas de autorrelato, feito com o uso de escalas de avaliação clínica (Diefenbach, Tolin, Crocetto, Maltby e Hannan, 2005).

Todos os métodos de avaliação apresentam alguma dificuldade. A observação direta traz em seu próprio conceito dificuldades metodológicas que dificultam e, muitas vezes, inviabilizam a observação da resposta que é de caráter privado e, em geral, acontece na intimidade do lar. A análise de comprimento dos fios pode mascarar os resultados devido ao longo período de latência e a variabilidade de crescimento dos fios depois de arrancados. A análise da alopecia oferece resultados pouco claros devido aos múltiplos locais de escolha e da retirada difusa dos fios, que distribui as falhas evitando áreas de alopecia; e a escolha de áreas pouco expostas à avaliação objetiva, como a região púbica, também dificulta a avaliação. Apesar das limitações, a severidade das falhas capilares é muito importante na avaliação da TTM (Walther et al., 2010).

A automonitoração pode oferecer dados importantes para a análise funcional da resposta, mas é limitada pela baixa fidedignidade dos autorregistros e pela reatividade terapêutica, resultante da própria intervenção. Devido às limitações e dificuldades encontradas na observação direta e na automonitoração, tanto o diagnóstico da TTM quanto a avaliação do progresso da intervenção têm utilizado autorrelatos obtidos pelas escalas de avaliação clínica (Du Toit, van Kradenburg, Niehaus e Stein, 2001).

Dentre as escalas mais referidas na literatura internacional para avaliação da TMM estão a Massachusetts General Hospital Hairpulling Scale (MGH-HPS) (Anexo 1) e o Milwaukee Inventory for Subtypes of Trichotillomania-Adult Version (MIST-A) (Anexo 2). A MGH-HPS, considerada uma medida objetiva de autorrelato, foi desenvolvida conforme o modelo da Yale-Brown Obsessive--Compulsive Scale (YBOCS). Os itens foram adaptados para a resposta de tricotilomania, incluindo frequência, intensidade e controle de urgência de arrancar; frequência, resistência e controle do comportamento de arrancar; estresse associado (Keuthen et al., 1995; Keuthen et al., 2007). A MIST-A, a mais recente das escalas, foi desenvolvida com o objetivo de identificar os subtipos "focado" e "automático" da TTM (Fressner, Woods, Cashin, Keuthen e TLC-SAB, 2008), ao invés de focar apenas na gravidade dos sintomas ou no contexto de ocorrência.

Antes de iniciar o tratamento é necessária uma avaliação detalhada para orientar a tomada de decisões e a escolha da técnica mais apropriada à gravidade do transtorno e às peculiaridades do paciente e de seu contexto. Essa avaliação deve prover dados sobre:

1. Área(s) afetada(s) e grau de lesão ou de alopecia encontrada.
2. Número de fios arrancados em cada episódio típico e frequência de episódios.
3. Locais, horários e situações de risco; possíveis objetos utilizados no arranque e

possíveis variáveis inibidoras da resposta (por exemplo, presença de pessoas) e variáveis facilitadoras (por exemplo, ver um fio branco no espelho, tocar um fio muito áspero).

4. Cadeia motora típica de resposta, incluindo a mão utilizada para o arranque, posição do braço e do corpo ao iniciar a cadeia e movimentos realizados do início até o descarte do fio.
5. Antecedentes emocionais.
6. Impacto emocional, social e funcional da resposta; possíveis métodos de disfarce e camuflagem das lesões.

Durante a avaliação é apropriada a utilização de uma equipe multi ou interdisciplinar, para realizar o diagnóstico diferencial. O ato de arrancar os cabelos ou as lesões existentes podem ser respostas a um delírio ou a uma alucinação, como podem ser também resultado de qualquer outra condição clínica, o que exclui o diagnóstico de tricotilomania (critério D).

Tratamento

O tratamento psicológico muitas vezes é feito em parceria com um psiquiatra, que faz a farmacoterapia, e um dermatologista, que trata a pele e a qualidade e força dos fios na área afetada. A terapêutica da tricotilomania é carente de um corpo de estudos consistente e suficiente, embora avanços sejam reconhecidos. Uma revisão das principais técnicas utilizadas no tratamento farmacológico e psicológico é apresentada a seguir.

Farmacológicos

O tratamento mais frequente em TTM é a farmacoterapia com antidepressivos, devido ao esperado efeito antiobsessivo e à melhoria nos estados depressivos e da ansiedade, comuns entre esses pacientes. Estudos na área mostram que as principais drogas de ação serotoninérgica e dopaminérgica já foram testadas para controlar a TTM, sempre com resultados modestos. A primeira droga cujos efeitos positivos foram documentados é a clomipramina (Anafranil), um tricíclico bloqueador da recaptação da serotonina e da noradrenalina. Entretanto, seus efeitos colaterais são importantes e, comparados aos ganhos modestos, a indicação é cautelosa pelos próprios médicos e a aceitação é baixa por parte dos pacientes (Swedo, Leonard, Rapoport, Lenane, Goldberger e Cheslow, 1989).

Outros medicamentos estudados são os inibidores seletivos da recaptação da serotonina (ISRSs), principalmente a fluoxetina (Prozac, Verotina), que é a mais prescrita atualmente. Outras drogas estudadas são a fluvoxamina (Luvox), a sertralina (Zoloft, Tolrest), o citalopram (Cipramil), o escitalopram (Lexapro) e a paroxetina (Aropax, Pondera) (van Minnen, Hoogduin, Keijsers, Hellenbbrand e Hendriks, 2003). Os efeitos colaterais relatados para esses ISRSs são menores e mais aceitáveis do que os efeitos da clomipramina, mas os resultados alcançados são também menores.

Em metanálise conduzida por Bloch e colaboradores (2007) foi encontrada superioridade da clomipramina sobre o placebo, mas não houve clareza sobre o mesmo efeito para os ISRSs. Quando comparados os resultados dos diferentes tipos de tratamentos, foi constatada a superioridade significativa da psicoterapia comportamental de reversão do hábito sobre o tratamento medicamentoso tanto com clomipramina quanto com ISRSs.

Revisando a literatura, Woods e colaboradores (2006) encontraram apenas seis estudos aleatórios e controlados para investigar os efeitos de fármacos sobre a TTM. Os resultados não mostraram superioridade das drogas sobre o placebo, mas mostraram novamente a superioridade da técnica de reversão de hábito sobre a farmacoterapia

Drogas neurolépticas e antipsicóticas também já foram testadas, mas ainda sem evidência de superioridade sobre os antidepressivos. De modo consistente, os resultados mostram que a combinação dos tratamentos químico e comportamental é superior aos tratamentos isolados com quaisquer das drogas já estudadas (Dougherty, Jenike e Keuthen, 2006).

Dentre os métodos terapêuticos, a terapia comportamental tem mostrado os melhores resultados, superando às vezes o tratamento medicamentoso (Woods e Twohig, 2008). Nejatisafa e Sharifi (2006), por exemplo, associaram 40mg diárias de fluoxetina (que a paciente já utilizava) com terapia comportamental de reversão do hábito para uma paciente que sofria de TTM há 30 anos e se mostrava refratária ao tratamento com antidpresssivos, estabilizadores de humor, antipsicóticos e ansiolíticos, combinados ou não. O quadro clínico foi revertido e um *follow--up* de 18 meses mostrou apenas dois lapsos nos primeiros seis meses de seguimento. Mas mesmo o uso de técnicas comportamentais--cognitivas mostra resultados modestos, pois nem todos os pacientes são responsivos e nem todos os que respondem mantêm os ganhos em longo prazo (Keuthen et al., 2010).

As técnicas mais utilizadas são suporte social, treino em motivação, automonitoração, controle de estímulos, treino em relaxamento, economia de fichas, reestruturação cognitiva, modelação encoberta, reversão do hábito e terapia de aceitação e compromisso (ACT). A escolha da técnica, ou a combinação de técnicas, é feita a partir da avaliação inicial. Para cada uma delas, é adequado que a primeira sessão seja psicoeducativa, de modo a iniciar o paciente nas questões diagnósticas, etiológicas e fenomenológicas da TTM, explicar a natureza e os objetivos das práticas interventivas e discutir as expectativas terapêuticas.

O terapeuta adota o uso consistente de reforçamento positivo, sob a forma de elogios, nas situações em que

o paciente usa uma resposta fisicamente incompatível com o hábito, mostrando resistência ao impulso, e

quando é observada qualquer melhoria na aparência, mesmo mínima, devido ao crescimento dos fios ou à cicatrização da área.

Familiares e pessoas significativas são treinadas pelo terapeuta a fazer uso apropriado do reforçamento positivo.

O terapeuta revisa e enfatiza, junto com o paciente, todas as formas pelas quais o hábito é inconveniente ou constrangedor; motivos e consequências de arrancar os cabelos ou não. Juntos ou em separado, ambos elaboram uma lista de motivos pelos quais vale a pena modificar essa resposta. A lista descreve o que o paciente deseja (alívio da tensão, uma aparência melhor) e o que não deseja (ter que mentir sobre a própria condição, parecer estranho). Esses motivos são periodicamente discutidos e a lista deve ficar em lugar visível.

O paciente é treinado a registrar diariamente o tempo investido na cadeia de arranque, o número de fios arrancados (que serão levados à sessão seguinte) em cada episódio e/ou no dia; as situações nas quais os episódios de arranque ocorreram, os sentimentos, os pensamentos ou as urgências presentes antes do início e ao final da cadeia de arranque.

O paciente realiza o movimento típico do arranque, completo, até descrever a sensação tátil do fio entre os dedos, mas não deve arrancar. Durante o exercício, o terapeuta exerce pressão contrária ao movimento no braço e nos dedos do paciente, para ressaltar os grupos musculares envolvidos na resposta (Rapp et al., 1998). O paciente fica atento a todos os movimentos da cadeia comportamental, desde o início até a manipulação após a remoção e o descarte do fio. O treino favorece não iniciar e/ou interromper a cadeia de modo consciente.

Treino em respostas incompatíveis ou concorrentes

O paciente é treinado a usar respostas incompatíveis com o arranque, quando estiver em situações de risco, ou interromper a cadeia já iniciada. Respostas incompatíveis são respostas concorrentes, topograficamente inibidoras do arranque e vantajosas por serem discretas em situações sociais. São exemplos: manter as duas mãos no volante do carro ao dirigir e no livro quando estiver lendo; manusear bolas de borracha ou de látex, bolas chinesas com som (bolas da saúde), contas e objetos semelhantes que estimulam e ocupam mãos e dedos; apertar os punhos periodicamente. Com esse treino, o paciente fica exposto à situação de risco e aprende que

a) não tem necessariamente que ceder à urgência de arrancar e que
b) a força da urgência é reduzida em algum tempo, logo após o pico do desejo de arrancar.

Controle de estímulos

O paciente é treinado a reduzir voluntariamente as oportunidades de emissão da resposta através do uso de recursos externos que inviabilizam ou dificultam a resposta. Esses recursos incluem barreiras mecânicas e outros estímulos que favoreçam a escolha de não arrancar.

Recursos mecânicos são aqueles que impedem ou dificultam a resposta, como o uso de luvas ou ataduras nos dedos e bandana na cabeça ou na testa, cobrindo as sobrancelhas. Eles são valiosos em momentos de crise ou de maior risco, porque auxiliam o paciente a conviver com o impulso até ter condições de se expor e resistir a ele. Em situação de risco, como estar sob estresse, sozinho em casa, lendo um livro para prova e com forte impulso para procurar e arrancar fios grossos, o paciente pode se beneficiar de uma bandana amarrada na cabeça até o momento em que terminar a leitura ou sentir que o impulso enfraqueceu. Passado o maior risco, a barreira deve ser removida. Essa técnica tem a desvantagem de não favorecer o aprendizado do controle do impulso. O paciente não se familiariza com a situação de risco e pode voltar a emitir a resposta tão logo a barreira seja removida, principalmente considerando que a resposta pode estar sob controle de reforçamento sensório-perceptual do próprio arranque ou da manipulação do fio. Observações clínicas mostram que os pacientes por si só desenvolvem esses recursos ao longo do tempo e, tão logo se veem sem eles, voltam a emitir o comportamento impulsivo. Por esses motivos, o uso das barreiras mecânicas, como técnica de escolha, isolada, pode não ser indicado, a menos que a avaliação do caso aponte razões claras para isso. Nesse caso, paciente e terapeuta devem estar atentos para o tempo de uso das barreiras, o padrão de respostas do paciente e os indicadores de progresso evidenciados.

O controle de estímulos contextuais não apresenta os inconvenientes das barreiras mecânicas e incluem: sentar em cadeiras que não tenham braços para apoio ou usar a parte central de poltronas ou sofás; manter abertas as portas da dependência onde há maior risco de ocorrer a resposta; remover espelhos com lentes de aumento da casa; retirar espelhos de qualquer tamanho da bolsa; ter horário pré-estabelecido e com duração limitada para olhar no espelho e apenas para se pentear ou maquiar; expor-se à presença de terceiros quando sentir a urgência de arrancar (quando o fator social for inibidor da resposta).

Sinalizadores ou alertas visuais são utilizados com o objetivo de chamar a atenção do paciente para a possível ocorrência da resposta. São exemplos de sinalizadores: ligar um alarme de relógio ou de telefone celular que toque periodicamente chamando a atenção para observar a posição das mãos, lembretes ou adesivos em lugares estratégicos ou de alto risco para a ocorrência da resposta (por exemplo, Alto! Não! Resista!). Os estímulos externos adotados funcionam como sinalizadores contra o início da resposta, favorecem a interrupção da resposta já iniciada e podem aumentar o custo da resposta por aumentar a dificuldade para sua emissão. Esse recurso é discreto comparado à exposição pública inerente ao uso de bandanas, chapéus e luvas, referido como constrangedor por alguns pacientes, e inviável quando o clima é desfavorável ou os hábitos de figurino local são incompatíveis.

Estímulos aversivos também são utilizados, de modo autoaplicado, em consequência à emissão da resposta. Por exemplo, o paciente aciona um elástico preso ao pulso cada vez que percebe ter arrancado um fio de cabelo. Entretanto, é possível que o uso da punição aumente a tensão e a ansiedade, e as chances de novas investidas do impulso de arrancar. Deve ser considerada também a possível ocorrência e o impacto dos efeitos adversos da punição. A decisão pelo uso de estímulos aversivos requer avaliação criteriosa da resposta, do paciente, do contexto e da relação custo-benefício.

O controle de estímulos pode oferecer resultados bastante positivos quando o paciente é treinado a seguir regras e mostra boa adesão às orientações recebidas. Essa técnica é ilustrada pelo caso de Helena, descrito abaixo.

ILUSTRAÇÃO DE CASO CLÍNICO I

Helena era casada, tinha 37 anos, funcionária pública graduada, NSE alto, escolaridade superior e foi encaminhada por um psiquiatra que a tratava contra depressão. Ao longo do processo terapêutico Helena relatou seu desconforto por passar de duas a três horas por dia, ou a cada dois dias, olhando em um espelho de aumento com lente de 10X, procurando pequenos pelos que nasciam em seu queixo. A paciente localizava o fio ou saliência indicadora de pelo encravado com o toque dos dedos, ou procurava diretamente no espelho. Ao reconhecer um fio ela ia para o banheiro, fechava a porta e usava uma pinça para a remoção imediata. Nesse processo, sempre feria a pele, que apresentava múltiplas manchas escuras, feridas e crostas de cascas em cicatrização.

Helena recebeu as seguintes orientações:

1. tirar o espelho de aumento da casa e usar um espelho regular apenas pelo tempo exato de se pentear e se maquiar;
2. deixar a porta do banheiro sempre aberta a não ser pelo tempo exato em que estivesse no banho ou no toalete;
3. evitar levar as mãos ao queixo (para não encontrar possíveis pontas de pelos) e
4. considerar que, se os pelos não eram visíveis a ela própria em um espelho comum, sob iluminação comum, também não seria visível a terceiros em situações diárias típicas.

Então, não haveria exposição ou constrangimentos – só haveria o impulso de arrancar, e isso ela iria aprender a controlar. No primeiro acordo, ela evitaria a procura e o arranque de pelos durante quatro dias e, no quinto dia, olharia o queixo no espelho de lente regular para localizar pelos visíveis. Esses pelos poderiam ser removidos com uma pinça, se tivessem comprimento suficiente para que a pinça não tocasse a pele. Todos os pelos arrancados deveriam ser trazidos para a próxima sessão. No dia acordado, ela removeu quatro pelos de tamanhos diferentes. O intervalo de tempo livre de remoção foi então aumentado para uma semana, que também foi respeitado e resultou na remoção de seis pelos. Na semana seguinte, com o mesmo intervalo de tempo fixado, Helena decidiu por conta própria estender o intervalo para 10 dias, sob o argumento de que queria se exercitar no controle do impulso. Nessa ocasião, já com quase um mês de intervenção nesse foco, a pele dela estava completamente sem lesões e apenas algumas marcas escuras se mantiveram. O intervalo livre de remoção passou para duas semanas e isso permitiu que os pelos crescessem quase por igual, o que deu uma ideia mais clara do número de pelos que cresciam na região do queixo. Ao fim do intervalo foram retirados 16 pelos, muitos dos quais eram brancos (pouco visíveis). Para manter o treino nessa habilidade de controlar o impulso e a ansiedade, foi proposto que ela mantivesse esse procedimento por mais três meses. Depois, poderia considerar uma consulta dermatológica para avaliar a conveniência da remoção dos pelos com raios laser. Essa opção foi sugerida porque concluímos que o número de pelos chegava a 20 e que, se não removidos, podiam ficar de fato visíveis, ultrapassando três milímetros de comprimento, o que era esteticamente indesejado por ela. Vencidos os três meses, a pele não tinha mais lesões além de manchas decorrentes da manipulação anterior, e Helena preferiu manter a remoção manual mensal por mais algum tempo antes de considerar a remoção definitiva dos fios.

O treino em relaxamento é introduzido junto com o suporte teórico que associa o estresse com o aumento da urgência de arrancar. O relaxamento muscular progressivo de Jacobson, como descrito neste livro e com especial ênfase no relaxamento dos músculos envolvidos na posição e no movimento de arrancar, é a técnica mais comum. Entretanto, outras formas de relaxamento são também utilizadas, incluindo meditação, yoga e guia de imagens, conforme preferência e características do paciente. O relaxamento é incompatível com a ansiedade, promove o bem-estar e desvia a atenção do paciente para outras partes do corpo que não a área de risco.

Esta técnica, especialmente útil no trabalho com crianças e com portadores de deficiência mental, consiste em facilitar ao paciente a obtenção de diferentes reforçadores em troca de uma quantidade de fichas (*tokens*). O paciente recebe fichas quando não está emitindo a resposta inadequada e devolve uma quantidade de fichas quando é observado realizando a resposta. O paciente é informado que obterá determinado número de fichas (por exemplo, três) se não estiver com a mão nos cabelos (na área de risco) ao ser observado, e que devolverá um outro número (por exemplo, uma) se a mão estiver na área de risco. É importante que o valor recebido pelo comportamento adequado seja maior do que a "multa" paga por emitir o comportamento inadequado. O paciente deve saber, desde o início, que reforçadores estarão disponíveis e quantas fichas serão necessárias para obter cada um deles. O caso de Mariana, descrito abaixo, ilustra o uso dessa técnica:

Em nossa prática em clínica-escola, atendemos Mariana, de 8 anos, NSE desfavorecido, encaminhada pelo serviço médico. A mãe procurou ajuda preocupada com a identidade sexual da criança, motivada por sua aparência e suas interações sociais. A menina arrancava os cabelos da cabeça a ponto de tê-los sempre rentes ao couro cabeludo, usava exclusivamente shorts e camiseta ou calças compridas, e recusava qualquer tentativa de vesti-la com saias ou vestidos. Na escola sentava-se perto dos meninos, não tinha amigas e apresentava rendimento na média ou abaixo e às vezes era agressiva. Diante dessas características, a mãe pensou que a criança pudesse estar apresentando tendências homossexuais.

À avaliação clínica, Mariana apresentava os cabelos ressecados, fios retorcidos, alguns grossos e outros muito finos e frágeis, de tamanho muito irregular, com os fios maiores de aproximadamente 4cm de comprimento. Havia vários espaços falhos na cabeça e havia várias crostas pequenas (cascas) devido a lesões em processo de cicatrização. A criança falava baixo e evitava contato visual com o interlocutor. Decidimos iniciar o tratamento pela TTM, com objetivo de melhorar sua aparência, depois observar possíveis mudanças comportamentais que indicariam a necessidade ou não de intervenção em outras áreas. A criança não estava em uso de medicação e a intervenção seguiu os seguintes passos:

1. Solicitação à mãe para observar o comportamento da criança com o objetivo de identificar as situações de risco e trazer para a sessão os fios encontrados pela casa.
2. Identificação dos momentos de assistir TV e de dormir como os de maior ocorrência da resposta de arrancar os cabelos.
3. Escolha da técnica de economia de fichas associada a reforçamento social para qualquer progresso observado, incluindo não ocorrência de lesões novas, recuperação das antigas, engajamento na técnica, frequência às sessões ou verbalizações consideradas positivas.
4. Escolha de uma terapeuta estagiária que tinha cabelos longos e bem cuidados e usava vestido ou saia em todas as sessões com a criança. Era esperado que a atenção oferecida por um modelo de cabelos atraentes e vestuário feminino, em um clima acolhedor, motivasse a criança a mudar a própria aparência e a se engajar no processo terapêutico.
5. Explicação da técnica de economia de fichas à mãe e à criança e obtenção de seus acordos para o uso do procedimento. Informação à Mariana de que ela poderia adquirir quaisquer dos reforçadores disponíveis, em qualquer momento que tivesse fichas para pagar. O consultório tinha um quadro-vitrine onde foram colocados vários adornos de cabelo, como tiaras, prendedores, grampos, fitas, presilhas e fitas de diferentes cores e larguras, além de bijuterias, como anéis, pulseiras e colares. A vitrine foi arrumada de forma atraente e cada peça tinha um preço afixado em etiquetas.
6. Treinamento da mãe para observar a criança nas situações de risco e a usar as fichas, que ela levava para casa todas as semanas. A observação devia acontecer a cada 20 minutos, marcados no relógio, enquanto Mariana assistia TV e na cama à noite, até que ela adormecesse. Se não estivesse com a mão na cabeça no momento da observação, Mariana receberia cinco reais de ficha. Se estivesse com a mão na cabeça, devolveria três. As fichas tinham cores diferentes e os números 1, 5, 10 e 20, para facilitar o troco. No primeiro dia a criança saiu do consultório com cinco reais em fichas a título de incentivo por ter aceitado a proposta do programa e para que ela tivesse com o que começar.
7. O controle da evolução foi feito pelo número de fichas que a criança trazia e pela aparência, a olho nu, de seu couro cabeludo e do comprimento dos fios.

Ao final da primeira semana, Mariana adquiriu um anel. Era um dos objetos mais baratos, exposto propositalmente para permitir que qualquer progresso pudesse ser recompensado. Após duas semanas, havia melhora perceptível na quantidade de cabelos e Mariana sorria ao ser elogiada por isso. Sua segunda aquisição foi um laço de cabelo do tipo usado para bebês, embora ela tivesse fichas para comprar algo maior e o comprimento de seus cabelos ainda não era suficiente para segurar o adorno. Isso sugeriu o efeito reforçador de ter mais cabelos na cabeça. Na sequência das sessões, o número de fichas obtidas oscilava, mas os cabelos foram aumentando visivelmente, provocando reações até da recepcionista da clínica, que elogiava em público sua boa aparência, embora os fios ainda fossem muito curtos.

A relação da criança com a terapeuta foi muito bem estabelecida, Mariana tocava os cabelos dela no sentido do comprimento e dizia que eram lindos. Ouvia em retorno que ela também poderia ter cabelos mais compridos. No espelho da sala, ambas olhavam o progresso de Mariana e era apontado o preenchimento dos espaços inicialmente falhos, em um processo contínuo de *feedback*. Ao final de um mês e meio de terapia, a criança foi para a sessão usando um vestido e com seu laço de bebê na cabeça. Ao final de dois meses e meio, o semestre letivo foi encerrado, motivando a troca de terapeuta. A evolução positiva se manteve com a obtenção de reforçadores cada vez mais caros. As observações em casa passaram a acontecer de uma em uma hora, depois a cada duas horas e, por fim, três vezes ao dia. Parecia claro que o maior reforçador para a criança nesse momento era sua própria aparência. Mariana passou a usar vestidos e saias em todas as sessões e, segundo a mãe, começou a se relacionar com meninas e de modo mais apropriado na escola. Ao final desse segundo semestre letivo, Mariana recebeu alta. Seu couro cabeludo estava completamente coberto e os cabelos, longos o bastante para prender diferentes tipos de adornos, exceto fitas para fazer rabo-de-galo, uma das metas estabelecidas pela criança. A aparência dos fios ainda deixava a desejar, com alguns deles grossos, outros finos, com pigmentação diferente e ressecados. A parceria de um dermatologista para acompanhar o caso teria sido muito útil, mas a família tinha poucos recursos e, à época, nosso serviço não contava com essa especialidade.

Nossa conclusão foi de que Mariana usava roupas masculinas no início do tratamento porque eram mais discretas e não chamavam a atenção para seus cabelos rentes e sua cabeça machucada. Vestidos e saias em uma criança que praticamente não tinha cabelos destoava da aparência das outras meninas e o convívio com meninos parecia protegê-la da comparação.

Por ter melhorado a aparência, as relações sociais e o rendimento escolar, concluímos pela não necessidade de intervenção em outras áreas.

Reestruturação cognitiva

O terapeuta oferece um conjunto de razões para explicar os motivos e a eficácia da reestruturação cognitiva. O paciente é treinado a desafiar pensamentos distorcidos acerca do arranque, usando exemplos da sua própria experiência, e a registrar pensamentos automáticos negativos, as situações nas quais eles ocorrem, as emoções resultantes e uma resposta racional alternativa ao pensamento disfuncional. O paciente aprende a identificar e a substituir pensamentos disfuncionais por outros racionais que o motivem a responder de modo adequado diante das urgências para arrancar os cabelos.

Modelação encoberta e prevenção de recaída

O paciente é levado a antecipar imagens dele próprio fazendo um enfrentamento adequado de situações estressantes, usando repertório eficiente, ao invés de antecipar comportamentos de arrancar os cabelos diante dessas situações. Verbalizações como "eu sei que vou arrancar de novo"; "se acontecer "A" ou "B" será inevitável" devem ser removidas e substituídas por antecipações de resistência ao impulso.

A prevenção de recaídas deve considerar a ocorrência de lapsos isolados como eventos previsíveis e controláveis, ao invés de eventos catastróficos ou o retorno ao nível operante, anterior ao tratamento. É mostrado ao paciente que lapsos ocorreram ao longo do tratamento e que foram manejados. Isso mostra ao paciente que ele está instrumentado para emitir respostas adequadas de enfrentamento. Terapeuta e paciente listam respostas ou recursos passíveis de uso em caso de lapsos, inclusive uma ligação para o terapeuta.

Reversão do hábito

Esta técnica é composta por múltiplos elementos, em especial do controle de estímulos. Foi desenvolvida por Azrin e Nunn e adaptada por Woods, Miltenberger e Lumley (1996), especialmente para tratar a TTM. Os passos a seguir descrevem uma proposta padrão dessa técnica, que deve ser adaptada para cada caso:

1. Treino em técnica de relaxamento muscular progressivo com visualização de imagens positivas e prazerosas.
2. Treino em conscientização da resposta.
3. Treino na interrupção da cadeia.
4. Treino em respostas competitivas.
5. Treino em automonitoração.
6. Treino na resistência à manipulação através do descarte imediato do fio arrancado, guardando ou jogando fora, conforme tiver sido programado.
7. Treino no registro das desistências cada vez que interromper a cadeia de respostas, ao invés de registrar os fios arrancados.

Woods e colaboradores (1996), propuseram uma forma reduzida da reversão de hábito, que consideram econômica e com boa eficácia: a forma inclui apenas o treino em conscientização da resposta e em uso de resposta incompatível. O paciente é instruído sobre a relevância da prática e as razões para sua utilização; é treinado a identificar a cadeia de respostas envolvidas no hábito e treinado a emitir as respostas incompatíveis. Respostas competitivas devem ser emitidas ao primeiro sinal de urgência para puxar. Reforço social é incluído.

Terapia de aceitação e compromisso

Esta técnica é uma adaptação da Terapia de Aceitação e Compromisso (ACT) para tratar a TTM, já submetida a estudos controlados que mostraram resultados positivos (Twohig e Woods, 2004; Woods e Twohig, 2008). A técnica consiste em 10 sessões que inclui técnicas de reversão do hábito, de controle de estímulos e da ACT. A proposta básica é ensinar o paciente a

a) ficar atento à resposta de arranque e seus antecedentes internos,
b) usar estratégias autoadministradas para prevenir e interromper a resposta,
c) interromper a luta contra experiências privadas que levam ao arranque e
d) melhorar a qualidade de vida. (Hayes, Luoma, Bond, Masuda e Lillis, 2006; Woods e Twohig, 2008).

As sessões são conduzidas na sequência abaixo:

1. Psicoeducação e revisão de situações exacerbadoras da resposta.
2. Introdução às técnicas de reversão do hábito, controle de estímulos e automonitoração. Treino em conscientização da resposta e uso de resposta incompatível, a ser praticada durante um minuto a cada sinal antecipatório da resposta de arranque ou quando ela for interrompida após ter sido iniciada.
3. Paciente e terapeuta avaliam o que é importante ou relevante na vida do paciente e que vem sendo prejudicado ou inviabilizado pela luta na qual ele se engaja contra os pensamentos e a urgência de arrancar os cabelos. Aspectos investigados incluem família, relações íntimas e sociais, profissão, espiritualidade.
4. O paciente avalia quanto da sua qualidade de vida é comprometida pelas tentativas de controlar as experiências privadas aversivas. Para isso, ele revisa as estratégicas que utiliza para controlar a sensação de urgência e as emoções, pensamentos e sentimentos associados ao arranque. A seguir, paciente e terapeuta discutem a eficácia das estratégias e poderão concluir que:

a) tanto o arranque dos cabelos quanto a esquiva de situações de risco e qualquer outra tentativa para remover a urgência funciona por alguns minutos ou horas e depois a urgência reaparece;

b) as estratégias utilizadas perdem a eficácia em algum tempo;

c) as estratégias utilizadas podem representar mais problemas do que soluções.

O terapeuta então sugere ao paciente que considere a possibilidade de aceitar seus eventos privados aversivos como uma nova estratégia, sob o argumento de que pensar e sentir urgência não implica necessariamente o arranque. O problema é o modo de responder à urgência, e não a urgência em si – pensamentos e sentimentos podem não ser problemáticos se não forem obedecidos. O objetivo da sessão é demonstrar a ineficácia das tentativas de controle utilizadas e suas implicações negativas. Se o paciente não chegar a essas conclusões, sua recusa deve ser aceita e ele recebe a tarefa de tentar todas as estratégias possíveis para controlar os eventos internos. Os resultados serão discutidos na sessão seguinte.

5. É mantido o tema da sessão 4, para que o paciente avalie a possível armadilha de tentar controlar os eventos internos. A eficácia de diferentes estratégias utilizadas é colocada à prova e rediscutida. O paciente aprende que aceitar a urgência ou as experiências privadas não significa aceitar a TTM e que a ação de arrancar os cabelos é passível de prevenção, mas a urgência não o é. O controle de estímulos é utilizado para dificultar a resposta, e não para remover pensamentos sobre o arranque. É introduzida a proposta de compromisso para engajamento em um comportamento compatível com os desejos do paciente, identificados na sessão 3, que possa incrementar sua qualidade de vida, ao invés de tentar controlar as urgências. O sucesso desse passo é medido pela disposição do sujeito em aceitar as suas experiências internas aversivas, e não por maior ou menor ocorrência delas.

6 e 7. As duas sessões têm o objetivo de treinar a percepção das experiências internas, como apenas pensamentos, urgências, imagens ou emoções – diferentes de fatos concretos e que, por isso, não são determinantes de nenhum comportamento que o paciente não queira emitir. Considerar pensamentos ou palavras como objetos reais é entendido como "fusão" entre a palavra e o fato. Nesse processo é ensinada a "separação" entre palavra e fato. Pensar ou sentir não é o mesmo que fazer. O paciente aprende que o objetivo não é modificar suas urgências ou seus sentimentos, mas apenas experienciá-los e não os atender. Diante de uma crescente tensão para arrancar os cabelos e a sensação de que "se não arrancar enlouquecerei", o paciente aprende a reconhecer a inexistência de linearidade entre o sentimento e o acontecimento. O paciente é treinado a se conscientizar dos próprios pensamentos e a reconhecer o contexto no qual eles ocorrem. Sensações procuradas ou desejadas em um contexto podem ser as mesmas evitadas em outro. Por exemplo, emoção, adrenalina ou estresse que alguém vivencia quando está em um carro de montanha russa, que desce de um ponto alto, na velocidade máxima, costumam ser desejadas, mas em situação de prova, como um vestibular ou um concurso público, a sensação pode ser parecida, mas é muito indesejada e rejeitada. Excluindo o contexto, as sensações são muito semelhantes, e quando o paciente entende o que ocorre dentro da pele ao viver essas experiências, fica mais fácil a aceitação delas.

8. Praticando a terapia de aceitação e compromisso – nesse momento o pa-

PSICOTERAPIAS COGNITIVO-COMPORTAMENTAIS: UM DIÁLOGO COM A PSIQUIATRIA

ciente já deve ter concluído que controlar os eventos internos aversivos é tarefa impossível, e que aceitá-los pode ser um modo mais funcional de administrá-los. Esta e as próximas sessões serão conduzidas nos moldes da "exposição e prevenção de respostas". As exposições são treinadas nas sessões, quando o terapeuta diz ao paciente como criar a urgência de arrancar e o auxilia na prevenção do arranque.

9. Os exercícios de exposição continuam, de modo a testar continuamente o caráter imaterial e não determinante dos eventos internos. Eles serão aceitos e não obedecidos. O paciente faz exercícios, como olhar em um espelho com uma pinça nas mãos por 10 minutos, sem arrancar nenhum fio, independentemente do que vê, sente ou pensa. Se ele encontrar dificuldade, será apontado que está considerando o pensamento como algo que tem de ser obedecido. Recaídas serão discutidas como oportunidades para fazer escolhas: o paciente pode continuar a ceder às urgências e arrancar ou aceitar a urgência e não arrancar, no momento em que assim decidir.

10. Na última sessão, o paciente tem a oportunidade de esclarecer dúvidas e conceitos. O processo é revisado e as estratégias rediscutidas. A possível ocorrência de lapsos é considerada e, caso ocorram, devem ser vistos como fatos isolados, e não recaídas. Se necessário, o paciente deve ser encorajado a telefonar para o terapeuta. O progresso alcançado é discutido e reforçado positivamente e o programa é encerrado.

Todas as sessões incluem tarefas de automonitoração com coleta dos fios arrancados e discussão do progresso e dificuldades relatadas. Para eventuais descumprimentos das tarefas semanais é adequado o uso de técnicas de solução de problemas, como perguntar ao paciente o que dificultou a re-

alização da tarefa e, juntos, buscar opções viáveis (Woods et al., 1996).

CONCLUSÃO

A área vem progredindo nos últimos 10 anos, mas ainda com limitações importantes, em especial pelos resultados insatisfatórios obtidos pelos estudos sobre etiologia e tratamento da TTM (Nezatijafa e Sharifi, 2006). A principal contribuição dos estudos até o presente parece ser a evidência inquestionável do caráter complexo e multideterminado desse transtorno. O conhecimento científico disponível ainda é insuficiente e são necessários estudos controlados e randomizados, com número representativo de participantes, que esclareçam a etiologia da condição e das variáveis controladoras das respostas de sucesso aos diferentes tipos de tratamento.

REFERÊNCIAS

American Psychiatric Association. (1987;1994; 2000). *Diagnostic and statistical manual of mental disorders* (4. ed.). Washington, DC: Autor.

Bloch, M. H., Landero-Weisenberger, A., Dombrowski, P., Kelmendi, B., Wegner, R., Nudel, J., et al. (2007). Systematic review: pharmacological and behavioral treatment for trichotillomania. *Biological Psychiatry*, *62*(8), 839-846.

Christenson, G. A., Mackenzie, T. B. & Mitchell, J. E. (1991). Characteristics of 60 adult chronic hair pullers. *American Journal of Psychiatry*, *148*, 365-370.

Diefenbach, G. J., Tolin, D. F., Crocetto, J., Maltby, N. & Hannan, S. (2005). Assessment of trichotillomania: a psychometric evaluation of hair-pulling scales. *Journal of Psychopathology and Behavioral Assessment*, *27*(3), 169-178.

Dougherty,.D. D., Jenike, M. A., & Keuthen, J. J., (2006). Single modality versus dual modality treatment for trichotillomania: sertraline, behavioral therapy, or both? *Journal of Clincal Psychiatry*, *67*(7), 1082-1092.

Du Toit, P. L., van Kradenburg, J., Niehaus, D. J. H., & Stein, D. J. (2001). Characteristics and phenomenology of hair-pulling: An exploration of subtypes. *Comprehensive Psychiatry, 42*, 247-256.

Flessner, C. A., Woods, D. W., M. E., Cashin, S. E., Keuthen, N. J., & Trichotillomania Learning Center-Scientific Advisory Board (TLC-SAB). (2008). The Milwaukee Inventory for Subtypes of Trichotillomania-Adult version (MIST-A): Development of an instrument for the assessment of "focused" and "automatic" hair pulling. *Journal of Psychopathology and Behavioral Assessment, 30*, 20-30.

Grant, J., & Odlaug, B. (2009). Update on pathological skin picking. *Current Psychiatry, 11*, 283-288.

Hayes, S. C.; Luoma, J. B; Bond, F. W.; Masuda, A. & Lillis, J. (2006). Acceptance and commitment therapy: model, processes and outcomes. *Behaviour Research and Therapy, 44*, 1-25.

Keuthen, N. J., Rothbaum, B. O., Welch, S. S., Taylor, C., Falkenstein, M., Heekin, M., et al. (2010). Pilot trial of dialectical behavior therapy-enhanced habit reversal for trichotillomania. *Depression and Anxiety, 27*, 953-959.

Keuthen, N. J., Flessner, C. A., Woods, D. W., Franklin, M. E., Stein, D. J., Cashin, S. E., et al. (2007). Factor analysis of the Massachusetts General Hospital Hairpulling Scale. *Journal of Psychosomatic Research, 62*, 707- 709.

Keuthen, N. J., O'Sullivan, R. L., Ricciardi, J. N., Shera, D., Savage, C.R., Borgmann, A. S., et al. (1995). The Massachusetts General Hospital (MGH) Hairpulling Scale: 1. development and factor analyses. *Psychotherapy and Psychosomatics, 64*, 141-145.

Koran, L. M. (1999). *Obsessive-compulsive and related disorders in adults: a comprehensive clinical guide* (cap. 11). Cambridge, UK: Cambridge University Press.

Lochner, C., Seedat, S., & Stein, D. J. (2010). Chronic hair-pulling: phenomenology-based subtypes. *Journal of Anxiety Disorders, 24*, 196-202.

Miltenberger, R. G., Fuqua, R., & Waine & Woods, D. W. (1998). Applying behavior analysis to clinical problems: Review and analysis of habit reversal. *Journal of Applied Behavior Analysis, 31*(3), 447-470.

Nejatijafa, A-A., & Sharifi, V. (2006). Cognitive behavior therapy for trichotillomania: report of a case resistant to pharmacological treatment. *Iran Journal of Psychiatry, 1*, 42-44.

Odlaug, B. L., Won Kim, S., & Grant, J. E. (2010). Quality of life and clinical severity in pathological skin picking and trichotillomania. *Journal of Anxiety Disorders, 24*, 823-829.

Rapp, J. T., Miltenberger, R. G., Galensky, T. L., Ellingson, S. A., & Long, E. S. (1999). A functional analysis of hair pulling. *Journal of Applied Behavior Analysis, 32*(3), 329-337.

Rapp, J. T., Miltenberger, R. G., Long, E. S., Elliot, A. J., & Lumley. V. A. (1998). Simplified habit reversal treatment for chronic hair pulling in three adolescents: A clinical replication with direct observation. *Journal of Applied Behavior Analysis, 31*(2), 299-302.

Spadella, C. T., Saad-Hossne, R., L. H. C., Saad. (1998). Tricobezoar gástrico: relato de caso e revisão da literatura. *Acta Cirurgica Brasileira, 13*(2). Acesso em nov. 12, 2010 from http://www.scielo.br/scielo.php?script=sci_arttext&pid=S0102-86501998000200008&lng=en&nrm=iso.

Stein, D. J., Grant, J. E. Franklin, M. E., Keuthen, N., Lochner, C., Singer, H. S., & Woods, D. W. (2010). Trichotillomania (hair pulling disorder), skin picking disorder, and stereotypic movement disorder: toward DSM-V. *Depression and Anxiety, 27*, 611-626.

Swedo, S. E., Leonard, H. L., Rapoport, J. L., Lenane, M. C., Goldberger, E. L., & Cheslow, D. L. (1989). A double-blind comparison of clomipramine and desipramine in the treatment of trichotillomania (Hair Pulling). *New England Journal of Medicine, (321)*, 497-501.

Tolin, D. F., Diefenbach, G. J., Flessner, C. A., Franklin, M. E., Keuthen, N. J., Moore, P., et al. (2008). The trichotillomania scale for children: development and validation. *Child Psychiatry and Human Development, 39*, 331-349.

Twohig, M. P., & Woods, D. W. (2004). A preliminary investigation of acceptance and commitment therapy and habit reversal as a treatment for trichotillomania. *Behavior Therapy, 35*, 803-820.

van Minnen, A., Hoogduin, K. A. L., Keijsers, G. P. J., Hellenbbrand, I., & Hendriks, G. J. (2003). Treatment of trichotillomania with behavioral therapy or fluoxetine – a randomized, waiting-list controlled study. *Archives of General Psychiatry, 60*(5), 517-522.

Walther, M. R., Ricketts, E. J., Conelea, C. A., & Woods, D. W. (2010). Recent advances in the understanding and treatment of trichotillomania.

Journal of Cognitive Psychotherapy: An International Quarterly, 24(1), 46-64.

Woods, D. W., Miltenberger, R. G., & Lumley, V. A. (1996). Sequential application of major habit-reversal components to treat motor tics in children. *Journal of Applied Behavior Analysis, 29*(4), 483-493.

Woods, D. W., Twohig, M. P. (2008). *Trichotillomania: an ACT-enhanced Behavior Therapy Approach.* New York: Oxford University Press.

Woods, D.W., Flessner,C. A., Franklin, M. E., Keuthen, N. J., Goodwin, R. D., Stein, D. J., et al. (2006). The trichotillomania impact project (TIP): exploring phenomenology, functional impairment, and treatment utilization. *Journal of Clinical Psychiatry, 67,* 1877-1888.

478 BERNARD RANGÉ & COLS.

ANEXO I — ESCALA DE TRICOTILOMANIA DO HOSPITAL GERAL DE MASSACHUSETTS (MGH HAIR PULLING SCALE)

Para cada questão, escolha uma das afirmativas que melhor descreva seus comportamentos e/ou sentimentos durante a semana passada. Se você tem experimentado variações, tente estimar uma média. Leia todas as afirmativas para cada grupo antes de marcar sua escolha.

Para as próximas três questões, assinale apenas a urgência/necessidade de arrancar seus cabelos:

1. **Frequência de urgências: em um dia típico, com que frequência você sentiu urgência de arrancar seus cabelos?**
   0. Esta semana eu não senti urgência de arrancar meus cabelos.
   1. Esta semana eu senti urgências ocasionais de arrancar meus cabelos.
   2. Esta semana eu senti urgências frequentes de arrancar meus cabelos.
   3. Esta semana eu senti urgências muito frequentes de arrancar meus cabelos
   4. Esta semana eu senti urgencias quase constantes de arrancar meus cabelos.

2. **Intensidade de urgências: em um dia típico, quão intensa ou forte foi sua urgência de arrancar os cabelos?**
   0. Esta semana eu não senti nenhuma urgência de arrancar meus cabelos.
   1. Esta semana eu senti leve urgência de arrancar meus cabelos.
   2. Esta semana eu senti urgência moderada de arrancar meus cabelos.
   3. Esta semana eu senti forte urgência de arrancar meus cabelos.
   4. Esta semana eu senti extrema urgência de arrancar meus cabelos.

3. **Habilidade para controlar as urgências: em um dia típico, quanto controle você teve sobre a urgência de arrancar seus cabelos?**
   0. Esta semana eu controlei todas as urgências ou eu não senti nenhuma urgência de arrancar meus cabelos.
   1. Esta semana eu fui capaz de me distrair a maior parte do tempo quando senti urgência de arrancar meus cabelos.
   2. Esta semana eu fui capaz de me distrair por algum tempo quando senti urgência de arrancar meus cabelos.
   3. Esta semana eu raramente fui capaz de me distrair quando senti urgência de arrancar meus cabelos.
   4. Esta semana eu não fui capaz de me distrair quando senti urgência de arrancar meus cabelos.

Para as próximas três questões, avalie apenas quando você realmente arrancou seus cabelos.

4. **Frequência de arrancamento dos cabelos: em um dia típico, com que frequência você realmente arrancou seus cabelos?**
   0. Esta semana eu não arranquei meus cabelos.
   1. Esta semana eu arranquei meus cabelos ocasionalmente.
   2. Esta semana eu arranquei meus cabelos com frequência.
   3. Esta semana eu arranquei meus cabelos com muita frequência.
   4. Esta semana eu arranquei meus cabelos com tanta frequência que era como se eu não parasse.

(continua)

ANEXO I	ESCALA DE TRICOTILOMANIA DO HOSPITAL GERAL
	DE MASSACHUSETTS (MGH HAIR PULLING SCALE) (continuação)

5. Tentativas para resistir ao arrancamento: em um dia típico, com que frequência você tentou não arrancar os cabelos?
0. Esta semana eu não senti urgência de arrancar meus cabelos.
1. Esta semana eu tentei quase o tempo todo resistir à urgência de arrancar meus cabelos.
2. Esta semana eu tentei por algum tempo resistir à urgência de arrancar meus cabelos.
3. Esta semana eu raramente tentei resistir à urgência de arrancar meus cabelos.
4. Esta semana eu não tentei resistir à urgência de arrancar meus cabelos.

6. Controle sobre o arrancamento: em um dia típico, com que frequência você foi bem--sucedido em não arrancar os seus cabelos?
0. Esta semana eu não arranquei meus cabelos.
1. Esta semana eu consegui resistir quase o tempo todo à vontade de arrancar meus cabelos.
2. Esta semana eu consegui resistir a maior parte do tempo à vontade de arrancar meus cabelos.
3. Esta semana eu consegui resistir por algum tempo à vontade de arrancar meus cabelos.
4. Esta semana eu raramente resisti à vontade de arrancar meus cabelos.

Para a última questão, avalie as consequências de arrancar os seus cabelos.

7. Estresse associado: arrancar os cabelos pode fazer algumas pessoas se sentirem emocionalmente instáveis, no limite ou tristes. Durante a semana passada, quanto desconforto você sentiu por arrancar os cabelos?
0. Esta semana eu não me senti desconfortável devido ao costume de arrancar meus cabelos.
1. Esta semana eu me senti vagamente desconfortável devido ao costume de arrancar meus cabelos.
2. Esta semana eu me senti notavelmente desconfortável devido ao costume de arrancar meus cabelos.
3. Esta semana eu me senti significativamente desconfortável devido ao costume de arrancar meus cabelos.
4. Esta semana eu me senti intensamente desconfortável devido ao costume de arrancar meus cabelos.

Pontuação da Massachusetts General Hospital (MGH) Hairpulling Scale
Cada item é pontuado em uma escala de cinco pontos, de 0 = sem sintomas até 4 = sintomas graves. Some os escores para produzir a pontuação total (de 0 a 28). A maior pontuação significa maior gravidade.

Copyright: Keuthen,N.J., O'Sullivan, R.L., Ricciardi, J.N., Shera, D., Savage, C.R., Borgmann, A.S., Jenike, M.A., Baer, L. (1995). The Massachusetts General Hospital (MGH) Hairpulling Scale: 1. Development and Factor Analyses. Psychotherapy and Psychosomatics 64:141-145 (S. Karger A.G. – Medical and Scientific Publishers).
Reproduzido com permissão.

| ANEXO 2 | INVENTÁRIO MILWAUKEE PARA ESTILOS DE TRICOTILOMANIA (MIST–A) |

Forma Adulto

Por favor, leia as afirmativas a seguir e, para cada uma delas, atribua um número, de acordo com a escala abaixo, que melhor descreva seu comportamento de arrancar cabelos.

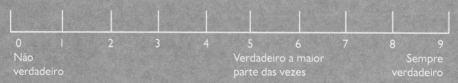

1. Eu arranco meus cabelos quando estou concentrado em outras atividades
2. Eu arranco meus cabelos quando estou pensando em assuntos não relacionados a arrancar cabelos.
3. Quando arranco meus cabelos é como se eu estivesse em um estado de quase transe.
4. Eu tenho pensamentos sobre a vontade de arrancar os cabelos antes de realmente arrancar.
5. Eu uso pinças ou outro instrumento qualquer além de minhas mãos para arrancar meus cabelos.
6. Eu arranco meus cabelos olhando no espelho.
7. Eu geralmente não percebo quando estou arrancando meus cabelos.
8. Eu arranco meus cabelos quando estou ansioso ou zangado.
9. Eu começo a arrancar meus cabelos intencionalmente.
10. Eu arranco meus cabelos quando estou vivendo emoções negativas, como estresse, raiva, frustração ou tristeza.
11. Eu tenho uma sensação estranha imediatamente antes de arrancar meus cabelos.
12. Eu não me dou conta de estar arrancando meus cabelos até terminar o episódio de arranque.
13. Eu arranco meus cabelos por causa de alguma coisa que me aconteceu durante o dia.
14. Eu arranco meus cabelos para remover alguma necessidade, um sentimento ou um pensamento desprazeroso.
15. Eu arranco meus cabelos para controlar como eu me sinto.

Forma de avaliação: O MIST-A tem duas subescalas – a primeira delas é a Escala de Tricotilomania Focada, que inclui os itens 4, 6, 8-11 e 13-15. A outra é a Escala de Tricotilomania Automática, que inclui os itens 1-3, 7 e 12. Some os escores do paciente para cada uma das escalas e obtenha o valor total. Os maiores escores indicam a tricotilomania focada ou automática, respectivamente.

Publicação original: Flessner, Woods, Franklin, Cashin, Keuthen e Trichotillomania Learning Center Sciengific Advisory Board, (2008). Journal of Psychopathology and Behavioral Assessment, 30, 20–30.
Reproduzido com permissão.

Jogo patológico

Hermano Tavares
Ana Carolina Robbe Mathias

DEFINIÇÃO DE JOGO PATOLÓGICO

O jogo é uma atividade praticada em todo o mundo e que cada vez ganha mais espaço. O jogo de azar pode ser definido como o comportamento de se apostar em eventos imprevisíveis, definidos pelo acaso e pela sorte. Não há conhecimento sobre quando o jogo foi inventado, no entanto, são encontrados relatos de formas de jogo desde a Babilônia e a China antiga (Fleming, 1978). A maior parte dos jogadores não apresenta qualquer tipo de consequência com este comportamento, ainda assim o jogo pode se apresentar como um sério problema a uma minoria dos seus praticantes. Nos últimos 20 anos, devido à crescente disponibilidade de jogos legais, houve um aumento do comportamento de jogar (Grant e Potenza, 2004; Raylu e Oei, 2001; Petry e Armentano, 1999), e junto a este aumento, percebe-se uma série de problemas que foram relacionados a um mau hábito de jogar, como grandes dívidas, crimes, problemas familiares e até o suicídio (National Research Council, 1999).

O problema com o hábito de jogar foi reconhecido pela Associação Psiquiátrica Americana em 1980, com o nome de Jogo Patológico (JP) (DSM-III, 1980), sendo identificado com uma perda do controle associado a certos comportamentos e consequências. Atualmente, de acordo com o DSM-IV (1994), o diagnóstico de JP é feito a partir dos seguintes critérios:

a) Comportamento de jogo maladaptativo, persistente e recorrente, indicado por cinco (ou mais) dos seguintes quesitos:
  1. preocupação com o jogo (preocupa-se em reviver experiências pesadas de jogo, avalia possibilidades ou planeja a próxima parada, ou pensa em modos de obter dinheiro para jogar);
  2. necessidade de apostar quantias de dinheiro cada vez maiores, a fim de obter a excitação desejada;
  3. esforços repetitivos e fracassados no sentido de controlar, reduzir ou cessar com o jogo;
  4. inquietude ou irritabilidade quando tenta reduzir ou cessar o jogo;
  5. joga como forma de fugir de problemas ou de aliviar um humor disfórico (sentimentos de impotência, culpa, ansiedade, depressão);
  6. após perder dinheiro no jogo, frequentemente volta outro dia para ficar quite ("recuperar o prejuízo");
  7. mente para familiares, para terapeuta ou outras pessoas, para encobrir a extensão do seu envolvimento com o jogo;
  8. cometeu atos ilegais, tais como falsificação, fraude, furto ou estelionato, para financiar o jogo;
  9. colocou em perigo ou perdeu um relacionamento significativo, o emprego ou uma oportunidade educacional ou profissional por causa do jogo;

10. recorre a outras pessoas a fim de obter dinheiro para aliviar uma situação financeira desesperadora causada pelo jogo.

b) O comportamento de jogo não é melhor explicado por um Episódio Maníaco.

Mesmo tendo surgido para a psiquiatria há apenas 30 anos, o jogo nunca foi visto como um comportamento completamente desejável. Em Roma, por exemplo, era um insulto ser considerado um jogador, e desde o início das civilizações são observadas restrições aos jogos (Fleming, 1978). Além disso, são observadas descrições de jogadores, tanto em fatos históricos como na literatura em todo o mundo, que atualmente seriam diagnosticados como jogadores patológicos (National Research Council, 1999).

Estudos de prevalência apontam que 1 a 2% da população geral satisfaz critérios diagnósticos para JP (Shaffer et al.,1999; Stucki e Rihs-Middel; 2007). No Brasil, 12% da população joga regularmente, calcula-se que, destes, 1% pode ser diagnosticado como jogador patológico e 1,3% apresenta problemas sérios em relação à forma como joga (Tavares et al., 2010).

Os jogadores patológicos (JP) são um grupo heterogêneo, mas algumas características semelhantes são encontradas em vários estudos. Geralmente, o JP aparece mais em adolescentes e adultos jovens, do sexo masculino e em pessoas com baixa escolaridade e com menor renda. Também é mais comum em divorciados e solteiros e em desempregados (Petry, 2004; Potenza et al., 2001; Shaffer et al.,1999; Stucki e Rihs-Middel, 2007). Entre homens e mulheres, homens gostam mais de jogos de estratégia, como pôquer e *blackjack*, enquanto mulheres buscam jogos em que a estratégia não é necessária, como bingo (Potenza et al., 2001).

Em relação a comorbidades, a associação entre abuso de álcool e JP já está bem estabelecida. Nos poucos estudos em que o abuso de drogas foi observado uma forte relação também foi estabelecida entre JP e uso de cocaína (Mathias et al., 2009; Toneatto e Brennan, 2002). Os trantornos de humor e ansiosos também são comuns entre jogadores patológicos, principalmente transtorno de humor (50%) e transtornos ansiosos (41%) (Petry et al., 2005; Morasco et al., 2006). Em relação ao suicídio, até 80% dos jogadores chegam a pensar em suicídio e até 27% revela já ter tentado, ao menos uma vez na vida (Battersby et al., 2006; Martins et al., 2004; Zangeneh, 2005). Existe também, uma alta prevalência (60%) de tabagismo dentre os jogadores patológicos, porém a relação causal desta comorbidade ainda não foi estabelecida (McGrath e Barrett, 2009; Morasco et al., 2006).

ETIOPATOGENIA DO JOGO

Como em outros transtornos mentais, a gênese do JP é rigorosamente desconhecida, porém temos conhecimentos de uma miríade de fatores biológicos e psicológicos que participam deste processo. A forma específica e a ordem de interação destes fatores não são conhecidas; no entanto, estudos de neuroquímica confirmam a participação das aminas transmissoras (serotonina, dopamina e noradrenalina – Williams e Potenza, 2008).

A serotonina é o neurotransmissor envolvido na regulação dos estados de humor, do sono e dos comportamentos prazerosos, sendo muito relacionado com o JP. A impulsividade está associada à redução da neurotransmissão serotoninérgica, sendo que em JP, além da diminuição da atividade sináptica, é observada uma hipersensibilidade do receptor pós-sináptico da serotonina, a disponibilidade reduzida de serotonina e a atividade reduzida da monoamino-oxidase B plaquetária (Pallanti, Bernardi et al., 2009).

A dopamina está relacionada tanto ao JP como ao abuso de substâncias, e está associada ao sistema de recompensa cerebral (SRC). Alterações nas vias dopaminérgicas podem estar ligadas a comportamentos de recompensa, como jogar ou usar drogas, comportamentos estes que geram a secreção de dopamina, conferindo saliência ao comportamento e aumentando seu potencial reforçador. Além disso, estudos de neuroimagem mostram ativação do estriado ventral (estrutura central no SRC para onde convergem as aferências dopaminérgicas) proporcional à magnitude da recompensa antecipada e sua desativação à obtenção da mesma (van Holst, van den Brink et al., 2010).

A norepinefrina está ligada ao comportamento de jogar, sendo o neurotransmissor responsável pelos processos cognitivos relacionados à atenção e à excitação. É observado, que em jogadores patológicos, a atividade noradrenérgica central está aumentada. Porém, a metodologia transversal utilizada nestas investigações permite apenas a verificação de uma associação, sem a possibilidade de extrapolar uma direção causal, isto é, se a elevação da noradrenalina é fruto de sensibilização secundária ao intenso envolvimento com jogo ou se uma alteração primária da sua atividade central predispõe ao JP (Meyer, Schwertfeger et al., 2004).

A participação de fatores genéticos no JP é em torno de 50%, porém variando de acordo com o contexto e o comportamento investigados. A participação ocasional ou recente em jogos de azar parece mais determinada pela disponibilidade ambiental, enquanto a participação ao longo da vida tem uma maior participação relativa de fatores genéticos. JP compartilha fatores genéticos com transtornos do humor, dependência de álcool, conduta e traço antissocial de personalidade; porém, esta fração compartilhada não ultrapassa 30%, o que aponta para necessidade de investigação de genes especificamente ligados ao jogo (Lobo e Kennedy, 2009).

JP tem sido associado com variáveis ambientais, porém não houve estudos de seguimento neste caso. Estudos de coorte transversal correlacionam JP com solidão (divórcio, separação, viuvez, etc.); dificuldades de integração social (migração, desemprego, etc.); privação financeira e problemas com o sistema legal (Tavares et al., 2010); mas a direção da causalidade nestes casos ainda não foi esclarecida. Em estudo de gêmeos, Scherrer e colaboradores sugerem que a associação entre relatos de abuso e negligência na infância e sintomas de jogo é parcialmente intermediada por fatores genéticos (Scherrer, Xian et al., 2007). Indícios dessa interação gene-ambiente são ainda mais evidentes na infância e na adolescência. Estudos de seguimento em amostras escolares mostraram uma associação entre impulsividade (um traço de temperamento), observada aos 5 anos, e participação posterior em jogos de azar na pré-adolescência, 11 e 12 anos (Pagani, Derevensky et al., 2009). Outro estudo em amostra escolar de adolescentes associou envolvimento problemático com jogo e desestruturação familiar, dificuldades de relacionamento com colegas, uso de substância e envolvimento parental com jogo e substâncias (Hardoon, Gupta, et al., 2004).

DESENVOLVIMENTO DO JOGO PROBLEMÁTICO

Custer (1984) definiu um padrão de desenvolvimento do jogo, assim como as complicações advindas conforme o comportamento do jogo vai se tornando excessivo. Para descrever isso, Custer (1984) dividiu a evolução do comportamento do jogo em três fases: fase da vitória, fase das perdas e fase do desespero. Na fase da vitória, o jogador começa suas primeiras experiências com o jogo de forma excitante e divertida. Ele começa a desenvolver suas habilidades de jogar, criando a ideia de que pode produzir a vitória; isso gera um grande prazer e um aumento da quantia apostada. Os jogadores sociais param nesta fase da vitória. O final desta fase é marcado pelo "grande ganho", no qual em uma aposta ele ganha uma quantia muito grande de dinheiro (geralmente o equivalente a um salário). A partir disso, o jogador acredita que pode repetir o feito do "grande ganho" ou mesmo superá-lo. Na fase das perdas, o jogador tem um otimismo irracional sobre suas apostas, encarando as perdas como má sorte, azar. As perdas nesta fase são intoleráveis começando um fenômeno chamado "a caça", em que ele joga quantidades maiores para recuperar tudo o que foi perdido. Como as perdas vão ganhando um grande volume, o jogador recorre a empréstimos, acreditando sempre que irá quitá-los na próxima vitória. Diante das perdas, a autoestima é abalada, e o jogador se afasta da família e dos amigos. Quando chega à fase do desespero, o jogador começa a jogar compulsivamente a fim de conseguir o dinheiro para resolver seus problemas, então começa a cometer pequenos atos ilícitos, acreditando que com uma vitória irá repor este dinheiro. Por conta da tensão provocada pelos problemas, os jogadores nesta fase encontram-se irritados, hipersensíveis, chegando a apresentar sintomas de depressão e ideias e tentativas de suicídio.

FATORES DE RISCO

Johanson e colaboradores (2009) realizaram uma revisão da literatura na qual reuniram os seguintes fatores de risco para o desenvolvimento e a manutenção do JP: idade inferior a 29 anos; sexo masculino; distorções cognitivas sobre aumento da probabilidade de ganhar e ilusão de controle; jogos de velocidade rápida e com som; padrões de reforçamento; comorbidade com TOC; abuso de substâncias, delinquência e atividades ilegais.

TRATAMENTO

O tratamento do jogo patológico, como para qualquer transtorno, deve ser iniciado com uma rica coleta de dados. Uma anamnese bem realizada para este tipo de tratamento deve contemplar:

1. perda do controle: se joga mais do que o pretendido, quanto tempo do dia passa se preparando, jogando ou preocupado com o jogo;

2. prejuízos psicossociais: perdas familiares, de emprego e contatos sociais por conta do comportamento de jogo;
3. motivos por que joga: se joga para alívio de desprazer, se para busca da excitação; se tem necessidade de jogar cada vez mais para se sentir gratificado (tolerância) e se sente irritação ou mudanças de humor quando é impedido de jogar (abstinência);
4. prejuízo financeiro trazido pelo jogo: o tamanho real da dívida e a quem exatamente está devendo – familiares, amigos, bancos, agiotas, etc.;
5. avaliar as comorbidades: principalmente abuso de álcool e drogas, depressão e ansiedade.

Tratamento medicamentoso

O tratamento farmacológico do JP tem como objetivo primário o tratamento das comorbidades psiquiátricas que podem chegar a 75% dos casos (Petry, Stinson et al., 2005). O segundo objetivo seria o controle da "fissura", embora neste caso nenhum fármaco tenha sido aprovado para este fim. A fissura em jogadores patológicos iniciando tratamento pode ser um fenômeno particularmente perturbador, comparativamente mais intenso do que em dependentes de álcool em início de tratamento (Tavares, Zilberman et al., 2005). Em uma metanálise sobre tratamento farmacológico para fissura por jogo, Pallesen e colaboradores encontraram um tamanho de efeito significativo com coeficiente de Cohen próximo a 0,8, valor considerado de médio a grande impacto (Pallesen, Molde et al., 2007). Infelizmente, a maioria dos estudos conduzidos nesta área incluem jogadores patológicos com pouca ou nenhuma comorbidade psiquiátrica, o que compromete a generalização dos seus resultados. Além disso, é um fato observado clinicamente que o tratamento das condições comórbidas é em si um fator de redução da fissura e melhora clínica global. Outro fator que dificulta a pesquisa de tratamentos farmacológicos em JP é a elevada resposta ao placebo apresentada em alguns estudos, muitas vezes ultrapassando 50% de resposta. Os fármacos testados até o momento foram antidepressivos, estabilizadores do humor, antagonistas de receptores opioides, bloqueadores dopaminérgicos e, mais recentemente, substâncias moduladoras da atividade glutamatérgica.

Os antidepressivos testados até o momento foram fluvoxamina, paroxetina, citalopram, escitalopram, sertralina e bupropiona, todos bloqueadores específicos da recaptação de serotonina, exceto pela bupropiona. Todos com desempenho clínico satisfatório em estudos abertos, porém nenhum deles com ação significativamente superior em estudos duplo-cegos controlados, sendo que a resposta ao placebo variou entre 47%, em estudo sobre bupropiona (Black, Arndt et al., 2007), e 72%, para estudo sobre sertralina (Saiz-Ruiz, Blanco et al., 2005).

Estabilizadores do humor não mostraram resultados muito melhores, exceto quando o JP estava associado à comorbidade com transtornos do espectro bipolar ou com relato de transtorno afetivo bipolar em familiares de primeiro grau do paciente. O uso de carbonato de lítio no JP já foi testado contra ácido valproico e placebo em estudos independentes. No primeiro caso, ambos os estabilizadores apresentaram desempenho semelhante, mas o ácido valproico apresentou o benefício adicional de um controle melhor da ansiedade. Em uma amostra de jogadores com comorbidades do espectro bipolar, o carbonato de lítio apresentou 83% de resposta, bastante superior ao placebo (29%), e a melhora clínica se mostrou proporcional à redução de sintomas maniformes (Hollander, Pallanti et al., 2005).

Antagonistas dos receptores opioides centrais têm sido testados no tratamento de dependências diversas. Acredita-se que seus efeitos se devem ao bloqueio de receptores μ no núcleo acumbens, região anterior do corpo estriado que tem função central no SRC. O bloqueio da atividade do neurotransmissor β-endorfina teria ação modulatória sobre a dopamina e diminuiria as propriedade reforçadoras de substâncias e atividades capazes de causar dependência, como o álcool e o jogo, respectivamente. A naltrexona mostrou ser bem tolerada e superior ao placebo em dois estudos duplo-cegos controlados. Entretanto, houve uma tendência de melhor reposta para doses mais elevadas do que as utilizadas no tratamento de dependência de álcool, respectivamente 150 a 200 mg/dia. Isso é importante porque o risco de hepatotoxicidade é maior em doses iguais ou acima de 150 mg/dia, particularmente quando há ingestão concomitante de anti-inflamatórios não hormonais – incluindo salicilatos – e requer monitoração laboratorial das enzimas hepáticas. Neste quesito, o nalmefeno apresenta o benefício de não ser hepatotóxico, contudo, é mal-tolerado em doses acima de 25 mg/dia (náusea, tontura e alterações de sono) e não é comercializado no Brasil (Kim, Grant et al., 2006).

Uma ação direta sobre a atividade dopaminérgica no SRC foi tentada com o uso de neurolépticos atípicos. Contudo, dois recentes estudos negativos com olanzapina falharam em confirmar a utilidade de medicamentos desta classe no tratamento do JP (Fong, Kalechstein et al., 2008; McElroy, Nelson et al., 2008). Outros meios de ação sobre o SRC, através da modulação da atividade glutamatérgica, têm sido tentados através do uso do topiramato e da N-acetilcisteína (Grant, Kim et al., 2007); entretanto, na ausência de estudos controlados neste caso, o uso dessas substâncias permanece aberto para futuras investigações.

Tratamento cognitivo comportamental

Os esquemas de reforçamento no Jogo Patológico

A problemática do jogo patológico pode ser bem explicada pelos esquemas de reforçamento. Neste contexto, é possível observar três tipos principais de reforçadores: a excitação que o jogador sente ao apostar, o alívio de sentimentos desagradáveis gerado pelo comportamento de jogar e o prêmio da aposta (Abrams e Kushner, 2004). A excitação gerada quando o sujeito aposta funciona como um reforço positivo ao comportamento de jogar, visto que a excitação aparece imediatamente após o comportamento de apostar. Já o alívio de sentimentos desagradáveis se apresenta como um reforçamento negativo: estes sentimentos deixam de existir a partir do momento em que o comportamento de jogar começa. Tanto a excitação como alívio de sentimentos são buscados pelo jogador quando ele inicia o comportamento de jogar. O prêmio funciona como um reforço intermitente e de razão variável. O jogador ao fazer uma aposta não sabe quando ganhará e nem a quantidade que receberá de prêmio. Este esquema de reforçamento é particularmente perigoso porque produz um número muito grande de respostas e com uma forte resistência à extinção (Baum, 2006). Como o jogador não sabe quando será reforçado (ganhar o prêmio), sempre tem esperança de que poderá ganhar na aposta seguinte, fazendo com que continue apresentando o comportamento. Neste esquema de reforçamento estarão envolvidos tanto o valor como o tempo de espera para o ganho do prêmio, por conta disso a extinção do comportamento se torna bastante lenta (Abrams e Kushner, 2004).

Modelo cognitivo do Jogo Patológico

A terapia cognitivo-comportamental para o jogo patológico tem como base o modelo cognitivo, no qual a partir de determinadas situações surgem pensamentos automáticos que geram a vontade e que levam ao comportamento de jogar. O JP, por suas particularidades e complexidades, tem sido alvo de interesse não só da psicologia e da psiquiatria, mas também de outras áreas, como a genética, que tem trazido achados importantes para compreensão do transtorno. Por conta disso, Sharp (2009) organizou e propôs um modelo cognitivo-comportamental

específico para o JP numa perspectiva biopsicossocial. Sharp sustenta que as primeiras experiências de jogo podem estar ligadas ao desenvolvimento de comportamentos problemáticos. As pessoas que ganham nas primeiras apostas, muitas vezes, desenvolvem distorções cognitivas sobre a aleatoriedade, ou seja, passam a acreditar que têm mais chances de ganhar do que de perder. Estas distorções ajudam no desenvolvimento de crenças irracionais que têm um papel importante na manutenção do comportamento inadequado do jogo, e que muitas vezes dificultam a diminuição e a interrupção deste comportamento. Aliando-se às crenças irracionais e às distorções cognitivas, a sensação de ganhar e apostar gera uma excitação que se condiciona a futuras situações de jogo; logo, o jogador começa a querer jogar para buscar essa excitação. A impulsividade observada em diversos jogadores, que é o fator importante para perda de controle no momento do jogo, é melhor explicada por fatores genéticos, pois diversas pesquisas na área têm detectado isso (Sharp, 2009).

Técnicas

No início do tratamento, após a realização adequada da anamnese, é preciso trabalhar a motivação. O paciente que está desmotivado pode não ter consciência do seu problema ou estar ambivalente entre querer parar de jogar ou não. O modelo transteórico de mudança de Prochaska e DiClemete (1982) ajuda ao entendimento da motivação. De acordo com este modelo, ao vislumbrarmos alguma mudança, passamos por alguns estágios até a concretização desta. O primeiro estágio é chamado de pré-contemplação, no qual a mudança não é considerada ainda; ou é, mas a pessoa, por desanimo, apatia ou desinteresse, não quer mudar. Depois deste, vem o estágio da contemplação, no qual a pessoa deseja e não deseja a mudança ao mesmo tempo, este estágio é marcado pela ambivalência, sentimento de dúvida. Passando pela contemplação, entra-se no estágio da preparação para a ação, no qual o sujeito já se decidiu pela mudança e começa a se preparar para colocá-la em prática. Logo após, vem o estágio da ação em que a mudança realmente acontece, este estágio contempla a mudança em si e todas as adaptações referentes a ela. Por fim, há o estágio da manutenção que, como o próprio nome diz, é dedicado a manter esta mudança. Estes estágios, de acordo com Prochaska e DiClemente (1982), se estruturam como no desenho de uma espiral, pois o sujeito geralmente roda nestes estágios algumas vezes para alcançar a mudança e, a cada vez que roda, chega mais próximo de conquistá-la. Para a conscientização do problema com o jogo, o psicólogo deve usar técnicas que levem o paciente por conta própria a perceber como o seu comportamento de jogar está maladaptativo. Exemplos destas técnicas podem ser:

Um dia típico: é um tipo de automonitoramento em que o paciente descreve um dia típico em que joga, anotando, além de tarefas e compromissos habituais, o comportamento de jogar e os pensamentos e sentimentos relacionados ao jogo. Com esta técnica, o paciente pode perceber o quanto o comportamento, os sentimentos e os pensamentos relacionados ao jogo podem prejudicar suas atividades diárias.

A paixão pelo jogo: consiste em dar uma folha com um círculo e pedir para o paciente colorir o quanto o jogo está representado em sua vida. Geralmente, os jogadores colorem de metade a um quarto do círculo, o que pode fazer com que o paciente perceba o quanto o jogo está destruindo a sua vida (Ladouceur et al., 2003).

As técnicas para lidar com a ambivalência devem ajudar o paciente a esclarecer suas dúvidas entre continuar ou não jogando, sendo as técnicas mais usadas:

Vantagens e desvantagens: consiste em fazer uma tabela com quatro partes e identificar vantagens de jogar, desvantagens de jogar, vantagens de não jogar e desvantagens de não jogar. Isso permite que o paciente tome consciência da dimensão de seu problema, assim como permite ao terapeuta identificar fatores principais que devem ser trabalhados com o paciente, pois percebe o que leva o paciente a jogar (vantagens em jogar), assim como o que o leva a uma possível recaída (desvantagens em não jogar) (Ladouceur et al., 2003).

Identificação e reestruturação de pensamentos automáticos disfuncionais: é a base do tratamento cognitivo-comportamental do JP. É muito importante ter conhecimento dos pensamentos automáticos do paciente que estão relacionados ao comportamento de jogar. Estes pensamentos disfuncionais surgem antes, durante e após o comportamento de jogar (Ladouceur et al., 2003). O psicoterapeuta deve ficar atento, pois estes pensamentos surgem naturalmente durante a sessão e devem ser registrados. No entanto, os pensamentos podem não ser identificados tão facilmente. Para isso podem ser usadas algumas técnicas, como:

Analisar última vez em que foi jogar: o paciente deve, durante a sessão, descrever com detalhes a última vez que participou de alguma forma de jogo, e o psicoterapeuta o orienta a identificar os pensamentos associados a esta situação.

A partir da identificação, é feita a reestruturação dos pensamentos, ou seja, o sujeito aprende a interpretar a situação de forma a não gerar vontade de jogar nem qualquer comportamento prejudicial. O ponto inicial da reestruturação pode ser a identificação das distorções cognitivas. Petry (2004) reuniu as principais distorções cognitivas associadas diretamente aos jogadores patológicos que são descritas a seguir:

Ilusão de controle: é a ideia de que a probabilidade de determinado desfecho é maior do que na verdade ele é. Cria-se a ilusão de que uma explicação lógica ou situacional pode influenciar o resultado, quando de fato apenas o acaso é determinante.

Falácia do jogador: é a ideia de que uma série de eventos pode influenciar ou prever os eventos subsequentes. São exemplos disso a ideia de que uma série de perdas é sinal de uma vitória eminente, e que ao jogar um dado diversas vezes em que o número 5 não saiu, há mais probabilidade de o número 5 sair na próxima jogada.

Lei dos grandes números: é a ideia de que um pequeno número de eventos pode ser representativo da probabilidade de todos os eventos. Ex.: A pessoa vai um dia à casa de bingo A e outro dia à casa bingo B; se ela ganhou no bingo A, ela considera que nesta casa tem mais sorte, portanto, mais chances de ganhar do que na casa de bingo B. Por apenas uma experiência, ela define que a casa de bingo A dá mais prêmios.

Ilusão de disponibilidade: é a tendência a estimar a frequência ou a probabilidade, baseando-se em quanto é fácil ou difícil pensar em exemplos. Isso pode acontecer por três razões:

- Familiaridade: tendência a aumentar a probabilidade de um fato quanto mais este fato for familiar.
- Memória seletiva: jogadores patológicos tendem a reter na memória mais seus ganhos do que as perdas, o que faz com que distorçam a probabilidade de um evento; como ele se esqueceu das perdas, acha que tem mais chances de ganhar do que de perder.
- Vivências: reter na memória eventos incomuns ou dramáticos, esquecendo-se dos restantes. Ex.: apostar na loteria lembrando-se do colega que ganhou um prêmio alto, esquecendo de dezenas de outros que não ganharam nada.

Correlação ilusória: acreditar que um relacionamento causal existe quando não há nenhuma evidência para tal. Geralmente são comportamentos supersticiosos: soprar os dados antes de jogar, usar determinada roupa, rezar, etc.

Para que o tratamento seja completo e abrangente é preciso também utilizar as seguintes técnicas:

Solução de problemas: é bastante comum os jogadores buscarem o jogo para fugir dos problemas, assim como acreditarem que o jogo é uma solução, pois com o prêmio ganho sanarão suas dívidas. Por conta disso, é importante para os pacientes vislumbrarem e encontrarem uma solução eficaz para um problema. Isso é possível a partir de seis passos:

1. definir o problema clara e especificamente;
2. imaginar o maior número de soluções possíveis através de *brainstorming*;
3. examinar os prós e contras de cada solução selecionada, avaliando consequências atuais e futuras;
4. escolher a melhor solução hipotética;
5. implementar a escolha através de plano, preparação e prática;
6. avaliar o sucesso da solução e o retorno ao quarto passo se o problema não for solucionado.

Treino de habilidades sociais: consiste em capacitar o paciente a responder de forma eficaz e adequada a determinadas situações, como, por exemplo, ser convidado para ir a um bingo.

Treino de assertividade: Durante o treino, a ansiedade do paciente deve ser avaliada e ir diminuindo com a continuação dos comportamentos adequados.

Manejo da fissura: consiste no aprendizado da percepção da fissura, da avidez por jogar e o entendimento de seus componentes. A partir disso, é proposto um manejo destes sintomas através de técnicas de distração, relaxamento, solução de problemas, treino de habilidades e cartões de enfrentamento (lembretes para os pacientes lidarem com situações de risco).

Exposição: a técnica de exposição ainda é pouco estudada para o tratamento do jogo. Podendo ser imaginária ou *in vivo*, o paciente é levado a enfrentar as situações que o levam a jogar, como estar em frente ao bingo ou perto de uma máquina caça níquel, a partir disso, ele é orientado a criar uma resposta alternativa ao jogo. Junto à exposição, o paciente apreende técnicas de respiração e relaxamento.

Prevenção da recaída

As recaídas estão quase sempre presentes no tratamento do JP. O psicoterapeuta deve manejar a recaída mostrando ao paciente que ela deve ser encarada como um lapso, um "tropeço", sem isso ser a falência do tratamento. A recaída deve ser trabalhada antes de acontecer, identificando, evitando e, depois, enfrentando as situações de risco. Depois que a recaída acontece, deve-se acolher o paciente e identificar e analisar os fatores que levaram ao comportamento do jogo, reforçando a importância de continuar o tratamento (Marlatt e Donovan, 2005).

Tratamento passo a passo

Tavares e Fagundes (2008) desenvolveram um protocolo de tratamento em grupo para JP que é descrito a seguir:

Sessão 1: Introdução do programa aos pacientes

- Apresentação dos terapeutas e pacientes.
- Informar aos pacientes sobre o modo de funcionamento do grupo.
- Definição de Jogo de azar e do Jogo Patológico.
- Introduzir o "Modelo Cognitivo-comportamental do Jogo".
- Solicitação dos objetivos terapêuticos dos pacientes.

- Demonstração do preenchimento do diário semanal (monitoramento).

Sessão 2: Prós e contras do jogo e da abstinência

- Auxiliar os pacientes a identificarem o estágio do modelo transteórico de mudança de comportamento no qual se encontram.
- Pedir aos pacientes que avaliem os prós e contras de continuar jogando e da abstinência.

Sessão 3: Lidando com a vontade de jogar

- Discutir formas de lidar com a vontade de jogar, por meio da esquiva de desencadeantes ambientais, emocionais e físicos e prevenção de situações de risco.
- Realizar encaminhamento para avaliação psiquiátrica.

Sessão 4: Mudando seus pensamentos sobre jogo – eventos aleatórios e retorno negativo

- Discutir princípios por meio dos quais operam os jogos de azar.
- Demonstrar taxa de retenção e retorno negativo.

Sessão 5: Mudando seus pensamentos sobre jogo – eventos aleatórios e o efeito "foi por pouco"

- Discutir fatores que aumentam o potencial "viciante" dos jogos de azar
- Demonstrar o efeito "foi por pouco": ideia de que alguém pode controlar o jogo por meio de fraude, o jogador acredita que ele pode descobrir o mecanismo e adquirir o controle sobre o resultado também. Este raciocínio leva o jogador a jogar mais.

Sessão 6: Mudando seus pensamentos sobre o jogo – tipos de pensamentos irracionais

- Capacitar os participantes a identificar vários tipos de pensamentos irracionais relacionados ao jogo.

Sessão 7: Mudando seus pensamentos sobre jogo – pensando racionalmente sobre o jogo

- Permitir que os participantes identifiquem e corrijam seus pensamentos irracionais sobre o jogo.

Sessão 8: Jogo e abuso de substâncias – treinamento de solução de problemas (Parte 1)

- Providenciar informações sobre as relações entre jogo e abuso de substâncias
- Introduzir o método de cinco passos para solução de problemas

Sessão 9: Jogo, depressão e ansiedade – solução de problemas (Parte 2)

- Apresentar o modelo cognitivo-comportamental da depressão e da ansiedade.
- Providenciar informações sobre as relações entre jogo, depressão e ansiedade.
- Ensinar aos participantes modos de reconhecer e enfrentar distorções cognitivas relacionadas a depressão e ansiedade.
- Treino do método dos cinco passos para solução dos problemas.

Sessão 10: Jogo e traços de personalidade – solução de problemas (Parte 3)

- Apresentar os sete fatores de temperamento e caráter do modelo psicobiológico de personalidade.
- Providenciar informações de traços de personalidade relacionados ao jogo.

- Providenciar sugestões sobre formas de lidar com impulsividade e predisposição à ansiedade por meio de desenvolvimento dos fatores de caráter.

Sessão 11: Prevenção de recaída: planejando o futuro

- Ajudar os pacientes a identificar e encontrar maneiras de manejar as situações de risco e sinais de alerta.
- Auxiliar os pacientes a se prepararem para o término do grupo, criando um plano de prevenção de recaídas personalizado para cada um.

Sessão 12: Prevenção de recaída – encerramento do grupo

- Finalizar e discutir conclusões e direções futuras.
- Finalizar e discutir planos de prevenção de recaída.
- Encerrar o grupo.

REFERÊNCIAS

Abrams, K., & Kushner, M. G. (2004). Behavioral Understanding. In: Grant, J. E., Potenza, M. N. *Pathological gambling: a critical guide to treatment*. Washington, DC: APPI.

Associação Psiquiátrica Americana. (1980). *Manual diagnóstico e estatístico das doenças mentais (DSM-III)* (3. ed.). Washington, DC: Author.

Associação Psiquiátrica Americana (2000). *Manual diagnóstico e estatístico das doenças mentais (DSM-IV)* (4. ed.). Washington, DC: Author.

Black, D. W., Arndt, S., Coryell WH, Argo, T., Forbush, K. T., Shaw, M. C., et al. (2007). "Bupropion in the treatment of pathological gambling: a randomized, double-blind, placebo-controlled, flexible-dose study." *Journal of Clininical Psychopharmacology, 27*(2), 143-150.

Battersby, M., Tolchard, B., Scurrah, M., & Thomas, L. (2006). Suicide ideation and behavior in people with pathological gambling attending a treatment service. *International Journal of Mental Health and Addiction, 4*, 233-246.

Baum, M. B. (2006). *Compreender o Behaviorismo: comportamento, cultura e evolucão*. Porto Alegre: Artmed.

Fleming, A. (1978). *Something for nothing: a history of gambling*. New York: Delacorte.

Fong, T., Kalechstein, A., Bernhard, B., Rosenthal, R. & Rugle, L. (2008). A double-blind, placebo-controlled trial of olanzapine for the treatment of video poker pathological gamblers. *Pharmacology, Biochemistry, and Behavior, 89*(3), 298-303.

Grant, J. E., Brewer, J. A., & Potenza, M. N. (2006). The neurobiology of substance and behavioral addictions. *CNS Spectrums, 11*(12), 924-930.

Grant, J. E., Kim, S. W., Odlaug, B. L. (2007). N-acetyl cysteine, a glutamate-modulating agent, in the treatment of pathological gambling: a pilot study. *Biological Psychiatry, 62*(6), 652-657.

Jenkins, R. J., McAlaney, J., & McCambridge, J. (2009). Change over time in alcohol consumption in control groups in brief intervention studies: systematic review and meta-regression study. *Drug and Alcohol Dependence, 100*,107-114

Hardoon, K. K., Gupta, R., Jefrey, L. (2004). Psychosocial variables associated with adolescent gambling. *Psychology Addictive Behaviors, 18*(2), 170-179.

Hollander, E., Pallanti, S., Allen A., Sood, E., Baldini Rossi, N. (2005). Does sustained-release lithium reduce impulsive gambling and affective instability versus placebo in pathological gamblers with bipolar spectrum disorders? *American Journal Psychiatry, 162*(1), 137-145.

Johansson, A., Grant, J., Kim, S. W., Odlaug, B. L., & Go¨testam, K. (2009). Risk factors for problematic gambling: a critical literature Review. *Journal of Gambling Stududies, 25*, 67-92.

Kim, S. W., Grant, J. E., Yoon G, Williams, K. A., Remmel, R. P. (2006). Safety of high-dose naltrexone treatment: hepatic transaminase profiles among outpatients. *Clinical Neuropharmacology, 29*(2), 77-79.

Ladoceur, R., Sylvain, C., Boutin, C., & Doucet, C. (2003). *Understanding and treating the pathological gambler*. West Sussex: Willey.

Lobo, D. S. & Kennedy, J. L. (2009). Genetic aspects of pathological gambling: a complex disorder with shared genetic vulnerabilities. *Addiction, 104*(9), 1454-1465.

Marlatt, G. A., & Donovan, D. M. (2005). *Prevenção de recaída: estratégias de manutenção no tratamento de comportamentos adictivos*. Porto Alegre: Artmed.

Martins, S. S., Tavares, H., Lobo, D. S. S., Galetti, A. M., & Gentil, V. (2004). Pathological gambling, gender, and risk-taking behaviors. *Addictive Behavior. 29*, 1231-1235.

McGrath, D. S., &Barrett, S. P. (2009). The comorbidity of tobacco smoking and gambling: a review of the literature. *Drug and Alcohol Review, 28*(6), 676-681.

McElroy, S. L., Nelson, E. B., Welge JA, Kaehler L, Keck PE Jr. (2008). Olanzapine in the treatment of pathological gambling: a negative randomized placebo-controlled trial. *Journal of Clinical Psychiatry, 69*(3), 433-440.

Meyer, G., Schwertfeger, J., Exton MS, Janssen OE, Knapp W, Stadler MA,. (2004). Neuroendocrine response to casino gambling in problem gamblers. *Psychoneuroendocrinology, 29*(10), 1272-1280.

Miller, W., & Rollnick, S. (2001). *Entrevista motivacional: preparando as pessoas para mudança de comportamento*. Porto Alegre: Artes Médicas.

National Research Council. (1999). *Pathological gambling: a critical review*. Washington, DC: National Academy.

Pagani, L. S., Derevensky, J. L., Japel, C. (2009). Predicting gambling behavior in sixth grade from kindergarten impulsivity: a tale of developmental continuity. *Archives of Pediatrics & Adolescent Medicine, 163*(3): 238-243.

Pallanti, S., Bernardi, S., Allen, A., Hollander, E. (2009). Serotonin function in pathological gambling: blunted growth hormone response to Sumatriptan. *Journal of Psychopharmacology, 14*(2).

Pallesen, S., Molde, H., Arnestad, H. M., Laberg, J. C., Skutle, A., et al. (2007). Outcome of pharmacological treatments of pathological gambling: a review and meta-analysis. *Journal of Journal of Psychopharmacology, 27*(4), 357-364.

Petry, N. M., Stinson, F. S., Grant BF. Department of Psychiatry. (2005). Comorbidity of DSM-IV pathological gambling and other psychiatric disorders: results from the National Epidemiologic Survey on Alcohol and Related Conditions. *Journal of Clinical Psychiatry, 66*(5), 564-574.

Petry, N. M. (2004). *Pathological Gambling: etiology, comorbidity, and treatment*. Washington, DC: American Psychological Association.

Petry, N. M., Stinson, F. S., & Grant, B. F. (2005). Comorbidity of DSM-IV Pathological Gambling and Other Psychiatric Disorders: Results From the National Epidemiologic Survey on Alcohol and Related Conditions. [CME] *Journal of Clinical Psychiatry, 66*, 564-574.

Petry, N. M., & Armentano, C. (1999). Prevalence, assessment, and treatment of pathological Gambling: a review. *Psychiatric Services, 50*(8), 1021-1027.

Potenza, M. N., Steinberg, M. A., McLaughlin, S. D., Wu, R., Rounsaville, B. J., & O'Malley, S. S. (2001). Gender-related differences in the characteristics of problem Gamblers using a Gambling helpline. *American Journal of Psychiatry, 158*:1500-1505.

Prochaska, J., & DiClemente, C. C. (1982). Transtheorical therapy: toward a more integrative model of change. *Psychotherapy: Theory, Research and Practice,* 20, 161-173

Raylu, N., Oei, T. P. S. (2001). Pathologica gambling A comprehensive review. *Clinical Psychology Review, 22,* 1009-1061.

Riper, H., Straten, A., Keuken, M., Smit, F., Schippers, G., Cuijpers, P. (2009). Curbing problem drinking with personalized-feedback interventions: a meta-analysis *American Journal of Preventive Medicine, 36*(3), 247-255.

Saiz-Ruiz, J., C. Blanco, Ibáñez, A., Masramon, X., Gómez, M. M., Madrigal, M., et al. (2005). Sertraline treatment of pathological gambling: a pilot study. *Journal of Clinical Psychiatry, 66*(1), 28-33.

Scherrer, J. F., H. Xian, Kapp JM, Waterman B, Shah KR, Volberg R, et al. (2007). Association between exposure to childhood and lifetime traumatic events and lifetime pathological gambling in a twin cohort. The *Journal of Nervous and Mental Disease, 195*(1), 72-78.

Sharp, L. A reformulated cognitive–behavioral model of problem gambling: A biopsychosocial

perspective. Clin Psychology Review 22 (2002) 1–25.

Tavares, H., M. L. Zilberman, Hodgins, D. C., & El-Guebaly, N. (2005). Comparison of craving between pathological gamblers and alcoholics. *Alcoholism Clinical and Experimental Research, 29*(8), 1427-1431.

Tavares H., & Fagundes G. (2008). *Virando o Jogo*. São Paulo: Casa Leitura Médica.

Tavares, H., Carneiro, E., Sanches, M., Pinsky, I., Caetano, R., Zaleski, M., et al. (2010). Gambling in Brazil: lifetime prevalences ans sócio-demographic correlates. *Psychiatry Research, 180*(1), 35-41.

Toneatto, T., & Brennan, J. (2002). Pathological gambling in treatment-seeking substance abusers. *Addictive Behavior, 27,* 465-469.

van Holst, R. J., W. van den Brink, Veltman DJ, Goudriaan AE. Academic Medical Center, University of Amsterdam. (2010). Why gamblers fail to win: a review of cognitive and neuroimaging findings in pathological gambling. *Neuroscience & Biobehavior Review, 34*(1), 87-107.

Williams, W. A., & Potenza, M. N. (2008). Neurobiologia dos transtornos do controle do impulso. *Revista Brasileira de Psiquiatria, 30*(Suppl 1), 24-30.

Wachtel, T., & Staniford, M. (2010). The effectiveness of brief interventions in the clinical setting in reducing alcohol misuse and binge drinking in adolescents: a critical review of the literature. *Journal of Clinical Nursing, 19,* 605-620.

Zangeneh, M. (2005). Suicide and gambling. Australian Journal of Mental Health, 4(1), 1-3.

Tratamento do transtorno de déficit de atenção e hiperatividade (TDAH)

André Pereira
Paulo Mattos

INTRODUÇÃO

O transtorno de déficit de atenção com hiperatividade e impulsividade (TDAH) é um dos transtornos mentais mais estudados em psiquiatria. Os primeiros relatos relacionados ao transtorno, tal qual como o conhecemos hoje, remonta o início do século passado, em 1902, quando George Still cunhou o termo "déficit do controle moral" para tentar explicar o comportamento de crianças que tinham dificuldade em manter a atenção e que também eram exageradamente ativas. Definições como "dano cerebral mínimo" e "disfunção cerebral mínima" também foram utilizadas para tentar explicar as manifestações do transtorno. Somente em 1980, com a publicação do DSM-III, o termo "transtorno de déficit de atenção" foi utilizado pela primeira vez para caracterizar o quadro (Barkley, 2008).

O TDAH é um transtorno neuropsiquiátrico, habitualmente reconhecido pela primeira vez na infância, caracterizado por um padrão persistente de desatenção e/ou hiperatividade/impulsividade intenso e frequente o bastante para causar comprometimento funcional em áreas importantes da vida do indivíduo, como a ocupacional, a acadêmica e a social. Apesar de ter sido considerado um transtorno específico da infância no passado, cerca de 50 a 65% das crianças com TDAH tendem a continuar apresentando os sintomas, e o comprometimento advindo dos mesmos, também durante a vida adulta (Barkley, Murphy e Fischer, 2008).

DEFINIÇÃO

O TDAH é definido no Manual Diagnóstico e Estatístico de Transtornos Mentais (DSM-IV-TR) através de 18 sintomas que compõem duas dimensões: desatenção e hiperatividade/impulsividade. Para que seja diagnosticado com TDAH, o indivíduo deve apresentar por um período mínimo de seis meses, seis ou mais sintomas de desatenção e/ou de hiperatividade/impulsividade. Abaixo estão relacionados todos os sintomas de cada dimensão (APA, 2002):

Desatenção

a) Frequentemente deixa de prestar atenção a detalhes ou comete erros por descuido em atividades escolares, de trabalho ou outras.
b) Com frequência tem dificuldades para manter a atenção em tarefas ou atividades lúdicas.
c) Com frequência parece não escutar quando lhe dirigem a palavra.
d) Com frequência não segue instruções e não termina seus deveres escolares, tarefas domésticas ou deveres profissionais (não devido a comportamento de oposição ou incapacidade de compreender instruções).
e) Com frequência tem dificuldade para organizar tarefas e atividades.
f) Com frequência evita, antipatiza ou reluta a envolver-se em tarefas que exijam

esforço mental constante (como tarefas escolares ou deveres de casa).

Com frequência perde coisas necessárias para tarefas ou atividades (p. ex., brinquedos, tarefas escolares, lápis, livros ou outros materiais).

É facilmente distraído por estímulos alheios à tarefa.

Com frequência apresenta esquecimento em atividades diárias.

Frequentemente agita as mãos ou os pés ou se remexe na cadeira.

Frequentemente abandona sua cadeira em sala de aula ou outras situações nas quais se espera que permaneça sentado.

Frequentemente corre ou escala em demasia, em situações nas quais isso é inapropriado (em adolescentes e adultos, pode estar limitado a sensações subjetivas de inquietação).

Com frequência tem dificuldade para brincar ou se envolver silenciosamente em atividades de lazer.

Está frequentemente "a mil" ou muitas vezes age como se estivesse "a todo vapor".

Frequentemente fala em demasia.

Frequentemente dá respostas precipitadas antes de as perguntas terem sido completadas.

Com frequência tem dificuldade para aguardar sua vez.

Frequentemente interrompe ou se mete em assuntos de outros (p. ex., intromete--se em conversas ou em brincadeiras).

O TDAH pode ainda ser caracterizado em três subtipos:

Predominantemente desatento;
Predominantemente hiperativo/impulsivo; e

Tipo combinado de acordo com o predomínio de sintomas em cada dimensão.

Mais recentemente, vários autores têm questionado a divisão em subtipos, uma vez que eles não são estáveis ao longo do tempo, não respondem do mesmo modo à terapêutica e não apresentam padrões específicos de transmissão genética.

Para que o diagnóstico seja confirmado, o DSM-IV-TR exige que alguns sintomas de hiperatividade/impulsividade ou desatenção estejam presentes antes dos 7 anos e ocorram em dois ou mais contextos distintos (por exemplo, na escola e em casa); mais recentemente esse limite foi expandido e há tendência entre pesquisadores a simplesmente abandoná-lo. Estudos têm demonstrado que não há diferença quanto à gravidade do transtorno, comorbidades ou comprometimento funcional entre casos de TDAH que atendem a este critério e aqueles que não o atendem. Segundo Barkley, Murphy e Fischer (2008), a utilização do mesmo pode excluir 35% de casos clinicamente relevantes, sendo que, em adultos, esta taxa pode chegar a 50%. Esses autores propõem o aumento dos 7 para os 16 anos.

Para o diagnóstico de TDAH deve haver claras evidências de comprometimento clinicamente significativo no funcionamento social, acadêmico ou ocupacional.

Os critérios apresentados acima são válidos especificamente para crianças. Apesar de as dimensões dos sintomas serem as mesmas na vida adulta, elas podem ser apresentadas de forma diferente com o passar do tempo. Enquanto as crianças apresentam maior tendência a problemas com hiperatividade, adultos com TDAH apresentam mais queixas de inquietude, intolerância ao tédio, autocontrole, organização, manejo do tempo, impulsividade e persistência para cumprir tarefas (Barkley, Murphy e Fischer, 2008; Barkley, 2010; APA, 2002).

Dessa forma, os clínicos devem ficar atentos sobre a possibilidade de TDAH em adultos, quando pelo menos seis entre os seguintes sintomas estiverem presentes

(Barkley, Murphy e Fischer, 2008; Barkley e Benton, 2010):

1. Distrai-se facilmente com estímulos externos.
2. Toma decisões impulsivamente.
3. Tem dificuldade em interromper atividades ou comportamentos quando necessário.
4. Inicia um projeto ou tarefa sem ler ou ouvir as instruções cuidadosamente.
5. Tem dificuldade em cumprir promessas ou compromissos que tenha combinado com outras pessoas.
6. Apresenta dificuldade em realizar as tarefas em sua devida ordem.
7. Dirige muito mais rápido do que os outros ou tem dificuldades em se envolver em atividades de lazer ou se divertir silenciosamente.
8. Tem dificuldade em prestar atenção a tarefas e atividades de lazer.
9. Apresenta dificuldade em organizar tarefas e atividades.

Barkley (2010) afirma que o TDAH em adultos não é meramente um mito, uma construção social ou o resultado de um estilo de vida moderno. Também não é somente um transtorno simples, que cause pouco comprometimento ou facilite a vida do portador de qualquer maneira. Nenhum estudo sobre o tema apontou algum ganho relacionado ao TDAH, quando comparado a grupos controle. Segundo o mesmo autor, o TDAH em adultos é um transtorno mental sério associado a comprometimentos funcionais significativos na vida do indivíduo.

PREVALÊNCIA

A prevalência do TDAH é estimada entre 3 e 7% para as crianças em idade escolar (APA, 2002) e em 4,4% para a população adulta dos Estados Unidos (Kessler et al., 2006). Os meninos têm três vezes mais probabilidade de apresentar o transtorno do que as meninas (Barkley, 2008). Embora com o passar do tempo muitos adultos obtenham remissão sindrômica (os sintomas não permitem mais

o diagnóstico), apenas 30% atingem remissão sintomática (os sintomas não atingem o limiar subclínico) e 10% atingem remissão funcional (os sintomas não atingem um limiar subclínico e há recuperação completa do comprometimento funcional anterior). Esses dados apontam o curso potencialmente crônico do transtorno e a manutenção de níveis elevados de disfunção na vida adulta (Brown, 2000).

Os estudos de coorte de UMass (University of Massachusetts Medical Scholl) e Milwaukee (Medical College of Wisconsin) apontam uma alta taxa de comorbidade para o TDAH, chegando a 80% o número de pessoas que atendiam a critérios para outro transtorno além do primeiro. Entre os mais comuns, encontram-se: transtorno opositivo desafiador (TOD), transtorno de conduta (TC), uso e abuso de substância (especialmente o álcool), depressão e transtornos de ansiedade (Barkley, Murphy e Fischer, 2008; Pastura et al., 2007; Souza e Pinheiro, 2003).

HIPÓTESES ETIOLÓGICAS

Apesar de diferentes hipóteses etiológicas terem sido desenvolvidas nos últimos anos, evidências robustas apontam para fatores neurológicos e genéticos como os principais fatores predisponentes para o TDAH (Barkley, 2008).

Uma das teorias em maior evidência é a de que os sintomas do TDAH estão relacionados às disfunções executivas, secundárias a um déficit do controle inibitório – modelo híbrido (Barkley, 2008). As funções executivas compreendem uma classe de atividades altamente sofisticadas, centrais para o autocontrole, que estão relacionadas à capacidade de uma pessoa de se engajar em comportamentos orientados à realização de ações voluntárias, autônomas, auto-organizadas e direcionadas a objetivos específicos (Mattos et al., 2003). Elas podem ser divididas em cinco classes: inibição, memória de trabalho verbal, memória de trabalho não verbal, autorregulação (afetiva, motivacional, excitatória) e reconstituição (planejamento e resolução de problemas) (Barkley, Murphy e Fischer, 2008). Déficits relacionados às funções executivas tendem a causar comprometimentos muito semelhantes aos observados em pacientes com TDAH, quais sejam: desorganização, esquecimentos (especialmente com tarefas que devam ser realizadas), dificuldades com planejamento (ou falhas em antecipar futuros acontecimentos), dificuldade com o manejo do tempo, impulsividade na tomada de decisões e incapacidade de interromper uma atividade já em andamento para privilegiar outras atividades mais importantes ou urgentes (Barkley, Murphy e Fischer, 2008; Tuckman, 2007).

AVALIAÇÃO: MÉTODOS E INSTRUMENTOS

O diagnóstico do TDAH é feito através da história clínica do indivíduo e com informações que possam ser obtidas com parentes e professores (Rohde et al., 2000). Entretanto, o uso de escalas, entrevistas semiestruturadas e avaliação neuropsicológica pode oferecer informações complementares úteis. Barkley (2010) afirma que a utilização desses instrumentos associados a relatos de parentes e da escola podem aumentar a segurança das informações e do diagnóstico. Pesquisas em nosso meio apontam baixa concordância entre informantes (portador, familiares e professores), o que justifica a coleta de informações de diferentes fontes (Coutinho et al., 2009; Dias et al., 2008; Rohde et al., 2000).

Entre os instrumentos utilizados para avaliação do TDAH, alguns já se encontram disponíveis em nosso meio, como entrevistas semiestruturadas: *Children's Interview for Psychiatric Syndromes* – versão para pais (P-ChIPS) (Souza et al., 2009), e o *Schedule for Affective Disorders and Schizophrenia for School-Age Children – Epidemiological Version* (Kiddie-SADS-E), bastante utilizado para avaliação de comorbidades. Algumas escalas muito usadas para pais e professores são:

Child Behavior Check List (CBCL) (Bordin, Mari e Caeeiro, 1995) e SNAP-IV (Mattos et al., 2006). Para avaliar a presença do transtorno em adultos pode ser utilizada a *Adult ADHD Self-Report Scale* (ASRS), escala de autopreenchimento que utiliza sintomas correspondentes àqueles propostos pelo DSM-IV-TR e que já se encontra validada no Brasil (Mattos et al., 2006). Cumpre ressaltar que a utilização de outros informantes (cônjuge, filhos, pais) pode ser muito valiosa para certificação sobre o comprometimento funcional atual e a presença de sintomas durante a infância (Dias et al., 2007).

Os testes neuropsicológicos, embora não tenham valores preditivos *positivos* ou *negativos* suficientes para o diagnóstico, são considerados de extrema importância para delinear o perfil cognitivo do paciente, contribuindo dessa forma para o estabelecimento de um diagnóstico clínico, particularmente na presença de transtornos do aprendizado ou déficit cognitivo (Coutinho et al., 2007; Barkley, 2008; Rohde et al., 2000), além de permitirem a consolidação ou a exclusão do diagnóstico de TDAH (Graeff e Vaz, 2008). Entre os testes que fornecem mais informações relevantes:

a) Inteligência e índice de *distratibilidade*: Escala Wechsler de Inteligência para Crianças (WISC-III) – subtestes de números, aritmética e códigos (Hallowell e Ratey, 1999).
b) Testes de atenção: *Continuous Performance Test* (CPT); Teste de Atenção Visual (TAVIS-III) (Coutinho et al., 2007).
c) Testes de memória operacional auditivo--verbal e visual: *Span* de Dígitos e *Span* Visual das baterias Wechsler.
d) Testes de Função Executiva: Labirintos, Iowa Gambling Test (IGT), Torre de Londres ou Hanói (Mattos et al., 2003).

Alguns fatores dificultam o diagnóstico, pois os sintomas de desatenção e impulsividade também podem ser observados em outros transtornos psiquiátricos (transtorno bipolar, transtornos de ansiedade, transtorno de personalidade *borderline*) e outras condições médicas (doenças da tireoide, apneia do sono, etc). Em alguns casos, o paciente também pode exagerar sobre sua sintomatologia ou sobre a intensidade para com isso conseguir benefícios (Barkley, 2010); assim como em outros momentos pode subdimensionar o comprometimento funcional causado pelos sintomas, devido a uma percepção falha de si mesmo (Dias et al., 2008).

TRATAMENTOS

Terapêutica farmacológica do TDAH

O uso de fármacos no TDAH é parte importante no tratamento do transtorno e é frequentemente a primeira intervenção terapêutica após o diagnóstico. Os estimulantes são os medicamentos mais comumente usados para o tratamento do TDAH (crianças, adolescentes e adultos) e constituem duas categorias: derivados anfetamínicos e o metilfenidato (Segenreich e Mattos, 2004). No Brasil, apenas o último é comercializado. O metilfenidato bloqueia a recaptura de dopamina modulando a concentração desses neurotransmissores na sinapse. Anfetaminas também bloqueiam a recaptura de noradrenalina e dopamina, além de promoverem liberação adicional dos neurotransmissores. O metilfenidato e as anfetaminas são rapidamente absorvidos pelo cérebro e atuam em circuitos neurais que modulam a atenção e o sistema de recompensa. Os efeitos desses medicamentos permitem um aumento do estado de alerta, da atenção e efeitos inibitórios, ao excluir estímulos e respostas indesejados (Filho e Pastura, 2003; Barkley, 2010).

Os medicamentos de primeira escolha para o tratamento do TDAH são os estimulantes de liberação ou ação prolongada. No Brasil, o metilfenidato é encontrado em três apresentações comerciais distintas: uma formulação de ação imediata (Ritalina®) e duas formulações de liberação controlada (Ritalina LA® e Concerta®). A Tabela 30.1 apresenta as principais características dos mesmos (Louzã e Mattos, 2007).

Alguns benefícios podem ser observados com o uso de estimulantes de liberação lenta: além de proporcionarem alívio dos sintomas ao longo de todo o dia, evitam a necessidade de lembrar as múltiplas doses diárias e aumentam a privacidade, já que não se torna necessário usá-los em locais públicos (Barkley, 2010). Entre os efeitos colaterais mais comuns estão: ansiedade, irritabilidade, cefaleia, boca seca, insônia, perda de apetite e náusea.

A atomoxetina não é classificada como psicoestimulante (tendo um tamanho de feito inferior) e pode ser uma opção para o tratamento do TDAH, especialmente nos casos em que há comorbidade significativa com ansiedade ou, talvez, em casos em que houve recente abuso de substância (Louzã e Mattos, 2007). Os antidepressivos tricíclicos (imipramina e desipramina), os de dupla-ação (venlafaxina) e o antidepressivo atípico brupropiona apresentam tamanho de efeito significativamente inferior aos psicoestimulantes (Segenreich e Mattos, 2004; Guitman, Mattos e Genes, 2001). Por último, estudos apontam que a clonidina (e a

TABELA 30.1
Formulações de metilfenidato disponíveis no Brasil

Nome comercial	Método de liberação	Duração da ação	Número de tomadas diárias	Doses disponíveis (mg)
Ritalina®	Imediata	3-4 horas	3 a 5	10
Ritalina LA®	Prolongada (sistema SODAS)	8 horas	1 a 2	20, 30, 40
Concerta®	Prolongada (sistema OROS)	12 horas	1	18, 36, 54

guanfacina a ela relacionada) parece exercer um efeito positivo nos sintomas do TDAH, tendo sua efetividade comparada à dos antidepressivos tricíclicos (Connor, Fletcher e Swanson, 1999).

Embora seja comum que parentes e indivíduos portadores de TDAH temam o tratamento farmacológico, três aspectos devem ser ressaltados e discutidos com o paciente:

a) Os estudos de revisão mostram que os psicoestimulantes são medicamentos bastante seguros (Pastura e Mattos, 2004).

b) Ao contrário da crença popular de interferência no livre-arbítrio ou na autodeterminação dos indivíduos, os pacientes tendem a relatar que o uso do medicamento os torna mais livres, já que permite a redução dos sintomas, como oscilações de humor, impulsividade, irritabilidade frequente e intolerância a situações pouco estimulantes.

c) É importante discutir também a ideia, aversiva para muitos, de necessidade de uso contínuo do medicamento. "Indivíduos não ficam prisioneiros do medicamento"; indivíduos são prisioneiros dos sintomas do transtorno que eles próprios não conseguem controlar. Se assim não fosse, não teriam buscado auxílio.

Cumpre ressaltar que a decisão pelo tratamento farmacológico não é definitiva e não precisa ser mantida por toda a vida. Durante o tratamento podem ser feitos testes para verificar a persistência dos sintomas ou o uso prioritariamente do medicamento no contexto mais comprometido da vida do indivíduo, como na escola, por exemplo (Duchesne e Mattos, 2001).

Terapia cognitivo-comportamental (TCC)

O tratamento farmacológico é decisivo para melhora dos sintomas primários do TDAH (distração, hiperatividade e impulsividade). Entretanto, sintomas como baixa autoestima, problemas interpessoais, receio ou relutância de aprender e envolver-se com novas atividades acadêmicas ou profissionais (especialmente quando há histórico de fracasso acadêmico), dificuldades com organização e planejamento não remitem apenas com o tratamento medicamentoso e podem permanecer comprometendo a qualidade de vida dos indivíduos com o transtorno.

Adultos que vivem sem que tenham sido diagnosticados com TDAH podem apresentar problemas emocionais tão importantes quanto os próprios sintomas do transtorno (Barkley, 2010). Um modelo sobre o TDAH em adultos propõe que os déficits comportamentais provenientes e a incapacidade de compensá-los contribuem para manutenção ou exarcebação do quadro (Safren et al., 2008). Assim, constantes fracassos geram evitações, o que acarreta em novos fracassos e desmotivação para enfrentar situações que foram anteriormente opressivas. Muitos adultos com TDAH sofrem de baixa autoestima e depressão em decorrência de anos de sofrimento por não serem tão funcionais quanto gostariam ou como são exigidos. Considerando o exposto, o objetivo da TCC é interromper este ciclo vicioso e ensinar aos pacientes maneiras efetivas de compensar os prejuízos e manejar as evitações (Safren et al., 2008; Barkley, 2010).

O tratamento psicoterápico do TDAH envolve:

a) psicoeducação,

b) manejo dos problemas emocionais e

c) treino de habilidades e estratégias de enfrentamento. Com crianças e adolescentes a participação dos pais é muito importante para aumentar a chance de generalização dos resultados (Knapp et al., 2002).

É importante salientar que o paciente não se sentirá melhor durante a terapia, caso permaneça experimentando os mesmos problemas que costumeiramente se apresentam, assim como, simplesmente oferecer as técnicas e estratégias de enfrentamento também não funcionará caso o paciente não as coloque em prática, por pessimismo ou devido a comorbidades (em particular, depressão). Desse modo, o papel motivador e instaurador de esperança por parte do terapeuta é fundamental. O tratamento do TDAH pode, em alguns momentos, ser semelhante ao da depressão crônica ou do transtorno bipolar. Pode haver um longo período de interrupção da terapia, com retomadas ocasionais quando as circunstâncias de vida ou as demandas mudarem. (Tuckman, 2007).

Em geral, os objetivos da terapia envolvem (Barkley, 2010):

1. Educar o paciente e a família sobre o TDAH e seus efeitos.
2. Identificar e manejar os déficits das funções executivas, como manejo do tempo.
3. Melhorar a autoestima.
4. Manejar as evitações e os pensamentos negativos.
5. Fortalecer estratégias de enfrentamento e técnicas comportamentais para melhorar o funcionamento do indivíduo em áreas comprometidas se sua vida.

Psicoeducação

A psicoedução é componente-chave da terapia e amplamente utilizada pela TCC no tratamento de diversos transtornos. Envolve educar o paciente e sua família sobre o transtorno, informando sobre os sintomas, o curso típico e os tratamentos disponíveis. Entender o problema e suas consequências é o primeiro passo para o sucesso do tratamento e muitos pacientes o destacam como um dos fatores mais importantes. A indicação de organizações para portadores e familiares, tais como a Associação Brasileira do Déficit de Atenção – ABDA (www.tdah.org.br), entidade sem fins lucrativos que oferece cursos, eventos e material para leigos, pode ser particularmente útil.

Tuckman (2007) afirma que o processo de psicoeducação é importante em dois aspectos: emocional e pragmático. Ao conhecerem o diagnóstico e os sintomas, os pacientes podem experimentar uma sensação de alívio por entenderem que não são estúpidos, preguiçosos ou deficientes. Mais encorajador ainda é saberem que podem manejar esses sintomas; isso gera esperança e motivação, elementos importantes para que tenham uma postura ativa no tratamento. Nesse sentido, a educação dos familiares pode contribuir de maneira substancial para redução da tensão no lar.

Treino de autoinstrução

O treino de autoinstrução é utilizado para atenuar as dificuldades na manutenção da atenção e para o desenvolvimento do controle comportamental do paciente. Durante o desenvolvimento infantil, as crianças aprendem a controlar seus comportamentos a partir de instruções dos adultos e, aos poucos, as internalizam. Pessoas com TDAH parecem apresentar uma deficiência nessa habilidade, o que exige um treinamento específico para desenvolvê-la e, assim, guiar seus comportamentos. O treino ocorre de acordo com os seguintes estágios (Knapp et al., 2003):

1. O terapeuta modela o desempenho em uma tarefa e pensa em voz alta enquanto a criança observa. Cada possibilidade é avaliada até a escolha daquela que parecer mais adequada.
2. A criança realiza uma tarefa similar enquanto instrui a si mesma em voz alta.
3. O processo é repetido inúmeras vezes e, a cada vez, o terapeuta e o paciente diminuem o tom de voz, falando mais baixo, sussurrando, até que o paciente internalize esse processo.

Considerando a importância da autoinstrução para resolução de problemas, planejamento, autocontrole e para compreensão das regras sociais, Barkley e Benton (2010) oferecem uma dica para o desenvolvimento deste processo em adultos: tornar-se seu próprio entrevistador. Perguntas, como: "O que está acontecendo aqui?"; "Eu já vivi uma situação parecida antes? O que eu fiz da última vez?"; "Existem escolhas melhores?"; "Se X (pessoa admirada pelo paciente) estivesse nesta situação, o que ele faria?"; "Caso algo dê errado, como me sentirei amanhã?" são exemplos de perguntas que podem facilitar esse objetivo.

Treino em resolução de problemas

Este componente do tratamento é um dos mais utilizados para o tratamento do TDAH, pois permite atuar sobre o comportamento inibitório deficiente dos pacientes, a tendência a agir antes de pensar (Knapp et al., 2002). O treino em resolução de problemas envolve cinco etapas:

1. identificar e especificar o problema;
2. gerar soluções alternativas;
3. avaliar as consequências de cada alternativa proposta, vantagens e desvantagens;
4. escolher uma das alternativas;
5. avaliar os resultados obtidos e, caso tenha fracassado, iniciar novamente o processo.

Durante as sessões, o terapeuta pode utilizar situações comumente vivenciadas pelo paciente e treiná-lo na execução de todas as etapas. Deve-se sempre estar atento a fatores que atrapalham este processo, como, por exemplo, não definir o problema apropriadamente, estabelecer metas irrealistas ou não conseguir decidir por uma melhor solução. A meta principal é usar as técnicas de solução de problemas efetivamente. Ao mesmo tempo os pacientes são incentivados a tolerar a incerteza ao longo do processo. O objetivo é encontrar a melhor solução, e não a solução perfeita.

Modelação e dramatização

Esta técnica permite que o terapeuta sirva de modelo para a resolução de situações problemáticas para o paciente. Utilizando a autoinstrução ou a resolução de problemas o terapeuta poderá demonstrar como o pa-

ciente pode resolver tais situações em seu dia a dia. Pode-se, previamente, escolher uma situação problemática e treinar com o paciente algumas alternativas de solução. Por exemplo, um amigo do colégio pega o material escolar e não quer devolver. Como o paciente agiria nessa situação? O terapeuta poderá servir de modelo ao expor seus pensamentos e escolher a melhor maneira de solucioná-la. Treinar a inversão de papéis também pode ser especialmente útil, ao pedir que a criança ou o adolescente represente o papel dos pais ou do professor em determinadas situações, por exemplo, quando se recusa a seguir as ordens dos mesmos (Knapp et al., 2003).

Automonitoramento

Pacientes com TDAH possuem uma auto-observação deficiente, isto é, muitos têm dificuldade em prestar atenção ao próprio comportamento e às suas consequências. A identificação e o monitoramento dos comportamentos indesejáveis ou inadequados permitem o desenvolvimento do autocontrole.

Alguns comportamentos podem ser escolhidos como o *foco da semana*, como procrastinação, falta de atenção às conversas ou interrupções a alguém quando estiver falando, etc. Assim, toda vez que o comportamento que está sendo avaliado ocorrer, deve-se fazer uma marcação em um formulário de registro comportamental. Esse exercício favorece que a criança ou o adulto tenha mais consciência sobre o próprio comportamento (Knapp et al., 2002).

Planejamento e cronogramas

Pesquisadores afirmam que o uso de estratégias, auxílio e estrutura são fundamentais para o tratamento do TDAH (Tuckman, 2007; Hallowell e Ratey, 1999). É muito comum que pacientes com o transtorno possuam um estilo de vida caótico, desestruturado, que contribui para exarcebação do quadro. Dessa forma, este é, ao mesmo tempo, um sintoma do TDAH e um fator agravante para o mesmo (Tuckman, 2007). Criar um ambiente estruturado é importante para que o paciente possa compensar através de controles externos as dificuldades causadas pelo transtorno. A utilização de cronogramas, agenda, folhas de planejamento, listas de tarefas, alarmes, etc., podem ser especialmente úteis.

Primeiramente o terapeuta auxilia o paciente a organizar as tarefas regulares e os compromissos fixos numa grade semanal, estabelecendo o tempo necessário para cada um. Em seguida, as metas da semana são subdivididas e inseridas no planejamento. É importante que o paciente tenha uma participação ativa neste processo e que junto com o terapeuta possa estabelecer um planejamento realista das tarefas, ou seja, é fundamental que o paciente tenha grande probabilidade de conseguir cumprir o que foi estipulado. Muitas vezes a lista de tarefas se transforma em lista de desejos, assim, o excesso de compromissos ou tarefas pode desestimulá-lo e, em consequência, levar a novos fracassos (Tuckman, 2007).

É importante que o planejamento seja estimulante e que contenha períodos de relaxamento e lazer. Estabelecer algum tempo para atividade física também é importante e pode ser útil para diminuir o excesso de energia e irritabilidade. Deve-se sempre usar a criatividade para adequar as ferramentas a cada paciente, aumentando a probabilidade de sucesso.

Algumas dicas e ferramentas práticas podem ajudar os pacientes a se organizarem melhor (Murphy, 2008):

- Praticar um planejamento pró-ativo. Toda noite planejar o dia seguinte: separar os materiais necessários, como livros, roupas, chaves, telefones celulares, medicamentos, etc. Usar qualquer material, como caixas transparentes, gavetas, que facilitem a estruturação da vida da pessoa, diminuam as pilhas de coisas bagunçadas.
- Preparar uma lista de "afazeres", com tarefas importantes ou prioridades e

que esteja sempre disponível. Colocar lembretes em locais estratégicos em casa e no trabalho, para manter-se focado nos objetivos. O uso de alarmes pode servir como lembrete para verificar se permanece focado no objetivo do dia.

- Praticar o uso de agendas e organizadores, e treinar a anotação dos compromissos e obrigações imediatamente. Checar consistentemente e deixá-los sempre visíveis ("fora da vista, fora da mente") (Tuckman, 2007). Uso de agendas no computador, especialmente quando podem ser sincronizadas com celulares, é uma excelente opção para adolescentes. Estas agendas têm a vantagem de permitir o envio de *e-mails* ou a inserção de alarmes antes do evento.

Registro de pensamentos disfuncionais

O registro de pensamentos disfuncionais (RDPD) é um procedimento utilizado amplamente na TCC para tratamento de diversas psicopatologias. Apesar de o TDAH não ser um transtorno caracterizado por distorções cognitivas, o impacto dos sintomas na vida do paciente pode levá-los a desenvolver crenças negativas distorcidas a respeito de si mesmos, devido a uma atribuição de causalidades falha (Knapp et al., 2003).

Muitos pacientes, até receberem o diagnóstico e o tratamento adequados, vivenciam inúmeras situações de fracasso, como rendimento acadêmico insuficiente, falhas em terminar tarefas ou projetos, problemas de relacionamento, dificuldades de organização, baixa tolerância a frustração, críticas e rotulações por parte de outras pessoas, que os consideram preguiçosos, indolentes, burros ou limitados. Este histórico favorece o desenvolvimento de crenças negativas distorcidas que podem ser questionadas pelo terapeuta, revendo-as, a partir de então, à luz do TDAH (Tuckman, 2007). Dessa forma, um fracasso acadêmico pode ser utilizado para treinar novos métodos de estudos e corrigir possíveis comportamentos disfuncionais – como a procrastinação –, e não ser utilizado como prova de incompetência ou incapacidade.

O uso do RDPD também favorece o tratamento dos transtornos comórbidos, comumente presentes em indivíduos com TDAH, como transtornos de ansiedade e transtornos de humor. Aprender a identificar e testar os pensamentos automáticos distorcidos, procurando evidências a favor e contra cada um deles e construir formas de pensamento mais realistas, ajuda os pacientes com o manejo dos problemas emocionais.

Torna-se importante salientar que o uso das técnicas cognitivas, embora eficaz, pode não ser efetivo com os pacientes com TDAH devido aos próprios sintomas do transtorno. Alguns pacientes podem não ter a paciência necessária para preencher uma folha de RDPD, podem perdê-la com frequência ou podem não conseguir manter a atenção em explicações muito alongadas por parte dos terapeutas. Adaptar essas técnicas de maneira criativa para que sejam usadas pelos pacientes é fundamental. Uma das tarefas do terapeuta é ajudar o paciente a desenvolver habilidades e esforços consistentes para atingir seus objetivos e, assim, fortalecer sua autoestima. É importante procurar lidar com aceitação com os sentimentos negativos, como vergonha, culpa, medo, etc., aos quais muitas vezes os pacientes estão expostos durante um processo de autoaperfeiçoamento (Tuckman, 2007).

Treinamento de pais

Considerando que o TDAH é um transtorno crônico, que pode se apresentar de diferentes maneiras, e afeta a vida do indivíduo de forma global, o tratamento é multifacetado, utilizando-se diferentes estratégias em combinação para lidar com as dificuldades específicas da criança ou do adulto. O treinamento de pais é uma opção válida e pode ser especialmente útil para aquelas crianças (4 a 12 anos) que por algum motivo não toleram o uso de psicoestimulantes ou que não tiveram um bom resultado com esses medicamentos, e também em casos em que haja comorbidades com outros transtornos, como TOD e TC (Anastopoulos, Rhoads e Farley, 2008).

Apesar de existirem diferentes programas de treino parental, a maior parte deles treina os pais no uso de técnicas de controle de contingências para modificarem os comportamentos disfuncionais de seus filhos, assim como fortalecerem aqueles mais desejáveis. Clark (2009) destaca as três regras básicas para educar crianças e que são utilizadas em programa de treinamento parental, quais sejam:

- Recompensar os bons comportamentos (rápida e frequentemente).
- Não recompensar "acidentalmente" comportamentos indesejáveis.
- Castigar (de forma branda) alguns maus comportamentos.

Anastopoulos, Rhoads e Farley (2008) apresentam um programa de treinamento parental que envolve dez etapas. Entre elas, estão: orientação aos pais sobre o TDAH e sobre os princípios de controle comportamental, como usar a atenção positiva para melhorar a relação entre os pais e a criança, estabelecimento de sistema de fichas (ou pontos) e como controlar o comportamento em locais públicos e as dificuldades na escola.

A atenção positiva visa aumentar a probabilidade do comportamento obediente das crianças ao aumentar a frequência de situações agradáveis entre pais e filhos. Isso envolve dedicar um tempo, denominado "tempo especial", para conviver com a criança de maneira menos coercitiva e diretiva, muitas vezes fruto das dificuldades em modificar o comportamento delas no passado. Dessa forma, os pais podem prestar atenção de forma positiva à criança e melhorar o relacionamento com ela (Anastopoulos, Rhoads e Farley, 2008).

O sistema de pontos ou "economia de fichas" é uma técnica comportamental baseada no manejo de contingências, na qual os pais se utilizam de pontos ou fichas para fortalecer os comportamentos e as atitudes adequadas da criança. Os pontos/fichas são um reforço secundário, ou seja, são estímulos neutros que, ao serem associados aos estímulos que servem para modificar o comportamento, também irão acabar por modificá-lo (Clark, 2009; Barkley, 2002).

Para que esta técnica funcione em casa é imprescindível a participação dos pais nas sessões de terapia. Durante as primeiras sessões, o terapeuta formula com os pais uma lista de comportamentos que devem ser modificados. Em seguida eles devem criar um *ranking*, isto é, são escolhidos os comportamentos mais disfuncionais ou que prejudicam a criança e que deverão receber prioridade. Deve-se construir com a criança e com os pais uma lista de recompensas e definir os pontos necessários para conquistar cada item. Estes devem ser variados e incluir tanto aqueles de menor custo quanto àqueles mais caros. Alguns exemplos são: figurinhas, canetas, cadernos, bonecos, horas extras na internet, jogos de videogame, ingressos de cinema, etc. Deve-se incluir recompensas não materiais também, como ficar mais tempo com amigos ou a companhia dos pais durante um passeio ou a brincadeira que mais gosta. Assim, durante a semana, conforme a criança for acumulando pontos, poderá trocá-los pelas gratificações desejadas. Utilizar gratificações valiosas de longo prazo, como viagens no final do ano, tendem a não funcionar devido à dificuldade que os pacientes com TDAH possuem em se automotivar por gratificações não contingentes ao comportamento (Knapp et al., 2003). Essa técnica permite que o terapeuta trabalhe também a impulsividade da criança, já que esta pode querer trocar todos os pontos para se sentir gratificada imediatamente, não conseguindo assim os itens mais valiosos que deseja (Knapp et al., 2002).

Além do reforço positivo, deve-se utilizar também a retirada de pontos quando comportamentos inaceitáveis forem emitidos pela criança, como agressões verbais ou físicas. Entretanto, a perda de tais pontos não pode ser grande o suficiente para deixá-la com pontuação negativa, já que isso seria contraproducente para os objetivos da técnica – o aumento da motivação da criança para se comportar de forma mais funcional (Knapp, 2002; Knapp, 2003; Barkley, 2002).

Alternativa à perda de pontos é o uso do *time-out* (tempo-chato). Este consiste em colocar a criança em um lugar entediante, sem recompensas de qualquer natureza, como atenção dos pais ou com acesso a brinquedos ou amigos. A criança deve permanecer neste lugar por um minuto para cada ano de idade que tem. É uma forma de castigo brando que enfraquece muitos tipos de maus comportamentos (Clark, 2009).

Orientação para professores

Pfiffner, Barkley e DuPaul (2008) oferecem alguns princípios que podem servir de orientação para intervenções comportamentais com crianças com TDAH em sala de aula.

- Regras e instruções devem ser informadas de forma clara, breve e, sempre que possível, de forma visual, como placas, desenhos, símbolos, etc.
- As contingências usadas para controle comportamental devem ser mais fortes, ou de maior magnitude, apresentadas o mais rápido possível e com bastante frequência.
- Antes de programar uma punição deve haver um ambiente rico de incentivos para reforçar o comportamento adequado. As gratificações devem ser alteradas com mais frequência, devido à tendência das crianças com TDAH a uma habituação mais rápida.
- Antecipar futuros problemas e ajudar as crianças a entenderem as mudanças nas regras de conduta quando mudarem de ambiente ou de atividade, lembrando sempre as gratificações e as punições na situação, antes de começarem a nova atividade.
- As intervenções comportamentais devem ser monitoradas continuamente e

modificadas ao longo do tempo para manterem-se efetivas.

Algumas modificações em sala de aula podem ser implementadas, como colocar a mesa do aluno mais próxima à do professor, dar pistas (piscadelas, se aproximar, tocar no ombro, etc.) ao aluno para ajudá-lo a notar quando está agindo de maneira inadequada, usar comentários frequentes para reforçar o comportamento adequado, manter a sala de aula organizada, estruturada e previsível com o horário do dia e as regras visuais; manter o aluno longe das janelas pode ajudá-lo a se distrair menos com estímulos externos (Rohde e Halpern, 2004; Pfiffner, Barkley e DuPaul, 2008).

Outras sugestões que podem melhorar o desempenho em tarefas acadêmicas são: procurar variar o material didático usando cores, figuras, formas, visando manter o interesse e a motivação da criança, sempre que possível pedindo *feedback* para se certificar de que ela entendeu as regras ou aquilo que foi ensinado. Trabalhos muito repetitivos devem ter duração reduzida (Pfiffner, Barkley e DuPaul, 2008).

TCC em adultos

Diferentemente da população infantil, os estudos sobre a eficácia de tratamento psicológico para adultos ainda são raros (Barkley, 2010). Um estudo de Safren e colaboradores (2005) delineou uma forma de tratamento cognitivo-comportamental para esta população e a estruturou em três módulos principais:

- Psicoeducação, planejamento e organização: quatro sessões de psicoeducação, incluindo manter um *notebook* com lista de tarefas; calendário; fortalecer as habilidades de resolução de problemas: aprender a dividir projetos em pequenas tarefas e aprender a gerar planos de ação. Devem aprender a fazer uma ordenação entre atividades importantes, porém

não urgentes, e aquelas que devem ser realizadas imediatamente.
- Enfrentamento da distratibilidade: três sessões em que aprendem a quebrar as tarefas em partes menores que se encaixem no período de tempo que conseguem se manter concentrados. São incentivados a utilizar alarmes para auxiliá-los a permanecerem focados nas tarefas, assim como a retardar e reduzir as distrações, escrevendo-as em um papel e retornando ao objetivo principal em seguida.
- Reestruturação cognitiva: treinam habilidades de identificação e reestruturação de pensamentos disfuncionais e devem colocá-las em prática em momentos de estresse e de dificuldades relacionadas ao TDAH.

Existem módulos adicionais para aqueles pacientes que apresentarem dificuldades com procrastinação, raiva e baixa tolerância à frustração ou poucas habilidades de comunicação (escuta ativa, aguardar o momento de intervir numa conversa, manter contato ocular para se manter focado, etc.).

Este estudo demonstrou que pacientes que receberam TCC e medicação apresentaram maior redução dos sintomas de TDAH e uma significativa redução dos sintomas de depressão e ansiedade do que os pacientes que receberam somente tratamento medicamentoso.

Grupos

O tratamento em grupo permite alguns benefícios: os pacientes não se sentem isolados, sozinhos, como os únicos a viverem aquele tipo de problema; permite a troca de informações, estratégias de enfrentamento e o treino de habilidades sociais em um ambiente seguro, onde o perigo de falharem não será tão ameaçador quando em outros contextos. Para que o grupo seja efetivo, o número de participantes não deve ultrapassar dez pessoas. Deve-se predefinir uma estrutura para as sessões, a fim de aumentar a chance de os indivíduos as aproveitarem efetivamente (Barkley, Murphy e Fischer, 2008; Murphy, 2008).

O ambiente de grupo pode facilitar o treino de habilidades sociais, como: ouvir atentamente, esperar o momento de falar, manter o silêncio durante algum tempo, se manter focado, etc. O terapeuta deve cuidar para alguns pacientes não monopolizarem as sessões, tirando o tempo de outros participantes. A utilização da agenda no início das sessões é fundamental. Além disso, atrasos, faltas ou cancelamentos de última hora podem ser discutidos no grupo e as penalidades relativas a cada uma podem ser estabelecidas. Por último, o conceito de responsabilidade pessoal pode ser discutido no grupo para tratar a ambivalência de pacientes com TDAH com relação a desejarem apoio, estrutura e direção de outras pessoas e, ao mesmo tempo, reagirem negativamente ao se sentirem controlados (Tuckman, 2007).

CONCLUSÃO

O TDAH é um transtorno psiquiátrico de elevada prevalência que acomete crianças, adolescentes e adultos e que acarreta um comprometimento importante na vida do portador. Estudos recentes apontam que o impacto do TDAH na vida do indivíduo é global, interferindo em diferentes áreas de sua vida, como vida acadêmica, relacionamentos interpessoais e familiares, saúde, trabalho, finanças e vida conjugal. Portadores de TDAH apresentam maiores chances de doenças sexualmente transmissíveis, gravidez indesejada, fracasso acadêmico e abandono escolar, maior probabilidade de se envolver em acidentes de automóvel, maior prevalência de abuso e dependência de álcool e substâncias psicoativas, depressão e ansiedade.

O tratamento do TDAH é multifacetado e exige uma participação ativa do terapeuta. Técnicas não diretivas têm menor probabilidade de sucesso. É fundamental que o terapeuta instaure otimismo, energia e que tenha sempre criatividade para ade-

quar os programas comportamentais de tratamento a cada caso. O treino de habilidades e a criação de estratégias de enfrentamento para os diversos problemas enfrentados pelo portador exigem paciência e perseverança. Entretanto, persistir em metas difíceis de alcançar pode ter um efeito oposto ao que se deseja com o tratamento. Dessa maneira, ajudar o paciente a lidar com a aceitação de suas dificuldades e limitações pode ser extremamente válido para impedir um ciclo vicioso de fracasso e baixa autoestima.

REFERÊNCIAS

American Psychiatric Association. (2002). *Manual diagnóstico e estatístico de transtornos mentais* (4. ed. Ver.). São Paulo: Artmed.

Anastopoulos, A., Rhoads, L. H., & Farley, S. E. (2008). Aconselhamento e treinamento para os pais. In: Barkley, R. A. *Transtorno de déficit de atenção/hiperatividade: manual para diagnóstico e tratamento* . Porto Alegre: Artmed.

Barkley, R. A. (2002). *Transtorno de déficit de atenção/hiperatividade (TDAH): guia completo para pais, professores e profissionais da saúde*. Porto Alegre: Artmed.

Barkley, R. A., Murphy, K. R., & Fischer, M. (2008). *ADHD in adults: what the science says*. New York: Guilford.

Barkley, R. A., & Benton, C. M. (2010). *Taking charge of adult ADHD*. New York: Guilford.

Barkley, R. A. (2008). *Transtorno de déficit de atenção/hiperatividade: manual para diagnóstico e tratamento* (3. ed). Porto Alegre: Artmed.

Barkley, R. A. (2010). *Attention déficit hyperactivity disorder in adults: the latest assessment and treatment strategies*. Massachusetts: Jones and Bartlett Publishers.

Bordin, I., Mari, J., & Caeiro, M. (1995). Validação da versão brasileira do *Child Behavior Checklist* (CBCL) – Inventário de comportamentos da infância e adolescência: Dados preliminares. *Revista da ABP-APAL, 17*, 55-66.

Brown, T. E. (2000). *Attention deficit disorders and comorbidity in children, adolescents and adults*. New York: American Psychiatric Press.

Clark, L. (2009). *SOS ajuda para pais*. Rio de Janeiro: Cognitiva.

Connor, D. F. (2008). Outros medicamentos. In: Barkley, R. A. *Transtorno de déficit de atenção/hiperatividade: manual para diagnóstico e tratamento*. Porto Alegre: Artmed.

Connor, D. F., Fletcher, K. E., Swanson, J. M. (1999). A meta-analysis of clonidine for symptoms of attention-deficit hyperactivity disorder. *Journal of the American Academy of Child and Adolescent Psychiatry, 38*(12), 1551-1559.

Coutinho, G., Mattos, P., Araújo, C., & Duchesne, M. Transtorrno do déficit de atenção e hiperatividade: contribuição diagnóstica de avaliação computadorizada de atenção visual. *Revista de Psiquiatria Clínica, 34*(5), 215-222.

Coutinho, G., Mattos, P., Schmitz, M., Fortes, D., & Borges, M. (2009). Agreement rates between parents' and teachers' reports on ADHD symptomatology: findings from a Brazilian clinical sample. *Revista de Psiquiatria Clínica, 36*(3), 101-4.

Dias, G., Mattos, P., Coutinho, G., Segenreich, D., Saboya, E., & Ayrão, V. (2008). Agreement rates between parental and self-report on past ADHD symptoms in a adult clinical sample. *Journal of Attention Disorders, 12*(1), 70-75.

Duchesne, M., & Mattos, P. (2001). Tratamento do transtorno de déficit de atenção com hiperatividade e impulsividade. In: Rangé, B. *Psicoterapias cognitivo-comportamentais: um diálogo com a psiquiatria*. Porto Alegre: Artmed.

Filho, A. G. C., Pastura, G. (2003). As medicações estimulantes. In: Rohde, L. A., & Mattos, P. *Princípios e práticas em TDAH*. Porto Alegre: Artmed.

Graeff, R. L., & Vaz, C. E. (2008). Avaliação e diagnóstico do transtorno de déficit de atenção e hiperatividade (TDAH). *Psicologia USP, 19*(3), 341-361.

Guitmann, G., Mattos, P., & Genes, M. (2001). O uso da venlafaxina no tratamento do transtorno do déficit de atenção e hiperatividade. *Revista de Psiquiatria Clínica, 28*(5), 243-247.

Hallowell, E. M., & Ratey, J. J. (1999). *Tendência à distração*. Rio de Janeiro: Rocco.

Kessler, R. C., Adler, L., & Barkley, R. A. et al. (2006). The prevalence and correlates of adult ADHD in the United States: results from the National Comorbidity Survey replication. *American Journal of Psychiatry, 163*, 716-723.

Knapp, P., Rohde, L. A., Lyszkowski, L., & Johannpeter, J. (2002). *Terapia cognitivo-comportamental no transtorno de déficit de atenção/hiperatividade (manual do terapeuta)*. Porto Alegre: Artmed.

Knapp, P., Lyszkowski, L., Johannpeter, J., Carim, D. B., & Rohde, L. A. (2003). Terapia cognitivo-comportamental no transtorno de déficit de atenção/hiperatividade. In: Rohde, L. A., & Mattos, P. *Princípios e práticas em TDAH*. Porto Alegre: Artmed.

Louzã, M. R., & Mattos, P. (2007). Questões atuais no tratamento farmacológico do TDAH em adultos com metilfenidato. *Jornal Brasileiro de Psiquiatria, 56*(suppl 1), 53-56.

Mattos, P., Saboya, E., Kaefer, H., Knijnik, M. P., & Soncini, N. (2003). Neuropsicologia do TDAH. In: Rohde, L.A., & Mattos, P. *Princípios e práticas em TDAH*. Porto Alegre: Artmed.

Mattos, P., Pinheiro, M. A. S., Rohde, L. A., & Pinto, D. (2006). Apresentação de uma versão em português para uso no Brasil do instrumento MTA-SNAP-IV de avaliação de sintomas de transtorno do déficit de atenção/hiperatividade e sintomas de transtorno desafiador e de oposição. *Revista de Psiquiatria do Rio Grande do Sul, 28*(3), 290-297.

Pastura G., & Mattos P. (2004). Efeitos colaterais do metilfenidato. *Revista de Psiquiatria Clinica, 31*(2), 100-104

Mattos, P., Segenreich, D., Saboya, E., Louzã, M., Dias, G., & Romano, M. (2006). Adaptação transcultural para o português da escala Adult Self-Report Scale para avaliação do transtorno de déficit de atenção/hiperatividade (TDAH) em adultos. *Revista de Psiquiatria Clínica, 33*(4), 188-194.

Murphy, K. R. (2008). Aconselhamento psicológico de adultos portadores de TDAH. In: Barkley, R. A. *Transtorno de déficit de atenção/hiperatividade: manual para diagnóstico e tratamento*. Porto Alegre: Artmed.

Pastura, G., Mattos, P., & Araújo, A. P. Q. C. (2007). Prevalência do transtorno do déficit de atenção e hiperatividade e suas comorbidades em uma amostra de escolares. *Arquivos de Neuropsiquiatria, 65*(4-A), 1078-1083.

Pfiffner, L. J., Barkley, R. A., Dupaul, G. J. (2008). Tratamento do TDAH em ambientes escolares. In: Barkley, R. A. *Transtorno de déficit de atenção/hiperatividade: manual para diagnóstico e tratamento*. Porto Alegre: Artmed.

Rohde, L. A., Barbosa, G., Tramontina, S., & Polanczyk, G. (2000). Transtorno de déficit de atenção/hiperatividade. *Revista Brasileira de Psiquiatria, 22*(suppl 2), 7-11, 2000.

Rohde, L.A., & Halpern, R. (2004). Transtorno de déficit de atenção/hiperatividade: atualização. *Jornal de Pediatria, 80*(suppl 2).

Safren, S. A., Otto, M. W., Sprich, S., Winett, C. L., Wilens, T. E., & Biederman, J. (2005). Cognitive-behavioral therapy for ADHD in medication-treated adults with continued symptoms. *Behaviour Research and Therapy, 43*, 831-842.

Safren, S. A., Perlman, C. A., Sprich, S., & Otto, M. W. (2008). *Dominando o TDAH adulto: programa de tratamento cognitivo-comportamental (guia do terapeuta)*. Porto Alegre: Artmed.

Segenreich, D., & Mattos, P. (2004). Eficácia da bupropiona no tratamento do TDAH. Uma revisão sistemática e análise crítica de evidências. *Revista de Psiquiatria Clínica, 31*(3), 117-123.

Souza, I., Pinheiro, M. A. S. (2003). Co-morbidades. In: Rohde, L. A., Mattos, P. *Princípios e práticas em TDAH*. Porto Alegre: Artmed.

Souza, I., Pinheiro, M. A. S., Mousinho, R., & Mattos, P. (2009). A Brazilian version of the "Children's Iterview for Psychiatric Syndromes" (ChIPS). *Jornal Brasileiro de Psiquiatria, 58*(2), 115-118.

Tuckman, A. (2007). Integrative treatment for adult ADHD. Oakland: New Harbinger Publications.

31

Disfunções sexuais

Antonio Carvalho

Estar atento às modificações que ocorrem nas pesquisas científicas é fundamental para que o psicólogo possa desenvolver bem o seu trabalho. Com relação à pesquisa sexual, estar atento a isso é evitar que se reproduza um comportamento em que o interesse está não realmente na saúde do seu paciente e sim por trás destas pesquisas. Então, cabe aos profissionais que se propõem a trabalhar com sexualidade uma atenção especial neste tópico. Deve-se perceber a plasticidade do comportamento sexual e saber que esta área é fortemente afetada por pressupostos ideológicos e políticos.

Podemos dividir o estudo da sexualidade em três grandes momentos, denominados de primeira, segunda e terceira sexologia. A primeira sexologia dedicava-se a estudar o sexo não convencional, denominado perversões sexuais; tinha um caráter higienista e associava a patologia sexual a perigos sociais. Era a época das *perversões sexuais*, que incluíam da homossexualidade à masturbação, consideradas "desvios sexuais". A ciência sexual do século XIX também se interessava pelas doenças venéreas, pela prostituição e pela questão da eugenia (Bejin, 1986).

A segunda sexologia teve o seu apogeu nos trabalhos de Masters e Johnson (1966) e instituiu o conceito de disfunção, atualmente transtorno, em que o normal seria um ciclo sexual com quatro fases bem distintas: *Excitação* (quando se iniciam as sensações sexuais), *Platô* (o organismo estabiliza-se excitado), *Orgasmo* (descarga das tensões acumuladas) e *Resolução* (quando o organismo volta à fase de repouso). A disfunção passou a ser caracterizada pela ausência de alguma dessas fases, sendo função do terapeuta sexual a recuperação do ciclo.

Atualmente, após os trabalhos de Kaplan (1979), uma nova fase foi inserida no ciclo, o *Desejo*. Estava assim instituída a Terapia Sexual; todavia, este novo modelo aproximou a ciência do sexo a uma medicina de resultados, em que se busca melhorar o desempenho sexual, abrindo espaço para intervenções cirúrgicas, prescrições de terapias e venda de medicamentos. Surge, então, a terceira sexologia, que tem como marcador o lançamento no mercado mundial do sildenafil no ano de 1998.

Estamos no começo dessa terceira sexologia, e o terapeuta sexual precisa estar atento para um crescente movimento de medicalização da sexualidade humana, que tende a simplificar e banalizar o sexo. Observamos uma excessiva patologização dos problemas sexuais e uma desvalorização das investigações etiológicas e, mais do que nunca, a tendência de se submeter um paciente com uma queixa psicogênica a uma terapia oral como primeira opção de tratamento.

Uma verdadeira revolução ocorreu nos últimos anos, quando o tratamento da disfunção erétil adquiriu uma enorme visibilidade e observou-se uma grande quantidade de estudos sobre o tema. Podemos dizer que hoje a disfunção erétil é reconhecida como algo grave e que precisa ser tratado. Ninguém discorda de que a boa funcionalidade sexual é peça-chave na qualidade de vida dos casais. Mas o que vem a ser uma boa funcionalidade sexual? O senso comum diria que é ter uma boa ereção e um bom controle ejaculatório para o homem e múltiplos orgasmos para a mulher. Mas a busca por estes objetivos está no cerne dos transtornos sexuais. O prazer ficou em segundo plano, atrelado à necessidade de ereção ou orgasmo.

Este novo paradigma sexual do final do século XX e início do XXI se mostrou muito lucrativo para a indústria farmacêutica, grande patrocinadora das pesquisas sexuais. A partir do momento em que se materializa o prazer em resposta erétil e controle ejaculatório, consegue-se vender a cura destes através de medicamentos. Talvez isso explique o sucesso mundial da venda das drogas para ereção.

Diante de uma ideologia que multiplica incapacidades e vende soluções, é natural encontrar homens muito insatisfeitos com sua performance sexual, que buscam na medicação oral uma solução rápida e simplista para suas queixas nessa esfera e que, como consequência, se tornam dependentes dessa medicação cada vez mais jovens. Paradoxalmente, apesar de tanta pesquisa na esfera do sexo masculino nos últimos anos, nunca o homem sofreu tanto por queixas sexuais como agora. O homem virou presa fácil desse sistema.

Observa-se que, após o lançamento do Viagra, em 1998, o foco das pesquisas virou-se para as mulheres. A busca de um medicamento similar ao Viagra para elas trouxe à tona uma enxurrada de pesquisas sobre a sexualidade feminina e aqueceu a discussão sobre o prazer sexual da mulher.

Seguindo a mesma lógica de descobrir dificuldades para vender soluções, as pesquisas patrocinadas pelos grandes grupos que legalmente comercializam drogas esbarraram em questões fisiológicas da sexualidade feminina. A dificuldade de encontrar um marcador objetivo na resposta sexual da mulher, como a tumescência peniana ou o tempo de ejacular nos homens, cria um obstáculo à venda de uma medicação para a sexualidade feminina. Contudo, a ideia de que

existe algo melhor a ser alcançado no sexo para a mulher continua a ser vendida cada vez mais intensamente na mídia. Sendo assim, aumenta potencialmente o número de mulheres insatisfeitas com a sua resposta sexual nesse início de século.

Isso se reflete diretamente no trabalho do psicólogo: diferentemente dos homens que valorizam em excesso aspectos fisiológicos da resposta sexual, deixando em segundo plano questões emocionais, nas mulheres, fica claro que a sexualidade envolve dimensões mais subjetivas do ser humano, como, por exemplo, a importância de ser valorizada, de confiar e de manter com o(a) parceiro(a) uma relação mais afetiva e assertiva. E, para isso, não existem medicamentos. O profissional responsável por essa tarefa é o psicólogo. Sendo assim, descortina-se um mercado de trabalho ímpar para o terapeuta preparado para lidar com as questões sexuais.

Neste capítulo, pretendemos tratar dos principais transtornos sexuais que surgem para o psicólogo, não sendo abordadas questões referentes aos transtornos de gênero e as parafilias, por serem assuntos menos frequentes e fugirem ao escopo deste livro.

No que tange aos transtornos masculinos, daremos ênfase aos que dizem respeito à disfunção erétil, antes impotência, e a ejaculação precoce. Falaremos indiretamente, no decorrer do capítulo, da dependência das medicações orais para os transtornos de ereção. Com relação aos transtornos femininos, abordaremos o tema agrupando as principais disfunções sexuais da mulher, dedicando um tópico para os transtornos dolorosos.

É importante salientar que as questões médicas da sexualidade não serão abordadas neste capítulo, dando-se ênfase à parte social, emocional, cognitiva e político-econômica que atualmente permeia o estudo e o tratamento das queixas sexuais.

Frisamos que uma queixa sexual sempre será do casal e, por mais focal que seja a abordagem de tratamento, questões relacionadas à comunicação interpessoal, bem como à assertividade, não podem ser esquecidas na terapia sexual. Apesar de a Terapia Sexual ser eminentemente de casal, programas de tratamento individuais também apresentam bons níveis de eficácia, desde que o cliente tenha uma vida sexual regular durante o tratamento.

TRANSTORNO ERÉTIL MASCULINO

Nos dias de hoje, para um homem, a falta de ereção acarreta uma série de outros problemas. Em geral, o homem que tem essa queixa – e não são poucos – tende a se isolar de parceiras potenciais por medo de humilhação e dificuldades em lidar com a situação da não ereção. Muitas crises no casamento surgem não pela dificuldade de ereção do parceiro, mas sim pelo comportamento de evitação de qualquer situação que possa remeter ao ato sexual. A falta de carícias é a principal queixa da(o) parceira(o) de um homem com transtorno de ereção. Esse homem se questiona quanto ao porquê de começar algo que não terá como terminar. Fica claro que o sexo para esses homens é extremamente genitalizado, sendo uma tendência da sociedade atual, daí um dos motivos da grande prevalência dessa queixa na população masculina sexualmente ativa.

Todo homem certamente algum dia terá dificuldade para ter uma boa ereção, pois as variáveis que interferem no mecanismo erétil são muitas, desde algumas doses a mais de bebida a uma falta de desejo transitório por preocupação ou cansaço. Para alguns homens, isso não será um problema, pois sabem que o fato será transitório e comportar-se-ão de uma maneira tranquila, deixando claro para sua (seu) parceira (o) que o fato é irrelevante; todavia, para grande parcela de homens, essa experiência é de fato muito assustadora, levando-os a uma grande perturbação.

Segundo o Manual Diagnóstico e Estatístico de Transtornos Mentais da Associação Americana de Psiquiatria – DSM-IV-TR (APA, 2002), o transtorno erétil masculino é a "incapacidade persistente ou recorrente para obter ou manter uma ereção adequada até a conclusão da atividade sexual". Por vezes, fatores orgânicos, como diabete, alcoolismo, danos da coluna vertebral, transtornos neurológicos, patologias penianas, problemas circulatórios e deficiências hormonais, podem ser a causa inicial dos problemas eréteis, mas deixam de ser a única influência à medida que o homem se torna cada vez mais ansioso em relação ao desempenho sexual insatisfatório (Masters e Johnson, 1997).

Estima-se que 51,7% dos homens têm alguma queixa na esfera sexual, desde o incômodo com o tamanho do seu pênis até uma dificuldade de ereção por questões físicas, passando por queixas que ocorrem simplesmente por falta de informação (Torres, 2004).

Levando em conta que entramos no terceiro momento da sexologia, é esperada uma grande quantidade de pesquisas relacionando os transtornos de ereção a fatores exclusivamente orgânicos, relegando os fatores psicológicos ao segundo plano, mas não é isso que observamos na prática clínica. Na verdade, as condições psicológicas são os fatores mais frequentes nos transtornos eréteis secundários, sendo a depressão, a ansiedade, o medo de desempenho e a antecipação do fracasso as principais causadoras desta queixa (Rangé, 1995).

O trabalho de Barlow (1986) foi fundamental para demonstrar os fatores cognitivos nos homens que sofrem de disfunção erétil. Ficou claro que os homens que apresentam problemas na esfera sexual tendem a erotizar menos a situação sexual, concentrando-se mais nos pensamentos negativos, preocupados com uma performance ruim (Meisler e Carey, 1992). Barlow (1986) observou que homens que sofrem de transtorno de ereção tendem a subestimar a quantidade de resposta erétil que alcançam realmente, enquanto homens funcionais são mais precisos em sua estimativa da excitação.

Cabe ressaltar que os homens que experimentam transtorno erétil se inclinam a aumentar sua resposta erétil quando focalizam estímulos não eróticos durante a estimulação erótica, ao passo que aqueles que não apresentam esse transtorno tendem a diminuir sua resposta erétil quando focalizam estímulos não eróticos e, ainda, os primeiros tendem a diminuir sua resposta erétil quando são feitos pedidos para ficarem excitados, enquanto os homens funcionais experimentam o oposto (Barlow, 1986).

O trabalho citado confirma que o comportamento adotado na hora do ato sexual é um dos principais fatores que influem para a falha sexual. Observa-se uma grande tendência de os homens procurarem o prazer tendo como referência a ereção. Dessa forma, somente sentem prazer quando eretos, mas a ereção deve ser consequência do prazer sexual e não o contrário:

- Ereção – prazer (errado)
- Prazer – ereção (certo)

Usando esse esquema que prioriza a ereção, o indivíduo, durante o ato, fica preocupado em se observar e em se avaliar, colocando-se no papel de espectador. Assim, à margem da relação e dos estímulos sexuais necessários a um bom desempenho sexual, acaba perdendo ou não tendo ereção, o que o leva, então, a reforçar o esquema de auto-observação, formando o ciclo vicioso da falha sexual: "Falha sexual – auto-observação – desligamento dos estímulos eróticos – dificuldade de ereção – ansiedade – inibição da resposta sexual – falha sexual".

O foco sensorial, metodologia proposta por Masters e Johnson (1966), no qual o casal é exposto, passo a passo, à exploração sexual das áreas sensuais do (a) parceiro (a), durante muito tempo, foi a técnica básica para o tratamento da disfunção erétil. Porém, o modelo desenvolvido por Barlow (1986) gera uma ruptura nos trabalhos pioneiros do casal, descritos no livro *Human Sexual Inadequacy* (1970), que, assim como Kaplan (1979), afirma que as disfunções sexuais são causadas por um único fator: a ansiedade.

A técnica citada visa essecialmente a redução da ansiedade sexual. Atualmente, fatores cognitivos, tais como a tendência de os homens disfuncionais não prestarem atenção aos estímulos eróticos, produzindo um decréscimo nos níveis da resposta sexual em compa-

ração aos homens funcionais que apresentam um foco da atenção essencialmente dirigido para estímulos sexuais, independentemente de situações de ansiedade, modificaram em parte nosso programa de tratamento.

Sabemos que, perante exigências de desempenho sexual (explícitas ou implícitas), os sujeitos disfuncionais respondem, no que tange ao afeto, mais negativamente do que os funcionais, assim como sujeitos disfuncionais subestimam os seus níveis de ereção, ao contrário dos funcionais (Abrashamson et al., 1985) que, mesmo quando confrontados com situações que demandam ereção (ansiedade), podem até encontrar nisso um facilitador (Barlow et al., 1983).

Sendo assim, em algumas situações, esclarecemos para o cliente que não é foco principal de nosso trabalho fazer com que ele passe a conseguir a ereção, mas sim que ele estabeleça um novo padrão de comportamento sexual que lhe dê prazer, para que sua ereção venha a acontecer como consequência disso.

Precisamos, então, expor ao cliente a situação sexual de uma forma controlada e sem a obrigação da ereção, para que crenças distorcidas (tais como: "o sexo só faz sentido com penetração"; "tenho que fazer ela (ele) ter orgasmo, se não fracassarei"; "a ereção deve ocorrer rapidamente"; "só vou sentir prazer se tiver ereção") possam ser reformuladas no decorrer do tratamento. Muitos desses pacientes precisam de treino de habilidade social para ter uma aproximação com novas (os) parceiras (os), pois, em geral, afastam-se delas (es).

O uso de um medicamento vasoativo (prostaglandina E1, fentolamina, papaverina, etc.) é uma técnica eficaz para facilitar essa exposição; todavia, o medicamento funciona como um "coelho na cartola", sendo somente utilizado em situações discutidas com o terapeuta.

O uso de drogas vasoativas, associado à psicoterapia sexual, é denominado terapia combinada, quando o terapeuta trabalha em conjunto com um médico. A indicação dessas drogas, em detrimento da medicação oral, ocorre por vários motivos. Sabemos que, quando os homens iniciam uma atividade de cunho sexual, se automonitoram em função de seus padrões de referência (Sbrocco e Barlow, 1996); o uso sistemático de drogas que facilitam a ereção, sem acompanhamento terapêutico, acarreta uma distorção dessa percepção e uma alteração dos padrões de referência, sendo eles superestimados. Assim, o homem tende a se cobrar uma resposta erétil antes da hora fisiologicamente correta quando não faz uso da droga, gerando uma dependência da mesma.

Nosso objetivo na terapia não é simplesmente tornar possível ao homem uma ereção, mas sim fazer com que ele se questione quanto ao porquê se sente oprimido para consegui-la. Entendemos que o uso de medicamentos para ereção reforça o mito de que o homem deve funcionar para a mulher e os utilizamos visando apenas facilitar o processo terapêutico; sendo assim, preferimos os medicamentos injetáveis por serem menos reforçadores do que a ingestão de um comprimido apenas. A dosagem necessária para se obter uma ereção pode ser gradativamente diminuída, os medicamentos injetáveis são mais garantidos com relação à certeza de funcionamento e, principalmente, é possível colocar o cliente na situação-problema, sem que ele tenha tomado o medicamento previamente e, assim, expô-lo ao ato sexual para que ele possa, na prática, confirmar o que foi discutido no consultório de uma forma segura.

Estudo de caso[*]

Transtorno de ereção e dependência da medicação oral

Queixa principal

Paciente: José, 32 anos, solteiro, funcionário público federal.

---

[*] Os nomes mencionados nos estudos de caso são fictícios com o objetivo de preservar a identidade dos clientes.

A sua queixa era ausência e/ou perda da ereção durante o ato sexual com a sua namorada quando não fazia uso de Viagra, o que o levava a uma dependência da medicação oral para poder relacionar-se sexualmente.

Histórico

Seu primeiro contato sexual ocorreu na faculdade, aos 19 anos, com uma colega de turma, que também não tinha muita vivência sexual, porém já não era mais virgem.

Sua primeira relação sexual ocorreu com muita ansiedade, mas se consumou sem problemas. José era tímido e tinha dificuldade em arrumar namoradas. Muito estudioso e caseiro, até o momento tinha namorado e se relacionado sexualmente com quatro mulheres por um período curto de tempo.

Masturbava-se com frequência, obtendo uma boa ereção. Sua atual parceira, pela qual se encontra apaixonado, é uma mulher bonita, atraente, comunicativa e é sua subordinada em seu local de trabalho. Não sabia da dificuldade de José, que sempre fez uso de drogas orais para ereção por medo de não conseguir ter um bom desempenho.

José não se sentia correspondido em seu amor, e Carla, a parceira, reclamava que ele "fazia um sexo muito afobado" (sic). Porém o que o levou a procurar tratamento foi o fato de o medicamento oral, em algumas situações, não estar fazendo mais efeito, levando-o a não ter e/ou a perder a ereção durante o ato sexual, o que enfurecia sua parceira.

Com medo de perdê-la e envergonhado de sua situação, procurou sozinho uma clínica para tratamento de homens impotentes, através de uma propaganda que tinha visto na TV. A experiência foi traumática, pois lá, depois de uma série de exames, foi constatado que, para o seu tratamento, ele deveria fazer uso de medicações a serem aplicadas no pênis. Constrangido e com dificuldade de recusar esse tratamento, comprou tais medicamentos por uma quantia volumosa.

Convicto de que tinha uma doença grave, resolveu procurar uma segunda opinião, com um médico urologista de seu convênio. Este descartou qualquer problema de natureza orgânica e encaminhou o paciente para terapia.

Etiologia

José é o típico homem que, com medo de não agradar sexualmente a sua parceira, passa a fazer uso de drogas para ereção e acaba, com o tempo, prisioneiro desse ato. O uso sistemático da droga alterou a sua percepção de como ocorre a ereção e reforçou o fato de uma sexualidade genitalizada, aumentando a sua ansiedade e dificultando outros *scripts* sexuais.

Com pouca prática sexual e sem referência do funcionamento sexual, acreditava que sua ereção deveria ocorrer da mesma forma que quando tomava o Viagra.

Pouco assertivo e com medo de perder a namorada, adotava um padrão de comportamento sexual em que a preocupação era agradar a parceira. Com isso, seu ato sexual era pobre em estimulações e diretivo, pois o medo de perder a ereção que conseguia o levava a logo fazer o coito. A crença de que tinha uma doença sexual foi reforçada com a ida à "clínica para impotentes", que enfatizou o problema para garantir e facilitar a venda do medicamento.

Tratamento

O entendimento do mecanismo de ereção foi o primeiro tópico a ser trabalhado no programa de tratamento de José, pois reformular a crença de que ele não tinha um problema orgânico era passo fundamental para o engajamento no processo terapêutico. Discutimos a atuação da adrenalina e a sua função como inibidora da ereção. Foi explicado como a medicação oral atua no organismo e como, com o tempo, pode vir a acarretar dependência.

Foi proposta a presença de sua parceira para uma terapia de casal, mas José tinha vergonha e estava fazendo todas as consultas para o seu problema sem o conhecimento de sua namorada.

O medo de perder a ereção precisava ser trabalhado e, para isso, era necessário colocar o cliente diante de sua ansiedade sexual e discutir com ele, com base no que foi explicado sobre fisiologia da resposta sexual, como ele estava se comportando sexualmente para ter ereção.

Tendo em vista a preocupação do cliente em não ter ereção e isso causar um transtorno maior com a sua parceira, foi proposto inicialmente que ele voltasse ao médico que o encaminhou para a terapia e solicitasse uma medicação injetável para ser utilizada como suporte na terapia.

O objetivo era não utilizar a droga e sim apenas dar um suporte caso a situação da não ereção com a parceira o deixasse muito constrangido. O uso da medicação oral foi desaconselhado, já que a mesma deve ser tomada com antecedência, o que acaba mascarando a resposta sexual do homem e impedindo que o cliente aprenda como funciona a sua ereção realmente.

Dessas vivências, o cliente conclui que o seu comportamento sexual era pouco erotizado e que ele não conseguia ter controle da situação sexual, o que o colocava na posição de apenas servir sexualmente à sua parceira. Era necessário que ele aprendesse a pedir que sua parceira o estimulasse e aprendesse a esperar o seu corpo reagir a essa estimulação. Nesta etapa do tratamento, o cliente tomou ciência do conceito de assertividade e da importância de um comportamento mais assertivo na vida sexual.

A leitura de livros sobre sexualidade feminina aumentou o seu repertório para conversar sobre sexo com sua parceira e desmitificou crenças sobre a resposta sexual feminina. Agora, com uma postura mais firme e sem tanto medo de não agradar a sua parceira, aos poucos José foi modificando sua forma de relacionar-se sexualmente. Perdendo o medo de não ter ereção e adotando uma postura mais erótica, conseguiu inserir em sua vida sexual fantasias que foram muito bem aceitas por sua parceira.

Sua vida sexual modificou-se e, hoje, José somente usa o medicamento para ereção de forma recreativa, sem esconder de sua parceira. O tempo total de tratamento foi de 28 sessões no decorrer de nove meses.

EJACULAÇÃO PRECOCE (EP)

A ejaculação precoce é a porta de entrada da queixa sexual do homem. Ao iniciar sua vida sexual, é esperado que um jovem de 18 anos, por ter uma grande excitação, naturalmente, ejacule rápido. Todavia essa mesma excitação facilitará uma segunda ou terceira relação sexual. Porém, ao perceber que ejacula rápido, esse mesmo jovem irá procurar na internet informações sobre o seu suposto problema. Encontrará uma gama de material sobre o assunto, tudo enfatizando o quanto é fundamental que o homem tenha um bom controle ejaculatório. A ejaculação precoce é o *link* mais acessado nos *sites* de sexualidade masculina (Chvaicer, 1999). Apesar disso, existe no Brasil uma carência de métodos e profissionais confiáveis para precisar com clareza o percentual de homens com essa queixa. Dados norte-americanos informam que esse problema afeta de 22 a 38% dos homens em alguma fase na vida (Lawrence, 1992).

É interessante notar que a ejaculação precoce é uma disfunção relativamente nova (Silva, 1989), já que, no passado, ela era tratada como problema apenas quando implicava a dificuldade de fecundação. Um dos primeiros trabalhos científicos relevantes publicados sobre ejaculação precoce data de 1948 e é intitulado *Ejaculação Precoce: uma revisão de 1.130 casos* (Shapiro, 1943). O que levou, então, ao surgimento dessa nova patologia?

A ejaculação precoce é o clássico transtorno surgido pela demanda de uma nova ordem sexual. Como, hoje, o homem se relaciona sexualmente com excessiva preocupação em satisfazer a (o) sua (seu) parcei-

ra (o) e tem em mente que conseguirá isso com a penetração, tornou-se fundamental para ele ter um bom controle ejaculatório.

Várias definições, no decorrer dos anos, foram propostas para o que vem a ser ejaculação precoce. As definições mais antigas referiam-se ao tempo decorrido entre a intromissão vaginal e a ejaculação. Foram sugeridos períodos de 30 segundos a 5 minutos, sem que se chegasse a um consenso (Lawrence, 1992).

Masters e Johnson (1970) foram os primeiros a dar ênfase à importância da satisfação da parceira e afirmavam que o homem padece de ejaculação precoce quando, em 50% das relações, ejacula antes que a sua parceira atinja o orgasmo. Esse critério foi muito discutido, pois era a insatisfação da mulher que indicava a disfunção do homem.

Percebemos que, apesar de não muito justo, esse critério norteia muitos homens que chegam para consulta. Como é grande o número de mulheres com dificuldade de orgasmo e como os homens se sentem responsáveis pelo orgasmo delas, em geral, é mais fácil para a mulher atribuir sua dificuldade ao homem, dizendo a ele que ela não tem orgasmo porque ele é muito rápido e não porque ela é muito lenta.

Há alguns anos, Kaplan (1974) propôs uma definição para EP, que tem sido adotada pela Associação Americana de Psiquiatria e pela Organização Mundial de Saúde. Segundo ela, a ejaculação precoce é persistente ou recorrente, com estimulação sexual mínima, que ocorre antes, durante ou logo após a penetração, *e antes que o indivíduo o deseje* (grifo nosso).

Alguns autores adotam, na sua prática clínica, o conceito de ejaculação precoce como sendo a incapacidade de reter voluntariamente a ejaculação. (Bestane et al.,1998). Sendo assim, todo aquele que ejacula antes do desejado, por não inibir voluntariamente a ejaculação, padeceria de ejaculação precoce.

Esse conceito atual de ejaculação precoce deve ser apreciado com reservas, tendo em vista que o homem de hoje se encontra pressionado cada vez mais por um desempenho maior em detrimento de seu prazer.

Assim como as definições, um grande número de etiologias tem sido proposto para EP; todavia poucas têm sido adequadamente investigadas e, até agora, nenhuma conseguiu explicar satisfatoriamente o fenômeno. Segundo Assalian (1994), a ejaculação precoce é de origem fisiológica e seu melhor tratamento se faz com medicamentos. Esse autor está entre aqueles que tentam medicar a sexualidade humana, especialmente a sexualidade do homem, reforçando o mito de que o macho tem que servir à fêmea (McCarthy, 1994).

Somente se indica ao cliente com ejaculação precoce exames urológicos e neurológicos quando ele perdeu um controle ejaculatório que já tinha; todavia, isso é raro (Kaplan, 1974). A ejaculação precoce é uma queixa essencialmente psicoterápica.

Masters e Johnson (1970) demonstraram que um forte componente de aprendizagem estaria intimamente ligado à EP e que os homens se condicionariam a uma fácil e rápida ejaculação através da masturbação no início da adolescência, estabelecendo esse padrão de comportamento sexual por toda a vida.

Essa hipótese foi criticada, pois muitos homens masturbam-se dessa forma no início da vida sexual e, mesmo assim, não se tornam ejaculadores precoces (Assalian, 1994).

Entendo que essa hipótese para ejaculação precoce é parcial, alguns homens realmente precisam de treinamento para aprender o controle ejaculatório. São aqueles que nunca se preocuparam em adquirir o controle e sempre ejacularam instintivamente. Mas, na sociedade atual, esses homens são a minoria. Desde jovem, o homem está excessivamente preocupado em adquirir esse controle.

Isso explica por que a mais famosa técnica comportamental para o controle ejaculatório, a *pare e inicie*, para a grande maioria dos ejaculadores precoces atuais,

não funciona, sendo alvo de muitas críticas que tentam desqualificar o psicólogo para tratar essa queixa.

A ansiedade também é apontada com causadora da EP (Strassberg, 1990); entretanto, ela não pode, assim como o condicionamento, ser a única hipótese para a queixa. Homens medicados com drogas para ansiedade, mesmo assim, ejaculam precocemente.

Segundo a teoria evolucionista, a EP seria um mecanismo de defesa, já que o macho deveria ejacular rapidamente para fecundar a fêmea, evitando, assim, maiores riscos na hora da procriação, quando, teoricamente, a espécie estaria mais vulnerável a ataques (Hong, 1984).

Levando em consideração que não mais fazemos sexo somente para procriação, mas também para o prazer, essa hipótese far-nos-ia pensar que ejacular rapidamente seria uma resposta inerente da espécie e que, com a modificação do objetivo sexual, o homem deveria se adequar ao novo papel e, assim, aprender a controlar sua ejaculação para sentir e oferecer mais prazer no ato sexual.

Acredito que fatores comportamentais, como a falta de assertividade (passividade) na esfera sexual, sejam um dos mais marcantes na dificuldade de aprendizagem do controle ejaculatório. As parceiras desses homens em geral decidem como eles devem se relacionar sexualmente com elas, e ditam o ritmo, a hora e a frequência sexual, não levando em consideração o desejo do parceiro. Também é observada a dificuldade de assertividade em outras esferas do relacionamento.

Penso que, se um homem adotar um comportamento sexual em que ele não se preocupe em aprender a controlar e a perceber as sensações que antecedem o orgasmo, ele certamente terá problemas de relacionamento com as (os) suas (seus) parceiras (os), como também acredito que, se esse homem adotar uma postura de excessiva preocupação – ansiedade – com o seu controle ejaculatório, é possível que, por vezes, ele ejacule sem antes ter atingido a totalidade de sua excitação – ereção. Dessa forma, tanto o condicionamento quanto a ansiedade devem ser observados como fatores etiológicos para a dificuldade do homem em adquirir um controle ejaculatório.

Estudo de caso

Ejaculação precoce

Queixa principal

Marcos, 28 anos, jornalista e heterossexual, veio ao consultório após passar por vários tratamentos para ejaculação precoce, que abrangeram desde a terapia de vidas passadas até o uso de medicamentos para depressão.

Histórico

Desde o início de sua vida sexual, aos 16 anos, Marcos se considera um ejaculador precoce. Sua primeira relação sexual foi com uma mulher mais velha, em uma viagem de carnaval, em que ejaculou assim que a penetrou, finalizando a relação. Estudioso e muito aplicado, sempre leu sobre o assunto, o que o fez procurar várias formas de tratamento.

O fato de acreditar que tinha uma queixa sexual atrapalhou o seu desenvolvimento, pois deixou de namorar na adolescência por receio de ter um desempenho ruim e ser ridicularizado. Sua referência sexual eram os filmes eróticos baixados da internet. Masturba-se com frequência, sempre testando o seu controle. Nessa prática, conseguia uma boa performance, mas, quando saía com as garotas, seu desempenho era muito aquém do desejado, acentuando sua angústia.

Marcos apresentava dificuldade de falar, era pouco assertivo e tinha uma grande preocupação em agradar o outro, o que, por vezes, o colocava em situações desagradá-

veis na vida. Já tinha feito terapia voltada para a queixa sexual, em que foi sugerida a técnica do pare e inicie, porém não obteve sucesso. Nessa época, namorava uma garota e alegou que perdeu o relacionamento quando colocou a técnica em prática com ela. O insucesso no tratamento o afastou dos psicólogos e o fez peregrinar por profissionais diversos. Tomou antidepressivos, fez uso de anestésicos e quase se submeteu a uma cirurgia, porém nada lhe dava o controle ejaculatório que desejava. Procurou tratamento comigo quando começou a namorar uma estudante de psicologia que havia sido minha aluna.

Etiologia

Aos 16 anos, era esperado que Marcos não tivesse o controle ejaculatório na sua primeira "relação amorosa". Se soubesse disso e entendesse que, nessa idade, é assim mesmo, seria bastante provável que tivesse, com facilidade, uma segunda ereção. Certamente, ele teria dado continuidade a sua primeira relação e teria formulado crenças mais positivas com relação a sua vida sexual.

O cliente não sabia que o controle é adquirido com o decorrer da vida sexual e que, em geral, nas primeiras relações, o adolescente ejacula rápido, porém pode fazer isso mais de uma vez.

Usando como referência filmes eróticos, se sentiu inferiorizado e, por isso, se afastou dos contatos sexuais. Sendo assim, não teve como "praticar" o controle ejaculatório. O fato de não ter se relacionado sexualmente na adolescência foi o agravante de sua queixa, senão o seu motivo principal.

A falta de assertividade e a preocupação em agradar suas parceiras acarretavam um sexo genitalizado e com muita ansiedade. Seu prognóstico era de, em pouco tempo, caso não procurasse tratamento adequado, vir a desenvolver um quadro de disfunção erétil por ansiedade de desempenho como comorbidade à ejaculação precoce.

O uso inadequado da técnica do *pare e inicie*, enfatizando a necessidade de controle, agravou a ansiedade do paciente e aumentou a focalização genital.

Tratamento

O primeiro passo no tratamento de Marcos era desmitificar a ideia de doença sexual. O fato de ejacular rápido era um indício da boa excitação sexual do paciente, mas a forma como ele lidava com o fato gerava um comportamento sexual que o levava a aproveitar pouco essa virtude. Questionei como ele tinha feito a técnica do *pare e inicie* e percebi que o enfoque se deu no controle ejaculatório e não no prazer dele.

Foi sugerido, então, que fizesse da seguinte maneira e inicialmente sozinho: assistiria a um filme erótico e masturbar-se-ia durante todo o decorrer da projeção. Seu enfoque seria o prazer e não mais o controle ejaculatório. Quando estivesse tendo muito prazer e vontade de ejacular, pararia de se manipular, porém continuaria assistindo ao filme e se concentraria em outras sensações, que não apenas as genitais. O cliente relatou sucesso e disse nunca ter feito dessa forma. Anteriormente ficava se auto-observando e focalizava exclusivamente as sensações genitais e não o prazer.

Foi observado que o cliente possuía controle ejaculatório e que, apenas nas relações sexuais com as parceiras, ele não conseguia colocá-lo em prática. Por quê?

A sua queixa, na verdade, era uma preocupação excessiva em controlar a ejaculação que, paradoxalmente, o levava a se comportar de tal maneira a não conseguir lidar com sua excitação. A crença de que deveria penetrar a parceira e "aguentar" até o fim foi reformulada, assim como a crença de que suas parceiras só teriam prazer com a penetração.

Aprendendo a lidar com sua excitação e comportando-se mais assertivamente com as parceiras, Marcos foi, progressivamente, sentindo-se mais seguro na cama e, como consequência, tendo e dando mais prazer sexual a suas parceiras. Observe que o foco do tratamento foi gerar uma segurança e um controle da situação sexual, e não apenas um aumento de tempo de penetração.

DISFUNÇÕES SEXUAIS FEMININAS

Transtornos do desejo, da excitação e do orgasmo

O DSM-IV-TR (2002) define perturbação do orgasmo na mulher como persistente ou recorrente atraso ou ausência de orgasmo, após uma fase de excitação normal, que causa mal-estar acentuado ou dificuldades interpessoais. A avaliação relativa ao atraso ou à dificuldade de orgasmo deve levar em conta a idade, a experiência sexual e a adequação à estimulação sexual recebida.

O DSM-IV-TR (2002) estabelece um critério subjetivo de desconforto para definir as disfunções sexuais, baseado nos modelos de resposta sexual propostos por Masters e Johnson (1985) e, posteriormente, aperfeiçoado por Kaplan (1977), priorizando os aspectos fisiológicos das disfunções sexuais. Essa visão fisiológica, atualmente, vem sofrendo críticas, principalmente por favorecer a medicalização da sexualidade.

A busca por um medicamento similar ao Viagra destinado às mulheres tem mobilizado profissionais de diferentes disciplinas e gerou intenso debate sobre o envolvimento da indústria farmacêutica na produção biomédica. Diversos autores destacam que esse processo vem sendo amplamente patrocinado pelas indústrias farmacêuticas, o que seria problemático devido ao que chamam de "conflitos de interesse".

Esses pesquisadores criticam o que chamam de *overmedicalization* e debatem a relação entre interesses econômicos e criação de categorias diagnósticas. Destacam que é conveniente, para os interesses da indústria de medicamentos, difundir visões naturalizadas da sexualidade, nas quais as disfunções sexuais femininas são vistas sobretudo como alterações fisiológicas, pois a consequência dessa formulação é a criação de uma demanda por medicamentos que tratem a nova patologia.

Entendo que este processo já está se iniciando e que, em breve, as mulheres sofrerão, tanto quanto os homens, a consequência da patologização da sua sexualidade.

Isso as levará a procurar mais tratamento e, consequentemente, a "comprar" uma cura para sua suposta disfunção, fruto da criação de uma grande insatisfação sexual. A possibilidade de resolver essa insatisfação com a vida sexual por meio do uso de um medicamento é o que caracteriza o início de uma terceira sexologia.

Segundo Simons e Carey (2001), a anorgasmia é a queixa mais comum nas mulheres e também a queixa mais comum naquelas que procuram terapia sexual. Kinsey e colaboradores (1953) afirmam que 10% das mulheres estudadas por eles não sabem o que é um orgasmo. Na amostra de Hite (1976), de 1.844 mulheres, descobriu-se que 11,6% delas nunca tiveram um orgasmo.

Hoje, com o início da terceira sexologia, acredito que aqueles números estejam subestimados e que seja bem maior o percentual de mulheres insatisfeitas com o seu desempenho sexual. Segundo Verit, Yeni e Kalafi (2006), a disfunção sexual feminina, de uma forma geral, afeta 30 a 50% das mulheres, sendo a perda do desejo sexual a disfunção sexual mais comum entre elas (Butcher, 1999).

No Brasil, numa pesquisa com 728 mulheres, 23,4% delas relataram dificuldade de lubrificação; 22,7%, falta de interesse sexual; 22%, inabilidade de alcançar o orgasmo; 20,3%, ausência de prazer sexual e 18%, dor durante o ato sexual (Moreira Junior et al., 2005). Nesse mesmo estudo, observou-se que apenas 44% das mulheres com pelo menos uma queixa de problema sexual procuram ajuda médica, 41,4% conversam com o seu parceiro e 25,3%, com algum amigo (Moreira Junior et al., 2005).

No passado, existiam divergências no sentido de que ausência de orgasmo, sem estimulação clitoriana manual concomitante, seria uma disfunção. Hoje os terapeutas sexuais chegaram à conclusão de que o fato de uma mulher não ter orgasmo, sendo penetrada, mas consegui-lo, por exemplo, através da masturbação não caracteriza uma disfunção orgásmica, mas sim, uma variação "normal" da resposta sexual feminina (Wincze, 1991). No entanto, é grande o desejo das mulheres em ter orgasmos intravaginais, sendo, muitas vezes, esse o motivo que as leva a procurar tratamento psicoterápico.

Atualmente, o modelo de ciclo de resposta sexual feminino adotado (desejo, excitação, platô, orgasmo e resolução) é criticado por não corresponder ao que acontece com grande parte das mulheres. Há aquelas que têm desejo espontâneo, mas muitas iniciam o ato sem motivação sexual, somente para acompanhar seus parceiros. A identificação das sensações genitais prazerosas acaba por desencadear o interesse por sexo, confirmando que a excitação pode se antepor ao desejo (Leiblum, 2000).

Uma nova proposta para o ciclo feminino de resposta sexual foi apresentada por Basson (2001), enfatizando o valor da intimidade como motivação feminina para o sexo. Entende-se, agora, que muitas mulheres iniciam o ato sexual sem suficiente entusiasmo e interesse: na verdade, desejam aproximação física e carinho, antes que a sensação erótica as envolva. Baseado nisso, Basson e colaboradores (2004) propõem um modelo circular para o ciclo de resposta sexual da mulher, em que a ausência de desejo sexual espontâneo (no início do ciclo) não significa disfunção sexual, o que exclui muitas mulheres da categoria de disfuncionais. Isso explica por que a queixa de inibição de desejo sexual seja a maior entre as mulheres.

Esse novo modelo é dividido em cinco fases:

1. Início da atividade sexual, por motivo não necessariamente sexual, com ou sem consciência do desejo.
2. Excitação subjetiva com respectiva resposta física, desencadeadas pela receptividade ao estímulo erótico em contexto adequado.

3. Sensação de excitação subjetiva, desencadeando a consciência do desejo.
4. Aumento gradativo da excitação e do desejo, atingindo ou não alívio orgástico.
5. Satisfação física e emocional, resultando em receptividade para futuros atos.

Esse novo modelo trouxe uma nova visão para o tratamento das queixas sexuais da mulher, favorecendo ainda mais as questões cognitivas. Dove e Weiderman (2000) demonstraram que mulheres com dificuldade de orgasmo apresentam mais pensamentos relacionados com o desempenho e com a autoimagem corporal no decorrer do ato sexual, comparadas a um grupo de mulheres orgásmicas. E o paradoxo do sexo, mais uma vez, se repete. A preocupação com o orgasmo (desempenho) faz com que haja um desligamento das sensações iniciais do prazer e consequente perda da excitação, levando à frustração por não alcançar o orgasmo, intitulado como o prazer sexual.

Apesar de uma maior ênfase nos aspectos cognitivos, o tratamento das queixas sexuais da mulher consiste na exposição gradativa a situações sexuais, utilizando a dessensibilização pela masturbação. O programa desenvolvido por LoPiccolo (1972) é o mais conhecido e utilizado. Consiste em etapas a serem seguidas, em que, teoricamente, o grau de dificuldade vai aumentando de forma gradativa.

Primeira: conhecendo a sua história e o seu corpo

Inicialmente, a história sexual da cliente é discutida e pesquisada. Sugere-se que, em casa, ela se olhe e descubra o seu corpo, dando-se um tempo somente para isso. Peço que também faça anotações sobre como se sentiu diante da experiência e que escreva sobre dúvidas de sexualidade em geral. Estas dúvidas são discutidas na terapia, junto com as sensações originadas pelo "trabalho de casa".

Segunda: descobrindo-se pelo toque

Nesta fase, a cliente aprende e coloca em prática técnicas de relaxamento muscular e faz uso dos exercícios sugeridos por Kegel (1952), que consistem no fortalecimento das músculos pubococcígeos. É pedido que a cliente contraia e relaxe os músculos vaginais, pois se acredita que, com esta musculatura exercitada, haverá um aumento do fluxo sanguíneo e isso facilitará a excitação e o orgasmo. Exploração genital tátil e visual, sem expectativa de excitação, também fazem parte dessa etapa.

Terceira: tocar por prazer

O objetivo agora é descobrir as áreas que produzem prazer, quando estimuladas através da exploração manual e/ou visual. Nessa fase, é sugerida a masturbação manual dessas áreas.

Quarta: tocar com prazer, focalizando a atenção

Continua-se com os exercícios citados, porém, agora, é proposto o uso de literatura erótica e de fantasias, caso o orgasmo não tenha ocorrido na etapa anterior. Atualmente, o uso da internet é muito útil como forma de diversificar e facilitar as descobertas de fantasias eróticas.

Quinta: ensaiando o orgasmo

Pede-se para a mulher seguir os passos já propostos e encenar um orgasmo sozinha, caso o orgasmo ainda não tenha ocorrido na outra etapa. Apesar da resistência da cliente por achar que está fazendo papel de "boba", o orgasmo encenado é uma das técnicas que facilitam e diminuem enormemente a ansiedade sexual, estimulando a entrega e a participação da mulher no ato. Em geral, nessa fase, as mulheres acabam por atingir o orgasmo.

Sexta: Usando uma pequena ajuda, o vibrador

Sugere-se o uso do vibrador como estímulo em todo o corpo, inclusive nos órgãos genitais, caso o orgasmo ainda não tenha ocorrido.

Sétima: compartilhando com o(a) parceiro(a)

Nessa etapa, após o orgasmo ter ocorrido por masturbação, o(a) parceiro(a) observa a cliente se masturbando. A mulher pode não querer participar dessa fase com o(a) parceiro(a), e isso deve ser discutido na terapia, porém ela deve entender que as experiências vivenciadas sozinha devem ser mantidas na relação a dois, como, por exemplo, o uso da fantasia, do vibrador e as outras formas de facilitar o orgasmo.

Oitava: dando prazer um ao outro

Agora que o orgasmo já aconteceu, a mulher ensina ao(à) parceiro(a) o modo de tocá-la, que, em geral, é como ela se masturbou no passo anterior.

Nona: o ato sexual com penetração (pênis-vagina)

Uma vez que o orgasmo tenha acontecido na etapa anterior, é pedido que o homem estimule os genitais de sua parceira manualmente, ou com um vibrador, durante o intercurso sexual.

O que fica claro no programa de tratamento das mulheres com transtorno sexual é que, durante todas as etapas, é fundamental que o terapeuta reformule crenças, discuta os medos e tenha em mente que as questões cognitivas são o ponto-chave das dificuldades sexuais da mulher, mas, para isso, ele também tem que estar a par das questões políticas e sociais que envolvem o tratamento das queixas sexuais; do contrário, corre o risco de apenas ser mais um reforçador das crenças que tanto prejudicam as suas pacientes.

Estudo de caso

Anorgasmia feminina

Queixa principal

Sandra, 29 anos, dentista, veio procurar terapia alegando falta de desejo sexual e uma indiferença com relação a sua vida sexual. Nunca tivera orgasmos e, atualmente, está incomodada com o fato. Separou-se há seis meses e ainda não arrumou um namorado.

Histórico

Sandra é uma mulher bonita e sensual, teve apenas três namorados, tendo se casado com o último há quatro anos. Não teve filhos. Iniciou sua vida sexual aos 19 anos com o primeiro namorado. A imagem corporal que tem de si mesma é ruim, acha-se feia e gorda, apesar de estar dentro do peso. Seus pais são católicos praticantes, assim como o seu irmão mais velho.

Sandra foi criada indo à missa aos domingos, apesar de, hoje, não frequentar nenhuma religião. Sexo era um tabu na sua adolescência, e seus pais acreditavam que ela tinha se casado virgem. Até sair de casa, dividia o quarto com o seu irmão mais velho. Nunca havia se masturbado, apesar de racionalmente não ter nada contra.

Sandra é uma mulher comunicativa e bem-humorada e não sabe por que ainda não encontrou pretendentes. Seu casamento terminou quando descobriu que seu marido tinha uma outra mulher. Sandra acredita que o que o levou a isso foram os seus problemas sexuais. Ela não o procurava sexualmente e sua vida era pobre e rotineira. Sendo esse o único motivo de discussão do casal. Quando relacionava-se sexualmente com o marido, não tinha problemas, afirma que "o sexo era gostoso", mas tinha a sensação de que faltava algo.

Sandra assustava-se com o fato de não pensar em sexo e não desejar transar como muitas de suas amigas. Desde sua separação, não se masturbou e/ou teve contato íntimo com homens ou mulheres. Era como se o sexo não existisse.

Etiologia

São várias as hipóteses que levam Sandra a ter um desinteresse por sexo e, consequentemente, uma dificuldade de orgasmo. Desconhecimento do corpo, desinformações e crenças distorcidas são as principais hipóteses, já que, quando ela se relacionava sexualmente, achava bom.

A principal crença, que possivelmente acarretava as discussões com o seu marido, dizia respeito à ideia que Sandra tinha de que só poderia "transar" quando tivesse vontade física para isso. Como o seu desejo era baixo, possivelmente por não criar situações eróticas, ela ficava presa a um ciclo que a afastava do sexo. Sem desejo, não transava, evitava o sexo e, como consequência, tinha mais dificuldade de desejo.

Durante a relação sexual, não se estimulava, acreditava que devia ter orgasmos como os relatados por suas amigas, através da penetração. Na maioria das vezes, seu parceiro ejaculava antes de ela atingir uma boa excitação, o que a deixava frustrada. Todavia, o tempo de penetração não era curto, a resposta de Sandra que era lenta, pois ela não participava da relação sexual, deixando tudo a cargo de seu parceiro. A busca pelo orgasmo com ansiedade e a ausência de fantasia era a tônica de sua relação sexual. Sua relação afetiva com seu marido estava desgastada em função da vida sexual, e ela dizia que ele só "a procurava" quando queria sexo.

Tratamento

Sandra, não tinha dificuldade em conversar sobre sexo, isso facilitava o trabalho de educação sexual e a reformulação de crenças. O primeiro passo foi desmitificar as crenças relativas à masturbação e à importância dela na vida sexual da mulher. A cliente alegava que não tinha vontade de fazer o trabalho de casa, mas que, quando o iniciava, gostava de fazê-lo. Por sugestão do terapeuta, foi com suas amigas ao uma *sex-shop* e comprou um vibrador, com o qual passou a se estimular. Mesmo sozinha, sentia-se envergonhada, pois acreditava que estava fazendo algo errado. Todavia, com o passar do tempo e com as reformulações das crenças oriundas da terapia, conseguiu ter orgasmo com o brinquedo erótico. Seguindo o programa de tratamento, era importante que Sandra encontrasse um parceiro.

Passou a sair mais com suas amigas e se permitiu namorar alguns homens durante o tratamento. Uma das crenças dizia respeito a somente começar um relacionamento quando estivesse envolvida emocionalmente. Isso a levava a dificilmente permitir uma aproximação e, consequentemente, ela não fantasiava. Tinha em mente a crença de que isso era pecar por pensamentos e que não era certo imaginar-se eroticamente com um estranho.

Sandra firmou um namoro com um homem de sua idade, que fora seu colega de faculdade. Já com os ensinamentos da terapia, com vídeos e com a leitura de livros, passou a ter um comportamento sexual diferente, masturbando-se durante a relação sexual, procurando o prazer e não o orgasmo e tendo em mente que não é necessário se ter um desejo físico para se começar um contato sexual. Afirmava que seu parceiro gostava de ter relação sexual com ela, era afetuoso. Sandra encontrava-se apaixonada e livre para fantasiar, não mais pensava que tivesse um problema sexual.

O tempo total de tratamento foi de 11 meses, com consultas uma vez por semana.

VAGINISMO E DISPAREUNIA

Transtorno de dor sexual na mulher

Vaginismo é a contração involuntária, recorrente ou persistente, dos músculos do períneo, adjacentes ao terço inferior da vagina, quando é tentada a penetração vaginal com pênis, dedo, tampão ou espéculo. Já a característica essencial da dispareunia é a dor genital associada ao intercurso sexual, podendo ocorrer também no homem; porém, na mulher, essa queixa é mais presente (DSM-IV-TR, 2002).

Em geral, a dispareunia está associada à falta de lubrificação decorrente de uma excitação insuficiente. Todavia, tanto no vaginismo como na dispareunia, é fundamental que a cliente se submeta a uma avaliação ginecológica antes de se iniciar o tratamento psicoterápico, pois vários fatores orgânicos podem estar vinculados à origem da dor e à ausência de lubrificação.

Não é raro o diagnóstico de dispareunia ser confundido com vaginismo (Abarbanel, 1978), no entanto, no vaginismo, a dor se dá quando é forçada a penetração, pois a musculatura pélvica se encontrara contraída.

O vaginismo pode ser classificado como primário ou secundário. No vaginismo secundário, que aparece após um período de vida sexual ativa, é possível que a dispareunia tenha sido o fator motivante para estabelecer e condicionar a resposta de contração da musculatura genital. Entretanto, o medo é a causa imediata do vaginismo; é ele que condiciona os músculos pélvicos a uma reação de contratura, sendo esse medo, em geral, de origem psicossociológica (Cavalcante, 1992).

Reissing, Binik e Khalifé (1999) dizem não existir evidência empírica para a contração involuntária dos músculos da vagina e que o vaginismo não deveria ser considerado uma entidade clínica independente, sendo melhor descrito como um subtipo de perturbação de dor.

O artigo desses autores comprova a dificuldade dos profissionais em lidar com os aspectos subjetivos da sexualidade da mulher. O que se observa na conduta de muitos médicos é a prescrição de anestésicos para permitir a penetração, quando não, no pior caso, tentativas de exames físicos invasivos

e cirurgias para curar o vaginismo, pensando no problema sexual apenas com base nos aspectos orgânicos (Wenderlein, 1982).

Entre as várias explicações encontradas para as causas psicológicas do vaginismo, uma das mais comuns é o condicionamento sexual negativo, devido a uma formação religiosa rígida. Porém, situações de abuso sexual na infância ou na adolescência, casos de estupros, experiências traumáticas com um primeiro exame pélvico, assim como fobias de gravidez, parto ou doenças sexualmente transmissíveis, também são fatores importantes na etiologia dessa disfunção (Masters e Johnson, 1997).

O tratamento da dispareunia, quando descartada a possibilidade de causas orgânicas, consiste em identificar as possíveis causas de ansiedade, e pode seguir os mesmos moldes do tratamento da anorgasmia, visando um aumento do prazer sexual e consequente aumento da lubrificação vaginal. O foco sensorial, associado à reestruturação cognitiva para redução da ansiedade quanto às dores no coito, é a base do tratamento.

Com relação ao tratamento do vaginismo, o primeiro passo é desmitificar crenças distorcidas relacionadas ao fato de a mulher impedir a penetração e demonstrar para o casal que a contração da musculatura se dá de forma involuntária e reflexa, portanto não intencional. O princípio básico é a dessensibilização sistemática quando a mulher penetra dilatadores de tamanhos graduados em sua vagina, associando isso a treinos de relaxamento (Fuchs et al., 1978).

Kaplan (1974) propõe que, em vez de dilatadores, a mulher utilize os seus dedos e, depois, guie o pênis do parceiro para a abertura vaginal, mantendo-se sempre no controle da situação. Apesar do sucesso do uso dos dilatadores vaginais descrito em vários livros, observo na minha prática clínica que o uso dos dedos, associado à masturbação e à leitura erótica, apresenta melhores resultados.

A adesão ao uso dos dilatadores é menor do que quando sugerimos os dedos, além disso, percebemos que, quando a paciente aprende a se masturbar, estimulando o clitóris, é grande o sucesso no tratamento, pois ela é estimulada a penetrar os dedos no momento em que estiver mais excitada e sabidamente com a musculatura mais relaxada. Dessa forma, fazemos um paralelo do prazer sexual com a penetração.

Quem não pode ser esquecido no estudo do vaginismo é o parceiro da mulher vagínica. Se ele for inexperiente, inseguro e se sentir extremamente perturbado com a dificuldade de fazer a penetração em sua parceira, é possível que, com o tempo, desenvolva uma disfunção erétil, fruto da ansiedade que a situação proporciona, e acabe por se sentir responsável pelo insucesso da penetração.

Em geral, esse homem fica condicionado a uma resposta de perda da ereção no momento em que vai fazer a penetração. Em minha prática clínica, esse fato tem sido muito mais frequente do que o relatado nos livros e reforça a importância do diagnóstico das disfunções sexuais, baseado na avaliação do casal.

Estudo de caso

Vaginismo

Queixa principal

Joana, 22 anos, veio procurar terapia com o seu noivo, José, de 23 anos, por indicação da ginecologista dela. Sua queixa consistia na dor que sentia na hora do ato sexual e na dificuldade em ser penetrada. Já estavam tentando há um ano e não tinham sucesso na hora do coito.

Histórico

Joana, assim como o seu noivo, são muito religiosos. Todavia, isso não impedia que ambos se relacionassem antes do casamento. Joana desejava perder a virgindade e, apesar de envergonhada, dizia ter uma boa frequência sexual com o seu noivo, que morava sozinho. Tinham se conhecido no culto da igreja evangélica que frequentavam e já namoravam fazia quatro anos. Ambos não tinham experiência sexual, sendo que Joana era a primeira mulher de José.

Vieram para o tratamento juntos, após marcarem a data do casamento, que seria para o próximo ano. Joana já tinha tido outros namorados, mas nada sério. A motivação para a terapia vinha da proximidade do casamento e das tímidas reclamações de José, que tinha comportamento passivo e também apresentava dificuldade de assertividade em outras esferas da sua vida.

Quando tentava fazer a penetração na sua parceira, perdia a ereção e acreditava que a dificuldade era dele. Estimulado por um amigo, passou a fazer uso de Viagra sistematicamente, foi quando a dificuldade de Joana ficou mais evidente. Agora, sem perder a ereção, José tentava o coito com mais facilidade, mas acabava machucando sua parceira, que ficava contraída.

Joana tinha medo de engravidar e não tinha informações sobre sexualidade. Somente foi ao ginecologista quando marcou a data do casamento. Apesar da queixa de dor e do suposto vaginismo, a ginecologista conseguiu colher material para fazer exame.

Etiologia

Crenças distorcidas, desinformação e medo de engravidar, assim como a inabilidade do parceiro, são as principais hipóteses para esse quadro. O prognóstico era positivo, já que a ginecologista conseguiu colher o material para exame. Isso indicava que o vaginismo e a dor eram situacionais e, possivelmente, estavam associados ao ato sexual sem excitação. Joana e José tinham uma relação sexual mecânica e focada exclusivamente na penetração, que acabava não ocorrendo em um primeiro momento porque José perdia a ereção e, depois do uso do Viagra, por falta de excitação de Joana.

Tratamento

Apesar de o tratamento clássico para o vaginismo indicar a dessensibilização sistemática com a introdução dos dilatadores de Hegar, peças cilíndricas de variados tamanhos para introdução vaginal de forma gradativa, prefiri adotar uma proposta de tratamento similar à adotada para mulheres com transtornos de desejo, excitação e/ou de orgasmo. Sendo que, no momento da masturbação, a paciente introduziria o seu próprio dedo. Então, todos os passos do tratamento para anorgasmia foram seguidos, isso visava aumentar a excitação da paciente e erotizar mais sua vida sexual, aproveitando para desgenitalizar a sua prática de sexo.

Foi proposto que José parasse de usar a medicação oral e que, durante um tempo combinado na terapia, não tentasse a penetração. Observou-se que José não apresentava mais dificuldade de ereção e que Joana passou a ficar mais lubrificada.

Tendo em vista essa lubrificação, foi sugerido que Joana introduzisse o seu dedo e, progressivamente, o de seu parceiro, sempre associando esse momento a um contexto de prazer e fantasia. Masturbando-se frequentemente, Joana passou a ter orgasmos com mais facilidade. A partir desse momento, conseguiu ser penetrada sem problemas, e seu parceiro não mais precisou tomar medicamentos para um melhor desempenho sexual.

O programa de tratamento durou quatro meses e foi facilitado pelo fato de José morar sozinho e próximo de Joana.

CONSIDERAÇÕES FINAIS

Mais do que nunca, as queixas sexuais estarão presentes nos consultórios. Haverá uma maior liberdade para falar do assunto, e o profissional, mais cedo ou mais tarde, irá se deparar com um cliente ávido por resolver seus problemas sexuais. Muitos desses problemas ele terá descoberto na internet, fazendo buscas em *sites* de pesquisa confiáveis ou em *sites* duvidosos. Faz-se mister que o profissional tenha uma boa formação e consiga evitar que seu paciente venha a ser vítima de um sistema que, cada vez mais, multiplica incapacidades, gerando frustrações, mas prometendo um mundo de emoções, desde que se comprem as pílulas dos sonhos.

REFERÊNCIAS

Berman, J., & Berman, L. (2003). *Só para mulheres.* Rio de Janeiro: Record.

Chalker, R. (2001). *A verdade sobre o clitóris: o mundo secreto ao alcance da sua mão.* Rio de Janeiro: Imago.

Clayton, A. (2007). *Prazer: mulheres, intimidade, desejo e sexo.* Rio de Janeiro: Campus.

Abarbanel, A. (1978) Diagnosis and treatment of coital disconfort. In: LoPiccolo, J., & LoPiccolo, L. *Handbook of sex therapy* New York: Plenum.

Abrahamson, D. J., Barlow, D. H., Beck, J. G., Sakhein, D. K., & Kelly, J. P. (1985). The effects of attentional focus and partner responsiveness on sexual responding. *Achives of Sexual Behavior, 14,* 361-371.

American Psychiatric Association. (2002). *Manual de diagnóstico e estatística de distúrbios mentais DSM-IV-TR* (4. ed.). Porto Alegre: Artmed.

Assalian, P. (1994). Premature ejaculation: is it really psychogenic? *Journal of Sex Education and Therapy, 20*(1), 1-4.

Barlow, D. H. (1986). Causes of sexual dysfunction: the role of anxiety and cognitive interference. *Journal of Consulting and Clinical Psychology, 54,* 140-148.

Barlow, D. H., Sakheim, D. K., & Beck, J. G. (1983). Anxiety increases sexual arousal. *Journal of Abnormal Psychology, V. 92,* 49-54.

Basson, R. (2001). Human sex response cycles. *Journal of Sex Marital Therapy, 27*(1):33-43.

Basson, R. (2004). Summary of the recommendations on women's sexual dysfunctions. In: Lue, T. F., Basson, R., Rosen, R., Giuliano, F.,Khoury, S. et al. (Ed.). *Sexual medicine: sexual dysfunctions in men and women* (p. 975-985). Paris: Health Publications.

Béjin, A. (1986). Crepúsculo dos psicanalistas, manhã dos sexólogos. In: Áries, P., & Béjin, A. (Org.). *Sexualidades ocidentais* (p. 211-235). São Paulo: Brasiliense.

Bestane, W. (1998). Avaliação e tratamento da ejaculação precoce. *Journal of the. Brazilian Urology, 24*(2), 48-55.

Butcher, J. (1999). Female sexual problems I: loss of desire – what about the fun. *BMJ, 318*, 41-43.

Cavalcante, R., & Cavalcante, M. (1992). *Tratamento clínico das inadequações sexuais*. São Paulo, Roca.

Chvaicer, H. Estatísticas de um site de Sexualidade Masculina. *Trabalho apresentado no XXVII Congresso Brasileiro de Urologia*, 1999.

Dove, N. L., Weiderman, M. W. (2000). Cognitive distraction and women's sexual functioning. *Journal of Sex and Marital Therapy, 26*, 67-78.

Fuchs, K., Hoch, Z., Paldi, E., Abrampvici, H., Brandes, J., Timor-Tritsch, et al. (1978). Hipnodesensitization therapy of vaginismus: In vitro and in vivo methods. In: Lo Piccolo, J. & Lo Piccolo, L. (Ed.). *Handbook of sex therapy* (p. 261-270). New York: Plenum Press.

Heiman, J. R., & Lopiccolo, J. (1976). *Descobrindo o prazer: uma proposta de crescimento sexual para a mulher*. Sao Paulo, Summus.

Hite, S. (1976). The hite report: a nationwide study on female sexuality. New York: MacMillian.

Hong, L. K. (1984). Survival of the fastest. *Journal of Sex Research, 20*, 109-122.

Kaplan, H. S. (1979). *O desejo sexual*. Rio de Janeiro: Nova Fronteira.

Kaplan, H. S. (1974). *A nova terapia do sexo*. Rio de Janeiro: Nova Fronteira.

Kinsey, A., Pomeroy, C.E. Martin, P.H. Gebhard. (1953). Sexual behavior in the human female. Philadelphia: W.B. Saunders.

Lawrence, J. S. (1992). Evolucion and treatment of Premature Ejaculation. A critica review. *International Journal of Psychiatry in Medicine, 22*, 77-97.

Leiblum, S. R. (2000). Redefining female sexual response. *Contemporary Ob Gyn 45*, 120-126.

Lo Piccolo, J., & Lobitz, W. C. (1972). The role masturbation in the treatment of orgasmic dysfunction. *Archives fo Sexual Behavior, 2*, 163.

Masters, W., & Johnson, V. E. (1981). *A conduta sexual humana*. Rio de Janeiro: Civilização Brasileira.

Masters, W., & Johnson, V. E. (1997). *Heterossexualidade*. Rio de Janeiro: Bertrand Brasil.

Masters, W., & Johnson, V. E. (1985). *A inadequação sexual humana*. São Paulo: Roca.

Mc Carthy, B. (1994). Etiology and treatment of early ejaculation. *Journal of Sex Education and Therapy, 20*(1), 5-6.

Moreira Junior, E., Glacer, D., Santos D. B., & Gingell, C. (2005). Prevalence of sexual problems and related help-seeking behaviors among mature adults in Brazil: data from the Global Study of Sexual Attitudes and Behaviors. *São Paulo Medical Journal, 123*(5), 234-241.

Meisler, A. W., & Caret, M. P. (1991). Depressed affect and male sexual arousal. *Archives of Sexual Behavior, 20*, 541-554.

Rangé, B. (Org.). (1995). *Psicoterapia comportamental e cognitiva*. São Paulo: Psy.

Reissing, E. D., Binik, Y. M., & Khalife, S. (1999). Does vaginismus exist? A critical review of tehe literature. *Journal of Nervous and Mental Disease, 187*, 261-274.

Sbrocco, T., & Barlow, D. H. (2005). Conceituando o componente cognitivo da excitação sexual: implicações para a pesquisa e o tratamento da sexualidade. In: Salkovskis, P. M. (Org.). *Fronteiras da terapia cognitiva*. São Paulo: Casa do Psicólogo.

Schapiro, B. (1943). Premature ejaculation: a review of 1130 cases. *J. Urol. 50*, 374-379.

Silva, A. C. (1989). *Terapia do sexo e dinâmica do casal*. Rio de Janeiro: Espaço e Tempo.

Simons, J. S., & Carey, M. P. (2001). Prevalence of sexual dysfunctions: results from a decade of research, *Archives of Sexual Behavior, 30*, 177-219.

Strassberg, D. S., Mahoney, J. M., Schaugaard, M., & Hale, V. E. (1990). The role anxiety in premature ejaculation. *Archives of Sexual Behaviore, 19*: 251-257.

Torres, L. O. (2004). Disfunção erétil, fatores de risco e prevenção. *Arquivos H. Ellis, 1*(1), 8.

Wenderlein, J. M. (1982). Vaginism: a surgical or consultative problem? *Geburtshilfe Frauenheilkd, 42*, 316.

Wincze, J. P., Carey, M. P. (1991). Sexual dysfunction: a guide for assessment and treatment. New York: Guilford.

32

Esquizofrenia

Eliza Barretto
Helio Elkis

INTRODUÇÃO

A esquizofrenia é um transtorno psiquiátrico crônico que, em muitos casos, pode levar à incapacitação. O inicio acontece, geralmente, no adulto jovem e se caracteriza pela presença de sintomas psicóticos, que seriam delírios e alucinações, de desorganização tanto do pensamento quanto do comportamento e de sintomas chamados negativos, em que se observa um empobrecimento do afeto e da volição. O paciente com esquizofrenia pode evoluir para perdas cognitivas, principalmente com déficit da capacidade de abstração e prejuízo de funções executivas. Sintomas depressivos associados aos descritos acima também ocorrem com frequência.

EVOLUÇÃO DO CONCEITO E CRITÉRIOS DIAGNÓSTICOS

Já na antiguidade foram relatados casos de quadros psicóticos que atingiam adultos jovens e levavam, ao longo do tempo, a um declínio global das funções psíquicas. Contudo, passou-se a uma descrição, de forma sistemática, só a partir do século XIX por meio de autores como Haslam (1810), Hecker (1871) e Kalhbaum (1874). Morel, em 1860, denominou o quadro clínico de "Démence Precoce", pois queria distinguir dos quadros demenciais associados ao envelhecimento. Este termo foi latinizado como *Dementia Praecox* por Kraepelin na quinta edição do seu Tratado de Psiquiatria, de 1896. Embora Kraepelin tenha descrito a maioria dos sintomas que hoje conhecemos, não considerava qualquer um deles como patognomônico; para ele o ponto central para o diagnóstico era a evolução do quadro clínico, que seria o que chamamos de diagnóstico longitudinal.

Eugen Bleuler, em 1911, foi quem nomeou a doença de esquizofrenia e fez uma hierarquização entre alguns sintomas que considerava fundamentais, conhecidos como "os seis As de Bleuler": transtorno da Associação do pensamento, Autismo, Ambivalência, embotamento Afetivo, transtorno da Atenção e Avolição. Outros sintomas seriam denominados acessórios, que são aqueles que ocorreriam nas fases em que delírios e alucinações não predominam. É esta desconexão entre os sintomas ditos fundamentais e acessórios (delírios e alucinações) que deu origem ao termo "esquizofrenia".

Kurt Schneider descreveu alguns sintomas, tais como sonorização do pensamento, escutar vozes sob forma de argumento e contra-argumento, escutar vozes que comentam os atos, vivências de influência corporal, roubo do pensamento, sensações de influência e percepção delirante. Schneider propôs que tais sintomas seriam como patognomônicos da esquizofrenia, porém, embora ainda muito importantes para o diagnóstico, tais sintomas podem estar presentes em outros quadros psicóticos (Elkis, 2000).

A partir da década de 1970, os sintomas da esquizofrenia passaram a ser divididos em dimensões psicopatológicas que serão melhor descritas a seguir (Alves et al., 2005). Tais dimensões estão presentes nos principais critérios diagnósticos que definem a esquizofrenia como os da Classificação Internacional das Doenças, 10ª edição da Organização Mundial de Saúde (CID10) (1993), e da classificação de Transtornos Mentais da American Psychiatric Diagnostic and Statistical Manual of Mental Disorders – Text Revised –, DSM-IV-TR (American Psychiatric Association, 2002).

APRESENTAÇÃO CLÍNICA: DIMENSÕES PSICOPATOLÓGICAS

Os sintomas da esquizofrenia podem ser classificados em algumas dimensões em que seus respectivos sintomas se agrupam em *clusters* (Alves et al., 2005). São elas:

- Dimensão psicótica: delírios e alucinações.
- Dimensão de desorganização: quanto à organização, o pensamento e a conduta estão alterados, sendo os sintomas mais importantes a desorganização do pensamento, o afeto inapropriado, os transtornos de atenção.
- Dimensão negativa: este grupo engloba os sintomas negativos ou deficitários; é caracterizado pela diminuição de certas funções normais da vida psíquica com achatamento e embotamento afetivo e déficit volitivo.
- Dimensões de ansiedade e depressão e dimensão cognitiva: além destas três dimensões, os pacientes com diagnóstico de esquizofrenia podem também apresentar sintomas de depressão ou ansiedade, além do declínio de certas funções cognitivas, tais como perda na capacidade de *insight* e de abstração conceitual, levando a uma concretude do pensamento.

Outras alterações estão presentes na esquizofrenia:

- Linguagem e fala: é frequente a ocorrência de neologismos (criação de novas palavras), ecolalia (a repetição de tudo que lhe é dito), bem como mutismo total ou seletivo, que pode ocorrer principalmente nas formas desorganizada e catatônica da esquizofrenia. A fala pode estar pastosa e monótona podendo ocorrer tanto como efeito adverso do uso de antipsicóticos (ver adiante) quanto associada à síndrome negativa da esquizofrenia.
- Pensamento: alterações de curso, como bloqueio e roubo (neste, há a interpretação delirante de que o bloqueio foi ocasionado por uma força exterior). Delírios, muitas vezes sistematizados, com conteúdo variável, porém de temática frequentemente bizarra. A ocorrência de vivências de influência é comum, com comprometimento dos atributos do eu. O pensamento pode encontrar-se organizado na forma paranoide, mas a ocorrência de desorganização e perdas dos laços associativos também são frequentes, podendo-se observar descarrilamento, associação frouxa de ideias, principalmente na forma desorganizada (hebefrênica).
- Sensopercepção: alucinações, principalmente auditivas e com características schneiderianas, estão geralmente presentes, principalmente na forma paranoide.
- Fenômenos cinestopáticos, como alucinações táteis e viscerais, também são comuns. Alucinações visuais são consideradas muito raras, foram descritas principalmente na fase prodrômica, e alguns autores chegam inclusive a questionar a sua ocorrência na esquizofrenia. Frequentemente, fenômenos de interpretação delirante (um paciente acredita, por exemplo, que aquele carro estacionado em frente a sua casa está lá propositalmente para espioná-lo) são confundidos como sendo alucinações visuais. A percepção delirante é um clássico sintoma schneideriano e se caracteriza por ser um fenômeno em que um percepto/objeto real, geralmente banal, remete (de maneira ilógica) a uma ocorrência delirante de proporções frequentemente apofânicas:

um paciente, por exemplo, ao andar na rua, vê um matinho que cresce na parede de uma casa e tem, subitamente, a certeza de que Deus quer falar com ele.

- **Psicomotricidade**: a presença de paracinesias (maneirismos, estereotipias, posturas bizarras), imobilidade, flexibilidade cérea (ou catalepsia), movimentos hipercinéticos e ecopraxia são sinais comuns e podem produzir possíveis confusões na caracterização deste estado. Além disso, o paciente pode apresentar-se afetivamente indiferente a estímulos exteriores, mas apresentar reações emocionais intensas ao falar de suas vivências delirantes, denotando a maior significação deste "novo" mundo; isso é um sinal comum da esquizofrenia catatônica. Devemos estar atentos à ocorrência de sinais de parkinsonismo e outros movimentos anormais, consequência frequente do uso de antipsicóticos. Nesse sentido, o paciente pode apresentar-se com um fáscies pouco expressivo (hipomimia facial), que pode tanto dever-se a parkinsonismo por uso de neurolépticos, como pode estar relacionado a um estado depressivo sobreposto ou mesmo ser consequência de sintomas negativos.
- **Afetividade**: sintomas ansiosos e depressivos são frequentes, e o indivíduo portador de esquizofrenia pode evoluir com progressivo empobrecimento afetivo, evidenciado pela menor capacidade de expressão afetiva – "achatamento afetivo" – chegando, em seu extremo, ao estado chamado de "embotamento afetivo". A incongruência afetiva, caracterizada pela expressão inapropriada de afetos (risos imotivados ou frente a uma situação triste, por exemplo), ocorre mais comumente nos quadros em que há desorganização.
- **Volição**: a ocorrência de perda de motivação e espontaneidade pode ocorrer tanto como manifestação de síndrome negativa, mas também pode ser consequência de um quadro depressivo sobreposto.

Os sintomas da esquizofrenia e suas dimensões podem ser avaliados por meio de escalas tais como a Brief Psychiatric Rating Scale (BPRS) (Romano e Elkis, 1996) e a Positive and Negative Syndrome Scale (PANSS) (Kay et al., 1987). Esta última é a escala mais empregada atualmente para avaliar os sintomas da esquizofrenia e possui 30 itens, subdivididos em 7 positivos, 7 negativos e 16 sintomas gerais. Várias análises fatoriais dessa escala mostraram que estes 30 itens distribuem-se em 5 fatores ou dimensões, de acordo com a predominância dos respectivos sintomas: positivo, negativo, desorganizado, excitação-ativação e ansiedade/depressão (Van der Oord, 2006).

INCIDÊNCIA E PREVALÊNCIA

A incidência de esquizofrenia na população geral ao longo da vida varia de 0,5 a 1%, sendo que o pico de aparecimento dos primeiros sintomas normalmente ocorre para os homens entre 15-25 anos e para mulheres entre 25-35 anos. No gênero masculino existe uma maior prevalência, estimada em 2 para 1. Um segundo pico de incidência ocorre após os 50 anos e, neste caso, as mulheres são mais afetadas, provavelmente pela perda da proteção estrogênica (Zanetti e Elkis, 2008).

No caso do Brasil, no estudo epidemiológico em área de captação abrangendo os bairros Jardim América e Vila Madalena na cidade de São Paulo, Andrade e colaboradores encontraram uma prevalência durante a vida de 1,9% para as chamadas psicoses não afetivas, o que, teoricamente, pode representar uma estimativa da prevalência de esquizofrenia no Brasil (Andrade et al., 2002). De acordo com os dados do censo de 2000 (www.ibge.gov.br), se este índice for aplicado à população de faixa etária entre 17- 49 anos, ou seja, aquela com maior risco para esquizofrenia (cerca de 92 milhões de pessoas), poderíamos estimar que, aproximadamente, existem cerca de 1 milhão e 750 mil portadores de esquizofrenia em nosso país.

ETIOPATOGENIA

Tudo indica que a esquizofrenia seja resultante de vários fatores, tanto genéticos quanto ambientais, que interagem determinando o fenótipo. A suscetibilidade genética está associada a certos genes "candidatos", tais como COMT, DISC1, DTNBPB1, DRD1-4 (Tandon, 2008), e tem sido objeto de inúmeros trabalhos. Por outro lado, fatores ambientais, tais como complicações obstétricas, exposição a vírus durante a gravidez, desnutrição durante a gravidez, aumento da idade paterna, nascimento durante o inverno ou inicio da primavera (nos países do hemisfério norte), uso de substâncias psicoativas durante a adolescência (especialmente maconha) e migração têm sido apontados como os mais importantes (Tandon et al., 2008).

Pacientes com esquizofrenia, quando comparados com controles normais, apresentam maior frequência de anormalidades nas estruturas cerebrais, tais como dilatação do sistema ventricular, atrofia dos hipocampos e do córtex cerebral (Elkis et al., 1996; Wrigth et al., 2000).

FISIOPATOLOGIA

Teoria dopaminérgica e sua relação com os sintomas da esquizofrenia

Muitos dos sintomas anteriormente descritos podem ser explicados pela chamada "teoria doparminérgica" que, resumidamente, pode ser assim descrita:

1. Os sintomas psicóticos e de desorganização estão associados a um aumento da atividade dos receptores dopaminérgicos D2 presentes no sistema límbico.
2. Os sintomas negativos se devem a uma diminuição da atividade dos receptores dopaminérgicos D1 localizados nas regiões corticais pré-frontais.

No caso dos sintomas psicóticos, há várias evidencias que o estimulo de certas substâncias – tais como anfetaminas, cocaína e maconha – podem desencadear sintomas psicóticos estimulando os neurônios pré-sinápticos que promovem liberação de dopamina nos neurônios pós-sinápticos (Abi-Dhargam, 2009).

Nesse sentido, a base do tratamento da esquizofrenia é o uso de antipsicóticos, substâncias que diminuem a atividade dopaminérgica. O bloqueio de tais receptores determina diminuição dos níveis de dopamina em regiões do cérebro, como o estriado, que se correlacionam com a melhora sintomatológica, sobretudo dos sintomas psicóticos (Abi-Dargham, 2009).

Teoria da saliência aberrante

Esta teoria propõe que o aumento da atividade dopaminérgica alteraria a percepção dos estímulos, promovendo uma "saliência aberrante" das percepções que mobilizariam certos esquemas cognitivos preexistentes, que levariam a distorções cognitivas que, por sua vez, determinariam o surgimento dos sintomas psicóticos como delírios (Kapur et al., 2005).

Esta teoria pode ser explicada de acordo com os seguintes passos (Kapur et al., 2005; Zanetti e Elkis, 2008) que estão representados na Figura 32.1.

1. Uma série de predisposições genéticas e ambientais determinam uma alteração de mecanismos de regulação da dopamina.
2. Esta desregulação resulta num disparo de dopamina com consequente liberação do neurotransmissor.
3. Ocorre uma sensação de saliência aberrante de novidade e um deslocamento anormal para estímulos e representações internas que antes não eram relevantes.
4. Surgem então delírios ou alucinações que são esquemas cognitivos que o paciente desenvolve para explicar a saliência aberrante.
5. A saliência aberrante influencia o comportamento causando desconforto (ou estresse).

6. Os antipsicóticos bloqueiam a dopamina fazendo com que o efeito da saliência aberrante seja atenuado e, inclusive, diminuem a motivação do paciente diante de estímulos.
7. A diminuição da saliência permite a resolução dos sintomas, porém não interfere no conteúdo dos delírios, que se tornam menos "relevantes".
8. No entanto, se houver interrupção da medicação pode ocorrer a recaída, com a volta da sintomatologia psicótica.

Assim, o uso de antipsicóticos (de primeira e de segunda gerações) representa o esteio do tratamento da esquizofrenia e sua eficácia foi demonstrada por meio de inúmeros ensaios clínicos e metanálises (Geddes et al., 2000; Davis et al., 2003). Mas desde as primeiras observações de autores como Laborit e Huguenard e Elkes e Elkes, os pacientes continuam com delírios e alucinações, porém sofrem menos influências desses sintomas (vide Kapur et al., 2005).

O tratamento moderno da esquizofrenia tem como base a combinação da farmacoterapia antipsicótica com intervenções psicossociais e psicoeducacionais, tais como orientação familiar, treino de habilidades sociais, reabilitação vocacional e terapia cognitivo-comportamental (Mueser e McGurk, 2007), que será discutida em maiores detalhes a seguir.

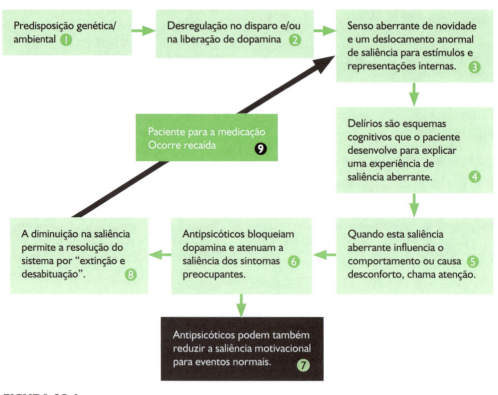

FIGURA 32.1

Hipótese que liga a dopamina à psicose e ao efeito dos antipsicóticos.
Fonte: Modificado a partir de Kapur et al., 2005 e Zanetti e Elkis, 2008.

TERAPIA COGNITIVO-COMPORTAMENTAL (TCC) PARA A ESQUIZOFRENIA

O uso de abordagens psicossociais para o tratamento da esquizofrenia é algo relativamente recente. Dentro destas abordagens, a Terapia Cognitivo-Comportamental ganha destaque, uma vez que essas técnicas já são consideradas nível I de evidência (Barretto e Elkis, 2007). Revisões sistemáticas (Dickerson et al., 1999; Rector e Beck, 2001) encontraram resultados favoráveis para TCC. Cormac e colaboradores (2002) apresentaram uma metanálise e evidenciaram redução sintomática, principalmente de sintomas positivos, no tratamento em curto prazo.

A TCC diminui os índices de recaídas e reduz a gravidade de alucinações e delírios melhorando o funcionamento global do paciente (Haddock et al., 1998). Representando uma nova visão da psicopatologia tradicional, que vê o delírio como uma crença irredutível, a TCC propõe uma abordagem para o delírio que permita que o paciente, utilizando áreas intactas do seu psiquismo, possa encontrar novas alternativas para sua crença delirante e, com isso, diminuir o impacto do pensamento disfuncional em sua vida.

A TCC para psicoses é destinada a pacientes refratários, ou seja, que apesar do uso de antipsicóticos apresentam persistência de sintomas suficientes para causar prejuízos significativos nas esferas social, familiar e profissional. Apesar do avanço farmacológico ocorrido nas últimas décadas, ainda é um grande desafio obter a remissão completa destes pacientes. Lieberman e colaboradores (1991) relataram que 14% dos pacientes não respondem adequadamente às drogas antipsicóticas no primeiro episódio, e esta taxa sobe para 25% com a repetição dos episódios. Estas estatísticas reforçam a necessidade da busca de outras abordagens para otimizar a resposta clínica deste grupo de pacientes.

PRINCIPAIS TÉCNICAS DE TCC NA ESQUIZOFRENIA

Objetivos

Estes objetivos são comuns às três técnicas que serão descritas.

1. Reduzir a angústia e a interferência que a vivência psicótica causa ao indivíduo.
2. Promover a compreensão do transtorno psicótico por parte do paciente, buscando uma autorregulação dos sintomas e, com isso, a diminuição do risco de recaídas, tornando o indivíduo um agente ativo no seu tratamento.
3. Reduzir os transtornos emocionais como ansiedade, depressão e desesperança, através da modificação de esquemas disfuncionais.

Serão descritas a seguir as três técnicas mais citadas nos ensaios clínicos realizados até o momento: a Técnica de Normalização (Kingdon e Turkington, 1991), a Técnica do Reforço das Estratégias de Enfrentamento (Tarrier,1997) e a Técnica dos Módulos (Fowler et al., 1995).

NORMALIZAÇÃO (KINGDON E TURKINGTON, 1991)

A esquizofrenia seria mais adequadamente descrita como um ponto ou uma série de pontos dentro de um *continuum* funcional. Muitas experiências que seriam classificadas como delírios e alucinações podem ser explicadas por interpretações distorcidas de situações normais, como, por exemplo, fanatismo religioso. Uma analogia médica poderia ser feita com Hipertensão Arterial Sistêmica, que causa sérios problemas se não tratada, mas não deixa de ser um *continuum* com níveis normais de pressão. Haveria um *continuum* entre delírios e pensamentos normais e entre alucinações e imaginações, a esquizofrenia se localizaria num extremo deste *continuum*.

O ponto-chave desta teoria é entender o que forma e o que mantém o fenômeno psicótico. Esta técnica propõe um elo entre o conteúdo delirante e a história real de vida do paciente. Entendendo e identificando a vulnerabilidade do paciente, é possível promover mudanças ou desenvolver um processo de adaptação. A melhor compreensão do contexto em que o fenômeno psicótico aparece pode facilitar o manejo dos sintomas.

Quais as vantagens deste entendimento?

Entender este *continuum* já passa a ser parte do processo terapêutico, e aumentar a compreensão dos sintomas pode reduzir o estigma tanto familiar quanto do próprio paciente.

Quatro pontos devem ser considerados e analisados quando se busca a compreensão da vivência psicótica:

- 1º Contexto cultural: crenças em fenômenos não científicos, como superstições, reencarnação, fenômenos parapsicológicos (cognitivos e físicos).
- 2º Vulnerabilidade: quanto mais vulnerável do ponto de vista biológico (predisposição genética, traços de personalidade, fatores orgânicos), menor é o estresse requerido para precipitar a doença. Vulnerabilidade é um conceito dinâmico. A herança genética e as anormalidades neuropatológicas não podem ser modificadas, mas características de personalidade e comportamento disfuncionais podem ser amenizados com técnicas psicoterápicas.
- 3º Eventos de vida: identificar eventos adversos de vida e elaborar estratégias de enfrentamento, tais como:
  - resolução de problemas
  - avaliar suporte social
  - desenvolver técnicas de manejo de ansiedade

- 4º Sugestionabilidade: a sugestão pode levar a um prejuízo na avaliação crítica das situações, diminuir a capacidade de realizar testes de realidade e prejudicar a distinção entre realidade subjetiva e objetiva.

MÓDULOS (FOWLER ET AL., 1995)

- Primeira parte: estabelecimento da aliança terapêutica e avaliação.
- Segunda parte: uso de estratégias comportamentais para manejar sintomas, reações emocionais e atitudes impulsivas.
- Terceira parte: discutir novas perspectivas sobre a natureza das experiências psicóticas vividas pelo paciente.
- Quarta parte: estratégias para o manejo das alucinações.
- Quinta parte: avaliação de pressuposições disfuncionais a respeito de si próprio e dos outros.
- Sexta parte: estabelecimento de novas perspectivas para os problemas individuais e autorregulação dos sintomas psicóticos.

Aliança terapêutica e avaliação

Para estabelecimento da aliança, o terapeuta deve dar uma breve descrição da terapia e falar a respeito dos objetivos. Também é importante conhecer as expectativas do paciente quanto à terapia e seus próprios objetivos. São importantes as atitudes cordiais e ao mesmo tempo objetivas. Pode ser necessário um espaço de tempo para que o paciente se sinta seguro para falar de suas vivências angustiantes ou estranhas. Além disso, deve-se dar ênfase a uma avaliação detalhada para uma formulação individual do problema. Nos estágios iniciais, o terapeuta trabalha com o ponto de vista subjetivo dos pacientes quanto a seus problemas, por isso é fundamental a busca de detalhes sobre as vivências delirantes. A avaliação deve conter uma identificação clara dos problemas e do modo como diferentes problemas podem interagir simultaneamente (p. ex., relação entre ouvir vozes e se sentir muito deprimido).

Estratégias cognitivas e comportamentais para manejo das experiências psicóticas e atitudes impulsivas

A partir de um trabalho próximo e colaborativo com o paciente, é possível encontrar a melhor estratégia para lidar com os sintomas. Em alguns casos, terapeuta e paciente, conjuntamente, podem chegar à conclusão de que evitar estressores é benéfico para o autocontrole dos sintomas; já em outros, a dessensibilização do estressor, com exposições graduais *in vivo*, se mostra mais efetiva.

Novas perspectivas sobre a natureza das experiências psicóticas do paciente

Neste estágio, a aliança terapêutica provavelmente se encontra bem estruturada, possibilitando ao terapeuta a busca de novas perspectivas para as vivências psicóticas. Reavaliam-se as evidências que o paciente usa para uma conclusão sobre seus delírios, discutindo-se as evidências que sustentam os esquemas. É possível utilizar evidências que não foram usadas, quebrando a rigidez imposta pelo delírio. Explicações técnicas podem ajudar a aliviar os sintomas. O simples relato de sintomas de outros pacientes abre a possibilidade para que o paciente admita tratar-se de uma doença. Pode-se falar na separação entre o mundo interno e o mundo externo. Nesse sentido, sugere-se que os sintomas estariam acontecendo nos processos internos e não na realidade externa. Se o paciente consegue aceitar e entender esta ideia, a angústia e o medo causados pelas vivências psicóticas são diminuídos. Ao longo das sessões, o terapeuta desloca o foco da compreensão da natureza do problema do paciente, e começa a explorar possibilidades de interpretação dos fatos.

Estratégias para o manejo das alucinações

Slade (1972), em um estudo pioneiro sobre alucinações auditivas, observou que elas eram precedidas por um aumento da tensão. Este autor sugere que seria possível reduzir a frequência das alucinações dessensibilizando o paciente com relação ao evento estressor.

Fowler e colaboradores (1995), em uma análise cognitiva que avaliou a interpretação que os pacientes davam às alucinações, verificaram que o fenômeno descrito como "vozes" muitas vezes originam-se de interpretações distorcidas de estímulos externos ambíguos. Fowler e Morley (1989) demonstraram que era possível ajudar à maioria dos pacientes treinando-os a "trazer as vozes para sessões", ou seja, sugerindo que o paciente passe a pensar sobre as vozes e sobre seus conteúdos.

Durante o episódio alucinatório, técnicas simples de distração, como pedir ao paciente para ler em voz alta ou contar algum fato, normalmente fazem com que as vozes desapareçam. Estas situações podem ser comparadas a técnicas usadas no manejo de transtornos ansiosos. Além da dessensibilização, esta abordagem desenvolve nos pacientes habilidades para lidar com as vozes. Para Chadwick e BIirchwood (1994), esta técnica permite uma mudança na crença a respeito das vozes, tornando-as fenômenos controláveis. Fallon e Talbot (1981) descreveram que pessoas que ouvem vozes, na maioria das vezes, têm, intuitivamente, estratégias para lidar com elas. Esta ideia deve ser resgatada pelo terapeuta.

Avaliação de pressuposição disfuncional a respeito de si próprio e dos outros

É importante para o terapeuta ter conhecimento sobre o que o paciente conhece e interpreta sobre sua doença. Por exemplo, a palavra esquizofrenia carrega um grande estigma, é fonte para interpretações de toda natureza. Assim, há necessidade de informação.

É fundamental explicar os graus variados de acometimento das psicoses, a evolução dos tratamentos e das perspectivas no decorrer dos anos. A biblioterapia é sempre recomendada. Fowler, Garety e Kuipers (1995) afirmam que o paciente deve ser preparado para a recaída, pois muitos permanecem suscetíveis a se tornar novamente convencidos da verdade das suas antigas crenças. No decorrer das sessões, as crenças disfuncionais que evidenciam uma baixa autoestima podem ser identificadas, assim como outros sintomas depressivos que devem ser tratados pelo modelo clássico de TCC para depressão.

Estabelecimento de novas perspectivas para os problemas individuais e autorregulação dos sintomas psicóticos

O foco da terapia está sempre primariamente nas preocupações do paciente e naqueles sintomas que causam alto nível de angústia e considerável interferência em suas vidas. Embora a redução da frequência e da intensidade dos sintomas psicóticos seja importante, o objetivo maior está em desenvolver uma sensação de autocontrole dos pacientes e ajudá-los a manejar suas experiências e seus problemas. Isso faz com que eles se tornem menos angustiados e com a sensação de controles sobre si próprios e, consequentemente, mais hábeis para lidar com suas vidas.

TÉCNICA DO REFORÇO DAS ESTRATÉGIAS DE ENFRENTAMENTO (TARRIER, 1990)

Esta técnica sugere que se enfatize um programa de treinamento individualizado para o paciente chegar a um autocontrole dos seus delírios e suas alucinações. Tarrier (1987) estudou 25 pacientes por meio de uma entrevista semiestruturada (*The Antecendent and Coping Interview*), que avaliou as reações emocionais e as estratégias de enfrentamento aos sintomas psicóticos. Ele observou que parte dos pacientes conseguia identificar o que precedia e exacerbava os sintomas. Muitos, também, conseguiam identificar as consequências dos sintomas e percebiam que suas ações levavam a comportamentos não adaptativos, podendo notar mudanças significativas no seu comportamento social.

Grande parte dos pacientes conseguiu descrever suas técnicas de enfrentamento, que incluíam estratégias cognitivas (distração, focalização da atenção, autoinstrução); estratégias comportamentais (aumento ou início de interações sociais, aumento da estimulação sensitiva, uso de relaxamento e respiração abdominal).

A técnica do reforço das estratégias de enfrentamento baseia-se na premissa de que alucinações e delírios ocorrem em um contexto social e subjetivo, e estes sintomas assumem significado somente se forem acompanhados por uma reação emocional. A proposta de Tarrier é que se resgate o modo já utilizado pelo paciente para lidar com seus sintomas e se aperfeiçoe estes mecanismos. A técnica aborda a maneira como os componentes emocionais desencadeados pelo meio e/ou pelos sintomas que interagem.

As reações emocionais podem então ser manipuladas pelo paciente, com métodos de reestruturação cognitiva, experimentos comportamentais e testes de realidade. A intervenção terapêutica é semelhante à do tratamento do transtorno obsessivo-compulsivo por TCC (Salkonsky, 1989), ou seja, propiciar exposições a situações nas quais os sintomas possam ocorrer seguidos de dessensibilização.

A intervenção baseia-se em um processo de treinamento de estratégias de enfrentamento, manipulação das reações emocionais e prevenção de resposta. Deve-se explorar exaustivamente cada sintoma, detalhando fenomenologicamente cada um deles. A descrição detalhada de cada sintoma é de grande auxílio quando se passa para as evidências contra tais crenças. Outro passo importante é avaliar as reações emocionais que acompanham os sintomas. O terapeuta pode tentar uma exposição ao vivo ou, quando não for possível, pode propiciar a imaginação de uma determinada situação, reativando simbolicamente a ocorrência recente dos sintomas. Isso permite observar as reações emocionais do paciente, os significados pessoais e os significados associados a cada sintoma. Para se alcançar os objetivos propostos pela técnica do reforço das estratégias de enfrentamento, muitas formas de abordagem são possíveis, como, por exemplo, a dramatização ou a gravação do conteúdo das vozes.

CONSIDERAÇÕES FINAIS

A Terapia Cognitivo-Comportamental para esquizofrenia tem o suporte de evidências científicas bem estabelecidas para que possa ser considerada uma abordagem psicossocial segura para o tratamento deste grupo de pacientes.

As técnicas utilizadas trazem, na sua estrutura, as mesmas características daquelas utilizadas em outros transtornos, com algumas particularidades para lidar com os sintomas específicos da psicose.

A postura não confrontativa, sugerida nas três abordagens, facilita a aliança terapêutica. O paciente passa a se sentir compreendido e também a compreender os fenômenos psicóticos. Essa compreensão di-

minui o estado de "estranheza" vivido por essas pessoas, com isso a tendência ao isolamento também é reduzida. A qualidade de vida destes pacientes melhora como um todo, demonstrado por vários estudos nos quais foram utilizadas escalas especificas para mensurar qualidade de vida.

REFERÊNCIAS

Abi-Dargham, A. (2009). The neurochemistry of schizophrenia: focus on dopamine and glutamate. In: Charney, D., & Nestler, E. (Ed.). *The neurobiology of mental illness* (p. 321-328). Oxford: Oxford University Press.

Alves, T.M., Pereira, J. C., & Elkis, H. (2005). The psychopathological factors of refractory schizophrenia. *Revista Brasileria de Psiquiatria, 27*, 108-112.

American Psychiatric Association. (2002). *DSM IV-TR: Manual diagnóstico e estatístico dos transtornos mentais* (4. ed.). Porto Alegre: Artmed.

Andrade, L., Walters, E. E., Gentil, V., & Laurenti, R. (2002). Prevalence of ICD10 mental disorders in a catchment area in the city of São Paulo, Brazil. *Social Psychiatry and Psychiatric Epidemiology; 37*(7):316-25.

Barretto, E. M. P., & Elkis, H. (2007). Evidências de eficácia da terapia cognitivo comportamental na esquizofrenia. *Revista de Psiquiatria Clínica, 34*(suppl 2), 204-207.

Barretto, E. M., Kaio, M., Avrichir, B. S., Sá, A. R., Camargo, M. G., Napolitano, I. C., et al. (2009). A Preliminary controlled trial of cognitive behavioral therapy in clozapine-resistant sachizophrenia. *Journal of Nervous and Mental Disease, 197*(11), 865-868.

Bressan, R., & Elkis, H. (2010). *Esquizofrenia refratária* (2. ed.). São Paulo: Segmento Farma.

Cormac, I., Jones, C., Campbell C. General Adult Psychiatry, Coventry Mental Healthcare NHS Trust. (2002) Cognitive behaviour therapy for schizophrenic (Biblioteca Cochrane).

Chadwick, P. D. J., & Birchwood, M. (1994). The omnipotence of voices: a cognitive approach to hallucinations. *British Journal of Psychiatry, 164*,190-201.

Davis, J. M., Chen, N., & Glick, I. D. (2003). A meta-analysis of the efficacy of second-generation antipsychotics. *Archives of General Psychiatry, 60*(6), 553-564.

Dickerson, F. B., Ringel, N., & Parente, F. (1999). Predictors of residential independence among outpatients with schizophrenia. *Psychiatric Services, 50*, 515-519.

Dickerson, F. B. (2000). Cognitive behavioral psychotherapy for schizophrenia: a review of recent empirical studies. *Schizophrenia Research, 43*(2-3), 71-90.

Drury, B. M., Ccchrane, R., & Macmillan, F. (1996). Cognitive therapy and recovery from acute psychosis: a controlled trial. *British Journal of Psychiatry 169*, 593-601.

Durham, R. C., Gythrie M., Morton R. V., Reid D. A., Treliving L. R., Fowler D., et al. (2003). Tayside-Fife clinical trial of cognitive-behavioural therapy for medication-resistant psychotic symptoms. Results to 3-month follow-uBr. *Journal of Psychiatry182*, 303-311.

Elkis, H., Friedman, L., Wise, A., & Meltzer, H. Y. (1995). Meta-analyses of Studies of Ventricular Enlargement and Cortical Sulcal Prominence in Mood Disorders- Comparisons with Controls or Patients with Schizophrenia. *Archives of General Psychiatry 52*, 735-746.

Elkis, H. (2000). A evolução do conceito de esquizofrenia neste século. *Revista Brasieira de Psiquiatria, 22*(suppl 1), 23-26.

Elkis, H. (2007). Treatment-resistant schizophrenia. *The Psychiatric clinics of North AmericaAm; 30*(3), 511-533.

Fallon, I. R. H., & Talbot, R. E. (1981). Persistent auditory hallucinations: coping mechanisms and implications for management. *Psychological Medicine, 11*, 329-339.

Fowler, D., Garety, P., & Kuipers, E. (1995). *Cognitive behaviour therapy for psychosis-theory and practice.* Chichester, John Wiley & Sons.

Fowler, D., Morley, S. The cognitive behavioral treatment of hallucinations and delusions. *Behavior Psychotherapy, 17*, 267-282.

Geddes, J., Freemantle, N., Harrison, P., & Bebbington, P. (2000). Atypical antipsychotics in the treatment of schizophrenia: systematic overview and meta-regression analysis. *BMJ, 321*(7273), 1371-1376.

Haddock, G., Tarrier, N., Spaulding, W., Yusupoff, L., Kinney, C., & McCarthy, E. (1988). Individual cognitive behavior therapy in the treatment of hallucinations and delusions: a review. *Clinical Psychology Review, 18*, 821-838.

Kapur, S., Mizrahi, R., & Li, M. (2005). From dopamine to salience to psychosis: linking biology, pharmacology and phenomenology of psychosis. *Schizophrenia Research, 79*, 59-68.

Kay, S. R., Fiszbein, A., & Opler, L. A. (1987). The positive and negative syndrome scale (PANSS) for schizophrenia. *Schizophr Bull, 13*(2), 261-276.

Kingdon, D., Turkington, D. (1994). Cognitive-behavioral therapy of schizophrenia. East Sussex, Psychology Press-Earlbaum (UK) Taylor & Francis.

Kingdon, D. G., & Turkington, D. (1991). The use of cognitive behavior therapy with a normalizing rationale in schzophrenia. Preliminary report. *The Journal of Nervous and Mental Disease, 179*, 207-211.

Kuipers, E. (1996). The management of difficult to treat patients with schizophrenia, using nodrug therapies. *The British Journal of Psychiatry,* Suppl (31): 41-51.

Kuipers, E. (1997). The management of difficult to treat patients with schizophrenia, using no drug therapies. *The British Journal of Psychiatry,* Suppl 31: 41-51, 1997.

Liberman, J. A., Mayerhoff, D., & Loebel, A. (1991). Biological indices of heterogeneity in schizophrenia: relationship to psychopathology and treatment outcome. *Schizophrenia Research 4*, 289-290.

Mari, J. J. & Streiner, D. L. (1994). An overview of family interventions and relapse on schizophrenia: meta-analysis of research findings. *Psychological Medicine, 24*: 3, 565-578.

Mueser, K., & McGurk, S. (2004). Schizophrenia. *Lancet, 363*, 2063-2072.

Organização Mundial da Saúde. (1993). *Classificação dos transtornos mentais e do comportamento da CIC-10: descrições clínicas e diretrizes diagnósticas.* Porto Alegre: Artmed.

Rector, N. A., & Beck, A. T. (2001). Cognitive behavioral therapy for schizophrenia: an empirical review. *The Journal of Nervous and Mental Disease, 189*, 278-287.

Romano F., & Elkis, H. (1996). Um instrumento de avaliação psicopatológica das psicoses: a escala breve de avaliação psiquiátrica: versão Ancorada (BPRS-A). *Jornal Brasilerio de Psiquiatria, 45*:43-49. Tradução e adaptação.

Sensky, T., Turkington, D., Kingdon D, Scott JL, Scott J, Siddle R, et al. (2000). A randomized controlled trial of cognitive behavioral therapy for persistent symptoms in schizophrenia resistant to medication. *Archives of General Psychiatry, 57*, 165-172.

Slade, P. D. (1972). The effects of systematic desensitization on auditory hallucinations. *Behaviour Research & Therapy, 10*, 85-91.

Tandon, R., Keshavan, M. S., & Nasrallah, H. A. (2008). Schizophrenia, "just the facts" what we know in 2008, 2: epidemiology and etiology. *Schizophrenia Research 102*(1-3), 1-18

Tarrier, N., Harwood, S., Yusupoff, L., & Baker A. (1990). Coping strategy enhancement (CSE): A method of treating residual schizophrenia symptoms. *Behavioral Psychotherapy, 18*, 283-293.

Tarrier, N., Beckett R, Harwood S, Baker A, Yusupoff L, Ugarteburu I.. (1993). – A trial of two cognitive-behavioural methods of treating drug-resistant residual psychotic symptoms in schizophrenic patients: I. Outcome. *The British Journal of Psychiatry, 162*, 524-532.

Tarrier, N. (1987). An Investigation of residual psychotic symptoms in discharged schizophrenia patients. *British Journal of Social & Clinical Psychology 26*, 141-143.

Tarrier, N., Wittkowski, A., Kinney C, McCarthy E, Morris J, Humphreys L. (1999). Durability of the effects of cognitive-behavioural therapy in the treatment of chronic schizophrenic: 12-month follow-up. *Br Journal of Psychiatry, 174*, 500-504.

Turkington, D., Kingdon, D., & Turner, T. (2002). Insight into Schizophrenia Res.GrouEffectiveness of a bried cognitive-behavioural therapy interve in the treatment of schizophrenia. *The British Journal of Psychiatry, 180*, 523-527.

Turkington D., Kingdon, D., & Weiden, P. J. (2006). Cognitive behavior therapy for schizophrenia. *American Journal of Psychiatry, 163*, 365-373.

Valmaggia, L., & Gaac, M. (2005). Cognitive behavioural therapy for refractory psychotic symptoms of schizophrenia resistant to atypical anti psychotic medication. *The British Journal of Psychiatry, 186*, 324-330.

Van den Oord, E. J., Rujescu, D., Robles, J. R., Giegling, I., Birrell, C., Bukszar, J., et al. (2006). Factor structure and external validity of the PANSS revisited. *Schizophrenia Research, 82*(2-3), 213-223.

Wykes, T., Parr, A. M., Landau, S. (1999). Group treatment of auditory hallucinations. Explorator study of effectiveness. *The British Journal of Psychiatry, 175*, 180-185.

Wright, I. C., Rabe-Hesketh, S., Woodruff, P. W., David, A. S., Murray, R. M., & Bullmore, E. T. (2000). Meta-analysis of regional brain volumes in schizophrenia. *American Journal of Psychiatry, 157*(1), 16-25.

Zanetti, M. V., & Elkis, H. (2008). Esquizofrenia e outros transtornos psicóticos. In: Alvarenga, P. G. & Andrade, A. G. (Ed.). *Fundamentos em Psiquiatria* (p. 191-225). São Paulo, Manole.

33

Trantornos invasivos do desenvolvimento
Autismo

Débora Regina de Paula Nunes
Maria Antonia Serra-Pinheiro

INTRODUÇÃO

Os Transtornos Invasivos do Desenvolvimento (TID), também denominados Transtornos Globais do Desenvolvimento ou Transtornos Abrangentes do Desenvolvimento, são uma categoria em que o autismo é a expressão máxima e mais característica. A categoria de transtornos invasivos, no entanto, inclui também outros transtornos, com características incompletas ou atípicas. Os TIDs têm em comum os transtornos qualitativos na interação social recíproca, na comunicação verbal e não verbal, além de manifestações de padrões restritos de interesses, atividades e condutas repetitivas e estereotipadas. Este capítulo se deterá na discussão do transtorno autista, apresentando seu histórico, os critérios diagnósticos, a prevalência, as comorbidades, os fatores etiológicos, os instrumentos de avaliação e as formas de tratamento.

HISTÓRICO

Em 1906, Bleuler, psiquiatra suíço, cunhou o termo "autismo" para caracterizar sintomas negativos[1] de pacientes esquizofrênicos. Posteriormente, Leo Kanner, em 1943, usou a mesma expressão para descrever crianças que demonstravam isolamento social extremo, déficits de comunicação e comportamentos obsessivos. De acordo com ele, esses indivíduos apresentavam uma forma precoce de esquizofrenia, que intitulou de autismo infantil. Um ano depois, Asperger, pediatra vienense, apresentou casos de pacientes que tinham características semelhantes às descritas por Kanner e Bleuler, mas que manifestavam habilidades comunicativas satisfatórias, apesar da presença de anomalias prosódicas e pragmáticas da linguagem (Rivieri, 2004).

A concepção de autismo, enquanto manifestação da esquizofrenia, prevaleceu nas duas décadas subsequentes, conforme evidenciado na primeira e na segunda edições do DSM (Manuais Diagnósticos e Estatísticos de Transtornos Mentais) publicadas, respectivamente, em 1952 e 1962[2]. Finalmente, em 1975, o autismo infantil, enquanto síndrome única e desvinculada da esquizofrenia, foi oficialmente incluído no CID-9 (Classificação Internacional de Doenças), como uma psicose da infância (Suplicy, 1993). Posteriormente, em 1980, o DSM-III denominou de "Transtornos Globais (abrangentes) do Desenvolvimento" (*Pervasive Developmental Disorder*) o autismo e outros transtornos correlatos. O emprego desse termo foi um passo importante

---

[1] Dentre os sintomas negativos da esquizofrenia, destacam-se o embotamento afetivo, a falta de interesse e o isolamento social.

[2] Nesses sistemas classificatórios o autismo era colocado sob o termo "esquizofrenia; início na infância" – código 295-80 (Suplicy, 1993).

na definição da síndrome, uma vez que enfatizou aspectos relacionados ao desenvolvimento da criança e não apenas aos déficits sociais (Suplicy, 1993).

CRITÉRIOS DIAGNÓSTICOS

O CID-10 e o DSM-IV-TR intitulam, respectivamente, de Transtornos Invasivos do Desenvolvimento (TID) e Transtornos Globais do Desenvolvimento (TGD) esses transtornos que compartilham, em menor ou maior grau, a tríade sintomatológica descrita por Kanner (DSM-IV-TR; CID-10), a saber, isolamento social, déficits de comunicação e comportamentos obsessivos. São considerados subtipos de TID o transtorno autista, o transtorno de Asperger, o transtorno de Rett, o transtorno desintegrador da infância e uma categoria residual denominada transtornos globais do desenvolvimento sem outra especificação. Em seguida serão descritas as principais características de cada transtorno.

TRANSTORNO AUTISTA

Os pacientes autistas apresentam, antes dos 3 anos, anormalidades qualitativas na interação social, na comunicação, além de interesses específicos, atípicos, inflexibilidade e comportamentos repetitivos. Essas três áreas podem estar acometidas em grau diferente, de sujeito para sujeito, mas todas estão alteradas no autismo. Em seguida serão delineadas as características da tríade sintomatológica do transtorno autista.

INTERAÇÃO SOCIAL

Os prejuízos nas interações sociais podem se revelar através do isolamento social ou pela apresentação de respostas sociais desadaptativas. Evitar o contato visual com pares, não responder quando chamado, esquivar-se de atividades em grupo ou não manifes-

tar empatia social ou emocional são exemplos desse padrão de respostas. As crianças autistas demonstram dificuldade de olhar nos olhos e comprometimento na atenção triádica, caracterizada pelo olhar de forma conjunta para alvo externo, indicado pelo interlocutor. Compartilham pouco seus interesses e suas conquistas, não se utilizando do apontar para recrutar o olhar alheio para o seu foco de atenção. Normalmente têm uma expressão facial pouco rica e têm dificuldade de ler as expressões faciais alheias. Os desafios em administrar a complexidade das interações sociais podem limitar o contato do autista com o outro. De fato, pesquisas revelam que essa população se engaja em menos interações sociais do que pessoas com desenvolvimento típico (Bauminger, Shulman, Agam, 2003).

COMUNICAÇÃO

Os déficits na comunicação apresentam-se como atrasos ou ausência total da linguagem falada e a limitada compreensão de enunciados verbais e não verbais. Metade dessa população é funcionalmente muda (Klin, 2006). As alterações na comunicação são frequente causa de encaminhamento para avaliação médica. A criança autista tem a fala alterada, na sua forma e na sua quantidade. Diferente das crianças com transtornos específicos de linguagem, que apresentam uma deficiência primária em suas habilidades de compreensão e/ou expressão, crianças autistas não compensam suas dificuldades com a fala através de comunicação não verbal. Elas, na maioria das vezes, não se utilizam de apontar, gesticular, usar olhares e expressões faciais de forma comunicativa (National Research Council, NRC, 2001). A ecolalia, definida como a repetição imediata ou tardia de palavras ouvidas, é outra característica comum em aproximadamente 85% dos indivíduos que desenvolvem a fala (Rydell; Prizant, 1995). Assim, é comum repetirem frases específicas, eventualmente fora de contexto. Os que se comunicam verbalmente apresentam déficits em iniciar e manter conversas, reverter pronomes e empregar termos abstratos (Klin, 2006; NRC, 2001). A dificuldade da criança autista é na habilidade comunicativa, e não primariamente de linguagem. Dessa forma, uma criança autista de 3 anos pode, por exemplo, não utilizar palavras como "água", quando tem sede, mas ser capaz de cantar canções inteiras. É um exemplo de como a comunicação está amplamente alterada e não, primariamente, a linguagem. São extremamente literais. Sua fala tende a ser monótona, havendo pouca expressão de sentimentos através da prosódia. Os prejuízos nas habilidades simbólicas são, também, observados nas formas de brincar. Essas crianças não manipulam carrinhos ou bonecas, imaginando histórias ricas em que as bonecas são pessoas ou os carros são dirigidos por eles, com enredos múltiplos e variados.

COMPORTAMENTO

As crianças autistas tendem a ter interesses por partes específicas de objetos que não geram tanto interesse em crianças com desenvolvimento típico. Uma criança autista pode, por exemplo, separar todas as peças azuis do seu Lego e brincar somente com estas. Pode ficar horas olhando movimentos giratórios, como o de um ventilador, de uma máquina de secar roupa ou a roda de um carrinho. Pode ter interesse marcado em cheirar ou sentir a textura de objetos. Além disso, essas crianças, com frequência, têm hábitos rígidos e difíceis de flexibilizar. Podem ter preferência por uma determinada comida, sendo muito difícil introduzir novos alimentos. Incorrem com frequência em comportamentos repetitivos como balançar as mãos ou rodar objetos.

O diagnóstico de autismo exige que exista acometimento nas três áreas citadas anteriormente e que o quadro tenha se instalado de forma precoce, especificamente antes dos 3 anos.

Há uma série de outros sintomas comuns e relevantes em crianças autistas, mas estes não fazem parte dos critérios para se realizar o diagnóstico. Esses sintomas serão descritos na seção Comorbidades e Sintomas Associados.

Transtorno de Asperger: os comportamentos adaptativos (exceto interação social), as habilidades cognitivas e as competências de autocuidado apresentam curso de desenvolvimento típico. Esses indivíduos apresentam inteligência normal ou acima da média e manifestam curiosidade sobre o ambiente. Por outro lado, os prejuízos na interação social e os padrões comportamentais são semelhantes aos descritos no transtorno autista. Interesses circunscritos, falta de coordenação motora e limitações prosódicas e pragmáticas da linguagem são outras características típicas de indivíduos com Asperger (Klin, 2006; Heflin e Alaimo, 2007).

Transtorno de Rett: desordem genética encontrada, primordialmente, em mulheres. A criança com esse transtorno apresenta desenvolvimento normal até os 6 ou 18 meses, quando são observadas perdas de habilidades previamente aprendidas, como fala ou atividades motoras. Existe desaceleração do crescimento da cabeça entre os 5 e os 48 meses, assim como perda das habilidades manuais entre os 5 e os 30 meses. Retardo psicomotor, deficiência intelectual profunda ou severa, movimentos estereotipados (lavar as mãos) e prejuízos severos na linguagem receptiva e expressiva são outras características tipicamente presentes (Mercadante, Van der Gaag, Schwartzman, 2006; Heflin e Alaimo, 2007).

Transtorno Desintegrador da Infância (TDI): transtorno também denominado Síndrome de Heller ou psicose regressiva. O desenvolvimento neuropsicomotor e linguístico são normais até, aproximadamente, os 24 meses. Após esse período (que pode ter início até os 10 anos), é evidenciado um processo de regressão em pelo menos duas das seguintes áreas: linguagem expressiva, linguagem receptiva, comportamentos adaptativos, habilidades motoras, interação social, brincadeiras ou controle de esfíncteres. A deficiência intelectual profunda ou severa é prevalente (Mercadante et al., 2006; Heflin e Alaimo, 2007).

Transtornos Invasivos do Desenvolvimento sem Outra Especificação (TID-SOE): expressão empregada para caracterizar indivíduos que apresentam alguns comportamentos atípicos observados nos outros TIDs, mas não o suficiente para caracterizar um dos outros diagnósticos. Também conhecido como autismo atípico, o TID-SOE é, em geral, determinado quando alterações leves são observadas nas áreas de comunicação, socialização ou interesses e condutas restritas. A deficiência intelectual leve é comum nessa população (Heflin e Alaimo, 2007).

COMORBIDADES E SINTOMAS ASSOCIADOS

Algumas condições neurológicas ocorrem no autismo com frequência maior do que seria esperado encontrar na população comum. Fenilcetonúria, síndrome do X-frágil, esclerose tuberosa, deleções e duplicações genéticas específicas (15q1-q13; 16p13) são condições que apresentam maior risco de autismo. Crianças com sinais neurológicos, características físicas corporais ou faciais específicas devem ser triadas para esses transtornos.

Além da maior ocorrência dessas síndromes específicas, crianças autistas apresentam um risco maior de apresentar retardo mental, irritabilidade, hipersensibilidade sensoperceptiva, hiperatividade, dificuldades atentivas, ansiedade, depressão, convulsões e dificuldades gastrointestinais.

Cerca de 20 a 70% dos autistas têm retardo mental. Essas medidas variáveis indicam a dificuldade de se estimar o QI nessa população. Um estudo em pré-escolares indicou que 70% dos autistas, 7% dos pacientes com TID-SOE e nehum dos pacientes com Asperger apresentavam retardo mental (Chakrabarti e Fombonne, 2001). Normalmente, como seria de se esperar diante de sua dificuldade de comunicação verbal,

seu QI verbal é menor do que seu QI não verbal. Suas maiores habilidades tendem a ser perceptivo-motoras, tendo muitos problemas, por outro lado, com raciocínio abstrato e simbólico. Cerca de 10% deles têm ilhas de habilidades cognitivas (Klin, 2006), áreas em que são especialmente capazes ou nas quais têm profundos conhecimentos.

Uma parte significativa dos pacientes autistas desenvolve quadros de irritabilidade, que podem ser acompanhados de agressividade auto e heterodirigida. Esses quadros são fontes importantes de morbidade para o indivíduo e a família, e são alvos frequentes de tratamento.

O processamento sensorial deficitário pode levar esses indivíduos a manifestar hipo ou hiper-reatividade a estímulos auditivos, visuais, olfativos, táteis ou gustativos (Heflin e Alaimo, 2007). Assim, modalidades de ruídos, cores, odores, texturas ou sabores podem se constituir em fontes de distração, irritabilidade ou até mesmo de dor, dependendo do grau de comprometimento sensorial do autista. Eles podem ser especialmente sensíveis a ruídos e terem respostas exageradas e atípicas, como entrar em pânico ao ouvir um coral.

Crianças autistas são, por vezes, agitadas e têm dificuldade de sustentar a atenção. Cerca de 40% apresentam sintomas de hiperatividade e/ou dificuldades atentivas suficientes para atingir o limiar de diagnóstico de crianças com Transtorno do Déficit de Atenção e Hiperatividade (TDAH) (Hofvander et al., 2009). Os sistemas atuais de diagnóstico, porém, impedem que se faça o diagnóstico de TDAH em vigência de autismo. Crianças autistas com sintomas de TDAH, no entanto, tendem a ser ainda mais comprometidas do que aquelas que não apresentam estes sintomas. Além disso, há opções para manejo específico destes sintomas, que serão descritas na seção Tratamento.

Ansiedade e depressão também são comuns em pacientes autistas ou com outros TIDs de QI normal. Estimativas recentes apontam para prevalência de 50% de ansiedade e de depressão nesses pacientes. É interessante ressaltar que quadros de ansiedade que atenderiam a critérios diagnósticos são menos comuns em pacientes com autismo clássico, mas bastante prevalentes em pacientes com Asperger e TID-SOE, podendo acometer cerca de 50% dos indivíduos portadores destes transtornos (Hofvander et al., 2009).

O quadro de epilesia ocorre em cerca de 20% dos autistas. Há dois picos de início do quadro: nos primeiros meses de vida e na adolescência. É preciso estar alerta para o maior risco de desenvolvimento de epilepsia na criança autista, de forma a saber diferenciar os comportamentos ritualísticos do quadro de autismo de crises parciais complexas.

As alterações gastrointestinais são de ocorrência mais discutível, podendo envolver quadros de constipação, vômito frequente, dor abdominal. Quadros como constipação acentuada podem levar a uma descompensação do quadro psiquiátrico com deterioração do comportamento da criança autista.

PREVALÊNCIA

O autismo clássico acomete cerca de 10-20:10.000 crianças (Nassar et al., 2009). Os TIDs, como um todo, afetam 1 em cada 110 pessoas (ASD; Center for Disease Control [CDC], 2008). Meninos são 2-4 vezes mais atingidos do que meninas. No caso do transtorno de Asperger, esta preponderância masculina é ainda maior, em uma proporção de 9:1 (Klin, 2006).

A literatura tem registrado aumento no número de casos de autismo nos últimos anos (ASD; Center for Disease Control [CDC], 2008). No início dos anos de 1980, considerava-se que havia cerca de 2,5:10.000 casos, enquanto ao final dos anos de 1990 a taxa subiu para 30:10.000. Isso provavelmente se deve a uma modificação nos critérios diagnósticos (Nassar et al., 2009), a uma maior vigilância da comunidade médica e ao reconhecimento mais claro de formas de autismo verbal e dito de alto funcionamento.

CURSO E PROGNÓSTICO

O autismo pode se manifestar de forma muito precoce, até mesmo nos primeiros meses de vida (Heflin e Alaimo, 2007). Nessa etapa do desenvolvimento, a resistência a ser pego no colo, as limitadas expressões faciais e a baixa frequência de balbucios podem se evidenciar. O bebê autista tende a dirigir, com menor frequência, o olhar para pessoas do que para objetos (Heflin e Alaimo, 2007). Suas expressões emocionais, como o sorriso, são descritas como mais "estáticas" ou mecânicas (Trevarthen e Daniel, 2005). São pouco responsivos, raramente participando de brincadeiras sociais de imitação, em que o adulto brinca de cobrir sua face e aparecer.

Em alguns casos, porém, as famílias descrevem que a criança iniciou um desenvolvimento normal e posteriormente apresentou um quadro de isolamento social e comunicativo. Com cerca de 3-4 anos, já costuma haver apresentação completa do quadro. O autismo, porém, não é estanque. Os padrões de comunicação e socialização podem evoluir, mas não se normalizam. Na idade escolar, as crianças podem ser mais responsivas socialmente e têm maior capacidade de compartilhar o olhar. Entre 75 e 85% dos indivíduos com esse diagnóstico continuam a apresentar escores dentro do espectro do autismo na adolescência e na vida adulta (Tuchman e Rapin, 2009).

O uso da fala de forma comunicativa e o QI são os fatores prognósticos de maior importância para o autismo. Na vida adulta, poucos autistas conseguem viver de forma independente e ter empregos estáveis. A maior parte é bastante dependente da família ou de serviços de apoio (Howlin et al., 2004).

ETIOLOGIA

Ao longo dos vinte primeiros anos após a descrição de Kanner, o autismo foi concebido como um transtorno emocional, produzido por fatores emocionais ou afetivos. Imperou, nas décadas de 1940 a 1960, a crença de que essa condição seria determinada por pais não responsivos, incapazes de proporcionar adequado afeto ao filho (Klin, 2006; Rivieri, 2004). Nessa perspectiva, o autismo seria tratado a partir de terapias dinâmicas capazes de restabelecer os laços emocionais entre a criança e seus progenitores. As evidências empíricas produzidas nas décadas subsequentes desmistificaram essa hipótese. Na atualidade, o autismo é descrito como um transtorno do neurodesenvolvimento, fortemente genético, que, em seu amplo espectro de gravidades, tem etiologias múltiplas que convergem para uma neuropatogênese comum.

ETIOLOGIA BIOLÓGICA

As últimas décadas têm revelado importantes dados acerca das origens biológicas do autismo e dos outros transtornos invasivos do desenvolvimento. Atualmente, considera-se que o grau de herdabilidade do autismo é bastante alto, calculando-se que cerca de 90% da variância na ocorrência do autismo seja explicada por causas genéticas. Inicialmente, serão expostos dados de estudos genéticos que apontam para a herdabilidade do transtorno. Em seguida, serão apresentados dados neuroanatômicos ou neurofisiológicos que indicam estruturas ou mecanismos cerebrais que podem estar alterados no autismo.

ESTUDOS GENÉTICOS

Irmãos biológicos de autistas têm risco vinte vezes maior de desenvolver autismo do que o esperado na população como um todo. De forma ainda mais específica, estudos indicam que gêmeos idênticos têm uma concordância muito maior para o autismo do que gêmeos não idênticos. Mais precisamente, um menino com um irmão autista geneticamente idêntico tem uma chance de 60-90% de também ser autista, comparado ao sujeito que tem um irmão com apenas parte dos genes em comum, no qual o risco de também ser autista é de 10-20% (Ritvo et al., 1985). Este é um dos dados mais relevantes na documentação da origem biológica do autismo.

ESTUDOS NEUROANATÔMICOS E NEUROFISIOLÓGICOS

Os modelos de entendimento dos mecanismos envolvidos na gênese do autismo abrangem acometimento de sistemas límbico-corticais frontais e temporais. Estes sistemas estão ligados à vivência afetiva, que é claramente alterada em pacientes autistas.

Exames de neuroimagem indicam que a amígdala (uma região cerebral fortemente associada com cognição social) de pacientes autistas se ativa de forma menos intensa do que a de pessoas com desenvolvimento típico em atividades sociais. O giro fusiforme (uma área do cérebro envolvida com reconhecimento de faces) se ativa em menor grau em pacientes autistas, quando estes são expostos a figuras retratando rostos (Corbett et al., 2009). Este achado converge com a dificuldade clínica que se observa nos autistas de compreender sinais não verbais. Estudos com *eye-tracking*, nos quais se apresenta uma imagem ao paciente e se observa através de um aparelho exatamente onde ele está focando sua visão, demonstram que os autistas direcionam seu olhar de forma muito mais rara para os olhos dos personagens de um filme em uma cena com forte tensão psicológica do que pacientes não portadores de autismo (Klin et al., 2002). Dessa forma, os autistas evidentemente perdem vários sinais importantes em um diálogo, o que explica, em parte, sua inabilidade social e sua dificuldade de compreender sinais indiretos do interlocutor.

AVALIAÇÃO: MÉTODOS E INSTRUMENTOS

A literatura registra que, nas últimas décadas, um elevado número de instrumentos baseados nos critérios do DSM foi desenvolvido para rastrear sintomas desse transtorno, assim como para avaliar sua gravidade (Hall, 2009). Os instrumentos de rastreio são, em geral, aplicados em grande escala e visam identificar crianças que evidenciam atrasos e/ou atipicidades no desenvolvimento. Os indivíduos que apresentam riscos são, posteriormente, avaliados por instrumentos mais precisos.

Dentre os instrumentos de rastreio do autismo, destacam-se a escala M-CHAT (*Checklist for Autism in Toddlers* – Robins, Fein, Barton e Green, 2001), recentemente traduzida para o português (Lopasio e Ponde, 2008) e o Questionário de Comunicação Social (*Social-Communication Questionnaire* [SCQ], Rutter e Schopler, 1992; *apud* Hall, 2009). A primeira é composta por 23 perguntas do tipo sim/não que devem ser respondidas pelos pais da criança. Aspectos da comunicação, da socialização e dos comportamentos da criança são avaliados em perguntas do tipo: "O seu filho responde quando você o chama pelo nome?"; "Seu filho tem interesse por outras crianças?"; "Seu filho consegue brincar de forma correta com brinquedos (carros ou blocos), sem apenas colocar na boca, remexer no brinquedo ou deixá-lo cair?" (Lopasio e Ponde, 2008). O instrumento, de simples e rápida aplicação, visa identificar indícios do transtorno em indivíduos entre 18 e 24 meses.

A SCQ é composta por 40 perguntas que devem ser respondidas por pais de crianças acima de 4 anos. Existem duas versões da escala: uma para crianças abaixo de 6 anos e outra para aquelas com mais de 6 anos. O instrumento avalia prejuízos nas áreas de interação social recíproca, comunicação, linguagem e comportamento. Exemplos de perguntas presentes no instrumento incluem: "O seu filho fica incomodado com pequenas mudanças na rotina?"; "Em sua perspectiva, quanto o seu filho compreende da fala quando você não utiliza gestos?"; "O seu filho sorri (cumprimentando) quando se aproxima de alguém para solicitar algo?" (Hall, 2009).

Quando a criança evidencia riscos para o desenvolvimento da síndrome, é aconselhado o uso de instrumentos mais precisos, como a Escala de Avaliação do Autismo (*Childhood Autism Rating Scale*; CARS – Schopler, Reichler, Renner, 1988), a Escala de Avaliação de Traços Autísticos (ATA – Assumpção Jr., Kuczynski, Gabriel e Rocca, 1999) ou o Programa de Observação Diagnóstica do Autismo (*Autism Diagnostic Observation Schedule*; ADOS – Lord, Rutter, Dilavore e Risi, 2001; *apud* Hall, 2009).

A escala CARS, recentemente validada no Brasil (Pereira, Riesgoe Wagner, 2008), pode ser aplicada em crianças acima de 2 anos. Esse instrumento avalia o comportamento em 14 domínios, incluindo: relações pessoais, imitação, resposta emocional, uso corporal, uso de objetos, resposta a mudanças, resposta visual, resposta auditiva, resposta e uso do paladar, do olfato e do tato, medo ou nervosismo, comunicação verbal, comunicação não verbal, nível de atividade e nível e consistência da resposta (Pereira et al., 2008). A escala permite diferenciar o autismo leve-moderado do severo, e deve ser aplicada por profissionais treinados em realizar avaliações (Hall, 2009).

A ATA, elaborada por Ballabriga e colaboradores (1994; *apud* Assumpção Jr. et al., 1999), é uma prova padronizada composta por 23 subescalas que tomam como base os critérios diagnósticos do DSM e do CID. Esse instrumento, traduzido, adaptado e validado no Brasil (Assumpção Jr. et al., 1999), pode ser aplicado em crianças a partir dos 2 anos. O preenchimento da escala, que dura em torno de 30 minutos, deve ser feita por pais, professores ou outros profissionais que têm contato direto com a criança.

A ADOS, atualmente considerada um dos instrumentos mais completos para a avaliação do autismo, avalia, em contextos padronizados, a interação social, a comunicação, os comportamentos, os interesses, o jogo e a imaginação do indivíduo (Hall, 2009). O examinador, que deve receber treinamento formal, seleciona, com base no nível de desenvolvimento linguístico do paciente, um dentre quatro módulos de aplicação oferecidos pela escala. Cada módulo contempla programas semiestruturados de atividades e entrevistas realizadas diretamente com indivíduos pré-verbais ou com comunicação fluente.

TRATAMENTO

O autismo não tem cura, mas dados de pesquisas indicam, no entanto, melhorias funcionais de crianças expostas a programas de intervenção antes dos 5 anos (NRC, 2001). Esse fenômeno pode ser atribuído à ampla plasticidade do cérebro, evidente nos primeiros anos de vida.

O tratamento multimodal, multidisciplinar e individualizado é imperativo, considerando-se a heterogeneidade dos sintomas autistas. Assim, os programas de intervenção devem incluir psicólogos, psiquiatras, terapeutas da fala, pedagogos, terapeutas ocupacionais, dentre outros profissionais. Estes programas, delineados com a participação ativa da família, devem ter como objetivo o desenvolvimento de habilidades funcionais e a redução de comportamentos desadaptativos (Tuchman e Raipin, 2009).

De forma específica, o tratamento deve enfocar as seguintes áreas de desenvolvimento/comportamento: habilidades sociais; comunicação (expressiva e receptiva); comunicação não verbal; comunicação simbólica funcional; habilidades motoras (fina e grossa); habilidades cognitivas (jogo simbólico, habilidades acadêmicas); substituição de comportamentos disfuncionais (NRC, 2001).

No presente capítulo discorreremos, sucintamente, sobre alguns tratamentos biológicos, terapêuticos e educacionais que, na classificação de Simpson (2005), evidenciam adequado respaldo empírico.

Tratamentos biológicos

Tratamentos farmacológicos podem ser um complemento importante no tratamento do autismo. Embora não exista medicação curativa, o tratamento farmacológico pode ajudar a minimizar comportamentos impróprios e disfuncionais no autismo, como agitação excessiva, insônia, autoagressão e irritabilidade.

Antipsicóticos atípicos

Estudos indicam que antipsicóticos atípicos, especificamente risperidona, podem ser úteis no tratamento da irritabilidade de pacientes autistas (RUPP *autism network*, 2002). São frequentemente utilizados em pacientes autistas com essa finalidade, tendo inclusive recebido indicação formal do órgão de controle de medicações norte-americano. Esses estudos usaram doses médias, variando de 1-1,8mg/dia, e demonstraram, através de comparação da droga com placebo, que, além da sua utilidade para tratar a irritabilidade, a risperidona é também eficaz no manejo da agressividade auto ou heterodirigida. A risperidona ainda pode ser útil para controle de comportamentos estereotipados disfuncionais e hiperatividade (Posey et al., 2008). Ganho significativo de peso é um dos efeitos colaterais mais importantes com o uso dessa medicação.

Além da risperidona, já foram realizados estudos em pacientes autistas com olanzapina (Hollander et al., 2006), quetiapina (Hardan et al., 2005), ziprasidona (Mcdougle et al., 2002) e aripiprazol (Stigler et al., 2004 e 2006), mas o número de experimentos com estas drogas é mais restrito.

Estimulantes e medicações para sintomas de TDAH

Metilfenidato pode melhorar a atenção conjunta e principalmente a hiperatividade e a impulsividade de pacientes com autismo (ou transtornos do espectro autista), como indicado por estudo duplo-cego (Posey et al., 2007). Pacientes com autismo, porém, tendem a ser mais sensíveis aos efeitos colaterais dessas medicações e recomenda-se o uso de doses mais baixas. Um estudo recente demonstrou a eficácia de atomoxetina no controle de sintomas de hiperatividade e desatenção, com menos efeitos colaterais do que os apresentados com metilfenidato (Arnold et al., 2006).

Inibidores da Recaptação de Serotonina (IRSS)

Devido à tendência de pacientes autistas apresentarem comportamentos repetitivos e ao fato de que os IRSS são eficazes no tratamento de obsessões e compulsões, já se utilizou esse tipo de medicação para comportamentos repetitivos e disfuncionais de autistas. Vários estudos em pacientes autistas ou com transtornos do espectro autista avaliando diversas dessas medicações foram realizados, mas estudos randomizados, controlados por placebo, foram conduzidos apenas com fluoxetina, fluvoxamina e citalopram. Um desses estudos demonstrou melhora na ansiedade e outro indicou melhora na agressividade, especialmente em adultos. O único estudo controlado randomizado conduzido com citalopram não demonstrou benefícios com o uso dessa medicação. Essas drogas frequentemente têm seu uso restrito em pacientes autistas, devido à alta probabilidade de desenvolvimento de ativação e irritabilidade. Embora estudos abertos tenham, em muitas circunstâncias, evidenciado a eficácia desses agentes, especialmente para ansiedade e comportamentos repetitivos, uma revisão sistemática recente de estudos de metodologia mais rigorosa indica que os IRSS não têm seu benefício comprovado em crianças autistas (Williams et al., 2010).

Tratamento da insônia

Pacientes autistas em geral têm um padrão de sono alterado, comprometendo muito a rotina da família. Além das medidas de higiene de sono, em alguns casos, recomenda-se o uso de medicações como melatonina para reverter esse problema. Melatonina já se mostrou eficaz e bem tolerada nesses pacientes, diminuindo o tempo de latência do sono e aumentando sua duração total (Wright et al., 2010).

Tratamentos terapêuticos e educacionais

Para fins didáticos podemos classificar as intervenções terapêuticas e educacionais em dois grandes grupos: as intervenções focais e os programas de intervenção. Os primeiros estão delineados para produzir mudanças comportamentais específicas ou enfocar áreas particulares de desenvolvimento. Estes procedimentos pontuais são, em geral, empregados em curto espaço de tempo (por exemplo, 3 meses) e cessam quando são evidenciadas mudanças no comportamento em foco. Um exemplo de intervenção focal descrito na literatura é a *história social* (*social story*), criada por Carol Gray (Simpson et al., 2005). Trata-se de uma intervenção cognitiva, com limitado respaldo empírico, realizada a partir da elaboração de histórias em que são salientados comportamentos sociais adaptativos (Simpson et al., 2005). A história social deve ser individualizada e elaborada com a participação do paciente. É uma estratégia recomendada para autistas em idade pré-escolar até a idade adulta, contemplando indivíduos com comprometimento cognitivo moderado, com inteligência normal e acima da média. De acordo com Gray (1994; *apud* Simpson et al., 2005), o texto escrito deverá conter quatro elementos essenciais, incluindo:

a) informações sobre o ambiente, sobre os sujeitos envolvidos na situação descrita e sobre suas ações;

b) frases afirmativas sobre respostas comportamentais apropriadas;

c) sentenças que descrevam os sentimentos e as reações dos personagens envolvidos na situação descrita;
d) "frases-controle" que permitam fazer analogias entre o que é descrito na história e vivenciado pelo paciente.

Os programas de intervenção, segundo Odom e colaboradores (2010), compreendem práticas delineadas para tratar de múltiplos déficits de desenvolvimento ou de aprendizagem. Em geral, são enfocadas diversas áreas de desenvolvimento, como a comunicação, a cognição ou o desempenho motor, além de habilidades acadêmicas e o desenvolvimento de comportamentos adaptativos. Esses programas são, em geral, extensos e intensivos. Assim, o paciente poderá receber, por mais de um ano, atendimento educacional ou terapêutico com frequência de 25 horas/semana. Dentre os programas de intervenção referidos na literatura, destacam-se a Análise Comportamental Aplicada, o Modelo TEACCH (*Treatment and Education of Autistic and Related Communication Handicapped Children*) e a Modificação Cognitiva do Comportamento, que serão, em seguida, descritos.

Análise comportamental aplicada (ABA, Applied Behavior Analysis)

Trata-se da aplicação dos princípios da teoria da aprendizagem, baseada no *comportamento operante*, conceituado por Skinner, para desenvolver comportamentos funcionais e reduzir condutas desadaptativas. A *análise funcional do comportamento*, realizada a partir da observação direta, é um elemento-chave desta abordagem. Essa análise visa identificar as contingências (antecedentes e consequências) ambientais e contextuais que eliciam ou mantêm padrões específicos de respostas. O processo de intervenção consiste em identificar as funções das respostas desadaptativas e modificar suas contingências, alterando eventos que precedem

ou sucedem os comportamentos-problema. A eficácia no uso de métodos de ensino derivados do ABA com pessoas com autismo tem sido amplamente registrado na literatura (Simpson et al., 2005). Dentre esses métodos instrucionais destaca-se o Ensino Discriminado de Respostas (DTT, *Discrete Trial Teaching*).

No DTT, o ensino de novas habilidades é realizado a partir de pequenas unidades de ensino, intituladas "tentativas discriminadas" (DT, *discrete trials*). Cada tentativa é composta por três elementos: a apresentação do estímulo discriminativo (Sd), a resposta do indivíduo (R) e a consequência (C). O exemplo a seguir ilustra como respostas verbais podem ser ensinadas a partir de DT:

Sd → R → C
"Diga carro" → "carro" → "Muito bem!"
(professor segura carrinho) (aluno responde)
(professor dá o carrinho à criança)

No exemplo acima, se o carro opera como um reforçador, da próxima vez que alguém disser "Diga carro", haverá alta probabilidade de que o aluno responda adequadamente. O DTT é aconselhado para crianças e adultos com autismo moderado e grave que evidenciam comprometimento cognitivo grave, moderado, com inteligência normal ou acima da média.

TEACCH

A filosofia do TEACCH compreende o autismo como sendo uma cultura, com especificidades cognitivas e comportamentais. A população autista, segundo esse modelo, necessita da estruturação do ambiente físico para atuar de forma autônoma. Essa estruturação é operacionalizada a partir de quatro componentes: o arranjo físico do ambiente, o uso de calendários visuais, as estações de trabalho e a organização de tarefas. O primeiro componente diz respeito ao *layout* do espaço onde serão ensinadas as habilidades acadêmicas e/ou funcionais (atividades da vida diária, como, por exemplo, fazer compras, cozinhar, escovar os dentes, etc.). A organização física pode incluir a minimização de estímulos distrativos (redução de luz, som, etc.), como também a inserção de sinalizadores ambientais, como placas indicando onde estão alocados os pratos em uma cozinha ou os livros em uma sala de aula. Os calendários visuais indicam ao autista que atividades devem ser realizadas e em qual sequência. Assim, ele pode averiguar que, inicialmente, irá lavar as mãos e, em seguida, irá para o refeitório almoçar. Essa estratégia auxilia o indivíduo a prever eventos, reduzindo sua ansiedade. Os sistemas de trabalho e organização de tarefas determinam, especificamente, quais atividades o indivíduo deverá realizar. Através de informações visuais é indicado o tempo de execução da tarefa e dicas que sinalizam seu início e término. Desse modo, o início de uma atividade, como montar um quebra-cabeça, pode ser identificado a partir das peças desordenadas postas em uma caixa verde, posicionada do lado direito de uma mesa. Do lado esquerdo, embaixo de uma placa escrita "término", pode haver uma caixa vermelha, sinalizando ao autista onde o quebra-cabeça montado deverá ser posto. O TEACCH é indicado para crianças e adultos com autismo moderado e grave que evidenciam comprometimento cognitivo severo, moderado, ou com inteligência normal.

Modificação cognitiva do comportamento (MCC)

Na classificação de Simpson (2005), a MCC é considerada uma prática promissora, com adequado respaldo empírico. Esse modelo de intervenção visa a modificação de comportamentos desadaptativos a partir da reestruturação cognitiva do paciente. Nessa abordagem, o agente de intervenção é o próprio sujeito autista, que aprende a empregar estratégias de automonitoramento na resolução de problemas. De acordo com Quinn e colaboradores (1994; *apud* Simpson et al., 2005), a MCC pode ser implementada em três estágios: o pré-treino, o treino e a generalização de respostas. Na primeira etapa, o comportamento-alvo e as variáveis reforçadoras do comportamento são identificados. Na fase do treinamento, o indivíduo aprende, através de instrução direta, do uso de modelos e de prática assistida, a automonitorar suas respostas. Por fim, o indivíduo é exposto a diferentes contextos, em que é instigado a utilizar as estratégias aprendidas para monitorar os comportamentos-problema. A MCC é recomendada para crianças e adultos com autismo moderado e leve que evidenciam comprometimento cognitivo moderado, com inteligência normal ou acima da média.

Considerando a heterogeneidade sintomatológica dessa população, é incorreto presumir que existam intervenções focais ou programas de intervenção ideais para todas as pessoas com autismo. O tratamento adotado deve, no entanto, empregar práticas terapêuticas ou de ensino respaldadas em pesquisas

CONCLUSÕES

O autismo é um transtorno complexo, multifatorial, que se manifesta de forma precoce. Comportamentos desadaptativos e prejuízos qualitativos na interação social recíproca e na comunicação são sintomas característicos dessa síndrome. Embora não tenha cura, pesquisas indicam que os tratamentos precoces, multidisciplinares, abrangentes e intensivos produzem mudanças promissoras no quadro.

REFERÊNCIAS

Arnold, L. E., Aman, M. G., Cook, A. M., Witwer, A. N., Hall, K. L., Thompson, S., et al. (2006). Atomoxetine for hyperactivity in autism spectrum disorders: placebo-controlled crossover pilot trial. *Journal of the American Academy of Child and Adolescent Psychiatry, 45*(10), 1196-205.

Assumpcao Jr., F., Kuczynski, E., Gabriel, M., & Rocca, C. (1999). Escala de avaliação de traços autísticos (ATA): validade e confiabilidade de uma escala para a detecção de condutas artísticas. *Arq. Neuro-Psiquiatr, 57* 1), 23-29.

Bauminger, N., Shulman, C., & Agam, G. (2003). Peer interaction and loneliness in high-functioning children with autism. *Journal of Autism and Developmental Disorders*, *33*(5), 489-507.

Center for Disease Control and Prevention. (2010). Autism Information Center. Acesso em nov. 12, 2010, from http://www.cdc.gov/ncbddd/autism/index.html. .

Chakrabarti, S., & Fombonne, E. (2001). Pervasive developmental disorders in preschool children. *JAMA, 285*(24), 3093-3099.

Corbett, B. A., Carmeana, V., Ravizzae, S., Wendelkenf, C., Henryg, M., Cartera, C., et al. (2009). A functional and structural study of emotion and face processing in children with autism. *Psychiatry Research, 173*(3), 196-205.

Hall, L. (2009). *Autism spectrum disorders: from theory to practice*. Upper Saddle River, NJ: Pearson Prentice Hall.

Hardan, A. Y., Jou R. J., & Handen, B. L. (2005). Retrospective study of quetiapine in children and adolescents with pervasive developmental disorders. *Journal of Autism and Developmental Disorders35*, 387-391.

Heflin, l., & Alaimo, D. (2007). *Students with autism spectrum disorders: effective instructional practices*. Upper Saddle River, NJ: Pearson Prentice Hall.

Hofvander, B., Delorme, R., Chaste, P., Nydén, A. Wentz, E., Ståhlberg, O., et al. (2009) Psychiatric and psychosocial problems in adults with normal-intelligence autism spectrum disorders. *BMC Psychiatry 9*, 35.

Hollander, E, Wasserman S., Swanson, E. N., Chaplin, W., Schapiro M. L., Zagursky, K., et al (2006). A doble-blind placebo controlled pilot study of olanzapine in childhood/adolescent pervasive developmental disorder. *Journal of Child and Adolescent Psychopharmacology, 16*, 541-548.

Howlin, P., Goode, S., Hutton, J., & Rutter, M. (2004). Adult outcome for children with autism. *The Journal of Child Psychology and Psychiatry, 45*(2), 212-229.

Klin, A., Jones, W., Schultz, R., Volkmar, F., & Cohen, D. (2002). Visual fixation patterns during viewing of naturalistic social situations as predictors of social competence in individuals with autism. *Archives of General Psychiatry, 59*(9), 809-816.

Klin, A. (2006). Autismo e síndrome de Asperger: uma visão geral. *Revista Brasileira de Psiquiatria, 28*(1), 3-11.

Losapio, M., & Ponde, M. (2008). Escala M-CHAT para rastreamento precoce de autismo. Revista de Psiquiatria do Rio Grande do Sul, 30(3), 221-229. Tradução.

McDougle, C. J., Kem, D. L., & Posey, D. J. (2002). Cas series: use of ziprasidone for maladaptive symptoms in youth with autism. *Journal of the American Academy of Child and Adolescent Psychiatry, 41*, 921-927.

Mercadante, M. T., Van der Gaag, R. J., Schwartzman, J. S. (2006). Non-autistic pervasive developmental disorders: rett syndrome, desintegrative disorder and pervasive developmental disorder not otherwise specified. *Revista Brasileria de Psiquiatria, 28*(1), 13-21.

Nassar, N., Dixon, G., Bourke, J., Bower, C., Glasson, E., De Klerk, N., et al. (2009). Autism spectrum disorders in young children: effect of changes in diagnostic practices. International *Journal of Epidemiology, 38*, 1245-1254.

National Research Council. (2001). Educating children with autism. Committee on Educational Interventions for Children with Autism. In: Lord, C., & McGee, J. P. (Ed.). *Division of behavioral and social sciences and education*. Washington, DC: National Academy Press.

Odom, S., Boyd, B., Hall, L., & Hume, K. (2010). Evaluation of Comprehensive Treatment Models for Individuals with Autism Spectrum Disorders. *Journal of Autism and Developmental Disorders, 40*, 425-436.

Pereira. A., Riesgo. R., & Wagner. M. (2008). Childhood autism: translation and validation of the Childhood Autism Rating Scale for use in Brazil. *Jornal de Pediatria (Rio J), 84*, 487-494.

Posey, D. J., Aman, M. G., McCracken, J. T., Scahill, L., Tierney, E., Arnold, L. E., et al. (2007) Positive effects of methylphenidate on inattention and hyperactivity in pervasive developmental disorders: an analysis of secondary measures. *Biological Psychiatry, 61*(4), 538-544.

Posey, D., Stigler, K., Erickson, C.A., McDougle, C. J. (2008). Antipsychotics in the treatment of autism. *The Journal of Clinical Investigation, 118*(1), 6-14.

Research Units on Pediatric Psychopharmacology Autism Network. (2002). Risperidone in children with autism and serious behavioral problems. *New England Journal Medicine, 347*, 314-321.

Ritvo, E. R., Freeman, B. J., Mason-Brothers, A., Mo, A., & Ritvo, A. M. (1985) Concordance for the syndrome of autism in 40 pairs of afflicted twins. *American Journal of Psychiatry, 142*(1), 74-77.

Riviere, A. (2004). O autismo e os transtornos globais do desenvolvimento. In: Coll, C., Marchesi, A., & Palácios, J. (Org.). *Desenvolvimento psicológico e educação: necessidades educativas especiais* (p. 238-248). Porto Alegre: Artmed.

Rydell, P., & Prizant, B. M. (1995). Assessment and intervention strategies for children who use echolalia. In: Quill, K. (Ed.). *Teaching children with autism: Strategies to enhance communication and socialization* (pp. 105-129). Albany, NY: Delmar.

Simpson, R. (2005). Evidence-based practices and students with autism spectrum disorders. *Focus on Autism and Other Developmental Disabilities, 20*(3), 140-149.

Simpson, R. L., de Boer-Ott, S. R., Griswold, D. E., Myles, B. S., Byrd, S. E., Ganz, J. E., et al. (2005). *Autism spectrum disorders: Interventions and treatments for children and youth*. Thousand Oaks, CA: Corwin Pres.

Stigler, K. A. , Posey, D. J., & McDougle, C. J. (2004). Case report: aripiprazole for maladaptive behavior in pervasive developmental disorder. *Journal of Child and Adolescent Psychopharmacology, 14*, 455-463.

Stigler, K. A., Diener, J. T., Kohn, A. E., Li, L., Erickson, C. A., Posey, D. J., et al (2006). A prospective open-label study of aripiprazole in youth with Asperger's disorder and pervasive developmental disorder not otherwise specified. *Neuropsychopharmacology, 31*, s194

Suplicy, A. M. (1993). Autismo infantil: revisão conceitual. *Revista de Neuropsiquiatria da Infância e Adolescência, 1*(1), 21-28.

Trevarthen, C., & Daniel, S. (2005). Disorganized rhythm and synchrony: Early signs of autism and rett syndrome. *Brain & development, 27*(1), 25-34.

Tuchman, R., & Rapin, I. (2009). *Autismo: abordagem neurobiológica*. Porto Alegre: Artmed.

Williams, K., Wheeler, D. M., Silove, N., & Hazell, P. (2010). Selective serotonin reuptake inhibitors (SSRIs) for autism spectrum disorders (ASD). Cochrane Database Syst Rev. 4;8

Wright, B, Sims, D, Smart, S, Alwazeer, A, Alderson-Day, B, Allgar, V, et al. (2010). Melatonin versus placebo in children with autism spectrum conditions and severe sleep problems not amenable to behaviour management strategies: a randomised controlled crossover trial. Journal of Autism and Developmental Disorders 10.

34

Transborno de personalidade *borderline*

Paula Ventura
Helga Rodrigues
Ivan Luiz de Vasconcellos Figueira

INTRODUÇÃO

Nos últimos anos, o Transtorno de Personalidade *Borderline* (TPB) encontra-se em evidência com o aumento do interesse de profissionais da área de saúde, do desenvolvimento de estratégias terapêuticas e do número de publicações. A literatura mostra crescimento também das publicações na intersecção entre TCC e TPB. Até o ano 2000, identificamos um total de 71 referências, ao passo que, até o ano de 2010, foram localizadas 473 referências (pesquisa realizada no dia 20/08/2010, na base eletrônica ISI *Web of Knowledge*).

A estimativa é de que 11% de todos os pacientes psiquiátricos ambulatoriais e 19% dos pacientes psiquiátricos internados preencham critérios diagnósticos para TPB (Linehan, 2010). Dos pacientes com transtornos de personalidade, 33% dos ambulatoriais e 63% dos internados preenchem critérios para TPB (Linehan, 1993). Na população geral, a prevalência é de cerca de 2% (DSM-IV-TR, 2000). A maior parte (74%) dos pacientes com TPB é do sexo feminino, e a maioria (70 a 75%) tem uma história de comportamento de autoagressão (Linehan, 1993).

A abordagem do TPB é relativamente recente, com sua inclusão apenas na terceira edição do Manual Diagnóstico e Estatístico dos Transtornos Mentais (DSM-III, 1980), o que favoreceu o desenvolvimento de estudos sistemáticos nessa área. Diferentes autores têm estudado o TPB, dentre eles: Marsha Linehan, Mary Anne Layden, Christine Padesky, Arthur Freeman e Cory Newman e Jeffrey Young.

Este capítulo tem por objetivo abordar o Transtorno de Personalidade *Borderline*, para o qual serão adotados os critérios do DSM-IV (1994) e DSM-IV-TR (2000). (Para uma revisão que inclua todos os transtornos de personalidade, ver Ventura, 1995.) Será considerada a definição de personalidade proposta por Beck e colaboradores (2005), segundo a qual a personalidade é uma organização relativamente estável, composta por sistemas e modos. Sistemas de estruturas interligadas (esquemas) são responsáveis pela recepção de um estímulo e por todo o processo que vai até a resposta comportamental.

Os esquemas são estruturas cognitivas que organizam a experiência e o comportamento e referem-se às necessidades básicas do indivíduo, sendo desenvolvidos e mantidos por meio do relacionamento interpessoal. O paciente com transtorno de personalidade apresenta esquemas não adaptativos, que trazem sofrimento a ele mesmo ou a outra pessoa. Os esquemas também são amplos, inflexíveis e densos – já que permeiam toda a organização cognitiva – e hipervalentes. Quando um esquema é hipervalente, seu limiar de ativação é baixo e inibe a ativação de outros esquemas.

Os esquemas, de forma geral, estão relacionados a cinco temas básicos:

1. Expectativa de que as suas necessidades básicas de segurança, estabilidade, empatia e atenção não venham a ser satisfeitas.
2. O indivíduo acredita ser incapaz de viver com certo grau de independência do outro.
3. Expectativa de que não é uma pessoa desejável ou de que é diferente das outras pessoas no que diz respeito a beleza física, habilidades sociais, sucesso profissional, etc.
4. Tendência a ignorar ou suprimir as emoções ou as preferências.
5. Restrição da autogratificação, em que o indivíduo volta a sua energia para o trabalho e para a as responsabilidades, deixando de lado atividades de lazer.

Os esquemas são mantidos pelos processos de distorção cognitiva descritos por Beck e pelo comportamento de evitar o contato com os esquemas, pois sua deflagração é muito ansiogênica. Comumente, observamos que os pacientes adotam comportamentos opostos ao que se esperaria a partir de seus esquemas. Por exemplo, pacientes com grande necessidade de atenção procuram afastar-se das pessoas, porque acreditam que ninguém conseguirá atender a essas necessidades (Young e Lindemann, 1992; Young et al., 2008).

Desde a introdução dos transtornos de personalidade como categorias diagnósticas em 1980, por meio da publicação do DSM-III, observamos na literatura estudiosos que defendem a ideia de que os transtornos de personalidade não existem, ou que não são adequadamente definidos pelo DSM. Arntz (1999) mostra que há evidências suficientes para a definição dos transtornos de personalidade como categorias diagnósticas. Estudos epidemiológicos, usando critérios do DSM, mostram que a prevalência dos transtornos de personalidade na população geral é de 1 a 3%; cerca de 10 a 20% na população de pacientes ambulatoriais e de 19 a 60% na população de pacientes inter-

nados (DSM-IV, 1994). Além disso, estudos com neuroimagem avançam, sugerindo a redução significativa do volume do hipocampo e da amígdala, encontrados em pacientes com TPB, como possíveis substratos biológicos de alguns sintomas desse transtorno de personalidade (Nunes et al., 2009).

Uma das críticas geralmente feitas aos transtornos de personalidade é que apenas alguns dos vários critérios devem ser preenchidos para que o diagnóstico seja feito, o que levaria a uma variedade muito grande na apresentação de um mesmo transtorno. O TPB, por exemplo, poderia ser diagnosticado de 247 formas diferentes (utilizando as várias combinações possíveis dos critérios do DSM-IV). Na realidade, porém, essa crítica normalmente feita aos transtornos de personalidade também se aplica aos transtornos do eixo I do DSM-IV. Por exemplo, o transtorno de pânico pode ser diagnosticado de 7.814 formas diferentes, levando-se em conta que o paciente deve preencher no mínimo 4 dos 13 critérios para que o diagnóstico seja feito, ou seja, pode apresentar qualquer combinação de 4 dos 13 sintomas, bem como qualquer combinação de 5, 6, 7, e assim por diante dos 13 sintomas.

Além disso, avanços vêm sendo propostos para o diagnóstico dos transtornos de personalidade no DSM-V. De acordo com especialistas, o sistema diagnóstico deve ser clinicamente relevante, incluindo um espectro das patologias da personalidade, facilitando o seu reconhecimento e evitando a negligência dos diagnósticos de transtorno de personalidade na prática clínica. Deve também poder ser utilizado por clínicos não necessariamente especializados na avaliação e no tratamento dos transtornos de personalidade (Shedler et al., 2010).

Com frequência, os pacientes procuram terapia com queixas de depressão, ansiedade ou transtornos alimentares, e o terapeuta pode ter a falsa impressão inicial de que se trata de um caso de fácil manejo. Comprovadamente, há uma sobreposição muito grande de transtornos do eixo I e do eixo II. Nos transtornos ansiosos, a prevalência média de transtornos de personalidade em pacientes com transtorno de pânico, fobia social, transtorno de ansiedade generalizada e transtorno obsessivo-compulsivo variou de 50 a 60% (van Velzen e Emmelkamp, 1996). Os tipos de transtornos mais prevalentes foram o transtorno dependente e o transtorno obsessivo-compulsivo de personalidade. Nos transtornos alimentares, a prevalência média de transtornos de personalidade é de 37% e de 9% para o TPB, sendo este o segundo transtorno de personalidade com maior comorbidade com os transtornos alimentares (Ramklint et al., 2010). A maioria dos estudos com depressão relata prevalência de transtornos de personalidade de cerca de 30 a 40%. Pesquisas indicam também alta taxa de comorbidade entre TPB e abuso de substâncias. Até 57,4% dos indivíduos com TPB preenchem critérios para abuso de substâncias (Trull et al., 2000). Podemos concluir, *grosso modo*, que cerca de metade dos pacientes com transtorno de ansiedade, de humor, alimentares e de abuso de substâncias apresenta algum tipo de transtorno de personalidade. Taxas tão altas de comorbidade demonstram que é essencial o desenvolvimento de pesquisas na área dos transtornos de personalidade.

No entanto, a que se deveria a sobreposição tão grande entre transtornos de eixo I e transtornos de eixo II? De acordo com o DSM-IV, a comorbidade seria um produto do acaso. Vários modelos que se propõem a dar uma explicação vão desde a hipótese de que os transtornos seriam expressões alternativas de uma mesma constituição biológica até a proposta de que seriam duas estruturas psicobiológicas distintas. Os diversos modelos propostos aguardam verificação empírica (van Velzen e Emmelkamp, 1996).

Apesar da alta taxa de comorbidade, o terapeuta deve ter muito cuidado ao diagnosticar um transtorno de personalidade durante um episódio de ansiedade ou depressão, porque esses transtornos podem ter características semelhantes e pode ser mais difícil avaliar o funcionamento do indivíduo a longo prazo. Entrevistas com familiares podem ser muito úteis na obtenção de dados sobre o funcionamento do indivíduo ao longo da vida.

Durante o processo de avaliação, é importante que o terapeuta chegue ao diagnóstico e à formulação cognitivo-comportamental do paciente. A presença de transtorno de personalidade deve ser considerada quando o paciente não é cooperativo, a terapia parece não progredir, o paciente considera seus problemas o resultado somente de causas externas e os seus familiares relatam que ele sempre manifestou os mesmos comportamentos.

Os transtornos de personalidade estão no eixo II da DSM-IV, que inclui os seguintes eixos:

- Eixo I: Síndromes clínicas
- Eixo II: Transtornos de desenvolvimento e transtornos de personalidade
- Eixo III: Transtornos e condições sociais
- Eixo IV: Gravidade dos estressores psicossociais
- Eixo V: Avaliação global de funcionamento

Os transtornos de personalidade são divididos em três grupos: agrupamento A, agrupamento B e agrupamento C. Este capítulo trata especificamente do TPB, que pertence ao agrupamento B. Pacientes pertencentes ao agrupamento B apresentam emocionalidade exagerada, dramática, que dá a impressão de não ser genuína. A fala é fluente e vaga, e o paciente frequentemente cai em contradições. Tende a dar respostas amplas, longas e cheias de metáforas. O terapeuta precisa pedir exemplos concretos e redirecionar a atenção do paciente para obter as informações de que necessita. A emocionalidade exagerada e superficial pode fazer com que o terapeuta não se sinta em contato com os reais sentimentos do paciente, o que dificulta o estabelecimento de uma boa relação terapêutica. O paciente pode flertar com o terapeuta, reclamar dele, ameaçá-lo ou provocá-lo.

CARACTERIZAÇÃO DO TRANSTORNO DE PERSONALIDADE *BORDERLINE*

Definição

Muitos profissionais utilizam o termo *Borderline* para se referir a pacientes difíceis e para justificar a falta de sucesso no tratamento. É muito importante não utilizar o termo dessa forma, já que os pacientes com Transtorno de Personalidade *Borderline* não são os únicos difíceis que encontramos em nossa prática clínica.

De acordo com Landeira-Fernandez e Cheniaux (2010), alguns filmes, como "Atração fatal", "Mamãezinha querida" e "Igual a tudo na vida", ilustram as pricipais alterações presentes no TPB.

Os critérios diagnósticos para TPB, de acordo com o DSM-IV-TR (revisão do DSM-IV, publicada em 2000), encontram-se no Quadro 34.1.

Em geral, a fase mais instável do transtorno ocorre no início da vida adulta, que é repleta de episódios de perda de controle sobre os impulsos e é a época em que o risco de suicídio é mais elevado. Os pacientes tendem a atingir maior estabilidade em torno dos 30 ou 40 anos (DSM-IV-TR). Não se deve confundir as crises de identidade comuns na adolescência com TPB. O adolescente pode apresentar características desse transtorno, mas elas estão relacionadas às pressões vividas nessa nova fase da vida e que tendem a remitir com o tempo.

É muito comum observarmos uma história de abuso sexual em pacientes com Transtorno de Personalidade *Borderline*, especialmente entre os 6 e 12 anos, muito comumente causado por parentes da vítima

---

QUADRO 34.1 — CRITÉRIOS DIAGNÓSTICOS DO DSM-IV-TR PARA O TRANSTORNO DE PERSONALIDADE *BORDERLINE*

Um padrão invasivo de instabilidade dos relacionamentos interpessoais, da autoimagem e dos afetos e acentuada impulsividade, que se manifesta no início da idade adulta e está presente em uma variedade de contextos, indicado por, no mínimo, cinco dos seguintes critérios:

1. Esforços frenéticos no sentido de evitar um abandono real ou imaginário (não incluir comportamento suicida ou automutilante, coberto no critério 5).
2. Um padrão de relacionamentos interpessoais instáveis e intensos, caracterizado pela alternância entre extremos de idealização e desvalorização.
3. Perturbação da identidade: instabilidade acentuada e resistente da autoimagem ou do sentimento de *self*.
4. Impulsividade em pelo menos duas áreas potencialmente prejudiciais à própria pessoa, por exemplo: gastos finaceiros, sexo, abuso de substâncias, direção imprudente, comer compulsivo (não incluir comportamento suicida ou automutilante, coberto no critério 5).
5. Recorrência de comportamento, gestos ou ameaças suicidas ou de comportamento automutilante.
6. Instabilidade afetiva, devido a uma acentuada reatividade do humor (por exemplo: episódios de intensa disforia, irritabilidade ou ansiedade, geralmente durante algumas horas e apenas raramente mais de alguns dias).
7. Sentimentos crônicos de vazio.
8. Raiva inadequada e intensa ou dificuldade em controlar a raiva (por exemplo: demonstrações frequentes de irritação, raiva constante, lutas corporais recorrentes).
9. Ideação paranoide transitória e relacionada ao estresse ou a graves sintomas dissociativos.

American Psychiatric Association (2000, p. 710).

(Arntz, 1999). História de abuso sexual está associada com o aumento do risco de desenvolvimento de muitos transtornos psiquiátricos (Chen et al., 2010). Estudos mostram que o abuso sexual não é o único evento traumático associado ao TPB; outras formas de abuso, como abuso físico e emocional, também estão relacionados a esse transtorno. Diante da alta prevalência de abuso sexual, alguns autores levantaram a hipótese de que o Transtorno de Personalidade *Borderline* seria uma forma de Transtorno de Estresse Pós-Traumático (Gunderson e Sabo, 1993). No entanto, estudos realizados por Arntz (1999) mostraram que, apesar de haver correlação entre o diagnóstico de Transtorno de Estresse Pós-Traumático e de TPB, este não é um subgrupo mais grave de Transtorno de Estresse Pós-Traumático.

Além da relação dos abusos na infância e o TPB, é importante ressaltar também a relação com os sintomas de dissociação, caracterizados por esquecimentos, entorpecimento emocional ("anestesia emocional"), pensamentos intrusivos, despersonalização ("fora de si") e desrealização ("fora da situação"). A experiência do paciente em um episódio de dissociação é como se estivesse "fora do ar", desconectado da situação real que está vivendo. Os sintomas de dissociação são frequentes em pacientes com TPB. Alguns estudos mostram que nesse transtorno, os modos de esquemas disfuncionais predizem os sintomas de dissociação mais do que histórias de abusos na infância. Os pacientes com TPB mudam de modos de esquemas disfuncionais com frequência, de forma intensa e dissociada. Apesar dos modos de esquemas disfuncionais terem suas origens em experiências negativas na infância, os dados apontam que as divisões nos modos da personalidade *borderline* predizem os sintomas dissociativos (Young et al., 2003; Johnston et al., 2009). (Uma descrição mais detalhada de modos de esquema está a seguir).

Como vimos antes, o Transtorno de Personalidade *Borderline* pode ser diagnosticado de muitas formas diferentes, pelos critérios do DSM-IV e DSM-IV-TR. Dessa forma, dois pacientes com TPB podem diferir bastante entre si no que se refere à sua apresentação clínica. Layden e colaboradores (1993) propõem a existência de três subtipos de TPB. Cada um dos subtipos representaria pacientes com TPB associado a algumas características de outros transtornos de personalidade. Segundo esses autores, é mais raro encontrarmos pacientes com TPB e outros transtornos de personalidade, como obsessivo-compulsivo ou esquizoide, por exemplo. Por outro lado, é bastante comum a associação com traços de transtornos evitativo, dependente, narcisista, histriônico, antissocial e paranoide. Por essa razão, os três subtipos propostos por eles são os seguintes:

1. Transtorno de Personalidade *Borderline*-evitativo/dependente;
2. Transtorno de Personalidade *Borderline*-histriônico/narcisista;
3. Transtorno de Personalidade *Borderline*-antissocial/paranoide.

Segundo Layden e colaboradores (1993), o subtipo antissocial/paranoide é o menos comum nos consultórios psicoterápicos.

A seguir, serão descritas algumas das características de cada um desses subtipos.

Borderline-evitativo/dependente

A ansiedade é um dos sintomas dominantes neste grupo de pacientes, que geralmente apresenta um esquema de incompetência bastante acentuado nas várias esferas da vida. Basicamente, eles não se acreditam capazes de lidar com os problemas da vida, o que os faz apresentar um comportamento de evitação de qualquer tipo de desafio. Por essa razão, acreditam necessitar dos outros para sobreviver, mas têm medo de que, ao se envolverem emocionalmente com alguém, venham a perder sua individualidade. Na relação terapêutica, o paciente costuma alternar entre um distanciamento do terapeuta e pedidos de apoio total. Esse subtipo de pacientes tem maior probabilidade de desenvolver transtornos de ansiedade.

Borderline-histriônico/narcisista

Este subgrupo de pacientes apresenta explosões de raiva quando acredita que suas necessidades não estão sendo atendidas, além de acentuadas variações de humor e relações interpessoais muito conturbadas. Mais do que os outros subtipos, esses pacientes tendem a pedir ajuda por meio de tentativas de suicídio.

Para ilustrar, podemos citar o caso de uma paciente que, ao final de uma sessão psicoterápica, no momento da despedida, achou que a terapeuta não havia sido calorosa como de costume e teve seu esquema de rejeição ativado. Saiu da sessão, foi para casa, abusou da medicação prescrita pelo psiquiatra, ingeriu álcool, brigou com o marido a ponto de lhe quebrar um dedo, ligou para a terapeuta inúmeras vezes proferindo xingamentos e dormiu. No dia seguinte relatava não se lembrar de tudo que havia ocorrido. O esquema cognitivo nesse subgrupo tende a ser o de não se sentir amado e de abandono. Para lidar com tais esquemas, os pacientes costumam apresentar comportamentos exibicionistas e tendem a fazer verdadeiros dramas das situações que estão vivendo. Tendem a ser impulsivos, impacientes e apresentar baixa tolerância à frustração, o que dificulta o processo psicoterápico. Também buscam a novidade em torno deles, com comportamentos como o uso de drogas e a troca de parceiros sexuais.

Borderline-antissocial/paranoide

Este subgrupo de pacientes normalmente apresenta inveja e raiva muito intensas, falta de preocupação com normas e regras e desconsideração pelo ponto de vista do outro. Apresentam comportamentos hostis típicos dos transtornos antissocial e paranoide, com a diferença de que com frequência se envolvem em atos que são tão maléficos para si mesmos quanto para os outros e que estão mais de acordo com o TPB. Muitas vezes, esses pacientes evitam o tédio por meio do uso de drogas. Layden e colaboradores (1993) acreditam que devemos prestar atenção a tentativas de suicídio nesses pacientes, as quais indicam possível potencialidade para comportamento homicida. Para ilustrar, podemos citar o caso de uma paciente que chegou à sessão com planos suicidas envolvendo a morte por gás de banheiro. Quando foi questionada, a paciente, na verdade, pretendia matar o namorado com fogo e depois se suicidar com o gás do banheiro.

RELAÇÃO TERAPÊUTICA

Qualquer manual de tratamento de transtornos depressivos ou de ansiedade salienta que o estabelecimento de uma boa relação terapêutica deve preceder o tratamento desses transtornos. Tal recomendação é importante na construção da relação terapêutica com qualquer paciente, mas é ainda mais fundamental na relação com o paciente com TPB. No entanto, nesse caso, muitos dos problemas apresentados pelo paciente situam-se na esfera do relacionamento interpessoal, o que traz problemas para o estabelecimento de uma boa relação terapêutica. É preciso, então, que um dos focos do tratamento seja a própria relação terapêutica.

De acordo com Layden e colaboradores (1993), o terapeuta deve estar atento para estabelecer uma relação terapêutica que procure desenvolver um senso de ligação entre ele e o paciente. Para isso, é importante que seja sempre consistente, sincero e interessado pelo paciente. Além disso, com o avanço do tratamento, é importante que o paciente perceba que pode confiar no terapeuta. Dizemos "com o avanço do tratamento" porque de nada adianta o terapeuta dizer ao cliente que é uma pessoa confiável; a confiança será desenvolvida ao longo das sessões. Para promover o desenvolvimento da confiança, o terapeuta deve, entre outras coisas, prestar atenção ao cliente, não adotar uma postura de juiz, discutir o desconforto relativo à relação terapêutica, pedir *feedback* do paciente e manter a calma, mesmo diante de explosões de humor. É preciso também que o terapeuta use o padrão de interação do cliente na sessão como indicativo da forma como ele se comporta em suas relações interpessoais. A relação terapêutica é um excelente terreno para que se possa detectar os padrões comportamentais do paciente que tendem a desencadear reações desagradáveis em seu interlocutor. Além de detectá-los, o terapeuta pode treinar uma maneira de modificá-los. Por exemplo, uma paciente vira-se para o terapeuta e fala "Tenho ódio de você, achei que você queria me ajudar, mas fui enganada, você chega com a cara mais limpa do mundo e diz que vai viajar em um momento tão difícil para mim". Esse tipo de comentário é desagradável para o terapeuta, que é treinado a lidar com a situação. Fora do contexto psicoterápico, pode pôr fim a muitas relações, o que acabaria por confirmar a crença da paciente de que será sempre abandonada e de que não pode confiar em ninguém. Nesse exemplo, é preciso que se identifique o esquema cognitivo ativado diante do comunicado feito pela terapeuta de que viajaria por uma semana. É também importante que a paciente aprenda a se expressar de maneira mais construttiva, falando algo do tipo "Me senti abandonada com a comunicação de que você vai viajar. Como podemos lidar com esta situação?". Além do conteúdo do que é dito, é preciso que o tom de voz não seja agressivo nem infantilizado. A mudança na maneira de se expressar tende a causar uma reação muito mais positiva no interlocutor e a fortalecer os relacionamentos interpessoais.

É muito comum ao paciente com TPB adotar comportamentos durante a sessão que causam uma reação emocional intensa por parte do terapeuta e que precisam ser manejados adequadamente. Exemplos desses comportamentos incluem berrar ou xingar o terapeuta, quebrar objetos do consultório, seduzir, tentar controlar a sessão, tentar prolongar a sessão, invadindo o horário do paciente seguinte. Para ilustrar podemos mencionar a paciente que ao final da sessão falou que não sairia, pois seu problema era mais importante que o dos demais pacientes e que o terapeuta deveria mandar os outros pacientes embora, à medida que fossem chegando para suas consultas. Também é comum telefonar inúmeras vezes e reagir com irritação se o terapeuta não retorna os telefonemas logo a seguir. Diante desses comportamentos, o primeiro impulso seria reagir com igual agressividade e é justamente o que ocorre no dia a dia do paciente. É importante conter tal impulso e demonstrar uma atitude empática, não agressiva e não defensiva. Por outro lado, os limites precisam ser negociados para que a situação não atinja níveis insustentáveis. Com relação aos telefonemas frequentes e agressivos, podemos citar o exemplo de um paciente que ligava cerca de 10 vezes ao dia para o celular do terapeuta. Chegou-se a um acordo de que ele só ligaria uma vez ao dia e se expressaria de forma assertiva.

Quando o terapeuta precisa cancelar as sessões, seja por motivo de viagem ou por outras razões, deve ter em mente que vários esquemas podem ser ativados, tais como desconfiança, abandono, falta de amor, etc. Sempre que possível, deve-se avisar o paciente com alguma antecedência para que haja tempo de trabalhar com a ativação desses esquemas durante as sessões. Em alguns casos, é útil deixar um outro terapeuta informado do caso do paciente para que possa ser acessado durante essa ausência.

Se, por um lado, é impossível não vivenciar em algum momento reações emocionais intensas no trabalho com o paciente com TPB, por outro, contamos com todo o arsenal da terapia cognitiva para nos auxiliar a lidar com essas emoções da maneira mais produtiva possível. Para tanto, o terapeuta deve examinar os próprios pensamentos automáticos, que podem incluir pensamentos do tipo "Não posso suportar este paciente nem um minuto mais"; "Ele não reconhece nada do que faço"; "O que estou fazendo aqui perdendo tempo com este paciente ingrato?"; "Quem é meu maior inimigo para que eu possa encaminhar este paciente?". Pensamentos automáticos aparentemente mais positivos, mas nem por isso menos danosos, incluem "Vou salvar este paciente, dando a ele todo o amor que ele nunca teve"; "Este paciente me considera especial e isso significa que eu realmente devo ser um terapeuta maravilhoso". Estes e outros pensamentos deflagrados a partir do contato com o paciente com TPB devem ser examinados cuidadosamente para que então possamos proceder à nossa própria reestruturação cognitiva. Esse processo de autoexame ocorre tanto durante a sessão quanto entre as sessões. Pode ser necessária a troca com outros profissionais que auxiliarão nesse processo. Linehan (1993) defende a ideia de que o terapeuta que lida com pacientes com TPB não deva trabalhar sozinho, contando sempre com outros profissionais que o ajudarão a manter o enfoque terapêutico durante todo o processo.

Os pacientes com TPB tendem a ser hipervigilantes para sinais que possam indicar que o terapeuta não seja confiável ou queira aproveitar-se dele. Dessa forma, comentários ou comportamentos aparentemente neutros por parte do terapeuta podem ser vistos de forma muito negativa. Por exemplo, uma paciente cancelou a sessão em cima da hora. A terapeuta aproveitou para resolver um problema pessoal. Quando a paciente telefonou para acessar a terapeuta no horário que seria de sua sessão e soube que esta não estava no consultório teve um comportamento explosivo. Se sentiu explorada, pois ao invés de estar lá, mesmo com a consulta tendo sido desmarcada, a terapeuta havia saído do consultório. Para lidar com situações desse tipo, é preciso que o paciente aprenda a "não ler a mente dos outros", a não inferir a intenção das pessoas e imediatamente se magoar ou agredir seu interlocutor. Antes de mais nada, o paciente precisa saber o que o outro quis dizer para que então possa refletir e se posicionar. Por exemplo, em uma outra situação, a terapeuta depois de ouvir a pergunta da cliente colocou a mão no queixo e ficou pensativa por alguns segundos. A paciente imediatamente falou em um tom de voz agressivo "Você acha realmente que eu não tenho jeito e que é melhor me encaminhar para alguém, não é?". Na realidade, a terapeuta estava apenas refletindo sobre a pergunta da paciente.

Os pacientes com TPB também são hipervigilantes para mudanças no afeto e para as vulnerabilidades do terapeuta. Se o terapeuta sentir raiva ou atração pelo paciente, este provavelmente notará e tenderá a magnificar o que observou. Por exemplo, um tom de voz mais hostil por parte do terapeuta pode ser interpretado como "Ninguém gosta de mim, sou uma pessoa má e estou condenado a ser abandonado por todos".

Linehan (2010) tem uma visão bastante interessante do paciente com TPB, a qual pode ser muito útil na reestruturação cognitiva do terapeuta durante o trabalho com pacientes com TPB. Uma das questões por ela abordadas refere-se ao uso frequente do termo "manipulativo" por parte dos terapeutas ao se referirem a seus pacientes com TPB. Vale lembrar que o indivíduo manipulador, de forma geral, é visto como alguém que quer influenciar propositalmente outras pessoas através de meios tortuosos, desonestos ou indiretos. Ao observarmos o comportamento de pacientes com TPB, vemos que, ao tentarem influenciar o comportamento do outro, apresentam comportamentos diretos e pouco habilidosos (o caso dos recados frequentes e agressivos). Sem dúvida, esses pacientes influenciam o comportamento de outras pessoas, tanto pelas tentativas de suicídio quanto de suas crises. Mas será que usam de táticas desonestas para influenciar outras pessoas de maneira proposital? Linehan mostra que esta não é a forma pela qual os pacientes percebem seus atos. Como resolver esta questão? Ou devemos acreditar que esses pacientes são mentirosos, ou que tal comportamento estaria sendo regulado por desejos inconscientes, o que seria um pressuposto completamente inadequado da perspectiva cognitivo-comportamental, que tem como base o método científico. Uma paciente, por exemplo, que tem o comportamento de tentar suicídio toda vez que se sente abandonada e que, depois das tentativas, é coberta de atenções pelas pessoas à sua volta, tenderá a manter o comportamento suicida na presença de abandono. Esse comportamento é fácil de ser entendido, pois as tentativas de suicídio estão sendo reforçadas com a atençào dispensada pelos parentes. A função do comportamento é clara. Porém, como nos lembra Linehan, não devemos confundir função com intenção. Será que podemos inferir, a partir do exemplo, que a paciente está intencionalmente usando de meios indiretos e tortuosos para influenciar o comportamento do outro, mesmo que negue isso?

Além dessas dificuldades apontadas, associadas ao uso do termo "manipulativo", devemos lembrar que este é um termo pejorativo e, ao ainvés de nos aproximar do paciente, leva-nos a um distanciamento e não nos auxilia em seu tratamento. De acordo com Young e colaboradores (2008), a maneira mais construtiva de ver os pacientes com TPB é como crianças vulneráveis. Fisicamente são adultos, mas psicologicamente são crianças abandonadas em busca dos pais e comportam-se inadequadamente porque estão desesperados.

Com relação à crença de alguns terapeutas de que o trabalho com o paciente com TPB é fadado ao fracasso e ao gasto vão de energia, os dados não apoiam tal crença. Estudos feitos com a abordagem cognitivo-comportamental (Perry et al., 1999) e com a terapia comportamental dialética (Linehan et al., 1999; Linehan, 1993; McMain et al., 2009) demonstram que a psicoterapia é eficaz. Ainda, a psicoterapia é considerada o principal tratamento para o TPB (APA, 2001).

TRATAMENTOS

Tratamento psicoterápico, com abordagem cognitivo-comportamental

No processo de avaliação do paciente, é recomendado utilizar o Structured Clinical Interview for DSM-IV, Axis II (Entrevista Clínica Estruturada para a DSM-IV, eixo II), (First et al., 1997). Além do diagnóstico psiquiátrico é importante proceder à formulação cognitivo-comportamental, para a conceitualização do caso, que variará de paciente para paciente.

Nesta seção, abordaremos algumas intervenções consideradas úteis no tratamento de pacientes com TPB. De acordo com Layden (1993), há quatro tipos de intervenções importantes no manejo desses pacientes. São elas o uso da relação terapêutica, as estratégias para intervenção em crises, o uso de técnicas da terapia cognitiva padrão e a conceitualização focalizada no esquema. Como o uso da relação terapêutica já foi descrito na seção anterior, começaremos discutindo as estratégias utilizadas no manejo de crises. Um exemplo típico e bastante comum de crise envolvendo pacientes com TPB é a presença de comportamentos parassuicidas. O termo parassuicida, proposto por Kreitman (1997), refere-se a qualquer comportamento intencional, não fatal, que resulte em lesão de tecido, doença ou risco de morte por ingestão de droga ou substância não prescrita ou em excesso com o objetivo de se ferir ou se matar. O comportamento parassuicida é bastante presente em pacientes com TPB. É interessante lembrar que Marsha Linehan, uma das maiores estudiosas de pacientes com TPB, não tinha originalmente interesse em pacientes com esse transtorno. Foi o seu interesse por suicídio e comportamento parassuicida que a levou até os pacientes com TPB. Linehan (1993) tem como primeiro item obrigatório a ser abordado em todas as sessões com seus pacientes a ocorrência de comportamento parassuicida ou ideação suicida na semana precedente. Tal procedimento evita que no último minuto da consulta o paciente revele que se cortou propositadamente, ou que tomará todos os comprimidos que encontrar ao chegar em casa.

Com relação aos comportamentos parassuicidas, o terapeuta deve estar atento aos esquemas cognitivos a ele relacionados. Por exemplo, uma paciente na semana anterior à sessão havia cortado o cabelo curto, com raiva, em frente ao espelho e se machucado com uma tesoura. Na consulta seguinte, observou-se que o esquema de incapacidade da paciente havia sido ativado no momento do comportamento parassuicida. Ela utilizava claramente o comportamento parassuicida como forma de se distrair da dor emocional. Outros clientes têm comportamentos parassuicidas muito associados à ativação de um esquema de que são pessoas más e que precisam ser punidas. Relatam, inclusive, certo alívio quando intencionalmente se queimam ou se cortam com uma faca, mesmo quando estão sozinhos. É importante discutir com o paciente outras maneiras de lidar com o impulso de engajar-se em comportamentos parassuicidas. Algumas sugestões podem ser feitas ao paciente, como riscar-se com uma caneta pilot vermelha em vez de se cortar, colocar as mãos em uma vasilha com gelo, para sentir dor, em vez de se machucar, telefonar para o terapeuta, ligar para um amigo, ir ao hospital mais próximo, etc. De forma geral, os pacientes com TPB são bastante ricos no que se refere à produção de material para discussão na sessão. A cada consulta, há um novo problema que, de acordo com o paciente, precisa ser resolvido imediatamente, pois o aflige muito. Há dois pontos importantes a se destacar: à exceção do comportamento parassuicida, que naturalmente demanda atenção imediata, o que dita a gravidade de um problema não é a sua intensidade, mas a sua longevidade. Além disso, o terapeuta deve estar atento para, junto com o cliente, tentar identificar o fator comum a cada nova crise semanal. Caso isso não ocorra, o terapeuta acabará sentindo-se como um bombeiro que precisa apagar um incêndio a cada semana. Em geral, o terapeuta acaba por se sentir frustrado pela sensação de que a terapia não está andando.

Ainda no campo das crises, são comuns os episódios de intensa experiência emocional, nos quais o paciente não consegue nem ao menos especificar a emoção que está sentindo, quanto mais especificar os pensamentos automáticos a ela associados.

Uma paciente relatou terror ao sair de casa. Ao ser questionada sobre o terror respondeu "Não sei medo de que, só terror, é aquele terror que tive várias vezes na vida". Caso o terapeuta tenha informações que permitam inferir hipóteses acerca do terror nesse caso, é importante colocá-las para o paciente e pedir que ele forneça *feedback*.

As técnicas utilizadas na terapia cognitiva padrão são bastante importantes ao longo do tratamento com o paciente com TPB, lembrando sempre da importância de discutir com o cliente o porquê das técnicas e de eliciar os pensamentos automáticos a elas relacionados para maximizar sua eficácia. Essa preocupação está relacionada à resistência comumente encontrada nesses pacientes diante das estratégias propostas pelo terapeuta. Essa resistência é bastante compreensível, já que as estratégias utilizadas podem ativar esquemas apresentados pelo paciente. Nesses casos, é sempre importante trabalhar com a ativação dos esquemas para depois proceder à implementação das estratégias.

É comum os pacientes com TPB apresentarem uma forma catastrófica de relatarem seus problemas na terapia, relatando de forma drástica as tragédias que lhe ocorreram na semana anterior e mostrando como é impossível lidar com elas, muitas vezes pensando no suicídio como alternativa de solução do problema. De acordo com Bray e colaboradores (2007), pacientes com TPB apresentam muita dificuldade para soluções de problemas, com orientação negativa dos problemas e impulsividade. O terapeuta tem um papel fundamental em auxiliar o cliente a mudar de sintonia, saindo da "catástrofe" para uma sintonia mais construtiva, de buscar soluções para os problemas. Esta não é uma tarefa fácil, mas é essencial para que esses pacientes possam desenvolver habilidades de resolução de problemas. Diante de qualquer problema, em primeiro lugar é preciso defini-lo. Em seguida, paciente e terapeuta procuram gerar o máximo possível de alternativas para lidar com o problema. No momento seguinte, é preciso levantar os pontos positivos e negativos de cada uma das alternativas, para então escolher e implementar a melhor delas. Por fim, é preciso que os resultados dessa implementação sejam avaliados. Deve-se ter em mente que há uma correlação entre humor deprimido e dificuldade em ter a flexibilidade cognitiva necessária para gerar alternativas durante a resolução de problemas.

Quando o esquema é acessível à descrição verbal, pode-se utilizar a folha elaborada por Judith Beck (Quadro 34.2), para o trabalho com as crenças centrais. Nela, são registradas a crença central antiga (a ser modificada), o quanto o paciente acredita nela e o quanto acreditou na semana anterior, bem como a nova crença. Também são anotadas as evidências contra e a favor da crença antiga, tendo sido estas últimas reformuladas à luz da nova crença. O Quadro 26.2 mostra um exemplo preenchido.

De grande importância para pacientes com TPB foi o desenvolvimento da Terapia do Esquema, por Jeffrey Young, como uma abordagem integrativa e sistemática que se expande a partir da TCC (Young et al., 2008). A Terapia do Esquema procura fo-

car as experiências traumáticas e negativas primárias que originam problemas psicológicos, em técnicas que utilizam a emoção, na relação terapêutica e em estilos mal adaptativos de enfrentamento. Em primeiro lugar, é preciso identificar os esquemas do paciente com TPB, que constumam estar relacionados aos seguintes temas: incompetência, privação emocional, desconfiança, abandono, falta de individuação, fato de ser uma pessoa ruim e não passível de receber amor. A avaliação dos problemas apresentados pelo paciente, sua relação com eventos negativos críticos em sua história e as crises apresentadas ao longo da terapia fornecem boas pistas a respeito dos esquemas subjacentes. É importante também identificar os estilos de enfrentamento dos esquemas, que são comportamentos autoderrotistas que perpetuam os esquemas. Os estilos de enfrentamento podem ser: rendição, evitação ou supercompensação. Depois de identificados, os esquemas e estilos de enfrentamento podem ser modificados por meio de recursos verbais, do uso de imagens ou da combinação desses recursos com outras estratégias não pictóricas. O terapeuta uti-

---

QUADRO 34.2	FOLHA DE TRABALHO COM A CRENÇA CENTRAL

Nome: *MNG*
Crença central antiga: *Sou uma incapaz.*
Quanto você acredita na crença central antiga neste momento (0-100)? 85
Qual foi o máximo que você acreditou nesta crença esta semana (0-100)? 95
Qual foi o mínimo que voce acreditou nesta crença esta semana (0-100)? 80
Nova crença: *Sou capaz em alguns aspectos e incapaz em outros.*
Quanto você acredita na crença nova neste momento (0-100)? 60

Evidências que contradizem a crença antiga e apoiam a crença nova:
1. Tenho um trabalho, no qual sou valorizada.
2. Administro as finanças da minha casa.
3. Cuido do meu filho.

Evidências que apoiam a crença antiga reformulada:
1. Apesar de eu me sentir uma pessoa incapaz, isso não significa que eu seja incapaz como um todo.
2. Não passei ainda no concurso público que queria, mas ainda não tive condições de estudar.
3. Não sou um pai ideal, mas estou melhorando cada vez mais.

liza a confrontação empática, incentivando a mudança no padrão comportamental e a substituição por formas de enfrentamento mais saudáveis, mas também expressando empatia sobre a dificuldade de modificar padrões comportamentais profundamente arraigados.

Quando os esquemas estão fortemente associados a imagens, são utilizados exercícios de imaginação. Nesses exercícios, podem ser utilizadas situações traumáticas vividas pelo paciente (por exemplo: abuso sexual quando criança) e o terapeuta procura investigar junto com o paciente como ele viveu a situação enquanto criança. O paciente relaxa confortavelmente na poltrona, imagina a situação traumática e o "eu" adulto do paciente procura fazer a reestruturação cognitiva dos pensamentos apresentados pelo "eu" criança do paciente. Pode ser necessário repetir esse procedimento várias vezes.

Muitos esquemas podem surgir nos primeiros anos de vida e serem ativados por pistas não verbais e não pictóricas, como, por exemplo, temperatura, tom de voz, cheiro e sensações físicas. Alguns esquemas são ativados pela sensação de frio, tal como uma paciente que tinha seu esquema de abandono ativado em dias frios. Nesses casos, pode-se usar uma combinação de métodos verbais, de imaginação e físicos (um cobertor ou um banho quente quando da ativação do esquema) para modificá-los.

Os pacientes com TPB costumam ter quase todos os 18 esquemas (em especial: abandono, desconfiança/abuso, privação emocional, defectividade, autocontrole/autodisciplina insuficientes, subjugação e postura punitiva). Para lidar com tantos esquemas e com as mudanças afetivas extremas e intensas, foi criado o conceito de modo. Pacientes com TPB mudam os modos com frequência, em resposta a eventos em sua vida. Quando os pacientes com TPB mudam de modo, os outros modos parecem desaparecer. Os modos ficam dissociados quase por completo. Foram identificados cinco principais modos que caracterizam a personalidade *borderline:* criança abandonada; criança raivosa e impulsiva; pais punitivos; protetor desligado e adulto saudável. A forma mais fácil de distinguir os modos é pelo tom de suas expressões (Young et al., 2008).

O trabalho com modos tem como objetivo fortalecer o modo adulto saudável a fim de oferecer carinho e proteger a criança abandonada, estabelecer limites para o comportamento da criança raivosa e impulsiva e a expressar de maneira adequada emoções e necessidades, eliminar os pais punitivos e substituir o protetor desligado. O paciente com TPB amadurece em direção a um adulto saudável. Nesse sentido, o tratamento eficaz não é breve, podendo durar alguns anos.

No atendimento de pacientes com TPB é importante que os terapeutas conheçam seus próprios esquemas e estilos de enfrentamento, uma vez que o trabalho com esses pacientes costuma ser intenso e tumultuado e disparar os esquemas do próprio terapeuta.

O tratamento proposto por Linehan (1993, 2010) através da Terapia Comportamental Dialética (TCD) tem se mostrado extremamente interessante. Linehan desenvolveu a TCD com o objetivo de tratar pacientes com TPB e história de várias tentativas de suicídio. A TCD engloba uma série de técnicas cognitivo-comportamentais, mas possui algumas especificidades. O nome dialética vem da característica dinâmica da terapia, na qual a cada momento os opostos são conciliados em um processo de síntese. A principal dialética refere-se à aceitação do paciente como ele é, ao mesmo tempo em que se procura ajudá-lo a mudar. Há uma ênfase tão grande no processo de mudança quanto no processo de aceitação do paciente. Uma das diferenças entre a TCD e a Terapia Cognitiva de Beck é que a primeira não considera necessariamente as respostas comportamentais e os sentimentos como resultantes de processos disfuncionais de pensamento. De acordo com a TCD, os pensamentos não ocupam lugar de primazia em relação aos domínios emocional e comportamental.

Basicamente, o tratamento do TPB com a TCD inclui o uso de técnicas de validação e de resolução de problemas. Os objetivos da terapia são claramente estabelecidos de acordo com a seguinte ordem de importância: em primeiro lugar, são abordados os comportamentos que ameaçam a vida ou a integridade física do indivíduo. Em segundo lugar, são trabalhados os comportamentos que ameaçam o processo de terapia (por exemplo, faltar às sessões). Em terceiro lugar, são tratados os problemas que inviabilizam uma qualidade de vida razoável. Em seguida, vem a preocupação com a estabilização das habilidades comportamentais desenvolvidas em resposta às habilidades disfuncionais preexistentes.

Tratamento farmacológico

Há sérias limitações nos estudos farmacológicos para tratar pacientes com TPB: amostras pequenas, poucos ensaios randomizados e baixa qualidade metodológica das pesquisas. No geral, o tamanho de efeito encontrado com qualquer tipo de fármaco tem sido no máximo modesto, sendo pouquíssimos os pacientes que remitem quando expostos à farmacoterapia isoladadamente. A conclusão é de que o papel dos medicamentos no tratamento do TPB é de auxiliar à psicoterapia, limitando-se a tratar os sintomas e não o transtorno como um todo. Ou seja, não há uma medicação "anti-borderline", mas sim recursos farmacológicos que permitem o alívio de sintomas-alvo incômodos cujo controle é relevante para um melhor manejo psicoterápico.

Há ensaios randomizados controlados evidenciando a eficácia de certa classe de antidepressivos (inibidores seletivos da recaptação da serotonina), antipsicóticos e anticonvulsivantes. O sucesso destes fármacos – ainda que moderado – tem sido principalmente no controle da impulsividade, da irritabilidade e da agressividade (Paris, 2009). Os resultados na instabilidade emocional, na sensibilidade à rejeição e na sintomatologia depressiva associada têm sido relativamente pequenos. Os novos antipsicóticos (neurolépticos atípicos) têm estado na fronteira da pesquisa atual, alguns mostrando isoladamente resultados semelhantes aos dos inibidores de recapta-

ção da serotonina no controle da sintomatologia ansiosa/depressiva do paciente com TPB: eficácia baixa a moderada. Contudo, certos antipsicóticos atípicos (por exemplo, a olanzapina) têm desvantagens pela maior propensão em favorecer ganho de peso e até mesmo contribuir para o desenvolvimento de uma síndrome metabólica. Certas categorias de fármacos não devem ser prescritas isoladamente. Os antidepressivos tricíclicos, por exemplo, não só não possuem evidência de eficácia adequada no tratamento do TPB quando usados como estratégia única, como são letais em superdosagem (um risco frequente dadas as características clínicas de tendência a suicídio desses pacientes, citadas anteriormente) (Abraham e Calabrese, 2008). Também deve ser evitado o tratamento com benzodiazepínicos isoladamente. Esses fármacos podem favorecer comportamento impulsivo/destrutivo tão comum nos pacientes com TPB. Não podemos nos esquecer que os benzodiazepínicos compartilham certos efeitos com o álcool, agindo ambos no complexo receptor benzodiazepínico, sendo agonistas gabaérgicos. Exemplificando: não é adequado tratar um quadro de ataques de pânico em paciente borderline utilizando somente o benzodiazepínico clonazepam. Este fármaco pode levar a uma exacerbação da agressividade, bem como pode haver interação do mesmo com bebidas alcoólicas, de abuso tão frequente nesta população de pacientes.

Em suma, a despeito das limitações da farmacoterapia no TPB, bem como das diversas precauções que se deve ter em mente, esta modalidade terapêutica pode trazer alívio a sintomas centrais como agressividade e irritabilidade. O controle desses sintomas pode ser de suma importância para que a psicoterapia possa ser implementada. Além disso, esses sintomas impactam tremendamente na qualidade de vida do paciente e particularmente daqueles que o rodeiam. O imediato controle dos mesmos pode ser vital para impedir separações impulsivas e rupturas de emprego desnecessárias, eventos tão comuns na vida do paciente com TPB.

CONCLUSÕES

Tratar pacientes com TPB representa um desafio diário. É preciso que, além de todas as estratégias mencionadas, o terapeuta desenvolva habilidades pessoais, tais como um estilo terapêutico caloroso, colaborativo, aberto, flexível e criativo. É necessário também ser firme e aberto à crítica. Devemos ver, portanto, o trabalho com TPB não simplesmente como algo difícil e penoso para o terapeuta, mas como uma oportunidade de participar de um processo de melhora da vida do paciente que irá repercutir em outras vidas (familiares, amigos, etc.), bem como no crescimento dos profissionais envolvidos no processo.

REFERÊNCIAS

Abraham P. F., &; Calabrese J. R. Evidenced-based pharmacologic treatment of borderline personality disorder: a shift from SSRIs to anticonvulsants and atypical antipsychotics? *Journal of Affective Disorder, 111*(1): 21-30.

American Psychiatric Association. *Practice guideline for the treatment of patients with borderline personality disorder.* Washington, DC, 2001.

Arntz, A. Do personality disorders exist? On the validity of the concept and its cognitive-behavioral formulation and treatment. *Behaviour Research and Therapy, 37*, S97-S134.

Beck, A. T., Freeman, A., Davis, D. D. (2005). *Terapia cognitiva dos transtornos da personalidade.* Porto Alegre: Artmed.

Bray, S., Barrowclough, C., Lobban, F. (2007). The social problem-solving abilities of people with borderline personality disorder. *Behaviour Research and Therapy, 45*,1409-1417.

Chen, L. P., Murad M. H., Paras, M. L., Colbenson, K. M., Sattler, A. L., Goranson, E. N., et al. (2010). Sexual abuse and lifetime diagnosis of psychiatric disorders: systematic review and meta-analysis. *Mayo Clinic Proceedings, 85*(7), 618-629.

DSM-III. (1980). *Diagnostic and statistical manual of mental disorders.* Washington: American Psychiatric Association.

DSM-IV. (1994). *Diagnostic and statistical manual of mental disorders.* Washington: American Psychiatric Association.

DSM-IV-TR. (2000). *Diagnostic and statistical manual of mental disorders.* Washington: American Psychiatric Association.

Craig Johnston, C., Dorahy, M. J., Courtney, D., Bayles, T., & O'kane, M. (2009). Dysfunctional schema modes, childhood trauma and dissociation in borderline personality disorder. *Journal of Behavior Therapy and Experimental Psychiatry*, 40, 248-255.

First, M. B., Gibbon, M., Spitzer, R. L., Williams, J. B. W., & Benjamin, L. S. (1997). *Structured Clinical Interview for DSM-IV Axis II Personality Disorders, (SCID-II).* Washington, DC: American Psychiatric Press.

Kreitman, N. (1977). *Parasuicide.* England: Wiley.

Landeira-Fernandez J., & Cheniaux, E. (2010). *Cinema e loucura: conhecendo os transtornos mentais através dos filmes.* Porto Alegre: Artmed.

Layden, M. A., Newman, C. F., Freeman, N. A., & Morse, S. B. (1993). *Cognitive therapy of borderline personality disorder.* Estados Unidos: Allyn and Bacon.

Linehan, M. M. (1993). *Cognitive-behavioral treatment of borderline personality disorder.* New York: Guilford.

Linehan, M. (2010). *Terapia cognitivo-comportamental para transtorno da personalidade borderline: guia do terapeuta.* Porto Alegre: Artmed.

Mcmain, S. F., Links, P. S., Gnam, W. H., Guimond, T., Cardish, R. J., Korman, L., et al. (2009). A randomized trial of dialectical behavior therapy versus general psychiatric management for borderline personality disorder. *American Journal of Psychiatry, 166*,1365-1374.

Nunes, P. M., Wenzel, A., Borges, K. T., Porto, C. R., Caminha, R. M., & Oliveira, I. R. (2009). Volumes of the hippocampus and amygdala in patients with borderline personality disorder: a meta-analysis. *Journal of Personality Disorders, 23*(4), 333-345.

Paris, J. (2009). The treatment of borderline personality disorder: implications of research on diagnosis, etiology, and outcome. *Annual Review of Clinical Psychology, 5*,277-290.

Ramklint, M., Jeansson, M., Holmgren, S., & Ghaderi, A. (2010). Assessing personality disorders in eating disordered patients using the SCID-II: Influence of measures and timing on prevalence rate. *Personality and Individual Differences, 48*, 218-223.

Shedler, J., Beck, A., Fonagy, P., Gabbard, G. O., Gunderson, J., Kernberg, O., et al. (2010). Personality disorders in DSM-5. *American Journal of Psychiatry, 167*, 1026-1028.

Trull, T. J., Sher, K. J., Minks-Brown, C., Durbin, J., & Burr, R. (2000). Borderline personality disorder and substance use disorders: a review and integration. *Clinical Psychology Review, 20*, 235-253.

van Velzen, C. L. M., & Emmelkamp, P. M. G. (1996). The assessment of personality disorders: implications for cognitive and behavior therapy. *Behaviour Research and Therapy, 34*(8), 655-668.

Ventura, P. (1995). Transtornos da personalidade. In: Rangé, B. (Ed.). *Psicoterapia comportamental e cognitiva de transtornos psiquiátricos*. São Paulo: Psy.

Young, J. E., Klosko, J. S., Weishaar, M. E. (2008). *Terapia do esquema: guia de técnicas cognitivo-comportamentais inovadoras*. Porto Alegre: Artmed.

Young, J. E., Lindemann, M. D. (1992). An integrative schema-focused model for personality disorders. *Journal of Cognitive Psychoterapy, 6*(1), 11-24.

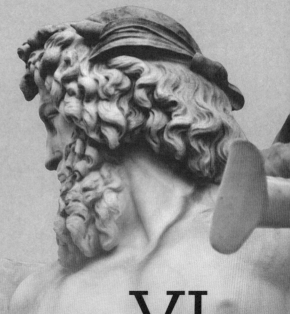

Parte VI
APLICAÇÕES

Psicologia da saúde
Intervenções em hospitais públicos

M. Cristina O. S. Miyazaki
Neide Micelli Domingos
Vicente E. Caballo
Nelson Iguimar Valerio

A interação entre fatores biológicos, psicológicos e sociais é atualmente considerada fundamental na compreensão do contínuo saúde-doença. A adoção de um modelo biopsicossocial de saúde, em contraposição ao modelo biomédico tradicional, deve-se à interação de inúmeros fatores, como mudanças nos padrões de morbimortalidade (de doenças infecciosas para doenças associadas a comportamento e estilo de vida); ênfase na prevenção e na qualidade de vida; aumento nos custos dos tratamentos e busca de alternativas ao modelo tradicional de saúde; contribuição das ciências do comportamento e das teorias da aprendizagem para a compreensão da saúde-doença; evolução do conhecimento, da complexidade do atendimento e trabalho em equipes multi e interdisciplinares (Miyazaki e Amaral, 1995; Miyazaki, Domingos e Caballo, 2001; Straub, 2007; Taylor, 2009; Miyazaki, Domingos e Valerio, 2006).

Denominar e definir adequadamente a área de atuação do psicólogo na saúde é fundamental, uma vez que esta terminologia irá influenciar a prática, as diretrizes para a formação profissional e a realização de pesquisas. Além disso, a utilização indiscriminada de termos confunde e limita o campo de atuação, bem como o seu desenvolvimento (Miyazaki, 2010).

PSICOLOGIA DA SAÚDE: DENOMINAÇÃO E DEFINIÇÃO DA ÁREA

Diversos termos têm sido empregados para denominar a área de atuação do psicólogo na saúde e suas respectivas definições estão apresentadas no Quadro 35.1. Uma leitura destas definições esclarece porque o termo mais utilizado em todo o mundo é Psicologia da Saúde, uma vez que este:

a) sinaliza a área específica de trabalho do psicólogo (diferente, por exemplo, de medicina comportamental, que é interdisciplinar);
b) adota o modelo biopsicossocial de saúde;
c) não restringe a atuação do psicólogo a contextos específicos (por exemplo, hospital) ou nível de atendimento (por exemplo, primário, secundário ou terciário) e
d) é utilizado com significado específico.

É importante ressaltar que, como campo geral de atuação, a Psicologia da Saúde abrange diversas especialidades, como Psico-oncologia, Psicologia pediátrica e Psicologia hospitalar, entre outras.

QUADRO 35.1	TERMOS UTILIZADOS PARA DENOMINAR O TRABALHO DO PSICÓLOGO NA ÁREA DA SAÚDE NO BRASIL E SUAS RESPECTIVAS DEFINIÇÕES.

Termo	Definição
1. Medicina comportamental	Campo interdisciplinar em que diferentes profissionais (médicos, psicólogos, assistentes sociais) trabalham juntos com base na "pesquisa comportamental para a aplicação clínica de teorias e métodos comportamentais à prevenção e ao tratamento de transtornos médicos e psicológicos" (VandenBoss, 2007, p. 582).
2. Psicossomática	Abordagem baseada na premissa de que conflitos internos ou estilos de personalidade causam doenças. É atualmente questionada com base em dados sugerindo que as doenças decorrem da interação entre vários fatores (genéticos, ambientais, comportamentais) (Taylor, 2003; VandenBoss, 2007).
3. Psicologia hospitalar	"Prestação de serviços [de psicologia] nos níveis secundário e terciário de atenção à saúde."[*]
4. Psicologia médica	Possui pelo menos três significados: prática da psicologia em contextos médicos; estudo de fatores psicológicos na saúde e na doença; denominação da psiquiatria na Grã-Bretanha (Belar e Deardorff, 1995).
5. Psicologia da saúde	"Área que aplica conhecimentos científicos sobre as inter-relações entre os componentes comportamentais, emocionais, cognitivos, sociais e biológicos da saúde e da doença para promoção e manutenção da saúde; prevenção, tratamento e reabilitação da doença e da incapacidade; e para a melhora do sistema de saúde."[**]

[*] Disponível em http://www.crpsp.org.br/crp/orientacao/manual.aspx, recuperado em 23/01/2011.
[**] Disponível em http://www.apa.org/ed/graduate/specialize/health.aspx, recuperado em 24/01/2010.

O PSICÓLOGO NA SAÚDE: CONTEXTO DE ATUAÇÃO E TRABALHO EM EQUIPES

Discutir o trabalho do psicólogo na saúde requer uma compreensão do contexto no qual a atuação profissional ocorre, para que o profissional possa desenvolver, durante sua formação, habilidades que serão necessárias na prática futura.

O sistema de saúde é um dos maiores setores da economia e suas atividades têm como principais objetivos promover, restaurar ou manter a saúde. Existe, entretanto, no sistema mundial de saúde, uma distribuição desigual de recursos. Os países de baixa renda, nos quais se concentra a maior parcela da população mundial e o maior fardo de doenças, dispõem de menos recursos do que os países desenvolvidos (Straub, 2005; www.alz.co.uk/1066).

Trabalhar em instituições de saúde pública no Brasil significa conviver com problemas diários e condições adversas de trabalho. Dependendo das características pessoais do profissional, o trabalho na saúde pode torná-lo mais vulnerável para conflitos e causar redução da qualidade do trabalho, exaustão, baixa realização profissional, absenteísmo e transtornos mentais (Nagamine, 2007; Micheletto, 2010; Firth-

-Cozens, 2003; 2005). Assim, a formação destes profissionais deve ir além de habilidades técnicas, considerando que a eficiência profissional decorre de uma interação harmoniosa entre competência técnica, habilidades de autogerenciamento, de resolução de problemas e competência interpessoal.

O setor público (federal, estadual e municipal) é hoje o maior empregador de psicólogos que trabalham com saúde, educação e assistência social no Brasil (Macedo, Heloani e Cassiolato, 2010). Entretanto, na saúde, além do número de psicólogos ser insuficiente para atender a demanda, muitos dos que trabalham na área desenvolvem uma prática desvinculada dos objetivos das instituições em que atuam (postos de saúde, hospitais, clínicas especializadas) e da população atendida. Quando isso ocorre, um dos principais problemas é a transposição do modelo clínico para o trabalho institucional em saúde (Dimenstein, 1998; Pires, 2006; Miyazaki, 2010).

A utilização do modelo clínico em equipes e contextos de saúde está associada a altos índices de abandono, baixa adesão, atrasos, faltas e resultados aquém do esperado. Torna também difícil demonstrar a relevância do trabalho do psicólogo na saúde (Miyazaki, 2010; Dimenstein, 1998; Pires, 2006).

Outro importante aspecto do trabalho do psicólogo na saúde é a sua atuação em equipes. A forma como os profissionais agrupam-se e trabalham pode variar consideravelmente. Boon, Verhoef, O´Hara e Findlay (2004) descrevem como o trabalho em equipes pode ocorrer dentro de um contínuo, que vai da atuação paralela à interdisciplinar (Quadro 35.2).

O contínuo do trabalho em equipes de saúde pode ser visto como uma evolução, que vai da atuação paralela à interdisciplinar. Na medida em que avança em direção à interdisciplinaridade, várias mudanças vão ocorrendo: a comunicação entre profissionais e entre profissionais e pacientes aumenta e há uma tendência cada vez maior para que as decisões sejam tomadas a partir de um consenso; a equipe torna-se mais complexa, mas há redução na hierarquia; existe uma preocupação crescente com a compreensão e o manejo dos problemas de saúde dentro de uma perspectiva biopsicossocial; os resultados são cada vez mais complexos e incluem extensão de serviços, ensino, pesquisa e gestão (Boon et al., 2004; Miyazaki e Valerio, 2008, Miyazaki, Santos Jr, Domingos e Valerio, 2010; Miyazaki, 2010).

Nem todas as equipes de saúde, entretanto, visam ou atingem um desempenho interdisciplinar, que exige grande dedicação

QUADRO 35.2	DIFERENTES FORMAS DE TRABALHO EM EQUIPES DE SAÚDE E SUAS CARACTERÍSTICAS (BOON ET AL., 2004).

Trabalho paralelo: profissionais de diferentes áreas ou especialidades atuam de forma independente em um mesmo local;

Consultivo: solicitação do parecer de outro profissional em um caso específico;

Colaborativo: profissionais independentes discutem informalmente o caso de um paciente comum;

Multidisciplinar: equipe composta por profissionais de diferentes áreas ou especialidades que planejam e fornecem individualmente cuidados de saúde;

Interdisciplinar: trabalho integrado, com reuniões regulares e tomadas consensuais de decisão, habitualmente decorrente do trabalho multidisciplinar.

individual e do grupo, bem como circunstâncias facilitadoras (por exemplo, ambiente universitário). Isso não significa que as demais formas de trabalho em grupo não sejam eficientes. As equipes são dinâmicas e diversos aspectos podem afetar continuamente o seu funcionamento, como fatores pessoais e profissionais, intragrupo e organizacionais (Boon et al., 2004; Miyazaki e Valerio, 2008, Miyazaki, Santos Jr, Domingos e Valerio, 2010; Miyazaki, 2010).

Fatores pessoais e profissionais incluem o compromisso de cada um dos membros com o grupo, o desejo de aprimorar-se continuamente, o respeito por diversos estilos de liderança, a abertura a novos conhecimentos, a compreensão sobre a atuação grupal e a preocupação com a qualidade do trabalho realizado. Além disso, outros fatores pessoais, considerados importantes para se atuar na saúde e que podem afetar o relacionamento com a equipe, incluem empatia, disponibilidade para trabalhar longas horas e fora do expediente normal, alta tolerância à frustração e habilidades de comunicação (Belar e Deardorff, 2009; Miyazaki et al., 2010; Boon et al., 2004; Wright e Sparks, 2008). O Quadro 35.3 aponta alguns aspectos importantes do trabalho do psicólogo em equipes de saúde.

Fatores intragrupo incluem organização da estrutura física de trabalho (por exemplo, disponibilidade de salas), recursos que facilitam a comunicação, características dos líderes (formais e informais), percepção de cada profissional acerca de sua relevância para o grupo, objetivos comuns e manejo adequado de conflitos. Finalmente, os fatores organizacionais compreendem compatibilidade entre os objetivos da equipe e da

---

QUADRO 35.3 CARACTERÍSTICAS DO COMPORTAMENTO DO PSICÓLOGO, IMPORTANTES PARA O TRABALHO EM EQUIPES DE SAÚDE.

1. Prática baseada em evidências;

2. Trabalho orientado para intervenção e avaliação constante da própria prática;

3. Atuação voltada para necessidades identificadas na comunidade ou na população atendida;

4. Habilidade para avaliar e defender custo/benefício das intervenções realizadas;

5. Atuação dentro dos limites da própria competência;

6. Atualização contínua (educação continuada);

7. Habilidades para solucionar problemas;

8. Habilidades de comunicação individual (por exemplo, assertividade) e terapêutica (por exemplo, ouvir e orientar pacientes individuais ou grupos de pacientes);

9. Habilidades para o trabalho em organizações (por exemplo, comunicação com colegas, com chefia; gerenciamento do tempo, de pessoas);

10. Habilidades acadêmicas (por exemplo, aprender, ensinar, fazer apresentações, informática, redação técnico/científica, como relatórios de avaliação de pacientes, de atividades, publicações científicas, projetos para solicitar recursos dos órgãos de fomento ou governamentais);

11. Preocupação com a formação de futuras gerações de profissionais;

12. Habilidades para manejo do estresse;

13. Disponibilidade para trabalhar longas horas;

14. Disponibilidade para trabalhar com pessoas doentes.

instituição, apoio institucional e intercâmbio com outras entidades com propósitos semelhantes (Belar e Deardorff, 2009; Miyazaki et al., 2010; Boon et al., 2004; Wright e Sparks, 2008).

A manutenção de uma equipe está ainda relacionada à realização de reuniões periódicas para planejamento, avaliação e aprimoramento, ao ensino de habilidades de liderança e apoio aos membros mais novos e a um ambiente questionador, com *feedback* aberto e direto. Serviços integrados, responsabilidade compartilhada, comunicação adequada, objetivos bem definidos, conhecidos e apoiados pelos integrantes, clareza em relação aos papéis e responsabilidades de cada um, competência, colaboração e decisões que explicitam as tarefas individuais, que são aceitas e realizadas por todos (Belar e Deardorff, 2009; Miyazaki et al., 2010; Boon et al., 2004; Wright e Sparks, 2008).

Obviamente, uma equipe interdisciplinar não é simplesmente um agrupamento de profissionais que decidem trabalhar dessa forma. É preciso construí-la e mantê-la, uma tarefa contínua que requer compromisso e dedicação, bem como habilidades para solucionar conflitos (Miyazaki, Domingos e Valerio, 2006; Miyazaki, 2010).

Para que o psicólogo possa integrar equipes de saúde ou trabalhar na área, uma formação adequada e consistente é necessária. Como nem sempre esta é um requisito, muitos psicólogos atuam de maneira inapropriada, habitualmente fazendo uma transposição do modelo clínico para contextos de saúde.

Discutir as dificuldades associadas à prática da Psicologia da Saúde não implica negar a existência de núcleos de excelência na área no Brasil. Diversas instituições do país, principalmente aquelas ligadas a universidades e ao SUS, desempenham atividades de extensão a comunidade, ensino e pesquisa de qualidade (Miyazaki, 2010).

A produção em Psicologia da Saúde indica que, para ampliar e aprimorar o trabalho do psicólogo brasileiro na saúde, é preciso repensar a sua formação profissional.

PSICÓLOGO DA SAÚDE: FORMAÇÃO PROFISSIONAL E SUPERVISÃO

Competências e habilidades necessárias para a prática profissional do psicólogo da saúde em diferentes contextos de atuação já foram definidas. Estas incluem: capacidade de avaliar a própria prática; conhecimento do método científico; conhecimento dos princípios do comportamento e do desenvolvimento durante o ciclo vital; habilidades para o relacionamento profissional e individual, com grupos e comunidades; comportamento ético; habilidade para o trabalho interdisciplinar; clareza de expressão; postura orientada para a intervenção; habilidades para redigir relatórios sucintos e objetivos; flexibilidade; respeito à hierarquia institucional; disponibilidade para trabalhar longas horas e com pessoas doentes (Miyazaki, Domingos e Caballo, 2001). Além destas, competências específicas estão apresentadas no Quadro 35.4 (Frances et al., 2008).

O modelo de formação profissional em Psicologia da Saúde, realizado como pós-graduação *lato-sensu* no complexo Faculdade de Medicina (FAMERP) e seu hospital de ensino de alta complexidade (Hospital de Base/FUNFARME), localizados no interior do Estado de São Paulo, será descrito a seguir. O Programa de Aprimoramento Profissional em Psicologia da Saúde e seus objetivos, bem como competências e habilidades a serem desenvolvidas, estão apresentados no Quadro 35.5 (FUNDAP, 2007).

Realizado ao longo de dois anos (40 horas semanais, segunda à sexta-feira), o Programa de Aprimoramento em Psicologia da Saúde prevê uma carga horária anual de aproximadamente 1900 horas de treinamento em serviço (FUNDAP, 2007). Esta carga horária é distribuída em atividades teóricas (aulas seminários, discussões em grupos: 20%) e prática supervisionada (80%).

Pela constante interação entre ciência e prática que caracteriza o trabalho na saúde, o modelo do profissional-pesquisador (*scientist-practioner*) influenciou a filosofia deste Programa (Shapiro, 2002; Bieschke, Fouad, Collins Jr, Halonen, 2004; Miyazaki,

QUADRO 35.4 — COMPETÊNCIAS NECESSÁRIAS PARA ATUAR EM PSICOLOGIA DA SAÚDE*

Avaliação e intervenção psicológica

Realizar avaliação psicológica e estabelecer plano de intervenção dentro de uma perspectiva biopsicossocial, considerando "as interações entre a pessoa, a doença e o contexto social", bem como o atual estágio do conhecimento na área; realizar avaliação e proposta de intervenção nos níveis primário, secundário e terciário; avaliar o impacto e os custos da intervenção;

Interconsulta

Responder à solicitação de avaliação de um paciente realizada por outro profissional, dentro dos limites da própria competência;

Pesquisa

Atuar de forma ética na realização de pesquisas e de acordo com as normas que regulamentam a prática; conhecer diferentes delineamentos e elaborar com propriedade projetos de pesquisa; saber como coletar e analisar dados e comunicar resultados de pesquisas;

Supervisão

Assumir a responsabilidade de formar adequadamente futuros profissionais para a área da saúde;

Gestão

Administrar serviços ou práticas inseridas em contextos de saúde (por exemplo, hospitais), gerenciando adequadamente recursos humanos e materiais.

*Adaptado de Miyazaki, 2010 (reproduzido com autorização)

Domingos e Valerio, 2006). A adoção desse modelo permite acompanhar as mudanças constantes da Psicologia enquanto ciência e "é ideal para psicólogos que utilizam o método científico para conduzir a sua prática profissional" (Belar, Perry, 1992, p.72).

Um dos principais aspectos do Programa de Aprimoramento em Psicologia da Saúde é o treinamento em serviço (prática), supervisionado por profissionais com experiência na área. Supervisionar requer habilidades, treino e prática com base no conhecimento científico. É um processo facilitado por uma relação interpessoal colaborativa entre supervisor e supervisionado, que envolve observação, avaliação, *feedback* e facilitação da autoavaliação. Envolve também a aquisição de conhecimentos e de habilidades pelo supervisionado, a partir de instruções, modelação e treino em resolução de problemas. O repertório de competências profissionais, construído a partir da prática supervisionada, deve considerar os pontos fortes do aluno e encorajar a autoeficácia (Belar, 2008; Campos, 1995; Falander et al., 2004; Fernandes, 2009; Miyazaki, 2010).

Critérios comportamentais e habilidades mínimas de competência bem definidos, tipo de registro (por exemplo, gravação em vídeo) e observação direta do atendimento podem auxiliar a minimizar o impacto de variáveis negativas sobre o processo de supervisão. Quando esta é conduzida de forma competente, aspectos éticos e prática profissional promovem e protegem o bem-estar do cliente, da profissão e da comunidade (Falender et al., 2004).

QUADRO 35.5	OBJETIVOS, COMPETÊNCIAS E HABILIDADES: PROGRAMA DE APRIMORAMENTO EM PSICOLOGIA DA SAÚDE DO HOSPITAL DE BASE E FAMERP.

Complementar/desenvolver a formação de psicólogos em relação aos seguintes aspectos da prática profissional:

- Visão biopsicossocial de saúde;
- Avaliação e intervenção psicológica, considerando o modelo biopsicossocial e o estágio do conhecimento na área;
- Trabalho em equipes de saúde;
- Atuação nos níveis primário, secundário e terciário, considerando as necessidades da população;
- Compreensão crítica da política institucional, local e nacional de saúde;
- Leitura crítica de publicações científicas;
- Elaboração de propostas de programas preventivos e de intervenção, implementação dos mesmos e avaliação dos resultados;
- Adoção de postura profissional ética, compatível com o código de ética profissional e os interesses da clientela atendida;
- Desenvolvimento de identidade profissional como membro das equipes de saúde;
- Preocupação com a formação de futuros profissionais e com o desenvolvimento da Psicologia da Saúde.

Miyazaki, 2010 (reproduzido com autorização).

PESQUISA E PRÁTICA EM PSICOLOGIA DA SAÚDE

O Programa de Aprimoramento em Psicologia da Saúde visa formar profissionais que contribuam para o desenvolvimento da área. O Quadro 35.6 apresenta exemplos de pesquisas associadas à prática, realizadas por egressos do Programa e seus supervisores, que contribuem para aprimorar a atuação profissional, a qualidade dos serviços prestados e o avanço do conhecimento na área.

Um panorama da diversidade de atividades desempenhadas pelo psicólogo em instituições de saúde pode ser visto no Quadro 35.7, com exemplos de atividades desempenhadas pelo grupo do Hospital de Base e FAMERP.

CONSIDERAÇÕES FINAIS

O trabalho do psicólogo em instituições de saúde é amplo e tende a crescer e se diversificar de acordo com as demandas da área. Além disso, é atualmente reconhecido como imprescindível por muitas instituições. Assim, um longo caminho foi percorrido desde que os primeiros psicólogos brasileiros iniciaram suas atividades na área.

Os atuais psicólogos da saúde brasileiros, entretanto, devem preocupar-se com a formação de futuras gerações de profissionais. Para que esta formação seja adequada, é preciso que se paute em uma combinação de habilidades para trabalhar unindo pesquisas, ensino, atividades de extensão à comunidade, gestão de recursos, conhecimento e participação na política nacional de saúde.

PSICOTERAPIAS COGNITIVO-COMPORTAMENTAIS: UM DIÁLOGO COM A PSIQUIATRIA **575**

QUADRO 35.6	EXEMPLOS DE PESQUISAS REALIZADAS POR SUPERVISORES, APRIMORANDOS E EGRESSOS DO PROGRAMA DE APRIMORAMENTO DO SERVIÇO DE PSICOLOGIA DO HOSPITAL DE BASE.

- Fernandes, L. F. B.[1] (2010). Caracterização da população atendida e do processo de supervisão do Serviço de Psicologia do Hospital de Base de São José do Rio Preto/SP. Dissertação (mestrado). IPUSP, Universidade de São Paulo.

- Miyazaki, E. T.[1-2], Santos Jr., R.[1-2], Miyazaki, M. C.[2], Domingos, N. M.[2], Felicio, H. C., Rocha, M. F., Arroyo, P. C., Duca, W., Silva, R. F., Silva, R. C. (2010). Patients on the waiting list for liver transplantation: Caregiver burden and stress. Liver Transplantation, 16, 1164-1168.

- Domingos, N. A. M.[2]; Miyazaki, M. C.[2] (2010). Improvement in Quality of Life and Self-Esteem after breast reduction surgery. Aesthetic Plastic Surgery, 34, 59-64.

- Miyazaki, M. C. O. S.[2]; Santos Jr., R.[1-2], Domingos, N.A.M.[2], Valerio, N.I.[1-2] (2010). Atuação do psicólogo em uma Unidade de Transplante de Fígado: características do trabalho e relato de caso. In: M. N. Baptista; R. R. Dias. (Org.). Psicologia Hospitalar. Teoria, aplicações e casos clínicos. 2ª ed. Rio de Janeiro: Guanabara-Koogan (p. 45-57).

- Duarte, P. S.[1], Miyazaki, M. C.[2], Blay, S. L., Sesso, R. (2009). Cognitive behavioral group therapy is an effective treatment for major depression in hemodialysis patients. Kidney International, 76, 414-421.

- Micheletto, M. R. D.[1-2], Amaral, V. L. R. A., Valerio, N. I.[1-2], Fett-Conte, A. C. (2009). Adesão ao tratamento após aconselhamento genético na síndrome de Down. Psicologia em Estudo (Maringá), 14, 491-500.

- Nogueira, G. S.[1], Zanin, C. R.[1-2], Miyazaki, M. C.[1], Godoy, J. M. (2009). Venous leg ulcers and emotional consequences. International Journal of Low Extremity Wounds, 8, 194-196.

- Lucânia, E. R.[1-2], Valerio, N. I.[1-2], Barizon, S. Z. P.[1], Miyazaki, M. C. O. S.[1] (2009). Intervenção cognitivo-comportamental em violência sexual: estudo de caso. Psicologia em Estudo, 14, 817-826.

- Santos Jr., R.[1-2], Miyazaki, M. C. O. S.[2], Domingos, N. A. M.[2], Valerio, N. I.[1-2], Silva, R. F., Silva, R. C. M. A. (2008). Patients undergoing liver transplantation: Psychosocial characteristics, depressive symptoms, and quality of life. Transplantation Proceedings, 40, 802-804.

- Ciribelli, E. B.[1], Luiz, A. M. A. G.[1-2], Gorayeb, R., Domingos, N. A. M.[2] (2008). Intervenção em sala de espera de ambulatório de dependência química: caracterização e avaliação de efeitos. Temas de Psicologia, 16, 107-118.

- Costa, J. B. P., Valerio, N. I.[1-2] (2008). Transtorno de personalidade antissocial e transtornos pelo uso de substâncias: caracterização, comorbidades e desafios ao tratamento. Temas em Psicologia, 16, 119-132.

- Lucânia, E.R.[1-2], Miyazaki, M.C.O.S.[2], Domingos, N.A.M.[2] (2008). Projeto Acolher: caracterização de pacientes e relato do atendimento psicológico a pessoas sexualmente vitimadas. Temas em Psicologia, 16, 73-82.

- Herman, A. R. S.[1], Miyazaki, M. C. O. S.[2] (2007). Intervenção psicoeducacional em cuidador de criança com câncer: relato de caso. Arquivos de Ciências da Saúde, 14, 238-244.

---

[1] Egresso do Programa de Aprimoramento em Psicologia da Saúde da FAMERP.
[2] Supervisor do Programa de Aprimoramento em Psicologia da Saúde da FAMERP.

QUADRO 35.7	ATIVIDADES DESENVOLVIDAS POR PSICÓLOGOS EM DIFERENTES EQUIPES E ÁREAS DO HOSPITAL DE BASE E FAMERP.

Ambulatório de deficiência auditiva: avaliação psicológica de pacientes adultos e crianças; grupos de orientação; acompanhamento do processo de adaptação ao aparelho de amplificação sonora individual.

Ambulatório de otorrinolaringologia e cirurgia de cabeça e pescoço: acompanhamento de consultas; suporte psicológico após notificação de diagnóstico; orientação a pacientes e familiares; grupo de psicoterapia para pacientes laringectomizados.

Ambulatório e enfermaria de Proctologia: atendimentos psicológicos individuais e em grupos.

Ambulatório de reconstrução mamária: avaliação psicológica de pacientes em reconstrução de mama e preparo para cirurgia reparadora.

Ambulatório de Genética: acompanhamento de consultas e participação em procedimentos de aconselhamento genético; avaliação psicológica e psicoterapia individual; participação nos atendimentos de grupo do Projeto Ding Down.

Atuação em psicologia aplicada à saúde e segurança ocupacional: treino de manejo de estresse.

Cardiologia: avaliação e acompanhamento psicológico na enfermaria, suporte e orientação de familiares na UTI da cardiologia; avaliação e acompanhamento dos pacientes candidatos a transplante cardíaco, orientação e preparação para exames na enfermaria, acompanhamento de consultas nos ambulatórios de Cirurgia Cardíaca, ambulatório de Coronariopatia e ambulatório de Miocardiopatia.

Centro de Saúde Escola Estoril: Psicoterapia individual e de grupos; Atendimento em grupo de orientação a gestante; Grupo de aleitamento materno; Grupo para pacientes diabéticos; Grupo para hipertensos; Grupos psicoterapêuticos de adultos e idosos.

Cirurgia Bariátrica: Avaliação psicológica pré-operatória dos candidatos à Cirurgia Bariátrica; acompanhamento de consultas e atendimento no ambulatório de cirurgia; coordenação de grupos psicoterapêuticos pré e pós-operatório; atendimento individual pré e pós-operatório; atendimento e visita na enfermaria no pós-operatório; orientação de pacientes visando adaptação às restrições pós-cirurgicas; discussão de casos com a equipe.

Cirurgia do Trauma e Cirurgia geral: acompanhamento de ambulatórios e atendimento na enfermaria; intervenção pré-operatória; suporte aos familiares, intervenção em situações de crise; desenvolvimento de pesquisas.

Cirurgia vascular: atendimentos realizados na enfermaria e no ambulatório de Cirurgia Vascular.

Clínica de Dor: avaliação psicológica de pacientes com dor crônica; acompanhamento do ambulatório multidisciplinar; coordenação do grupo de psicoterapia para pacientes com dor crônica; psicoterapia individual e orientação familiar.

Deformidade auricular: avaliação psicológica de crianças com deformidade auricular.

Doenças Infectoparasitárias (DIP): Avaliação e acompanhamento psicológico na enfermaria; suporte e orientação de familiares; acompanhamento de consultas nos ambulatórios e Projeto Acolher.

Emergência e Cirurgia do Trauma: atendimento a pacientes e familiares recebidos no pronto atendimento, emergência e UTI da emergência. Intervenção em crise.

(continua)

QUADRO 35.7	ATIVIDADES DESENVOLVIDAS POR PSICÓLOGOS EM DIFERENTES EQUIPES E ÁREAS DO HOSPITAL DE BASE E FAMERP. (continuação)

Endocrinologia: Grupo de psicoterapia a pacientes com transtorno alimentar; grupo de orientação em sala de espera para pacientes obesos.

Equipes de ginecologia/obstetrícia: grupo de sala de espera, psicoterapia individual e de casal e grupos de discussão sobre climatério. Ambulatório de Intersexo. Avaliação de casais do ambulatório de planejamento familiar. Ambulatório de Reprodução Humana e Pré-Natal.

Gastro-hepatologia: avaliação e intervenção psicológica junto aos pacientes da enfermaria; grupo de psicoterapia para pacientes etilistas; programa de acompanhamento psicológico para pacientes em tratamento de Hepatites Virais.

Hematologia: Acompanhamento diário de visita médica na enfermaria; atendimento a pacientes e cuidadores na enfermaria e leito dia; atendimento ao paciente hemofílico.

Hemodiálise: Acompanhamento de pacientes e cuidadores durante procedimento de hemodiálise ou diálise peritonial; grupo de sala de espera pré-dialítico; visita domiciliar para avaliação psicossocial de pacientes e familiares.

Instituto do câncer/mastologia: grupo de sala de espera; visita da equipe multidisciplinar e atendimento a pacientes internadas (enfermaria e unidade de quimioterapia); terapia cognitivo-comportamental e orientação individual para pacientes e familiares; coordenação do Grupo Mulher (pacientes mastectomizadas). Atendimento em situações de crise a pacientes e familiares; orientação para inicio de tratamento; atendimento no leito na enfermaria de Oncologia Clinica; psicoterapia individual a pacientes e familiares; atendimento ao familiar enlutado.

Pediatria: ambulatório de Doenças Infectoparasitárias infantil; Ambulatório de Endocrinologia Pediátrica; Ambulatório de Cirurgia Pediátrica; Ambulatório de Hebiatria; Atendimento na enfermaria pediátrica; Coordenação do grupo de amamentação; Atendimento individual e em grupo psicoeducacional na sala de espera com crianças/adolescentes com problemas crônicos de saúde e seus cuidadores; Acompanhamento e orientação às crianças hospitalizadas e seus cuidadores; Participação no comitê de defesa dos direitos da criança.

Projeto Acolher: atendimento a pacientes vítimas de violência sexual.

Projeto sexualidade: triagem e avaliação de casos, encaminhamento para grupos de orientação e psicoterapia individual.

Psiquiatria: Ambulatórios de dependência química, de ansiedade, de esquizofrenia e de psiquiatria infantil; atendimento em grupos de sala de espera; acompanhamento de consultas médicas; avaliação psicológica; orientação e psicoterapia individual e em grupos para pacientes e familiares.

Nefrologia: atendimento psicológico no ambulatório e nas enfermarias; avaliação psicológica de candidatos e doadores para transplante renal.

Transplante de Medula Óssea: Acompanhamento da visita médica; atendimento de pacientes em unidades de isolamento; atendimento no leito dia; avaliação psicológica pré TMO; atendimento semanal em grupo para pacientes em atendimento no leito dia.

Unidade de transplante de fígado: avaliação e intervenção psicológica junto a candidatos, pacientes transplantados e seus familiares; grupos de orientação psicoeducacional.

Urologia: atendimento ambulatorial a pacientes e familiares; acompanhamento de visitas; atendimento a pacientes internados; orientação pré e pós-cirúrgica; grupo de sala de espera no ambu-

(continua)

QUADRO 35.7	ATIVIDADES DESENVOLVIDAS POR PSICÓLOGOS EM DIFERENTES EQUIPES E ÁREAS DO HOSPITAL DE BASE E FAMERP. (continuação)

latório de Urologia no Instituto do Câncer; avaliação e acompanhamento pré e pós-cirúrgico de casais cujo cônjuge é candidato a cirurgia de implante de prótese peniana; terapia sexual individual e em grupos; grupo de psicoterapia e orientação sexual; grupo educativo para casais candidatos à cirurgia de vasectomia.

UTI Geral: Participação na visita médica/equipe interdisciplinar; atendimento a pacientes; orientação em sala de espera para visitantes; suporte para familiares durante horário de visita.

Supervisão clínica: supervisão para os aprimorandos do Programa de Aprimoramento em Psicologia da Saúde.

Laboratório de Psicologia e Saúde: pesquisas em Psicologia da Saúde.

Mestrado e doutorado em Ciências da Saúde: orientação de mestrado e doutorado.

Graduação em medicina e enfermagem: Iniciação científica e aulas.

REFERÊNCIAS

Belar, C. D., & Deardorff, W. W. (1995). Clinical Health Psychology in medical settings. A practioner´s handbook. Washington, DC: American Psychological Association.

Belar, C. D., & Perry, N. W. (1992). National conference on the scientist-practitioner education and training for the professional practice of psychology. *American Psychologist, 47,* 71-75.

Belar, C. (2008). Supervisory issues in clinical health psychology. In: Falander, C. A. (Ed.). *Clinical supervision: a competency-based approach* (p. 197-209). Washington, DC: American Psychological Association.

Belar, C. D., & Deardorff, W. W. (2009). Clinical Health Psychology in medical settings. *A practioner´s handbook* (2nd ed.) Washington, DC: American Psychological Association.

Bieschke, K. J., Fouad, N. A., Collins Jr., F. L., & Halonen, J. S. (2004). The scientifically-minded psychologist: science as core competency. *The Journal of Clinical Psychiatry, 60,* 713-723.

Boon, H., Verhoef, M., O´Hara, D., & Findlay, B. (2004). From parallel practice to integrative health care: a conceptual framework. *BMC Health Services Research, 4,* 15-20.

Campos, L. F. L. (1995). *Investigando a formação e atuação do supervisor de estágio em Psicologia Clínica. Estudos de Psicologia (Campinas), 12,* 7-29.

Ciribelli, E. B., Luiz, A. M.A. G., Gorayeb, R., & Domingos, N. A. M. (2008). Intervenção em sala de espera de ambulatório de dependência química: caracterização e avaliação de efeitos. *Temas de Psicologia, 16,* 107-118.

Costa, J. B. P., & Valerio, N. I. (2008). Transtorno de personalidade anti-social e transtornos pelo uso de substâncias: caracterização, comorbidades e desafios ao tratamento. *Temas em Psicologia, 16,* 119-132.

Dimenstein, M. (1998). O psicólogo nas Unidades Básicas de Saúde: desafios para a formação e atuação profissionais. *Estudos de Psicologia (Natal), 3,* 53-81.

Domingos, N. A. M., & Miyazaki, M. C. (2010). Improvement in Quality of Life and Self-Esteem after breast reduction surgery. *Aesthetic Plastic Surgery, 34,* 59-64.

Duarte, P. S., Miyazaki, M. C., Blay, S. L., & Sesso, R. (2009). Cognitive behavioral group therapy is an effective treatment for major depression in hemodialysis patients. *Kidney International, 76,* 414-421.

Falender, C. A., Cornish, J. A. E., Goodyear, R., Hatcher, R., Kaslow, N. J., Leventhal, G., et alT. (2004). Defining competencies in psychology supervision: a consensus statement. *Journal of Clinical Psychology, 60,* 771-785.

Fernandes, L. F. B. (2010). Caracterização da população atendida e do processo de supervisão do Serviço de Psicologia do Hospital de Base de São

José do Rio Preto/SP. Dissertação de mestrado não-publicada. IPUSP, Universidade de São Paulo.

Firth-Cozens, J. (2003). Doctors, their wellbeing and their stress. *BMJ, 326,* 670-671.

Firth-Cozens, J. (2005). Cultures for improving patient safety through learning: the role of teamwork. *Quality in Healthcare,10*(Supp 2), ii26-ii31.

France, C. R., Masters, K. S., Belar, C. D., Kerns, R. D, Klonoff, E. A., Larkin, K. T., et al. (2008). Application of the competency model to clinical health psychology. *Professional Psychology, research and practice, 39,* 573-580.

Fundação do Desenvolvimento Administrativo. (2007). Programa de aprimoramento profissional. manual de orientações técnicas e administrativas. São Paulo: Governo Estadual.

Herman, A. R. S., & Miyazaki, M. C. O. S. (2007). Intervenção psicoeducacional em cuidador de criança com câncer: relato de caso. *Arquivos de Ciências da Saúde, 14,* 238- 244.

Lucânia, E. R., Valerio, N. I., Barizon, S. Z. P., & Miyazaki, M. C. O. S. (2009). Intervenção cognitivo-comportamental em violência sexual: estudo de caso. *Psicologia em Estudo, 14,* 817-826.

Lucânia, E. R., Miyazaki, M. C. O. S., & Domingos, N. A. M. (2008). Projeto Acolher: caracterização de pacientes e relato do atendimento psicológico a pessoas sexualmente vitimadas. *Temas em Psicologia, 16,* 73-82.

Macêdo, K. M., Heloani, R. & Cassiolato, R. (2010). O psicólogo como trabalhador assalariado: setores de inserção, locais, atividades e condições de trabalho. In: Bastos, A. V. B., Gondin, S. M. G. et al. *O trabalho do psicólogo no Brasil* (p. 131-150). Porto Alegre: Artmed.

Micheletto, M. R. D. (2010). Assessoria Psicológica na UTI / Adultos. Resultados Resumidos da FASE A - 135 profissionais. Serviço de Psicologia do São José do Rio Preto, SP: Hospital de Base. Relatório técnico.

Micheletto, M. R. D., Amaral, V. L. A. R., Valerio, N. I., & Fett-Conte, A. C. (2009). Adesão ao tratamento após aconselhamento genético na síndrome de Down. *Psicologia em Estudo (Maringá), 14* Relatório técnico., 491-500.

Miyazaki, M. C. O. S., Domingos, N. A. M., & Caballo, V. E. (2001). Psicologia da saúde: intervenções em hospitais públicos. In: Rangé, B (Org.). *Psicoterapias-cognitivo-comportamentais* (p. 463-474). Porto Alegre: Artmed.

Miyazaki, M. C. O. S., Domingos, N. A. M., & Valerio, N. I. (Org.). (2006) *Psicologia da saúde: pesquisa e prática.* São José do Rio Preto, SP: THS Arantes.

Miyazaki, M. C. O. S., Santos Jr., R., Domingos, N. A. M., & Valerio, N. I. (2010). Atuação do psicólogo em uma Unidade de Transplante de Fígado: características do trabalho e relato de caso. In: Baptista, M. N., & Dias, R. R. (Org.). *Psicologia hospitalar: teoria, aplicações e casos clínicos* (2. ed.) (p. 45-57). Rio de Janeiro: Guanabara-Koogan.

Miyazaki, E. T., Santos Jr., R., Miyazaki, M. C. O. S., Domingos, N. M., Felicio, H. C., Rocha, M. F., et al. (2010). Patients on the waiting list for liver transplantation: Caregiver burden and stress. *Liver Transplantation, 16,* 1164-1168.

Miyazaki, M. C. O. S. (2010). *Psicologia da saúde: aprimoramento e inserção profissional.* Tese de livre-docência não-publicada. Faculdade de Medicina de São José do Rio Preto, SP.

Miyazaki, M. C. O. S., & Amaral, V. L. A. R. (1995). Instituições de saúde In: Range, B. (Org.). *Psicologia comportamental e cognitiva: pesquisa, prática, aplicações e problemas* (p. 235-244). Campinas: Psy II.

Miyazaki, M. C. O. S., & Valerio, N. I. (2008). Interdisciplinaridade, habilidades de relacionamento e de comunicação. *Anais da XXXVIII Reunião Anual de Psicologia (CD de resumos)*; 28 a 31 de outubro de 2008; Uberlândia.

Miyazaki, M. C. O. S., Santos Jr., R., Domingos, N. A. M., & Valerio, N. I. (2010). Atuação do psicólogo em uma Unidade de Transplante de Fígado: características do trabalho e relato de caso. In: Baptista, M. N., & Dias, R. R. (Org.). *Psicologia hospitalar:. teoria, aplicações e casos clínicos* (2. ed.). (p. 45-57). Rio de Janeiro: Guanabara-Koogan.

Nagamine, K. K. (2007). *Mulheres em programa regular de atividade física: ansiedade, depressão, fadiga, burnout e qualidade vida.* Tese de doutorado não-publicada. Programa de Pós-Graduação em Ciências da Saúde da Faculdade de Medicina de São José do Rio Preto, SP.

Nogueira, G. S., Zanin, C. R., Miyazaki, M. C., & Godoy, J. M. (2009). Venous leg ulcers and emotional consequences. *International Journal of Low Extremity Wounds, 8,* 194-196.

Pires, A. C. T. (2006). *Atividades desenvolvidas por psicólogos na rede básica de saúde: considerações sobre a formação.* Dissertação de mestrado não-publicada. Marília: Programa de Pós-Gradução em Educação, Universidade Estadual Paulista / UNESP.

Santos Jr., R., Miyazaki, M. C. O. S., Domingos, N. A. M., Valerio, N. I., Silva, R. F., & Silva, R. C. M. A. (2008). Patients undergoing liver transplantation: Psychosocial characteristics, depressive symptoms, and quality of life. *Transplantation Proceedings, 40*, 802-804.

Shapiro, D. (2002). Renewing the scientist-practioner model. *The Psychologist, 15*, 232-234.

Straub, R.O. (2005). *Psicologia da saúde*. Porto Alegre: Artmed.

Straub, R. O. (2007). *Health psychology: a biopsychosocial approach* (2nd ed.). New York: Worth.

Taylor, S.E. 2003. *Health psychology*. New York: McGraw-Hill.

Taylor, S. E. (2009). *Health psychology* (7th ed.). New York: McGraw-Hill.

VandenBoss, G. R. (2007). *Dicionário de psicologia American Psychological Association*. Porto Alegre: Artmed.

Wright, K. B., Sparks, L., O´Hair, D. (2008). Health communication in the 21st Century. Oxford: Blackwell.

36

Terapia cognitivo-comportamental e o Sistema Único de Saúde

Conceição Reis de Sousa
Fernanda Martins Pereira

O Sistema único de Saúde (SUS), criado em 1988 pela Constituição Federal Brasileira, é um sistema público da saúde que oferece desde consultas ambulatoriais até procedimentos complexos como o transplante de órgãos. Os profissionais de saúde que se inserem no SUS devem trabalhar com uma concepção positiva de saúde, conforme proposto pela OMS, que não se traduz apenas na ausência de sinais e sintomas, mas remete a uma vida com qualidade.

O atendimento no SUS é orientado por princípios como a universalidade do atendimento, a integralidade das ações em saúde, a equidade, a participação popular dentre outros. Como apontado por Camargo-Borges e Cardoso (2005), para que estes sejam concretizados, faz-se necessário inverter a velha lógica autoritária segundo a qual aquele que faz uso do sistema de saúde deve ser paciente e passivo. É indispensável à construção de formas mais igualitárias de relacionamentos entre usuários e profissionais, como o psicólogo. Considerando esta nova proposta de política pública de saúde, a terapia cognitiva mostra-se uma eficaz ferramenta para a inserção do psicólogo nos serviços de saúde.

A exigência de atuar como membro de uma equipe multidisciplinar, também é outro diferencial para aquele que deseja atuar no sistema público. A discussão das contribuições que a teoria cognitiva pode oferecer para otimizar o trabalho em equipe é um ponto importante, mas não será alvo de discussão deste capítulo.

Outro aspecto importante a destacar no trabalho realizado no SUS é que grande parte dos pacientes/usuários (a nomenclatura varia, pois nas produções acadêmicas ligadas a TCC será mais freqüente o primeiro termo e nos textos oficiais se emprega mais o segundo, mas aqui são usados indistintamente) vive em circunstâncias adversas que são agravadas pelo comprometimento de sua saúde. Sendo assim, muitos dos pensamentos negativos apresentados por eles podem ser realistas. Nestes casos terapeuta e paciente devem identificar se o que está ocorrendo é um processo de ajustamento ou um quadro depressivo ou de ansiedade. Moorey (2004) aponta que quando a realidade é objetivamente negativa pode ser útil buscar o significado subjacente dos pensamentos automáticos negativos "realistas", visto que este pode estar distorcido – e, portanto deve ser questionado - ou estar relacionado com um problema real que pode ser solucionado.

Vale ressaltar que a TCC trabalha com descoberta guiada e não com persuasão, não se trata de convencer o indivíduo de que sua forma de interpretar as situações de vida é correta ou incorreta. O trabalho é centrado na busca de dados que possam confirmar ou não seus pensamentos, no levantamento de formas diferentes de interpretar a mesma realidade e na realização de uma avaliação mais exata das reais conseqüências das adversidades que podem ocorrer com qualquer pessoa.

É preciso estar atento que em alguns momentos pensamentos negativos podem estar acurados, mas não são úteis. No SUS, mais ainda do que nos consultórios privados, além da modificação da forma disfuncional de processar a informação é preciso ensinar o usuário a ter uma postura ativa (contrária ao treinamento recebido ao longo da vida por muitos indivíduos) diante da vida. É preciso perceber que não é possível controlar os fatos, nem se pode evitar a vivência de alguns sentimentos dolorosos, mas que se pode controlar a forma como lidará com a adversidade.

Sendo o eixo central da TCC a mudança na forma de interpretar os fatos, internos e externos, através de um aprendizado ativo e estruturado, será possível usá-la no SUS?

PRINCÍPIOS BÁSICOS DA PRÁTICA CLÍNICA DA TCC

Uma importante contribuição de Beck (1967) foi apontar a distância entre a realidade objetiva e a forma como os pacientes deprimidos processavam a informação, mostrando que o viés interpretativo é que mantinha o sofrimento psíquico e não os fatos em si. A teoria cognitiva aponta ainda que o indivíduo pode não estar consciente de suas interpretações distorcidas, mas com a adequada socialização ao modelo elas podem se tornar conscientes e modificáveis.

Padesky (2004) aponta a descoberta guiada, o empirismo colaborativo e a estrutura da sessão como os processos terapêuticos que diferenciam a terapia cognitiva de outras abordagens terapêuticas.

O formato individual é o mais freqüentemente empregado em clínicas privadas, no entanto no SUS a abordagem grupal mostra-se mais interessante. Os processos terapêuticos aqui discutidos estão presentes em ambos os formatos de terapia.

O relacionamento colaborativo

A TCC considera que o ambiente social no qual cada um está inserido influencia as crenças sobre si e sobre os outros. Estas crenças centrais é que orientam a ação do sujeito no mundo em suas diversas interações. Tanto pacientes, profissionais, bem como seus familiares apresentam crenças que norteiam seu comportamento em relação à busca pelos serviços de saúde. A crença de que os especialistas em saúde são os únicos responsáveis pela recuperação da saúde é ainda prevalente em nossa sociedade. Ainda que existam ações governamentais como a política de Humanização proposta pelo Ministério da Saúde para reverter os efeitos destas interpretações, há forte resistência dos profissionais da saúde (é necessário reconhecer que, paradoxalmente, as condições de trabalho são desumanas) à implementação da mesma.

E os terapeutas cognitivos quando estão atuando no SUS empregam o relacionamento colaborativo? O trabalho colaborativo entre paciente e terapeuta se traduz em um trabalho em equipe, no qual ambos, ativamente e interativamente, buscam evidências que confirmam ou não as crenças que orientam emoções e comportamentos.

O trabalho conjunto também se evidencia na escolha das metas terapêuticas. Neste ponto é encontrada mais uma particularidade do trabalho no serviço público: qual a meta? Eliminar sintomas ou ensinar novas estratégias para lidar com os problemas? A TCC centra seus esforços não apenas na redução de sintomas, mas no funcionamento da pessoa para diminuir a vulnerabilidade a recaídas no futuro. Da mesma forma o Ministério da Saúde enfatiza a importância de intervenções preventivas das doenças e de promoção da saúde. Entretanto, o usuário freqüentemente aprendeu ao longo da vida a receber instruções sobre o que fazer e não questionar nada, exercitar a tomada de decisões por si só já é um novo aprendizado. A crença de que a medicação (ou qualquer outra intervenção médica) possa resolver qualquer tipo de problema ainda é forte na população e é um obstáculo a um comportamento mais ativo.

Trabalhar no sentido do levantamento de hipóteses (e não de certezas absolutas) que devem ser testadas dentro e fora da sessão é outro desafio a ser superado, pois exige que o terapeuta obtenha a colaboração do paciente em praticar novas habilidades dentro e fora do ambiente terapêutico.

A construção de uma compreensão apropriada dos problemas do cliente, isto é, o entendimento de que não são os fatos, mas a interpretação dos fatos que trazem sofrimento ao ser humano é outra dificuldade a ser contornada. Usualmente as pessoas atribuem às situações de vida, e no caso da clientela do SUS muito freqüentemente estas vivências são muito adversas, a causa de seus problemas. Partilhar com o paciente o modelo cognitivo, por um lado traz maior controle do estado emocional, ou seja, maior consciência sobre o realismo ou não de suas afirmações sobre o mundo; por outro exige mais do paciente que não deveria mais ficar apenas se lamentando e esperando uma mudança externa. Desde a infância muitas pessoas são treinadas a tentar controlar os fatos e as pessoas a sua volta fazendo auto-afirmações como "Eu só quero fazer ele parar de beber", "Minha patroa não pode me mandar embora", "Eu quero que ela goste de mim" ou ainda "Eu não possa deixá-lo partir". Discutir o papel das interpretações feitas sobre os fatos internos ou externos é fundamental para a socialização do paciente ao modelo cognitivo e pode exigir diversas estratégias do terapeuta, mas sem este passo inicial não há como desenvolver um sólido plano de mudanças.

Evidentemente, que o relacionamento colaborativo só se torna possível a partir do estabelecimento de uma boa relação terapêutica, baseada na empatia e no interesse genuíno. J. Beck (2007) aponta como um fator complicador para o vínculo a presença de previsões irrealistas sobre as pessoas e/ou o tratamento. Aproximando da realidade brasileira é bastante comum que alguns pacientes apresentem pensamentos como "A terapia é só um desabafo, nada vai mudar mesmo", "A terapeuta tem que resolver os meus problemas", "Ela não vai entender o que estou passando, melhor não dizer nada" ou ainda "Só vou melhorar quando tudo estiver do jeito que tem que ser". Nestes casos J. Beck (2007) indica como estratégias para a construção do vínculo:

1. estabelecer uma colaboração ativa com o paciente que envolve a identificação do comportamento problema, como por exemplo, a passividade ou a verborragia, e a modelação de uma nova forma de interagir com o profissional. É importante que o terapeuta esteja ciente do papel de suas próprias crenças na manutenção ou mudança na estruturação da aliança terapêutica, que ao adotar uma postura arrogante (assumindo o papel de grande sábio da relação!) ou uma postura indiferente (ignorando ou negando diferenças) prejudica a mesma;

2. demonstrar atenção e compreensão dos problemas, para a maior parte dos pacientes do SUS, fortemente condicionada a quase não receber atenção dos profissionais de saúde, o fato de obter a mesma já é reforçador e contribui para o fortalecimento do vínculo, quando esta atenção vem acompanhada de adequada compreensão dos problemas isto se torna mais eficaz ainda;

3. adaptar o estilo do terapeuta às especificidades do paciente, neste ponto é importante refletir sobre a necessidade de adotar uma linguagem mais acessível à população e ter plasticidade para modificar a abordagem dos problemas;

4. aliviar a angústia, por exemplo, através da ajuda na resolução de problemas pode aumentar a confiança do paciente em relação ao tratamento;
5. solicitar feedback ao final da sessão; este é um recurso muito pouco freqüente no SUS, solicitar que o usuário que avalie se foi bem compreendido ou faça alguma crítica ao atendimento ou à condução do tratamento pode permitir a correção de falhas no estabelecimento do plano terapêutico, mas não é uma tarefa simples , pois freqüentemente o usuário teme ser punido pelo fato de questionar ou mesmo criticar qualquer profissional de saúde, além disso, alguns apresentam a crença disfuncional de que o saber do profissional é uma verdade absoluta e muito superior ao seu próprio conhecimento.

A estruturação das sessões

A estruturação da sessão aumenta a probabilidade realização de um trabalho colaborativo e eficaz. No Brasil, esta forma de dirigir o trabalho terapêutico é pouco familiar até mesmo para alguns terapeutas experientes e mais ainda para os usuários que precisam ser sensibilizados para a importância da organização do tempo.

Beck e colaboradores (1979) propuseram como estrutura-padrão para as sessões individuais: checagem do estado de humor, ponte com a sessão anterior, revisão de lição de casa, estabelecimento da agenda, discussão dos tópicos da agenda, determinação de novas tarefas, resumo e solicitação de feedback. Bieling, McCabe e Antony (2008) apontam elementos usualmente presentes na TCC em grupo: revisão de tarefas, apresentação de novas informações, práticas de habilidades e planejamento de tarefas da semana. Será discutida a implementação desta estrutura, tanto no atendimento individual como em grupo.

Checagem do estado de humor e revisão de tarefas da semana

Avaliar o estado de humor do paciente é sempre importante indicador dos efeitos que o tratamento está produzindo, uma vez que o modelo cognitivo pressupõe que a alteração de humor é frequentemente mediada pela mudança na forma de interpretar os eventos. A verificação do estado emocional do paciente pode ser feita informalmente pelo relato verbal ou pelo uso de instrumentos. O uso de instrumentos, como o BDI (Inventário de Depressão de Beck) pode ser difícil em função de limitações financeiras do SUS no fornecimento destes testes e do baixo nível de instrução formal da população atendida. Outro problema é que muito freqüentemente o paciente acredita que precisa descrever com detalhes cada situação problemática vivida na semana para que possa ser compreendido, nestes casos é necessário interromper (com o devido cuidado para evitar que o paciente se sinta desconsiderado) e reorientar o foco. Outros pacientes apresentam dificuldades em avaliar em termos percentuais a intensidade de suas emoções, nesta situação pode ser mais eficaz solicitar que o paciente compare ("Você está se sentindo melhor, pior ou da mesma forma que semana passada?") seu estado humor na semana com o da anterior.

Ponte com a sessão anterior

Estabelecer um elo entre as sessões é fundamental para o andamento do trabalho terapêutico, a anotação por escrito é um dos recursos importantes tanto para o paciente como o terapeuta. No SUS o prontuário é uma forma de registro escrito das principais dados do paciente, embora muitas vezes seja usado de forma limitada. Por outro lado, se o usuário não faz um registro escrito, e há problemas de memória como, por exemplo, nos quadros depressivos, o terapeuta tem o papel fundamental de orientar a conexão entre as sessões.

Estabelecimento da agenda

Nos atendimentos individuais podem surgir dificuldades na escolha dos tópicos que serão tratados na sessão. Vários fatores podem contribuir para este quadro:

a) a vivência de intensas e/ou diversas circunstâncias adversas na vida pode concorrer para esta dificuldade;
b) a presença de fortes emoções como tristeza ou raiva;
c) presença de desesperança intensa;
d) falta de compreensão da importância da priorização de tópicos;
e) ocorrência de evitação cognitiva ou emocional etc.

Nos atendimentos grupais, geralmente, há um prévio planejamento para cada sessão.

Discussão dos tópicos da agenda/ psicoeducação/prática de habilidades ou exposições

A TCC é uma abordagem que considera fundamental a solução de problemas, não basta reconhecer a presença destes ou divagar sobre suas possíveis causas, é necessário que o paciente aprenda a lidar com eles dentro e fora das sessões.

Um momento inicial é educar o paciente sobre a distinção entre o que ele pode controlar e o que não pode. Para reconhecer esta diferença é importante que se tenha compreendido a interação entre pensamentos, emoções e comportamentos. Se o mesmo entende que não são os fatos em si, mas a interpretações dos mesmos que os faz sofrer; ele deixa de atribuir aos outros ou às situações a culpa por seu sofrimento e passa a promover mudanças naquilo que está sob seu controle: suas crenças e conseqüentemente seus sentimentos e seu comportamento.

A falta de motivação pode ser usada como justificativa para não aderir às mudanças de comportamento e esperar o alívio dos sintomas para dar início às mudanças. Neste momento é possível discutir com o paciente sobre outros momentos da vida nos quais ele fez coisas mesmo contra a sua "vontade" e obteve benefícios. A psicoeducação sobre o transtorno apresentado pode ajudá-lo a compreender seus problemas e então se envolver com a mudança de estratégias comportamentais.

O usuário precisa dirigir seus esforços na direção da resolução de seus problemas, mas suas crenças centrais e suas estratégias compensatórias podem dificultar sua adesão às tarefas de casa que permitiriam o início das mudanças. Às vezes ele não se sente capaz de realizar as tarefas, pois sempre apresentou como estratégia compensatória a evitação comportamental, dividir a solução do problema em etapas mais simples pode ser uma forma de contornar esta dificuldade.

Resumos, solicitação de feedback e planejamento para a próxima semana

Os resumos feitos pelo paciente após a discussão de algum tópico importante da agenda podem fortalecer os resultados, com grande parte dos usuários do SUS a ajuda do terapeuta na síntese da idéias pode facilitar o processo e funcionar como aprendizagem por modelação. Além disto, os resumos permitem que se tenha a oportunidade de expor pontos que não tenham ficado claros. No SUS este não é um processo simples, pois parte da clientela apresenta dificuldade em estruturar resumidamente e rapidamente suas dúvidas e conclusões, uma vez que isto não é treinado em outras relações com outros profissionais da saúde. É preciso ter tato para que a solicitação de resumo não seja vista como um "teste" pelo paciente. O feedback dado pelo usuário pode evitar problemas na relação terapêutica, entretanto este é outro procedimento que precisa ser treinado pela população.

O planejamento das tarefas também é fundamental. O usuário deve ter clara qual a relação entre as tarefas propostas e as metas terapêuticas, deve haver concordância entre terapeuta e usuário (o paciente pode subestimar sua importância ou superestimá-la), devem ser propostas tarefas que sejam muito provavelmente realizadas pelo paciente para que ele tenha reforço ao realizá-las e reestruture suas avaliações.

A descoberta guiada

A descoberta guiada envolve o direcionamento da descoberta de evidências, através do questionamento socrático ou por meio dos experimentos, que confirmem ou não as crenças do paciente. O primeiro passo é esclarecer a interação entre pensamentos, sentimentos e comportamentos, preferencialmente usando situações do próprio cotidiano do indivíduo. A consolidação de uma aliança terapêutica é fundamental para que o questionamento dos pensamentos não seja visto como um apontamento de sua incapacidade de pensar adequadamente ou uma invalidação. É preciso tomar cuidado para não empregar a persuasão ao invés do questionamento, pois o usuário pode estar disposto a substituir sua forma de avaliar a situação pela do terapeuta, mas há dois riscos neste caso: o terapeuta pode estar impondo seus valores e escolhas ao paciente e o usuário não está aprendendo a técnica cognitiva para usá-la posteriormente. Outra limitação é o fato de que alguns indivíduos não estão suficientemente familiarizados com o processo de formular hipóteses, testá-las mentalmente e aceitá-las ou refutá-las

em função das experimentações mentais. Nestes casos o planejamento de experimentos comportamentais pode ser bastante útil, pois cria pontos de referências concretos através dos quais se podem construir interpretações alternativas.

Uma ação eficaz do terapeuta cognitivo-comportamental é norteada pelo seguimento dos princípios acima discutidos e pelo uso crítico das técnicas cognitivas e comportamentais. Apresentamos algumas técnicas que podem ser utilizadas a favor da adoção de comportamentos de saúde (White, 2000). O papel destas não é o de reduzir a experiência do indivíduo, mas sim de instrumentar o processo terapêutico. São bem fundamentadas pela abordagem e seu uso exige profundo conhecimento dos princípios da TCC. Sua aplicação deve ir ao encontro da proposta de atenção integral à saúde defendida pelo SUS, sendo implementada em conjunto com outros recursos da rede social que potencializem a qualidade de vida do usuário.

Nesse contexto, em prol do paciente, pode ser necessário adaptar as técnicas preservando sua lógica. No SUS é comum o atendimento a pessoas de baixo grau de escolaridade, o que pode dificultar a aplicação da TCC, uma vez que esta faz uso de uma série de registros escritos. No entanto, essa população não deve ser excluída, cabendo ao terapeuta ser flexível e criativo. O psicólogo pode, por exemplo, ensinar a seu cliente como reestruturar pensamentos através de outros exercícios que não sejam necessariamente o preenchimento de registros de pensamentos disfuncionais (RPDs). Podem ser utilizadas imagens, histórias ou mesmo o exame das evidências sob formato oral.

Entre as técnicas cognitivo-comportamentais, existem algumas mais específicas a cada tipo de transtorno e outras mais gerais. O objetivo aqui não é descrever todas que podem ser utilizadas no SUS, visto que o Sistema abrange uma variedade de problemas de saúde. Discutiremos apenas algumas delas, procurando dar exemplos de como podem ser aplicadas dentro desse contexto.

TÉCNICAS COGNITIVO- -COMPORTAMENTAIS APLICADAS NA SAÚDE

Psicoeducação

Essa técnica deve ser feita no início da terapia. O psicólogo deve explicar como funciona a TCC, a lógica do modelo cognitivo (relação entre pensamentos, sentimentos e comportamentos) e enfatizar a importância dos exercícios feitos durante e após as sessões. Além disso, dependendo do caso, o terapeuta deve dar explicações específicas sobre o transtorno psicológico que o cliente apresenta (p.ex. depressão, pânico, estresse pós-traumático) ou, principalmente em caso de doenças físicas, esclarecer como fatores psicológicos e sociais podem enfraquecer o sistema imunológico (Barlow e Durand, 2008). O entendimento e aceitação desses elementos podem contribuir para aumentar a adesão do paciente ao tratamento, reduzindo o risco de abandono da terapia.

A psicoeducação deve ser feita de forma clara e objetiva, evitando ao máximo jargões médicos ou psicológicos que possam dificultar o entendimento pelo indivíduo. "Palavras difíceis", utilizadas de maneira excessiva e inapropriada, só fazem afastar o paciente do seu terapeuta e do tratamento. Pode ser fornecida bibliografia de apoio como textos curtos, cartilhas e folders para aumentar o entendimento e a fixação da informação.

Identificação e reestruturação das interpretações disfuncionais

Um dos primeiros objetivos do psicólogo cognitivo-comportamental no SUS é identificar as interpretações do paciente acerca de seu processo saúde-doença ou de qualquer outro problema que traga para a psicoterapia. A partir disso, será possível reestruturar pensamentos disfuncionais, adotando inter-

pretações que tenham base em evidências existentes na realidade ao invés da consideração de premissas irracionais.

As distorções cognitivas representam formas de interpretação que privilegiam somente parte das informações disponíveis no meio em que a pessoa está inserida. Como não correspondem a uma forma de pensar baseada na análise completa das evidências, podem fazer com que o indivíduo chegue a conclusões falhas, limitando a percepção da situação e disparando sentimentos, reações físicas e comportamentos disfuncionais.

São exemplos de distorções do pensamento: "Se não melhorar com esse remédio não tomo mais nada" (pensamento tudo ou nada); "Se tenho dor crônica não há nada que eu possa fazer: vou sentir dores terríveis durante minha vida inteira" (catastrofização); "Sinto que nunca vou me curar desse problema" (raciocínio emotivo); "O doutor me olhou estranho, tenho certeza que viu alguma coisa ruim nos meus exames" (leitura mental). Cognições desse tipo devem ser testadas com base em dados concretos pois podem trazer desesperança e interferir nos resultados do tratamento.

O psicólogo que atua no SUS se depara constantemente com queixas sobre problemas reais como falta de emprego, moradia, dificuldades de transporte, entre outras questões que não são distorções do pensamento, são fatos. Como a TCC não é uma terapia do pensamento positivo e sim uma terapia de pensamento realista, pode ser útil trabalhar com o cliente a idéia de que infelizmente na vida nos deparamos com muitas dificuldades mas que a forma como as interpretamos pode levar a um sofrimento ainda maior (Greenberg e Padesky, 1999).

Leahy (2006) descreve algumas técnicas que podem auxiliar o cliente a colocar os eventos desagradáveis sob uma nova perspectiva e enxergá-los como uma oportunidade de crescimento pessoal. O terapeuta pode fazer junto com o cliente um *gráfico em forma de torta* de maneira que ele possa explorar diferentes causas e o peso de cada uma, incluindo seu próprio papel. Essa técnica é importante nos casos em que o sujeito se culpa excessivamente por algo de ruim que tenha acontecido em sua vida. Outro exercício proposto por Leahy para ajudar a reestruturar pensamentos é o *exame das oportunidades e novos signiticados* em que o paciente lista a situação ou perda atual e em seguida descreve os significados que atribui e quais as novas oportunidades e desafios que essa situação pode trazer.

Caso o cliente consiga analisar racionalmente seus pensamentos, mas ainda não saiba o que fazer para melhorar uma dificuldade específica, o terapeuta cognitivo pode utilizar a *técnica de resolução de problemas*. Esta consiste em: identificar e definir junto com o cliente um problema; listar todas as possíveis soluções e suas conseqüências; selecionar uma delas e testá-la na prática; avaliar os resultados; e se não tiver sido útil, promover ajustes ou escolher outra solução da lista, avaliando novamente os resultados obtidos (Knapp, 2004).

Como já foi exposto, alguns pacientes sentem dificuldades em preencher os RPDs ou outros registros escritos. Neste caso, pode ser mais funcional fazer os exercícios junto com o terapeuta na própria sessão. Deve ser solicitado ao paciente que tente aplicar o mesmo procedimento de busca de evidências em seu cotidiano.

Treino em relaxamento e respiração diafragmática

O relaxamento muscular progressivo de Jacobson é um recurso utilizado no tratamento de condições físicas e mentais. Seu treino consiste em contrair e relaxar uma seqüência de grupamentos musculares de forma que o indivíduo consiga identificar a diferença entre tensão e relaxamento. O objetivo é educar o paciente para que consiga descontrair sua musculatura assim que perceber a contração, evitando dores e desconfortos futuros. Essa técnica é feita em conjunto com a respiração diafragmática, que

consiste em inspirar enchendo o abdômen de ar (ao invés do tórax) e expirar encolhendo essa musculatura.

O relaxamento é uma técnica de grande utilidade no SUS: é fácil de ser aplicado e ensinado, ajudando a diminuir queixas freqüentes apresentadas pelos pacientes, como sintomas de ansiedade e estresse. Pesquisas comprovam a aplicabilidade desta técnica. Um estudo randomizado envolvendo 252 indivíduos HIV positivo concluiu que o uso do relaxamento influenciou o aumento da resposta imunológica destes (McCain et al., 2008). O relaxamento também contribuiu significativamente para o manejo dos efeitos colaterais da quimioterapia (Burish e Jenkins, 1992) e da diminuição da pressão arterial em hipertensos (Aivazyan, Zaitsev, Salenko, Yurenev e Patrusheva, 1988). Trata-se, portanto, de uma ferramenta que pode beneficiar a saúde física e mental dos usuários.

Dessensibilização sistemática

Técnica criada na década de 40 por Wolpe para o tratamento de fobias (Choy, Fyer e Lipsitiz, 2007). Consiste na exposição gradual do indivíduo às situações em que sinta ansiedade, objetivando condicionar uma resposta de relaxamento frente aos estímulos temidos. Para alcançar esse resultado, primeiramente é construída em conjunto com o terapeuta, uma hierarquia de situações temidas de acordo com o grau de ansiedade experimentada pelo sujeito. Em seguida, o paciente é submetido a um treino em relaxamento e exposto a cada uma dessas situações, começando pela que dispare menor nível de ansiedade. Ao perceber que está ficando ansioso, é estimulado a utilizar a técnica de relaxamento até que se acalme e possa prosseguir com outra situação temida. Assim é feito sucessivamente, até alcançar a de grau mais forte.

Uma das possíveis atividades do psicólogo no SUS é o atendimento a pessoas com câncer. Uma série de desajustes emocionais está ligada a essa condição como a dificuldade em lidar com o diagnóstico e o aumento dos níveis de ansiedade e depressão. Além disso, vários pacientes associam os sintomas da quimioterapia (estímulos incondicionados) a cheiros, sons e ambiente onde é realizada (estímulos condicionados), disparando sintomas de náusea e vômito antes mesmo do início do procedimento. Esse processo torna o tratamento ainda mais estressante, fazendo com que alguns pacientes desistam de prossegui-lo.

Pesquisas obtiveram resultados significativos em relação à eficácia dessensibilização sistemática em pacientes submetidos à quimioterapia (Carey e Burish, 1988; Redd e Andrykowski, 1982). A aplicação da técnica de dessensibilização sistemática a esses casos consiste em:

1. treino em relaxamento;
2. construção de uma hierarquia de medos;
3. visualização pelo paciente de cada uma das situações, sendo que ao sentir que está ficando ansioso, a imagem mental é paralisada e o relaxamento é iniciado até que o indivíduo volte a ficar calmo o suficiente para passar para a próxima situação da hierarquia.

Treino em assertividade

Essa técnica consiste em ensinar ao indivíduo a como defender seu ponto de vista, opiniões, interesses, sem adotar um estilo de comunicação passivo nem agressivo. O psicólogo que trabalha no SUS verá a utilidade dessa técnica não só como um recurso de tratamento dos usuários como também para que ele mesmo possa melhorar sua comunicação com os outros profissionais de saúde.

Alguns pacientes do SUS podem oscilar entre dois extremos de estilo de comunicação: tender para um modo mais passivo, tendo vergonha de expor o que pensam e esclarecer suas dúvidas ("não quis aborrecer o doutor"; "ele fala termos difíceis, não entendi nada, mas fingi que entendi tudo"), ou tender para um modo mais agressivo ("vou arrumar um barraco se não me atender direito"; "só porque sou pobre acha que pode falar comigo de qualquer maneira?"). Esses dois estilos de comunicação geram estresse, atrapalhando o tratamento e a relação profissional-paciente. O psicólogo pode identificar também dificuldades de comunicação dos profissionais de saúde em relação aos usuários e dentro das próprias equipes.

Com o intuito de tornar o usuário mais habilidoso socialmente, é necessário explicar o conceito de assertividade e fazer exercícios de *role-play*. É interessante escolher para a dramatização cenas do cotidiano do paciente. Por exemplo, pode-se treinar a assertividade pedindo para que ele descreva uma situação em que tenha sido passivo e em seguida solicitar que use as técnicas de assertividade aprendidas na terapia, tentando ser mais assertivo. De forma similar, pode-se simular uma situação que enfrentará em um futuro próximo, como perguntar ao médico sobre como será seu pré-operatório ou os efeitos colaterais da medicação. Quanto mais próxima de seu contexto mais o indivíduo verá a utilidade da técnica e ficará estimulado em aplicá-la em seu dia-a-dia.

Modalidades de atendimento no SUS

A rede de atenção à saúde no SUS está dividida em três níveis: primária, secundária e terciária. O nível primário corresponde às ações relacionadas aos serviços de baixa complexidade (atenção básica) focando principalmente nas ações de promoção e prevenção de doenças. O nível secundário envolve os serviços de média complexidade, com ênfase nas ações de cuidado e cura. Já o nível terciário engloba ações de alta complexidade, como os serviços de reabilitação e cuidados paliativos. Os níveis de atenção não estão necessariamente atrelados a algum tipo de instituição de saúde. Em um hospital, por exemplo, podem coexistir ações primárias, secundárias e terciárias, embora o mais comum seja a existência das duas últimas.

Nesses três níveis de atenção os atendimentos psicológicos podem ser prestados tanto aos pacientes como a equipe de saúde, de forma individual ou em grupo. Os grupos vem sendo privilegiados pois são uma forma de otimizar recursos, oferecendo tratamento a mais pessoas e reduzindo filas de espera. Ao mesmo tempo, o grupo possui ação terapêutica na medida em que mostra que as pessoas não são as únicas a terem dificuldades emocionais; que podem obter ou dar ajuda a outros membros através de apoio, conforto, empatia, incentivo; que podem aprender ou ensinar com outras pessoas outras formas de lidar com as situações (Bieling, Cabe e Antony, 2008).

Os grupos podem ser formados em uma sala de um ambulatório de um hospital, em um Centro de Atenção Psicossocial, em um Posto de Saúde, enfim, em diferentes locais do SUS. É muito importante que o psicólogo seja flexível e que não coloque como condição *sine qua non* uma sala própria de psicologia, pois muitas vezes terá que dividir algum espaço com outros profissionais e com outros objetos que não são próprios de sua prática, como macas, balanças e armários com medicamentos.

Podem ser formados com os usuários do Sistema grupos de apoio psicológico para gestantes, cardiopatas, diabéticos, usuários de saúde mental, transtorno do pânico, depressão, alcoolistas, fumantes etc. Especificamente em relação a esses dois últimos, em 2006, o Ministério da Saúde priorizou em sua Política Nacional de Promoção à Saúde ações envolvendo prevenção e o controle do tabagismo e a redução da morbi-mortalidade em decorrência do uso abusivo de álcool e drogas (Brasil, 2006).

No caso do tabagismo, os grupos de TCC podem ser uma alternativa interessante de tratamento não-farmacológico. O objetivo neste caso é ensinar o sujeito a identificar situações que costumam desencadear o desejo e o comportamento de fumar, e ao mesmo tempo desenvolver técnicas para manejo desse impulso, aumentando sua maneira de lidar com o estresse e ampliando sua rede de apoio social (Presman, Carneiro e Gigliotti, 2005).

Os atendimentos grupais podem ser prestados também aos profissionais de saúde. Estudos recentes mostram como os que trabalham no SUS podem sofrer uma série de transtornos psicológicos, como *burnout*, depressão e transtornos de ansiedade (Barros et al., 2008, Nascimento Sobrinho et al., 2010, Telles e Pimenta, 2009)

Desafios

Apesar da clara pertinência da aplicação do modelo cognitivo no SUS, faz-se necessário questionar as possíveis dificuldades encontradas na implementação do mesmo. Um sistema marcado pela passividade do usuário, pela verticalidade do poder, pela reduzida disponibilidade de tempo para o atendimento e para a preparação do mesmo, pelas limitações do usuário no uso de instrumentos que envolvam a escrita e pela presença constante de uma realidade objetiva muito adversa.

O psicólogo, historicamente atrelado à prática em consultórios, deve ampliar sua visão ao trabalhar no SUS. Transpor sua prática de atendimento clínico particular para a assistência pública é reduzir o indivíduo e seu tratamento a uma condição muito diferente da realidade. Não se trata de ser melhor ou pior: o psicólogo deve entender as diferenças para conseguir desenvolver um tipo de atuação mais eficaz em prol de uma maior qualidade de vida dos usuários do Sistema.

O psicólogo deve considerar questões sobre a caracterização do público-alvo do serviço, tipo de demanda, rede de apoio existente e outros fatores que podem facilitar ou limitar o alcance de sua intervenção. As técnicas cognitivo-comportamentais, por sua eficácia comprovada e objetividade, constituem um recurso valioso para o psicólogo no setor saúde, desde que usadas com flexibilidade e criatividade.

Para que estes desafios possam ser superados torna-se necessário um cuidado especial com a formação de terapeutas cognitivo-comportamentais. O atendimento grupal – modalidade especialmente importante no SUS – exige uma preparação específica. Torna-se necessária a participação em programas de treinamento e supervisão, sendo o conhecimento prévio (sobre a teoria, as técnicas e os protocolos) para conduzir TCC individual condição indispensável, visto que a modalidade grupal é bem mais complexa (Bieling, Cabe e Antony, 2008). O desenvolvimento de habilidades para atuar em equipes interdisciplinares também é uma barreira a ser transposta. Por fim, é preciso considerar que atualmente já há maior visibilidade do trabalho do terapeuta cognitivo na saúde, a superação dos desafios citados é apenas uma questão de tempo.

REFERÊNCIAS BIBLIOGRÁFICAS

Aivazyan, T. A., Zaitsev, V. P., Salenko, B. B., Yurenev, A. P., & Patrusheva, I. F. (1998). Efficacy of relation technics in hypertensive patients. *Health Psychology, 7*, 193-200

Barlow, D. H. & Durand, V. M. (2008). *Psicopatologia: uma abordagem integrada*. São Paulo: Cengage Learning.

Barros, D. S., Tironi, M. O. S., Nascimento Sobrinho, C. L., Neves, F. S., Bitencourt, A. G. V., Almeida, A. M. et al. (2008). Médicos plantonistas de unidade de terapia intensiva: perfil sócio- demográfico, condições de trabalho e fatores associados à síndrome de burnout. *Revista Brasileira de Terapia Intensiva, 20*(3), 235-240.

Beck, A. T. (1967) *Depression: Causes and Treatment*. Philadelphia: University of Pennsylvania Press.

Beck, A. T., Rush, A. J., Shaw, B.F., e Emery, G. (1979/1997) Cognitive therapy of depression. New York: Guilford. Porto Alegre: Artmed.

Beck, J. S. (2007) *Terapia cognitiva para desafios clínicos: o que fazer quando o básico não funciona*. Porto Alegre: Artmed.

Bieling, P. J., McCabe, R. E., & Antony, M. M. (2008). *Terapia cognitivo-comportamental em grupos*. Porto Alegre: Artmed.

Burish, T. G., & Jekings, R. A. (1992). Effectiveness of biofeedback and relaxion training in reducing the side effects of cancer chemotherapy. *Heath Psychology, 11*(1), 17-23.

Brasil. Ministerio da Saúde. Secretaria de Vigilância em Saúde. (2006). *Política nacional de promoção da saúde*. Brasília: Author.

Camargo-Borges, C., & Cardoso, C. L. (2005). A psicologia e a estratégia saúde da família: compondo saberes e fazeres. *Psicologia & Sociedade, 17*(2), 26-32.

Carey, M. P., & Burish, T.G. (1988). Etiology and treatment of the psychological side effects associated with cancer chemotherapy: a critical review and discussion. *Psychological Bulletin, 104*(3), 307-325.

Choy, Y., Fyer, A. J., & Lipsitz, J. D. (2007). Treatment of specific phobia in adults. *Clinical Psychology Review, 27*, 266-286.

Greenberg, D., Padesky, C.(1999). *A mente vencendo o humor*. Porto Alegre: Artmed.

Knapp, P. (2004). *Terapia cognitivo-comportamental na prática psiquiátrica*. Porto Alegre: Artmed.

Leahy, R. L. (2006). *Técnicas de terapia cognitiva: manual do terapeuta*. Porto Alegre: Artmed.

Mccain, N. L., Gray, D. P., Elswick, R. K., Robins, J. W., Tuck, I., Walter, J. M., et al. (2005). Tratamentos não-farmacológicos para o tabagismo. *Revista de Psiquiatria Clínica, 32*(5), 267-275.

Moorey, S. (2004) Quando coisas ruins acontecem a pessoas racionais: terapia cognitiva em circunstâncias adversas de vida. In: Paul, M. Salkovskis *Fronteiras da terapia cognitiva* . São Paulo: Casa do Psicólogo.

Padesky, C. A. (2004). Desenvolvendo a Competência do terapeuta Cognitivo: Modelos de Ensino e Supervisão. In: Paul, M. S. (Ed.), *Fronteiras da terapia cognitiva* . São Paulo: Casa do Psicólogo.

Rausch, S. M., & Ketchum, J. M. (2008). A randomized clinical trial of alternative stress management interventions in person with HIV infection.

Journal of consulting and clinical pshychology, *76*(3), 431-441.

Reed, W. H. & Andrykowski, M. A. (1982). Behavioral intervention in cancer treatment: controlling aversion reactions to chemotherapy. *Journal of Consulting and Clinical Psychology, 50*(6), 1018-1029.

Telles, H., & Pimenta, A. M. C. (2009). Síndrome de Burnout em Agentes comunitários de saúde e estratégias de enfrentamento. *Saude e Sociedade, 18*(3), 467-478.

White, C. A. (2000). *Cognitive behaviour therapy for chronic medical problems*. New York: John Wiley e Sons.

White, J. R., & Freeman, A.S. (2003). *Terapia cognitivo-comportamental em grupo para populações e problemas específicos*. São Paulo: Roca.

Cardiologia comportamental

Ricardo Gorayeb
Marcia Simei Zanovello Duarte
Nazaré Maria de Albuquerque Hayasida
Ana Luisa Suguihura

A Cardiologia Comportamental é uma área nova de conhecimento que se situa na interface entre as ações do Psicólogo da Saúde e as ações dos outros profissionais que cuidam do paciente cardiopata. O conceito está definido na sequência desta introdução, que requer antes uma análise do impacto das doenças cardiovasculares e da importância de seu estudo, bem como a clara descrição do que é Psicologia da Saúde, a análise de alguns aspectos diferenciais desta em relação à Psicologia Clínica e equívocos no uso de alguns termos.

EPIDEMIOLOGIA DAS DOENÇAS CARDIOVASCULARES E SEU IMPACTO ECONÔMICO

Por que a doença cardiovascular preocupa? Vejamos alguns dados epidemiológicos mundiais e do Brasil e algumas evidências de fatores psicossociais na determinação da doença. Dados da Organização Mundial de Saúde apontam as doenças cardiovasculares como a principal causa de mortalidade, morbidade e incapacidade no mundo, tendo sido responsáveis pela morte de cerca de 32% das mulheres e 27% dos homens no ano de 2004 (World Health Organization, 2008). No Brasil, no ano de 2006, as doenças do aparelho circulatório também foram a principal causa de morte na população adulta, responsáveis por 29,4% do total de óbitos (Ministério da Saúde, 2009).

O impacto econômico gerado pelo conjunto destas enfermidades é grande, e no Brasil os custos correspondem a cerca de 1,7% do PIB nacional (Azambuja, Foppa, Maranhão e Achutti, 2008; Balbinotto Neto e Da Silva, 2008).

Por esses motivos, e pelo sofrimento que causam aos pacientes e seus familiares, torna-se muito importante que estas enfermidades sejam estudadas da maneira mais completa possível, por equipes multidisciplinares capazes de abordar todos os aspectos envolvidos. O Psicólogo que trabalha na área da saúde tem um papel muito relevante neste contexto, visto que vários dos chamados fatores de risco para as cardiopatias são de ordem emocional ou comportamental.

PSICOLOGIA DA SAÚDE

Começamos por discutir o conceito de Psicologia da Saúde, área em que se situa a Cardiologia Comportamental. Gorayeb (2010) afirma que o termo Psicologia da Saúde tem sido confundido com outros termos de uso frequente e que, inicialmente, é importante distingui-lo do conceito de Psicologia Clínica. O autor sustenta que Psicologia da Saúde *não é* a psicologia da clínica aplicada ao ambiente da saúde. Na Psicologia da Saúde, os indivíduos atendidos não precisam obrigatoriamente ter um transtorno psicológico. O que distingue este campo de outros campos da Psicologia é o fato de que os indivíduos atendidos em Psicologia da Saúde têm, em geral, um problema ligado à sua saúde física. O paciente é, usualmente, um indivíduo que tem um problema orgânico relacionado a aspectos comportamentais ou emocionais, podendo estar, seja o problema orgânico, sejam os aspectos emocionais, como causa ou consequência da relação. Essa discussão já foi também estabelecida em outros artigos (Castro e Bornholdt, 2004; Kerbauy, 2002; Miyazaki, Domingos, Valério, Santos e Rosa, 2002; Yamamoto e Cunha, 1998; Yamamoto, Trindade e Oliveira, 2002).

Ainda segundo Gorayeb (2010), há princípios e conceitos comuns a ambas as áreas, mas para um psicólogo ser um bom Psicólogo da Saúde precisa conhecer bem o ambiente onde vai trabalhar – hospital, ambulatório, unidade básica de saúde – pois o ambiente é, várias vezes, determinante dos procedimentos que se poderá utilizar e dos padrões comportamentais de adoecer, ficar saudável ou melhorar a qualidade de vida. O Psicólogo da Saúde precisa ter as habilidades peculiares à área da saúde, sendo fundamental, inicialmente, que efetue uma análise detalhada do ambiente, dos fatores culturais, psicológicos e emocionais predisponentes à doença física. Assim, um conhecimento de epidemiologia da doença em questão e de seus fatores psicossociais de risco se faz necessário para uma boa atuação profissional do Psicólogo da Saúde. O Psicólogo da Saúde deve também ter habilidades de relacionamento interpessoal acuradas, pois seu trabalho, na maioria das vezes, é multidisciplinar. Portanto, o Psicólogo da Saúde precisa possuir também domínio e familiaridade em relação às demais áreas de conhecimento em saúde, como Medicina, Enfermagem, Fisioterapia, Nutrição. Este autor enfatiza que muitas vezes, na área da saúde, a intervenção mais apropriada com um paciente só pode ocorrer se houver uma equipe atuando conjuntamente, em que cada um conhece e respeita o trabalho do outro.

Outra questão de uso de termos é a do uso do termo Psicologia Hospitalar. Também, como enfatiza Gorayeb (2010), várias pessoas fazem confusão entre Psicologia da Saúde e Psicologia Hospitalar. Deixa claro o autor que não se trata do mesmo conceito; ele aponta que Psicologia Hospitalar é uma área importante dentro da Psicologia da Saúde, com necessidade de uma intervenção precisa e adequada a um ambiente acostumado a raciocinar com base em evidências (Gorayeb, 2001; Gorayeb e Guerrelhas, 2003). Mas aqui há uma confusão de termos tipicamente brasileira, como bem colocam Castro e Bornholdt (2004). Segundo Gorayeb (2010), Psicologia da Saúde é um termo que tem uma conotação ampla, e inclui a Psicologia que se pratica em hospitais. O autor lamenta que os termos sejam confundidos entre si e atribui parte da origem do problema ao fato de que uma grande parcela dos psicólogos que começaram a trabalhar em Psicologia da Saúde o fez em ambientes hospitalares; mas ressalta que não se pode definir uma área de conhecimento pelo seu local de atuação, bem como não se deve tomar a parte pelo todo. A definição de Psicologia da Saúde, apresentada por Matarazzo (1980), nos parece ser a mais adequada, persistindo como uma definição válida pelos últimos 30 anos.

> Um conjunto de contribuições educacionais, científicas e profissionais da disciplina da Psicologia para promoção e manutenção da saúde, a prevenção e o tratamento de doenças, a identificação da etiologia e o diagnóstico dos correlatos de saúde, doença e funções relacionadas, e a análise e o aprimoramento do sistema e da regulamentação da saúde. (p. 815)

Percebe-se nesta definição os três níveis essenciais de intervenção preconizados pelo Sistema Único de Saúde – SUS (Ministério da Saúde, 2010), para ser o sistema de saúde de toda a população. O nível de atenção terciária em Psicologia é o que se convencionou no Brasil chamar de Psicologia Hospitalar.

Medicina comportamental: Depois da definição de Psicologia da Saúde, é importante, antes ainda de apresentar uma definição do tema em questão neste capítulo, apresentar uma definição de uma área mais ampla na qual a Cardiologia Comportamental se insere, que é a Medicina Comportamental.

Medicina Comportamental é o campo interdisciplinar relacionado ao desenvolvimento e à integração de conhecimento e técnicas das ciências comportamentais, psicossociais e biomédicas, que sejam relevantes para a compreensão da saúde e da doença e, com a aplicação deste conhecimento e destas técnicas para a prevenção, do diagnóstico, do tratamento e da reabilitação. (Society of Behavioral Medicine, 2010)

Portanto, Medicina Comportamental seria uma forma de Psicologia da Saúde, porém, distinta de outras, baseada em evidências. Esta base em evidências científicas é o que caracteriza e distingue a Medicina Comportamental de outras abordagens psicológicas em saúde.

Cardiologia comportamental: Podemos passar agora a uma conceitualização de Cardiologia Comportamental e uma análise de seu impacto na saúde de pacientes com enfermidades cardiovasculares. Não existe uma definição amplamente aceita e difundida de Cardiologia Comportamental, mas, em um artigo publicado em 2003, Pickering e colaboradores enfatizam que a cardiologia tradicional sempre teve uma abordagem mecanicista em relação às doenças cardíacas. No entanto, segundo estes autores, a nova disciplina de Cardiologia Comportamental tem uma visão mais ampla, concluindo que as doenças do coração não são inevitáveis, mas se desenvolvem amplamente a partir de estilos de vida não saudáveis, tais como fumar, comer em demasia, não fazer atividades físicas e também pela presença do estresse psicossocial. Estes autores sugerem que uma variedade de estressores psicossociais estão implicados no desenvolvimento da enfermidade cardiovascular, como estresse ocupacional, ansiedade, isolamento social, hostilidade, raiva e padrão de comportamento Tipo A. Estes autores sugerem que há claramente uma superposição destes fatores, o que afeta o coração negativamente. O mais importante é a conclusão de seu raciocínio, de que tanto os estilo de vida como os fatores psicossociais podem ser alterados com tratamento cognitivo comportamental, com paciente e profissionais de saúde trabalhando conjuntamente. Assim, uma definição de Cardiologia Comportamental não vai fugir muito da definição de Medicina Comportamental, visto que também é um campo interdisciplinar preocupado com o desenvolvimento de técnicas relevantes para a compreensão da saúde e da doença cardiovascular nas áreas de prevenção, diagnóstico, tratamento e reabilitação. Enfatiza-se aqui a necessidade de sair de uma visão organicista da enfermidade cardiovascular e passar a uma visão mais integradora das diversas áreas do conhecimento.

Cardiologia Comportamental seria, numa definição nossa, a aplicação dos princípios cognitivos e comportamentais para melhor compreensão e atuação nas áreas de prevenção, tratamento e reabilitação das enfermidades cardiovasculares, compreendendo que estas são amplamente determinadas por fatores psicossociais.

Prevenção das enfermidades cardiovasculares: A prevenção das doenças cardiovasculares deveria ser um dos temas mais importantes da área de saúde no Brasil, haja vista a elevada prevalência e os custos do tratamento destas enfermidades. Infelizmente, não há incentivos suficientes por parte daqueles que definem as políticas de saúde no país para uma atuação mais intensa na área de prevenção. Nas universidades, em geral, as intervenções ocorrem nos ambientes hospitalares, nos níveis secundário e terciário. A seguir descrevemos algumas intervenções que nosso grupo de investigação vem realizando na área, com exemplos concretos para facilitar a aprendizagem dos leitores.

A TERAPIA COGNITIVO COMPORTAMENTAL NO TRATAMENTO E NA REABILITAÇÃO DAS ENFERMIDADES CARDIOVASCULARES

Como reage e que características tem um paciente depois de um infarto agudo do miocárdio? Duarte (2002) analisou o conteúdo verbal apresentado em entrevistas por pacientes para indicar atribuição de causalidade e evidenciar seu conhecimento de fatores de risco psicossociais para a ocorrência das doenças cardiovasculares. Com base neste estudo, pode-se verificar as estratégias de enfrentamento do estresse em pacientes que sofreram infarto agudo do miocárdio.

Uma análise da literatura mostra que os chamados fatores comportamentais e psicossociais, já evidenciados como fatores de risco para a doença arterial coronariana, englobam os descritos a seguir.

- padrão de comportamento Tipo A;
- insatisfação no emprego e no casamento;
- dificuldades financeiras;
- falta de apoio familiar e social;
- baixo nível ou classe social;
- eventos estressantes;
- demandas excessivas;
- pouco controle;
- competitividade no trabalho.

Pelo menos cinco fatores psicossociais específicos ficaram significativamente evidenciados em vários estudos realizados: depressão, ansiedade, fatores de personalidade, isolamento social e estresse crônico (Mancilha-Carvalho, 1992; Oliveira, Sharovsky e Ismael, 1995; Willians e Littman, 1996; Saner e Hoffmann, 1997; Kop, 1997; Niedhammer e Siegrist, 1998; Rozanski, Blumenthal e Kaplan, 1999). Também já está evidenciado o papel do estresse como desencadeador de angina, infarto e morte súbita, produzindo aumento da pressão arterial, da frequência cardíaca, dos lipídios séricos e da agregação plaquetária (fatores físicos que vão determinar a obstrução das veias e suas consequências) (Mancilha-Carvalho, 1992).

O estudo de Duarte (2002) foi desenvolvido num hospital de uma cidade com cerca de 300.000 habitantes no interior do estado de São Paulo, beneficiário do Sistema Único de Saúde (SUS). O protocolo de pesquisa foi submetido e aprovado pelo Comitê de Ética da instituição. Participaram da pesquisa 60 pacientes internados, cujos critérios de seleção incluíam:

- Ocorrência de primeiro infarto agudo do miocárdio diagnosticado através de avaliação clínica e traçado eletrocardiográfico;
- Concordância em participar da pesquisa mediante leitura de um Termo de Consentimento Informado;
- Condições físicas e psicológicas de participar da entrevista.

Um roteiro de entrevista semidirigida foi elaborado para a investigação de: dados sociodemográficos, ocorrência de *eventos vitais estressantes* anteriores ao infarto e estilo de enfrentamento dos problemas, denominado *estilo adaptativo* (presença do padrão de comportamento Tipo A, comportamento aditivo e raiva contida).

Para analisar o impacto do estresse no desenvolvimento das doenças cardiovasculares, estes autores consideraram a *interação* que se estabelece entre o organismo que responde e o ambiente. Este enfoque interacional enfatiza a importância da relação recíproca entre organismo-ambiente e foi descrito por Lazarus e Folkman em 1984 (apud Wells, 1998), os quais definem o estresse como

> um relacionamento particular entre a pessoa e o ambiente, que é avaliado pela pessoa como sobrecarregado ou excedendo seus recursos e implicando em risco para o seu bem-estar (p. 19).

Trata-se de uma definição que enfatiza a avaliação individual do agente estressor, que determinará a forma como o indivíduo vai lidar com a situação. A este manejo da situação ou enfrentamento, Lazarus denominou de *coping*. Lazarus e Folkman (1984), citados em Savoia (1999), definiram *coping* como

> os esforços cognitivos e comportamentais constantemente alteráveis para controlar (vencer, tolerar ou reduzir) demandas internas ou externas específicas, que são avaliadas como excedendo ou fatigando os recursos da pessoa. (p. 60)

No estudo citado, entre 60 pacientes, 12 eram mulheres e 48, homens, as idades variavam entre 31-76 anos. A maioria dos pacientes era casada, de baixa escolaridade e renda e com profissões não qualificadas. A seguir, apresentamos uma análise do estilo adaptativo apresentado pelos pacientes que tiveram um infarto agudo do miocárdio.

a) **Padrão de Comportamento Tipo A**: Através da análise do conteúdo verbal, nesta subcategoria estilo *adaptativo*, foi possível evidenciar que 31 sujeitos apresentavam características do padrão de comportamento Tipo A. Só foram classificados como Tipo A sujeitos que apresentavam pelo menos quatro das características descritas na literatura, como comportamento explosivo, impaciência, urgência do tempo e agressividade, que foram bastante explícitas, como é possível perceber pelas falas a seguir.

> (HOMEM, 42 ANOS) – "Eu acho que sou muito ansioso. Eu gosto de pegar uma coisa e ver acontecer rápido. Eu fico sem paciência quando fica demorando muito para fazer as coisas. Nisso aí, a gente vai ficando nervoso, acaba explodindo, você não aguenta..."

> (HOMEM, 48 ANOS) – "Fico nervoso... aí eu enfezo... aí eu fico com vontade de pegar uma coisa e esmagar tudo... vai me dando uma coisa, parece que... uma vontade de chorar... uma vontade de gritar."

Características como excesso de responsabilidade, comportamento autoexigente, envolvimento exagerado com o trabalho, luta crônica para realização de metas, sem demonstração de fraqueza ou necessidade de ajuda, também foram frequentes nos relatos:

> (HOMEM, 47 ANOS, gerente e empresário) – "... eu sou o primeiro lugar no serviço... eu me empolguei com isso... eu comecei a montar estratégias () comecei a levar trabalho para a casa e trabalhar até 3 ou 4 horas da manhã. Tomando cerveja e fumando."

Características do padrão de comportamento Tipo A e a associação com as coronariopatias são amplamente citadas na literatura, podendo-se observar que os achados do presente estudo são compatíveis com estas referências, principalmente quanto às considerações sobre os subcomponentes do Tipo A, como a hostilidade.

No presente estudo, alguns pacientes (oito, sendo seis homens e duas mulheres) demonstravam hostilidade, claramente manifesta e percebida pelo estilo de interação estabelecida com a entrevistadora, além de impaciência e urgência do tempo.

> (HOMEM, 48 ANOS) – "... se o médico tivesse aí e me deixasse ir embora... porque se ele não me deixar ir embora hoje, eu vou assim mesmo... alguma coisa tem que ser feita... não quero ficar mais aqui."

> (HOMEM, 48 ANOS) "Eu meço as palavras... por dentro eu fico estourando... a minha raiva é tanta que se eu bater a mão aqui, eu..."

Alguns demonstravam comportamento autoexigente, necessidade de controle, excesso de responsabilidade, porém com manifestação diferenciada da raiva, a qual se apresentava muito mais contida e internalizada do que através de comportamento explosivo, revelando autocontrole.

b) Raiva contida – A raiva contida foi uma característica de comportamento bastante evidente em 29 pacientes, demonstrando que boa parte dos pacientes lida com seus problemas através da internalização da raiva.

> (MULHER, 60 ANOS, doméstica, separada, sem apoio social) – "... não sou de desabafar com ninguém... por dentro fico irritada e não falo com ninguém... quando eu fico nervosa eu deito na cama, fecho a casa... assim que eu fico."

Estes pacientes não se encaixavam no perfil Tipo A, pois não demonstravam os comportamentos típicos de impaciência, autoexigência, competitividade, perfeccionismo. Eles referiam a si mesmos como pouco apressados e/ou ambiciosos e sem necessidade de *"performance"*, porém contidos, controlados e pouco assertivos para defenderem-se nos relacionamentos interpessoais.

Para Yuen e Kuiper (1991), citado em Fernandez-Abascal e Diaz (1994), os componentes cognitivos, afetivos e comportamentais, que fazem parte do padrão de comportamento Tipo A, formam um esquema cognitivo desadaptativo que, em conjunção com os acontecimentos do meio-ambiente, produzem com mais frequência e intensidade estados de raiva, os quais provocam estados fisiológicos que contribuem para o aparecimento da doença arterial coronariana.

É interessante lembrar que, nos dias de hoje, as formas habituais de os indivíduos responderem aos eventos estressores ocorrem por meio de respostas de enfrentamento cognitivas, e não motoras, as quais não utilizam a energia mobilizada no organismo, desencadeada pela ansiedade eliciada pelo estímulo, externo ou interno. Para Tobal e Morales (1994), isso gera um acúmulo excessivo de energia não empregada, a qual desencadeia alterações fisiológicas e pode sobrecarregar determinados órgãos, contribuindo para o aparecimento de transtornos orgânicos, como os psicofisiológicos.

c) Ruminação – Também a ruminação (que consiste em ficar rememorando o problema continuamente, mas sem solucioná-lo), apareceu em alguns relatos, podendo-se considerar que está associada à raiva contida. Assim como a adição, esta estratégia também é uma forma de enfrentamento centralizada na emoção, e não no problema (Atkinson, Atkinson, Smith e Bem, 1995).

> (MULHER, 45 ANOS) – "Passo as madrugadas acordada... pensando como resolver aquele problema que eu tive... então... isso corrói a gente..."

Os resultados obtidos por Duarte (2002) demonstraram que 51% dos pacientes apresentavam características de padrão de comportamento Tipo A, e 49% apresentavam raiva internalizada, ruminação dos problemas e comportamento aditivo (tabagismo) como padrão de resposta ao estresse.

Este estilo (des)adaptativo representa fraco ajuste ao estresse, além de predispor a fatores de risco como adição ao cigarro e ao álcool, obesidade e ansiedade, características que também ficaram evidenciadas no estilo de vida dos pacientes. Observou-se alta frequência de eventos ambientais negativos, baixo nível socioeconômico e ausência de suporte social. Enfatiza-se a relevância dos fatores comportamentais de risco nesta população. Ressalta-se a importância de considerar estes fatores nos programas de prevenção.

TRATAMENTO DAS ENFERMIDADES CARDIOVASCULARES E A IMPORTÂNCIA DA AÇÃO DO PSICÓLOGO DA SAÚDE

O estudo anterior descrito mostra características e habilidades (ou falta delas) dos pacientes para lidar com estresse. Com base nestas evidências, torna-se necessário elaborar intervenções que ajudem, na forma de prevenção secundária, os pacientes a lidar com sua doença e reduzir os fatores de risco. Nesse sentido, Vilela (2008) analisou os efeitos de uma intervenção psicológica com base nos princípios da Terapia Cognitivo-Comportamental para auxiliar no tratamento de pacientes que haviam sido recentemente internados em uma enfermaria de cardiologia, num hospital público universitário de uma cidade com cerca de 600.000 habitantes no interior do estado de São Paulo. O objetivo deste estudo foi o de fornecer maiores habilidades e competências aos pacientes para manejarem melhor sua enfermidade e dar boa continuidade ao tratamento médico. Os pacientes foram atendidos em grupos, que se reuniam semanalmente. Os grupos tinham caráter terapêutico, informativo e educativo. Abaixo apresentamos um esquema da intervenção, mostrando em detalhes o objetivo de cada sessão e as tarefas utilizadas para atingir estes objetivos, no hospital ou em casa.

Sessões semanais

1. O terapeuta explicava os objetivos do programa de intervenção e as normas para o funcionamento do grupo; estabelecia um contrato verbal de sigilo sobre as informações colhidas, visando o estabelecimento de um bom vínculo terapêutico. Os pacientes se apresentavam. Em seguida fazia-se a identificação das expectativas individuais dos participantes quanto ao processo terapêutico. Os pacientes eram incentivados a falar sobre si mesmos e a psicóloga estabelecia relação entre expectativas individuais e grupais. Com isso, passava-se ao estabelecimento do conjunto das metas grupais. O terapeuta, com suas verbalizações, procurava sensibilizar os pacientes sobre a necessidade de participação ativa nas sessões e enfatizava suas responsabilidades individuais na prevenção e na reabilitação cardíaca. Para terminar a sessão, começava a ensinar técnicas de respiração e relaxamento, visando manejo de estresse e ansiedade. Utilizava-se as técnicas de respiração

diafragmática e relaxamento muscular progressivo. Como tarefa, pedia-se aos pacientes para executar relaxamento de uma a duas vezes ao dia e/ou todas as vezes em que se sentissem ansiosos ou nervosos, no intervalo entre as sessões.

2. A ênfase da sessão era sobre o autoconhecimento, ajudando os pacientes na aceitação de sentimentos e na identificação de pensamentos disfuncionais relacionados à doença. Usava-se uma técnica de dinâmica de grupo para colaborar nesta tarefa. Em seguida, o terapeuta fazia uma breve introdução de alguns conceitos básicos da Terapia Cognitivo-Comportamental e entregava e discutia com os pacientes um folheto explicativo acerca da terapia. Pedia-se aos pacientes, como tarefa, que treinassem um automonitoramento, com registro de situações de alteração de humor, pensamentos automáticos e emoções subsequentes a estes. O objetivo era aumentar autocontrole e manejo de estresse e ansiedade. Continuava-se com o treino em relaxamento e controle da respiração, na sessão e em casa.

3. Nesta sessão, continuava o treino de autocontrole e manejo de estresse e ansiedade, com treino em relaxamento, controle da respiração e visualização. O terapeuta reforçava positiva e diferencialmente os comportamentos apresentados ou descritos pelos pacientes, visando estabelecimento de generalizações e discriminações adequadas. Iniciava-se a introdução de técnicas voltadas à reestruturação cognitiva. Verificava-se as tarefa de casa e fazia-se uma discussão acerca do seu conteúdo. Os pacientes eram orientados e ajudados na construção e no registro de uma hierarquia de comportamentos indesejáveis e/ou problema relacionado à doença arterial coronariana e fornecia-se sugestões de possíveis mudanças para tais comportamentos. Iniciava-se a educação sobre a doença arterial coronariana, com discussão de material informativo, visando maior adesão ao tratamento. Como tarefas, continuavam o automonitoramento, o autocontrole e a reestruturação cogni-

tiva, o registro de situações de alteração de humor, de pensamentos automáticos, de emoções e de comportamentos subsequentes a estas.

4. Discutia-se facilidades e dificuldades no processo de reestruturação cognitiva e fazia-se a introdução da técnica de resolução de problemas. Verificava-se a tarefa de casa e discutia-se seu conteúdo. Registrava-se uma hierarquia de comportamentos indesejáveis e/ou problema, relacionados a doença arterial coronariana e sugestões de possíveis mudanças. Continuava o fornecimento de informação quanto aos fatores de risco da doença arterial coronariana, enfatizando uma melhora na qualidade de vida.

5. Repetição dos procedimentos da sessão anterior. Sensibilização com relação a hábitos nocivos à saúde e apreensão da técnica de resolução de problemas, visando uma alteração de hábitos e uma melhora na qualidade de vida. Discussão sobre o conteúdo da tarefa de casa.

6. Autocontrole, manejo de estresse e ansiedade. Treino em relaxamento, controle da respiração e visualização. Discussão de material informativo sobre os fatores de risco. Tarefa: ler material explicativo sobre fatores de risco da doença arterial coronariana.

7. Continuação do conteúdo da sessão 6. Sensibilização dos pacientes quanto à importância do estresse nos cuidados com o coração. Discussão de material explicativo sobre o estresse. Análise de possíveis efeitos benéficos da intervenção. Prevenção de recaídas.

8. *Feedback* e avaliação do grupo. Expressar opinião sobre a participação no grupo, bem como análise dos objetivos alcançados. Discussão sobre a manutenção dos efeitos benéficos da intervenção. Programação de retorno individual. Agendadas sessões de reavaliação. Estratégias para prevenção de recaídas.

É importante perceber, ao se olhar um planejamento de sessões a desenvolver com pacientes, que, apesar de haver um planejamento prévio e aparente estruturação sistemática das sessões, durante as mesmas o tema tem de versar sobre as informações trazidas pelos pacientes, com o objetivo de tornar o grupo mais realista, mais adequado a suas realidades, fortalecendo o vínculo terapêutico e aumentando a adesão ao processo psicoterápico. Como resultado dessa intervenção, observou-se uma grande satisfação dos pacientes em participar dos grupos, um aumento da compreensão do seu processo de adoecer e um aumento da adesão ao tratamento médico. Como medidas mais objetivas, se evidenciaram uma redução no Índice de Massa Corpórea e na depressão e uma melhora da qualidade de vida dos pacientes.

Intervenções como esta descrita anteriormente podem ser feitas em qualquer hospital, e deveriam ser amplamente utilizadas para aumentar a adesão ao tratamento e reduzir os fatores psicossociais de risco às enfermidades cardiovasculares.

Uma intervenção muito semelhante foi aplicada no Amazonas por Hayasida (2010), mostrando a generalização da eficácia desses procedimentos. Ali, diferentemente dos estudos realizados no estado de São Paulo, lidou-se com pacientes que estavam programados para uma cirurgia de revascularização do miocárdio, oferecendo apoio psicológico e preparação de pacientes cardiopatas para cirurgia, também com base nos princípios da Terapia Cognitivo-Comportamental.

Como argumentaram vários autores, o nível elevado de ansiedade no período pré-operatório interfere negativamente na recuperação dos pacientes submetidos à cirurgia cardíaca (Frasure-Smith, Lesperance, Talajic, 1993; Hayasida, 2010; Lemos, 2008; Shibeshi, Young-xu e Blatt, 2007). A cirurgia representa uma experiência ameaçadora da integridade física e psicológica do paciente, é uma situação geradora de estresse, com repercussões na sua recuperação geral. O auxílio no manejo e no impacto dos procedimentos médicos invasivos, tais como a cirurgia de revascularização do miocárdio, é uma das atividades desenvolvidas pelo Psicólogo da Saúde para promover comportamentos de adesão ao tratamento e melhorar a evolução clínica dos pacientes.

ABORDAGEM INDIVIDUAL PREPARATÓRIA PARA TRATAMENTO CIRÚRGICO

No início do processo das intervenções, foi importante avaliar a prontidão do paciente para a mudança e identificar de que maneira ele gostaria que se tratasse a sua doença e os objetivos que gostaria de atingir. Verificou-se também se o paciente estava disposto a passar pelos sacrifícios necessários e a tolerar o aumento da ansiedade presente no início do tratamento. Significa, ainda, dispor de tempo para as sessões com o terapeuta, ler os folhetos explicativos fornecidos e realizar as tarefas práticas, que são parte essencial da terapia. A intervenção baseou-se na premissa central de que a mudança precisa ser estimulada no paciente. Durante as sessões, evitou-se confrontar ou desafiar a resistência do paciente, em vez disso, o mesmo foi ajudado a desenvolver discrepância entre onde ele está atualmente e onde gostaria, idealmente, de estar. Foram enfatizados quaisquer sinais de autoeficácia ou comportamentos que pudessem indicar motivação.

A partir dos registros de pensamentos trazidos pelo paciente, discutiu-se a relação dos mesmos com crenças mais profundas, através de perguntas sobre seus significados (Registro de Pensamentos Disfuncionais). A seguir, transcreve-se trechos da interação verbal entre a terapeuta e um paciente, como exemplo de aplicação das técnicas de Terapia Cognitivo-Comportamental.

Caso clínico: Paciente do sexo masculino, 52 anos, hospitalizado para cirurgia de revascularização do miocárdio. Foi atendido em seis sessões individuais. A conceitualização cognitiva do paciente apontou para o sentimento de injustiça diante das condições da doença, associado ao pensamento de que não era possível viver uma vida com qualidade enquanto a cura não fosse encontrada. Consequentemente, evitava relacionamentos interpessoais mais próximos, comportando-se como uma vítima e aumentando ainda mais seu sofrimento por conta da suspensão de seus projetos de vida. Essa atitude mantinha seu humor irritadiço e depressivo, dificultando uma melhor resposta terapêutica para sua condição. A partir dessa compreensão, foram propostas intervenções cognitivas e comportamentais com o objetivo de melhorar a qualidade de vida do paciente, aumentar as atividades reforçadoras e reduzir o estresse produzido pelo convívio constante com os sintomas de sua doença crônica e tratamento cirúrgico. A seguir, transcrevemos alguns trechos da sessão efetuada pela psicóloga após a cirurgia, com indicação da técnica utilizada.

Terapeuta (T): Como vai, tudo bem? E com a cirurgia, a medicação, como está? (REVISÃO DO HUMOR).

Paciente (P): Tô mais ou menos, com dores aqui nas costelas, a respiração melhorou, podemos continuar a palestra Dra.? [nesse momento entra a fisioterapeuta] Eu estou bem melhor, foi difícil na UTI, tudo o que a Sra. disse aconteceu, sabe?

T: ... e como foi?

P: ... foi daquele jeito mesmo que a Sra. falou:... o tubo... os fios ligados naqueles aparelhos... muita gente mexendo em mim... Senti muita dor... da cirurgia, sabe... olhava para um lado, via um também cheio daqueles negócios [toca no seu nariz e no peito, refere-se aos aparelhos].... É,.... foi difícil, viu? Mas tô aqui... vivo! Feliz! E para contar a história.

T: ...então vamos falar hoje sobre as orientações da equipe médica a respeito da sua recuperação.... como vai continuar com o tratamento?

P: Falei com meu médico, conforme nós combinamos, foi bem legal. Mas não consegui falar com o médico sobre aquela conversa, fazer nenhum contato social como planejamos [TAREFAS]. Fiz também aquela respiração e o relaxamento que a Sra. ensinou [TÉCNICAS DE RELAXAMENTO] depois... eu consegui vencer, fui dormir bem, bem comigo mesmo.

T: E como foi?

P: Sabe que eu fiquei bem mais tranquilo depois que nós ensaiamos aqui como eu poderia falar com ele [ROLE-PLAY], o importante foi quando eu dramatizei o papel do meu médico e você dramatizou eu [ROLE-PLAY INVERTIDO]. Antes de falar com ele eu me lembrei muito daquilo que nós falamos: "O que de pior pode acontecer, se eu disser o que eu penso?" E, durante esses dias, eu treinei muitas vezes na minha cabeça, na imaginação [ENSAIO COGNITIVO], o que eu diria para ele, o que ele poderia responder, como ele agiria e o que eu poderia fazer então.

T: Muito bem, o que concluiu...?

P: Se eu for menos tímido, mais confiante com as pessoas, eu posso melhorar essa dificuldade e me dar bem. Tenho que lembrar sempre daquela minha adivinhação de que eu vou me sair mal nas coisas e acabo fazendo tudo errado para que o meu pensar aconteça. Além disso, eu estou sempre fazendo aquelas distorções cognitivas, leitura mental, adivinhação, catástrofe, não sei falar essa palavra... [CATEGORIZANDO DISTORÇÕES COGNITIVAS]. Agora percebo e consigo modificar esse pensamento na hora.

T: Vamos tentar lembrar, e o que provavelmente você fica pensando e se dizendo, quando se sente assim? [ABC]

P: Que eu sempre fui tímido e nunca me dei muito bem com iniciar uma conversa, não sei o que dizer, fico pensando que as pessoas vão me achar chato, sem atrativo, sabe... [PENSAMENTOS AUTOMÁTICOS].

T: E se isso fosse verdadeiro, que vão achar chato, sem atrativos, então o que poderá acontecer... [SETA DESCENDENTE]

P: ... como sou desinteressante, então ninguém vai querer ficar comigo, nem a ex.... [PRESSUPOSTO].

T: E se ninguém quiser ficar com você, o que poderia acontecer?

P: Ninguém vai querer ficar comigo, acabo ficando só. [REGRAS SUBJACENTES].

T: E se você ficar só, o que representa para você?

P: ... que eu de fato não tenho nada de bom tenho defeito... e logo agora... depois dessa cirurgia do coração, defeito no coração... que sou um fracasso como homem. [ESQUEMA].

T: E se você ficar sozinho... sozinho na vida?

P: Aí... o que eu penso passa a ser verdadeiro: que eu sou defeituoso, um incompetente na vida, um fracassado, e ninguém vai querer ficar comigo. [CRENÇAS NUCLEARES].

T: Vamos resumir o que foi falado hoje [DESENVOLVENDO A CONCEITUALIZAÇÃO COGNITIVA] e nas duas sessões anteriores, tentar entender o que vem acontecendo com você. Você está sempre muito atento no que os outros estão pensando, parece depender do que os outros pensam a seu respeito. Depois, é tentar ser perfeito no contato com as pessoas, para não o julgarem mal; depois é a ideia [CRENÇA CENTRAL] de que você não tem atrativos, e agora, depois da cirurgia, um incompetente, fracassado e, por isso, vai ficar só, pois ninguém vai querer ficar com você, amá-lo do jeito que você é.

P: ... isso mesmo. Mas nem é sempre que eu penso que sou um fracassado... acontece quando recebo uma crítica, e se olhar de um jeito... olhar que parece que não está gostando. Hoje já estou melhor...

Comentários sobre o estudo

Pode-se afirmar que, além de disponibilizar ao paciente todas as informações necessárias acerca do cuidado para o manejo da doença arterial coronariana e da cirurgia de revascularização do miocárdio, é necessário acompanhá-lo por um período de tempo, com vistas a ajudá-lo na tomada de decisões frente às inúmeras situações que a doença impõe. Há que se ressaltar que, neste estudo, além destes crescimentos e ganhos individuais, também houve redução de ansiedade e depressão e melhora da qualidade de vida dos pacientes que receberam orientação e apoio com base nos princípios da Terapia Cognitivo-Comportamental, comparado com o grupo controle que recebeu intervenção médica tradicional.

Perspectivas para o Futuro: Outros fatores podem influenciar no desenvolvimento das doenças cardiovasculares, incluindo as chamadas características ou padrões de personalidade. Há algumas décadas, pesquisadores vêm tentando descobrir um padrão de comportamento correlacionável às doenças cardíacas (Matthews, 1982), que se integraria ao grupo dos fatores de risco psicossociais. Se este padrão de comportamento for precocemente identificado nos indivíduos, pode-se realizar intervenções de forma a minimizar os danos causados por este padrão de comportamento e pelas doenças cardiovasculares (Denollet, 1998).

Na década de 1980, houve um grande número de pesquisas sobre o construto padrão de comportamento Tipo A (Kawachi, Sparrow, Kubzansky, Spiro III, Vokonas e Weiss, 1998), que ocorreram em meio a dúvidas e incertezas (Johnston, 1993) provavelmente em razão da variedade e da divergência no seu método de avaliação (Denollet, 1998; Spindler et al., 2009) ou por ser um conceito possivelmente cultural, não generalizável para outras populações que não a ocidental (Ikeda, Iso, Kawachi, Inoue e Tsugane, 2008). A partir dos anos 1990, houve uma queda acentuada na frequência de publicações sobre o padrão de comportamento Tipo A (Ikeda et al., 2008). Não se conseguiu obter um consenso científico em relação ao Tipo A e sua correlação com o surgimento e a evolução das cardio-

patias (Dimsdale, 1988), pois os resultados das pesquisas se mostraram inconsistentes (Spindler et al., 2009). Já foi sugerida, inclusive, a interrupção de estudos e pesquisas que tratam desta suposta relação (Conduit, 1992).

Apesar desta diminuição no interesse científico pela noção de que um padrão de comportamento, entendido como um conceito abrangente e estável, possa ter impacto na saúde cardiovascular (Denollet e Van Heck, 2001), as pesquisas continuaram ocorrendo, ampliando o espectro de investigação e deixando um pouco de lado o conceito de padrão de comportamento Tipo A e se focando na vivência de emoções negativas, tais como ansiedade, raiva, sintomas depressivos, estresse psicológico e exaustão vital (Denollet, 1998).

A partir destas pesquisas, surgiu a hipótese de que a interação entre a vivência crônica de emoções negativas e a inibição de sentimentos deveria ser vista como uma forma de estresse que predisporia estes indivíduos à manifestação ou à exacerbação de problemas de saúde (Denollet, Sys e Brutsaert, 1995). Neste estudo, foi cunhado o termo *Type D*, referente à palavra em língua inglesa *distressed*, que pode ser traduzida como aflito, angustiado (Martins Fontes, 2005).

Para este construto não mais é utilizado o conceito "padrão de comportamento", mas sim "personalidade", pois, de acordo com a definição proposta, o Tipo D se refere à combinação de dois traços de personalidade abrangentes e estáveis (Denollet e Van Heck, 2001), que seriam a Afetividade Negativa e a Inibição Social (Denollet, 1998, 2005; Denollet et al., 1995; Emons, Meijer e Denollet, 2007; Hausteiner, Klupsch, Emeny, Baumert e Ladwig, 2010; Spindler et al., 2009). A personalidade Tipo D representa um construto de personalidade não patológica e vem sendo considerada como um fator de risco crônico para as doenças cardiovasculares (Pedersen e Denollet, 2006; Spindler et al., 2009).

A Afetividade Negativa pode ser definida como uma tendência estável a vivenciar emoções negativas através do tempo e das situações (Denollet, 1998; Emons et al., 2007; Nabi, Kivimaki, De Vogli, Marmot e Singh-Manoux, 2008; Watson e Clark, 1984). Assim, indivíduos com alta Afetividade Negativa vivenciam mais sentimentos de disforia, ansiedade, apreensão e irritabilidade, têm uma visão negativa de si mesmo, referem mais sintomas somáticos e têm a atenção voltada para eventos e estímulos aversivos e adversos (Denollet, 2005; Nabi et al., 2008; Watson e Clark, 1984). Em geral, parecem procurar, no mundo, por sinais de problemas impeditivos, expondo-se e reagindo com maior frequência e intensidade a situações estressoras (Denollet, 2000; Watson e Clark, 1984).

A Inibição Social é definida também como uma tendência estável, mas de inibição da expressão de sentimentos e comportamentos nas interações sociais para evitar a desaprovação de terceiros (Denollet, 2005; Emons et al., 2007). Indivíduos com alta Inibição Social tendem a buscar menos suporte social, têm interações sociais de baixa qualidade e baixa autoestima, tendem a se sentir inibidos, tensos e inseguros quando com outras pessoas (Denollet, 1998; 2005). São reticentes, apresentam alta frequência de comportamento de esquiva, baixa frequência de expressão de emoções e se sentem desconfortáveis em situações em que devem se relacionar com outras pessoas (Denollet, 2000). É importante enfatizar que a não expressão do afeto é consciente, uma estratégia utilizada para evitar desaprovação social (Denollet e Van Heck, 2001; Friedman e Booth-Kewley, 1995), em que a Inibição Social mediaria a expressão da vivência de Afetividade Negativa (Denollet e Van Heck, 2001; Pedersen e Denollet, 2006).

Quando o indivíduo apresenta alta Afetividade Negativa concomitantemente a alta Inibição Social (personalidade Tipo D), ele está mais suscetível a vivenciar dificuldades emocionais e interpessoais (Denollet, 2000), ficando vulnerável a outros fatores de risco, como exaustão vital (Pedersen e Middel, 2001), depressão (Schiffer, Pedersen,

Widdershoven e Denollet, 2008; Spindler et al., 2009), ansiedade (Spindler et al., 2009) e isolamento social (Denollet et al., 1995). As evidências têm confirmado que indivíduos de personalidade Tipo D apresentam um risco maior de morbidade e mortalidade cardíaca (Emons et al., 2007; Pedersen e Denollet, 2006; Spindler et al., 2009; Williams et al., 2008), o que reforça a importância de se ter um instrumento válido que permita identificar estes indivíduos a tempo de intervir e minimizar possíveis danos.

O grupo de pesquisa em Psicologia da Saúde do Hospital das Clínicas da Faculdade de Medicina de Ribeirão Preto da Universidade de São Paulo está iniciando um estudo (Suguihura, 2010) em que o instrumento DS14, criado pelo pesquisador holandês Johan Denollet para avaliar a presença da personalidade Tipo D, será traduzido, adaptado e validado para o português, podendo constituir-se em uma estratégia adicional para os Psicólogos da Saúde utilizarem na prevenção das enfermidades cardiovasculares. Além disso, o grupo continua pesquisando ativamente na área de Cardiologia Comportamental, com estudos já concluídos e que serão objeto de publicações futuras sobre "Intervenção Psicológica com Pacientes Hipertensos em Atenção Primária", "Estágios de Mudança em Pacientes com Síndrome Isquêmica Miocárdica Instável", "Fatores Psicossociais e Adesão ao Programa de Reabilitação Cardiovascular" e estudos em andamento na área de aspectos psicossociais de cuidadores informais e pacientes com cardioversor desfibrilador implantável.

Com estas pesquisas, espera-se poder contribuir para a redução dos prejuízos provocados pelas enfermidades cardiovasculares que, mais do que gastos financeiros, são desastrosos do ponto de vista pessoal para o indivíduo, com perda de anos de vida e perda de qualidade de vida, especialmente nos aspectos psicológicos envolvidos. Também se espera que as autoridades na área de saúde no país, responsáveis por investimentos e definição de políticas, possam prestar maior atenção aos aspectos relacionados à prevenção desta enfermidade, para evitar os danos futuros.

REFERÊNCIAS

Atkinson, R. L., Atkinson, R. C., Smith, E. E., & Bem, D. J. (1995). *Introdução à psicologia* (11. ed.) . Porto Alegre: Artes Médicas.

Azambuja, M. I. R., Foppa, M., Maranhão, M. F. C., & Achutti, A. C. (2008). Impacto econômico dos casos de doença cardiovascular grave no Brasil: uma estimativa baseada em dados secundários. *Arquivos Brasileiros de Cardiologia, 91*(3), 163-171.

Balbinotto Neto, G., & Da Silva, E. N. (2008). Os custos da doença cardiovascular no Brasil: um breve comentário econômico. *Arquivos Brasileiros de Cardiologia, 91*(4), 217-218.

Booth-Kewley, S., & Friedman, H. S. (1987). Psychological predictors of heart disease: a quantitative review. *Psychological Bulletin, 101*(3), 343-362.

Castro, E. K., & Bornholdt, E. (2004). Psicologia da Saúde x Psicologia Hospitalar: definições e possibilidades de inserção profissional. *Psicologia Ciência e Profissão, 24*, 48-57.

Conduit, E. H. (1992). If A-B does not predict heart disease, why botter with it? A clinician's view. *The British Journal of Medical Psychology, 65*(pt 3), 289-296.

Denollet, J., & Van Heck, G. L. (2001). Psychological risk factors in heart disease – What type D personality is (not) about. *Journal of Psychosomatic Research, 51*, 465-468.

Denollet, J. (1998). Personality and coronary heart disease: the Type-D Scale-16 (DS16). *Annals of Behavioral Medicine, 20*(3), 209-215.

Denollet, J. (2000). Type D personality: a potential risk factor refined. *Journal of Psychosomatic Research, 49*, 255-266.

Denollet, J. (2005). DS14: Standart assessment of negative affectivity, social inhibition, and Type D personality. *Psychosomatic Medicine, 67*, 89-97.

Denollet, J., Sys, S. U., & Brutsaert, D. L. (1995). Personality and myocardial infarction. *Psychosomatic Medicine, 57*, 582-591.

Dimsdale, J. E. (1988). A perspective on type A behavior and coronary disease. *The New England Journal of Medicine, 318*, 110-112.

Duarte, M. S. Z. (2002). *Análise dos fatores psicossocias de risco em pacientes de primeiro infarto agudo do miocárdio*. Dissertação de mestrado não-publicada. Faculdade de Filosofia, Ciências e Letras de Ribeirão Preto, Universidade de São Paulo, Ribeirão Preto.

Emons, W. H. M., Meijer, R. R., & Denollet, J. (2007). Negative affectivity and social inhibition in cardiovascular disease: evaluating type-D personality and its assessment using item response theory. *Journal of Psychosomatic Research, 63*, 27-39.

Fernandez-Abascal, E., & Diaz, M. D. M. (1994). El Síndrome AHI! Y su relacion com los transtornos cardiovasculares. *Ansiedad y Estrés, 0*, 25-36.

Frasure-Smith, N., Lesperance, F., & Talajic, M. (1993). Depression following myocardial infarction – Impact on 6-month survival. *Journal of the American Medical Association, 270*, 1819-1825.

Friedman, H. S., & Booth-Kewley, S. (1995). Personality, type A behavior, and coronary heart disease: the role of emotional expression. *Journal of Personality and Social Psychology, 53*, 783-792.

Gorayeb, R., & Guerrelhas, F. (2003). Sistematização da prática psicológica em ambientes médicos. *Revista Brasileira de Terapia Comportamental e Cognitiva, 5*, 11-19.

Gorayeb, R. (2010). Psicologia da saúde no Brasil. *Psicologia: Teoria e Pesquisa, 26*(n. especial), 115-122.

Hausteiner, C., Klupsch, D., Emeny, R., Baumert, J., & Ladwig, K. H. (2010). Clustering of negative affectivity and social inhibition in the community: prevalence of type D personality as a cardiovascular risk marker [Abstract]. *Psychosomatic Medicine, 72*, 163-171.

Hayasida, N. M. A. (2010). *Intervenção cognitivo-comportamental pré e pós cirurgia de revascularização do miocárdio em manaus/AM*. Tese de doutorado não-publicada. Faculdade de Filosofia, Ciências e Letras de Ribeirão Preto, Universidade de São Paulo, Ribeirão Preto.

Ikeda, A., Iso, H., Kawachi, I., Inoue, M., & Tsugane, S. (2008). Type A behaviour and risk of coronary heart disease: the JPHC study. *International Journal of Epidemiology, 37*, 1395-1405.

Johnston, D. W. (1993). The current status of the coronary prone behaviour pattern. *Journal of the Royal Society of Medicine, 86*(7), 406-409.

Kawachi, I., Sparrow, D., Kubzansky, L. D., Spiro III, A., Vokonas, P. S., & Weiss, S. T. (1998). Prospective study of a self-report type A scale and risk of coronary heart disease. *Circulation, 98*, 405-412.

Kerbauy, R. R. (2002). Comportamento e saúde: doenças e desafios. *Psicologia USP, 13*, 11-28.

Kop, W. J. (1997). Acute and chronic psychological risk factors for coronary syndromes: moderating effects of coronary artery disease severity. *Journal of Psychosomatic Research, 43*(2), 167-181.

Lemos, C., Gottschall, C. A. M., Pellanda, L. C., Müller, M. (2008). Associação entre depressão, ansiedade e qualidade de vida após infarto do miocárdio. *Revista Psicologia: Teoria e Pesquisa, 24*(4), 471-476.

Mancilha-Carvalho, J. J. (1992). Antecedentes da doença coronária: os fatores de risco. *Arquivos Brasileiros de Cardiologia, 4*(58), 263-267.

Martins Fontes (2005). *Password: K Dictionaries: English Dictionary for Speakers of Portuguese* (3. ed.). São Paulo: Author.

Matarazzo, J. D. (1980). Behavioral health and behavioral medicine: Frontiers for a new health psychology. *American Psychologist, 35*, 807-817.

Matthews, K. A. (1982). Psychological perspectives on the Type A Behavior Pattern. *Psychological Bulletin, 91*(2), 293-323.

Matthews, K. A. (1988). Coronary heart disease and type A behaviors: update on and alternative to the Booth-Kewley and Friedman (1987) quantitative review. *Psychological Bulletin, 104*(3), 373-380.

Brasil. Ministério da Saúde. (2010). *Sobre o SUS*. Acesso em ago. 20, 2010, from http://portal.saude.gov.br/portal/saude/default.cfm.

Brasil. Ministério da Saúde. Secretaria de Vigilância em Saúde. Departamento de Análise de Situação de Saúde. (2009). *Saúde Brasil 2008: 20 Anos de Sistema Único de Saúde (SUS) no Brasil*. Brasília, DF: Author.

Miyazaki, M. C. O S., Domingos, N., Valério, N., Santos, A. R. R., & Rosa, L. T. B. (2002). Psicologia da Saúde: extensão de serviços à comunidade, ensino e pesquisa. *Psicologia USP, 13*, 29-53.

Nabi, H., Kivimaki, M., De Vogli, R., Marmot, M. G., & Singh-Manoux, A. (2008). Positive and negative affect and risk of coronary heart disease: Whitehall II prospective cohort study. *British Medical Journal, 337*, a118.

Niedhammer, I., & Siegrist, J. (1998). Psychosocial factors at work and cardiovascular diseases: contribution of the effort-reward imbalance model. *Revue D'épidémiologie et de Santé Publique, 5*(46), 398-410.

Oliveira, M. F. P., Sharovsky, L. L., & Ismael, S. M. C. (1995). Aspectos emocionais do paciente coronariano. In Oliveira, M. F. P., & Ismael, S. M.

C. *Rumos da psicologia hospitalar na cardiologia* (p. 185-198). Campinas: Papirus.

Pedersen, S. S., & Denollet, J. (2006). Is type D personality here to stay? Emerging evidence across cardiovascular disease patient groups. *Current Cardiology Review, 2*, 205-213.

Pedersen, S. S., & Middel, B. (2001). Increased vital exhaustion among type-D patients with ischemic heart disease. *Journal of Psychosomatic Research, 51*, 443-449.

Pickering, T., Clemow, L., Davidson, K., & Gerin, W. (2003). Behavioral Cardiology – has its time finally arrived? *The Mount Sinai Journal of Medicine, 70*(2), 101-112.

Rozanski, A., Blumenthal, J. A., & Kaplan, J. (1999). Impact of psychological factors on the pathogenesis of cardiovascular disease and implications for therapy. *Circulation, 27*(16), 2192-2217.

Saner, H., & Hoffmann, O. (1997). Stress as cardiovascular risk factor. *Schweizerische Medizinische Wochenschrift, 34*(127), 1391-1399.

Savoia, M. G. (1999). Escalas de eventos vitais e de estratégias de enfrentamento *(coping)*. *Revista de Psiqui atria Clínica, 26*(2). Acesso em nov. 20, 2010 from http://hcnet.usp.br/ipq/revista/vol26/n2/artigo(57).htm.

Schiffer, A. A., Pedersen, S. S., Widdershoven, J. W., & Denollet, J. (2008). Type D personality and depressive symptoms are independent predictors of impaired health status in chronic heart failure. *European Journal of Heart Failure, 10*, 802-810.

Shibeshi, W. A., Young-Xu, Y., & Blatt, C. M. (2007). Anxiety worsens prognosis in patients with coronary artery disease. *Journal of the American College of Cardiology, 49*(20), 2021-2027.

Society of Behavioral Medicine. (2010). Acesso em nov. 20, 2010 from http://www.sbm.org/about/definition.asp.

Spindler, H., Kruse, C., Zwisler, A. D., & Pedersen, S. S. (2009). Increased anxiety and depression in danish cardiac patients with type D personality: a cross-validation of the type D scale (DS14). *International Journal of Behavioral Medicine, 16*, 98-107.

Suguihura, A. L. M. (2010). *Adaptação cultural e validação da DS14 para adultos da região de Ribeirão Preto*. Projeto de mestrado não-publicado. Faculdade de Filosofia, Ciências e Letras de Ribeirão Preto, Universidade de São Paulo, Ribeirão Preto.

Tobal, J. J. M., & Morales, M. I. C. (1994). Emociones y trastornos psicofisiológicos. *Ansiedad y Estrés, 0*, 1-13.

Vilela, J. C. (2008). *Efeitos de uma intervenção cognitivo-comportamental sobre fatores de risco e qualidade de vida em pacientes cardíacos*. Tese de doutorado não publicada. Faculdade de Filosofia, Ciências e Letras de Ribeirão Preto, Universidade de São Paulo, Ribeirão Preto.

Watson, D., & Clark, L. A. (1984). Negative affectivity: the disposition to experience aversive emotional states. *Psychological Bulletin, 96*(3), 465-490.

Wells, A. (1998). Estresse. In Freeman, A., & Datilio, F. M. (Org.). *Compreendendo a terapia cognitiva* (p. 121-128). Campinas: Psy.

Williams, L., O'Connor, R. C., Howard, S., Hughes, B. M., Johnston, D. W., Hay, J. L., et al. (2008). Type-D personality mechanisms of effect: the role of health-related behavior and social support. *Journal of Psychosomatic Research, 64*, 63-69.

Willians, R. B., & Littman, A. B. (1996). Psychosocial factors: role in cardiac risk and treatment strategies. *Cardiology Clinics, 97*-104.

World Health Organization. (2008). *The Global Burden of Disease: 2004 Update*. Geneva: Author.

Yamamoto, O. H., & Cunha, I. M. F. F. O. (1998). O psicólogo em hospitais de Natal: uma caracterização preliminar. *Psicologia: Reflexão e Crítica, 11*, 345-362.

Yamamoto, O. H., Trindade, L. C. B. O., & Oliveira, I. F. (2002). O psicólogo em hospitais no Rio Grande do Norte. *Psicologia USP, 13*, 217-246.

38

Contribuições da terapia cognitivo-comportamental em grupo para pessoas com dor crônica

Martha M. C. Castro

A dor é uma das sensações mais temidas pela maior parte das pessoas. É também um importante sinal de alerta de que algo não vai bem no sistema fisiológico, que desencadeia na maioria dos indivíduos respostas aversivas e estressantes ao se defrontarem com ela.

A *International Association for the Study of Pain* (IASP) define a dor como "[...] experiência desagradável associada a dano real ou potencial, ou descrita em termos de tal dano." (Pain, 1986) A dor pode ser classificada em aguda e crônica. Enquanto a dor aguda é um sintoma de alerta e está relacionada a afecções traumáticas, infecciosas ou inflamatórias, sendo bem definida e transitória, a dor crônica é caracterizada como aquela que persiste além do tempo necessário para a cura da lesão, num processo de longa duração e limites mal definidos, sendo, desse modo, importante causa de incapacitação humana (Ferreira, 2001).

A dor, por seu caráter subjetivo, pode ser compreendida de forma diferente por cada indivíduo, conforme sua faixa etária, gênero, contexto cultural e experiências prévias do quadro álgico. Provoca, naturalmente, respostas ansiosas porque funciona como sistema de alerta, desencadeando reações de luta e fuga. Acredita-se que, quando persistente, promove respostas depressivas, pois o sofrimento inicial do indivíduo evolui pela ausência de melhora do quadro doloroso, gerando sentimento de desesperança e medo. O que a literatura tem evidenciado é que, mesmo em quadros eminentemente orgânicos, a influência dos aspectos psicológicos tem sido relevante na queixa de dor. Estudos mostram que há uma significativa associação entre dor crônica e depressão, podendo a depressão preceder e predispor as pessoas a desenvolverem queixas dolorosas crônicas, assim como as patologias dolorosas crônicas favorecerem a depressão (Aguiar; Caleffi, 2000; Juang et al., 2000; Abeles et al., 2007).

Na avaliação do paciente portador de dor crônica, se esta ocorre em decorrência de um quadro depressivo, observam-se mais sintomas somáticos: antecedentes pessoais ou familiares de depressão maior, variação circadiana da intensidade da dor, sintomas neurovegetativos concomitantes e alívio da dor em resposta ao tratamento com antidepressivos. Quando os pacientes são mentalmente sadios e desenvolvem depressão concomitantemente ou após o início do quadro doloroso, as características citadas não são observadas. De qualquer maneira, é necessário investigar adequadamente a presença de depressão e tratá-la, uma vez que o não reconhecimento desta pode dificultar o tratamento da dor (Bair et al., 2003; Ciaramella et al., 2004).

As dificuldades em estabelecer o diagnóstico de depressão em pacientes com doenças físicas, em geral, decorrem da crença de que os sintomas depressivos são uma resposta natural ao adoecimento ou, ainda, porque o diagnóstico de depressão envolve sintomas físicos também presentes na sua condição clínica, tais como fadiga e inapetência (Botega, 2002).

Outro transtorno psiquiátrico encontrado em pacientes com dor crônica e descrito na literatura é o de transtorno de ansiedade. Um estado ansioso pode ser considerado normal ou patológico. Para tal diferenciação, é necessário levar em conta o contexto no qual a emoção ocorreu, assim como os possíveis fatores desencadeantes, além das características individuais do sujeito para determinar se as manifestações são desproporcionais em intensidade, duração e interferência, de acordo com o desempenho e a frequência com que ocorrem. A ansiedade pode ser situacional, ou seja, associada a determinada circunstância; pode ser também uma constante na vida do indivíduo, como um traço de personalidade; pode ser ainda um estado patológico, quando gera prejuízos funcionais (Takei e Schivoletto, 2000).

Além da presença das comorbidades psiquiátricas em pacientes com dor crônica, estes indivíduos necessitam de tratamento contínuo, por longo período, e por isso apresentam mais alterações na qualidade de vida (QV). Sabe-se que quanto maior a intensidade da dor, menor a percepção de controle do indivíduo acerca da sua vida. Isso está relacionado principalmente aos prejuízos sociais e alterações das atividades de vida diária, do sono, do apetite, entre outras (Oliveira et al., 2003).

Foi realizado um estudo com 400 pacientes que apresentam dor crônica e são atendidos no Centro de Dor do Hospital Universitário Professor Edgard Santos, no período de 2003 a 2006, com o objetivo de avaliar o padrão do sono e a presença de sintomas ansiosos e depressivos nesses pacientes. Os resultados revelaram que, desta amostra, 291 (72,8%) estavam muito ansiosos; 246 (61,5%), muito deprimidos e 371 (93%) apresentavam um padrão de sono muito alterado (Castro e Daltro, 2009). A prevalência de sono alterado nessa amostra corrobora com os dados da literatura que demonstra a inter-relação entre dor crônica e anormalidades no padrão do sono. Admite-se a presença de um ciclo em que as anormalidades do sono agravam os sintomas dolorosos e afetivos, assim como estes sintomas provocam alterações no padrão do sono. Isso decorre de inúmeros fatores, dentre os quais, menor atividade física desenvolvida durante o dia e uso de muitas medicações para controle álgico interferem no padrão do sono. Portanto, é possível sugerir que a dor sentida pelos doentes pode se acentuar em consequência da interrupção ou da ausência de sono (Teixeira e Lin, 2000).

O tratamento da dor crônica é multimodal e envolve o uso de medicamentos diversos: bloqueios anestésicos, métodos neurocirúrgicos, fisioterapias, acupuntura, hipnose, *biofeedback*, relaxamento e psicoterapias, dentre as quais a terapia cognitivo-comportamental (TCC) (Sakata e Issy, 2003). Apesar desse amplo leque de opções, os resultados do tratamento, muitas vezes, são insatisfatórios. Isso se dá por conta da complexidade da fisiopatologia da dor e também porque o emprego das diversas opções terapêuticas não é isento de riscos, custo e efeitos colaterais (Kraychete; Calasans e Valente, 2006).

As crenças de que alguém se encontra em estado de adoecimento sério e incapacitante e que a dor resulta na má adaptação do indivíduo têm encontrado na prática da TCC uma perspectiva de compreensão dos aspectos cognitivos, sociais e comportamentais que envolvem tal quadro (Pimenta e Cruz, 2006). Como na TCC os processos cognitivos dizem respeito à causa dos comportamentos disfuncionais, distorções cognitivas frente às diversas possibilidades de interpretação da realidade podem comprometer a saúde biopsicossocial do indivíduo. O paciente com dor crônica, além de apresentar fisiopatologia específica para seu quadro álgico, ainda é vulnerável a estímulos ambientais, os quais geram comportamentos e cognições disfuncionais. Isso faz com que o estímulo e a resposta do processamento cognitivo seletivo falhem na realidade pessoal do indivíduo, o que contribui para a manutenção de seu quadro álgico (Williams et al., 2002).

Quando o tratamento evolui satisfatoriamente, ocorre maior flexibilidade nas crenças que permeiam os comportamentos dolorosos e a diminuição da ativação dos pensamentos automáticos negativos – o que favorece o aumento de pensamentos mais funcionais. Consequentemente, o paciente torna-se mais ativo no tratamento e passa a ter maior habilidade para funcionar em presença da dor (Burns et al., 2003).

A TCC no tratamento da dor crônica busca auxiliar os pacientes a se tornarem capazes de avaliar o impacto que pensamentos e sentimentos negativos de dor provocam na manutenção de comportamentos inadequados, encorajando-os a conservar a orientação para solucionar problemas e a desenvolver recursos para aprenderem a lidar com a cronicidade da dor. Dessa forma, os pacientes são incentivados a reconhecer as conexões nas respostas de cognição, humor e comportamento, juntamente com suas consequências e, finalmente, são encorajados a expandir os ganhos da clínica para além dela (Hiller, Heuser e Fichter, 2000).

O atendimento a pacientes em grupo terapêutico pela abordagem cognitivo-comportamental requer uma preparação cuidadosa, que inclui treinamento do terapeuta e do coterapeuta, realização de grupo piloto para a adequação do modelo a ser seguido e seleção dos pacientes que farão parte do trabalho. Apesar de, inicialmente, a TCC ter sido desenvolvida como terapia individual da depressão, ela se adapta muito bem ao formato grupal (Thorn e Kuhajda, 2006).

Dessa forma, é importante que o paciente desenvolva algumas habilidades: reconhecer pensamentos automáticos e emoções; aceitar as possíveis mudanças ocorridas no processo terapêutico; compreender o modelo cognitivo; concordar em trabalhar um foco específico; desenvolver uma boa aliança terapêutica e relação de confiança na vida e nos vários processos interpessoais que podem interferir na terapia.

Geralmente, prefere-se que um terapeuta principal conduza o grupo e um coterapeuta ofereça suporte, ficando sempre atento às interações grupais. Em geral, os grupos têm o formato fechado e as sessões podem durar de 90 minutos a 2 horas. A estrutura da sessão compreende a ponte com a sessão anterior, a agenda, os resumos após a explicação dos conceitos e as tarefas, habitualmente reservadas aos 10 minutos finais das sessões (Rose et al., 1997; Ribamar, 2004; Turner, Mancl e Aaron, 2006; Bieling MCcabe e Antony, 2008).

A terapia em grupo para pacientes com dor crônica apresenta muitas vantagens: contato com pessoas que têm problemas similares, aprendizado decorrente desse contato, compreensão maior do papel que a dor exerce sobre seu comportamento e pensamento, aprendizagens sobre como lidar com seus próprios recursos de enfrentamento (Williams et al., 2002).

A terapia em grupo pode reduzir significativamente sintomas ansiosos e depressivos, melhorar a qualidade do sono e permitir que os pacientes tenham funcionamento satisfatório na vida diária, mesmo com a permanência do quadro álgico (Redondo et al., 2004). Outras vantagens da TCC em grupo incluem as interações entre os indivíduos e a função encorajadora, permitindo a revelação de sentimentos e pensamentos a outras pessoas que compartilham de circunstâncias de vida semelhantes (Thorn e Kuhajda, 2006).

É importante compreender o significado que os pacientes dão à experiência de dor como fator de adaptação. Para isso, é relevante ressaltar qual o papel das crenças para o paciente com dor crônica, assim como sua influência na percepção final da dor e nas estratégias de enfrentamento usadas por ele. As crenças podem envolver conceitos próprios sobre o que é dor, seu significado e a compreensão pessoal da experiência dolorosa (Araújo e Shinohara, 2002)

Do mesmo modo, quando o paciente acredita que pode ter controle sobre sua vida, percebe menos a intensidade da dor, mostra maiores níveis de atividade e utiliza estratégias de enfrentamento mais adaptativas, o que reflete em um maior nível de adaptação. O paciente que se vê indefeso ante a impossibilidade de controlar a dor crônica, ao contrário, apresenta aumento da frequência e da intensidade dos episódios dolorosos (Basler, Jakle e Kroner-Herwig, 1997; Martel e Ortiz, 2001; Brox et al., 2003).

A EXPERIÊNCIA DO TRABALHO EM GRUPO COM TCC PARA PACIENTES COM DOR CRÔNICA

No Centro de Dor do Complexo Hospitalar Universitário Professor Edgard Santos (CHUPES) – Universidade Federal da Bahia (UFBA), os pacientes são avaliados por uma equipe multiprofissional que segue parâmetros da literatura especializada. Dessa forma, a avaliação da dor compreende o exame físico, a história da doença, a busca de antecedentes familiares e pessoais significativos para o quadro, a investigação por meio de exames laboratoriais e de imagem, a identificação das diferentes qualidades da dor, a investigação de aspectos emocionais e culturais do doente e o padrão de funcionalidade e desempenho das atividades de vida diária atual (Pimenta e Teixeira, 1997).

Logo, o paciente, ao procurar o serviço, deve submeter-se a uma triagem, a fim de verificar se a queixa de dor referida contempla os critérios estabelecidos para dor crônica. Uma vez preenchidos os critérios diagnósticos para sua admissão no serviço, o paciente é encaminhado para a matrícula e tem seu acompanhamento iniciado pela equipe assistente, a começar pelo médico clínico que define o diagnóstico da dor e estabelece a conduta terapêutica mais adequada para cada indivíduo. Posteriormente, o paciente é avaliado pelos setores de Enfermagem e Psicologia (Kraychete, Ramos e Castro,

2002). A avaliação psicodiagnóstica, antes do início do tratamento é fundamental, dada a alta prevalência de transtornos mentais nesta população (Teixeira, 1999).

Na Psicologia, esta avaliação é composta por um questionário que contém dados relativos à história de vida pessoal, histórico da família de origem e da família atual, bem como diagnóstico, tipo, intensidade e frequência da dor; o papel que o quadro álgico exerce na vida diária do paciente, analisando as relações deste com o trabalho, a família, a sexualidade e o lazer, e comparando-as com momentos anteriores ao processo doloroso. Fazem parte também deste questionário itens relativos ao tempo de dor, seu aparecimento, como conviver com ela, os fatores que aumentam e diminuem a intensidade dolorosa, a reação do paciente frente a si mesmo e sua família em momentos de crise, suas expectativas quanto ao tratamento e quais os recursos de enfrentamento de que dispõe para lidar com as indicações terapêuticas. Após esta avaliação, são aplicadas escalas de ansiedade e depressão, de qualidade de vida e de sono.

Em seguida, o paciente é encaminhado a responder ao *Mini International Neuropsychiatric Interview* (MINI) PLUS, uma entrevista diagnóstica padronizada e breve, compatível com os critérios do Manual Diagnóstico e Estatístico de Transtornos Mentais (DSM-IV-TR) e do Código Internacional de Doenças (CID-10), para obtenção de diagnósticos de transtornos psiquiátricos no momento da aplicação e também no passado (AMORIM, 2000). Para a utilização desse instrumento, foi realizada uma consulta prévia com a Dra. Patrícia Amorim (tradutora do instrumento para o Português), um treinamento prévio com a equipe de três entrevistadores que já utilizam este instrumento e, para a obtenção da concordância, foi calculado o Índice Kappa.

Após a conclusão deste protocolo, são dadas as devoluções do processo avaliativo ao paciente e feitos os seguintes encaminhamentos: caso o paciente não apresente nenhuma demanda de acompanhamento e utilize seus recursos de enfrentamento para retomar as suas relações cotidianas com relação a trabalho, família, vida social e sexual, lazer e autoestima de forma integrada e adequada, dá-se alta a ele. Quando o paciente apresenta demanda de acompanhamento terapêutico por não conseguir lidar sozinho com o seu adoecer, é feito o encaminhamento deste para a psicoterapia individual ou em grupo. Ao serem evidenciadas alterações psicopatológicas durante o processo de avaliação, ele então é encaminhado para interconsulta psiquiátrica.

O atendimento em grupo de Terapia Cognitivo-Comportamental para pacientes com dor crônica deve contar com a presença do terapeuta responsável pela execução do mesmo e de um terapeuta auxiliar para suporte e registro dos atendimentos. Este protocolo foi testado em um ensaio clínico aleatório com grupos paralelos. Os pacientes do ambulatório de dor com padrão crônico do Complexo HUPES – UFBA, sem doença mental concomitante, foram avaliados e randomicamente alocados em dois grupos: o de acompanhamento psicoterápico na modalidade cognitivo-comportamental e o grupo de tratamentos não psicoterápicos. A duração das intervenções foi de 11 sessões com duração de 120 minutos, no período entre agosto de 2006 e dezembro de 2008. Os pacientes foram avaliados quanto à intensidade da dor, dos sintomas ansiosos e depressivos e à qualidade de vida antes, após 10 semanas da intervenção e um ano após o término da mesma.

As principais conclusões deste estudo, após 10 semanas de tratamento, foram: a TCC em grupo mostrou-se eficaz no tratamento da dor de pacientes com dor crônica, houve significativa melhora dos sintomas ansiosos dos pacientes tratados com TCC, bem como melhoraram expressivamente todos os domínios da Escala de Qualidade de Vida (SF-36) em comparação com o grupo controle. No *follow-up* (um ano após as intervenções feitas) dos pacientes em ambos os grupos, houve melhora relevante dos escores de dor pela Escala Analógica Visual, dos itens da escala SF-36, e nos escores de ansiedade e depressão.

DESCRIÇÃO DAS SESSÕES DO GRUPO TERAPÊUTICO

I sessão – Entrevista dos pacientes para o Grupo Terapêutico

Após verificação do humor e aplicação da escala de dor, os pacientes são convidados a participar do Grupo Terapêutico a partir de uma entrevista com as terapeutas. Este contato de 120 minutos serve para que o grupo se conheça, fale acerca da história da dor, dos tratamentos a que se submeteu e para verificar qual a expectativa que eles têm do trabalho de grupo. São definidos os contratos com relação a duração do grupo, quantidade de sessões, horário de início e finalização de cada sessão, assim como o número de faltas possíveis para a permanência no trabalho.

II sessão – Psicoeducação acerca da TCC e da dor crônica

Após a verificação do humor e da aplicação da escala de dor, é feita uma psicoeducação da TCC e da fisiopatologia da dor crônica, a fim de que eles possam ser orientados a lidar mais efetivamente com as circunstâncias que tendem a favorecer o aumento da dor; também é demonstrado como devem identificar, questionar e modificar comportamentos, pensamentos e atitudes. São educados com relação à TCC, enfatizando-se que a abordagem do tratamento é focal, diretiva e educativa, e que a maior parte dos pacientes apresenta acentuada melhora quando se mantêm no tratamento. Deixa-se claro que não se espera a cura, mas a manutenção de comportamentos adaptativos à dor nos meses seguintes, salientando-se que é necessário dar total prioridade a este tratamento. Tentativas de tratamento do tipo parcial tendem a falhar.

Os pacientes são informados de que serão passadas tarefas regulares de casa depois de cada sessão, as quais devem ser cumpridas com o máximo de esforço, sabendo que quanto maior o empenho, maior a probabilidade de obterem bons resultados; daí a necessidade de adesão às tarefas, visto que o processo terapêutico continuará ativo fora das sessões. Para instituir uma boa relação de trabalho, o terapeuta deve ser firme, determinado e estabelecer a tarefa de casa. Ao final da 2ª sessão, o paciente recebe sua primeira tarefa de casa, que consiste em registrar as atividades desenvolvidas na semana de acordo com os itens: nota da dor; humor; atividades desenvolvidas durante o dia (Figura 38.1).

A tarefa deverá ser explicada detalhadamente com exemplos, sendo enfatizada que o registro ajuda o terapeuta e o paciente a avaliarem quais são as atividades que alteram o escore da dor e do humor, assim como proporciona ao paciente alternativas para modificar hábitos rotineiros, pensamentos e sentimentos problemáticos. Destaca-se a importância de não se esquecer de trazer a tarefa de casa a cada sessão, pois estes ajustes ajudarão na elaboração de um plano de manutenção (prevenção de recaída) ao término do tratamento. A ausência a duas sessões de grupo consecutivas, ou a quatro sessões alternadas, implicará no desligamento do trabalho no grupo. Tarefa de Casa: Registro de atividades desenvolvidas. *Feedback* do grupo.

III sessão – Treino do Registro de Pensamento Disfuncional (RPD) e Treino de Relaxamento

Após a verificação do humor e a aplicação da escala de dor, é avaliada a tarefa de casa e explicado aos pacientes como a TCC compreende o pensamento, ensinando-os a identificar o que são e como são medidos os estados de humor. Em seguida, explica-se-lhes o conceito da Tríade Cognitiva para pacientes com dor crônica, ressaltando-se a importância da atitude do paciente em relação a sua dor e ao seu tratamento. Explica-se-lhes o conceito de relaxamento e qual o seu objetivo, seguido de um treinamento, com os pacientes, do relaxamento passivo. Tarefa de casa: Diário de atividades; relaxamento e elaboração do RPD. *Feedback* do grupo no final da sessão.

IV sessão – Comportamento disfuncional

Após a verificação do humor, da aplicação da escala de dor e da avaliação das tarefas de casa, são explicados os conceitos de crenças nucleares e intermediárias, fornecendo-se um exemplo na lousa e pedindo-lhes que escrevam outros exemplos, individualmente. Posteriormente, são explicitadas as principais distorções cognitivas existentes, exemplificando-as. Como tarefa de casa neste dia, os pacientes devem levar o diário de atividades e a folha de monitoração para o relaxamento autógeno. *Feedback* do grupo no final da sessão.

V sessão – Treinamento em resolução de problemas

Após a verificação do humor, da aplicação da escala de dor e da avaliação das tarefas de casa, é ensinada a Técnica de Resolução de Problemas, mediante um exemplo dado na

Data	Dor	Humor	Atividades desenvolvidas

FIGURA 38.1

Registro diário de atividades, dor e humor.
Fonte: Elaboração própria.

lousa a partir das experiências próprias dos pacientes. Enfatiza-se que aprender a usar a técnica efetivamente ajuda a reduzir ainda mais a vulnerabilidade aos comportamentos dolorosos, através da melhora da habilidade para enfrentar situações que poderiam previamente desencadear crises álgicas. Os passos para a resolução de problemas são: identificação do problema – considera-se então todas as maneiras de se lidar com a questão, gerando tantas soluções quantas forem possíveis.

Algumas soluções dadas podem até parecer sem sentido, mas devem ser incluídas na lista de alternativas. Quanto mais ideias forem geradas, mais provável é que uma boa apareça; encontrar a provável efetividade e viabilidade de cada solução; escolher uma alternativa ou uma combinação delas; definir os passos para a solução escolhida. A mesma deve ser executada; avaliar sua efetividade. Caso não seja alcançado o objetivo, retornar ao passo 2 e recomeçar. Deve ser informado ao paciente que sua habilidade na Resolução dos Problemas aumentará com a prática, e que esta técnica pode ser aplicada a qualquer dificuldade do dia a dia. As tarefas de casa são o diário de atividades e treino da técnica de resolução de problemas. *Feedback* do grupo.

VI sessão – Momento de reflexão acerca dos conceitos e das técnicas apresentadas

Após a verificação do humor, da aplicação da escala de dor e da avaliação das tarefas de casa, verifica-se a existência de dúvidas acerca da terapia e é realizado um treinamento, a fim de constatar o nível de entendimento dos conceitos e técnicas apresentadas. Tarefa de casa: diário de atividades. Para finalizar o trabalho, sugere-se a aplicação de uma dinâmica de grupo, avalia-se o desenvolvimento da atividade, seu significado e como cada um percebeu este trabalho. O terapeuta deverá apresentar essa técnica de distração enfatizando sua importância na percepção da dor no corpo, ensinando os pacientes a controlá-la através de seus próprios recursos. *Feedback* do grupo.

VII sessão – Técnica da assertividade

Após a verificação do humor, da aplicação da escala de dor e da avaliação das tarefas de casa, é explicado ao grupo o conceito de comportamento assertivo, comportamento não assertivo e comportamento agressivo, exemplificando-os. Em seguida, solicita-se que cada um escreva sobre uma situação vivida, identificando qual o comportamento adotado. Deve ser escolhido um dos relatos para ser lido e corrigido em grupo. Os demais são recolhidos, ficando acordado que serão devolvidos, com o *feedback* do terapeuta por escrito na sessão subsequente. *Feedback* do grupo no final da sessão.

VIII sessão – Relação entre dor e trabalho

Realizadas a verificação do humor, a aplicação da escala de dor e avaliadas as tarefas de casa, será desenvolvida atividade de avaliar o que o paciente fazia (atividade laboral) antes da dor, em comparação com o que ele pode fazer mesmo em presença da dor. Devem ser avaliadas as respostas dadas e, a partir delas, elabora-se uma lista de possíveis engajamentos em atividades sociais e de lazer. Em seguida, apresenta-se uma reestruturação cognitiva com ênfase nas estratégias para lidar com a dor, além do relaxamento. Tarefa de casa: fazer um RPD e citar as alternativas para as dificuldades encontradas. *Feedback* do grupo.

IX sessão – Quem sou eu, como percebo minha dor

Após a verificação do humor, da aplicação da escala de dor e da avaliação das tarefas de casa, a sessão deverá tratar da relação da insônia com a dor e propor a realização de uma reestruturação cognitiva relacionada ao tema. Após esse trabalho, reavalia-se com os participantes a percepção da dor. Deve ser realizado um relaxamento com visualização. Tarefa de casa: solicitar aos pacientes o estabelecimento de metas para elaborar o Plano de Manutenção. Fazer relaxamento. *Feedback* do grupo.

X sessão – Eu, minha família e a dor

Após a verificação do humor, aplicação da escala de dor e avaliação das tarefas de casa, deverá ser lido o plano de manutenção e as metas estabelecidas. O RPD relaciona dor com relacionamento familiar e sexualidade. Os terapeutas ficarão responsáveis por digitar os Planos de Manutenção e trazê-los para a próxima sessão. Tarefa de casa: listar os momentos nos quais a dor aumentou ou diminuiu. *Feedback* do grupo.

XI sessão – O futuro e a prevenção de recaídas

Após a verificação do humor, da aplicação da escala de dor e da avaliação das tarefas de casa, devem ser lidos novamente os planos de manutenção de cada paciente, perguntando se algum deles gostaria de acrescentar alguma coisa. Elabora-se o gráfico da dor de cada paciente, estabelecendo-se metas para manter as mudanças e revisando o conceito de prevenção de recaídas. *Feedback* do grupo.

Após a conclusão das sessões, solicita-se aos pacientes que façam para os familiares presentes uma exposição envolvendo psicoeducação acerca de dor crônica, tratamentos, comorbidades e as repercussões dessa dor em sua vida.

CONSIDERAÇÕES FINAIS

O trabalho em grupo terapêutico com a TCC em pacientes com dor crônica é bastante gratificante, contudo ele só deve ser proposto por um profissional muito experiente não só na TCC, mas também no atendimento a pacientes com dor crônica. As mudanças, no decorrer das sessões, das atitudes e dos comportamentos dos pacientes em relação a sua vida e, consequentemente, o maior enfrentamento da dor e a diminuição do seu escore denota, não só para o paciente, mas também para nós, terapeutas, que estamos no caminho certo.

REFERÊNCIAS

Abeles, A. M., Pillinger, M. H., Solitar, B. M., Abeles, M.. (2007). Narrative review: the pathophysiology of fibromyalgia. *Annalles of Internal Medicini*, v.146, p. 726-773, 2007.

Aguiar, R. W., & Caleffi, L. (2000). Dor crônica. In Fráguas Junior, R. *Depressões em medicina interna e em outras condições médicas*: depressões secundárias (p. 407-441). São Paulo: Atheneu.

Amorim, P. (2000). Mini International Neuropsychiatric Interview (MINI): validação de entrevista breve para diagnóstico de transtornos mentais. *Revista Brasileira de Psiquiatria, 22*(3), 106 -115.

Araújo, C. F., & Shinohara, H. (2003). Avaliação e diagnóstico em terapia cognitivo-comportamental. *Interação em Psicologia, 6*(1):37-43.

Bair, M. J., Robinson, R. L., Katon, W., & Kroenke, K. (2003). Depression and pain comorbidity. *Archives of Internal Mededici, 163*(20), 2433-2445.

Basler, H. D., Jakle, C., & Kroner-Herwig, B. (1997). Incorporation of cognitive-behavioral treatment into the medical care of chronic low back patients: a controlled randomized study in german pain treatment centers. *Patient Education and Counseling, 31*(2), p.113-124.

Bieling, P. J., Mccabe, R. E., & Antony, M. M. (2008). *Terapia cognitivo-comportamental em grupos*. Artmed: Porto Alegre.

Botega, N. J. (2002). Depressão no paciente clínico. In Botega, N. J. (Org.). *Prática psiquiátrica no hospital geral: interconsulta e emergência* (p. 339-351). Porto Alegre: Artes Médicas.

Brox, J. I., Sørensen, R., Friis, A., Nygaard, Ø., Indahl, A., Keller, A., et al. (2003). Randomized clinical trial of lumbar instrumentted fusion and cognitve interventions and exercises in patients with chronic low back pain and disc degeneration. *Spine, 28*(17), 1913-1921.

Burns, J. W., Kubilus, A., Bruehl, S., Harden, R. N., & Lofland, K. (2003). Do changes in cognitive factors influence outcome following multidisciplinary treatment for chronis pain? A cross-lagged panel analysis. *Journal of Consulting and Clinical Psychology*, 71(1), p. 81-91.

Castro, M. M. C., Daltro, C. S. (2009). Patterns and symptoms of anxiety and depression in patients with chronic pain. *Arquivos de Neuro-Psiquiatrico*, 67(1), 25-28.

Ciaramella, A., Grosso, S., Poli, P., Gioia, A., Inghirami, S., Massimetti, G, et al. (2004). When pain is not fully explained by organic lesion: a psychiatric perspective on chronic pain patients. *European Journal of Pain, 8*,13-22.

Ferreira, P. E. M. S. (2001). Dor crônica: avaliação e tratamento psicológico. In Andrade Filho, A. C. C. *Dor*: *diagnóstico e tratamento* (p. 43-52). São Paulo: Roca.

Hiller, W., Heuser, J., & Fichter, M. (2000). The DSM IV nosology of chronic paln a comparison of pain disorder and multiple somatization syndrome. *European Journal of Pain, 4*, 45-55.

Juang, K. D., Wang S. J., Fuh, J. L., Lu, S. R., & Su, T. P. (2000). Comorbidity of depressive and anxiety disorders in chronic daily headache and its subtypes. *Headache, 40*(10), 818-823.

Koleck, M., Mazaux, J. M., Rascle, N., & Bruchon-Schweitzer, M. (2006). Psycho-social factors and coping strategies as predictors of chronic evolution and quality of life in patients with low back paln a prospective study. *European Journal of Pain, 10*(1), p. 1-11.

Kraychete, D. C., Calasans, M. T. A., & Valente, C. M. I. (2006). Citocinas pró-Inflamatórias e dor. *Revista Brasileira de Reumatologia, 46*(36), 199-206.

Kraychete, D.C., Ramos, C. M., Castro, M. M. C. (2002). *Programa interdisciplinar docente, assistencial de pesquisa e extensão em dor*. [Salvador]: Empresa Gráfica da Bahia.

Martel, L. C., Ortiz, M. T. A. (2001). Importancia de las creencias em la modulación del dolor crônico: concepto y evaluación. *Apuntes de psicologia, 19*(3), 453-470.

Oliveira, A. S., Bermudez, C. C., Souza, R. A. de, Souza, C. M. F., Dias, E. M., Castro, C., et al. 2003. Impacto da dor na ,ida de portadores de disfunção temporomandibular. *Journal of Applied Oral Science, 1*(2), 138-143.

PAIN (1986): classification of chronic pain syndromes and definitions of pain terms [S217]. [S.l.: 19--].

Pimenta, C. A. M., & Cruz, D. (2006). Crenças em dor crônica: validação do inventário de atitudes frente à dor para a língua portuguesa. *Revista da Escola de Enfermagem da USP, 40*(3), 365-373.

Pimenta, C. A. M., & Teixeira, M. J. (1997). Avaliação da dor. *Revista Médica São Paulo, 76*(1), 27-35.

Redondo, J. R., Justo C. M., Moraleda F. V., Velayos Y. G., Puche J. J., Zubero J. R., et al. Long-term efficacy of therapy in patients with fibromyalgia: a physical exercise-based program and a cognitive-behavioral approach. *Arthristis and Reumatism, 51*(2), p. 184-192.

Ribamar, J. M. (2004). A teoria moderna da dor e suas consequências práticas. *Revista Prática Hospitalar, 6*,35, 2004.

Rose, M. J., Reilly, J. P., Pennie, B., Bowen-Jones, K., Stanley, I. M., & Slade, P. D. (1997). Chronic low back pain rehabilitation programs: a study of the optimum duration of treatment and a comparison of group and individual therapy. *Spine, 22*(19), 2246-2251.

Sakata, R. K., & Issy, A. M. (2003). *Dor*: guia de medicina ambulatorial e hospitalar. São Paulo: Manole.

Takei, E. H., & Schivoletto, S. (2000). Ansiedade: como diagnosticar e tratar. *Revista Brasileira de Medicina, 57*(7), 67-78.

Teixeira, M. J. et al. (1999). Tratamento multidisciplinar do doente com dor. In Carvalho, M. M. M.J. *Dor*: *um estudo multidisciplinar* (p. 87-139). São Paulo: Summus.

Teixeira, M. J., & Lin, T. Y. (2000). Dor e sono. In Reimão, R. (Org.). *Temas de Medicina do Sono* (p. 149-163). São Paulo: Lemos.

Thorn, B., & Kuhajda, M. (2006). Group cognitive therapy for chronic pain. *Journal of Clinical Psychology, 62*(11), 1355-1368.

Turner, J. A., Mancl, L., Aaron, L. A. (2006). Short-and-long term efficacy of brief cognitive-behavioral therapy for patients with chronic temporomandibular disorder paln A randomized controlled trial. *Pain, 121*,181-194.

Williams, D. A., Cary, M. A., Groner, K. H., Chaplin, W., Glazer, L. J., Rodriguez, A. M., et al. 2002. Improving physical functional status in patients with fibromyalgia: a brief cognitive behavioral intervention. *The Journal of Rheumathology, 29*(6), 1280-1286, 2002.

39

Estresse
Aspectos históricos, teóricos e clínicos

Marilda Lipp
Lucia E. Novaes Malagris

INTRODUÇÃO

O estresse tem sido considerado o mal dos tempos modernos. No entanto essa afirmação está bem longe da realidade: o estresse sempre existiu, mas o que tem mudado através dos tempos são as circunstâncias capazes de gerá-lo.

As pesquisas científicas e as evidências oriundas possibilitaram aprofundamento na compreensão deste processo, assim como divulgação do que vem a ser o estresse e suas consequências. Devido a esse movimento ter se iniciado mais objetivamente apenas na década de 1930, com Hans Selye, pode-se pensar no *stress* como algo novo, associado ao excesso de estímulos do mundo atual, da competitividade e da pressa, mas isso não é verdade. Claro que não se pode deixar de considerar que o mundo moderno nos oferece uma gama de estímulos que podem ser vistos como estressores por muitas pessoas; no entanto, os homens das cavernas também tinham seus estímulos estressores.

Embora o estresse sempre tenha existido, convém lembrar que os estressores mudaram e, com isso, as estratégias de enfrentamento devem ser atualizadas para que sejam efetivas. As estratégias dos homens das cavernas, em sua maioria, já não funcionam para os estressores modernos: há que se desenvolver outras formas mais adaptativas para as demandas da sociedade atual. Considerando a percepção que se tem dos eventos, as cognições podem se constituir em fontes poderosas de estresse. Torna-se importante encontrar formas cognitivas para lidar com os estressores do homem pós-moderno.

O presente capítulo tem como objetivo apresentar o histórico do estresse, a conceitualização e a descrição das fases e dos sintomas. Também se propõe a aprofundar-se nas características das pessoas resilientes e das pessoas vulneráveis ao estresse, além de explanar sobre o treino de controle do estresse que já tem demonstrado sua efetividade em pesquisas e no atendimento clínico.

O índice de estresse no Brasil é alto, sendo que as últimas pesquisas em âmbito nacional apontam para uma incidência de 35% na população em geral (Lipp, 2008). A pressa, a inovação tecnológica, a globalização e a rapidez das mudanças de valores na família e na sociedade contribuem para que o ser humano viva em um processo contínuo de adaptação. Como toda adaptação, mesmo que seja de valor positivo, produz gasto de energia adaptativa e consequente desgaste do organismo. Por essas razões, o tratamento do estresse emocional, que objetive a promoção de cognições saudáveis, mais adaptativas à realidade atual, deve contar com atenção especial dos pesquisadores e clínicos interessados na promoção de bem-estar e qualidade de vida do ser humano. Este capítulo objetiva oferecer uma reflexão sobre a abordagem cognitivo-comportamental do estresse.

HISTÓRICO

O histórico sobre estresse nos remete a Hans Selye, médico que nasceu em Viena em 1907, se formou em medicina em 1929 e doutorou-se em 1931. Em 1936, propôs o revolucionário conceito de estresse. Suas pesquisas na área foram muito importantes para a compreensão dos mecanismos envolvidos em uma série de doenças degenerativas e para novas perspectivas no tratamento das mesmas. Dentre as doenças estudadas por Selye incluem-se as cardiovasculares, as renais, a artrite, a hipertensão, as úlceras e o câncer. Em seu livro *The Stress of Life*, lançado em 1956 e traduzido para o português em 1965, Selye apresenta algumas leituras que inspiraram seus estudos, tais como: *Introduction à l'Étude de la Médicine Experientelle*, de Bernard Claude (1945); *The Wisdom of the Body*, de Cannon (1939); *Man the Unknown, Harper & Brothers*, de Alexis Carrel (1935); *On Understanding Science and Descent of Man*, de Charles Darwin (1955), dentre outros. Quanto a tais livros, Selye enfatiza:

> Nenhuma dessas obras poderia constituir leitura agradável, das que se faz na cama, após um dia cheio; mas suas mensagens são acessíveis a qualquer pessoa instruída, seja qual for sua ocupação, e podem facilitar-nos a compreensão das mais elevadas aspirações do homem: conhecer-se a si mesmo e estabelecer um sistema de vida objetivo. (Selye, 1965, p. XX)

Foi com este olhar curioso e sedento quanto à compreensão do homem e do estudo de formas de viver adaptativas e saudáveis que Selye realizou seus estudos na área do estresse e, com certeza, tais aspirações foram os ingredientes que o motivaram na empreitada a que se propôs desde quando ainda era estudante de Medicina em Praga, em 1925. Nesta época, ainda inexperiente, observando pacientes em aula prática, pode verificar que todos os pacientes, embora com moléstias diferentes, apresentavam perturbações comuns. Selye se perguntou, como afirma, por ter a sorte de ainda ser estudante e não ter ideias preconcebidas: "Por que será que agentes produtores de doenças tão diversas, como os que produzem o sarampo, a escarlatina e a gripe, partilham com determinadas drogas, agentes alérgicos, etc., a propriedade de provocar as manifestaçoes não específicas que havíamos observado?" (Selye, 1965, p. 18). As doenças tinham sintomas iguais, não específicos, e era impossível distinguir uma das outras enquanto sintomas específicos não surgissem e fossem identificados, ensinou seu professor de medicina. Concluiu, aos seus 18 anos, que o que se observava era uma síndrome que caracterizava a doença, e não uma doença; a isso denominou de "Síndrome de Estar Apenas Doente". Percebeu que os sintomas não especificos eram deixados de lado pelos médicos em busca dos sintomas específicos que possibilitavam a prescrição de tratamentos eficientes. Foram os sintomas não específicos que mais despertaram interesse em Selye, mas como ele mesmo afirmou, a necessidade de dar prosseguimento ao curso o levou a não materializar seus planos naquele momento.

Somente 10 anos depois, Selye, já médico, voltou a se debruçar sobre a "Síndrome de Estar Doente" quando estudava hormônios sexuais. Selye acreditava que apesar de já serem conhecidos vários hormônios sexuais, ainda poderia existir outro que não se conhecia até então. Foi assim que injetou em ratos extratos de ovário e placenta e observou três tipos de alterações:

1. dilatação e atividade intensificada do córtex da supra-renal,
2. redução (ou atrofia) do timo, do baço, dos nódulos linfáticos e das demais estruturas linfáticas do corpo,
3. úlceras perfuradas e profundas nas paredes do estômago e no duodeno.

Inicialmente acreditou ter descoberto um novo hormônio sexual, mas logo percebeu que outros elementos também produziam as mesmas alterações. Após passar por desilusões e um período de reflexão, Selye compreendeu como seria importante esclarecer a síndrome de reação a uma lesão infligida através de substâncias tóxicas injetadas em ratos. Nesse momento, lembrou das suas impressões quando ainda era estudante de medicina sobre a "síndrome de estar apenas doente" e relacionou a reação dos ratos aos sintomas não específicos observados no homem doente.

Selye continuou suas experiências e constatou que qualquer agente nocivo, e não só agentes químicos, poderia produzir a síndrome. Agentes físicos, como frio e calor, a hemorragia e o exercício muscular forçado também provocariam as mesmas reações. Deparou-se, então, com o problema de denominar adequadamente a síndrome não específica e o que a produzia. Foi bastante criticado quando tentou se referir à síndrome como estresse biológico, pois em inglês *stress* estava relacionado à solicitação excessiva do sistema nervoso. Publicou seu primeiro artigo sobre o tema em 1936, na revista *Nature*, intitulado "Síndrome produzida por vários agentes nocivos". Considerando que a síndrome representaria "a expressão corporal de uma mobilização total das forças de defesa" (Selye, 1965, p. 35), nesse artigo, sugeriu a designação de reação de alarme para a resposta inicial. Mais adiante, percebeu que após a reação de alarme, ocorria um estágio de adaptação ou resistência, caso o agente nocivo se mantivesse continuamente e não matasse imediatamente. A esse estágio chamou de fase de resistência, etapa necessária para a sobrevivência e que apresentava manifestações completamente opostas à fase de alarme. Percebeu também que, se o organismo fosse exposto mais prolongadamente ainda aos agentes nocivos, a adatação da fase de resistência se perderia, e a fase de exaustão, terceira fase, ocorreria. As reações dessa fase eram de algum modo semelhantes as da reação de alarme. Chamou a todo o processo, que incluía as três fases, de "Síndrome de Adaptação Geral" (SAG).

Selye entendeu em 1936 que o termo *stress*, que já era utilizado há muito tempo na engenharia para designar "forças que atuam contra determinada resistência" (Selye, 1965, p. 43), se aplicava bem ao processo da SAG. Nas palavras de Selye (1965), "em certo sentido, as manifestações não específicas da SAG podem ser consideradas como equivalentes biológicos do que se chama resultado do estresse sobre matéria inanimada" (Selye, p. 43). O uso do termo foi reforçado pelo fato de Cannon já utilizá-lo quando se referia à pressão exercida por uma doença sobre certos mecanismos específicos necessários para a homeostase. Mais tarde, a partir de críticas e dificuldades frente à terminologia, Selye propôs a palavra "estressor" para se referir ao agente, e a palavra *"stress"* para a condição.

Estudos anteriores relacionados às descobertas de Selye e que influenciaram suas descobertas precisam ser destacados, dentre estes, os trabalhos de dois fisiologistas: Bernard e Cannon, já citado. Bernard, em 1879, enfatizou a ideia de que o ambiente interno de um organismo necessita ser mantido em equilíbrio, independente do que ocorre no ambiente externo. Já Cannon, em 1939, sugeriu o termo homeostase para definir o equilíbrio que o organismo automaticamente tenta manter a fim de preservar a sua existência. Convém ressaltar que o conceito de homeostase é fundamental para o estudo do estresse, pois sua principal ação é justamente a quebra do equilíbrio interno decorrente da ação exacerbada do sistema nervoso simpático e a desaceleração do sistema nervoso parassimpático em momentos de tensão. Selye, utilizando-se desses conceitos, definiu o estresse como uma quebra nesse equilíbrio (Lipp e Malagris, 2001).

Além dos estudos citados que se mostram muito importantes para a compreensão do processo do estresse, convém lembrar que a palavra já era usada no século XVII na literatura inglesa referindo-se a opressão e adversidade. No século XVIII, houve uma popularização do termo, passando a ser usado para expressar a ação de força, pressão ou influência muito forte sobre uma pessoa, causando-lhe uma deformação, tal como um peso que faz com que uma viga se dobre. No século XIX, especulou-se sobre a relação entre eventos emocionalmente relevantes e doenças físicas e mentais, ideia retomada no século XX. Um médico inglês, chamado Sir William Osler (citado por Spielberger, 1979), no inicio do século XX, igualou o termo *stress* (eventos estressantes) a "trabalho excessivo", e o termo *strain* (reação do organismo ao *stress*) à "preocupação". Este médico, em 1910, sugeriu que doenças coronarianas estavam ligadas a excesso de trabalho e preocupação.

Embora alguns autores se refiram a *estresse* como eventos ou estímulos que causam a quebra do equilíbrio do organismo, Selye afirma que "para efeitos científicos, *estresse* é definido como o estado que se manifesta pela SAG" (p. 53). Ou seja, para Selye, *estresse* é a reação do organismo ao estressor que a causa. Este capítulo terá como base a forma como Hans Selye definou tais termos.

Muitos anos de estudos sobre o processo de *estresse* se seguiram, por parte tanto de Selye quanto de outros autores. Lipp, após mais de 20 anos de estudos na área, identificou, por ocasião da padronização do Inventário de Sintomas de *Estresse* para Adultos de Lipp (2000), clínica e estatisticamente, que haveria mais uma fase, além das três estabelecidas por Selye, no processo de *estresse*. Denominou esta fase de quase-exaustão, pois a mesma estaria entre a resistência e a exaustão (Lipp e Malagris, 2001), e será mais detalhada adiante.

A CONCEITUALIZAÇÃO CIENTÍFICA DO ESTRESSE

A representação social do que se constitui estresse nem sempre acompanha a visão científica corrente e, mesmo entre os leigos, não há acordo. Como disse Selye (1984), o empresário pensa em estresse como sendo uma frustração ou uma tensão emocional; o controlador de trafego aéreo, como um problema de concentração; o endocrinologista, como uma reação química e o atleta, como tensão muscular. Embora sendo visões

diferentes, todas têm algo em comum, do contrário não se usaria o mesmo termo para definir situações tão diferentes. Exatamente por isso, Selye definiu estresse como uma reação não específica, resultante de qualquer demanda colocada no organismo, seja o efeito mental, seja o efeito físico. Lipp (2000) conceitua *stress* como uma reação do organismo com componentes físicos, psicológicos, mentais e hormonais gerada pela necessidade de lidar com algo que, naquele momento, ameace a estabilidade mental ou física da pessoa.

Os estímulos capazes de gerar estresse são diversificados, indo desde dor, medo, perda de alguém querido, falar em publico até obter uma promoção ou ter um filho, de modo que não é possível atribuir a um único fator o desencadeamento da reação. Como apontado por Lazarus e Folkman (1984), nem sempre é o evento presente o que gera o estresse, mas sim a interpretação que a ele é dada, de modo que cada pessoa reage diferentemente ao mesmo estímulo. Porém, uma vez que um valor estressógeno é dado a uma determinada situação, é interessante notar que a reação bioquímica, que permite lidar com estímulos tão diversos é basicamente a mesma, independente de sexo, raça ou idade da pessoa. Isso se deve ao poder reparador da natureza, ou seja, a um mecanismo natural que leva o organismo à busca de recuperação após ter sido exposto a um estímulo desestabilizador, aversivo ou não. Este dom natural, da busca da recuperação após uma exposição a agentes patogênicos, chamado na Grécia antiga, por Hipócrates, de *vis mediatrix naturæ* (*o poder recuperador da natureza*), deu origem ao conceito de homeostase desenvolvido por Cannon (1939). Por homeostase, do Grego *homoios* (similar) e *stasis* (posição) se entende o reestabelecimento da maior parte do equilíbrio interior após sua ruptura causada pelo enfrentamento de desafios mentais ou físicos. O reestabelecimento da homeostase se deve a um mecanismo extremamente complexo, herdado geneticamente pelo organismo, que permite enfrentar situações desafiadoras e sobreviver a elas. Esta reação pode ser vista como sendo a fase inicial de um complexo processo de estresse. Tal processo foi dividido em três fases por Selye em 1953 (alarme, resistência e exaustão), e em quatro por Lipp em 2000 (alerta, resistência, quase-exaustão e exaustão); a diferença entre os dois autores é a fase de quase-exaustão, que se situa entre a resistência e a exaustão.

ESTRESSE COMO UM PROCESSO FÁSICO

O estágio de alarme

O mecanismo natural de resposta a eventos estressantes, semelhante para todos, pode ser gerado por todo e qualquer tipo de estimulo desafiador, o que deu origem à primeira publicação de Selye (1936) sobre o tema, que o definiu como a representação somática da necessidade de sobrevivência, ou seja, a "chamada às armas" em defesa própria. Esta reação foi chamada de estágio de alarme por Selye (1936) e de "luta ou fuga" por Cannon (1939). Selye logo notou que a luta pela sobrevivência não é constituída somente pelo esforço para a sobrevivência imediata. Se o evento desencadeador da reação for de tal magnitude que se torne incompatível com a sobrevivência, a pessoa vai a óbito nas primeiras horas ou em dias. Do contrário, após um período de exposição ao evento desafiador, um outro estágio do processo de estresse se desenvolve, que é o de resistência ao que está ocorrendo.

O estágio de resistência

Tendo sobrevivido ao impacto do desafio, o organismo procura reestabelecer a homeostase interna a fim de que consiga manter sua sobrevivência. Muita energia é colocada na tarefa, mas se o evento é eliminado ou se a pessoa consegue se adaptar à situação, as funções biológicas são reestabelecidas a aproximadamente seu funcionamento prévio. Porém, há que se entender que as múltiplas adaptações, cumulativas através do tempo, podem levar ao desgaste do organismo, com consequências de grande magnitude para o ser humano.

O estágio de quase-exaustão

Poder-se-ia pensar que, uma vez conseguida a adaptação, esta se estabeleceria para sempre sem maiores danos. No entanto, se o evento estressante continuar presente, a energia exigida para lidar com ele pode não ser mais suficiente. O organismo começa, então, a se desorganizar emocionalmente e as vulnerabilidades biológicas são ativadas. O processo de adoecimento se inicia. Isso ocorre quando a carga alostática é grande demais. Carga alostática se refere ao esforço necessário para voltar à homeostase interna (McEwen, 2000). A recuperação ao estado de saúde já não é tão completa. Há que se considerar que, do mesmo jeito que um elástico muito esticado não retorna exatamente ao mesmo estado anterior, também as experiências do ser humano deixam sua marca.

O estágio de exaustão

Após um período de grande estresse, a pessoa não mais consegue se adaptar à situação, as reservas de energia se extinguem e o adoecimento grave pode ocorrer. O reestabelecimento completo é quase impossível. Como postulado por Selye (1984), toda atividade biológica causa desgaste e deixa cicatrizes químicas irreversíveis que se acumulam, causando envelhecimento e doenças.

Concluindo, alguns fatores devem ser considerados no que se refere a como o ser humano reage aos eventos desafiadores que ocorrem em seu viver, tais como:

1. a natureza do evento, já que alguns são inerentemente estressantes, como a dor, o frio e a fome, e há outros que estressam algumas pessoas e não outras, pois são interpretados de modo diferenciado por cada uma;

2. a intensidade do estressor;
3. a idade da pessoa, já que, dependendo do estágio de desenvolvimento em que se encontra, algumas situações estressam e outras não;
4. as estratégias de enfrentamento presentes no repertório comportamental, pois o uso de mecanismos de *coping* pode mediar o efeito de certos estressores;
5. o momento de vida, uma vez que existe uma temporalidade na aptidão para lidar com as ocorrências do dia a dia, isto é, dependendo de tudo o que esteja ocorrendo, a pessoa pode, naquele momento, ser mais ou menos hábil para lidar com certos estressores.

COMORBIDADES

Existe considerável dificuldade no diagnóstico diferencial do estresse e outras patologias. Há que se considerar que, embora muitas pessoas entrem em um processo de estresse devido a algum fator externo que está ocorrendo em suas vidas, como a perda de alguém, nem sempre o estresse surge como dificuldade única. Em muitas situações encontram-se pessoas que possuem dois diagnósticos concomitantes: o de estresse e o de algum transtorno mental. Muitas vezes, a comorbidade encontrada é justamente a maior causa do estresse presente, como no caso de uma fobia social, no TOC, num transtorno de humor, na raiva e na hostilidade. Nesses casos, um círculo vicioso se forma em que o estresse pode desencadear a manifestação do transtorno e este tem, muitas vezes, o poder de criar um grande nível de estresse na pessoa que entende o quanto seu transtorno está criando problemas para sua vida e para as relações interpessoais. Um exemplo claro disso é a raiva, estado emocional capaz de gerar um grande nível de estresse em quem sente a sua vida afetada pelo descontrole emocional que ela acarreta.

Há também doenças físicas que são relacionadas ao estresse e que ou estão presentes em sua gênese ou são desencadeadas por um estado tensional crônico, como as geneticamente programadas, porém com desenvolvimento precoce devido ao *stress* emocional. Este provavelmente é o caso da hipertensão arterial (Lipp e Rocha, 2008), bem como o de problemas dermatológicos graves, como vitiligo, herpes e psoríase que, embora possuam forte componente genético, em geral têm sua ontogênese em episódios de estresse grave, agudo ou crônico. Por isso, é importante considerar as várias possibilidades, e não simplesmente atribuir toda a sintomatologia ao estresse.

O vínculo entre estresse e doenças tem sido muito estudado, no que se refere àquelas já tradicionalmente consideradas como manifestações psicofisiológicas e outras mais recentemente estudadas, como o caso da ateroesclerose (Everson-Rose, Lewis, Karavolos, Matthews, Sutton-Tyrrell e Powell, 2006) e da síndrome metabólica (Chandola, Brunner e Marmot, 2006). Esta última foi estudada recentemente por Malagris (2010), que aplicou o treino de controle do estresse desenvolvido por Lipp em mulheres com síndrome metabólica, encontrando redução significativa do nível de estresse entre as pacientes, redução do colesterol total e do LDL, assim como mudanças favoráveis na alimentação, com aumento no consumo de linhaça, redução de calorias e de sódio. A conclusão a que se pode chegar é que o estresse possui um papel importante na ontogênese de várias doenças como fator desencadeante das mesmas e que seu manejo pode contribuir para o controle das doenças.

VULNERABILIDADES E RESILIÊNCIA

Embora o processo do estresse seja universal, observa-se que algumas pessoas se estressam mais frequentemente e/ou mais intensamente do que outras. Algumas passam por adversidades e conseguem se recuperar, outras sucumbem frente às mesmas situações. A interpretação que se dá ao evento pode ser um dos fatores a serem levados em conta, pois um evento pode ser considerado estressante para uma pessoa e, para outra, ser simplesmente neutro ou pouco incomodativo. No entanto, não é só a interpretação que determina se a pessoa se estressará ou não frente a uma situação. A vulnerabilidade ao estresse ou a resistência, aqui considerada como *resiliência*, envolve uma série de fatores, como pode ser verificado na conceitualização dos dois termos.

Sobre vulnerabilidade Lipp, Malagris, Oliveira e Prieto (2009), afirmam:

> Vulnerabilidade se refere ao produto da interação de diferentes fatores em uma proporção própria a cada indivíduo. O modelo de vulnerabilidade está diretamente ligado à sensibilidade individual, ao *stress* emocional e certos traços podem ser desenvolvidos para servir como verdadeiros *buffers* (fatores de proteção), que fazem a mediação entre a vulnerabilidade e os eventos de vida estressantes. (p. 206)

Quanto à resiliência, conceito que se refere à capacidade do indivíduo de vencer e até se fortalecer na adversidade (Malagris, 2009), Lindstrom (2001) menciona que quatro componentes devem ser considerados:

1. fatores individuais;
2. contexto ambiental;
3. acontecimentos ao longo da vida e
4. fatores de proteção.

Esses componentes, ressalta Lindstrom, somados, se constituem em um banco de recursos que protege contra danos e promove bem-estar geral. O autor acrescenta que somente possuir tais recursos não é suficiente, mas também é fundamental a capacidade de usá-los. Yunes e Szymanski (2001) também se referem à resiliência como produto final de combinação e acúmulo dos fatores de proteção; Pesce, Assis, Santos e Oliveira (2004) afirmam que resiliência envolve processos sociais e intrapsíquicos que favoreçem que a pessoa tenha uma vida sadia, apesar de estar exposta a um ambiente não sadio.

No entanto, Slap (2001, p. 173) lembra:

> Embora esteja em franco desenvolvimento o significado e o uso comuns do termo, não existe ainda uma definição única, nem parâmetro inquestionável, nem medida uniforme de resiliência. Em geral, concorda-se em afirmar que resiliência não é o oposto de risco e não é o mesmo que algum fator protetor específico.

Dentre os fatores envolvidos na vulnerabilidade ou na resiliência, portanto, devem ser considerados a constituição biológica, o ambiente social, a história de vida, as questões teológicas e as psicológicas (Malagris, 2009). Estas últimas, relacionadas com a percepção que o indivíduo tem do mundo ao seu redor, conforme enfatizam autores da terapia cognitivo-comportamental como Beck (Beck, 1997; Beck, 2007; Rangé e Borba, 2008).

Resilência e vulnerabilidade não são qualidades estáveis, já que podem variar ao longo do tempo e dependem das circunstâncias ambientais (Pesce et al., 2004). Essa variação pode significar que a pessoa desenvolve fatores de proteção ao longo do tempo, assim como, dependendo das circunstâncias, os utiliza ou não mesmo os tendo em seu repertório. A presença de recursos ou a utilização apropriada dos mesmos, como já mencionado, pode estar associada a aspectos individuais nos âmbitos biológico, social, espiritual e psicológico.

Quanto aos aspectos biológicos envolvidos na vulnerabilidade ao estresse ou na resiliência, Sandi, Venero e Cordero (2001) afirmam que devem ser considerados fatores genéticos, fatores associados ao desenvolvimento e influência da exposição prévia a situações estressantes. Os autores lembram que fatores genéticos podem determinar, em parte, a existência de diferenças nas respostas fisiológicas e psicológicas ao estresse, no entanto acrescentam que os genes interagem com o ambiente; logo, sua ativação é condicionada ao que encontram em seu caminho.

No que se refere aos fatores associados ao desenvolvimento, Sandi e colaboradores (2001) lembram que, o período perinatal (pré e pós-natal) já é um momento no qual o indivíduo é influenciado em suas características fisiológicas e psicológicas por diversos fatores, os quais podem torná-lo predisposto a perturbações em suas capacidades adaptativas que estarão presentes durante toda a sua vida. Quanto ao período pré-natal, as influências genéticas ou do ambiente podem predispor a um sistema nervoso vulnerável. No período pós-natal, as experiências das crianças exercem uma influência considerável na configuração de suas redes neuronais (Kolb, 1989, citado por Sandi et al., 2001). Além desses períodos específicos, na infância em si podem ocorrer situações traumáticas de estresse intenso, que podem gerar importantes consequências para o futuro ou em nível mais imediato e, com isso, contribuir para um adulto vulnerável ao estresse.

A exposição prévia a situações traumáticas e a forma como a pessoa as vivencia podem ajudá-la a desenvolver estratégias adaptativas de enfrentamento a novos eventos estressores ou, pelo contrário, podem torná-la mais suscetível.

O ambiente social no qual a pessoa se insere também tem influência para o desenvolvimento de um indivíduo vulnerável ao estresse ou resiliente. A pesquisa realizada por Pesce e colaboradores (2004), com 997 adolescentes escolares da rede pública de ensino de São Gonçalo/RJ, revelou que adolescentes com maiores níveis de resiliência tinham melhor relacionamento com outras pessoas, como amigos e professores, e maior apoio social. Este estudo utilizou a Escala de Resiliência de Wagnild e Young (1993, citados por Pesce et al., 2004), na qual encontram-se itens que se referem a apoio social e relacionamento com amigos e professores. Quanto ao apoio social, a escala inclui "quatro dimensões: *emocional*, que se refere ao apoio recebido através da confiança, da disponibilidade em ouvir, compartilhar preocupações/medos e compreender seus problemas; *informação*, que

diz respeito ao recebimento de sugestões, bons conselhos, informação e conselhos desejados; *afetiva*, em que há demonstração de afeto e amor, atitudes de dar um abraço e amar; *interação positiva*, que inclui diversão juntos, relaxar, fazer coisas agradáveis e distrair a cabeça" (p.138). Sandi e colaboradores (2001) enfatizam ainda, quanto ao ambiente social, que o *status* social pode ser um propiciador de vulnerabilidade ao *estresse* ou fator de proteção. Neste âmbito, os autores enfatizam que a vulnerabilidade ao *stress* pode decorrer do fato de crianças que pertencem a um nível socioeconômico baixo estarem mais expostas a situações traumáticas; à carência econômica em si com poucos recursos para contar no dia a dia; a avaliações cognitivas influenciadas pela condição de privação socieconômica que predisporia a sentimentos de insegurança e perda de controle; à instabilidade laboral e características do tipo de trabalho.

Quanto às questões teológicas, alguns autores enfatizam a importância da fé e da espiritualidade como fator de proteção e resiliência. Rocca (2007) menciona, com base em Vanistendael, que "o sentido da vida, como pilar da resiliência, pode estar vinculado a uma filosofia de vida e, muitas vezes, à vida espiritual e à fé religiosa" (p.20). Acrescenta a autora que vários pesquisadores da área defendem a ideia de que a vivência da religião e a participação na igreja são fatores de proteção. No entanto, Rocca ressalta que o próprio Vanistendael alerta que se deve ter cautela na medida em que, algumas vezes, a fé pode levar à violência contra o outro ou contra si próprio e que, nesse caso, não será promotora de resiliência.

Quanto aos aspectos psicológicos, deve-se levar em conta autoestima (Pesce et al., 2004), *locus* de controle (Sandi et al., 2001), pensamentos automáticos e crenças (Beck, Rush, Shaw e Emery, 1997; Beck, 1997; Beck, 2007), otimismo (Peterson, 2000), criatividade e humor (Simonton, 2000), padrão Tipo A de comportamento (Malagris, 2000), Tipo C de comportamento (Sandi et al., 2001), tendência à raiva

(Lipp, 2005; Lipp e Malagris, 2010), presença de transtornos de ansiedade ou de humor (Beck, Rush, Shaw e Emery, 1997; Beck, 1997), dentre outros. As características psicológicas estão diretamente ligadas ao modo como o indivíduo lida com os eventos adversos e contribuem para o uso de estratégias de manejo positivas ou negativas. Tais características nos remetem ao conceito de *coping* que, segundo Lazarus e Folkman (1984), se refere a um conjunto de esforços, cognitivos e comportamentais, que os indivíduos usam para administrar demandas interpretadas por ele como excessivas em relação aos recursos pessoais percebidos. Ou seja, dependendo de suas características psicológicas, a pessoa pode utilizar estratégias de *coping* diferentes. Algumas características, como otimismo e autoestima, por exemplo, estão relacionadas a resultados favoráveis para o indivíduo; já crenças disfuncionais e tendência à raiva podem gerar estratégias de *coping* com resultados negativos.

A terapia cognitivo-comportamental pode trazer importante contribuição para a resiliência em indivíduos vulneráveis ao *stress*, considerando que possui instrumentos favorecedores do desenvolvimento de fatores de proteção, da utilização produtiva dos mesmos e de estratégias de *coping* que tragam resultados positivos. Mais especificamente, o Treino de Controle do Estresse, desenvolvido por Lipp (Lipp e Malagris, 1995; Lipp, Malagris e Novais, 2007), que se baseia na abordagem cognitivo-corportamental, pode contribuir com estratégias de prevenção e manejo do estresse que ajudam no desenvolvimento de grande parte dos fatores de proteção valorizados nas pesquisas e citados no presente capítulo.

AVALIAÇÃO DO ESTRESSE: MÉTODOS E INSTRUMENTOS

A avaliação do estresse nem sempre é tão fácil, pois se existe uma diversificação conceitual sobre o que é o estresse, também ela existe no que se refere ao diagnóstico. Uma boa fonte de informação para um diagnóstico diferencial é o Manual do Inventário de Sintomas de *Estresse* para Adultos (Lipp, 2000), que oferece uma breve revisão de como o *estresse* pode ser avaliado. Em termos de avaliação psicológica, existem três testes validados e padronizados no Brasil, que contam com a aprovação do Conselho Federal de Psicologia: a Escala de *Stress* Infantil (ESI) de Lipp e Lucarelli (1998), o Inventário de Sintomas para Adultos (ISSL) de Lipp (2000) e a Escala de *Stress* para Adolescentes (ESA), de Tricoli e Lipp (2004). Existem vários modos de se avaliar se a pessoa está ou não sob o efeito do *estresse*, embora alguns métodos sejam dispendiosos ou de difícil implementação, como discutido a seguir.

Diagnóstico usando medidas fisiológicas e endócrinas

Andreassi (1980) e Everly (1990) têm sugerido que é possível medir a resposta de *estresse* na área fisiológica, o que inclui técnicas eletrodérmicas, procedimentos eletromiográficos e medidas cardiovasculares. Já Selye, em 1976, mencionava que o *estresse* pode ser avaliado em nível neuroendócrino através do índice de catecolaminas derivadas de amostras de plasma, urina e saliva.

Diagnóstico com base nas reações

Everly e Sobelman (1987) sugeriram que uma outra maneira indireta de se mensurar a resposta de estresse é através da avaliação dos aspectos cognitivos/emocionais apresentados.

Usando como medida as doenças em órgãos-alvo

Wyler, Masuda e Holmes (1968) e Miller e Smith (1982) sugerem que o diagnóstico seja realizado considerando-se a doença já manifestada em algum órgão.

Por meio da avaliação de eventos causadores do estresse na maioria das pessoas

Holmes e Rahe (1967) sugeriram que o nível de estresse pode ser medido indiretamente através da avaliação dos grandes fatores estressantes que tenham ocorrido na vida da pessoa nos últimos meses. Porém, Kanner, Coyne, Schaefer e Lazarus (1981) sugerem que, além de se verificar os grandes estressores, deve-se também avaliar os pequenos aborrecimentos do dia a dia que possuem um efeito cumulativo no organismo.

Julgamos que as medidas que se baseiam em acontecimentos ocorridos na vida da pessoa através de certo período de tempo muitas vezes são inadequadas, porque dependem da memória do avaliado. Por outro lado, as medidas de aspectos fisiológicos e neuroendócrinos exigem considerável sofisticação de recursos que nem sempre estão disponíveis para o clínico, enquanto o diagnóstico do estresse que se baseia na patologia manifesta não garante que a doença detectada não ocorreria se o estresse não estivesse presente. Com base nessas considerações, foi criado o Inventário de Sintomas de Estresse para Adultos (Lipp, 2000), que se enquadra no referencial de diagnóstico do *stress* pela identificação dos sintomas.

Avaliação do estresse por meio da identificação de sintomas

A grande maioria das pesquisas na área do estresse em adultos utiliza o Inventário de Sintomas de Estresse para Adultos de Lipp (ISSL) por ele permitir um diagnóstico preciso e por ser de fácil compreensão.

O Inventário de Sintomas de Estresse para Adultos (ISSL) é um teste brasileiro, validado em 1994 por Lipp e Guevara, padronizado por Lipp (2000) e aprovado pelo CFP. Pode ser administrado em cerca de 10 minutos e tem sido utilizado em dezenas de pesquisas e trabalhos clínicos na área do estresse. Permite um diagnóstico preciso quan-

to a se a pessoa tem estresse, em qual fase do estresse se encontra e se tipicamente para ela o estresse se manifesta mais através de sintomatologia na área física ou psicológica, o que viabiliza uma atenção preventiva em momentos de maior tensão. Embora o ISSL tenha sido originalmente elaborado para avaliação do estresse de adultos e de adolescentes acima de 14 anos, existe outro teste, a Escala de Estresse de Adolescentes (Tricoli e Lipp, 2004), que possibilita um diagnóstico mais preciso do quadro sintomatológico desta faixa etária. Desse modo, embora o ISSL também seja adequado ao diagnóstico de adolescentes, é recomendado que a ESA seja usada para maior precisão. É importante notar que o estresse infantil requer um instrumento especializado, como a Escala de *Stress* Infantil (ESI), de Lipp e Lucarelli (1998), para sua identificação e seu diagnóstico. O ISSL possui, em seu manual, termos alternativos para serem utilizados com populações de nível educacional mais baixo.

É composto de três Quadros que se referem às quatro fases do estresse, sendo que o Quadro 2 é utilizado para avaliar as fases 2 e 3 (resistência e quase-exaustão). Os sintomas listados são os típicos de cada fase. No primeiro Quadro, composto de 12 sintomas físicos e 3 psicológicos, o respondente assinala com F1 ou P1 os sintomas físicos ou psicológicos que tenha experimentado nas últimas 24 horas. No segundo, composto de 10 sintomas físicos e 5 psicológicos, marca-se com F2 ou P2 os sintomas experimentados na última semana. Observe-se que a fase 3 é diagnosticada com base em uma frequência maior de sintomas listados no Quadro 2 do inventário. No Quadro 3, composto de 12 sintomas físicos e 11 psicológicos, assinala-se com F3 ou P3 os sintomas experimentados no último mês. É importante observar que alguns sintomas que aparecem no Quadro 1 voltam a aparecer no Quadro 3, mas com intensidade diferente. Por exemplo, enquanto, no Quadro 1, o item 8 se refere a "hipertensão arterial súbita e passageira", no Quadro 3, o item 4 se refere a "hipertensão arterial continuada". A razão desta gradação é que a fase de exaustão, coberta no Quadro 3, em geral mostra a volta de alguns sintomas da fase 1, com um maior grau de comprometimento devido à quebra na resistência. O número de sintomas físicos é maior do que os psicológicos e varia de fase a fase porque a resposta de estresse é assim constituída. Por isso, não se pode simplesmente utilizar o número total de sintomas assinalados para fazer o diagnóstico de estresse, sendo necessário consultar as tabelas de avaliação. No total, o ISSL inclui 37 itens de natureza somática e 19 de psicológica, sendo que os sintomas muitas vezes se repetem, diferindo somente em intensidade e seriedade. A fase 3 (quase-exaustão) é diagnosticada com base na frequência dos itens assinalados no Quadro 2, de acordo com uma tabela de correção.

Ao se fazer um diagnóstico do estresse deve-se considerar o estágio do processo presente, pois, erroneamente, muitas vezes se diagnostica que a pessoa está estressada independente da seriedade ou de onde se situa na reação complexa do estresse. Assim, pode-se correr o risco de diagnosticar quem está com um estresse baixo como estando "estressado" do mesmo modo que uma pessoa que esteja na situação de exaustão do estresse. A seriedade da condição diagnosticada exige uma identificação em termos da fase do processo do momento.

Outro aspecto a ser considerado é o que se refere à predominância do tipo de sintomas presentes. Uma maior incidência de estresse em determinada área significa que a pessoa é mais vulnerável nesta área. Há pessoas que quando estressadas desenvolvem sempre ansiedade ou depressão, e outras que passam a ter gastrite ou outro sintoma físico. Saber qual a vulnerabilidade do respondente ajuda a formular tratamentos ou ações preventivas que levem em consideração a maior predisposição de ter sintomas de uma natureza ou de outra.

O diagnóstico diferencial de estresse e de outra patologia nem sempre é fácil. Naturalmente, é possível encontrar estresse em pessoas psicóticas, depressivas, suicidas, enfermas, etc. Devido ao fato de que o estresse tem o potencial de agravar outras patologias, toda vez que ele estiver presente, deve ser tratado concomitantemente às outras dificuldades. Não é adequado tratar primeiro o outro problema, pois, muitas vezes, sem que o estresse seja eliminado a probabilidade do quadro subjacente melhorar torna-se menor

O TRATAMENTO DO ESTRESSE

O melhor tratamento do estresse é, sem dúvida, sua prevenção, embora se saiba que eliminá-lo totalmente não seria possível nem desejável, uma vez que em doses moderadas, ele se correlaciona positivamente com a alta produtividade e a sensação de bem-estar. Em excesso, doenças podem ocorrer, assim como queda da produtividade e do nível de qualidade de vida.

O tratamento varia de acordo com o enfoque do profissional fazendo o atendimento. Não há especificamente uma medicação para o estresse e, na área farmacológica, o que se encontra são tratamentos para sintomas adjacentes, tais como depressão, ansiedade e pânico, na área psicológica, e gastrite, hipertensão, hipercolesterolemia e problemas dermatológicos, na área física. Como o estresse é produto da intensa interação entre fatores externos e internos, e a sensibilidade ao mesmo se deva, na grande maioria dos casos, à interpretação cognitiva dada aos eventos, o tratamento medicamentoso não é eficaz para eliminá-lo, no máximo se conseguindo uma redução da sintomatologia uma vez que a causa continua a existir. Assim sendo, o tratamento psicológico que produza uma reestruturação cognitiva e que expanda o repertório comportamental e emocional da pessoa para lidar com os estressores, é indispensável. Logicamente, o tratamento médico é igualmente importante em casos de sintomatologia já estabelecida. Existe certo acordo quanto a que o tratamento de escolha para o estresse emocional seja de base cognitivo-comportamental. Por exemplo, a pesquisa de metanálise, conduzida por Richardson e Rothstein (2008), que comparou a eficácia de tratamentos publicados em 36 estudos com 55 intervenções de vários tipos, concluiu que as intervenções que produziram melhores resultados foram as que utilizaram uma abordagem cognitivo-comportamental. Além disso, os estudos de Lipp e colaboradores têm mostrado em inúmeras situações o quanto o treino psicológico de controle do estresse (TCS), que faz uso dos conceitos cognitivo-comportamentais e que foi sugerido por Lipp (1984) e Lipp e Malagris (1995), é eficaz para o tratamento do estresse, tais como Lipp, Nogueira e Nery, 1991 e Dias, 1998 (com pacientes portadores de psoríase); Lipp e colaboradores, 1991; Lipp, Bignotto e Alcino, 1997 e Malagris, 2004 (com pacientes hipertensos); Torrezan, 1999 (com gestantes); Brasio, 2000 (com pacientes sofrendo de retocolite ulcerativa inespecífica); Sadir, 2010 (com pessoas com dificuldades nas relações interpessoais) e Bignotto, 2010 (com crianças).

O TCS se constitui em ensinar à pessoa formas de lidar melhor com o estresse e, com isso, evitar que se torne excessivo e prejudique a saúde e a vida em geral. O aspecto fundamental do TCS é a identificação e a modificação das fontes internas de estresse através de uma reestruturação cognitiva. Trata-se de um tratamento cognitivo-comportamental focal de duração breve, não ultrapassando 15 sessões, que se inicia com uma análise funcional dos estressores externos e internos do paciente. O TCS objetiva mudanças de hábitos de vida e de comportamentos potencialmente nocivos em quatro áreas que se constituem os pilares do TCS: nutrição anti-*stress*, relaxamento da tensão mental e física, exercício físico e mudanças cognitivo-comportamentais. Envolve ainda técnicas de resolução de problemas, manejo do tempo, modificação do Padrão Tipo A de comportamento, controle da hostilidade, treino de assertividade e de controle da ansiedade, além da reestruturação cognitiva. Uma parte importante do TCS é a redução da excitabilidade emocional e física através da prática de respiração profunda. A pessoa é levada a assumir uma postura ativa em seu tratamento e um plano de prevenção de recaída é sempre elaborado antes do término do TCS.

Pesquisas no Laboratório de Estudos Psicofisiológicos do Estresse na PUC-Campinas, que contam com o financiamento do governo federal (CNPq), têm demonstrado que o treino psicológico de controle do estresse é capaz de levar a pessoa a aprender como lidar com o estresse emocional e produz uma redução da reatividade cardiovascular em pessoas hipertensas quando estas precisam lidar com situações socialmente estressantes. As "V Diretrizes de Hipertensão Arterial" (SBC, SBH e SBN, 2006) enfatizam a necessidade das pessoas hipertensas passarem por um treino de controle do estresse.

Algumas adaptações do TCS têm sido realizadas dependendo da necessidade da população a ser atendida, como, por exemplo, o que foi realizado para pacientes hipertensos (Lipp e Rocha, 2008). Essa adaptação é descrita a seguir.

O treino psicológico de controle do estresse para hipertensos (TCS-H)

O TCS-H é uma adaptação do treino de controle do estresse (TCS) de Lipp, que pode ser utilizado por todos – com ou sem pressão alta – e é composto de quatro pilares: relaxamento, alimentação anti-estresse, exercício físico e promoção da estabilidade psicológica. A fim de entender o valor do TCS-H, é importante lembrar como o estresse pode afetar a pressão arterial. Sabe-se que qualquer variação no débito cardíaco ou na resistência periférica é suficiente para produzir mudanças na pressão arterial. A ação do estresse assume relevância, em que através da estimulação do sistema nervoso simpático o estresse causa uma liberação de catecolaminas, que, por sua vez, produzem uma constrição dos vasos sanguíneos, fazendo com que a resistência periférica aumente. Ao mesmo tempo, o estresse afeta também o ritmo cardíaco e a quantidade de sangue expelida pelo coração a cada batimento, isto é, o débito cardíaco. Esses aumentos, no entanto, não necessariamente significam hipertensão, pois, na maioria das vezes, trata-se somente de certa reatividade pressórica que o organismo controla fazendo com que a pressão volte ao normal, logo após o evento que causou o estresse ser afastado. Mas nos casos em que este não tem término, ou é de grande intensidade e importância para a pessoa, ou ainda em situações em que se esteja sujeito a inúmeros estressores, a autorregulagem não ocorre e a pressão continua alta. Alguns especialistas acham que se houver grande reatividade com muita frequência, a hipertensão poderá se desenvolver ou se agravar. Por isso é tão importante que todo hipertenso aprenda a controlar o estresse emocional. O controle do estresse proposto envolve vários passos que são repassados para os pacientes na forma descrita a seguir.

PASSOS DO TCS-H

1. *Aprenda o que é estresse* e a reconhecer os sintomas que ele acarreta;
2. *Tente identificar as situações* que lhe fazem ficar tenso e/ou causem aumento de pressão arterial;
3. *Elimine ou se afaste dos estressores* possíveis de serem eliminados e entenda que terá de aprender a lidar com o que não for passível de ser evitado;
4. *Faça uma autoanálise* e tente descobrir se mantém algumas fontes internas de estresse que o estão prejudicando. Para fazer esta avaliação, responda aos questionários nos quadros constantes do capítulo sobre fontes internas de estresse. Verifique, por exemplo, seu nível de: inassertividade, padrão tipo A de comportamento, síndrome da pressa, modo de pensar estressante, raiva reprimida, desejo de ter tudo sob controle, necessidade excessiva de que tudo seja justo e de ser amado por todos. Todas estas características podem estar atuando dentro de você e produzindo estresse contínuo;
5. *Tente mudar o seu modo de pensar* ou agir que possa estar sendo nocivo e gerador de *estresse* emocional;
6. *Saiba o que é e o que causa a hipertensão.* Verifique se sabe mesmo o que é pressão alta, suas possíveis causas e como o organismo regula a pressão arterial;
7. *Entenda como o estresse afeta a pressão arterial.* Entenda como o *stress* contribui para elevar a pressão.
8. *Conheça seu padrão respiratório.* Evite a hiperventilação que ocorre devido a uma respiração ofegante, capaz de produzir uma quantidade de oxigênio maior do que a necessária para o funcionamento normal do organismo, o que alguns pesquisadores acreditam que possa precipitar ataques de ansiedade e pânico. Evite também a respiração superficial que pode ocorrer na vida rotineira das pessoas sem que percebam. Quando isso acontece, o nível de dióxido de carbono no seu sangue é elevado e a acidose respiratória ocorre. Quando a pessoa prende a respiração ou respira de modo por demais superficial, mudanças se manifestam no sistema hemodinâmico com consequências diretas para a elevação da pressão arterial. Note, no entanto, que muitas pessoas que respiram de modo superficial não sofrem de hipertensão. A fim de que a pressão seja afetada pela inibição respiratória, outros fatores devem se juntar ou interagir com ela a fim de produzir tal efeito;
9. *Aprenda a relaxar, praticando algum exercício de relaxamento todo dia.* Relaxar é desligar-se, é entregar-se a um momento sem estrutura e sem obrigações. Sugere-se relaxar pelo menos por 15 minutos diariamente utilizando o tipo de exercício que preferir, pois qualquer atividade na qual possa se engajar que produza o efeito de tranquilidade e paz, é considerada relaxamento;
10. *Avalie o seu nível de atividade física.* O exercício físico, como caminhar rápido, jogar futebol e pular corda, pode ajudar a manter a pressão arterial normal, se for feito regularmente. Porém, no caso da pessoa hipertensa, é necessário discutir com o médico um programa a ser seguido gradualmente. Muitas vezes a caminhada é a melhor opção.

A atividade física é muito importante e deve ser realizada com regularidade. Alguns estudos têm demonstrado que o exercício físico realizado três vezes por semana, por aproximadamente meia hora, pode produzir uma redução na pressão arterial depois de algum tempo. É interessante notar que esta queda de pressão produzida por exercício físico não ocorre em pessoas normotensas. O tipo de exercício mais eficaz é o que envolve movimentos rítmicos da musculatura maior, como natação, ciclismo, caminhadas rápidas, etc. É importante lembrar que, durante o exercício de qualquer natureza, a pressão arterial se eleva, tanto na pessoa hipertensa quanto na normotensa; porém, o aumento maior é nos indivíduos que já têm a pressão alterada. A pressão volta ao normal em curto espaço de tempo devido à vasodilatação periférica que ocorre após o exercício e após o valor geralmente ser mais baixo, podendo perdurar até 2 horas. O exercício é também uma medida coadjuvante para diminuir o *stress*. É importante escolher um tipo de exercício que lhe agrade e combine com seu modo de ser, a fim de evitar o abandono prematuro da prática antes do hábito do exercício ser estabelecido. Sabe-se que para as pessoas que não têm o hábito de se exercitar, é difícil começar um programa de atividade física, e mais difícil ainda é dar continuidade a ele. Porém, se você selecionar bem o exercício que vai praticar e desenvolver uma rotina adequada, os benefícios o compensarão pelo esforço.

11. *Cuide de sua alimentação*. Quando se passa por um período de muito *estresse*, o corpo utiliza as reservas de nutrientes que tem e fica deficitário em alguns deles. Por isso é importante manter uma alimentação rica nos nutrientes que se calcula estarem envolvidos na reação do *estresse*, ou seja, as vitaminas do complexo B, a vitamina C, o cálcio e o magnésio. Há também alimentos que devem ser evitados principalmente em períodos de *estresse*, que são: cafeína, açúcar em demasia, corantes, carnes gordurosas, sal e refrigerantes. Essas recomendações nutricionais se aplicam a todos que passam por períodos de *estresse* excessivo, independentemente do seu nível de pressão arterial. No caso da pessoa hipertensa, é necessário tomar cuidados maiores para evitar que a hipertensão cause danos às suas artérias. Alguns pesquisadores sugerem que o potássio pode também retardar o desenvolvimento da hipertensão e reduzir o risco de acidente cardiovascular. Esta afirmação é baseada em um estudo de 12 anos realizado por dois médicos pesquisadores, Dr. Khaw e Dr. Barret-Connor, na Califórnia, que calcularam que quatro gramas extras de potássio por dia diminuem em 40% o risco de morte por AVC. Deve-se observar que este dado ainda carece de confirmação mais abrangente. Note-se, também, que o aumento do consumo do potássio deve ser restrito a pessoas que tenham um funcionamento normal dos rins e que não estejam tomando remédios que aumentam o nível de potássio, tais como alguns diuréticos poupadores de potássio (amilorida ou espirona lactona, os inibidores da enzima de conversão de angiotensina e bloqueadores dos receptores de angiotensina II). O tratamento da hipertensão inclui uma dieta planejada, na qual se deve ingerir pouco sal e procurar ingerir alimentos ricos em potássio.

Concluindo, o TCS é um tratamento de comprovada eficácia científica, testado em inúmeras pesquisas. É aplicável ao tratamento em grupo ou individual e a inúmeras populações. Sobressai-se pela ênfase dada aos conceitos cognitivo-comportamentais e tem como ferramenta principal a reestruturação cognitiva

REFERÊNCIAS

Andreassi, J. (1980). *Psychophysiology*. New York: Oxford University Press

Antoniazzi, S. A., Dell'Aglioi, D. D., & Bandeira, D. R. (1998) O conceito de *coping*: uma revisão teórica. *Estudos de Psicologia, 3*(2), 273-294.

Beck, J. (1997) Conceituação cognitiva. In Beck, J. *Terapia cognitiva: teoria e prática* (p. 28-39). Porto Alegre: Artes Médicas.

Beck, J. (2007*) Terapia cognitiva para desafios clínicos: o que fazer quando o básico não funciona*. Porto Alegre: Artmed.

Beck, A. T., Rush, A. J., Shaw, B. F., & Emery, G. (1997). *Terapia cognitiva da depressão*. Porto Alegre: Artmed.

Bernard, C. (1879). Leçons sur *les phénoménes de la vie commune aux animaux et aux végétaux*. Paris: Baillière. V. 2

Bignotto, M. M. (2010). *A eficácia do treino de controle do stress infantil*. Tese de doutorado em Psicologia. PUC-Campinas.

Cannon, W. B. (1939) *The Wisdom of the body*. New York: Norton.

Chandola, T., Brunner, E., & Marmot, M. (2006). Chronic *stress* at work and the metabolic syndrome: prospective study, *332*(7540), 521-525

Dias, R. R. (1998) *Stress e psoríase: assertividade e crenças irracionais*. Dissertação de mestrado não-publicada. PUC Campinas, Campinas.

Everly, G. S. (1990) *A clinical guide to the treatment of human stress response*. Nova Iorque: Plenum Press.

Everly, G., Sobelmans, H. (1987). *The assessment of the human stress response: neurological, biochemical and psychological foundations*. New York: AMS Press.

Everson-Rose, S. A. Lewis, T. T., Karavolos, K., Matthews, K. A.; Sutton-Tyrrell, K., & Powel, L. (2006). Cynical hostility and carotid atherosclerosis in African American and white women: The Study of Women's Health Across the Nation (SWAN). *Heart Study. Am Heart J, 152*(5), 982.

Garcia, I. (2001) *Vulnerabilidade e resiliência. Adolesc. Latinoam*. Acesso em dez. 5, 2010 from http://ral-adolec. bvs.br/scielo.php?script=sci_arttext&pid=S1414-71302001000300004&lng=es&nrm=iso ISSN 1414-7130.

Holmes, T. H., & Rahe, R. H. (1967) The social readjustment rating scale. *Journal of Psychosomatic Research, 4*, 189-194

Kanner, A. D., Coyne, J. C., Schaeffer, C., & Lazarus, R. S. (1981). Comparison of tow modes of *stress* measuremnte: Daily hassles and uplifts versus major life events. *Journal of Behavioral Medicine, 4*, 1-39.

Lazarus, R. S., & Folkman, S.(1984). *Stress, Apraisal and Coping*. New York: Springer.

Lindstrom, B. (2001) *O significado de resiliência. Adolesc. Latinoam*. Acesso em dez. 5, 2010 from http://ral-adolec.bvs.br/scielo.php? script=sci_arttext&pid=S1414-71302001000300006 & lng=es&nrm=iso ISSN 1414-7130.

Lipp, M. E. N. (1984). *Stress* e suas implicações. *Estudos de Psicologia, 1*(3-4), 5-19.

Lipp, M. E. N. (2000*) Inventário de Sintomas para Adultos de Lipp*. São Paulo: Casa do Psicólogo.

Lipp, M. E. N. (2001). Treino psicológico de controle do *stress* como prática clínica para a redução na reatividade cardiovascular de hipertensos. Sociedade Brasileira de Psicologia, SP, 91-98.

Lipp, M. E. N. (2005). *Stress e o turbilhão da raiva*. São Paulo: Casa do Psicólogo.

Lipp, M. E. N. (2008). A dimensão emocional da qualidade de vida. In Ogata, A., e de Marchi, R. (Org.). Rio de Janeiro: Campus.

Lipp, M. E. N., Bignotto, M. M., & Alcino, A. B. (1997). Efeitos do treino de controle do *stress* social na reatividade cardiovascular de hipertensos. *Psicologia: Teoria, Investigação e Prática, 2*, 137-146

Lipp, M. E. N., & Guevara, A. J. H. (1994). Validação empírica do inventário de sintomas de *stress*. *Estudos de Psicologia, 11*(3), 43-49.

Lipp, M. E. N., & Malagris, L. E. N. (1995). Manejo do estresse. In Range, B. (Org.). *Psicoterapia comportamental e cognitiva: pesquisa, prática, aplicações e*

problemas (p. 279-292). Campinas: Psy II.

Lipp, M. E. N., & Lucarelli, M. D. (1998). *A escala de stress infantil (ESI)*. São Paulo: Casa do Psicólogo.

Lipp, M. E. N., & Malagris, L. E. N. (2001). O *stress* emocional e seu tratamento. In Range, B. (Org.). *Psicoterapias Cognitivo-Comportamentais: um diálogo com a psiquiatria* (p. 475-490). Porto Alegre: Artmed.

Lipp, M. E. N., Malagris, L. E. N., & Novais, L. E. (2007). *Stress ao longo da vida*. São Paulo: Ícone.

Lipp, M. E. N., Nogueira, J. C. P., & Nery, M. J. (1991). *Estudo Experimental de duas condições de tratamento médico-psicológico a pessoas portadoras de psoríase*. Campinas: UNICAMP.

Lipp, M. E. N., Malagris, O. & Prieto, A. S. (2009). In Lacerda, A. L. T. (Org.). *Depressão: do neurônio ao funcionamento social* (p. 205-216). Porto Alegre: Artmed.

Lipp, M. E. N., & Malagris, L. E. N. (2010). *O treino cognitivo da raiva: o passo a passo do tratamento*. Rio de Janeiro: Cognitiva.

Lipp, M. E. N., & Rocha, J. C. (2008). *Pressão alta e stress o que fazer agora?* Campinas: Papirus.

Malagris, L. E. N. (2000). Correr, competir, produzir e se estressar. In Lipp, M. (Org.). *O Stress está dentro de você* (p. 19-31). São Paulo: Contexto.

Malagris, L. E. N. (2003). Transtornos do *stress* agudo e pós-traumático. In Lipp, M. (Org.). *Mecanismos neuropsicofisiológicos do sress: teoria e aplicações clínicas* (p. 171-176).

Malagris, L. E. N. (2004). *A via L-arginina-óxido nítrico e o controle do stress em pacientes com hipertensão arterial sistêmica*. Tese de doutorado não-publicada. Faculdade de Ciências Médicas, Universidade do Estado do Rio de Janeiro.

Malagris, L. E. N. (2009). A frustração. In Lipp, M. (Org.). *Sentimentos que causam stress*: como lidar com eles (p. 27-40). Campinas: Papirus.

Malagris, L. E. N. (2010). *Redução de fatores de risco envolvidos na síndrome metabólica em mulheres por meio do treino de controle do stress*. Pesquisa de Pós-Doutorado realizado na Pontifícia Universidade Católica de Campinas.

Miller, L., & Smith, A. (1982). *The stress audit questionnaire. Boston: Neuromedical Consultants*.

Pesce, R. P., Assis, S. G., Santos, N., & Oliveira, R. V. C. (2004). Risco e proteção: em busca de um equilíbrio promotor de resiliência. *Psicologia, Teoria e Pesquisa, 20*(2), 135-143.

Peterson, C. (2000). The future of optimism. *Journal of the American Psychological Association, 55*(1), 44-55.

Prieto, M. A. S. (2010). *A influencia do treino de controle do stress nas relações interpessoais no trabalho*. Tese de doutorado não-publicada. Programa de Pós-Graduação em Psicologia, PUC, Campinas.

Rangé, B. P., & Borba, A. (2008). *Vencendo o pânico: terapia integrativa para quem sofre e para quem trata o transtorno de pânico e a agorafobia*. Rio de Janeiro: Cognitiva.

Richardson, K. M., & Rothstein, H. R. (2008). Effects of effects of occupational stress management intervention programs: a meta-analysis. *Journal of Occupational Health Psychology, 13*(1), 69-93

Rocca, L. S. M. (2007). Resiliência: uma perspectiva de esperança na superação das adversidades. In Hoch, L. C., & Rocca, S. M. (Org.). *Sofrimento, resiliência e fé: implicações para as relações de cuidado* (p. 9-27). São Leopoldo: Sinodal.

Sandi, C., Venero, C., & Cordero, M. I. (2001). *Estrés, memoria y trastornos asociados: impolicaciones em el daño cerebral y el envejecimiento*. Provença: Ariel.

Slap, G. B. (2001). *Conceitos atuais, aplicações práticas e resiliência no novo milênio. Adolescência Latino Americana, 2*(3), 173-176.

Selye, H. (1965) *Stress: a tensão da vida*. São Paulo: IBRASA.

Selye, H. (1984) History and present status of the *stress* concept. In Goldberger, L., & Breznitz, S. (Ed.). *Handbook of stress: theoretical and clinical aspects* . London: The Free Press

Simonton, D. K. (2000). Creativity. *Journal of the American Psychological Association, 55*(1), 151-158.

Spielberger, C. (1979). *Understanding stress and anxiety*. New York: Harper & Row Publishers.

Torrezan, E. A.(1999). *O efeito do controle do stress no resultado da gravidez*. Tese de Doutorado não-publicada. PUC Campinas.

Tricoli, V. C., & Lipp, M. E. N. (2000). *A escala de stress para adolescentes* (ESA). São Paulo: Casa do Psicólogo.

Wyler, R. A., Masuda, M., & Holmes, T. H. (1968) Magnitude of life events and seriousness of illness. *Psychosomatic Medicine, 33*, 115-122.

Yunes, M. A. M., & Szymanski, H. (2001). Resiliência: noção, coneitos afins e considerações críticas. In Tavares, J. (Org.). *Resiliência e educação* (p. 13-42). São Paulo: Cortez.

40

O modelo cognitivo aplicado à infância

Renato M. Caminha
Marina Gusmão Caminha
Isabela D. Soares Fontenelle
Tárcio Soares

Desde o seu surgimento nos anos de 1960, as psicoterapias cognitivas direcionaram seu foco de ação mais intensamente nas intervenções com o público adulto. Alguns críticos dentro do próprio paradigma cognitivo afirmavam que diante da ausência da integração das funções executivas nas crianças, ou seja, sua imaturidade cognitiva, o paradigma cognitivo no estrito senso não poderia ser transposto aos problemas infantis. Assim sendo, a psicoterapia comportamental seria a mais indicada no tratamento específico de crianças.

Essa ideia parte do pressuposto de que é a técnica utilizada que define o modelo de terapia. Na nossa opinião, é o modelo teórico, ontológico e epistemológico que diferencia as terapias comportamentais das terapias cognitivo-comportamentais. Enquanto as terapias comportamentais se fundamentam nas diferentes vertentes do Behaviorismo,[1] as terapias cognitivo-comportamentais têm sua base na Psicologia Cognitiva.[2] A confusão provavelmente advém do fato de que, como destaca Castañon (2007), o cognitivismo muitas vezes incorpora teoricamente as conquistas do Behaviorismo (geralmente entendidos como processos inferiores de aprendizagem).

Dessa forma, uma intervenção focada no comportamento do paciente faz parte do espectro das terapias cognitivo-comportamentais quando o modelo teórico subjacente de entendimento do ser humano é aquele da Psicologia Cognitiva e de suas áreas de interface (Psicologia Evolucionista, Neuropsicologia, etc.). Estimular que os pais de um bebê aumentem a quantidade e a qualidade de toque com o filho e treiná-los para que fiquem mais sensíveis às demandas deste podem ser intervenções cognitivo-comportamentais quando visam a formação de um estilo atributivo mais saudável para este bebê no futuro, mesmo que o protocolo terapêutico atue apenas no comportamento.

Outro fator que corrobora a realidade das terapias cognitivo-comportamentais na infância é a crescente evidência de que crianças menores do que 12 anos já esboçam um funcionamento cognitivo que pode ser alvo de intervenções. Safran (2002) demonstra que por volta dos 9 anos, grande parte do delineamento da personalidade, ou estilo atribuitivo, já se encontra operante. Caminha, Soares e Kreitchmann (2011) reforçam isso ao apontar que crianças por volta dos 4 anos já apresentam alguns aspectos de processamento cognitivo similares aos de adultos, logicamente com menos maturidade. De fato, se partirmos da Psicologia Evolucionista, as próprias emoções da criança (algumas já presentes no nascimento) fazem parte do seu processamento de informações e fazem com que estas não sejam apenas "tabulas rasas", respondendo e se condicionando ao ambiente (Pinker, 1997).

Assim sendo o modelo cognitivo é perfeitamente aplicável ao tratamento infantil. Entretanto, tendo em vista que a maturidade das funções superiores das crianças é limitada, muitas vezes os pontos de partida serão as emoções e o comportamento, ao invés dos pensamentos automáticos e outros níveis superiores de cognição (Caminha e Caminha, 2007).

Neste capítulo, objetivamos

1. apresentar alguns dados epidemiológicos de psicopatologia em crianças;
2. discutir algumas particularidades da avaliação e da conceitualização na infância (que não vamos aprofundar porque é tema do capítulo 10 deste livro);
3. abordar questões epidemiológicas, diagnósticas, etiológicas, conceituais, teóricas e de tratamento cognitivo-comportamental do Transtorno de Conduta (TC), do Transtorno Desafiador de Oposição (TDO), do Transtorno de Asperger (TA) e do Transtorno de Ansiedade de Separação (TAS);
4. discutir especificidades do tratamento infantil da depressão, Fobia Específica e Transtorno Obsessivo-Compulsivo (TOC);
5. apresentar alguns fatores que podem ser foco de intervenções com crianças de 0 a 6 anos.

EPIDEMIOLOGIA

Os dados epidemiológicos apontam para uma taxa de 14 a 22% de prevalência de psicopatologias na infância. Estima-se também que perturbações mais graves ocorram com um intervalo de 8 a 10% em toda a população infantil não havendo diferenças estatísticas significativas entre meninos e meninas (Lima, 2004).

Conforme West e Pavuluri (2009), entre 12 e 22% de crianças norte-americanas recorrem a serviços de saúde mental, além do grande crescimento do número de crianças que apresentam dificuldades no desenvolvimento normal.

Dentre os transtornos mais comuns na infância, destacam-se o Transtorno de Déficit de Atenção/Hiperatividade (TDAH), o Transtorno da Conduta (TC), o Transtorno Desafiador de Oposição (TDO) e os Transtornos da Aprendizagem (American Psychiatric Association – APA, 2002).

Os transtornos de ansiedade e de humor também figuram entre as mais recorrentes queixas infantis. Lefkowitz e Tesiny (1985), nos Estados Unidos, identificaram depressão grave em 5,2% de uma amostra de 3000 crianças normais de terceira, quarta e quinta séries.

Já no que se refere ao transtorno de humor bipolar, ele tem se apresentado como uma das 10 condições mais debilitantes do mundo em termos de saúde mental, principalmente na infância quando não há intervenção precoce adequada.

Conforme Dell'Aglio Junior e Figueiredo (2007), todos estes transtornos aumentaram se compararmos as duas últimas décadas com os dias de hoje.

Assim como em adultos, a comorbidade é uma forte possibilidade também no comportamento infantil. Conforme Marsh e Graham (2005), ela ocorre em taxas menos elevadas que as dos adultos, entretanto, faltam estudos epidemiológicos na infância capazes de elucidar melhor o problema.

AVALIAÇÃO E CONCEITUALIZAÇÃO NA INFÂNCIA

Assim como no tratamento de adultos, a avaliação e a conceitualização de caso na infância são fundamentais para nortear o tratamento e o manejo clínico subsequente (Caminha e Caminha, 2007). Entretanto, a avaliação na infância é dotada de algumas particularidades que a diferenciam da avaliação com adultos. A seguir, discutimos brevemente aquelas que julgamos mais importantes (para uma discussão mais aprofundada, ver Capítulo 10 deste livro).

Idade e desenvolvimento infantil – É essencial que se tenha conhecimento do desenvolvimento da faixa etária com que se está trabalhando (Rohde et al., 2000), visto que isso altera completamente a interpretação do que está sendo observado e a abordagem que vai se utilizar com a criança.

Informantes – Na avaliação e na conceitualização na infância devem ser utilizadas múltiplas fontes de informação (criança, pais, babás, professores, etc.). Além de a criança geralmente não ter capacidade verbal para formular uma narrativa organizada e contextualizada sobre seus problemas (Caminha e Caminha, 2007; Marques, 2009), não raro, pode haver discordância no relato de adultos informantes (Marsh e Graham, 2005).

Estrutura – O primeiro contato deve ser com os pais ou responsáveis. É importante que o terapeuta tenha materiais que facilitem a comunicação com a criança. Por incluir múltiplos informantes, geralmente a avaliação e a conceitualização iniciais se estendem por 7 ou 8 sessões (Caminha e Caminha, 2007). É fundamental que o avaliador siga uma estrutura ou um roteiro básico, pois muitas vezes os pais ignoram uma série de sintomas ou aspectos graves (Kwitko, 1984; apud Cunha, 2003).

Diagnóstico – O diagnóstico ateórico é muito importante na infância, mas a avaliação deve ir além deste. Por vezes, sintomas prodrômicos ou de um espectro psicopatológico não fecham critérios para um diagnóstico, mas são focos importantes de intervenção. Além disso, é essencial avaliar a dinâmica familiar e o estilo parental.

Conceitualização cognitiva – Utiliza um modelo semelhante ao usado para adultos, mas deve incluir a contribuição dos pais para o aparecimento e a manutenção dos problemas. Também recomendamos que o ponto de partida do trabalho com a criança sejam as emoções (que são mais facilmente identificadas e monitoradas).

Aliança terapêutica – A aliança terapêutica no tratamento de crianças já parte de uma tríade na qual estão envolvidos terapeuta, criança e seus cuidadores (Caminha e Caminha, 2007). Não motivar nem educar os pais sobre o tratamento pode resultar em um abandono precoce. Ignorar a importância do vínculo com a criança (mesmo quando a abordagem for mais focada em Treinamento de Pais) tende a gerar resistência e comportamentos de desafios às intervenções propostas.

TRANSTORNO DE CONDUTA E TRANSTORNO DESAFIADOR DE OPOSIÇÃO

O Transtorno da Conduta (TC) e o Transtorno Desafiador de Oposição (TDO) estão classificados no DSM-IV-TR como parte dos transtornos disruptivos (TD). Enquanto o TC se caracteriza por um "padrão repetitivo e persistente de comportamento no qual são violados os direitos individuais dos outros ou as normas ou regras sociais importantes próprias da idade" (APA, 2002, p. 120), o TDO "é um padrão recorrente de comportamento negativista, desafiador, desobediente e hostil para com figuras de autoridade" (APA, 2002, p. 125). Segundo Wainer e Wainer (2011), algumas das principais diferenças são que os sujeitos com TC demonstram um afeto frio, e os sujeitos com TDO demonstram déficits significativos em habilidades de resolução de problemas.

Juntamente com o Transtorno de Personalidade Antissocial (TPAS), o TC e o TDO são organizados no DSM-IV-TR como se refletissem diferentes expressões de idade e gravidade de uma mesma classe de transtornos (Moffitt et al., 2008). Isso fez com que diferentes autores sugerissem o agrupamento desses transtornos na elaboração do DSM-V. Entretanto, diferenças de funcionamento, gravidade (Wainer e Wainer, 2011), curso, prevalência (Rowe, Costello, Angold, Copeland e Maughan, 2010) e fatores preditores e mediadores do tratamento (Beauchaine, Webster-Stratton e Reid, 2005) falam a favor da utilidade da distinção de TDO e TC como transtornos separados.

Outra controvérsia envolvendo o diagnóstico do TDO ou do TC na infância é de que ele possa ser uma patologização de um comportamento normal para a idade, especialmente quando realizado em crianças pré-escolares. Contrariando isso, estudos demonstram que o diagnóstico em pré-escolares apresenta validade preditiva, concorrente e boa fidedignidade (Keenan et al., 2011).

Os dados sobre a prevalência do TDO e do TC são bastante heterogêneos. No DSM-IV-TR, é citada uma prevalência que vai de 2 a 16% para o TDO e de 1 a 10% para o TC. Em ambos a prevalência no sexo masculino é maior, com maior diferença para o TC do que para o TDO. Assim como na maioria dos transtornos mentais, a etiologia dos transtornos disruptivos é multifatorial e envolve uma complexa relação entre disposições biológicas e ambientais.

As comorbidades mais comuns com ambos são o Transtorno de Déficit de Atenção e Hiperatividade (TDAH) e os transtornos relacionados ao uso de substâncias (Wainer e Wainer, 2011). Transtornos de ansiedade e do humor também não são raros nesses pacientes (Loeber, Burke, Lahey, Winters e Zera, 2000).

Não tratados, tanto o TDO quanto o TC tendem a causar significativos prejuízos na vida dos sujeitos e da sociedade. Enquanto o TDO é um importante fator de risco para o desenvolvimento de TC em meninos e predispõe os sujeitos a uma série de problemas emocionais, existe uma forte relação entre o quadro de TC na infância e a ocorrência de TPAS e outros transtornos psiquiátricos na vida adulta (Loeber et al., 2000).

Os principais modelos comportamentais e cognitivo-comportamentais do funcionamento e da manutenção dos TDs enfatizam a funcionalidade ambiental dos sintomas disruptivos (minimiza as exigências do ambiente) (Wainer e Wainer, 2011), um estilo atributivo diferenciado (frente a uma situação estimuladora atribuem mais intenções negativas e agressivas do que sujeitos controle saudáveis e tendem a descrever os outros a partir de qualidades concretas e características externas; Burke, Loeber e Birmaher, 2002) e o déficit em habilidades sociais e de resolução de problemas (Burke

et al., 2002; Wainer e Wainer, 2011). Déficits cognitivos específicos em funções verbais e executivas também foram evidenciados em alguns estudos e podem desempenhar papel importante na manutenção desses transtornos (Wainer e Wainer, 2011).

Diversos autores apontam uma série de achados neurobiológicos associados aos TDs, entre eles diminuição na metabolização de glicose no lobo frontal em sujeitos agressivos, prejuízos no funcionamento da amídala e na sua conexão com o córtex pré-frontal, baixos níveis de ácido 5-hidroxindolacético (5-HIAA) (um importante metabólito serotoninérgico) e de ácido homovanílico (HVA) (metabólito dopaminérgico), níveis basais mais baixos de cortisol e de batimentos cardíacos, entre outros (Burke et al., 2002; Serra-Pinheiro, Schmitz, Mattos e Souza, 2004a). Apesar disso, ainda não existem exames físicos que permitam o diagnóstico de TC ou TDO.

Existem diversos modelos de tratamento para os TDs. Em uma revisão publicada em 1998 e atualizada em 2008 (Brestan e Eyberg, 1998; Eyberg, Nelson e Boggs, 2008), foram encontrados mais de 100 estudos bem conduzidos de efetividade de tratamento para os TDs, sendo quinze modelos de tratamento provavelmente eficazes (a absoluta maioria de base comportamental ou cognitivo-comportamental) e um modelo com eficácia bem estabelecida (de base comportamental). Além desses, encontramos na literatura outros protocolos de tratamento para os TDs que vinculam modelos reconhecidamente eficazes com abordagens teóricas mais amplas, como o proposto por Wainer e Wainer (2011) que integra Treinamento de Pais com a Teoria do Apego de Bowlby e a Terapia de Esquemas de Young.

Ao invés de propor um protocolo sessão a sessão para o tratamento dos TDs, vamos destacar alguns pontos importantes para o tratamento desses sujeitos e descrever as principais estratégias terapêuticas utilizadas pelos protocolos eficazes.

■ No geral, protocolos que adereçam múltiplos fatores e fazem Treinamento de

Pais juntamente com tratamento para a criança são mais eficazes do que protocolos que se focam em aspectos específicos (Burke et al., 2002).

- De forma isolada, os protocolos de Treinamento de Pais são os mais eficazes para o tratamento dos TDs e já foram testados nas mais diferentes culturas e contextos (Serra-Pinheiro et al., 2004a). Existe evidência de efetividade para tratamentos focados na criança (Brestan e Eyberg, 1998; Burke et al., 2002; Webster-Stratton, Reid e Hammond, 2004; Eyberg et al., 2008). Treinamento isolado para professores apresenta poucas respostas terapêuticas (Webster-Stratton et al., 2004).
- O TDAH comórbido deve ser avaliado e tratado. Pacientes com TDs que apresentam TDAH comórbido são mais refratários e menos responsivos às técnicas de TP. O tratamento medicamentoso do TDAH com metilfenidato nesses pacientes tende a promover melhora dos sintomas desafiadores (Serra-Pinheiro et al., 2004a). No estudo de Serra-Pinheiro, Mattos, Souza, Pastura e Gomes (2004b), o metilfenidato diminuiu em 63% o preenchimento de critérios de TDO em pacientes com TDAH comórbido. O estudo de Beauchaine e colaboradores (2005) também aponta para a utilidade de treinamento de professores nesses casos.
- Vários tipos de intervenção já se mostraram úteis na prevenção dos TDs, destacando-se Treinamento de Pais, treinamento em habilidades sociais, treinamento em habilidades acadêmicas, treinamento de professores para um manejo adequado e pró-ativo em sala de aula (Burke et al., 2002).
- A maioria dos protocolos de Treinamentos de Pais tem como intervenção central o modelo de tratamento proposto por Patterson e Gullion (1968). Neste modelo, o foco está no manejo comportamental (MC), ou seja, em se utilizar dos princípios operantes de mudança comportamental para manejar os comportamentos da criança. Isso significa treinar

os pais a monitorar e alterar estratégias disfuncionais de manejo, ignorar e punir comportamentos desviantes e reforçar comportamentos positivos (arrumar brinquedos, obedecer, etc.).

- De forma complementar, outros protocolos de TP enfatizam que o MC deve: ensinar que os limites precisam ser consistentes, aplicados com calma e clareza; utilizar de diversas estratégias para o ensino das técnicas (vídeos,[3] treinamento in vivo) e privilegiar uso de punição negativa na forma de time-out[4] em favor de outras formas de punição (Brestan e Eyberg, 1998; Eyberg et al., 2008).
- A literatura também aponta para a utilização de estratégias secundárias no TP, entre elas: ensinar habilidades de brincar não diretivo aos pais; estimular uma comunicação sistemática com os professores da criança (Burke et al., 2002); usar estratégias para lidar com resistência por parte dos cuidadores (Entrevista Motivacional) (Beauchaine et al., 2005) e educar os pais sobre a diferença entre culpa e responsabilidade, promovendo a segunda (Wainer e Wainer, 2011).
- Cada protocolo de intervenção individual com as crianças utiliza técnicas e abordagens distintas. Seguindo os modelos cognitivo-comportamentais para os TDs, julgamos que as mais importantes sejam: automonitoramento e reestruturação cognitiva de atribuições negativas (especialmente em situações sociais); manejo e controle da raiva e treino em habilidades sociais e de resolução de problemas.
- Os treinamentos de professores costumam ensinar técnicas de MC, estimular que o professor estabeleça uma boa relação com o estudante-problema, reforçar a importância do uso de feedbacks positivos e negativos, treinar em habilidades sociais e ensinar aspectos de desenvolvimento infantil (Webster-Stratton et al., 2004; Beauchaine et al., 2005; Eyberg et al., 2008).
- Um importante estudo de identificação de fatores preditivos, mediadores e moderadores[5] de resposta terapêutica foi re-

alizado por Beauchaine e colaboradores (2005). Os principais fatores preditivos de falta de resposta ao tratamento foram: psicopatologia dos cuidadores; baixa satisfação da relação conjugal dos cuidadores; quantidade de estresse familiar diário e comorbidade com transtornos de ansiedade, depressivos e de uso de substâncias. Isso demonstra a importância de trabalhar essas questões para uma resposta terapêutica mais completa.

- Os principais fatores mediadores de boa resposta ao tratamento foram: mudança efetiva de práticas parentais (pais que conseguem realmente ser mais eficazes na disciplina e menos coercivos e críticos) e baixa resistência ao tratamento por parte dos pais. Isso reforça a importância de o terapeuta manejar adequadamente a resistência ao tratamento (sugerimos técnicas de entrevista motivacional) e se certificar de que os pais estejam utilizando as técnicas ensinadas corretamente (preferencialmente com sessões *in vivo*).

- Por fim, os fatores moderadores para cada especificidade dos grupos de tratamentos são muitos para serem expostos pormenorizadamente. Destacamos: sujeitos com TDAH responderam melhor quando professores foram incluídos no tratamento; provavelmente sujeitos com alta ansiedade traço respondem melhor a técnicas de elogio e recompensa social do que sujeitos com baixa ansiedade traço; provavelmente a melhor intervenção para sujeitos com baixa ansiedade traço é o MC.

TRANSTORNO DE ASPERGER

O transtorno de Asperger (TA) foi descrito pela primeira vez em 1944 pelo pediatra austríaco Hans Asperger. Em 1981, Lorna Wing sugeriu que o TA deveria ser considerado uma condição relacionada ao autismo e descreveu em detalhes suas várias manifestações na fala, na comunicação não verbal, na interação social, na coordenação motora e nos padrões de interesses (Wing, 1981). A validade do TA como uma entidade diagnóstica diferente do autismo foi documentada através de várias linhas de evidência, incluindo o *field-trial* da DSM-IV (Ozonoff, Rogers e Pennington, 1991). Entre essas diferenças encontra-se o quociente de inteligência (QI) verbal superior ao QI de desempenho, frequentemente associado a uma deficiência de aprendizagem não verbal. Uma metanálise recente de 40 estudos estimou uma taxa de prevalência de 7,1 por 10 mil para o transtorno autista em si, e de 12,9 por 10 mil para todos os outros transtornos do espectro autista, incluindo o TA (Williams, Higgins e Brayne, 2006).

O tratamento do TA deve ser realizado por uma equipe multidisciplinar que pode incluir, além dos profissionais de saúde mental, educadores, terapeutas ocupacionais e fisioterapeutas (Khouzam, El-Gabalawi, Pirwani e Priest, 2004). O tratamento deve combinar abordagens pedagógicas, intervenções comportamentais, psicoterapia e intervenção psicofarmacológica, se necessário. Como existem poucos estudos utilizando as terapias combinadas, geralmente a decisão de se instituir ou não um determinado tipo de tratamento depende de uma análise caso a caso.

As abordagens educativas costumam ser necessárias na área de interações sociais. Informações didáticas sobre os significados das expressões faciais, da comunicação não verbal e dos gestos de outras pessoas podem facilitar a aceitação e a integração social (Khouzam et al., 2004). Embora o treino de habilidades sociais (THS) seja amplamente utilizado na clínica, a qualidade da evidência que apoia sua eficácia deixa a desejar. Por exemplo, em uma revisão recente sobre o THS em pacientes com TA (Williams, Koenig e Scahill, 2007), apenas cinco dentre quatorze estudos incluíram um grupo de comparação e nenhum adotou uma randomização para alocar pacientes em um grupo intervenção. Rao, Beidel e Murray (2008) destacam ainda, como limitação dos estudos sobre eficácia de THS no TA, a falta de uma definição universal de habilidades sociais, diferentes níveis de intensidade e de duração do tratamento, diversos referenciais teóricos e variados contextos nos quais o treino é utilizado (clínica, sala de aula, etc.).

As intervenções comportamentais são normalmente destinadas a modificar alguns dos interesses circunscritos e canalizá-los para vocações e carreiras adequadas (Khouzam et al., 2004). Normalmente, uma análise funcional dos comportamentos-alvo é realizada e os planos de comportamento são desenvolvidas para aumentar ou diminuir os comportamentos disfuncionais. Embora haja uma falta de dados sobre os efeitos benéficos de técnicas psicoterápicas específicas no tratamento do TA, a psicoterapia de apoio é considerada adequada para muitos pacientes, especialmente quando o foco é direcionado para resoluções de problema.

O tratamento farmacoterápico costuma ser de pouca utilidade para o tratamento dos sintomas nucleares do TA, mas pode ser instituído para o manejo de condições comóbidas, como transtornos do humor, transtornos de ansiedade (por exemplo, TOC) e síndrome de Tourette. É importante considerar a ocorrência de um transtorno psiquiátrico associado sempre que houver uma deterioração inexplicável no comportamento ou no funcionamento social de uma pessoa com AS (Tantan e Girgis, 2009). Como a maioria dos dados sobre eficácia de diferentes medicamentos é baseada em relatos e em alguns estudos não controlados realizados em adultos, a razão risco e benefício potencial deve ser considerada e o consentimento informado deve ser obtido dos pais e, sempre que possível, do paciente.

TRANSTORNO DE ANSIEDADE DE SEPARAÇÃO

O Transtorno de Ansiedade de Separação (TAS) é caracterizado principalmente pela excessiva ansiedade relativa à separação de casa ou de figuras importantes na vida da criança. A ansiedade pode ser expressada através de um estresse recorrente na antecipação ou na separação de figuras importantes, de uma necessidade constante em saber seu paradeiro ou de uma nostalgia extrema quando longe de casa. Ao se separarem de figuras importantes, crianças com TAS estão sempre preocupadas ou com medo de que algum mal aconteça a elas mesmas ou a figuras importantes. Essas crianças podem ainda expressar medo de se perderem ou serem sequestradas, o que torna difícil ir à escola, à casa de amigos ou ficar sozinho. Frequentemente, crianças com TAS apresentam comportamentos caracterizados como "pegajosos", até mesmo seguindo os pais. Essas crianças podem ter dificuldades em dormir sozinhas e pesadelos contendo temas de separação. Queixas físicas, como dores no estômago, náuseas e dores de cabeça são comuns quando a separação ocorre ou é antecipada. Para preencher critérios diagnósticos para TAS, a ansiedade deve ser mais intensa do que aquela esperada para o nível de desenvolvimento da criança, durar mais de 4 semanas, começar antes dos 18 anos e causar sofrimento significativo ou prejuízo no funcionamento social, acadêmico ou outras áreas importantes do funcionamento.

A eficácia da psicoterapia e da farmacoterapia tem sido empiricamente avaliada para o tratamento de diversos transtornos de ansiedade na infância, incluindo o TAS, o Transtorno de Ansiedade Generalizada (TAG) e a Fobia Social (FS). Existe uma hipótese de que estas condições possuem uma etiologia semelhante e, consequentemente, uma resposta parecida a tratamentos comuns. Portanto, muitos estudos foram conduzidos na tentativa de avaliar estratégias terapêuticas em todos esses pacientes como um grupo.

Há um consenso de que a terapia cognitivo-comportamental é um tratamento de primeira linha para os transtornos de ansiedade na infância, incluindo o TAS (Kazdin e Weisz, 1998; Ollendick e King, 1998). Nos programas de TCC, as crianças geralmente aprendem a reconhecer os sinais de ansiedade, adquirir habilidades de relaxamento, e aprendem técnicas de resolução de problemas em situações que provoquem ansiedade.

A parte educativa da terapia é seguida por uma fase prática, com tarefas de exposição em que as crianças são expostas a uma hierarquia de situações ansiogênicas. A TCC tem se mostrado eficaz tanto num formato individualizado focado na criança (Kendall, 1994; Kendall et al., 1997) como num programa de tratamento envolvendo os pais (Barrett, 1998). A TCC em grupo também tem sido considerada eficaz no tratamento de transtornos de ansiedade na infância (Kendall e Flannery-Schroeder, 2000). Em nenhum desses estudos encontrou-se especificidade ou diferencial na resposta ao tratamento do TAS em relação aos outros transtornos de ansiedade na infância (por exemplo, TAG e FS).

Apesar do esforço, o campo ainda aguarda aprovação de uma medicação específica para o TAS. No entanto, medicamentos utilizados em adultos com transtornos de ansiedade são frequentemente utilizados e parecem ser de algum benefício para o tratamento da ansiedade em crianças e adolescentes (Labellarte, Ginsburg, Walkup e Riddle, 1999). Resultados mistos foram encontrados para os antidepressivos tricíclicos (TCA), incluindo imipramina e clomipramina, no tratamento do TAS (Klein, Koplewicz e Kanner, 1992). Os resultados positivos de ensaios clínicos abertos para inibidores da recaptação da serotonina (IRS) com crianças ansiosas (Birmaher et al., 1994; Fairbanks et al., 1997) levou a um grande estudo controlado de fluvoxamina com crianças que têm TAS, TAG e Fobia Social. A taxa de melhora global foi de 78% para fluvoxamina *versus* 29% para o placebo (Anxiety Study Group – RUPP, 2001).

Não há estudos publicados que avaliaram a eficácia relativa da TCC *versus* farmacoterapia para o TAS. Atualmente, um estudo que compara as eficácias da sertralina, da terapia cognitivo-comportamental (TCC), da TCC associada a sertralina e do placebo para o tratamento do TAS, TAG e FS está em curso (Compton et al., 2010). Em resumo, baseado no conhecimento atual, TCC pode ser recomendada como um tratamento para a juventude ansiosa, com o potencial de utilização de medicamentos, de preferência IRS, quando é apropriado (Labellarte et al., 1999).

TRANSTORNO OBSESSIVO-COMPULSIVO

O transtorno obsessivo-compulsivo (TOC) é um transtorno de ansiedade caracterizado por pensamentos, ideias, imagens e impulsos desagradáveis e difíceis de resistir (obsessões) e/ou comportamentos repetitivos realizados na tentativa de reduzir a ansiedade resultante ou de acordo com regras rígidas (compulsões) (APA, 2002). O conteúdo de seus sintomas é extremamente variado, mas geralmente pode ser agrupado em quatro grupos:

1. obsessões de agressão, sexuais ou religiosas e compulsões de checagem,
2. obsessões de contaminação e compulsões de lavagem ou limpeza,
3. obsessões e compulsões de simetria, organização ou arranjo e
4. obsessões e compulsões de acumulação, ou seja, o colecionismo patológico (Stewart et al., 2008).

O TOC afeta até 4% de crianças e adolescentes, uma prevalência semelhante àquela observada em adultos (Fontenelle, Mendlowicz e Versiani, 2006).

Os ensaios clínicos sobre a eficácia de TCC em crianças e adolescentes apontam para taxas de remissão entre 40 e 85% pós-tratamento (Barrett, Farrell, Pina, Peris e Piacentini, 2008). Na metanálise de O'Kearney (2007), os dados analisados demonstraram que a TCC foi igualmente eficaz aos inibidores de recaptação de serotonina como estratégia terapêutica de primeira linha do TOC em crianças e adolescentes. Os dois tratamentos não diferiram em termos de reduções na gravidade dos sintomas e na taxa de remissão pós-tratamento em três estudos comparativos "cabeça a cabeça". Embora um estudo controlado não tenha demonstrado superioridade clara da TCC combinada com IRS em relação à TCC isoladamente, os achados da revisão de O'Kearney (2007) apoiam a utilização da modalidade combinada como a estratégia de tratamento de primeira escolha para crianças e adolescentes com TOC.

Obviamente, a escolha por uma modalidade terapêutica em detrimento de outra no tratamento de crianças e adolescentes com TOC deve se basear em uma série de outras questões importantes, como preferência do paciente, probabilidade de efeitos adversos resultantes da medicação, disponibilidade de profissionais qualificados na realização de TCC, custo do tratamento, recursos disponibilizados e história de tratamento do paciente. O pequeno número de estudos de qualidade sobre a TCC em crianças e adolescentes reduz a confiança com que as decisões baseadas em evidência podem ser tomadas. Isso enfatiza a importância do julgamento clínico baseado em cada caso.

Até recentemente, as lacunas na literatura sobre a TCC para o TOC em crianças muito jovens eram ainda mais significativas (Freeman et al., 2007). Nenhum estudo tinha sido conduzido em crianças com menos de 7 anos. Além disso, poucos eram os estudos sobre o efeito de abordagens familiares em crianças e adolescentes com TOC, sendo que nenhum tinha incluído crianças muito jovens, sabidamente com mais história familiar de TOC e maior vulnerabilidade à influência de comportamentos familiares. Dessa forma, evidências apoiando a eficácia da TCC isolada, tão frequentemente empregada no tratamento de crianças jovens com TOC, ainda eram insuficientes.

Nesse sentido, Freeman e colaboradores (2008) randomizaram 42 crianças de 5 a 8 anos com TOC primário em grupos que receberam 12 sessões de TCC de base familiar ou treino de relaxamento familiar. Na amostra de intenção de tratamento, 50% das crianças no grupo de TCC atingiram remissão, em comparação a 20% no grupo em relaxamento. Na amostra que completou o estudo, 69% das crianças no grupo de TCC atingiram uma remissão clínica em comparação com 20% no grupo relaxamento. Portanto, este estudo sugere que crianças jovens com início ultraprecoce do TOC também podem se beneficiar da TCC adaptada ao seu contexto familiar.

FOBIA ESPECÍFICA NA INFÂNCIA

Medo de escuro, animais, sangue, altura e outros são comuns na infância. Geralmente, esses medos são específicos da idade e têm vida curta, não representando um problema clínico. Entretanto, quando o medo é persistente, muito intenso e/ou interfere diretamente no funcionamento normal da criança, temos um quadro de fobia específica na infância (King, Muris, Ollendick e Gullone, 2005).

Não raro, crianças se comportam como se estivessem com medo frente a certos estímulos porque foram reforçadas pelos cuidadores (que dão atenção e carinho nesses momentos) e não porque realmente estão com medo. Por isso, é útil avaliar o manejo das situações temidas, se o temor da criança acontece em diferentes momentos e na frente de diferentes pessoas.

Ainda que o DSM-IV divida as fobias em 5 tipos conforme o objeto temido,[6] as diretrizes para o tratamento de fobias são praticamente as mesmas para qualquer tipo de fobia. Segundo uma metanálise de 33 ensaios clínicos randomizados publicada por Wolitzky-Taylor, Horowitz, Powers e Telch (2008), os tratamentos baseados em exposição (incluindo dessensibilização sistemática) são altamente eficazes para o tratamento dos mais diversos tipos de fobias específicas e são superiores a outras formas de tratamento. Segundo este estudo, o uso complementar de técnicas cognitivas não parece aumentar a eficácia do tratamento. Na nossa experiência elas facilitam o engajamento do paciente nas atividades de exposição, além de serem úteis para lidar com as comorbidades comuns às fobias (por exemplo, Transtorno de Ansiedade Generalizada). Tipicamente, as técnicas cognitivas objetivam melhorar a autoeficácia dos pacientes em lidar com as situações temidas e corrigir algumas distorções cognitivas comuns a estes pacientes. Um exemplo de distorção cognitiva comum a estes pacientes é superestimar o risco de um evento temido acontecer (Ollendick, Raishevich, Davis III, Sirbu e Öst, 2010).

Assim como no tratamento de adultos, a exposição também é um ingrediente necessário para o tratamento das fobias na infância (King et al., 2005). Entretanto, crianças muito novas geralmente não têm capacidade cognitiva para realizar exposição imaginária ao estímulo temido. Tendo isso em vista, uma abordagem descrita na literatura é fazer uma lista de hierarquia de medos com a criança e com os pais, e depois ensinar aos pais como fazer a exposição ao vivo (iniciar pelo estimulo menos temido, esperar a ansiedade reduzir e passar para o próximo estimulo menos temido da hierarquia quando a ansiedade tiver sido eliminada) (King et al., 2005).

Algumas estratégias de exposição que podem preceder e facilitar a exposição ao vivo são o uso de desenhos, de histórias em quadrinhos ou outras formas lúdicas de lidar com o foco da ansiedade (por exemplo, pedir para a criança contar uma história; King, Molloy, Heyne, Murphy e Ollendick, 1998). Ainda que a literatura indique que a exposição *in vivo* é mais efetiva, nada impede que o clínico utilize a exposição lúdica para iniciar. Além de ajudar no vínculo terapêutico, esse tipo de estratégia provavelmente torna mais fácil a exposição mais direta.

Outra estratégia que se mostrou eficaz em pelo menos 9 estudos é fazer modelação em relação aos estímulos temidos. Mostra-se um adulto (preferencialmente um cuidador relevante para a criança) lidando normalmente com o contexto provocador de ansiedade. Quando possível, estimular a criança a participar do evento modelador parece ter resultados ainda melhores (por exemplo, criança com fobia a cachorro ser convidada a brincar com um cachorro assim como o cuidador está fazendo; King et al., 2005). Antes de propor esse tipo de intervenção, é importante avaliar se o cuidador também não tem medo do estimulo fóbico, pois isso pode modelar a criança de uma forma equivocada e até mesmo iatrogênica.

O MODELO COGNITIVO NA DEPRESSÃO INFANTIL

A depressão infantil, assim como a adulta, é considerada um problema de saúde pública devido a seu impacto significativo e crescente nesta população.

Mezulis, Hyde e Abramson (2006) apontam que a vulnerabilidade para o transtorno é grande quando variáveis psicossociais, como relação com pares, interações familiares, capacidade de enfrentamento de problemas e autoeficácia, estão prejudicadas.

Na população geral, a depressão infantil em crianças em idade pré-escolar apresenta índices em torno de 2%. Em idade escolar, estes percentuais sobem para 5%, sendo mais comum no sexo masculino, ao contrário da epidemiologia de adultos. Estudos realizados com crianças e adolescentes hospitalizados encontraram índices muito superiores aos da população em geral: até 20% das crianças e 40% dos adolescentes apresentaram depressão. Alguns autores apontam para um aumento na prevalência da depressão infantil, tornando-a um problema de saúde mental considerável (Rehn e Sharp, 1999).

Weisz, McCarty e Valeri (2006) referem pesquisa realizada através de questionários e prontuários de crianças em escolas e hospitais, baseando o diagnóstico apenas em aspectos comportamentais. Através desse estudo pôde-se constatar o seguinte: em crianças de 1 a 6 anos foi encontrado um baixo percentual para depressão (1%), enquanto nas crianças maiores, de 9 a 12 anos, os índices subiram para 13%. O diagnóstico de transtorno depressivo foi pouco expressivo em crianças menores de 10 anos (0,14%), aumentando sensivelmente em adolescentes de 14-15 anos (1,5%). Entretanto, o humor depressivo esteve presente em 13% das crianças menores de 10-11 anos e em 40% dos adolescentes de 14-15 anos.

Em 1994, Lima realizou um estudo com 2.689 crianças e adolescentes entre 12 e 15 anos, de ambos os sexos, no Maudsley Hospital, em Londres. Utilizando os critérios de Pearce para depressão infantil, observou que 18% de todas as crianças pesquisadas apresentavam o transtorno. Destas, 38,8% tinham entre 12-13 anos e 61,2% tinham entre 14-15 anos. Não foram encontradas diferenças significativas entre os sexos.[10] Em sua pesquisa, o autor refere a presença dos seguintes sintomas associados à depressão: humor irritável (30,5%), ideação, ameaças ou tentativas suicidas (38,4%), tristeza (100%), recusa em ir à escola ou fobias (38,2%), obsessões, ruminação e rituais (12%), transtornos da alimentação (19,4%), transtornos do sono (29,9%). Um outro dado significativo foi a dificuldade de relacionamento intrafamiliar com a mãe (50,4%) e com o pai (43,8%) (Lima, 1994; apud Lima, 2004).

Manifestações do funcionamento esquemático básico da depressão já podem ser identificados, segundo Safran (2002), a partir dos 9 anos e, conforme Kovacs e Pollock (1995), havendo manifestação depressiva na infância, ela costuma durar aproximadamente nove meses e tende a ceder espontaneamente.

Segundo dados de Crocket, Randall, Shen, Russel e Driscoll (2005), há uma tendência de recaídas de 61% nos próximos quatro anos após a ocorrência do primeiro episódio depressivo em crianças, tendo o mesmo ocorrido antes dos 10 anos. Nesta lógica, segundo Kovacs e Pollock (1995), havendo manifestação precoce de Transtorno Depressivo Maior, o curso da patologia ao longo da vida aponta para o intervalo de seis a oito novos episódios, sendo cada episódio subsequente mais intenso que os anteriores.

Apesar da contribuição do DSM III-R (APA, 1989), apresentando o mesmo conjunto de sintomas depressivos para adultos e crianças, ainda discute-se o quanto os sintomas em crianças apresentam-se de maneira diferenciada daqueles manifestados em adultos. Mais adiante veremos dados estatísticos e critérios diagnósticos para o entendimento do transtorno na infância.

Segundo Biederman e colaboradores (1996), é importante diferenciar a depressão clínica das alterações de humor mais passageiras, menos significativas, normalmente experienciadas em situações de perda, já que a depressão provoca diversas perturbações funcionais. Humor triste não necessariamente significa depressão, devem estar presentes alterações cognitivas, comportamentais, emocionais e físicas. Estas podem atingir um grau de severidade, cronicidade e recorrência, interferindo na vida pessoal e ocupacional (Kovacs e Pollack, 1995).

Critérios diferenciados para o diagnóstico infantil têm sido propostos desde os anos de 1970 por Feighner. Nos anos de 1980, Pearce também elabora critérios diferenciados para depressão em crianças (Caminha e Caminha, 2007). Conforme Lima (2004), os critérios da depressão infantil atuais são:

A presença dos seguintes sintomas, por um período consecutivo pode sugerir um quadro de depressão infantil:

- humor irritável, agressivo ou "rabugento";
- perda de interesse ou prazer em atividades (até mesmo em brincadeiras preferidas);
- desesperança;
- agitação ou lentidão psicomotora;
- insônia ou hipersonia;
- queixas somáticas recorrentes;
- fadiga, perda de energia;
- isolamento;
- dificuldade em alcançar ganhos de peso esperados para sua idade;

---

* Esses sintomas devem estar acompanhados de prejuízos comportamentais e psicossociais, incluindo relacionamento com pares e familiares (*Dor abdominal). Fonte: Lima (2004)

Técnicas cognitivas no tratamento da depressão infantil

- lentidão no pensamento e dificuldade de concentração, acompanhada de queda abrupta no rendimento escolar.

As terapias cognitivas têm sido consideradas como de primeira escolha para o tratamento da depressão infantil, não muito diferente do modelo de intervenção com adultos e com sinais de eficácia largamente reconhecidos na literatura científica (Stallard, 2010).

McArdle (2007), ao comparar a terapia comportamental e a terapia cognitiva no tratamento da depressão infantil, concluiu que a terapia cognitiva é mais eficaz e com menos recaídas do que a terapia comportamental no tratamento da depressão infantil.

Os resultados de Farrell e Barrett (2007) são semelhantes e indicam que a terapia cognitiva aumenta significativamente a resiliência das crianças submetidas a este tipo de tratamento.

Weisz e colaboradores (2006) produziram um estudo de metanálise apontando para a vantagem da terapia cognitiva se comparada a terapia interpessoal, comportamental e farmacológica.

Assim sendo, a terapia cognitiva no tratamento infantil traz como vantagem o aumento da resiliência e a consequente diminuição de recaídas. Não devemos esquecer que o transtorno depressivo na infância apresenta um padrão instável, cronologicamente falando. O curso e o prognóstico estão relacionados ao início, à gravidade do episódio e às comorbidades. A depressão infantil, quando não tratada de forma adequada, aumenta a probabilidade de recorrência, acarretando limitações importantes a curto e longo prazos, como prejuízo escolar, déficits no desenvolvimento, abuso de substâncias, transtornos de conduta e até mesmo o suicídio, em casos mais graves (Farrell e Barrett, 2007).

Os modelos utilizados nos dias de hoje para tratar a depressão infantil derivam do modelo adulto de intervenção com as devidas adaptações necessárias a abordagem com crianças.

Na abordagem infantil, utilizamos os mesmos pressupostos utilizados com os adultos, ou seja, o modelo de interação entre pensamentos, emoções e comportamentos. Crianças deprimidas podem apresentar sintomas que envolvem as quatro instâncias trabalhadas na terapia cognitiva (Friedberg e McClure, 2004).

Sendo assim, os problemas, em nível tanto emocional quanto comportamental, derivam de distorções nas representações mentais, bem como de inadequações nos processos de pensamento. Estes são gerados a partir de aprendizagens errôneas internalizadas anteriormente (Azevedo, Caminha e Caminha, 2007).

Importantes aspectos comportamentais são mesclados ao modelo cognitivo; por exemplo, o modelo do reforço de Lewinsohn, Rohde, Seeley, Klein e Gotlib (2003) que visa reforçar comportamentos nos quais autonomia e autoeficácia se manifestem em um contexto hostil, no qual o suporte não é disponível pode contribuir para o surgimento de depressão, em função de uma carência de reforço contingente. Através dessa estratégia, mesclamos no tratamento da depressão infantil recursos como o monitoramento do humor, que pode ser feito com o auxílio de pessoas-chave, o treino em habilidades sociais, a inclusão de atividades prazerosas, técnicas de relaxamento, desenvolvimento de pensamento construtivo, treino em comunicação, negociação e resolução de problemas e manutenção de ganhos.

O entendimento do transtorno depressivo infantil enquanto déficit nas habilidades sociais apregoa que crianças e adolescentes deprimidos apresentam tendência ao isolamento e possuem maiores dificuldades de fazer escolhas adequadas de resolução de problemas. Nesse sentido, no tratamento são adotadas as mesmas técnicas utilizadas com adultos, adaptadas de acordo com o nível de desenvolvimento infantil. Trabalham-se habilidades como o contato pelo olhar, a qualidade da voz, a ênfase nas solicitações diretivas e a assertividade (Rehn e Sharp, 1999).

Na abordagem infantil, a prioridade será focada nos processos cognitivos inadequados influenciados no processamento de informação pelos vieses da depressão. Estudos sugerem a redução do pensamento negativo como um dos mecanismos primários de intervenção na depressão infantil (Souza e Baptista, 2001; Kaufman, Rohde, Seeley, Clarke e Stice, 2005).

Reinecke, Datillo e Freeman (1996) citam as importantes contribuições dos trabalhos de Vigotsky (1962) e Lúria (1961), preconizando o treinamento dos processos de pensamento reflexivo e a repetição de proposições adequadas como uma forma de amenizar os problemas comportamentais infantis.

Assim como em toda a abordagem com crianças, na depressão infantil também enfatizaremos o trabalho com os pais e outras pessoas significativas que se relacionam com a criança. É importante avaliar e identificar a possibilidade de que os pais estejam contribuindo para a manutenção dos problemas em nível tanto emocional quanto comportamental.

As sessões com as crianças, assim como no modelo cognitivo com adultos, devem incluir uma estrutura na qual façam parte o registro de humor, a verificação das tarefas de casa, a elaboração da agenda e, no final, o resumo da sessão. Ao verificar o humor de crianças, o terapeuta vai ensiná-las a identificar suas emoções e seus pensamentos através de desenhos, cores, etc. Além do sentimento expresso, também é importante identificar a intensidade do mesmo, o que pode ser realizado através de uma escala pré-combinada com o paciente (Caminha e Caminha, 2009).

Conforme Friedberg e McClure (2004), as crianças deprimidas costumam apresentar humor deprimido ou triste, bem como humor irritável em alta intensidade. Como a falta de interesse e prazer nas atividades também é comum, a resistência diante das tarefas de casa, bem como diante das atividades da sessão, pode ser um difícil desafio para o terapeuta, o qual deve ser cauteloso e criativo no processo terapêutico de tais crianças.

Sugestões das principais técnicas a serem utilizadas com crianças deprimidas

Automonitoramento: é importante que a criança aprenda a identificar e nomear seus pensamentos e sentimentos. Com crianças menores pode-se utilizar recursos alternativos e é interessante pedir o auxílio dos pais nesse registro. Pode-se auxiliar a criança na construção de um diário, no qual serão registrados os eventos estressores, acompanhados das reações da criança, em nível emocional, cognitivo e comportamental.

Programa de atividades prazerosas: crianças que experimentam um quadro depressivo, em geral apresentam uma significativa redução das atividades agradáveis, principalmente em função dos sintomas anedônicos. Com esses pacientes, o desenvolvimento de um programa de atividades prazerosas pode ser imprescindível. A utilização dessa técnica tem como objetivo diminuir a intensidade e a frequência dos eventos desagradáveis e aumentar o envolvimento em atividades prazerosas.

Treino em habilidades sociais e assertividade: crianças deprimidas geralmente experimentam limitações importantes em nível social, principalmente em função do sintoma de isolamento. A presença de humor irritável e até mesmo agressivo contribui para acentuar este comportamento, muitas vezes reforçado por outras crianças. Dessa forma, é importante que o terapeuta trabalhe com a criança o desenvolvimento de habilidades interpessoais mais adaptativas (como, por exemplo, iniciar e manter diálogos, defender seu ponto de vista e entender que os outros podem não concordar, que isso não significa ser rejeitado, expressar seus desejos de forma adequada, etc.).

Treino em resolução de problemas: é comum que crianças deprimidas apresentem dificuldades em resolução de problemas, principalmente em função da desesperança e da baixa autoestima que acompanham o quadro. Muitas vezes até apresentam soluções, entretanto inadequadas, permeadas por pensamentos e crenças disfuncionais. Assim sendo, cabe ao terapeuta trabalhar com a criança no sentido de desenvolver habilidades necessárias e estratégias adequadas de resolução de problemas.

Modelação: consiste em um tipo específico de aprendizagem na qual a observação de comportamentos bem-sucedidos serve de forma de estimulação ao paciente na busca do comportamento desejado. Deve ser utilizado de modo complementar ao Treinamento de Habilidades Sociais e ao Treino de Assertividade.

Treinamento de Pais: visando maior adesão e aumento de eficácia do tratamento, sugerimos que os pais se tornem agentes terapêuticos associados ao plano de tratamento desenhado pelo terapeuta.

FATORES PARA INTERVENÇÃO EM CRIANÇAS DE 0 A 6 ANOS

A faixa etária que vai de 0 a 6 anos é de suma importância para um desenvolvimento saudável dos sujeitos (Bee, 1997). Apesar disso, a grande maioria dos protocolos de terapia cognitivo-comportamental na infância trabalha com crianças acima dos 6 anos. Um dos principais motivos para que isso aconteça é a maior dificuldade em se realizar diagnósticos abaixo dessa idade.

Tendo isso em vista, Caminha e colaboradores (2011) fizeram uma extensa revisão de fatores que podem ser foco de intervenções preventivas na primeira infância. A seguir, apresentamos alguns dos pontos destacados pelos autores:

Apego: cada vez mais o papel do apego estabelecido na infância no desenvolvimento posterior dos sujeitos é considerado central. Sadock e Sadock (2008) colocam que "síndromes de fracasso, nanismo psicossocial, transtorno de ansiedade de separação, transtorno da personalidade esquiva, transtornos depressivos, delinquência, problemas

acadêmicos e inteligência *borderline* foram todos rastreados até experiências de apego negativas" (p. 166). Treinar cuidadores em aumentar a sensibilidade e a responsividade às demandas da criança, aspectos identificados como principais para o estabelecimento de um apego seguro (Ainsworth, 1989), é uma intervenção com alto poder preventivo futuro.

Primeiras interações: ainda que a existência de um processo de *imprinting* em seres humanos seja polêmica (Atkinson, Atkinson, Smith, Bem e Nolen-Hoeksema, 2002), existem consideráveis evidências de que o primeiro ano de vida dos seres humanos é crítico no estabelecimento de vínculo afetivo com os cuidadores, assim como os 10 primeiros minutos da vida de um ganso (Sadock e Sadock, 2008). Também existem muitos dados que apontam para a importância das primeiras horas de vida de um bebê humano (obviamente não tanto quanto em animais não altriciais) (Johnson, Dziurawiec, Ellis e Morton, 1991; Bateson e Horn, 1994; Horn, 2004). Promover o contato dos pais com o bebê nos momentos seguintes ao nascimento pode ser importante na vinculação emocional destes para com o seu bebê. Evidências de grande liberação de ocitocina no organismo da mãe na hora do parto (Carter, 1998) reforçam isso.

Dormir: segundo So, Buckley, Adamson e Horne (2005), a instabilidade do sono e a variação dos padrões de dormir em recém-nascidos é um dos tópicos acerca do qual os cuidadores mais buscam conselho. Educá-los sobre as especificidades do dormir de bebês e utilizar intervenções adequadas para aumentar a quantidade de sono à noite pode ser extremamente benéfico tanto para os cuidadores quanto para o bebê. Em crianças maiores (de 1 a 6 anos), dificuldades ou problemas no sono podem ser indicadores de alguns transtornos mentais e tendem a prejudicar o desenvolvimento global da criança. Técnicas de higiene do sono têm se mostrado extremamente úteis nesses casos (para maiores detalhes das técnicas e intervenções, consultar Caminha et al., 2011).

Limites: não há dúvidas de que o limite na infância tem função estrutural importante na constituição dos sujeitos (Brazelton e Greenspan, 2006). Os limites, além de necessários (não em excesso), devem:

1. ser claros;
2. ser relativamente estáveis (é importante não haver desacordo entre cuidadores);
3. ser adequados à faixa etária da criança;
4. atribuir à transgressão consequências dosadas conforme a gravidade e sem punição física;
5. ser aplicados de forma séria, breve, direta, com a atenção da criança e explicando o porquê e
6. levar em consideração aspectos afetivos e emocionais da criança (Caminha et al., 2011).

Casos mais sérios de desobediência podem requerer tratamentos específicos (ver item de Transtornos Disruptivos deste capítulo).

Alimentação: a falta de nutrientes (tanto pela falta de quantidade quanto pelo espaçamento inadequado entre refeições) durante a primeira infância pode ter diversos efeitos desenvolvimentais negativos e deve ser evitada (Grantham-McGregor e Baker-Henningham, 2005; Georgieff, 2007). O uso de suplementos vitamínicos mesmo em crianças saudáveis tende a aumentar os índices de desenvolvimento social e psicomotor (Isaacs, Morley e Lucas, 2009). O aleitamento materno por períodos maiores do que quatro meses está relacionado a vários resultados positivos posteriores (Strathearn, Mamun, Najman e O'Callaghan, 2009). Quando a mãe estiver impossibilitada ou não desejar amamentar no peito, convém não culpabilizar a mãe e estimular que esta imite o ato de amamentar (com mamadeira) "como se" estivesse dando o peito (aconchegar o bebê no colo, prestar atenção nele, etc.; Caminha et al., 2011). O sobrepeso e a obesidade infantil estão associados a diversas patologias e psicopatologias futuras e merecem aten-

ção. Estratégias simples como reduzir tempo de televisão, monitorar peso, encorajar a prática de exercícios e promover uma alimentação saudável são particularmente úteis na infância especial (Deckelbaum e Williams, 2001).

Segurança: maus tratos vivenciados na infância têm impacto profundo na vida dos sujeitos. Estratégias para a prevenção podem ser realizadas em diversos âmbitos e o manejo adequado dessas situações é essencial (Gilbert et al., 2009).

Toque: mesmo com as diferenças culturais entre o que é considerado adequado em termos de toque, Field (2001) postula que qualquer ser humano necessita de certa quantidade de estimulação tátil interpessoal para se desenvolver de forma saudável. A maior quantidade de toque entre criança e cuidadores gera maior qualidade de apego, menor prevalência de depressão no futuro, melhores índices de bem-estar físico e psicológico, entre outros efeitos positivos (Takeuchi et al., 2010). Além disso, tocar uma criança de forma carinhosa antes de uma situação estressora diminui a reatividade fisiológica e hormonal desta frente à situação e promove resiliência para situações futuras semelhantes (Feldman, Singer e Zagoory, 2010). Intervenções que promovem a quantidade e a qualidade de toque entre mãe-bebê têm resultados excelentes (por exemplo, Método Mãe Canguru), especialmente em promover apego seguro na criança, mesmo em condições socioeconômicas adversas (Bee, 1997).

Manejo adequado de emoções: o papel dos cuidadores no desenvolvimento emocional é crucial. Além de responderem às emoções das crianças e servirem de modelos, também são responsáveis por conversar sobre o assunto em momentos "neutros". Este conjunto de práticas é chamado de "socialização emocional parental" (SEP) (Lukenheimer, Shields e Cortina, 2007). Não existe uma maneira única e ideal de realizar a SEP em todas as situações (depende da criança, do contexto, da emoção expressada, etc.). Apesar disso, Caminha e colaboradores

(2011) pontuam uma série de diretrizes destacadas na literatura:

1. incentivar e estar aberto às expressões emocionais da criança, inclusive emoções negativas;
2. ter conversas frequentes sobre emoções;
3. auxiliar a criança na identificação do que está sentindo;
4. evitar minimizar, ignorar, reagir com raiva, invalidar ou criticar a expressão emocional da criança e
5. lidar com empatia e ajudar na resolução dos problemas que originaram emoções negativas.

Controle, feedback e autonomia: incentivar a autonomia da criança de forma realista, evitando colocá-la em situações nas quais não tem recursos para lidar; estimular a sensação de controle da situação e dar *feedbacks* constantes de forma adequada (desvincular os *feedbacks* negativos de características pessoais como "você foi mau na prova porque isso não é seu forte") são fatores fundamentais na constituição de um estilo atributivo saudável, não hipervalente negativo e com *locus* de controle interno (Caminha et al., 2011).

Brincar e atividade física: o ato de brincar é uma das atividades mais importantes da infância. Educar os cuidadores sobre etapas do desenvolvimento do brincar, do papel que ele exerce na constituição física e emocional da criança e incentivar que propiciem um ambiente que possibilite brincadeiras são estratégias que já se mostraram benéficas em estudos (Caminha et al., 2011). Outro fator importante é a realização de atividade física regular. De acordo com uma metanálise de Sibley e Etnier (2003), crianças de 4 a 18 anos que realizam atividade física regular apresentam desempenhos superiores em diversas funções cognitivas e socais. Nesse sentido, pensamos que devem ser privilegiadas brincadeiras que envolvam atividade física.

Respiração: o papel da respiração (especialmente do ritmo) nos processos de medo e ansiedade é bem conhecido nas áreas da psicologia e da psiquiatria e praticamente qualquer protocolo de tratamento para transtorno de ansiedade se utiliza de treinos em respiração. Se trabalhada de forma lúdica e adequada, esses treinamentos podem ser de grande utilidade na clínica infantil (manejo da ansiedade, relaxar na hora de dormir, etc.). Outro fator que muitas vezes é negligenciado é sobre o canal de entrada do oxigênio (boca ou nariz). Um padrão de respiração bucal na infância e seus transtornos associados (apneia do sono, ronco, etc.) podem levar ao desenvolvimento de várias anormalidades de estruturas faciais (Rappai, Collop, Kemp e DeShazo, 2003) e, segundo revisão de Mitchell e Kelly (2006), estão relacionados com agressividade aumentada, problemas de hiperatividade, enurese, qualidade de vida diminuída e perda de desempenho neurocognitivo em diversos domínios (como memória, inteligência e atenção). Nesses casos, intervenção cirúrgica revela ganhos significativos em aspectos comportamentais, cognitivos (especialmente em atenção) e de qualidade de vida. Julgamos ser de extrema importância que o clínico avalie o padrão de inspiração da criança e, quando necessário, trabalhe com os cuidadores os ganhos associados ao tratamento cirúrgico.

Condicionamento Vicário: conhecer quem são os principais modelos da criança e quais são seus comportamentos é vital. Especialmente porque esses modelos podem estar na base de comportamentos-problema das crianças e podem ser utilizados para operar modificações com grande eficácia (devido à valência afetiva que esses modelos têm para a criança).

NOTAS

1 Behaviorismo Metodológico identificado com proposições epistemológicas do Positivismo e do Empirismo e o Behaviorismo Radical com proposições do Pragmatismo e do Operacionalismo (Tourinho, 2003).

2 Geralmente afiliada aos preceitos epistemológicos do Racionalismo Crítico (Castañon, 2006).

3 Existem diversos vídeos psicoeducativos demonstrando a aplicação das técnicas em inglês. No contexto brasileiro, um seriado que pode ser útil por mostrar a aplicação de algumas técnicas é o Supernanny.

4 Colocar a criança de castigo em ambiente sem estímulos por tempo pré-determinado estimulando-a a refletir sobre seu comportamento (Wainer e Wainer, 2011).

5 Preditivos e moderadores são fatores presentes antes do tratamento começar que alteram a resposta terapêutica. A diferença é que a influência dos preditivos independe da condição de tratamento (ao contrário dos moderadores). Mediadores são variáveis que ocorrem ao longo do tratamento e que impactam na resposta terapêutica.

6 Provavelmente, no DSM-V será proposta uma divisão diferente, visto que os agrupamentos do DSM-IV não são baseados em estudos etiológicos, neurológicos ou evolucionistas. Um exemplo disso é que fobias de animais são agrupadas juntas, quando se sabe que os mecanismos e circuitos envolvidos na aquisição para fobia de cobras (inato) é diferente daqueles para fobia de cachorros (condicionamentos operantes) (Bracha, 2006).

REFERÊNCIAS

Ainsworth, M. D. (1989). Attachments beyond infancy. *Am Psychol, 44*(4), 709-716.

American Psychiatric Association. (1989). *Manual de diagnóstico e estatística dos disturbios mentais (DSM-III-R)*. São Paulo: Manole.

American Psychiatric Association. (2002). *DSM-IV-TR: Manual Diagnóstico e Estatístico de Transtornos Mentais* (4. Ed. rev.). Porto Alegre: Artmed.

Anxiety Study Group – RUPP. (2001). An eight-week placebo-controlled trial of fluvoxamine for anxiety disorders in children and adolescents. *The New England Journal of Medicine, 344*, 1279-1285.

Atkinson, R. L., Atkinson, R. C., Smith, E. E., Bem, D. J., & Nolen-Hoeksema, S. (2002). *Introdução à Psicologia de Hilgard* (13. ed.). Porto Alegre: Artmed.

Azevedo, T., Caminha, M. G., & Caminha, R. M. (2007). Terapia cognitiva na depressão infantil.

In Caminha, M. G., & Caminha, R. M. (Ed.), *A prática cognitiva na infância* (p. 72-88). São Paulo: Roca.

Barrett, P. M. (1998). Evaluation of cognitive-behavioral group treatments for childhood anxiety disorders. *Journal Of Clinical Child Psychology, 27*, 459-468.

Barrett, P. M., Farrell, L., Pina, A. A., Peris, T. S., & Piacentini, J. (2008). Evidence-based psychosocial treatments for child and adolescent obsessive-compulsive disorder. *Journal of Clinical Child & Adolescent Psychology, 37*(1), 131-155.

Bateson, P., & Horn, G. (1994). Imprinting and recognition memory: a neural net model. *Animal Behavior, 48*(3), 695-715.

Beauchaine, T. P., Webster-Stratton, C., & Reid, M. J. (2005). Mediators, moderators, and predictors of 1-year outcomes among children treated for early-onset conduct problems: A latent growth curve analysis. *Journal of Consulting and Clinical Psychology, 73*(3), 371-388.

Bee, H. L. (1997). *O Ciclo Vital* (1. ed.). Porto Alegre: Artmed.

Biederman, J., Faraone, S., Mick, E., Wozniak, J., Chen, L., Ouellette, C., et al. (1996). Attention-deficit hyperactivity disorder and juvenile mania: An overlooked comorbidity? *Journal of the American Academy of Child & Adolescent Psychiatry, 35*(8), 997-1008.

Birhamer, B., Waterman, G. S., Ryan, N., Cully, M., Balach, L., Ingram, J., et al. (1994). Fluoxetine for childhood anxiety disorders. *Journal of the American Academy of Child & Adolescent Psychiatry, 33*(7), 993-999.

Bracha, H. S. (2006). Human brain evolution and the "Neuroevolutionary Time-depth Principle": Implications for the reclassification of fear-circuitry-related traits in DSM-V and for studying resilience to warzone-related posttraumatic stress disorder. *Progress in Neuro-Psychopharmacology & Biological Psychiatry, 30*, 827-853.

Brazelton, T. B., & Greenspan, S. I. (2006). Why children need limits. *Scholastic Early Childhood Today, 21*(2).

Brestan, E. V., & Eyberg, S. M. (1998). Effective psychosocial treatments of conduct-disordered children and adolescents: 29 years, 82 studies, and 5272 kids. *Journal of Clinical Child Psychology, 27*(2), 180-189.

Burke, J. D., Loeber, R., & Birmaher, B. (2002). Oppositional defiant disorder and conduct disorder: A review of the past 10 years, Part II. *Journal* of the American Academy of Child and Adolescent Psychiatry, 41(11), 1275-1293.

Caminha, R. M., & Caminha, M. G. (2007). A prática cognitiva na infância (1. ed.). São Paulo: Roca.

Caminha, R. M., & Caminha, M. G. (2009). Baralho de emoções: acessando a criança no trabalho clínico. Porto Alegre: Synopsys.

Caminha, R. M., Soares, T., & Kreitchmann, R. S. (2011). Intervenções precoces: promovendo resiliência e saúde mental. In M. G. Caminha & R. M. Caminha (Ed.). Intervenções e treinamento de pais na clínica infantil . Porto Alegre: Sinopsys.

Carter, C. S. (1998). Neuroendocrine perspectives on social attachment and love. Psychoneuroendocrinology, 23(8), 779-818.

Castañon, G. A. (2006). O cognitivismo e o desafio da psicologia científica. Rio de Janeiro: Universidade Federal do Rio de Janeiro.

Castañon, G. A. (2007). Cognitivismo e racionalismo crítico. Psicologia Argumento, 25(f50), 275-288.

Compton, S. N., Walkup, J. T., Albano, A. M., Piacentini, J. C., Birhamer, B., Sherrill, J. T., et al. (2010). Child/Adolescent Anxiety Multimodal Study (CAMS): rationale, design, and methods. Child and Adolescent Psychiatry and Mental Health, 4(1).

Crockett, L. J., Randall, B. A., Shen, Y.-L., Russel, S. T., & Driscoll, A. K. (2005). Measurement equivalence of the center for epidemiological studies depression scale for latino and anglo adolescents: A national study. Journal of Consulting and Clinical Psychology, 73(1), 47-58.

Cunha, J. A. (2003). Psicodiagnóstico V (5. ed. rev. ampl.). Porto Alegre: Artmed.

Deckelbaum, R. J., & Williams, C. L. (2001). Childhood obesity: the health issue. Obesity Research, 9(supl 4), 239s-243s.

Dell'Aglio Junior, J. C., & Figueiredo, A. L. (2007). Transtorno bipolar na infância. In Caminha, R. M. & Caminha, M. G. (Ed.). A prática cognitiva na infância. São Paulo: Roca.

Eyberg, S. M., Nelson, M. M., & Boggs, S. R. (2008). Evidence-based psychossocial treatments for children and adolescents with disruptive behavior. Journal of Clinical Child & Adolescent Psychology, 37(1), 215-237.

Fairbanks, J. M., Pine, D. S., Tancer, N. K., Dummit, E. S., Kentgen, L. M., Martin, J., et al. (1997). Open fluoxetine treatment of mixed anxiety disorders in children and adolescents. Journal of Child and Adolescent Psychopharmacology, 7(1), 17-29.

Farrel, L. J., & Barrett, P. M. (2007). Prevention of childhood emotional disorders: Reducing the burden of suffering associated with anxiety and depression. Child and Adolescent Mental Health, 12(2), 58-65.

Feldman, R., Singer, M., & Zagoory, O. (2010). Touch attenuates infants' physiological reactivity to stress. Dev Sci, 13(2), 271-278.

Field, T. (2001). Touch (1. ed.). Cambridge: MIT Press.

Fontenelle, L. F., Mendlowicz, M. V., & Versiani, M. (2006). The descriptive epidemiology of obsessive-compulsive disorder. Progress in Neuro-Psychopharmacology & Biological Psychiatry, 30(3), 327-337.

Freeman, J. B., Choate-Summers, M. L., Moore, P. S., Garcia, A. M., Sapyta, J. J., Leonard, H. L., et al. (2007). Cognitive behavioral treatment for young children with obsessive-compulsive disorder. Biological Psychiatry, 61(3), 337-343.

Freeman, J. B., Garcia, A. M., Coyne, L., Ale, C., Przeworski, A., Himle, M., et al. (2008). Early childhood OCD: preliminary findings from a family-based cognitive-behavioral approach. Journal of the American Academy of Child & Adolescent Psychiatry, 47(5), 593-602.

Friedberg, R. D., & McClure, J. M. (2004). A prática clínica de terapia cognitiva com crianças e adolescentes. Porto Alegre: Artmed.

Georgieff, M. K. (2007). Nutrition and the developing braIn nutrient priorities and measurement. The American Journal of Clinical Nutrition, 85(2), 614S-620S.

Gilbert, R., Widom, C. S., Browne, K., Fergusson, D., Webb, E., & Janson, S. (2009). Burden and consequences of child maltreatment in high-income countries. Lancet, 373(9657), 68-81.

Grantham-McGregor, S., & Baker-Henningham, H. (2005). Review of the evidence linking protein and energy to mental development. Public Health Nutrition, 8(7a), 1191-1201.

Horn, G. (2004). The imprint of memory. Nature Reviews, 5(2), 108-121.

Isaacs, E. B., Morley, R., & Lucas, A. (2009). Early diet and general cognitive outcome at adolescence in children born at or below 30 weeks gestation. The Journal of Pediatrics, 155(2), 229-234.

Johnson, M. H., Dziurawiec, S., Ellis, H., & Morton, J. (1991). Newborns' preferential tracking of facelike stimuli and its subsequent decline. *Cognition, 40*(1-2), 1-19.

Kaufman, N. K., Rohde, P., Seeley, J. R., Clarke, G. N., & Stice, E. (2005). Potential mediators of cognitive-behavioral therapy for adolescents with comorbid major depression and conduct disorder. *Journal of Consulting and Clinical Psychology, 73*(1), 38-46.

Kazdin, A. E., & Weisz, J. R. (1998). Identifiying and devoloping empirically supported child and adolescent treatments. *Journal of Consulting and Clinical Psychology, 66*(1), 19-36.

Keenan, K., Boeldt, D., Chen, D., Coyne, C., Donald, R., Duax, J., et al. (2011). Predictive validity of DSM-IV oppositional defiant and conduct disorders in clinically referred preschoolers. *Journal of Child Psychology and Psychiatry, 52*(1), 47-55.

Kendall, P. C. (1994). Treating anxiety disorders in children: Results of a randomized clinical trial. *Journal of Consulting and Clinical Psychology, 62*, 200-210.

Kendall, P. C., Ellen, F.-S., Panichelli-Mindel, S. M., Southam-Gerow, M., Henin, A., & Warman, M. (1997). Therapy for youths with anxiety disorders: A second randomized clinical trial. *Journal of Consulting and Clinical Psychology, 65*(3), 366-380.

Kendall, P. C., & Flannery-Schroeder, E. C. (2000). Group and individual cognitive-behavioral treatments for youth with anxiety-disorders: a randomized clinical trial. *Cognitive Therapy and Research, 24*, 251-278.

Khouzam, H. R., El-Gabalawi, F., Pirwani, N., & Priest, F. (2004). Asperger's disorder: a review of its diagnosis and treatment. *Comprehensive psychiatry, 45*(3), 184-191.

King, N. J., Molloy, G. N., Heyne, D., Murphy, G. C., & Ollendick, T. H. (1998). Emotive imagery treatment for childhood phobias: A credible and empirically validated intervention? *Behavioural and Cognitive Psychotherapy, 26*, 103-113.

King, N. J., Muris, P., Ollendick, T. H., & Gullone, E. (2005). Childhood fears and phobias: Advances in assessment and treatment. *Behaviour Change, 22*(4), 199-211.

Klein, R. G., Koplewicz, H. S., & Kanner, A. (1992). Imipramine treatment in children with separation anxiety disorder. *Journal of the American Academy of Child & Adolescent Psychiatry, 31*, 21-28.

Kovacs, M., & Pollock, M. (1995). Bipolar disorder and comorbid conduct disorder in childhood and adolescence. *Journal of the American Academy of Child & Adolescent Psychiatry, 34*(6), 715-723.

Labellarte, M. J., Ginsburg, G. S., Walkup, J. T., & Riddle, M. A. (1999). The treatment of Anxiety disorders in children and adolescents. *Biological Psychiatry, 46*, 1567-1578.

Lefkowitz, M. M., & Tesiny, E. P. (1985). Depression in children: Prevalence and correlates. *Journal of Consulting and Clinical Psychology, 53*(5), 647-656.

Lewinsohn, P. M., Rohde, P., Seeley, J. R., Klein, D. N., & Gotlib, I. H. (2003). Psychosocial funtioning of young adults who have experienced and recovered from major depressive disorder during adolescence. *Journal of Abnormal Psychology, 112*(3), 353-363.

Lima, D. (2004). Depressão e doença bipolar na infância e adolescência. *Jornal de Pediatria, 80*(Sulp 2), s11-s20.

Loeber, R., Burke, J. D., Lahey, B. B., Winters, A., & Zera, M. (2000). Oppositional defiant and conduct disorder: a review of the past 10 years, Part I. *Journal of the American Academy of Child and Adolescent Psychiatry, 39*(12), 1468-1484.

Lunkenheimer, E. S., Shields, A. M., & Cortina, K. S. (2007). Parental Emotion Coaching and Dismissing in Family Interaction. *Social Development, 16*(2), 232-248.

Marques, C. (2009). A saúde mental infantil e juvenil nos cuidados de saúde primários: avaliação e referenciação. *Revista Portuguesa de Clínica Geral, 25*, 569-575.

Marsh, E. J., & Graham, S. A. (2005). Classificação e tratamento da psicopatologia infantil. In Caballo, V. E., & Simon, M. A. (Ed.). *Manual de psicopatologia clínica infatil e do adolescente* (p. 29-58). São Paulo: Santos.

McArdle, P. (2007). Comments on NICE guidelines for 'depression in children and young people'. *Child and Adolescent Mental Health, 12*(2), 66-69.

Mezulis, A. H., Hyde, J. S., & Abramson, L. Y. (2006). The developmental origins of cognitive vulnerability to depression: Temperament, parenting, and negative life events in childhood as contributors to negative cognitive style. *Developmental Psychology, 42*(6), 1012-1025.

Mitchell, R. B., & Kelly, J. (2006). Behavior, neurocognition and quality-of-life in children with sleep-disordered breathing. *International Journal of Pediatric Otorhinolaryngology, 70*, 395-406.

Moffitt, T. E., Arseneault, L., Jaffee, S. R., Kim-Cohen, J., Koenen, K. C., Odgers, C. L., et al. (2008). Research review: DSM-V conduct disorder: research needs for an evidence base. *Journal of Child Psychology and Psychiatry, 49*(1), 1-42.

O'Kearney, R. (2007). Benefits of cognitive-behavioural therapy for children and youth with obsessive-compulsive disorder: re-examination of the evidence. *Australian and New Zealand Journal of Psychiatry, 41*(3), 199-212.

Ollendick, T. H., & King, N. J. (1998). Empirically supported treatments for children with phobic and anxiety disorders: Current status *Journal of Clinical Child Psychology, 27*, 156-167.

Ollendick, T. H., Raishevich, N., III, T. E. D., Sirbu, C., & Öst, L.-G. (2010). Specific phobia in youth: Phenomenology and psychological characteristics. *Behavior Therapy, 41*, 133-141.

Ozonoff, S., Rogers, S. J., & Pennington, B. F. (1991). Asperger's syndrome: evidence of empirical distinction from high-functioning autism. *Journal of Child Psychology and Psychiatry, 32*(7), 1107-1122.

Patterson, G. R., & Gullion, E. M. (1968). *Living with children: New methods for parents and teachers*. Champaign: Research Press.

Pinker, S. (1997). *Como a mente funciona* (2 ed.). São Paulo: Companhia das Letras.

Rao, P. A., Beidel, D. C., & Murray, M. J. (2008). Social skills interventions for children with Asperger's syndrome or high-funcitioning autism: a review and recommendations. *Journal of Autism and Developmental Disorders, 38*(2), 353-361.

Rappai, M., Collop, N., Kemp, S., & deShazo, R. (2003). The Nose and Sleep-Disordered Breathing: What We Know and What We Do Not Know. *Chest, 124*, 2309-2323.

Rehn, L. P., & Sharp, R. N. (1999). Estratégias para a depressão infantil. In Reinecke, M. A., Dattilio, F. M., & Freeman, A. (Ed.). *Terapia cognitiva com crianças e adolescentes: Manual para a prática clínica* (p. 91-104). Porto Alegre: Artmed.

Reinecke, M. A., Dattilio, F. M., & Freeman, A. (1996). *Cognitive therapy with children and adolescents: A casebook for clinical practice*. New York: Guilford.

Rohde, L. A., Zavaschi, M. L., Lima, D., Assumpção Jr, F. B., Barbosa, G., Golfeto, J. H., et al. (2000). Quem deve tratar crianças e adolescentes? O espaço da psiquiatria da infância e da adolescência em questão. *Revista Brasileira de Psiquiatria, 22*(1), 2-3.

Rowe, R., Costello, E. J., Angold, A., Copeland, W. E., & Maughan, B. (2010). Developmental pathways in oppositional defiant disorder and conduct disorder. *Journal of Abnormal Psychology, 119*(4), 726-738.

Sadock, B. J., & Sadock, V. A. (2008). *Compêndio de psiquiatria: ciência do comportamento e psiquiatria clínica*. Porto Alegre: Artmed.

Safran, J. D. (2002). *Ampliando os limites da terapia cognitiva* (1. ed.). Porto Alegre: Artmed.

Serra-Pinheiro, M. A., Mattos, P., Souza, I., Pastura, G., & Gomes, F. (2004). The effect of methylphenidate on oppositional defiant disorder comorbid with attention deficit/hyperactivity disorder. *Arquivos de Neuro-Psiquiatria, 62*(2-B), 399-402.

Serra-Pinheiro, M. A., Schmitz, M., Mattos, P., & Souza, I. (2004). Transtorno desafiador de oposição: uma revisão de correlatos neurobiológicos e ambientais, comorbidades, tratamento e prognóstico. *Revisa Brasileira de Psiquiatria, 26*(4), 273-276.

Sibley, B. A., & Etnier, J. L. (2003). The relationship between physical activity and cognition in children: A meta-analysis. *Pediatric Exercise Science, 15*(3), 243-256.

So, K., Buckley, P., Adamson, T., & Horne, R. (2005). Actigraphy correctly predicts sleep behavior in infants who are younger than six months, when compared with polysomnography. *Pediatric research, 58*(4), 761-765.

Souza, C. R., & Baptista, C. P. (2001). Terapia cognitivo-comportamental com crianças. In Range, B. (Ed.). *Psicoterapias cognitivo-comportamentais: um diálogo com a psiquiatria* (1. ed.) (p. 523-534). Porto Alegre: Artmed.

Stallard, P. (2010). *Ansiedade: terapia cognitivo-comportamental para crianças e jovens* (1. ed.). Porto Alegre: Artmed.

Stewart, S. E., Rosario, M. C., Baer, L., Carter, A. S., Brown, T. A., Scharf, J. M., et al. (2008). Four-factor structure of obsessive-compulsive disorder symptoms in children, adolescents, and adults. *Journal of the American Academy of Child & Adolescent Psychiatry, 47*(7), 763-772.

Strathearn, L., Mamun, A. A., Najman, J. M., & O'Callaghan, M. J. (2009). Does breastfeeding protect against substantiated child abuse and neglect? A 15-year cohort study. *Pediatrics, 123*(2), 483-493.

Takeuchi, M. S., Miyaoka, H., Tomoda, A., Suzuki, M., Liu, Q., & Kitamura, T. (2010). The effect of interpersonal touch during childhood on adult attachment and depression: a neglected area of family and developmental psychology? *Journal of Child and Family Studies, 19*, 109-117.

Tantam, D., & Girgis, S. (2009). Recognition and treatment of Asperger syndrome in the community. *British Medical Bulletin, 89*, 41-62.

Tourinho, E. Z. (2003). A produção de conhecimento em psicologia: a análise do comportamento. *Psicologia Ciência e Profissão, 23*(2), 30-41.

Wainer, R., & Wainer, G. C. M. (2011). Treinamento de pais para o transtorno de conduta e o transtorno desafiador de oposição. In Caminha, R. M., & Caminha, M. G. (Ed.). *Intervenções e treinamento de pais na clínica infantil* . Porto Alegre: Sinopsys.

Webster-Stratton, C., Reid, M. J., & Hammond, M. (2004). Treating children with early-onset conduct problems: Intervention outcomes for parent, child, and teacher training. *Journal of Clinical Child and Adolescent Psychology, 33*(1), 105-124.

Weisz, J. R., McCarty, C. A., & Valeri, S. M. (2006). Effects of psychotherapy for depression in children and adolescents: A meta-analysis. *Psychological Bulletin, 132*(1), 132-149.

West, A. E., & Pavuluri, M. N. (2009). Psychosocial treatments for childhood and adolescent bipolar disorder. *Child and Adolescent Psychiatric Clinics of North America, 18*, 471-482.

Williams, J. G., Higgins, J. P., & Brayne, C. E. (2006). Systematic review of prevalence studies of autism spectrum disorders. *Archives of Disease in Childhood, 91*(1), 8-15.

Williams, S. W., Koenig, K., & Scahill, L. (2007). Social skills development in children with autism spectrum disorders: a review of the intervention research. *Journal of Autism and Developmental Disorders, 37*(10), 1858-1868.

Wing, L. (1981). Asperger's syndrome: a clinical account. *Psychological Medicine, 11*(1), 115-129.

Wolitzky-Taylor, K. B., Horowitz, J. D., Powers, M. B., & Telch, M. J. (2008). Psychological approaches in the treatment of specific phobias: a meta-analysis. *Clinical Psychology Review, 28*, 1021-1037.

41

Abuso sexual de crianças e pedofilia

Renato M. Caminha
Luiziana Souto Schaefer
Beatriz de Oliveira Meneguelo Lobo
Christian Haag Kristensen
Marina Gusmão Caminha

INTRODUÇÃO

O abuso sexual contra crianças e adolescentes é um tema que vem sendo cada vez mais estudado e que tem despertado a atenção de profissionais de diferentes áreas, preocupados com diagnóstico, prevenção e tratamento deste tipo de violência (Caminha, 2000; Kristensen e Schaefer, 2009; Polanczyck, Zavaschi, Benetti, Zenker e Gammerman, 2003). Consequentemente, com a divulgação sobre esta temática e a ênfase na importância do papel da família, da sociedade e do Estado no combate à violência e na defesa dos direitos da criança e do adolescente, amparados com a promulgação do Estatuto da Criança e do Adolescente (ECA, Brasil, 1990), são observados números crescentes de denúncias.

Os efeitos deletérios do abuso sexual no desenvolvimento biopsicossocial infanto-juvenil implicam medidas protetivas urgentes para as vítimas, sendo este tipo de violência considerado um grave problema de saúde pública em nível mundial (Browne e Finkelhor, 1986; Caminha, 2000; Finkelhor, Ormrod, Turner e Hamby, 2005; Kristensen, 1996; Kristensen e Schaefer, 2009). Além disso, é importante ter clara a noção de que a violência contra crianças e adolescentes é um fenômeno complexo que necessita, obrigatoriamente, ser abordado a partir de diferentes perspectivas. Se, por um lado, estamos tratando de vítimas, ou seja, alguém que sofre a ação da violência, também precisamos atentar para a outra face do mesmo problema, o agressor. Tendo em vista o caráter indissociável desta relação, além do fato de que os maus-tratos na infância podem ser um fator etiológico para a perpetuação do ciclo da violência (Lee et al., 2002; Murray, 2000), este capítulo objetivou incluir aspectos específicos sobre conceitualização, prevalência, fatores etiológicos, de avaliação e de tratamento para ambas as partes, ou seja, vítimas e perpetradores. Sobre esta questão, convém ressaltar que nem todo agressor sexual de crianças é pedófilo, embora possa ter essa patologia associada (Seto e Lalumière, 2001; Telles, Teitelbaum, e Day, 2011). Em virtude disso, este capítulo abordou, especificamente, a questão do abuso sexual infanto-juvenil e da pedofilia.

HISTÓRICO, DEFINIÇÃO E CARACTERÍSTICAS

Embora já possam ser encontrados relatos clínicos de situações de violência desde o final do século XIX, é somente a partir dos anos de 1960 que este assunto passa a ser considerado como uma questão de saúde e, nos anos de 1970, alguns países passam a reconhecê-lo como um sério problema de saúde pública (Polanczyck et al., 2003).

O abuso sexual, como um problema social e de saúde, está compreendido dentre uma das categorias básicas de maus-tratos contra crianças e adolescentes, que também incluem, de maneira geral, o abuso físico, o abuso emocional/psicológico e a negligência (World Health Organization [WHO], 1999; WHO, 2002). Tais atos de violência são definidos, em sentido mais amplo, como ações repetitivas, intencionais ou por omissão ou por qualquer atitude passiva ou negligente que lesione ou possa lesionar potencialmente a criança e/ou o adolescente, provocando danos que, de alguma forma, interfiram ou obstaculizem seu desenvolvimento físico, psicológico ou social, sendo, geralmente, cometidos por um adulto emocionalmente próximo que deveria, a princípio, ser responsável pela segurança e pelo bem-estar da criança (WHO, 1999).

O abuso sexual, por sua vez, inclui qualquer contato ou interação, seja heterossexual ou homossexual, entre uma criança ou um adolescente e alguém em estágio psicossexual mais avançado do desenvolvimento, em que a vítima é utilizada para a estimulação ou satisfação sexual do perpetrador. Tais práticas são impostas à criança ou ao adolescente através de ameaças, uso da forca física ou indução da sua vontade, e podem ser caracterizadas pela presença de contato físico, como toques, carícias, sexo oral ou relações com penetração (digital, genital ou anal), como também por relações em que não há contato, como *voyeurismo*, assédio, exibicionismo, pornografia e exploração sexual (Habigzang e Caminha, 2004; Habigzang, Koller, Azevedo e Machado, 2005; Kristensen, 1996; WHO, 1999 e 2002).

PREVALÊNCIA

O Departamento de Saúde e Serviços Humanos dos Estados Unidos, através do Child Maltreatment U.S. (Department of Health and Human Services, 2008) estimou que, durante o ano de 2006, aproximada-mente 905.000 crianças foram vítimas de maus-tratos e, dentre essas, 8,8% foram sexualmente abusadas. Um estudo baseado nos dados do Developmental Victimization Survey (DVS), realizado entre 2002 e 2003, observou que uma em cada doze crianças ou adolescentes da amostra foram vítimas de abuso sexual (Finkelhor, Ormrod, Turner e Hamby, 2005). Na Europa, de 10 a 20% de mulheres e de 3 a 10% de homens relataram terem sofrido abuso sexual antes dos 18 anos (Svedin, Back e Soderback, 2002). Quanto aos dados nacionais, a Associação Brasileira de Crianças Abusadas e Negligenciadas estima, anualmente, 4,5 milhões de ocorrências sobre crianças vítimas de abuso e negligência no país (Davoli et al., 1994). No sudeste do país, uma pesquisa realizada no Centro Regional de Atenção aos Maus-Tratos na Infância (CRAMI) observou uma prevalência de 29% de notificações referentes a abuso sexual (Brito, Zanetta, Mendonça, Barison e Andrade, 2005). Estudo anterior realizado na região metropolitana de Porto Alegre (RS) apontou que, dentre 1.754 registros de crianças e adolescentes de zero a 14 anos, 26,2% foram sexualmente abusados (Kristensen, Oliveira e Flores, 1999; Oliveira e Flores, 1999).

Entretanto, convém destacar que, apesar da grande importância e do investimento em estudos epidemiológicos sobre abuso sexual perpetrados contra crianças e adolescentes, os números reais provavelmente nunca serão conhecidos, pois nem todos os casos deste tipo de violência são reconhecidos ou relatados (Johnson, 2004). Dentre uma das possíveis razões para isso, encontra-se o fato de crianças pequenas ou deficientes não terem habilidades comunicativas adequadas para relatar esse tipo de acontecimento ou, até mesmo, não reconhecerem as ações de abuso como impróprias (Friedrich, 2001; Kelly, Wood, Gonzalez, MacDonald e Waterman, 2002). Além disso, são frequentes os casos em que as vítimas têm uma tentativa malsucedida de revelação, interpretada como imaginação da criança ou, ainda pior, vista como mentira (Courtois e Sprei, 1988; Kristensen et al., 2003).

EFEITOS DESENVOLVIMENTAIS DO ABUSO SEXUAL

A vivência de situações traumáticas, como o abuso sexual durante a infância e a adolescência, pode acarretar sérios prejuízos tanto ao desenvolvimento infanto-juvenil quanto para a vida adulta, com repercussões cognitivas, emocionais, comportamentais, físicas e sociais, que variam para cada indivíduo (Briere e Elliot, 2003; Habigzang e Caminha, 2004; Fergusson, Bolden e Horwood, 2008; Kendall-Tackett, Williams e Finkelhor, 1993; Kristensen, 2009; Kristensen e Schaefer, 2009). Entre essas alterações mais comumente relatadas, destacam-se: disfunções na memória, na atenção e nas funções executivas; tristeza; medo exagerado de adultos; comportamento sexual inadequado; baixa autoestima; abuso de substâncias químicas; enurese; encoprese; tiques e manias; isolamento social; dificuldades de aprendizagem; irritabilidade; agressividade; ideações suicidas; depressão; transtornos de ansiedade (entre os quais o Transtorno de Estresse Pós-Traumático [TEPT] é um dos mais comuns); transtornos alimentares; transtornos dissociativos; Transtorno de Déficit de Atenção/Hiperatividade e, inclusive, Transtorno da Personalidade Borderline (Briere e Elliot, 2003; Cicchetti e Toth, 2005; Cohen e Mannarino, 2000b; Collin-Vézina e Hébert, 2005; Glaser, 2000; Gerko, Hughes, Hamil e Waller, 2005; Kristensen, Caminha e Silveira, 2007; Kristensen, Flores e Gomes, 2003; Saywitz, Mannarino, Berliner e Cohen, 2000). Por último, é importante destacar, conforme será abordado posteriormente, que a vivência de agressões sexuais durante a infância e a adolescência é um forte preditor para o desenvolvimento de comportamentos sexualmente abusivos ou mesmo pedofilia na idade adulta (Lee et al., 2002).

Com relação aos fatores que atuariam como protetores ou desencadeadores dessa manifestação sintomática, incluem-se: características individuais da própria criança, como funcionamento psíquico prévio, resiliência, estratégias de *coping*, idade no início do abuso, sentimentos e pensamentos de culpa e autorresponsabilização, entre outros, e também variáveis como suporte familiar, acesso a tratamento especializado, diferença de idade e grau de relação entre perpetrador e vítima, tipo de atividade sexual, violência e ameaças sofridas, duração das situações abusivas vivenciadas (Briere, 1992; Ehlers, Mayou e Bryant, 2003; Furniss, 1993; Kristensen, 1996; Saywitz et al., 2000; Schore, 2002; WHO, 2002).

AVALIAÇÃO DA VÍTIMA DE ABUSO SEXUAL: MÉTODOS E INSTRUMENTOS

A suspeita ou a confirmação de situações de abuso sexual contra crianças e adolescentes deverão ser obrigatoriamente comunicadas ao Conselho Tutelar, visto que "é dever de todos zelar pela dignidade da criança e do adolescente, pondo-os a salvo de qualquer tratamento desumano, violento, aterrorizante, vexatório ou constrangedor" (Brasil, 1990). Dentro desse contexto, cabe aos profissionais que atuam nos sistemas de segurança pública e de justiça investigar a ocorrência de tais situações. Apesar da escassez de métodos específicos para a detecção de situações de violência (Hutz e Silva, 2002), bem como pelo fato de a maioria delas não deixar vestígios físicos, na avaliação da criança e/ou do adolescente vítima de abuso sexual, pode ser empregada uma diversidade de técnicas e instrumentos, elaborados no plano de avaliação conforme a necessidade de cada caso e que, tomados em conjunto, são essenciais para a constatação da situação abusiva e de seu impacto para a saúde das vítimas (Friedrich, 2001). Além da confirmação da ocorrência, também é extremamente pertinente avaliar as alterações físicas, emocionais e comportamentais desencadeadas ou agravadas pelos episódios de abuso, além do contexto familiar e social da vítima, pois, a partir destas informações, será possível realizar os encaminhamentos e procedimentos necessários, garantindo a segurança e o bem-estar das crianças e dos adolescentes. Tendo em vista o objetivo principal deste capítulo, o foco será mantido nos aspectos clínicos da avaliação e do tratamento.

Ao receber uma criança e/ou um adolescente vítima de abuso sexual para atendimento psicoterápico, é necessário que o profissional investigue o impacto daquela situação no funcionamento psíquico da vítima. Nessas ocasiões, procedimentos usuais incluem a entrevista clínica e o emprego de instrumentos específicos que investiguem a sintomatologia e o funcionamento atual (Friedrich, 2001). A partir dessas informações, será possível a conceitualização do caso e, consequentemente, a elaboração do plano de tratamento.

Dentro desse contexto, a entrevista clínica é uma das técnicas privilegiadas, pois possibilita a criação de um ambiente acolhedor, empático, encorajador e seguro para que a criança e/ou adolescente se sinta a vontade para relatar o trauma vivenciado. Em primeiro lugar, é pertinente assegurar que o evento estressor não está em curso, bem como investigar a possibilidade de que a criança ou o adolescente se envolva em situações que favoreçam a revitimização (Orcutt, Erickson e Wolfe, 2002). Além disso, na avaliação de situações traumáticas, deve ser realizada uma avaliação compreensiva que inclua informações sobre a história de vida e a dinâmica familiar, os sintomas, os fatores de risco e de proteção, englobando a constatação das principais crenças (como culpa, vergonha, desconfiança, percepção de inferioridade, etc.), sistemas de suporte e estratégias de *coping* (Keane, Weathers e Foa, 2000). Nesses casos, também se deve atentar para que a entrevista não seja mais um elemento abusivo (Echeburúa e Subijana, 2008). Ainda convém ressaltar que, assim como em todos os casos que envolvem o atendimento a crianças e adolescentes, entrevistar os responsáveis, além de necessário, é fundamental, pois fornece informações importantes sobre a vida do paciente e a dinâmica familiar.

Para auxiliar o diagnóstico, podem ser utilizadas técnicas e instrumentos como: *Child Sexual Behavior Inventory* (CSBI-I),

Weekly Behavior Raport (WBR), Questionário de avaliações de abuso sexual em crianças, Teste de Rorschach, desenhos, etc. (Soares e Grassi-Oliveira, 2011). A Escala de Estresse Infantil (ESI; Lipp e Lucarelli, 1998), a Escala de Estresse para Adolescentes (ESA; Tricoli e Lipp, 2005) e o Inventário de Eventos Estressores na Adolescência (IEEA; Kristensen, Leon, D'Incao e Dell'Aglio, 2004) também são instrumentos que podem ser empregados para avaliar a exposição a eventos estressores e/ou sintomas de estresse na infância e na adolescência.

TRATAMENTO

Levando-se em conta que os maus-tratos infantis caracterizados por negligências, abusos psicológicos, abusos físicos e abusos sexuais são um dos principais geradores de Transtorno de Estresse Pós-Traumático na infância, o modelo de tratamento deverá ser aplicado a partir dos protocolos propostos no tratamento do TEPT. (Ver respectivo capítulo de TEPT neste livro.)

Os protocolos de TEPT podem ser direcionados tanto ao tratamento individual quanto ao modelo de grupoterapia.

Neste formato, Caminha (2002) e Habigzang e Caminha (2004) desenvolveram um modelo de grupoterapia específico ao tratamento de abuso sexual, desenvolvido em clínica da escola universitária devido à elevada demanda de casos, contendo dezoito sessões de grupo com respectivas avaliações pré e pós intervenção.

Os passos de cessar a exposição da criança ao estressor e o trabalho na forma de grupos são o início do processo terapêutico em abuso sexual infantil e em várias outras psicopatologias que se beneficiam do grupo de autoajuda e autorreforçamento.

O grupo será fechado, não havendo, portanto, entrada nem saída de componentes, que são de no mínimo seis e no máximo doze meninas. O sistema é de terapia e coterapia, no qual os terapeutas coordenadores são de ambos os sexos – um homem e uma mulher – com sessões semanais de uma hora e trinta minutos, num período de 18 semanas contínuas (Caminha, 2002).

Os passos subsequentes integram:

- Seleção para o grupo, sendo a faixa escolhida entre 8 e 12 anos. Abaixo desta idade, o impacto cognitivo-comportamental é mais tênue, inclusive a retenção de memória traumática e emocional; acima desta faixa, é mais rara a ocorrência de um primeiro episódio de abuso sexual.
- Avaliação psicométrica individual visando pré-teste de impacto ao nível neuropsicológico e um pós-teste ao final do grupo.
- Início do trabalho grupal propriamente dito, conforme a proposição do modelo de Caminha (2002) e Habgzang e Caminha (2004).

O processo da grupoterapia pode ser dividido em três partes fundamentais:

- Fase 1, de Conceitualização Cognitiva: envolve as dinâmicas de apresentação entre os membros do grupo, a fase da revelação do abuso no grupo, os rituais dissociativos associados ao ato do abuso sexual, a frequência dos abusos, a duração, o segredo, os sentimentos, os pensamentos, os comportamentos, os componentes fisiológicos decorrentes do abuso e a abordagem do abusador e dos demais membros da família nuclear; a educação quanto ao transtorno envolvendo as relações entre abuso/trauma e as situações atuais, e a educação quanto ao modelo cognitivo a ser utilizado no grupo.
- Fase 2, de Reestruturação Cognitivo-Comportamental: envolve todo o conjunto de técnicas cognitivo-comportamentais para reestruturação e alteração de repertório cognitivo-comportamental dos membros do grupo; alteração do padrão semântico da memória traumática e, posteriormente, trabalhos com oficinas de educação sexual e de psicomotricidade, visando reintegração de esquema corporal.
- Fase 3, de Prevenção à Recaída: fase de sessões quinzenais nas quais são trabalhadas questões relativas ao ECA (Estatuto da Criança e do Adolescente) e fatores de proteção para estresses reais ou presumidos futuramente; a fase de prevenção à recaída acontece, inicialmente, desde a fase de reestruturação cognitivo-comportamental.

O instrumental técnico distribuído no conjunto de 18 sessões e utilizado nas três fases da grupoterapia é composto basicamente das seguintes técnicas cognitivo-comportamentais (Quadro 41.1).

PEDOFILIA

Histórico

Ao logo da história, as sociedades humanas impuseram limites ou restrições acerca dos comportamentos sexuais considerados aceitáveis, necessitando, assim, de um conceito de desvio sexual sujeito à evolução das mudanças de perspectiva social (Gordon, 2008; Thibaut, Barra, Gordon, Cosyns, Bradford e WFSBP, 2010). No final do século XIX, na Alemanha, o desvio sexual se tornou um fenômeno médico, com descrições de casos de homicídio sexual e, no início do século XX, o interesse recaiu sobre casos de pedofilia. O foco de tratamento dos comportamentos sexuais desviados foi trazido inicialmente pela Psicanálise e, ao longo dos anos, a pedofilia foi considerada em seus componentes psicológicos e biológicos, de forma que os tratamentos evoluíram para abranger esses aspectos (Gordon, 2008; Thibaut, Barra, Gordon, Cosyns, Bradford e WFSBP, 2010).

Critérios diagnósticos

A pedofilia é classificada, na 4ª edição revisada do Manual Diagnóstico de Transtornos Mentais (DSM-IV-TR; American Psychiatric Association [APA], 2002), dentro do escopo das parafilias. É caracterizada por fantasias, anseios sexuais ou comportamentos recorrentes, intensos e excitantes envolvendo crianças pré-púberes, com idade inferior a

QUADRO 41.1 TÉCNICAS COGNITIVO-COMPORTAMENTAIS

Técnica	No que consiste
■ Psicoeducação quanto ao Abuso Sexual, quanto ao modelo cognitivo e quanto à prevenção da recaída.	■ Técnica elementar na terapia cognitiva, visa abastecer o paciente com informações necessárias sobre seu problema no intuito de separá-lo do problema evitando que se formem crenças distorcidas sobre isto. No Abuso Sexual muitas crianças se sentem diferente e reportam não serem mais as mesmas ou serem ruins, responsáveis pelo ocorrido.
■ Ativação de processos de memória através de Livros de História da Vida e da aplicação do *software* "Caixa de Memória". Vida antes do problema, quando e como ele apareceu, o que mudou, o que fazer quando as lembranças voltarem ou quando o problema real ocorrer novamente?	■ Livros de história de vida é uma forma de resgate de informações básicas ao longo da vida do paciente. Servem ainda, como forma de resgate de memórias com valências positivas a serem utilizadas posteriormente conforme o protocolo de TEPT. O *Software* "Caixa de Memória" desenvolvido por Caminha e colaboradores (2003) consiste num programa de computador que integra técnicas cognitivas recomendadas para o tratamento do TEPT e possui uma adaptação da técnica de dessenssibilização sistemática aplicada à memória traumática.
■ Reestruturação cognitiva.	■ Processo consequente da utilização de técnicas diversas de reinterpretação de fatos representados mentalmente pelos pacientes. (Vide ensaio cognitivo, mediação metacognitiva e substituição de imagens via uso do "Botão de Emergência").
■ Ensaio cognitivo.	■ Reviver mentalmente, imagens, situações passadas ou a projeção de situações futuras com a devida ressignificação de cada uma das situações propostas pelo terapeuta.
■ Cartões de enfrentamento.	■ Cartões de autoinstrução que visam ser uma contraposição metacognitiva. Mensagens do tipo "embora você esteja pensando desta maneira, o que está influenciando seu pensamento é o medo resultante do trauma que você viveu..."
■ *Brainstorming*.	■ Profusão de ideias exploradas pelo paciente diante da necessidade de resolver um problema decorrente do tema que está tratando. A partir daí se verifica a viabilidade e melhor solução com consequências de cada uma das ideias surgidas no exercício da técnica.

(continua)

QUADRO 41.1 — TÉCNICAS COGNITIVO-COMPORTAMENTAIS (continuação)

Técnica	No que consiste
■ Estimulação e mediação metacognitiva (duas colunas, prós e contras).	■ Técnica isolada ou também complementar ao *Brainstorming*. Verifica-se o nível de validade dos pensamentos através de evidências prós e contras; além disso, colunas de vantagens e desvantagens de cada uma das formas de pensamento e propostas de comportamento manifestadas pelo paciente.
■ Monitoramentos, sendo automonitoramentos e/ou monitoramentos por pessoas-chaves ("detetive de pensamentos automáticos", baralho das emoções, termômetro de intensidade do humor e histórias em quadrinhos).	■ Os monitoramentos consistem no uso corriqueiro dos RPDs em terapia cognitiva. O detetive de pensamentos, baralho das emoções e demais técnicas descritas são formas de adaptação de protocolos de monitoramento.
■ Discurso autodirigido: "pense duas vezes!"	■ Mesmo uso dos cartões de enfrentamento. Consiste em instruir o paciente diante de uma ativação, ou disparo pós-traumático.
■ Técnicas de relaxamento frente a episódios de ansiedade com elevados componentes fisiológicos.	■ Tradicionais técnicas de Relaxamento Muscular com controle de respiração diafragmática.
■ Treino de habilidades sociais (THS).	■ Consiste em ampliar repertório de comportamentos que vão em direção oposta às esquivas.
■ "Caixa de Memória" com ênfase na substituição de imagens via "botão de emergência".	■ O "Botão de Emergência" é uma instância metacognitiva similar aos cartões de enfrentamento. O botão é uma parte do *software* "Caixa de Memória".
■ Contingentes de reforços intra e extra grupo (família e/ou cuidadores).	■ Programa de contingente de reforços em direção aos comportamentos desejados. Reforços através da grupoterapia e dos responsáveis pelas crianças em tratamento.
■ Prevenção e manejo de lapsos e recaída com as crianças, famílias e cuidadores e eleição de um adulto referencial monitor.	■ Visa a busca de recursos terapêuticos diante de qualquer comportamento que aponte sinal de recaída.
■ *Role Play*, teatro final da história do trauma, das melhoras (antes e depois) e certificado de alta (reforçamento adicional).	■ Visa apresentação intragrupo das novas estratégias desenvolvidas pelo grupo após o tratamento.

13 anos, por pelo menos 6 meses (critério A), geradoras de sofrimento ou prejuízo ao indivíduo (critério B), que deve ter no mínimo 16 anos e ser pelo menos 5 anos mais velho que a criança envolvida (critério C). A tipologia de classificação da pedofilia constitui-se pelos seguintes aspectos:

a) atração sexual exclusiva por crianças;
b) sexo da criança pela qual sente atração sexual;
c) idade da criança que se sente sexualmente atraído e
d) atração sexual apenas incestuosa (APA, 2002).

Quanto aos casos envolvendo adolescentes, fatores emocionais e maturidade sexual devem ser considerados antes de se realizar um diagnóstico de pedofilia (Hall e Hall, 2007).

Assim sendo, os critérios diagnósticos definidos pelo DSM-IV-TR restringem-se apenas ao interesse sexual de adultos para com crianças pré-púberes, excluindo o interesse sexual em crianças mais velhas, o que não é considerado pedofilia (Blanchard et al., 2009; Seto, 2009). Sabe-se que a idade cronológica é um fator impreciso quanto à entrada na puberdade, pois depende de aspectos individuais e étnicos (Thomas, Renaud, Benefice, Meeüs e Guegan, 2001). Considerando-se esses fatores, algumas pesquisas têm distinguido pedofilia e hebefilia, sendo este último o interesse sexual por púberes que apresentam sinais de desenvolvimento sexual secundário, mas que ainda não são sexualmente maduros. As evidências sugerem que a hebefilia é uma parafilia prevalente e distinta, pois alguns indivíduos apresentam padrões diferentes de excitação sexual frente a crianças pré e púberes, sugerindo, dessa forma, que seja acrescentada ao DSM-V como uma nova definição, ou a adoção do termo pedo-hebefilia (Blanchard et al., 2009; Kramer, 2010).

Prevalência

A real prevalência da pedofilia na população geral ainda não é conhecida por não terem sido conduzidos, até então, estudos epidemiológicos abrangentes. Contudo, amostras limitadas por conveniência apontam que a prevalência de pedofilia é de até 5% (Seto, 2009). Sabe-se das altas prevalências de abuso sexual infantil, descritas anteriormente (Davoli et al., 1994; Finkelhor, Ormrod, Turner e Hamby, 2005; Svedin, Back e Soderback, 2002), mas quando as pesquisas são direcionadas aos pedófilos, os números são pequenos e imprecisos (Hall e Hall, 2007). Um estudo conduzido nos Estados Unidos pelo *National Institute of Health*, em 1994, demonstrou que 453 pedófilos eram coletivamente responsáveis por molestar mais de 67 mil crianças, com uma média de 148 crianças por indivíduo (US Department of Justice, 1996). Além disso, sabe-se que esse transtorno acomete mais homens do que mulheres (Seto, 2009).

Dados apontam que, aproximadamente, de 40 a 50% dos criminosos sexuais de crianças não são pedófilos (Seto e Lalumière, 2001). É importante definir que agressão ou abuso sexual são as designações de um fato e não abarcam, necessariamente, a presença de uma psicopatologia. Portanto, os agressores sexuais são indivíduos que cometeram um ato definido juridicamente como crime, e não pessoas portadoras de um diagnóstico psiquiátrico, ainda que alguns desses indivíduos possam padecer de patologias associadas, sendo a pedofilia a mais prevalente (Telles, Teitelbaum e Day, 2011). Dessa forma, as motivações para as delinquências sexuais não pedófilas envolvem a falta de oportunidades de preferência sexual, hipersexualidade, interesses sexuais indiscriminados, uso de substâncias, entre outros (Seto, 2009).

Curso e características associadas

Certas fantasias e alguns comportamentos associados à pedofilia podem ter início na infância e primeiros anos da adolescência, tornando-se definidos e elaborados durante a adolescência e a idade adulta, embora os indivíduos com pedofilia relatem não sentir atração por crianças até a meia-idade. O curso da pedofilia é crônico, especialmente nos indivíduos atraídos por meninos, com taxas de reincidência aproximadamente duas vezes maior do que entre os indivíduos atraídos pelo sexo feminino (APA, 2002).

Estudos demonstram que indivíduos pedófilos apresentam sentimentos de inferioridade, isolamento, solidão, baixa autoestima, disforia e imaturidade emocional. Eles apresentam dificuldades em manter relacionamentos interpessoais maduros, são pouco assertivos, têm raiva e hostilidade aumentadas e fazem uso de diversas distorções cognitivas (Hall e Hall, 2007; Murray, 2000; Vandiver e Kercher, 2004). Existem controvérsias quanto à presença de impulsividade nesses indivíduos, já que 70 a 85% dos crimes sexuais contra crianças são premeditados (Cohen et al., 2003). Portanto, a pedofilia deve ser vista não como um impulso agressivo, mas como o resultado de uma característica compulsivo-agressiva, com a intenção de aliviar pressões e desejos internos (Cohen et al., 2003).

Fatores de risco e comorbidades

Compreender os fatores de risco da pedofilia é uma estratégia para entender a etiologia do transtorno (Fagan, Wise, Schmidt e Berlin, 2002) e uma via para traçar ações de prevenção e tratamento (Lee, Jackson, Pattison e Ward, 2002). A vivência de adversidades e de situações de abuso sexual e emocional na infância está relacionada a agressores sexuais como um todo (Lee et al., 2002). Ao comparar pedófilos, molestadores sexuais e sujeitos-controle, um estudo observou que a vivência de abuso sexual, principalmente na infância, é mais fortemente relacionada à pedofilia do que a outros tipos de agressores sexuais (Freund e Kuban, 1994). Comparado a outras adversidades na infância e a dificuldades desenvolvimentais, o abuso sexual configura-se como o preditor específico mais forte para a pedofilia (Lee et al., 2002). Cerca de 28 a 93% de pedófilos foram abusados sexualmente na infância, e estudos identificaram que esses pedófilos tendem a preferir abusar de crianças com idades aproximadas às que tinham quando foram abusados (Hall e Hall, 2007; Murray, 2000).

Outros fatores precipitantes do comportamento pedófilo incluem: transtornos afetivos, estresse psicossocial envolvendo perdas ou relacionamentos, abuso de álcool e problemas de comportamento na infância (Hall e Hall, 2007; Lee et al., 2002; Raymond, Coleman, Ohlerking, Christenson e Miner, 1999). A presença de disfunções familiares e de mães com diagnóstico psiquiátrico podem, da mesma forma, aumentar o risco para o desenvolvimento de pedofilia, níveis cognitivos reduzidos, baixo QI, baixa escolaridade e dificuldades acadêmicas (Blanchard et al., 2007; Cantor, Kuban, Blak, Klassen, Dickey e Blanchard, 2006; Fagan, Wise; Schmidt e Berlin, 2002; Lee et al., 2002).

Comorbidades psiquiátricas são encontradas frequentemente nessa população, com taxas ao longo da vida, para qualquer transtorno mental, estimadas em 93%. Entre esses, transtornos do humor (66,7 a 82%) e de ansiedade (55 a 64%) demonstram ser os mais frequentes, sendo a Depressão Maior, a Fobia Social e o TEPT os mais prevalentes. Em seguida, aparece abuso de substâncias, com taxas de 50 a 60%, sendo o álcool a droga de escolha. A combinação de outras parafilias esteve presente em 53,3 a 95% dos casos (Galli et al., 1999; Raymond et al., 1999). Foi encontrada, ainda, alta prevalência de transtornos da personalidade (60%), entre eles, o Transtorno da Personalidade Obsessivo-Compulsivo (25%), Antissocial (22,5%), Narcisista (20%) e Esquiva (20%) (Raymond et al., 1999). Tais achados clínicos associados representam desafios consideráveis para o tratamento (psicossocial e farmacológico) dos pedófilos (Marshall, 2007).

Hipóteses etiológicas

Séries de pesquisas têm sido conduzidas para compreender o que leva algumas pessoas a serem atraídas sexualmente por crianças. Algumas controvérsias ainda estão presentes na literatura, como o fato de a pedofilia poder ser pensada como uma categoria de violência sexual, estar sobreposta a uma identidade hetero ou homossexual ou, ainda, se envolve fatores ambientais ou biológicos (Hall e Hall, 2007). A seguir, serão apresentadas algumas hipóteses etiológicas.

Biológicas

Estudos indicam que existem diferenças neuropsiquiátricas entre pedófilos e a população geral, população prisional e outros agressores sexuais (Hall e Hall, 2007). Nesse sentido, elevados níveis plasmáticos de adrenalina e noradrenalina, redução do cortisol plasmático e dos níveis de prolactina, bem como o aumento da atividade simpática e a redução da atividade serotoninérgica, têm sido identificados em estudos de coorte com pedófilos (Maes et al., 2001). Contudo, esses dados devem ser analisados com cautela, devido às altas comorbidades com transtornos ansiosos (Maes et al., 2001). Estudos apontam que alterações bilaterais do lobo frontal, diminuição do volume de substância cinzenta bilateral no estriado ventral, ínsula, córtex órbito-frontal e cerebelo apresentam associações com comportamentos pedófilos (Schiffer et al., 2007). Nesse sentido, os estudos de lesões de lobo temporal sugerem que essas estruturas estão diretamente ligadas ao comportamento sexual e a limiares de excitação, podendo desmascarar uma predisposição para a pedofilia (Mendez, Chow, Ringman, Twitchell e Rinkin, 2000; Cohen et al., 2002). Traumatismo craniano antes dos 6 anos, resultando em perda da consciência, também parece estar associado à pedofilia (Blanchard et al., 2007).

Algumas das alterações neuropsiquiátricas mencionadas anteriormente estão associadas a outros transtornos, devido às elevadas taxas de comorbidades, não ficando evidente se esses resultados são marcadores das doenças psiquiátricas comórbidas ou da própria pedofilia (Hall e Hall, 2007). Nesse sentido, aponta-se para o fato de que algumas alterações encontradas na pedofilia são semelhantes às alterações do TEPT, não ficando evidente se essas alterações observadas em pedófilos estão relacionadas a problemas no desenvolvimento e na maturação cerebral, ou se representam alterações cerebrais resultantes de experiências de vida, tais como abusos físicos e sexuais infantis (Hall e Hall, 2007).

Psicológicas

Os fatores ambientais ou psicológicos, por sua vez, podem predispor indivíduos a se tornarem pedófilos (Hall e Hall, 2007). Dentre esses, os pedófilos relatam que a presença de um estressor ambiental aumenta o desejo de cometer atos sexuais contra crianças (APA, 2002). A hipótese psicológica mais apontada na literatura para desenvolvimento e manutenção da pedofilia é a do abuso sexual na infância. Conforme apontado anteriormente, essa vivência é o fator de risco mais fortemente associado ao comportamento pedófilo, tornando-se um ciclo perpetuador, chamado de "ciclo vítima-abusador" ou "fenômeno abusado-abusador" (Lee et al., 2002; Murray, 2000). Dentre os fatores que justificam a ocorrência desse fenômeno, encontram-se a identificação com o abusador, o comportamento hipersexualizado causado pela iniciação sexual precoce ou a ocorrência de uma forma de aprendizagem social (Bagley e Young, 1994; Hall e Hall, 2007; Romano e De Lucca, 1997). No entanto, é notável o percentual de pessoas abusadas que não perpetuam esse ciclo; ainda existe uma preocupação legítima quanto à validade dos autorrelatos de abuso em pedófilos, pois, muitas vezes, essas declarações são feitas com o propósito de receber algum tipo de ganho (Hall e Hall, 2007).

Avaliação: métodos e instrumentos

Os pedófilos apresentam altas taxas de risco de reincidência, ou seja, têm maior propensão a se envolver em comportamentos antissociais ou criminosos novamente (Hanson e Morton-Bourgon, 2009). Um *follow-up* de 25 anos demonstrou que 50 a 80% dos pedófilos tornaram a molestar crianças, em comparação com outros criminosos sexuais, que apresentaram reincidência de 10 a 30% (Beier, 1998). Portanto, avaliar e identificar esses indivíduos é uma etapa fundamental para empregar estratégias de prevenção de novos delitos (Seto, 2009).

Uma das formas de avaliação da pedofilia mais utilizada e mais direta para avaliar pensamentos, fantasias e desejos é o autorrelato, que pode ser feito através de entrevistas clínicas ou questionários próprios. Todavia, esse método possui limitações, entre as quais, a minimização ou a negação de seus interesses e comportamentos sexuais (Seto, 2009). Outra forma de se avaliar a pedofilia é com base na história sexual prévia, que pode ser acessada através de entrevistas diretivas ou não estruturadas. O teste falométrico apresenta uma mensuração confiável e discriminativa para os interesses sexuais pedófilos, ao envolver uma medida psicofisiológica de excitação sexual masculina, a partir da mensuração de alterações na tumescência peniana durante apresentações de estímulos sexuais retratando crianças e adultos (Seto, Harris, Rice e Barbaree, 2004). Através de uma regressão de dados, foi observado que o autorrelato, a história de delito sexual e a taxa de posse de pornografia infantil contribuíram para a predição do teste falométrico, sugerindo que cada fonte de informação sobre o comportamento sexual é relevante para uma avaliação completa da pedofilia (Seto, 2009; Seto et al., 2004). O *Screening Scale for Pedophilic Interests* (SSPI; Seto e Lalumière, 2001) é uma medida desenvolvida para fornecer o histórico de interesses sexuais pedófilos que está fortemente correlacionada com o teste falométrico e que apresenta validade preditiva de reincidência.

Tratamento

Abordagens iniciais

As abordagens terapêuticas para a pedofilia possuem um histórico longo e diversificado. A diversidade dos tratamentos oferecidos correspondeu, ao menos em parte, às perspectivas teóricas empregadas para compreender a pedofilia (Fagan et al., 2002). A abordagem inicialmente proposta para as parafilias data do final do século XIX quando, em 1892, na Suiça, empregou-se a castração cirúrgica em um paciente com um quadro de hipersexualidade (Sturup, 1972, citado em Gordon, 2008). Ao longo das primeiras décadas do século XX, o procedimento de castração cirúrgica – frente ao risco de recidivismo sexual – foi ganhando força em diferentes países europeus, bem como nos Estados Unidos. Atualmente, poucos países dispõem dessa prática, embora não tenha sido completamente banida em certos estados norte-americanos. Outros procedimentos cirúrgicos na abordagem da pedofilia incluíram a neurocirugia – realizada de forma irreversível durante certas décadas na Alemanha do pós-guerra. Ao mesmo tempo, as abordagens farmacológicas começaram a se proliferar, tomando por base a utilização inicial de estrógeno a partir da década de 1940, vindo a ser substituído, durante a década de 1960, por medicamentos direcionados a reduzir os níveis de testosterona (Gordon, 2008).

As obras iniciais de Sigmund Freud sobre a teoria da sexualidade permanecem na base da compreensão psicanalítica dos desvios sexuais, com contribuições importantes de outros autores, como Fenichel, Stoller, Kernberg e, na década de 1990, Rosen (Gordon, 2008). Quando, em uma perspectiva psicodinâmica, sugeriu-se que a pedofilia poderia ser a manifestação de conflitos internos que se desenvolveram durante a infância, tornou-se óbvio que a "cura" desta condição ocorreria através de abordagens que privilegiassem o *insight* do paciente sobre seus conflitos internos. Foi esta abordagem que orientou a concepção de que aqueles pedófilos que resolvessem seus conflitos internos poderiam retornar ao ambiente social sem representar um risco significativo de comportamentos sexuais direcionados a crianças (Fagan et al., 2002). O tratamento psicanalítico, para a pedofilia, carece de acúmulo de evidências empíricas. No entanto, uma contribuição importante desta abordagem se refere à preocupação com questões da relação terapêutica.

A abordagem comportamental para as parafilias – incluindo-se a pedofilia – teve seu início na década de 1960, com a terapia de aversão. Nesta abordagem, são empregadas técnicas de condicionamento aversivo para a supressão da excitação sexual em relação a crianças, que envolvem, por exemplo, o pareamento repetido de estímulos aversivos (como o cheiro de amônia) a estímulos sexuais envolvendo crianças (Seto, 2009). No entanto, questões éticas no emprego desta técnica acabaram por contribuir para diminuição do seu uso (Gordon, 2008). Entre seus princípios básicos, está a noção de que a excitação sexual no pedófilo seria o resultado de uma aprendizagem como um *imprinting* – em vez de um processo de condicionamento clássico. A abordagem terapêutica comportamental, assim, seria uma tentativa de reduzir o condicionamento da excitação sexual inicialmente direcionada a crianças, ao mesmo tempo em que deveria ocorrer um recondicionamento da atração erótica por pessoas adultas (Fagan et al., 2002). Em outras instâncias, particularmente no tratamento direcionado a indivíduos exclusivamente atraídos sexualmente por crianças, as intervenções comportamentais podem estar direcionadas primariamente ao controle do comportamento sexual e não tanto ao recondicionamento do desejo sexual (Fagan et al., 2002). Revisão sobre os tratamentos comportamentais da pedofilia sugere que estas técnicas produzem um efeito de redução na excitação sexual por crianças em função do aumento de controle voluntário (Laws e Marshall, 2003; Marshall e Laws, 2003). No entanto, há menos evidências de que o reforçamento positivo empregado possa de fato ter um efeito na modificação da excitação sexual por adultos (Laws e Marshall, 2003).

Princípios e técnicas da psicoterapia cognitivo-comportamental na pedofilia

Em uma influente revisão, ao final da década de 1980, Fuller (1989) sugeriu que as intervenções junto a pedófilos deveriam ser destinadas a prevenir a recorrência do comportamento sexualmente abusivo em relação às crianças, com o foco no controle comportamental. Tal perspectiva representou uma mudança gradual em curso desde aquela época, quando foi sendo estabelecido um consenso em torno do qual a pedofilia deixou de ser vista como uma doença a ser "curada" (Fagan et al., 2002). Assim, diferia-se da ideia anteriormente presente na psicanálise e nas abordagens comportamentais iniciais (baseadas na terapia de aversão) que preconizava que o indivíduo deveria deixar de sentir atração sexual por crianças.

Atualmente, em termos práticos, a pedofilia pode ser compreendida como uma preferência sexual estável, com pouca probabilidade de mudança (Seto, 2009). Os fatores etiológicos descritos na seção anterior – em particular, aqueles aspectos neurobiológicos associados ao desenvolvimento – sugerem que intervenções realizadas na vida adulta irão, muito provavelmente, ter um efeito modesto em termos de modificação da orientação sexual. Sendo assim, os tratamentos atuais baseados na psicoterapia cognitivo-comportamental (TCC) direcionam-se a:

a) redução da excitação sexual orientada a crianças,

b) desenvolvimento de estratégias para o manejo das necessidades sexuais,
c) aumento do controle inibitório sobre comportamento sexual imediato,
d) desenvolvimento de estratégias de longo-prazo para o convívio social (Fagan et al., 2002; Seto, 2009).

Para atingir tais objetivos, a TCC emprega estratégias de correção de distorções cognitivas, treino de empatia e habilidades interpessoais, manejo de emoções, técnicas comportamentais e prevenção de recaídas (Moster, Wnuk e Jegli, 2008), que serão descritas a seguir.

Quando aplicada à pedofilia, a TCC direciona-se à modificação de processos cognitivos (pensamentos automáticos, atitudes, crenças) e comportamentos que aumentam a probabilidade da ação a partir do interesse sexual por crianças (Marshall e Laws, 2003; Seto, 2009). A formulação do caso, fundamentada em uma avaliação clínica consistente (ver seção anterior), vai orientar as estratégias de TCC. A despeito da variabilidade de técnicas empregadas, um aspecto central da TCC é ajudar o paciente na identificação de situações de risco e no desenvolvimento de estratégias comportamentais adaptativas. Nesse sentido, estratégias psicoeducativas são fundamentais e devem estar direcionadas a uma maior compreensão dos seguintes aspectos:

a) sexualidade humana,
b) desvios sexuais,
c) fatores etiológicos da pedofilia,
d) modelo cognitivo e
e) psicoterapia cognitiva.

Técnicas de reestruturação cognitiva são comumente empregadas para desafiar e modificar distorções cognitivas que auxiliam na manutenção dos interesses sexuais dirigidos a crianças e justificam ou minimizam a vitimização sexual de outras pessoas (Blake e Gannon, 2008). Para tal, o primeiro passo é a identificação de pensamentos e crenças que precedam o comportamento sexual ofensivo, através do relato detalhado do paciente. Em seguida, o terapeuta explica ao paciente o papel dos pensamentos desviantes nos seus comportamentos sexuais, concede informações sobre a correção desses pensamentos e o auxilia a identificar pensamentos apropriados dentre os inapropriados, para a mudança de seus pensamentos distorcidos (Moster et al., 2008).

Pesquisas indicam que alguns estados emocionais são associados com comportamentos sexuais pedófilos, constituindo um dos estágios do ciclo do abuso sexual. Sendo assim, parece ser essencial trabalhar o manejo de emoções em pacientes pedófilos (Marshall et al., 1995), através da identificação de emoções que os colocam em risco para crimes sexuais e dos momentos em que eles estão experienciando tais emoções (Moster et al., 2008).

Adicionalmente, o treino em habilidades sociais tem sido incorporado aos protocolos de TCC, visto que a falta de habilidades interpessoais é uma característica comum em pedófilos, principalmente em áreas que se relacionam à intimidade, auto-estima, afeto, relacionamentos e solidão (Becker et al., 1978, citado em Bourget e Bradford, 2008; Moster et al., 2008; Smallbone e Dadd, 2000). Assim, o treinamento comumente envolve a promoção de interações socialmente aceitáveis, desenvolvimento de habilidades comunicacionais, início e manutenção de relações de intimidade. Ainda, técnicas específicas relacionadas ao desenvolvimento de empatia podem ser empregadas, como o questionamento socrático, reestruturação cognitiva, escrita de cartas às vítimas, entre outras, a fim de mostrar aos pedófilos os resultados de seus crimes sexuais (Marshall, Serran e Moulden, 2004; Moster et al., 2008).

Uma vez que a pedofilia pode ser considerada como uma condição crônica, não é surpreendente que, entre diferentes abordagens em TCC, aquela que vem recebendo maior destaque é a prevenção à recaída. Em complementação às mudanças obtidas durante a psicoeducação, a reestruturação cognitiva e o treino em habilidades sociais, espera-se, com a prevenção à recaída, que o paciente possa identificar os precursores do comportamento sexual inapropriado e interromper o processo de recaída (Bourget e Bradford, 2008). Inicialmente formulada para o tratamento dos transtornos de adição, a prevenção à recaída no tratamento da pedofilia envolve:

a) identificação das situações de risco elevado para o comportamento sexual;
b) identificação de comportamentos precursores de uma recaída (por exemplo, masturbação envolvendo fantasias sexuais com crianças);
c) identificação de estressores psicossociais associados ao aumento de ansiedade;
d) desenvolvimento de estratégias para evitar situações de elevado risco (por exemplo, acesso não supervisionado a uma criança);
e) desenvolvimento e manutenção de estratégias de *coping* empregadas em situações de elevado risco que não podem ser evitadas;
f) manejo de comportamentos que podem levar a recaídas (Bourget e Bradford, 2008; Seto, 2009).

Ademais, a excitação sexual desviante pode ser reduzida através de técnicas comportamentais como recondicionamento masturbatório, bem como com técnicas comportamentais aversivas (Marshall et al., 2004).

A TCC tem sido empregada para o tratamento de adultos e também de adultos jovens (ou mesmo agressores sexuais adolescentes) (Gerardin e Thibaut, 2004). Pode ser aplicada individualmente ou na forma de grupoterapia. De fato, maior evidência empírica tem sido demonstrada para o formato de TCC em grupo, visto que oportuniza o *feedback* entre pares, facilita o desenvolvimento de estratégias de *coping* e apresenta uma melhor relação custo/benefício do que a psicoterapia individual (Bourget e Bradford, 2008). Quando necessário, sessões individuais podem ser programadas, dependendo da avaliação do terapeuta sobre o progresso e as dificuldades enfrentadas pelo paciente. Um tema central a ser abordado – seja em um processo grupal ou, mais comumente, em TCC individual – refere-se à discussão sobre aspectos da história infantil de vitimização sexual do pedófilo (Lee et al., 2002; Muster, 1992). Nesse sentido, a reestruturação de crenças desadaptativas, apreendidas em experiências sexuais traumáticas vividas na infância, é um ingrediente-chave para o sucesso da psicoterapia.

Uma metanálise de 12 estudos de tratamento indicou a efetividade da TCC com agressores sexuais (Hall, 1995) sem, no entanto, sustentar efeitos muito significativos. Posteriormente, Hanson e colaboradores (2002) revisaram 43 estudos sobre a efetividade da psicoterapia para agressores sexuais. Nessa metanálise, verificou-se que as taxas de recaída foram menores para os indivíduos tratados (12,3%) do que para aqueles que não receberam tratamento (16,8%). Apesar de alguns resultados promissores na área, evidencia-se grande carência de estudos metodologicamente sofisticados.

Intervenções farmacológicas

As intervenções farmacológicas para a pedofilia fazem parte de um plano de tratamento que inclui a TCC (Thibaut et al., 2010). O foco do tratamento farmacológico, de forma semelhante a tratamentos comportamentais, consiste em reduzir a excitação e o comportamento sexual direcionado a crianças (Seto, 2009). No entanto, para que esses objetivos sejam alcançados, é necessário levar em consideração o histórico de medicação, o engajamento, a intensidade das fantasias sexuais, o risco de violência sexual e as comorbidades apresentadas pelo indivíduo (Thibaut et al., 2010). Thibaut e colaboradores (2010), em revisão de literatura, apontam as diretrizes para o tratamento farmacológico adequado das parafilias, apresentadas a seguir.

Quando não há resultados satisfatórios com psicoterapia cognitivo-comportamental, tratamento a ser empregado em primeira instância, recomenda-se o uso de fármacos inibidores da recaptação de serotonina (ISRS) a fim de controlar fantasias, compulsões e comportamentos sexuais direcionados a crianças, que exerce baixo impacto sobre atividade e desejo sexual convencional, ou seja, casos em que há baixo risco de violência sexual. (Thibaut et al., 2010). O tratamento hormonal com antiandrógenos atua como uma castração química (Hall e Hall, 2007) sendo recomendado quando não houver resultados satisfatórios com altas doses de ISRS após 4 a 6 semanas. Objetiva reduzir as fantasias e os comportamentos sexuais em nível moderado, quando a pedofilia não envolve penetração sexual, geralmente conduzido a criminosos sexuais e em pedófilos que apresentem retardo mental ou disfunções cognitivas. Quando o risco de violência sexual é de moderado a grave (restrito a carícias e a pequeno número de vítimas) e os tratamentos descritos anteriores não mostrarem-se eficazes para o caso, é recomendável o uso de acetato de ciproterona, que pode ser associado com drogas ISRS se houver combinação de sintomas de ansiedade, depressão ou transtornos obsessivo-compulsivos (Thibaut et al., 2010)

Como últimos recursos, em pacientes pedófilos ou parafílicos graves e quando o risco de violência sexual é alto, são empregados agonistas do GnRH, podendo ser associados ao acetato de ciproterona, que apresentam resultados de supressão quase completa de desejos e atividades sexuais. Em casos gravíssimos, nos quais existe a necessidade de uma supressão completa da atividade sexual, é recomendável o uso de tratamento antiandrógeno, acetato de medroxiprogesterona (derivado da progesterona) e agonistas de GnRH, podendo ser conduzidos associados. Ainda, é importante enfatizar que a pedofilia é um transtorno crônico, em que o tratamento tem duração de 3 a 5 anos em pacientes com elevado risco de violência sexual, e apresenta elevados efeitos adversos (Thibaut et al., 2010).

CONCLUSÕES: ABUSO SEXUAL E PEDOFILIA

Aponta-se para a necessidade de mais estudos conduzidos sobre a pedofilia, principalmente fora do ambiente clínico ou correlacional, para que a etiologia e o curso desse transtorno sejam melhor compreendidos e, dessa forma, estratégias de prevenção a crimes sexuais contra crianças sejam empregadas.

No que tange a situações referentes a abuso sexual infantil, estratégias preventivas devem envolver manejo de interações de maternagem e atenção aos sinalizadores primários da sintomatologia de abuso.

O conhecimento e a divulgação de critérios diagnósticos, bem como a aplicação de protocolos eficientes ao tratamento, permitem a promoção de saúde mental e o aumento de estados resilientes na infância, evitando-se, assim, o agravamento da sintomatologia pós-traumática e as sequências de psicopatologias secundárias dela decorrentes.

REFERÊNCIAS

American Psychiatric Association. (2002). *Manual diagnóstico e estatístico de transtornos mentais* (4. Ed. rev.). Porto Alegre: Artmed.

Bagley, C., Wood, M., & Young, L. (1994).Victim to abuser: Mental health and behavioral sequels of child sexual abuse in a community survey of young adult males. *Child Abuse & Neglect, 18*, 683-697.

Beier, K. M. (1998). Differential typology and prognosis for dissexual behavior: A follow-up study of previously expert-appraised child molesters. *Int J Legal Med, 111,* 133-141.

Blake, E. & Gannon, T. (2008). Social perception deficits, cognitive distortions, and empathy deficits in sex offenders. Trauma, Violence, & Abuse, *9,* 34-55.

Blanchard, R., Watson, M. S,. Choy, A., Dickey, R., Klassen, P., Kuban, M., et al. (1999). Pedophiles: mental retardation, maternal age, and sexual orientation. *Archives of Sexual Behavior, 28,* 111-127.

Blanchard, R., Lykins, A. D., Wherrett, D., Kuban, M. E., Cantor, J. M., Blak, T., et al. (2009). Pedophilia, Hebephilia, and the DSM-V. *Archives of Sexual Behavior 33,* 335-350.

Blanchard, R., Kolla, N. J., Cantor, J. M., Klassen, P. E., Dickey, R., Kuban, M. E., et al. (2007). IQ, Handedness, and Pedophilia in Adult Male Patients Stratified by Referral Source. *Sex Abuse, 19,* 285-309.

Bourget, D., & Bradford, J. M. W. (2008). Evidential basis for the assessment and treatment of sex offenders. *Brief treatment and crisis intervention, 8,* 130-146.

Brasil. (1990). *Estatuto da Criança e do Adolescente – Lei Nº 8.069 de 13 de julho de 1990.* Brasília, DF: Diário Oficial da União.

Briere, J. (1992). *Child abuse trauma: theory and treatment of the lasting effects.* Newbury Park, CA: Sage.

Briere, J., & Elliot, D. M. (2003). Prevalence and psychological sequale of self-reported childhood physical and sexual abuse in a general population sample of men and women. *Child Abuse & Neglect, 27*(10), 1205-1222.

Brito, A. M. M., Zanetta, D. M. T., Mendonça, R. De C. V., Barison, S. Z. P., & Andrade, V. A. G. (2005). Violência doméstica contra crianças e adolescentes: Estudo de um programa de intervenção. *Ciência & Saúde Coletiva, 10*(1), 143-149.

Browne, A., & Finkelhor, D. (1986). Impact of child sexual abuse: a review of the research. *Psychological Bulletin, 99,* 66-77.

Caminha, R. M. (2000). A violência e seus danos à criança e ao adolescente. In AMENCAR (Org.). *Violência doméstica* (p. 43-60). Brasília, DF: UNICEF.

Caminha, R. M. (2002). Grupoterapia cognitivo-comportamental em abuso sexual infantil. In Guilhardi, H. *Sobre comportamento e cogninição* (v. 12). São Paulo: Arbytes.

Cantor, J. M., Kuban, M. E., Blak, T., Klassen, P. E., Dickey, R., & Blanchard, R. (2006). Grade failure and special education placement in sexual offenders' educational histories. *Archives of Sexual Behavior, 35,* 743-751.

Cicchetti, D., & Toth, S. L. (2005). Child maltreatment. *Annual Review of Clinical Psychology, 1,* 409-438.

Cohen, L. J., Gans, S. W., McGeoch, p. m., poznansky, o., itskovich, y., murphy, s., et al. (2002). impulsive personality traits in male pedophiles versus healthy controls: is pedophilia an impulsive-aggressive disorder? *Comprehensive Psychiatry, 43,* 127-134.

Cohen, J. A., & Mannarino, A. P. (2000). Predictors of treatment outcome in sexually abused children. *Child Abuse & Neglect, 24*(7), 983-994.

Cohen, L. J., Nikiforov, K., Gans, S., Poznansky, O., McGeoch, P., Weaver, C., et al. (2002). Heterosexual male perpetrators of childhood sexual abuse: A preliminary neuropsychiatric model. *Psychiatric Quarterly, 73,* 313-336.

Courtois, C. A., & Sprei, J. (1988). Retrospective incest therapy. In Walker, L. E. (Org.). *Handbook of sexual abuse on children* . New York: Springer.

Collin-Vézina, D., & Hébert, M. (2005). Comparing dissociation and PTSD in sexually abused school-aged girls. *Journal of Nervous and Mental Disease, 193*(1), 47-52.

Davoli, A., Palhares, F. A. B., Corrêa-Filho, H. R., Dias, A. L. V., Antunes, A. B., Serpa, J. F., et al. (1994). Prevalência de violência física relatada contra crianças em uma população de ambulatório pediátrico. *Cadernos de Saúde Pública, 10*(1), 92-98.

Echeburúa, E., & Subijana, I. J. (2008). Guía de buena práctica psicológica en el tratamiento judicial de los niños abusados sexualmente. *International Journal of Clinical and Health Psychology, 8*(3), 733-749.

Ehlers, A., Mayou, R. A., & Bryant, B. (2003). Cognitive predictores of posttraumatic stress disorder. *Behaviour Research and Therapy, 38*(4), 319-345.

Fagan, P. J., Wise, T. N., Schmidt, C. H., & Berlin, F. S. (2002). Pedophilia. *JAMA, 288,* 2458-2465.

Fergusson, D. M., Bolden, J. M., & Horwood, L. J. (2008). Exposure to childhood sexual and physical abuse and adjustment in early adulthood. *Child Abuse & Neglect, 32,* 607-619.

Finkelhor, D., Ormrod, R., Turner, H., & Hamby, S. L. (2005). The victimization of children and youth: a comprehensive, national survey. *Child Maltreatment, 10,* 5-25.

Freund, K., & Kuban, M. (1994). The basis of the abused abuser theory of pedophilia: a further elaboration on an earlier study. *Archives of Sexual Behavior, 23,* 553-563.

Friedrich, W. N. (2001). *Journal of Affective Disorders of sexually abused children and their families.* Thousand Oaks, CA: Sage.

Fuller, A. K. (1989). Child molestation and pedophilia. *JAMA, 261,* 602-606.

Furniss, T. (1993). *Abuso sexual da criança: uma abordagem multidisciplinar.* Porto Alegre: Artes Médicas.

Galli, V., McElroy, S. L., Soutullo, C. A., Kizer, D., Raute, N., Keck, P. E., et al. (1999). The Psychiatric Diagnoses of Twenty-Two Adolescents Who Have Sexually Molested Other Children. *Comprehensive Psychiatry, 40,* 85-88.

Gerardin, P., & Thibaut, F. (2004). Epidemiology and treatment of juvenile sexual offending. *Pediatric Drugs, 6,* 79-91.

Gerko, K., Hughes, M. L., Hamil, M., & Waller, G. (2005). Reported childhood sexual abuse and eating-disordered cognitions and behavior. *Child Abuse & Neglect, 29*(4), 375-382.

Glaser, D. (2000). Child abuse and neglect and the braIn A review. *Journal of Child Psychology and Psychiatry, 41*(1), 97-116.

Gordon, H. (2008). The treatment of paraphilias: An historical perspective. *Criminal Behaviour and Mental Health, 18,* 79-87.

Habigzang, L. F., & Caminha, R. M. (2004). *Abuso sexual contra crianças e adolescentes: conceituação e intervenção clínica.* São Paulo: Casa do Psicólogo.

Habigzang, L. F., Koller, S., Azevedo, G., & Machado, P. (2005). Abuso sexual infantil e dinâmica familiar: aspectos observados em processos jurídicos. *Psicologia: Teoria e Pesquisa, 21*(3), 341-348.

Hall, G. C. N. (1995). Sexual offender recidivism revisited: A meta-analysis of recent treatment studies. *Journal of Consulting and Clinical Psychology, 63,* 802-809.

Hall, R C. W., & Hall, R. C. W. (2007). A profile of pedophilia: Definition, characteristics of offenders, recidivism, treatment outcomes, and forensic issues. *Mayo Clinic Proceedings, 82,* 457-471.

Hanson, R. K., Gordon, A., Harris, A. J. R., Marques, J. K., Murphy, W., Quinsey, V. L., et al. (2002) First report of the collaborative outcome data project on the effectiveness of psychological treatment for sex offenders. *Sexual Abuse: A Journal of Research and Treatment, 14,* 169-194.

Hanson, R. K., & Morton-Bourgon, K. E. (2009). The accuracy of recidivism risk assessments for sexual offenders: A meta-analysis of 118 prediction studies. *Journal of Affective Disorders, 21,* 1-21.

Hutz, C. S. H., & Silva, D. F. M. (2002). Avaliação psicológica com crianças e adolescentes em situação de risco. *Avaliação Psicológica, 1*(1), 73-79.

Johnson, C. F. (2004). Child sexual abuse. *Lancet, 364,* 462-70.

Keane, T. M., Weathers, F. W., & Foa, E. B. (2000). Diagnosis and assessment. In Foa, E. B., Keane, T. M., & Friedman, M. J. (Ed.). *Effective treatments for PTSD: Practice Guidelines from the International Society for Traumatic Stress Studies* (p. 18-36). New York: Guilford.

Kelly, R. J., Wood, J. J., Gonzalez, L. S., MacDonald, V., & Waterman, J. (2002). Effects of mother-son incest and positive perceptions of sexual abuse experiences on the psychosocial adjustment of clinic-referred men. *Child Abuse & Neglect, 26,* 425-441.

Kendall-Tackett, K. A., Williams, L. M., & Finkelhor, D. (1993). Impact of sexual abuse on children: a review and synthesis of recent empirical studies. *Psychological Bulletin, 113,* 164-180.

Kramer, R. (2010). APA Guidelines Ignored In Development Of Diagnostic Criteria For Pedohebephilia. Archives of Sexual Behavior, Letter to the editor.

Kristensen, C. H. (1996). *Abuso sexual em meninos.* Dissertação de mestrado não-publicada. Curso de Pós-Graduação em Psicologia do Desenvolvimento da Universidade Federal do Rio Grande do Sul, Porto Alegre.

Kristensen, C. H. (2009). Transtorno de estresse pós-traumático. In Haase, V. G., Ferreira, F. O., & Penna, F. J. (Org.). *Aspectos biopsicossociais da saúde na infância e adolescência* (p. 259-271). Belo Horizonte: Coopmed.

Kristensen, C. H., Caminha, R. M., & Silveira, J. A. M. (2007). Transtorno do estresse pós-traumático na infância. In Caminha, R. M., & Caminha, M. G. (Org.). *A prática cognitiva na infância* (p. 106-120). São Paulo: Roca.

Kristensen, C. H., Flores, R. Z., & Gomes, W. B. (2003). Revelar ou não revelar: uma abordagem fenomenológica do abuso sexual com crianças. In Bruns, M. A. T., & Holanda, A. F. (Org.). *Psicologia e pesquisa fenomenológica: reflexões e perspectivas* (p. 111-142). São Paulo: Ômega.

Kristensen, C. H., Leon, J. S., D`Incao, D. B., & Dell'Aglio, D. D. (2004). Análise da frequência e impacto de eventos estressores em uma amostra de adolescentes. *Interação em Psicologia, 8*(1), 45-55.

Kristensen, C. H., Oliveira, M. S., & Flores, R. Z. (1999). Violência contra crianças e adolescentes na Grande Porto Alegre: pode piorar? In AMENCAR (Ed.). *Violência doméstica* (p. 104-117). Brasília, DF: UNICEF.

Kristensen, C. H., & Schaefer, L. S. (2009). Maus-tratos na infância e adolescência. In de SOUZA, I. M. C. C. (Org.). *Parentalidade: análise psicojurídica* (p. 183-208). Curitiba: Juruá.

Laws, D. R., & Marshall, W. L. (2003). A brief history of behavioral and cognitive behavioral approaches to sexual offenders: Part I. Early de-velopments. *Sex Abuse, 15*,75-92.

Lee, J. K. P., Jackson, H. J., Pattison, P., & Ward, T. (2002). Developmental risk factors for sexual offending. *Child Abuse & Neglect, 26,* 73-92.

Lipp, M. E. N., & Lucarelli, M. D. M. (1998). *Escala de Stress Infantil*. São Paulo: Casa do Psicólogo.

Maes, M., van West, D., De Vos, N., Westenberg, H., Van Hunsel, F., Hendriks, D., et al. (2001). Lower baseline plasma cortisol and prolactin together with increased body temperature and higher MCPPinduced cortisol responses in menwith pedo-philia. *Neuropsychopharmacology, I, ,* 37-46.

Marshall, W. L. (2007). Diagnostic issues, multiple paraphilias, and comorbid disorders in sexual offenders: Their incidence and treatment. Aggres-sion and Violent Behavior, 12, 16-35.

Marshall, W. L., Hudson, S. M., Jones, R. & Fer-nandez, Y. M. Empathy with sex offeders. Clinical Psychological Review, 15, 99-113.

Marshall, W. L., & Laws, D. R. (2003). A brief history of behavioral and cognitive behavioral ap-proaches to sexual offenders: Part II. The modern era. Sex Abuse, 15,93-120.

Marshall, B., Serran, G., & Moulden, H. (2004). Effective intervention with sexual offenders. In: H. Kemshall & Mclvor, G. (Eds), Managing sex offender risk (pp. 111-132). Philadelphia: Research Highliths in Social work 46.

Mendez, M. F., Chow, T., Ringman, J., Twitchell, G., & Hinkin, C. H. (2000). Pedophilia and Temporal Lobe Disturbances. *The Journal of Neuropsychiatry and Clinical Neurosciences 12,* 71-76.

Moster, A., Wnuk, D. W., & Jeglic, E. L. (2008). Cognitive Behavioral Therapy Interventions With Sex Offender. Journal of Correctional Health Care, 14, 109-121.

Murray, J. B. (2000). Psychological profile of pedophiles and child molesters. *The Journal of Psychology, 134*, 211-224.

Muster, N. J. (1992). Treating the adolescent vic-tim-turned-offender. *Adolescence, 27,* 440-450.

Oliveira, M. S., & Flores, R. Z. (1999). Violência contra crianças e adolescentes na Grande Porto Alegre. In AMENCAR (Ed.). *Violência doméstica* (p. 71-86). Brasília, DF: UNICEF.

Orcutt, H. K., Erickson, D. J., & Wolfe, J. (2002). A prospective analysis of trauma exposure: the mediating role of PTSD symptomatology. *Journal of Traumatic Stress, 15*, 259-266.

Polanczyck, G., Zavaschi, M. L., Benetti, S. P. C., Zenker, R., & Gammerman, P. (2003). Violência sexu-al e sua prevalência em adolescentes de Porto Alegre, Brasil. *Revista de Saúde Pública, 37*(1), 8-14.

Raymond, N. C., Coleman, E., Ohlerking, F., Christenson, G. A., & Miner, M. (1999).Psychiatric Comorbidity in Pedophilic Sex Offenders. *American Journal of Psychiatry, 156,* 786-788.

Romano, E., & De Luca, R. V. (1997). Exploring the Relationship Between Childhood Sexual Abuse and Adult Sexual Perpetration. *Journal of Family Violence, 12,* 85-98.

Saywitz, K. J., Mannarino, A. P., Berliner, L., & Cohen, J. A. (2000). Treatment for sexually abused children and adolescents. *American Psychologist, 55*(9), 1040-1049.

Schiffer, B., Peschel, T., Paul, T., Gizewski, E., Forsting, M., Leygraf, N., et al. (2007). Structural brain abnormalities in the frontostriatal system and cerebellum in pedophilia. *Journal of Psychia-tric Research 41*, 753-762.

Schore, A. N. (2002). Dysregulation of the right braIn a fundamental mechanism of traumatic at-tachment and psychopathogenisis of posttraumatic stress disorder. *Autralian and New Zealand Journal of Psychiatry, 36*(1), 9-30.

Seto, M. C. (2009). Pedophilia. *Annual Review of Clinical Psychology., 5*, 391-407.

Seto, M. C., Harris, G. T. Rice, M. E., & Barbaree, H. E (2004). The Screening Scale for Pedophilic Interests Predicts Recidivism Among Adult Sex OffendersWith Child Victims. *Archives of Sexual Behavior, 33*, 455-466.

Seto, M. C., & Lalumière, M. L. (2001). A Brief Screening Scale to Identify Pedophilic Interests Among Child Molesters. *Sexual Abuse: A Journal of Research and Treatment, 13,* 15-25.

Smallbone, S. W. & Dadds, R. (2000). Attachment and Coercive Sexual Behavior. Sexual Abuse: A Journal of Research and Treatment, 12(1).

Soares, S. C., & Grassi-Oliveira, R. (2011). Instru-mentos de avaliação do abuso sexual na infância. In Azambuja, M. R. F., & Ferreira, M. H. M. (Org.). *Violência sexual contra crianças e adolescentes* (p. 162-182). Artmed: Porto Alegre.

Svedin, C. G., Back, C., & Söderback, S. (2002). Family relations, family climate and sexual abuse. *Nord J Psychiatry, 56,* 355-362.

Telles, L. E. B, Teitelbaum, P. O., & Day, V. P. (2011). A Avaliação do abusador. In Azambuja, M. R. F., & Ferreira, M. H. M. (Org.). *Violência sexual contra crianças e adolescentes* (p. 248-257). Porto Alegre: Artmed.

Thibaut, F., Barra, F., Gordon, H., Cosyns, P., Bradford, J. M. W., & WFSBP Task Force on Sexual Disorders. (2010). The World Federation of Societies of Biological Psychiatry (WFSBP) Guidelines for the biological treatment of paraphilias. *The World Journal of Biological Psychiatry, 11*, 604-655.

Thomas, F., Renaud, F., Benefice, E., Meeüs, T., & Guegan, J. (2001). International Variability of Ages at Menarche and Menopause: Patterns and Main Determinants. *Human Biology, 73*, 271-290.

Tricoli, V. A. C., & Lipp, M. E. N. (2005). *Escala de stress para adolescentes*. São Paulo: Casa do Psicólogo.

U.S. Department of Health and Human Services, Administration on Children, Youth and Families (2008). *Child Maltreatment 2006*. Washington, DC: U.S. Government Printing Office.

US Department of Justice, Office of Justice Programs' Bureau of Justice Statistics (1996). *Child victimizers: violent offenders and their victims – executive summary*. March 1996, NCJ-158625. The Kid Safe Network website.

Vandiver, D. M., & Kercher, G. (2004). Offender and victim characteristics of registered female sexual offenders in Texas: a proposed typology of female sexual offenders. *Sexual Abuse: A Journal of Research and Treatment, 16*, 121-137.

World Health Organization. (1999). *Report of the Consultation on Child Abuse Prevention*. Geneva: Author.

World Health Organization. (2002). *World report on violence and health*. Geneva: Author.

42

Enurese e encoprese

Edwiges Ferreira de Mattos Silvares
Carolina Ribeiro Bezerra de Sousa
Paula Ferreira Braga Porto

INTRODUÇÃO

Dois transtornos infantis relacionados com a falta de controle de esfíncteres, e cuja comorbidade entre si é bastante comum, constituem o tema de atenção do presente capítulo: enurese e encoprese.

Alguns dos sentimentos vivenciados por parte de crianças e adolescentes portadores de enurese (Butler, 1994; Warzak, 1993) e encoprese (Bragado, 1998) são: baixa autoestima, culpa, vergonha, isolamento, perda de autonomia, estresse, medo de ser descoberto e ridicularizado por pares, falta de confiança e dificuldade em fazer e manter amigos, o que reveste tais transtornos de preocupação por parte de pesquisadores, clínicos e pais.

Também é sabido que, apesar de aproximadamente 90% das mães brasileiras terem respondido "sim" à questão "Uma criança que molha a cama precisa de ajuda e compreensão" (Sousa, Emerich, Daibs e Silvares, no prelo), a veracidade dessas respostas pode ser colocada em xeque, haja visto dados de outro estudo sobre reações dos pais diante do quadro de enurese (Sapi, Vasconcelos, Silva, Damião e Silva, 2009). Segundo esses estudiosos, cerca de 90% das crianças brasileiras portadoras do transtorno já sofreram algum tipo de agressão em função dos episódios de "molhada"; prática reprovável tanto do ponto de vista ético quanto educativo, uma vez que não as ajuda na aquisição do controle dos esfíncteres e pode contribuir, ainda, para o agravamento do problema, expondo-as ao risco de outros problemas de comportamento.

A despeito do reconhecimento da necessidade de ajuda e compreensão parental, os pais geralmente não sabem como agir diante dos problemas e recorrem às mais diversas estratégias: "simpatias", restrição de líquido, acordar a criança para ir ao banheiro, colocação de protetores plásticos no colchão, fraldas, recompensas, minimização do problema e punição. Assim, a procura por profissional capacitado para auxílio na solução do problema revela-se imperiosa e tomada como medida preventiva, visto haver mais problemas de comportamento na adolescência e vida adulta entre indivíduos que tiveram enurese na infância (Fergusson e Horwood, 1994; Henin et al., 2007).

No Brasil, são poucos os centros psicológicos que oferecem tratamento especializado para os problemas. O Projeto Enurese do Laboratório de Terapia Comportamental do Instituto de Psicologia da USP é um dos que merecem destaque por ter se dedicado a essa finalidade desde 1992 e por se constituir no local de experiência profissional das autoras deste trabalho. Os dois transtornos não serão discutidos de forma extensa e o conteúdo de ambos terá forma idêntica, tendo em vista ser objetivo deste capítulo apresentar um panorama geral sobre o tema em questão, de modo a auxiliar profissionais da saúde envolvidos com as questões deles derivadas.

Nessa medida, primeiramente será discutida a conceitualização da enurese, critérios diagnósticos, histórico, prevalência e curso, hipóteses etiológicas, comorbidades, fatores de risco, avaliação e tratamentos e formas comportamentais de tratamento. Em seguida, a atenção será voltada a esses mesmos itens, mas com foco sobre a encoprese. A última seção deste capítulo será destinada às conclusões sobre o que foi discutido sobre os dois transtornos de eliminação com base em revisão da literatura.

ENURESE

Definição e critérios diagnósticos

A definição de enurese noturna (EN) ou simplesmente enurese (Nevéus et al., 2006), vem ganhando maior clareza nos últimos anos, devido a constantes revisões e avanços nos estudos sobre etiologia, manifestações clínicas e diagnóstico diferencial de outros problemas do sistema excretor. Contudo, ainda há divergência quando algumas definições disponíveis na literatura são comparadas.

A vantagem da definição proposta pelo Manual de Diagnóstico e Estatístico de Transtornos Mentais – DSM – (American Psychiatric Association, 2002) traduz-se na consideração de diversos elementos apresentados muitas vezes independentes, o que permite o diálogo e a comparação entre diferentes estudos. De acordo com o DSM-IV, o quadro de enurese é estabelecido a partir de quatro critérios diagnósticos:

1. eliminação involuntária ou voluntária de urina durante o dia ou à noite na cama ou nas roupas;
2. frequência mínima de duas vezes por semana pelo menos por três meses ou, então, que cause um sofrimento ou prejuízo significativo no funcionamento social, acadêmico ou outras áreas importantes na vida do indivíduo;

3. idade cronológica ou mental mínima de 5 anos e
4. não associada a efeitos diretos de substâncias (como diuréticos) ou a uma condição médica, como espinha bífida ou diabete.

Apesar de o primeiro dos critérios do DSM-IV incluir a eliminação voluntária de urina, a maioria dos clínicos considera que a enurese é um ato involuntário que ocorre durante o sono (Butler, 2004).

Outros critérios para a definição do quadro de enurese são apresentados pela International Children's Continence Society-ICCS (Nevéus et al., 2006):

a) micção normal em local ou hora inadequada,
b) em idade superior a 5 anos,
c) com frequência de pelo menos uma vez ao mês e
d) em grande quantidade de urina, uma vez que pequenas quantidades podem indicar outros problemas.

Histórico e classificação

A enurese é um dos transtornos infantis com maior quantidade de estudos na literatura especializada, o que conduziu a uma compreensão mais ampla do fenômeno.

As classificações da enurese são baseadas no momento em que o transtorno ocorre na vida do indivíduo e na frequência de episódios de "molhadas" em uma mesma noite. Desse modo, ela pode ser classificada em: primária – no caso de a criança nunca ter apresentado um período de continência – ou secundária – no caso de a continência já ter sido verificada apenas por um período; e simples – apenas um episódio de "molhada" – ou múltipla – mais de um episódio por noite. No DSM-IV (American Psychiatric Association, 2002), não há clara especificação do período de continência que permite a distinção entre enurese primária e secundária. Nevéus e colaboradores (2006) indicam que um período de seis meses é o suficiente para tal distinção.

Além dessas classificações, nos últimos anos, tem sido ressaltada a importância de se distinguir diferentes tipos de enurese com relação à sua manifestação clínica. Há evidência de que crianças que apresentam sintomas concomitantes do trato urinário inferior, além dos escapes urinários noturnos, diferem do ponto de vista clínico, terapêutico e de patogenia de crianças portadoras de enurese sem esses sintomas (Nevéus et al., 2006). Por isso, recomenda-se o uso da subdivisão: enurese sem outros sintomas de disfunção do trato urinário inferior (EN monossintomática – ENM) e enurese acompanhada de outros sintomas do trato urinário inferior, como frequência de micção aumentada ou diminuída, incontinência diurna, urgência, hesitação, esforço miccional, jato urinário fraco ou intermitente, manobras de contenção, sensação de esvaziamento incompleto, gotejamento pós-miccional e dor genital (EN não monossintomática – ENNM). Neste trabalho, as classificações seguirão àquelas apresentadas no documento de padronização proposto por Nevéus e colaboradores (2006).

Prevalência e curso

A falta de consenso com relação aos parâmetros de definição da enurese repercute diretamente sobre a questão da prevalência do problema.

Uma pesquisa recente (Butler, Golding, Northstone e ALSPAC Study Team, 2005) indicou que 20,2% dos meninos e 10,5 % das meninas de 7,5 anos "molhavam" suas camas pelo menos uma vez por semana – frequência mínima definida pela ICCS – e apenas 3,6% dos meninos e 1,6% das meninas o faziam em frequência definida pelo DSM-IV – duas vezes por semana, pelo menos.

No Brasil, não há estudos epidemiológicos que permitam identificar de modo mais acurado a real prevalência do transtorno.

Dois estudos cujo interesse de investigação é o de prevalência em amostras específicas, demonstram contradições semelhantes às já comentadas. Estudo de Schoen-Ferreira, Marteleto, Medeiros, Fisberg e Aznar-Farias (2007) reporta que 11,3% das crianças entre 7 e 10 anos, 6,6% entre 11 e 14 anos e 1,8% entre 15 e 18 anos apresentam escapes de urina, segundo o relato de pais – preenchimento de um inventário sobre comportamentos da infância e da adolescência cuja mensuração do fenômeno se dava apenas em termos "às vezes" e "frequentemente". Por sua vez, Mota, Victora e Hallal (2005), indicam que 20,1% dos meninos e 15,1% das meninas de 9 anos, da região de Pelotas apresentam enurese, segundo os critérios do ICCS.

A diminuição da prevalência a partir do aumento da idade pode ser compreendida em função da remissão espontânea do problema. Hjalmas e colaboradores (2004) indicam que 14% das crianças entre 5 e 9 anos e 16% entre 10 e 19 anos param de molhar a cama sem tratamento. Há indícios de que a possibilidade de remissão pelo aumento da idade relaciona-se, ainda, à frequência de episódios de "molhadas", sendo mais provável em crianças que apresentam até dois episódios por semana (Butler e Heron, 2008). Desse modo, o tratamento torna-se imprescindível especialmente àqueles que apresentam muitos "escapes" por semana. Recente estudo brasileiro indicou que mais de 70% das crianças com enurese e 50% dos adolescentes encaminhados para tratamento em um centro de atendimento para EN apresentam mais de cinco episódios semanais (Emerich, Sousa e Silvares, no prelo), o que indica a importância do tratamento.

Hipóteses etiológicas

Admite-se, atualmente, que a enurese é um transtorno heterogêneo, de modo que nenhum fator causal único é universalmente válido. Von Gontard, Schaumburg, Hollman, Eiberg e Rotting (2001) indicam que o transtorno é causado principalmente por uma base genética, modulada por aspectos maturacionais, fisiológicos, psicossociais e ambientais.

Fatores genéticos

Um número crescente de estudos genéticos vem sendo apresentado na literatura internacional apontando o histórico familiar como importante variável na predisposição ao quadro. Segundo Bailey e colaboradores (1999), aproximadamente 65% dos indivíduos com enurese têm pelo menos um dos pais que também apresentou o quadro na infância e/ou na adolescência, contra apenas 25% dos indivíduos que não têm enurese. Evidências genéticas são reforçadas, ainda, por estudos de gêmeos que revelam maior concordância entre monozigóticos do que dizigóticos (Ooki, 1999).

Atraso maturacional

Apoiando-se em estudos prévios, Butler (2004) coloca que as crianças com enurese apresentam um déficit maturacional do sistema nervoso central que as prejudica no controle das contrações da bexiga e responsividade ao seu enchimento. Sugere, ainda, que o ritmo circadiano de secreção de AVP, que não se encontra totalmente maduro em crianças de até 4 anos, apresenta-se em atraso.

Fatores fisiopatológicos

Butler e Holland (2000) reuniram elementos desses quatro aspectos e propuseram um modelo conceitual, derivado de evidências empíricas, que foi nomeado de "modelo dos três sistemas". Tal modelo é apresentado a seguir:

1. Déficit na secreção de AVP (poliuria noturna).
   Esta hipótese aponta a deficiência na liberação circadiana de hormônio antidiurético como possível causa de enurese, uma vez que resultaria em uma produção noturna de urina superior à capacidade da bexiga. O fato de a administração de vasopressina sintética diminuir a incidência de noites "molhadas" reforça tal hipótese (Hansen e Jorgersen, 1997).

2. Dificuldades no sono e despertar.
   Como muitas crianças controlam a urina durante o dia e têm episódios de "molhadas" apenas durante a noite, "sono pesado" é a hipótese mais frequente entre pais de crianças com o transtorno. Butler (2004) explica, contudo, que não se trata da profundidade do sono, mas da incapacidade de a criança discriminar e responder aos sinais da bexiga cheia durante o sono. Por isso, ele nomeia este fator de "disfunção no mecanismo de despertar". Igualmente, contrariando a crença dos pais, recente pesquisa que avaliou a relação entre sono e funcionamento da bexiga demonstrou por meio de polissonografia que os portadores de enurese apresentam sono mais superficial quando comparado a controles sem enurese, embora não acordem antes de começar a eliminar urina (Yeung, Diao e Sreedhar, 2008). A hipótese é que os sinais da bexiga hiperativa perturbam o sono e que os limiares da excitação são paradoxalmente aumentados nas crianças portadoras de enurese, a fim de preservar a integridade do sono.

3. Hiperatividade detrussora.
   Esta última hipótese considera haver um padrão anormal nas respostas que envolvem o músculo detrussor da bexiga, caracterizado por contrações involuntárias que resultam na micção (Houts, 1991). Crianças não portadoras de enurese respondem ao enchimento da bexiga com contração do esfíncter e inibição das contrações involuntárias do detrussor, o que lhes permite continuar o sono ou acordar quando a bexiga está cheia. Em

crianças portadoras de enurese o estímulo de enchimento da bexiga acompanha a resposta de relaxamento da musculatura pélvica e contração do detrussor, o que resulta na micção.

Fatores psicossociais de risco

A identificação de fatores genéticos envolvidos e, principalmente, a evidência crescente de anormalidades fisiológicas no quadro de enurese têm dominado o interesse dos estudos etiológicos, de modo que a influência dos aspectos psicossociais apresenta-se como campo pouco explorado. Butler (2004), em seu estudo teórico de enurese, relatou maior associação entre enurese e baixo nível socioeconômico, famílias numerosas e problemas de comportamento associados. Além disso, sabe-se também que essas características estão também associadas a piores resultados no tratamento e à desistência dele (Sousa, 2007). Nesse sentido, tais famílias são consideradas de risco para a persistência do problema e para outros problemas frequentemente associados à EN – implicações comportamentais/emocionais já reportadas.

Esta última relação, sobretudo, é a mais abordada na literatura. Muitos estudos demonstram maior taxa de problemas de comportamento em crianças com enurese comparada à de crianças controle, sendo, contudo, significativamente menor quando comparada a amostras clínicas (Friman, Handewerk, Swearer, McGinnis e Warzak, 1998; Santos e Silvares, 2006). Baeyens, Roeyers, Walle e Hoebeke (2005), em uma revisão da literatura sobre problemas de comportamento em crianças com enurese, encontraram, na maior parte dos estudos, mais problemas de comportamento em crianças com enurese do que controles. Autores sugerem que tais problemas são muitas vezes efeitos da enurese e não sua causa, o que a faz ser concebida como um problema primário (Houts, 1991; Redsell e Collier, 2001).

Comorbidade[1]

Uma vez que os aspectos biológicos tendem a ser vistos como os principais determinantes na deflagração da enurese, os problemas de comportamento que por vezes atuam conjuntamente com esse transtorno são considerados como moderadores por diminuírem a probabilidade de sucesso no tratamento.

Para Arantes (2007), a presença de problemas de comportamento não implicou diferenças no resultado do tratamento, mas sim na aquisição do sucesso. As curvas de frequência dos episódios de "molhadas" de crianças com EN associadas a problemas de comportamento apresentaram-se menos regulares e com grandes oscilações quando comparadas às de crianças sem problemas de comportamento, estas com probabilidade de risco de sucesso significantemente maior. Outra diferença entre os dois grupos foi quanto à taxa de desistência do tratamento: tal como esperado, foi maior entre os participantes com problemas de comportamento

Ainda com base nessa linha de raciocínio, espera-se que o sucesso do tratamento da enurese seja acompanhado por uma melhora nos demais comportamentos do portador de enurese, o que é demonstrado nos estudos descritos a seguir.

Longstaffe, Moffatt e Whalen (2000), usando como instrumento o Inventário dos Comportamentos de Crianças e Adolescentes (Achenbach, 1991), encontraram mudança significativa nos escores da Escala de Internalização, Problemas Sociais, Problemas de Pensamento e Problemas de Atenção após seis meses de tratamento, independentemente do resultado e do tipo de tratamento oferecido (placebo, DDAVP e alarme). Resultados semelhantes foram encontrados por Pereira, Costa, Rocha, Arantes e Silvares (2009), que reportaram redução significativa tanto em problemas

---

[1] Maior detalhamento sobre essa seção pode ser encontrado no Capítulo 4 da Parte III deste livro, cuja discussão específica é sobre o tema das comorbidades.

de comportamento internalizantes quanto externalizantes, independente do resultado do tratamento.

Reportando associação entre redução de escores de problemas de comportamento e resultado do tratamento, HiraSing, van Leerdam, Bolk-Bennink e Koot (2002) encontraram, seis meses após tratamento de enurese com treino de cama seca (*dry bed training*), um declínio significativo no escore médio de problemas de comportamento totais, sendo a escala de internalização a mais sensível, com queda acentuada principalmente nos índices de Ansiedade/Depressão e Problemas de Atenção. Das crianças que apresentavam escores clínicos e limítrofes de problemas de comportamento, 58% pontuaram escores na faixa normal após tratamento bem-sucedido.

Tais dados corroboram a hipótese de que a enurese é um problema primário e de igual forma o fato de a psicoterapia isolada se mostrar ineficaz no tratamento de enurese (Mikkelsen, 2001).

Avaliação

Recomenda-se avaliação médica (realizada por um pediatra ou urologista) para todos os casos de enurese antes de qualquer avaliação psicológica, tendo em vista que, muitas vezes, a causa da ausência de controle da urina pode ser biológica, tendo relação, por exemplo, com infecção urinária (Christophersen e Mortweet, 2001) ou alguma complicação do trato urinário inferior (Zink, Freitag e von Gontard, 2008), sendo necessário cuidado médico especializado. Nestes casos, geralmente são realizados exames de urina, ultrassonografia e, em alguns casos mais severos, estudo urodinâmico. Só depois de eliminadas tais possibilidades é que se pode pensar em tratamento psicológico.

Quanto à avaliação comportamental, recomenda-se a aplicação de inventários (aos pais ou cuidadores) sobre os comportamentos da criança em geral, como os instrumentos do Sistema Achenbach de Avaliação Baseada em Evidências (ASEBA) (Achenbach e Rescorla, 2001) para análise de problemas de comportamento associados que podem merecer atenção prioritária ou manejo clínico em direção a impedir que concorram com a adesão ao tratamento de enurese proposto e análise específica da queixa como a Entrevista sobre Enurese (Blackwell,1989). Embora esta não seja derivada de manuais classificatórios como o DSM-IV ou ICCS, permite levantar uma série de questões que indicam a possibilidade de diagnóstico, classificação e fatores associados, como reações parentais.

Outros direcionamentos importantes são: o levantamento do histórico de evolução da enurese, conforme relato parental e a avaliação do impacto causado pelo transtorno na perspectiva da criança (Christophersen e Purvis, 2001). A rotina do protocolo de avaliação do Projeto Enurese supõe a análise das respostas de intolerância ao problema por parte dos pais, obtida pelas respostas que dão à Escala de Tolerância (Butler, Redfern e Forsythe,1993; Morgan e Young, 1975), como de fundamental importância, uma vez que maior intolerância associa-se a menor adesão ao tratamento de enurese (Morgan e Young, 1975).

Tratamentos

Tratamentos psicológicos e medicamentosos

Os tratamentos mais usuais para enurese são psicológicos e medicamentosos. Dentre os primeiros, incluem-se as intervenções comportamentais baseadas em reeducação dos hábitos de toalete e princípios de condicionamento, como o programa *dry bed training* e o alarme de urina, além de procedimentos como treino de bexiga, terapia motivacional e treino de controle de retenção que, em geral, associam-se ao uso do alarme de urina – único tratamento psicológico com eficácia baseada em evidência (Nevéus et al., 2006). Quanto aos tratamentos medicamentosos, os mais citados pela literatura incluem os antidepressivos tricíclicos (imipramina), anticolinérgicos (oxibutinina) e a versão sintética da vasopressina (desmopressima).

Independentemente desta distinção, ambas as modalidades de tratamento visam um ou mais destes elementos:

1. Tornar os sinais da bexiga cheia discrimináveis às crianças, acordando-as ou fazendo-as contrair os músculos pélvicos.
2. Aumentar a produção de vasopressina durante a noite, produzindo menor volume de urina.
3. Condicionar a contração dos músculos da região pélvica (esfíncter externo) pelo enchimento da bexiga ao relaxamento do detrusor, de modo a inibir a micção.
4. Aumentar a capacidade funcional da bexiga, possibilitando à criança reter uma maior quantidade de urina e postergar a micção, embora não haja consenso quanto à sua importância na remissão do problema.

O mecanismo de ação que poderia dar indícios sobre os processos associados com o controle do esfíncter ainda permanece aberto a conjecturas. Atualmente, a hipótese de esquiva condicionada é a que se mantém (Lovibond, 1963). De acordo com ela, o alarme sonoro provocaria uma série de consequências aversivas, como ter a sensação de estar molhado, ser despertado do sono com um barulho, ter que levantar e trocar de roupa, etc. Desse modo, a criança aprenderia a evitar o disparo da campainha pelo despertar durante a noite para urinar no banheiro ou pela contração esfincteriana que lhe permitiria evitar o escape de urina e postergar a micção até o amanhecer. Ambas as alternativas só poderiam ser implementadas mediante a discriminação da sensação de bexiga cheia. Ou seja, o alarme auxiliaria os sinais da bexiga a assumir importância, de tal modo que a criança pudesse responder a eles com um daqueles comportamentos acima mencionados. A tal mecanismo associa-se o aumento da capacidade funcional da

bexiga, efeito do estabelecimento da capacidade de conter a urina (Taneli et al., 2003) e um aumento nos níveis de produção de vasopressina, supostamente devido ao estresse causado por acordar com o soar do aparelho (Butler et al., 2007; Houts, 1991).

Estudos nacionais que se reportam ao tratamento de enurese com o uso do alarme de urina reportam taxa de 67 a 87% de sucesso dos casos tratados (Arantes, 2007; Costa, 2005; Pereira, 2006; Pereira, 2010; Silva, 2003).

Comparações entre intervenções psicológicas (notadamente o alarme de urina) e medicamentosas têm sido dificultadas pela diferença dos objetivos de cada terapêutica. Enquanto a grande maioria dos estudos com alarme baseia a avaliação de resultados na cura, isto é, na remissão completa da queixa, os estudos que avaliam a eficácia de medicamentos reportam seus resultados em termos de melhora, baseando-se na redução de frequência do número semanal de "molhadas" (Butler, 1998).

Dada a heterogeneidade etiológica da enurese, múltiplas combinações de intervenções vêm sendo investigadas, baseando-se na premissa de que diferentes fármacos atuam em diferentes sistemas envolvidos. Desse modo, pode haver diferentes combinações entre medicamentos e entre estes e o alarme de urina, a fim de aumentar o índice de sucesso das terapias no tratamento da enurese e beneficiar casos que se mostram resistentes (Silvares, Pereira e Sousa, no prelo).

ENCOPRESE

Definição e critérios diagnósticos

A encoprese é definida como a passagem de fezes em locais inapropriados, tais como as roupas ou o chão, tanto involuntária quanto intencionalmente. Os dois principais conjuntos de normas para o diagnóstico da encoprese foram propostos pela Associação Psiquiátrica Americana, no DSM-IV (2004), e pelo Rome Working Team (RWT), no critério pediátrico Roma-III para distúrbios gastrointestinais funcionais (Rasquin et al., 2006). São critérios bastante diversos, tendo sido o primeiro proposto por médicos psiquiatras e o segundo por médicos especialistas, isto é, gastroenterologistas pediátricos. Dessa forma, o primeiro dentre os critérios, o DSM-IV, trata diretamente da encoprese, fazendo menção expressa a seus dois subtipos: a encoprese retentiva e a encoprese não retentiva, enquanto o segundo, o Roma III, apresenta dois quadros clínicos distintos: a constipação intestinal e a incontinência fecal, e deixa de empregar o nome "encoprese". A incontinência fecal é, portanto, analisada ora como um sintoma associado à constipação intestinal (encoprese retentiva), ora como um quadro isolado de outros sintomas (encoprese não retentiva).

De acordo com o DSM-IV, a encoprese retentiva é caracterizada por "constipação intestinal e incontinência fecal", enquanto a não retentiva pela ausência dessas mesmas características. A encoprese é diagnosticada a partir dos 4 anos, ou estágio do desenvolvimento equivalente, quando ocorre com frequência de um episódio por mês, por período de pelo menos três meses, com a ressalva de que o quadro não seja um efeito fisiológico direto do uso de uma substância ou de uma condição médica.

Já de acordo com o critério Roma-III, para que se caracterize a constipação intestinal funcional, em que a incontinência fecal é apresentada como um sintoma associado, é preciso que ocorram:

1. duas ou menos evacuações por semana por ao menos dois meses;
2. que o paciente evite evacuar contraindo os músculos da pelve propositalmente, adotando uma postura retentiva;
3. que possua uma história de evacuações dolorosas;
4. que a presença de massa fecal no reto seja confirmada;
5. que possua uma história de fezes que entopem o vaso sanitário e que,

6. como sintomas associados, apresente ao menos um episódio de incontinência fecal por semana.

Para que se caracterize a incontinência fecal não retentiva é necessário que ocorra ao menos um episódio por mês, sem evidência de constipação fecal ou processo infamatório, anatômico ou metabólico que explique os sintomas. Os critérios devem ser preenchidos por pelo menos dois meses antes do diagnóstico e, assim como o exigido pelo critério do DSM-IV, a criança deve ter ao menos 4 anos para ser diagnosticada.

Dessa forma, enquanto o DSM-IV faz uso para o diagnóstico de, principalmente, dados relativos à frequência e à duração de ocorrência dos episódios de incontinência fecal, o Roma-III considera também outros aspectos, inclusive comportamentais. Ainda que o DSM-IV seja o critério mais referido na literatura sobre encoprese, para diagnóstico e escolha de tratamento adequado para a encoprese parece interessante o uso combinado dos dois critérios.

Ainda, alguns autores sugerem uma maior flexibilidade nos critérios diagnósticos da encoprese; tornando possível o acesso ao tratamento para crianças de pelo menos 3 anos que apresentem episódios com regularidade suficiente para causar consequências sociais e emocionais moderadamente negativas, semelhante ao que já é estabelecido para a enurese pelo próprio DSM-IV.

Histórico e classificação

Ainda que a encoprese seja um transtorno relativamente comum na infância, quando se considera o progresso ocorrido em termos da sua compreensão e seu tratamento nos últimos anos, pode-se dizer que, em relação à enurese, ele tenha sido bastante menos substancial (Mikkelsen, 2001). De fato, há consideravelmente menos estudos publicados sobre a encoprese, o que, de acordo com Mikkelsen, muito provavelmente decorre da maior prevalência da enurese.

A primeira classificação apontada na literatura para a encoprese é a distinção entre encoprese primária e encoprese secundária – distinção comum ao quadro de enurese: crianças que nunca alcançaram o controle fecal apropriado são diagnosticadas como encopréticas primárias, enquanto aquelas que desenvolveram a encoprese após um período de controle fecal são diagnosticadas como encopréticas secundárias. Ainda que tenha sido recentemente excluída do critério diagnóstico DSM-IV, esta distinção tem sua importância clínica (Mellon e Houts, 1995), pois permite diferenciar crianças que nunca obtiveram o controle do esfíncter anal daquelas que, por um tempo determinado, apresentaram tal controle e, por algum motivo a ser investigaram, perderam-no.

A distinção com implicações mais significativas ao diagnóstico e ao tratamento do transtorno é, sem dúvida, a estabelecida entre encoprese retentiva e encoprese não retentiva. Na encoprese retentiva a passagem de fezes está sempre associada a um quadro de constipação intestinal e incontinência fecal dela resultante, enquanto na encoprese não retentiva a constipação intestinal não é identificada.

Prevalência e curso

Verifica-se, assim como no caso da enurese, que a prevalência de encoprese diminui com a idade/a passagem do tempo, o que pode ser atribuído tanto à ocorrência de remissão espontânea, quanto à realização de tratamentos. Um dos possíveis cursos da encoprese é a remissão espontânea, o outro, a manutenção do quadro e a intensificação dos problemas dele derivados.

O tratamento da encoprese engloba, geralmente, diversos procedimentos médicos e comportamentais que, para chances efetivas de sucesso, devem ser conjugados em direção a uma intervenção ampla e multidirecionada. Parece que, assim como ocorre para a enurese, a família disposta a colaborar com o tratamento tem um melhor prognóstico. Dentre os fatores preditores de sucesso, de acordo com Loening-Bauke (2004), o único com significância estatística é o diagnóstico de encoprese secundária, isto é, que a criança, por algum tempo em sua vida, tenha adquirido o controle fecal.

Hipótese etiológica

O funcionamento normal do sistema gastrointestinal, de acordo com Mellon e Houts (1995), envolve uma relação complexa entre funções fisiológicas e comportamentos aprendidos. Dessa forma, na encoprese funcional – um transtorno em que a anatomia do paciente está preservada – uma função fisiológica é prejudicada por causas não orgânicas.

Os movimentos peristálticos responsáveis pelo transporte do bolo fecal ocorrem aproximadamente de uma a duas vezes ao dia, em especial após as refeições. O bolo fecal é transportado desde o cólon ascendente, através do cólon transverso, cólon descendente e cólon sigmoide até o reto. Uma vez que o bolo fecal tenha atingido o reto – de tecido de consistência bastante elástica – lá fica depositado até o momento da evacuação. A velocidade desse processo é determinada pela motilidade do intestino delgado: nos casos extremos, maior motilidade leva à diarreia, enquanto menor motilidade, à constipação intestinal. A motilidade do sistema digestivo, entre outros fatores, é função da ingestão apropriada de fibras e de água. A encoprese retentiva ou os episódios de incontinência fecal, como já discutido anteriormente, é apontada por muitos autores como um resultado direto da constipação intestinal crônica. Quando uma criança deixa de evacuar com regularidade, as fezes ficam depositadas no reto, tornando-se cada vez mais ressequidas (no reto ocorre a absorção de água das fezes). Evacuar fezes ressequidas é um processo doloroso. A criança com constipação intestinal crônica se esquiva/foge de ir ao banheiro. A resposta de reter as fezes (postura retentiva), dessa forma, é adquirida através de reforçamento negativo.

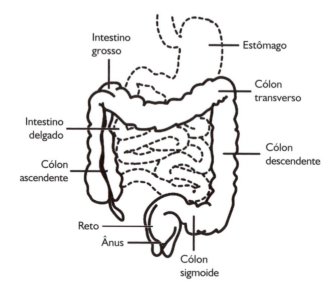

FIGURA 42.1

Representação anatômica do sistema digestivo.

A criança deve aprender a identificar, de acordo com McGrath, Mellon e Murphy (2000), os locais "apropriados" e "inapropriados" para evacuar. Além disso, deve aprender a ficar sob controle dos efeitos produzidos pela distensão do tecido do reto: o aumento dos movimentos peristálticos e o relaxamento reflexo da musculatura esfincteriana anal externa (EAS) de duração aproximada de 25 segundos, bem como da passagem das fezes da porção superior do reto para a porção inferior, o que produz a sensação de urgência de evacuar. Quando as fezes estão depositadas no reto, o processo de evacuar deixa de ser totalmente reflexo e passa a ficar sob controle operante. O processo de evacuar envolve uma cadeia de comportamentos complexa, indispensável à aquisição do controle fecal: a criança deve ter as habilidades necessárias para se despir; ser capaz de contrair a musculatura abdominal e "fazer força" para expelir as fezes e até mesmo deve aprender a limpar-se de maneira adequada (McGrath, Mellon e Murphy 2000). Os autores afirmam ainda que o padrão de contrair a musculatura esfincteriana anal externa (EAS) – paradoxalmente, em vez de relaxá-la no momento da evacuação pode ser um comportamento aprendido pelas crianças encopréticas retentivas, em resposta à dor sentida nas evacuações anteriores ou nas tentativas de controlar essa musculatura.

A encoprese não retentiva, por sua vez, resulta de um aprendizado inadequado da cadeia de comportamentos envolvida no processo de evacuação e da inabilidade da criança de ficar sob controle dos estímulos produzidos pela distensão do reto (aumento dos movimentos peristálticos; distensão esfincteriana e urgência de evacuar). Muitos autores apontam problemas emocionais como causas da encoprese não retentiva. É possível que a evacuação inadequada tenha algum tipo de função dentro da dinâmica familiar, sendo reforçada de alguma forma pelos pais.

Dessa forma, pode-se afirmar que há cada vez mais evidências de que o estilo de vida, a dieta alimentar e os fatores emocionais, cognitivos, comportamentais e psicossociais mais abrangentes tenham um papel importante na etiologia, na manutenção e no tratamento clinicamente efetivo da encoprese (Culbert e Banez, 2007).

Fatores de risco

Fishman, Rappaport, Coisneau e Surko (2002), ao investigar os fatores que predispõem à encoprese, encontraram em avaliações clínicas iniciais de 411 crianças portadoras tanto de encoprese primária quanto de secundária que, nos dois primeiros anos de vida, eram menos comuns que o esperado: a dificuldade de evacuar, o tratamento prévio para constipação intestinal e o início precoce do treino de toalete. Segundo esses autores, a constipação intestinal e a dor ao evacuar são parte da causa – mas não a causa – da encoprese (já que muitas crianças não apresentam estes fatores de predisposição).

As estimativas da incidência de encoprese funcional, de acordo com Mellon e Houts (1995), costumam variar muito. Não há estudos conclusivos sobre a prevalência da encoprese, mas, na literatura, ela é situada entre 0,5 e 10%. A maior parte dos autores ressalta que a encoprese é um problema clínico relativamente comum, ocorrendo entre 2 a 3% das crianças em idade escolar. A encoprese ocorre com mais frequência entre as crianças do sexo masculino, sendo verificada de duas a quatro vezes mais em meninos que em meninas (van der Wal, Beninga e Hirasing, 2005). Ainda de acordo com Mellon e Houts (1995), das crianças diagnosticadas encopréticas, 75% são "retentivas" em oposição a "não retentivas", sendo que mais de 80% das crianças diagnosticadas encopréticas têm um histórico de constipação intestinal e de evacuações dolorosas (Borowitz, Cox, Sutphen e Kovatchev, 2002) – características desse subtipo de encoprese.

Avaliação

Tal como para casos de enurese, em que se faz necessária a avaliação médica e psicológica, a avaliação da encoprese deve ser realizada por equipe multidisciplinar. Caberá ao médico especialista avaliar o histórico do paciente, tendo em vista o funcionamento do sistema gastrointestinal e, uma vez relatados episódios de encoprese, através de um exame físico, verificar a presença de fezes depositadas no reto, que indicariam constipação intestinal e, consequentemente, encoprese retentiva. Caso as fezes não sejam identificadas no exame, não se exclui a possibilidade de constipação intestinal, uma vez que a sua eliminação possa ter ocorrido fortuitamente imediatamente antes do exame seja de forma natural, ou através de uso de laxantes ou de lavagem. Uma vez que a constipação intestinal seja relatada pelos pais ou pelo paciente, um novo exame deverá ser realizado. Caberá ao médico, ainda, avaliar a coordenação muscular dos esfíncteres do paciente, identificando o padrão de contrair a musculatura esfincteriana anal externa (EAS) – paradoxalmente no momento da defecação em vez de relaxá-la.

Ao terapeuta comportamental caberá, por sua vez, investigar os episódios encopréticos em termos de frequência e possíveis padrões temporais de ocorrência, bem como das possíveis funções que este e os comportamentos a ele relacionados possam ter adquirido. O terapeuta comportamental deve também avaliar o repertório do paciente em relação às diferentes modalidades de tratamento, obtendo, dessa forma, uma boa medida de adesão.

Tratamentos

A encoprese funcional é um problema biocomportamental e, como tal, deve ser tratada por uma equipe mutidisciplinar. Dessa forma, ao longo do tratamento da encoprese, tanto os aspectos fisiológicos da constipação intestinal e da incontinência de fezes quanto os aspectos comportamentais devem ser abordados (Mellon e Houts, 1995).

Uma vez que 80% das crianças encopréticas têm história de constipações intestinais e de evacuação dolorosa, o tratamento médico para a encoprese compreende o uso prolongado de laxantes – garantia de fezes pastosas, frequentes e que não provoquem dor ao serem defecadas (Borowitz, Cox, Stutphen e Kovatchev, 2002). De acordo com os autores, o objetivo deste tipo de tratamento é o de estabelecer hábitos de evacuação regulares e diminuir os episódios de incontinência fecal.

Muitos procedimentos comportamentais têm sido usados em conjunto com modificações na dieta e uso de laxantes. Isso porque sem que a constipação de fezes no reto e no cólon tenha sido tratada, as intervenções comportamentais não podem ter efeito (Mellon e Houts, 1995).

Os tratamentos indicados pela literatura sobre encoprese, de acordo com McGrath, Mellon e Murphy (2000) podem ser divididos em três grupos: as intervenções médicas; as intervenções comportamentais; as intervenções de *biofeedback*. Dentre as intervenções médicas estão: a dissipação colonômica (lavagem intestinal/uso de supositórios); a terapia laxativa que produza ao menos uma evacuação por dia sem a ocorrência de dor (laxantes; purgantes); a prevenção da formação de acúmulo de fezes no reto; a manipulação da dieta (aumento na ingestão de fibras e de água) e o aumento da prática de exercícios físicos.

Dentre as intervenções comportamentais estão: as instruções sobre a psicofisiologia da constipação intestinal e da encoprese; o treino de toalete (com muitas variações); o treino discriminativo; o treino de controle esfincteriano; o reforçamento positivo de idas espontâneas ao banheiro; o reforçamento positivo das evacuações/roupas de baixo limpas; e a dessensibilização do banheiro.

As intervenções do tipo *biofeedback* consistem no uso de um sensor eletromiográfico, conectado a um computador que, através de jogos eletrônicos, ensina a criança a relaxar a musculatura esfincteriana anal externa (EAS), em vez de, paradoxalmente, contraí-la, fortalecendo assim a musculatura EAS e treinando contração e relaxamento.

Borowitz, Cox, Stutphen e Kovatchev (2002) distribuíram de forma randomizada 87 crianças em três grupos de tratamento. O primeiro grupo recebia tratamento médico; o segundo, tratamento médico e integrava um programa de intervenção comportamental; e o terceiro recebia tratamento médico, integrava um programa de intervenção comportamental e ainda um *biofeedback* da musculatura esfincteriana anal externa. Apesar de as crianças dos três grupos de tratamento terem apresentado um aumento estatisticamente significativo no número de evacuações e uma diminuição também estatisticamente significativa no número de "acidentes" ou incontinências fecais, o grupo que obteve o maior sucesso foi o segundo, em que as crianças receberam tratamento médico e integraram um programa de intervenção comportamental. As crianças do segundo grupo atingiram esse efeito fazendo uso de menos laxante e em menos tempo de tratamento.

Culbert e Banez (2007) apontam ainda alguns tratamentos alternativos, tais como estratégias de relaxamento, hipnose e manejo de estresse, uso de ervas, probióticos e medicina funcional, massagem, manipulação quiroprática, estimulação elétrica nervosa, reflexologia, acupuntura e homeopatia. Algumas crianças e adolescentes, segundo o autor, podem se beneficiar dessas estratégias, uma vez que obtenham sucesso apenas parcial através das formas de tratamento convencional.

CONSIDERAÇÕES FINAIS

Nota-se que os transtornos apresentam similaridades importantes, como

a) ausência de critérios diagnósticos únicos e amplos, com repercussão direta na prevalência;
b) distinções na manifestação temporal e/ou sintomática, possibilitando diversas classificações;
c) sexo masculino, idade escolar e menor nível socioeconômico como fatores de risco;

PSICOTERAPIAS COGNITIVO-COMPORTAMENTAIS: UM DIÁLOGO COM A PSIQUIATRIA

d) avaliação médica prioritária e psicológica;

e) tratamentos médicos e/ou comportamentais, devido à contundência dos achados da literatura que apontam eficácia;

f) necessidade de pesquisas futuras sobre variáveis intervenientes na deflagração, manutenção dos transtornos e sua cura.

Esse último item conduz, sobretudo, às investigações sobre variáveis mediadoras e moderadoras dos tratamentos postos em foco. Com relação à enurese, um maior número de estudos nesta direção são encontrados, uma vez que já se desviou da atenção de estudos de eficácia e efetividade, dirigindo-se o foco às implicações de problemas de comportamento nos resultados do tratamento. Conforme Neveús e colaboradores (2010) colocam as comorbidades têm, frequentemente, um papel central tanto na patogênese quanto na manutenção de casos refratários da enurese, um caminho que começa a ser trilhado nessa direção é o de análise do tratamento de enurese em casos com comorbidades psiquiátricas – problemas de comportamento claramente definidos e delimitados por manuais classificatórios.

No tocante específico da encoprese, faz-se necessário maior avanço nessa direção, de modo a clarificar as implicações dos problemas de comportamento na gênese e na manutenção do transtorno.

REFERÊNCIAS

Achenbach, T. M. (1991). *Integrative guide for the 1991 CBCL/4–18, YSR, and TRF Profiles*. Burlington: University of Vermont.

American Psychiatric Association (2002). *Manual diagnóstico e estatístico de transtornos mentais*. Porto Alegre: Artmed.

Arantes, M. C. (2007). *Tratamento comportamental com uso do alarme de urina para enurese noturna primária: Uma comparação entre crianças com e sem outros problemas de comportamento*. Dissertação de mestrado não-publicada. Instituto de Psicologia, Universidade de São Paulo, São Paulo.

Baeyens, D., Roeyers, H., Walle, J. V., & Hoebeke, P. (2005). Behavioral problem and attention-deficit hyperactivity disorder in children with enuresis: a literature review. *European Journal of Pediatric, 164*, 665-672.

Bailey, J. N., Ornitz, E. M., Gehricke, J. G., Gabikian, P., Russell, A. T., & Smalley, S. L. (1999). Transmission of primary nocturnal enuresis and attention deficit hyperactivity disorder. *Acta Pediatric, 88*, 1364-8.

Blackwell, C. (1989). *A guide to enuresis: A guide to a treatment of enuresis for professionals*. Bristol: Enuresis Resource and Information Center.

Borowitz, S. M., Cox, D.J., Sutphen, J. L., Kovatchev, B. (2002). Treatment of childhood encopresis: A randomized trial comparing three treatment protocols. *Journal of Pediatric Gastroenterology and Nutrition, 34*, 378-384.

Bragado, C. A. (1998) *Encopresis*. Madrid: Pirâmide.

Butler, R. J. (1994). *Nocturnal enuresis: the child's experience*. Oxford: Butterworth-Heinemann.

Butler, R. J. (2004). Childhood nocturnal enuresis: developing a conceptual framework. *Clinical Psychology Review, 24*, 909-931.

Butler, R. J., Golding, J., Northstone, K., & ALSPAC Study Team (2005). Nocturnal enuresis at 7.5 years old: Prevalence and analysis of clinical signs. *British Journal of Urology International, 96*(3), 404-410.

Butler, R. J., & Heron, J. (2008). The prevalence of infrequent bedwetting and nocturnal enuresis in childhood. A large British cohort. *Scandinavian Journal of Urology and Nephrology, 42,* 257-264.

Butler, R. J., & Holland, P. (2000). The three systems: A conceptual way of understanding nocturnal enuresis. *Scandinavian Journal of Urology and Nephrology, 34*(4), 270-277.

Butler, R. J., Holland, P., Gasson, S., Norfolk, L., & Penney, M. (2007). Exploring potential mechanisms in alarm treatment for primary nocturnal enuresis. *Scandinavian Journal of Urology and Nephrology, 41*(5), 407-413.

Butler, R.J.; Redfern, E. J., & Forsythe, I. (1993). The maternal tolerance scale and nocturnal enuresis. *Behaviour Research and Therapy, 31*(4), 433-436.

Christophersen, E. R., & Mortweet, S. L. (2001). *Treatments that work with children: Empirically supported strategies for managing childhood problems*. Washington, DC: APA.

Costa, N. J. D. (2005). *A enurese noturna na adolescência e a intervenção comportamental em grupo x individual com uso de aparelho nacional de alarme*. Dissertação de mestrado não-publicada.

Instituto de Psicologia, Universidade de São Paulo, São Paulo.

Cox, D. J., Ritterband, L. M., Quillian, W., Kovatchev, B., Morris, J., Sutphen, J., et al. (2003). Assessment of behavioral mechanisms maintaining encopresis: Virginia Encopresis-Constipation Apperception Test. *Journal of Pediatric Psychology, 28*(6), 375-382.

Culbert, T. P., & Banez, G. A. (2007). Integrative approaches to childhood constipation and encopresis. *Pediatric Clinics of North America, 54*, 927-947.

Emerich, D. R., Sousa, C. R. B., & Silvares, E. F. M. (no prelo). Estratégia de enfrentamento parental e perfil clínico e sócio-demográfico de crianças e adolescentes enuréticos. *Revista Brasileira de Crescimento e Desenvolvimento Humano.*

Friman, P. C., Handewerk, M. L., Swearer, S. M., McGinnis, J. C., Warzak, W. J. (1998). Do children with primary nocturnal enuresis have clinically significant behavior problems? *Acta Pediatric Adolesce Med, 152*, 537-539.

Fergusson, D. M., & Horwood, L. J. (1994). Nocturnal enuresis and behavioral problems in adolescence: a 15 years longitudinal study. *Paediatrics,* 94, 662-667.

Fishman, L., Rappaport, L., Cousineau, D., & Nurko, S. (2002). Early constipation and toilet training in children with encopresis. *Journal of Pediatric Gastroenterology and Nutrition, 34,* 385-388.

Hansen, A. F., & Jorgensen, T. M. (1997). A possible explanation of wet and dry nights in enuretic children. *British Journal of Urology, 80*, 809-811.

Henin A., Biederman J., & Mick E. (2007). Childhood antecedent disorders to bipolar disorder in adults: a controlled study. *Jounal of Affect Disorder, 99*, 51-57.

Hirasing, R. A., Van Leerdam, F. J. M., Bolk-Bennink, L. F., & Koot, H. M. (2002). Effect of Dry Bed Training on behavioural problems in enuretic children. *Acta Paediatrica, 91*, 960-964.

Houts, A. C. (1991). Nocturnal enuresis as a biobehavioral problem. *Behavior Therapy, 22*, 133-151.

Loening-Baucke, V. (2004). Functional fecal retention with encopresis in childhood. *Journal of Pediatric Gastroenterology and Nutrition, 38*, 79-84.

Longstaffe, S., Moffatt, M., & Whalen, J. (2000). Behavioral and self-concept changes after six months of enuresis treatment: a randomized, controlled trial. *Pediatrics, 105*(4 Pt.2), 935-940.

Lovibond, S. H. (1963). The mechanism of conditioning treatment of enuresis. *Behavior Research Therapy, 1*, 17-21.

McGrath, K. H., Caldwell, P. H. Y., & Jones, M. P. (2008). The frequency of constipation in children with nocturnal enuresis: a comparison with parental reporting. *Journal of Paediatrics & Child Health. 44*(1-2), 19-27.

McGrath, M., Mellon, M. W., & Murphy, L. (2000). Empirically supported treatments in pediatric psychology: constipation an encopresis. *Journal of Pediatric Psychology, 25*(4), 225-254.

Mellon, M. W., & Houts, A. C. (1995). Elimination disorders. In Ammerman, R. T., & Hersen, M. (Org.). *Handbook of child behavior therapy in the psychiatric Setting.* Wiley-Interscience.

Mikkelsen E. J. (2001). Enuresis and encopresis: ten years of progress. *Journal of American Academy of Child Adolescence Psychiatry, 40* (10), 1146-58.

Morgan, R. T. T.; & Young, G. C. (1975). Parental attitudes and the conditioning treatment of childhood enuresis. *Behaviour Research and Therapy, 13,* 197-199.

Mota, D. M., Victora, C. G., & Hallal, P. C. (2005). Investigação de disfunção miccional em uma amostra populacional de crianças de 3 a 9 anos. *Jornal de Pediatria, 81*, 225-232.

Nevéus, T., Eggert, P., Evans, J., Macedo, A., Rittig, S., Tekgül, S., et al. (2010). Evaluation and treatment for monosymptomatic enuresis: a standardization document from the International Children's Continence Society. *The Journal of Urology, 183*(2), 441-447.

Nevéus, T., Von Gontard, A., Hoebeke, P., Hjälmas, K., Bauer, S., Bower, W., et al. (2006). The standardization of terminology of lower urinary tract function in children and adolescents: Report from the Standardisation Committee of the International Children's Continence Society. *Journal of Urology, 176*(1), 314-24.

Ooki, S. (1999). The genetic-epidemiologic analysis of nocturnal enuresis em childhood: estimation of genetic and environmental factors by means of covariance structure analysis. *Japanese Journal of Health and Human Ecology, 65*, 297-310.

Pereira, R. F. (2006). *A enurese noturna na infância e na adolescência – Intervenção comportamental com uso de aparelho nacional de alarme em grupo x individual.* Dissertação de mestrado não-publicada. Instituto de Psicologia, Universidade de São Paulo, São Paulo.

Pereira, R. F. (2010). Variáveis moderadoras da intervenção com alarme para enurese noturna. Tese de doutorado não-publicada. Instituto de Psicologia, Universidade de São Paulo, São Paulo.

Pereira, R. F., Costa, N. J., Rocha, M. M., Arantes, M. C., & Silvares, E. F. M. (2009). A terapia comportamental da enurese e os problemas de comportamento. *Psicologia: teoria e pesquisa*, 25(3), 419-413.

Rasquin, A., di Lorenzo, C., Forbes, D., Guiraldes, E., Hyam, J.S., Staiano, A., et al. (2006). Childhood functional gastrointestinal disordes: *Child/Adolescent. Gastroenterology, 130*, 1527-1537.

Redsell, S. A., & Collier, J. (2001). Bedwetting, behavior and self-steem: a review of the literature. *Child, Care, Health and Development, 27*(2), 149-162.

Santos, E. O. L., & Silvares, E. F. M. (2007). Crianças enuréticas e crianças encaminhadas para clínicas-escola: um estudo comparativo da percepção de seus pais *Psicologia: Reflexão e Crítica*, Porto Alegre, *19*, 277-282.

Sapi, M. C., Vasconcelos, J. S. P., Silva, F. G., Damião, R., & Silva, E. A. (2009). Avaliação da violência intradomiciliar na criança e no adolescente enuréticos. *Jornal de Pediatria, 85*(5), 433-443.

Schoen-Ferreira, T., Marteleto, M., Medeiros, E., Fisberg, M., & Aznar-Farias, M. (2007). Levantamento de enurese no município de São Paulo. *Revista Brasileira de Crescimento e Desenvolvimento Humano, 17*(2), 31-36.

Silva, R. P. (2004). *Enurese noturna monossintomática: intervenção comportamental em grupos de pais e em grupos de crianças com aparelho nacional de alarme.* Dissertação de mestrado não-publicada. Instituto de Psicologia, Universidade de São Paulo, São Paulo.

Sousa, C. R. B. (2007). Acompanhamento dos clientes inscritos no Projeto Enurese: Dos motivos de desistência ao seguimento após o tratamento. Relatório de pesquisa apresentada ao Programa de Bolsa Especial para Estudantes de Graduação da Universidade de São Paulo, São Paulo.

Silva, R. A. P., Facco, M. A., & Silvares, E. F. M. (2004). Enurese noturna infantil. Tratamento comportamental com aparelho de alarme e seguimento como controle de recaída: Estudo de caso. *Jornal Brasileiro de Psiquiatria, 53*(2), 113-122.

Silvares, E. F. M., Pereira, R. F., & Sousa, C. R. B. (no prelo). Evidências no Tratamento da enurese.

Sousa, C. R. B. (2007). Acompanhamento dos clientes inscritos no Projeto Enurese: Dos motivos de desistência ao seguimento após o tratamento. Relatório de pesquisa apresentada ao Programa de Bolsa Especial para Estudantes de Graduação da Universidade de São Paulo, São Paulo.

Sousa C. R. B., Emerich, D. R., Daibs, Y. S., & Silvares, E. F. M. (no prelo). Maternal Tolerance and nocturnal enuresis ia a Brazilian sample. *Journal of Paediatrics and Child Health*.

Taneli, C., Ertan, P., Taneli, F., Genc, A., Günsar, C., Sencan A., et al. (2004). Effect of alarm treatment on bladder storage capacities in monosymptomatic nocturnal enuresis. *Scandinavian Journal of Urology and Nephology, 38*, 207-210.

Van der Wal, M. F., Benninga, M. A., & Hirasing, R. A. (2005). The prevalence of encopresis in a multicultural population. *Journal of Pediatric Gastroenterology and Nutrition, 40*, 345-348.

Von Gontard, A., Shaumburg, H., Hollmann, E., Eiberg, H., & Ritting, S. (2001). The genetics of enuresis: a review. *The Journal of Urology, 166*, 2438-2443.

Warzak W. J. (1993). Psychological implications of nocturnal enuresis. *Clinical Pediatric, 32*, 38-40.

Yeung, C. K., Diao, M., & Sreedhar, B. (2008). Cortical arousal in children with severe enuresis. *The New England Journal of Medicine, 358*, 2414-2415.

Zink, S., Freitag, C.M., & Von Gontard, A. (2008). Behavioral comorbidity differs in subtype of enuresis and urinary incontinence. *Journal of Urology, 179*(1), 295-298.

43

Intervenção cognitivo-comportamental baseada no modelo de inclusão

Regina Bastos
Rosemeri Chaves Mendes
Kátia Rodrigues de Souza

INTRODUÇÃO

Os crescentes esforços de investigação em todos os domínios científicos relevantes da deficiência intelectual, especialmente na segunda metade do século XX, foram significativos. O desenvolvimento nas ciências básicas biomédicas e aquelas no campo sociocomportamental deram enormes contribuições a nossa compreensão de uma ampla gama de questões, incluindo prevenção, conceito, nomenclatura, etiologia, classificação, prevalência, saúde, educação e trabalho.

O presente trabalho visa a conscientização a respeito do valor que o modelo de inclusão educacional representa no atual contexto da educação brasileira, minimizando os preconceitos, as atitudes e as ações discriminatórias.

Este capítulo permitiu-nos relatar um estudo de caso longitudinal de deficiência intelectual, reforçando a importância de técnicas e intervenções cognitivo-comportamentais como ferramenta para a mudança significativa no desenvolvimento cognitivo, comportamental e emocional no Modelo de Inclusão.

As classificações diagnósticas atualmente em uso constam da décima revisão da Classificação Internacional de Doenças da Organização Mundial da Saúde (CID – 10) de 1992, do Manual Diagnóstico e Estatístico da Associação Americana de Psiquiatria (DSM-IV), de 1995 e da American Association on Mental Retardation (AAMR), de 2006. No CID-10 e no DSM-IV, os transtornos são definidos a partir de critérios operacionais, baseados na apresentação clínica.

Poderiam ser utilizados como ponto de partida para um diagnóstico acurado, por oferecerem categorizações objetivas, cabendo ao profissional de saúde mental prosseguir em sua investigação de todos os aspectos envolvidos na gênese e na manutenção do quadro e realizar a integração com os aspectos subjetivos, históricos, estruturais e contextuais. Na AAMR, o diagnóstico é caracterizado não apenas pelas limitações do funcionamento intelectual, se estendendo com igual relevância para o comportamento adaptativo, expresso nas habilidades adaptativas conceituais, sociais e práticas, compreendendo a deficiência dentro de um sistema multidimensional.

A Classificação Internacional de Doenças – CID (Organização Mundial de Saúde, 1993), em sua 10ª versão, estabelece que

> retardo mental é uma condição de desenvolvimento interrompido ou incompleto da mente, a qual é especialmente caracterizada por comprometimento de habilidades manifestadas durante o

período de desenvolvimento, que contribuem para o nível global de inteligência, isto é, aptidões cognitivas, de linguagem, motoras e sociais. O retardo pode ocorrer com ou sem qualquer outro transtorno mental ou físico ou ocorrer de modo independente.

Os graus de retardo mental são estimados por testes de inteligência padronizados, podendo ser complementados por escalas, avaliando a adaptação social em um dado ambiente. Estas medidas proporcionam uma indicação aproximada do grau de retardo mental. As habilidades intelectuais e a adaptação social podem mudar com o tempo, possibilitando mudanças com treinamento e reabilitação. O diagnóstico deve ser baseado nos níveis atuais de funcionamento.

Há classificação em quatro níveis de gravidade: F 70 – Retardo mental leve (QI 50 a 69); F 71 – Retardo mental moderado (QI 49 a 36); F 72 – Retardo mental severo (QI 35 a 20); F 73 – Retardo mental profundo (QI abaixo de 20).

A prevalência de transtornos mentais associados a retardo mental é três a quatro vezes maior do que na população em geral.

A idade e o modo de início dependem da etiologia e da gravidade do retardo mental, influenciado pela condição médica subjacente e por fatores ambientais.

Segundo a descrição do DSM-IV (1994), a característica essencial do Retardo Mental é quando o indivíduo tem um "funcionamento intelectual significativamente inferior à média (Critério A), acompanhado de limitações significativas no funcionamento adaptativo em pelo menos duas das seguintes áreas de habilidades: comunicação, autocuidado, vida doméstica, habilidades sociais, relacionamento interpessoal, uso de recursos comunitários, autossuficiência, habilidades acadêmicas, trabalho, lazer, saúde e segurança (Critério B). O início deve ocorrer antes dos 18 anos (Critério C)". Etiologias diferentes decorrem de vários processos patológicos que comprometem o sistema nervoso central (p. 30).

Quatro níveis de gravidade podem ser especificados, refletindo o atual nível de prejuízo intelectual:

- 317 – Retardo Mental Leve (QI entre 50-55 e 70) – 85%
- 318.0 – Retardo Mental Moderado (QI entre 35-40 e 50-55) -10%
- 318.1 – Retardo Mental Severo (QI entre 20-25 e 35-40) – 3% a 4%
- 318.2 – Retardo Mental Profundo (QI abaixo de 20 ou 25) – 1% a 2%
- 319 – Retardo Mental, gravidade não especificada

PREVALÊNCIA

A taxa de prevalência do Retardo Mental é de aproximadamente 1%, conforme estimativas. Entretanto, diferentes estudos relataram variadas taxas, dependendo das definições usadas, dos métodos de determinação da população estudada.

CURSO

O diagnóstico de Retardo Mental exige que o início do transtorno ocorra antes dos 18 anos. A idade e o modo de início dependem da etiologia e da gravidade do Retardo Mental. O retardo mais severo, especialmente quando associado a uma síndrome com fenótipo característico, tende a ser precocemente identificado (por exemplo, a síndrome de Down geralmente é diagnosticada ao nascer).

O atual modelo proposto pela AAMR, o Sistema 2002, consiste numa concepção multidimensional, funcional e bioecológica de deficiência mental, agregando sucessivas inovações e reflexões teóricas e empíricas em relação aos seus modelos anteriores. "Retardo Mental é uma incapacidade caracterizada por importantes limitações, tanto no funcionamento intelectual quanto no comportamento adaptativo, este expresso nas habilidades adaptativas conceituais, sociais e práticas, originando-se antes dos 18 anos" (Luckasson, 2002).

Habilidades intelectuais: A inteligência é entendida no Sistema 2002 como "capacidade mental geral", incluindo raciocínio, pensamento abstrato, compreensão de ideias complexas, facilidade de aprendizagem, inclusive das experiências vividas e a capacidade de planejar e de solucionar problemas. O funcionamento intelectual reflete, portanto, a capacidade para compreender o ambiente e reagir a ele adequadamente.

Corte de QI: "Desempenho pelo menos de dois desvios-padrão abaixo da média de um instrumento de avaliação apropriado, considerando o erro-padrão da mensuração para os instrumentos de avaliação específicos usados e as potencialidades e as limitações dos instrumentos" (Luckasson, 2002).

Os instrumentos que são recomendados para mensuração da inteligência são: Wechsler Intelligence Scale for Children – WISC-III; Wechesler Adult Intelligence Scale – WAIS-III; Stanford-Binet-VI e Kaufman Assesment Battery for Children.

COMPORTAMENTO ADAPTATIVO

a) Habilidades conceituais – relacionadas aos aspectos acadêmicos, cognitivos e de comunicação. São exemplos dessas habilidades: a linguagem (receptiva e expressiva); a leitura e a escrita; os conceitos relacionados ao exercício da autonomia.

b) Habilidades sociais – relacionadas à competência social. São exemplos dessas habilidades: a responsabilidade; a autoestima; as habilidades interpessoais; a credulidade e a ingenuidade (probabilidade de ser enganado, manipulado e alvo de abuso ou violência, etc.); a observância de regras, normas e leis; a precaução contra vitimização.

c) Habilidades práticas – relacionadas ao exercício da autonomia. São exemplos: as atividades de vida diária (alimentar-se e preparar alimentos; arrumar a casa; deslocar-se de maneira independente;

utilizar meios de transporte; tomar medicação; manejar dinheiro; usar telefone; cuidar da higiene e do vestuário); as atividades ocupacionais – laborativas e relativas a emprego e trabalho – e as atividades que promovem a segurança pessoal.

Os instrumentos que são recomendados para avaliação do comportamento adaptativo são: Vineland Adaptative Behavior Scales (VABS), AAMR Adaptative Behavior Scale (ABS), Scales of Independent Behavior (SIB-R), Comprehensive Test of Adaptative Behavior-Revised (CTAB-R) e Adaptative Behavior Assessment System (ABAS), não disponíveis com padronização brasileira.

Prevalência: Estudos têm mostrado que entre 1% e 3% dos norte-americanos têm retardo mental, dependendo de como eles são avaliados. Com base no escore de QI por si só, o percentual estaria perto de 3% (AAMR, 2002).

Classificação: pode ser classificado de várias maneiras – a partir da intensidade do apoio, da variação do QI, das limitações do comportamento adaptativo, da etiologia, das categorias de saúde mental, etc. (Luckasson, 2002).

TRATAMENTO DA DEFICIÊNCIA INTELECTUAL

O tratamento para indivíduos com deficiência intelectual não é específico, vem de diferentes abordagens, intervenções, modelos clínicos e educacionais.

Januzzi (1985) indica que no Brasil, desde 1600, os deficientes físicos já contavam com uma instituição especializada particular, em São Paulo, junto à Santa Casa de Misericórdia. A educação e o atendimento do indivíduo com deficiência tiveram seu começo no século XIX, com a criação de duas escolas residenciais para deficientes visuais e deficientes auditivos, em 1854 e 1857, respectivamente, Instituto Benjamin Constant e Instituto Nacional de Educação de Surdos –

INES. Para os deficientes mentais mais graves, com problemas médicos, foi criada uma instituição em Salvador, vinculada ao Hospital Juliano Moreira, sob administração do estado. Em 1935, foi criado, através da iniciativa privada, o Instituto Pestalozzi, que viria a se tornar modelo de educação no Brasil, oferecendo classes de educação especializada. Em 1940, foi fundada outra instituição dedicada à educação dos "excepcionais", na Fazenda do Rosário, Belo Horizonte, enfatizava os interesses espontâneos da criança em um ambiente adequado.

A institucionalização baseava-se na crença de que a pessoa com deficiência estaria mais bem protegida e cuidada em um ambiente segregado da sociedade, sendo um local de confinamento, onde esses cidadãos passavam a sua vida toda.

Em 1950, iniciou-se um movimento dos pais dos indivíduos portadores de deficiência e de profissionais com eles envolvidos pela defesa dos direitos aos serviços especializados, surgindo, assim, a Sociedade Pestalozzi e as Associações de Pais e Amigos dos Excepcionais – APAES, visando implementar esse atendimento clínico especializado, com ênfase na reabilitação, com grande participação e influência política até os dias de hoje.

Em 1958, a educação especial foi eleita como área prioritária para o governo no Plano Setorial de Educação e Cultura, tendo como diretrizes básicas a integração e a racionalização.

Em 1960, com a lei de Diretrizes e Bases 4.020/61, a educação de excepcionais foi enquadrada no sistema de ensino, visando à integração desses alunos na comunidade e prevendo, também, apoio financeiro às instituições no atendimento especializado de fisioterapia, psicologia, fonoaudiologia, psiquiatria, entre outros. Assim, foram criadas várias instituições, entidades, associações e organizações, tendo por objetivos avaliar e oferecer às pessoas com deficiência programas de intervenção para a integração social.

Até meados dos anos de 1970, a questão do deficiente no Brasil sempre foi encaminhada pelos técnicos ou responsáveis considerados "especialistas" na área. Todos os atendimentos eram feitos em escolas e instituições especializadas, em um modelo assistencialista e de segregação.

A razão desse isolamento baseava-se na crença de que o indivíduo com deficiência necessitava de um ambiente adequado e de pessoas especializadas para que se conseguisse um melhor resultado educacional (Gruenewald e Loomis, no prelo). Com base em uma linha clínica, o trabalho com estes deficientes buscava apenas o treinamento, não a educação, visando apenas as limitações do educando, não seu potencial.

Durante os anos de 1980, aconteceu a expansão do movimento em âmbito internacional da Organização Nacional de Entidades de Deficientes Físicos – ONEDEF – junto à organização *Disable People's Internacional*. O trabalho dessas lideranças foi decisivo para uma mudança de concepção com relação aos deficientes: a tutela substituída pela cidadania, o paternalismo dando lugar à equiparação de oportunidades. Foi essa a posição da Constituição Brasileira, promulgada em outubro de 1988, definindo o direito do cidadão e do dever do estado e da família, contemplando inclusive o atendimento educacional especializado, preferencialmente no ensino regular, surgindo, assim, a Classe Especial.

O movimento do Princípio de Normalização (Wolfensburger, 1972), com o conceito de que todo indivíduo com deficiência mental tem o direito de participar das mesmas rotinas diárias que os outros, convivendo com eles e sendo aceito e respeitado em suas limitações e dificuldades, a fim de que possa revelar as suas potencialidades, busca maximizar a importância dessas instituições, escolas especializadas e classes especiais. Toma força o movimento de Integração do aluno com necessidades especiais no sistema regular de ensino (Zigler e Hodapp, 1987).

Somente em 1980, entretanto, é que o movimento de Integração se iniciou no Brasil. Pereira (1980), tendo como referencial o Princípio de Normalização, salienta que um dos requisitos básicos para a integração é o modelo instrucional que abrange currículos, programas e características do aluno a serem integrados.

O Modelo de Inclusão ganhou força na década de 1990, a partir da Declaração de Salamanca (UNESCO, 1994), que propõe "promover a educação para todos, analisando as mudanças fundamentais de políticas necessárias para favorecer o enfoque da educação integradora, capacitando realmente as escolas para atender a todos os alunos, sobretudo os que têm necessidades especiais". Foram preconizadas as diretrizes da educação para todos, acerca da Escola Inclusiva. Esta proposta foi respaldada pela Lei nº 9.394/96 – de Diretrizes e Bases da Educação Nacional – norteando as políticas educacionais e oferecendo a base legal para a propagação da Educação Inclusiva.

A Educação Especial vista pela ótica do Modelo de Inclusão representa um dos mais significativos acontecimentos de hoje, causando um impacto educacional, dada a riqueza de seus princípios e de seus estudos, dando um salto qualitativo no sistema educacional. É neste âmbito que a Inclusão desponta com uma ótica educacional com características preventivas; sua finalidade não é introduzir mais um currículo inovador, mas muito mais do que isso, significa mudar os aspectos sociais, culturais e políticos que mantêm a total exclusão dos indivíduos com necessidades especiais dos ambientes da escola e comunidade.

ESTRATÉGIAS DE INTERVENÇÃO PARA A DEFICIÊNCIA INTELECTUAL

Várias estratégias de intervenção têm sido desenvolvidas ao longo destes anos, entre elas, podemos citar:

Intervenção segundo a abordagem do desenvolvimento: vários têm sido os programas que assumem como referencial teórico os trabalhos de Jean Piaget e colaboradores (Piaget, 1960; Piaget e Inhelder, 1969) sobre como se processa o desenvolvimento cognitivo da criança. Entretanto, alguns têm variado na aplicação desses princípios piagetianos. Podemos, a título de exemplo, citar alguns conceitos-chave como os indicados por Weikant, Rogers, Adock e McClelland (1971):

- Existe uma sequência do desenvolvimento mental.
- Essa sequência é invariável.
- Os primeiros passos dessa sequência são um preparo para providenciar a base para os passos futuros.
- Essa sequência vai sempre na direção do mais simples para o mais complexo e do concreto para o abstrato.
- Os primeiros estágios da sequência são pré-requisitos para os estágios seguintes.

Segundo Montoan (1989), todo conceito ou conhecimento, na concepção de Piaget, é uma construção feita por etapas e sequências organizadas, em que o sujeito se liberta pouco a pouco do real, até a abstração de seu conteúdo, alcançando, assim, a forma das coordenações subjacentes às ações de conhecer.

Intervenção segundo a abordagem interacionista: a estratégia de intervenção interacionista assume como referencial teórico os trabalhos de Piaget. A aplicação das informações tem sido baseada no estudo de intervenção no início do desenvolvimento em populações normais e deficientes, buscando desenvolver a linguagem e outras habilidades. Essa estratégia tem sido explorada principalmente em estudos de investigação da interação do sujeito com seu ambiente (Chapman, 1981).

Segundo Miller e Yorder (1972;1974), o ambiente deve ser disposto de forma a encorajar e promover a iniciativa e o interesse da criança, levando-a a interagir de forma ativa com o ambiente, e não de forma passiva, apenas respondente, ou seja, não reagindo sobre o ambiente. Sumarizando, nessa intervenção, formas de habilidades expressam velhas funções e novas funções são expressas por velhas formas. Assim, a instrução é planejada para ampliar ou expandir um repertório de habilidades já existentes.

Intervenção segundo a abordagem comportamental: essa abordagem é baseada no princípio do condicionamento operante, segundo o qual um programa de reforço permite a aquisição de novos comportamentos através da "modelagem da conduta" (Ferster e Skinner, 1957). Essa forma de intervenção enfatiza o uso cuidadoso de sequências e de estratégias de instruções altamente estruturadas.

Nessa visão, a aprendizagem é definida através do comportamento observável do indivíduo. A estrutura interna dos sujeitos envolvidos no processo de aprendizagem é considerada irrelevante no processo de instrução. O importante é a ocorrência da mudança de comportamento que se deseja obter do indivíduo no ambiente (Romizowski, 1981). Esse programa tem sido extensivamente aplicado para indivíduos com deficiências severas e moderadas com vários diagnósticos, apresentando resultados efetivos no ensino e nas habilidades de linguagem (Baer, 1981).

O modelo comportamental enfatiza (Bastos, 1995): os programas estruturados e individualizados devem ser planejados com metas e objetivos específicos predeterminados; o nível do estudante é baseado não no desenvolvimento cognitivo, mas na realização de respostas, sendo utilizado um sistema de medidas de dados; uma vez que o déficit da habilidade tenha sido isolado, as atividades são fragmentadas passo a passo, e uma série de objetivos são, então, definidos, visando ensinar o comportamento específico.

O *feedback* se dá através de manipulações das sequências que podem ser trabalhadas com recursos de materiais naturais e / ou artificiais; o uso sistemático do reforço positivo; o esvanecimento nas aprendizagens acadêmica e social e na reabilitação; um ambiente educacional sistematicamente estruturado; estratégias de aprendizagem sem erro (Gold, 1974); respostas corretas que são facilitadas pelo uso sequenciado, com assistência verbal, física e de outros

tipos (Donnellan, La Vigna, Schuler, 1979; Koegel, Russo e Rincover, 1977).

Intervenção segundo a abordagem cognitivo-comportamental: tem suas raízes na teoria da aprendizagem social. Enfatiza que tanto o comportamento adaptativo quanto o mal-adaptativo são aprendidos através de interações ativas e passivas com o ambiente, particularmente através de interações sociais. Segundo Bandura (1977), a maioria das respostas sociais é adquirida através de indicações fornecidas por modelos. Essas respostas vão se manifestar, dependendo das condições de reforço em atuação no ambiente.

Entretanto é importante ressaltar que o reforço, para Bandura, não tem o mesmo significado que o usado por Skinner. Para este, o reforçamento é condição básica para que a aprendizagem ocorra. Já para Bandura, o reforçamento é um facilitador da aprendizagem. A teoria da aprendizagem social acredita tanto na modelação, ou seja, na aprendizagem baseada na observação de um modelo, quanto nas contingências de reforçamento do ambiente na determinação da conduta humana. Os procedimentos são aplicados em ambiente natural, em que o comportamento a ser modificado se manifesta.

O modelo cognitivo-comportamental baseia-se em inúmeras suposições, entre determinantes passados (fatores indicadores) e determinantes atuais (fatores mantenedores) de um problema apresentado (Kendall e Braswell, 1993; Peterson e Hoberman, 1992).

O modelo cognitivo-comportamental preocupa-se com o comportamento mal-adaptativo que pode ser modificado. Uma avaliação contínua do problema deve ser feita para determinar a efetividade, permitindo, assim, modificações de técnicas, estratégias e intervenções.

O objetivo é ajudar a promover no indivíduo mudanças significativas de comportamento, cognitivas e emocionais. As técnicas são aplicadas no ambiente natural, em que o comportamento se manifesta em casa, na escola e na comunidade.

O planejamento terapêutico e a aplicação das técnicas específicas devem levar em conta não só a patologia, mas também utilizar as informações sobre o indivíduo. Cada indivíduo é diferente e aprende de maneira diferente. As técnicas já existentes devem ser selecionadas e outras, improvisadas. Às vezes, ensaio e erro é uma estratégia necessária. As estratégias cognitivas podem produzir modificações comportamentais e métodos comportamentais podem levar às reestruturações cognitivas (Beck e Freeman, 1993).

O foco da intervenção recai no comportamento atual "aqui e agora". O *feedback* é direto e objetivo em todos os ambientes naturais. O trabalho central é identificar e modificar fatores, cognições e comportamentos que são críticos à manutenção do transtorno.

O reforçamento positivo é utilizado no comportamento adaptativo, através de recompensas materiais sociais, elogios e autoelogios. Mudanças no pensamento, nos sentimentos e nos comportamentos são vitais na medida em que o indivíduo é capaz de experimentar novas formas de ser e de comportar-se em situações da vida diária reais, e não em ambientes artificiais.

Intervenção segundo a abordagem ecológica

Outra alternativa para organização de programas de intervenção tem sido sugerida por Brown e colaboradores (Baumgart et al., 1982; Brown, Hame-Nietupski, 1979).

O objetivo é preparar o estudante para participar efetivamente em vários ambientes e situações naturais com os outros da mesma idade cronológica, no ambiente da escola, em casa e na comunidade.

Tal abordagem requer que a seleção dos conteúdos dos currículos seja feita dentro das quatro áreas de domínio: vida diária, lazer, comunidade e ambientes vocacionais, objetivando desenvolvimento e aquisição de novas habilidades.

A organização curricular tem sido referida como "estratégia de domínio", com o objetivo de atender ao desenvolvimento individual e funcional de cada estudante, de acordo com a idade cronológica (Voeltez e Evans, 1983).

Intervenção segundo a abordagem redes de apoio para a escola inclusiva

Ferster (1961); Gold (1973); Horner e Bellamy (1979); Lovaas (1965; 1973) e outros demonstraram que as crianças com deficiência moderada e severa podem aprender habilidades que permitem uma participação mais efetiva nos ambientes da escola e da comunidade.

Entre as características e as estruturas dessas redes, podemos citar o modelo do currículo funcional desenvolvido por Neel e Billingsley (1989), que prevê passos e estratégias que vão ao encontro das necessidades e potencialidades do estudante, buscando facilitar o processo de inclusão educacional e na comunidade.

Requer que o aluno com deficiência seja incluído de acordo com sua idade cronológica, no ambiente da escola, um em cada sala de aula, participando de todas as atividades planejadas pelo professor e da rotina da escola em todas as situações naturais estruturadas e não estruturadas.

Requer ainda um sistema cooperativo multidisciplinar, com planejamento e implementação de programas com a modalidade de aprendizagem cooperativa, bem como uma análise funcional cuidadosa do aluno, determinando no ambiente os antecedentes e consequentes do comportamento atual e as variáveis que interferem neste comportamento, por meio de inventários de informações, questionários e observações clínicas diretas, sistemáticas e sem intervenção em todos os ambientes naturais na escola, em casa e na comunidade.

Essa abordagem descreve sequências de comportamento que se refletem nas habilidades funcionais necessárias para adaptação e participação do indivíduo na sua vida diária. É uma estratégia valiosa que une a avaliação e o tratamento adequado. Não é possível planejar uma intervenção bem-sucedida sem uma análise funcional bem elaborada.

Esse modelo exige também um Plano Educacional Individualizado (PEI) (Brown et al., 1979) de acordo com a idade cronológica do aluno, estabelecendo metas e objetivos, com prioridades entre as habilidades funcionais. Estas são trabalhadas expondo o indivíduo a inúmeras situações e ambientes naturais.

O PEI é desenvolvido em conjunto por uma equipe multidisciplinar, nos ambientes da sala de aula, da comunidade e nos outros integrados, ensinando habilidades no contexto natural.

O PEI focaliza quatro áreas de domínio: habilidades de generalização, de comunicação; de interação social, de recreação; de lazer, cognitivas; pré-acadêmicas, de vida diária e vocacionais.

Requer um sistema de apoio de colaboração e tutoria providenciando instruções individualizadas que assistam o aluno diretamente na sala de aula, na rotina da escola e na comunidade, intervindo, mediando e facilitando a aprendizagem, de modo a permitir seu desenvolvimento e sua independência (Stainback e Stainback 1999).

Essa abordagem requer também um programa instrucional individualizado, parte integrante do PEI, que visa detectar as necessidades do aluno, planejando as estratégias de intervenção, o tipo e o grau de assistência requerida para que a criança atinja a aprendizagem. Essa estratégia objetiva ensinar e mediar a aprendizagem por intermédio do trabalho especializado e do sistema de mediação, explorando sempre o potencial do aluno e minimizando as suas limitações (Stainback e Stainback, 1989; 1990; Stainback, Stainback e Forest, 1989).

Esse tipo de abordagem pede um programa monitor, envolvendo um grupo heterogêneo de alunos da mesma faixa etária, para trabalhar com a criança com necessidades especiais em atividades baseadas na livre escolha e na preferência pessoal, que encorajam o desenvolvimento da amizade (Stainback e Stainback, 1999).

Fazem-se também necessárias a orientação e a participação dos pais no desenvolvimento do PEI, bem como que o serviço especializado faça parte do PEI.

Um sistema de avaliação utilizado nesta abordagem é o "Baseline Data", proposto por Donnellan, LaVigna e Negri-Shoultz (1988). As coletas de dados são registradas diariamente para avaliação e intervenção do comportamento quando necessário. Nesse sentido, eles utilizam dois sistemas: o sistema descritivo "Anedoctal Data Recording", usado para identificar tanto as variáveis que influenciam no desenvolvimento da aprendizagem como na função comunicativa do comportamento, e o método "Scatter-Plot Data", para registrar a frequência do comportamento. Os dados são coletados em uma matriz individualizada em quaisquer ambientes e situações de aprendizagem. Esta coleta de dados é realizada pelo monitor que acompanha a todo tempo o aluno.

É neste contexto multidimensional que a Fundação de Integração e Apoio aos Indivíduos com Necessidades Especiais – Fundação FIAINE – se insere no Programa de Inclusão do Aluno com Necessidades Especiais no Sistema Regular de Ensino existente há 20 anos, com uma população de 120 alunos com Necessidades Especiais (autismo, esquizofrenia, deficiência intelectual, transtorno invasivo do desenvolvimento, síndrome do X frágil, síndrome de Algeman, paralisia cerebral, síndrome de Down, síndromes metabólicas, entre outras) incluídos no sistema regular de ensino estadual, municipal e particular, com resultados significativos no desenvolvimento global da criança e do adolescente em todas as áreas: cognitiva, comportamental e emocional. Tem como referencial teórico o Modelo de Inclusão, a Abordagem Ecológica, o Modelo de Intervenção Cognitivo-Comportamental e um Plano Educacional Individualizado (PEI), promovendo a inclusão e a qualidade de vida dos alunos com deficiência intelectual. Dentro desta perspectiva, o aluno com dificuldades intelectuais é incluído de acordo com sua idade cronológica, um em cada sala de aula, participando de todas as atividades planejadas pelo professor, em todas as situações naturais estruturadas e não estruturadas. (Bastos, Mendes, 2001)

A Abordagem Ecológica objetiva ensinar habilidades funcionais e sociais, melhorando e desenvolvendo das já existentes, promovendo a aquisição de novas habilidades e desenvolvendo as relacionais, compensando habilidades deficientes. Estas são trabalhadas expondo o aluno a inúmeras situações e ambientes naturais diferentes, com recursos e pistas naturais, com assistência devida (Brown et al, 1979; Baer, 1981; Brown et al., 1978; Baumgart et al., 1982).

O Plano Educacional Individualizado (PEI) é uma das ferramentas mais importantes no processo de inclusão, que vai ao encontro das necessidades e potencialidades dos alunos especiais. O PEI é desenvolvido pela equipe interdisciplinar, pelos professores e pais do aluno, estabelecendo metas e objetivos claramente definidos, com prioridades entre as habilidades funcionais a serem desenvolvidas, ensinadas e adquiridas. Busca-se ensinar e desenvolver habilidades naturais no ambiente integrado da escola, com pistas e recursos naturais, generalizando o aprendizado para os outros ambientes.

O Programa Instrucional é um instrumento do PEI, detectando as necessidades e potencialidades do aluno, planejando as estratégias de intervenção, o grau e o tipo de assistência requerida, atende diretamente o serviço especializado e o acompanhamento do aluno na escola, em casa e na comunidade, relacionando os serviços providos, além de modificar a assistência do programa quando indicado.

Este programa requer uma Análise Funcional cuidadosa do aluno, através da observação clínica, determinando no ambiente os antecedentes e consequentes do comportamento atual e as variáveis que interferem neste comportamento; concomitante a isso, uma investigação por meio de inventários de informações (professores, família, profissionais especializados e pessoas relacionadas), questionários e observações

clínicas diretas, sistemáticas e sem intervenção em todos os ambientes naturais na escola, em casa e na comunidade.

Essa abordagem descreve sequências de comportamento que refletem nas habilidades funcionais necessárias para adaptação e participação do indivíduo na sua vida diária. Esta estratégia estabelece, assim, áreas prioritárias com objetivos e metas traçadas para o discente durante o ano letivo (Donnelan, 1980; Voeltz e Evans, 1983). É uma estratégia valiosa que une a avaliação e o tratamento adequado. Não é possível planejar uma intervenção bem-sucedida sem uma análise funcional bem elaborada.

Esse plano é cuidadosamente desenvolvido e implementado pelo programa por meio de intervenções Cognitivo-Comportamentais de acordo com a idade cronológica do estudante. Isso se faz para que este participe o mais efetivamente das atividades da sala de aula, assim como no cotidiano da escola. Uma avaliação sistemática e contínua dessas técnicas é desenvolvida para determinar a efetividade das estratégias utilizadas, permitindo, assim, modificações das intervenções quando necessário.

Requer um Sistema de Mediação (Gomes, 2002; Souza et al., 2004; Meier e Garcia, 2009) que é desenvolvido por um facilitador da aprendizagem (estudante de psicologia, pedagogia, fonoaudiologia, normal superior) (Vygotsky, 1978; 1994), o qual assiste o aluno diretamente na sala de aula e na rotina da escola, intervindo todo o tempo, mediando, facilitando o desenvolvimento de suas habilidades, potencialidades e de sua aprendizagem, de modo a promover o seu desenvolvimento, sua educação, seu bem-estar e seu funcionamento, tornando-o tão independente quanto possível.

O facilitador é treinado, orientado e supervisionado pela coordenação do programa de inclusão e pela equipe interdisciplinar da Fundação FIAINE, cabendo a ele a coleta de dados diários, contendo descrição e frequência dos comportamentos observáveis do aluno. O papel do mediador é ativo e diretivo, trabalhando sempre no "aqui e agora", com o foco da intervenção recaindo sobre o comportamento atual, no ambiente natural da escola, em que o comportamento ocorre. O facilitador tem acesso semanal ao serviço especializado que é oferecido ao aluno de acordo com as suas necessidades no ambiente da clínica especializada. O apoio na escola é realizado pela coordenação do programa, atendendo diretamente professor, facilitador e aluno.

Utilizamos Adaptação Curricular, que tem como meta aumentar o máximo possível a participação do aluno na sala de aula e em todos os ambientes da escola. É desenvolvida para ensinar habilidades que capacitarão cada estudante a participar mais efetivamente nos vários ambientes da escola, na comunidade e em seus lares, aumentando o grau de influência que cada estudante tem sobre os eventos. Focaliza os desenvolvimentos de todas as habilidades funcionais, aumentando, assim, sua independência e autonomia nos ambientes da escola e da comunidade. Centraliza o desenvolvimento das habilidades e os conhecimentos, focalizando o estilo de aprendizagem de cada um. As tarefas programadas pelo professor são adaptadas, respeitando o ritmo do aluno. Os recursos utilizados são aqueles existentes no ambiente natural da escola. O *feedback* é imediato e diretivo, o que leva o aluno a participar ativamente das atividades propostas.

Os serviços especializados fazem parte do PEI, com uma equipe interdisciplinar que assiste e dá apoio ao aluno na sala de aula, assim como suporte ao professor. Os serviços especializados são de fonoaudiologia, fisioterapia, terapia cognitivo-comportamental, informática educativa e psicopedagogia. O apoio na escola é realizado pela coordenação do programa, atendendo diretamente o professor, os administradores e todo o "staff" da escola por intermédio de reuniões e visitas periódicas necessárias.

Um Programa Monitor, como o Sistema "Amigo", inserido na rotina da escola no desenvolvimento de atividades em grupo dentro da sala de aula, nos intervalos, nas disciplinas de educação física, artes, música, informática e nas atividades extraclasse, é favorável para o desenvolvimento do aluno.

É utilizada a intervenção da Aprendizagem Sem Erro (Sundeberg e Partington, 1998), direcionada ao desenvolvimento das habilidades acadêmicas, de linguagem e social, utilizando técnicas de reforço positivo sistemático, natural e intermitente, pistas naturais, estímulos diferenciados, *feedback* imediato, instruções diretas e objetivas, assistência devida, atenção e motivação, com atividades estruturadas que vão do nível simples ao mais complexo, garantindo o seu sucesso e o esvanecimento.

A Reabilitação Cognitiva assume um papel de relevância dentro do PEI em que as habilidades de atenção, motivação, tempo de espera, linguagem, memória, resolução de problemas, codificação e decodificação da informação, organização e sequenciação da informação, raciocínio lógico, planejamento, visuoespaciais etc.

Um Sistema de Avaliação é baseado na coleta de dados diários, utilizando o sistema descritivo em uma matriz individualizada, em quaisquer ambientes e situações de aprendizagem na escola (estruturados e não estruturados), bem como na frequência do comportamento observável. Essas matrizes são lidas todos os dias pelos coordenadores do programa, que estabelecem estratégias de intervenção diariamente, as quais são aplicadas pelo mediador do aluno.

A avaliação torna-se o aspecto central, sem a utilização da testagem padronizada de lápis e papel, mas sim com observação das capacidades e necessidades do aluno. Metas e objetivos são avaliados semestralmente ou anualmente, dependendo do caso, pela equipe de trabalho (professores, profissionais e a escola) com todas as informações relevantes do aluno. É uma avaliação continuada e diferenciada, relacionando as necessidades e potencialidades do aluno e os serviços providos, modificando a assistência do programa quando indicado.

A Orientação dos Pais, envolve-os no treinamento do manejo da conduta de seus filhos, tanto no ambiente de casa quanto na comunidade. O trabalho em conjunto é de extrema importância para a manutenção e a generalização das mudanças de comportamento e das habilidades desenvolvidas pela criança. Ensina-se os pais pela observação do terapeuta, trabalhando diretamente com a criança e, logo após, pela aplicação das estratégias desenvolvidas pelo analista. O encontro dos pais com o terapeuta é constante. Além das reuniões, existem as visitas domiciliares quando necessário, assim como se coloca à disposição dos pais o atendimento por telefone para uma comunicação mais efetiva. O envolvimento e a participação da família do aluno com necessidades especiais são de extrema importância para todo o processo de inclusão, o que, muitas vezes, transcende à sala de aula.

ESTUDO DE CASO LONGITUDINAL DE UM ALUNO COM DEFICIÊNCIA INTELECTUAL

Gustavo (nome fictício) é um rapaz de 18 anos de idade cronológica, que foi encaminhado para o Programa de Inclusão dos Alunos com Necessidades Especiais no Sistema Regular de Ensino em 1998, por apresentar atraso significativo em seu desenvolvimento neuropsicomotor, com déficits nas áreas cognitiva, comportamental e emocional. Na época de início do programa, ele cursava o 2º período, com 6 anos de idade cronológica.

Histórico clínico

Com base no que nos foi dado a conhecer, Gustavo foi pouco acompanhado em nível clínico. O primeiro relatório que existe no seu processo data de 1998, quando tinha já 6 anos de idade, feito por um neurologista relatando o seguinte:

- Deficiência mental moderada de origem genética.
- Atraso significativo neuropsicomotor.
- Dificuldade de atenção, de concentração e de aprendizagem.

História de vida

De acordo com informações da mãe, Gustavo é o segundo filho de um casal não consanguíneo. Ele tem três irmãos do primeiro casamento do pai e um da mãe; nenhum dos irmãos apresentou problemas em seu desenvolvimento.

A mãe relata uma história gestacional com alguns desgastes emocionais e que o menino nasceu de cesárea, prematuro no oitavo mês de gravidez. Diz ter sido antecipado pelo obstetra e haver nascido com uma circular de pescoço, não havendo quadro de anóxia. Afirma que apresentou icterícia leve e uma infecção hospitalar, com a presença de algumas bolinhas na cabeça que, depois, se estenderam para o corpo. Nasceu com 2.180kg e com 50cm, foi amamentado no seio até os 2 meses de idade.

Os marcos do desenvolvimento psicomotor se deram da seguinte forma: houve demora para conseguir firmar a cabeça e se sentar, engatinhou, porém, só andou aos 2 anos e 3 meses, não havendo dificuldades na aquisição da fala. Com 8 meses, foi detectado estrabismo alternado, tendo feito uso de tampão até os 2 anos. Depois, foi realizada uma cirurgia por volta dos 9 anos, que, segundo a mãe, veio a prejudicar ainda mais sua visão. Quando Gustavo tinha 3 meses de idade, a mãe começou a preocupar-se pelo atraso em manter o pescoço erguido e buscou orientação de uma neuropediatra.

A mãe relata que foi tranquilizada pelo pediatra de que o menino era normal, não havendo motivo para maiores preocupações, o que poderia ser estimulado pela própria mãe. Por iniciativa própria, a mãe procurou o serviço da fisioterapia e obteve um bom retorno. Na adolescência, foi feito um diagnóstico diferencial de Síndrome de Willians devido às características físicas, ao atraso psicomotor, ao interesse e à maior habilidade para atividades que envolviam música, assim como um estreitamento da veia aorta verificado através de exames de ressonância magnética e Double.

A entrada na pré-escola se deu aos 5 anos, quando já se percebia uma defasagem significativa em relação aos seus pares. Em 1998, aos 6 anos, no 2º período pré-escolar, a família procurou o Programa de Inclusão realizado pela Fundação FIAINE, buscando uma melhor maneira de incluir Gustavo no sistema regular de ensino. Foi realizada avaliação inicial através da análise funcional, contendo a observação clínica do comportamento de Gustavo nos ambientes da escola e da clínica, o inventário de informações, a avaliação médica, a anamnese, as entrevistas com professores e familiares próximos de Gustavo. Foram utilizadas matrizes individualizadas para a descrição e a frequência do comportamento nos ambientes estruturados e não estruturados, com a coleta de dados diários durante dez dias consecutivos. Após avaliação qualitativa, devido ao fato de a criança não responder a testes psicométricos e com objetivos de traçar um perfil do aluno, verificamos:

Áreas de maior domínio

Habilidades que envolvem a linguagem expressiva e receptiva, embora tendo que ser direcionado para manter sequência e organização de ideias, com fala lentificada, vocabulário funcional restrito a sua vivência e trocas articulatórias; maior habilidade em tarefas que envolvem ritmo, com interesse em instrumentos musicais, música de diversos ritmos, com boa discriminação e memória auditiva; habilidade para imitação; habilidades na percepção de figuras; maior facilidade na memória de curto prazo até duas informações; independência nas atividades da vida diária.

Observamos como áreas de maior dificuldade:

- Áreas que envolvem funções visuoconstrutivas, visuoespaciais e habilidades de coordenação motora fina, principalmente em tarefas que envolvem lápis e papel, recorte, dobradura;
- Área da visão devido ao estrabismo alternante e à hipermetropia, que exigiu o uso de óculos, o que acabava interfe-

rindo na sua marcha; nesse caso tateava o chão com os pés nos ambientes não conhecidos; tinha dificuldades em subir e descer de escadas; apresentava muita dificuldade na nomeação dos objetos, identificando-os pela sua função; tinha também déficit no processamento auditivo e na velocidade no processamento da informação; dificuldade em lidar com vocabulário que não lhe fosse rotineiro, tendo como estratégia a utilização de gestos representativos, sobretudo na noção de direita e esquerda; apresentava deficiências na coordenação motora fina, mostrando fadiga rapidamente em tarefas que envolvessem maior tempo; dificuldades no planejamento e na definição de estratégias; déficits na imagem corporal, na memória, em que apresentava maior dificuldade na memória visual do que na auditiva; nível de atenção muito pequeno, o que reduzia a sua capacidade de resolução de problemas; necessitava de assistência para a realização de tarefas.

Na avaliação dos aspectos acadêmicos:

- Identifica somente as vogais em sequência; não identifica as cores e as formas; não faz correlação entre número e quantidade, identificando alguns números e fazendo contagem mecânica até dez; dificuldade no que se refere aos conceitos logico-matemáticos e à abstração.

Avaliação do comportamento

Perseveração em temas; comportamento inadaptativo, bem abaixo de sua idade cronológica, como choro, resistência em fazer atividades, fuga do ambiente, reclamações de cansaço diante de frustração e situações de conflito; não toma iniciativa para buscar seus pares, prefere a companhia de pessoas mais velhas; não dá continuidade à comunicação, com mudanças de contexto; dificuldades na resolução de problemas; baixa autoestima; não apresenta princípio, meio e fim nas atividades; entende as regras, porém não consegue segui-las de forma independente.

Na avaliação dinâmica global

Não reproduz desenho simples, previamente observado; apresenta dificuldade na cobertura de traçados, no desenho dirigido, na cópia de traçados, na cópia de numerais, no manejo da tesoura, no movimento de pinça, em identificar partes do corpo em si, em nomear, em identificar partes do corpo em outras pessoas e nas figuras, em montar quebra-cabeças e jogos de memória, em representar a figura humana graficamente (olho, boca, nariz, corpo), em subir e descer escadas, bem como em se locomover em ambientes desconhecidos.

Raciocínio lógico

Não é capaz de atender ordens complexas, envolvendo orientação espacial e temporal; apresenta dificuldade em seriar até três objetos, atendendo a ordens de tamanho, altura e espessura, em agrupar atributos combinados, bem como dificuldade na seriação de três elementos, na compreensão, em manter sequência lógica ao narrar coisas do cotidiano, havendo a necessidade de ser direcionado; não é capaz de representar ideias no desenho.

As técnicas cognitivo-comportamentais, assim como os objetivos e as metas, foram cuidadosamente planejadas a partir da Análise Funcional de Gustavo para as intervenções nos ambientes da casa, da escola e da comunidade. O comportamento adaptativo foi foco das intervenções nas habilidades sociais e funcionais. Dentre elas, podemos citar:

■ Soluções de Problemas Interpessoais Cognitivos (ICPS) que enfatizam a aquisição de cinco habilidades cognitivas:

1. análise do comportamento social em termos de causa e efeito (pensar sobre o que fazer quando ele enfrenta um problema com outra pessoa)
2. capacidade de gerar soluções múltiplas para problemas sociais (pensar em formas diferentes de resolver o mesmo problema)
3. capacidade de considerar consequências sociais de curto e longo prazo na tomada de decisões (pensar sobre as consequências do que fazem)
4. capacidade de ver uma situação problemática do ponto de vista do outro (outras pessoas sentem e pensam)
5. capacidade de planejar um plano passo a passo para alcançar um determinado fim social.

■ Estratégias de autoestima: organiza-se um inventário de autoconceitos para avaliar as áreas centrais da autoimagem, agrupando-as em forças e fraquezas. Outro inventário de autoconceitos é desenvolvido a partir dos comportamentos positivos e adaptativos, encorajando o aluno a praticar este novo "auto-script". Concomitante a isso, trabalhar com o reforço positivo, autorreforço, autoconfiança e desenvolvimento de habilidades sociais.

■ Autoinstrução: foi trabalhada passo a passo dirigida às habilidades acadêmicas e à conduta social, com reforço positivo, *feedback* imediato e direcionamento da atenção.

■ Habilidades de soluções de problemas: esta habilidade foi a mais explorada durante o período com o aluno, sendo desenvolvida com ensinamento passo a passo para solucionar os problemas apresentados, definindo, formulando e identificando o problema e as várias soluções e as consequências que poderiam apresentar.

■ Terapia de grupo: foi um dos componentes principais no desenvolvimento das habilidades sociais e na elevação da autoestima de Gustavo, estimulando novas perspectivas de situações-problema e formas de lidar com elas.

■ Treinamento das habilidades sociais: este treinamento foi desenvolvido por meio de instruções diretas e objetivas, concomitantemente com a modelação e o reforço positivo, envolvendo o aluno em situações cooperativas, no ambiente natural, em condições planejadas ou não, nos intervalos, no recreio, nos ambientes na comunidade, nas festinhas e nos eventos extraclasses. Dentre as habilidades desenvolvidas, destacamos tempo de atenção e espera, aumento no contato visual, iniciação e manutenção de diálogo, tom de voz adequado, solicitação de opiniões, perguntas pertinentes ao assunto, agradecimento, elogio, formas educadas de se pedir algo, gestos, postura, expressão facial, etc.

- Modelação: esta estratégia foi trabalhada todo o tempo, envolvendo o modelo do comportamento do colega, como também do facilitador da aprendizagem, abrangendo sempre reforço positivo e *feedback* imediato.
- Modelação ao vivo: esta técnica foi utilizada na observação do comportamento do colega, envolvendo-se na ação desejada.
- Modelação participante: foi utilizada na observação e na imitação do comportamento do colega, o que deveria ser imitado e praticado por Gustavo na ação desejada. As ações foram estruturadas no ambiente da escola e na clínica.
- Fixações em temas: foi trabalhada a conscientização do comportamento inadequado, aproveitando os temas para aumento do repertório de interesses e aumento do vocabulário. Foram utilizadas as estratégias de solução de problemas, modelação e autocontrole.
- Nível de atenção: as instruções foram diretas, claras e objetivas nas intervenções para o direcionamento e o redirecionamento nas atividades e ao professor. Foi desenvolvido um sistema cooperativo para que o aluno pudesse acompanhar o ritmo da turma. Os conteúdos nos quais apresentava mais dificuldades, falta de interesse e motivação foram ensinados passo a passo, com reforço positivo ime-

diato. Para o desenvolvimento do nível de atenção, foi de extrema importância a organização do seu material e de sua rotina, com estabelecimento de princípio, meio e fim das atividades planejadas.

- Dificuldades acadêmicas: nos conteúdos que apresentava mais dificuldades e desmotivação, procurou-se estimular através de áreas de seu interesse, envolvendo o reforço positivo. Por ser mais lento que os outros alunos e por apresentar dificuldades na coordenação motora fina, foi desenvolvido o sistema cooperativo juntamente com o facilitador da aprendizagem, em que as instruções eram lidas pelo aluno e copiadas pelo facilitador, cabendo ao aluno a resolução da atividade proposta, como também o resumo do conteúdo, com questionário diretivo, para maior assimilação do conteúdo trabalhado. Foram utilizados recursos concretos, figuras e desenhos para maior assimilação do conteúdo trabalhado.
- Comportamentos mal-adaptativos: foram utilizadas técnicas de modelação, solução de problemas, treino de habilidades sociais e prática positiva.
- Esvanecimento: retirada gradual dos estímulos discriminativos em todas as atividades estruturadas ou não, promovendo e facilitando as habilidades de generalização, autonomia e independência.

EVOLUÇÃO DO CASO

De 1999 a 2010, Gustavo apresentou um progresso significativo no seu desempenho em todas as áreas cognitivas, comportamentais e emocionais. Foi realizado atendimento especializado três vezes por semana e as intervenções cognitivo-comportamentais, durante a rotina da escola e na comunidade. Nesse período, Gustavo apresentou grandes ganhos na área acadêmica, foi alfabetizado através de métodos que utilizaram recurso de seu potencial e seu interesse (letras de músicas de pagode), apresentando bom desempenho nas tarefas de consciência fo-

PLANO EDUCACIONAL INDIVIDUALIZADO (PEI) 1999

Nome: GUSTAVO Data de Nascimento: 09/08/1992
Inicio do trabalho: Fevereiro de 1999. Rotina: Suporte Escolar e Serviço Especializado
Duração da Rotina: 4 horas diárias
Tipo de Assistência: I / V / PN / PG / RP / FP / RI / VF Efeito Crítico: Inclusão Escolar

TIPOS DE ASSISTÊNCIA

FT ↔ físico total	FP ↔ físico parcial	V ↔ verbal	RP ↔ reforço positivo	RI ↔ registro de informação
PN ↔ pista natural	PG ↔ pista gestual	I ↔ independente	VF ↔ verbal e física	© ↔ comunicação alternativa

METAS DO PEI PARA O ANO DE 1999

Pais	Equipe interdisciplinar
1. Alfabetização	ALFABETIZAÇÃO, ACOMPANHAMENTO DO CONTEÚDO ADAPTADO NA ESCOLA, INCLUSÃO ESCOLAR.
2. Habilidades motoras	DESENVOLVER LINGUAGEM E COMUNICAÇÃO
3. Independência	DESENVOLVER AS POTENCIALIDADES
4.	MINIMIZAR AS LIMITAÇÕES (funcionamento visuoespacial, planejamento percepto-motor e habilidades motoras finas)
5.	DESENVOLVER A INDEPENDÊNCIA TOTAL / PARCIAL
6.	DESENVOLVER O CRESCIMENTO GLOBAL
7.	DESENVOLVER AS ÁREAS COGNITIVA, COMPORTAMENTAL E EMOCIONAL

COLETA DE DADOS DA INSTRUÇÃO

Aprendizagem através da Mediação	Duração	T.A.	Técnicas / Intervenções
Estratégia de desenvolvimento da atenção e concentração mediada	Fev / Dez 1999	V / FV/ RP/ I	Desenvolvimento do nível de alerta (focalizar a atenção todo o tempo); instruções deverão ser claras e objetivas; redirecionamento requerido quando disperso às atividades; sistema cooperativo; os conteúdos deverão ser ensinados fazendo junto passo a passo; reforço positivo; *feedback* imediato; organização do material escolar; atividades com princípio, meio e fim.
Estratégias e métodos para a solução de problemas (mediada)	Fev / Dez 1999	V / PG / FV / RP /	Desenvolvimento da habilidade de solução de problemas passo a passo, definindo, formulando e identificando o problema junto com a criança com as várias soluções e as consequências que poderão vir a acontecer; Modelação; Trabalhar sempre no "aqui e agora"; solução de problemas interpessoais cognitivos (ICPS).

COLETA DE DADOS DA INSTRUÇÃO

Aprendizagem através da Mediação	Duração	T.A.	Técnicas / Intervenções
Mediação na participação na sala de aula e nas atividades acadêmicas	Fev / Dez 1999	V / PG / FV / RP / I	Modelação; desenvolvimento do sistema cooperativo; atividades priorizando a qualidade *versus* quantidade; delimitar espaço; respeitar o ritmo do aluno; atividades organizadas com princípio, meio e fim; atividades direcionadas e diversificadas (ligar, circular, riscar, copiar), minimizando sempre suas dificuldades e possibilitando ao aluno acompanhar o ritmo da turma; trabalhar com desafios; reforço positivo do conteúdo dado e *feedback* imediato.
Desenvolvimento de regras e normas de conduta mediada	Fev / Dez 1999	V / PG / FV / RP / I	Modelação; desenvolvimento de limites; desenvolvimento das habilidades sociais; "aqui e agora"; assertividade; modelação participativa, ao vivo, ICPS.
Mediação nas habilidades sociais, de interação e de comunicação	Fev / Dez 1999	V / PG / RP / I	Modelação; desenvolvimento de estratégias apropriadas para uma comunicação mais efetiva (desenvolvimento da linguagem oral, aumento de vocabulário); desenvolvimento das habilidades de comunicação/ interação; *feedback* imediato; solução de problemas interpessoais englobando a identificação do comportamento social e suas consequências; desenvolvimento da capacidade de ver uma situação – problema do ponto de vista dos outros; gerar solução para os problemas de comunicação (ICP); treinamento habilidades sociais.
Mediação do nível de *input*	Fev / Dez 1999	V / PG / RP / I	Desenvolvimento de estratégias para elaborar e codificar a informação externa (informações diretas, claras e objetivas), facilitando e ajudando na elaboração da informação interna; aumento do vocabulário; organizar e produzir estímulos auditivos; intervir na atenção e na concentração; utilizar os instrumentos do programa de intervenção cognitiva (Feuerstein, 1980); serviço especializado e sala de aula.

COLETA DE DADOS DA INSTRUÇÃO

Aprendizagem através da Mediação	Duração	T.A.	Técnicas / Intervenções
Mediação da percepção de sentimentos, emoções e frustrações	Fev / Dez 1999	V / PG / RP / I	Desenvolvimento da autoestima; analisar, justificar e expressar seus pensamentos; estratégias de solução de problemas; mudanças de crenças, ICPS.
Mediação do nível de *output*	Fev / Dez 1999	V / PG / RP / I	Desenvolvimento de estratégias para elaborar e decodificar a informação externa (informações diretas, claras e objetivas); intervir na atenção e na concentração; utilizar os instrumentos do programa de intervenção cognitiva (Feuerstein, 1980) serviço especializado e sala de aula (Feuerstein, 1980).
Mediação do processo de independência total ou parcial nas atividades propostas	Fev / Dez 1999	V / PG / FV / RP / I	Desenvolvimento de estratégias de solução de problemas; sistema cooperativo; esvanecimento nas atividades propostas; desenvolvimento de estratégias com instruções claras e objetivas, trabalhando junto passo a passo; organização; estabelecimento de limites; entendimento de regras e normas sociais; autoconfiança; causa e efeito do comportamento.
Mediação sobre o comportamento compartilhado	Fev / Dez 1999	V / PG / FV / RP / I	Trabalhos em grupos; desenvolvimento de esperar a sua vez; sistema cooperativo; compartilhar experiências; desenvolvimento de estratégias de conscientização do comportamento (sentimento e pensamentos); desenvolvimento da autoestima; reforço positivo e *feedback* imediato; ICPS; "aqui e agora".
Mediação da motivação intrínseca	Fev / Dez 1999	V / PG / RP / I	Autoestima; reforço positivo e *feedback* imediato.
Mediação da habilidade de generalização	Fev / Dez 1999	V / PG / FV / RP / I	Trabalhos em grupos; sistema cooperativo; compartilhar experiências; desenvolvimento de estratégias de conscientização do comportamento (sentimento e pensamentos); desenvolvimento da autoestima; reforço positivo e *feedback* imediato.

COLETA DE DADOS DA INSTRUÇÃO

Aprendizagem através da Mediação	Duração	T.A.	Técnicas / Intervenções
Mediação da imitação	Fev / Dez 1999	V / PG / FV / RP / I	Trabalhos em grupos; desenvolvimento de esperar a sua vez; sistema cooperativo; compartilhar experiências; desenvolvimento de estratégias de conscientização do comportamento (sentimento e pensamentos).
Mediação com estratégias e métodos para a alfabetização	Fev / Dez 1999	V / PG / FV / RP / I	Desenvolvimento do método silábico (visual) com apoio do método fônico (discriminação dos sons e sílabas). Trabalhar com o conteúdo adaptado dado em sala de aula pelo professor utilizando as estratégias orientadas. Serviço especializado em sala de aula.
Mediação na participação dos outros conteúdos	Fev / Dez 1999	V / PG / FV / RP / I	Modelação; desenvolvimento do sistema cooperativo; atividades priorizando a qualidade *versus* quantidade; utilização de recursos concretos possibilitando ao aluno acompanhar o ritmo da turma; trabalhar com desafios; reforço positivo do conteúdo dado e *feedback* imediato
Mediação na participação dos conteúdos matemáticos	Fev / Dez 1999	V / PG / FV / RP / I	Utilizar recursos concretos; modelação; desenvolvimento do sistema cooperativo; atividades priorizando a qualidade *versus* quantidade; utilização de recursos naturais, fotos e figuras; resumir o conteúdo dado reforçando com questionário direto e objetivo, minimizando sempre suas dificuldades e possibilitando ao aluno acompanhar o ritmo da turma; trabalhar com desafios; reforço positivo do conteúdo dado e *feedback* imediato.
Mediação das habilidades funcionais	Fev / Dez 1999	V / PG / FV / RP / I	Desenvolvimento de estratégias de solução de problemas; sistema cooperativo; autonomia nas atividades propostas; desenvolvimento de estratégias com instruções claras e objetivas, trabalhando junto passo a passo; organização; estabelecimento de limites; entendimento de regras e normas sociais.

COLETA DE DADOS DA INSTRUÇÃO

Aprendizagem através da Mediação	Duração	T.A.	Técnicas / Intervenções
Mediação das habilidades visuoespaciais, motoras finas e perceptual--motoras	Fev / Dez 1999	V / PG / FV / RP / I	Programa de enriquecimento instrumental; níveis básicos I e II (Feuerstein, 1980). Trabalho especializado psicomotor.
Mediação sobre o comportamento adaptativo	Fev / Dez 1999	V / PG / FV / RP / I	Modelação; desenvolvimento de esperar a sua vez; direcionamento da atenção; Modelação ao Vivo; modelação Participante; Treino das habilidades sociais; Habilidades de solução de problemas; desenvolvimento da autoestima; reforço positivo e *feedback* imediato, ICPS, "aqui e agora".

PLANO EDUCACIONAL INDIVIDUALIZADO (PEI) 2010

METAS DO PEI PARA O ANO DE 2010

Pais	Equipe interdisciplinar
1. Leitura e Escrita	INCLUSÃO ESCOLAR E NA COMUNIDADE
2. Habilidades Sociais	DESENVOLVER HABILIDADES SOCIAIS E FUNCIONAIS (LINGUAGEM E COMUNICAÇÃO)
3. Independência e autonomia	DESENVOLVER AS POTENCIALIDADES
4.	MINIMIZAR AS LIMITAÇÕES
5.	DESENVOLVER A INDEPENDÊNCIA TOTAL / PARCIAL NOS AMBIENTES DA ESCOLA E DA COMUNIDADE
6.	DESENVOLVER HABLIDADES VOCACIONAIS
7.	DESENVOLVER AS ÁREAS COGNITIVA, COMPORTAMENTAL E EMOCIONAL

COLETA DE DADOS DA INSTRUÇÃO

Aprendizagem através da Mediação	Duração	T.A.	Técnicas / Intervenções
Estratégia de desenvolvimento da atenção e concentração mediada	Fev / Dez 2010	V	Redirecionamento requerido quando disperso às atividades.
Estratégias e métodos para a solução de problemas (mediada)	Fev / Dez 2010	V / RP / I	Desenvolvimento da habilidade de solução de problemas, formulando e identificando o problema.

COLETA DE DADOS DA INSTRUÇÃO

Aprendizagem através da Mediação	Duração	T.A.	Técnicas / Intervenções
Mediação na participação na sala de aula e nas atividades acadêmicas	Fev / Dez 2010	V / RP / I	Adaptação do conteúdo dado, reforço positivo do conteúdo dado e *feedback* imediato.
Desenvolvimento de regras e normas de conduta mediada	Fev / Dez 2010	I	
Mediação nas habilidades sociais, de interação e de comunicação	Fev / Dez 2010	I	
Mediação do nível de *input*	Fev / Dez 2010	I	
Mediação da percepção de sentimentos, emoções e frustrações	Fev / Dez 2010	I	
Mediação do nível de *output*	Fev / Dez 2010	I	
Mediação do processo de independência total ou parcial nas atividades propostas	Fev / Dez 2010	V / RP / I	Sistema cooperativo; esvanecimento nas atividades propostas, conteúdo adaptado.
Mediação sobre o comportamento compartilhado	Fev / Dez 2010	I	
Mediação da motivação intrínseca	Fev / Dez 2010	I	
Mediação da habilidade de generalização	Fev / Dez 2010	I	
Mediação da imitação	Fev / Dez 2010	I	
Mediação no processo de leitura e escrita	Fev / Dez 2010	I	
Mediação na participação dos outros conteúdos	Fev / Dez 2010	V / RP / I	Adaptação do conteúdo dado na sala de aula com recursos de figuras, desenhos etc.

COLETA DE DADOS DA INSTRUÇÃO

Aprendizagem através da Mediação	Duração	T.A.	Técnicas / Intervenções
Mediação na participação dos conteúdos matemáticos	Fev / Dez 2010	V / RP / I	Sistema monetário, solução de problemas.
Mediação das habilidades funcionais	Fev / Dez 2010	I	
Mediação das habilidades visuoespaciais, motoras finas e perceptual--motoras	Fev / Dez 2010	V / RP / I	
Mediação sobre o comportamento adaptativo	Fev / Dez 2010	V / RP / I	Modelação; desenvolvimento de esperar a sua vez; direcionamento da atenção; Modelação ao Vivo; modelação Participante; Treino das habilidades sociais; Habilidades de solução de problemas; desenvolvimento da autoestima; reforço positivo e *feedback* imediato, ICPS, "aqui e agora".

nológica e, consequentemente, leitura mais fluente, com interpretação de textos objetivos e diretivos.

Revelou aumento na compreensão e no vocabulário com maior facilidade em narrar fatos com sequência lógico-temporal e espacial, apresentando ganhos significativos nas habilidades de interação social e de comunicação. Percebeu-se que, através do treino de habilidades sociais, do programa monitor e do trabalho de grupo de adolescentes, Gustavo apresentou um vocabulário mais rico, mais expressivo, organizado, conseguindo se expressar com maior facilidade, demonstrando aumento em sua autoestima.

Gustavo também demonstrou maior capacidade na elaboração e na produção de textos pequenos, lê notícias de jornais por iniciativa própria de acordo com seu interesse, se comunica através de Orkut e e-mail com seus colegas e familiares, recebe e transmite recados, frequenta cinemas e lugares de acordo com sua idade cronológica.

Nas áreas de conhecimentos matemáticos, é capaz de fazer todas as operações matemáticas simples, conhece o sistema monetário, faz problemas envolvendo duas operações simples, faz troco com a utilização de lápis e papel. Gustavo apresentou desenvolvimento satisfatório nas habilidades funcionais, conseguindo generalizar para ambientes distintos, obtendo autonomia em várias situações sociais. Na comunidade, apresentou autonomia no ir e vir da escola, desenvolvendo várias rotinas de visita a familiares, supermercados, padarias, etc..

Na escola, acompanha o conteúdo de português com ajuda do facilitador da aprendizagem; nas outras disciplinas, é necessária a adaptação dos conteúdos dados. Apresentou tomada de iniciativa própria de procurar os seus pares, mostrando interesses próximos da sua idade cronológica, com a utilização de gírias e assuntos próprios de sua idade.

Foi verificado que Gustavo, em algumas áreas, continua apresentando uma maior dificuldade, como áreas de nomeação em que apresenta rebaixamento, com maior facilidade em dar a função ao objeto, sendo que, com pistas diretivas, consegue nomear com mais facilidade.

Nos aspectos psicomotores, Gustavo continuou apresentando dificuldades significativas no traçado gráfico até 2004, principalmente diante da exigência da escola na escrita cursiva, demonstrando maior esforço e fadiga, desistindo de terminar as tarefas programadas, devido às dificuldades na coordenação motora fina. Para aumentar o seu interesse diante das tarefas estruturadas de escrita, retomamos à letra palito, o que proporcionou maior agilidade e motivação nas atividades estruturadas.

Tendo como base o conceito de deficiência intelectual, optou-se pela avaliação neuropsicológica para que pudéssemos avaliar o perfil cognitivo atual de Gustavo, associando aos resultados do programa de intervenção.

RESUMO DA AVALIAÇÃO NEUROPSICOLÓGICA

A Avaliação Neuropsicológica consiste num exame complementar cujos resultados devem ser interpretados pelo profissional responsável pelo caso e a ela devem ser somados os dados de anamnese, exames clínicos, de imagem e laboratoriais e, sobretudo, a observação do funcionamento do paciente no seu dia a dia e nível pré-mórbido.

Testes aplicados

- Escala Wechsler de Inteligência para Adultos (WAIS III)
- Avaliação da Memória (HVLT)
- Boston Naming Test
- Controlled Oral Word Association (Teste de Fluência Verbal – Categórica)
- Controlled Oral Word Association (Teste de Fluência Verbal Nominal)
- Escala de Vineland

Funções avaliadas

- Memória Episódica Verbal
- Memória Episódica Visual
- Memória Operacional
- Capacidade de Aprendizado
- Conhecimentos Gerais
- Linguagem Expressiva e Receptiva
- Fluência Verbal Categórica
- Cálculo
- Velocidade de Processamento de Informações
- Senso de Relações Espaciais e habilidade construtiva
- Capacidade de Planejamento
- Raciocínio Lógico Sequencial
- Capacidade de Abstração e Categorização
- Capacidade cognitiva global (inteligência)
- Atenção
- Comportamento

Funções avaliadas	Classificação
MEMÓRIA	
Memória Episódica de Evocação Imediata – Verbal	Dificuldade Grave
Memória Episódica de Evocação Tardia – Verbal	Dificuldade Grave
Memória Episódica de Reconhecimento – Verbal	Dificuldade Grave
Memória Episódica de Evocação Imediata – Visual	Dificuldade Grave
Memória Episódica de Evocação Tardia – Visual	Dificuldade Grave
LINGUAGEM	
Fluência Verbal Nominal	Dificuldade Grave
Fluência Verbal Categórica	Dificuldade Grave
Nomeação	Dificuldade Grave
Linguagem Espontânea	Preservada
Linguagem Compreensiva	Dificuldade Moderada

Linguagem Escrita	Preservada
Leitura	Preservada
FUNÇÕES EXECUTIVAS	
Memória Operacional	Dificuldade Grave
Velocidade de Processamento de Informações	Dificuldade Grave
Abstração	Dificuldade Moderada
Planejamento e Estratégia	Dificuldade Moderada
Flexibilidade mental	Dificuldade Moderada
Cálculo	Dificuldade Moderada
ATENÇÃO	
Amplitude Atencional (span)	Dificuldade Moderada
Atenção Sustentada	Dificuldade Grave
Atenção Seletiva	Dificuldade Grave
Atenção Alternada	Dificuldade Grave
PERCEPÇÃO	
Habilidades Visuoespaciais	Dificuldade Grave
Habilidades Visuoperceptivas	Dificuldade Grave

CONCLUSÃO DA AVALIAÇÃO NEUROPSICOLÓGICA

O perfil neuropsicológico obtido no presente exame evidenciou que o paciente apresenta Déficit Global de Desenvolvimento e Retardo Mental Leve, de acordo com os critérios do DSM-IV-TR (American Psychiatric Association, 2002).

Porém, apesar das dificuldades encontradas, o paciente apresenta interesse em desempenhar atividades intelectuais.

Apresenta QI Verbal = 70 (Limítrofe), demonstrando a sua capacidade de comunicação e aprendizagem, o que leva a um maior desenvolvimento de sua funcionalidade, com aumento da autonomia nas rotinas diárias e situações sociais.

CONSIDERAÇÕES FINAIS

Atualmente, estudos têm mostrado a importância do Modelo de Inclusão no treino das habilidades sociais no âmbito educacional como fator de aprendizagem acadêmica e é neste contexto que a deficiência intelectual se insere, uma vez que esta apresenta déficits significativos nas áreas cognitivas, comportamentais, emocionais e competências sociais, sendo estas características um dos fatores de exclusão social e educacional (Del Prette e Del Prette, 1998).

Este modelo multidimensional nos permite concluir que:

- A abordagem ecológica foi decisiva no treinamento e na generalização das habilidades sociais, possibilitando a intervenção em uma variedade de ambientes com recursos e pistas naturais.
- As técnicas cognitivo-comportamentais permitiram constatar a ocorrência significativa de mudanças cognitivas, comportamentais, emocionais e no desenvolvimento das competências sociais, explorando atividades funcionais no ambiente natural, em que o comportamento ocorre com o desenvolvimento de repertórios novos de comportamentos adaptativos, tornando o aluno o mais independente possível na escola, em casa e na comunidade.
- O Sistema de Avaliação foi eficaz para os registros e as monitorias de dados diários do comportamento do aluno, possibilitando planejamento medicamentoso, psicoterapêutico e educacional.
- O Sistema de Mediação com a supervisão e a orientação da equipe interdisciplinar da Fundação FIAINE nos dá a certeza da importância do papel do facilitador da aprendizagem no Modelo de Inclusão.

O trabalho de intervenção ativa do facilitador é de extrema importância para o desenvolvimento das funções e das mudanças cognitivas, comportamentais e emocionais dos alunos com deficiência intelectual.

Neste contexto, o Modelo de Inclusão assume um papel importante no tratamento, na prevenção e na educação das deficiências intelectuais.

REFERÊNCIAS

Ajuriaguerra, J. (1980). Manual de Psiquiatria Infantil, Masson, Atheneu.1980

Almeida, L.S., & Buela-Casal, G. (1997). Evaluación de la inteligência general. In Buela-Casal, G. & Sierra, J. C. (Ed.). *Manual de evaluación psicológica: Fundamentos, técnicas y aplicaciones*. Madrid: Siglo XXI de Espanã.

American Association on Retardation. Mental Retardation. (2002). *Definition, classification, and systems of supports* (10th ed.). Washington, DC: Author

American Psychiatric Association. (2002) DSM-IV--TR: manual diagnóstico e estatístico de transtornos mentais (4. ed., rev.). Porto Alegre: Artmed.

Baer D. M. (1981). The nature of intervention research. Baltimore: University Park Press.

Bandura, A. (1977). Social learning theory. englewood cliffs. New Jersey: Prentice-Hall.

Montoan M. T. E. (1989). *Compreendendo a deficiência mental: novos caminhos educacionais*. São Paulo: Scipione.

Bastos, M. R. A. (1995). Programa de integração da criança com necessidades especiais no sistema regular de ensino. Dissertação de mestrado (não-publicada). Universidade Católica de Petrópolis.

Bastos, M. R. A., & Mendes R. C. (2001). Psicoterapias cognitivo—comportamental: um diálogo com a psiquiatria. Bernard Rangé.

Baumgart, D., Brown, L., Pupian, I., Niesbet, J., et al. (1982). Principle of parcial participation and individualized adaptations in educational programs for severely handicapped students. Journal of the Association for the Severely Handicapped.

Beck, A., & Freeman, A., Davis, D. D. (Org.). (1993). Terapia cognitiva dos transtornos de personalidade. Porto Alegre: Artes Médicas.

Brasil. (1988). Constituição da República Federativa do Brasil, promulgada em 05/10/1988. Brasília, DF: Senado Federal.

Brasil. (1996). Lei no 9394/96. Lei de Diretrizes e Bases da Educação Nacional, 1996. Brasília, DF: Ministério da Educação.

Brasil.. Ministério da Educação. Secretaria de Educação Especial. (1998). *Diretrizes curriculares nacionais para a Educação Especial*. Brasília, DF: Author.

Brasil. Ministério da Educação. Secretaria de Educação Especial. Secretaria de Educação Básica. *Parâmetros curriculares nacionais: adaptações curriculares*. Brasília, DF: Author.

Brasil. Ministério da Educação. Secretaria de Educação Especial. (2001). *Direito à educação: necessidades educacionais especiais: subsídios para atuação do Ministério Público brasileiro*. Brasília: MEC/SEESP.

Brown T. L., Hame-Nietupski S., et al.. (1979). A strategy for development chronological age appropriate na functional curricular contend for severelly handicapped. *Journal of Special Education*.

Carvalho E. N. S., & Maciel, D. M. M. A. (2003). Nova concepção de deficiência mental segundo American Association on Mental Retardation – AAMR: Sistema 2002; *Temas da Psicologia da SBP, 11*(2): 147-156.

Chapman R. S. (1981). Mother: child Interactions in second year of life. Baltimore: University Park Press.

Del Prette, Z. A. P., & Del Prette A. (1998). *Desenvolvimento Interpessoal e educação escolar: o enfoque das habilidades sociais*. Petrópolis: Vozes.

Ferster C. B., & Skinner B. F. (1957). *Schedules of reinforcement*. New York: Appleton-Century--Crofts.

Feuerstein, R., & Jensen, M. R. (1980). *Instrumental enrichement theoretical basis goals and instruments*. The Educational Forum.

Gold, M. W. (1974). *Redundant cue removal in skill training for the retarded. Education an training of mentally retarded*. New York: Harper & Row.

Gomes, C. M. A. (2002). *Feuerstein e a construção mediada do conhecimento*. Porto Alegre: Artmed.

Kendall, P. C., & Braswell, L. (1993). *Cognitive--behavioral therapy for impulse children*. New York: Guilford.

Lindzey, G., Hall, C.S., & THompson, R.F. *Psicologia*. Guanabara Koogan, 1967.

Luckasson, R. et al. 2002. Mental retardation: definition, classification and systems of supports

(10. ed.). Washington, DC: American Association on Mental Retardation.

Manual Diagnóstico e Estatístico de Transtornos Mentais (DSM – IV) (1994). Porto Alegre: Artes Médicas.

Meier, M., & Garcia, S. (2009). mediação da aprendizagem: contribuições de Feuerstein e de Vygotsky (5. ed.). Curitiba, Author.

Miller J. F., & Yoder D. E. (1974). *An ontogenetic language teaching strategy for retarded children*. Baltimor: University Park Press.

Nunes, P., Bueno, R., & Nardi, A. (1996). Psiquiatria e saúde mental: conceitos clínicos e terapêuticos fundamentais. São Paulo: Atheneu.

Organização Mundial da Saúde. (1993). *Classificação de transtornos mentais e de comportamento da CID-10: descrições clínicas e diretrizas diagnósticas*. Porto Alegre: Artes Médicas.

Piaget, J. (1960). *The psychology of intelligence*. Totowa, NJ: Littlefield.

Piaget, J. & Inhelder, B. (1969). *The pychology of child*. New York: Basic Bookes.

Peterso, B. C., & Hoberman, M. H. (1992). Psicoterapia multidimensional para crianças e adolescentes. In Garfinkel, D. B., Carlson, A. G., & Weller, B. E. *Transtornos psiquiátricos na infância e adolescência*. Porto Alegre: Artes Médicas.

Pereira, O. (1980). Princípios de normalização e de integração na educação dos excepcionais. In Novaes, M. H. *Educação especial, atuais desafios*. *Interamericana* . Rio de Janeiro: Interamericana.

Pasquali, L. (Org.). (2001). *Técnicas de exame psicológico – TEP: manual, v. 1, fundamentos das técnicas psicológicas*. São Paulo: Casa do Psicólogo.

Pessotti, I. (1999). O*s nomes da loucura*. São Paulo: Ed. 34.

Pessotti, I. (1984). *Deficiência mental: da superstição á ciência*. São Paulo: Queiroz.

Peterson, B. C., & Hoberman, M. H. (1992). Psicoterapia multidimensional para crianças e adolescentes. In Garfinkel, D. B., Carlson, A. G., & Weller, B. E. *Transtornos psiquiátricos na infância e adolescência* . Porto Alegre: Artes Médicas.

Romizzowski, A. J. (1981). Designing Instructional Systems. Decision Making in Course planing and Curriculum Design. Great-BritaIn Kogan.

Souza, A. M. C., Nascimento, M., Daher, S. (2008). *Caminhos da inclusão*. KELPS.

Souza, A. M. M., Depresbiteris, L., & Machado O. T. M. (2004). *A mediação como principio educacional: bases teóricas das abordagens de Reuven Feuerstein*. Porto Alegre: Artmed.

Stainback, S., & Stainback, W. (1999). Inclusão: um guia para educadores. Porto Alegre: Artmed.

Sundeberg, M. L., & Partington, J. W. (1998). Teaching language to children with autism or other developmental disabilities. Pleasant Hill, CA: Behavior Analysts.

Vygostsky, L. S. (1994). *A Formação social da mente: o desenvolvimento dos processos psicológicos superiores*. São Paulo: Martins Fontes.

Vygostsky, L. S. (1978). *Mind in society: the developmente of higher psychological processes*. Cambridge MA: Harvard University Press.

Weikant, D. P., Rogers L., Adock, C., & Mcclelland, D. (1971). *The cognitive oriented curriculum*. University of Illinois Press.

Wolfensberger, W. (1972). *The principle of normalization in human services*. Toronto: National Institute on Mental Retardation.

Zigler, E., & Hoodapp, M. R. (1993). The Developmental Implication of Integrating Autistic Children within the Public School. In Donnellan, A. M., & Chohean. J. *Handbook of autism and pervasive developmental* . New York: John Willey & Sons.

UNESCO. (1994). *Declaração de Salamanca e linha de ação sobre necessidades especiais*. Brasília, DF: CORDE.

Terapia cognitivo-
-comportamental
com casais

Raphael Fischer Peçanha
Bernard P. Rangé

INTRODUÇÃO

A terapia cognitivo-comportamental com casais vem se desenvolvendo teoricamente e ampliando seu número de pesquisas na América do Norte durante os últimos 30 anos (Datillio, 2010). O Brasil encontra-se numa fase inicial em termos de estudos da aplicabilidade das técnicas cognitivas e comportamentais com casais em conflito (Peçanha, 2009).

O tratamento de cônjuges em conflito pela abordagem cognitiva teve seu início a partir das intervenções comportamentalistas, em que eram enfatizados o contrato marital e o intercâmbio social simples (Dattilio e Padesky, 1995).

A partir da década de 1970, a Teoria da Aprendizagem Social foi aplicada à terapia marital, em que foram enfatizados os processos cognitivo-perceptivos (atribuições) dos cônjuges a respeito do comportamento do companheiro e de si mesmos (Jacobson e Holtzworth-Munroe, 1986; Schmaling, Fruzzetti e Jacobson, 1997). Os psicoterapeutas da teoria do intercambio social e da aprendizagem operacional, com o intuito de melhorar o nível de satisfação na interação conjugal, utilizaram em suas intervenções técnicas tanto cognitivas quanto comportamentais (Dattilio, 2004).

O enfoque da terapia conjugal, predominantemente cognitiva, ocorre com a Terapia Racional-Emotiva-Comportamental (TREC), de Albert Ellis. A cognição foi apontada como um importante fator no relacionamento marital. Os conflitos dentro do casamento seriam influenciados pelas crenças irrealistas dos parceiros sobre uma relação, além das causas das insatisfações estarem ligadas a avaliações negativas extremadas. A TREC trabalha nos relacionamentos íntimos focalizando as crenças ou os pensamentos inadequados – irracionais, inflexíveis e absolutistas – para alterá-los e, em consequência, as emoções e os comportamentos (Ellis, 2003).

No início da década de 1980, foram realizadas as primeiras pesquisas com casais pelos terapeutas cognitivos pertencentes ao modelo terapêutico de Aaron Beck. Nesse início, foram utilizadas técnicas e teorias empregadas no tratamento de outros transtornos clínicos. A partir da década de 1990, procedimentos e teorias específicas foram utilizadas no tratamento de casais em conflito (Epstein, 2010).

Modelo cognitivo

Aaron T. Beck (1995) fez uma importante contribuição sobre o papel desempenhado pelas cognições inapropriadas para funcionamento do ser humano em geral e dos relacionamentos amorosos especificamente. Beck (1997) apresentou três diferentes níveis de pensamento, sendo eles os pensamentos automáticos, as crenças intermediárias e as centrais.

Os pensamentos automáticos são essas ideias ou imagens "pré-conscientes" que passam na mente de todas as pessoas sem serem notados (Beck, 1997). Em uma situação específica, um cônjuge muitas vezes não consegue perceber que existe um fluxo rápido de pensamento mediando suas emoções e comportamentos. Esse nível de raciocínio não costuma ser avaliado e acaba sendo aceito como plausível por um ou ambos os membros do casal. Como é influenciado pelos esquemas individuais, o pensamento automático do companheiro descontente acaba se tornando inadequado em determinado momento (Dattilio, Epstein e Baucom, 1998). Por exemplo, o marido, ao ver que sua companheira não voltou para casa depois do horário previsto para um dia normal de trabalho, pode pensar "minha mulher deve estar me traindo". Além disso, o parceiro imagina a esposa tendo relações sexuais com outro homem. O problema com essas interpretações é a falta de verificação de sua validade. O companheiro, quando pensa dessa forma, acaba não levando em consideração outras explicações possíveis como, por exemplo, de que possa ter ocorrido um imprevisto com o carro da esposa (Dattilio, 2004).

As crenças intermediárias e centrais de um parceiro sobre seu relacionamento são desenvolvidas desde a infância pela influência dos pais, da cultura, dos primeiros encontros amorosos, entre outros. Os indivíduos podem rejeitar esses modelos como uma forma de se comportar enquanto marido ou mulher. Contudo, a forma como cada parceiro acredita que a relação "deveria" ser, geralmente, está associada a uma crença disfuncional que não costuma estar tão bem articulada na mente de cada companheiro (Dattilio, Epstein e Baucom, 1998).

Os esquemas são modos mais amplos de ver o mundo que nos cerca. São estruturas complexas que englobam crenças básicas a respeito das pessoas e dos relacionamentos em geral. Uma pessoa nem sempre está totalmente consciente de quais esquemas traz ou produz em seu relacionamento. No máximo tem ideias vagas sobre como é ou deveria ser o casamento. Diante de novas situações, um sujeito tende a processar as informações atuais com os mesmos esquemas que desenvolveu ao longo de sua vida, o que muitas vezes gera conflitos (Dattilio, 2010).

As distorções cognitivas exercem uma grande influência negativa nos relacionamentos amorosos (Rangé e Dattilio, 2001). As distorções cognitivas advêm de falhas no processamento de informações, erros de interpretação e raciocínios ilógicos no pensamento de um indivíduo (Beck e Alford, 2000). Beck (1995), ao direcionar seus estudos para o tratamento de casais em conflito, percebeu que eram cometidas as mesmas anomalias na tramitação do pensar que ocorriam com pacientes deprimidos e ansiosos. Entre as distorções de raciocínio, estão a abstração seletiva, a hipergeneralização, a personalização, a inferência arbitrária, a leitura de pensamento, a rotulação negativa, o pensamento dicotômico, a maximização e a minimização, entre outras (Beck, 1995; Dattilio e Padesky, 1995; Rangé e Dattilio, 2001, Dattilio, 2004).

Na abstração seletiva, ocorre um processo de seleção das informações ambientais, confirmando o pensamento distorcido e ignorando fatos contrários evidentes. O cônjuge retira de um determinado contexto uma informação que tem certos aspectos realçados em detrimento de todos os outros. Por exemplo, seria o caso do companheiro que deixa de recolher um dos brinquedos dos filhos na sala e a parceira pensa "ele me trata como se eu fosse sua escrava". A mulher nessa situação deixou de notar que ele tinha retirado os outros brinquedos e ainda arrumado a sala (Dattilio e Padesky, 1995).

Na hipergeneralização, a partir de fatos isolados, o indivíduo cria regras gerais para outras situações diferentes. A pessoa, a partir de uma situação isolada, acaba interpretando os incidentes ocorridos em outro contexto da mesma forma, estando ou não ligados. Como exemplo, temos o caso do marido que está mostrando à companheira um projeto que vai apresentar no trabalho no dia seguinte. Quando a esposa faz uma avaliação crítica, logo ele pensa "ela nunca me apoia". Contudo, ele negligenciou que sua mulher opinou em termos tanto positivos quanto negativos. Palavras como sempre, nunca, nada, tudo, nenhum, todos, etc. estão presentes nesse tipo de distorção (Rangé e Dattilio, 2001).

Pesquisas apontaram que além dos pensamentos automáticos, das distorções cognitivas e das crenças centrais disfuncionais, existem outros tipos de processos mentais envolvidos no conflito conjugal. Baucom, Epstein, Sayers e Sher (1989) relataram que cinco cognições estavam igualmente envolvidas no desajustamento e na insatisfação conjugal, caso elas fossem disfuncionais. São elas: percepção (atenção seletiva), atribuição, expectativa, suposição e padrão.

A atenção seletiva é entendida como um processo de percepção no qual uma pessoa capta informações de uma situação de acordo com categorias que fazem sentido ao seu ponto de vista. Além disso, ignora os dados que não se encaixam em seu perfil de relacionamento. Por exemplo, uma mulher quando acredita que é fraca, pode ficar atenta aos comportamentos do seu marido que julgue serem de dominação. Quando ela pede ao parceiro para visitar os pais e ele não quer ir, a esposa pode pensar que ele nunca atende aos seus desejos por não respeitá-la. Então, ela pode sentir-se frustrada e passar a evitar o marido. Entretanto, o parceiro não aceitou o convite por estar se sentindo cansado. Em diversas situações, essa mulher busca fazer diferentes solicitações e que em sua maioria são atendidas pelo marido. Contudo, ela presta atenção somente aos seus desejos que ele não atende (Baucom e Epstein, 1990).

Os seres humanos de alguma forma têm a necessidade de compreender e explicar os comportamentos das outras pessoas para prevê-los futuramente (Rodrigues, Eveline e Jablonski, 2000). As atribuições dizem respeito às inferências que os parceiros fazem sobre a causa e a responsabilidade de um acontecimento em determinada situação. É importante mencionar que algumas investigações buscaram avaliar o impacto das atribuições nas relações amorosas conturbadas (Fincham e Bradbury, 1992; Baucom et al., 1996). Algumas pesquisas relataram que as atribuições de causa e responsabilidade desempenham um papel importante nos relacionamentos conflituosos (Bradbury e Fincham, 1990; Epstein, Baucom e Rankin, 1993). Por exemplo, um parceiro pode culpar sua esposa por todos os problemas conjugais e não perceber que ele também contribui (Baucom e Epstein, 1990). Nieto (1998) apontou que uma das etapas fundamentais do processo terapêutico com casais em conflito é justamente intervir nas atribuições disfuncionais.

As expectativas referem-se ao que um indivíduo acha que vai acontecer, ou seja, são previsões que alguém faz acerca do futuro de sua relação e do comportamento de seu cônjuge. Caso uma pessoa desenvolva uma expectativa, isso vai afetar diretamente suas emoções e condutas. As expectativas negativas estão intimamente ligadas aos casamentos conturbados, pois afeta o modo de pensar do indivíduo sobre seu parceiro e seu relacionamento. Por exemplo, uma mulher pode esperar que seu marido sempre dê suporte emocional quando ela tiver problemas em seu trabalho. Caso isso não aconteça, ela pode ficar triste com seu esposo e se sentir infeliz com sua relação amorosa (Baucom e Epstein, 1990).

As suposições são crenças que um indivíduo mantém sobre o que "é" a natureza dos relacionamentos e das pessoas em geral. As suposições referem-se ao modo das pessoas pensarem sobre o funcionamento dos outros e do mundo atualmente. Por exemplo, um homem pode supor que a existência de desacordo entre parceiros é algo prejudicial para a relação. Estas suposições servem de base para alguém fazer atribuições sobre os comportamentos específicos dos seus parceiros. Além disso, estas crenças básicas influenciam a maneira de um indivíduo se comportar ou perceber os eventos (Baucom e Epstein, 1990).

Os padrões são crenças que um indivíduo tem sobre como "deveria" ser a vida conjugal. As pessoas utilizam os padrões para avaliar se os comportamentos dos seus parceiros são apropriados e adequados para um relacionamento conjugal. Os padrões podem ser formados pela influência da família de origem, dos meios de comunicação, da cultura, da religião, entre outros. Os padrões podem ser empregados para avaliar a quantidade de afeto que um parceiro deveria ter para com o outro, o modo como deveriam falar entre si, etc. Por exemplo, uma mulher pode acreditar que numa relação amorosa "deveria" haver o eterno sentimento de paixão (Baucom e Epstein, 1990).

TRATAMENTO

A terapia cognitivo-comportamental com casais tem por objetivo geral promover o aumento da satisfação e do ajustamento conjugal. Entretanto, em alguns casos a separação e o divórcio podem ser a melhor opção para um determinado casal (Baucom et al., 1998). Os objetivos específicos dessa modalidade de terapia são as intervenções nas cognições disfuncionais, no estilo destrutivo de comunicação e na resolução de problema inadequada dos casais em conflito (Dattilio e Padesky, 1995).

Os aspectos cognitivos, alvo do processo terapêutico, são os pensamentos automáticos, os esquemas subjacentes, as distorções cognitivas, entre outras cognições disfuncionais anteriormente apontadas (Rangé e Dattilio, 2001; Epstein, Baucom e Rankin, 1993). Essa abordagem psicoterapêutica atua ainda no modo como cada parceiro se sente e expressa suas emoções (Dattilio, 2004). Além de todos esses fatores citados, o terapeuta cognitivo intervém nos comportamentos que formam um padrão específico de interação do casal em desarmonia (Epstein, 1998).

As primeiras sessões

As entrevistas iniciais que o terapeuta realiza com o casal são de grande valia. Nesse contato inicial que são obtidas preciosas informações sobre o funcionamento atual e anterior da relação amorosa. Nessa etapa, o profissional pode observar importantes interações conjugais dentro do espaço terapêutico. O terapeuta inclusive pode perceber nessas sessões os pontos fortes e fracos do relacionamento afetivo. Esses dados iniciais coletados na avaliação serão utilizados na formulação de hipóteses que deverão ser testadas ao longo do tratamento (Schmaling, Fruzzetti e Jacobson, 1997).

A maioria das sessões realizadas com os casais é conjunta (Rangé e Dattilio, 2001). A primeira sessão sempre será feita com a presença de ambos os cônjuges. Logo após a sessão inicial conjunta, podem ser feitas duas sessões individuais (Schmaling, Fruzzetti e Jacobson, 1997). Cabe enfatizar que, sendo uma terapia de casal, as sessões devem ser quase todas em conjunto, salvo raras exceções. O casal é atendido uma vez por semana, tendo a sessão uma hora de duração (Baucom e Epstein, 1990).

Avaliação

O tratamento de relações íntimas conturbadas segue uma estrutura básica para a admissão dos casais (Rangé e Dattilio, 2001). O clínico pode contar com o auxílio de entrevistas, inventários e questionários para corroborar sua avaliação inicial. Dattilio e Padesky (1995) afirmaram que esses instrumentos auxiliam na captação de informações que podem ter sido omitidas no primeiro contato, além de diminuir o tempo gasto com a terapia. A seguir, são apontados alguns dos instrumentos de avaliação mais importantes no tratamento de casais.

Dela Coleta (1989) validou para a população brasileira o "Inventário de Satisfação Conjugal". Esse inventário investiga a satisfação de ambos os parceiros com o relacionamento amoroso. O inventário, "Escala de Ajustamento Diádico", criado por Spainer (1976), tem por objetivo medir de forma geral o grau de satisfação num relacionamento amoroso.

Eidelson e Epstein (1982) construíram um inventário para captar crenças disfuncionais sobre relacionamentos íntimos, chamando *Relationship Belief Inventory* (RBI). O inventário *Relationship Attribution Measure* foi criado para avaliar as atribuições causais, de responsabilidade e culpa dentro das relações íntimas. Os escores obtidos foram correlacionados com satisfação marital, dificuldades conjugais e padrões de comportamentos atuais emitidos pelos parceiros (Fincham e Bradbury, 1992).

Reestruturação cognitiva

O objetivo principal da terapia cognitivo-comportamental no tratamento de qualquer problema psicológico é justamente promover a reestruturação das cognições disfuncionais dos indivíduos, seja por causa de um transtorno mental, seja por motivos de conflito conjugal (Beck, J., 1997; Rangé e Dattilio, 2001). Pesquisas apontam que a reestrutura cognitiva torna a terapia marital tão eficaz quanto utilizar técnicas comportamentais no tratamento de casais em conflito (Baucom e Lester, 1986; Baucom, Sayers e Sher, 1990; Baucom et al., 1998).

Ensinar a habilidade de identificar os pensamentos automáticos é a "pedra fundamental" para a mudança de cognições distorcidas e extremadas que cada parceiro tem de si, do outro e do relacionamento. Os cônjuges aprendem a perceber numa determinada situação que existe uma associação entre sua maneira de pensar e o modo como reagem em termos emocionais e comportamentais (Beck, 1995).

Um método utilizado para a identificação de pensamento é o uso de um diário. Este pode ser desde uma folha qualquer de papel até instrumentos especialmente desenvolvidos para tal tarefa. A coleta de pensamentos automáticos pode ser realizada através do uso do registro diário de pensamentos disfuncionais (Beck, 1997). No registro, precisa ser especificada a situação, seguida da descrição dos pensamentos e das emoções negativas experimentadas. Com a utilização desse tipo de instrumento o casal consegue visualizar claramente a relação entre pensamentos e as reações emocionais que contribuem para o desajuste conjugal (Dattilio e Padesky, 1995).

O terapeuta pode ainda auxiliar os parceiros a se conscientizarem da sua capacidade de manejar seus sentimentos e atos através da revisão sistemática das suas cognições disfuncionais, tais como atenção seletiva, atribuições, padrões, suposições e expectativas disfuncionais (Baucom, Epstein, Sayers e Sher, 1989). Peçanha (2009) formulou uma série de folhetos ilustrativos para auxiliar os casais na modificação desses processos cognitivos. Outra etapa muito importante dentro do processo de reestruturação cognitiva é a identificação das distorções cognitivas.

Um método muito eficaz de identificação é o cliente utilizar uma lista de distorções cognitivas fornecidas previamente pelo terapeuta. Na sequência, o paciente pode aplicá-la aos pensamentos automáticos registrados durante a semana anterior ou na própria sessão. A partir dos dados obtidos, terapeuta e cliente podem analisar o quão adequados foram os pensamentos automáticos numa situação específica. Além disso, a pessoa pode avaliar o grau de influência das distorções nas suas emoções e comportamentos negativos naquele contexto (Beck, 1997).

O processo de reestruturação das cognições disfuncionais pode seguir algumas etapas. O primeiro passo é identificar as distorções presentes no modo de pensar de cada parceiro. O segundo é procurar explicações alternativas para o ocorrido na relação naquele momento. Perguntas sistemáticas também são empregadas para conduzir os cônjuges a pensar mais racionalmente. Essa última técnica é também conhecida como questionamento socrático. Após coletar e contestar essa maneira de pensar tendenciosa, cada parceiro é levado a avaliar o grau de validade das respostas racionais as suas crenças originais. Costuma haver alterações nas emoções e nos comportamentos dos parceiros após o uso desses procedimentos (Rangé e Dattilio, 2001).

Técnicas que envolvam o uso de imagens, recordação de interações anteriores e dramatização são empregadas durante a sessão para auxiliar um paciente na busca de informações pertinentes que possam estar sendo esquecidas (Beck, 1997). Geralmente, essas técnicas são empregadas nas situações vivenciadas pelo casal que são emocionalmente tão intensas que dificultam a identificação dos pensamentos automáticos, dos sentimentos e dos comportamentos de cada um (Dattilio e Padesky, 1995).

A troca de papéis é uma técnica utilizada para gerar empatia de cada parceiro pelas vivências do outro. Na dramatização, os companheiros vão interagir conforme a última situação problemática que aconteceu. Contudo, nessa experiência o marido fica no lugar da mulher e vice-versa. O objetivo dessa técnica é alterar os conceitos pré-formados de um companheiro sobre o outro. Para isso, é preciso que novas informações venham à tona; assim, é solicitado que cada membro do casal focalize nas ideias e nos sentimentos da outra pessoa durante o experimento (Dattilio, 2004).

Os casais que estão em grandes conflitos têm uma visão limitada das dificuldades por que estão passando. Contudo, na época do namoro, essas mesmas pessoas tinham uma percepção muito mais positiva de seu parceiro. Os cônjuges são levados a comparar justamente esse contraste entre as recordações de momentos agradáveis e a perspectiva negativa atual. Essa técnica procura fornecer evidências ao casal de que eles podem ter uma relação gratificante como já aconteceu, mas que são necessários empenho e tempo (Beck, 1995).

A flecha descendente é uma técnica utilizada para capturar as crenças intermediárias e centrais de uma pessoa. Uma ideia ordinária sobre um determinado evento pode ser aflitiva, se estiver relacionada a outros pensamentos disfuncionais. A técnica compõe-se de uma série de perguntas a partir de um pensamento automático chave. Entre as questões mais frequentes, estão "caso tal fato aconteça, o que significaria para você" ou "se for verdade, o que signi-

ficaria sobre você?" (Beck, 1997). Através dessas perguntas os parceiros podem avaliar a veracidade de determinada crença.

O treinamento em comunicação

Diversos estudos apontaram que um ponto-chave no tratamento de casais pela abordagem cognitiva é o treinamento em comunicação (Epstein, Baucom e Rankin, 1993; Epstein, 1998). Nesse tipo de intervenção, objetiva-se influenciar de forma positiva as interações conturbadas, diminuir a quantidade de distorções cognitivas que os parceiros têm sobre cada um e promover uma melhor qualidade da sensação e da expressão de ideias e sentimentos (Dattilio, 2004).

A primeira etapa do processo de uma comunicação mais eficaz consiste na instrução aos cônjuges sobre as condutas esperadas no exercício das habilidades específicas de falar e escutar (Rangé e Dattilio, 2001).

Diferentes autores descreveram algumas diretrizes para o falante (Beck, 1995; Schmaling, Fruzzetti e Jacobson, 1997). O importante primeiro é admitir que existam visões específicas e subjetivas de cada um sobre determinado assunto (sem dar a entender que a ideia do outro é equivocada). Em segundo lugar, apresentar emoções e pensamentos próprios, pontuando o lado positivo e o negativo. Além disso, falar de forma clara e objetiva. Outro passo útil é apontar problemas específicos e não gerais. O falante também deve reduzir sua mensagem a poucas palavras, pois facilita absorção e lembrança dos conteúdos emitidos. E por fim, ser gentil, diplomático e tratar o assunto com tato.

No caso da pessoa que ouve, é importantíssimo o uso da escuta empática (Epstein, 1998). Também foram descritos passos que devem ser seguidos pelo ouvinte para melhorar a qualidade da comunicação do casal. Em primeiro lugar, a pessoa que está ouvindo precisa deixar transparecer que o outro está tendo atenção. No geral, utilizam-se comportamentos não verbais como os gestos com a cabeça, contato ocular, entre outros. Um segundo passo é usar de pequenas vocalizações como, por exemplo, "hum-hum". Pode-se ainda manifestar respeito pela informação da outra pessoa que fala, concordando ou não. O falante deve perceber que tem direito a expressar suas emoções e ideias. Além disso, a pessoa que ouve precisa esforçar-se na compreensão e na identificação da perspectiva do parceiro. Por fim, o ouvinte deve parafrasear o que foi dito pelo falante, mostrando que ele foi entendido (Beck, 1995; Schmaling, Fruzzetti e Jacobson, 1997).

As informações para a boa comunicação podem ser fornecidas através de folhetos explicativos para que sejam utilizadas quando se fizer necessário, seja durante a sessão, seja no próprio lar dos cônjuges (Beck, 1995; Peçanha, 2009). O objetivo final é que cada membro do casal incorpore essas diretrizes ao seu repertório pessoal (Baucom e Epstein, 1990).

Durante o processo terapêutico, o profissional funciona como um modelo da capacidade de expressar e ouvir adequadamente (Schmaling, Fruzzetti e Jacobson, 1997). Ao longo do treinamento nas sessões, o terapeuta conduz o casal a discutir primeiro uma questão pouco polêmica para que as habilidades possam ser aprendidas sem a interferência das reações emocionais exageradas. Com a proficiência na execução dessas habilidades, os clientes são solicitados a conversar sobre questões mais divergentes (Epstein, 1998; Peçanha, 2009). O uso continuado desses princípios permite aos parceiros desmistificarem suas distorções cognitivas e terem uma visão mais benevolente de cada um (Epstein e Baucom, 2002).

Treino de resolução de problemas

Esse é outro componente importante dentro da terapia cognitivo-comportamental para o tratamento de diferentes transtornos mentais e problemas conjugais. O processo de solucionar um impasse é realizado em duas fases distintas. A primeira etapa consiste na definição do problema a ser solucionado. A segunda fase refere-se à solução do problema propriamente dita (Hawton e Kirk, 1997). Os casais em conflito também podem se beneficiar das técnicas de solução de problemas para obterem maior satisfação com seus relacionamentos (Dattilio e Padesky, 1995; Rangé e Dattilio, 2001).

A definição do problema em si deve ter um caráter específico e objetivo. Recomenda-se que, quando o problema é o comportamento de um dos parceiros, o outro comece a descrever a situação problemática a partir de comentários empáticos. Somente após cumprir essa primeira parte é que o problema deve ser definido especificamente, acompanhado da descrição dos sentimentos da pessoa. É importante ainda que o cônjuge insatisfeito expresse como pode estar contribuindo para que aquela situação esteja acontecendo, demonstrando assim um espírito de colaboração para solucionar o problema (Schmaling, Fruzzetti e Jacobson, 1997).

Na fase da solução do problema, é importante obter o maior número de alternativas para as dificuldades relacionadas a comportamentos específicos. É importante nesse momento não se utilizar qualquer tipo de juízo sobre as ideias propostas. Em seguida, cada uma das soluções alternativas produzidas precisam ser avaliadas em termos de suas vantagens e desvantagens. Uma das soluções deve ser escolhida, a partir de critérios de execução e atração para ambos os membros do casal. Por fim, os cônjuges vão estabelecer um período de teste e avaliar a opção escolhida. Todas essas etapas descritas precisam ser praticadas em casa para que as habilidades possam ser fixadas (Schmaling, Fruzzetti e Jacobson, 1997).

Intervir nas reações emocionais

A terapia cognitiva tem sido acusada por outras abordagens psicológicas de dar pouca ou nenhuma atenção às emoções no tratamento dos transtornos mentais e das relações conjugais e familiares. Porém, essa ideia não é verdadeira, pois a intervenção nos sentimentos desempenha um papel relevante no tratamento cognitivo-comportamental dos problemas psicológicos de qualquer natureza, inclusive conjugais (Dattilio, 2010).

A abordagem cognitivo-comportamental com casais tem como um dos seus objetivos aumentar a experiência de emoções em pessoas retraídas e moderar a expressão de sentimentos intensos em indivíduos exaltados, através de diferentes procedimentos (Beck, 1995).

Dattilio (2004) apontou que o terapeuta pode ensinar aos cônjuges vários procedimentos para lidar com as dificuldades em vivenciar emoções. Inicialmente, o casal pode aprender a delinear comportamentos específicos dentro e fora das sessões de terapia, evitando dessa forma a recriminação por expressar sentimentos. O cliente pode ainda avaliar emoções e pensamentos implícitos através das técnicas cognitivas. Além disso, a pessoa aprende a estar atenta à variação de seus estados emocionais em situações específicas. O sujeito também é incentivado a repetir frases que tenham um forte efeito sobre si. Além disso, o cônjuge aprende a ficar atento aos seus sentimentos durante a sessão como, por exemplo, quando o marido tenta mudar o rumo da conversa. Por fim, o terapeuta pode promover o aparecimento de reações emocionais do cliente em questões importantes dentro do relacionamento ao utilizar a técnica do *role-play*.

Beck (1995) descreveu um modelo cognitivo para o rancor. Por de trás desses sentimentos se encontram outros dois que são o medo e a mágoa. O terapeuta, ao intervir nesses sentimentos, pode auxiliar a expressão dessas emoções adicionais, levando a uma dissipação do rancor. Outra vantagem de trabalhar mágoa e medo é evitar que os cônjuges respondam ao rancor de seus parceiros com defesas ou atos agressivos. Além disso, a terapia cognitiva com casais propõe-se a intervir nos significados subjacentes que estão relacionados a cada uma dessas emoções.

Modificação de padrões de comportamento

A forma como o casal interage costuma seguir uma regularidade. Nas relações conturbadas, os comportamentos mais frequentes são os de caráter negativo (Jacobson, Follette e McDonald, 1982). Uma etapa do processo terapêutico focaliza exatamente esses padrões de conduta (Epstein, Baucom e Rankin, 1993). O psicoterapeuta procura favorecer o aumento das interações positivas e a diminuição das negativas (Epstein, 1998).

Os contratos para mudança de comportamento desempenham um papel relevante. O principal objetivo dessa intervenção é incentivar os membros do casal a identificarem e demonstrarem ao seu parceiro um comportamento cortês, mesmo que não haja a recíproca. Além disso, essa técnica objetiva aumentar a satisfação de cada um com o seu relacionamento (Schmaling, Fruzzetti e Jacobson, 1997).

Para facilitar o engajamento dos cônjuges nesse tipo de contrato, o psicólogo pode apresentar de forma sucinta o impacto da reciprocidade negativa nas relações conturbadas. Por exemplo, apontar que a pessoa somente consegue controlar suas próprias ações e que é importante o casal se comprometer com a melhoria do ambiente de sua convivência (Baucom e Epstein, 1990).

Término e prevenção de recaídas

O procedimento de prevenção de recaídas é uma etapa primordial na terapia cognitivo-comportamental (White, 2003). O paciente é preparado para o acontecimento de possíveis recaídas desde a primeira sessão. Além disso, é importante que o profissional prepare o cliente para o término do tratamento. A terapia cognitiva não almeja resolver todos os problemas da pessoa, pois o objetivo dessa abordagem é ensinar ao indivíduo habilidades que o capacitem a ser seu "próprio terapeuta" (Beck, 1997).

O terapeuta de casais dentro da abordagem cognitivo-comportamental também pode preparar seus clientes para possíveis baixas no seu tratamento. A terapia visa antecipar e corrigir possíveis deslizes e lapsos na interação conjugal que levam a desentendimentos (Schmaling, Fruzzetti e Jacobson, 1997).

Por fim, a terapia não é interrompida bruscamente, pois as sessões são espaçadas antes do término do tratamento. As consultas vão variar no intervalo de quinze dias para mensais, e assim sucessivamente. É importante ainda que os clientes saibam que podem recorrer ao seu terapeuta quando avaliarem ser necessário (Rangé e Dattilio, 2005).

Ampliando a terapia cognitiva com casais

No ano de 2002, Epstein e Baucom, propuseram uma visão mais ampliada para o tratamento de casais em conflito. Esses pesquisadores afirmaram que a terapia conjugal deveria também incluir os fatores individuais de cada parceiro como, por exemplo, suas necessidades mais básicas dentro de uma relação amorosa. Além disso, enfatizaram que existem padrões e interações específicas em cada relacionamento. Por fim, afirmaram que o casal e seu meio ambiente mantêm uma mútua influência.

As características individuais que devem ser levadas em consideração durante o tratamento são os motivos ou as necessidades básicas de cada parceiro, os estilos de personalidade de ambos os cônjuges e a presença de possíveis psicopatologias como, por exemplo, depressão (Epstein e Baucom, 2002).

O modo como as pessoas se relacionam dentro da vida conjugal pode ser caracterizado por padrões de interação específicos. O casal pode ter seus próprios rituais, como, por exemplo, tomar café da manhã todos os dias juntos. O terapeuta deve ficar atento também ao nível de suporte social entre os membros do casal e de sua família de origem. Outro foco são as atividades de cada parceiro, as individuais e as que exigem um trabalho em grupo, como, por exemplo, a divisão das tarefas de casa. Existem ainda limites entre os parceiros e em torno deles. Outro fato de extrema relevância refere-se à questão de poder e controle que os membros do casal exercem um sobre o outro e sobre seu meio ambiente (Epstein e Baucom, 2002).

Epstein e Baucom (2002) consideram o casal como um pequeno sistema dentro de outros sistemas maiores, semelhante à visão da terapia sistêmica. Um casal não está isolado em seu próprio relacionamento, existe uma série de fatores externos ou ambientais que podem de alguma forma influenciar a vida conjugal. Entre eles, destacam-se a relação que o casal mantém com a família de origem de ambos, o contato com amigos, o tempo dedicado ao trabalho, a renda financeira do casal. Além disso, existem doenças que um dos cônjuges pode adquirir ao longo da vida, como, por exemplo, um câncer de mama da esposa. Outro fator, diz respeito à relação travada com os ex-cônjugues para aqueles casais que estão no seu segundo ou terceiro casamento, além da relação com os filhos de outro matrimônio.

Outros problemas específicos enfrentados pelos casais

Existem várias outras questões específicas com as quais os casais têm que lidar no seu cotidiano, além das já mencionadas dificuldades de comunicação e resolução de problemas. Entre esses temas especiais, serão destacados os problemas sexuais, o *stress* e a infidelidade. São questões que geram conflito e desgaste no relacionamento conjugal, mas que podem ser superadas (Beck, 1995). É importante ressaltar que esses assuntos não serão abordados em sua totalidade, pois existe a literatura científica específica tratando desses temas. Com certeza existem ainda inúmeras outras questões que afetam uma relação amorosa (Dattilio, 2010).

Existe um grande número de pessoas insatisfeitas com sua sexualidade (Carvalho,

2001). A maioria dos problemas sexuais tem por base a ansiedade, tanto nos homens quanto nas mulheres (Hawton, 1997). O casal pode ter problemas nas diferentes fases da resposta sexual – o desejo, a excitação e o orgasmo (Kaplan, 1983).

Os problemas sexuais são muito mais frequentes em uma relação afetiva do que se leva em consideração (Masters e Johnson, 1970). A primeira área atingida durante a convivência de longos anos é o desejo sexual (Beck, 1995). Este último é uma resposta de apetite ou impulso produzida em nosso cérebro (Kaplan, 1983). Beck (1995) afirmou que os fatores relacionados à diminuição do desejo sexual são de base psicológica, tais como as crenças que uma pessoa tem sobre si mesma, sobre o parceiro e sobre o sexo. Os casais também podem enfrentar dificuldades nas fases de excitação e orgasmo (Hawton, 1997). Podem surgir problemas como impotência no homem, vaginismo na mulher e anorgasmia em ambos os parceiros (Masters e Johnson, 1970; Kaplan, 1983).

O *stress* é outro problema específico que costuma afetar uma relação amorosa (Vilela, 2004). Na literatura científica, o termo *stress*, em inglês, é tido como o mais adequado, ficando o termo "estresse" para publicações de caráter popular (Lipp e Malagris, 2001). O *stress* é definido como "um processo pelo qual alguém percebe e responde a eventos que são julgados como desafiadores ou ameaçadores" (Straub, 2005, p. 117).

Dentro de um relacionamento afetivo, pode haver diferentes estressores (Tanganelli, 2000). Beck (1995) apontou como possíveis fontes de estresse no casamento o nascimento de filhos, a tomada de decisões em conjunto, o modo de educar as crianças, entre outros. É importante ainda destacar que existe uma relação estreita entre estresse no casamento e cognições disfuncionais, estando entre elas os erros cognitivos, as crenças e as expectativas irrealistas. Os conflitos entre os membros do casal foram ainda relacionados com a supressão da resposta imunológica do organismo de cada parceiro (Kiecolt-Glaser et al., 1997 *apud* Straub, 2005).

A infidelidade tem sido um tema muito comum para os psicólogos que trabalham com casais. Esse é um assunto bastante delicado dentro das relações afetivas na sociedade ocidental. Apregoa-se em nossa cultura a monogamia como "pedra fundamental" de um casamento. Contudo, muitas pessoas mantêm casos extraconjugais, principalmente em período de crise na relação (Beck, 1995). Baucom e colaboradores (2009) apontaram que a descoberta da infidelidade conjugal pode ser um evento traumático. Tendo em vista essa situação, esses autores desenvolveram um programa de tratamento para ajudarem os casais a lidar com situações de infidelidade.

CONSIDERAÇÕES FINAIS

O tratamento de casais pela terapia cognitivo-comportamental tem ajudado muitos pacientes nos Estados Unidos. Contudo, é relevante destacar que foram encontradas, até o momento, poucas investigações científicas no Brasil sobre os efeitos benéficos da utilização de técnicas cognitivas e comportamentais no tratamento de casais brasileiros (Peçanha e Rangé, 2008. Devido a esse fato, é importante que outras pesquisas sejam feitas com esse objetivo, tendo em vista os resultados empíricos favoráveis a essas técnicas de intervenção terapêutica no tratamento de diferentes problemas psicológicos em nosso país (Falcone e Figueira, 2001; Rangé & Bernik, 2001; Caminha, 2004).

REFERÊNCIAS

Beck, A. T. (1995). *Para além do amor.* Rio de Janeiro: Record.

Beck, A. T., & Alford, B. A. (2000). *O poder integrador da terapia cognitiva.* Porto Alegre: Artmed.

Beck, A. T., Rush, A. J., Shaw, B. F., & Emery, G. (1997). *Terapia cognitiva da depressão.* Porto Alegre: Artmed.

Baucom, D. H., Snyder, D. K., & Gordon, K. C. (2009). *Helping couples get past the affair: A clinician's guide.* New York: Guilford

Baucom, D. H., & Epstein, N. (1990). *Cognitive-behavioral marital therapy*. New York: Brunner.

Baucom, D. H., Epstein, N., Daiuto, A. D., Carels, R. A., Rankin, l. A., & Burnett, C. K. (1996). Cognitions in marriage: The relationship between standards and attributions. *Journal of Family Psychology, 10*, 209-222.

Baucom, D. H., Epstein, N., Sayers, S., & Sher, T. G. (1989). The role cognitions in marital relationships: Definitional, methodological and conceptual issues. *Journal of Consulting and Clinical Psychology, 57*, 31-38.

Baucom, D. H., & Lester, G. W. (1986). The usefulness of cognitive restructuring as an adjunct to behavioral marital therapy. *Behavior Therapy, 17*, 385-403.

Baucom, D. H., Sayers, S., & Sher, T. G. (1990). Supplementing behavioral marital therapy with cognitive restructuring and emotional expressiveness training: an outcome investigation. *Journal of Consulting and Clinical Psychology, 58*, 636-645.

Baucom, D. H., Shoham, V., Mueser, K. T., Daiuto, A. D., & Stickle, T. R. (1998). Empirically Supported Couple and Family Interventions for Marital Distress and Adult Mental Health Problems. *Journal of Consulting and Clinical Psychology, 66*, 53-88.

Bradbury, T. N., & Fincham, F. D. (1990). Attributions in marriage: review and critique. *Psychological Bulletin, 107*, 3-33.

Caminha, R. M. (2004). Transtorno do estresse pós-traumático. In Knapp, P. (Ed.). *Terapia cognitivo-comportamental na prática clínica psiquiátrica* (p. 267-279). Porto Alegre: Artmed.

Carvalho, A. (2001). Disfunções sexuais. In Rangé, B. P. (Ed.). *Psicoterapias cognitivo-comportamentais: um diálogo com a psiquiatria* (p. 512-552). Porto Alegre: Artmed.

Dattilio, F. M. (2004). Casais e família. In Knapp, P. (Ed.). *Terapia cognitivo-comportamental na prática clínica psiquiátrica* (p. 377-401). Porto Alegre: Artmed.

Dattilio, F. M. (2010). *Cognitive-behavioral therapy with couples and families*. New York: Guilford Press.

Dattilio, F. M., Epstein, N., & Baucom, D. H. (1998). An introduction to cognitive-behavioral therapy with couples and families. In Dattilio, F. M. (Ed.). *Case studies in couple and family therapy: systemic & cognitive perspectives* (p. 1-36). New York: Guilford.

Dattilio, F. M., & Padesky, C. A. (1995). *Terapia cognitiva com casais*. Porto Alegre: Artmed.

Dela Coleta, M. F. (1989). A medida da satisfação conjugal: adaptação de uma escala. *Psico, 18*, 90-112.

Eidelson, R. J., & Epstein, N. B. (1982) Cognition and relationship maladjustment: Development of a measure of dysfunctional relationship beliefs. *Journal of Consulting and Clinical Psychology, 50*, 715-720.

Ellis, A. (2003). The nature of disturbed marital interaction. *Journal of Rational-Emotive and Cognitive-Behavior Therapy, 21*, 147-153.

Epstein, N. (1998). Terapia de casal. In Dattilio, F. M., Freeman, A. (Ed.). *Compreendendo a terapia cognitiva* (p. 305-313). Campinas: Psy.

Epstein, N. (2010). Terapia cognitivo-comportamental de casais: Status teórico e empírico. In Leahy, R. L. (Ed.). *Terapia cognitiva contemporânea: teoria, pesquisa e prática* (p.326-344). Porto Alegre: Artmed.

Epstein, N., & Baucom, D. H. (2002). *Enhanced cognitive-behavior therapy for couples: a contextual approach*. Washington, DC: American Psychological Associated Press.

Epstein, N., Baucon, D. H., & Rankin, l. A. (1993). Treatment of marital conflict: A cognitive-behavioral approach. *Clinical psychology review, 13*, 45-57.

Falcone, E., & Figueira, I. (2001). Transtorno de ansiedade social. In Rangé, B. P. (Ed.). *Psicoterapias cognitivo-comportamentais: um diálogo com a psiquiatria* (p. 183-207). Porto Alegre: Artmed.

Fincham, F. D., & Bradbury, T. N. (1987). Cognitive processes and conflict in close relationships: an attribution-efficacy model. *Journal of personality and social psychology, 53*, 1106-1118.

Fincham, F. D., & Bradbury, T. N. (1992). Assessing attributions in marriage: The relationship attribution measure. *Journal of Personality and Social Psychology, 62*, 457-468.

Hawton, K. (1997). Disfunções sexuais. In Hawton, K., Salkovskis, P. M., Kirk, J., & Clark, M. (Ed.). *Terapia cognitivo-comportamental para problemas psiquiátricos: um guia prático* (p. 527-574). São Paulo: Martins Fontes.

Hawton, K., & Kirk, J. (1997). Resolução de problemas. In Hawton, K., Salkovskis, P. M., Kirk, J., & Clark, M. (Ed.). *Terapia cognitivo-comportamental para problemas psiquiátricos: um guia prático* (p. 575-604). São Paulo: Martins Fontes.

Jacbson, N.S., Follete, W. C., & McDonald, D. W. (1982). Reactivity to positive and negative behavior in distressed and nondistressed married couples. *Journal of Consulting and Clinical Psychology, 50*, 706-714.

Jacobson, N. S., & Holtzworth-Munroe, A. (1986) Marital therapy: a social learning-cognitive perspective. In Jacobson, N. S., & Gurman, A. S. (Ed.). *Clinical handbook of marital therapy* (p. 29-70). New York: Guilford.

Kaplan, H. S. (1983). *O desejo sexual*. Rio de Janeiro: Nova Fronteira.

Lipp, M. E. N., & Malagris, L. E. N. (2001) O *stress* emocional e seu tratamento. In Rangé, B. (Ed.). *Psicoterapias cognitivo-comportamentais: um diálogo com a psiquiatria* (p. 475-490) Porto Alegre: Artmed.

Master, W. H., & Jonhson, V. E. (1970). *A incompetência sexual: suas causas, seu tratamento*. Rio de Janeiro: Civilização Brasileira.

Nieto, M. T. (1998). Terapia de casal cognitivo-construtivista: a contribuição da teoria da atribuição. In Ferreira, R. F., & Abreu, C, N. (Ed.). *Psicoterapia e construtivismo: considerações teóricas e práticas* (p. 229-239). Porto Alegre: Artmed.

Peçanha, R. F. (2009). *Técnicas cognitivas e comportamentais na terapia de casal: Uma intervenção baseada em evidências*. Tese de doutorado não-publicada. Programa de Pós-Graduação em Psicologia, Universidade Federal do Rio de Janeiro, Rio de Janeiro, RJ.

Peçanha, R. F., & Rangé, B. P. (2008). Terapia cognitivo-comportamental com casais: Uma revisão. *Revista Brasileira de Terapias Cognitivas, 4,* 81-89.

Rangé, B. P., & Bernik, M. A. (2001). Transtorno do pânico e agorafobia. In Rangé, B. P. (Org.). *Psicote-* *rapias cognitivo-comportamentais: um diálogo com a psiquiatria* (p. 145-182). Porto Alegre: Artmed.

Rangé, B., & Dattilio, F. M. (2001). Casais. In Rangé, B. P. (Ed.). *Psicoterapia comportamental e cognitiva: pesquisa, prática, aplicações e problemas* (p. 171-191). Campinas, SP: L. Pleno.

Rodrigues, A., Eveline, M. L. A., & Jablonski, B. (1999). *Psicologia social*. Petrópolis: Vozes.

Schmaling, K. B., Fruzzetti, A. E., & Jacobson, N. S. (1997). Problemas conjugais. In Hawton, K., Salkovskis, P.M., Kirk, J. & Clark, M. (Ed.). *Terapia cognitivo-comportamental para problemas psiquiátricos: um guia prático* (p. 481-525). São Paulo: Martins Fontes.

Spainer, G. B. (1976). Measuring dyadic adjustment: New scales for assessing the quality of marriage and similar dyads. *Journal of Marriage and the Family, 38,* 15-28.

Straub, R. O. (2005). *Psicologia da saúde*. Porto Alegre: Artmed.

Vilela, M. V. (2004). Stress no relacionamento conjugal. In Lipp, M. E. N. (Ed.). *O stress no Brasil: pesquisas avançadas* (p. 151-159). Campinas: Papirus.

Tanganelli, M. do S. (2000). Você me estressa, eu estresso você. In Lipp, M. E. N. (Ed.). *O stress está dentro de você* (p. 155-168). São Paulo: Contexto.

White, J. R. (2003). Introdução. In White, J. R., & Freeman, A. S. (Ed.). *Terapia cognitivo-comportamental em grupo para populações e problemas específicos*. São Paulo: Roca.

Terapia cognitivo-comportamental para luto

Adriana Cardoso de Oliveira e Silva
Bernard P. Rangé
Antonio Egidio Nardi

INTRODUÇÃO

Na atualidade, a morte tende a ser negada e afastada dos procedimentos sociais, tornando-se um grande tabu (Áries, 1982; Becker, 1973). A maioria das pessoas evita falar sobre a morte, seja a delas próprias, seja a dos outros. Nessa sociedade que tenta ignorar a existência da morte, aqueles que sofrem uma perda acabam vivenciando seus pesares sozinhos e em silêncio, sem o amparo social comum em outros períodos históricos em que essa dor era vivenciada junto aos familiares e amigos. O sofrimento após a perda, por ser compartilhado, proporcionava apoio mútuo aos envolvidos.

Um grande número de pessoas hoje morre em hospitais, algumas vezes em unidades de tratamento intensivo, entre aparelhos e pessoas estranhas. Nesse ambiente, a morte ocorre, muitas vezes, sem que se tenha o direito de resolver questões, que acabam ficando pendentes, dificultando a elaboração do processo pelo ser que está morrendo e também para os que continuarão vivos após a perda de um ser querido.

Para muitos, a dor da perda é tida como insuportável, ao menos em sua fase inicial. Às vezes é difícil para o ser que fica reconhecer que o outro já não está mais ali, em processo de franca negação da realidade, mas, ainda assim, apesar de toda a negação que se tenta empreender, a vida continuará e, em algum momento, esse sujeito terá de se adaptar a uma nova realidade, na qual o ser perdido já não desempenha mais as funções e os papéis que antes lhe cabiam.

O luto normal, assim como o complicado, é um quadro formado por sinais e sintomas específicos, e apresenta particularidades dependendo das características da perda. Pessoas que sofreram perdas recentes apresentam maior procura por atendimentos em serviços de emergência médica (Stroebe, Schut e Stroebe, 2007) e outros tipos de atendimento médico. Pessoas enlutadas também apresentam maior número de internações e maior vulnerabilidade a problemas psicossomáticos (Clayton, 1990), com maior morbidade e mortalidade do que a população geral. Todos esses fatores apontam para a necessidade de maior atenção aos sujeitos que tiveram perdas recentes, buscando a prevenção de problemas orgânicos, assim como a abertura de quadros psicopatológicos.

A Terapia Cognitivo-Comportamental (TCC), por basear-se em um modelo objetivo, estruturado, indutivo, educacional, breve e focal, priorizando a efetividade do tratamento e a manutenção dos resultados obtidos, apresenta benefícios para esses pacientes com resultados eficazes em menor período de tempo, considerando a importância da readaptação à vida cotidiana após a perda.

CRITÉRIOS DIAGNÓSTICOS

O luto encontra-se classificado no eixo V, que é relativo à avaliação global do funcionamento do DSM-IV-TR (APA, 2002) na categoria V62.82. Na CID 10 (OMS, 1993), pode ser encontrado com código Z63.4 – desaparecimento ou falecimento de um membro da família.

Essa categoria pode ser usada quando o foco de atenção clínica é uma reação à morte de um ente querido. Como parte de sua reação à perda, alguns indivíduos enlutados apresentam sintomas característicos de um Episódio Depressivo Maior (sentimentos de tristeza e sintomas associados, tais como insônia, perda de apetite e perda de peso). O indivíduo enlutado tipicamente considera seu humor deprimido como "normal", embora possa buscar auxílio profissional para o alívio dos sintomas associados, tais como insônia e anorexia. A duração e a expressão do luto "normal" variam consideravelmente entre diferentes grupos culturais. O diagnóstico de Transtorno Depressivo Maior geralmente não é dado, a menos que os sintomas estejam presentes 2 meses após a perda. Entretanto, a presença de certos sintomas que não são característicos de uma reação "normal" de luto pode ser útil para a diferenciação entre o luto e um Episódio Depressivo Maior.

Exemplos:

1. culpa acerca de coisas outras que não ações que o sobrevivente tenha realizado ou não à época do falecimento;
2. pensamentos sobre morte, outros que não o sentimento do sobrevivente de que seria melhor estar morto ou de que deveria ter morrido com a pessoa falecida;
3. preocupação mórbida com inutilidade;
4. retardo psicomotor acentuado;
5. prejuízo funcional prolongado e acentuado;
6. experiências alucinatórias outras que não o fato de achar que ouve a voz ou vê temporariamente a imagem da pessoa falecida (APA, 2002).

Principais sinais e sintomas encontrados no luto (Zisook e Shear, 2009; Hensley e Clayton, 2008; Maccallum e Bryant, 2008; Prigerson et al., 1999; Parkes, 1998):

- Sentimentos: tristeza; raiva; culpa e autorrecriminação; ansiedade; solidão; fadiga; choque; anseio pela presença do outro; emancipação; alívio; estarrecimento; desamparo.
- Cognições: descrença; confusão; preocupação; sensação de presença; alucinações. Deve ser considerado que as cognições negativas desempenham importante papel no desenvolvimento das questões emocionais no processo de luto (Boelen, Bout e Hout, 2006).
- Comportamentos: transtornos do sono; transtornos do apetite; comportamento "aéreo"; isolamento social; sonhos com a pessoa morta; evitação de coisas que lembrem a pessoa morta; passeio a lugares que lembrem a pessoa morta; portar objetos que pertenciam a ela; choro; hiperatividade.
- Queixas somáticas: vazio no estomago; aperto no peito; nó na garganta; hipersensibilidade ao barulho; sensação de despersonalização ("nada me parece real, inclusive eu"); falta de ar; fraqueza muscular; falta de energia; boca seca.

Cinco estágios são estabelecidos por Parkes (1998) para definir o processo pelo qual passa a pessoa após sofrer uma perda, sendo eles: alarme, torpor, procura, depressão e recuperação/ organização. A primeira fase se caracteriza pelo estresse e suas manifestações fisiológicas, tais como aumento da pressão arterial e frequência cardíaca. A próxima fase é o torpor, em que o sujeito tenta proteger-se do desespero agudo, aparentando estar afetado apenas superficialmente. Na procura, de acordo com o próprio nome da fase, ocorre uma busca pelo ser perdido. A fase de depressão é caracterizada pela desesperança em relação ao futuro assim como pelo retraimento social. Na fase de recuperação e organização, por meio de adaptações, a pessoa consegue considerar uma continuidade de sua existência.

Ainda quanto à elaboração das perdas, Bowlby (1998 e 1997) divide o processo de elaboração do luto em quatro estágios, sendo eles: torpor e protesto, desejo intenso pela presença do que foi perdido, desorganização e desespero e, finalmente, reorganização. As fases definidas por Kubler-Ross (1998) também podem ser utilizadas como base para o entendimento da vivência do enlutado, sendo elas: Negação, Raiva, Barganha, Depressão e Aceitação. Em qualquer dos modelos adotados, é fundamental lembrar que as fases do luto têm finalidade apenas didática, não apresentando uma sequência fixa e nem todos os pacientes passando por todas elas.

A identificação dessas fases no paciente, segundo Kovács (1996), é importante, pois, de acordo com a fase em que se encontra, o sujeito apresentará necessidades específicas, que deverão ser compreendidas e atendidas adequadamente. Desse modo, o acompanhamento terapêutico deverá adotar procedimentos e técnicas que sejam compatíveis com a fase do luto que o paciente vivencia (Silva, 2009).

Elementos como idade do ser perdido, tipo e força da relação rompida, gênero e, até mesmo, fase do ciclo de vida em que se encontrava exercem papel determinante no quadro de enlutamento, devendo sempre ser investigados e considerados no planejamento terapêutico. Outro ponto fundamental é o reconhecimento das particularidades dos diversos tipos de luto, sendo as principais categorias de lutos patológicos ou atípicos: luto crônico, luto adiado, luto não autorizado, luto exagerado e luto mascarado.

No luto patológico, a tristeza e a lamentação diante da perda podem variar, havendo ausência, adiamento ou mesmo uma tristeza intensa, que pode surgir associada a ideações suicidas e sintomas psicóticos. No luto crônico (Prigerson et al., 2009), os sentimentos tornam-se parte da vida do enlutado, acompanhando-o durante muitos anos.

O paciente com quadro de luto exagerado ou luto crônico tem maiores chances de procurar atendimento clínico, uma vez que consegue relacionar seus problemas à perda sofrida e se reconhece incapaz de superar o ocorrido. No luto adiado ou no luto mascarado, por outro lado, é mais frequente que o paciente chegue ao terapeuta devido a outras queixas, e somente após avalição seja realizado o correto diagnóstico.

Devido a sua importância clínica, assim como pelo fato de estar associado a maior comprometimento funcional do paciente, morbidade e mortalidade, estudos recentes buscam investigar a validade para inclusão do luto complicado (Boelen e Bout, 2008), na categoria dos transtornos mentais no DSM-V e na CID-11 (Prigerson et al., 2009; Lichtenthal, Cruess e Prigerson, 2004).

Outro tipo de luto é o antecipatório (Holley e Mast, 2009; Frank 2008), característico de situações de longo adoecimento em que o sujeito elabora a perda durante o processo de morrer, assim, quando a morte propriamente dita ocorre, o trabalho do luto já foi elaborado. Os riscos desse tipo de luto estão principalmente na possibilidade de um recuo emocional prematuro diante de quem ainda está morrendo, ou de um comportamento superprotetor como compensação para sentimentos de culpa decorrentes da elaboração prematura do luto.

DIAGNÓSTICO DIFERENCIAL

Exceto pela ideação suicida e por intensos pensamentos de desvalia, no DSM-IV o quadro de luto passa por todos os sintomas depressivos, diferente do que ocorria no DSM-III, em que o luto se aproximava da definição de Lindmann (1944). Desse modo, é importante manter especial cuidado com o diagnóstico diferencial entre luto e os quadros depressivos (Karam, Tabet e Alam 2009; Horowitz et al., 2003; Ghisolfi, Broilo e Aguiar 2001; Clayton 1990).

Segundo Hanley (2006), cerca de 40% dos enlutados preenchem os critérios para diagnóstico de depressão maior no período de um mês após a perda; em um ano, 15% dos pacientes em luto apresentam depressão e 7%, após dois anos. Apesar da dificuldade para o diagnóstico diferencial devido à ocorrência de sinais e sintomas comuns aos dois quadros, Blazer e Koening (1999) sugerem que pacientes que preencham os critérios para depressão maior, no período posterior a dois meses da ocorrência da perda, apresentam esse transtorno devendo ser tratados também para a depressão.

Tal recomendação tem especial importância ao se considerar o tratamento farmacológico já que, enquanto pacientes para luto não apresentam melhora significativa com uso de antidepressivos, pacientes deprimidos podem ser beneficiados com esse tipo de tratamento. Apesar disso, deve-se considerar que estudos envolvendo tratamento farmacológico para luto ainda são escassos na literatura, devendo ser essa informação vista com cautela.

A diferenciação entre luto e depressão pode ser complicada devido ao fato de haver sobreposição de sintomas nos dois quadros, apesar disso, no luto, segundo Guisolfi, Broilo e Aguiar (2001), esses sintomas são reconhecidos como apropriados às circunstancias, enquanto nos pacientes deprimidos eles causam prejuízo funcional prolongado e são vinculados a crenças disfuncionais. Enquanto no luto os sintomas tendem a diminuir com o passar do tempo, na depressão eles podem piorar.

Segundo os autores, há alguns pontos que são bem característicos e podem auxiliar na diferenciação entre os quadros. As ideações suicidas, por exemplo, raras no luto, são frequentes em pacientes deprimidos, assim como as autoacusações generalizadas, que no luto podem existir, porém, sempre associadas ao modo como tratava o ser perdido. Outro ponto de diferença entre os quadros é a evitação do contato social presente na depressão. Havendo comorbidade entre quadros depressivos e luto, o segundo contribui para menor funcionalidade do paciente e maior gravidade da depressão unipolar (Kersting et al., 2009).

Quanto ao tratamento medicamentoso, os pacientes com depressão costumam experimentar melhora com o uso de antidepressivos, o que não ocorre de forma significativa com os pacientes de luto. Pacientes enlutados mostram que os sintomas depressivos apresentam melhores resultados com uso de antidepressivos (nortriptilina, desipramina e bupropiona) do que os sintomas relativos ao luto propriamente dito (Hensley, 2006).

Em lutos traumáticos, segundo Zygmont e colaboradores (1998), a paroxetina parece apresentar benefícios semelhantes aos obtidos com uso de nortriptilina, sendo, no entanto, mais segura em casos de overdose. Melhora de sinais e sintomas de depressão e ansiedade associados ao luto tem sido observada em tratamento com escitalopram (Hensley et al., 2009). Apesar disso, ainda são escassos os estudos controlados sobre a eficácia do tratamento psicofarmacológico do luto, considerando suas diferentes apresentações.

TRATAMENTO

O atendimento no enfoque da TCC possibilita que a pessoa enlutada receba informações sobre o curso normal do luto e, se necessário, esclarecimentos quanto a seu quadro em particular. O aprendizado de novas habilidades, tanto cognitivas quanto comportamentais, é fundamental para facilitar a readaptação do sujeito ao seu ciclo de vida, considerando que reformulações de papéis serão necessárias no sistema familiar e na sociedade, de modo geral.

O protocolo de atendimento pode ser dividido em 12 sessões, de acordo com o foco do trabalho, realizadas com intervalo de uma semana entre elas.

Sessão I

Objetivos

- Apresentação do modelo cognitivo-comportamental
- Informações psicoeducativas sobre luto normal e patológico
- Ensinar o paciente a reconhecer sinais e sintomas comuns ao processo de enlutamento
- Estabelecimento do contrato terapêutico

Agenda

- Esclarecer quanto ao funcionamento do modelo de terapia cognitivo-comportamental enfatizando a importância da participação ativa tanto do sujeito quanto do terapeuta no processo
- Informar regras do trabalho em relação a faltas, atrasos, sigilo, formulários a serem preenchidos e demais pontos pertinentes
- Traçar os objetivos para o tratamento
- Explicar o modelo teórico do luto (segundo Parkes), com suas diversas fases
- Ensinar a identificar sinais e sintomas das diferentes fases do luto
- Ensinar o sujeito a preencher o "Registro de Atividades Diárias" para ser usado como tarefa de casa

Formulários complementares

- Folha para relação de objetivos e metas
- Diferenciando pensamentos, sentimentos, comportamentos e reações orgânicas
- Registro de atividades diárias (RAD)

Tarefa de casa

- Ler material educativo referente ao enlutamento
- Preencher RAD

Sessão 2

Objetivos

- Revisar as "características do enlutamento"
- Ensinar a identificar sinais e sintomas do luto com clareza e perceber as circunstâncias de quando eles ocorrem
- Ensinar a relação entre pensamentos, sentimentos, comportamentos e reações orgânicas, e como cada um deles pode influenciar os demais
- Ensinar exercício de relaxamento que possa ser utilizado em momentos de ansiedade mais intensa

Agenda

- Rever a tarefa para casa
- Solicitar ao participante que comente sobre os sinais e os sintomas verificados em sua tarefa de casa
- Ensinar a relação entre pensamentos, sentimentos e comportamentos através de exercício (A-B-C)
- Ajudar através de exemplos a identificar quais os fatores facilitadores da ocorrência dos sinais e sintomas encontrados na tarefa de casa e traçar estratégias para lidar com as situações específicas
- Treino de Relaxamento Muscular Progressivo e orientação para utilização do exercício em casa, de forma complementar ao trabalho realizado em grupo

Formulários complementares

- Como pensamentos criam sentimentos (Penso que... Sinto que...)
- Exercício A – B – C (registro de **A**contecimentos – pensamentos (**B**eliefs) – **C**onsequências, como sentimentos e comportamentos), acrescido de eventuais reações orgânicas
- Registro de Prática de Relaxamento (RPR)

Tarefa de casa

- Executar o exercício A – B – C ao longo da semana em situações nas quais experimenta alterações significativas na intensidade de sentimentos

- Realizar o RMP (Relaxamento Muscular Progressivo) uma vez ao dia ou no caso de ansiedade intensa; utilizar no momento de crise
- Preencher RPR (Registro de Prática de Relaxamento)

Sessão 3

Objetivos

- Fixar para o sujeito a relação pensamento – sentimento – comportamento
- Estimular o reconhecimento da realidade da perda
- Compartilhar a perda
- Ensinar o sujeito a identificar sinais e sintomas depressivos e utilizar Mudança de Foco quando necessário
- Incentivar a busca de atividades que promovam o bem-estar, assim como comportamentos de cuidado com a saúde

Agenda

- Rever a tarefa de casa
- Identificar com o cliente a relação situação ou acontecimento ativador – pensamentos – sentimentos – comportamentos, e com ele elaborar outras possibilidades de interpretações nas situações examinadas, avaliando que novos sentimentos e comportamentos poderiam ser gerados
- Preencher um RPD (Registro de Pensamento diário) completo
- Esclarecer a importância de reconhecer e compartilhar a perda para a elaboração do luto
- Verificar se há sentimentos de culpa em relação à morte do ser perdido; em caso positivo, utilizar Torta de Responsabilidades
- Incentivar que o cliente tente conversar sobre essa perda com familiares e amigos que vivenciaram essa mesma perda
- Solicitar que o paciente identifique que elementos/objetos poderiam atestar a realidade da perda sofrida

- Estimular a busca por atividades que provoquem bem-estar

Formulários complementares

- Registro de Pensamento Diário (RPD)
- Torta de Responsabilidades
- Diário de Ansiedade

Tarefas de casa

- Utilizar o RPD completo
- Preencher Diário de Ansiedade
- Conversar com familiares e amigos sobre a perda sofrida
- Selecionar objetos que atestem a perda sofrida, trazer ao menos um para a sessão seguinte

Sessão 4

Objetivos

- Avaliar se o cliente está utilizando apropriadamente o RPD e verificar se está conseguindo elaborar pensamentos alternativos de modo funcional
- Estimular o confronto direto com a realidade da perda
- Elaborar rituais de despedida que respeitem as crenças individuais do cliente

Agenda

- Rever a tarefa de casa
- Avaliar com o cliente os pensamentos alternativos gerados a partir do exercício do RPD completo
- Solicitar ao cliente que conte como foram suas tentativas de conversar sobre a perda sofrida com pessoas externas ao grupo, levantando com eles os pontos positivos e as principais dificuldades encontradas
- Identificar possíveis estratégias para lidar com as dificuldades encontradas

- Explicar a importância dos rituais de despedida
- Fornecer exemplos de rituais: reunir material que lembre o ser perdido (fotos, objetos, filmes, etc.), visitas ao cemitério, técnica de visualização para despedida, "limpeza da casa / quarto / armário".[1]
- Ajudar o sujeito a elaborar seus rituais de despedida, considerando os seguintes pontos: local, horário, pessoas presentes, objetos necessários, etc.

Formulários complementares

- RPD
- Elaboração do ritual de despedida

Tarefa de casa

- Execução do ritual de despedida
- Diário de Ansiedade

Sessão 5

Objetivos

- Verificar pensamentos e sentimentos que tenham surgido especificamente do ritual de despedida
- Elaborar possíveis pendências entre o sujeito e o ser perdido
- Recordar formas de lidar com sintomas de ansiedade e/ ou depressão

---

[1] Umas das tarefas referidas como de grande dificuldade pelos enlutados é reorganizar os espaços antes ocupados pelo ser perdido, o que significa, entre outras coisas, se desfazer de objetos que pertenciam ao morto. Essa atitude reforça a percepção de que a perda é irreversível, aumentando o pesar naquele momento. Apesar disso, é tarefa fundamental para dar prosseguimento à existência. O preparo do paciente para essa atividade pode ser feito no consultório e, em alguns casos, dependendo da avaliação quanto à capacidade do sujeito em realizar a tarefa, o terapeuta pode auxiliar o paciente no próprio local a ser reorganizado.

Agenda

- Rever a tarefa de casa
- Estimular o cliente a contar como foi realizado o seu ritual de despedida e que pensamentos e sentimentos esse ritual despertou
- Verificar junto ao cliente se ele percebe ter deixado situações pendentes com o sujeito morto
- Realizar levantamento dessas pendências e verificar se há algo que ainda possa ser feito para solucioná-las; em caso positivo, elaborar estratégias para a devida solução. Em caso negativo, deixar para abordar através do exercício da carta
- Explicar ao participante o exercício da "carta de despedida" e fornecer um exemplo de como poderia ser feita tal carta
- Lembrar com o sujeito técnicas que possam ser utilizadas em caso de sinais e sintomas de depressão ou ansiedade

Formulários complementares

- Folhas para realização do levantamento de pendências

Tarefa de casa

- Elaborar a "Carta de Despedida"
- Diário de Ansiedade

Sessão 6

Objetivos

- Facilitar a resolução de possíveis pendências entre o enlutado e o morto
- Trabalhar o rompimento do vínculo emocional entre o cliente e o ser perdido
- Facilitar a adaptação do cliente ao mundo, sem o ser perdido
- Levantar lembranças positivas em relação ao ser perdido, facilitando a fase de interiorização

Agenda

- Rever a tarefa de casa
- Estimular o participante a falar sobre suas cartas e suas maiores dificuldades no momento da elaboração
- Leitura das cartas (para aqueles que o desejarem)
- Elaboração de uma carta resposta, escrita sob a percepção do ser perdido, contendo mensagem de compreensão e acolhimento
- Instrução, para aqueles que sentirem necessidade, da elaboração de uma terceira carta, escrita pelo próprio sujeito em resposta à "carta recebida"
- Exercício de visualização, propiciando o "reencontro" com o ser perdido para uma despedida final
- Facilitar a troca de experiência entre os participantes, relativa ao exercício realizado
- Realizar técnica de relaxamento simples, estimulando o bem-estar dos sujeitos

Formulários complementares

- Registro de Prática de Relaxamento

Tarefa de casa

- Escrever a terceira carta do exercício "carta de despedida" para aqueles que julgarem necessário
- Praticar exercício de relaxamento simples
- Diário de Ansiedade

Sessão 7

Objetivos

- Verificar se as tarefas da sessão anterior foram bem executadas e se ainda ficaram pontos mal resolvidos na história entre o sujeito em processo terapêutico e o ser perdido

- Facilitar a reorganização do sistema familiar
- Ajudar a elaborar a redistribuição de papéis no núcleo familiar
- Organizar a quem caberá realizar as tarefas que antes eram executadas pelo sujeito morto

Agenda

- Rever a tarefa de casa
- Questionar se há algum ponto pendente em relação às tarefas anteriormente realizadas, que visam à despedida
- Ajudar o cliente a elaborar uma relação com todas as funções antes executadas pelo ser perdido
- Facilitar a redistribuição das tarefas entre os que permanecem vivos
- Trabalhar com o cliente formas de levar essa redistribuição de tarefas para o núcleo familiar, como conversar sobre o assunto com os demais familiares de forma funcional
- Verificar qual era o "papel" exercido pelo ente morto no sistema familiar e debater com o grupo possibilidades de reorganização

Formulários complementares

- Tabela para registro das atividades e tarefas que deverão ser supridas, antes executadas pelo ser perdido
- Folha para ensaio de redistribuição de tarefas

Tarefa de casa

- Debater com os familiares as possibilidades de reorganização familiar
- Anotar os pontos de maior dificuldade e os pontos de desacordo
- Diário de Ansiedade

Sessão 8

Objetivos

- Facilitar a criação de uma rede de apoio social
- Estimular o contato social (parentes, amigos, vizinhos, colegas de trabalho, etc.)
- Identificar as pessoas que fazem parte da vida do sujeito e que podem ajudá-lo nas atividades diárias e em momentos de recaídas
- Fornecer habilidades para que o sujeito consiga obter o apoio necessário em sua rede de contatos

Agenda

- Rever a tarefa de casa
- Verificar com o cliente como ocorreu o debate sobre a redistribuição de tarefas
- Ajudar o participante a elaborar estratégias para colocar as novas resoluções em prática, gradativamente
- Instruir o cliente a elaborar uma lista com o nome das pessoas que fazem parte de sua vida
- Orientar o cliente a dividir essas pessoas em categorias, considerando a proximidade física e emocional
- Verificar nessa listagem quais seriam as pessoas mais indicadas a serem procuradas para diferentes tipos de atividades, ou mesmo para busca de diferentes tipos de ajuda, se necessário
- Incentivar a prática de exercícios físicos leves (não havendo contraindicação médica), preferencialmente que envolvam atividades ao ar livre e contato com outras pessoas
- Estimular a participação em atividades sociais

Formulários complementares

- Folhas para a realização dos exercícios especificados na agenda

Tarefa de casa

- Completar a lista iniciada durante a sessão terapêutica
- Realizar atividade social em contato com pessoa próxima
- Diário de Ansiedade
- RPD

Sessão 9

Objetivos

- Estimular o desenvolvimento e manutenção da rede de apoio social
- Propiciar a readaptação do sujeito à vida cotidiana
- Organizar horário de atividades semanais

Agenda

- Rever a tarefa de casa
- Verificar com o cliente como foi a experiência de ampliação do contato social após a perda, levantando as principais dificuldades e traçando estratégias para lidar com elas em situações futuras
- Levantar os pontos positivos e fornecer reforço
- Facilitar a readaptação do sujeito a suas atividades cotidianas
- Realizar levantamento das atividades rotineiras a serem realizadas pelo cliente, já incluindo as novas atividades que foram incorporadas após o debate familiar referente à redistribuição de tarefas. Elaborar um plano semanal para que as tarefas possam ser realizadas sem prejuízo para o sujeito

Formulários complementares

- Folha para exercício de levantamento de dificuldades e possíveis soluções
- RPD

Tarefa de casa

- Preenchimento do Registro de Atividades Diárias
- Diário de Ansiedade

Sessão 10

Objetivos

- Ensinar o cliente a estruturar sua semana de forma a conseguir realizar suas tarefas mantendo algum tempo para atividades que lhe deem prazer
- Verificar a diferença entre a agenda semanal elaborada pelo sujeito e o Registro de Atividades Diárias preenchido por ele
- Ensinar técnicas de resolução de problemas

Agenda

- Rever a tarefa de casa
- Elaborar com os sujeitos o planejamento de horário semanal
- Comparar a semana elaborada pelo cliente, individualmente, com a semana vivenciada (utilizando registro da última semana)
- Identificar as possíveis dificuldades para realização do que foi planejado e como superá-las
- Fortalecer a funcionalidade social do cliente

Formulários complementares

- Formulário da Resolução de Problemas
- RPD

Tarefa de casa

- Técnica de Resolução de Problemas
- RPD

Sessão 11

Objetivos

- Investimento em novos objetivos de vida e novas relações
- Ajudar o cliente a identificar novos interesses
- Fornecer instrumentos para que o cliente seja capaz de implementar novos projetos
- Desfazer crenças disfuncionais que impeçam o cliente de investir em novas relações

Agenda

- Rever a tarefa de casa
- Levantamento de áreas de interesse do cliente
- Fornecer instrumentos para que seja capaz de implementar seus projetos
- Ensinar a elaborar a balança decisória
- Realização de ensaio cognitivo

Formulários complementares

- Formulário para Balança Decisória
- RPD

Tarefa de casa

- RPD

Sessão 12

Objetivos

- Avaliação das habilidades adquiridas pelo participante
- Medições por meio de inventários e/ou escalas
- Agendamento de sessões e *follow up*
- Avaliação de risco
- Prevenção de recaída

Agenda

- Rever a tarefa de casa
- Realização de exercício individual, escrito, em que o cliente declara como se percebia no passado, na atualidade e o que planeja para o seu futuro
- Investigar pensamentos, sentimentos e comportamentos mantidos no período atual
- Verificar se há necessidade de acompanhamento após esse período
- Despedida
- Marcação de entrevista posterior

CONSIDERAÇÕES FINAIS

A terapia cognitivo-comportamental tem se mostrado efetiva para o tratamento de casos de luto (Silva 2008; Silva e Nardi, 2010 e 2011). Apesar disso, devemos deixar claro que o protocolo aqui apresentado tem características generalistas, portanto, funcionando bem para o luto normal e diversos quadros de luto complicado. Apesar disso, para alguns tipos específicos de luto, tais como o luto não autorizado, podem ser necessárias adaptações, sendo recomendado protocolo diferenciado.

REFERÊNCIAS

American Psychiatry Association. (2002). *Manual diagnóstico e estatístico de transtornos mentais* (4. ed. rev.). Porto Alegre: Artmed.

Áries, P. (1982). O homem diante da morte (2 v.). Rio de Janeiro: Francisco Alves.

Becker, E. (1973). *A negação da morte*. Rio de janeiro: Record.

Boelen, P. A., & Bout, J. V. (2008). Complicated grief and uncomplicated grief are distinguishable constructs. *Psychiatry Researchearch, 157*, 311-314.

Boelen, P. A., Bout, J. V., Hout, M. A. V. (2006). Negative cognitions and avoidance in emotional problems after bereavement: a prospective study. *Behaviour Research and Therapy, 44*, 1657-1672.

Bowlby, J. (1998). *Apego e perda: perda: tristeza e depressão* (2. ed.). São Paulo: Martins Fontes.

Bowlby, J. (1997). *Formação e rompimento dos laços afetivos* (3. ed.). São Paulo: Martins Fontes.

Clayton, P. J. (1990). Bereavement and Depression. *Journal of Clinical Psychiatry, 51*, 34-38.

Frank, J. B. (2008). Evidence for grief as the major barrier faced by Alzheimer caregivers: a qualitative analysis. *American Journal of Alzheimer's Disease and Other Dementias, 22*, 516-527.

Hensley P. L., & Clayton P. J. (2008). Bereavement: signs, symptons, and course. *Psychiatr Ann, 38*, 649-654.

Hensley, P. L. (2006). Treatment of bereavement--related depression and traumatic grief. *Journal of Affective Disorders, 92*, 117-124.

Hensley, P. L., Slonimski, C. K., Uhlenhuth, E. H., & Clayton, P. J. (2009). Escitalopram: an open-label study of bereavement-related depression and grief. *Journal of Affective Disorders, 113*, 142-149.

Horowitz, M. J., Siegel, B., Holen, A., Bonanno, G. A. Milbrath, C., & Stinson, C. H. (2003). Diagnostic criteria for complicated grief disorder. Focus, 1, 290-298.

Holley, C. K., & Mast, B. T. (2009). The impact of anticipatory grief on caregiver burden in dementia caregivers. *Gerontologist*, 49, 388-396.

Kovacs, M. J. (1996). A morte em vida. In: Bromberg, M. H. et. al. *Vida e morte: laços da existência* (2. ed.) (p. 11-33). São Paulo: Casa do Psicólogo, 1996.

Kubler-Ross, E. (1998). *Sobre a morte e o morrer: o que os doentes terminais tem para ensinar a médicos, enfermeiras, religiosos e aos seus próprios parentes* (8. ed.). São Paulo: Martins Fontes.

Lichtenthal, W. G., Cruess, D. G., & Prigerson, H. G. (2004). A case for establishing complicated grief as a distinct mental disorder in DSM-V. *Clinical Psychology Review, 24*, 637-662.

Lindemann, C. (1944). The Symptomatology and Management of Acute Grief. *American Journal of Psychiatry*, 141-149.

Maccallum, F., Bryant, R. A. (2008). Self-defining memories in complicated grief. Behaviour Research and Therapy, 46, 1311-1315.

Organização Mundial da Saúde. (1993). *Classificação de transtornos mentais e de comportamento da CID-10: descrições clínicas e diretrizes diagnósticas*. Porto Alegre: Artes Médicas.

Parkes, C. M. (1998). *Luto: estudos sobre a perda na vida adulta*. São Paulo: Summus.

Prigerson, H. G., Horowitz, M. J., Jacobs, S. C., Parkes, C. M., Asian, M., Goodkin, K., et. al. (2009). Prolonged grief disorder: psychometric valfdadion of criteria proposed for DSM-V and ICD-11. Plos Med, 6, 1-12.

Prigerson, H. G., Shear, M. K., Jacobs, S. C., Reynolds, C. F., Maciejewski, P. K, et al. (1999). Consensus criteria for traumatic grief: A preliminary empirical test. *British Journal of Psychiatry, 174*, 67-73.

Silva, A. C. O. (2008). *Protocolo de atendimento para luto segundo o enfoque da terapia cognitivo-comportamental: elaboração e avaliação.* Tese de doutorado não-publicada. Instituto de Psicologia, Universidade Federal do Rio de Janeiro, Rio de Janeiro,.

Silva, A. C. O. (2009). Atendimento clínico para luto no enfoque da terapia cognitivo-comportamental. In: Wielenska, R. C. (Org.). *Sobre comportamento e cognição: desafios, soluções e questionamentos* . Santo André: ESETec.

Silva, A. C. O, & Nardi, A. E. (2010). Luto pela morte de um filho: utilização de um protocolo de terapia cognitivo-comportamental. *Revista de Psiquiatria do Rio Grande do Sul, 32*:113-116.

Silva, A. C. O, Nardi, A. E. (*in press*). Cognitive-Behavioral Therapy to Miscarriage: results from the use of a grief therapy protocol. *Revista de Psiquiatria Clínica.*

Stroebe, M., Schut, H., & Stroebe, W. (2007). Health outcomes of bereavement. *Lancet, 370*, 1960-1973.

Zisook, S., Shear, K. (2009). Grief and bereavement: what psychiatrists need to know. *World Psychiatry, 8*, 67-74.

Zygmont, M., Prigerson, H. G., Houck, P. R., Miller, M. D., Shear, M. K., Jacobs, S., et al. (1998). A post hoc comparison of paroxetine and nortriptyline for symptoms of traumatic grief. *Journal of Clinical Psychiatry, 59*, 241-245.

46

Intervenções em grupos na abordagem cognitivo-comportamental

Carmem Beatriz Neufeld

Nenhum grupo pode atuar com eficiência se lhe falta harmonia;
nenhum grupo pode atuar em harmonia se lhe falta confiança;
nenhum grupo pode atuar com confiança se não estiver unido por
opiniões comuns, afetos comuns ou interesses comuns.

Edmund Burke

Esta frase do escritor e pensador político liberal inglês do século XVIII reflete alguns dos pressupostos da Terapia Cognitivo-Comportamental em Grupo (TCCG) na atualidade. Eficiência, interação harmoniosa, confiança e objetivos comuns entre os membros do grupo se encontram na base das intervenções em TCCG e serão detalhados, juntamente com outras diretrizes, no presente capítulo.

A Terapia Cognitivo-Comportamental (TCC), independente de sua forma de intervenção, individual ou grupal, tem como objetivo produzir mudanças nos pensamentos, nos sistemas de significados, nas reações emocionais e comportamentais de forma duradoura e que proporcione autonomia ao paciente, alcançando, assim, o alívio ou a remissão total dos sintomas (Beck, 1993). Tradicionalmente, a TCC tem sido conhecida entre os clínicos e na população em geral pela sua atuação individual empiricamente validada e sua demonstrada eficiência em relação a uma grande variedade de transtornos psiquiátricos (Beck e Weishaar, 2000).

No entanto, desde as primeiras publicações na área (Beck, Rush, Shaw e Emery, 1979), o uso do formato grupal de intervenção é apresentado na literatura científica (Bieling, McCabe e Antony, 2008). Braga, Manfro, Niederauer e Cordioli (2010) ressaltam que a TCCG vem recebendo cada vez mais destaque, tanto na literatura clínica quanto com foco em pesquisa, não só pela sua reconhecida eficácia, mas também pela relação custo-benefício mais favorável do que a terapia individual e por facilitar o treinamento de profissionais de forma mais sistemática do que nas intervenções individuais.

HISTÓRICO

A psicoterapia de grupo tem um histórico profícuo anterior ao próprio surgimento da TCC (para aprofundamentos sobre a história da psicoterapia de grupo ver Bechelli e Santos, 2004). Seu foco inicial direcionou-se para a vivência de grupo antes de qualquer outro fator ou técnica específica. Alguns pioneiros da intervenção em grupo merecem destaque no presente texto, pois podem ser considerados precursores de alguns dos pressupostos da TCCG. Dentre eles, pode-se citar: Pratt, Lazell, Marsh, Moreno e Lewin.

Pratt (1907) vem sendo considerado o pai da psicoterapia de grupos. Em 1905, iniciou um programa de assistência a doentes de tuberculose, com o objetivo de ensinar aos pacientes a melhor maneira de cuidar da doença e de si próprios. Pratt reunia os pacientes para orientá-los quanto às atitudes positivas em relação à sua condição médica, usando técnicas como: diário de anotações do dia a dia e tarefas a serem realizadas em casa. Posteriormente, iniciou tratamento de grupo com pacientes com doenças mentais, aos quais transmitia instruções/conselhos e oferecia apoio em grupo, orientando-os sobre os sintomas e os problemas de suas doenças. Valorizava fatores como universalidade, aceitação e instilação de esperança, e utilizava como método a reeducação e a persuasão verbal.

Lazell (1921) iniciou a prática de terapia de grupos com esquizofrênicos. Seu trabalho visava à discussão de assuntos como medo da morte, conflito, amor próprio, sentimentos de inferioridade, homossexualidade, alucinações, delírios e fantasias de um ponto de vista psicanalítico. Além da interpretação psicanalítica, Lazell ressaltava a necessidade e a importância do uso da reeducação e da socialização para o bom andamento do grupo. Marsh (1931) destinou suas intervenções a grandes grupos de pacientes psicóticos. Ele ressaltava que a eficácia do grupo passava necessariamente por um processo de integração entre a mente, a emoção e a atividade motora às necessidades atuais da realidade. Marsh destacava ainda que os métodos utilizados nos grupos deveriam auxiliar na reeducação, na sociabilidade e na atividade ocupacional. Segundo ele, além dos benefícios imediatos do grupo, os pacientes expostos ao programa tornavam-se mais acessíveis ao tratamento individual.

Moreno (1974) formou grupos com crianças nos parques de Viena e improvisava representações nas ruas com prostitutas, considerando que grande parte da psico e da sociopatologia poderia ser atribuída ao desenvolvimento insuficiente da espontaneidade e que seria possível obter benefício terapêutico por intermédio da representação. O objetivo primordial de Moreno era de desenvolver grupos de discussão e autoajuda através da expressão da espontaneidade.

Para o alcance de tal objetivo, lançou mão do psicodrama e do sociodrama aplicados à interação e à realidade do processo grupal como método de trabalho.

Lewin (1947) lança as bases da dinâmica de grupo a partir de estudos sistemáticos e rigorosos. O objetivo de seus estudos foi compreender a dinâmica do relacionamento humano, observando os papéis e o contexto de grupo. Ele pode ser considerado o pai da dinâmica de grupo, e seu método era pautado no uso de dinâmicas e tarefas em grupo aplicadas à interação e à realidade do processo grupal.

O início dos trabalhos de intervenções em grupos possui suas raízes, principalmente, nos modelos psicodinâmicos das patologias. Após esse período inicial, a psicoterapia em grupo passou por uma fase de expansão teórica nas décadas de 1950 e 1960 (Bechelli e Santos, 2004). No que tange à TCCG, foi na década de 1970 que tiveram início os trabalhos com técnicas do referencial cognitivo-comportamental ao formato de grupo (Rose, 1996; Vinogradov e Yalom, 1996). Os motivos para essa busca e exploração de uma abordagem de grupo na época eram os mesmos que os atuais, chegando à conclusão que muitos pacientes podiam ser tratados em conjunto, por um terapeuta bem treinado (Hollon e Shaw, 1979).

Traçando um paralelo entre as primeiras intervenções em grupo e a TCCG, pontos de semelhança e de divergência podem ser observados. Como semelhanças podem ser citadas: as práticas "educacionais" dos grupos de Pratt, Lazell e Marsh; as vivências e as representações propostas por Moreno; as tarefas e as atividades a serem realizadas em grupo como nos grupos de Lewin; as estratégias comportamentais, como o diário de anotações e as tarefas a serem realizadas em casa, utilizadas por Pratt. Como divergências podem ser apontados dois aspectos principais entre os modelos. Primeiramente, no ponto de vista psicodinâmico o processo grupal é considerado a intervenção propriamente dita. Em TCCG, por mais que o processo grupal exerça seu papel na intervenção, o grupo é um sistema em que técnicas específicas deverão ser aplicadas visando o alcance de resultados específicos. Em segundo lugar, nas abordagens psicodinâmicas, os grupos são, em geral, considerados heterogêneos. Em TCCG, com raras exceções, os grupos apresentam características sintomáticas ou metas principais comuns, sendo sua seleção direcionada para uma homogeneidade de composição.

Atualmente, Yalom (2006) tem se destacado por oferecer uma perspectiva mais abrangente no campo da psicoterapia de grupos. Dentre suas contribuições está a descrição sistemática dos fatores terapêuticos oferecidos por uma intervenção grupal. A seguir, será apresentado um breve paralelo entre os fatores terapêuticos propostos por Yalom e a sua presença na TCCG.

FATORES TERAPÊUTICOS E A TCCG

Yalom (2006) aponta dez fatores terapêuticos que os grupos oferecem e que contribuem para produzir mudanças a partir do ambiente grupal. Tais fatores são: instilação de esperança; universalidade; compartilhamento das informações; altruísmo; recapitulação corretiva do grupo familiar primário; aprendizado interpessoal; desenvolvimento de técnicas de socialização; comportamento imitativo; coesão grupal e catarse. Contudo, existem diferenças entre o processo grupal tradicional e os modelos de intervenção da TCC no que se refere a estes fatores terapêuticos. Bieling, McCabe e Antony (2008) e Rose (1996) descreveram a forma como podem ser relacionados e adaptados os fundamentos de Yalom à TCC em grupos.

A instilação e a manutenção da esperança são, segundo Yalom (2006), aspectos fundamentais para o sucesso de uma intervenção em grupo. A esperança é responsável pela adesão ao tratamento e pode ter efeito terapêutico, independente de qualquer outra intervenção. Em TCCG esse fator terapêutico acaba tendo um momento distinto na intervenção dentro do processo de contrato terapêutico e de psicoeducação. Os protocolos de TCC apresentam, já no contrato terapêutico, modelos de suas dificuldades, que enfatizam a possibilidade da mudança e as informações acerca da sua eficiência. A psicoeducação permite que os pacientes reconheçam seus sintomas e pensamentos, identificando os danos que eles podem causar e criando a possibilidade de obter novas estratégias para o manejo dos mesmos (Mesquita, Porto, Rangé e Ventura, 2009). Para a TCC, conhecer os dados referentes a sua dificuldade tem papel fundamental no processo de instaurar esperança nos participantes, pois oferece-lhes uma visão normalizadora de suas dificuldades e/ ou seus sintomas, propiciando uma atitude mais pró-ativa frente ao problema.

A universalidade refere-se à descoberta de que os outros sofrem com dificuldades semelhantes, acarretando um alívio quando um membro reconhece que não está sozinho em seu sofrimento (Yalom, 2006). Em TCCG, a homogeneidade na composição dos grupos tem como principal objetivo que os participantes possam experimentar esse reconhecimento das suas dificuldades nos demais membros. O senso de pertencimento gerado pela universalidade ajuda a criar o meio que favorece a coesão nas sessões grupais, de modo que, comumente, esta acaba sendo a primeira oportunidade de contato de muitos participantes com outro indivíduo portador do mesmo transtorno (Bieling, McCabe e Antony, 2008).

O compartilhamento de informações refere-se a instrução didática, aconselhamento, sugestões e orientações ofertadas na sessão (Yalom, 2006). TCCG tem como pressuposto fundamental ser uma intervenção educativa e, como tal, partilhar informações técnicas entre terapeutas e participantes subjaz à própria teoria (Beck, 1993). Tanto a psicoeducação quanto as ações de prevenção de recaída, como, por exemplo, registrar de forma sistemática os avanços, são formas de compartilhamento de informações. As orientações diretas dos terapeutas e os conselhos dos outros membros do grupo também fazem parte das sessões.

Altruísmo refere-se à oportunidade dos membros de ajudar aos demais (Yalom, 2006). Em TCC, também o grupo oferece muitas oportunidades para os membros expressarem altruísmo, num processo de questionamento, fazendo entre si as perguntas, que reúnem evidências, que podem ajudar uns aos outros, obtendo novas informações e encarando os pensamentos de formas diferentes. Segundo Rose (1996), é importante que os elementos do grupo possam avaliar as situações e emitir respostas sobre pensamentos e comportamentos dos demais. Parece ser mais aceito pelos participantes quando a resposta é emitida pelos outros participantes do grupo do que vindo do terapeuta.

Segundo Vinogradov e Yalom (1996), a recapitulação corretiva do grupo familiar primário, o desenvolvimento de habilidades de socialização, o aprendizado interpessoal e o comportamento imitativo referem-se à oportunidade que os membros do grupo têm de experienciar novas formas de relacionamento interpessoal e de obter novos modelos de comportamento, aplicando em suas vidas soluções parecidas com as que observaram em colegas do grupo. Em TCCG, o uso de técnicas que desenvolvem as habilidades sociais básicas, as dramatizações e os experimentos comportamentais propiciam que um membro aprenda, através da observação, outros modelos de comportamento, através do comportamento imitativo. O grupo mostra modelos de comportamento e os elementos funcionam como pares para o desempenho de papéis. Assim, o grupo possibilita o desenvolvimento do microcosmo social onde a pessoa interage com os demais elementos da mesma forma que o faz fora dele, reproduzindo situações do cotidiano. Além disso, o grupo pode se tornar um espaço acolhedor para a realização de treinos das mais diversas habilidades, favorecendo a facilidade de exposição uma vez que o altruísmo e a universalidade estejam presentes (Rose, 1996).

Yalom (2006) destaca ainda a coesão grupal e a cartarse como fortes fatores terapêuticos em grupos. Segundo ele, a coesão grupal refere-se à relação que se estabelece no grupo, um ambiente acolhedor oferecendo compreensão e empatia. Já a catarse é o compartilhamento de informações pessoais, dos aspectos de sua dificuldade que não tenha expressado anteriormente ou que evita expor. Para TCCG, estes dois aspectos encontram-se intimamente ligados, pois o participante só se sentirá seguro para expor suas dificuldades uma vez que a coesão grupal tenha sido estabelecida de forma concreta. À medida que o grupo evolui em terapia com TCC, são manejadas técnicas e estratégias comportamentais, técnicas de socialização, psicoeducação e comportamento imitativo tornam-se muito importantes no processo terapêutico. O processo de reestruturação cognitiva requer um ambiente em que o senso de confiança e de apoio entre os membros seja palpável. Quanto maior a coesão, maior é a possibilidade de os membros revelarem importantes questões ao grupo e de haver apoio mútuo nos momentos de maior dificuldade de implementar as mudanças (Bieling, McCabe e Antony, 2008).

POSTURA TERAPÊUTICA E PROCESSO GRUPAL EM TCCG

A literatura tem indicado de forma consistente, como ideal, que o processo de TCCG conte com um terapeuta e um coterapeuta (White e Freeman, 2003; Bieling, McCabe e Antony, 2008). Tal indicação justifica-se pelo papel específico que cada um dos terapeutas ocupa na intervenção em grupo. O terapeuta principal tem maior responsabilidade na condução da discussão do grupo. Recaem sobre ele a tomada de decisões centrais durante a sessão e a apresentação do material e do trabalho. Enquanto isso, o coterapeuta tem menos responsabilidade imediata na sessão, no entanto, é papel dele atuar como um segundo conjunto de "olhos e ouvidos clínicos". O coterapeuta é responsável pelo registro minucioso das sessões, mas seu papel principal é o de observador das relações e interações grupais e dos fatores processuais que ocorrem durante a sessão. No planejamento e organização dos programas, ambos os terapeutas exercem papéis idênticos. A interação harmoniosa entre os terapeutas atua como um fortalecedor da coesão grupal, portanto, é fundamental que nas atividades extrassessão os terapeutas assumam papéis de igualdade e equidade.

Os terapeutas precisam incorporar princípios da TCC, tais como empirismo colaborativo, descoberta guiada e aprendizado socrático. Ao mesmo tempo, precisam estar sensíveis aos fatores processuais, às relações entre os membros, ao encorajamento dos participantes, à abertura para ouvir e ao *feedback*. Além de estarem atentos aos obstáculos ou problemas no processo ou na estrutura do grupo, os terapeutas precisam manter-se sensíveis ao estágio de desenvolvimento do grupo, respeitando a evolução das dinâmicas grupais e permitindo que o grupo tenha autonomia para alcançar as metas. O terapeuta principal é responsável por manter o grupo focado para a meta, no entanto, deve adotar um estilo cordial e empático, além de diretivo (Beck, 1993).

O processo grupal em TCCG também merece destaque, apesar de este ser um dos aspectos menos estudados sistematicamente de toda a literatura de intervenção em grupos (Bieling, McCabe e Antony, 2008). O processo grupal para TCCG refere-se à complexa rede de interações interpessoais que se estabelece entre os membros do grupo. Fazem parte deste fatores singulares do ambiente grupal, como as características dos participantes e dos terapeutas, além das interações que os mesmos estabelecerão entre si e que influenciarão o funcionamento do grupo e o desfecho do tratamento. Essas características distintivas que se instalam a cada nova composição de um grupo devem ser cuidadosamente observadas pelos terapeutas, uma vez que negligenciar tais fatores pode comprometer o andamento do grupo e os aspectos terapêuticos do mesmo.

ESTRUTURAÇÃO DE SESSÕES E PROGRAMAS DE INTERVENÇÃO EM TCCG

TCC é reconhecida como uma proposta de intervenção estruturada (Beck, 1993), e esta característica se estende também às intervenções em grupo, portanto, a presença de um programa estruturado de sessões torna-se pré-requisito para TCCG. Em consonância com os próprios pressupostos teóricos da TCC, sessões estruturadas permitem tanto ao terapeuta quanto ao paciente observarem uma continuidade do tratamento, facilitando o trabalho de reestruturação cognitiva. Em atendimentos em grupo, é necessário que o terapeuta tenha um projeto efetivo de ação focado no problema em questão, uma vez que a presença de várias pessoas na sessão pode contribuir para que o foco se perca em meio a discussões pouco produtivas. Além disso, sessões organizadas em um programa estruturado permitem a replicação do mesmo em outros contextos e para outras demandas, contribuindo para a testagem da eficácia do programa. Por fim, programas de intervenção em grupo já testados podem ser utilizados de forma eficaz por profissionais nas mais diversas práticas em saúde, beneficiando a população e facilitando o treinamento dos profissionais para a intervenção.

Corey (2000) indica seis aspectos fundamentais para a elaboração de um programa em TCCG. O autor ressalta que, para um processo de TCCG eficaz, os terapeutas devem atentar para as questões pré e pós-grupais, além dos estágios da intervenção propriamente dita: inicial, de transição, de trabalho e final.

Dentre as questões pré-grupo, estão principalmente os aspectos referentes ao planejamento do programa de intervenção e à formação do grupo (Bieling, McCabe e Antony, 2008). Fazem parte desta fase reflexões sobre: o tipo de grupo a ser conduzido (apoio, psicoeducação, orientação/treinamento ou terapêutico); o número de sessões necessárias para o alcance dos objetivos; o planejamento de cada uma das sessões do grupo; a definição dos critérios de inclusão e de exclusão a serem observados, dependendo dos objetivos do grupo e do tipo de grupo a ser conduzido; a definição de instrumentos e/ou técnicas para a seleção dos participantes; as estratégias de recrutamento dos participantes, considerando os critérios de seleção definidos anteriormente; a triagem dos participantes visando obedecer aos critérios de seleção; a forma de contato pré-grupo com os participantes, definindo se haverá uma entrevista individual, uma intervenção preparatória (por exemplo, entrevista motivacional, intervenção psicoeducativa, etc.) ou outro tipo de oferecimento de informações sobre o grupo, seus objetivos e sua estrutura.

O primeiro estágio da intervenção visa instalar a estrutura inicial da intervenção em grupo, fornecendo orientações e explorando expectativas e características dos membros do grupo (Corey, Corey, Callanan e Russell, 2004). Neste estágio, devem ser apresentados os objetivos do grupo, as características da intervenção em TCCG, oferecendo psicoeducação sobre o modelo cognitivo, além do levantamento das expectativas dos participantes do grupo sobre a intervenção e sobre o processo de grupo em si. É nesta fase que dúvidas devem ser sanadas, informações devem ser oferecidas com clareza e a ansiedade dos participantes deve ser acolhida e administrada. Este estágio também tem por objetivo o estabelecimento de vínculo entre os terapeutas e os membros do grupo, portanto, atividades que propiciem uma interação mais lúdica podem ser de grande valia, alcançando o objetivo adicional de "quebra-gelo". Nestas primeiras sessões, além da psicoeducação e do contrato terapêutico, são ensinadas aos membros do grupo habilidades e estratégias de monitoração de comportamento, emoção e pensamento, visando prepará-los para a fase da intervenção propriamente dita. Também é nesta fase que são implementadas estratégias de manejo de emoção, de relaxamento e de respiração, para que os participantes aprendam possíveis soluções com aplicação imediata em situações de crise.

O segundo estágio, denominado de transição, refere-se à fase da intervenção grupal em que as resistências e as dificuldades de relacionamentos começam a aparecer no grupo (Corey, 2000). Este estágio demanda dos terapeutas uma atenção redobrada ao processo grupal no intuito de não negligenciar a oportunidade de trabalhar em sessão os conteúdos e as situações interpessoais que ocorrem na própria sessão. Em TCC, esta fase acaba sendo especialmente difícil, pois é nela que será realizada a conceituação cognitiva, o questionamento de evidências e a busca de pensamentos alternativos. Também é nessa fase que o plano de metas será consolidado como uma atividade de grupo, intervenção esta que pode gerar conflitos entre os membros se eles não estiverem cientes e de acordo com os objetivos a serem traçados. Ao longo deste estágio, as técnicas ou os processos de estratégias que visam o treino de habilidades sociais, a empatia e a assertividade trazem bons resultados e podem contrabalançar os atritos, assim como são vistas como habilidades que facilitarão a próxima fase do processo grupal.

O terceiro estágio dirige-se à intervenção específica direcionada aos objetivos do grupo em questão. Também chamado de estágio de trabalho, é assim denominado porque suas principais características são a manutenção e o reforço da coesão grupal e a produtividade dirigida para uma meta (Bieling, McCabe e Antony, 2008). Nesta fase ocorrem as intervenções típicas, o protocolo de tratamento indicado na literatura como o mais eficaz para os sintomas ou as dificuldades principais do grupo. Entende-se que, neste momento do grupo, os participantes já tenham adquirido algumas habilidades de manejo de emoções, pensamentos e comportamentos, e que a coesão grupal seja alta, propiciando um ambiente seguro para intervenções dirigidas ao foco da demanda. É a fase ideal para intervir de forma mais aprofundada nas crenças disfuncionais e de reavaliar distorções cognitivas.

O quarto momento é o estágio final do grupo. Esta fase tem por objetivo a consolidação das aprendizagens e o término do grupo (Corey, Corey, Callanan e Russell, 2004). Nesse estágio, as atividades de prevenção de recaída devem ser intensificadas e a avaliação do processo deve ser feita de forma clara e sistemática. Além disso, questões como ansiedade em relação ao término, fatores de resgate em situação de possíveis recaídas e indicação de recursos auxiliares (por exemplo, indicação de leituras e *sites*, confecção e distribuição de cartilhas, indicação de serviços de apoio) devem ser discutidas nesta fase.

Ao finalizar um grupo, alguns aspectos ainda merecem atenção como questões pós-grupais. As decisões pós-grupo referem-se ao acompanhamento e à avaliação dos participantes, findado o programa de intervenção propriamente dito (Corey, Corey, Callanan e Russell, 2004). São questões importantes nesta fase: existência ou não de sessões de encorajamento, momentos de avaliação tipo seguimento (ou *follow up*), proposta de grupo de apoio, encaminhamentos para outros serviços de saúde, necessidade de psicoterapia individual para alguns membros do grupo e avaliação do desfecho do grupo por parte dos terapeutas, sistematizando avanços e limitações do programa e da condução do grupo.

A estrutura da sessão segue quatro grandes diretrizes:

1. a revisão da tarefa de casa, do humor e da semana;
2. a apresentação de novas informações ou a discussão de conteúdos referentes ao objetivo daquela sessão;
3. a prática dos conteúdos discutidos a partir de exemplificações, dramatizações, exposições, ensaio cognitivo e comportamental, e
4. a apresentação e o planejamento da tarefa de casa para a próxima sessão (White e Freeman, 2003).

A tarefa de casa tem por objetivo tradicional manter a informação *online*, estender a intervenção para o decorrer da semana. No caso dos protocolos de intervenções em grupo, a tarefa de casa terá, além disso, o papel fundamental de ser o elo entre as sessões, sendo responsável pela noção de continuidade do programa proposto, fazendo com que a ligação entre as sessões fique clara para os participantes do grupo.

Considerando os aspectos acima citados, a construção de um programa de intervenção em grupo deverá tomar como base os estágios de uma intervenção grupal em TCC, além das questões pré e pós-grupais. A estrutura das sessões auxiliará na execução do programa e na manutenção da diretividade, que é um dos pressupostos da TCC. Porém, além dos aspectos mencionados, um programa de intervenção em TCCG também deve estar sintonizado com a modalidade de grupo que se pretende formar. A seguir serão discutidas as principais modalidades de grupo em TCCG.

MODALIDADES DE GRUPOS EM TCCG

As modalidades ou tipos de grupos em TCCG referem-se aos diferentes formatos de grupo que podem ser organizados, dependendo do objetivo que o grupo deverá desempenhar. Dentre estes objetivos podem estar tanto questões de intervenção curativa quanto aspectos de prevenção e/ou promoção de saúde. As modalidades grupais que serão apresentadas a seguir podem desempenhar diferentes papéis no espectro da atenção primária, secundária e terciária em saúde. Serão apresentadas as quatro modalidades mais comuns em TCCG e alguns exemplos de intervenções realizadas em cada uma das modalidades. São elas: grupos de apoio, grupos de psicoeducação, grupos de treinamento e/ou orientação e grupos terapêuticos.

Os Grupos de Apoio têm por objetivo oferecer suporte a um tratamento em andamento ou a um sintoma crônico que já recebeu intervenção específica. Esse suporte pode ser ofertado tanto para grupos de pessoas que fazem tratamento e precisam de encontros em grupo, como sessões de reforço, quanto pode ser ofertado a cuidadores de pacientes em tratamento. O objetivo do grupo é auxiliar na continuidade da utilização das estratégias que os participantes aprenderam no curso do tratamento, bem como atuar como um espaço de saúde para cuidadores de pacientes crônicos. Em geral são grupos abertos, com uma estrutura variável, visando trabalhar com o que surgir na sessão e tem como principal fator terapêutico o espaço de discussão e o apoio entre os membros do grupo. É uma das modalidades que comporta grupos maiores, com mais de 15 integrantes, sendo essa uma de suas maiores vantagens em relação às outras modalidades de TCCG. Comumente funcionam junto a ambulatórios de sintomas específicos e ocorrem semanalmente, sendo que os participantes costumam frequentá-los mensal ou bimestralmente. Esta modalidade de intervenção em TCCG ainda é considerada a menos frequente. Dattilio e Freeman (2004) descrevem sua experiência com um grupo de apoio para portadores de Transtorno do Pânico. Os próprios autores ressaltam a necessidade de mais publicações sobre esta modalidade grupal que vem sendo negligenciada na literatura em TCC. Register e Hilliard (2008) propuseram uma intervenção de apoio e musicoterapia cognitivo-comportamental para crianças enlutadas. Seus resultados indicaram que as crianças aderiram à intervenção em grupo e passaram a apresentar atitudes mais positivas ante a perda.

Os Grupos de Psicoeducação caracterizam-se por oferecer informações sobre a natureza neurobiológica, ambiental e psicológica dos sintomas e/ou das dificuldades de seus participantes, oferecendo conhecimentos sobre características, curso e tratamentos eficazes para os mesmos. Além disso, visam permitir que os pacientes reconheçam suas dificuldades e/ou seus sintomas, seus pensamentos, suas emoções e seus comportamentos, no intuito de identificar a inter-relação entre eles e discutir estratégias de mudança para intervir de forma eficaz nos mesmos. Em geral, são grupos fechados que não excedem 4 a 6 sessões estruturadas e baseadas em técnicas de psicoeducação e de resolução de problemas, podendo ser realizado com mais de 15 participantes. Podem ser de frequência semanal, quinzenal ou mensal, dependendo do serviço em que são oferecidos e para que tipo de sintomas ou dificuldades são desenhados. Esta já é uma modalidade mais recorrente na literatura. Alguns exemplos são o estudo de Morgan (2003), com adultos portadores de Transtorno de Déficit de Atenção, de Roberts, Pinkham e Penn (2008), com portadores de esquizofrenia e de Varo, Fernández, Cobos, Gutiérrez e Aragón, (2006) para manejo de sintomas de ansiedade.

Os Grupos de Orientação e/ou Treinamento visam fomentar atividades práticas, além de oferecer informações e auxiliar a identificar pensamentos, emoções e comportamentos. Sendo assim, essa modalidade grupal visa orientar e/ou treinar os integrantes do grupo de forma mais direcionada para mudanças nas suas formas de agir, pensar e sentir. Nesse sentido, além da psicoeducação, estes grupos visam o exercício de mudança na cognição e no comportamento. Tipicamente são grupos fechados e de frequência semanal, sendo que a literatura indica que sejam realizadas mais de 8 sessões para sedimentar as aprendizagens e oportunizar a aplicação das mesmas no cotidiano e que não excedam 15 participantes. Esta modalidade grupal vem recebendo crescente destaque pela sua possibilidade de atuação, tanto em aspectos terapêuticos como de prevenção e até mesmo promoção de saúde. Uma densa literatura dirigida para treinamento de habilidades sociais (Del Prette e Del Prette, 2009; 2008; 2006), treinamento de pais (Caminha e Pelisoli, 2007; Marinho, 2005; Silva, Del Prette e Del Prette, 2000; Stern, 2003) e para portadores de afecções orgânicas (Miyazaki, Domingos e Valerio, 2006; Cade, 2001; Saab, Bang, Williams, Powell, Schneiderman, Thoresen, Burg e Keef, 2009) vem sendo produzida.

Grupos Terapêuticos visam intervenções estruturadas em sintomas específicos, tendo como objetivo o apoio, a psicoeducação, a prevenção de recaídas e a orientação para a mudança. Em TCCG, tal modalidade é composta por grupos fechados, para os quais se sugere frequência pelo menos semanal, que conte com um mínimo de 12 sessões e que a média de participantes seja limitada a 12 integrantes. Essa modalidade grupal é responsável pelo escopo maior da literatura de TCCG, sendo possível encontrar uma variedade de estudos sobre os benefícios dos grupos terapêuticos em TCC. Os estudos remetem às clássicas pesquisas sobre depressão (Beck, Rush, Shaw e Emery, 1979; Steuer, Mintz, Hammen, Hill, Jarvik, McCarley, Motoike e Rosen, 1984), e a estudos mais recentes (Hermolin, Rangé e Porto, 2000), demonstrando mudanças na cognição, no comportamento e no humor.

A intervenção no contexto grupal vem sendo foco em outras patologias graves e com alto grau de morbidade, como para o tratamento de Transtornos Alimentares (Pinzon, Gonzaga, Cabelo, Labaddia, Belluzzo e Fleitlich-Bilyk, 2004; Assis e Nahas, 1999). Em ambos os grupos, os pacientes foram psicoeducados para reconhecer e a mudar pensamentos negativos e autorrelatos a respeito da comida, do seu peso e dos esforços para perder peso. Já no que se refere à obesidade, Radomile (2003) propôs o atendimento em grupo para pacientes obesos focado em psicoeducação, mudança comportamental e reestruturação cognitiva, obtendo resultados satisfatórios tanto em termos de redução de peso quanto em termos de prevenção de recaída. No que se refere ao Transtorno da Compulsão Alimentar Periódica, Duchesne, Appolinario, Rangé, Fandiño, Moya e Freitas (2007) obtiveram resultados de melhora significativa na compulsão alimentar, no peso corporal, na preocupação com a forma corporal e nos sintomas depressivos associados ao Transtorno da Compulsão Alimentar Periódica com intervenção em grupo.

Heimberg, Juster, Hope e Mattia (1995) e Hofmann (2004) mostram a eficiência da TCCG com uma população clinica de Fóbicos Sociais, mostrando que além das técnicas, o fator grupo contribuiu de forma definitiva no tratamento, diminuindo o isolamento e agindo como uma forma de exposição graduada. Além disso, Cordioli, Heldt, Bochi, Margis, Sousa, Tonello, Manfro e Kapczinski (2003) e Braga, Manfro, Niederauer e Cordioli (2010) mostraram a eficiência da TCCG para pacientes com Transtorno Obsessivo-Compulsivo (TOC), obtendo como resultado, além da redução dos sintomas de TOC e das ideias supervalorizadas, a melhora na qualidade de vida dos pacientes mantida de forma consistente apesar da passagem do tempo.

Em uma recente revisão sobre intervenções eficazes em diferentes transtornos de personalidade, Matusiewicz, Hopwood, Banducci e Lejuez, (2010) encontraram dados favoráveis à TCCG no Transtorno de Personalidade Esquiva. Os dados apontaram melhores resultados em intervenções a partir de 12 sessões, sendo que, em sessões muito curtas (menos de 40 min) ou em pequena quantidade (menos de 11 sessões), a eficácia do tratamento tende a cair, bem como a manutenção de resultados adquiridos tende a esmaecer. Ainda assim, Matusiewicz e colaboradores (2010) ressaltam que intervenções terapêuticas em grupo de 4 até 8h em um mesmo dia têm se mostrado eficazes na redução de sintomas como a esquiva, a ansiedade e a depressão. A limitação apontada para estes estudos repousa sobre o pouco efeito que intervenções intensivas (mais de 4h de intervenção em um mesmo dia) causam sobre reestruturação cognitiva e aprendizagem de habilidades específicas, e consequente prevenção de recaída.

No que tange a intervenções em grupo com crianças e adolescentes, Bonfati, Souza e Wainer (2007) ressaltam a exiguidade de estudos relacionados ao tratamento em grupo na infância e na adolescência, sendo que os existentes estão focados em Treinamentos de Pais e Treino de Habilidades Sociais. Apesar disso, segundo os autores, quando se proporciona atenção e tratamento adequado e eficaz às crianças, já se trabalha em uma direção preventiva dos transtornos que possam vir a se desenvolver e gerar quadros mais graves. Ressaltam, ainda, que o grupo facilita o contato das crianças entre si e auxilia no desenvolvimento do *insight,* proporciona oportunidades para a prova da realidade e para dar e receber *feedback*. Assim, o grupo possibilita que crianças e adolescentes construam um novo modelo interno para lidar com as suas dificuldades existenciais e espelhamento emocional.

Na direção da atenção primária, Spence, Sheffield e Donovan (2003) devem ser citados como o maior estudo (1500 participantes) com idade entre 12-14 anos realizado por professores treinados. O programa contava com 8 sessões de "Resolvendo problemas para a vida"; isso resultou em reduções significativas nos níveis de depressão comparados a um grupo controle. Já no que se refere aos sintomas ansiosos, Barrett e Pahl (2006) desenvolveram uma intervenção (Programa FRIENDS) de 10 sessões com base em TCC, que em suas diferentes fases alcança crianças e adolescentes de 4 a 18 anos. Este programa se utiliza de estratégias comportamentais, fisiológicas e cognitivas para ensinar às crianças as habilidades práticas para detectar seus sintomas ansiosos, reconhecer seus sentimentos, identificar os pensamentos disfuncionais e criar respostas adaptativas e habilidades na resolução de problemas. Stallard (2007) ressalta ainda a importância de que sejam produzidos materiais com as crianças, como livros de exercícios, para facilitar a sistematização dos conceitos, a fim de que as mesmas sintam a possibilidade de interagir com as próprias vidas de forma mais concreta.

Além dos citados, diversos estudos de TCCG estão disponíveis na literatura e indicam a eficácia da abordagem em assuntos específicos, tais como para Transtorno de Pânico (Rangé e Borba, 2008; Manfro, Heldt, Cordioli e Otto, 2008; Galassi, Quercioli, Charismas, Niccolai e Barciulli; 2007), crianças com Transtorno de Deficit de Atenção e Hiperatividade (Bellé e Caminha, 2005); vítimas de abuso sexual (Deblinger, Stauffer e Steer , 2010; Habizbang, Hatzenberger, Corte, Stroeher e Koller, 2006; Padilha e Gomide, 2004), abuso e dependência de álcool e drogas (Rangé e Marlatt, 2008; Miller, Meyers e Tonigan, 1999); agressores conjugais (Cortez, Padovani e Williams, 2005); pacientes com hipertensão arterial (Cade, 2001); Fobia Social (Purehsan e Saed, 2010; D'El Rey e Pacini, 2006) e Transtorno do Estresse Pós-Traumático (Knapp e Caminha, 2003), Transtorno Bipolar (Patelis-Siotis, Young, Robb, Marriott, Bieling, Cox e Joffe, 2001), Insônia primária (Babson, Feldner e Badour, 2010; Perlman, Arnedt, Earnheart, Gorman e Shirley, 2008), entre outros.

BENEFÍCIOS E DESAFIOS EM TCCG

O presente capítulo teve como objetivo apresentar alguns aspectos que caracterizam a intervenção em grupos em TCC. Ainda que outros aspectos pudessem ser relatados, encerra-se a presente discussão apontando alguns dos benefícios e dos desafios de intervir em grupos.

Em TCCG, podem ser citados os benefícios tipicamente indicados para intervenções em grupo como, por exemplo, a redução do custo do sistema de saúde e o atendimento maior à demanda que em muito supera a quantidade de profissionais disponíveis. Além disso, atendimentos em grupo para diversos sintomas e dificuldades são mais efetivos do que atendimentos individuais, isso pode ser notado em intervenções para fóbicos sociais (Purehsan e Saed, 2010), portadores de TOC (Cordioli et al., 2003), treinamento diversas habilidades (Del Prette e Del Prette, 2008), entre outras. No que se refere a obesos, por exemplo, a supremacia de resultados das intervenções em grupos sobre intervenções individuais pode ser encontrada mesmo entre os pacientes que preferem a modalidade individual de atendimento (Renjilian, Perri, Nezu, McKelvey, Shermer e Anton, 2001).

Segundo Cade (2001), uma das vantagens da terapia em grupo é que o membro do grupo precisa lidar com as interações interpessoais advindas da convivência com os demais participantes. Essa interação aumenta a possibilidade de observação das inter-relações e dos comportamentos interpessoais. Nesse sentido, o grupo pode tornar-se um espaço adequado para aprender a se relacionar, pois facilita a identificação de que outras pessoas podem passar pelo mesmo problema ou por situações semelhantes. Além disso, o ambiente torna-se propicio para a possibilidade de dar e receber *feedbacks*, abrangendo o leque de possibilidades para as soluções dos problemas apresentados (Caballo, 1999).

No entanto, os terapeutas de grupos também enfrentarão desafios. Além da dificuldade maior de conciliar horários entre os membros do grupo e da adesão dos mesmos às sessões, os desafios técnicos de manter o foco nas metas e a conexão entre as sessões serão, provavelmente, os primeiros a se impor aos terapeutas. A meta é o alívio de sintomas e o restabelecimento do melhor funcionamento e de qualidade de vida possível (Beck, 1993), sendo que esta deve ser perseguida com afinco a cada sessão. Construir planos e protocolos para o grupo, prestando atenção na fluência dos conceitos e na estrutura das sessões e criando tarefas que as conectem, auxilia tanto no alcance das metas quanto no andamento do programa. Entretanto, essa preocupação não deve tolher os terapeutas de observar e aproveitar a oportunidade das situações que se colocam na sessão.

Um dos maiores desafios é, sem dúvida, dar atenção aos conteúdos relacionais da sessão em detrimento da estrutura da sessão e vice-versa. Eventos que ocorrem na sessão podem e devem ser trabalhados, mas cabe aos terapeutas julgar sua pertinência naquele momento. Essa avaliação estabelece uma relação de interdependência com a coesão grupal e com o equilíbrio dos papéis no grupo, ou seja, com a postura terapêutica e o processo grupal (Bieling, McCabe e Antony, 2008).

A coesão grupal pode auxiliar ou inviabilizar a intervenção em grupo, sendo inclusive apontada pela literatura como um fator indicativo de eficiência de qualquer intervenção em grupo (Taube-Schiff, Suvak, Antony, Bieling e McCabe, 2007). Portanto, algum grau de homogeneidade entre os membros é desejável, considerando que os participantes necessitam sentir-se identificados de alguma forma. Apesar de a estrutura da experiência grupal em TCCG ser fundamental para otimizar tanto as técnicas quanto o processo, em muitas sessões serão as diferenças entre os participantes que auxiliarão na maior produtividade terapêutica, uma vez que estas desafiarão o *status quo* dos participantes e dos terapeutas no manejo de situações imprevistas à estrutura do programa.

Finalmente, o maior desafio apontado na literatura sobre TCCG é, no entanto, a necessidade de avanços na direção de uma teoria sistematizada e consistente em TCCG (Oei e Dingle, 2008). Apesar dos dados animadores apresentados anteriormente sobre a eficácia da TCCG, tanto pesquisadores quanto clínicos não sabem precisar quais são os aspectos específicos da intervenção em grupos em TCC responsáveis pelos maiores efeitos. Para tanto, são necessários esforços em pesquisas que investiguem aspectos teóricos em TCCG, no intuito de verificar porque e como os pacientes melhoram a partir de tratamentos em grupo, bem como a investigação daqueles pacientes que não apresentam melhoras substanciais.

REFERÊNCIAS

Assis, M. A. A., & Nahas, M. V. (1999) Aspectos motivacionais em programas de mudança de comportamento alimentar. *Revista de Nutrição.* 12:(1).

Babson, K. A. Feldner, M. T., & Badour, C. L. (2010). Cognitive Behavioral Therapy for Sleep Disorders. *Psychiatr Clin N Am, 33,* 629-640.

Barrett, P. M., & Pahl, K. M. (2006). Shool-Based Intervention: Examining a Universal Aproach to anxiety management. *Australian Journal of Guidance & Counselling, 16,* 55-75.

Bechelli, L. P. C., & Santos M. A., (2004). Psicoterapia de grupo: como surgiu e evoluiu. *Revista Latino-Americana de Enfermagem, 12*(2), 242-249.

Beck, A. T., & Weishaar, M. E. (2000). Cognitive therapy. In: Corsini, R. J., & Wedding, D. *Current psychotherapies* (6th ed.) (p. 241-272). Itasca, IL: E E. Peacock.

Beck, A. T. (1993). Cognitive therapy: past, present and future. *Journal of Consulting and Clinical Psychology, 61*(2), 194-198.

Beck, A. T., Rush, A. J., Shaw, B. F., & Emery, G. (1979). *Cognitive therapy of depression*. New York: Guilford.

Bellé, A. H., & Caminha, R. M. (2005). Grupoterapia cognitivo-comportamental em crianças com TDAH: estudando um modelo clínico. *Revista Brasileira de Terapia Cognitiva.* 11(2).

Bieling, P. J., McCabe R. E., & Antony, M. M. (2008). *Terapia cognitivo-comportamental em grupos*. Porto Alegre: Artmed.

Bonfati, A. L., Souza, M. A. M., & Wainer, R. (2007). Terapia cognitivo-comportamental em grupos para crianças. In: Piccoloto, L., Piccoloto, N. M., & Wainer, R. *Tópicos especiais em terapia cognitivo-comportamental* (1. ed.) . São Paulo: Casa do Psicólogo.

Braga, D. T., Manfro, G. G., Niederauer, K., & Cordioli, A. V. (2010). Full remission and relapse of obsessive-compulsive symptoms after cognitive-behavioral group therapy: a two-year follow-up. *Revista Brasileira de Psiquiatria, 32*(2), 164-168.

Caballo, V. E. (1999). *Manual de técnicas de Terapia e modificação do comportamento*. São Paulo: Santos.

Cade, V. N. (2001). Terapia de grupo para pacientes com hipertensão arterial. *Revista de Psiquiatria Clínica, 28*(6), 300-304.

Caminha, M. G., & Pelisoli, C. (2007). Treinamento de pais: aspectos teóricos e clínicos. In: Caminha, R. M., & Caminha M. G. *A prática cognitiva na infância* . São Paulo: Rocca.

Cordioli, A. V., Heldt, E., Bochi, B. D., Margis, R., Sousa, M. B., Tonello, F.J., et al. (2003). Cognitive-behavioral group therapy in obsessive-compulsive disorder: a randomized clinical trial. *Psychotherapy and Psychosomatics, 72*(4), 211-216.

Corey, G. (2000). *Theory and practice of group counseling*. Belmont, CA: Wadsworth Thomson Learning.

Corey, G., Corey, M. S., Callanan, P., & Russell, J. M. (2004). *Group thechniques*. Pacific Grove, CA: Brooks/Cole.

Cortez, M. B., Padovani, R. C., & Williams, L. C. A. (2005). Terapia de grupo cognitivo-comportamental com agressores conjugais. *Estudos de Psicologia, 22*(1), 13-21.

D`El Rey, G. J. F., & Pacini, C. A. (2006). Terapia cognitivo-comportamental da fobia social: modelos e técnicas. *Psicologia em Estudo, Maringá, 11*(2), 269-275.

Dattilio, F. M., & Freeman A., (2004). Estratégias cognitivo-comportamentais de intervenção em situações de crise. Porto Alegre: ArtMed.

Deblinger, E.; Stauffer, L. B., Steer, R. A. (2001). Comparative efficacies of supportive and cognitive behavioral group therapies for young children who have been sexually abused and their nonoffending mothers. *Child Maltreatment, 6*(4), 332-343.

Del Prette, Z. A. P., & Del Prette, A. (2006). Treinamento de habilidades sociais na escola: o método vivencial e a participação de professores. In. Bandeira, M., Del Prette, Z. A. P., & Del Prette, A. *Estudos sobre habilidades sociais e relacionamento interpessoal* . São Paulo: Casa do Psicólogo.

Del Prette, Z. A. P.; & Del Prette, A. (2008). *Psicologia das habilidades sociais: Terapia, educação e trabalho*. Rio de Janeiro: Vozes.

Del Prette, Z. A. P., & Del Prette, A. (2009). *Psicologia das habilidades sociais na infância: teoria e prática* (4. ed.). Petrópolis: Vozes.

Duchesne, M., Appolinario, J. C., Rangé, B. P., Fandiño, J., Moya, T., & Freitas, S. R. (2007). Utilização de terapia cognitivo-comportamental em grupo baseada em manual em uma amostra brasileira de indivíduos obesos com transtorno da compulsão alimentar periódica. *Revista Brasileria de Psiquiatria, 29*(1).

Galassi, F., Quercioli, S., Charismas, D. Niccolai, V., & Barciulli, E. (2007). *Cognitive-behavioral group treatment for panic disorder with agoraphobia*. Journal of Clinical Psychology, 63(4), 409-416.

Habigzang, L. F., Hatzenberger, R., Corte, F. D., Stroeher, F., & Koller, S. (2006). Grupoterapia cognitivo-comportamental para meninas vítimas de abuso sexual: descrição de um modelo de intervenção. *Psicologia Clínica. 18*:(2).

Heimberg, R. G., Juster, H. R., Hope, D. A., & Mattia, J. I. (1995). Cognitive-behavioral group treatment: description, case presentation, and empirical support. In M. B. Stein. *Social Phobia: Clinical and Research Perspectives* (p. 293-321). Whashington, DC: American Psychiatric.

Hermolin, M. K., Rangé, B. P., & Porto, P. R. (2000). Uma proposta de tratamento em grupo para a depressão. *Revista Brasileira de Terapia Comportamental e Cognitiva, 2,* 171-179.

Hofmann, S. G. (2004). Cognitive mediation of treatment change in social phobia. *Journal of Consulting and Clinical Psychology, 72*(3), 392-399.

Hollon, S. D., & Shaw, B. F. (1979). Group Cognitive therapy for depressed patients. In: Bech, A. T., Rush, A. J., Shaw, B. F., & Emery, G. (Ed.).

Cognitive therapy of depression (p. 328-353). New York: Guilford.

Knapp, P., & Caminha, R. M. (2003). Terapia cognitiva do transtorno de estresse pós-traumático. *Revista Brasileira de. Psiquiatria, 25*(suppl 1), 31-36.

Lazell, E. W. (1921). The group treatment of dementia praecox. *Psychoanal Review, 8*, 168-179.

Lewin, K. (1947). Frontiers in group dynamics: concept, method, and reality in social science: Social equilibria and social change. *Human Relat, 1*, 5-41. Reimpresso em: MacKenzie, K. R. (Org.). (1992). *Classics in Group Psychiatry* (p. 72-87). New York (USA): Guilford.

Manfro, G. G., Heldt, E., Cordioli, A. V., & Otto, M. W. (2008). Terapia Cognitivo-comportamental no transtorno de pânico. *Revista Brasileira de Psiquiatria, 30* (2).

Marinho, M. L. (2005). Um programa estruturado para o treinamento de pais. In: Caballo, V. E. *Manual de psicologia clínica infantil e do adolescente*. São Paulo: Santos.

Marsh, L. C. (1931). Group treatment of the psychoses by the psychological equivalent of the revival. *Ment Hyg, 15*, 328-349.

Matusiewicz, A. K., Hopwood, C. J., Banducci, A. N., & Lejuez, C. W. (2010). The effectiveness of cognitive behavioral therapy for personality disorders. *Psychiatric Clinics of North America, 33*, 657-685.

Mesquita, C. M., Porto, P. R., Rangé, B. P., & Ventura, P. R. (2009). Terapia cognitivo-comportamental e o TDAH subtipo desatento: uma área inexplorada. *Revista Brasileira de Terapia Cognitiva, 5*, 1.

Miller, W. R., Meyers, R. J., & Tonigan, J. S., (1999). Engaging the Unmotivated in treatment for Alcohol Problems: A Comparison of three strategies for intervention through family members. *Journal of Consulting and Clinical Psychology.* 67 (5), 688-697.

Miyazaki, M. C. O. S., Domingos, N. A. M., Valerio, N. I. (2006). *Psicologia da saúde: pesquisa e prática*. São José do Rio Preto: THSArantes.

Moreno, J. L. (1974). *Psicoterapia de grupo e psicodrama*. São Paulo: Mestre Jou.

Morgan W. D. (2003). Transtorno de déficit de atenção em adultos. In: White & Freeman. *Terapia cognitivo-comportamental em grupo para populações e problemas específicos.* São Paulo: Roca.

Oei, T. P. S., & Dingle, G. (2008). The effectiveness of group cognitive behaviour therapy for unipolar depressive disorders. *Journal of Affective Disorders, 107*, 5-21.

Padilha, M. G. S., & Gomide, P. I. C. (2004). Descrição de um processo terapêutico em grupo para adolescentes vítimas de abuso sexual. *Estudos de psicologia, 9*(1), 53-60.

Patelis-Siotis, I., Young, L. T., Robb, J. C., Marriott, M., Bieling, P. J., Cox, L. C., et al. (2001). Group cognitive behavioral therapy for bipolar disorder: a feasibility and effectiveness study. *Journal of Affective Disorders, 65*, 145-153.

Perlman, L. M., Arnedt, J. T., Earnheart, K. L., Gorman, A. A., & Shirley, K. G. (2008). Group Cognitive-Behavioral Therapy for Insomnia in a VA Mental Health Clinic. *Cognitive and Behavioral Practice, 15*, 426-434.

Pinzon, V., Gonzaga, A.P., Cabelo, A., Labaddia, E., Belluzzo, P., & Fleitlich-Bilyk, B. (2004). Peculiaridades do tratamento da anorexia e da bulimia nervosa na adolescência: a experiência do PROTAD. *Revista de Psiquiatria Clínica, 31* (4).

Pratt, J. H. (1907). The class method of treating consumption in homes of the poor. *JAMA, 49*, 755-759. Reimpresso em: MacKenzie, K. R. (Org.). *Classics in Group Psychotherapy (p. 25-30)*. New York (USA): Guilford; 1992.

Purehsan, S., & Saed, O. (2010). Effectiveness of cognitive-behavioral group therapy (CBGT) on reduction of social phobia. *Procedia Social and Behavioral Sciences, 5*, 1694-1697.

Radomile, R. R. (2003) Obesidade. In: White & Freeman. *Terapia cognitivo-comportamental em grupo para populações e problemas específicos*. São Paulo: Roca.

Rangé, B., & Borba, A. (2008). *Vencendo o pânico: terapia integrativa para quem sofre e para quem trata o transtorno de pânico e a agorafobia*. Rio de Janeiro: Cognitiva.

Rangé, B. P., & Marlatt, A. G. (2008) Terapia Cognitivo-Comportamental de Transtornos de abuso de álcool e drogas. *Revista Brasileira de Psiquiatria, 30(2)*,

Register, D. M. & Hilliard, R. E. (2008). Using Orff-based techniques in children's bereavement groups: A cognitive-behavioral music therapy approach. *The Arts in Psychotherapy, 35*, 162-170.

Renjilian, D. A., Perri, M. G., Nezu, A. M., McKelvey, W. F., Shermer, R. L. & Anton, S. D. (2001). Individual versus group therapy for obesity: Effects of matching participants to their treatment preferences. *Journal of consulting and clinical psychology., 69*, 717-721.

Roberts, D. L., Pinkham, A. E., & Penn, D. L. (2008) Esquizofrenia. In: McCabe, B., & Antony. *Terapia cognitivo-comportamental em grupos*. Porto Alegre: Artmed.

Rose, S. D. (1996). Psicoterapia cognitivo-comportamental de grupo. In: Kaplan, M. I., & Sadock, B. J. *Compêndio de psicoterapia de grupo* (p. 173-180). Porto Alegre: Artes Médicas.

Saab, P. G., Bang, H., Williams, R. B., Powell, L. H., Schneiderman, N., Thoresen, C., et al. (2009). The impact of cognitive behavioral group training on event-free survival in patients with myocardial infarction: The ENRICHD experience. *Journal of Psychosomatic Research, 67*, 45-56.

Silva, A. T. B., Del Prette, A., & Del Prette, Z. A. P. (2000). Relacionamento pais-filhos: um programa de desenvolvimento interpessoal em grupo. *Psicologia Escolar e Educacional, 3*, 203-215.

Spence, S. H., Sheffield, J. K., & Donovan, C. L. (2003). Preventing adolescent depression: An evaluation of the problem solving for life program. *Journal of Consulting and Clinical Psychology, 71*, 3-13.

Stallard, P. (2007). *Guia do terapeuta para os bons pensamentos: bons sentimentos: utilizando a terapia cognitiva comportamental com crianças e adolescentes*. Porto Alegre: Artmed.

Stern, J. (2003). Treinamento de pais. In: White, J. R., & Freeman, A. *Terapia cognitivo-comportamental em grupo para populações e problemas específicos*. São Paulo: Roca.

Steuer, J. L., Mintz, L., Hammen, C. L., Hill, M. A., Jarvik, L. F., McCarley, T., et al. (1984). Cognitive-behavioral and psychodynamic group psychotherapy in treatment of geriatric depression. *Journal of consulting and clinical psychology. 52*(2), 180-189.

Taube-Schiff, M., Suvak, M. K., Antony, M. M., Bieling, P. J., & McCabe, R. E. (2007). Group cohesion in cognitive-behavioral group therapy for social phobia. *Behaviour Research and Therapy, 45*, 687-698.

Varo, M. L. B., Fernández, M. D. O., Cobos, F. M., Gutiérrez, P. V., & Aragón, R. B. (2006). Intervención grupal en los trastornos de ansiedad en Atención Primaria: técnicas de relajación y cognitivo-conductuales. *SEMERGEN, 32(5)*, 205-210.

Vinogradov, S., & Yalom, I. D. (1996). *Guía breve de psicoterapia de grupo*. Barcelona: Paidós.

White, J. R., & Freeman, A. S. (2003). *Terapia cognitivo-comportamental em grupo para populações e problemas específicos*. São Paulo: Roca.

Yalom, I. D. (2006). *Psicoterapia de grupo: teoria e prática*. Porto Alegre: Artmed.

47

Personalidade e transtornos de ansiedade

Mariangela Gentil Savoia
Pedro Fonseca Zuccolo
Felipe Corchs

Na prática clínica, quando o tratamento de transtornos ansiosos apresenta poucos resultados, é comum associá-los a transtornos de personalidade, mas poucos estudos indicam essa relação.

PERSONALIDADE

A personalidade é reconhecida a partir dos comportamentos que o sujeito emite, do papel que representa no seu meio social, ou seja, é identificada por meio de suas ações. O termo *persona* era usado no teatro greco-romano para designar o papel desempenhado pelo ator diante do público. Personalidade tem sido definida de diferentes maneiras, como uma coerência de traços característicos ou como a organização dinâmica de fenômenos que constituem a personalidade e os conceitos do "eu". Podemos utilizar uma definição ampla, que permite incluir as várias maneiras de se estudar a personalidade. A personalidade é a maneira de ser de cada um, ou seja, o conjunto de comportamentos que caracterizam e determinam os ajustamentos individuais às circunstâncias passadas, presentes e futuras (Savoia e Cornik, 1989). Segundo essas autoras, a personalidade é decorrente de um processo de socialização, no qual intervêm fatores filo e ontogenéticos. Assim, personalidade pode ser entendida como o resultado do processo dinâmico e contínuo de conciliar características individuais ao ambiente, de forma que descreva a qualidade de interação do sujeito com o meio que o cerca.

Diferenças individuais envolvem recepção, processamento de informações sobre a experiência, definida como personalidade em geral.

No diálogo entre Psicologia e Psiquiatria, é um dos conceitos que aparece com grande frequência, pois interage de diversas formas com a prática do psiquiatra e do psicólogo clínico. Existem os transtornos da própria personalidade, incluídos no eixo II do DSM. Além disso, características de personalidade podem influenciar os outros transtornos psiquiátricos, incluídos no eixo I, conforme discutido adiante. Na prática, é comum que queixas relatadas pelos pacientes sejam nomeadas em um primeiro momento como pertencentes ao eixo I. Problemas do eixo II são mais difíceis de serem detectados e podem aparecer com o decorrer do tratamento. A escassez de explicações teóricas e, eventualmente, as complexas conexões entre essas duas categorias nosológicas podem ser os fatores que contribuem para a confusão. O DSM-IV-TR define transtorno de personalidade como um padrão persistente de vivência íntima ou comportamento que se desvia acentuadamente das expectativas da cultura do indivíduo, é invasivo e inflexível, tem seu início na adolescência ou no começo da idade adulta, é estável ao longo do tempo e provoca sofrimento ou prejuízo ao indivíduo.

Embora o diagnóstico possa basear-se na história de vida tomada nas sessões iniciais, a possibilidade da utilização de um instrumento de avaliação é importante para dirimir dúvidas e testar hipóteses. As diferentes formas de avaliar personalidade estão embasadas em um modelo teórico. O que propomos neste capítulo é um modelo psicobiológico, que procura integrar aspectos psicobiológicos da personalidade, e não os psicológicos ou biológicos separadamente, como a maioria das propostas de compreensão da personalidade. Os fatores biológicos interferem nos processos de aprendizagem e nos comportamentos selecionados pela cultura e a ela adaptados, tais como aprendizagem de *insight* ou organização de autoconceito, o que torna a personalidade dinâmica, não sendo possível separar traços ditos unicamente psicológicos.

Entre as avaliações dimensionais de traços de personalidade, o Inventário de Temperamento e Caráter de Cloninger (TCI) fornece uma base teórica e uma abordagem sistemática para medir a personalidade em dimensões, que podem ser testadas experimentalmente. Ele descreve sete dimensões de personalidade independentes. Quatro deles, busca de novidades (NS), Esquiva de Danos (HA), Dependência de Recompensa (RD) e Persistência (P), são consideradas as dimensões de temperamento. Os outros três itens são considerados como dimensões de caráter, Autodirecionamento (SD), Cooperatividade (C), Autotranscendência (ST).

Modelo de personalidade psicobiológico de Cloninger

C. Robert Cloninger desenvolveu seu modelo de personalidade com base na diferenciação entre memória declarativa e não declarativa (Cloninger, 1987 e 1993). Memória declarativa refere-se à capacidade de lembrar de acontecimentos ou fatos que são representados por meio de palavras, imagens ou símbolos que têm relação entre si, significados explícitos e podem ser descritos verbalmen-

te (Squire, 2004). Esse tipo de informação conceitual depende de estruturas cerebrais no lobo temporal medial e no diencéfalo para ser armazenada e processada (Squire, 1992 e 2004).[*] Já o termo memória não declarativa engloba uma coleção heterogênea de memórias que não requerem que o sujeito seja capaz de se recordar da ocasião na qual foram adquiridas e nem ter conhecimento das contingências envolvidas na sua recuperação (isto é, capacidade de descrevê-las) (Squire, 2004). Aqui está incluso o aprendizado de procedimentos ou hábitos e *priming*, por exemplo (Squire, 1992 e 2004). A memória não declarativa depende de sistemas córtico-estriatais para seu processamento e armazenamento (Squire, 2004).[**]

O modelo de personalidade psicobiológico de Cloninger descreve sete dimensões de personalidade. Quatro delas seriam respostas imediatas de seres humanos às formas básicas de estimulação, quais sejam, recompensa, novidade e punição (Gonçalves e Cloninger, 2010); as outras três seriam características desenvolvidas ao longo da vida e influenciariam a expressão das quatro primeiras características (Gonçalves e Cloninger, 2010).

As respostas às formas básicas de estimulação refletem um viés herdado no processamento de informações[***] pelo sistema de memória perceptual (não declarativo) (Cloninger, 1993) e são chamadas de *fato-*

---

[*] Diversos trabalhos sobre memória têm mostrado que as estruturas envolvidas na formação das memórias declarativas incluem áreas sensórias superiores do córtex, do córtex entorrinal, na amígdala, na formação hipocampal, no núcleo talâmico médio e no córtex pré-frontal ventromedial (Bachevalier, 1990; Phillips et al., 1988).

[**] A formação das memórias não declarativas está relacionada ao funcionamento de áreas corticais sensoriais, núcleo caudado e putamen (Bachevalier, 1990; Phillips et al., 1988).

[***] O termo viés de processamento de informações (ou viés cognitivo, como é geralmente referido) refere-se à tendência dos diferentes sistemas cerebrais de lidar com informações do ambiente de uma determinada maneira (Mathews e MacLeod, 2005).

res de temperamento. Os fatores de temperamento são as diferenças individuais na aprendizagem de hábitos e procedimentos e na sensibilidade à contingências que promovem condicionamento (operante ou respondente) (Cloninger, 1993).

As três dimensões restantes no modelo de Cloninger (1993) são os chamados *fatores de caráter* e dizem respeito às funções cognitivas superiores. Esses fatores descrevem diferenças individuais quanto a metas, valores e autoconceitos que influenciam o sentido ou a significância daquilo que é experimentado pelo sujeito. Envolve organização conceitual de percepções e apreensão de relações, que seriam codificadas e armazenadas na memória semântica declarativa (Cloninger, 1993).

Os fatores de temperamento são traços herdados do comportamento, que se manifestam cedo na vida. Essas respostas automáticas podem ser mais tarde modificadas como resultado de mudanças na significância e na saliência dos estímulos, por meio da influência dos fatores de caráter, desenvolvidos ao longo da vida (Cloninger, 1993). Dessa forma, o desenvolvimento da personalidade segundo o modelo de Cloninger se dá por meio de um processo epigenético interativo, no qual os fatores de temperamento e caráter se influenciam uns aos outros (Cloninger, 1993).

O modelo psicobiológico de personalidade de Cloninger foi desenvolvido em duas etapas (Cloninger, 1987; Cloninger, 1993). Ele foi inicialmente baseado em estudos com gêmeos e famílias, estudos de desenvolvimento longitudinais e estudos neurofarmacológicos e neurocomportamentais de aprendizagem em humanos e outros animais. Cloninger (1987) também coletou informações a respeito de estudos psicométricos de personalidade em indivíduos e pares de gêmeos e, a partir desses dados, descreveu três dimensões de personalidade geneticamente independentes, os fatores de temperamento. Essas dimensões foram chamadas de Busca por Novidade (*Novelty Seeking*, NS), Esquiva ao Dano (*Harm Avoidance*, HM) e Dependência de Gratificação (*Reward Dependence*, RD). Em 1993, Cloninger estendeu o modelo e descreveu sete dimensões de personalidade, de modo a torná-lo mais abrangente e melhorar seu valor para o diagnóstico de transtornos de personalidade. Isso porque as três dimensões originalmente descritas eram úteis para a distinção de subtipos de transtornos de personalidade, porém não eram capazes de diferenciar de maneira consistente sujeitos com transtornos de personalidade ou ajustamento social pobre de outros sujeitos bem-adaptados com perfis extremos de personalidade.

A partir de estudos sobre o desenvolvimento cognitivo e social, e descrições do desenvolvimento de personalidade na Psicologia Transpessoal e Humanística, Cloninger (1993) acrescentou os seguintes fatores aos originalmente descritos: Persistência (*Persistence*, P), Autodirecionamento (*Self-directedness*, SD), Cooperação (*Cooperativeness*, C) e autotranscendência (*Self-Transcendence*, ST).

Fatores de temperamento e caráter

Cloninger descreve os seguintes fatores de temperamento: Busca por Novidade (*Novelty Seeking*, NS), Esquiva ao Dano (*Harm Avoidance*, HM), Dependência de Gratificação (*Reward Dependence*, RD) e Persistência (*Persistence*, P) (Gonçalves e Cloninger, 2010; Cloninger, 1993). A seguir, é apresentada uma breve explanação de cada um deles:

1. Busca por novidades refere-se à impulsividade, que refletiria diferenças individuais na ativação comportamental, no incentivo à aproximação ou na iniciação comportamental em resposta à novidade, à complexidade ou a sinais de recompensa. Os comportamentos aos quais se refere este fator são: atividade exploratória frequente em resposta à novidade, tomada impulsiva de decisões, extravagância na aproximação a pistas de recompensa e evitação ativa à frustração

2. Esquiva ao dano diz respeito à tendência à ansiedade de um sujeito, que ocorreria em função das diferenças individuais na inibição ou na cessação do comportamento frente a sinais de punição ou não recompensa frustradora. Os comportamentos aos quais se refere esse fator são: preocupação pessimista em antecipação a problemas futuros, comportamentos de evitação passivos, como medo de incertezas e timidez frente a estranhos, além de rápida fadigabilidade.

3. Dependência de gratificação tem relação com sociabilidade, que depende das diferenças individuais na sensibilidade a sinais de aprovação social. Manifesta-se como sentimentalidade, apego e dependência da aprovação de outros.

4. Persistência trata-se de uma medida de perseverança, que reflete diferenças individuais na resistência à extinção de comportamento seguido de reforçamento intermitente. Refere-se à perseverança a despeito de frustração e fadiga.

Além desses quatro aspectos, existem ainda os fatores de caráter. Segundo Cloninger (1993), pode-se distinguir três aspectos do desenvolvimento do autoconceito. Esses aspectos dizem respeito à extensão com a qual uma pessoa identifica-se como:

a) um indivíduo autônomo;
b) parte integrante da humanidade ou sociedade;
c) parte integrante de uma unidade de todas as coisas, de um universo, que denota tudo que é voltado para um todo interdependente.

Os aspectos de caráter são: Autodirecionamento (*Self-directedness*, SD), Cooperação (*Cooperativeness*, C) e Autotranscendência (*Self-Transcendence*, ST). A seguir, uma breve descrição de cada um é fornecida:

1. Autodirecionamento diz respeito à autodeterminação ou à habilidade de um indivíduo de controlar, regular e adaptar o próprio comportamento de modo a ajustar-se a diferentes situações, de acordo com valores e metas individualmente escolhidos. Envolve responsabilidade, objetividade e confiança dos próprios recursos para lidar com os problemas. Pode ser descrito como um processo de desenvolvimento que envolve diversas etapas ou aspectos:

1. aceitação da responsabilidade pelas próprias escolhas;
2. identificação de metas individualmente valorizadas e de propósitos;
3. desenvolvimento de habilidades e confiança para resolver problemas;
4. autoaceitação;
5. segunda natureza congruente.

2. Cooperatividade refere-se à extensão com a qual uma pessoa se reconhece como parte de uma sociedade. Este fator reflete a identificação empática com outros, levando à tolerância, à compaixão e à tendência a auxiliar outrem. Este fator foi criado para explicar diferenças individuais na identificação com ou aceitação de outras pessoas.

3. Autotranscendência trata da extensão com a qual uma pessoa se vê como parte integrante do universo. Envolve a consciência de um sujeito na sua participação na unidade universal do ser, como indicado por experiências de inseparabilidade agradáveis, sentimentos oceânicos ou de conexão espiritual com o que está além do *self* individual.

Os fatores de personalidade descritos no modelo de Cloninger podem ser avaliados por meio de um inventário de autopreenchimento, denominado Inventário de Temperamento e Caráter de Cloninger (em inglês, *Temperament and Character Inventory*). Nesse inventário estão inclusos itens que examinam os fatores de temperamento e caráter. Existem duas versões do inventário, sendo que ambas foram validadas para a população brasileira (Fuentes, 2000; Gonçalves e Cloninger, 2010).

O TCI tem sido usado em estudos de transtornos de ansiedade, que serão apresentados e discutidos a seguir.

Relações entre personalidade e transtornos de ansiedade

Há uma relação estreita entre personalidade e transtornos psiquiátricos. Tal relação pode ser complexa e, além dos transtornos da própria personalidade, relações entre características de personalidade (com ou sem transtorno) e os chamados transtornos psiquiátricos do eixo I têm sido observadas quanto a gravidade, risco de ocorrência e refratariedade ao tratamento do transtorno em questão. Entretanto, além da determinação genética, a personalidade é formada também por componentes aprendidos. Isso quer dizer que tais traços extremos de temperamento são passíveis de modificação e/ou controle através do desenvolvimento de repertório comportamental para lidar com eles. Pesquisas desenvolvidas pelo grupo do professor Cloninger dão suporte a esta visão ao demonstrar que os transtornos de personalidade estão relacionados à combinação de pontuações altamente desviantes da média nos itens de temperamento do TCI e baixos escores de caráter (especialmente no item autodirecionamento) do mesmo instrumento.

É conhecido o fato de que histórico de exposição a contingências aversivas é um dos principais fatores relacionados ao desenvolvimento de psicopatologias e que, talvez, aquelas relacionadas ao meio social sejam as mais relevantes para questões psiquiátricas.

Battaglia e colaboradores (1996) verificaram que as dimensões de temperamento durante o desenvolvimento do paciente explicam as comorbidades psiquiátricas. Da mesma forma, Ampollini e colaboradores verificaram que os pacientes com altos índices de esquiva de danos tinham uma maior probabilidade de serem afetados pelo *cluster* C de personalidade e desenvolver comorbidade com transtornos de humor e ansiedade

Esquiva de danos tem sido relacionada a transtornos de ansiedade (Wiborg et al., 2005; Starcevic et al., 1996). Estes autores mostraram maiores prevalências deste traço de personalidade no transtorno de pânico e agorafobia. Kelley e colaboradores (2004) estudaram esquiva de danos e sua implicação para tratamento em depressão maior e distimia, verificando que a terapêutica com antidepressivos é a mais indicada para este tipo de paciente.

Compatível com estas teorias, estudos diversos mostram que pessoas com transtornos de ansiedade apresentam hipersensibilidade de regiões cerebrais relacionadas à defesa de ameaças medidas por escalas de personalidade (Gray e McNaughton, 2000; Corr, 2008), bem como hipossensibilidade dos sistemas cerebrais de ativação, apesar desta última relação parecer ser mais fraca (revisado em Bijttebier et al., 2009). Isso sugere que pessoas mais sensíveis à estimulação aversiva por combinações de variáveis ontogênicas e filogenéticas são mais propensas ao desenvolvimento de transtornos de personalidade.

A seguir vamos nos ater a alguns transtornos de ansiedade que vêm sendo estudados no Programa Ansiedade.

Transtorno de pânico

Esquiva de danos é com certeza o traço de personalidade relacionado ao transtorno de pânico (Draganic et al., 2005). Da mesma forma, Battaini e colaboradores, avaliaram a prevalência das dimensões de personalidade nos pacientes com Transtorno de Pânico e encontraram maiores escores de Esquiva ao Dano (ED) e menores escores de Autodirecionamento (AD).

Os escores de ED encontrados em dois trabalhos realizados em países como Estados Unidos (Starceviv et al., 1996) e Noruega (Wiborg et al, 2005) mostraram que pacientes com TP apresentam maiores escores de ED quando comparados a uma população normal. Mas parece que alto escore de esquiva de danos não é um fator essencial para que pacientes com TP desenvolvam transtornos de personalidade (Wiborg et al., 2005).

Uma questão relevante é a resposta ao tratamento. Starcevic e colaboradores (1996)

e Brown e colaboradores (1992) estudaram a relação dos escores de ED com a resposta ao tratamento. Seus estudos mostraram que os escores desta dimensão de temperamento diminuíram substancialmente com a remissão dos transtornos ansiosos, embora eles permaneçam mais elevados quando comparados ao grupo controle.

Marchesi e colaboradores (2006) realizaram um estudo prospectivo com pacientes com TP analisando os escores de personalidade, usando o TCI, antes e após o tratamento medicamentoso. Neste estudo, observou-se que pacientes com TP, que responderam ao tratamento, apresentavam no pré-tratamento altos níveis de Esquiva ao Dano (ED), enquanto pacientes que não responderam adequadamente ao tratamento apresentavam além de altos índices de ED, baixos níveis de P, AD e C. Após o tratamento, os pacientes que apresentaram remissão do TP mostraram diminuição dos escores de ED de modo mais significativo do que o grupo que não remitiu.

Fobia social

O TCI foi empregado em estudos com pacientes com Fobia Social. Um deles comparou o perfil de personalidade no TCI de 13 pacientes com fobia social em relação a voluntários normais, relatando aumento de traços de esquiva e temperamento introvertido (HA). Da mesma forma, Pélissolo e colaboradores relataram escores mais altos em HA e mais baixos em P, SD, C e ST em 31 pacientes com fobia social, sugerindo também um temperamento ansioso e evitativo e um caráter imaturo. Kim e Hoover também encontraram um aumento significativo de HA em 47 pacientes com fobia social em relação ao grupo controle. Pacientes com fobia social foram caracterizados por apresentar ansiedade antecipatória, baixa tolerância à frustração e uma dependência intensa de gratificações externas.

Savoia e colaboradores verificaram que os pacientes com fobia social ficaram abaixo da média em NS, SD e ST e P, e acima da média em HA. Kim e Hoover também encontraram um aumento significativo em HA em 47 pacientes com fobia social em relação ao grupo controle. De acordo com a teoria de Cloninger, NS é um viés hereditário na ativação ou na iniciação de comportamentos como atividade exploratória em resposta à novidade e prevenção ativa de frustração. Escores mais elevados correlacionam-se inversamente a rigidez e introversão. Já SD é um traço de caráter adquirido, formulado em diferentes aspectos, tais como autodeterminação, responsabilidade por suas próprias escolhas de controle e compromisso com um determinado objetivo ou certa finalidade. As pontuações mais baixas se relacionam com responsabilizar os outros, não atingir os objetivos, apatia e recusa de si mesmo. Da mesma forma, P é descrito como perseverança em responder de certa maneira, apesar de frustração e cansaço. ST geralmente se refere à identificação com o todo unificado. O item que teve escore acima da média foi esquiva de danos. Segundo a teoria de Cloninger, HA é também um traço de temperamento herdado. Escores mais altos referem-se a inibição comportamental, pessimismo e comportamentos de esquiva passiva, como o medo de incerteza e timidez. A fobia social é comumente associada a traços de personalidade. As características de personalidade descritas pelo instrumento, encontradas nos pacientes fóbicos sociais avaliados, convergem para a definição de fobia social segundo o DSM IV. Os itens pontuados abaixo da média NS, busca a novidade, que está- relacionado com rigidez, e reserva, SD-autodirecionamento, atribuição de culpa a outro; metas não objetivas; apatia; auto-recusa; P, persistência, persistir em responder de determinadas formas; ST auto consciência; auto- diferenciação. Acima da média HM – antecipação de aborrecimentos; medo do desconhecido; timidez; astenia. No modelo de Cloninger, o traço de temperamento esquiva de danos tem sido uma dimensão relevante para transtornos de ansiedade e de humor (Ball, 2002; Kennedy, 2001).

Estas características correspondem a descrições clínicas dos pacientes que apresentam fobia social como sendo sujeitos que evitam ficar em destaque em qualquer situação, agindo de acordo com regras muito rígidas de comportamento que, em teoria, controlam a ansiedade antecipatória, devido ao medo do desconhecido e devido à timidez. Tomadas em conjunto, essas características levam a uma má qualidade de vida que também é impactada por uma incapacidade de definir metas claras e objetivas. Considerando que a fobia social é um transtorno de evolução crônica, a sobreposição dos critérios diagnósticos do eixo II, principalmente o transtorno de personalidade evitativa, parece estar relacionada com a gravidade. Pode-se sugerir que a fobia social não é totalmente compreendida como um transtorno do eixo I. Além de alta comorbidade com transtornos do eixo II, também observamos uma alta sobreposição entre a descrição dos sintomas do eixo I, de acordo com o DSM-IV, e a descrição dos traços observados nas dimensões do TCI.

Savoia e colaboradores observaram mudanças após tratamento nos traços de temperamento nos pacientes com terapia farmacológica e mudanças de caráter em pacientes que receberam tratamento psicoterápico estruturado. Os pacientes que receberam tratamento farmacológico ativo apresentaram um escore maior após o tratamento de busca de novidade e os que receberam psicoterapia ativa aumentaram o traço cooperativididade (C). Os pacientes expostos a ambos os tratamentos aumentaram o nível de ST e SD. Em relação a essas mudanças nas dimensões de personalidade, Hofmann e Loh (2006) detectaram mudanças em esquiva de danos durante o período de tratamento com TCC. Da mesma forma, Yet e Morttberg (2007), verificaram após tratamento com TCC um decréscimo em esquiva de danos e um aumento em autodirecionamento.

Estes dados estão de acordo com as ideias de Cloninger de que tratamento farmacológico pode modificar traços de temperamento e que tratamento psicoterápico pode modificar aspectos do caráter.

Transtorno obsessivo-compulsivo

No caso do transtorno obsessivo-compulsivo (TOC), é provável que baixos escores de autodirecionamento estejam relacionados a maior refratariedade ao tratamento (Corchs et al., 2008). Pessoas que acreditam que seu sucesso é controlado por seus próprios esforços são mais responsáveis e têm maiores recursos para resolução de problemas, enquanto, do contrário, serão pessoas mais alienadas e apáticas, tendendo a culpar outras por seus problemas (Lefcourt, 1972). Em outras palavras, pessoas com maior autodirecionamento têm maior capacidade de se autocontrolar e, portanto, se comprometem com comportamentos que trarão consequências melhores, porém atrasadas (Goldiamond, 1965). Este é claramente o caso dos tratamentos psiquiátricos, que exigem tratamentos longos e custosos, como o uso crônico de medicações e psicoterapias, bem como engajamento em estilos de vida mais saudáveis que exigem maior autocontrole. No caso de um paciente que tem transtorno obsessivo-compulsivo, por exemplo, parte do tratamento envolverá que a pessoa não responda com comportamentos compulsivos quando esta for a tendência. Se isso for alcançado, o processo de habituação/extinção da exposição com prevenção de respostas poderá ocorrer, mas, para tanto, o paciente terá que se comprometer e ter a capacidade de controlar tal tendência de realizar o ritual. Pessoas com baixo autodirecionamento e, portanto, baixa capacidade de autocontrole terão baixo engajamento em comportamentos dessa natureza e compromisso com medidas terapêuticas, como tomar remédio, fazer esportes, entrar em contato com novos reforçadores, etc.

De fato, muitas pesquisas têm mostrado que baixos escores de autodirecionamento no TCI de Cloninger estão relacionados à maior refratariedade ao tratamento de, por exemplo, transtornos de ansiedade (Corchs et al., 2008). Entretanto, deve ser apontado que, inversamente, as psicopatologias também modificam os escores de personalidade do TCI, tanto de temperamento como de caráter (Black et al., 1997; Brown et al., 1992). Essas observações sugerem que estados emocionais influenciam características de personalidade e vice-versa.

Conforme dito anteriormente, é importante ressaltar que ainda há muito a ser testado e desenvolvido nos modelos psicobiológicos de personalidade, principalmente no que diz respeito a fatores de personalidade serem predisponentes ao desenvolvimento de transtornos psiquiátricos.

No que diz respeito ao tratamento, a utilização do TCI pode auxiliar na identificação de traços para obtermos uma melhor resposta. O estudo das dimensões de personalidade associadas a transtornos psiquiátricos tem crescido muito e tem se mostrado de grande ajuda, tanto no entendimento das diferentes respostas ao tratamento quanto no aprimoramento da abordagem terapêutica desses pacientes.

REFERÊNCIAS

American Psychiatric Association. (2000). *Diagnostic and statistic manual of mental disorders (DSM-IV-TR)* (4th ed. rev.). Washington, DC: Author.

Ampollini P, Marchesi C, Signifredi R, Maggini C. (1997). Temperament and personality features in panic disorder with and without comorbid mood disorders. *Acta Psychiatrica Scandinavica, 95*, 420-423.

Battaini, L. C., Muotri, R., & Bernik, M. *Traços de personalidade em pacientes com transtorno de pânico*. No prelo.

Battaglia M., Przybeck, T. R., Bellodi, L., Cloninger, C. R. (1996). Temperament dimensions explain the comorbidity of psychiatric disorders. Comp. Psychiatry, 37, 292-298.

Bijttebier, P., Beck, I., Claes, L., & Vandereycken, W. (2009). Gray's reinforcement sensitivity theory as a framework for research on personality–psychopathology associations. *Clinical Psychology Review*, 29, 421-430.

Black, K. J., & Sheline, Y. I. (1997). Personality disorder scores improve with effective pharmacotherapy of depression. *Journal of Affective Disorders, 43*(1): 11-18.

Brown, S. L., Svrakic, D. M., Przybek, T. R., & Cloninger, C. R. (1992). The relationship of personality to mood and anxiety states: A dimensional approach. *Journal of Psychiatric Research, 26*(3), 197-211.

Cloninger, C. R., Svrakic, D. M., & Przybeck, T. R. (1993). A Psychobiological model of temperament and character. *Archives of General Psychiatry, 50*, 975-990.

Cloninger, C. R. (1987). A systematic method for clinical description and classification of personality variants. *Archives of General Psychiatry, 44*, 573-588.

Corchs, F., Corregiari, F., Ferrão, Y. A., Takakura, T., Mathis, M. E., Lopes, A. C., et al. (2008). Personality traits and treatment outcome in obsessive-compulsive disorder. *Revista Brasileira de Psiquiatria, 30*, 246-250.

Corr, P. (2008). *Reinforcement sensitivity theory of personality*. Cambridge, New York: Cambridge University Press.

Draganic-Rajic, S., Lecic-Tosevski, D., Paunovic, V. R., Cvejic, V., & Svrakic, D. Panic disorder--psychobiological aspects of personality dimensions. *Srp Arh Celok Lek, 133*(3-4), 129-133.

Fuentes, D., Tavares, H., Camargo, C. H. P., & Gorenstein, C. (2000). Inventário de temperamento e caráter de cloninger – validação da versão em português. In: Gorenstein, C., Andrade, L. H. S. G., & Zuardi, A. W. *Escalas de avaliação clínica em psiquiatria geriátrica*. São Paulo: Lemos.

Gonçalves, D. M., & Cloninger, C. R. (2010). Validation and normative studies of the Brazilian Portuguese and American versions of the Temperament and Character Inventory – Revised (TCI-R). *Journal of Affective Disorders, 124*, 126-133.

Goldiamond, I. (1965). Self-control procedures in personal behavior problems. *Psychological Reports, 17*(3), 851-868.

Gray, J. A. & McNaughton, N. (2000). *The neuropsychology of anxiety: An inquiry into the functions of the septo-hippocampal system*. Oxford: Oxford University Press.

Lefcourt, H. M. (1972). Recent developments in the study of locus of control. *Progress in Experimental Personality Research, 6*, 1-39.

Marchesi, C., Cantoni, A., Fontó, S., Giannelli, M. R., & Maggini, C. (2006). The effecte of temperament and character on response to selective serotonin reuptake inhibitors in panic disorder. *Acta Psychiatrica Scandinavica*, 114, 203-210.

Mathews, A., & MacLeod, C. (2005). Cognitive vulnerability to emotional disorders. *Annual Review of Clinical Psychology, 1*,167-195.

Pelissolo, A. & Corruble, E. (2002). Personality factors in depressive disorders: contribuition of the psychobiologic model developed by Cloninger. *Encephale, 28*(4): 363-373.

Phillips, R. R., Malamut, B. L., Bachevalier, J., & Mishkin, M. (1988). Dissociation of the effects of inferior temporal and limbic lesions on object discrimination learning with 24 hour intertrials intervals. *Behavioural Brain Research, 27*, 99-107.

Savoia, M. G., Barros Neto, T. P., Vianna, A., & Bernik, M. (2010). Avaliação de traços de personalidade em pacientes com fobia social. *Revista de psiquiatria clínica, 37*(2), 57-60.

Savoia, M. G., & Cornik, M. A. P. (1989). *Psicologia social*. São Paulo: McGraw-Hill.

Squire, L. R. (1992). Memory and the hippocampus: a synthesis from findings with rats, monkeys, and humans. *Psychological Review, 99*(2), 195-231.

Squire, L. R. (2004). Memory systems of the brain: a brief history and current perspective. *Neurobiology of Learning and Memory, 82*, 171-177.

Starcevic, V., Uhlenhuth E. H., Fallon, S., & Pathak, D. (1996). Personality dimensions in panic disorder and generalized anxiety disorder. *Journal of Affective Disorders, 37*(2-3), 75-79.

Wiborg, I. M., Falkum, E., Dahl, A. A., Gullberg, C. (2005). Is harm avoidance an essential feature of patients with panic disorder? *Compr Psychiatry, 46*(4), 311-314.

48

Treinamento via *web* de psicólogos do Brasil no protocolo de terapia cognitivo-comportamental "Vencendo o Pânico"

Angélica Gurjão Borba
Bernard P. Rangé
Marcos Elia

As motivações para abordar este tema são múltiplas. Dentre elas, relacionam-se a eficácia da terapia cognitivo-comportamental (TCC) para o tratamento do transtorno de pânico e da agorafobia (Wolfe e Maser, 1994), a efetividade do protocolo "Vencendo o Pânico" (Rangé, 2001 e 2008; Borba, 2011) e a experiência bem-sucedida dos pesquisadores com o uso das novas tecnologias da informação e da comunicação (TIC) para a disseminação deste conhecimento (Borba, 2005 e 2011).

Este projeto teve seu início em 1996, quando o protocolo cognitivo-comportamental "Vencendo o Pânico" começou a ser idealizado pelo professor Dr. Bernard Rangé (Rangé, 2000) para servir às regiões do país em que houvesse carência de informação acerca de um tratamento breve e eficaz para o transtorno de pânico e a agorafobia (ver Capítulo 17 sobre Transtorno de Pânico e Agorafobia). Em 1998, ele começou a ser testado por sua equipe de terapia cognitivo-comportamental na Divisão de Psicologia Aplicada (DPA) do Instituto de Psicologia (IP) da Universidade Federal do Rio de Janeiro (UFRJ). E, em 2008, já com evidências empíricas de sua efetividade, passou por uma revisão, sendo transformado no livro *Vencendo o Pânico – Manual do Terapeuta e do Cliente* (Rangé e Borba, 2008).

Tendo em vista avaliar o novo material didático e expandir seu uso, este continuou a ser administrado na DPA-IP-UFRJ, no período de 2009 à 2010, como parte das pesquisas "Vencendo o Pânico" (Rangé, 2000, 2001 e 2008) e "Treinamento Via Web de Psicólogos do Brasil no Protocolo de Tratamento Cognitivo-Comportamental 'Vencendo o Pânico': Retrospectivas, Perspectivas e Expectativas" (Borba, 2011). Esta última – motivada pela relevância que a educação a distância (EAD), com o apoio das tecnologias da informação e da comunicação (TIC), tem ocupado atualmente, assim como a experiência que os autores vêm adquirindo através de estudos pioneiros nesta área – será apresentada ao longo deste capítulo com foco sobre o seu estudo via *web*.

Certamente a evolução do pensamento científico sobre a percepção da relação sujeito-objeto de estudo tem revelado períodos em que o foco dessa relação está centrado: no sujeito (razão pura), na observação dos objetos tangíveis (mecânica newtoniana), nas observações prováveis dos objetos microscópicos (mecânica quântica) e, mais recentemente, há cerca de 60 anos, nas observações possíveis fora do equilíbrio de um sistema de muitos objetos (teoria da complexidade).

Neste último caso, as inovações conceituais têm provocado importantes consequências teóricas e práticas para a CTS (Ciência-Tecnologia-Sociedade). Por exemplo, de um lado, permitindo o desenvolvimento vertiginoso das tecnologias da informação e da comunicação e, de outro, a compreensão de que qualquer indivíduo pode ser fonte de conhecimento inovador em qualquer área, usando as informações *just in time* que as novas TIC disponibilizam, nas empresas, nas escolas, na bolsa de valores e na sociedade como um todo. Esta possibilidade, que desafia a autoridade do conhecimento consolidado, tem sido cunhada de "efeito borboleta" e, devido aos seus resultados, e não às causas, tem um papel globalizante.

Uma das possibilidades que as TIC oferecem é a chamada educação a distância (EAD). Esta já passou por muitas fases, entretanto, aquela que será abordada neste capítulo aproxima-se das características complexas do paradigma que a criou, surgida há pouco mais de 5 anos, no bojo da chamada *web* 2.0 (O'Reilly, 2007). Esta nova fase permite colocar os alunos como autores das ações de ensino-aprendizagem, deixando de serem estas uma exclusividade do professor ou da instituição de ensino. Propicia um processo de ensino-aprendizagem a distância, mais interativo e colaborativo, ainda que as ações continuem sendo orientadas pelo projeto pedagógico da escola e do professor (Elia, 2005 e 2007).

Nesta concepção de EAD/TIC *Web* 2.0, os alunos passam a dispor dos meios necessários sob a forma de serviços *web* para constituir, eles próprios, seu ambiente de comunicação no ciberespaço, para formar uma comunidade de aprendizagem interpessoal (Linkedln) ou de relacionamento social (Orkut, Facebook), ou, ainda, apenas para publicar seus textos (Blog), vídeos (YouTube) e opiniões (Twitter).

Dessa forma, o conhecimento é construído dinamicamente na interação entre os sujeitos que participam do processo, portanto, despojado de proprietários e com uma natureza integradora, formando um constructo cultural denominado por Lévy (2000) de inteligência coletiva, um todo maior que a soma das contribuições das inteligências individuais que constituem esse constructo.

Com esta concepção em mente, ofereceu-se em 2005 a "Disciplina *Online* de Terapia Cognitivo-Comportamental" (TCC) (Borba, 2005; Borba, Rangé e Elia, 2007, 2009), no curso de graduação do IP da UFRJ, como parte integrante do projeto de mestrado da autora[1] (Borba, 2005). Tratou-se de uma disciplina eletiva de TCC, oferecida totalmente a distância durante o primeiro semestre de 2005 e respaldada pela Portaria nº 4.059 (10/12/2004) do MEC. Foram voluntários apenas oito estudantes de Psicologia e estes realizaram seus estudos inteiramente através do computador e da internet, unindo-se ao grupo presencial apenas durante as provas de conhecimento para avaliação do seu aprendizado. Houve adesão de 100% dos alunos até a conclusão do período letivo e estes obtiveram excelentes resultados de aprendizagem, inclusive se comparados aos alunos que fizeram a disciplina presencialmente (Borba et al., 2007). Observou-se também elevado grau de satisfação com a experiência e desmistificação de preconceitos em relação a EAD/TIC, apontando para o seu uso enquanto uma alternativa efetiva de ensino-aprendizagem da TCC (Borba et al., 2009).

---

[1] Angélica Borba, autora da dissertação de mestrado "Disciplina online de Terapia Cognitivo-Comportamental (TCC): Expansão das Fronteiras da Formação em TCC através da Educação Online", em 2005, pelo Programa de Pós-Graduação em Psicologia do Instituto de Psicologia da UFRJ, orientada por Bernard Rangé (IP/UFRJ) e co-orientada por Marcos Elia (NCE/UFRJ).

Dessa forma, a expansão bem recebida dos modos de ensino-aprendizagem da TCC através da EAD em nível de graduação favoreceu a ideia de que o treinamento de profissionais também poderia revelar-se uma alternativa eficaz para a formação continuada de psicólogos distanciados geograficamente. Nesse sentido, a qualificação de profissionais a distância é incentivada e apoiada legalmente no Brasil pelo Decreto nº 5.622 (19/12/2005), que regulamenta o artigo 80 da Lei nº 9.394 (LDB-MEC, 20/12/96).

Portanto, já em nível de doutorado[2], os autores partiram da experiência adquirida com a disciplina de graduação *online*, e decidiram realizar uma nova pesquisa de treinamento via *web* de terapeutas cognitivo-comportamentais em serviço. Esta pretendeu consolidar os resultados dos 14 anos de investigações sobre o uso do protocolo "Vencendo o Pânico" na DPA-IP-UFRJ e expandir seus benefícios para um público ainda maior, subdividindo-se em três grandes estudos:

1. Retrospectivo: realizando uma pesquisa documental exploratória de corte transversal em prontuários de pacientes da DPA-IP-UFRJ, de 1996 à junho de 2009, para investigação do perfil da clientela com TP/AGO e da efetividade do protocolo "Vencendo o Pânico" neste período;

2. Atual: estudo do perfil da clientela com TP/AGO encaminhada para tratamento em grupo na pesquisa "Vencendo o Pânico" e da efetividade do protocolo "Vencendo o Pânico" revisado (livros), de julho de 2009 à julho de 2010, na DPA-IP-UFRJ;

3. Treinamento via web de psicólogos do Brasil no uso do protocolo "Vencendo o

Pânico": pesquisa quase-experimental para avaliação da efetividade dos procedimentos de treinamento via *web* dos terapeutas e de tratamento dos pacientes baseado no uso do protocolo revisado com uso dos livros e de vídeos.

Esta iniciativa de uso da TIC/EAD para o aperfeiçoamento da eficiência de terapeutas no uso de um protocolo específico de TCC revela-se pioneira, não tendo sido encontradas referências a este tipo de experimento internacionalmente. Entretanto, observa-se uma grande quantidade de artigos que apontam a *web* enquanto um meio eficaz de se realizar psicoterapia a distância. Dentre estes estudos, são muito frequentes aqueles que adotam a TCC enquanto abordagem psicoterapêutica da terapia *online* para tratar os transtornos de ansiedade, de humor, dor crônica, etc., num público alvo de adultos, crianças, adolescentes e suas famílias (Murphy, Parnass, Mitchell, Hallett, Cayley e Seagram, 2009). Esta prática já é utilizada há mais de 10 anos por diversos países do mundo, dentre eles: a Suécia (Andersson, 2009); a Inglaterra (Long e Palermo, 2009); a Holanda (Cuijpers, Marks, Straten, Cavanagh, Gega e Andersson, 2009); a Austrália (Kiropoulos, Klein, Austin, Gilson, Pier, Mitchell e Ciechomski, 2008; March, Hons, Spence e Donovan, 2009); o Canadá (Bouchard, Payeur, Rivard, Allard, Paquin, Renaud e Goyer, 2000) etc.

No Brasil, a terapia *online* somente foi autorizada pelo Conselho Federal de Psicologia (CFP) em dezembro de 2005, através da Resolução 012/2005, que "regulamenta o atendimento psicoterápico e outros serviços mediados pelo computador". O CFP diferenciou dois tipos de atendimento via *web*:

1. aconselhamento ou orientação *online*, que pode ser realizado por psicólogos ou clínicas particulares, mas com um número limitado de sessões a ser definido pelo CFP;

2. psicoterapia via *web* ou terapia *online*, que pode acontecer em um número maior de sessões, mas apenas em caráter de pesqui-

---

[2] Angélica Borba, autora da tese "Treinamento Via *Web* de Psicólogos do Brasil no Protocolo de Tratamento Cognitivo-Comportamental 'Vencendo o Pânico': Retrospectivas, Perspectivas e Expectativas" (2011), Programa de Pós-Graduação em Psicologia, Instituto de Psicologia, UFRJ, orientada por Bernard Rangé (IP/UFRJ) e co-orientada por Marcos Elia (iNCE/UFRJ) e Rodolfo Ribas (IP/UFRJ).

sa (Prado e Meyer, 2006), sem fins lucrativos, a fim de comprovar a eficácia deste tipo de procedimento. Em ambos os casos, revela-se imprescindível que o psicólogo solicite a avaliação e a autorização de sua proposta junto ao CFP para que receba um selo e possa realizar a prática.

Certamente, ainda existem muitos mitos e inseguranças acerca do uso da TIC para o treinamento a distância de profissionais de saúde e para a psicoterapia *online* de pacientes; entretanto, não se pode mais desprezar os benefícios advindos do uso da *web* enquanto meio de formação e/ou de tratamento. Cada vez mais, universalizam-se as tecnologias e surgem demandas sociais pelo seu uso, para suprir necessidades tanto de conhecimento quanto de aumento da qualidade de vida da população. Mais do que tecnologias para se temer ou rejeitar, são ferramentas que devem ter o seu uso investigado, avaliado e aferido a fim de ser legitimado e tornado acessível a uma parcela da sociedade que não encontraria o suporte de que precisa de outra forma.

Neste capítulo, será possível visualizar um exemplo bem-sucedido e fundamentado do uso do computador, da internet e de outros recursos virtuais como meios educacionais para o treinamento de psicólogos no uso específico do protocolo "Vencendo o Pânico". Será possível observar desde a parte de construção do curso até a sua execução, assim como os seus principais resultados, tanto relacionados ao treinamento dos terapeutas quanto ao tratamento dos seus respectivos pacientes.

TREINAMENTO VIA *WEB* DE TERAPEUTAS NO PROTOCOLO "VENCENDO O PÂNICO": UM RELATO DE EXPERIÊNCIA

O Treinamento via *Web* de Terapeutas do Brasil no Protocolo "Vencendo o Pânico" foi projetado com o intuito de expandir diretamente o conhecimento de uma forma de tratamento breve e eficaz para o transtorno de pânico e a agorafobia aos profissionais interessados e, simultaneamente, mas indiretamente, avaliar a efetividade do protocolo revisado junto aos seus respectivos pacientes. Partiu-se da premissa de que, através de um treinamento teórico-prático via *web* de terapeutas, seria possível transpor as barreiras espaco-temporais e potencializar o aprendizado dos terapeutas acerca do uso do protocolo, tornando-se estes multiplicadores deste tratamento específico em suas localidades. Ainda prevê-se que o gradativo suprimento desta carência de conhecimento e saúde nas regiões do país em que se façam necessários, até as mais afastadas, poderá contribuir para a redução deste transtorno na população e abreviar o seu sofrimento.

O treinamento como um todo foi estruturado em três grandes momentos que envolveram um conjunto de nove ações sequenciais. Esta estrutura está relacionada na rede sistêmica da Figura 48.1 e será apresentada em seguida.

Pré-planejamento

1. Divulgação

No início de 2007, a pesquisa Treinamento via *Web* no Protocolo "Vencendo o Pânico" começou a ser divulgada para psicólogos de todo o país em congressos, seminários, cursos de formação e aulas de pós-graduação em TCC. Em cada oportunidade foram registrados os contatos daqueles que manifestaram interesse em participar e, em cerca de dois anos e meio, produziu-se uma lista de conveniência com 445 psicoterapeutas das cinco regiões do Brasil e da maioria dos estados brasileiros.

Em outubro de 2009, estes terapeutas receberam uma mala direta contendo um texto oficial de divulgação da pesquisa e foram chamados à efetiva participação. O documento enviado discorria sobre três etapas de participação:

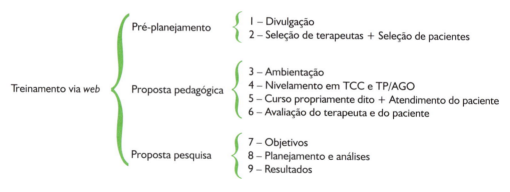

FIGURA 48.1

Rede sistêmica da estrutura geral do treinamento via *web*.

1. seleção dos terapeutas;
2. seleção dos pacientes;
3. treinamento via *web* no protocolo "Vencendo o Pânico".

Cada uma destas etapas continha um conjunto de pré-requisitos (num total de 27) que deveriam ser cumpridos pelo terapeuta até a finalização de sua participação na pesquisa.

2. Seleção de Terapeutas (Seleção de Pacientes)

O texto da mala direta possuía, dentre outras informações, o *link* "Instruções para Preenchimento do Questionário de Perfil", dando acesso ao questionário de "Perfil do Terapeuta" que deveria ser preenchido eletronicamente, caso o terapeuta estivesse certo de seu interesse, sua disponibilidade e sua concordância em participar, o que não excluía a possibilidade de sua desistência por qualquer motivo e em qualquer momento.

O psicólogo precisava residir em um município do Brasil, ser registrado no Conselho Regional de Psicologia (CRP) de seu Estado e atuar como terapeuta cognitivo-comportamental há pelo menos dois anos pós-formado. Além disso, deveria ter acesso a computador e a internet banda larga em casa e/ou no trabalho, possuir noções básicas de editores de texto e do navegador *Internet Explorer* (ou similar) e assinar um termo de compromisso com a pesquisa.

Neste mesmo período, foi necessário confirmar os dados fornecidos no questionário "Perfil do Terapeuta" através do envio de um *e-mail* aos pesquisadores com os seus respectivos documentos comprobatórios digitalizados em arquivos do tipo pdf, dentre eles:

1. o Termo de Compromisso declarando sua ciência e acordo com os termos da pesquisa, assim como a permissão para utilização dos seus dados quantitativamente para fins de publicações científicas;
2. certificado de registro no CRP com foto;
3. diplomas de formação em psicologia, certificados ou declarações de estágio, pós-graduação, cursos e congressos;
4. carta de outro profissional confirmando uma experiência mínima de dois anos em TCC.

Todos os terapeutas que atenderam aos requisitos desta etapa seletiva receberam via *e-mail* documentos para a seleção do(s) seu(s) futuro(s) paciente(s).

Esta próxima fase envolveu um treinamento do terapeuta na administração de entrevistas clínicas estruturadas para a correta avaliação diagnóstica de transtornos do Eixo I (Mini-International Neuropsychiatric

Interview – Brazilian Version 5.0.0 – MINI--V, Amorim, 2000) e do Eixo II (Entrevista Clínica Estruturada para Transtornos de Personalidade – SCID-II, Melo e Rangé, 2010) do DSM-IV. Neste sentido, além das entrevistas e de suas respectivas folhas de respostas eletrônicas, ele recebeu dois tutoriais passo a passo, um no formato de texto e outro, de vídeo, acerca de como utilizá--las. Também foi orientado a testá-las previamente, em caráter de ambientação, com alguma(s) pessoa(s) que as consentissem (amigo, familiar ou colega psicólogo), podendo esclarecer suas dúvidas com os pesquisadores através de contatos por *e-mail*.

Logo a seguir, foi solicitado que os terapeutas fizessem um recrutamento de indivíduos com suspeita de TP/AGO, capazes de ler e escrever, e residentes em algum município brasileiro. Estes foram informados sobre a pesquisa e assinaram um termo de consentimento livre e esclarecido (TCLE), declarando concordância com suas cláusulas. As entrevistas clínicas foram utilizadas para selecionar um ou dois pacientes com TP/AGO, sem comorbidade com risco de suicídio, abuso e dependência de substâncias, esquizofrenia e transtornos de personalidade. Os pacientes selecionados tiveram sua identidade conhecida apenas por seus próprios psicoterapeutas, os quais não a revelaram à equipe de pesquisadores e nem aos outros terapeutas participantes da pesquisa. Neste momento, os terapeutas estavam aptos a participarem do treinamento via *web* e cumprirem os requisitos específicos desta próxima fase, conforme será descrito a seguir.

Considerando-se o tempo transcorrido entre a primeira divulgação da pesquisa e a comunicação oficial sobre o seu início, assim como a quantidade e a complexidade dos pré-requisitos necessários para se candidatar, é provável que estes fatores tenham influenciado o número potencial de candidatos aptos e dispostos a enfrentar tantas exigências. De fato, dos 445 terapeutas interessados de todo o Brasil, apenas 41 preencheram o questionário de perfil eletrônico, 31 enviaram seus documentos completos e 20 selecionaram pacientes com o perfil da pesquisa, preenchendo os pré-requisitos estabelecidos. Sendo assim, das 100 vagas inicialmente ofertadas para terapeutas (podendo cada um destes atender de um a dois clientes), ao final da segunda etapa seletiva, foram selecionados apenas 20 terapeutas que localizaram ao todo 28 pacientes com o perfil da pesquisa.

Proposta pedagógica

As instâncias acadêmicas participantes da etapa de treinamento propriamente dito foram o Programa de Pós-Graduação em Psicologia (PPGP) do Instituto de Psicologia (IP), o Grupo de Informática Aplicada à Educação (GINAPE) do Instituto Tércio Pacitti de Aplicações e Pesquisas Computacionais (iNCE) e a Central de Produção Multimídia (CPM) da Escola de Comunicação (ECO), sendo todas as três da UFRJ. Este *know how* da equipe que integrou diferentes áreas do conhecimento – Psicologia Clínica, Informática, Educação e Comunicação – foi essencial para que o protocolo "Vencendo o Pânico" pudesse expressar-se através de uma EAD com qualidade e de recursos multimídia capazes de favorecer o processo de ensino--aprendizagem a distância.

A proposta pedagógica do treinamento via *web* no protocolo "Vencendo o Pânico" foi realizada inteiramente a distância, via computador e internet, perfazendo no mínimo 144 horas de estudos empregados pelos terapeutas ao curso e à pesquisa. Teve os livros "Vencendo o Pânico" como material didático de base e foi ministrada no ambiente virtual de aprendizagem denominado "Curso 0185: Treinamento via *Web* no Protocolo Vencendo o Pânico", hospedado na Plataforma Educacional Pii (http://pii. nce.ufrj.br) do iNCE-UFRJ (Elia e Ferrentini, 2001). A escolha desta plataforma deveu-se, sobretudo, à facilidade de desenvolvimento e/ou adaptação de novos recursos que se fizessem necessários à proposta do curso.

Foram utilizados recursos multimídia (Atividades Didáticas sequenciais com

Apresentação e Guia de Estudo sobre a agenda de cada sessão do protocolo e vídeo "Vencendo o Pânico") e serviços de comunicação (*e-mail*, fórum de discussão e *chat* de supervisão). A Figura 48.2 ilustra uma página típica do curso no ambiente Pii com seu *menu* de serviços e recursos na lateral esquerda e a "Apresentação" da Atividade Didática de TCC selecionada ao centro.

Preconizou-se e sustentou-se o caráter colaborativo ao longo de todo o treinamento, que não intencionou apenas transmitir um conhecimento, mas sim construí-lo a partir da interação entre várias forças: o protocolo "Vencendo o Pânico" (conhecimento específico); a *web* (meio de interação); o professor e a equipe de pesquisadores (experiência clínica, tecnológica e educacional); os terapeutas (aprendizes com recursos exclusivos de formação e práticas em psicologia); os pacientes (sujeitos da pesquisa); e a capacidade de troca direta ou indireta entre todos.

A Figura 48.3 mostra esquematicamente a configuração pedagógica que se procurou estabelecer durante o treinamento *web* entre todas as *personas* envolvidas: pesquisadores-professores, terapeutas, pacientes, familiares e a sociedade em geral. Note-se que a inclusão dos pacientes indica que o treinamento profissional está focado no desenvolvimento de competências (saber fazer) diante de situações reais e contextualizadas.

3. Ambientação

Os terapeutas selecionados responderam a um teste de conhecimento em TCC para o TP/AGO antes de serem recomendados à leitura dos livros. Em seguida, receberam um "Manual do Aprendiz" para orientarem-se quanto ao uso da Pii e terem bem clara a rotina semanal de atividades. Eles tive-

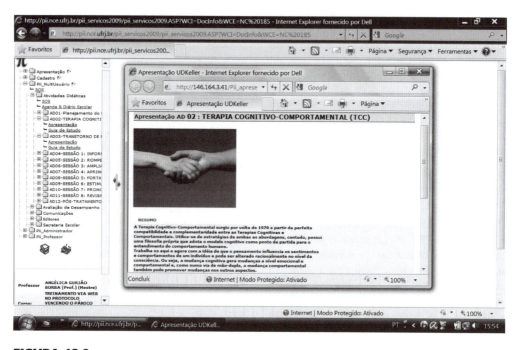

FIGURA 48.2

Ambiente Virtual de Aprendizagem do Curso 0185.

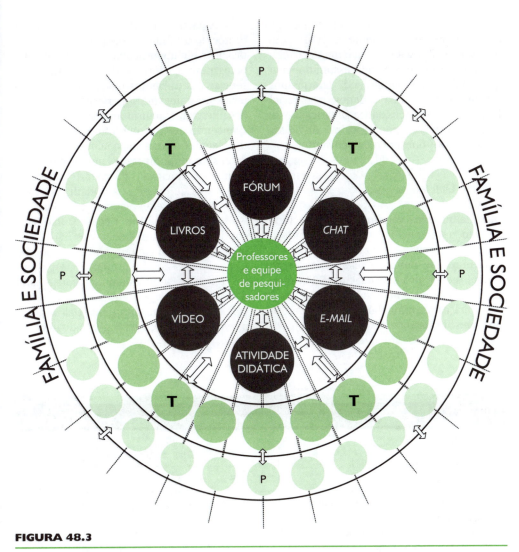

FIGURA 48.3

Configuração pedagógica do treinamento *web*.

ram uma semana para realizar sua inscrição no curso "0185 – Treinamento via *Web* no Protocolo Vencendo o Pânico" e, logo após, mais uma semana para ambientarem-se ao AVA do curso (Sala de aula virtual: http://pii.nce.ufrj.br/Pii2009/Projeto185/Ud1/rdida1.htm) e aos seus respectivos serviços de Secretaria, Atividade Didática, Comunicações e Pesquisa. Neste momento, foram convidados a preencher um Questionário de Estilos de Aprendizagem (Felder e Silverman, 1988) e, após já terem lido os livros, realizaram o segundo teste de conhecimento em TCC para o TP/AGO.

4. Nivelamento

Após a ambientação, os terapeutas tiveram duas semanas para iniciar o seu trabalho com o conteúdo do curso, já seguindo uma rotina semanal de atividades pré-estabelecidas, homogeneizando-se o conhecimento do grupo, primeiramente sobre a TCC e depois sobre o TP/AGO, paralelamente ao uso dos recursos do AVA. Sendo assim, houve a oportunidade de compreenderem melhor a rotina semanal de atividades, o material didático (livros e Atividades Didáticas) e os recursos virtuais (*e-mail*, fórum, *chat*) a serem utilizados durante o curso *web*.

5. Curso Online

Antes de iniciarem o treinamento específico nas oito sessões do protocolo "Vencendo o Pânico", os terapeutas foram orientados a realizar uma sessão presencial de avaliação da intensidade dos sintomas de TP/AGO e do funcionamento dos seus pacientes, através de 11 escalas já validadas na literatura para este fim (Rangé, 2008).

A partir daí, trilhou-se a estrutura do protocolo durante oito semanas ininterruptas de treinamento *online* dos terapeutas pelos pesquisadores e de tratamento presencial dos pacientes pelos terapeutas. Os terapeutas foram supervisionados pelos pesquisadores quanto ao uso do protocolo "Vencendo o Pânico" junto aos seus clientes, seguindo uma mesma rotina semanal de ensino-aprendizagem e atendimento clínico que se iniciava toda sexta-feira e se encerrava às quintas-feiras (Quadro 48.1). A cada semana, sequencialmente, abordava-se uma Atividade Didática do Curso 0185 contido na Pii e um trecho dos livros, correspondentes ao conteúdo integral de apenas uma sessão do protocolo "Vencendo o Pânico". Paralelamente, ocorria uma discussão assíncrona entre todos os participantes no fórum do curso (*Debyte*), que permitia uma troca abrangente de informa-

| QUADRO 48.1 | ROTINA SEMANAL DE ATIVIDADES DO CURSO WEB |

Recursos/Atividades	Dias da Semana						
	6ª	Sáb	Dom	2ª	3ª	4ª	5ª
1. AVA: Lançamento do conteúdo da semana com Guia de Estudo e outros materiais para estudo (por exemplo, vídeo).	X	X	X	X	X	X	X
2. *Debyte*: Início da discussão no fórum sobre o conteúdo. Dúvidas são levantadas pelos terapeutas e esclarecidas pelos pesquisadores em relação ao conteúdo e aos atendimentos.	X	X	X	X	X	X	
3. Terapeutas realizam atendimento de até duas horas ao seu cliente em seu consultório.	X	X	X	X	X	X	X
4. Hiperdiálogo – *chat* para discutir dúvidas pós-atendimento com cada grupo de 10 psicólogos (dois horários de supervisão clínica: às 13h e às 19h)							X

ções e experiências acerca do tema em pauta. Neste meio tempo, o terapeuta deveria realizar o atendimento psicoterapêutico de seu(s) cliente(s) no seu consultório particular, em uma única sessão de até duas horas. Para concluir as atividades de cada semana, sempre às quintas-feiras, às 13 ou 19 horas, um grupo fixo de dez terapeutas reunia-se sincronicamente durante duas horas com o professor em um *chat* textual obrigatório (Hiperdiálogo), a fim de obter supervisão clínica aos seus atendimentos e esclarecer quaisquer dúvidas restantes coletivamente.

Além dos recursos didáticos supracitados, também foram utilizados materiais de livre consulta, tais como o vídeo "Vencendo o Pânico" (desenvolvido em parceria com a CPM-ECO, especialmente para fins deste treinamento *web*: *link* para o vídeo em http://tv.ufrj.br/nce/vencendo_o_panico.wmv) e o banco de informações gerado no decorrer do curso (produto das discussões dos fóruns e *chats*).

Ao final da sétima sessão de tratamento, os terapeutas entregaram aos seus pacientes as 11 escalas para avaliação da intensidade dos seus sintomas do TP/AGO e do seu funcionamento, recolhendo-as no início da oitava sessão, quando também pediram ao seu cliente que respondesse um Questionário de Avaliação do Tratamento. Além disso, os próprios terapeutas tiveram a incumbência de realizar o terceiro teste de conhecimento em TCC para o TP/AGO e preencher um Questionário de Avaliação do Treinamento. O Quadro 48.2 apresenta o cronograma relativo ao programa de treinamento dos terapeutas e de tratamento dos seus clientes ao longo do curso *web*.

6. Avaliação dos terapeutas e pacientes

Essa pesquisa foi aprovada pelo Protocolo nº 098/2010 do Comitê de Ética em Pesquisa da Escola de Enfermagem Ana Nery (EEAN) do Hospital Escola São Francisco (HESSF) da Universidade Federal do Rio de Janeiro.

Tanto os terapeutas quanto os seus respectivos pacientes foram avaliados segundo indicadores de *perfil ou desempenho* (no treinamento ou no tratamento, conforme o caso) e *opinião/atitude* sobre os diversos aspectos envolvidos ao longo do curso *web*. Alguns desses indicadores, sobretudo aqueles relacionados aos pacientes, estão validados na literatura; mas outros, considerando-se o fato de terem sido concebidos e aplicados apenas neste trabalho, necessitaram de um estudo de validação com enfoque de pesquisa. Sendo assim, decidiu-se que todo o processo avaliativo dos terapeutas e pacientes do curso *web*, juntamente com a avaliação dos seus objetivos e questões de estudo decorrentes, fosse tratado em uma etapa à parte com características de pesquisa, cujas ações, indicadores, instrumentos e análises serão descritos sucintamente a seguir.

Proposta de pesquisa

A. Objetivos

A pesquisa feita sobre o curso *online* teve dois objetivos principais que serão aqui abordados:

1. avaliar teoricamente o conhecimento dos terapeutas sobre a TCC para o TP/AGO através de testes de conhecimento antes e depois da leitura dos livros e do treinamento via *web*;
2. verificar a efetividade do protocolo "Vencendo o Pânico" através dos pré e pós-testes administrados aos pacientes antes e depois do tratamento.

B. Planejamento e Análises

Houve uma preocupação de investigar o perfil de entrada dos terapeutas e dos pacientes, suas ações efetuadas ao longo do processo e a forma como cada um percebeu o efeito da intervenção sobre si. Portanto, o desenho desta pesquisa previu três formas distintas de avaliação do treinamento atra-

QUADRO 48.2 PROGRAMA DE TREINAMENTO DOS TERAPEUTAS E DE TRATAMENTO DOS PACIENTES

Semanas	Programa de treinamento dos terapeutas (12 semanas)	Tratamento dos clientes (8 semanas)
Semana 1	Ambientação no AVA e no uso de seus recursos com base no "Manual do Aprendiz". Realização do 2º teste de conhecimento	–
Semana 2	Terapia cognitivo-comportamental	–
Semana 3	Transtorno de pânico e agorafobia e Entrega dos pré-testes para o cliente	Sessão de pré-testes
Semana 4	1a Sessão Protocolo e recolhimento dos pré-testes	1a sessão + Devolução dos pré-testes para o terapeuta
Semana 5	2ª Sessão protocolo	2ª sessão
Semana 6	3ª Sessão protocolo	3ª sessão
Semana 7	4ª Sessão protocolo	4ª sessão
Semana 8	5ª Sessão protocolo	5ª sessão
Semana 9	6ª Sessão protocolo	6ª sessão
Semana 10	7ª Sessão protocolo Entrega dos pós-testes para o cliente	7ª sessão pós-testes para casa
Semana 11	8ª Sessão protocolo Recolhimento dos pós-testes	8ª sessão + devolução dos pós- testes para o terapeuta
Semana 12	Computação dos resultados de pré e pós-testes dos clientes e devolução destes para os pesquisadores. Realização do 3º teste de conhecimento e preenchimento do Questionário de Avaliação do Curso.	–

vés do terapeuta e do tratamento através do paciente que incluíram instrumentos, procedimentos e análises específicas sobre três variáveis: perfil, desempenho e opinião/atitude. Sendo assim, foram planejados os seguintes instrumentos para cada ator em cada momento da pesquisa (Quadro 48.3).

QUADRO 48.3	INSTRUMENTOS DA PESQUISA RELATIVOS AOS ATORES E AOS PERÍODOS DO TREINAMENTO WEB	
Ator / **Período**	**Terapeuta**	**Paciente**
Início do curso	• Questionário de perfil • Questionário de Estilos de Aprendizagem • 1º Teste de conhecimento em TCC para TP/AGO	• Entrevista inicial • MINI-V (Transtornos do Eixo I) • SCID-II (Transtornos do Eixo-II) • Questionário de Perfil • *Pré-testes: 11 escalas para avaliação da intensidade dos sintomas relacionados ao TP/AGO
Ao longo do curso	• 2º Teste de conhecimento em TCC para TP/AGO pós-leitura do livro/antes do treinamento • Cumprimento da rotina semanal (Estudo e Debate) • Quantidade de Mensagens por e-mail, no chat e no fórum • Log de acesso ao AVA	• Frequência às sessões de tratamento
No final do curso	• 3º Teste de conhecimento em TCC para TP/AGO pós-treinamento • Questionário de Avaliação do Treinamento • Duração média das sessões de atendimento	• *Pós-teste: 11 escalas para avaliação da intensidade dos sintomas relacionados ao TP/AGO • Questionário de Avaliação do Tratamento

*1. Inventário de Ansiedade (IA – Greenberger e Padesky, 1999); 2. Inventário de Depressão (ID – Greenberger e Padesky, 1999); 3. Escala para Pânico e Agorafobia (EPA – Bandelow, 1992; tradução de Lotufo, 1995; Ito e Ramos, 1998); 4. Questionário de Crenças sobre o Pânico (QCP – Scott, Mark, Williams e Beck, 1994); 5. Escala de Sensações Corporais (ESC – Chambless, Caputo, Bright e Gallagher, 1985); 6. Escala de Cognições Agorafóbicas (ECA – Chambless, Caputo, Bright e Gallagher, 1984); 7. Inventário de Mobilidade (IM – Chambless, Caputo, Jasin, Gracey e Williams, 1985); 8. SWB-PANAS (Watson, Clark e Tellegen, 1988); 9. Escala de Assertividade Rathus (Pasquali e Gouveia, 1990); 10. SF-36 – Questionário de Qualidade de Vida (versão brasileira – Cicconelli, Ferraz, Santos, Meinão e Quaresma, 1999); 11. Escala Brasileira de Assertividade (Ayres e Ferreira, 1995). As respostas originais dos pacientes foram transcritas pelos terapeutas para formulários eletrônicos correspondentes e devolvidos aos pesquisadores via e-mail. Além disso, cada escala também produziu um escore final resultante do uso de um "Manual de Correções das Escalas" pelo terapeuta.

Quanto às análises dos dados produzidos pelos atores ao longo da pesquisa, optou-se por realizar as seguintes: descritiva de perfil; de consistência interna dos instrumentos que possuíam vários itens; de significância das diferenças entre os pré e pós-testes; de conteúdo sobre as respostas discursivas; de quantidade de participação.

No que diz respeito à análise descritiva de perfil dos pacientes, foram consideradas variáveis demográficas (sexo, faixa etária, formação, ocupação, encaminhamento, cidade de residência) e clínicas (diagnóstico de TP/AGO, frequência de ataques de pânico no último mês, idade do primeiro ataque de pânico, início do TP e/ou AGO, frequência de idas às emergências por conta de ataques de pânico, comorbidades, evitações e prejuízos acarretados, medicações utilizadas e exames médicos realizados até o período da triagem). O mesmo tipo de análise ainda será feito com os dados de perfil dos terapeutas relacionados às variáveis de formação em TCC e pré-conhecimento em EAD. Todavia, visando complementar o entendimento sobre estes últimos, foram mensurados os seus estilos de aprendizagem e o tempo médio das sessões realizadas.

No que diz respeito ao estudo de efetividade do protocolo "Vencendo o Pânico", assim como foi feito nos estudos Retrospectivo e Atual, realizou-se uma comparação entre os resultados do pré e do pós-teste relativos às 11 escalas para avaliação da intensidade dos sintomas de TP/AGO e do funcionamento dos pacientes. Utilizou-se o *t-test* para amostras pareadas a fim de se observar o nível de significância dos ganhos com o tratamento. A mesma análise estatística foi aplicada aos três testes de conhecimento de TCC para TP/AGO realizados pelo terapeuta:

1. pré-leitura dos livros;
2. pós-leitura;
3. pós-treinamento via *web*.

Optou-se também por fazer um estudo de consistência interna dos instrumentos que possuíam um conjunto de várias questões através do coeficiente de fidedignidade Alfa de Cronbach. Isso se aplicou tanto às 11 escalas preenchidas pelos pacientes quanto ao Questionário de Avaliação do Treinamento respondido pelo terapeuta. Estas análises foram concretizadas através do pacote estatístico SPSS (Statistical Package for Social Sciences).

Também foi estabelecida uma análise de conteúdo das respostas discursivas dos pacientes ao Questionário de Avaliação do Tratamento e o mesmo ainda se pretende fazer com as mensagens enviadas pelos terapeutas ao longo do treinamento *web*. Entretanto, já foi mensurado o número de acessos dos terapeutas ao *log* do curso e de envio de mensagens através dos recursos de comunicação (*e-mail*, fórum e *chat*), intencionando-se quantificar sua participação.

Através das análises de conteúdo e descritiva dos instrumentos dos pacientes, pretendeu-se comparar:

1. os prejuízos ocasionados pelos transtornos e destacados pelos próprios pacientes antes de iniciarem o tratamento;
2. os efeitos percebidos por eles após terem concluído as oito sessões do protocolo "Vencendo o Pânico".

C. Resultados

Terapeutas

Os 20 terapeutas que iniciaram o treinamento o concluíram com sucesso, sendo 85% mulheres e 15% homens, entre 27 e 54 anos, atuantes em TCC há pelo menos dois anos, habitantes de quatro regiões do país (Norte, Nordeste, Sudeste e Sul) em seus respectivos estados brasileiros (Amazonas/Alagoas/ Minas Gerais; Rio de Janeiro; São Paulo/ Paraná; Santa Catarina). O resultado médio do "Questionário de Estilos de Aprendizagem" apontou para um grupo muito sensorial e moderadamente global, estando equilibrados os estilos ativo-reflexivo e visual-verbal por toda a amostra. Isso significa que eles são mais orientados para fatos, sensações físicas e procedimentos, e revelam-se pensadores mais holísticos, capazes de aprender em grandes saltos e absorver um material de maneira aleatória, a princípio sem ver conexões, mas, de repente, podendo vê-las surgir num quadro como um todo. Cada um dos 20 terapeutas realizou o atendimento de um ou dois clientes em oito sessões individuais de aproximadamente 96 minutos cada, concluindo o protocolo "Vencendo o Pânico" em 768 minutos, ou seja, 12 horas e 48 minutos de tratamento em média (tempo este correspondente ao inicialmente proposto pelo protocolo, que seria de uma hora e meia para sessões individuais, chegando até duas horas para sessões em grupo, totalizando 12 e 16 horas respectivamente no caso de oito sessões).

Com relação ao estudo de efetividade do treinamento via *web*, os testes de conhecimento (Pré-Teste, Pós-Livro e Pós-Treinamento) em TCC para TP/AGO tinham em comum cinco questões semiabertas respondidas em uma escala de intensidade do tipo Likert de um a quatro. A correção foi feita a partir de uma grade elaborada pelos professores-autores do protocolo utilizado no curso. Esta grade foi então discutida em uma única sessão com três avaliadores selecionados para corrigir os testes, inclusive utilizando-se alguns testes respondidos como exemplos. Findo este curto treinamento, os três avaliadores corrigiram de uma só vez todas as questões dos três testes respondidos pelos 20 terapeutas. A consistência das respostas dadas pelos terapeutas às questões dos testes tomadas em conjunto resultou em um coeficiente alfa = 0,49, valor muito baixo que não recomenda que sejam considerados somente os valores médios sobre todas as questões para representar o conhecimento dos alunos, mas também que deve ser verificado o conhecimento dos terapeutas em cada questão separadamente. Tendo como objetivo avaliar o ganho em conhecimento entre as fases do curso, os testes pós-leitura e pós-treinamento tiveram suas questões corrigidas de três maneiras[3], tendo sido utilizada a estatística t de Student ao nível de 5% (unilateral). A Tabela 48.1 mos-

tra os resultados médios obtidos para todos os 20 terapeutas no pré-teste. Como se vê, os terapeutas apresentaram inicialmente um conhecimento mediano na Q2, Q3 e Q4, superior na Q1 ("De que forma a Terapia Cognitivo-Comportamental (TCC) trabalha para mudar os pensamentos, sentimentos e comportamentos disfuncionais do paciente?") e inferior na Q5 ("Como se justifica o esforço de tentar a reestruturação existencial na vida do paciente com Transtorno de Pânico e ou Agorafobia?").

A Tabela 48.2 resume os resultados obtidos quando utilizamos os Métodos 1, 2 e 3 descritos na nota de rodapé para analisar os ganhos entre todas as fases sequenciais do curso, os quais refletem diferentes focos de observação. Pode-se notar que todos apontam para ganhos significativos em todas as fases, sendo que os conhecimentos teóricos alcançados através da leitura do livro tiveram um impacto ligeiramente maior sobre os ganhos do que a sua aplicação através das oito sessões práticas. Isso pode significar apenas que, na medida em que se ganha conhecimento, fica mais difícil ganhar mais; ou ainda, que um teste de desempenho, ao invés do teste de conhecimento, seria o instrumento mais adequado para mensurar habilidades práticas adquiridas após o treinamento *web*. Nota-se também que os ganhos estão homogeneamente distribuídos por quase todos os terapeutas, não se concentrando apenas em alguns.

Quanto ao Questionário de Avaliação do Treinamento respondido pelo terapeuta, este buscou avaliar três grandes dimensões

---

[3] Primeira, dicotomicamente (Sim/Não), comparando questão por questão e indicando se na opinião dos avaliadores "houve (Sim)" ou "não houve (Não)" ganho no conhecimento do terapeuta entre as duas testagens.

Segunda, semelhante à anterior, mas solicitando a cada avaliador que olhasse como um todo para as respostas dadas por cada terapeuta nas duas testagens e indicasse o ganho (Sim/Não).

Terceira, solicitando que cada avaliador indicasse o conhecimento médio alcançado pelos terapeutas no Pós-Livro, em uma escala Likert de intensidade 1 a 4.

TABELA 48.1
Resultados médios obtidos por todos os terapeutas no pré-teste

Terapeutas	Q1	Q2	Q3	Q4	Q5	Pré-teste
	3,4	2,7	2,6	2,2	1,4	2,435

TABELA 48.2
Métodos de análise para avaliar a efetividade do treinamento *web* através dos testes de TCC para o TP/AGO

Fases	Método	Foco de observação	Ganhos
Entre	1	Questões	5 em 5[*]
Pré-teste e	2	Terapeutas	17 em 20
Pós-livro	3	Questões e Terapeutas	$P < 0,05$[*]
Entre	1	Questões	3 em 5
Pós-livro e	2	Terapeutas	18 em 20
Pós-protocolo	3	Questões e Terapeutas	$P < 0,05$[*]
Entre	1	Questões	5 em 5[*]
Pré-teste e	2	Terapeutas	19 em 20
Pós-protocolo	3	Questões e Terapeutas	$P < 0,05$[*]

[*] Estatisticamente significativo ao nível $p = 5\%$ unilateral.

(pesquisa, curso e atores) distribuídas entre 96 questões do tipo Likert (0 = Discordo Totalmente; 1 = Discordo; 2 = Concordo; 3 = Concordo Totalmente), apenas de polaridade positiva (quanto maior o grau atribuído a uma questão, maior a satisfação do terapeuta; quanto menor o grau, menor a satisfação). Seus resultados apontaram para uma satisfação de 2,7, 2,6 e 2,9, respectivamente, para cada uma dessas dimensões, indicando satisfação em um nível de concordância elevado, ou seja, próximo do "concordo totalmente".

Observou-se que, do total de 2881 mensagens enviadas pela equipe de pesquisadores durante as 3 fases da pesquisa, o maior número ocorreu durante a fase de divulgação da pesquisa aos 445 terapeutas,

seleção destes e de seus pacientes com 2.241 mensagens, seguido da fase de treinamento *web* propriamente dito com 428 mensagens e da fase pós-treinamento com 212 mensagens (praticamente metade das mensagens trocadas durante o treinamento). Já com relação às mensagens enviadas pelos terapeutas (e recebidas pelos pesquisadores), estas totalizaram 1.268, um pouco menos da metade das mensagens enviadas pelos pesquisadores, havendo uma ocorrência maior durante a fase do treinamento propriamente dito, com 701 mensagens, seguida da fase de seleção do terapeuta e do paciente com 370 e, por fim, da fase de pós-tratamento com 197 mensagens trocadas.

Quanto aos recursos de comunicação do curso "0185 – Treinamento Via *Web* no

Protocolo 'Vencendo o Pânico'", foram mais acessadas:

1. as Atividades Didáticas (AD), com um total de 386 acessos por todos os participantes, havendo uma média de 32 acessos por AD e de 19 acessos por participante ao longo de todo o curso;
2. o *Debyte* (fórum de discussão), com um total de 708 mensagens trocadas ao longo de 16 fóruns, havendo uma troca de 44 mensagens por fórum e de 25 mensagens por terapeuta ao longo do curso;
3. o Hiperdiálogo (*chat*), com um total de 7000 mensagens trocadas, cerca de 300 à cada *chat* com 11 participantes (10 terapeutas e um professor-pesquisador), um às 13 horas e outro às 19 horas ao longo de praticamente 12 semanas.

Pacientes

Dos 28 pacientes selecionados para participar da pesquisa, 26 concluíram o tratamento (93%). Quanto à análise descritiva do seu perfil, revelou-se: 81% mulheres e 19% homens; residentes nos mesmos estados e municípios dos seus terapeutas; com idades variando entre 19 e 67 anos no momento da triagem e média de idade de procura pelo atendimento por volta dos 37 anos. A maioria deles se encontrava no ensino superior (62%) e no ensino médio (31%) e observou-se maior frequência de ocupação na primeira (35%, p.ex., profissionais não qualificados informais), na sexta (31%, p.ex., profissionais técnicos) e na nona categoria profissional (19%, p.ex., profissionais liberais) (Ribas, Seidl de Moura, Gomes, Soares e Bornstein, 2003). Eles vieram encaminhados principalmente de seus médicos (62%) e de psicólogos (19%). O TP com a AGO estiveram presentes na maioria dos casos 85%, restando 15% para o TP somente. Até o momento da triagem, 81% da amostra já havia feito exame de sangue, 62% ecocardiograma, 70% eletrocardiograma e 31% eletroencefalograma. Com relação à frequência de ataques de pânico no último mês, 20 pacientes relataram tê-los experimentado, sendo que 19% apresentaram três ataques e outros 19%, até 30 ataques (diariamente), estando praticamente todos os outros entre estes dois limites. Todos apresentaram pelo menos um ataque ao longo da vida e este ocorreu em média por volta dos 29 anos. O grupo que apresentou TP iniciou este quadro em média há oito anos, por volta dos 30 anos; e aqueles que apresentaram AGO desenvolveram o quadro há 8 anos, com idade média de 32 anos. Apesar de a maioria dos casos de TP/AGO ter se iniciado na fase adulta, houve casos que começaram na infância e na adolescência, aos nove e 14 anos, respectivamente. Aproximadamente um ano após o primeiro ataque, desenvolveu-se o TP, sendo que houve casos de pacientes que foram às emergências hospitalares ou médicos até 1800 vezes ao longo da vida para verificarem os seus sintomas relacionados aos ataques.

Com relação às comorbidades, estas estiveram presentes em 58% dos pacientes, havendo 35% de casos de depressão, 31% de ansiedade social, 23% de distimia, 15% de TAG, 12% de TOC e de transtorno bipolar, 8% de TEPT e 7% de transtorno alimentar. Quanto à medicação, 81% da amostra revelou fazer uso de pelo menos uma substância, 54% de duas e 35% de três, chegando até cinco em alguns casos. Dentre os que faziam uso, os grupos de medicação mais utilizados foram "outros não psiquiátricos" (62%, p.ex., vitaminas, homeopatia, analgésicos), benzodiazepínicos (54%), antidepressivos (54%) e controladores de pressão arterial (12%). No que diz respeito aos sintomas agorafóbicos, 73% dos 26 pacientes relataram fazer algum tipo de evitação, chegando até cinco evitações (11%). Foram categorizados 17 tipos de evitação e encontrado um total de 54 situações evitadas pelo grupo que as apresentou. O tipo de evitação mais referido foi *meios de transporte* (53%), seguido de *lugares fechados* (42%), *multidões* (32%), *ficar em casa sozinho* (21%), *ficar sozinho em qualquer lugar* (21%), *sair sozinho* (21%), *ir para o trabalho* (16%), *viajar* (16%), dentre outros como *dirigir*, *distanciar-se de casa* e *atividades de lazer* (11% cada). Os 26 pacientes (100%) relataram pelo menos um tipo de prejuízo com o TP/AGO ao longo da vida, 96% apresentaram até três, 65% até quatro e 31% até cinco prejuízos. Houve referência a dez tipos de prejuízo que somaram até 101 relatos por toda a amostra, verificando-se o maior prejuízo no aspecto *pessoal* (85%), seguido da *mobilidade limitada* (58%), do prejuízo *familiar* e *profissional* (54% cada) e do *social* (46%).

Análises baseadas nos 26 casos com pré e pós-testes (teste-*t* para medidas repetidas) nas 11 escalas utilizadas nesta pesquisa para avaliação da intensidade dos sintomas de TP/AGO e do funcionamento do paciente, revelaram redução significativa (p <0,05) dos sintomas e das crenças relacionadas ao TP e a AGO por toda a amostra, conforme pode ser visto na gráfico da Figura 48.4 ao serem observados os escores das escalas IA, ID, EPA, QCP, ESC, ECA, IM-Acompanhado, IM-Sozinho e EBA no pós-teste.

A escala SWB revelou melhora significativa dos aspectos felicidade e afeto positivo, com redução do afeto negativo, sem alteração relevante em satisfação ao nível de 5%. Na PANAS, houve significativa melhora do afeto positivo e redução do afeto negativo. Quanto à escala SF-36, houve aumento significativo (p < 0,05) da qualidade de vida em todos os seus domínios: capacidade funcional, aspectos físicos, dor, estado de saúde geral, vitalidade, aspectos sociais, aspectos emocionais, saúde mental. Também houve ganho significativo no componente mental da amostra e o ganho do componente físico foi limítrofe. Houve aumento significativo (p<0,05) na assertividade dos participantes, tendo o grupo apresentado bons resultados tanto na EBA quanto na escala Rathus. Em outras palavras, os resultados das escalas apontaram para ganhos altamente significativos (p<0,05) na amostra de pacientes do estudo três, havendo redução dos seus sintomas cognitivos, físicos e emocionais do TP e da AGO, e aumento nos níveis de afeto positivo, de felicidade e de qualidade de vida.

Com relação à consistência interna das escalas, todas as 11 escalas calculadas apresentaram Alfa de Cronbach acima de 0,70, conferindo fidedignidade aos instrumentos utilizados. Vale ressaltar que, no caso da SF-36, foram utilizados os dados do Alfa de um estudo com mais de 12.000 indivíduos do Brasil, atestando a validade do instrumento (Laguardia, Campos, Travassos, Najar, Anjos e Vasconcellos, 2011).

Com relação ao Questionário de Avaliação do Tratamento, 77% dos pacientes relataram se sentir "muito melhor" e os outros 23%, melhor, não havendo casos de pacientes que tenham relatado se sentir "igual a antes", "pior" ou "muito pior". Além disso, 100% dos pacientes relataram algum tipo de melhora e 27% dos pacientes relataram até seis aspectos em que perceberam melhora. Após categorização das respostas, identificou-se sete aspectos de melhora entre o total de 26 pacientes (100%), totalizando-se 117 relatos. Ressalta-se que o aspecto referido pelo maior número de pacientes foi a melhora na *qualidade de vida*

FIGURA 48.4

Análise das Diferenças Estatísticas entre o Pré e o pós-teste do Estudo 3.

(25 dentre os 26 pacientes – 96%), seguido da *autoconfiança* (85%), da *conscientização sobre a ansiedade* (73%), da *capacidade de enfrentamento* (62%), da redução do *medo de passar mal* (62%), da *aquisição de habilidades de manejo* (50%) e da *mobilidade aumentada* (23%). Além disso, o aspecto *qualidade de vida* foi priorizado dentre os demais, ou seja, foi o mais mencionado em primeiro lugar pelos pacientes (42% da amostra).

CONSIDERAÇÕES FINAIS

O estudo Treinamento Via *Web* no Protocolo "Vencendo o Pânico" deixou claro que o protocolo "Vencendo o Pânico" no formato de livros parece ser efetivo para o tratamento do TP e da AGO, no que diz respeito à redução tanto de crenças quanto de sintomas relacionados aos transtornos, inclusive os de mobilidade. Em apenas dois meses de tratamento, os pacientes apresentaram melhoras expressivas em quase todos os aspectos avaliados, com exceção do aspecto satisfação da escala SWB, incluindo aumento de felicidade, afeto positivo e qualidade de vida em todas as suas dimensões e no componente mental, fundamentalmente. Este último dado é importante, pois o protocolo tem o propósito de atuar diretamente sobre o aspecto psicológico e alcançou o resultado esperado, influenciando inclusive nos aspectos que são mais físicos (ganho colateral). Para complementar, os relatos dos pacientes antes e depois do tratamento mostraram que ele fez diferença, para muito melhor ou melhor, em pelo menos um aspecto da vida, destacando-se a qualidade de vida em 96% da amostra. Além disso, pode-se crer que o aumento da *autoconfiança* (85%), da *conscientização sobre a ansiedade* (73%), da *capacidade de enfrentamento* (62%), da redução do *medo de passar mal* (62%), da *aquisição de habilidades de manejo* (50%) e da *mobilidade aumentada* (23%) no grupo de pacientes é possivelmente um recurso contra os prejuízos acarretados pelos transtornos, que foram descritos no questionário de perfil dos pacientes. Este estudo também demonstrou ser recomendável que se faça o treinamento no uso do protocolo para que se obtenham melhores resultados tanto de formação quanto na clínica, ampliando-se os ganhos do tratamento.

Os estudos Retrospectivo e Atual também evidenciaram que, na ausência de treinamento específico, o protocolo é suficientemente efetivo, principalmente em relação ao TP, inclusive se aplicado por estagiários e/ou psicólogos de TCC ou de outra formação com menor experiência, tendo em vista que muitos dos estagiários da DPA eram recém-chegados na equipe de TCC e realizavam grupos sem uma instrução diretiva.

Estes dados foram respaldados pelas análises de significância produzidas pelo teste *t* pareado (p < 0,05) e pela análise da consistência interna das escalas utilizadas (Alfa de Cronbach), que garantiram a validade destes instrumentos. Portanto, o protocolo "Vencendo o Pânico" mostrou-se efetivo se aplicado tanto por terapeutas menos experientes quanto por terapeutas mais experientes, brevemente e sem efeitos colaterais, cumprindo o seu papel de ser um instrumento aplicável e generalizável por todo o Brasil. Ou seja, ele pode ser expandido com segurança, contribuindo para a disseminação de métodos mais eficazes de tratamento e para a erradicação do TP/AGO à curto prazo. Entretanto, é importante que o terapeuta tenha conhecimento claro das psicopatologias que fazem parte da formação de todo o psicólogo.

O Treinamento via *web* também foi capaz de cumprir o seu papel, tanto no sentido educacional, relativo ao processo de ensino-aprendizagem das técnicas e dos procedimentos do protocolo (avaliados através dos testes de TCC para o TP/AGO) quanto no sentido de supervisão, acompanhando os atendimentos dos terapeutas e aprimorando suas competências (o seu saber fazer). As experiências bem-sucedidas com a Disciplina *Online* de TCC (Borba, 2005) e o Treinamento via *Web* de Psicoterapeutas do Brasil no Protocolo Vencendo o Pânico só vêm a contribuir para reforçar a necessidade da continuidade de outras pesquisas que possam tornar cada vez mais acessíveis as suas potencialidades educacionais, clínicas e científicas.

Outro ponto importante a ser levantado, principalmente a partir da análise descritiva do perfil dos pacientes do estudo três, revelou-se o tempo de espera por uma informação e um tratamento que realmente abordem o TP/AGO com clareza. Houve alguns exemplos de pacientes que foram inúmeras vezes às emergências hospitalares e sofreram com ataques de pânico por longos períodos, sem esclarecimentos ou um cuidado devido. Este tipo de ocorrência incentiva ainda mais a necessidade de disseminar este conhecimento entre os profissionais de saúde e o público em geral, através de mídia, cursos, palestras, livros, vídeo, internet, dentre outros. É valido dizer que, em muitos casos, o paciente poliqueixoso é apenas um indivíduo que não está encontrando uma escuta adequada para o seu problema e que, no caso do TP, isso é bastante comum. Daí a importância da divulgação deste tipo de tratamento.

Muito provavelmente, o vídeo "Vencendo o Pânico" também poderá ser utilizado como material de apoio educacional e clínico, cumprindo o seu papel de esclarecer rapidamente acerca do TP/AGO e de formas efetivas de tratá-los, acelerando o tempo de reconhecimento do problema, aumentando o número de encaminhamentos para tratamentos adequados, encurtando o tempo de sofrimento desnecessário e reduzindo a procura por serviços de saúde pública. Revela-se, portanto, um recurso a ser pesquisado em suas possibilidades de uso.

Acredita-se que o gradativo suprimento desta carência de conhecimento possa permitir seu uso em serviços públicos de saúde como o Sistema Único de Saúde (SUS) em todas as regiões do país, através de um treinamento de terapeutas como o realizado que permita que o tratamento de pacientes seja mais efetivo, podendo contribuir em muito para a redução deste transtorno na população, abreviando-lhe o sofrimento.

REFERÊNCIAS

American Psychiatric Association. (2002). *Manual diagnóstico e estatístico de transtornos mentais (DSM-IV-TR)*. Porto Alegre: Artmed.

Amorim, P. (2000). Mini international neuropsychiatric interview (M.I.N.I.): desenvolvimento e validação de entrevista diagnóstica breve para avaliação dos transtornos mentais. (Versão brasileira 5.0.0). *Revista Brasileira de Psiquiatria, 22*, 106-115.

Andersson, G. (2009). Using the internet to provide cognitive-behaviour therapy. *Behaviour Research and Therapy, 47*, 175-180.

Ayres, L. S., & Ferreira, M. C. (1995). Para medir assertividade: construção de uma escala. *Boletim CEPA, 2*, 9-19.

Bandelow, B. (1995). Assessing the efficacy of treatments for panic disorder and agoraphobia. II. The Panic and Agoraphobia Scale. *International Clinical Psychopharmacology, 10*(2), 73-81.

Borba, A. G. (2005). Disciplina *online* de terapia cognitivo-comportamental: expansão das fronteiras da formação em TCC através da educação *online*. Dissertação de mestrado não-publicada. Curso de Psicologia, Universidade Federal do Rio de Janeiro, Rio de Janeiro.

Borba, A. G., Rangé, B. P., & Elia, M. F. (2007). Disciplina de psicoterapia baseada na *WEB*: uma estratégia de ensino-aprendizagem-avaliação. *Anais do XXVII Congresso da SBC: WIE – Workshop de Informática na Escola, 1*, 396-404.

Borba, A. G., Rangé, B. P., & Elia, M. F. (2009). Online training in cognitive-behavioural therapy for psychology undergraduates: a case report. In: *Research, Reflections and Innovations in Integrating ICT in Education* (p. 1006-1010). Spain: Formatex.

Borba, A. G., Rangé, B. P., Maciel, K. M., Loureiro, C. P., Melo, N., Carvalho, M., et al. (2010). Vídeo-documentário vencendo o pânico. Programa de Pós-Graduação em Psicologia do Instituto de Psicologia e Central de Produção Multimídia da Escola de Comunicação da Universidade Federal do Rio de Janeiro.

Borba, A. G., Rangé, B. P., Elia, M. F., & Ribas, R. C. (2011). Treinamento via *Web* de psicólogos do Brasil no Protocolo de Tratamento Cognitivo-Comportamental 'Vencendo o Pânico': retrospectivas, perspectivas e expectativas. Tese de doutorado não-publicada. Universidade Federal do Rio de Janeiro, Rio de Janeiro.

Bouchard, S., Payeur, R., Rivard, V., Allard, M., Paquin, B., Renaud, P., et al. (2000). Cognitive behavior therapy for panic disorder with agoraphobia in videoconference: preliminary results. *Cyberpsychology & Behavior, 3*(6), 999-1007.

BRASIL. Casa Civil. (1996). Lei nº 9.394 de 20 de dezembro de 1996. Brasília, DF: Author.

BRASIL. Conselho Federal de Psicologia. (2005). Resolução CFP 012/2005 de 18 de agosto de 2005. Acesso em jan. 30, 2011 from http://www2.pol. org.br/legislacao/pdf/resolucao2005_12.pdf.

Brasil. Ministério da Educação. Portaria nº 4.059, de 10 de dezembro de 2005. Acesso em dez. 10, 2010 from http://www.mec.gov.br/sesu/ftp/p4059.doc, ou em http://eventos.ead.pucrs.br/sneades2005.

Chambless, D. L., Caputo, C. G., Bright, P., & Gallagher R. (1984). Measurement of Fear in Agoraphobics: The Body Sensations Questionnaire and the Agoraphobic Cognitions Questionnaire. *Journal of Consulting and Clinical Psychology, 52,* 1090-1097.

Chambless, D. L., Caputo, C.G., Jasin, S.E., Gracely, E.J. & Williams, C. (1985). The mobility inventory for agoraphobia. *Behaviour Research and Therapy, 23,* 35-44.

Ciconelli, R. M., Ferraz, M. B, Santos, W. S., Meinão, I. M. & Quaresma, M. R. (1999). Tradução para a língua portuguesa e validação do questionário genérico de avaliação de qualidade de vida SF-36 (Brasil SF-36). *Revista Brasileira de Reumatologia, 39*(3), 143-150.

Cuijpers, P., Marks, I.M., Straten, A., Cavanagh, K., Gega, L., & Andersson,G. (2009). Computer-Aided Psychotherapy for Anxciety Disorders: A Meta-Analytic Review. *Cognitive-Behaviour Therapy, 38*(2), 66-82.

Elia, M. F., & Ferrentini, F. S. (2001). Plataforma Interativa para a Internet: uma proposta de pesquisa-ação a distância para professores. *Anais SBIE*, 102-105.

Elia, M. F. (2005). Uma nação em risco. Anais do *16º Simpósio Brasileiro de Informática na Educação, Universidade Federal de Juiz de Fora, Departamento de Ciência da Computação*, 331-339.

Felder, R. M., & Silverman, L. (1988). Learning and teaching styles in engineering education. *Engineering Education, 78*(7), 674-681.

Greenberger, D., & Padesky, C. A. (1999). *A mente vencendo o humor: mude como você se sente, mudando o modo como você pensa: inventário de ansiedade.* Porto Alegre: Artmed.

Ito, L. M., & Ramos, R. T. (1998). Escalas de avaliação clínica: transtorno de pânico. *Revista de Psiquiatria Clínica, 25*(6), 294-302.

Kiropoulos, L. A., Klein, B., Austin, D. W., Gilson, K., Pier, C., Mitchell, J. & Ciechomski, L. (2008).

Is internet-based CBT for panic disorder and agoraphobia as effective as face-to-face CBT? *Journal of Anxiety Disorders, 22*, 1273-1284.

Lévy, P. (2000). *A inteligência coletiva: por uma antropologia do ciberespaço.* São Paulo: Loyola.

Laguardia, J., Campos, M. R., Travassos, C. M., Najar, A. L., Anjos, L. A., & Vasconcellos, M. M. (2011). Psychometric evaluation of the SF-36 (v.2) questionnaire in a probability sample of household: results of the survey. Pesquisa Dimensões Sociais da Desigualdade (PDSD). *Health and Quality of Life Outcomes.* Brazil.

Long, A. C., & Palermo, T. M. (2009). Brief report: *web*-based management of adolescent chronic pain: development and usability testing of an online family cognitive behavioral therapy program. *Journal of Pediatric Psychology, 34*(5), 511-516.

March, S., Hons, P., Spence, S. H. & Donovan, C. L. (2009). The efficacy of an internet-based cognitive-behavioral therapy intervention for child anxiety disorders. *Journal of Pediatric Psychology*, 34(5), 474-487.

Melo, N., & Rangé, B. P. (2010). SCID-II-DSM-IV: entrevista clínica estruturada para transtornos de personalidade: tradução e utilização na DPA/IP/UFRJ. *Anais da 8ª Mostra de Terapia Cognitivo-Comportamental* (p. 69). Acesso em dez. 12, 2010 from http://www.atc-rio.org.br/docs/ANAIS 8 – MOSTRA_TCC.docx

Murphy, L., Parnass, P., Mitchell, D. L., Hallett, R., Cayley P., & Seagram, S. (2009). Client Satisfaction and Outcome Comparisons of Online and Face-to-Face Counselling Methods. *British Journal of Social Work*, 39, 627-640.

O'Reilly, T. (2007). What is *Web* 2.0: design patterns and business models for the next generation of software. *Communications & Strategies, 1*, 17, First Quarter. Acesso em nov. 12, 2010 from http://papers.ssrn.com/sol3/cf_ dev/AbsByAuth. cfm?per_id=855183.

Pasquali, L., & Gouvêia, V. V. (1990). Escala de assertividade Rathus – RAS: Adaptação brasileira. *Psicologia: Teoria e Pesquisa, 6*(3), 233-249.

Prado, O. Z., & Meyer, S. B. (2006). Avaliação da relação terapêutica na terapia assíncrona via internet. *Psicologia em Estudo, 11*(2), 247-257.

Rangé, B. P. (2000). *Tratamento cognitivo-comportamental do transtorno de pânico e da agorafobia.* Tese de doutorado não-publicada. Universidade Federal do Rio de Janeiro, Rio de Janeiro.

Rangé, B. P. (2001). *Psicoterapias cognitivo-comportamentais: um diálogo com a psiquiatria.* Porto Alegre: Artmed.

Rangé, B. P., & Borba, A. G. (2008). *Vencendo o pânico: terapia integrativa para quem sofre e para quem trata o transtorno de pânico e a agorafobia.* Rio de Janeiro: Cognitiva.

Rangé, Bernard. (2008). Tratamento cognitivo-comportamental para o transtorno de pânico e agorafobia: uma história de 35 anos. *Estudos de Psicologia, 25*(4), 477-486.

Ribas, R. C., Jr., Seidl de Moura, M. L., Gomes, A. A. N., Soares, I. D., & Bornstein, M. H. (2003). Socioeconomic status in brazilian psychological research. Part 1: validity, measurement, and application. *Estudos de Psicologia, 8*, 375-383.

Scott, J., Williams, J. M. G., & Beck, A. T. (1994). Questionário de crenças sobre o pânico. In: Beck, A. T., Scott, J., Williams, J. M. G. (Org.). *Terapia cognitiva na prática clínica: um manual prático.* Porto Alegre: Artmed.

Valente, J. A. (1999). *Formação de professores: diferentes abordagens pedagógicas.* Campinas: Unicamp, NIED.

Watson, D., Clark, L. A., & Tellegen, A. (1988). Development and validation of brief measures of positive and negative affect: the PANAS scales. *Journal of Personality and Social* Psychology, *54*(6), 1063-70.

Wolfe, B. E. & Maser, J. D. (Ed.). (1994). *Treatment of panic disorder: a consensus development conference.* Washington, DC: American Psychiatric Press.

Parte VII
PROBLEMAS DA PRÁTICA COGNITIVO-COMPORTAMENTAL

49

Ética e psicoterapia

Helmuth Krüger

Condutas éticas e morais estendem-se aos diversos tipos e níveis de relacionamento dos quais os psicólogos participam. Espera-se que os psicólogos venham a agir segundo princípios éticos e normas morais no desempenho de todos os papéis profissionais que lhes são legalmente atribuídos, visando o bem de pessoas, casais, organizações e grupos atendidos. Condutas assim orientadas contribuem no sentido do reconhecimento da Psicologia como ciência e como profissão, aumentando, dessa forma, a probabilidade de sua eficácia social. A legislação é um dos fundamentos da Ética Profissional, mas esta não se reduz inteiramente às leis, pois de sua composição também participam conceitos e teorias filosóficas, bem como normas de conduta estabelecidas por costumes profissionais. Porém, em princípio, deve haver plena coerência entre a legislação e a Ética Profissional. Em situações objetivas, os atos de psicólogos são avaliados tanto sob o ponto de vista da competência e dos resultados obtidos no exercício profissional quanto na perspectiva da adequação das condutas por eles praticadas às leis e às prescrições do Código de Ética Profissional.

Na psicoterapia é possível observar com facilidade os efeitos da intervenção psicológica. A atribuição subjetiva de competência especializada concede ao psicoterapeuta um elevado poder social sobre o paciente, cujo exercício só se justifica eticamente se esse poder for colocado a serviço das necessidades do paciente. Pode haver interesses científicos e pessoais associados à prática da psicoterapia, mas esses interesses só podem ser aceitos e atendidos se a meta principal a atingir, que é a promoção do bem estar do paciente, não venha a sofrer uma diminuição qualitativa ou um retardo em seu atendimento. De outro lado, psicólogos devem se mobilizar com o propósito de reduzir ao máximo a probabilidade de que a relação terapêutica venha a ser malsucedida, gerando consequências clínicas e financeiras negativas ao paciente. Erros diagnósticos, intervenções mal planejadas e deficientemente conduzidas, além de avaliações sem rigor, prejudicam o paciente e trazem descrédito à Psicologia.

Daí a conclusão de que a dimensão ética no exercício profissional da psicoterapia deve ser objeto de uma análise escrupulosa, racionalmente fundamentada. O propósito de contribuir no atendimento a este objetivo deu origem a iniciativas que resultaram no texto ora apresentado, no qual se encontram destacados e analisados valores e princípios éticos considerados essenciais no uso da terapia psicológica. Na realidade, este estudo pode vir a proporcionar aos psicólogos terapeutas uma ampliação de sua consciência sobre questões que, embora não interfiram diretamente na natureza de suas técnicas de intervenção, exercem alguma influência em seu relacionamento com pacientes, alterando condições subjetivas, tanto deles quanto das pessoas atendidas, cuja repercussão no tratamento clínico poderá ser positiva. Quanto ao método empregado na realização deste trabalho, cabe observar que ele consistiu numa reflexão sistemática sobre aspectos éticos que envolvem o uso da psicoterapia, tendo sido essa reflexão de um lado baseada em conceitos básicos da Ética, especialmente em sua versão deontológica, quer dizer, da Ética do Dever, e de outro lado, em prescrições normativas do Código de Ética Profissional em vigor, quanto ao que é devido fazer, tratando-se de atividades inerentes à Psicologia Clínica. De resto, cabe acrescentar que o acesso a esta exposição de argumentos éticos pode se constituir numa boa oportunidade para uma revisão de crenças pessoais acerca da conduta que manifestamos nas diversificadas relações que mantemos com os outros e com o meio ambiente de modo geral.

ÉTICA E MORAL

A questão central na Ética e na moral pode ser formulada mediante uma pergunta: "Como devo agir?" As respostas dadas a esta pergunta são muito distintas; elas se estendem desde o desejo de satisfazer impulsos e motivações pessoais até o entendimento de que se deva permanecer fiel aos compromissos firmados com familiares, amigos, colegas e pacientes. Entretanto, as respostas mais consistentes são encontradas na Ética e em sistemas morais, sendo conveniente obter um conhecimento do significado destas palavras, visando o alcance de maior clareza no pensamento sobre os assuntos por elas referidos. Nesse sentido, embora tenham sido propostas definições bem precisas para os termos "ética" e "moral", não se obtém, como Paul Ricoeur (2003) concluiu, acordo entre os especialistas relativamente a este assunto. As definições oferecidas para estas palavras podem ser classificadas em dois grupos: há aquelas que, baseadas na análise etimológica, estabelecem uma equivalência semântica entre elas, por conseguinte considerando-as intercambiáveis; e, outras, cujo pressuposto é o de que estes termos referem objetos distintos. Esta última posição é a que orienta a argumentação ora apresentada.

Assim, entendemos que a palavra "moral" designa um sistema prescritivo de nor-

mas de ação social coletivamente endossado, havendo a crença compartilhada de que essas normas são desejáveis, sendo os atos humanos praticados em consonância com essas prescrições avaliados como bons e corretos, merecendo aprovação e até mesmo reconhecimento social. Esta descrição aplica-se a qualquer sistema moral que tenha surgido da experiência acumulada ao longo do tempo de alguma coletividade humana. Na estrutura de qualquer sistema moral encontram-se componentes oriundos dos diferentes setores da cultura da sociedade na qual o sistema moral seja considerado válido. Em outras palavras, as prescrições morais de qualquer agrupamento humano têm sua origem em convicções religiosas, costumes e leis, além de crenças que procedem da reflexão filosófica e de interpretações míticas, desenvolvidas ao longo da história e que lhes são próprias. A garantia de observância de tal sistema normativo depende principalmente de dois fatores: da socialização dos membros da coletividade considerada e da eficácia do sistema de controle social.

À "ética" atribui-se uma conotação técnica, sendo este termo designativo de um ramo da Filosofia no qual se encontram dois problemas substantivos: em primeiro lugar, oferecer uma resposta à necessidade humana de obter uma orientação para a conduta a adotar em diversas situações de vida, sob a perspectiva do Bem; e, em segundo lugar, submeter sistemas morais, bem como conceitos e argumentos éticos, à crítica filosoficamente fundamentada e conduzida. O atendimento ao primeiro problema é proporcionado mediante a formulação de teorias. No entanto, a despeito da racionalidade exigida na elaboração de uma teoria ética, não há plena garantia de que o produto desse empenho fique bem fundamentado e que possa responder a todas as exigências quanto ao seu alcance social, cultural e histórico. Podemos comprovar empiricamente ser muito fácil formular um código moral, mas em contrapartida não se espere que ocorra tal facilidade na apresentação de seus fundamentos teóricos. Contudo, a verdade é que o atendimento ao requisito da justificação lógica é indispensável a qualquer linguagem prescritiva, pois repugna à inteligência a imposição de qualquer espécie de prescrição desacompanhada de pressupostos racionais, que lhe concedam legitimidade.

Tradicionalmente, o campo da reflexão ética e das normas morais é o das relações humanas, abrangendo todas as suas formas, suas situações e seus objetivos. Porém, a tomada de consciência acerca da natureza e das consequências de nossas intervenções na realidade objetiva em que nos inserimos levou à ampliação dos temas de estudo da Ética e das prescrições morais. Esse processo sucedeu durante o século XX, tendo sido a Ética encaminhada para a análise de nossos vínculos com instituições, animais e meio ambiente. Os livros de Peter Singer e de Hans Jonas (1903-1993) expressam nitidamente essa evolução da Ética contemporânea. A crítica vigorosa aos maus-tratos infligidos a animais de corte, assim como a forma destrutiva com que nos apoderamos dos recursos naturais, comprometendo o equilíbrio da biosfera, por nós integrada, seguida de propostas para o direcionamento ético de nossas relações com animais e com o meio ambiente, são objetivamente formuladas nas obras de Peter Singer (1994; 2002 e 2010). Esse autor é citado por ser um filósofo contemporâneo muito influente, autor de polêmicas teses sobre o aborto e a eutanásia.

Portanto, na sequência dessa abertura da Ética tradicional, ampla e detalhadamente descrita na obra organizada por Annemarie Pieper (1992), ficam inseridos os temas relacionados às ameaças ao meio ambiente e à segurança e ao bem-estar da humanidade, decorrentes do desenvolvimento das ciências da tecnologia, sobretudo em países mais desenvolvidos. Sem dúvida alguma, um dos críticos mais conhecidos desse estado de coisas é Hans Jonas (1984 e 1994). Baseado no princípio responsabilidade (*Prinzip Verantwortung*), Hans Jonas reconheceu os benefícios que a pesquisa científica e suas aplicações práticas trazem a todos nós sob diversos aspectos, mas, ao mesmo tempo, em face de fatos objetivos, aponta para o enorme potencial de destruição que estamos a acumular, tornado patente pela crescente sofisticação dos arsenais militares, além do incremento de danosas tecnologias de base química para exploração e tratamento do solo e, o que é mais grave, pelos riscos associados ao desenvolvimento da biotecnologia e da tecnologia a serviço da saúde. São de domínio público as discussões sobre aspectos éticos suscitados pelo transplante de órgãos, pela inseminação artificial, pela clonagem e pela engenharia genética. O quadro atual da Ética, no qual ficam incluídos esses problemas e, além deles, os decorrentes de interesses de grupos minoritários, perseguidos e discriminados durante muito tempo, é apresentado em diversas obras, dentre as quais podem ser destacadas as de Jesus Cordero (1981), Jenny Teichman (1998), Maria Teresa López de la Vieja (2000) e a de Jacqueline Russ (2010).

Há duas vertentes teóricas na Ética: a que tem seu fundamento nas ideias de dever e de obrigação e a que se baseia na responsabilidade social. A primeira é a da *deontologia,* ao passo que a segunda visão é referida como *teleológica.* A linguagem própria da Ética deontológica assemelha-se à das leis: em ambas, a linguagem se caracteriza pela natureza normativa, baseada no postulado de que o mérito da conduta depende de sua coerência com o que é prescrito como correto, ou seja, justo e ético. Há, nesse caso, a primazia do princípio, tal como se encontra na *Crítica da Razão Prática* de Immanuel Kant (1724-1804). Algo distinto fundamenta a visão teleológica: nesta, o ponto de vista adotado é o de que na avaliação da qualidade ética de uma conduta devem ser considerados prioritariamente os resultados por ela produzidos. Isso não quer dizer que no direcionamento teleológico os princípios não venham a ser considerados, até mesmo porque uma posição ética que ignore a importância de princípios éticos fundamentais não teria uma resolução teórica viável. No caso da Ética teleológica, valoriza-se mais os efeitos objetivos de ações empreendidas do que os princípios fundadores. As posições teóricas atuais expressivas dessa Ética descendem do *Utilitarismo* de Jeremy Bentham (1748-1832), conhecido através de seu lema central: obter o maior benefício possível ao maior número possível de pessoas. Apesar de seu caráter humanitário, o Utilitarismo é de difícil aplicação prática, pois é inviável formular uma equação social em que fiquem contemplados os interesses de todas as pessoas e de todos os grupos que constituem uma sociedade.

O Código de Ética Profissional observado por psicólogos foi formulado segundo uma perspectiva deontológica. Esta é uma tendência internacional adotada no processo de elaboração de códigos éticos de conduta profissional. A responsabilidade social relativamente à obrigatoriedade de contribuir no atendimento aos interesses e às necessidades de pessoas, grupos e organizações atendidas, respeitando seus direitos, são contemplados no Código de Ética Profissional dos Psicólogos, sem que estes aspectos venham a conferir ao Código uma dimensão teleológica. Na realidade, a substância normativa de códigos dessa natureza é compatível com crenças socialmente compartilhadas a respeito do sentido da Ética e da moral. Na acepção popular, não obstante à falta de precisão que caracteriza a linguagem coloquial, entende-se, de modo geral, que princípios, normas e critérios éticos e morais sejam de caráter rigorosamente prescritivo, sendo obrigatório o seu cumprimento, pois segundo o senso comum, eles estabelecem os limites entre o Bem e o Mal. De maneira complementar, cabe aduzir que os códigos éticos normativos de procedimentos profissionais não podem ser considerados rigorosamente éticos, uma vez que não se originam dedutivamente de uma específica teoria ética. Seria mais correto referir tais códigos como Deontologia Profissional ou até mesmo Moral Profissional, dado que em sua composição são considerados costumes profissionais, a legislação que regulamenta a profissão, a Declaração Universal dos Direitos Humanos e o desenvolvimento científico e tecnológico. A considerar as definições aqui adotadas para os termos "ética" e "moral", o nome Código de Ética Profissional só pode ser aceito por uma concessão às tradições de linguagem.

CONDUTAS ÉTICAS E COMPORTAMENTOS MORAIS

Na perspectiva psicológica, teorias éticas e prescrições morais habitam a cognição, nela sendo configuradas como crenças ou sistemas de crenças, conforme o pensamento de cada um. Quanto mais elaborado ou sofisticado for o pensamento, mais consistente tende a ser o conjunto de crenças sobre nossos deveres e nossas obrigações. Crenças dessa natureza são prescritivas ou normativas, sendo influentes em processos cognitivos, notadamente na percepção de pessoas e em inferências sociais, na afetividade, sobretudo na formação de sentimentos, na ativação de motivações sociais e no processo de aprendizagem. Nesse desencadeamento, essas crenças são levadas em conta em tomadas de decisão e na direção a ser concedida às condutas sociais. Por outro lado, a intensidade da influência dessas crenças guarda uma correlação com o grau de sua aceitação subjetiva. Sendo tal aceitação elevada, instalam-se convicções, havendo alguma dúvida a respeito de sua validade, será mais provável que elas venham a ser aceitas como meras opiniões.

O aspecto essencial de condutas éticas e morais é a intencionalidade, entendida como atributo indispensável à atribuição de responsabilidade ao agente, ao dimensionamento de seu mérito ou de sua culpabilidade, conforme o caso. Teoricamente, a admissão da intencionalidade ao agir humano tem seu fundamento no pressuposto da autonomia humana, ainda que esta seja limitada. São logicamente incompatíveis com o pensamento ético modelos antropológicos de caráter determinista. Por isso, não há conciliação possível entre a Ética e uma Psicologia rigorosamente nomotética, pois nesta a ideia de liberdade humana é estranha. Encontramo-nos aqui em face de um problema muito importante relacionado com a nossa natureza, mas para o qual não há uma proposta explicativa que tenha sido aprovada por todos os especialistas das ciências, da Filosofia e da Teologia, debruçados sobre este assunto. Continuamos a desconhecer a nossa natureza. De forma pragmática, na Psicologia, pode ser adotado um modelo de maior complexidade, baseado no postulado teórico de que nossas ações e reações fiquem distribuídas ao longo de um *continuum* que tem início com manifestações previsíveis de comportamento, como é o caso dos hábitos, alcançando, na outra extremidade, ações dotadas de sentido, imprevisíveis, resultantes de deliberações pessoais, que sucedem, por exemplo, quando nos sentimos obrigados a decidir entre valores que prezamos. As ações que se concentram no polo das manifestações previsíveis seriam comportamentos, diferenciando-se das que resultam de decisões pessoais, tornadas possíveis devido ao grau de liberdade pessoal alcançado, cuja especificidade as inclui na classe das condutas, tal como foi proposto em outra oportunidade (Krüger, 1994a). Acolhendo essa distinção conceitual, somos levados a concluir que ações éticas são caracterizadas como condutas, enquanto hábitos morais, manifestados frequentemente nas relações interpessoais, são comportamentos.

O ponto de partida de qualquer conduta ética ou comportamento moral é a percepção do fato. É a consciência que temos acerca dos diversos aspectos relacionados a pessoas que experimentam alguma dificuldade, assim como de nosso compromisso relativamente a elas no contexto em que nos encontramos. Essa percepção constitui um importante fator em tomadas de decisão quanto à melhor forma de agir ou intervir, do ponto de vista de nossa responsabilidade ética ou moral. Portanto, dois elementos estão presentes nessa percepção inicial: o formado e alimentado pela percepção de fatos objetivos e o constituído por informações relativas a experiências similares realizadas no passado, além de regras de conduta e de comportamento que já foram aprendidas, tornadas conscientes pela evocação espontânea ou deliberada. Esses conteúdos imagéticos e simbólicos se tornam presentes no pensamento, produzindo a informação necessária à compreensão da situação que experimentamos e, por conseguinte, à tomada de decisão. Ao nos decidirmos, poderemos optar pela intervenção ou pela abstenção. Sendo a opção favorável à intervenção, ter-se-á que decidir a respeito da forma a ser concedida a ela e o momento em que essa conduta deverá ser manifestada. A descrição da estrutura da conduta ética, sob o ponto de vista psicológico, é apresentada em artigo já publicado (Krüger, 1994b). Nesse estudo, são apresentadas as relações entre as diversas variáveis intervenientes que se manifestam em nossas experiências éticas e morais.

Há ainda a acrescentar que não é razoável supor que tenhamos a obrigação de tomar decisões éticas apenas em algumas situações profissionais e do nosso cotidiano, as quais poderiam ser consideradas episódios um tanto isolados da rotina diária. De fato, mobilizamos continuamente recursos cognitivos, experiências passadas e habilidades desenvolvidas ao longo dos anos para atender a diversos objetivos e a demandas que se nos apresentam de maneira ininterrupta, julgando que tal mobilização baste para a obtenção do fim desejado. Entretanto, é possível e é conveniente que nos mantenhamos atentos aos aspectos éticos e morais que se agregam, não raro de maneira sutil, aos atos comuns que praticamos. Essa consciência vigilante, como o observou Dietrich von Hildebrand (1988,) ao longo de seu livro, deve ser uma constante em nossas experiências diárias. Essa consciência pode ser entendida como condição necessária à compreensão de nossa responsabilidade social no uso da psicoterapia. Na psicoterapia, até mesmo os pequenos atos praticados pelo terapeuta tendem a ser observados atentamente pelo paciente, que pode fazer uma interpretação distorcida de suas percepções, cujo resultado poderá repercutir negativamente no tratamento proporcionado a ele.

VALORES

Na realidade, a atenção eticamente orientada do psicoterapeuta, aplicada em todos os momentos compreendidos pelo processo clínico, contribui para o êxito da intervenção pela qual ele é o principal responsável, pois esse cuidado lhe possibilita exercer algum controle sobre comportamentos que podem interferir negativamente na terapia.

VALORES

Valores integram a nossa personalidade e, devido a isso, influenciam nossas cognição, afetividade e conduta. Na Filosofia, os valores constituem o tema central da Axiologia; nas ciências empíricas, a pesquisa dos valores é realizada segundo as características próprias de cada ciência. Em particular, na Psicologia, notadamente sob a visão cognitivista, valores são definidos como estruturas tridimensionais, dotadas de componentes afetivos, que são considerados os mais importantes, cognitivos e motivacionais. Esse conjunto estabelece condições psicológicas orientadoras favoráveis à manifestação de condutas específicas em face de pessoas, aspectos da cultura, da sociedade e até mesmo da realidade objetiva, que tenham sido identificados como objetos sociais dotados de significados relevantes e, por essa razão, valorizados. A estrutura assim constituída é similar à das atitudes sociais, contudo, estas diferem dos valores principalmente porque os componentes afetivos e cognitivos das atitudes estão relacionados a objetos sociais bem específicos, ao passo que valores têm por alvo um objeto social de escala superior, como são os ideais, a verdade, a beleza, a justiça e os estados finais desejados da existência. Valores são desenvolvidos ao longo da socialização, da aprendizagem social e dos processos de imaginação, pensamento e raciocínio.

A formação e o treinamento de psicoterapeutas, bem como as experiências profissionais por eles acumuladas, tendem a favorecer a inclusão ou a elevação na escala axiológica de cada um destes três valores fundamentais: a saúde, o conhecimento válido e a dignidade humana. Esses valores estão inter-relacionados e seu desenvolvimento promove a elevação do nível de qualidade dos serviços clínicos prestados. Nesse processo, a consciência ampliada que o terapeuta obtém acerca de suas crenças e seus sentimentos, desempenha uma função que não é de pequena importância, uma vez que a tomada de conhecimento sobre aquilo em que se acredita propicia uma condição favorável à avaliação crítica do grau de validade das crenças pessoais. Além disso, tendo em vista a importância do assunto, a questão dos valores na clínica psicológica deveria constituir um permanente tema de estudo e de reflexão, desde o início do curso de formação em Psicologia, convindo que seja dada continuidade a esse empenho durante todo o período de exercício profissional.

A Psicologia é uma das ciências e das profissões da Saúde que tem como objeto de estudo e meta profissional o bem-estar de pessoas, grupos e coletividades humanas. Há muita discussão sobre a definição de Saúde proposta pela Organização Mundial da Saúde, que se encontra no preâmbulo da Constituição desse órgão internacional. A definição que ali se encontra para este valor é caracterizada por um extremado acento positivo. De acordo com a OMS, a *Saúde é um estado de completo bem-estar físico, mental e social, e não apenas ausência de doença.* Porém, não se imagina como seria possível atingir um completo bem-estar, sob qualquer critério que venha a ser considerado. Por essa razão, há dúvidas e muita discussão sobre esta definição, embora seja possível atenuar o seu caráter extremado, entendendo que se trate apenas de uma meta final a alcançar, sendo saudáveis as pessoas que mais se aproximarem dessa meta. Porém, tal entendimento é distanciado da definição oficial. Considerando essa definição, conclui-se que ela instala, desde logo, a necessidade de se incluir no processo de avaliação clínica as diferentes dimensões de bem-estar inseridas na definição, assim como suas inter-relações, as quais estão longe de ser completamente explicadas. Por certo, essas três dimensões são condicionadas pelas características psicológicas de cada pessoa, devendo-se ainda tomar como referência mais ampla as condições particulares de tempo e de lugar onde cada pessoa se situa.

Todas as profissões reconhecidas baseiam-se em conhecimento válido. E o conhecimento, em si mesmo, independentemente de suas possíveis aplicações objetivas, é um valor, uma vez que, deixando-nos cognitivamente melhor equipados, amplia nossa autonomia frente à realidade em que nos situamos. As psicoterapias ficam abrangidas por estas observações, pois são técnicas clínicas fundamentadas em teorias científicas, principalmente da Psicologia e, secundariamente, da Biologia e das Ciências Sociais. Essas teorias proporcionam, se forem de natureza nomotética, uma previsão de fenômenos psicológicos, com algum grau de probabilidade de acerto, mediante o conhecimento das variáveis causais. As psicoterapias, notadamente as de orientação cognitiva, fundamentam-se em modelos explicativos desse tipo, podendo-se, portanto, atribuir a eficácia das intervenções clínicas ao fato de elas terem sido orientadas segundo teorias psicológicas corroboradas. Deste argumento decorre a recomendação de que os psicoterapeutas insistam na busca de conhecimento e da melhoria de si próprios, como pessoas, visando o aprimoramento da qualidade de seu trabalho profissional. É um dever ético de qualquer psicoterapeuta manter-se atualizado em matéria de conhecimento científico a respeito de nossos processos, conteúdos e estados psicológicos, preservando sua posição de crítica intelectual, dado que o que é sabido é menos do que o necessário para intervenções que pudessem ser precedidas por previsões mais acertadas quanto aos resultados a alcançar. Não é despropositado lembrar, neste momento, os resultados da tão discutida pesquisa experimental realizada por David Rosenhan (1973) no St. Elizabeth's Psychiatric Hospital em Washington, D.C. Essa pesquisa revelou de modo contundente a precariedade dos critérios de diagnóstico psiquiátrico. A principal conclusão foi a de que o erro de rotular uma pessoa mental-

mente sadia como doente é mais provável que o contrário, quer dizer, descrever como sadia uma pessoa com transtorno psicológico. Essa pesquisa pode ser analisada segundo diferentes pontos de vista, mas um dos mais importantes é o que se refere à necessidade de se buscar excelência na formação profissional, a despeito da relativa precariedade do conhecimento científico disponível.

No conhecimento teológico, sobretudo no das religiões monoteístas, ressalta-se a dignidade humana, justificada pela origem divina da Criação, depositando-se no crente a responsabilidade de admiti-la, de acordo com a sua fé. Na outra vertente, na Ética estritamente racional, a dignidade humana é um valor e um postulado a ser incluído em teorias éticas. Porém, não sendo possível nessa Ética a utilização de proposições de procedência teológica, impõe-se desde o primeiro momento a obrigatoriedade, a ser assumida por todos os pensadores, de esclarecer e justificar a atribuição de dignidade a nós, seres humanos. Na busca de atendimento a esta imposição intelectual, foram apresentadas diferentes respostas a ela no curso histórico da Filosofia, algumas das quais destacam, como critérios decisivos para o reconhecimento de nossa dignidade, a consciência moral e a capacidade de podermos agir em favor de valores livremente escolhidos por nós, ainda que a sua defesa exija o sacrifício de interesses pessoais e coletivos. Em situações práticas, como na elaboração de constituições democráticas, a exemplo da Declaração Universal de Direitos Humanos, a dignidade do Homem é afirmada como postulado, ficando este desacompanhado de esclarecimentos complementares. Empiricamente, a dignidade humana é uma crença cada vez mais compartilhada na perspectiva social, constituindo um fato sociocultural que vem atravessando sucessivas gerações nos diversos continentes, exercendo sua influência em atitudes individuais e processos coletivos. Dessa maneira, a dignidade humana se torna um valor importante. A importância atribuída a esse valor pode ser depreendida das reações de indignação e revolta manifestadas em situações nas quais ele não é levado em conta ou é desrespeitado. A crença em nossa dignidade, considerando que esta é, precisamente, um componente cognitivo da estrutura psicológica dos valores, motiva a manifestação de condutas e produz reações afetivas, positivas ou negativas, dependendo da maneira como as pessoas julgam que estejam sendo tratadas. Nas relações terapêuticas, a dignidade humana é um valor que assume a forma de um pressuposto que não pode ser negligenciado, sob pena de comprometer a qualidade e o objetivo dessas relações profissionais.

PRINCÍPIOS DE ÉTICA PROFISSIONAL

Proposições éticas abstratas e abrangentes são princípios. A conhecida prescrição kantiana que proíbe o controle de um ser humano por um outro para fins de atendimento a interesses pessoais, é um exemplo de princípio ético derivado da lei fundamental da razão prática pura por ele mesmo formulada: "Aja de tal modo que a máxima de tua vontade possa valer sempre ao mesmo tempo como princípio de uma legislação universal" (Kant, 1961, p. 37). Na elaboração de teorias éticas, princípios são matrizes que geram proposições prescritivas aplicáveis a casos particulares. Essas prescrições de âmbito mais restrito orientam a conduta de maneira a ajustá-la, do ponto de vista ético, a fatos objetivos. Comparativamente, princípios éticos correspondem às principais normas constitutivas de sistemas morais. Os Códigos de Ética Profissional também podem ser entendidos segundo este prisma. Eles constituem sistemas normativos relativamente consistentes, baseados em conceitos, normas morais e em alguns princípios éticos.

O princípio do respeito ao próximo é essencial em qualquer teoria ética e em todas as concepções de moralidade. Os pontos de vista de éticos contemporâneos, como Dietrich von Hildebrand (1988), tendem a convergir na avaliação da importância desse princípio. Até mesmo as leis, a fim de que possam ser respeitadas, não devem se contrapor a este ditame de nossa consciência. Teoricamente, este princípio, que decorre da admissão da dignidade humana como valor ético, deve ser observado nas relações humanas que têm lugar em situações e momentos os mais distintos. As formas objetivas assumidas por condutas expressivas de respeito ao próximo são configuradas segundo normas sociais e padrões culturais próprios da coletividade na qual tais condutas venham a ocorrer. No ambiente psicoterapêutico, o respeito ao paciente é concretamente manifestado pelo terapeuta mediante atos que têm sua origem e justificativa na honestidade profissional, na estrita observância dos direitos do paciente e na correção moral de suas relações interpessoais com ele.

No exercício da psicoterapia, é vedado ao terapeuta intervir em valores e em convicções filosóficas e religiosas, bem como nas opções básicas de conduta de seu paciente. Trata-se de uma norma restritiva geral, mas que não deve impedir o terapeuta de ouvir e orientar seu paciente, se este apresentar a necessidade de expor suas dificuldades nesse plano. Porém, se essa for a conduta profissional a adotar, então será eticamente correto agir sempre em consonância com o respeito à autonomia de seu paciente na tomada de decisões sobre matéria de seu exclusivo interesse pessoal. Deve-se observar ainda que esta norma proibitiva tem como pressuposto a intencionalidade, quer dizer, é vedado ao terapeuta intervir deliberadamente em crenças e sentimentos situados em posições superiores na hierarquia dos valores do paciente, simplesmente por estar em desacordo com eles. Entretanto, ainda que o terapeuta venha a exercer o necessário autocontrole visando a impedir uma influência indevida sobre o seu paciente, há que considerar o fato muito conhecido e de ocorrência bem provável, de que a conduta e as características de personalidade de terapeutas, sobretudo no caso de terapeutas estimados e profissionalmente respeitados, e que tenham sido observadas pelo paciente, possam induzi-lo à crítica de seus valores e de suas crenças centrais. Daí a conveniência de o terapeuta manter-se atento a essa possibilidade e agir com a devida prudência, a fim de prevenir a ocorrência de influências não controladas, que poderão acarretar prejuízos ao bem-estar de seu paciente.

A responsabilidade profissional é um princípio coerente com o respeito ao próximo. Descritivamente, na psicoterapia, essa responsabilidade é caracterizada pela crença de que a qualidade dos serviços a serem prestados deva ser a melhor possível e que deva haver exação no cumprimento de obrigações contratuais, tendo em vista contribuir na promoção do bem-estar de pessoas, de casais, de famílias e de grupos. Acrescentando-se a essa descrição que o nível de qualidade dos serviços profissionais não deve ficar condicionado pelo nível da retribuição financeira. A conotação idealista desse entendimento da responsabilidade profissional é ao menos parcialmente justificada pela concessão legal dada aos psicólogos de empregar em suas atividades profissionais, com exclusividade, técnicas de trabalho e instrumentos de avaliação psicológica. Em casos objetivos de atendimento profissional, o psicoterapeuta assume, com o estabelecimento do acordo para a prestação de serviços, um dever *prima facie*. Esse conceito de dever teve sua origem nas reflexões filosóficas de Sir David Ross (1877 – 1971) e é amplamente empregado na Ética contemporânea. A rigor, o dever assumido pelo psicoterapeuta só poderá deixar de ser cumprido se o acordo inicial estiver em contradição com a lei ou com um princípio ético que seja superior ao que legitima o dever *prima facie*. Não havendo nada que leve à revogação do acordo inicial, é de sua responsabilidade profissional cumprir o que foi combinado, concretizando o dever efetivo.

OBSERVAÇÕES COMPLEMENTARES

Problemas éticos e morais acontecem em todas as sociedades humanas, mas a consciência pessoal e o entendimento coletivo acerca deles é bem variado. A situação atual torna-se mais complexa e até candente devido a diversos fatores, dentre os quais destaca-se a rapidez com que se realizam mudanças na sociedade, na cultura e no meio ambiente, produzindo conflitos de natureza muito distinta, dentre os quais os de ordem ética e moral não são os de menor importância. De outro lado, a heterogeneidade do pensamento filosófico contemporâneo, que é o resultado da criatividade humana, não facilita às pessoas a obterem uma compreensão integrada e inteligível do mundo atual. Nesse amplo quadro, acrescenta-se a expansão do niilismo, que assume diferentes formatos, como Franco Volpi (1999) os descreveu e interpretou. Os efeitos objetivos do niilismo se manifestam através do individualismo, da descrença, do cinismo, da desorientação e da falta de compromisso com quaisquer valores. Por certo, os aspectos mais importantes desse panorama influenciam o curso da história coletiva, assim como afetam a experiência individual de cada um de nós, devendo-se observar que neste caso essa influência será tão mais decisiva quanto maior for o nível da consciência pessoal a respeito dela. De resto, não se pode deixar de concluir que os reflexos desses acontecimentos também devem se manifestar na experiência particular dos pacientes e de seus terapeutas, cabendo a estes, entretanto, em razão de suas responsabilidades profissionais, manter sua consciência alerta e atualizada sobre o mundo em que vivemos.

Do ponto de vista prático, quanto à orientação ético-profissional a adotar na psicoterapia, particularmente em situações para as quais pareça ao terapeuta faltar uma prescrição ética apropriada, sugere-se observar a seguinte sequência de iniciativas: reflexão pessoal, consulta ao Código de Ética Profissional, busca de orientação junto a colegas mais experientes e, por fim, submeter ao escrutínio da Comissão de Ética do Conselho Regional de Psicologia a dificuldade ética que se deseja solucionar.

REFERÊNCIAS

Cordero, J. (1981). *Etica y sociedad.* Salamanca: Editorial San Esteban.

de la Vieja, M. T. L. (2000). *Princípios morales y casos prácticos.* Madrid: Tecnos.

Jonas, H. (1984). *Das Prinzip Verantwortung.* Frankfurt: Suhrkamp Taschenbuch.

Jonas, H. (1994). *Ética, medicina e técnica.* Lisboa: Vega.

Kant, I. (1961). *Crítica de la razón práctica.* Buenos Aires: Losada.

Krüger, H. (1994a). Ação e comportamento. *Cadernos de Psicologia,* (2), 17-23.

Krüger, H. (1994b). Estrutura psicológica do ato moral. *Arquivos Brasileiros de Psicologia, 46*(3-4), 19-31.

Pieper, A. (1992). *Geschichte der neueren Ethik.* Tübingen: Francke.

Ricoeur, Paul. (2003). Da moral à ética e às éticas. In: Canto–Sperber, M. (Org.). *Dicionário de ética e fiosofia moral* (p. 591-595). São Leopoldo: Ed. da Unisinos.

Rosenhan, D. C. (1973). Beeing sane in insane places. *Science, 179*(4070), 250-258.

Russ, J. (2006). *Pensamento ético contemporâneo.* São Paulo: Paulus.

Singer, P. (1994). *Ética prática.* São Paulo: Editora Martins Fontes.

Singer, P. (2002). *Vida Ética.* Rio de Janeiro: Ediouro.

Singer, P. (2010). *Libertação Animal.* São Paulo: Editora Martins Fontes.

Teichman, J. (1998). *Ética social.* Madrid: Ediciones Cátedra.

VOLPI, F. (1999). *O Niilismo.* São Paulo: Loyola.

von Hildebrand, D. (1988). *Atitudes éticas fundamentais.* São Paulo: Quadrante.

Índice

A

Abuso sexual de crianças 654-658
    avaliação da vítima 656-657
    efeitos desenvolvimentais 656
    histórico, definição, características 654-655
    prevalência 655
    tratamento 657-660
Adaptação e psicopatologia. *Ver* Psicopatologia e adaptação
Adição, tratamento da. *Ver* Dependência de substâncias
Adultos, casos, conceitualização cognitiva. *Ver* Conceitualização cognitiva de casos adultos
Agorafobia. *Ver* Transtorno de pânico e agorafobia
Aliança terapêutica. *Ver* Relação terapêutica e mudanças
Ansiedade 68-80, 72-73, 74-75, 269-263, 274-275, 311-322, 354-355, 639-640, 751-758
Ansiedade, transtornos de e personalidade. *Ver* Personalidade e transtornos de ansiedade
Aspectos gerais e introdutórios da TC 19-65
Aspectos históricos da TC 20-32
Assertividade 181-182, 431-432, 589, 614
Avaliação 56-57, 137-138, 159, 202, 249-250, 271, 304-306, 317-318, 349-350, 396, 412, 415-417, 435-436, 450, 464-466, 496-497, 532-533, 534, 544-545, 625-627, 634-635, 656-657, 664, 678, 683, 699-700, 709-710, 716-717
Autismo. *Ver* Transtornos invasivos do desenvolvimento
Automonitoração 431, 467, 400, 500

B

Biofeedback 222-237
    definição 222
    modalidades 224-227
        de tensão muscular 224-226
        reação eletrodérmica 226-227
        termal (fluxo sanguíneo) 226
    níveis ótimos de condutância da pele 230-237
        onda cerebral 234
        utilização clínica do *biofeedback* de RGP 230-234
        variabilidade da frequência cardíaca 234-237
    parâmetros da RGP 227-230
        primários 227
        secundários 227-229
        valores normativos 229-230
            aumento do NCP 229
            diminuição do NCP 229
            escalada 229
            não respondentes 229
Borderline. *Ver* Transtorno de personalidade borderline

C

Cardiologia comportamental 593-605
    doenças cardiovasculares 595
    importância da ação do psicólogo 598-601
    preparatória para tratamento cirúrgico 601-605
    psicologia da saúde 595-595
    TCC no tratamento e reabilitação cardiovascular 596-598
Casais 713-722
    modelo cognitivo 713-716
    tratamento 716-722
        ampliação da visão sobre 721
        avaliação 716-717
        intervenção nas reações emocionais 719-720
        modificação de padrões de comportamento 720
        outros problemas específicos 721-722
        primeiras sessões 716
        reestruturação cognitiva 717-718
        término e prevenção de recaídas 720-721
        treinamento em comunicação 718-719
        treino de resolução de problemas 719
Casos adultos, conceitualização cognitiva. *Ver* Conceitualização cognitiva de casos adultos
Comorbidades 154-165, 244-245, 272-273, 346, 411, 444, 448, 461, 541-542, 622, 662-663, 677-678
    conceitos e modelos 155-158
        associações espúrias 158
            dois estágios do mesmo transtorno 158
            duas manifestações do mesmo transtorno 158

uma condição predispõe à outra 158
modelo de independência 158
modelos causais 156-157
  condição A causa condição B 156
  condição B causa condição A 156
  fatores comuns 157
    biológicos 157
    individuais 157
    sociais e ambientais 157
  relação causal indireta 156
enurese e TDAH 161-164
  compreensão da comorbidade 161-163
  implicações para o tratamento com alarme de
    urina 164
questionamentos 158-161
  questões clínicas 159-161
  questões metodológicas 158-159
    delineamento e análise 159-160
    janela temporal 159
    método de avaliação 159
    nível conceitual 159
    unidades de conteúdo 159
Conceitualização cognitiva 120-131, 132-140
  de casos adultos 120-131
    estrutura da 121-124
    exemplo ilustrativo 124-131
    protocolos padronizados versus
      conceitualização individual 121
  na infância 132-140
    estratégias e instrumentos 135-138
      avaliação neuropsicológica 137-138
      entrevista clínica 135
      outros instrumentos e escalas 136-137
      testes psicológicos 135
      o que é importante avaliar 134
    questões práticas 132-134
      estrutura 133-134
      idade/desenvolvimentos infantil
        132-133
      informantes 133
      roteiro/modelo/guia 141-142
Construtivismo terapêutico. *Ver* Psicoterapia
  cognitivo-construtivista
Crenças condicionais, reestruturação cognitiva.
  Ver Reestruturação cognitiva em nível de
  crenças condicionais
Crenças nucleares 28-31, 206-220
  modificação por meio do "processo". *Ver*
    "Processo", uso para modificar crenças
    nucleares
Crianças
  abuso sexual. *Ver* Abuso sexual de crianças
  conceitualização cognitiva. *Ver* na infância *In*
    Conceitualização cognitiva
  encoprese. *Ver* Encoprese
  enurese. *Ver* Enurese
  modelo cognitivo aplicado à. *Ver* modelo
    cognitivo aplicado à *In* Infância
  pedofilia. *Ver* Pedofilia

D

Dependência de internet 440-456
  avaliação 450
  comorbidades 444, 448
  critérios diagnósticos 440-443
  hipóteses etiológicas 448-450
  prevalência 443-447
  tratamentos psicológicos 450-455
    fase inicial 452-453
    fase intermediária 453-455
Dependência de substâncias 409-420
  avaliação 412
  comorbidades 411
  critérios diagnósticos 409-411
  prevalência 411-412
  tratamento 412-420
    agendamento e monitoramento de atividades
      418-419
    exercício físico e lazer 417-418
    exposição gradual 417
    identificação, avaliação e modificação de PA
      e crenças 415-417
      crenças de controle 416
      questionamento socrático 416-417
    manejo da fissura 417
    modelo cognitivo 413-414
    motivação para mudança 412-413
    prevenção da recaída 419
    psicoeducação 414
    rede de apoio social 419-420
    treinamento de habilidades de
      enfrentamento 418
    vantagens e desvantagens 414-415
Depressão 369-381, 642-646
Dessensibilização 179-181, 307-308, 588-589
Diagnósticos 240-242, 244, 269-271, 305,
  312-314, 344-345, 359, 393-394,
  409-411, 440-443, 459-469,
  526-527, 539, 658, 661, 674,
  679-680, 725-728
Disfunções sexuais 508-524
  disfunções sexuais femininas 517-521
    estudo de caso 520-521
    transtornos do desejo, da excitação e do
      orgasmo 517-520
  ejaculação precoce 514-517
    estudo de caso 516-517
  transtorno erétil masculino 510-514
    estudo de caso 512-514
  vaginismo e dispareunia 521-524
    estudo de caso 523-524
    transtorno de dor sexual 521-523
Distimia 372
Distorções cognitivas 89-91
Dor crônica, TCC em grupo para 608-615
  descrição das sessões do grupo 612-615
    I sessão: entrevista dos pacientes 612
    II sessão: psicoeducação sobre TCC e dor
      crônica 612-613

794 ÍNDICE

III sessão: treino do registro de pensamento disfuncional (RPD) e treino de relaxamento 613
IV sessão: comportamento disfuncional 613
V sessão: treinamento em resolução de problemas 613-614
VI sessão: momento de reflexão 614
VII sessão: técnica da assertividade 614
VIII sessão: relação entre dor e trabalho 614
IX sessão: percepção da própria dor 614-615
X sessão: paciente, família e dor 615
XI sessão: futuro e prevenção de recaídas 615

E

Encoprese 679-684
  avaliação 683
  definição e critérios diagnósticos 679-680
  fatores de risco 683
  hipótese etiológica 861-683
  histórico e classificação 680-681
  prevalência e curso 681
  tratamentos 683-684
Enfrentamento 53, 203, 418, 534-535
Enurese 161-164, 674-679
  avaliação 678
  comorbidades 677-678
  definição e critérios diagnósticos 674
  e TDAH 161-164
  fatores psicossociais de risco 677
  hipóteses etiológicas 675-677
    atraso maturacional 676
    fatores fisiopatológicos 676-677
    fatores genéticos 676
  histórico e classificação 674-675
  prevalência e curso 675
  tratamentos 678-679
    psicológicos e medicamentosos 678-679
Esquema, terapia do 50-65
  modelo conceitual 51-56
    domínios dos esquemas 52-53
    estilos desadaptativos de enfrentamento 53
    modos do esquema 53-56
  tratamento 56-65
    estratégias cognitivas 57-60
    estratégias comportamentais 63-64
    estratégias vivenciais 60-63
    fase de avaliação e educação 56-57
    relação terapêutica 64-65
Esquizofrenia 526-535
  apresentação clínica 527-528
  critérios diagnósticos 526-527
  etiopatogenia 528
  evolução do conceito 526
  fisiopatologia 529-530
    teoria da saliência aberrante 529-530
    teoria dopaminérgica 529
  incidência e prevalência 528
  módulos 532-534
    aliança terapêutica e avaliação 532-533

avaliação de pressuposição disfuncional 534
experiências psicóticas, novas perspectivas 533
manejo das alucinações 533
manejo das experiências psicóticas e atitudes impulsivas 533
problemas individuais e autorregulação dos sintomas psicóticos, novas perspectivas 534
normalização 531-532
TCC 531
reforço das estratégias de enfrentamento 534-535
Estresse 617-630
  avaliação 625-627
    doenças em órgãos-alvo 625
    eventos 626
    identificação de sintomas 626-627
    medidas fisiológicas e endócrinas 625
    reações 625
  comorbidades 622
  conceitualização científica 620-621
  estresse como um processo fásico 621-622
    estágio de alarme 621
    estágio de exaustão 621-622
    estágio de quase-exaustão 621
    estágio de resistência 621
  histórico 618-620
  passos do TCS-H 629-630
  tratamento 627-629
    treino psicológico de controle do estresse para hipertensos (TCS-H) 628-629
    passos 629-630
  vulnerabilidades e resiliência 622-625
Estresse pós-traumático 96, 344-362
Ética e psicoterapia 782-790
  condutas éticas e comportamentos morais 785-787
  ética e moral 783-785
  observações complementares 790
  princípios de ética profissional 789-790
  valores 787-789
Evolução e neurobiologia, processos. *Ver* Processos neurobiológicos e evolucionistas
Evolução e psicopatologia. *Ver* Psicopatologia e adaptação

F

Fobias específicas 95-96, 299-309, 641-642, 756-757
  avaliação 304-306
    avaliação cognitiva 306
    avaliação da incapacitação 306
    avaliação de medos e fobias específicas 304-305
    avaliação fisiológica 306
    avaliação geral de fobias 304
    avaliação multidimensional das fobias 305-306
    diagnóstico operacional: principais instrumentos 305

inventário de medo 304
testes de aproximação comportamental 306
epidemiologia 304
origem das fobias 303-304
tratamento 306-309
dessensibilização sistemática 307-308
exposição 308-309
medicamentos 307
orientações gerais 306-307

G

Grupos, intervenções em – TCCG 737-747
benefícios e desafios 746-747
estruturação de sessões e programas de
intervenção 741-743
fatores terapêuticos 739-740
histórico 737-739
modalidades de grupos 743-746
postura terapêutica e processo grupal 740-741

H

História da TC 20-32

I

Inclusão educacional, intervenção
cognitivo-comportamental 688-711
deficiência intelectual 690-698
estratégias de intervenção 692-698
abordagem de redes de apoio para a escola
inclusiva 694-698
abordagem ecológica 694
tratamento 690-691
estudo de caso 698-711
áreas de maior domínio 699
avaliação dinâmica global 700
avaliação do comportamento 699-700
evolução do caso 701-709
história de vida 698-699
histórico clínico 698
raciocínio lógico 700-701
resumo da avaliação neuropsicológica 709-710
retardo mental 688-698
prevalência 689
curso 689-690
comportamento adaptativo 690
Inconsciente, novo, e TC. Ver Novo inconsciente e TC
Infância 633-649
abuso sexual. Ver Abuso sexual de crianças
conceitualização cognitiva. Ver na infância In
Conceitualização cognitiva
encoprese. Ver Encoprese
enurese. Ver Enurese
modelo cognitivo aplicado à 633-649
avaliação e conceitualização 634-635
depressão 642-646
epidemiologia 634
fatores para intervenção de 0 a 6 anos
646-648

fobia específica 641-642
transtorno de ansiedade de separação 639-640
transtorno de Asperger 638-639
transtorno de conduta e transtorno desafiador
de oposição 635-638
transtorno obsessivo compulsivo 640-641
pedofilia. Ver Pedofilia
Internet, dependência de. Ver Dependência de
internet

J

Jogo patológico (JP) 481-490
desenvolvimento do JP 483-484
etiopatogenia 482-483
fatores de risco 484
tratamento 484-490
medicamentoso 484-485
TCC 485-490
esquemas de reforçamento 485-486
modelo cognitivo 486
passo a passo 489-490
prevenção da recaída 489
técnicas 486-489

L

Luto 725-735
critérios diagnósticos 725-727
diagnóstico diferencial 727-728
tratamento 728-735

M

Medo 72-73, 74-75, 304
Modelo de reestruturação cognitiva de Beck 20-21
Modelo do novo inconsciente e TC. Ver Novo
inconsciente e TC
Modelos cognitivistas, novo paradigma. Ver
Psicoterapia cognitivo-construtivista
Motivação 412-413, 434, 467
Mudança de paradigma da TC 20

N

Neurobiologia dos transtornos de ansiedade
68-80
circuitaria neural e emoções 71-72
circuitos corticais e subcorticais, relações entre
75-77
etiologia e tratamento dos transtornos 75-77
circuitos neurais do medo e da ansiedade 72-73
definições 69-71
medo e ansiedade, aspecto subjetivo 74-75
respostas fisiológicas e região hipotalâmica
73-74
sistemas de neurotransmissão e intervenções
psicofarmacológicas 77-78
sistemas gabaérgicos 78
sistemas serotonérgicos 78-80
Neurobiologia e evolução, processos. Ver Processos
neurobiológicos e evolucionistas

Neurociências e TCC 93-101
mudanças neurobiológicas relacionadas com TCC e neuroimagem 95-98
fobia de aranha 95
fobia social 95-96
transtorno de estresse pós-traumático 96
transtorno de pânico 98
transtorno obsessivo-compulsivo 96-98
predição de resposta 98-100
Novo inconsciente e TC 82-91
aspectos históricos 82-83
esquemas disfuncionais inconscientes 83-85
TC e processos mentais inconscientes 85-86
terapia focada no esquema 86-91
distorções cognitivas 89-91
domínios de esquema 87-88
esquemas iniciais inconscientes 87
processos de esquemas 88-89

O

Origens evolutivas dos transtornos psicológicos. *Ver* Psicopatologia e adaptação

P

Pedofilia 658, 661-668. *Ver também* Abuso sexual de crianças
avaliação 664
critérios diagnósticos 658, 661
curso e características associadas 662
fatores de risco e comorbidades 662-663
hipóteses etiológicas 663-664
biológicas 663
psicológicas 663-664
histórico 658
prevalência 661
tratamento 664-668
abordagens iniciais 664-665
intervenções farmacológicas 667-668
princípios e técnicas 665-667
Personalidade e transtornos de ansiedade 751-758
fatores de temperamento e caráter 753-754
fobia social 756-757
modelo psicobiológico de Cloninger 752-753
personalidade 751-752
relações entre personalidade e transtornos de ansiedade 755
transtorno de pânico 755-756
transtorno obsessivo-compulsivo 757-758
Prática da TC no Brasil 33-38
Prevenção da recaídas 419, 433-434, 472, 489, 615, 720-721
"Processo", uso para modificar crenças nucleares 206-220
demonstração de uso 214-218
descrição da técnica 207-213
histórico 206-207
obstáculos a serem evitados 218-219
pesquisas realizadas 213
Processos de avaliação. *Ver* Avaliação, processos de

Processos neurobiológicos e evolucionistas 67-117
Protocolo "Vencendo o Pânico", treinamento. *Ver* Treinamento no protocolo "Vencendo o Pânico", via *web*
Psicoeducação 329-330, 353, 414, 499, 585, 587, 612-613
Psicologia da saúde 568-578
contexto de atuação e trabalho em equipes 569-572
formação profissional e supervisão 572-574
pesquisa e prática 574
Psicopatologia e adaptação 103-116
comportamento, explicação evolucionista 108-109
distinção entre comportamentos adaptativos ou não 115
emoções e grupos 106-107
hipótese evolucionista sobre a mente: modularidade 104-106
lógica evolucionista e juízo de valor 109-110
psicopatologias e bases emocionais 110-114
psicopatologias e evolucionismo 107-108
sistemas funcionais e sintomas psicopatológicos 114-115
Psicoterapia cognitivo-construtivista 40-48
ciência dos significados e construtivismo 43-44
cognição e as múltiplas realidades 41-43
cognição e realidade 40-41
trabalho em psicoterapia
bases práticas 46-48
bases teóricas 44-46

R

Reestruturação cognitiva 20-21, 194-204, 353, 472, 717-718
Reestruturação cognitiva em nível de crenças condicionais 194-204
as quatro etapas 199-202
etapa 1 – fatores que mantêm o comportamento não saudável atual 199-200
etapa 2 – fatores que originaram o comportamento não saudável 200
etapa 3 – fatores relacionados à construção e manutenção de um comportamento saudável 201
etapa 4 – experimento comportamental (EC) 201-202
preparação cognitiva para o experimento comportamental 201-202
na sessão 202
preparação para o EC 202
tarefa de casa e avaliação 202
cartões de enfrentamento 203
conceitualização cognitiva 194-195
contribuição da técnica para a tomada de decisão, promoção de saúde e qualidade de vida 203-204
identificação da crença condicional 197-198

lançamento de créditos pessoais 203
reestruturação de crenças 198
relato de caso 198-199
representação dos três níveis de cognição 195-196
Relação terapêutica como contribuição para as mudanças 145-153
demandas da TCC 146-148
esquemas de resistência do cliente 148-151
habilidades interpessoais do terapeuta 151-153
Relaxamento 175-179, 470, 588, 613
Resolução de problemas 500, 613-614, 719
Retardo mental e inclusão educacional. *Ver* Inclusão educacional, intervenção cognitivo-comportamental 688-711

S

Saúde, psicologia da. *Ver* Psicologia da saúde
Sistema Único de Saúde(SUS) e TCC 581-591
prática clínica da TCC 582-586
descoberta guiada 586
estruturação das sessões 584-586
checagem do estado de humor 584
discussão dos tópicos da agenda 585
estabelecimento da agenda 585
planejamento da próxima semana 585-586
ponte com a sessão anterior 584-585
prática de habilidades ou exposições 585
psicoeducação 585
resumos 585-586
revisão de tarefas da semana 584
solicitação de *feedback* 585-586
relacionamento colaborativo 582-584
técnicas aplicadas na saúde 587-591
desafios 590-591
dessensibilização sistemática 588-589
identificação e reestruturação das interpretações disfuncionais 587-588
modalidades de atendimento no SUS 589-590
psicoeducação 587
treino em assertividade 589
treino em relaxamento e respiração diafragmática 588
Substâncias, dependência de. *Ver* Dependência de substâncias
Substâncias, uso de, tratamento. *Ver* Dependência de substâncias

T

Tabagismo 424-438
avaliação 435-436
entrevista motivacional 434
epidemiologia 424-425
fisiopatologia 425-427
prevenção da recaída 433-434
prontidão, importância e confiança 434-435
TCC 430-433
fase 1 – preparação para abstinência 430-433
ambivalência 431

automonitoramento 431
lidando com a fissura 432-433
lidando com hábitos comuns 432
lidando com sentimentos: assertividade e TREC 431-432
marcação de data 431
tipos de parada 430-431
tratamento 427-429
farmacológico 436-438
bupropiona 437-438
combinações
goma de mascar de nicotina 436-437
pastilhas de nicotina 437
sistemas transdérmicos de nicotina 437
spray nasal 437
vareniclina 438
princípios gerais 427-429
valores e EM 435
TDAH. *Ver* Transtorno de déficit de atenção e hiperatividade (TDAH)
Técnicas cognitivas e comportamentais 169-220
primeiras aplicações clínicas 175-189
dessensibilização sistemática 179-181
parada do pensamento 182-189
aplicações cognitivo-comportamentais 183-184
autoinstrução 183-184
exposição 186-187
exposição e prevenção de resposta 187-188
exposição interoceptiva 188-189
inoculação do estresse 184-185
treino em habilidades sociais 184-185
solução de problemas 186
técnicas de relaxamento 175-179
treino de assertividade 181-182
reestruturação cognitiva 194-204
três gerações de terapias comportamentais 170-175
Terapia cognitiva
aspectos gerais e históricos 20-32
visão geral histórica: teorias e terapias 20-21
mudança de paradigma 20
modelo de reestruturação cognitiva de Beck 20-21
conceitualização cognitiva 22-23
modelo cognitivo 21-22
princípios do tratamento 23-31
origem das crenças nucleares e intermediárias negativas 28-31
no Brasil 33-38
Terapia racional-emotiva-comportamental (TREC) 431-432
Transtorno bipolar 372, 384-389
Transtorno de ansiedade de separação 639-640
Transtorno de ansiedade generalizada 311-322
avaliação psicológica 317-318
critérios diagnósticos 312-314
epidemiologia 312-314
modelo cognitivo-comportamental 315-317

perspectivas futuras 321
teorias biológicas 314-315
tratamento 318-321
cognitivo-comportamental 318-320
farmacológico 320-321
Transtorno de ansiedade social 269-293
avaliação 271
curso, prognóstico e comorbidade 272-273
diagnóstico e quadro clínico 269-271
epidemiologia 271-272
etiologia 273-277
autoestima e ansiedade social 274-275
condicionamento e aprendizagem 276-277
fatores neurobiológicos 275-276
fatores predisponentes 273-274
modelo cognitivo-comportamental 277-278
TCC em grupo 283
exemplos práticos 285-292
processamento pós-evento 289-292
tratamento 278-283
farmacológico 278-281
TCC 281-282
tratamento combinado e recaídas 282-283
treinamento em habilidades sociais 283-285
Transtorno de Asperger 540, 638-639
Transtorno de déficit de atenção e hiperatividade
(TDAH) 161-164, 493-505, 545-546
avaliação 496-497
definições 493-495
desatenção 493-494
hiperatividade/impulsividade 494
impulsividade 494-495
e enurese 161-164
e medicações para sintomas de TDAH 545-546
hipóteses etiológicas 495-496
prevalência 495
tratamentos 497-505
automonitoramento 500
grupos 504-505
modelação e dramatização 500
orientação para professores 503-504
planejamento e cronogramas 500-501
psicoeducação 499
registro de pensamentos disfuncionais 501-502
TCC 498-499
TCC em adultos 504
terapêutica farmacológica 497-498
treinamento de pais 502-503
treino de autoinstrução 499-500
treino em resolução de problemas 500
Transtorno de conduta e transtorno desafiador de
oposição 635-638
Transtorno de estresse pós-traumático 96, 344-362
avaliação 349-350
comorbidade 346
critérios diagnósticos 344-345
curso 346
fatores de risco e proteção 346-347
hipóteses etiológicas 347-349

aspectos cognitivos, comportamentais
e emocionais 348-349
neurobiologia 347-348
sistemas de memória explícita e implícita 348
teoria do processamento emocional 349
histórico 344
prevalência 346
tratamentos 350-362
biológicos 350-352
medicamentos para potencializar a eficácia
da TCC 351-352
medicamentos para reduzir diretamente os
sintomas 350-351
psicológicos: TCC 353-362
adultos 353-357
coterapia 355
exposição ao vivo 354
exposição imaginária 354
formulação de casos 353
manejo da ansiedade 354-355
psicoeducação 353
reestruturação cognitiva 353
técnicas de exposição 353-354
terapia de exposição com realidade virtual
(TERV) 355-357
crianças 358-362
diagnóstico 359
efeitos do TEPT no desenvolvimento
infantil 358-359
estratégias terapêuticas 359-360
TEPT infantil 358
tratamento 360-362
Transtorno de pânico e agorafobia 98, 238-261,
760-778
avaliação: métodos e instrumentos 249-250
características clínicas 242
comorbidades 244-245
curso 243-244
diagnóstico diferencial 244
diagnóstico e sintomatologia 240-242
fatores de risco 245
hipóteses etiológicas 245-249
biológicas 245-247
modelo gabaérgico 246-247
modelo noradrenérgico 246
modelo serotonérgico 246
psicológicas 247-249
histórico 239-240
prevalência 242-243
tratamentos 250-258
médico 250-253
psicológico 253-258
treinamento para psicólogos via *web* "Vencendo
o Pânico" 760-778
Transtorno de personalidade *borderline* 551-564
caracterização 554-556
antissocial/paranoide 556
definição 554-555
evitativo/dependente 555-556

ÍNDICE **799**

histriônico/narcisista 556
relação terapêutica 556-559
tratamentos 559-563
  farmacológico 563
  psicoterápico 559-563
Transtorno de Rett 540
Transtorno obsessivo-compulsivo 96-98, 325-341
  colecionismo 339-340
  crenças disfuncionais 327-329
  dúvidas, necessidade de ter certeza,
    perfeccionismo 336-337
  modelo cognitivo-comportamental 327
  modelo comportamental 326-327
  pensamentos 337-339
  principais técnicas 332-336
    correção de crenças distorcidas 334-335
    exercício prático 335-336
    exposição e prevenção de resposta (EPR)
      332-334
    modelação 334
    técnicas cognitivas 334
  tratamento 329-332
    diários dos sintomas OCs 331-332
    elaboração da lista de sintomas 330-331
    início da TCC 329
    psicoeducação 329-330
Transtornos afetivos 369-389
  depressão 369-372
    caracterização da gravidade 370-371
      ideação suicida 370
      delírios e alucinações 370-371
      incapacitação social e ocupacional 371
    subtipos ou formas clínicas 371-372
      depressão atípica 371
      depressão crônica 371-372
      depressão melancólica ou endógena 371
      depressão recorrente 371
      distimia 372
      episódio depressivo importante 371
    transtorno bipolar 372
  TCC para depressão 372-381
    primeiro momento 373-375
      análise do comportamento 373-375
        modelo para a depressão de Charles Ferster
          e implicações históricas 373-374
        modelo para a depressão de Peter
          Lewinsohn e implicações históricas
          374-375
    segundo momento 375-382
      análise comportamental cognitiva 382
      terapia cognitiva 375-381
        modelo cognitivo ou TC 375-377
        TCC 377-381
      terapia cognitiva analítica 382
      terapia construtivista 381-382
      terapia racional emotiva 381
    terceiro momento 382-384
      aprimoramento da ativação comportamental
        (BA) como tratamento 383

retorno às raízes analítico-comportamentais
  e ao behaviorismo radical 382
terapia analítica funcional 383-384
terapia de aceitação e compromisso 383
TCC para o transtorno bipolar 384-389
Transtornos alimentares 393-406
  avaliação por instrumentos 396
  curso 395-396
  histórico e critérios diagnósticos 393-394
  prevalência 394-395
  tratamento 396-406
    farmacológico 397-398
    psicológico 398-406
      estágio 1 398-401
        automonitoração da alimentação 400
        desenvolvimento da conceitualização e
          educação 399-400
        desenvolvimento de um padrão regular de
          alimentação 400-401
        estratégias para adesão 398-399
        monitoração semanal do peso 401
        técnicas para controle de estímulos 401
      estágio 2 401
      estágio 3 401-406
        abordagem da imagem corporal 403
        adaptações para pacientes obesas com
          compulsão alimentar 405-406
        aumento da autoestima e redução do
          perfeccionismo 404-405
        desenvolvimento de habilidades
          interpessoais 405
        estratégias para reduzir e regular estados
          intensos de humor 403-404
        modificação do sistema disfuncional de
          crenças associadas a peso e formato
          corporal 401-403
      estágio 4 406
Transtornos de ansiedade, neurobiologia 68-80
  circuitaria neural e emoções 71-72
  circuitos corticais e subcorticais, relações entre
    75-77
    etiologia e tratamento dos transtornos 75-77
  circuitos neurais do medo e da ansiedade 72-73
  definições 69-71
  medo e ansiedade, aspecto subjetivo 74-75
  respostas fisiológicas e região hipotalâmica
    73-74
  sistemas de neurotransmissão e intervenções
    psicofarmacológicas 77-78
  sistemas gabaérgicos 78
  sistemas serotonérgicos 78-80
Transtornos invasivos do desenvolvimento 538-548
  autismo 538-548
    avaliação 544-545
    comorbidades e sintomas associados 541-542
    comportamento 540
    comunicação 539-540
    critérios diagnósticos 539
    curso e prognóstico 542

estudos genéticos 543
estudos neuroanatômicos e neurofisiológicos 543
etiologia 542-543
histórico 538-539
interação social 539
prevalência 542
transtorno autista 539
tratamento 545-547
  biológicos 545
    antipsicóticos atípicos 545
    estimulantes e medicações para sintomas de TDAH 545-546
    inibidores da recaptação de serotonina (IRSS) 546
    da insônia 546
  terapêuticos e educacionais 546-548
    análise comportamental aplicada 547
    TEACCH 547-548
    modificação cognitiva do comportamento (MCC) 548
transtorno de Asperger 540
transtorno de Rett 540
transtorno desintegrador da infância (TDI) 540-541
transtornos invasivos do desenvolvimento sem outra especificação (TID-SOE) 541
Tratamentos 23-31, 56-65, 75-77, 164, 250-258, 278-283, 306-309, 318-321, 329-332, 350-362, 383, 396-406, 412-420, 427-429, 450-455, 466-467, 484-490, 497-505, 545-547, 559-563, 627-629, 657-660, 664-668, 678-679, 683-684, 690-691, 716-722, 728-735
Treinamento no protocolo "Vencendo o Pânico", via *web* 760-778
  relato de experiência 763-777
  pré-planejamento 763-765
  proposta de pesquisa 769-777

  proposta pedagógica 765-769
Tricotilomania 459-480
  caso clínico 1 469-470
    economia de fichas 470
    relaxamento 470
  caso clínico 2 470-475
    modelação encoberta e prevenção de recaída 472
    reestruturação cognitiva 472
    reversão de hábito 473
    terapia de aceitação e compromisso 473-475
  Escala de Tricotilomania do Hospital Geral de Massachusetts 478-479
  histórico e critérios diagnósticos 459-469
    avaliação 464-466
    comorbidades 461
    conscientização da resposta 467-468
    controle de estímulos 468-469
    curso 461
    fenomenologia 461-462
    hipóteses etiológicas 463-464
      biológicas 463
      psicológicas 463-464
    prevalência 460-461
    suporte social 467
    tratamento 466-467
      farmacológico 466-467
      psicológicos 467
    treino de automonitoração 467
    treino em motivação 467
    treino em respostas incompatíveis ou concorrentes 468
  Inventário Milwaukee para Estilos de Tricotilomania 480

V

"Vencendo o Pânico", treinamento. *Ver* Treinamento no protocolo "Vencendo o Pânico", via *web*